MANUEL GÉOLOGIQUE.

IMPRIMERIE D'HIPPOLYTE TILLIARD,
RUE SAINT-HYACINTHE-SAINT-MICHEL, 30.

MANUEL

GÉOLOGIQUE,

PAR

HENRY T. DE LA BÈCHE,

MEMBRE DE LA SOCIÉTÉ ROYALE DE LONDRES
ET DES SOCIÉTÉS GÉOLOGIQUES DE LONDRES ET DE PARIS.

SECONDE ÉDITION.

TRADUCTION FRANÇAISE,

REVUE ET PUBLIÉE PAR

A. J. M. BROCHANT DE VILLIERS,

MEMBRE DE L'ACADÉMIE ROYALE DES SCIENCES,
INSPECTEUR GÉNÉRAL DES MINES,
PROFESSEUR DE GÉOLOGIE A L'ÉCOLE ROYALE DES MINES, ETC.

Paris,

LANGLOIS ET LECLERCQ, LIBRAIRES,

ANCIENS ASSOCIÉS
ET SUCCESSEURS DE PITOIS-LEVRAULT ET Cie,

RUE DE LA HARPE, 81.

La table des matières ayant été paginée en chiffres romains, et ayant été tirée par erreur avant les préfaces, on a été obligé de paginer celles-ci, contre l'usage, en employant des lettres.

PRÉFACE DU TRADUCTEUR.

Le Manuel géologique de M. de la Bèche a eu un très grand succès, non-seulement en Angleterre, mais par toute l'Europe. La première édition anglaise a été épuisée en quelques mois, et la seconde a paru en 1832. Cette faveur du public est due principalement à la réputation que l'auteur s'est acquise depuis plus de dix ans par les nombreux Mémoires géologiques qu'il a publiés ; en outre, il y avait longtemps qu'il n'avait paru en Angleterre un traité général de géologie, et on trouve réunie dans celui-ci une masse considérable d'observations anciennes et récentes, surtout de l'Angleterre, lesquelles sont éparses dans des recueils scientifiques.

Aussi un grand nombre de géologues ont désiré que cet ouvrage fût traduit en français, et plusieurs amis m'ont engagé à entreprendre ce travail. Malgré mes occupations multipliées, j'ai consenti à m'en charger, uniquement dans la vue d'être utile à la science et à ceux qui suivent mon cours de géologie ; et je l'ai fait avec d'autant plus de plaisir que, dans les considérations théoriques, les idées de l'auteur sont presque toujours d'accord avec les miennes. J'ai été d'ailleurs soulagé dans ce travail par l'utile coopération de MM. de Boureuil, Malinvaud, Baudin et d'Hennezel, anciens élèves des mines, auxquels je suis fort redevable. Toutefois, comme j'ai revu moi-même toutes les parties de leurs traductions, c'est à moi seul qu'on doit imputer les erreurs que l'on pourra y trouver.

M. de la Bèche, avec qui la géologie m'a donné depuis dix ans des rapports dont je sais sentir tout le prix, a bien voulu prendre quelque intérêt à ma traduction, et à eu la bonté de m'envoyer plusieurs corrections et additions. Enfin, j'ai été encouragé en apprenant qu'un des géologues les plus distingués de l'Allemagne, M. de Dechen, s'occupait aussi de traduire en allemand le Manuel de M. de la Bèche, ce qui m'a confirmé dans le jugement que j'avais porté sur l'utilité de cet ouvrage.

Cette traduction allemande ayant paru à Berlin à la fin de 1832, tandis que celle que je présente au public a éprouvé de longs retards qu'il n'a pas dépendu de moi d'éviter, j'ai pu la consulter, et on va voir qu'elle m'a été fort utile relativement aux listes de fossiles. Cependant il y a une différence essentielle entre cette traduction et la mienne. M. de Dechen ne s'est pas toujours astreint à reproduire dans sa langue le texte de M. de la Bèche; il y a fait beaucoup de suppressions et d'additions : il annonce lui-même qu'il a *remanié* l'ouvrage anglais.

J'aurais pu aussi faire divers changements, ne fût-ce qu'en puisant dans des notes que j'ai recueillies pour mon cours; néanmoins, tout en reconnaissant que ceux introduits par M. de Dechen sont en général bien motivés, j'ai jugé ne pas devoir suivre son exemple. Il m'a semblé qu'en France l'empressement de ceux qui cultivent la géologie pour connaître les opinions et le livre de M. de la Bèche, était principalement fondé sur ce que, d'après le succès rapide que deux éditions de son ouvrage ont obtenu en Angleterre, on a lieu de présumer que ses opinions représentent, jusqu'à un certain point, les opinions les plus accréditées parmi les géologues anglais.

Je me suis donc fait une loi de conserver strictement le texte de l'auteur, et je me suis efforcé de rendre fidèlement ses idées. Comme il parle parfaitement notre langue, je désire vivement obtenir, sous ce rapport, son approbation.

Je me suis réservé cependant d'ajouter quelques notes, mais elles sont en très petit nombre; la crainte de trop grossir ce volume m'ayant fait supprimer celles relatives à des idées théoriques qui auraient exigé trop de développement.

J'ai fait des additions aux *listes de fossiles* données par M. de la Bèche pour chacun des terrains de sédiment, particulièrement pour les groupes crétacé et oolitique. J'en ai puisé beaucoup dans la traduction allemande de M. de Dechen, et les obligeantes communications de M. Voltz m'en ont fourni un plus grand nombre. Je suis aussi fort redevable, sous ce rapport, à MM. Deshayes, Roissy et Boué.

Toutes ces additions sont soigneusement distinguées par une astérisque. Lorsque M. de Dechen a réuni plusieurs espèces de fossiles en une seule, j'ai eu soin de l'indiquer ; mais j'ai conservé néanmoins à leurs places les espèces supprimées par lui, lorsqu'elles se trouvaient indiquées dans l'ouvrage anglais, et surtout quand elles portaient une indication de figure.

J'aurais pu faire aussi des additions encore plus nombreuses aux fossiles du groupe supra-crétacé, si l'auteur n'eût pas annoncé qu'il ne voulait indiquer que les principaux fossiles de ce groupe. En outre, il eût été assez souvent difficile de fixer la place des différents fossiles de cette classe de terrains d'après les nouvelles divisions qu'on propose aujourd'hui d'y introduire.

M. de la Bèche a toujours pris soin, pour chaque fossile, d'indiquer l'auteur qui l'a nommé ou décrit ; j'ai pensé qu'il était utile de faire davantage, et de citer aussi les *figures* qui en ont été publiées, du moins dans les ouvrages les plus répandus et que j'ai pu avoir à ma disposition, comme ceux de Sowerby, Goldfuss, Schlotheim, Deshayes, Mantell, Philipps, Zieten, Al. Brongniart, Ad. Brongniart, etc. Je souhaite vivement que les lacunes qu'on trouvera dans ces citations puissent déterminer quelque savant, également versé dans la géologie et dans la zoologie, à rédiger un répertoire général des figures de fossiles publiées jusqu'ici, avec l'indication du terrain où ces fossiles ont été trouvés. J'ai la conviction qu'un ouvrage de ce genre, dont il a été déjà fait en Allemagne des essais incomplets, s'il est composé avec tout le soin et les connaissances nécessaires, contribuera éminemment aux progrès de la géologie, parce que d'abord il donnera la facilité de consulter les figures, qu'on est souvent bien en peine de trouver, et qui laissent toujours bien plus de traces dans l'esprit que toutes les descriptions, et qu'en outre il abrégera considérablement les recherches des géologues qui veulent nommer les fossiles qu'ils ont recueillis.

Le même désir de faciliter l'étude des fossiles, qui tient maintenant une si grande place dans celle de la géologie, m'a déterminé à ajouter à la fin de l'ouvrage une *Table alphabétique des fossiles* qui y sont cités. Cette table n'existe point dans l'ouvrage anglais.

On trouvera enfin dans cette traduction une autre addition plus importante, qui, je l'espère, sera bien accueillie du public.

Dans sa treizième et dernière section, l'auteur a consacré un chapitre à traiter des *Soulèvements des montagnes* (p. 613), et il y avait inséré un extrait d'un Mémoire de M. *Élie de Beaumont* à ce sujet. Ce dernier ayant eu la complaisance de me communiquer un nouveau résumé de ses idées bien plus développé, j'ai pensé qu'on me saurait gré de le substituer au trop court extrait de l'ouvrage anglais, sans toutefois rien retrancher des observations qui ont été ajoutées par M. de la Bèche, lequel s'est empressé de consentir à cette substitution (p. 616).

J'ai supprimé l'index alphabétique qui termine l'ouvrage anglais, parce qu'il m'a paru trop abrégé et peu utile pour faciliter les recherches. J'ai préféré développer davantage la *table des matières* placée en tête, où elles sont rangées dans l'ordre où elles sont traitées dans l'ouvrage.

PRÉFACE

DE LA PREMIERE ÉDITION ANGLAISE.

Dans un ouvrage de la nature de ce Manuel, qui a pour but de donner un court exposé de l'état actuel d'une science, et en même temps d'indiquer quelques-unes des conséquences que les faits connus permettent de hasarder, il est fort difficile à un auteur de se maintenir exactement dans la véritable marche qu'il doit suivre. Sans doute il doit écarter tous les détails trop longs et peu importants ; mais, d'un autre côté, il lui est absolument indispensable de rapporter une assez grande masse de faits, afin de convaincre le lecteur qu'on ne lui présente pas des assertions sans fondement, et qu'on ne l'entraîne pas dans le vague des hypothèses purement gratuites.

Les catalogues de débris organiques qu'on trouvera à chaque groupe de terrain paraîtront peut-être trop étendus. Il est certain qu'on y a attaché une grande importance, parce qu'aujourd'hui on s'occupe beaucoup de la détermination des caractères zoologiques des terrains, et que ce genre de recherches peut conduire à la découverte des conditions principales sous lesquelles se sont formés les divers dépôts fossilifères. L'auteur a en outre jugé que, pour que ces catalogues fussent utiles, il devait les rendre aussi complets qu'il lui était possible, et que sans cela autant vaudrait les supprimer tout à fait. Toutefois il reconnait que, malgré le soin qu'il a pris de les établir toujours d'après les autorités réputées les plus sûres, ils doivent encore être soumis à une sévère discussion; car il y a malheureusement, dans l'étude des débris organiques, deux causes d'erreur qui, quoique ayant des effets contraires, sont loin de se neutraliser autant qu'on pourrait d'abord le croire : l'une est le vif désir que l'on a souvent de rencontrer les mêmes espèces de fossiles dans des terrains qu'on suppose équivalents de position, même quand ces terrains sont séparés par de grandes distances; l'autre est la tentation également forte de créer des espèces nouvelles, à laquelle souvent on ne cède que pour ajouter le mot *nobis*, qui semble avoir une influence magique.

Par suite de ces deux causes d'erreur, il n'y a aucun doute que, dans les catalogues de débris organiques donnés dans cet ouvrage, on ne puisse découvrir que le même fossile, surtout parmi les coquilles, a été souvent indiqué sous deux noms différents, et que certains fossiles se trouvent rapportés à des dépôts auxquels ils n'appartiennent pas. Malgré ces inexactitudes, on ne peut s'empêcher de reconnaître, en parcourant les catalogues de débris organiques, que nous avons déjà recueilli à ce sujet une grande masse de documents, et qu'on a lieu d'espérer qu'elle nous conduira aux résultats les plus importants, quand même ces catalogues subiraient, par la suite, des changements considérables.

L'auteur espère que les géologues consommés pourront trouver dans son ouvrage de quoi les intéresser; cependant, comme c'est moins pour eux qu'il l'a composé que pour ceux qui commencent l'étude de cette science, il a pris un soin particulier d'indiquer les différentes sources où il a puisé, même quand il avait lui-même visité les contrées dont il était question. Indépendamment du principe fondamental, *suum quique*, il est à désirer que celui qui étudie soit à même de profiter des travaux des différents auteurs cités, en recourant aux ouvrages ou Mémoires qu'ils ont publiés, pour y chercher des détails plus étendus que ceux auxquels on est forcé de se restreindre dans un volume tel que celui-ci.

Dans une science qui avance rapidement comme la géologie, à laquelle on voit ajouter chaque jour de nouveaux faits, dont les combinaisons donnent nécessairement lieu à beaucoup de vues nouvelles, il est presque impossible, lorsqu'on passe en revue les différents faits, d'éviter de mettre en avant quelques conclusions générales. Dans celles que l'auteur a hasardées, il s'est toujours efforcé de ne pas s'écarter de ce système d'induction qui peut seul conduire à des connaissances exactes : mais comme la vérité, et la vérité seule, est le but de toute science, il déclare sincèrement que si, par la découverte de nouveaux faits ou par une meilleure interprétation des faits déjà connus, ses conclusions théoriques paraissaient ne plus être soutenables, il serait prêt à les abandonner ; si même il avait le bonheur que ce fût son ouvrage qui eût provoqué de nouvelles recherches, il serait le premier à se réjouir de ce qu'une hypothèse inadmissible ait pu être un moyen de conduire à des connaissance plus exactes. Véritablement, il importe fort peu que ce soit telle ou telle théorie de tel ou tel auteur qui soit à la fin reconnue être la plus exacte; pourvu que nous nous approchions de la vérité, nous accomplissons tout ce qu'on peut attendre : et il est clair que plus les faits connus seront multipliés, plus nous aurons de chances d'exactitude dans les idées théoriques, non-seulement par suite des données plus nombreuses qu'on aura pour les établir, mais aussi en raison des fréquents démentis donnés aux conclusions trop précipitées.

Heureusement les faits se sont tellement accumulés, que la géologie tend de jour en jour à sortir de cet ancien état où une hypothèse, pourvu qu'elle fût brillante et ingénieuse, était sûre de trouver des défenseurs et d'obtenir un succès momentané, même quand elle péchait contre les lois de la physique et même contre les résultats des faits observés. Il n'est pas difficile de prévoir que cette science, qui est essentiellement une science d'observation, au lieu de rester comme autrefois surchargée d'ingénieuses spéculations, sera divisée en différentes branches, dont chacune sera cultivée par ceux que leurs facultés personnelles rendront plus compétents pour le faire avec succès. Les différentes combinaisons de la matière inorganique seront examinées par le physicien, tandis que le naturaliste trouvera une ample occupation dans l'étude des débris des animaux et végétaux qui ont vécu à différentes époques sur la surface de la terre.

A l'exception des listes de débris organiques, l'auteur n'a cherché à donner dans cet ouvrage que des *Esquisses générales*, quoique souvent il fût fortement tenté de développer davantage tel ou tel sujet, et qu'il n'ait cédé qu'avec regret à la nécessité de se restreindre ; il espère cependant en avoir dit assez pour être utile à ceux qui veulent se livrer à l'importante science de la géologie. Et s'il était assez heureux pour que ce Manuel vînt à tomber entre les mains de quelqu'un que sa lecture déciderait à devenir collaborateur de la grande tâche de l'avancement de nos connaissances, le but qu'il s'est proposé serait complétement rempli.

PRÉFACE

Peu de mois seulement s'étant écoulés depuis la publication de la première édition de cet ouvrage, on n'a guère fait à celle-ci d'autre addition que celle des documents publiés dans l'intervalle, ou de ceux que les observations personnelles de l'auteur l'ont mis à même de recueillir. On a essayé de rectifier les listes de débris organiques, non-seulement en rejetant les noms qui étaient décidément synonymes d'autres noms qu'on a conservés, mais aussi en supprimant les noms des fossiles qu'on a présumé avoir été supposés, à tort, découverts dans les terrains et les localités mentionnées. Des additions considérables ont aussi été faites à ces listes de fossiles, mais seulement d'après l'autorité de MM. Deshayes, Goldfuss, Munster et d'autres, dont l'exactitude dans cette branche des recherches géologiques est bien connue et généralement appréciée. Toutefois ces listes demandent encore un sévère examen, et il faudra probablement encore beaucoup de temps et de fréquentes comparaisons d'échantillons entre eux, avant qu'elles prennent le caractère de stabilité qu'il est si désirable de leur voir acquérir.

En se servant de ces catalogues et d'autres du même genre, celui qui étudie la science doit se rappeler que, quelque grand et quelque utile que puisse être le secours de la zoologie et de la botanique dans les recherches géologiques, la physique et la chimie sont encore d'une plus grande importance : les premières ne peuvent être employées avec avantage que pour éclaircir une partie des faits, tandis que les dernières peuvent être appliquées d'une manière extrêmement étendue à l'explication de l'ensemble des phénomènes observés.

TABLE DES MATIÈRES.

SECTION PREMIÈRE.

A

SECTION II.

GROUPE MODERNE.

SECTION III.

SECTION IV.

SECTION V.

SECTION VI.

SECTION VII.

SECTION VIII.

SECTION IX.

SECTION X.

SECTION XIII.

Les systèmes de montagnes les plus saillants de l'Europe sont respectivement des fractions de systèmes plus étendus. Extensions du système des Pyrénées, 657. — Du système des Alpes occidentales, 658. — Du système de la chaîne principale des Alpes, 659. — Autres systèmes du même ordre qui ne traversent pas l'Europe. Système des Andes, 660. — Comment la tradition d'un déluge récent devient aujourd'hui moins incroyable, 661. — Probabilité de révolutions nouvelles dans l'avenir, 662. — Les causes des grands phénomènes géologiques ne font probablement que sommeiller, 662. — La répétition prolongée des effets lents et continus que nous voyons se produire ne peut tout expliquer, 662. — Le choc d'une comète, un déplacement de l'axe de la terre, ou toute autre cause astronomique, ne peuvent expliquer la disposition des chaînes de montagnes, 662. — L'action volcanique proprement dite ne peut être la cause des grands phénomènes géologiques, 664. — Ils peuvent résulter, ainsi que l'action volcanique elle-même, du refroidissement séculaire du globe terrestre, 665.

Observations sur la théorie de M. Élie de Beaumont, par M. de la Bèche, 666. — Le parallélisme de plusieurs systèmes de montagnes est insuffisant pour déterminer l'âge relatif de leurs soulèvements ; exemple : île de Wight : monts Mendip ; partie du Dévonshire et du sud du pays de Galles, 666. — Sud de l'Irlande ; trois soulèvements parallèles, mais d'époque différentes, 666. — Les changements dans les caractères zoologiques des dépôts n'ont pas toujours coïncidé avec la dislocation des couches, 667. — Les phénomènes produits par les soulèvements ont dû être très variés, 668. — La destruction de l'ensemble des animaux marins aura été difficile et même impossible, 668.

Gisement des substances métalliques dans les terrains.   668

Divers modes de gisement ; disséminés, en rognons, petits filons entrelacés, couches et filons, 669. — Minerais en couches ; exemples, 669. — Le gîte le plus ordinaire des minéraux métallifères est en filons, 670. — Influence de la nature des roches sur la richesse des filons, 670. — Exemples : Cornouailles, Derbyshire, 670. — On pourrait attribuer cet effet à l'action de l'électricité ; M. Fox, 670. — Beaucoup de ces filons résultent probablement de fentes produites par des dislocations, 671. — Age relatif des filons. Cornouailles, M. Carne, 671. — Discussion sur la formation des filons. Diverses opinions. Actions électriques, 671. — Les deux extrémités d'un filon métallifère peuvent constituer un appareil thermo-électrique, 672.

APPENDICE (1).

(1) Dans l'ouvrage anglais, l'Appendice contient sept articles, dont trois seulement sont conservés dans la traduction. Les autres ont été, ou supprimés, ou intercalés dans le corps de l'ouvrage. Voyez pages 676, 677 et 680. (*Note du traducteur.*)

MESURES ANGLAISES.

Pied anglais	Mètre. = 0,304794, ou environ 15/16 du pied français.
Yard (3 pieds)	Mètre. = 0,914383, ou environ 10/11 de mètre.
Fathom (2 yards)	Mètre. = 1,828766, ou environ 15/16 de la toise.
Mille (1760 yards)	Mètres. = 1609,31, ou environ 825 toises 2/3.
Yard carré	Mètre carré. = 0,836097.
Acre (4840 yards carrés)	Hectare. = 0,404671.
Gallon	Litres. = 4,5434.
Livre (poids de Troy)	Kilogramme. = 0,373095.
Livre (avoir du poids)	Kilogramme. = 0,453414.
Quintal (112 livres)	Kilogrammes. = 50,78246.
Tonne (20 quintaux)	Kilogrammes. = 1015,649.

Dans le cours de cette traduction, on a le plus souvent préféré ne pas convertir les mesures anglaises en mesures françaises, afin de ne pas changer les chiffres donnés par l'auteur anglais. Dans certains cas, on a substitué le mot *mètre* au mot *yard* et le mot *toise* au mot *fathom*, en conservant les mêmes chiffres, lorsque la différence en plus qui en résultait n'avait aucune importance.

ABRÉVIATIONS

DES NOMS D'AUTEURS

CITÉS

DANS LES LISTES DE DÉBRIS ORGANIQUES.

Bast.	Basterot.	Jäg.	Jäger.
Beaum.	Élie de Beaumont.	Lam.	Lamarck.
Blain.	Blainville.	Lam*.	Lamouroux.
Blum.	Blumenbach.	Linn.	Linnæus.
Bobl.	Boblaye.	Lons.	Lonsdale.
Brocc.	Brocchi.	Mant.	Mantell.
Al. Brong.	Alex. Brongniart.	Munst.	Munster.
Ad. Brong.	Adolphe Brongniart.	Murch.	Murchison.
Brug.	Bruguière.	M. de S.	Marcel de Serres.
Buckl.	Buckland.	Nils.	Nilsson.
Conyb.	Conybeare.	Park.	Parkinson.
Cuv.	Cuvier.	Phil.	Phillips.
De C. ou De Cau.	De Caumont.	Raf.	Rafinesque.
Defr.	Defrance.	Rein.	Reinecke.
De la B.	De la Bèche.	Schlot.	Schlotheim.
Desh.	Deshayes.	Sedg.	Sedgwick.
Des M.	Des Moulins.	Sow.	Sowerby.
Desm.	Desmarest.	Sternb.	Sternberg.
Desn.	Desnoyers.	Thir.	Thirria.
Dufr.	Dufresnoy.	Wahl.	Walhenberg.
Dum.	Dumont.	Weav.	Weaver.
Fauj. de St.-F.	Faujas de St.-Fond.	Y. et B.	Young et Bird.
Flem.	Fleming.	Ziet.	Zieten.
Goldf.	Goldfuss.		

MANUEL

DE GÉOLOGIE.

Figure de la terre.

Toutes les observations astronomiques et géodésiques ont conduit à conclure que la terre présente la figure d'un sphéroïde. Ce sphéroïde a été considéré comme un solide de révolution, forme que prendrait une masse fluide si elle était douée d'un mouvement de rotation dans l'espace.

La valeur de l'aplatissement des pôles, ou la différence entre le diamètre de la terre pris d'un pôle à l'autre et son diamètre à l'équateur, a été diversement estimée : mais on admet généralement que l'axe polaire est au diamètre équatorial comme 304 : 305 ; la compression du globe terrestre, ou son aplatissement aux pôles, étant ainsi considéré comme étant de $\frac{1}{305}$.

Le diamètre de l'équateur égale environ 7925 milles anglais.

L'axe polaire égale. 7899

Différence. . . .   26 [1].

---

[1] En admettant l'aplatissement des pôles comme égal à $\frac{1}{305}$, M. D'Aubuisson a fait les calculs suivants (*Traité de Géognosie*, 2e édit., pag. 25) :

Rayon à l'équateur.	6,376,851 mètres.
Demi-axe terrestre	6,355,943
Différence ou aplatissement des pôles. . .	20,908
Rayon à la latitude de 45°.	6,366,407
Valeur d'un degré, à la même latitude. .	111,115
Un degré de longitude, à la même latit. .	78,828
Surface de la terre.	5,098,857 myr. carrés.
Volume.	1,082,634,000 myr. cubes.

1

Densité de la terre.

Diverses opinions ont été émises au sujet de la densité du globe terrestre; mais il paraît certain que la densité intérieure est plus grande que celle de la surface.

M. D'Aubuisson conclut des observations de Maskelyne, Playfair et Cavendish, « *que la densité moyenne de la terre est environ* « *cinq fois plus grande que celle de l'eau, et par conséquent* « *presque double de celle de l'écorce minérale de notre globe* [1]. » Laplace a considéré la densité moyenne de notre sphéroïde comme égale à 1,55, celle de la surface solide étant 1. Suivant Baily, la densité de la terre est 3,9326 fois plus grande que celle du soleil, et elle est à celle de l'eau dans le rapport de 11 à 2 [2].

Distribution des continents et des eaux à la surface du globe.

Quand on examine la distribution des continents et des mers, et leur proportion relative dans leur état actuel, on reconnaît que les mers couvrent près des trois quarts de la surface du globe. La configuration des continents est très variée, et c'est dans l'hémisphère nord qu'ils sont le plus étendus. Nous les jugeons quelquefois très élevés au-dessus du niveau de la mer, d'après nos idées générales à ce sujet; néanmoins si, comme cela devrait être, on compare cette élévation au-dessus de la mer avec la longueur du rayon de la terre, on reconnaît qu'elle est extrêmement faible [3].

La surface de l'océan Pacifique seule est estimée un peu plus grande que la totalité des continents qui nous sont connus. On ne peut considérer ceux-ci que comme une certaine partie de la surface raboteuse du globe, qui peut pendant un temps être au-dessus du niveau des eaux, au fond desquelles elle peut disparaître de nouveau, comme cela a eu lieu à différentes époques antérieures. Laplace a calculé que la profondeur moyenne de l'Océan n'était qu'une petite fraction de la différence de 26 milles anglais, produite entre les diamètres de la terre par l'aplatissement des pôles. Cette profondeur a été diversement estimée entre 2 et 3 milles (de 3,200 à 4,800 mètres). La hauteur moyenne des continents au-dessus du

---

[1] *Traité de Géognosie*, 2e édit., t. 1, p. 28.
[2] Baily, *Astronomical tables.*
[3] Voyez la figure dans mes *Sections and views illustrative of geological phenomena*, pl. 40).

niveau des mers n'excède pas 2 milles, et elle est probablement beaucoup moindre : par conséquent, en prenant également 2 milles pour la profondeur moyenne de l'Océan, les eaux occupent les trois quarts de la surface de la terre; les continents actuels pourraient être distribués dans le sein de l'Océan, de telle manière que la surface du globe ne présentât plus qu'une seule masse d'eau : possibilité fort importante, car elle permet de concevoir à volonté toutes les combinaisons imaginables dans la distribution superficielle des continents et des eaux, et par conséquent de nombreuses variétés dans la vie organique, chacune d'elles appropriée aux diverses situations et aux divers climats dans lesquels elle serait placée.

La surface de la croûte solide du globe est tellement inégale, que l'Océan, conservant un niveau général, entre au milieu des continents dans différentes directions, formant ce qu'on appelle généralement des mers intérieures, telles que la mer Baltique, la mer Rouge et la mer Méditerranée, dans lesquelles il peut se produire des changements géologiques différents de ceux qui arrivent dans le grand Océan.

On rencontre au milieu des continents de grands amas d'eaux salées qui y sont tout à fait enfermés, et que l'on a nommés *caspiennes*, du nom de la mer Caspienne, la plus grande d'entre elles. Elles n'ont aucune communication avec le grand Océan : en effet, le niveau de la mer Caspienne est beaucoup plus bas que celui de la mer Noire ou de la Méditerranée; la première occupant, avec le lac d'Aral et d'autres lacs plus petits, la partie la plus basse d'une dépression considérable (de 200 à 300 pieds au-dessous du niveau général de l'Océan), laquelle a eu lieu dans l'Asie occidentale, et qui reçoit les eaux du Volga et de plusieurs autres rivières.

On a donné diverses explications de ces amas d'eau salée : quelques-uns supposent qu'ils ont été isolés de l'Océan par un changement dans le niveau relatif des continents et des mers; d'autres, au contraire, pensent que leur salure provient de ce que le sol sur lequel ils reposent est imprégné de matières salines. A l'appui de cette opinion, on a fait remarquer que la mer Caspienne et les lacs d'Aral, de Baïkal, etc., sont situés dans des contrées où abondent les sources salées.

Quelle que soit leur origine, il est évident que, si la quantité d'eau douce que reçoivent ces mers n'est pas égale à celles qu'elles perdent par l'évaporation, elles deviendront de plus en plus salées, jusqu'à ce que l'eau étant saturée, l'excédent de sel se déposera au fond, et y formera des couches d'une étendue et d'une profondeur proportionnées à celle du lac ou de la mer.

Il serait hors de propos d'essayer de donner ici une description générale de tous les autres rapports entre les continents et les eaux, lesquels sont d'ailleurs plus ou moins connus de tout le monde. Néanmoins nous croyons utile de faire mention de ces lacs d'eau douce qui couvrent des espaces considérables, et de faire remarquer qu'il peut s'y former encore aujourd'hui des dépôts fort étendus, enveloppant seulement des restes d'animaux et de végétaux terrestres ou d'eau douce.

Salure et pesanteur spécifique de la mer.

La masse tout entière de l'Océan est formée d'eau salée, dont la composition est assez constante, autant que l'on peut en juger par les expériences qui ont été faites à ce sujet. Par suite de l'évaporation et de la chute des eaux pluviales, la mer doit être moins salée à la surface qu'à une certaine profondeur au-dessous.

Suivant le docteur Murray, de l'eau de mer recueillie dans le golfe de Forth (Écosse) contenait sur 10,000 parties :

Sel commun.	220,01
Sulfate de soude. . . .	33,16
Muriate de magnésie .	42,08
Muriate de chaux . . .	7,84
	303,09

Suivant le docteur Marcet, 500 grains d'eau de mer, pris au milieu de l'Atlantique du nord, contenaient :

Muriate de soude . . .	13,30
Sulfate de soude. . . .	2,33
Muriate de chaux . . .	0,995
Muriate de magnésie .	4,955
	21,580

D'après les expériences du docteur Fyfe (*Journal philosoph. d'Édimb.*, vol. 1), les eaux de l'Océan, entre le 61° 52′ N. et le 78° 35′ N., ne diffèrent pas beaucoup dans la quantité des sels qu'elles renferment, laquelle varie entre 3,27 et 3,91 pour 100. Les eaux soumises à l'expérience avaient été recueillies par M. Scoresby.

Le docteur Marcet a fait une série d'expériences sur la pesanteur spécifique de l'eau, qui a donné les résultats suivants :

	Pes. sp.		Pes. sp.
Océan Arctique...	1,02664	Mer de Marmara....	1.01915
Hémisphère nord..	1,02829	Mer Noire.......	1.01418
Équateur......	1,02829	Mer Blanche......	1,01901
Hémisphère sud..	1,02882	Baltique........	1,01528
Mer Jaune......	1,02291	Mer Glaciale......	1,00057
Méditerranée....	1,02930	Lac Ourmia.......	1,16507

Le même auteur a conclu de ses observations :

1° Que l'Océan méridional contient plus de sel que l'Océan septentrional, dans le rapport de 1,02919 à 1,02757.

2° Que la pesanteur spécifique moyenne de l'eau de mer, près de l'équateur, est égale à 1,02777, ce qui forme un intermédiaire entre celles de l'eau de la mer dans les hémisphères nord et sud.

3° Qu'il n'y a pas de différence sensible dans la salure de l'eau de la mer sous différents méridiens.

4° Qu'aucune preuve suffisante n'établit que la mer soit plus salée à une grande profondeur qu'à la surface [1].

5° Que la mer, en général, contient plus de sel là où elle est la plus profonde et la plus éloignée des continents, et que sa salure diminue toujours dans le voisinage des grandes masses de glaces.

6° Que les petites mers intérieures, quoique communiquant avec l'Océan, sont beaucoup moins salées que lui.

7° Que cependant la Méditerranée contient plutôt une plus grande proportion de sel que l'Océan [2].

Les différences dans la salure de la mer, particulièrement dans celle de sa surface, paraîtraient en grande partie dépendre de la proximité des glaces éternelles, et de celle de grandes et nombreuses rivières. Ainsi, comme on l'a vu ci-dessus, la mer Baltique, la mer Noire, la mer Blanche et la mer Jaune sont moins salées que le grand Océan, parce que, comparativement, elles reçoivent de plus grandes quantités d'eau douce. Par suite de la petite proportion de sel contenu dans la mer Noire et dans la mer d'Azof, les golfes de la première contiennent fréquemment de la glace, et on a reconnu que la seconde est gelée pendant quatre mois de l'année. La salure plus forte de la Méditerranée, quoique ce soit une mer intérieure, est attribuée à l'évaporation qui se produit à sa surface, que l'on sup-

[1] L'auteur de l'Extrait des observations du docteur Marcet, inséré dans le *Journal philosophique d'Édimbourg*, cite, à l'appui de cette conclusion, les observations suivantes de M. Scoresby :

			Pes. sp.					Pes. sp.
Lat. 76° 18' N.	{	à la surface...	1,0261		Lat. 76° 34' N.	{	à la surface...	1,0265
	{	à 738 pieds...	1,0270			{	à 120 pieds...	1,0264
	{	à 1380 id....	1,0269			{	à 240 id....	1,0266
						{	à 360 id....	1,028
						{	à 600 id....	1,0267

[2] *Trans. phil.*, 1819 ; et *Journ. phil. d'Édimb.*, vol. 2.

pose être plus grande que la quantité d'eau douce qu'elle reçoit : et en effet, deux grands courants, l'un venant de la mer Noire, l'autre de l'Atlantique, y pénètrent pour remplacer la perte occasionnée par l'évaporation.

Il est nécessaire de connaître la nature des éléments salins que renferme la mer, en ce qu'ils doivent modifier plus ou moins tous les changements chimiques ou les dépôts qui s'y forment. Mais la pesanteur et la pression de la mer sont d'une bien plus haute importance ; car, la pression augmentant avec la profondeur, certains effets possibles à telle profondeur, deviendraient impossibles à telle autre. Ainsi, par exemple, il est constant, d'après les expériences ingénieuses de sir James *Hall*, que le carbonate de chaux peut être fondu par la chaleur, sans perdre son acide carbonique, lorsqu'on le soumet à une forte pression, telle, par exemple, que celle qui existe dans les profondeurs de la mer. La pression de la mer doit aussi avoir une influence considérable sur les espèces d'animaux ou de végétaux qui y vivent ou végètent à différentes profondeurs : et nous pouvons conclure qu'au sein de mers très profondes il ne doit pas exister d'êtres vivants, la grande pression et l'absence de la lumière nécessaire étant aussi nuisibles à la vie que le froid et la rareté de l'air le sont dans les hautes régions de l'atmosphère.

La compressibilité de l'eau, qui a été longtemps mise en doute, a été prouvée par des expériences, et a été évaluée à 51,3 millionièmes de son volume pour une pression égale à une atmosphère [1]. Il en résulte qu'à de grandes profondeurs, et sous une forte pression de l'Océan, une quantité donnée d'eau doit occuper moins d'espace qu'à la surface, et que par conséquent cette circonstance doit à elle seule augmenter beaucoup sa pesanteur spécifique.

Température de la terre.

La température superficielle de notre planète est fortement influencée par la chaleur solaire, si même elle ne lui doit pas être entièrement attribuée. Il est évident que la différence des saisons et des climats à différentes latitudes est due à une plus ou moins parfaite exposition au soleil ; mais on sait aussi que des circonstances locales amènent de grandes variations dans la température de la surface. Néanmoins on admet généralement ce principe, que, toutes circonstances égales d'ailleurs, la température décroit depuis les tropiques jusqu'aux pôles.

---

[1] *Éléments de chimie* de Turner, et *Annales de chimie et de physique*, t. **XXXVI**.

Il serait superflu de rapporter ici en détail les observations diverses de température qui ont été faites dans différentes localités, et les modifications qui sont dues à des causes locales : on les trouvera dans divers ouvrages spéciaux sur ce sujet, et particulièrement dans le traité de M. de Humboldt sur les lignes isothermes.

Relativement à la température de notre globe, M. Arago a fait les remarques suivantes :

1° Dans aucun lieu de la terre sur le continent, et dans aucune saison, un thermomètre élevé de 2 à 3 mètres au-dessus du sol, et à l'abri de toute réverbération, n'atteint 46 degrés centigrades ;

2° En pleine mer, la température de l'air, quels que soient le lieu et la saison, n'atteint jamais le 31e degré centigrade ;

3° Le plus grand degré de froid qu'on ait jamais observé sur notre globe, avec un thermomètre suspendu dans l'air, est de 50 degrés centigrades au-dessous de zéro ;

4° Enfin, la température de l'eau de la mer ne s'élève jamais, sous aucune latitude et dans aucune saison, au-dessus de 30 degrés centigrades [1].

Les observations géologiques ont conduit à admettre que la température superficielle de la terre n'est pas toujours restée la même, et qu'elle a certainement éprouvé un décroissement très considérable. Il est inutile en ce moment d'en développer les preuves; nous aurons occasion d'en citer fréquemment dans la suite de cet ouvrage, toutes les fois que nous aurons à parler des débris organiques. Il est bon cependant de remarquer que ce décroissement de température est fondé sur la découverte de débris de végétaux et d'animaux enfouis dans le sol de différentes contrées, dans lesquelles l'existence d'animaux et de végétaux de même espèce serait aujourd'hui impossible, faute de la température qui leur est nécessaire. Sans doute, cette induction repose sur l'analogie supposée entre les animaux et les végétaux qui existent actuellement, et ceux d'une organisation en général semblable que l'on trouve dans différentes roches et à différentes profondeurs au-dessous de la surface de la terre; mais, comme nous trouvons maintenant tous les êtres, soit animaux, soit végétaux, placés dans les localités qui leur sont propres, nous sommes en droit d'en conclure qu'il y a eu un plan dans la nature à toutes les époques et dans tous les états possibles de la surface de la terre, et par conséquent d'admettre que les animaux et les végétaux semblablement organisés ont eu en général des lieux d'habitation semblables.

[1] *Ann. de phys. et de chim.*, t. 27, p. 432, et *Journ. de phil. d'Edimb.*, 1825.

Ce décroissement dans la température de la surface peut naître de trois sortes de causes: extérieures, superficielles et intérieures.

Influence extérieure. La chaleur qui dérive du soleil produisant actuellement de si grands effets, on a supposé qu'une différence dans la position relative de notre planète et de l'astre qui nous éclaire produirait un changement correspondant dans la température de la surface du globe. On a imaginé des théories suivant lesquelles on suppose que, par suite d'un changement dans l'axe de la terre, les contrées qui sont aujourd'hui aux pôles auraient été jadis placées sous l'équateur; qu'ainsi elles auraient été alors revêtues de la végétation des tropiques, laquelle aurait graduellement disparu, pour être remplacée par celle des plantes qui peuvent exister au milieu des neiges et des glaces.

M. Herschell, en considérant ce sujet avec les yeux d'un astronome, admet qu'une diminution de la température de la surface peut naître d'un changement dans l'ellipticité de l'orbite de la terre, cet orbite devenant peu à peu, quoique lentement, de plus en plus circulaire. Aucun calcul n'ayant encore été fait sur la valeur probable du décroissement de la température par suite de cette cause, on ne peut, quant à présent, l'envisager que comme une explication possible de ces phénomènes géologiques qui nous conduisent à admettre des altérations considérables dans les climats.

Influence superficielle. Un décroissement de température peut être occasionné par une variation dans la position relative des continents et des mers, et dans l'élévation et la forme de ces premiers. En effet, cette variation peut altérer le climat dans une certaine partie de la surface de la terre, au point qu'une chaleur plus faible succède à une plus forte, et que le sol, jadis capable de faire vivre les animaux et les végétaux des climats chauds, en devient incapable à une autre époque. Cette théorie ingénieuse est due à M. Lyell [1]; elle suppose le concours simultané de causes extérieures et intérieures, les dernières élevant ou abaissant les continents dans les positions convenables, et les premières fournissant la chaleur nécessaire. Elle suppose aussi la possibilité du retour d'un climat chaud, de manière que les mêmes contrées peuvent être alternativement soumises à l'influence d'une température plus élevée ou plus basse. Nous avons si peu de données pour apprécier la valeur de cette théorie, qu'on ne peut la considérer que comme une des manières possibles d'expliquer une diminution de température. Il faut toutefois admettre que dans tous les états de la

[1] *Principles of geology*, t. 1, p. 105.

surface de la terre, la distribution relative des terres et des mers, et la forme ou l'élévation des continents, ont toujours dû avoir, comme elles l'ont aujourd'hui, une influence considérable sur le climat.

Influence intérieure. Depuis les temps les plus reculés, des savants ont été portés à admettre au sein de la terre l'existence d'une chaleur centrale ; opinion qui dérive naturellement des phénomènes des volcans et des sources chaudes. Mais, malgré l'ancienneté de cette conjecture, ce n'est que depuis très peu de temps que des expériences directes ont été entreprises pour déterminer si la température augmente ou non avec la profondeur, c'est-à-dire en s'enfonçant de la surface vers le centre.

Diverses observations ont été faites sur la température des mines dans la Grande-Bretagne, en France, en Saxe, en Suisse et même au Mexique. Toutes celles qui sont antérieures à 1827 ont été réunies, mises en ordre, et commentées par M. Cordier [1]. Ces expériences sur la température des mines ont été faites de différentes manières, en constatant, tantôt la chaleur de l'air dans les galeries, tantôt celle des eaux stagnantes à différents niveaux ; d'autres fois en observant la température des sources à différentes profondeurs, ou celle des eaux élevées au jour par les pompes ; quelquefois, quoique rarement, en prenant la température des roches mêmes à différents niveaux.

On ne tarda pas à réfléchir que, quoique ces expériences tendissent à établir l'accroissement des températures à mesure que l'on s'enfonce, la présence des mineurs avec leurs lampes ou leurs chandelles, et les explosions de la poudre dans quelques mines, devaient produire dans la température de l'air des galeries une augmentation assez notable pour causer de très graves erreurs. M. Cordier a cherché à déterminer la véritable valeur de ces objections et autres semblables. On a calculé qu'un mineur dégage, en une heure, une quantité de chaleur suffisante pour élever la température de 542 mètres cubes d'air d'un degré au-dessus d'une température de 12° centigrades ; on a aussi déterminé que quatre lampes de mineurs produisent autant de chaleur que trois mineurs ; on a calculé, en outre, que la présence de 200 mineurs et 200 lampes, convenablement répartis, suffiraient pour élever de 1° centigrade en une heure la température d'une masse d'air égale à celle que contiendrait une galerie d'un mètre de large sur deux mètres de haut, et de 93,000 mètres de longueur. M. Cordier rapporte aussi que, dans la mine

[1] *Essai sur la température de l'intérieur de la terre.* Mémoires de l'Académie, t. 7.

de houille de Carmeaux, département du Tarn, 24 mineurs avec 19 lampes, placés à deux niveaux différents et occupés continuellement durant 6 jours par semaine, avaient produit, par heure, une chaleur suffisante pour élever la température de l'air dans les galeries de 1°,66 ; le volume de l'air de ces galeries était évalué à environ 12,560 mètres cubes.

Une autre source d'erreurs vient de la circulation de l'air dans les mines, et de son introduction de la surface dans l'intérieur ; cela doit varier suivant la distribution locale des galeries dans une mine : mais il doit toujours exister une force qui tend à remplacer l'air dilaté et échauffé par celui qui est plus dense et plus froid. Par conséquent, quelle que soit la cause qui produise de la chaleur dans une mine, si l'air qu'elle renferme est plus chaud que celui de la surface, comme c'est le cas le plus ordinaire, l'air froid doit toujours tendre à pénétrer dans la mine, et l'air chaud à en sortir : il en résulte que l'introduction de l'air du dehors tend à abaisser la température de la mine, et en quelque sorte à compenser la chaleur fournie par les ouvriers. M. Cordier observe à ce sujet, que la température moyenne de la masse d'air introduite dans une mine, pendant un an, est inférieure à la température moyenne de la contrée pendant le même temps, et il estime que cette différence est entre 2 et 3 degrés centigrades dans le plus grand nombre des mines de nos climats [1].

En observant la température des eaux des mines, on peut obtenir un résultat, ou trop haut, ou trop bas, suivant que ces eaux viennent de la profondeur ou de la surface. Si les eaux descendent de la surface dans la mine, elles apporteront avec elles leur température primitive, modifiée par la chaleur des masses à travers lesquelles elles filtrent ; de sorte que la différence entre leur température dans la mine et celle qu'elles avaient à la surface dépend de leur abondance ou de leur petite quantité et de la lenteur ou de la rapidité de leur mouvement. De plus, elles doivent tendre constamment à ramener à leur propre température la surface des

---

[1] *Essai sur la température de l'intérieur de la terre.* On a supposé que l'air des mines étant soumis à une plus grande pression que celui de la surface, et éprouvant ce changement en peu de temps, cette pression pouvait développer une chaleur suffisante pour produire en apparence un accroissement de température correspondant avec l'accroissement de la profondeur. Mais, comme l'air froid ne tarde pas à être dilaté par l'air échauffé des travaux, et comme le changement de pression ne peut être très soudain, ce fait ne paraît pas suffisant pour rendre compte des phénomènes observés. D'après M. Ivory (*Phil. mag.*, et *Annal. of phil.*, vol. 1, p. 94), un degré de chaleur de l'échelle de Fahrenheit est dégagé par un air qui éprouve une condensation de $\frac{1}{\ldots}$. Et si une masse d'air était ramenée tout à coup à la moitié de son volume, la chaleur développée serait de 90°.

roches à travers lesquelles elles passent. Les mêmes remarques s'appliquent aux eaux qui viennent d'un niveau plus bas.

La température observée sur les roches mêmes doit être plus ou moins affectée, suivant les circonstances, par celles de l'eau ou de l'air qui les avoisine. Cela est si vrai, que les parois d'une mine peuvent avoir, jusqu'à une certaine distance, une température différente de celle de la masse de roches au même niveau.

Par suite de ces diverses sources d'erreurs, auxquelles on peut en ajouter d'autres, les observations faites dans des circonstances qu'elles peuvent influencer ne peuvent être regardées que comme des approximations qui permettent d'apprécier la valeur de ce mode de recherches.

Pour donner à chaque série d'observations la véritable importance qu'elle mérite, M. Cordier a classé séparément celles qui ont été faites dans des circonstances différentes. Ses tables, ainsi formées, ont aussi le grand avantage d'être réduites à des mesures communes de température et de profondeur.

Parmi ces observations, on a choisi les suivantes, comme étant peut-être les moins sujettes à erreur.

Table d'observations faites sur les sources dans les mines.

LIEUX, AUTEURS ET DATES.	MINES.	PROFONDEUR.	TEMPÉRATURE	
			des sources.	moyenne du pays.
		Mètres.	Degrés centigrades.	
	M. de Plomb et Argent.			
SAXE ; D'Aubuisson, fin de l'hiver de 1802.	Jung-Hohe-Birke. . . .	78	9 4′	8°
	. . . .	217	12,5	8
	Beschertglück.	256	13,8	8
	Himmelfürst.	224	14,4	8
	Poullaouen	39	11,9	11,5
	. . . .	75	11,9	11,5
BRETAGNE ; D'Aubuisson, 5 septembre 1805. . . .	. . . .	110	14,6	11,5
	Huelgoët.	60	12,2	11
	. . . . : .	80	15	11
	. . . .	120	15	11
	. . . .	230	19,7	11
CORNOUAILLES ; Fox, publié en 1821.	*M. de Cuivre.* Dolcoath.	439	27,8	10.
MEXIQUE, Humboldt. . .	*M. d'Argent.* Guanaxuato.	522	36,8	16.

Table de la température des roches dans les mines [1].

I, Le thermomètre étant placé dans une niche vitrée sur le devant, pratiquée dans la roche, éloignée des principaux ouvrages ; — la boule enfoncée dans la roche, le reste dans un tube de verre ; — le tout couvert d'une porte en bois formant la niche, et qu'on n'ouvrait que pour les observations.

		PROFONDEUR.	TEMPÉRATURE	
			des	de la
		Mètres.	roches.	contrée.
SAXE. Treba. 1805	Mine de Bescherlglück. .	180	11·25	8°
1806 , 1807.	Plomb et argent. . . .	260	15	8
		71.9	8.75	8
SAXE, Tréba, 1815.	Mine de Alte - Hoffnung-	168.2	12.81	8
	Gottes.	268.2	15	8
		379.54	18.75	8

II. Le thermomètre étant plongé dans les matières terreuses couvrant le fond des galeries qui avaient été inondées pendant deux jours [2].

CORNOUAILLES ; FOX,	Mine dite *United mines.*	348	30.8	10
publié en 1821. . .		366	31.1	10

III. Le thermomètre ayant été fixé, pendant dix-huit mois, à une profondeur d'un mètre, dans la roche d'une galerie.

CORNOUAILLES; FOX,	Mine de cuivre de Dol-	421	24.2	10
publié en 1822. . .	coath.			

[1] La température de ces tables est marquée en degrés du thermomètre centigrade. Quand on réfléchit à la simplicité de cette échelle et à la facilité avec laquelle elle se prête aux calculs, il semble étrange qu'en Angleterre on n'en fasse pas un usage plus général, et qu'on y continue, par habitude, d'employer la moins philosophique des trois échelles thermométriques. L'échelle centigrade peut d'ailleurs se ramener aisément à celle de Fahrenheit, en considérant que la dernière est à la première, entre le point de la glace fondante et celui de l'eau bouillante, comme 180 est à 100, ou comme 9 est à 5. Les degrés de l'échelle de Réaumur sont à ceux de Fahrenheit comme 4 est à 9. Comme le zéro de l'échelle de Fahrenheit est à 32 degrés de cette échelle au-dessous du zéro des autres, il est toujours nécessaire de faire une correction pour cette différence. (*Note de l'auteur.*)

[2] M. Cordier fait une remarque sur l'erreur qui peut naître, dans ce cas, du mélange de la température qui existait dans les galeries, par suite de toutes les causes ordinaires dans les mines exploitées, avant l'époque de l'inondation, et la température des eaux pendant cette inondation. A ce sujet, il cite quelques observations faites par lui-même dans les travaux du *ravin* qui font partie des mines de Carmeaux, lesquelles font voir que les différences de température entre des débris humides placés sur le sol des galeries et la chaleur propre de ce niveau s'élevaient à 2°,6 , 2°,8 et même à 3°,1 centigrade.

Table des résultats des expériences sur la température du sol, faites dans les mines de houille de Carmeaux, Littry et Decize.

CARMEAUX (Tarn).

	PROFONDEUR. Mètres.	TEMPÉRATURE. Degrés.
Eaux du puits Vériac.	6,2	12,9
Eaux du puits Bigorre.	11,5	13,15
Roc au fond de la mine du Ravin	181,9	17,1
Roc au fond de la mine de Castillan	192,	19,5

LITTRY (Calvados).

Surface extérieure des mines	0,	11,00
Roche au fond de la mine de Saint-Charles ; moyenne de deux stations.	99,	16,135

DECIZE (Nièvre).

Eau du puits Pélisson.	8,8	11,4
Eau du puits des Pavillons.	16,9	11,77
Roche au fond de la mine Jacobé. { station supérieure.	107,	17,78
{ station inférieure.	171,	22,1

Ces observations ont été faites avec un grand soin : le thermomètre était enveloppé d'une manière lâche dans une feuille de papier de soie, formant sept tours entiers. Ce rouleau, ainsi fermé exactement au-dessous de la boule, était serré par un fil un peu au-dessous de l'autre extrémité de l'instrument, en sorte que l'on pouvait en sortir à volonté la portion du tube nécessaire pour observer l'échelle, sans craindre le contact de l'air. Le tout était renfermé dans un étui de fer-blanc.

On introduisait l'appareil dans un trou de 65 centimètres de profondeur et large de 4, plongeant sous une inclinaison de 15°, de telle sorte que l'air une fois entré dans les cavités, ne pouvait se renouveler, parce qu'il devenait plus froid, et par conséquent plus pesant que celui des galeries. Le thermomètre était maintenu le plus possible à la température de la roche, en le plongeant au milieu de fragments de roche ou de houille fraîchement brisés, et en le tenant quelques instants à la bouche du trou, dans lequel on l'introduisait ensuite ; puis on fermait l'ouverture avec un fort bouchon de papier. Le thermomètre séjournait généralement dans la cavité environ pendant une heure [1].

[1] On voit combien il est facile, au moyen de quelques précautions, de faire des recherches sur l'accroissement ou la diminution de la température à des profondeurs qui ne sont plus soumises aux influences atmosphériques ; on ne peut donc s'empêcher de s'étonner que dans les mines de houille de la Grande-Bretagne, qui sont si nombreuses, et dont quelques-unes sont si profondes, on ait fait si peu d'expériences sur la température propre des roches. (*Note de l'auteur.*)

Température de l'eau dans les puits artésiens et dans les mines abandonnées.

On sait que les puits artésiens sont des trous faits avec la sonde, par lesquels l'eau, provenant de différentes profondeurs sous la surface du sol, s'élève jusqu'à cette surface, et même au-dessus, par suite de l'effort qu'elle fait pour s'échapper. D'après les observations de M. Arago, plus ces puits sont profonds, plus la température des eaux qu'ils fournissent est élevée.

Il résulte des expériences que M. Fleuriau de Bellevue a faites dans un puits artésien, foré sur le rivage de la mer, près de La Rochelle, que la température augmente avec la profondeur. Le puits, au moment de la première expérience, avait 3 ¼ pouces de diamètre, et 105 ½ mètres de profondeur ; et il renfermait une colonne d'eau stagnante et saumâtre, qui s'était élevée à la hauteur de 98 mètres. Le 14 février 1830, après que le thermomètre fut resté au fond du puits pendant 24 heures, M. de Bellevue trouva que la température y était de 16°,25 centig., l'air extérieur étant à 10°,6. A 11 pieds au-dessous de la surface de l'eau, on ne trouva qu'une température de 13°,12, après que l'instrument y fut resté 17 heures. Des puits ordinaires, d'une profondeur de 22 à 28 pieds, avaient, dans le même moment, une température moyenne de 8°,75.

Le 22 mars suivant, MM. Emy et Gon firent d'autres expériences sur le même puits, qui était alors profond de 123 mètres 16 centim. ; ils trouvèrent que la température du fond, après que le thermomètre y eut séjourné 25 heures, était de 18°,12 centig. Craignant qu'il n'y eût quelque inexactitude dans cette expérience, ils la répétèrent le lendemain ; mais après avoir laissé l'instrument au fond du puits pendant 13 heures, ils obtinrent exactement le même résultat. M. Fleuriau de Bellevue évalue la température moyenne de la contrée à 11°,87 centig. [1].

Ces expériences furent faites avec un très grand soin, et semblent prouver jusqu'à l'évidence que la chaleur va en augmentant de la surface dans l'intérieur de la terre ; car si la colonne d'eau n'était soumise qu'aux lois ordinaires, sa température deviendrait bientôt uniforme dans toute sa hauteur, par suite de la descente du liquide plus froid et de l'ascension du plus chaud : il faut donc qu'il existe au fond du puits une source de chaleur bien autrement puissante.

Dans les eaux des mines abandonnées, on a fait aussi de nom-

[1] Fleuriau de Bellevue. (*Journal de Géologie*, t. 1. p. 89.)

breuses observations qui tendent à prouver que les eaux ne suivent pas les lois de leur plus grande densité dans ces localités, mais que les températures augmentent avec leur profondeur. Certainement, dans beaucoup de cas, tel que celui des mines récemment inondées, l'eau peut être échauffée par la galerie où on a travaillé; mais cette influence ne peut se prolonger longtemps; et de nombreuses observations montrent que, dans les mines abandonnées, la température augmente avec la profondeur. Toutefois, dans des recherches de ce genre, il est nécessaire de prendre de grandes précautions pour déterminer la véritable température, et il est à désirer que l'on répète plusieurs des expériences qui ont déjà été faites [1].

Température des sources.

On a supposé que la température des sources de la surface donnait à peu près, si ce n'est exactement, la température moyenne des pays dans lesquels elles se montrent. Pour apprécier la valeur de cette hypothèse dans l'application, il faut s'assurer, pour chaque cas particulier, si les eaux qui alimentent les sources viennent d'en haut ou d'en bas, c'est-à-dire si elles partent de la surface et filtrent à travers des couches poreuses, jusqu'à ce qu'elles soient arrêtées par des couches imperméables; ou bien si, provenant de profondeurs plus grandes comparativement, elles sont forcées par quelques causes de s'élever jusqu'à la surface du sol. Nous sommes assurés que beaucoup de sources sont de la première classe; mais nous le sommes également que beaucoup d'autres appartiennent à la seconde; car leurs températures sont beaucoup au-dessus de celle qu'elles auraient acquise par une simple filtration, en descendant à travers les couches supérieures.

A Paris, les oscillations de la température de la terre ne cessent pas complétement à 28 mètres. Le professeur Kupffer a cherché à établir que les sources qui jaillissent à une profondeur plus grande que 25 mètres au-dessous de la surface, se maintiennent à une température uniforme pendant toute l'année, étant suffisamment garanties des influences atmosphériques. En admettant cette détermination, il est évident que si les sources de la surface n'ont qu'un faible volume et sourdent lentement, leur température pourra être un peu modifiée durant leur passage à travers les 25 mètres, tandis que si elles sourdent avec violence, et si leurs eaux sont abondantes,

---

[1] Une source froide qui viendrait rapidement de la surface se joindre à des amas d'eau au fond d'une mine abandonnée, tendrait à les refroidir.

elles ne subiront qu'un changement inappréciable dans leur passage à travers cette épaisseur de terrain. Néanmoins, la question de savoir de quel point viennent les eaux reste toujours la même.

Le professeur Kupffer a construit la table suivante, principalement d'après le mémoire de M. de Buch sur la température des sources, et celui de M. de Humboldt sur les lignes isothermes. Il a eu pour but de confirmer les observations de M. Walhenberg, qui a établi que la température des sources, dans des latitudes élevées, est plus forte que celle de l'air, et en même temps celles de MM. de Humboldt et de Buch, qui ont reconnu au contraire qu'à des latitudes basses, la température des sources est moindre que celle de l'air; ainsi il a voulu prouver que la température de la terre est quelquefois très différente de la température moyenne de l'air, et que le rapport entre ces deux températures suit des lois très variées [1].

LOCALITÉS.	LATITUDES.	Hauteur au-dessus de la mer.	Températ. de la terre.	Températ. de l'air.	OBSERVATEURS.
	Degrés.	Mètres.	Degrés centigrades.		
Congo.	9 S.	450	22,75	25,62	Smith.
Cumana.	10½ N.	0	25,62	28,00	Humboldt.
St-Yago (îles du cap Vert)	15	0	24,50	25,00	Hamilton.
Rock (Fort Jamaïque). . .	18	0	26,12	27,00	Hunter.
Havane.	23	0	23,50	25,62	Ferrier.
Nepaul	23	0?	23,25	25,00	Hamilton.
Ténériffe	28½	0	18,00	21,62	De Buch.
Le Caire.	30	0	22,50	22,50	Nouet.
Cincinnati.	39	160	12.37	12,12	Mansfield.
Philadelphie.	40	0	13,75	12,37	Warden.
Carmeaux.	43	300?	15,00	14,37	Cordier.
Genève	46	350	11,12	9,62	Saussure.
Paris	49	75	11,50	10,87	Bouvard.
Berlin.	52½	40	10,12	8,00	
Dublin.	53	0	9,62	9,50	Kirwan.
Kendal.	54	0	8,75	7,87	Dalton.
Keswick.	54½	0	9,25	8,87	
Kœnigsberg.	54½	0	8,12	6,25	Erman.
Edimbourg.	56	0	8,75	6,75	Playfair.
Carlscrone..	56½	0	8,50	8,50	Walhenberg.
Upsal	60	0	6,50	5,62	
Umeo.	64	0	2,87	0,75	
Giwartenfiall.	66	500	1,25	3,75	

A ces observations nous ajouterons les suivantes, faites en Russie par le professeur Kupffer lui-même.

1 Kupffer, *Sur la température moyenne de l'atmosphère et de la terre, dans quelques parties de la Russie.* (*Poggendorf Annalen,* 1829.)
M. Kupffer a suivi l'échelle thermométrique de Réaumur (l'auteur anglais y a substitué l'échelle de Fahrenheit; nous avons préféré indiquer la température en degrés centigrades. (*Note du traducteur.*)

	Latitude.	Hauteur.	Température de la terre.	Température de l'air.
Kisnckejewa.	54 ½°	300	4,37°	4,50°
Kasan.	56	80	6,25	3,00
Nishney-Tagilsk. . .	58	200	2,87	—0,25
Werchoturie	59	200	2,37	—0,87
Bogoslowsk.	60	200	1,87	—1,50

Si les tables ci-dessus sont exactes, elles suffisent pour prouver que, quoique la température terrestre, déduite de celle des sources, décroisse en allant de l'équateur aux pôles, elle ne décroît pas portionnellement à la température moyenne de l'air dans les mêmes localités. Cela semble indiquer qu'il y a quelque cause modifiante dont l'action est indépendante de l'influence solaire. M. de Wahlenberg a remarqué que beaucoup d'arbres et de plantes qui ont de profondes racines ne fleurissent que parce que la température de la terre excède la température moyenne de l'air; et le professeur Kupffer dit aussi qu'il a eu souvent occasion de confirmer cette observation dans la partie nord des monts Ourals.

Au point de contact entre l'atmosphère et la terre, si l'une et l'autre possèdent des sources différentes de température, nous devons présumer qu'elles doivent exercer une action mutuelle l'une sur l'autre, et que par conséquent des températures moyennes égales à la surface, sur différentes parties de la terre, doivent, jusqu'à un certain point, correspondre à des températures terrestres égales, prises à des profondeurs peu considérables. Cette conjecture peut servir à faire concevoir la conclusion du professeur Kupffer, que « si nous joignons par des lignes tous les points qui ont la même « température terrestre, ces lignes *isogéothermes* ressemblent aux « lignes *isothermes* (d'une égale température moyenne de la con- « trée), en ce sens qu'elles sont comme celles-ci parallèles à l'équa- « teur, sauf quelques divergences en plusieurs points [1]. »

La température de la surface, déduite de celle des sources, est sans aucun doute sujette à beaucoup d'erreurs, puisque ce mode d'évaluation est uniquement fondé sur la présomption que les sources ont pris la température de la terre à des profondeurs moyennes. En effet, les sources qui passent à travers des couches poreuses avant de parvenir au dehors peuvent, à la vérité, prendre cette température des roches qu'elles traversent; mais on ne peut supposer qu'il en soit de même de celles qui paraissent venir d'une grande profondeur, quoiqu'elles aient dû se refroidir dans leur ascension jusqu'à la surface.

[1] Kupffer, mémoire cité plus haut.

2

L'évidence de cette opinion, que beaucoup de sources viennent de profondeurs considérables et possèdent une température indépendante de l'influence solaire, repose sur leur grande chaleur, qui varie depuis le point d'ébullition de l'eau jusqu'aux températures ordinaires. Il est impossible de rendre compte de ce fait autrement qu'en supposant que cette grande chaleur est communiquée à l'eau dans des parties de la terre très éloignées de la surface, et soustraites à l'influence atmosphérique.

MM. Berzélius, De Hoff, Keferstein, Bischoff et autres savants, ont cherché à déterminer l'origine de la chaleur des sources thermales. Le premier s'est occupé des eaux thermales qui sont chargées de différents sels de soude et d'acide carbonique, et il a attribué leur origine à l'infiltration des eaux atmosphériques dans des régions volcaniques souterraines, au sortir desquelles elles sont forcées de remonter à la surface, chargées des substances avec lesquelles elles se sont combinées dans leur passage au milieu des matières volcaniques.

M. De Hoff combat la théorie qui attribue à un simple point volcanique la production de la chaleur nécessaire ; et il regarde comme bien plus probable que cette chaleur est due aux opérations qui, dans l'intérieur de la terre, donnent naissance aux volcans et aux tremblements de terre.

M. Keferstein admet que les vapeurs et les sources chaudes sont dues à une action volcanique, dont le centre peut être situé à une grande profondeur, même au-dessous des formations les plus anciennes.

M. Bischoff, qui rapporte ces diverses opinions [1], paraît n'en avoir aucune qui lui soit propre sur ce sujet; mais il appelle l'attention sur l'accroissement possible de la température des eaux par la chaleur interne de la terre à de grandes profondeurs, indépendante des feux volcaniques; et il fait observer que les canaux à travers lesquels les eaux passent pour venir à la surface, étant une fois échauffés, leurs parois doivent transmettre au dehors peu de chaleur : en effet, les roches sont de mauvais conducteurs du calorique, ainsi qu'on le voit clairement dans les courants de laves, sur la surface extérieure desquels on peut appliquer la main pendant quelques instants, tandis que le centre est encore en fusion [2].

A l'appui de l'opinion, que les eaux termales peuvent devoir leur haute température à une chaleur intérieure générale, et non pas à

[1] *Sur les sources minérales volcaniques en Allemagne et en France*, et *Nouveau Journ. philos. d'Edimb.*, 1830.
[2] Monticelli et Cervelli.

de simples points volcaniques près de la surface de la terre, on peut remarquer que les sources thermales se rencontrent dans presque toutes les positions, et sont quelquefois très éloignées de tous les cantons volcaniques de la surface.

La connexion immédiate des *geysers* et des volcans de l'Islande est tellement évidente, que peu de personnes oseraient la contester. Mais lorsque dans d'autres pays on a trouvé des sources chaudes sortant des crevasses de couches non volcaniques, on a inventé des théories pour expliquer leur origine par des combinaisons chimiques à de petites profondeurs. Cependant la nature des sels tenus ordinairement en dissolution dans ces eaux ne sert pas à confirmer cette idée, et M. Berzélius a démontré qu'on ne pouvait pas la défendre à l'égard des eaux de Carlsbad.

Nous citerons ici quelques exemples pour prouver la variété des roches au milieu desquelles on rencontre des sources thermales. Elles paraissent très communes dans les chaînes de montagnes, circonstance qui, d'après l'hypothèse que les chaînes ont été soulevées par une force agissant de bas en haut, ajoute une forte probabilité à l'existence d'une chaleur générale au-dessous de la surface. On en a observé en différents endroits dans la chaîne de l'Himalaya. Le capitaine Hodgson en cite, dans le bassin de la rivière de Jumma, qui sont tellement chaudes, qu'on ne pouvait y tenir la main que peu d'instants, et dont la température était trop élevée pour être mesurée par les thermomètres à courte échelle, ordinairement employés à mesurer la chaleur de l'atmosphère.

A Jumnotri, il y a des sources thermales très abondantes qui sourdent à travers des crevasses dans le granit. La chaleur de ces sources a été évaluée être très approchée du degré de l'ébullition : on ne pouvait y tenir le doigt pendant deux secondes. Comme on a estimé que Jumnotri est situé à 10,483 pieds au-dessus de la mer, l'eau pourrait y bouillir à une température plus basse que dans les plaines; de plus, on a lieu de croire que ces sources dégagent des gaz, car elles jaillissent avec un fort bouillonnement : quoi qu'il en soit, la température de ces eaux paraît être très considérable [1].

Dans la chaîne des Alpes, il y a aussi beaucoup de sources thermales, ainsi que l'a remarqué M. Bakewell. Les eaux thermales des bains de *Gastein*, dans le pays de Salzbourg, sont très connues.

Voici les sources chaudes des Alpes citées par M. Bakewell [2] :

---

[1] Hodgson, *Asiatic researches*, vol. xiv; et *Journ. philos. d'Edimb.*, vol. viii.

[2] *Sur les sources thermales des Alpes; Philos Mag.*, et *Annals*, 1830.

Naters (Haut-Valais); température 30° cent. '. — *Leuk* (Haut-Valais); 12 sources, température variant de 47°,22 à 52°,22. — *Bagnes*, dans la vallée du même nom; les bains, le village et 120 habitants ont été écrasés par la chute d'une partie de montagne en l'année 1545. La température de la source est inconnue. — Sources thermales dans la vallée de *Chamouny*; température inconnue. — *St.-Gervais*, près du Mont-Blanc; température de 34°,44 à 36°,66. — *Aix-les-Bains* (Savoie); deux sources : température de 44°,44 à 47°,22. — *Moutiers* (Savoie); température non déterminée. — *Brides* (Savoie); température de 33°,88 à 36″,11. — *Saut-de-Pucelle* (Savoie); température non déterminée. — A *Cormayeur* et à *Saint-Didier*, sur le versant italien des Alpes penmines, sources chaudes, température de 34″44. — Près de *Grenoble*, sources chaudes.

Beaucoup de ces eaux thermales sont de découverte récente, quoique celles d'Aix aient été connues des Romains; par conséquent il est permis de croire qu'il y en a beaucoup d'autres non encore découvertes dans d'autres parties des Alpes.

Il y a aussi des sources chaudes dans le Caucase; on en a observé au N.-O. de la forteresse de *Constantinohor*, dont la température est de 43°,33 à 45°,55; et on ne peut douter qu'il n'y ait, dans les grandes chaînes de montagnes, beaucoup d'autres sources thermales qui nous sont encore inconnues.

Dans les Pyrénées, nous avons les deux fameuses eaux thermales de *Barège* et de *Bagnères*, dont les sources les plus chaudes ont une température de 48°,88 à *Barège*, et de 58°,88 à *Bagnères*. Dans ces deux localités les sources sont nombreuses; la dernière n'en offre pas moins de 30, dont la moins chaude a une température de 28°,74. D'autres sources chaudes existent aussi dans le voisinage : à *Saint-Sauveur*, vallée de Barège; température 36°,93. — Non loin de là, à *Cauterets*, la température varie de 36°,66 à 55°. — A *Caberu*, à trois lieues de Bagnères, il y a une source dont la température est de 26°,66.

Il serait fastidieux de donner ici une longue liste de sources thermales. On en trouve dans toutes les parties du monde, également à une grande distance ou dans le voisinage des volcans actifs. Dans l'Amérique du nord, une grande quantité de sources chaudes se trouve près de la base de la partie sud-est des montagnes d'*Ozark*

› Toutes les indications thermométriques qui suivent, relatives à la température des sources, et plus loin à celle des lacs, de la mer et de l'atmosphère, jusqu'à la page 32, sont données en degrés de l'échelle *centigrade*, celle de Fahrenheit, employée par l'auteur, n'étant point en usage en France. On a mis deux décimales pour ne pas s'écarter des notations de l'auteur suivant Fahrenheit. (*Note du traducteur.*)

à six milles environ au nord de *Washita*, d'où elles tirent leur nom; on en compte environ 70 : elles se rencontrent dans un ravin entre deux collines. M. James fixe la température de ces eaux à 71°,11. Le major Long donne celles de quelques-unes d'entre elles, et les porte à 50°; 40; 41",11; 52",22; 34°,44; 33°,33; 53",33; 55°,55; 66°,11; 64°,44; 55°,55; 51°,11; 48°,33; 42°,22; 50°; 52",22; 53°,33; 54°,44; 57°,77; et 60°. Il a aussi observé que non-seulement des conferves et autres végétaux poussent dans l'intérieur et autour des sources les plus chaudes, mais qu'en outre on voit constamment un grand nombre de petits insectes qui s'agitent près du fond et des parois du bassin d'où elles sortent [1].

Un autre exemple de l'existence des animaux et des végétaux dans les sources chaudes a été cité à *Gastein*, où l'on a trouvé l'*Ulva thermalis*, et un coquillage d'eau douce, le *Limneus pereger* de Draparnaud, dans des eaux dont la température est de 47°,22.

L'on trouve des quantités très considérables d'eau chaude qui sortent du milieu d'une plaine d'alluvion, dans une contrée granitique à *Yom-Mack*, à environ 20 milles de *Macao* en Chine. Il y a trois sources abondantes qui ont des températures de 55°,55 ; 65°,55, et 85°,55. Celle dont la température est de 65°,55 est décrite comme étant dans un état d'ébullition active, ayant 30 pieds de diamètre, et fournissant au moins 15 gallons (68 litres) par minute [2].

La température des eaux de *Carlsbad* est aussi fort considérable; elle est, suivant M. Berzélius, de 73°,89. — Celles d'*Aix-la-Chapelle* ont une température de 61°,66; et à *Borset*, près d'Aix-la-Chapelle, il y a deux sources dont les températures sont de 70° et 52°,77. — A *Balaruc*, département de l'Hérault, il y en a une de 53°,33.

Les sources thermales de la Grande-Bretagne ne sont pas très remarquables sous le rapport de leur haute température; car, à l'exception de celles de *Bath*[3], qui sont à 46°,66, on ne peut considérer les autres que comme tièdes. Les eaux de *Buxton* sont à 27°77; celles de *Hotwells* à Bristol, à 23°,33; et celles de *Matlock* à 20° [4].

Dans les contrées volcaniques de l'Italie, les sources thermales sont, comme on devrait s'y attendre, fort nombreuses. Cependant celles des *bains de Lucques* méritent d'être citées ici comme étant

---

[1] James, *Expédition dans les montagnes Rocheuses*.
[2] Livingstone, *Journ. phil. d'Édimb.*, vol. VI.
[3] Elles sortent du lias après avoir traversé probablement le grès rouge, le calcaire carbonifère, etc.
[4] Les sources de *Hotwells*, *Matlock* et *Buxton* jaillissent du calcaire carbonifère.

assez éloignées de tout volcan. Elles sortent de terre sur la pente d'une colline composée de grès, le *macigno* des Italiens. Le pays est formé de grès et calcaire, et la source la plus chaude a une température de 55°.

Il n'est peut-être pas tout à fait inutile de citer les eaux thermales de *Bath* et *St.-Thomas in the East*, à la *Jamaïque*, pour montrer combien ces sources chaudes sont distribuées abondamment partout. Elles sortent à la base des montagnes Bleues, dans une vallée composée de trapp, de calcaire et de schiste. J'ai observé que leur température était de 52°,77 [1].

Les sources chaudes et froides de *La Trinchera*, à trois lieues de *Valencia* (Amérique), peuvent être citées pour montrer combien il peut y avoir de différence dans l'origine de deux sources, quoiqu'elles semblent rapprochées l'une de l'autre. Suivant M. de Humboldt, ces deux sources ne sont qu'à 40 pieds de distance; l'une est froide et l'autre a une haute température de 90°,3. — A Cannée, dans l'île de *Ceylan*, on a reconnu une source thermale dont la température n'est pas constante; elle varie entre 38° et 41°.

Les sources chaudes sont très communes dans les contrées volcaniques des différentes parties du monde, comme aussi au milieu des volcans éteints, tels que ceux du centre de la France; il serait inutile de les énumérer. Mais celles de l'Islande sont si remarquables, que nous avons pensé que nos lecteurs désireraient en trouver ici une courte notice, d'autant plus que ce sont les sources thermales les plus extraordinaires que nous connaissions.

Les sources chaudes sont nombreuses dans l'Islande, mais celles qu'on a appelées les *geysers* sont les plus extraordinaires. Elles sont alternativement dans un état de repos et dans une activité extrême, vomissant par intervalle d'immenses quantités d'eau chaude et de vapeurs.

Sir G. Mackensie (*Voyage en Islande* [2]) dit qu'une éruption du grand *geyser*, dont il a été témoin, commença par un bruit qui ressemblait à celui de la décharge éloignée d'une pièce d'artillerie. « Ce son, dit-il, se répétait régulièrement et à des intervalles rap-« prochés. Je donnai, dit l'auteur, l'alarme à mes compagnons (les « docteurs Britght et Holland), qui étaient à une petite distance, et « en même temps l'eau, après s'être soulevée plusieurs fois, s'é-« lança tout à coup en une large colonne, accompagnée de nuages

---

[1] Quoiqu'il n'existe pas de volcans actifs dans la Jamaïque, on y observe les restes d'un volcan éteint dans le nord de l'île, et les tremblements de terre y sont, comme on le sait, assez communs.

[2] On y trouvera des vues de ces sources en pleine activité.

« de vapeur, du centre du bassin jusqu'à une hauteur de dix ou
« douze pieds. Cette colonne sembla ensuite crever; et retombant
« sur elle-même, elle produisit une énorme vague qui fit déborder
« une quantité d'eau considérable par-dessus les bords du bassin.
« Après la première éruption, l'eau fut de nouveau projetée jusqu'à
« la hauteur d'environ 15 pieds. Il y eut ensuite une succession de
« dix-huit jets, dont aucun ne me parut avoir plus de 50 pieds
« de hauteur : ils durèrent environ cinq minutes. Quoique le vent
« soufflât avec violence, les nuées de vapeur étaient si épaisses,
« qu'après les deux premières éruptions, je ne pouvais voir que la
« partie la plus élevée de la gerbe, et quelques jets qui étaient lancés
« de côté accidentellement. Après le dernier jet, qui fut le plus vio-
« lent, l'eau abandonna tout à coup le bassin, et s'engloutit dans
« le trou qui était à son centre. Elle s'y enfonça d'abord jusqu'à
« la profondeur de dix pied, mais ensuite son niveau s'éleva gra-
« duellement; quand elle fut suffisamment haute, j'observai sa
« température, qui était de 98°,33. »

Le même voyageur fait ainsi la description d'une éruption postérieure du même geyser :

« Le signal ayant été donné pour annoncer que l'action allait
« commencer, nous fûmes en un instant, dit l'auteur, en face du
« geyser : ses explosions se succédaient plus multipliées et plus
« bruyantes qu'auparavant; on aurait cru entendre le bruit d'une
« décharge d'artillerie d'un vaisseau à une certaine distance en
« mer..... Sa violence fut extrême, et il lança une suite de jets ma-
« gnifiques dont le plus haut avait au moins 90 pieds. »

Une des autres sources, qui était d'abord insignifiante, et qui est
connue maintenant sous le nom de *nouveau geyser*, a des inter-
mittences semblables. L'éruption commence, comme au grand
geyser, par de petits jets qui augmentent successivement en hauteur. Quand une masse considérable d'eau est projetée au dehors,
la vapeur sort aussi avec fureur avec un bruit semblable à celui du
tonnerre, et élève l'eau à une hauteur que sir G. Mackensie, au
moment où il a observé cette source, a évalué à au moins 70 pieds. Le
phénomène se prolonge avec toute sa magnificence pendant au moins
une demi-heure, et quand des pierres viennent à tomber dans le
conduit central, au moment d'une éruption de vapeur, elles sont
projetées immédiatement en l'air et sont ordinairement brisées en
fragments, dont quelques-uns sont lancés à une hauteur prodigieuse.

Il y a encore d'autres sources chaudes intermittentes dans l'Islande, mais qui sont toutefois d'une importance bien moindre que
celles des geysers. Les sources de *Reikum*, dont la température est

de 100°, s'élèvent et s'abaissent, et lancent des gerbes à la hauteur de 20 ou 30 pieds. Dans la vallée de *Reikholt*, on voit une alternative singulière de deux jets d'eau bouillante, dont l'un s'élève à 12 pieds, l'autre à 5 [1].

Température de la mer et des lacs.

On doit présumer que la température des mers et des lacs doit dériver en partie de celle de l'atmosphère, et en partie de celle de la terre; mais l'eau ayant la faculté, dans diverses circonstances, de transmettre la chaleur avec une grande rapidité, la température doit y être bien plus promptement uniforme que dans la terre solide qu'elle recouvre. En outre, la pesanteur spécifique de l'eau étant plus grande à un certain degré de température qu'à tout autre au-dessus ou au-dessous, il en résulte que lorsqu'une partie d'une masse d'eau a atteint ce degré, elle doit descendre au fond; ensuite si cette eau, descendue au fond, y est réchauffée conformément à l'hypothèse de la chaleur intérieure de la terre, elle devra bientôt remonter par l'effet des mêmes lois, et sera remplacée par une autre plus froide et d'une plus grande pesanteur spécifique; car sa descente vers le fond dans le premier cas n'ayant eu pour cause que son degré de température ou sa pesanteur spécifique, il s'ensuit nécessairement que le moindre changement dans ce degré de température, si c'était celui du maximum de densité de l'eau, doit la forcer à s'élever.

Suivant le docteur Hope, le maximum de densité de l'eau douce est à la température de 39° ½ à 40° de Fahrenheit [2], détermination qui a été confirmée par le professeur Moll; de même, d'après les expériences du professeur Hallostrom, ce maximum de densité de l'eau se trouve à 4°,108 centig. (39°,394 Fahrenheit).

On a admis que le maximum de densité de l'eau de mer est voisin de celui de l'eau douce. Nous n'avons pas de bonnes expériences sur ce sujet, mais on doit présumer que la salure de l'eau de mer doit avoir une influence considérable sur la densité relative à différentes températures.

En 1819 et 1820 j'ai fait de nombreuses expériences, avec beaucoup de soin, sur la température des lacs de la Suisse, aux différentes profondeurs, qui y sont souvent considérables. Les résultats de plus de cent observations sur le *lac de Genève*, en septembre et

[1] Les eaux actuellement à la température de l'ébullition paraissent être fort rares; les eaux thermales d'*Urijino*, au *Japon*, ont une température de 100°, mais on ne sait pas de quel genre de roches elles sortent.

[2] *Transact. de la Société royale d'Edimbourg.*

octobre 1819, furent que, entre la surface et une profondeur de 40 brasses (*fathoms*), la température variait prodigieusement. Depuis une brasse jusqu'à cinq, la température se maintenait constamment entre 19°,44 et 17°,77 centigrades; au-dessous, il y avait généralement une diminution de température, en s'enfonçant jusqu'à la profondeur de 40 brasses, quelle que fût la chaleur de la surface; ou, en d'autres termes, il y avait un accroissement général de densité à mesure que l'on descendait. De 40 à 90 brasses, la température fut constamment de 6° ½ centigrades, à une seule exception près, aux environs d'*Ouchy*, où on trouva 7°,22 à la profondeur de 40 brasses. Depuis 90 brasses jusqu'aux profondeurs les plus considérables qui atteignirent 164 brasses entre *Evian* et *Ouchy*, la température fut invariablement de 6°,39 centig. On observera que dans ces expériences, faites avec un thermomètre à index mobile construit pour cet objet, la température observée dans l'eau s'est toujours accordée avec celle que l'on devait s'attendre à trouver, en supposant que le maximum de densité soit entre 39° et 40° Fahr., ou 3,89 et 4,44 centig. [1].

Après le rude hiver de 1819, je fis de nouveau quelques expériences, dans lesquelles je reconnus que la température du lac suivait encore la même loi.

En mai 1820, j'ai fait des recherches sur la température des *lacs de Thun* et *de Zug*, et j'ai obtenu les résultats suivants [2] :

Lac de Thun.		Lac de Zug.	
Surface.	15,55	Surface.	14,44
A 15 brasses	5,55	A 15 brasses	5,55
A 50 id.	5,27	A 25 id.	5,00
A 105 id.	5,27	A 38 id.	5,00

Dans ces expériences, comme dans les précédentes, les résultats sont d'accord avec l'hypothèse du maximum de densité de l'eau, entre 3°,89 et 4°,44 cent. J'en ai obtenu d'analogues dans d'autres expériences que jai faites sur le lac de Neufchâtel, par un temps très froid, et tellement froid en effet, que l'eau gelait sur les rames du bateau, tandis que, dans la profondeur, la température s'accroissait jusqu'au maximum de densité de l'eau.

Si maintenant nous examinons les expériences faites par plusieurs navigateurs sur la température de la mer à différentes profondeurs, nous remarquerons que la plupart tendent à faire admettre à peu près le même degré de température pour le maximum de

[1] Un précis détaillé de ces expériences, avec une carte de sondages faits dans le lac, a été inséré dans la *Bibliothèque universelle* de l'année 1819, d'où il a été reproduit en partie par le *Journ. phil. d'Edimb.*, vol. II. Le *fathom* équivaut à 1,828 mètres.
[2] Voyez aussi la *Bibliothèque universelle* pour 1820.

densité de l'eau de mer. Les observations suivantes de M. Scoresby prouvent un accroissement de température en allant de la surface dans la profondeur tout à fait d'accord avec cette hypothèse.

LIEU.	PROFONDEUR.	TEMPÉRATURE.	LIEU.	PROFONDEUR.	TEMPÉRATURE.
Latitude	Surface	—1,66		Surface.	—1,77
79° 4′ N.	13 brasses . . .	—0,55	Latitude	50 brasses . . .	—0,11
Longitude	37 id.	+1,00	76° 16′ N.	123 id.	+1,00
5° 4′ E.	57 id.	+1,38		230 id.	+0,72
de	100 id.	+2,22	Latitude	Surface.	—1,66
Greenwich.	400 id.	+2,22	79° 4′ N.	730 brasses. . . .	+2,77

De plus, à la latitude de 78° 2′ N., longitude 0° 10′ O., ce savant navigateur a obtenu une température de 3°,33 à 761 brasses, celle de la surface étant zéro. A la vérité, dans un autre parage, sous le 76° 34′ de latitude N., le même observateur a obtenu une température de 1°,11 à 60 brasses, et de 1°,50 à 100 brasses, après avoir eu 1°,66 à 40 brasses. Mais quand on réfléchit sur les erreurs qui peuvent avoir lieu dans des expériences de cette nature, même quand elles sont faites avec le plus grand soin, ce résultat ne peut infirmer que bien faiblement l'évidence générale, qui (en négligeant l'eau de la surface, toujours sujette à être influencée par la température de l'air en contact avec elle) semble être constamment dans le même sens, soit qu'elle résulte des observations de Scoresby, Parry, Franklin ou Beechey [1].

Le capitaine Kotzebue, à la latitude de 36° 9′ N., et à la longitude de 148° O., a trouvé que l'eau de la surface avait une température de 22°,16, celle de l'air étant à 22°,77; —à 25 brasses, l'eau n'était plus qu'à 13°,94; —à 100 brasses, 11°,55; —et à 300 brasses, 6°,66: ce qui montre un décroissement graduel de température vers le terme de 3°,88 à 4°,44 centig., ou 39° à 40° Fahrenheit.

[1] Les expériences du capitaine Ross sont, à la vérité, opposées à cette même opinion , car elles indiquent un décroissement de température de haut en bas à la latitude de 60° 44′ N., longitude 59° 20′ O.; après avoir eu, à 100 brasses, — 1°, 11, il a obtenu — 1°,66 à 200,—2°,28 à 400, et jusqu'à — 3°,88 à 660 brasses.

Suivant le docteur Marcet, le maximum de densité de l'eau de mer n'est pas à 40° Fahrenheit. Il établit que cette eau diminue de densité à la température de la glace fondante, jusqu'à ce qu'elle soit effectivement gelée. Dans quatre expériences, le docteur Marcet a refroidi de l'eau de mer jusqu'à 19° et 18° Fahr. (—7°,22 à —7°,77 centig.), et il a trouvé qu'elle diminuait de volume jusqu'à 22° (—5°,55 cent.); après quoi le volume augmentait un peu, et de plus en plus jusqu'à 19 et 18° (— 7°,22 à — 7°,77 cent.). C'est à ce point qu'elle se dilatait brusquement, et se congelait en prenant une température de 28° (— 2°,22 cent.). Il faut toujours se rappeler qu'une solution *saturée* de sel commun ne se solidifie pas, ou ne se convertit pas en glace, à moins d'un abaissement de température jusqu'à 4° Fahr. (—15°,55 cent.); et par conséquent, si la mer était, ainsi qu'on l'a supposé quelquefois, plus salée à de grandes profondeurs, comme cela paraît certain pour la Méditerranée, d'après les expériences du docteur Wollaston, elle ne pourrait se congeler dans le fond à la même température que près de la surface.

A la latitude de 23° 3′ N., et longitude 181° 56′ O., le capitaine Krusenstern a obtenu, à la surface, 25°,55; — à 25 brasses, 23°,88; — à 50 brasses, 21°,33; et 16°,38 à 125 brasses.

Dans les latitudes au sud des tropiques, le capitaine Kotzebue a observé une température de 9°,72 à 35 brasses, la surface de l'eau étant à 19°,44 et l'air à 20°, à la latitude de 30° 39′ S.; le même navigateur a trouvé que la température, à 196 brasses, était à 3°,77, à la latitude de 44° 17′ S. et longitude de 57° 31′ O., l'eau de la surface étant à 12°,72, et l'air à 14°,22.

Les résultats suivants font partie de ceux qu'a obtenus le capitaine Beechey [1], sur les températures, à différentes profondeurs et dans différentes localités. A la latitude de 47° 18′ S., et longitude 53° 30′ O., la surface de l'eau étant à 9°,88, il a trouvé 7°,05 à 270 brasses, 4° à 603 brasses, 4°,50 à 733 brasses, et 4°,11 à 854 brasses; à la latitude de 55° 58′ S., longitude 72° 10′ O., l'eau de la surface étant à 6°,38, il obtint 5°,83 à 100 brasses, 5°,83 à 230 brasses, 5°,83 à 330 brasses, et 5°,33 à 430 brasses.

Dans la mer Pacifique il trouva, à la latitude de 28° 40′ S., longitude 96° O., 21°,66 de température à 100 brasses, 11°,66 à 200, 9°,44 à 300, et 7,22 à 400, l'eau de la surface étant à 23°,33.

Parmi les observations qu'a faites le même navigateur dans la partie nord de la mer Pacifique, je citerai les suivantes. A la latitude de 61° 10′ N., longitude 183° 28′ O., en juillet 1827, il trouva, à 5 brasses 5°,27, à 10 brasses 3°,33, à 20 brasses — 1°,39 et aussi — 0°,83 à la même profondeur, probablement par une seconde observation; à 30 brasses — 0°,83; à 52 brasses + 0°,27; à 100 brasses + 0°,27 et à 200 brasses encore + 0°,27, l'eau de la surface étant à 6°,38, et l'air à 7°,22 [2].

Plusieurs observations sur la température de la mer ont été faites à des profondeurs considérables sous les tropiques. Le capitaine Sabine a trouvé, à la latitude de 20° 30′ N., longitude 83° 30′ O., une température de 7°,50 à 1000 brasses, l'eau à la surface étant à 28°,33. Le capitaine Wauchope a obtenu, à la latitude de 10° N., longitude 25° O., une température de 10°,55 à 966 brasses, l'eau à la surface étant à 26°, 66; et le même observateur a aussi trouvé,

---

[1] Beechey, *Voyage dans la mer Pacifique.*
[2] Au premier abord, ces dernières observations pourraient paraître de nature à faire douter de l'exactitude du degré de température auquel on a supposé que la densité de l'eau atteint son maximum; mais en faisant attention à la saison de l'année et à la température de l'air au lieu et au moment de chaque observation, on reconnaîtra que l'eau de la surface n'était influencée par la température de l'atmosphère ambiante que jusqu'à la profondeur de quelques brasses, après lesquelles les eaux s'arrangeaient suivant leur accroissement supposé de densité.

à la latitude de 3° 20′ S., longitude 7° 39′ E., une température de 5°,55 à 1300 brasses, l'eau de la surface étant à 22°,77. D'autres observations, faites dans les mers entre les tropiques, à de moindres profondeurs, montrent le même décroissement de température en allant de la surface dans la profondeur : ainsi le capitaine Kotzebue, à la latitude de 9°, 21′ N., a obtenu 25° à 250 brasses, l'eau de la surface étant à 28°,33, et l'air à 28°,88. Sous l'équateur, à la longitude de 177° 5′ O., il a trouvé une température de 12°,77 à une profondeur de 300 br., l'eau de la surface étant à 28°,05, et l'air à 28°,33.

De toutes les expériences qu'on vient de rapporter, il résulte qu'en général les eaux des lacs et de l'Océan s'arrangent naturellement, suivant un certain ordre, dans leurs températures, et que cet ordre, tel qu'il existe, semble prouver que les expériences faites dans le cabinet, d'après lesquelles on a fixé le maximum de densité de l'eau douce entre 39° et 40° Fahr., ou entre 3°,88 et 4°,44 cent., sont exactes, et que le maximum de densité de l'eau de mer n'est pas très différent.

La probabilité d'une chaleur centrale paraît fondée :

1° Sur les expériences faites dans les mines, lesquelles, nonobstant les diverses causes d'erreurs auxquelles elles sont sujettes, semblent néanmoins prouver, et particulièrement celles qui ont été faites dans les roches elles-mêmes, un accroissement de température en s'enfonçant de la surface dans l'intérieur;

2° Sur les sources thermales qui se rencontrent très fréquemment, non-seulement parmi les volcans actifs et éteints, mais parmi toutes les variétés de roches, dans diverses parties du monde;

3° Sur l'existence des volcans eux-mêmes, qui sont distribués sur la surface du globe, et présentent en général entre eux une ressemblance telle, qu'on peut les considérer comme produits par une seule et même cause, existant probablement à de grandes profondeurs;

4° Enfin sur la température de la masse terrestre à des profondeurs peu considérables en comparaison du rayon du globe, laquelle température ne coïncide pas avec la température moyenne de l'air sur la surface.

La température du fond des mers et des lacs n'est pas en contradiction avec cette probabilité d'une chaleur centrale eu égard à la loi suivant laquelle, dans les eaux, les différentes parties s'arrangent entre elles selon leur plus grande pesanteur spécifique. La même chose aurait lieu, dans tous les cas, avec ou sans l'existence d'une chaleur centrale terrestre. La température de la terre, à une petite profondeur immédiatement au-dessous de la mer, doit aussi probablement être la même que celle du maximum de densité de l'eau dont elle éprouve l'impression d'une manière si constante.

Il n'y a pas non plus de discordance entre la probabilité d'une chaleur intérieure et la figure de la terre ou les phénomènes géologiques observés. La figure de notre planète étant celle que prendrait une masse fluide roulant dans l'espace, on peut admettre indifféremment que cette fluidité a été ignée ou aqueuse.

Les observations géologiques attestent qu'il y a eu, à toutes les époques, des éruptions de matières ignées du sein de la terre, comme aussi des soulèvements de montagnes et de grandes dislocations de la surface du globe, phénomènes tous produits par des forces provenant de l'intérieur, et qu'enfin il y a eu une grande diminution dans la température de la surface. Si nous voulions établir une théorie fondée sur la probabilité d'une chaleur centrale, nous pourrions supposer, comme on l'a fait souvent, que notre globe est une masse de matières ignées qui est en train de se refroidir.

Le baron Fourier considère comme prouvé par la forme de notre sphéroïde, par la disposition des couches internes dont (comme le montrent les expériences faites avec le pendule) la densité s'accroît avec la profondeur, et par d'autres considérations, qu'une chaleur très intense a primitivement pénétré toutes les parties de notre globe. Il en a conclu que cette température s'est dissipée dans les espaces planétaires qui nous environnent, dont il considère la température, d'après les lois du rayonnement de la chaleur, comme égale à — 50° centig. (— 58° Fahr.). Il a conclu en outre que la terre a presque atteint la limite de son refroidissement. La chaleur primitive contenue dans une masse sphéroïdale égale en grandeur à notre globe, diminuerait plus rapidement à la surface qu'à de grandes profondeurs, où une température élevée se maintiendrait pendant un long espace de temps. Il a déduit de ces circonstances, ainsi que de la température des mines et des sources, qu'il y a une source intérieure de chaleur qui élève la température de la surface au-dessus de celle que l'action seule du soleil pourrait produire [1].

[1] M. Svanberg, pour calculer quelle pourrait être la température des espaces planétaires, part d'un autre principe que celui du rayonnement de la chaleur. Il suppose que les espaces planétaires n'éprouvent aucun changement de température, mais que la capacité pour une élévation de température supérieure à celle qui règne constamment dans les régions éthérées, n'existe que dans les limites de l'atmosphère planétaire. Il obtient pour le résultat de ces calculs une température de — 49° 85 cent. Voyant que ce résultat était très voisin de celui qu'avait obtenu le baron Fourier, il eut la curiosité de calculer de nouveau la même température, en partant des idées de Lambert relatives à l'absorption que subit un rayon de lumière passant du zénith à travers toute l'épaisseur de l'atmosphère, et il trouva pour résultat — 50°,85 cent. ; coïncidence remarquable entre les résultats des trois modes de calcul. (Berzélius, *Progrès annuels des Sciences chimiques et physiques ; Journ. des Sciences d'Edimb.*, vol. III, nouvelle série.)

Température de l'atmosphère.

D'après le pouvoir réfringent du composé gazeux appelé *atmosphère*, qui entoure notre globe, on a calculé qu'il s'élevait au-dessus de la surface jusqu'à la hauteur de 45 milles. Le docteur Wollaston a pensé, d'après les lois de la dilatation des gaz, que l'atmosphère pouvait s'élever au moins à 40 milles, sans que ses propriétés fussent altérées par la raréfaction. A ce sujet le docteur Turner fait observer, que la tension ou l'élasticité d'une matière gazeuse peut être diminuée par deux causes : la diminution de possession et l'abaissement de température. Il remarque en outre que la première seule a été prise en considération par le docteur Wollaston, tandis qu'il lui semble que le froid extrême à de grandes hauteurs suffirait pour limiter l'étendue de l'atmosphère[1].

Quoiqu'il n'y ait aucune partie des continents qui soit assez élevée au-dessus de la surface générale pour être exposée à un abaissement très considérable de température, il y a cependant un grand nombre de montagnes d'une hauteur suffisante pour être couvertes vers leur sommet de ce qu'on a appelé les *neiges éternelles*, sources fécondes de rivières innombrables, sans lesquelles beaucoup de contrées seraient inhabitables. La ligne des neiges perpétuelles diffère généralement suivant la lattitude, et elle est aussi sujette à de très grande variations par suite de diverses causes locales. On pourra observer quelques-unes de ces variations dans la table suivante, où M. de Humboldt[2] indique la hauteur de la ligne des neiges pour plusieurs chaînes de montagnes.

MONTAGNES.	LATITUDE.	LIMITES INFÉRIEURES DES NEIGES PERPÉTUELLES.	
		Pieds anglais.	Toises françaises.
Cordillère de Quito	0° à 1° ½ S.	15,730	2460
Cordillère de Bolivia	16° à 17° ½ S.	17,070	2670
Cordillère de Mexico	19° à 19° ¼ N.	15,020	2350
Himalaya, pente septentrionale.	30° ¼ à 31° N.	16,620	2600
— pente méridionale	. . . .	12,470	1950
Pyrénées	42° ½ à 43° N.	8,950	1400
Caucase	42° ½ à 45° N.	10,870	1700
Alpes	45° ¾ à 46° N.	8,760	1370
Carpathes	49° à 49° ½ N.	8,500	1330
Altaï	49° à 51° N.	6,400	1000
Norwège, intérieur	61° à 62° N.	5,400	850
Idem	67° à 67° ¼ N.	3,800	600
Idem	70° à 70° ¼ N.	3,500	550
Côtes	71° ¼ à 71° ½ N.	2,340	366

[1] Turner, *Eléments de chimie*, p. 221.
[2] *Fragments asiatiques*, p. 549.

Parmi toutes les variations que le concours de plusieurs circonstances physiques produit dans la ligne théorique des neiges éternelles, on doit remarquer qu'il y a entre les pentes nord et sud de l'Himalaya une différence de plus de 4,000 pieds en faveur de la première ; d'où il résulte que l'on trouve sur cette pente nord une surface de pays très étendue qui est habitée, tandis qu'autrement elle ne pourrait convenir à la vie des animaux et des végétaux.

On a supposé que la diminution de la température de l'atmosphère, à mesure qu'on s'élève, est égale à toutes les latitudes ; mais la table suivante, dressée aussi par M. de Humboldt, fait voir qu'il n'en est pas ainsi, et que la diminution est beaucoup plus rapide dans le zone tempérée que dans le zone équatoriale.

HAUTEURS.		ZONE ÉQUATORIALE De 0° à 10°.		ZONE TEMPÉRÉE. De 45° à 47°.	
En pieds anglais.	En toises françaises.	Température moyenne.	Différence.	Température moyenne.	Différence.
0	0	27,50		12,00	
3,195	500	21,77	5,72	5,00	7
6,392	1,000	18,38	3,38	—0,22	5,22
9,587	1,500	14,27	2,11	—4,77	4,55
2,792	2,000	7,00	7,27		
5,965	2,500	1,50	5,50		

La courbe qui représente la ligne des neiges perpétuelles ne sera pas la même dans les hémisphères nord et sud : on a reconnu que le dernier est plus froid que le premier.

D'après la hauteur variable à laquelle on commence à trouver les neiges éternelles, on doit concevoir, toutes circonstances égales d'ailleurs, que l'étendue de continent propre à faire vivre les animaux et les végétaux doit diminuer depuis l'équateur jusqu'aux pôles, et que, par conséquent, il y a plus de probabilité pour qu'il y ait une plus grande quantité de débris organiques terrestres enfouis dans les dépôts qui se forment maintenant sous les tropiques, que dans les dépôts du même genre, à des latitudes élevées [1].

[1] Si nous considérons que la vie animale et végétale devient moins active à mesure que l'atmosphère devient plus froide et moins dense, et que les êtres vivants dans la mer sont moins nombreux à mesure que la pression de la mer augmente et que la lumière nécessaire diminue, nous obtenons, si je puis m'exprimer ainsi, deux séries de zones, l'une au-dessus du niveau de la mer, l'autre au-dessous, dont les termes les plus rapprochés du niveau de l'Océan sont ceux qui présentent la plus grande masse de vie animale et végétale, toutes les autres circonstances qui peuvent la favoriser étant supposées égales.

Vallées.

On ne peut faire une classification des vallées qu'avec beaucoup
de difficultés, parce que les diverses dépressions existant à la surface
de la terre, auxquelles on a trop généralement appliqué le nom de
vallées, passent de l'une à l'autre, de manière à produire des résultats composés qu'il n'est nullement facile de classer; aussi ne faut-il
pas attacher trop d'importance à l'esquisse suivante.

Vallées des montagnes. Elles sont longitudinales ou transversales,
selon qu'elles s'étendent suivant la direction de la chaîne de montagnes, ou qu'elles coupent cette direction; leurs versants sont généralement raboteux, couronnés par des pics élevés et des masses
brisées, et elles sont pour la plupart escarpées. Les agents atmosphériques, loin d'adoucir leur surface extérieure, ne font qu'ajouter
à leur caractère déchiré; la fonte des glaces et des neiges et les
eaux pluviales sillonnent leurs flancs, entraînant avec elles des
détritus considérables jusqu'aux rivières, qui, lorsque les niveaux
sont favorables, les déposent dans des endroits propres à la végétation, de sorte que dans les pays de montagnes on trouve quelques champs de verdure au milieu des sites les plus sauvages, qui
présentent un singulier contraste avec les formes brisées des montagnes environnantes. Lorsque les niveaux ne sont pas favorables
ou que les blocs détachés sont trop considérables, les masses s'accumulent dans les courants et produisent des cascades sans nombre
qui ajoutent à l'horreur de ces contrées.

Vallées des contrées basses. Elles diffèrent des précédentes, en
ce qu'elles présentent des formes arrondies, de manière qu'une
coupe du sol en travers d'une de ces vallées serait une ligne ondulée; ces ondulations varient quant à l'écartement des parties élevées
et quant à la profondeur, de telle manière que les points les plus
élevés peuvent être séparés par un intervalle de plusieurs milles, la
profondeur étant peu considérable. Par suite des pentes douces de ces
vallées, les agents atmosphériques, quoique toujours capables de
décomposer les roches qui en forment les pentes, ne transportent
pas les détritus à une distance considérable, excepté dans les climats
et les localités où des torrents d'eaux pluviales descendent sur un
sol qui n'est pas propre à la végétation : cependant, même dans ce
cas, la surface extérieure générale, dont la forme est arrondie, n'est
que faiblement altérée, quoique les flancs des collines soient profondément sillonnés.

Ravins et gorges. Celles-ci sont bordées par des escarpements de roches plus ou moins perpendiculaires ; elles sont communes dans les vallées de montagnes, et dans celles des contrées basses, mais plus particulièrement dans les premières. Elles servent souvent de communication entre des espaces plus ouverts, et il arrive fréquemment qu'on approche de leur bord sans se douter qu'elles existent, le pays paraissant se prolonger sans interruption sur la même pente ou sur le même niveau.

Vallées larges à fond plat. Ce sont des plaines horizontales d'une étendue plus ou moins grande, bornées de chaque côté par des coteaux ou des montagnes : je citerai pour exemple la grande vallée du Rhin, au-dessous de Basle, bornée d'un côté par la forêt Noire, de l'autre par les Vosges.

Une telle diversité de formes semble annoncer une diversité d'origine. Les *vallées de montagnes*, pour la plupart, ressemblent à de larges crevasses qui seraient produites lors du soulèvement subit et du contournement que les couches ont éprouvés, tandis que les *vallées des contrées basses* semblent indiquer le passage ancien d'une grande nappe d'eau, qui aurait arrondi les inégalités et agi sur la masse des couches en proportion de leur résistance. Les *gorges* ou *ravins* semblent dus à l'action destructive d'un courant d'eau, ou à des crevasses produites tout à coup dans les rochers par de violentes convulsions. Les *vallées à fond plat* présentent le caractère de lacs desséchés ou de bassins, dans lesquels les rivières, ou des cours d'eau en général peu rapides, ont dû déposer des quantités considérables de sédiment sur une surface horizontale.

Comme nous pouvons supposer qu'il a existé des collines et des vallons, des montagnes et des vallées, depuis les époques géologiques les plus reculées, et comme, par conséquent, les couches ne se sont nullement déposées sur une surface unie et plane, il en résulte que le système des dépressions que nous observons aujourd'hui est nécessairement très compliqué. On peut cependant établir comme un fait général, que les roches stratifiées supérieures ont rempli et recouvert les nombreuses inégalités des roches stratifiées inférieures, comme c'est le cas dans la Normandie, où les roches du groupe oolitique recouvrent la surface inégale des roches de schistes, de calcaire et de grauwacke, qu'on voit pointer çà et là à travers les couches des premières, et qui se montrent à découvert partout où les rivières ont emporté les couches qui les recouvraient.

Si on admet l'hypothèse d'une rupture violente des couches capable de les contourner et de les renverser sur leurs tranches, on conçoit qu'il en résultera nécessairement de grandes ruptures, qui produiront des fentes longitudinales et transversales ; mais les fentes seraient tout ouvertes et leur origine demeurerait toujours évidente, si elles n'étaient pas modifiées par quelque action postérieure. Si nous supposons, au contraire, avec ceux qui prétendent qu'il n'y a pas eu autrefois d'effets plus considérables que ceux dont nous sommes journellement témoins, que les montagnes se sont élevées graduellement par une multitude de tremblements de terre successifs, agissant toujours suivant la même ligne, nous aurons beaucoup de peine à expliquer la position des couches dans les hautes chaînes, et surtout lorsque des masses entières de montagnes sont contournées, et même paraissent repliées sur elles-mêmes, comme on l'observe au Righi; tandis que si nous supposons que les soulèvements ont été plus violents, ces difficultés semblent s'évanouir, et les hypothèses relatives aux couches renversées, bouleversées et contournées, aux fentes longitudinales et transversales ou aux vallées, seraient plus en harmonie les unes avec les autres.

Si nous supposions qu'une violente rupture de couches eut lieu au-dessous des eaux de l'Océan, ses eaux seraient fortement agitées et réagiraient sur le continent, se précipitant dans les fentes, détruisant les parties saillantes des roches, chassant devant elles des blocs et des parties de couches faiblement agrégées, arrondissant les angles de roches, et accumulant des détritus au fond des cavités. Si un soulèvement soudain de ce genre se produisait en partie dans l'Océan, en partie au dehors, la réaction de la mer n'atteindrait les couches soulevées que dans leurs parties les plus basses, lesquelles seules présenteraient des formes arrondies. Si enfin les couches n'étaient soulevées que dans l'atmosphère, les crevasses qui en résulteraient n'éprouveraient d'autres modifications que celles de l'influence atmosphérique.

Quoique les *vallées des contrées basses* présentent généralement des formes arrondies, il est rare que les couches qui composent le sol du pays où elles sont situées ne présentent aucune trace de perturbation; elles sont au contraire souvent renversées, contournées et fracturées, et les vallées ont fréquemment la même direction que ces failles ou fentes du sol. Quelquefois, néanmoins, il n'y a dans les collines aucune apparence de fracture visible, quoiqu'elles soient traversées par des failles dans diverses directions. Les environs de Weymouth, en Angleterre, offrent plusieurs exemples remarquables de ce fait géologique.

Les *vallées d'élévation* sont celles qui paraissent devoir leur origine à une rupture des couches et à un mouvement de bas en haut des parties fracturées, de manière que les couches plongent de part et d'autre vers l'extérieur de la vallée; probablement un très grand nombre des *vallées de montagnes* doit être rangé dans cette classe ; mais jusqu'à présent les géologues semblent n'avoir appliqué ce nom de *vallée d'élévation* qu'à des vallées bornées par des collines d'une hauteur moyenne.

M. Buckland a cité des vallées de ce genre à New-Kingsclere et Bower-Chalk, près de Shaftesbury, et à Poxwell, près Weymouth. La figure 1 représente une coupe de la *vallée de Kingsclere.*

Fig. 1.

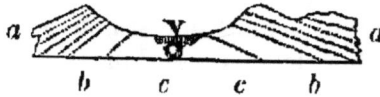

V, vallée de Kingsclere ; *a a*, craie avec silex ; *b b*, craie sans silex ; *c c*, grès vert.

On voit immédiatement que les couches qui sont sur chaque versant étaient autrefois continues, et qu'elles ont été soulevées postérieurement, ce qui a produit une fracture, laquelle, par une dénudation subséquente, est devenue la vallée que nous voyons maintenant.

Depuis les observations du professeur Buckland, faites en 1825, M. Hoffmann s'est occupé en Allemagne des vallées du même genre, et il a cherché à prouver leur liaison avec les sources chargées de gaz acide carbonique. A l'appui de cette opinion il a cité la *vallée de Pyrmont*, dont il a donné une coupe, reproduite figure 2, laquelle fait voir que cette vallée de Pyrmont représente dans son ensemble une structure exactement analogue à celle de la vallée de Kingsclere, dont il vient d'être question.

Fig. 2.

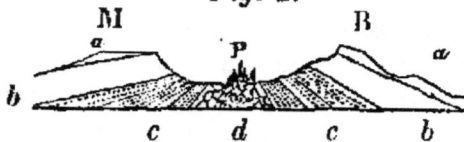

M, le mont Muhlberg (1107 pieds) ; B, le mont Bomberg (1136 pieds) ; P, Pyrmont, dans la vallée, dont le fond est à 250 pieds ; *a a*, keuper (marnes rouges ou irisées) ; *b b*, muschelkalk ; *c c*, grès bigarré, brisé en fragments dans la partie *d* qui laisse échapper les eaux acidules.

Comme dans la vallée de Kingsclere, les couches de celle de Pyrmont n'ont pas été soulevées à des hauteurs égales sur chaque versant. Le grès bigarré s'élève à 850 pieds sur le flanc du Bomberg, ou sur le versant nord, tandis que sur les flancs du Muhlberg, ou sur le versant sud, il n'atteint que 540 pieds, avec une inclinaison plus faible. Nous développerons plus loin, dans le cours de cet ouvrage, les opinions théoriques qui se rapportent à ces faits; il suffit, quant à présent, de faire connaître l'existence de ces *vallées d'élévation.*

M. Hoffmann (*Journ. de géologie*, 1, 159) cite d'autres faits semblables, avec sources acidules, dans la vallée de Dribourg, sur la gauche du Weser, et quelques autres combinaisons du même genre.

Vallées de dénudation. Quoique les vallées d'élévation citées ci-dessus puissent être appelées aussi *vallées de dénudation,* ce dernier nom semble attribué de préférence à ces vallées où les couches, sur chaque versant, ne sont pas très éloignées de la position horizontale, et dont on ne peut mettre en doute la continuité primitive. La coupe suivante de la *vallée de Charmouth* nous en fournira un exemple.

Fig. 3.

a a, sommets des collines, composés de silex (*flint* et *chert*) anguleux et de graviers, débris des anciennes couches supérieures de craie et de grès vert, qui ont été en partie détruites sur place; *b b*, grès vert qui présente à sa surface des inégalités résultant des mêmes causes qui ont produit le gravier; *c c*, lias au milieu duquel a été creusée la partie inférieure de la vallée; *d*, petite rivière de Char : son lit serait invisible si, dans la coupe, on avait exactement gardé les proportions. Sur les pentes de la colline, de *a* en *d*, on trouve beaucoup de graviers de silex répandus sur les roches *b* et *c*, et on pourrait se demander combien il a dû en descendre des hauteurs pendant un long espace de temps, comme cela est arrivé sur les pentes de collines semblablement arrondies, dans le canton de *South Hams* en Devonshire, et combien ont dû être déposés à l'époque de la formation primitive de la vallée. En effet, ceux qui prétendent que de semblables excavations ont pu être produites par des forces du même genre que celles que nous voyons agir journellement sous nos yeux, admettraient que cette vallée a été formée par le courant insignifiant qui la traverse actuellement, aidé par les eaux de pluie. Cependant cette vallée est le seul canal d'écoulement des eaux d'une contrée de plusieurs milles d'étendue, dans lequel le ruisseau actuel, même avec ses débordements, n'a pu opérer qu'une coupure dont les escarpements verticaux ne s'élèvent que de 4 à 15 pieds. La plupart de ces escarpements ne sont pas composés de lias, mais de graviers et matériaux de transport, les mêmes que ceux qui couvrent également le reste de la vallée, dans toutes les hauteurs, depuis le lit de ruisseau jusqu'au faîte des collines. Des vallées de ce genre sont communes dans diverses parties du monde, et il n'est pas rare d'en voir où il n'existe pas d'eaux courantes auxquelles on pourrait attribuer leur origine. Même à la Jamaïque, où les pluies des tropiques sont assez communes, il y a des vallées où les eaux sont absorbées par des cavités souterraines ou espèces de puisards (*sink-holes*), et où il ne se forme aucun courant continu. En Angleterre, nous avons des exemples de vallées sèches, dans nos contrées crayeuses, dans l'oolite du Yorkshire, et au milieu des schistes du canton de *South Hams* en Devonshire [1]. Du gazon ou de la tourbe recouvre presque partout la surface, et la défend de toute dégradation, même pendant les plus fortes pluies.

Sur la côte ouest du Pérou, où il ne tombe jamais de pluie, il y a aussi des exemples remarquables de vallées sèches, qui, à en juger d'après les dessins, ressemblent à beaucoup de *vallées de contrées basses* d'Europe, à pentes arrondies. La forme de ces vallées est également contraire à la supposition qu'elles ont pu être ouvertes par des eaux courantes, car leurs pentes sont arrondies et non terminées par des escarpements perpendiculaires.

Quelquefois la partie supérieure d'une colline étant composée de roches plus dures que celles de la partie inférieure, les premières sont tranchées à pic, et forment une avance en surplomb au-dessus des autres.

La forme générale de ces vallées semblerait indiquer un mode de formation différent de celui des *vallées de montagnes*, c'est-à-dire une cause qui aurait été capable de détruire tous les points saillants. Il y a à peine une contrée d'une étendue un peu considérable, et composée de ces sortes de vallées, qui ne contienne des fissures ou des failles, même quand les couches, prises en masse, ne sont pas beaucoup dérangées de la position horizontale. Dans d'autres localités, les couches sont soulevées, contournées et pénétrées par des roches de trapp qui s'y sont introduites; et cependant la forme générale de ces vallées n'est pas considérablement altérée : la forme arrondie domine encore. Ce même caractère paraissant être assez

---

[1] La sécheresse de ces vallées du Devonshire provient de ce que les couches qui composent le sol sont verticales, et que les eaux des pluies se perdent entièrement dans leurs fissures après avoir traversé le gravier poreux qui couvre la surface.

général, on peut raisonnablement conclure qu'il a été produit par une seule et même cause : il semblerait que ces vallées ont été creusées par d'énormes masses d'eaux en mouvement, auxquelles les parties les moins résistantes auraient cédé les premières. Nous pourrions penser qu'elles ont été formées par de grands bouleversements au-dessous des eaux de l'Océan, tels qu'en produirait le soulèvement d'une longue chaîne de montagnes située dans le voisinage, ou bien la dislocation des couches qui la composent, ou, en un mot, des tremblements de terre sous-marins d'une violence beaucoup plus considérable que ceux dont nous sommes maintenant les témoins. Les tremblements de terre actuels produisent souvent des soulèvements terribles des flots qui, se répandant sur le rivage, y détruisent tout ce qu'ils atteignent.

Une élévation soudaine de montagnes jusqu'à la hauteur de plusieurs milliers de pieds serait accompagnée d'un violent dérangement du sol; elle produirait des soulèvements considérables dans les eaux des mers voisines, qui se répandraient avec fureur sur les continents; et ces masses d'eaux, ainsi projetées, auraient une grande force de destruction et de creusement, surtout si elles agissaient sur des couches fracturées ou sur de petites dépressions déjà existantes. Ces vallées peuvent aussi avoir été formées au fond de masses d'eaux agitées, au milieu desquelles se seraient produits des courants d'une grande rapidité, le soulèvement du sol de ces vallées au-dessus du niveau de la mer n'ayant eu lieu que postérieurement.

Ces observations sur l'origine des *vallées des contrées basses* doivent être regardées comme de simples hypothèses, dont la probabilité ou l'invraisemblance ne sera déterminée que par des recherches ultérieures. Néanmoins, un argument qui tend à les faire préférer à la supposition qu'elles ont été creusées par les rivières actuelles, c'est que, dans beaucoup de cas, les rivières quittent les vallées qui paraîtraient être les prolongements de leurs lits naturels, et passent, à travers des gorges et des ravines ouvertes sur un de leurs côtés, dans des terrains d'une hauteur considérable, la barrière qui s'oppose à leur passage dans leur lit naturel n'étant qu'une faible élévation de quelques pieds et presque inaperçue au fond de la vallée.

Changements à la surface du globe.

L'état présent de la surface du globe est loin d'être stable; au contraire, en admettant un espace de temps suffisant, on trouverait certainement un grand changement dans les rapports entre les continents et les eaux. Ces progrès sont lents, sans doute, mais ils n'en existent pas moins, et sont tellement sensibles, que bien des personnes sont tentées de rapporter tous les phénomènes géologiques aux mêmes causes qui produisent encore les effets dont nous sommes journellement témoins. Autant que nous pouvons en juger par les faits connus, cette opinion semble avoir été adoptée un peu à la hâte, et n'être pas tout à fait d'accord avec tous les phénomènes géologiques qui nous sont aujourd'hui connus. Toutefois, comme on peut supposer que celui qui commence à étudier la science ne possède pas la connaissance de ces phénomènes, l'appréciation de leur importance relative doit être mise de côté, jusqu'à ce qu'il soit devenu plus familier avec le sujet.

Depuis que les géologues ont cessé de s'amuser à fabriquer des théories, sans se donner la peine d'examiner la structure de la surface de ce globe, qu'ils faisaient, modifiaient et brisaient suivant leur bon plaisir, et depuis qu'on a commencé à réfléchir qu'il était nécessaire de connaître les faits pour parvenir à connaître le sujet, on n'a pas tardé à remarquer que des changements considérables avaient eu lieu à la surface du globe. Les faits étant encore peu nombreux, on fit aisément des hypothèses qui furent plus ou moins d'accord avec les connaissances de l'époque : on les trouvera dans les différents ouvrages qui traitent de l'histoire de la géologie; il est donc inutile de les rapporter ici. Il nous suffira d'observer que les deux théories actuellement dominantes sont : 1° celle qui attribue les phénomènes géologiques aux causes qui produisent les effets que nous voyons maintenant; et 2° celle qui les rapporte à des séries de catastrophes ou de révolutions soudaines. En réalité, la différence entre les deux théories n'est pas très grande, la question ne roulant que sur l'intensité des forces; de sorte que probablement, en réunissant l'une et l'autre, nous serons plus près de la vérité.

Classification des terrains [1].

Le nom de roches a été appliqué par les géologues, non-seulement

---

[1] L'auteur intitule ce chapitre, *Classification of rocks*, ce qui littéralement semblerait devoir être traduit par *classification des roches*. Cependant c'eût été donner une idée inexacte de son objet.

Le mot *rocks* a en anglais une double acception, comme l'auteur lui-même l'explique positivement dans l'appendice A ci-après (page 526 de l'original anglais). Il est employé également pour indiquer, *non-seulement des substances dures habituellement nommées ainsi, de même que des sables, des argiles*, etc., *mais aussi des réunions plus générales de ces mêmes substances*. Dans la première acception, le mot anglais *rocks* correspond exactement au mot français *roches*, dont on se sert

aux substances dures auxquelles on donne ce nom communément, mais encore à toutes ces variétés de sables, graviers, coquillages, marnes ou argiles qui forment des lits, des couches, ou des associations habituelles de roches qui existent dans la nature et qui sont appelées *terrains*.

Les terrains furent d'abord divisés en deux classes, *primitifs* et *secondaires*, d'après cette idée qu'ils doivent leur origine à des circonstances différentes, les derniers seuls contenant des restes organiques. A ces deux classes, Werner en ajouta une troisième, qu'il appela *intermédiaire* ou de *transition*, regardant ces terrains comme formant le passage des primitifs aux secondaires. Plus tard, par suite des observations de MM. Cuvier et Brongniart sur la contrée des environs de Paris, on fit une quatrième classe, et on l'appela *terrains tertiaires*, parce que les terrains qui la composent sont situés au-dessus de la craie, terrain considéré comme le plus élevé de l'étage secondaire. Ces divisions ou classes sont plus ou moins en usage aujourd'hui, quoiqu'on semble admettre assez généralement qu'elles sont insuffisantes et qu'elles ne sont plus d'accord avec l'état actuel de la science. On a proposé des modifications et des divisions nombreuses, qui, bien que préférables aux précédentes, n'ont pas été adoptées, la force de l'habitude ayant probablement prévalu.

Proposer dans l'état actuel de la science géologique une classification de terrains en prétendant à autre chose qu'à une utilité temporaire, ce serait présumer une connaissance plus intime de la croûte du globe que celle que nous possédons. La connaissance que nous avons de cette structure est loin d'être avancée, et elle est restreinte principalement à certaines parties de l'Europe. Cependant on a

ordinairement pour désigner des masses minérales qui, existant en grand, peuvent être considérées comme les éléments de la croûte du globe ; dans la seconde, au contraire, le mot *rocks* a la même signification que le mot français *terrains,* que les géologues emploient pour indiquer des associations de plusieurs roches, associations qu'on a reconnu être assez constantes dans la nature.

Or, ce chapitre étant consacré par l'auteur à faire connaître la clasification suivant laquelle il a jugé devoir décrire les *terrains* dans le cours de son ouvrage, on a dû se servir de ce mot dans le titre. On l'a également employé dans le texte, sinon dans le petit nombre de cas où il était réellement question de *roches* dans la première acception indiquée.

L'auteur a réuni ses terrains (*rocks*) en *groupes ;* et on pourrait croire que ces groupes sont l'équivalent de ce qu'on vient d'appeler *terrains ;* mais il n'en est pas ainsi. Presque chacun de ces groupes est composé, non pas seulement de plusieurs roches, mais de plusieurs réunions différentes de roches, c'est-à-dire de *terrains,* qui souvent sont décrits séparément.

Au reste, cette adoption du mot *terrains* pour équivalent de celui de *rocks* a eu lieu avec l'assentiment formel de l'auteur, qui parle parfaitement notre langue, et a une longue habitude d nos ouvrages de géologie. (*Note du traducteur.*)

déjà recueilli graduellement une masse d'observations, particulièrement sur cette partie du monde, qui conduisent à quelques conclusions générales importantes, parmi lesquelles voici les principales.

Les terrains peuvent être divisés en deux grandes classes : les *terrains stratifiés* et les *terrains non stratifiés.*

Quelques-uns des premiers renferment des débris organiques, et non les autres; et les terrains stratifiés non fossilifères, pris en masse, se trouvent au-dessous des terrains stratifiés fossilifères pris également en masse.

La dernière conclusoin importante est que, parmi les terrains stratifiés fossilifères, il y a un certain ordre de superposition, dans lequel chaque terrain paraît se distinguer des autres par une accumulation de corps organiques, dont la plupart lui sont particuliers, quoiqu'on observe des variations matérielles dans les caractères minéralogiques.

On a supposé aussi que, dans ces divisions de terrains, qu'on a appelées aussi *formations*, on trouve certaines espèces de coquilles, etc., caractéristiques de chacune. Des observations multipliées pourront seules démontrer la vérité de cette supposition ; mais il ne faut pas aller jusqu'à prétendre, comme quelques personnes le font, que si, dans une contrée, on est parvenu, pour une série de dix ou vingt couches, à caractériser chacune d'elles par la présence de certains fossiles particuliers, on sera assuré de retrouver les mêmes fossiles caractéristiques, dans chacune des mêmes parties de la même série, dans une autre contrée très éloignée de la première.

Supposer que toutes les formations dans lesquelles il a paru convenable de partager les roches de l'Europe puissent être déterminées par les mêmes débris organiques sur différents points éloignés du globe, c'est présumer que les animaux et les végétaux distribués sur la surface de la terre ont toujours été les mêmes au même moment, et qu'ils ont été tous détruits en même temps, pour être remplacés par une nouvelle création, différente d'espèces, sinon de genres, de celle qui a immédiatement précédé. Cette théorie conduirait aussi à conclure que toute la surface du globe a possédé une température uniforme à une même époque donnée.

On a pensé (mais on ne l'a pas encore suffisamment prouvé) que les terrains les plus bas, dans la série de ceux qui contiennent des débris organiques, présentent une identité générale dans leurs fossiles, en des points de la surface du globe considérablement éloignés l'un de l'autre, et que cette identité générale a disparu graduellement, jusqu'à ce qu'on soit arrivé à trouver des espèces végétales et animales différentes à différentes latitudes, et même dans divers méridiens, comme cela est aujourd'hui. Cette opinion est-elle, ou n'est-elle pas fondée ?... C'est ce qu'on ne pourra décider que quand les faits géologiques seront suffisamment multipliés; mais elle réclame une attention particulière, puisqu'elle est la base principale de la classification des terrains fossilifères. Si on parvient à reconnaître qu'elle est exacte, au moins jusqu'à un certain degré, elle ne sera pas en contradiction avec la théorie d'une chaleur centrale, dont la diminution a permis à la chaleur du soleil d'acquérir graduellement une influence sur la surface du globe.

Il faut qu'une classification de terrains soit commode, qu'elle soit en harmonie avec l'état de la science, et dépouillée autant que possible de toute préoccupation théorique.

Or, les divisions habituelles des terrains en *primitifs*, *de transition*, *secondaires* et *tertiaires*, peuvent être commodes; mais assurément on ne peut pas dire qu'elles soient en rapport avec l'état de la science, ou dégagées d'idées théoriques.

Dans le tableau qui va suivre, les terrains ont été d'abord divisés en *stratifiés* et *non stratifiés*, division naturelle, ou au moins convenable pour la pratique, et indépendante des opinions théoriques que l'on peut rattacher à ces deux grandes classes de terrains. On pourrait peut-être dire la même chose de la subdivion des terrains stratifiés en *supérieurs* ou *fossilifères*, et *inférieurs* ou *non fossilifères*. Les terrains stratifiés supérieurs, ou les *terrains fossilifères*, sont partagés en groupe. Nous ne connaissons encore qu'une si petite partie de la surface du globe, que toutes les classifications générales semblent prématurées; il paraît donc inutile d'essayer d'en établir d'autres, sinon provisoirement, pour un usage momentané, et en les combinant de manière à ce que, par la prétention d'en savoir plus que nous n'en savons réellement, elles ne viennent pas mettre obstacle aux progrès de la géologie.

A. *Terrains stratifiés.* 1er groupe. (*Terrains modernes*). — Au premier abord, ce groupe paraît naturel et facile à déterminer; mais, dans la pratique, il est souvent très difficile de dire où il commence. Quand on considère la grande profondeur de beaucoup de gorges et de ravins, qui paraissent devoir leur origine au pouvoir destructeur des cours d'eau existants; ces falaises, souvent formées des roches les plus dures, qui sont plus ou moins fréquentes sur les côtes; cette immense accumulation de terrains comparativement plus modernes, tels que ceux qui constituent les deltas de grandes rivières; enfin ces vastes plaines, comme celles de la partie orientale de l'Amérique du sud, alors il est difficile d'imaginer que ces phénomènes aient pu être produits pendant la durée d'une période de temps comparativement assez limitée. Géologiquement parlant, l'époque est récente ; mais, d'après nos idées du temps, elle paraît remonter bien au delà des dates qu'on assigne communément à l'ordre de choses actuel.

2ᵉ groupe. (*Blocs erratiques*).— Ce groupe est extrêmement difficile à bien caractériser, et il ne doit être regardé que comme provisoire : c'est un groupe uniquement établi par convenance, pour renfermer ces dépôts superficiels de *graviers*, *brèches* et autres *matériaux de transport* qui se rencontrent dans les localités où des causes semblables à celles qui agissent maintenant n'auraient pu les amener. Le trait le plus extraordinaire de ce groupe est l'existence de ces *énormes blocs* que l'on trouve si singulièrement perchés sur des montagnes, ou épars sur des plaines situées à une grande distance des roches en place, dont ils paraissent avoir été détachés.

3ᵉ groupe. (*Supercrétacé*). — Ce groupe comprend les terrains vulgairement appelés *tertiaires*. Ceux-ci sont extrêmement variés, et contiennent une accumulation immense de *débris organiques, terrestres*, d'*eau douce* et *marins*. On a reconnu récemment que ce groupe était lié plus étroitement qu'on ne l'avait supposé, d'un côté à l'ordre de choses actuel, de l'autre au groupe suivant.

4ᵉ groupe. (*Crétacé*). —Ce groupe contient les terrains qui, en Angleterre et dans le nord de la France, sont caractérisés par de la craie dans la partie supérieure, et par des *sables* et des *grès* dans la partie inférieure. Peut-être ne doit-on attacher aucune valeur à ce nom de *crétacé*; car le caractère minéralogique de la partie supérieure de ce groupe, d'où le nom dérive, est probablement local, c'est-à-dire restreint à certaines parties de l'Europe, et la craie peut y être remplacée ailleurs par des calcaires compactes, et même par des grès. Cependant, comme les géologues sont parfaitement d'accord sur ce que l'on entend quand on parle de la craie, rien ne paraît s'opposer, quant à présent, à ce que nous conservions à ce quatrième groupe le nom de *crétacé*. Le terrain de *Weald* y a été réuni, quoique les débris organiques qu'il contient indiquent une origine différente : on a pensé que l'étude de ce terrain était intimement liée avec celle des terrains qui constituent essentiellement le groupe crétacé.

5ᵉ groupe. (*Oolitique*). — Il comprend les divers membres de la formation d'*oolite*, ou formation *calcaire jurassique*, y compris le *lias*. Le mot *oolitique* a été conservé d'après le même motif que celui de *crétacé*. Dans le fait, ce caractère minéralogique ne s'observe que dans une partie insignifiante des roches faisant partie de la formation oolitique en Angleterre et en France; et, en outre, ce genre de structure n'est pas particulier aux terrains en question, mais il appartient aussi à beaucoup d'autres. Dans les Alpes et en Italie, la formation oolitique semble remplacée par des calcaires-marbres, noirs et compactes, en sorte que ses caractères minéralogiques sont d'une faible importance.

6e groupe. (*Grès rouge*). — Il comprend les marnes rouges ou bigarrées (*marnes irisées, keuper*), le *muschelkalk*, le nouveau grès rouge ou grès bigarré (*bunter sandstein*), le calcaire magnésien (ou le *zechstein*), et le conglomérat rouge (*rothes todt liegendes, grès rouge*). L'ensemble de ce groupe peut être considéré comme une masse de *conglomérats*, de *grès*, de *marnes* généralement de couleur *rouge*, mais plus fréquemment *panachées* dans les parties supérieures. Les divers *calcaires* qu'on y a indiqués peuvent être regardés comme subordonnés; quelquefois on n'en rencontre qu'un, et c'est tantôt l'un, tantôt l'autre; quelquefois aussi tous les deux manquent. Il n'y a même peut-être aucun motif pour croire que d'autres calcaires de caractères différents ne puissent pas être développés dans ce groupe sur d'autres points du globe.

7e groupe. (*Carbonifère*). — *Terrain houiller, calcaire carbonifère, vieux grès rouge* des Anglais. Dans le plus grand nombre des cas, le terrain houiller est très bien distingué naturellement du groupe de grès rouge qui lui est supérieur; quant au vieux grès rouge, quoique dans le nord de l'Angleterre il soit parfaitement distinct du 8e groupe (celui de grauwacke, qui lui est inférieur), il y a beaucoup d'autres contrées où ces deux formations ont entre elles une liaison si évidente, qu'on peut y considérer le vieux grès rouge comme n'étant, pour ainsi dire, que la partie supérieure du terrain de grauwacke.

8e groupe. (*Grauwacke*). — On peut la considérer comme une masse de *grès, de schistes* et de *conglomérats*, au milieu desquels des *calcaires* se développent quelquefois accidentellement. Des grès qui ressemblent, par leurs caractères minéralogiques, au vieux grès rouge des Anglais, occupent non-seulement la partie supérieure, mais souvent aussi d'autres étages plus inférieurs.

9e groupe. (*Terrains fossilifères inférieurs*). — Ce groupe est composé de *roches schisteuses* de différentes espèces, au milieu desquelles on rencontre fréquemment des composés stratifiés semblables à quelques-unes des roches non stratifiées. Les débris organiques y sont très rares.

Terrains stratifiés inférieurs ou *non fossilifères*. Cette division comprend différentes espèces de *schistes* et divers composés cristallins, disposés en couches, tels que du *marbre saccharoïde*, auxquels parfois sont interposés du *gneiss*, de la *protogyne*, etc. Par suite de diverses circonstances, beaucoup de roches de la division précédente prennent tellement les caractères minéralogiques des roches de celle-ci, qu'on ne peut les distinguer que par leur position géologique; mais on admet que, en masse, les couches de cette division sont beaucoup plus cristallines que celles des terrains stratifiés supérieurs, dont l'origine semble due à des causes principalement mécaniques.

B. *Terrains non stratifiés*. — Cette grande division naturelle est d'une importance très grande dans l'histoire de notre globe, en ce que les roches qui la composent semblent avoir produit, par l'effet des forces qui les ont émises, des changements très considérables à la surface de la terre. On admet généralement que ces roches sont d'*origine ignée*; et, en effet, il est impossible de contester cette origine pour celles de ces roches non stratifiées qui sont produites par les volcans actifs. Ce qui les caractérise principalement est leur tendance à prendre la *structure cristalline*, quoiqu'elle ne soit pas sensible dans plusieurs d'entre elles. Il arrive souvent que, dans la même masse, on peut observer tous les degrés, depuis la structure cristalline jusqu'à la structure compacte.

Parmi les minéraux qui composent ces roches, les plus abondants sont le *feldspath*, le *quartz*, la *hornblende*, le *mica*, la *diallage* et la *serpentine*, et principalement le premier.

En proposant cette classification, je ne me dissimule pas que l'on peut faire contre elle beaucoup d'objections fondées; mais je ne la présente que parce qu'elle m'a paru plus commode; et si on pouvait amener les géologues à faire usage d'une classification semblable, ou de toute autre qui leur paraîtrait plus convenable, pour nous débarrasser des vieilles dénominations, je ne puis m'empêcher de croire que la science gagnerait beaucoup à ce changement.

Dans la suite de ce Manuel, les faits géologiques seront développés suivant cette classification; néanmoins, pour faciliter l'intelligence de mon ouvrage à ceux qui préfèrent d'autres classifications, j'ai jugé utile d'insérer ici le tableau suivant, qui présente pour chacune des divisions ou groupes ci-dessus indiqués, des équivalents dans différents modes de classification. Ainsi celles de MM. Conybeare, Brongniart, d'Omalius d'Halloy, et même celle de Werner perfectionnée, sont disposées à côté de la mienne dans des colonnes différentes, de manière que chacune des divisions de ces méthodes géologiques se trouve en regard avec son équivalent dans celle qui vient d'être exposée.

Classification des terrains.

Équivalents dans différentes méthodes.

			CONYBEARE.	D'OMALIUS D'HALLOY, 1830.	BRONGNIART, 1829.	
TERRAINS STRATIFIÉS. — T. STRAT. SUPÉRIEURS ou fossilifères.	1er groupe. Moderne.	Détritus de différentes sortes, produit par les causes qui agissent encore aujourd'hui. *Iles madréporiques; Travertino*, etc.		Terrains modernes.	Terrains alluviens et lystens.	Période Jovienne.
	19e groupe. Des blocs erratiques.	Blocs de transport, graviers, couvrant des collines et des plaines, où ils paraissent avoir été amenés par des forces puissantes que celles qui agissent maintenant. (Groupe provisoire.)	Ordre supérieur.	Terrains clysmiens.	Terrains clysmiens.	
	3e groupe. Supercrétacé.	Dépôts de divers genres supérieurs à la craie, tels que, en Angleterre, le crag, les couches de l'île de Wight, l'argile de Londres, l'argile plastique; en France les couches marines et d'eau douce des environs de Paris, etc.		Terrains tertiaires.	Terrains yzémiens thalassiques.	Secondaires.
	4e groupe. Crétacé.	1. Craie. — 2. Grès vert supérieur. — 3. Gault. — 4. Grès vert inférieur. Auxquels il est convenable de réunir : 1. L'argile dite weald. — 2. Le sable de Hasting. — 3. Les couches de Purbeck.	Ordre supra-moyen (super-medial).	Terrains ammonéens.	Terrains yzémiens pélagiques (non compris le lias).	Période Saturnienne.
	5e groupe. Oolitique.	Terrains désignés ordinairement sous le nom d'Oolite, en y comprenant le Lias.			Terrains yzémiens abyssiques.	
	6e groupe. Du Grès rouge.	1. Marnes rouges ou marnes trisées. — 2. Muschelkalk. — 3. Grès rouge. — 4. Zechstein. — 5. Conglomérat rouge.	Ordre moyen (medial).			
	7e groupe. Carbonifère.	1. Terrain houiller. — 2. Calcaire carbonifère. — 3. Vieux grès rouge.		Terrains hémilysiens.	Terrains hémilysiens.	Primordiaux.
	8e groupe. De la Grauwacke.	1. Grauwacke en couches épaisses et schisteuses. — 2. Calcaire de la grauwacke. — 3. Schiste argileux de la grauwacke, etc.	Ordre sous-moyen (sub-medial).			
	9e groupe. Fossilifère inférieur.	Différents schistes, souvent entremêlés de réunions de roches stratifiées, semblables à celles qui se rencontrent dans les terrains non stratifiés.		Terrains agalysiens.	Terrains agalysiens.	
T. STRAT. INFÉRIEURS ou non fossilifères.	Aucun ordre de superposition déterminé.	Différentes roches schisteuses, et beaucoup de masses cristallines stratifiées, comme Gneiss, Protogyne, etc.	Ordre inférieur.	Terrains pyroïdes et agalysiens.	Terrains pyrogènes, ou roches volcaniques modernes.	Pyroïdes.
TERR. NON STRATIFIÉS.	Roches Volcaniques, Trappéennes, Serpentineuses et Granitiques.	Laves anciennes et modernes : Trachyte, Basalte, Grünstein, Cornéennes, Porphyres pyroxéniques et amphiboliques, Serpentine, roches de diallage, Siénite, Porphyre quartzifère, Granite, etc.	De même que dans la méthode de Werner.		Terrains typhoniens ou roches ignées anciennes.	

SECTION II.

GROUPE MODERNE.

Dégradations des continents.

Toutes les substances décomposées ou désagrégées ont une tendance constante à être entraînées, par l'action des pluies ou des eaux de la surface, à un niveau plus bas que celui qu'elles occupaient précédemment, et finalement à être transportées dans la mer. Parmi les roches, même les plus dures, il n'y en a aucune qui ne porte quelque marque de l'action de l'atmosphère (*weathering*) sur elle. Le degré d'altération qu'elles éprouvent à la surface est extrêmement variable, vu qu'il dépend de beaucoup de causes locales. Ainsi, dans telles circonstances, une roche peut subir une désagrégation complète, tandis que, dans une autre, une roche composée d'à peu près les mêmes éléments n'a éprouvé qu'un changement à peine visible. Quand on observe l'état actuel de la surface des continents et des îles, il est impossible de ne pas être frappé des grandes altérations qui y ont été produites par l'action des mêmes agents dont nous voyons encore journellement les effets. L'étendue de ces dégradations des continents par l'influence atmosphérique ou par les eaux est très remarquable, en ce qu'elle atteste un laps de temps qui nous force de remonter à des époques au delà des calculs ordinaires.

Les rochers ou pitons (*tors*) du canton de Dartmoor en Devonshire peuvent être cités comme d'excellents exemples de l'action atmosphérique sur une roche dure. Ils sont composés de granite, et, comme l'a observé le docteur Macculloch, ils sont divisés en masses de forme cubique ou prismatique. Par degrés, les surfaces qui se touchaient s'écartent l'une de l'autre, et cet écartement augmente indéfiniment. L'altération étant plus rapide sur les parties qui sont les plus extérieures, et par conséquent les plus exposées, les masses, qui étaient primitivement prismatiques, prennent à leur surface une courbure irrégulière, et la forme de la pierre devient celle du rocher connu en Cornouailles sous le nom de *cheese wring*. Si le centre de gravité de la masse se trouve élevé et écarté de l'aplomb de sa base, la pierre tombe du lieu où elle était élevée, et devient de plus en plus ronde par l'effet continu de la décomposition, et peu à peu finit par prendre tout à fait cette forme sphéroïdale que les blocs de granite affectent si souvent.

Une disposition différente de ce centre de gravité pourra maintenir la pierre dans sa position pendant un plus long espace de temps, ou, dans des circonstances favorables, pourra produire un rocher semblable à celui du *Logging-Stone* qui existe en Cornouailles [1].

L'action de l'air sur ces roches est si lente, que la vie d'un homme peut à peine suffire pour y observer un changement : il a donc fallu un temps très considérable pour les amener à leur forme actuelle. La surface de toute la contrée environnante atteste de même un long espace de temps. Quelle que soit la nature des roches, elles sont toutes désagrégées jusqu'à une profondeur considérable : porphyres, schistes, grès compactes, trapps, toutes ces roches ont subi des altérations; mais les vallées semblent avoir existé antérieurement, et la forme générale du sol paraît avoir été tout à fait la même qu'elle est aujourd'hui. La coupe suivante expliquera cette décomposition de la surface.

Fig. 4.

a a, dépôt formé par la décomposition de la roche *b b*, suivant les inégalités produites par des causes antérieures d'élévation ou de dépression. L'accumulation des fragments est plus considérable au fond de la vallée *c*, traversée le plus souvent par une rivière ou un ruisseau; le dépôt y présente quelquefois une apparence de stratification, comme si les substances désagrégées des flancs de la colline avaient glissé l'une sur l'autre jusqu'au fond de la vallée. La quantité de détritus entassés ainsi au fond d'une vallée s'élève quelquefois jusqu'à 25 ou 30 pieds. Ces détritus, souvent très faiblement agrégés, sont maintenant garantis d'un nouveau déplacement, au moins sur une grande étendue, par des gazons et des cultures. Les apparences diverses de ces détritus sont singulières, car souvent de gros blocs de 20 à 30 livres sont renfermés au

[1] Macculloch, *Geolog. Trans.*, 1re série, vol. II, p. 66, avec trois planches représentant les rochers de *Cheese-Wring*, *Logging-Stone* et *Vixen-Tor*. — Voyez aussi *Sections and Views illustrative of geological phenomena*, pl. 20.

milieu de fragments et même dans du sable. La coupe suivante, prise sur la côte à *Blackpool*, près de *Darmouth*, en fournit un exemple.

Fig. 5.

a a, détritus des grauwackes schisteuses *b b*, accumulés en amas plus considérables en *e* et en *f*; *c c*, banc puissant de petits cailloux roulés de quartz garantissant le fond de la vallée (qui est beaucoup plus bas que le faîte du banc de cailloux) et les hauteurs qui la bordent de chaque côté. Les eaux de la vallée s'échappent en serpentant par un ruisseau en *d*; en *e* et en *f*, on trouve plusieurs gros blocs mêlés au milieu des petits galets.

Les schistes des *Sout Hamps*, dans le *Devonshire*, sont fréquemment recouverts par des amas de débris; à leur contact avec la roche non décomposée, on observe des caractères qui semblent être les résultats d'une force qui agissait à l'époque où ces débris commençaient à se déposer, les schistes étant brisés et contournés comme l'indique la figure ci-dessous.

Fig. 6.

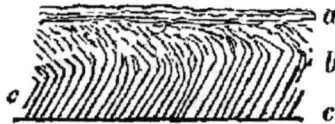

a, terre végétale; *b*, petits fragments de schistes ayant différentes positions; *c*, portions de feuillets schisteux, contournés, quelquefois sans être brisés.

Si de ce canton on s'avance vers l'est, on retrouve les mêmes apparences, quelle que soit la nature de la roche. Cependant elles deviennent plus compliquées sur la colline de Haldon et sur la côte de Sydmouth et de Lyme-Regis, en ce que cette décomposition de la surface semble se joindre à une désagrégation effectuée antérieurement au dépôt des roches supercrétacées. Dans la Normandie, on observe également une désagrégation profonde de la surface, conforme aux ondulations de la contrée. Elle a été décrite par MM. de Caumont et de Magneville, et elle semble due à l'action des mêmes causes qui ont produit la décomposition de la surface dans le sud de l'Angleterre.

Il y a beaucoup d'autres contrées où on observe cette destruction de la surface. Si la roche ainsi attaquée par l'exposition à l'air est calcaire, il n'est pas rare qu'il y ait une réagglomération des parties, par le moyen d'une matière calcaire que dépose l'eau qui filtre à travers les fragments, et qui en dissout une partie. A Nice, les surfaces fracturées, puis reconsolidées ainsi, sont tellement dures que, si on a besoin d'y ouvrir une route, on ne peut entamer la masse du rocher qu'avec la poudre. Il y a quelques exemples remarquables de cette reconsolidation sur les collines calcaires de la Jamaïque, comme, par exemple, près de Rockfort, et dans les escarpements qui sont à l'est de l'embouchure de la rivière de Milk.

Le feldspath contenu dans le granite est souvent très sujet à se décomposer ; et quand cet effet s'est produit, la surface est fréquemment recouverte d'un gravier quarzeux. M. D'Aubuisson rapporte que, dans un chemin creux, qui n'avait été excavé à la poudre que depuis six ans, dans le granite, la roche était entièrement décomposée jusqu'à la profondeur de 3 pouces. Il dit aussi que les granites de l'Auvergne, du Vivarais et des Pyrénées orientales, sont souvent tellement décomposés, que le voyageur pourrait croire qu'il marche sur des amas considérables de graviers.

Quelques roches de trapp, par suite de ce qu'elles contiennent du feldspath, sont si sujettes à la décomposition, que l'on a souvent beaucoup de difficulté à s'en procurer un échantillon. A la Jamaïque, la profondeur à laquelle quelques roches de cette nature sont désagrégées est souvent très considérable.

Cette décomposition est attribuée à l'action chimique aussi bien qu'à l'action mécanique de l'atmosphère. Nous connaissons fort imparfaitement les changements lents et tranquilles produits par l'électricité à la surface ; mais tout le monde est familier avec les effets des coups de foudre qui brisent des roches, et en font tomber les débris du sommet des montagnes dans les vallées. Ces décharges électriques fondent souvent la surface des roches. Ainsi De Saussure a trouvé sur le Mont-Blanc une roche composée, fondue à la surface : le feldspath présentait sur sa surface des globules d'émail blanc, et l'amphibole des globules noirs. De semblables observations ont été faites par d'autres géologues dans d'autres parties du monde. L'oxygène de l'atmosphère produit dans les roches une altération considérable, que l'on remarque surtout dans celles qui contiennent du fer, lesquelles perdent souvent ainsi leur dureté et deviennent très tendres.

Au cap dit *Peninis-Point*, à *Sainte-Marie*, dans les *îles Sorlingues*, il y a un exemple curieux de cette décomposition du granite, dans des cavités que les antiquaires ont appelées *bassins de roches* (*rock-basins*), et qu'ils ont considérées comme l'ouvrage des druides. Celles nommées *kettle and pans* se rencontrent dans d'énormes blocs sur le faîte du promontoire. Elles ont en général 3 pieds de diamètre, et environ 2 de profondeur : la plupart sont circulaires et concaves ; mais il y en a qui sont dentelées sur les côtés. « Quelques-unes ont « leurs parois verticales et leur fond plat ; on en voit qui ont une « forme ovale, et d'autres qui n'ont aucune forme régulière. Plu- « sieurs des blocs ont 6 ou 7 mètres de haut, 7 ou 8 mètres en carré, « et quelques-uns présentent 4, 5, 6 ou davantage de ces cavités. « Un roc énorme, près de l'extrémité de ce groupe de rochers, « contient 2 bassins d'une grandeur prodigieuse, outre plusieurs « autres plus petits. Le plus élevé et le plus grand paraît avoir été « formé par la réunion de trois bassins ou davantage. Il a une « forme irrégulière, environ 18 pieds de tour, et 6 de profondeur. « Quand l'eau, dans ce bassin, a atteint la hauteur de 3 pieds, elle « s'écoule par une ouverture dans un bassin inférieur, de forme « plus régulière, dont la cavité a environ 5 pieds de haut, mais qui « ne peut contenir au delà de 2 pieds d'eau, à cause de l'inclinaison « de la surface de la roche [1]. » Pour prouver qu'une décomposition semblable a lieu quelquefois sur les côtés des blocs, M. Woodley décrit une cavité ovale, de 6 pieds de long sur 5 de large, et d'à peu près 4 de profondeur, qui se trouve dans une pareille position. Le dessin suivant, fait d'après une esquisse de M. Holland, donnera une idée des *kettle and pans* [2].

Fig. 7.

Il y a à peine une substance qui, ayant été exposée à l'action de l'atmosphère pendant un temps considérable, ne présente des mar-

---

[1] Rew G. Woodley : *Wiew of the present state of the Scilly Islands*, 1822.
[2] La gravure en bois de l'original anglais ayant mal réussi, l'auteur a eu la complaisance de nous envoyer un nouveau dessin. (*Note du traducteur.*)

ques de l'action de l'air; on observe cet effet même sur les roches silicieuses les plus dures. L'action de l'atmosphère sur des escarpements de rochers de grès, dans lesquels le ciment varie en dureté ou autrement, produit les formes les plus grotesques, qui sont connues même de ceux qui sont le moins habitués à observer : les variations de température aident beaucoup l'action chimique décomposante de l'air.

L'eau peut être considérée comme le principal agent mécanique dans le grand œuvre de l'action destructive atmosphérique, et d'autant plus, qu'elle réunit en même temps le caractère d'un agent chimique. Par l'infiltration, elle tend à désagréger les particules dont les roches sont composées, soit, dans certains cas, en s'unissant chimiquement avec la matière qui leur sert de ciment, soit, dans d'autres, en les entraînant mécaniquement. Dans l'un et l'autre cas, elle laisse les particules sur lesquelles elle n'a pas encore agi dans un état où elles sont plus facilement déplacées par le prolongement de l'infiltration. Dans les circonstances où la température descend assez pour produire la congélation, l'action mécanique de l'eau atmosphérique devient beaucoup plus considérable. Étant entrée dans les interstices des roches quand elle était à l'état liquide, elle augmente de volume quand elle passe à l'état solide, par suite d'un abaissement suffisant dans la température, lequel se fait sentir à des profondeurs plus ou moins grandes, en proportion du décroissement de chaleur des climats où les roches peuvent être situées. Cette action écarte l'une de l'autre des parties de roches, et détache aussi des particules menues, de manière que le simple retour de l'eau à l'état liquide, aidé de la pesanteur, suffit pour les séparer. Par cette même cause, le centre de gravité de grands blocs de rochers se trouve souvent tellement déplacé, relativement aux masses sur lesquelles ils reposent, que, quand ils ne sont plus maintenus et comme cimentés par la glace, ils tombent de la place qu'ils occupaient à des niveaux plus bas. Les chutes de rochers, dues à cette cause, sont communes dans les hautes montagnes, où des cimes très étendues sont exposées à des alternatives de gelée et de dégel.

L'eau, après avoir filtré à travers des roches de nature poreuse, atteint des couches qui ne le sont pas, telles que des argiles. Ainsi arrêtée dans sa course descensionnelle, l'eau s'échappe par toutes les issues qu'elle rencontre sur les flancs des collines ou ailleurs, en produisant des sources : dans tout le cours de ces décharges de l'eau, il y a aussi une destruction mécanique des masses à travers lesquelles elle se fait jour. Son action altère les roches en raison de leur composition; celles même qui ne sont pas poreuses et perméables peuvent être attaquées. La surface d'un fond d'argile sur lequel l'eau coulera s'imbibera peu à peu, et dans des circonstances favorables, elle pourra se changer en une espèce de boue ; alors la stabilité de la masse supérieure dépendra de la position relative des couches.

Ainsi, dans la coupe ci-jointe, si, sur la montagne *a*, l'eau passe à travers les couches poreuses *b*, jusqu'au lit d'argile imperméable *e e*, la surface de celle-ci deviendra glissante, et la masse supérieure pourra se détacher et tomber dans la vallée *d*.

Fig. 8.

C'est précisément ce qui est arrivé dans le cas du *Ruffiberg* en Suisse. Cette montagne, connue aussi sous le nom du *Rossberg*, est élevée de 5,196 pieds au-dessus du niveau de la mer, et est opposée à celle qui est si connue sous le nom du *Righi*. Sa partie supérieure est composée de couches d'une roche formée des débris venus des Alpes à une époque géologique antérieure. Ces couches sont poreuses jusqu'à un certain point, et l'eau les traverse jusqu'à ce qu'elle atteigne une couche d'argile sur laquelle elles reposent : toutes ces couches plongent sous un angle considérable, d'environ 45°. L'argile ayant été amollie par l'action de l'eau, et les couches puissantes qui la recouvrent ayant ainsi perdu leur support, ces couches glissèrent sur leur base inclinée, et tombèrent dans la vallée, qui fut couverte de leurs ruines.

Cet éboulement eut lieu le 2 septembre 1806, et couvrit de rochers et de boue une belle vallée. Les villages de Goldau et de Busingen, le hameau de Huelloch, une grande partie du village de Lowertz, les fermes de Unter-Rothen et Ober-Rothen, et plusieurs maisons éparses dans la vallée, furent détruites par cette catastrophe. Goldau fut écrasé par des masses de rochers, et Lowertz envahi par un torrent de boue.

L'énorme amas de débris et de boue qui se précipita dans le lac de Lowertz y produisit dans les eaux un tel mouvement, que le village de Seven, situé à l'autre extrémité, fut inondé et en grand danger d'être détruit ; deux maisons y furent renversées. On trouva dans le village de Steinen des poissons vivants qui y avaient été apportés par l'inondation. On a évalué à 8 ou 900 le nombre des victimes de ce désastre, parmi lesquelles plusieurs voyageurs ; il paraît qu'il y a des traditions d'anciens éboulements semblables, quoique plus petits, sur les flancs de cette même montagne de Ruffiberg ou de Rossberg [1].

Il se détache souvent des montagnes des masses considérables par suite de la filtration de l'eau à travers certaines parties, qu'elle détache mécaniquement ou qu'elle détruit chimiquement, sans pour cela les faire glisser sur un plan incliné, comme dans le cas du Ruffi ; cependant la force de la gravité est encore ici la cause de la chute. Les Alpes ont présenté plusieurs exemples de ce fait, entre autres celui du grand éboulement des *Diablerets*, en 1749.

Rien n'est si commun dans les pays de montagnes qu'un talus de détritus amoncelé au pied d'un escarpement. Ce détritus se compose de fragments détachés de la surface des roches supérieures par la décomposition, et entraînés, soit directement par leur propre poids, soit par l'action réunie de leur pesanteur et de la force de l'eau qui coule à la surface, provenant des pluies et de la fonte des neiges. Les avalanches de neiges sont les causes les plus puissantes de la formation de ces talus, et, dans les lieux où elles tombent, il y a toujours une grande accumulation de débris de roches entraînés souvent des plus grandes hauteurs par la violence irrésistible de ces chutes de neiges.

Les falaises inférieures (*under cliffs*) de *Pinhay*, près de *Lyme Regis*, dont on voit ici la coupe, peuvent être citées comme un exemple d'un escarpement de rochers, auquel des sources terrestres font éprouver une destruction plus considérable que celle que produit sur lui l'action de la mer.

Fig. 9.

a, gravier ; *b*, craie ; *c*, grès vert ; à travers ces roches, qui sont l'une et l'autre poreuse, l'eau filtre jusqu'au lit d'argile *d*, composé de la partie inférieure des couches de grès vert *c*, et de la partie

[1] La planche 33 des *Sections and Views illustrative of geological phenomena* représente une vue de cet éboulement prise quatre jours après la catastrophe.

supérieure des couches du lias *e*. Arrêtée là, dans sa descente, l'eau s'échappe par la voie la plus facile, celle que lui présente l'escarpement formé primitivement par la mer; elle emporte peu à peu avec elle l'argile qu'elle a d'abord rendue humide; la craie et le grès vert perdent leur support, s'écroulent et tombent dans la mer; le lias *e*, n'étant pas autant dégradé par la mer au point *g* que la masse qui le recouvre l'est par les sources, celle-ci doit former un retrait qui s'augmente jusqu'à ce qu'il ait été recouvert par un grand talus en *f*; mais ce talus tend constamment à être détruit, et par l'action de la mer sur le lias en *g*, et par la tendance des sources terrestres à ruiner sa base et à l'entraîner dans la mer. La craie et le grès vert contenant des substances dures, souvent d'une grosseur considérable, celles-ci, en s'amoncelant sur le rocher *g*, le garantissent beaucoup, en diminuant très sensiblement l'action des brisants.

Rivières. Les rivières prennent, le plus ordinairement, leur origine, à quelques exceptions près, dans les collines et les montagnes, et sont alimentées par la fonte des neiges ou des glaciers, par les eaux de pluie ou par des sources. Elles transportent les détritus formés, soit par les agents atmosphériques indiqués ci-dessus, soit par leur propre action : leur puissance de transport dépend de leur rapidité. La vitesse du courant, dans une rivière, est la plus grande au centre, et la plus faible sur les parois et au fond, s'y trouvant diminuée par le frottement, en raison d'une certaine viscosité de l'eau. Il s'ensuit que la force de transport d'une rivière est moindre, quand elle est au contact des matières qu'elle doit transporter : si ci ces matières viennent de se détacher de roches simples, tels que des fragments de calcaire, de granite, etc., elles sont généralement anguleuses, et au commencement elles opposent de grands obstacles à ce que l'eau les entraîne; car la vitesse d'un courant doit avoir été capable de déplacer ces fragments anguleux avant que ceux-ci puissent s'user par le frottement. Les roches composées de fragments qui ont été antérieurement arrondis, tels que des conglomérats, doivent, si elles se décomposent aisément, fournir à la rivière du gravier tout formé, susceptible d'être entraîné par elle, tandis que sa rapidité serait insuffisante pour transporter des fragments anguleux de même poids. Le transport des grès dépendra de leur état de dureté : il sera facile quand les particules seront faiblement agrégées, difficile quand la roche sera assez compacte pour former des fragments anguleux.

Quand la rapidité d'une rivière est suffisante pour user les substances qu'elle a arrachées de son fond ou détachées de ses rives en les dégradant, ou qui sont tombées dans son lit, ces substances deviennent graduellement plus faciles à transporter, et devraient, si la force du courant restait toujours la même, continuer à être entraînées par la rivière jusqu'à son embouchure dans la mer; mais comme la rapidité d'un courant dépend beaucoup de la chute de la rivière d'un niveau à un autre, le transport est réglé par la pente qui existe dans son lit. On sait que cette pente varie dans la même rivière; de sorte que celle-ci n'est capable d'entraîner les détritus que jusqu'à une certaine distance, mais non au delà, dans les circonstances ordinaires, par suite de la diminution de la vitesse du courant. Mais cette vitesse peut être, et est souvent tellement accrue, lorsqu'on s'éloigne davantage de la source, que la rivière reprend en grande partie sa première force de transport. Elle ne peut toutefois entraîner que le détritus qu'elle reçoit ou qu'elle arrache dans son cours; quant aux cailloux qu'elle a laissés en deçà de l'endroit où la rapidité a commencé à diminuer, ils ne peuvent plus être emportés que lors des grandes crues, ou, en d'autres termes, par des circonstances extraordinaires. Nous pouvons établir, comme un fait général, que les rivières dont le cours est rapide et médiocrement peu étendu entraînent les galets jusque dans les mers voisines, comme cela a lieu dans les Alpes maritimes, etc., tandis que celles dont le cours est long, et devient lent de rapide qu'il était d'abord, déposent les cailloux là où la force du courant diminue, et ne transportent finalement que du sable ou de la boue jusqu'à leur embouchure, comme le Rhin, le Rhône, le Pô, le Danube, le Gange, etc.

Il en résulte que la nature du détritus emporté jusqu'à la mer par les rivières dépend de la longueur et de la rapidité de leur cours, toutes les autres circonstances restant les mêmes.

Si, dans le cours d'une rivière, la disposition du sol des contrées qu'elle traverse est telle qu'il s'y forme des lacs, les détritus emportés par cette rivière se déposeront dans les lits de ces lacs, lesquels ont ainsi une tendance à être comblés peu à peu, la nature des détruits dépendant de la rapidité de la rivière. Dans les vallées des montagnes on voit fréquemment des inégalités qui déterminent de petits lacs, et elles y ont été évidemment beaucoup plus communes autrefois.

La rapidité du courant sortant d'un lac dépend beaucoup de la pente du sol sur lequel il coule. Le courant doit tendre à rompre la barrière ou l'espèce de digue qui a produit et qui maintient le lac; mais si ce courant est lent, ou si les roches sont dures, il produira peu d'effet; tandis que s'il est rapide, ou si les roches sont faciles à attaquer, il rompra la digue élevée par la nature, le lac se desséchera, et la rivière prendra alors un cours non interrompu. Si le lac, tandis qu'il existait, avait été partiellement rempli par les détritus provenant des parties supérieures de la rivière qui venait l'alimenter, celle-ci, en reprenant son cours, entraînera ces détritus, au moins en partie, et les transportera à un niveau plus bas. Le dessin suivant servira à mieux faire comprendre cet effet.

Fig. 10.

ab, cours de la rivière coulant dans le lac *bhc*, qui est rempli d'eau jusqu'au niveau *bc*, le surplus s'échappant au-dessus du point *c*, suivant la pente *cd*, et prolongeant sa course dans la direction *dg*; *ef*, dépôt de détritus provenant de la rivière *ab*, amassé au fond du lac *bhc*; *bd*, lit de la rivière formé par la rupture de la digue *ecd*, et sur une partie du détritus *ehf*, de manière que ce lit forme continuité d'un côté avec *ab*, et de l'autre avec *dg*.

Si les lacs sont très grands, comme, par exemple, ceux de Genève et de Constance, il faudra un laps de temps immense pour les remplir d'une masse de détritus assez considérable, de manière qu'on voie une rivière traverser, d'un cours continu, un terrain occupant un espace autrefois rempli d'eau. Des lacs de cette dimension opposent un grand obstacle au transport des cailloux roulés : une grande partie des détritus des Alpes sont arrêtés dans leur marche vers la mer par les lacs qui sont sur les pentes nord et sud de cette chaîne de montagnes. Ainsi, au nord, le Rhin dépose les détritus qu'il apporte des montagnes dans *le lac de Constance*, et le Rhône ses cailloux roulés et ses sables dans le *lac de Genève*. Entre ces deux grands lacs, ceux de *Zurich*, de *Lucerne*, etc., reçoivent les graviers des autres rivières des Alpes. Au sud, le *lac Majeur* reçoit les détritus alpins du Tésin; le *lac de Côme*, ceux de l'Adda; et les lacs de *Garda* et autres, en font autant pour d'autres rivières. Par suite de ces circonstances, il est évident que les détritus d'une grande partie des Alpes ne peuvent arriver par les rivières, soit dans l'Océan, soit dans la Méditerranée. Le *Pô* reçoit les eaux d'une grande partie des Alpes, et transporte des sables et des limons jusqu'à la mer; mais les galets qu'il amène sont arrêtés avant qu'il ne reçoive les eaux du Tésin; et quoique cette dernière rivière entraîne des cailloux roulés, elle ne les amène pas directement des Alpes; ce n'est qu'après avoir quitté le lac

Majeur qu'elle les arrache de ses rives, qui contiennent des galets alpins produits à une époque antérieure. La même chose a lieu pour le Rhône, près de Genève : on y trouve, à la vérité, des galets alpins, mais qui ne pourraient, dans l'état actuel des choses, provenir des Alpes, parce qu'ils auraient été arrêtés dans le lac de Genève; ils viennent de ses rives et de son lit, d'où il les arrache immédiatement après avoir quitté le lac. Ceux qui étudient la géologie doivent toujours avec soin, en examinant le cours des rivières, de bien distinguer les cailloux roulés, détachés immédiatement des deux rives, de ceux qui peuvent venir de points éloignés, mais qui ne pourraient aujourd'hui être transportés par les rivières, par suite d'obstacles physiques qui s'y opposent. Faute de faire attention à cette circonstance, on est tombé dans beaucoup d'erreurs.

On a admis que, quand une rivière se décharge dans un lac et y charrie ses détritus, le dépôt qu'elle y forme doit prendre une stratification presque horizontale. L'inclinaison des couches de dépôt doit cependant dépendre de la profondeur de l'eau et de la nature des détritus qui viennent s'y déposer. Ainsi, si ces détritus sont composés de sable et de limon, ils se transportent plus loin dans le fond du lac que s'ils étaient composés de cailloux.

Le *lac de Genève* nous présente des exemples de ces deux cas : le dépôt ordinaire du Rhône est sableux et limoneux; par suite de sa plus grande pesanteur spécifique, il s'enfonce en formant comme des nuages au-dessous des eaux claires du lac. Cependant la rapidité initiale du courant est suffisante pour en transporter une partie jusqu'à une distance d'une lieue et un quart; car j'en ai trouvé des traces à la profondeur de 90 toises, exhaussant le fond du lac entre Saint-Gingoulph et Vevey [1]. Ce fait n'indiquerait qu'une pente très faible du dépôt depuis l'embouchure du Rhône dans le lac. À une grande distance de l'embouchure de la Drance, torrent qui se jette dans le lac près de Ripaille, les cailloux que ce torrent y entraîne doivent, en s'y déposant, former une pente sous un angle bien plus grand; car on en trouve à 80 toises de profondeur à une petite distance du bord.

Les mêmes variations dans les pentes des dépôts s'observent aussi dans le *lac de Côme*, où les eaux troubles de l'Adda ont formé un dépôt considérable de sable et de limon, qui s'incline graduellement sous un angle très faible; tandis que les détritus charriés par les torrents à Bellano, Mandello, Abbadia et autres lieux, se déposent sous une pente bien plus considérable. Il semble en résulter

[1] Voyez une carte des coupes de ce lac dans la *Bibliothèque universelle* de 1819.

que la stratification des dépôts formés dans les lacs par les matériaux provenant des terrains qui les entourent n'est pas uniforme,
mais dépend de circonstances locales ; les détritus entraînés par les
rivières ou les torrents étant aussi variés que les roches que chacun
de ceux-ci a traversées, chacun de ces dépôts de détritus doit former un genre de dépôt particulier, indépendant des autres, et ils
devraient tendre à se rapprocher, et finalement à s'unir les uns avec
les autres.

La partie supérieure du *lac de Côme* est presque comblée par les
détritus que transportent l'Adda et la Mera [1]. L'Adda a divisé le lac
en deux parties ; la plus petite (connue sous le nom du *Lago di
Mesola*) est si basse, par suite des dépôts réunis des deux rivières
et de quelques torrents, que des plantes aquatiques croissent dans
l'eau du côté de l'est, tandis qu'à l'ouest, où la profondeur est plus
considérable, le progrès du remplissage est hâté par des pierres
qui se détachent des hauteurs, en si grande quantité dans certaines
saisons de l'année, qu'un passage en bateau au-dessous des escarpements qui dominent ce lac devient extrêmement dangereux.

En considérant combien notre planète doit avoir fait de révolutions autour du soleil depuis que la terre a pris sa forme générale
actuelle, nous devrions nous attendre à trouver aujourd'hui les digues des lacs, même les plus considérables, entièrement rompues,
si les circonstances ont été favorables ; et, en effet, nous découvrons
des apparences qui tendent à confirmer cette conclusion.

Il n'est nullement rare de trouver des plaines d'une plus ou
moins grande étendue, bornées de tous côtés par des montagnes,
à travers lesquelles serpente une rivière principale, entrant à une
extrémité par une vallée, et sortant à l'autre par une gorge ou un
défilé, grossie des courants tributaires qui proviennent des coteaux
environnants. Quelquefois ces plaines n'ont pas de rivière principale qui les traverse ; mais plusieurs petits ruisseaux descendant des
montagnes se réunissent dans la plaine, et en sortent ensemble par
une gorge. Dans ce cas, la plaine présente l'apparence d'un lac desséché, comme nous pouvons supposer que l'offriraient beaucoup de
lacs qui existent actuellement si leurs eaux s'ouvraient un passage
en quelque point du bassin qui les contient. En Toscane, la gorge
de *Narni* semble avoir donné passage aux eaux d'un lac alimenté
par la Néra, rivière qui coule maintenant à travers la plaine de
Terni, l'ancien lit du lac. La grande et fertile *plaine de Florence*
semble avoir été autrefois le lit d'un lac, dont le desséchement a été

---

[1] Voyez *Sections and Wiews illustrative of geological phenomena*, pl. 31.

produit par une ouverture pratiquée à travers la montagne qui la borde à l'ouest. Si cette ouverture venait à être refermée, les eaux de l'Arno couvriraient la plaine, et en feraient de nouveau le lit d'un lac.

Si la rupture du Jura, au *fort de l'Écluse*, dont l'époque peut être un objet de discussion, venait à se refermer, le cours du Rhône se trouverait barré, et le lac de Genève prendrait une étendue bien plus considérable.

Ces exemples ne sont pas restreints à une seule partie du monde; il semblerait au contraire, d'après les descriptions données par de savants voyageurs, qu'ils sont partout très communs. J'en ai moi-même observé plusieurs à la Jamaïque, dont un dans le district connu sous le nom de *Saint-Thomas in the Vale :* on y trouve une plaine bornée de tous côtés par des collines, lesquelles formeraient les bords d'un lac si les eaux n'avaient pas trouvé à s'échapper par la gorge à travers laquelle coule le *Rio-Cobre*.

Il semble donc résulter de toutes ces observations, que les détritus des montagnes viennent se réunir dans les grands lacs, et qu'ils s'y distribuent sur une étendue considérable, enveloppant probablement des restes d'animaux et de végétaux; mais que si les digues de ces lacs viennent à se rompre, les cours d'eau qui les alimentaient doivent attaquer et entraîner une partie du dépôt qu'ils y avaient apporté.

La probabilité que beaucoup de gorges doivent leur naissance à l'action destructive des rivières qui sortaient d'anciens lacs, devient plus forte encore lorsqu'on observe ces bassins naturels où on ne rencontre aucune gorge, et dont les eaux s'écoulent par des canaux souterrains : ainsi le val *Luidas*, dans l'île de la Jamaïque, est une contrée environnée de toutes parts par des montagnes, et qui formerait un lac si les torrents d'eau, que fournissent les pluies tropicales, n'étaient absorbés dans le sol par des espèces d'égouts souterrains. On y voit une masse d'eau qui sert à mouvoir la roue hydraulique d'une plantation, et qui se perd presque aussitôt après. Dans le voisinage d'un autre domaine, il y a une caverne d'où sort quelquefois de l'eau ; mais cette eau est promptement engloutie dans une cavité située à peu de distance : par suite de cette perte des eaux, l'enceinte de ce val *Luidas* n'est coupée d'aucune gorge formée par l'action d'une rivière qui se serait écoulée par-dessus les bords les moins élevés, ainsi que cela paraît avoir été le cas dans le district de *Saint-Thomas in the Vale*, qui tient au val *Luidas*.

On a établi qu'il faut que la vitesse, au fond d'un courant, soit de trois pouces par seconde pour que l'eau commence à agir sur un lit d'argile propre à la poterie : quelque ferme et compacte que

soit cette argile, l'eau en corrodera la surface; cependant il n'y a
pas de couches plus résistantes que les couches d'argile, quand la
vitesse du courant n'excède pas celle que nous avons indiquée : car,
à la vérité, l'eau entraîne bientôt les particules impalpables de la
surface de l'argile; mais comme en même temps elle abandonne sur
cette argile des particules de sable qui s'y attachent, celles-ci la garantissent, formant avec elle un fond très résistant, à moins que le
courant ne puisse apporter des graviers ou de gros sables qui détruisent cette croûte solide très mince, et en mettent à nu une autre
plus facile à attaquer. Un courant dont la vitesse est de 6 pouces
par seconde entraîne le sable fin ; si cette vitesse s'élève à 8 pouces,
l'eau charriera les sables de toute grosseur; à 12 pouces, elle dé-
placera les graviers fins, et à 24 pouces elle fera rouler les cailloux
arrondis d'un pouce de diamètre ; enfin, il faut une vitesse de 3 pieds
par seconde au fond du lit d'une rivière pour qu'elle puisse entraîner
des pierres anguleuses de la grosseur d'un œuf [1].

L'action destructive des rivières sur les roches solides paraît être
à la fois chimique et mécanique : chimique, par suite de l'affinité de
l'eau, comme aussi de celle de l'air qu'elle tient en dissolution, pour
les diverses substances qu'elle rencontre ; et mécanique, par le frottement du détritus, indépendant de celui de l'eau, sur le fond et
sur les parois, mais surtout sur le premier. C'est sans doute par ce
moyen que les rivières se sont frayé un passage à travers les digues
des lacs dont nous avons parlé plus haut, et qu'elles détruisent les
obstacles qui s'opposent à leur course. Quand une proéminence, une
petite colline ou le pied d'une montagne s'oppose à leur passage,
elles l'attaquent, et forment des escarpements dont les débris, s'ils
sont tendres, sont entraînés par le courant, ou forment au pied de
l'escarpement des escarpements inférieurs (*under cliffs*) qui sont
eux-mêmes attaqués; cette action destructive se continue insensiblement. (Voyez *fig.* 11, *a.*)

Fig. 11.

Quand, au contraire, la formation des escarpements supérieurs

---

[1] *Encyclopédie britannique*, art. Rivière.

fournit des matériaux plus durs, des blocs s'accumulent en talus à leur base, et ces escarpements se trouvent ainsi en grande partie préservés des attaques de l'eau, jusqu'à ce que la masse protectrice soit elle-même entraînée. (*Fig.* 11, *b.*) Il y a à peine une rivière, d'un cours un peu étendu, qui n'offre pas quelques exemples d'escarpements ainsi produits : très souvent ils s'élèvent au-dessus des terrains plats ou peu inclinés qui formaient le lit de la rivière à l'époque où elle attaquait l'escarpement. Il est assez intéressant d'observer, dans les contrées où les rivières forment beaucoup de contours, quels sont les divers obstacles qui ont déterminé la direction du courant, et lui ont fait attaquer les formes primitives plus ou moins arrondies de la base des collines peu élevées.

Les rivières paraissent tendre constamment à disposer leur lit de manière à éprouver la moindre résistance dans leur cours, renversant les obstacles et comblant les dépressions qui les arrêtent. Mais l'accumulation constante de nouveaux détritus provenant des montagnes voisines entrave cette opération, produisant sur un point des dépôts qui forcent les eaux de se porter sur un autre. Ainsi la chute d'une quantité considérable de roches sur une rive rejettera le courant sur la rive opposée, laquelle, antérieurement, n'avait peut-être été que peu attaquée ; celle-ci détermine de nouveau le courant à prendre une direction qu'il ne suivait pas auparavant ; le fond se modifie par suite du changement dans la ligne du courant principal, et les effets de cette chute de rochers se font sentir bien loin en aval dans le cours de la rivière. Par suite des efforts que fait l'eau pour éviter des obstacles nouveaux, il se fait des changements continuels dans le lit de la rivière, ce qui a lieu également lors de la destruction d'un ancien obstacle, laquelle permet à la rivière de suivre une direction nouvelle qu'elle avait été d'abord disposée à adopter.

A la *chute du Rhin*, près de Schaffouse, M. D'Aubuisson a observé deux rochers isolés qui s'élèvent sur le bord du précipice que les eaux vont franchir ; il a remarqué qu'ils sont corrodés et amincis à leur base par l'action du courant qui se trouve resserré entre eux. Par la diminution graduelle de leur support, ces rochers seront à la fin entraînés dans l'abîme, et, cet obstacle une fois renversé, les eaux tomberont d'une manière différente au fond du précipice, en produisant d'autres effets que ceux qu'elles avaient antérieurement produits.

Comme toutes les rivières varient beaucoup dans leur action destructive, selon leur rapidité, le volume de leurs eaux, et la quantité et la nature des détritus qu'elles transportent, il devient extrêmement difficile de rien établir de général à ce sujet; mais comme nous voyons que les obstacles formés par les roches, même les plus dures, ont éprouvé quelque dégradation, et comme l'action destructive des mêmes rivières sur les mêmes obstacles est tellement faible, que c'est à peine si on peut la remarquer durant toute la vie d'un homme, il semble qu'on est fondé à conclure que tous ces faits viennent à l'appui de l'opinion que l'état général actuel du monde existe depuis une époque très reculée.

M. Lyell cite, à la vérité, comme un exemple de la promptitude relative de l'action destructive d'une rivière, une gorge ouverte dans un courant de lave au pied de l'*Etna*, et attribuée à l'érosion du *Simeto*. La lave est considérée comme moderne, et, d'après Gemellaro, on suppose qu'elle a été rejetée par le volcan en 1603. La lave est décrite comme n'étant ni poreuse ni scoriacée, mais comme une roche compacte, homogène, plus légère que le basalte ordinaire, et contenant des cristaux d'olivine et de feldspath vitreux. Quoiqu'il y ait deux chutes d'eau d'environ 6 pieds chacune, la pente générale de la rivière n'est pas très considérable. La gorge est ouverte dans quelques endroits jusqu'à la profondeur de 40 ou 50 pieds, et sa largeur varie depuis 50 jusqu'à plusieurs centaines de pieds [1]. On a regardé ce fait comme un exemple remarquable de la formation rapide des gorges par l'effet des eaux; et l'on ne peut se refuser à l'admettre, si la date assignée à la sortie du courant de lave est exacte. On peut remarquer que la pente actuelle du lit du Simeto ne donne pas celle qu'avait ce courant d'eau durant la grande opération de l'ouverture de la gorge : il doit avoir atteint autrefois un niveau différent, sans quoi la gorge n'aurait pu être commencée; et il doit toujours y avoir eu là une pente rapide, ou, en d'autres termes, une cascade tombant sur le terrain au-dessous de la coulée de lave, d'une hauteur égale à celle de cette coulée, les eaux ayant dû s'élever en cet endroit jusqu'au sommet de la lave, en y formant un lac produit par la digue qu'elle a élevée entre la plaine et le volcan. Il en résulterait par conséquent que la gorge ouverte dans le courant de lave a été principalement formée par l'action d'un courant rapide ou d'une cataracte. Quoique cette circonstance ait dû faciliter les progrès de la destruction, et rendre sa promptitude moins remarquable que si la gorge avait été creusée par le Simeto avec sa pente actuelle, ce fait nous fournit néanmoins un bon exemple d'une ravine creusée dans une roche dure pendant le cours de deux siècles, en admettant toutefois qu'il n'y a aucun

---

[1] *Principles of Geology*, page 178, avec une coupe.

doute à élever sur l'époque qui a été assignée à l'éruption du courant de lave, et au barrage de la vallée qui existait antérieurement.

Les exemples analogues bien connus tirés des rivières de l'Auvergne ne nous fournissent que des dates relatives; mais elles suffisent pour constater qu'il existait une vallée à travers laquelle une rivière suivait son cours, entraînant des détritus à la manière ordinaire, et que le cours de la rivière a été arrêté, comme dans le cas cité plus haut, par une coulée de lave, qui, descendant d'un volcan voisin, a traversé la vallée, et formé un lac. Ce lac, quand il a été rempli, s'est déversé par-dessus le côté le plus bas du bord de son bassin, qui s'est trouvé être dans la direction de la vallée, et par conséquent par-dessus la coulée de lave. Cette coulée a été coupée par l'action de l'eau; et non-seulement celle-ci a repris son ancien lit, mais elle a même creusé au-dessous les roches qui constituaient le fond de la vallée primitive.

Malgré ces faits, il y a beaucoup de rivières qui coulent à travers des gorges ou des ravines qu'elles n'auraient jamais été capables de creuser, au moins depuis l'existence de la disposition générale actuelle de la surface du globe; car les niveaux relatifs sont tels que l'on devrait supposer que les rivières ont coulé près de leur embouchure sur des terrains plus élevés que ceux où elles coulent près de leurs sources; en d'autres termes, il faudrait supposer qu'elles ont coulé de bas en haut, si on les considérait comme les agents qui ont formé ces gorges. Le cours de la *Meuse*, avant et pendant son passage à travers les *Ardennes*, nous fournit un exemple bien remarquable de ce fait. M. Boblaye nous fait connaître qu'au-dessus du point où elle passe à travers ces montagnes, la Meuse n'est séparée du grand bassin de la Seine que par des collines ou des cols peu élevés, qui n'ont pas plus de 30 ou 40 mètres de hauteur au-dessus du lit actuel de la rivière; tandis que les Ardennes, qu'elle traverse actuellement, s'élèvent à une hauteur de plusieurs centaines de pieds au-dessus du même niveau. Or, s'il était vrai que toutes les rivières eussent creusé leurs lits ou les vallées dans lesquelles elles coulent, la Meuse aurait dû avoir coulé de bas en haut, et avoir creusé un canal étroit d'à peu près 300 mètres de profondeur, tandis que rien ne l'empêchait de couler, dans une direction opposée, sur le bassin de Paris, qui n'était séparé du sien que par une élévation qui n'était que la dixième partie de cette hauteur [1].

A *Clifton*, près de *Bristol*, nous avons aussi un exemple frappant

[1] Boblaye, *Annales des Sciences naturelles*, t. 17, p. 37.

du même fait. L'*Avon* y coule à travers une gorge ou ravine qui, si elle venait à se fermer, donnerait lieu, en amont, à la formation d'un lac. Mais ce lac n'exercerait aucune action sur la chaîne de collines que traverse le canal actuel ; au contraire, le bord le plus bas du bassin, et par conséquent l'écoulement des eaux, devrait se trouver dans la direction de Nailsea à la mer, au delà de laquelle l'Avon continuerait sa course depuis Bristol. L'élévation réelle du terrain, entre la marée haute à Bristol, et la mer au delà de Nailsea, est presque nulle, et il est borné au nord par les hautes montagnes à travers lesquelles l'Avon trouve maintenant son passage jusqu'à la Saverne.

On pourrait citer aisément d'autres exemples ; mais ceux-ci sont suffisants pour prouver le fait qu'il fallait établir. Parmi les gorges qui sont traversées par des rivières, il y en a beaucoup sur la formation desquelles nous sommes incertains, par suite de notre ignorance des niveaux relatifs dans leur voisinage, ce qui rend difficile de leur assigner une origine particulière. Elles peuvent être dues aux mêmes causes qui ont produit les ravines de la Meuse dans les Ardennes, et de l'Avon près de Bristol, ou à l'action des rivières qui déversent le surplus des eaux amassées dans les lacs. On peut, à cet égard, citer la fameuse vallée de *Tempé* en Thessalie ; le cours tortueux du *Wye*, entre Monmouth et Chepstow ; le fameux *Rheingau* ; la ravine par laquelle le *Potomack* traverse les montagnes Bleues dans les États-Unis ; les *Portes-de-fer*, par lesquelles le Danube entre dans la Valachie.

Le saut du *Niagara* peut être cité comme exemple d'une rivière qui sert de décharge à un lac, et dont l'action tend à creuser une gorge qui, par suite, pourra peut-être dessécher ce lac. Cette cataracte si célèbre est située entre le lac Erié et le lac Ontario. A quelque distance au-dessus de l'entrée de la rivière dans ce dernier lac, le pays est plat, et paraît formé d'alluvions, quand tout à coup on voit s'élever au-dessus de cette plaine un plateau qui se prolonge jusqu'au lac Erié. C'est au-dessus de ce plateau que le surplus des eaux du dernier lac ont pris leur cours ; elles paraissent avoir d'abord formé leur chute sur la partie antérieure du plateau qui fait face au lac Ontario. Leur action destructive a déjà reculé leur passage ou leur chute d'environ 7 milles, et il leur reste encore une étendue d'environ 18 milles à creuser dans les siècles futurs sur la largeur du plateau. Quand ce creusement sera complétement produit, il y aura là une gorge ou ravine semblable à celle citée plus haut. La manière dont la rivière se fraie un passage à travers les rochers est singulière, et diffère peut-être de celle qu'on aurait d'abord imaginée. Ceci deviendra plus clair au moyen de la figure suivante.

Fig. 12.

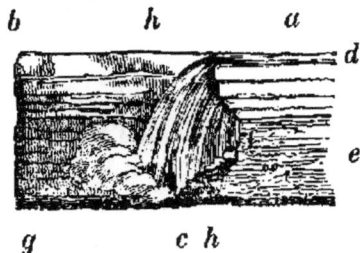

ab, niveau originaire du plateau ; ah, rivière coulant sur le plateau, et tombant au fond de l'abîme c, en formant la cascade hc, après laquelle les eaux prennent leur cours dans la direction cg ; d, couches calcaires reposant sur des couches de schiste e, toutes deux recouvertes, dans le pays plat adjacent, d'une masse de matériaux de transport dont l'épaisseur varie depuis 10 jusqu'à 140 pieds, et qui renferme de très gros blocs. La chute des eaux de h en c occasionne un violent mouvement de l'air, qui, chargé d'eau, humecte continuellement en f les schistes e. L'action prolongée de ces tourbillons d'air imprégné d'eau dégrade les schistes et en fait tomber les débris de manière à former un talus en k. Par suite de la destruction de ces schistes, le calcaire qui les recouvre perd son support, et, cédant à l'action réunie de sa propre pesanteur et de celle de l'eau qu'il supporte, il s'engloutit dans l'abîme. De cette manière, le passage de la chute est creusé si rapidement, qu'il a reculé considérablement de mémoire d'homme. La même action se renouvelle continuellement et produit toujours les mêmes résultats. Il s'ensuit nécessairement qu'à moins que cette destruction graduelle et cette marche rétrograde du point où la chute a lieu ne soient arrêtées par quelque circonstance extraordinaire, il arrivera une époque où cette cataracte épuisera les eaux du lac Érié : mais il n'est nullement probable, comme on l'a quelquefois supposé, que cet écoulement soit assez soudain pour produire une violente inondation sur le pays inférieur que parcourt le Niagara ; tout porte à croire, au contraire, qu'il sera beaucoup plus graduel ; car l'abaissement des eaux du lac ne pourra avoir lieu qu'en proportion de l'approfondissement progressif de leur canal de décharge, comme le fera voir clairement la figure ci-après.

Fig. 13.

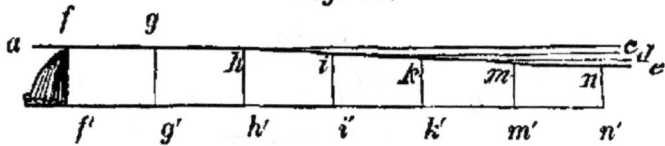

a b représente le niveau du lac et la surface supérieure du plateau, qui ne dépasse que très peu celle de l'eau ; *he* la pente (exagérée) du sol qui forme le fond du lac, depuis le point *h*, où le trop-plein des eaux se perd par-dessus le plateau ; *f'n'*, niveau de la rivière au-dessous de la chute. En supposant que *g g'* représente la position actuelle de la chute, qui s'est déjà rapprochée du lac par suite de la destruction graduelle du canal *ff'* en *g g'*, on concevra que cette espèce d'avancement rétrograde de la chute peut se poursuivre graduellement jusqu'en *h h'*, sans que le lac perde pour cela une plus grande quantité d'eau qu'il n'en passe aujourd'hui par la cataracte. Mais, à dater de l'époque où la chute (ou autrement le seuil d'écoulement) sera parvenue en *h h'*, il arrivera nécessairement qu'à chaque mètre dont elle reculera elle donnera lieu au passage d'une plus grande quantité d'eau, en abaissant les eaux du lac jusqu'au point *h*, devenu sa rive la plus basse ; de manière que quand elle sera arrivée en *ii'*, le niveau du lac devra s'être abaissé jusqu'à la ligne *i c*, et toute la tranche d'eau qui est au-dessus de ce nouveau niveau devra avoir accru la masse ordinaire de la cataracte.

Celle-ci, ainsi enflée, acquerra beaucoup plus de vitesse et une plus grande action destructive ; dès lors le reculement du point où elle commence se fera plus rapidement, et lorsqu'il sera parvenu en *k' k*, le niveau des eaux *i c* descendra en *k d* en moins de temps que le niveau *a b* n'était descendu en *ic*. Toutefois, au bout d'un certain laps de temps, le volume d'eau de la cataracte devra devenir moins considérable, par suite de la diminution de la surface du lac. Il s'ensuit que l'accroissement de force qu'elle aura reçu par une augmentation d'écoulement des eaux semblerait devoir diminuer graduellement jusqu'à ce qu'à la fin il n'y ait plus que les eaux de la rivière traversant l'ancien lit du lac.

Les eaux d'un lac retenues par une digue de roches ne peuvent se vider subitement et produire une débâcle que lorsque la digue qui les sépare des terrains inférieurs présente une face verticale dans toute la profondeur du lac ; et même, dans ce cas, il faudrait que cette digue fût tout à coup renversée sur toute sa hauteur pour produire une semblable catastrophe. Des digues de rochers de ce genre doivent être extrêmement rares, et il doit être encore plus rare que là où

elles existent elles n'aient pas éprouvé des dégradations successives plus ou moins considérables. Le caractère commun des lacs,
sous le rapport de la pente qui s'élève depuis leurs fonds jusqu'au
point où commence la décharge de leurs eaux, présente beaucoup
de variations; mais, en général, cette pente est graduelle et très
douce, particulièrement dans les lacs d'une étendue considérable.

La grande débâcle, si souvent citée, produite par la rupture d'un
lac dans la *vallée de Bagnes*, a eu lieu dans des circonstances tout
à fait différentes de celles du desséchement d'un lac existant dans
une dépression de terrains derrière une digue de rocher.

La vallée de Bagnes, qui fait partie du Valais, est traversée par
le torrent de la Dranse, qui, lorsque aucun obstacle ne l'arrête, va
se réunir aux eaux descendant de la vallée d'Entremont, qui remonte
au grand Saint-Bernard et aboutit à la grande vallée du Rhône,
près de Martigny. Dans une partie de la vallée, près du pont de
Mauvoisin, le lit du torrent est très resserré et a une pente très
rapide. Au nord de cet endroit s'élèvent le mont Pleureur et celui
de Getroz, et au sud celui de Mauvoisin. Entre les deux premiers,
il y a une ravine qui communique avec la vallée de Bagnes, et qui
a un glacier considérable à son extrémité supérieure. Par cette ravine, des blocs de glace et des avalanches de neige descendent dans
la vallée de Bagnes, et obstruent plus ou moins le lit de la Dranse,
qui, dans des circonstances ordinaires, est capable d'entraîner la
plus grande partie, si ce n'est la totalité, des matières qui s'opposent
ainsi à son passage. Quand cependant les blocs de glace sont nombreux et les avalanches considérables, la force du torrent est insuffisante pour les entraîner, et ils s'accumulent. Quelques années
avant 1818, dit M. Escher de la Linth, le cours de la Dranse avait
commencé à être obstrué par les blocs de glace et les avalanches de
neige qui descendaient du glacier de Getroz. Dès que cette accumulation fut devenue assez considérable pour ne pas être détruite
par les chaleurs de l'été, elle s'accrut encore successivement pendant chaque hiver suivant, jusqu'à former une masse homogène
de glace de forme conique. Les eaux de la Dranse, cependant,
trouvèrent d'abord le moyen de s'échapper au-dessous du cône de
glace, jusqu'au mois d'avril, époque où on s'aperçut qu'elles
n'avaient plus d'issue, et qu'elles avaient formé un lac d'environ
une demi-lieue de longueur [1]. Le danger qui menaçait était évident;
et en conséquence on essaya de dessécher graduellement le lac au
moyen d'une galerie percée dans la glace. On parvint ainsi à écouler

environ un tiers de la quantité d'eau qui était retenue : de 800 millions de pieds cubes elle fut réduite à 530 millions. A la fin les eaux, en s'écoulant, attaquèrent les débris entassés au pied du mont Mauvoisin, et s'étant creusé un passage entre les rochers et la glace, elles brisèrent entièrement leur digue et se précipitèrent en masse, avec une violence extrême, entraînant avec elles des maisons, des arbres, d'énormes blocs de rochers, etc. Ce torrent, s'échappant ensuite avec impétuosité de l'étroite vallée où il était resserré, désola une grande partie du bourg de Martigny[1], d'où, en diminuant graduellement de rapidité, il alla se réunir au Rhône dans le lac de Genève. Comme on pouvait s'y attendre, sa vitesse varia beaucoup dans différentes parties de sa course. M. Escher de la Linth calcule que cette vitesse fut de 33 pieds par seconde du glacier à Le Chable, dans un trajet de 70,000 pieds ; de 18 pieds sur 60,000 de Le Chable à Martigny, et de 11 pieds ½ sur 30,000 de Martigny à Saint-Maurice ; enfin, de Saint-Maurice au lac de Genève, qui en est éloigné de 80,000 pieds, la vitesse n'était plus que de 6 pieds par seconde[2]. Le lac fut desséché dans l'espace d'une demi-heure.

Comme l'a fort bien remarqué M. Yates[3], on voit, dans les pays de montagnes, des lacs produits par la chute de masses de rochers en travers de vallées étroites, de manière à arrêter les eaux dans leur descente vers le bas de ces vallées. M. Yates cite le *lac d'Oschenen*, dans le canton de Berne, comme un bon exemple de lacs ainsi formés ; et M. de Gasparin rapporte un exemple récent (novembre 1829) de la formation d'un lac semblable dans le département de la Drôme, produit par la chute d'une masse de montagnes qui a barré la rivière d'*Oule*, près *La Mothe-Chalançon*. Le lac produit dans ce dernier cas avait 5 à 600 mètres de long, 60 de large, et 3 à 4 de profondeur[4].

Il est évident que la possibilité d'une décharge subite des eaux d'un lac ainsi formé dépend de la forme et du volume de la digue qui les retient, comme aussi de la nature des matériaux qui la composent. Si cette digue est assez forte pour résister à la pression de l'eau, et ne peut être entamée que par le creusement graduel que l'écoulement du lac opérera sur sa partie la plus basse, elle

---

[1] Parmi les débris transportés à Martigny se trouvèrent beaucoup d'arbres qui étaient restés droits sur leurs racines ; les graviers et la terre qui s'y étaient attachés les maintenaient dans une position verticale avec leurs branches.

[2] *Edimb. Phil. journ.*, vol. 1, p. 191.

[3] Yates, *Remarques sur les dépôts d'alluvion.* (*Nouveau Journal phil. d'Edimb.*, avril 1830.)

[4] Gasparin, *Ann. des Sciences nat.*, avril 1830.

se maintiendra et se couvrira de bois et autres végétaux, comme cela a eu lieu au lac d'Oschenen. Mais si, au contraire, la digue est composée de matériaux peu cohérents, susceptibles d'être subitement entraînés par la pression des eaux, ou d'être promptement corrodés et dégradés par l'écoulement de leur trop-plein, il pourra se produire une débâcle analogue à celle de la vallée de Bagnes, dont les effets dépendront de la masse des eaux retenues, de leur écoulement plus ou moins instantané, et d'autres circonstances faciles à concevoir [1].

Des lacs peuvent être aussi desséchés, si la digue qui les retient et les sépare d'un niveau inférieur est une masse verticale d'une faible épaisseur; car cette mince digue peut s'affaiblir peu à peu par l'écoulement de l'eau, et s'écrouler tout à coup; mais ces cas doivent se rencontrer fort rarement, et il est difficile de supposer des lacs dont l'étendue soit assez considérable pour que leur débâcle subite puisse produire des effets qui soient à comparer à ceux qui résulteraient du passage d'une masse d'eau générale sur les continents.

M. Strangways cite la grande débâcle ou desséchement soudain du *lac de Souvando*, au nord de Saint-Pétersbourg. Avant l'année 1818, ce lac était séparé, à l'est, de celui de Ladoga par le petit isthme de Taipala. Ses eaux se déchargeaient au nord dans le Voxa, à Kevgnemy, et se rendaient de cette manière dans le lac Ladoga à Kexholm. Au printemps de 1818, l'isthme de Taipala fut entraîné par les eaux, ce qui changea l'ancienne direction de la décharge du lac, en lui en ouvrant une nouvelle à un niveau plus bas. Aussi les eaux de ce lac de Souvando se sont considérablement abaissées, et elles continuent à se rendre par ce nouveau canal dans le lac Ladoga, ayant tout à fait abandonné le Voxa [2].

Le même auteur décrit les chutes ou rapides de l'*Imatra*, à environ 6 verstes au-dessous du lieu où le trop-plein des eaux du lac Saima est reçu par le Voxa. Cette rivière se resserre tout à coup au-dessus des points où elle tombe en cataracte, avec une rapidité et un fracas extraordinaires, à travers une gorge qu'elle a évidemment creusée elle-même. D'après M. Strangways, nous pouvons

---

[1] Les mêmes observations s'appliquent aussi à ces autres cas indiqués également par M. Yates dans le mémoire cité ci-dessus, dans lesquels, par suite de diverses circonstances, un torrent provenant d'une vallée transversale vient à amener, dans la vallée principale dont il est tributaire, une masse de détritus si considérable qu'elle arrête le cours de l'eau. Dans ces cas, cependant, d'après la nature même de cette digue, il n'est nullement probable qu'elle puisse se maintenir, mais bien plutôt, au contraire, qu'elle sera emportée plus ou moins promptement par la rivière ou torrent principal.
[2] Strangways, *Trans. géol.*, 1re série, vol. 5, p. 344.

admettre que l'eau a primitivement passé sur une plate-forme située entre deux chaînes de collines, et formant le fond d'une vallée. « Cette plate-forme est composée de gneiss en couches très inclinées, « et c'est dans ce gneiss que la rivière a creusé son lit. La surface « de cette plate-forme parait aujourd'hui élevée de 50 pieds au- « dessus du niveau de l'eau au bas de la cataracte. Sa surface est en « beaucoup de points tout à fait nue, et profondément creusée dans « une direction parallèle à celle de la rivière; elle est couverte de « monceaux de galets et de blocs d'un gros volume, dont quelques- « uns sont creusés et évidés sous les formes les plus bizarres. L'un « des plus gros blocs laissés maintenant à sec, situé à peu près au « milieu de la plate-forme, est percé verticalement d'un trou cylin- « drique [1]. » On a constaté que le niveau du lac Taïma et le niveau du seuil de la décharge de ses eaux s'abaissent graduellement.

Débordements.—Toutes les rivières sont plus ou moins sujettes à des crues ou débordements qui augmentent beaucoup leur rapidité et leur force de transport, ce qui les rend capables d'entraîner des matières qu'elles n'auraient pu déplacer dans les circonstances ordinaires. Ces débordements sont aussi importants en ce qu'ils surprennent, dans des terrains bas, des animaux terrestres que les eaux transportent, avec des arbres et d'autres matières, jusqu'à la mer, où ils peuvent être ensevelis tout entiers dans des dépôts de vases avec des animaux qui se tiennent dans les embouchures ou d'autres qui habitent la pleine mer.

On a observé que, dans ces crues, une rivière tend surtout à élargir son lit, sans beaucoup l'approfondir; car les plantes aquatiques qui ont poussé et fleuri durant l'état paisible de la rivière sont couchées au fond du lit, mais ne sont pas entraînées par le courant, et garantissent le fond de ses érosions : les pierres et les graviers qui, à des époques antérieures, se sont déposés à nu sur le fond, doivent y entrer dans le sol, s'y agglomérer, et augmenter beaucoup sa résistance [2]. Durant ces crues des rivières, les plaines qui les bordent sont souvent inondées, et il s'y fait des dépôts; mais néanmoins une grande quantité de détritus échappe jusqu'à la mer.

Quand on veut déterminer les effets qu'une inondation a produits dans un pays cultivé, on doit d'abord faire abstraction des malheurs qui sont le plus à déplorer, tels que le nombre des victimes et l'étendue des propriétés ravagées, pour s'attacher à

[1] Strangways, *Trans. géol.*, vol. 5, p. 341.
[2] *Encycl. brittann.*, art. *Rivière.*

bien recônnaître les changements physiques réels que cette inondation a pu occasionner dans la contrée ; mais, en outre, on doit ne pas
oublier que les ouvrages de l'homme accroissent beaucoup la force
destructive d'une inondation. Si une rivière, dans son débordement, trouvait à s'étendre beaucoup sur une plaine, la masse de
ses eaux trouvant ainsi à se développer sur une surface plus considérable, y perdrait beaucoup de sa vitesse et de sa force pour entraîner les masses solides; mais il arrive, au contraire, que nos
haies, nos ponts, et autres obstacles capables d'abord de maintenir
quelque temps les eaux, sont ensuite par cela même, lorsqu'ils sont
enfin forcés de céder à leur pression, la cause d'une multitude de
débâcles.

Si on suppose qu'un pont arrête les progrès d'une inondation, et
que, comme cela arrive souvent dans de petites plaines, une chaussée
le réunisse aux collines qui sont de chaque côté, les eaux s'accu-
muleront, et finiront par faire une irruption du côté qui leur offrira
le moins de résistance, ce qui probablement aura lieu par le pont;
ayant une fois trouvé une issue, les eaux s'y précipiteront avec une
rapidité proportionnée à la différence de niveau et à leur masse, et
il en résultera une débâcle, dont la force pour entraîner et transporter sera beaucoup plus considérable que ne l'aurait été celle de
l'inondation abandonnée à elle-même, si les obstacles qu'elle a eus
à vaincre n'avaient pas existé. Il faut se rappeler aussi que l'homme,
par ses inventions de fossés et de rigoles, empêche les eaux de
pluie de séjourner aussi longtemps qu'elles le feraient sur la pente
des collines, les conduisant, comme il le fait, par cette multitude de
canaux de desséchement jusque dans le fond des vallées; de sorte
que, dans un même temps, il s'y réunit une bien plus grande masse
d'eaux que cela n'aurait lieu dans un pays non cultivé. De plus
l'homme, au moyen des digues et des jetées qu'il élève, renferme
souvent les eaux d'une rivière dans un canal plus resserré que celui
qu'elle aurait naturellement; et il en résulte nécessairement que,
dans une crue, les eaux ainsi contenues ne pouvant se développer
sur une grande surface, leur rapidité ordinaire est beaucoup augmentée, et en même temps leur force pour entraîner.

Glaciers.—Ce sont de grandes masses de glaces ou de neiges dur-
cies, formées d'abord sur le sol dans les régions froides de l'atmosphère, et qui ensuite descendent et s'accumulent dans les vallées
des pays de montagnes, présentant souvent ainsi le rapprochement
extraordinaire de la désolation au milieu de la fertilité et de la glace
à côté d'une belle végétation. Les niveaux jusqu'où descendent
les glaciers dépendent beaucoup de la latitude de la contrée.

Ainsi dans les régions polaires, où la ligne des neiges perpétuelles est très rapprochée du niveau de la mer, on trouve des glaciers sur des montagnes plus basses qu'on n'en trouverait dans les Alpes, où la limite des neiges perpétuelles est beaucoup plus élevée : de même, dans la chaîne de l'Himalaya, la ligne des glaces perpétuelles étant plus élevée que dans les Alpes, les glaciers s'y forment aussi à des niveaux plus élevés.

Les glaciers sont des instruments puissants de dégradation du sol, en ce qu'ils chassent devant eux et transportent toutes les substances qu'ils peuvent déplacer. En avant des glaciers, on voit ordinairement des amas de débris composés de masses de rochers, de terre et d'arbres qu'ils ont entraînés, et qui sont connus en Suisse sous le nom de *moraines*. S'il y a une ligne de *moraine* qui s'étende à quelque distance en avant du front du glacier, on en conclut que le glacier s'est reculé de toute cette distance; mais si l'on ne voit pas d'autre moraine que celle que le glacier chasse immédiatement devant lui, on en conclut qu'il s'est avancé. Les glaciers aident à la dégradation des continents en transportant des blocs, souvent de très grandes dimensions, jusqu'à des régions plus basses que celles que ces blocs auraient pu atteindre dans un si court espace de temps; et beaucoup de glaciers, surtout quand ils se trouvent dominés par de grands escarpements, sont chargés des débris qui s'en détachent, lesquels, en raison de l'avancement constant de la masse de glaces, sont entraînés avec elle, et, si elle aboutit à un précipice, y tombent avec fracas et roulent dans les ravins situés au-dessous. Ces chutes de rochers sont communes dans les parties élevées des Alpes, et le bruit qu'elles produisent, joint à celui des craquements qui ont lieu tout à coup dans les glaciers eux-mêmes, sont les seules interruptions qu'éprouve le silence de mort qui règne dans ces contrées sauvages et désolées. L'avancement plus ou moins prompt d'un glacier dépend de l'angle qu'il fait avec l'horizon, la vitesse de sa marche augmentant avec la déclivité du terrain sur lequel il repose.

Une échelle laissée par M. de Saussure à l'extrémité supérieure d'un glacier, la première fois qu'il visita le col du Géant, fut retrouvée dernièrement dans la mer de glace, qui est le prolongement du même glacier, presque vis-à-vis le pic appelé l'Aiguille-du-Moine; elle doit, par conséquent, avoir avancé d'environ trois lieues depuis l'année 1787 [1]. Quelques expériences faites par des guides de Chamouni, et rapportées par le capitaine Sherwill, nous

[1] *Phil. Mag.* et *Annales de Philosophie*, janvier 1831.

apprennent que, comme on doit le concevoir, cette marche rapide diminue quand la pente devient moindre dans la mer de glaces ; car on a trouvé qu'un bloc de rocher n'y avait avancé que de 183 mètres dans l'espace d'une année [1]. Il est impossible de donner une preuve plus positive du rapport qui existe entre l'avancement d'un glacier et la pente sur laquelle il se développe. Il semble en résulter que, comme la déclivité du sol reste à peu près la même pendant une longue période de temps, l'avancement ou le retrait de la partie inférieure d'un glacier dépendra des variations locales du climat, qui produiront une plus ou moins grande quantité de glace dans les régions élevées, ou détruiront une plus ou moins grande partie du glacier dans les régions basses.

Presque toutes les eaux qui s'écoulent des glaciers sont chargées de détritus, dont la plus grande partie se dépose près de la glace, mais dont les particules les plus fines sont transportées à des distances considérables, comme on le voit, par exemple, dans le torrent de l'Arve, lequel, après avoir déposé dans la vallée de Chamouni les matières les plus lourdes dont il était chargé, charrie les parties les plus légères jusqu'à sa jonction avec le Rhône, près de Genève. Il n'est pas rare que des eaux troubles, provenant de glaciers, déposent dans un lac tous les détritus qu'elles entraînent, comme le fait le Rhône, qui transporte dans le lac de Genève du sable, de la boue, et quelquefois des cailloux. Le frottement des glaciers contre le sol sur lequel ils se meuvent est peut-être encore une autre cause mécanique qui sert à accroître leur action destructive.

Dans les régions du nord, les glaciers n'ont quelquefois qu'une si petite distance à parcourir avant d'arriver à la mer, qu'ils viennent y aboutir, comme l'ont observé les navigateurs qui ont parcouru les mers du nord. Les masses de glaces s'avançant ainsi dans la mer, auront une tendance constante à flotter à la surface, par suite de leur plus faible pesanteur spécifique ; d'où il doit résulter que si, par une force quelconque, elles sont détachées du glacier dont elles faisaient partie, elles doivent être entraînées en pleine mer : c'est ainsi que se forment ces montagnes de glaces si connues et si dangereuses dans l'océan Atlantique du nord.

Dépôts de détritus dans la mer.

Nous avons vu ci-dessus que l'action de l'atmosphère, les fontes des neiges et des glaciers, les éboulements, et l'action destructive

[1] Phil. Mag. et Annales de Philos., janvier 1831.

des eaux des rivières, produisent de grandes dégradations à la
surface des continents. Des circonstances locales arrêtent une portion considérable des détritus qui en résultent; des lacs en retien-
nent de grands dépôts, qui plus tard sont entraînés; des plaines
basses sont de temps à autre envahies par des inondations qui y
laissent des atterrissements considérables; la rapidité des courants
diminue, et avec elle leur force pour entraîner : d'où il résulte que,
comme nous l'avons observé précédemment, les rivières, quand elles
sont courtes et rapides, peuvent entraîner jusqu'au bout une grande
partie de leurs détritus, tandis que, quand elles ont un long cours,
elles en abandonnent une grande partie avant leur embouchure.
Dans des localités favorables, telles que dans des pays de plaines,
elles élèveront leur lit, si elles sont resserrées entre des rivières
élevées qui ne leur permettent point de changer leur cours ou
d'épancher leurs eaux et de former des dépôts latéralement. Ce fait
s'observe bien en Italie, où il y a beaucoup de plaines qui ont été
en culture depuis un long espace de temps, pendant lequel on a été
constamment obligé, pour contenir les rivières, de leur opposer des
digues, afin de les empêcher de se répandre sur les champs cul-
tivés et de les dévaster. Aussi, quand on voyage dans cette contrée, il arrive souvent qu'on voit la route tracée sur des hauteurs
artificielles, servant de lit aux rivières, plus élevées que le niveau
des plaines environnantes : ces hauteurs artificielles sont surtout
frappantes dans la petite plaine de *Nice*, qu'on sait avoir été cultivée depuis l'époque reculée où le pays a été habité par la colonie
phocéenne de Marseille. Le niveau élevé auquel coulent ces rivières
est dû non-seulement à leur ancienneté, mais encore à la facilité
avec laquelle se désagrègent les conglomérats qui composent les
collines supérieures d'où les eaux proviennent, et d'où elles entraî-
net facilement avec elles une quantité considérable de cailloux. Ceci
sera rendu plus clair par la figure suivante.

Fig. 14.

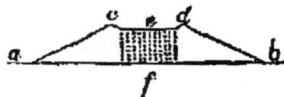

a b, niveau de la contrée actuellement cultivée, sur laquelle on a
élevé graduellement des digues artificielles jusqu'en *cd*, afin de
garantir les champs de l'envahissement des détritus amenés par la
rivière ou le torrent *e*, lesquels s'accumulent ainsi depuis *f* jusqu'en
e. Le genre de travail généralement en usage dans le pays pour

combattre les effets de cette accumulation et de l'élévation du lit de la rivière, consiste à profiter de l'époque des eaux basses pour enlever des dépôts du lit *e*, et s'en servir pour relever les deux rives qui servent à garantir les plaines.

Le Pô montre un exemple bien connu de cette élévation du lit d'une rivière, car il est devenu plus haut que les maisons de la ville de Ferrare. Le même phénomène s'observe aussi en Hollande, quoique sur une plus petite échelle; et en général on doit s'attendre à le rencontrer dans tous les pays où des rivières transportant des détritus sont contenues par des rives artificielles qui les empêchent de quitter leur lit pour se répandre dans les plaines environnantes.

Malgré cette tendance des rivières à élever leur lit dans certaines circonstances, il y en a d'autres où elles le creusent. C'est ce qui a lieu quand deux ou plusieurs courants venant à se réunir en une seule rivière, la surface de l'eau, après cette réunion, loin d'être aussi grande qu'étaient celles des deux premiers courants, est au contraire beaucoup moindre. Alors l'action des eaux réunies tend à creuser le canal dans lequel elles coulent; de sorte que, même avec une diminution dans la pente générale du lit, la rapidité reste la même, ou est même augmentée.

Les faits suivants, observés dans le lit du Pô, nous fournissent une preuve évidente de ce creusement du lit d'une rivière par la jonction de plusieurs cours d'eau.

Vers l'an 1600, les eaux du *Panaro*, rivière considérable, furent réunies au *grand Pô*; et quoique dans ses débordements il transporte une immense quantité de sable et de boue, il a beaucoup approfondi le lit du *Tronco di Venezia*, depuis son confluent jusqu'à la mer. Ce fait fut vérifié exactement par Manfredi, vers l'an 1720, lorsque les habitants des vallées voisines furent alarmés du projet d'y amener les eaux du *Reno*, qui alors coulait à travers le pays de Ferrare. Leurs craintes s'évanouirent, et le grand Pô continue à approfondir chaque jour son lit avec un avantage prodigieux pour la navigation. De plus, il a occasionné le desséchement de plusieurs cantons très étendus qui étaient alors des marais, étant depuis des siècles constamment couverts d'eau; ce qui est d'autant plus remarquable, que le Reno est de toutes les rivières du pays, celle dont les eaux sont les plus troubles dans ses débordements [1].

On devrait supposer que toutes les rivières doivent, lors de leurs débordements, entraîner des galets jusqu'à la mer. Il n'y a aucun

---

[1] *Encycl. britann.*, art. *Rivière*.

doute qu'elles ne produisent alors un transport plus considérable qu'elles n'auraient pu le faire dans le même lit et dans des circonstances ordinaires; mais durant les crues, on ne peut considérer les rivières que comme étant plus étendues, et elles sont par conséquent toujours soumises aux lois générales des rivières, une plus grande masse d'eau tendant à approfondir le canal, et la rapidité du courant, la pente des lits et la force de transport restant toujours en proportion l'une avec l'autre.

Dans les lits de torrents, à sec ou presqu'à sec pendant la plus grande partie de l'année, nous voyons des exemples de cours d'eau qui approfondissent leur lit en proportion de sa pente, de la résistance du fond et des parois, et du volume d'eau qui vient y couler. Le transport des détritus sera aussi plus ou moins considérable, en proportion des mêmes circonstances. Les particules fines étant plus faciles à transporter, il y a peu de rivières qui, durant les crues, n'emportent pas une grande quantité de ces détritus jusqu'à la mer. Si la pente le permet, le courant sera capable de transporter aussi d'autres espèces de détritus; dans le cas contraire, ils resteront dans son lit. D'où il résulte que la nature des détritus qu'une rivière transporte à la mer doit dépendre des circonstances indiquées. Mais comme ces circonstances varient dans la même rivière, les dépôts de détritus qu'elle forme peuvent présenter aussi de grandes variations, et on peut y rencontrer des alternatives d'argile ou de marne et de sable ou de gravier.

Si une rivière, à son embouchure, est soumise à l'influence des marées, les détritus obéiront au flux et au reflux, et subiront une action en rapport avec les lois qui les régissent. S'il n'y a pas de marées, toute la masse des matières transportées par la rivière sera entraînée sans obstacle jusqu'à l'embouchure dans la mer. Entre les deux extrêmes de grande résistance et de non résistance, les variations sont si grandes et dépendent de tant de circonstances locales, qu'il est extrêmement difficile d'établir une classification.

Les variations principales sont produites par la différence dans le volume des eaux, leur rapidité et la quantité et la nature des substances qu'elles peuvent transporter : cependant on peut établir, comme un fait général, que les rivières tendent à former des *deltas* dans les mers où les marées sont nulles ou très faibles, ou bien lorsque les eaux de ces rivières ont assez de force pour vaincre la résistance des marées, des courants et l'action destructive des brisants. Elles ajoutent ainsi à l'étendue de la terre ferme par les dépôts qu'elles apportent, au milieu desquels elles se partagent entre plusieurs canaux. Cet accroissement superficiel est d'ailleurs en raison de la profondeur de la mer au point où les rivières s'y jettent.

Dans les calculs de l'accroissement des deltas, on n'a pas toujours eu soin de tenir compte de la profondeur générale de l'eau dans laquelle ils se sont formés. Cette considération est importante, car on conçoit qu'une moindre quantité de détritus transportés dans une partie de mer déjà pleine de bas-fonds, doit y présenter une surface plus étendue qu'une plus grande quantité dans des eaux plus profondes.

Le Nil, le Volga, le Rhin, le Pô et le Danube nous offrent des exemples de *deltas* formés dans des mers qui peuvent être regardées en général comme n'ayant pas de marées. Comme le *Nil* ne reçoit que peu d'eau atmosphérique de l'Égypte, où il pleut rarement, les détritus qu'il transporte doivent venir principalement des pays supérieurs. Cette rivière commence à grossir en juin, atteint son maximum de hauteur (de 24 à 28 pieds) en août, et décroît alors jusqu'au mois de mai suivant. Depuis une longue suite de siècles, le Nil a transporté une grande masse de détritus dans la Méditerranée, où ils se sont accumulés à son embouchure, en y formant un delta qu'il tend constamment à accroître. La profondeur de la mer augmentant d'environ une toise (*fathom*) par mille, on a calculé, en supposant que le dépôt du Nil soit le même près de la mer que dans la Thébaïde, que le delta doit s'être accru d'environ un mille et un quart depuis le temps d'Hérodote. D'après M. Girard, le Nil a élevé la surface de la Haute-Égypte d'environ six pieds quatre pouces depuis le commencement de l'ère chrétienne. La quantité d'eau qui s'écoule en un an par le Nil est évaluée à deux cent cinquante fois celle de la Tamise [1]. Le delta est traversé par deux courants principaux qui se séparent l'un de l'autre à quelques milles au-dessous du Caire, l'un descend à Rosette, l'autre à Damiette. La position actuelle de cette dernière ville a donné lieu à des idées très exagérées sur l'accroissement rapide de ce delta : on a supposé que la ville actuelle était la même que celle qui, pendant la première croisade de saint Louis, était située sur le bord de la mer; et comme aujourd'hui Damiette est à deux lieues de la mer, on en a conclu que cette distance avait été produite par les dépôts du Nil dans l'espace d'environ 600 ans. Cependant il paraît aujourd'hui certain, d'après les travaux de M. Renaud, qu'après le départ de saint Louis, les émirs d'Égypte, voulant prévenir une nouvelle invasion du même côté, détruisirent l'an-

---

[1] *Supplém. à l'Encycl. britann.*, art. *Géographie physique.*

cienne Damiette, et fondèrent dans l'intérieur une nouvelle ville, qui serait la Damiette actuelle [1]. Par suite de l'effet des vagues et des courants, des bancs se sont amoncelés sur les côtés extérieurs du delta, où ils forment des lacs, dont les plus étendus sont ceux de Menzaleh, de Bourlos, et celui qui est derrière Alexandrie.

Le *delta du Pô* avance avec rapidité, par suite du peu de profondeur de la mer dans laquelle il se jette. Nous sommes redevables à M. de Prony d'une masse intéressante de faits qui l'autorisent à conclure :

1° « Qu'à des époques antiques, dont la date ne peut pas être « assignée, la mer Adriatique baignait les murs d'Adria.

2° « Qu'au douzième siècle, avant qu'on eût ouvert à Ficarolo une « route aux eaux du Pô, sur leur rive gauche, le rivage de la mer « s'était éloigné d'Adria de 9 à 10,000 mètres.

3° « Que les points des promontoires formés par les deux princi- « pales bouches du Pô se trouvaient, en l'an 1600, avant le *Taglio* « *di Porto Viro*, à une distance moyenne de 18,500 mètres d'Adria, « ce qui, depuis l'an 1200, donne une marche d'alluvions de 25 « mètres par an.

4° « Que la pointe du promontoire unique formé par les bouches « actuelles est éloignée de 32 ou 33 mille mètres du méridien « d'Adria ; d'où on conclut une marche moyenne des alluvions d'en- « viron 70 mètres par an pendant ces deux derniers siècles, marche « qui, rapportée à des époques peu éloignées, se trouverait être « beaucoup plus rapide [2]. »

Le *Mississipi*, qui réunit les eaux d'une si grande partie de l'Amérique du nord, peut être considéré comme ayant son embouchure dans une mer à peu près dépourvue de marées. Son *delta* est très considérable et peu élevé au-dessus du niveau de l'Océan. Durant les plus hautes crues, la pente de la rivière de la Nouvelle-Orléans à la mer, qui en est à une distance d'environ 100 milles, n'a été évaluée qu'à un pouce et demi par mille. Quand les eaux sont basses, la pente est presque imperceptible, le niveau de la mer étant alors à peu près le même que celui de la rivière à la Nouvelle-Orléans [3].

Cette rivière fournit un bon exemple de crues plus considérables à une certaine distance de l'embouchure qu'à l'embouchure même ;

---

[1] Extrait des historiens arabes relatifs aux guerres des croisades.
[2] Prony, cité par Cuvier, *Discours sur les Révolutions du Globe*, p. 74.
[3] Hall. *Voyage dans l'Amérique du nord*.

car l'élévation de l'eau, durant les grandes crues, est de 50 pieds à Natchez, à 380 milles dans les terres, tandis qu'à la Nouvelle-Orléans elle n'est que de 13 [1].

Darby nous a donné une masse de renseignements relatifs à une grande partie du cours du Mississipi et de son delta, d'où l'on peut déduire des faits géologiques très importants [2]. Il paraîtrait que l'Atchafalaya, qui aujourd'hui, à une distance d'environ 250 milles de la mer, reçoit une grande partie des eaux du Mississipi, qu'il conduit dans le golfe du Mexique, n'a pas toujours été une des branches d'écoulement de ce fleuve, mais qu'autrefois c'était le prolongement de la rivière Rouge, laquelle se jette maintenant dans le Mississipi. Pendant les automnes de 1807, 1808 et 1809, M. Darby a eu souvent l'occasion d'examiner le lit de l'Atchafalaya, dont les eaux étaient alors très basses. Il a trouvé que la couche supérieure du dépôt qui forme le fond est constamment formée d'une argile bleue, qui est abondante sur les bords du Mississipi. Cette argile recouvre habituellement une couche de terre ocreuse rouge particulière à la rivière Rouge, sous laquelle on retrouve de nouveau l'argile bleue du Mississipi [3]. Nous pouvons en conclure, non-seulement que la rivière Rouge a coulé dans le canal de l'Atchafalaya antérieurement au cours actuel du Mississipi, mais que cette dernière rivière a précédé l'autre, et qu'il y a eu plusieurs alternatives.

Par suite de la forme du Mississipi à l'endroit où l'Atchafalaya s'en détache, une immense quantité d'arbres qui étaient emportés par le premier, sont rejetés dans le second. Depuis environ 52 ans, ces arbres ont commencé à s'accumuler et à former un train ou radeau (raft). Cette masse de bois s'élève ou s'abaisse avec l'eau de la rivière, et conserve dans toutes les saisons la même élévation au-dessus de la surface. D'autres détails qu'on a donnés sur ce phénomène, tels que la solidité qu'on a supposée à ce radeau dans plusieurs parties au point de permettre aux chevaux d'y passer, et ces arbres d'une grosseur énorme qu'on a dit y croître, sont des contes entièrement dénués de fondement. Dans le fait, d'après le changement continuel de position de ce radeau et le peu d'ancienneté de sa formation, il est tout à fait impossible de croire qu'il ait une grande solidité, et que de grands arbres aient pu y croître. On y voit végéter fréquemment quelques petits saules, ou autres

[1] Hall, *Voyage dans l'Amérique du Nord.*
[2] Darby, *Descript. géograph. de l'État de la Louisiane.*
[3] *Ibidem.*

arbustes aquatiques ; mais ils sont trop souvent détruits par les changements qu'éprouve la masse du radeau pour acquérir une grandeur considérable. Dans la saison des basses eaux, la surface du radeau est entièrement couverte des plus belles fleurs ; et leurs couleurs variées, jointes au bourdonnement des abeilles, qui y affluent par milliers, forment pour le voyageur une sorte de compensation du silence profond et de la solitude de la nature sur cette plage écartée [1].

D'après des observations faites en 1808, M. Darby a reconnu que la largeur de la rivière est de 360 pieds anglais, et il a évalué le volume du radeau à 286,784,000 pieds cubes, sur une profondeur ou épaisseur de 8 pieds et une longueur de 10 milles anglais. A la vérité l'intervalle entre les deux extrémités du radeau était de plus de 20 milles ; mais comme tout cet espace n'était pas également rempli de bois, M. Darby a adopté 10 milles comme la mesure moyenne approchant le plus de la vérité.

On observe des radeaux du même genre, mais d'un moindre volume, dans d'autres parties du Mississipi ou des grands fleuves qui lui apportent leurs eaux. Les rives de ces fleuves éprouvant des dégradations continuelles, on voit souvent de grandes quantités d'arbres entraînés tout à coup par les courants. Le capitaine Hall fut témoin d'un fait de ce genre : il vit une masse considérable de terre couverte d'arbres tomber tout à coup dans le Missouri ; et peu de temps avant son arrivée, on avait vu se détacher une masse encore plus considérable [2].

Il y a peu de fleuves dont le cours soit plus instructif que le Mississipi, parce que l'homme n'a pas fait encore beaucoup de changements sur ses rives ; il en résulte qu'il nous fournit l'occasion d'observer de grandes opérations naturelles, bien plus complétement que nous ne pouvons jamais le faire dans le cours des rivières qui ont été plus ou moins sous la domination de l'homme pendant une suite de siècles. Le cours de ce fleuve est si long, et il traverse des climats si variés, que les crues ou débordements sont souvent produits et entièrement terminés dans un de ses affluents avant de commencer dans un autre : de là proviennent ces fréquents dépôts de détritus aux embouchures des affluents. Les eaux de ces derniers sont repoussées en arrière, et deviennent stagnantes, jusqu'à une certaine distance, par l'effet du débordement des eaux qui affluent à leur embouchure, et il en résulte un dépôt qui subsiste jusqu'à

[1] Darby, *Descript. géograp. de l'État de la Louisiane.*
[2] Hall, *Voyage dans l'Amérique du Nord.*

ce que les crues annuelles de l'affluent où il s'est formé viennent a l'entraîner [1]. Quand l'Ohio est débordé, il rend les eaux du Mississipi stagnantes sur une étendue de plusieurs lieues; quand c'est le Mississipi, il fait refluer les eaux de l'Ohio jusqu'à une distance de 70 milles [2].

Darby remarque que le Mississipi, dans sa longue course depuis l'embouchure de l'Ohio jusqu'à *Bâton-Rouge*, baigne la rive orientale, qu'il tend à entraîner et à détruire, et que même jusqu'à la mer il n'est pas en contact avec le côté occidental de la vallée qu'il traverse. Il attribue cet effet, avec beaucoup de probabilité, aux dépôts apportés par les grands affluents, qui tous se jettent dans le Mississipi du côté de l'ouest, et qui accumulent ainsi des détritus de ce côté.

Nonobstant la tendance générale du fleuve à se porter vers l'est, son lit subit un grand nombre de changements plus petits. Ainsi les contournements se raccourcissent par la dégradation et la coupure des isthmes, en raison de la tendance générale des courants sinueux à détruire les obstacles qui causent leur sinuosité, comme on peut l'observer dans un grand nombre de rivières qui coulent à travers des plaines. En outre, de nouveaux obstacles se présentent, de nouvelles sinuosités se produisent. Ainsi, des arbres qui avaient poussé sur d'anciens dépôts d'alluvion de la rivière sont entraînés, tandis que des alluvions plus récentes donnent naissance à une nouvelle végétation, qui sera un jour emportée à son tour par un nouveau changement dans le cours du fleuve. Pendant que les changements moins considérables se produisent dans les diverses parties de son lit, la dégradation des terrains supérieurs fournit une grande quantité de détritus, qui non-seulement tendent à élever le niveau général de la vallée par leurs dépôts sur les plaines au moment des inondations, mais qui sont aussi entraînés en partie jusqu'à la mer, et forment un immense delta composé d'argile, de boue, de sable, mêlés d'une grande quantité d'arbres et autres substances végétales qui ont flotté sur les eaux.

Le delta est divisé en une grande quantité de lacs, de marais et de courants partiels habités par une foule d'alligators. Le courant principal du Mississipi, comme on le voit sur toutes les bonnes cartes, se développe d'une manière tout à fait singulière. Les détritus

[1] James, *Expéd. aux montagnes Rocheuses.*

[2] Hall, *Voyage dans l'Amérique du Nord*, vol. 3, p. 370. Le même auteur cite le mélange remarquable des eaux du Missouri avec celles du Mississipi, les premières chargées de détritus et de bois, les dernières parfaitement claires.

qu'il entraîne avec lui y produisent continuellement des changements qui demandent toute l'attention des pilotes. Suivant le capitaine Hall, des millions de troncs d'arbres sont entraînés durant les crues, et souvent portés jusqu'à plusieurs milles de la mer, au point qu'il devient très difficile de naviguer au milieu d'eux. Quand ils ne vont pas jusqu'à la mer, ils sont liés ensemble par des espèces de roseaux qui retardent le cours de l'eau et recueillent des amas de boue. Le même auteur établit que, sur toute cette partie de la côte, il y a un espace de 50 à 100 milles de largeur qui est tout à fait inhabitable [1].

L'embouchure du *Gange* est un exemple remarquable de la puissance des fleuves pour avancer leur delta, là où il n'y a point de courant violent dans une direction transversale à leur embouchure, et lorsque la masse d'eau, surtout pendant les crues, est très considérable, même quand ces rivières débouchent dans une mer soumise à de très fortes marées. Le major Rennell a décrit ce delta du Gange en 1781, et probablement depuis cette époque il s'y est produit de très grands changements; cependant, comme ces changements se sont probablement faits de la même manière, la description du major Rennell sera toujours précieuse pour nous faire comprendre comment les choses ont dû se passer.

Le delta du Gange commence à environ 220 milles de la mer en ligne directe, ou à peu près 300 si on compte la distance en suivant les contours de la rivière. Le Gange, comme beaucoup d'autres fleuves, fait de nombreux contours, et il en résulte, comme dans le Mississipi, des changements considérables dans son lit, par suite de la tendance des courants à détruire les isthmes qui séparent l'une de l'autre des sinuosités voisines. Durant les onze années que le major Rennell est resté dans l'Inde, le promontoire de la jonction de la rivière de Jellinghy avec le Gange s'est déplacé graduellement de trois quarts de mille en avant. Il dit aussi qu'il n'est pas rare de voir un changement total dans le cours de quelque rivière du Bengale. Le Cosa (égal en grandeur au Rhin) traversait autrefois Purnah, et se joignait au Gange vis-à-vis Rajenal; son point de jonction est actuellement environ 45 milles plus haut. Gour, l'ancienne capitale du Bengale, était primitivement située sur le Gange; il semble probable que ce fleuve a coulé autrefois dans les lieux qu'occupent actuellement les lacs et marais situés entre Nattore et Jaffiergunge [2].

Le delta est constamment dans un état d'accroissement; la quan-

[1] Hall, *Voyage dans l'Amérique du Nord*, vol. 3, p. 340.
[2] Rennell, *Trans. phil.*, 1781.

tité de détritus qui y contribue doit être très considérable, car la mer où il se dépose est très profonde. Les obstacles habituels qu'il a à vaincre sont les marées ; mais, durant les crues du fleuve, le flux et le reflux se font peu sentir, si ce n'est près de la mer. Aussi c'est pendant ces époques que l'accroissement du delta est le plus considérable, la masse de détritus transportée étant alors beaucoup plus grande, et la résistance de la mer étant à son minimum. Il peut, il est vrai, arriver que la mer ravage ces terrains récemment formés, et les recule en apparence pendant un certain temps ; mais ils doivent toujours finir par gagner en avant, ne fût-ce que par l'action des brisants eux-mêmes, qui tendent à combler les profondeurs, en n'emportant les détritus qu'à une petite distance. La mer, devenant ainsi moins profonde, se trouve par suite plus facile à remplir par les détritus apportés par la rivière.

Les gros graviers transportés par le Gange s'arrêtent toujours dans son lit à une distance d'au moins 400 milles de la mer, par conséquent à 180 milles plus haut que l'origine du delta. Il semblerait, d'après cela, que, depuis l'existence de l'ordre de choses actuel, le Gange n'a pas transporté de gros gravier dans la mer au niveau relatif qu'il atteint aujourd'hui. Une grande partie des inondations périodiques qu'on nous représente comme s'étendant sur des contrées unies, en ne parcourant qu'un demi-mille par heure, a été attribuée aux pluies qui tombent sur les plaines de l'Inde, à cause de la teinte noirâtre que les eaux prennent par suite de ce qu'elles restent longtemps stagnantes au milieu de végétaux de différentes espèces. Les plus petits obstacles forment, comme cela est facile à concevoir, des digues et des îles très considérables : un gros arbre arrêté dans sa marche, et même un bateau submergé, suffisent pour produire cet effet. Comme ces îles se forment en peu de temps, elles sont de même très facilement emportées par le moindre changement dans le courant, dont la puissance est telle, que l'on évalue la quantité d'eau annuelle qu'il porte à la mer à 405,000 pieds cubes par seconde [1].

Au confluent du Gange et du Burampooter, au-dessous de Luckipoor, il y a un golfe immense, dans lequel l'eau n'est qu'à peine saumâtre, même à l'extrémité des îles, dont quelques-unes sont décrites par le major Rennell comme égalant l'île de Wight en grandeur et en fertilité ; on assure que la mer y est parfaitement douce jusqu'à la distance de plusieurs lieues, durant la saison des pluies.

[1] Rennell, *Trans. phil.*, 1781.

On voit donc qu'il se forme des deltas, non-seulement dans les localités où il n'y a ni marée ni courants impétueux qui empêchent une grande accumulation de nouvelles terres, comme à l'embouchure du Nil ou du Pô, mais aussi dans beaucoup d'autres où il y a de petites marées (le Mississipi), et même où elles sont considérables (le Gange). Les deltas ainsi produits ont sans doute une grande étendue, et la quantité de matières végétales et animales qui peuvent y être enfouies est très considérable ; mais nous devons éviter de nous laisser séduire par des mesures et des comparaisons de longueur, de largeur et de surface de certaines contrées que nous pouvons parcourir facilement, et que l'habitude peut nous faire regarder comme importantes. On devrait les considérer, eu égard à leur importance relative, comme des portions de continent, quand on verrait qu'elles ne présentent pas une surface aussi considérable qu'on l'avait d'abord supposé. L'augmentation des deltas correspondra à la quantité de détritus emportés jusqu'à l'embouchure des rivières, et il est évident que la facilité du transport dépendra, toutes les autres circonstances étant les mêmes, de la longueur et de la pente du fleuve. Or, le cours ayant dû être plus direct et la pente plus rapide à l'époque où le delta a commencé à se former, on peut en conclure qu'il se déposait des matériaux plus pesants, et que l'accroissement des deltas a dû être plus rapide dans les premiers périodes de leur formation ; qu'ensuite cet accroissement a dû diminuer graduellement, à mesure que la pente du lit de la rivière est devenue moins forte, et que son cours a augmenté en longueur, abstraction faite des obstacles sans nombre opposés au courant par les subdivisions sans cesse plus nombreuses qu'il subit dans ce delta.

On peut aussi admettre que les détritus apportés des contrées supérieures deviendront graduellement moins considérables, par suite de l'égalisation des niveaux et du moindre nombre d'aspérités susceptibles d'être attaquées par les agents mécaniques. Si ces observations, faites dans l'hypothèse de la non-intervention de l'homme, sont exactes, il en résulterait que l'accroissement des deltas doit diminuer graduellement, en supposant que ce soient les seules circonstances qui régissent leur formation. D'un autre côté, on doit reconnaître que les fortes pluies, particulièrement dans les contrées tropicales, tendent à dégrader et à détruire le delta lui-même, et à entraîner à la mer ses détritus, quoiqu'il continue ses accumulations de matériaux sur ses parties les plus élevées. L'abondance de végétaux aquatiques, commune aux extrémités des deltas, semblerait former un obstacle à cette dégradation ; cependant il y a toujours quelques détritus qui parviennent à s'échapper. Ces extensions que reçoit aussi un delta sur ses bords extérieurs peuvent ne pas être importantes, mais, en général, elles doivent être en rapport avec la surface du delta; et, par conséquent, plus celle-ci est grande, plus elles doivent être considérables.

Entre ces fleuves dont on vient de parler, qui, comme le Gange, forment des deltas dans des mers sujettes aux marées, et les autres fleuves dont l'embouchure est large et ouverte, comme le Maranon, le Saint-Laurent, le Tage et la Tamise, il y a tant de cas intermédiaires et tant de variations dues à des causes locales, qu'il serait extrêmement difficile, et peut-être inutile, de les classer. On doit donc reconnaître, en général, que des fleuves, dans le dépôt de leurs détritus, doivent produire à leur embouchure ou des deltas ou des golfes, suivant qu'ils participent des caractères du Gange ou du Saint-Laurent. Dans ce dernier cas, les détritus seront disposés suivant le mode de dépôt ou de transport qui a lieu dans des golfes où aboutissent des rivières.

Action de la mer sur les côtes.

Les brisants ou les vagues qui viennent frapper les rivages de la mer où les côtes sont, dans certaines localités, des agents continuels et puissants de destruction, tandis que, dans d'autres, ils élèvent des barrières contre eux-mêmes. Leur action destructive se fait surtout sentir quand les roches sur lesquelles elles viennent se briser sont composées de matériaux tendres, et s'élèvent un peu en escarpement au-dessus du niveau de la mer; on observe au contraire leur influence protectrice principalement sur des rivages dont le sol est uni et horizontal, et en travers de l'embouchure d'une vallée, aux deux flancs de laquelle se trouve quelque masse de roches dures capables de servir de point d'appui aux deux extrémités d'un banc.

La dégradation de différentes côtes toutes formées de roches d'une égale dureté, est presque toujours en proportion de l'étendue de mer ouverte à laquelle ces côtes sont exposées, toutes les autres circonstances étant d'ailleurs égales. La configuration de la plupart des côtes est déterminée par la dureté des roches qui les composent; les couches plus tendres cèdent promptement à l'action des brisants qui viennent les frapper, tandis que les roches plus dures demeurent inattaquables pendant un plus long espace de temps. Si les roches qui forment une côte sont stratifiées, l'action des vagues sur elles dépend beaucoup de leur sens d'inclinaison relativement à la direction des brisants. Ainsi, dans beaucoup de parties de la côte sud du Devonshire et du Cornouailles, les roches de schiste plongent vers la mer de telle manière, que les vagues n'ont pu y produire d'autres effets que d'entraîner quelques matières incohérentes superficielles, semblables à celles qui couvrent toutes les collines du voisinage. Dans le fait, le plus habile ingénieur n'aurait pu défendre la côte contre l'envahissement des flots mieux que ne l'a fait la disposition naturelle des couches. L'action destructrice des vagues sur d'autres points est bien connue, et on en rencontre des preuves nombreuses sur la côte orientale de l'Angleterre, où l'on voit des envahissements considérables de la mer qui se sont produits dans l'espace de quelques siècles. Les produits de ces dégradations des rivages opérées par les brisants doivent éprouver ensuite différents genres d'action, suivant leur poids, leur forme et leur solidité. Les marées ou les courants en entraîneront tout ce qu'ils seront capables de transporter, et le reste demeurera sur le rivage, sous l'influence immédiate des brisants, qui tendent constamment à les réduire en plus petits fragments, et enfin en sable.

Dans la destruction d'un escarpement composé de parties d'inégale dureté, il arrive assez souvent que les portions les plus dures, quand elles sont volumineuses, telles que beaucoup de concrétions qui se rencontrent dans les grès et les marnes, ou des blocs de couches dures, restent à la base de l'escarpement, et le défendent en grande partie des effets de l'action des brisants, comme on peut le voir dans la figure ci-jointe.

Fig. 15.

a, amas de blocs formant une jetée protectrice, provenant des couches dures *b* et des concrétions *c*.

Parmi les roches non stratifiées, la dureté est tellement variable, qu'elles présentent souvent à la mer un front inégal, résultant de ce que la décomposition et la destruction sont plus faciles dans certaines parties que dans d'autres. Des veines d'une substance ou d'une roche qui en traversent une autre ont généralement une texture et une solidité différentes de celle qui les renferme, et par conséquent rien n'est plus fréquent sur les rivages de la mer que de voir ces veines former des saillies à l'extérieur, ou présenter des cavités (*coves*) résultant de leur destruction.

Quand, sur des plages formées de galets ou de sables, mais plus particulièrement de galets, la masse est en partie soulevée et tenue momentanément en suspension par les brisants durant une forte tempête, l'action des vagues est très considérable, même sur les roches les plus dures, au point que ces plages sont quelquefois rasées presque jusqu'au niveau ordinaire de l'Océan. Dans des localités exposées à l'action de la mer, elle creuse souvent dans les roches les plus dures des trous ou cavernes, suivant que des circonstances locales portent les vagues plutôt dans une direction que dans une autre, ou par suite de la dureté moindre de différentes portions de la roche. La plus belle des cavernes des pays baignés par l'Océan, la *grotte de Fingal*, dans l'île de *Staffa*, doit son existence à ce que les prismes basaltiques y sont partagés par des fissures transversales, quoiqu'en général ces prismes ne présentent pas ce caractère [1].

Après avoir formé une caverne dont la voûte ne s'élève pas au-dessus des hautes eaux, la mer travaille quelquefois à s'ouvrir un passage à l'extrémité intérieure, ce qui a lieu en partie par le moyen de l'air comprimé et refoulé par chaque vague qui se précipite dans la caverne. Celle de *Bosheston mere*, dans la partie sud du pays de Galles, est un exemple de cette espèce de caverne, qui est très remarquable et sur une grande échelle : elle s'est creusée à travers les couches du calcaire carbonifère; et le bruit violent que produisent la compression de l'air et le choc de la mer contre les parois s'entend à une distance considérable.

L'influence protectrice des brisants se fait voir dans ces plages allongées de galets et de sables qui souvent garantissent de l'action destructive de la mer des terrains bas et marécageux, particulièrement à l'embouchure des vallées.

Plages de galets.

Lorsque le rivage de la mer est une plage de galets, on observe, durant les tempêtes, que chaque brisant est plus ou moins chargé des matériaux qui composent la plage; les galets sont projetés aussi loin que la vague peut les porter, et dans leur choc sur la

---

[1] Macculoch, *Western Islands of Scotland.*

plage, ils en poussent devant eux beaucoup d'autres que le brisant n'a pas tenus momentanément en suspension. Il en résulte, surtout dans les plus hautes marées, que des galets sont projetés sur le sol au delà des limites du mouvement rétrograde des vagues. C'est par l'action combinée des violentes tempêtes et des hautes marées que se produisent les plages les plus élevées. A la vérité, les mêmes causes opèrent quelquefois des brèches dans les remparts qu'elles ont élevés contre elles-mêmes, mais elles ne tardent pas à les réparer.

Il est évident que quand une fois il s'est produit une grande accumulation de galets sur un rivage pendant la marée montante, le reflux ne peut enlever au sol tout ce que le flux y a apporté. Dans les temps calmes, et pendant les marées basses, il se forme sur le rivage plusieurs petits bancs de galets qui sont plus tard emportés par une tempête; et en voyant ainsi disparaître ces bancs peu épais, un observateur peu exercé pourrait supposer que la mer détruit, sur cette côte, les plages qui la bordent : mais, avec plus d'attention, on ne tarde pas à reconnaître que les galets ainsi entraînés de la place où ils avaient été d'abord déposés, se sont bientôt accumulés ailleurs. Ces remarques ne s'appliquent pas aux localités où la mer, durant les tempêtes, vient frapper jusqu'aux escarpements ou aux jetées, d'où la vague, en se retirant, emporte tout devant elle, mais à ces rivages, qui sont nombreux, où les brisants n'éprouvent pas de résistance, et ne viennent frapper que sur le plan plus ou moins incliné d'un banc de galets. Même dans les cas où les vagues, pendant de fortes tempêtes et de hautes marées, atteignent les escarpements, et, en se retirant, emportent pour un moment les bancs de galets qui s'étaient accumulés, il est curieux de voir avec quelle promptitude ceux-ci se reforment, lorsque le temps est calme, et que les brisants, n'ayant plus une force de projection aussi puissante, cessent de venir frapper les escarpements situés en deçà du rivage.

Les bancs de galets amoncelés sur le rivage de la mer ont un mouvement de progression dans la direction des vents dominants, ou de ceux qui produisent les plus forts brisants : nous en trouvons de nombreux exemples sur la côte sud de l'Angleterre, où les vents d'ouest ou de sud-ouest étant dominants, les bancs s'avancent vers l'est jusqu'à ce qu'ils soient arrêtés par quelque avance de terrains. La mer y élève une barrière contre elle-même, et laisse souvent un espace libre entre elle et l'escarpement qu'elle attaquait auparavant. Cet espace, dans des circonstances favorables, se couvre d'une végétation appropriée à ce genre de position, et même les escarpements sont quelquefois couverts des végétaux ordinaires des côtes de la mer, quand ils peuvent trouver à y prendre racine. On construit quelquefois des ouvrages pour arrêter les bancs, soit pour protéger la contrée qui se trouve derrière eux, soit pour empêcher qu'ils ne franchissent les môles qui forment des ports artificiels. Pour y parvenir, le plus grand soin des ingénieurs est de se mettre en garde contre la tendance qu'il ont à s'avancer dans la direction de certains vents. Cette marche progressive des bancs est loin d'être rapide, et ne peut être que proportionnée à la prédominance de tel vent plutôt que de tel autre, en force et en durée; de plus, les galets, dans leur marche, doivent devenir plus menus, et il en résulte qu'il n'y a que les plus durs qui soient susceptibles d'être emportés à des distances considérables.

Le banc qu'on nomme *Chesil-Bank*, qui réunit l'île de *Portland* avec le continent de l'Angleterre, a environ 16 milles de longueur, et on peut établir, comme un fait général, que les galets qui le composent augmentent de grosseur en allant de l'ouest à l'est. Il protége un canton dont le sol n'a évidemment jamais été exposé à l'action destructive des vagues de l'Atlantique, qui viennent se briser avec fureur contre ce banc; car le terrain en avant duquel ce banc est situé, étant composé de couches tendres et faciles à désagréger, céderait promptement à une action aussi puissante. Peut-être est-ce à un affaissement graduel du sol qu'on peut attribuer l'origine des apparences actuelles; car, quand même la mer aurait attaqué le terrain, lorsque les niveaux relatifs étaient différents, la forme de la baie et la position de l'île de *Portland* en avant du continent, auraient bientôt donné naissance à un banc, qui s'élèverait à mesure que le sol s'enfoncerait, si bien que, finalement, on n'observerait plus de traces de l'ancien escarpement. Dans cette hypothèse, Portland n'aurait pas formé une île, mais simplement la pointe la plus avancée d'une baie, qui, par suite de sa position, aurait bientôt produit l'accumulation du banc dont il s'agit. On doit remarquer que cette supposition d'un enfoncement graduel du terrain est d'accord avec les faits qu'on observe plus à l'ouest sur la même côte, et qui semblent conduire à une explication analogue.

La mer sépare le *Chesil-Bank* du continent sur environ la moitié de sa longueur, de sorte que, pendant environ 8 milles, il forme un amas de galets ou jetée allongée (*ridge*) dans la mer. Néanmoins les effets des vagues ne sont pas les mêmes sur les deux côtés : à l'ouest, elles amènent et accumulent une énorme quantité de matériaux; tandis qu'à l'est, ou dans la partie qui sépare le banc du continent principal, leur action est presque nulle. La coupe suivante servira à faire comprendre la position de ce banc.

Fig. 16.

a, banc dit *Chesil-Bank*; *b*, amas d'eau appelée le *fleet*; *c*, petits escarpements formés par les vagues du *fleet* et les sources venant de terre; *d*, diverses roches tendres de la formation oolitique, garanties de la destruction par le *Chesil-Bank a*; *e*, pleine mer.

La côte méridionale du *Devonshire* nous présente un autre exemple d'un terrain protégé par un banc de galets. Il est fort remarquable, en ce qu'on y reconnaît que la mer, à son niveau relatif actuel avec les continents, n'a jamais atteint le terrain situé derrière le banc, ce qui admet la même explication que celle donnée plus haut pour le *Chesil-Bank*. Au fond de la baie de Start, et sur la longueur d'environ 5 à 6 milles, on voit un banc considérable composé principalement de petits galets de quartz, qui a été formé par les flots de la mer. La ligne de côte fait face à l'est. Entre Tor Cross et Beeson Cellar se trouve une pointe de terre soumise à l'action des brisants; mais là comme ailleurs, en deçà du banc, le terrain a évidemment gagné sur la mer, ou, en d'autres termes, la mer s'est élevé à elle-même une barrière qui l'empêche d'atteindre l'escarpement, même pendant les plus fortes tempêtes, comme elle l'a fait autrefois.

Ce banc, généralement connu sous le nom de *Slapton sands*, quoique composé en totalité de petits galets, garantit et bloque, pour ainsi dire, les embouchures de cinq vallées. Au milieu du *Slapton sands*, il y a un lac d'eau douce, divisé en deux parties : au pont de Slapton, où les eaux de la partie nord s'écoulent dans la partie sud, la partie nord est presque entièrement remplie de détritus boueux, apportés par une rivière qui reçoit les eaux d'un pays de quelques milles d'étendue, et elle est presque toute couverte de joncs et autres plantes aquatiques; la partie sud, qui est la plus considérable, est tout à fait découverte, et a plusieurs acres d'étendue : les eaux sont fournies par des ruisseaux qui viennent des cantons situés en arrière, et filtrent ordinairement à travers les galets pour arriver à la mer. Cependant, aux époques des hautes marées, ou lorsque les flots sont soulevés par des tempêtes, il arrive quelquefois, par suite du changement dans les niveaux relatifs, que l'eau de la mer passe à travers les galets et pénètre dans le lac, dont elle rend alors les eaux saumâtres jusqu'à une certaine distance. C'est ordinairement pendant l'hiver que cela arrive; mais, généralement parlant, les niveaux relatifs sont tels, que les eaux du lac versent leur surplus dans la mer, et restent complétement douces. Il contient une grande quantité de truites, de perches, de brochets, de rougets et de carrelets. La présence de ce dernier poisson, qu'on pêche ordinairement dans la mer ou dans les embouchures des rivières, montre qu'il peut s'accoutumer peu à peu à vivre dans l'eau douce. La filtration de l'eau de mer à travers les galets, durant la tempête, ne paraît pas nuire aux poissons d'eau douce; néanmoins, lors de la violente tempête de novembre 1824, il se forma une brèche à travers ce banc, par laquelle la mer fit une irruption soudaine qui fit périr presque tous les poissons; mais le petit nombre qui échappa suffit pour qu'au bout de cinq ans le lac fût abondamment repeuplé.

La rupture faite au banc de *Slapton sands* resta ouverte pendant à peu près un an, mais en devenant graduellement plus petite. On trouva moyen de hâter son entière réparation en jetant l'un sur l'autre, dans la brèche, quelques sacs remplis de cailloux, sur lesquels deux ou trois grosses mers eurent bientôt reformé un banc solide.

L'ancien banc doit être resté sans altération pendant une longue période de temps, car la végétation y était devenue fort active, comme on le voit encore par les parties qui sont demeurées intactes, où du gazon et même des genêts épineux ont couvert les cailloux.

Fig. 17.

La figure ci-dessus représente une coupe du banc et du lac de *Slapton sands* : *a*, mer qui vient se briser sur le banc *b*; *c*, le lac d'eau douce situé en deçà du banc; *d*, couche de débris de schiste et de sable, de quelques pieds d'épaisseur, provenant des roches schisteuses *e*.

Ce dessin montre que la mer n'a eu aucune action sur la colline *d e* depuis l'accumulation des matières incohérentes qui existent en *d*, car elle les aurait entraînées dans un instant.

Le volume énorme de fragments de roches qui sont remués par l'action des brisants atteste leur grande puissance. Durant de violentes tempêtes, il arrive que des blocs du poids de plusieurs tonneaux sont déplacés, et que d'autres, même rectangulaires et réunis ensemble en forme de môles ou de jetées, sont séparés violemment les uns des autres par la fureur des vagues qui les frappent. Durant la tempête de novembre 1824, qui ravagea une grande partie de la côte méridionale de l'Angleterre, un bloc rectangulaire, du poids d'un et demi à deux tonneaux, fut violemment arraché d'une jetée à *Lyme Regis*, et rejeté au-dessus par la force d'un brisant. M. Harris, de Plymouth, m'a assuré que pendant cette même terrible tempête, et au commencement de 1829, des blocs de calcaire et de granit, du poids de deux à cinq tonneaux, furent lancés sur la jetée comme de simples cailloux, et qu'environ trois cents tonneaux de blocs de cette dimension furent transportés à une distance de deux cents pieds, et sur le plan incliné de la jetée. Ces blocs furent accumulés sur l'autre côté, où ils restèrent après la tempête épars dans diverses directions. Un bloc de calcaire, du poids de sept tonneaux fut enlevé à l'extrémité ouest de la jetée, et charrié à cent cinquante pieds de distance. A la jetée de la baie de *Bovey sands*, sur la côte orientale de l'entrée de la rade de Plymouth, on voit une masse de maçonnerie qui a été transportée en arrière d'environ dix pieds, et qui, au moment où elle fut atteinte par la vague, était à seize pieds au-dessus du niveau des grandes marées de dix-huit pieds. Cette masse de construction pèse environ sept tonneaux, et est formée d'un petit nombre de pierres de taille calcaires, cimentées ensemble et recouvertes d'un énorme bloc de granit : ces pierres étaient réunies entre elles à queue d'aronde, et la masse formait une partie d'un parapet qui faisait face à la mer.

Aux îles *Scilly*, les blocs de granit qui se détachent des escarpements sont réduits, par le frottement, en grosses masses arrondies, qui deviennent le jouet des vagues de l'Atlantique dans les moments de tempête.

L'effet produit par une grosse mer dépend beaucoup de la forme du bloc sur lequel elle agit : ainsi une face plane présenterait le plus de prise au choc de l'eau, et la masse ainsi frappée tendrait à être déplacée plus aisément qu'un bloc arrondi sans la résistance que sa base oppose, et qui est beaucoup plus considérable.

Les brisants ont aussi un autre genre d'action comparable à celle d'un coin (*wedging power*) dans les endroits où de gros blocs, difficiles à ébranler, sont mêlés de pierres plus petites et faciles à transporter ; un banc de cette nature acquiert quelquefois beaucoup de solidité, parce que souvent les plus petits morceaux sont introduits au milieu des plus gros, et serrés si fortement contre eux, qu'il faut une très grande force, et même une fracture, pour qu'on puisse les enlever.

Quoique les bancs de galets, et ceux qui sont composés en partie de cailloux et en partie de masses plus grosses, prennent dans leurs déplacements la direction principale des brisants les plus violents, il paraîtrait que nous n'avons aucune preuve évidente qu'ils soient jamais entraînés loin des continents ou dans les profondeurs de l'Océan, mais qu'au contraire les vagues de la mer tendent toujours à les jeter sur les côtes, ce qui a lieu, non-seulement dans le cas où ils sont formés de matériaux provenant des continents, mais de même quand ils ne contiennent que des coraux, des coquillages et des plantes marines, qui sont des produits de la mer elle-même. Dans les contrées tropicales, on trouve plusieurs îles et récifs de coraux qui, du côté le plus exposé aux vents dominants, sont protégés par des bancs formés de débris et même de gros rochers de coraux. Le lieutenant-colonel Hamilton Smith m'a dit que pendant un ouragan dont il fut témoin à Curaçao en septembre 1807, de gros blocs de coraux furent soulevés d'une profondeur de 10 brasses, et jetés sur le banc qui réunit Punta-Brava avec le continent. Il n'est pas rare de trouver des rivages composés en totalité de débris de coquilles marines, et nous en parlerons dans la suite.

Dans la plupart des bancs de galets, particulièrement dans ceux qui protégent une grande étendue de pays plat, le côté qui regarde la mer est bordé par une ligne qui forme une arête tout le long du banc. Au-dessus de cette ligne le banc fait généralement un angle considérable avec les sables, dans le cas où la plage est unie et sablonneuse. Dans les cas où les bancs de galets ne sont pas entièrement à découvert à marée basse, la sonde indique des fonds de sable, de coquillages et de graviers très fins à une petite distance du rivage, à moins que le fond ne soit de roches. Il paraîtrait, d'après cela, que si les continents où les îles qui existent aujourd'hui venaient à s'élever au-dessus ou à s'abaisser au-dessous du niveau actuel de l'Océan, on trouverait que les bancs de galets qui sont amassés sur les rivages ne font que border les continents, sans s'étendre au loin dans la mer [1].

[1] Quand nous trouvons des galets au fond de la mer dans différents sondages, nous devrions avoir soin de remarquer qu'il y a autant de probabilité d'en trouver au

Plages de sables.

Les observations faites sur les plages de galets s'appliquent en grande partie à celles qui sont composées de sables. Le sable provient, soit des détritus apportés par les rivières, soit du frottement des cailloux qui bordent le rivage les uns contre les autres, soit enfin immédiatement des sables et des grès de la terre ferme. Les brisants que nous avons vus former des amas de galets sur les côtes ont une égale tendance à y amonceler les sables; mais les sables étant bien plus légers, peuvent être transportés par des marées de côte ou par des courants dont la rapidité serait insuffisante pour déplacer des galets. D'un autre côté cependant, il faut des forces moindres et des masses d'eau moins considérables pour amener le sable sur le rivage. Le léger flot qui ne pourrait transporter un galet peut charrier du sable, et par conséquent le sable peut être, et est en effet, porté bien au delà des points où le reflux de la vague peut se faire sentir. Quand la marée est basse ou la mer peu agitée, du sable, desséché par le soleil ou par les vents, est souvent transporté par ces derniers à de grandes distances, au point qu'il a recouvert quelquefois des contrées entières autrefois fertiles.

Quand des amas de sable ainsi transportés suffisent pour former des collines, on les appelle *dunes;* elles sont plus ou moins communes sur tout le globe, derrière les rivages ou plages de sable. Le *golfe de Biscaye* offre un exemple frappant des progrès de masses de sables ainsi transportées dans l'intérieur des terres. Sa côte orientale a été entièrement envahie par les sables qui continuent à couvrir de grandes étendues de pays. Cuvier regarde la marche progressive de ces dunes comme tout à fait impossible à arrêter; elles poussent devant elles des lacs d'eau douce formés par les pluies qui ne peuvent trouver un passage jusqu'à la mer. Forêts, terres cultivées, maisons, tout est recouvert et englouti par elles.

fond de la mer que sur les continents, et que leur présence dans la mer n'est pas une preuve qu'ils ont été transportés par les courants existants, à moins que l'on ne puisse démontrer que la rapidité d'un courant déterminé est suffisante pour entraîner de semblables détritus, et que, d'après sa direction, il doit transporter les débris provenant d'un point connu où il existe en place des roches de même nature que les galets observés. Faute de cette considération, on serait porté à supposer que les petits galets qui couvrent le fond du banc nouvellement découvert à la hauteur de la côte nord-ouest de l'Irlande, y ont été apportés par les courants actuels, tandis qu'il est tout à fait probable qu'ils ont été produits autrement. Ces galets ne sont plus déplacés aujourd'hui; c'est ce qui est démontré par les serpules et autres productions marines adhérentes à quelques-uns d'entre eux, qui ont été recueillis au moyen de la sonde par le capitaine Vidal, durant son voyage de reconnaissance.

Il y a plusieurs villages, connus au moyen âge, qui ont été recouverts ; et dans le département des Landes seul, il y en a actuellement dix qui sont menacés de la destruction. Un de ces villages, appelé *Mimisan*, a lutté pendant vingt ans contre les dunes, et on voit s'avancer chaque jour contre lui une montagne de sable de plus de 60 pieds de hauteur. En 1802, les lacs envahirent cinq belles fermes dépendant de la commune de Saint-Julien. Ils ont depuis longtemps recouvert un chemin romain qui conduisait de Bordeaux à Bayonne, et qu'on voyait encore il y a environ quarante ans, quand les eaux étaient basses. L'Adour, qui autrefois coulait par le Vieux-Boucaut, et se jetait dans la mer au Cap-Breton, est aujourd'hui détourné de son lit de plus de mille toises [1].

M. Bremontier a calculé que ces dunes avancent de 60 et même de 72 pieds par année.

Dans des circonstances favorables, les sables transportés du rivage dans l'intérieur des terres parviennent à se consolider. On en voit un bon exemple sur la côte nord du Cornouailles, où les matières qui y sont accumulées sont formées de débris de coquilles. Leur consolidation s'effectue principalement au moyen de l'oxyde de fer. Par suite de la succession des époques auxquelles il s'est déposé, ce grès calcaire récent est stratifié, et de temps en temps on y trouve interposés des restes de végétaux. Il y a eu des maisons englouties ainsi que des cimetières, et par conséquent des restes humains. M. Carne décrit un vase plein d'anciennes monnaies qui a été retiré de ce grès. La solidité de cette roche est si considérable, qu'on y a creusé des cavernes dans une falaise, à *New Kay*, pour y mettre des embarcations à l'abri. On l'a aussi employé dans les travaux de construction ; et le docteur Paris assure que c'est avec cette roche que l'église de Crantock est bâtie. Le même auteur dit que les escarpements élevés formés de cette roche récente, lesquels s'étendent à plusieurs milles dans la baie de Fistrel, sont traversés çà et là par des veines de brèche. Dans les cavités, on voit pendre à la voûte des stalactites calcaires, d'apparence grossière, opaques et de couleur grise. Le rivage est couvert de fragments qui se sont détachés des escarpements supérieurs, et dont plusieurs sont du poids de 2 à 3 tonneaux [2].

---

[1] Cuvier, *Discours sur les révolutions du globe.*

[2] Paris, *Transactions géologiques du Cornouailles.* Ce ne sont pas seulement les bancs de sables qui se durcissent, les bancs de galets en fournissent aussi des exemples. Le capitaine Beaufort décrit une plaine de plusieurs milles de longueur, près de *Selinty*, sur la *côte de Caramanie*, qui est bordée par un banc de gravier amoncelé sur le rivage. Ce banc s'est consolidé depuis sa crête jusqu'à une certaine

On trouve des dunes consolidées dans différentes parties du monde. Péron en cite dans la *Nouvelle-Hollande;* et la roche de la *Guadeloupe* où l'on a trouvé des restes humains paraîtrait appartenir à la même classe. Ces ossements humains ont été découverts au *Port du Moule,* dans un banc durci composé de débris de coquilles et de coraux. L'échantillon, qui est au Musée britannique, est formé de corail et de petits fragments de calcaire compacte. M. Kœnig y a observé un *millepora miniacea,* des madrépores et des coquillages que l'on rapporte à l'*helix acuta* et au *turbo pica.* D'après M. Cuvier, l'échantillon qui est au Jardin-du-Roi à Paris présente une gangue de travertin contenant des coquillages de la mer voisine et des coquilles terrestres, spécialement le *bulimus gaudaleupensis* de Férussac. Près de *Messine,* on voit un sable, d'abord désagrégé, qui s'est consolidé sur la plage, et que l'on emploie aujourd'hui pour bâtir. On a reconnu que les cavités qu'on forme dans ce dépôt sableux pour en extraire des matériaux ne tardent pas à se remplir de nouveau de sable, qui lui-même se consolide et est employé à son tour.

Le docteur Clarke Abel décrit un banc considérable, qui sort de la mer à la hauteur d'environ une centaine de pieds, à l'ouest de *Simon's town,* au cap de Bonne-Espérance, et qui est formé de coquillages et de sables accumulés par le vent de sud-est. Il y a découvert des masses cylindriques singulières qui ressemblaient à des os blanchis par l'air. Après un examen plus attentif, on reconnut que plusieurs se partageaient en branches, et on en découvrit d'autres qui élevaient à travers le sol plusieurs tiges ramifiées partant d'un tronc principal plus gros. Leur origine végétale était la conjecture qui se présentait d'elle-même à l'esprit, et les recherches ultérieures n'ont fait que la confirmer. Ces masses cylindriques sont rarement solides : le centre en est, ou vide, ou rempli d'une substance grenue, noirâtre, qui a beaucoup de rapports, si ce n'est pour la couleur, à ce que les minéralogistes appellent l'oolite (*roestone*). Leur croûte extérieure est principalement composée d'une

distance dans la mer; sa consolidation s'étend à la profondeur d'un à deux pieds, et sa surface est généralement recouverte de sables et de graviers incohérents, de sorte qu'il n'est pas facile de l'observer. Les galets sont cimentés par une pâte calcaire, et la masse est si dure, qu'en la frappant, on réussit plutôt à briser les galets de quartz qu'à les arracher de leur gîte. D'autres bancs du même genre, mais sur une plus petite échelle, ont été observés sur d'autres points des côtes de l'Asie mineure et de la Grèce; des bancs de roches d'une nature semblable se rencontrent à l'ouest de Sidé, partie au-dessus, partie au-dessous de la surface des eaux. Ils contiennent des tuiles brisées, des coquillages, des morceaux de bois et autres débris. Ces bancs de roches sont très durs, et cimentés par une matière calcaire qui provient probablement de quelque schiste calcaire du voisinage. (Beaufort, *Caramanie,* p. 182 et 185.)

grande quantité de sables et d'une faible proportion de matière calcaire, et contient, dans beaucoup d'échantillons, des fragments de
minerai de fer et de quartz de la grosseur d'un pouce. Ce sont réellement des incrustations formées sur des végétaux qui se sont ensuite décomposés; c'est ce que prouvent les divers degrés de changement que les parties intérieures de différents échantillons ont
éprouvés. Dans quelques-uns l'organisation végétale subsiste assez
pour ne pas laisser de doute sur sa nature, et, près du bord de la
mer, on peut étudier le commencement des progrès de l'incrustation
sur les énormes *fucus* répandus sur le rivage [1].

Péron avait donné antérieurement une description presque entièrement analogue du changement éprouvé par des substances
végétales, dans des positions semblables, sur les côtes de l'océan
Austral. Il établit que les coquillages éprouvent une décomposition
et forment un ciment avec le sable, et que les végétaux s'altèrent
peu à peu, et sont finalement remplacés par cette espèce de grès,
ne conservant plus rien qui rappelle leur origine, sinon leur forme
générale.

Sur les côtes de l'Angleterre, les sables amoncelés sur le rivage
par l'action de la mer, et emportés ensuite par les vents, forment
souvent des masses comparativement très considérables. M. Ritchie
cite dans le comté de Moray une contrée de dix milles carrés (qu'on
appelait autrefois le *grenier de Moray*) comme ayant été engloutie
par les sables. Cette contrée stérile, dit l'auteur, peut être considérée comme montagneuse; les sables accumulés qui composent
ses collines varient fréquemment en hauteur et en position [2].

Le fait suivant, cité par M. Macgillivray, offre encore un exemple
de la tendance qu'ont les vagues à porter sur les côtes les substances
mêmes qui sont formées dans le sein de la mer. « Tout le long de
« la côte occidentale des Hébrides extérieures, depuis le cap Barray
« jusqu'au promontoire de Lewis, le fond de la mer paraît être
« composé de sable. Sur les rivages, le sable paraît çà et là en amas
« de plusieurs milles de longueur, séparés par des intervalles de
« roches d'une étendue égale ou même plus grande. Dans quelques
« endroits les rivages de sables sont plats ou très peu inclinés, et
« forment ce qu'on appelle dans le pays des *fords*; dans d'autres,
« en arrière de la plage, il y a une accumulation de sables formant
« de petites buttes, de la hauteur de 20 à 60 pieds. Ces sables sont
« toujours mouvants, et dans quelques endroits, il s'est formé des

[1] Clarke Abel, *Voyage en Chine*, p. 308.
[2] Notes ajoutées à la *Théorie de la Terre*, de Cuvier, par M. Jameson.

« îles par la destruction des isthmes. Les cantons immédiatement
« situés en deçà de la plage sont aussi exposés à être inondés par
« les sables; et il en est résulté, dans beaucoup de ces îles, des dom-
« mages très considérables..... Le sable est presque entièrement
« formé de débris de coquillages, dont les espèces paraissent être
« les mêmes que l'on trouve dans les mers voisines. Il est plus ordi-
« nairement à gros grains; mais durant les forts coups de vents,
« le frottement des particules les unes contre les autres produit une
« sorte de poussière fine, qui, à une certaine distance, ressemble à
« de la fumée. Étant dans l'île de Berneray, j'en ai vu s'élever, qui
« a été emportée vers la mer à la distance de plus de 2 milles, et qui
« avait l'apparence d'un léger brouillard blanchâtre [1]. »

Il serait inutile d'accumuler ici des faits concernant ces différents
amas de sables mouvants, où l'on trouve souvent des débris de
matières végétales qu'ils ont successivement recouvertes, et dont on
a donné des coupes [2]. L'action des vagues sur les côtes tend à trou-
bler le fond de la mer à certaine profondeur, et à y remuer les coquillages, les sables et autres substances dont ce fond est composé,
pour les rejeter sur la plage. Il paraît qu'on n'a jamais déterminé
bien exactement jusqu'à quelle profondeur s'étend cette action des
vagues pour remuer le fond de la mer; et, en effet, on conçoit que
cette déterminaison doit être extrêmement difficile, la puissance des
vagues, en général, étant constamment variable. On a quelquefois
admis la profondeur de 90 pieds, ou 15 toises, comme étant la limite
à laquelle cesse l'action des vagues sur le fond de la mer; mais cette
fixation aurait besoin d'être confirmée. Autour des côtes et sur les
rivages où la profondeur n'excède pas 10 ou 12 toises, on a une
preuve évidente de cette action des vagues sur le fond, par le changement de couleur de l'eau pendant les gros temps; car les eaux
ne deviennent troubles que parce que les vagues remuent le fond
de la mer, et d'autant plus que cet effet est plus marqué, suivant

---

[1] Notes ajoutées à la *Théorie de la Terre*, de Cuvier, par Jameson.

[2] Ce n'est pas seulement la mer qui forme ainsi des dunes, mais on en connaît
également qui ont été élevées par les vagues des grands lacs d'eau douce. Le docteur
Bigsby annonce (*Journal of Science*, vol. 18) qu'il y a d'immenses quantités de sables
accumulés entre le cap Crays et le cap Otter, sur la rive orientale du lac supérieur,
et que sur une étendue de 7 à 11 milles à l'est de ce dernier point, il y a des
dunes de sable de 150 pieds de hauteur. Dans les environs, on trouve aussi des
fragments anguleux, détachés des rochers voisins, qui forment des monceaux
considérables, dispersés au milieu des arbres. Cette accumulation doit être fortement
secondée par le soulèvement que les eaux éprouvent par un fort vent d'ouest; car
le docteur Bigsby assure que lorsque ce vent continue de souffler violemment
pendant plus d'un jour, il élève les eaux de 20 ou 30 pieds sur la rive orientale
du lac.

que l'eau devient moins profonde, soit en approchant du rivage, soit sur les bas-fonds. La force de transport des vagues sera donc en proportion de la profondeur de l'eau qu'elles ont au-dessous d'elles, leur action la plus puissante devant être dans les endroits les moins profonds. Les vagues tendent à accumuler des substances sur les côtes, parce que les vents de terre produisent des vagues plus faibles que les vents qui portent au rivage. Sur les bas-fonds éloignés des continents, les effets seront un peu différents, et la puissance des vagues pour enlever et pousser des sables devant elles sera la plus considérable du côté où les vents sont le plus violents ou soufflent le plus habituellement. Les bas-fonds ou les bancs doivent aussi être sujets à changer de position, quand des eaux troubles arrivant vers leurs parties supérieures sont poussées au-delà du côté qui est à l'abri du vent. Aussi trouvons-nous que ces déplacements ont lieu surtout dans les bancs qui sont près de la surface, à moins qu'un courant ou les marées n'opposent de l'autre côté une résistance égale.

En observant la forme qu'a prise le talus extérieur de la digue ou brise-lame (*breakwater*) construite à *Cherbourg*, on peut apprendre à connaître les effets des vagues à différentes profondeurs. Les blocs de pierre qu'on y a jetés, dont les quatre cinquièmes sont peu volumineux, ont été arrangés par les vagues elles-mêmes de la manière la plus convenable pour mieux résister à leur action. D'après M. Cachin, il y a là, dans la coupe de cette digue, quatre lignes de talus, disposées l'une au-dessous de l'autre : la ligne supérieure de talus, qui n'est atteinte que par les lames les plus hautes, est inclinée de manière que sa hauteur est à sa base dans le rapport de 100 à 185; la seconde ligne, qui s'étend sur tout l'intervalle entre les niveaux des hautes et basses mers, à l'équinoxe, et qui est ainsi exposée à l'action des brisants durant tout le temps du flux et du reflux, est en conséquence la plus inclinée ou la plus rapprochée de la ligne horizontale, et sa hauteur est à sa base comme 100 est à 540; la troisième ligne, qui est au-dessous des plus basses eaux, à l'équinoxe, n'est battue par les vagues que pendant le premier moment du flux ou le dernier du reflux: sa hauteur est à sa base comme 100 est à 302; la quatrième ligne, qui est la base de toutes les autres, n'étant en aucun temps frappée par les vagues, conserve un talus dont la hauteur et la base sont entre elles comme 100 est à 125 [1].

Les amas de détritus que les vagues accumulent sur les rivages

[1] *Mémoires de l'Académie*, tom. 7, pag. 413.

de la mer, dans la direction de leur plus grande force, et qui rejettent quelquefois de côté l'embouchure des rivières, ne sont pas les seuls résultats de leur action sur les côtes : elles forment aussi devant l'embouchure des rivières des *barres*, comme on les appelle, qui y rendent la navigation dangereuse, quelquefois même impossible, quoique ces rivières en deçà de ces barres puissent avoir une profondeur et une largeur considérables. Dans quelques localités, ces barres sont en partie laissées à sec à la marée basse ; dans d'autres, elles ne sont jamais découvertes, mais leur position est toujours reconnaissable par le bouillonnement des vagues qui viennent s'y briser. Il serait inutile d'en citer des exemples, car ils sont communs dans toutes les parties du monde Dans beaucoup de cas, les barres sont sujettes à changer de position, surtout après une forte bourrasque ; de sorte qu'il y a souvent des vaisseaux qui se perdent en suivant la direction des anciens passages ; et pour bien s'assurer de la position exacte des nouveaux qui se sont formés, il faut, de la part des pilotes, une attention continue.

Quand les rivières sont petites, la force des vagues obstrue souvent leur embouchure, et il faut avoir recours à des moyens artificiels pour faire écouler les eaux, qui autrement formeraient un lac dans la partie basse de la contrée, derrière le banc formé. Si la digue est un banc de galets, l'eau filtre ordinairement au travers ; au contraire, si elle est composée de sables, l'eau s'accumulera derrière jusqu'à ce que son niveau soit assez élevé pour qu'elle puisse se frayer un passage et s'écouler ; ensuite, après cet écoulement, la brèche se bouchera de nouveau, et donnera lieu à une nouvelle accumulation d'eau derrière la digue, et ainsi de suite ; mais en même temps, le niveau de la plaine devra s'élever, d'abord par les dépôts amenés par les eaux de la rivière, et en outre par le sable rejeté par dessus la digue. Dans un terrain d'alluvions semblables, on doit s'attendre à trouver des restes de coquilles terrestres, fluviatiles et même marines, mais celles-ci toujours roulées ou brisées.

Les rivières sont détournées de leur cours, à leur embouchure dans la mer, par des bancs qui s'étendent à partir de l'une des rives, et qui sont produits par les vents et les brisants. Les uns et les autres concourent à pousser en avant les détritus qui sont composés de sables et de débris de coquilles ; mais les brisants seuls peuvent agir sur les galets, excepté sur de très petits, quand ceux-ci se trouvant élevés à l'extrémité des plus fortes vagues, le vent peut les saisir et les chasser devant lui ; on voit des exemples de ce dérangement dans les eaux des rivières dans beaucoup de localités, et le port de Shoreham, sur la côte méridionale de l'Angleterre, en est un bien constaté [1].

Quand les rivières sont détournées de leur cours par des bancs que la mer a formés sur une de leurs rives, elles se jettent généralement dans la mer du côté opposé bordé d'escarpements, lequel semble leur offrir le plus de facilité pour s'y creuser un lit.

Sous les tropiques, les brisants élèvent souvent des barrières contre l'envahissement des bois de mangliers, soit dans une baie profonde ou une crique, soit aux embouchures des rivières, si elles sont soumises à leur influence. Le capitaine Tuckey remarque « que la péninsule du cap Padron et du promontoire de Shark, « qui sont sur le côté sud du golfe de Zaïre, a été évidemment « formée par la réunion des dépôts combinés de la mer et du fleuve; « la partie extérieure, ou celle qui borde la mer, est formée d'un « sable quarzeux qui y constitue un rivage escarpé, tandis que la « partie intérieure, ou celle qui borde la rivière, présente un dépôt « de vase tout couvert de mangliers; les deux rives du fleuve, « vers son embouchure, sont aussi de semblable formation, et les « baies nombreuses où l'eau est parfaitement stagnante, dont elles « sont entrecoupées, donnent à ces rives l'apparence d'un groupe « d'îles. » Ces forêts de mangliers paraissent s'étendre dans les terres, sur les deux rives, jusqu'à environ 7 ou 8 milles, et on les représente comme impénétrables. Si la mer n'avait pas élevé là une barrière contre cette forêt, et n'avait pas ainsi travaillé à la garantir de ses propres attaques, elle aurait certainement été détruite [2].

Des phénomènes semblables, quoique sur une plus petite échelle, se présentent à l'embouchure du Rio-Minho, et de plusieurs autres rivières dans l'île de la Jamaïque. On y voit des masses de sables accumulées sur le rivage de la mer, devant des forêts de mangliers, dans des circonstances à peu près semblables. Dans la même île, dont le côté méridional, particulièrement près du domaine d'Albion, présente des lacs qui sont formés au milieu d'un banc de galets élevé par la mer, le lac voisin d'Albion a une petite ouverture à tra-

[1] Voyez *Notes géologiques*. pl. 1, fig. 2; voyez aussi *Philos. Mag. and Annals of Philosophy*, N. S., vol. vii, pl. 2, fig. 2.
[2] *Expédition au Zaïre ou Congo*. pag. 85. L'auteur remarque plus loin qu'il y a dans beaucoup d'endroits de petites îles formées par le courant de la rivière; et, sans aucun doute, dans la saison des pluies, quand la force du courant est à son maximum, ces îles peuvent être entièrement détachées des rives auxquelles elles étaient adhérentes; et les racines formant avec leurs tiges flexibles des liens qui unissent tous les arbres en une seule masse, elles flottent en suivant le cours de la rivière, et méritent le nom d'îles flottantes.

vers le banc qui le protège, laquelle permet au surplus de ses eaux
de s'échapper : cette eau paraît provenir des pluies qui descendent
des montagnes, et aussi de quelques lames que la mer y introduit
durant les tempêtes. Les eaux qui viennent des montagnes ont entraîné dans le lac beaucoup de boue, sur laquelle ont poussé des
mangliers. Ceux-ci, par leurs racines, enveloppent diverses substances, et forment ainsi un terrain nouveau composé de substances minérales, végétales et animales [1]. Un lac bien plus considérable, présentant les mêmes caractères et rempli d'alligators, se
rencontre au pied de la montagne d'Yallah, où le point le plus avancé
de la plage forme la pointe d'Yallah.

Le banc appelé les Palissades, à l'extrémité duquel se trouve
Port-Royal, à la Jamaïque, semble avoir été formé par l'action
des brisants dominant dans cette localité, qui sont produits par
les vents de mer ou par les vents d'est et du sud-est qui portent
les matériaux qui composent le banc de l'est à l'ouest. Ce banc, qui
a de 8 à 9 milles de long, forme une falaise peu élevée du côté de
la mer, tandis que son côté intérieur est, sur plusieurs points,
recouvert de mangliers. Si le passage entre l'extrémité ouest de
ce banc et la côte qui lui fait face venait à être fermé par le
prolongement même du banc, il se formerait là un lac étendu
dans lequel se déchargerait le Rio-Cobre. Les mangliers aide-
raient beaucoup la formation d'un nouveau terrain, dans lequel
viendrait s'enfouir un mélange de débris marins, d'eau douce et
terrestres.

Les mangliers favorisent la formation des bancs que la mer accumule sur son rivage, et si un banc prend naissance sur un bas-
fond, ils exercent toujours une influence qui tend à augmenter le
terrain du côté qui est opposé au vent. Aussitôt que l'abri est formé,
les mangliers viennent d'eux-mêmes s'y établir, et accumulent autour de leurs racines de la vase, de la boue et toutes sortes de
débris flottants : ainsi le banc primitif est protégé, et il s'y accumule sans cesse de nouveaux matériaux qui y sont portés du côté
du vent par l'action des brisants, et la masse est encore consolidée,
du côté de la mer, par les herbes rampantes qui y croissent sous
les tropiques ; en même temps, le banc continue à s'accroître du
côté de dessous le vent, jusqu'à ce que le terrain qui touche immédiatement à la côte ferme, devenant trop sec pour les mangliers,
d'autres arbres, plus appropriés au nouveau sol, viennent les y

[1] Une coupe de ce lac se trouve dans les *Coupes et vues explicatives des phénomènes géologiques*, pl. 35, fig. 6.

remplacer ; et à la fin on peut y voir s'élever peu à peu des bosquets de cocotiers [1].

Marées et courants.

Les principaux mouvements que l'on observe dans les eaux des mers sont produits par les marées et les courants : les premières sont dues à l'action du soleil et de la lune ; les derniers sont probablement occasionnés par les vents et le mouvement de la terre.

Les courants produits par les marées se font surtout sentir sur les côtes, tandis que les courants produits par les vents sont observés sur toute la surface de l'Océan. Il doit arriver fréquemment qu'une marée et un courant ayant la même direction, la rapidité de l'un se joint à celle de l'autre, tandis que le contraire a lieu si leurs directions sont opposées.

Les courants d'eau produits par les marées, de même que les courants proprement dits, sont importants sous le rapport géologique, en ce qu'ils peuvent servir à transporter les détritus provenant des continents à une plus ou moins grande distance du rivage : leur pouvoir pour produire cet effet est proportionné à leur profondeur et à leur rapidité.

Marées.

La rapidité d'un courant de marée dépend des obstacles qu'il rencontre. Ces obstacles sont généralement, la forme des promontoires avancés, une diminution graduelle dans la largeur des passes, ou un groupe d'îles et de bas-fonds. Dans le premier cas, la rapidité de la marée s'accroît beaucoup autour des caps qu'elle vient frapper, et ensuite elle diminue graduellement pour reprendre sa vitesse habituelle, à une petite distance sur chaque rivage, ou en pleine mer. La *Manche* nous présente plusieurs exemples de ce genre, qui sont plus ou moins frappants suivant les circonstances. Autour du promontoire de Start et de la pointe de Portland, les marées sont extrêmement fortes, et produisent même des ras très dangereux quand

---

[1] On trouve une coupe d'une île semblable voisine de la Jamaïque, dans les *Coupes et vues explicatives des phénomènes géologiques*, pl. 36, fig. 2.

D'après M. Gutsmuth, la grande bande de matières d'alluvion déposées par la mer, sur une étendue de 200 milles, entre le Maranon et l'Orénoque, est accrue par les mangliers qui, lorsque ces dépôts sont encore submergés, s'avancent sur les bas-fonds et y forment bientôt des forêts. (*Hertha*, vol. ix, 1827.) Dans ce cas, et dans d'autres semblables, on doit considérer que, par suite du peu de profondeur de la mer, les mangliers ne peuvent être atteints par de forts brisants ; qu'ainsi il ne peut s'accumuler de banc devant eux.

elles sont contraires aux vents. Mais ces forts courants de marées sont purement locaux; car dans les baies et à une petite distance en pleine mer, la rapidité des marées n'excède pas un mille et demi à 2 milles par heure, tandis qu'auprès des caps cités ci-dessus elle s'élève quelquefois à 4 ou 5 milles[1]. Généralement parlant, l'accroissement dans la rapidité d'un courant de marée autour des caps est en proportion de la masse d'eau apportée dans les golfes dont ils forment les extrémités.

Le plus grand obstacle qui s'oppose au mouvement des marées dans le canal de la Manche, est le grand enfoncement qui est à l'ouest du cap de La Hogue, où se rencontrent une quantité innombrable de rochers et d'îles, dont les principales sont Guernesey, Jersey et Aurigny. Le courant de la marée montante étant complétement opposé à la ligne de côte, et arrêté par les îles et les rochers, s'élève à une hauteur très considérable, et s'échappe à travers le ras d'Aurigny, entre l'île du même nom et le continent, avec une vitesse de 7 milles à l'heure. Il poursuit sa course avec une grande rapidité autour du cap Barfleur, et se ralentit graduellement jusqu'à ce que le niveau général soit rétabli. On peut se former une idée de la variation produite par cet obstacle dans le niveau du canal de la Manche, en remarquant les différences qu'on observe dans les hauteurs des marées à l'entrée du canal et au Pas-de-Calais.

La hauteur verticale des marées sur chaque côté de l'entrée de la Manche est à peu près la même. Elle est de 21 pieds à Ouessant, et de 20 pieds au cap Land's End. Dans le grand enfoncement ou baie qui est à l'ouest du cap La Hogue, la marée monte de 45 pieds entre Jersey et Saint-Malo, et de 35 à Guernesey. A Cherbourg, cette forte élévation dans le niveau des eaux est déjà beaucoup diminuée : la marée n'y monte que d'environ 21 pieds. Sur le bord opposé de la Manche, en Angleterre, la hauteur verticale des marées est comparativement très peu considérable, n'étant que de 13 pieds à Lyme Regis, de 7 dans la rade de Portland, de 15 à Cowes, et de 18 au cap Beachy (*Beachy-Head*). Par conséquent l'élévation considérable du niveau des eaux à Guernesey et à Jersey ne produit pas un effet sensible sur la côte d'Angleterre qui fait face à ces îles. Entre le cap Beachy et Douvres, la marée monte de 24 pieds à l'ouest de Dungeness, et de 20 à Folkstone. Sur la côte opposée, il y a une élévation de 20 pieds au Havre, de 19 à Dieppe

[1] Tous les milles dont il est question dans tout ce que nous dirons sur les marées et les courants, sont des milles marins; il en faut 60 pour faire un degré.

et de 19 à Boulogne. A Douvres, les marées montent de 20 pieds, et de 19 à Calais.

Le canal de Bristol est un exemple bien connu d'une grande hauteur des marées produite par le rétrécissement graduel dans la largeur d'un canal à l'extrémité duquel il n'y a pas d'issue. A Saint-Yves, dans le Cornouailles, la hauteur verticale des grandes marées est de 18 pieds, celle des basses marées de 14 [1]. A Padstow, la marée monte de 24 pieds; à l'île Lundy, de 30; au Mine Head, de 36; à King Road, près de Bristol, de 46 à 50; et à Chespow, à peu près autant.

La différence de niveau produite par les obstacles qui s'opposent aux marées, se montre d'une manière bien remarquable sur chaque côté de l'isthme qui sépare la Nouvelle-Écosse du continent principal de l'Amérique du nord. Dans la baie de Fundy, sur la côte méridionale, les marées ont une hauteur très considérable, puisqu'elles montent, suivant Desbarres, à 60 et 70 pieds aux équinoxes, tandis que sur la côte septentrionale, dans la baie Verte, elles ne montent et ne baissent que de 8 pieds. Le courant de marée est, comme on doit le concevoir, très rapide dans ces canaux dont la largeur diminue graduellement, surtout quand la quantité dont les eaux s'élèvent et s'abaissent est très considérable. Cette rapidité extraordinaire cesse par degrés à mesure que l'on se rapproche de l'entrée de ces canaux, et le mouvement de la marée revient aux niveaux habituels.

La grande variété que présentent les lignes de côtes produit des modifications sans nombre dans les courants des marées, et en augmente ou en diminue la rapidité. Comme ces courants ne sont visibles que sur les côtes, il semble naturel d'en conclure que les effets qu'ils produisent ne s'étendent pas à une distance considérable des continents.

Les marées en pleine mer et les marées le long des côtes ne se correspondent pas exactement; le flux continue au large quelque temps après que le reflux a commencé à la côte; il en est de même pour le reflux. On a reconnu « que l'intervalle de temps qui s'écoule « entre les changements de marées, au rivage, et les changements « de direction du courant, en pleine mer, est en proportion de la « force du courant et de la distance à la côte; que plus le courant « est fort et plus il est éloigné de la côte, et plus aussi il doit con-

[1] La hauteur de la marée à Saint-Yves est quelquefois de 22 pieds.

« tinuer longtemps de suivre la même direction, après que la marée
« a changé au rivage [1]. »

Au milieu des petites îles de l'*océan Pacifique*, la marée ne monte
que d'environ 2 pieds ; elles n'ont pas dans leur voisinage de grande
étendue de côtes qui puisse produire une élévation plus considérable.
Aux îles de l'*océan Atlantique*, la hauteur de la marée est plus forte ;
elle est aux Açores de 6 à 7 pieds ; à Madère, de 8 à 9 ; aux Canaries,
de 8 à 10 ; aux îles du cap Vert, de 4 à 6 ; aux Bermudes, de 5 à 6 ;
à Sainte-Hélène, de 3 ; à Fernando-Noronha, de 6 ; et à Tristan
d'Acunha, de 10 pieds.

Le courant de la marée le long des côtes augmente beaucoup aux
époques de pleine et nouvelle lune, au point que dans les grandes
marées, le courant a souvent deux fois plus de rapidité que dans les
petites marées ; il en résulte par conséquent dans la vitesse ou la force
de transport des marées une variation continuelle indépendante des
changements que les vents y produisent.

Par suite de diverses circonstances, les mouvements du flux et
du reflux sont quelquefois inégaux ; ainsi, au promontoire de Land's
End, le flux court pendant 9 heures au nord, et le reflux pendant
3 heures au sud. Pendant l'expédition des capitaines Parry et Lyon,
on a observé que dans la partie la plus élevée du détroit de Davis,
le flot de la marée montante vient du nord avec une rapidité de
3 milles à l'heure pendant 9 heures, tandis que le reflux ne dure
que 3 heures.

Il existe dans le détroit de Malacca, pendant une partie de l'année,
un courant qui est cause que le mouvement de la marée dure 9 heures
d'un côté et 3 seulement de l'autre. Les marées sont irrégulières,
dans le détroit de Banca, par un vent d'est ; le reflux court au nord
pendant 16 heures, tandis que le flux ne dure que 8 heures. Dans
les marées ordinaires, il y a dans ce détroit deux flux et deux reflux
en 28 heures, dont la durée est en quelque sorte réglée par les vents :
le flux dure 6 heures, et le reflux 8 ; ou bien la marée monte pendant
5 heures et descend pendant 9.

---

[1] Purdy, *Atlantic Memoir*, 1829. Dans le même ouvrage on établit que le temps
pendant lequel le courant du flux continue au milieu de la Manche après le moment
de la haute mer à la côte, est d'environ 3 heures à l'ouest du méridien de Portland,
et, au contraire, seulement d'une heure trois quarts à la hauteur du cap Beachy, à
l'est de ce même méridien. En pleine mer, entre les méridiens de Dungeness et de
Folkstone, les marées de la mer du Nord et de la Manche paraissent se rencontrer.
Le reflux de l'une se réunissent au flux de l'autre, ils courent ensemble à l'est, dans
la direction de la côte de France, plus de quatre heures après que la mer est pleine
sur le rivage occidental du Dungeness. (P. 88.)

Les marées sont très faibles et très irrégulières dans les Indes occidentales, ce qu'il faut attribuer peut-être à l'accumulation d'eau produite par le courant équatorial et les vents alisés. A la Vera-Cruz il n'y a qu'une marée en 24 heures, et elle est irrégulière. Au milieu de ces parages, la hauteur verticale des marées varie depuis quelques pouces jusqu'à 2 pieds ou 2 ½ pieds. Le courant qu'elles produisent doit par conséquent être très faible.

En théorie, toutes les masses d'eau, même les grands lacs d'eau douce, ont des marées; mais elles sont si insignifiantes que les mers intérieures, même la Méditerranée et la mer Noire, sont généralement regardées comme dépourvues de marées.

Le courant qui pénètre de l'océan Atlantique dans la Méditerranée est un peu modifié par les marées. Au milieu du détroit de Gibraltar le courant se dirige à l'est, et cependant, sur chaque rivage, le flot de la marée court à l'ouest.

Sur la côte d'Europe, à l'ouest de l'île de Tarifa, la haute mer est à 11 heures; mais, au large, le courant continue à suivre la même direction jusqu'à 2 heures. Sur le rivage opposé d'Afrique, la haute mer est à 10 heures; et, en mer, le courant continue à suivre la même direction jusqu'à une heure, après quoi il change sur chaque côte, et se dirige à l'est avec le courant général. Près de la côte il y a beaucoup de changements, des contre-courants et des tourbillons d'eau qui sont produits par les vents et qui varient avec eux. Près de Malaga, le courant se dirige le long de la côte, pendant environ 8 heures, dans l'un et l'autre sens; le flux se dirige vers l'ouest [1].

Les plus fortes marées qui aient été citées se rencontrent au milieu des îles Orcades et des îles Shetland, et dans le détroit de Pentland, qui sépare ces îles du continent de l'Écosse. Le flux vient du nord-ouest et n'est pas d'une force extraordinaire jusqu'à ce qu'il ait rencontré les obstacles que lui opposent ces îles et le continent de l'Écosse. Le changement de la marée commence près des côtes avant qu'il n'ait lieu à une certaine distance en mer. La différence de temps varie suivant les positions : elle est dans quelques endroits de deux à trois heures. La rapidité du courant de marée dans le détroit de l'île Stronsay (Orcades) est d'environ 5 milles à l'heure pendant les grandes marées, et d'un mille ou un mille et demi pendant les petites. Dans le détroit de l'île de North-Ronaldsha, les grandes marées parcourent 5 milles à l'heure, et les petites un

[1] Purdy, *Atlantic Memoir*, p. 90. La marée monte de 3 pieds à Malaga.

mille et demi. Plus au nord, le flot se divise près de Fair' Isle, et forme une forte barre du côté de l'est. Dans ce parage, le flot parcourt 6 milles à l'heure dans les grandes marées, et seulement 2 dans les petites. Ces marées augmentent de rapidité quand elles sont secondées par les vents. Le courant de marée le plus rapide se trouve dans le détroit de Pentland; la vitesse est de 9 milles à l'heure durant les grandes marées, quoiqu'elle ne soit que de 3 durant les petites.

Marées dans les rivières et les golfes à leur embouchure (estuaries). — Elles sont nécessairement beaucoup modifiées par les circonstances; mais, généralement parlant, le reflux est plus fort que le flux, par suite de la masse d'eau douce dont le flux avait arrêté l'écoulement; tandis que la marée montante éprouve toujours dans des rivières une certaine résistance proportionnée à leur rapidité et à l'abondance de leurs eaux. La plus grande résistance au mouvement du flux et la plus grande rapidité du reflux ont lieu pendant les crues, ou quand les rivières ont une surcharge d'eau produite par les pluies.

Dans des rivières d'une profondeur suffisante, la première action de la marée montante paraît être celle d'un coin qui soulève les eaux douces, en raison de leur moindre pesanteur spécifique. Le flot oppose graduellement une plus forte résistance à l'écoulement des eaux de la rivière, et, à la fin, il parvient à l'empêcher tout à fait. J'ai vu un grand nombre de pêcheurs qui connaissaient parfaitement cette intercalation (*creeping* ‘, comme ils l'appellent) de l'eau salée au-dessous de l'eau douce au commencement du flux, et qui avaient remarqué que, dans les rivières sujettes à marées, l'eau, à une assez grande distance de la mer, s'élève quelquefois de 5 à 6 pieds, en restant néanmoins parfaitement douce à la surface.

Au moment du reflux, si les eaux douces, c'est-à-dire celles de la rivière, sont abondantes, on les verra, lorsque l'eau salée se sera retirée, s'écouler par-dessus celle-ci, jusqu'à des distances du rivage plus ou moins considérables, suivant les circonstances.

Après la saison des pluies, une forte crue a lieu dans le *Sénégal*, et il en résulte un puissant courant d'eau douce qui s'avance à quelque distance dans la mer. Des capitaines de vaisseau ont été souvent surpris, en traversant ce courant, de voir que tout à coup leurs bâtiments tiraient beaucoup plus d'eau, effet qui était dû à leur entrée dans un liquide d'une pesanteur spécifique moindre.

‘ Le mot *creeping* signifie littéralement *action de ramper.*

Le capitaine Sabine dit que pendant un voyage qu'il fit de Maranham à la Trinité, le 10 septembre 1822, le courant général ayant l'énorme vitesse de 99 milles par 24 heures (plus de 4 milles par heure), il entra, à la latitude de 5° 8′ nord, longitude 50° 28′ ouest, dans des eaux parfaitement décolorées. Il pense que ces eaux sont celles de la rivière des Amazones ou du *Maranon*, qui avaient conservé leur impulsion primitive jusqu'à 300 milles de son embouchure, et avaient coulé par-dessus les eaux de l'Océan par suite de leur moindre pesanteur spécifique. La ligne de séparation entre l'eau de l'Océan et l'eau décolorée était très tranchée, et on voyait un très grand nombre d'animaux marins gélatineux qui flottaient sur les bords de l'eau douce. La température de l'eau de l'Océan était de 27°,27 centigrades, et celle de l'eau douce de 27°,66, prises l'une et l'autre près de la ligne de séparation. La densité de la première était de 1,0262, et celle de la seconde de 1,0204. Plusieurs expériences firent voir que l'eau décolorée n'était que superficielle; on ne la retrouvait plus à la profondeur de 126 pieds. On ne trouvait pas de fond à 105 brasses (*fathoms*). Dans cette eau décolorée, le vaisseau, qui se dirigeait au nord 38° ouest, avançait de 68 milles en 24 heures, ou un peu moins de 3 milles par heure. Le bord occidental de l'eau douce se fondait peu à peu dans celui de l'eau de la mer. Le capitaine Sabine attribue la rapidité extraordinaire du courant marin, de 99 milles par jour, à l'obstacle que lui oppose ce courant d'eau douce [1].

> [1] *Expériences pour déterminer la figure de la Terre.* — On a cité plusieurs autres exemples d'eaux décolorées dans l'Atlantique; mais il serait nécessaire que l'on déterminât toujours exactement, au moins d'une manière relative, ainsi que l'a fait le capitaine Sabine, la pesanteur spécifique et le défaut de salure de ces eaux dont on n'a constaté que le changement de couleur, avant de pouvoir prononcer qu'elles proviennent des rivières, même quand elles couleraient dans la direction nécessaire. Le capitaine Cosmé de Churruca dit qu'à 128 lieues à l'est de Sainte-Lucie, et à 150 au nord-ouest de l'Orénoque, on trouve toujours une eau décolorée, comme si on était dans une mer peu profonde, tandis qu'on n'atteint pas le fond à 120 brasses. Les mêmes apparences s'observent à environ 70 à 80 lieues à l'est des Barbades. M. de Humboldt rapporte qu'à la latitude de la Dominique et à la longitude d'environ 55° ouest, la mer est constamment d'un blanc de lait, quoique très profonde, et il paraît penser que cet effet peut être dû à un volcan existant au fond de la mer. Le capitaine Tuckey a observé la même couleur dans les eaux de la mer, à l'entrée du golfe de Guinée; mais il l'attribue à une multitude de crustacés que l'on y trouve, et qui produisent une vive clarté pendant la nuit.
>
> Sir Gore Anseley rapporte que le 12 février 1811, à la hauteur des côtes de l'Arabie, il observa une bande d'*eaux vertes*, couleur qui indique ordinairement des bas-fonds et qui se distingue très bien de la teinte bleue que l'eau a dans une mer profonde. Cette bande d'eaux vertes s'étendait à une distance considérable. Elle se montre à 8 et 9 milles du continent. Le passage de l'eau bleue à l'eau verte était tellement tranché, que le vaisseau était en même temps dans l'une et dans l'autre. Lorsqu'on

Dans le *fleuve Saint-Laurent*, nous trouvons un exemple frappant d'une rapidité du reflux plus grande que celle du flux. A l'île aux Coudres, dans les hautes marées, le reflux parcourt la valeur de deux nœuds. Plus bas, ce phénomène est encore plus marqué entre l'île aux Pommes et l'île aux Basques; le reflux du fleuve, accru encore par celui de la rivière de Saguenay, parcourt sept nœuds dans les grandes marées. Cependant, quoique le reflux soit aussi fort, le flux est à peine sensible, et, plus bas encore, au-dessous de l'île de Bic, il n'y a pas d'apparence de courant de marée montante [1].

La grande différence dans le flux et le reflux des marées dans les rivières doit dépendre de beaucoup de causes locales; mais il doit surtout être proportionné, d'un côté à la hauteur verticale de la marée, et de l'autre à la masse de l'eau douce. Le flux pénètre dans un grand nombre de rivières avec tant d'impétuosité, qu'il produit, suivant les circonstances, un flot plus ou moins considérable, qu'on appelle la *barre* (bore), comme si le flux avait surmonté tout à coup la résistance que le reflux lui opposait. La barre du Gange est très considérable : d'après le major Rennell, elle commence à la pointe de Hughly, au-dessous de Fulta, à l'endroit où la rivière commence à diminuer de largeur, et se fait sentir au-dessus de la ville de Hughly; elle avance si rapidement, qu'elle emploie à peine quatre heures pour aller d'un point à l'autre, quoique la distance qui les sépare soit de près de 70 milles. A Calcutta, elle produit quelquefois une élévation instantanée de 5 pieds; et là, comme dans tout son trajet, les bateaux, à son approche, quittent immédiatement le rivage, et vont, pour leur sûreté, se placer au milieu de la rivière [2].

D'après Romme, il y a une barre considérable à l'embouchure du *fleuve des Amazones* pendant trois jours, au moment des équinoxes : on l'a observée entre Maraca et le cap Nord, vis-à-vis de l'embouchure de l'Araouri. Il se forme tout à coup une vague de 12 à 15 pieds de hauteur, qui est suivie de trois ou quatre autres. Là

fut entré dans l'eau verte. on sonda et on trouva le fond à 79 toises (fathoms), ce qui prouvait que le changement de couleur n'était pas dû à un bas-fond; car avant d'entrer dans l'eau verte, on avait sondé dans l'eau bleue et on avait trouvé 63 toises; de sorte que l'eau bleue était moins profonde que l'eau verte. Ce fait fut observé près du golfe Persique. (*Sir Gore Anseley travels*, vol. 1.) — Il n'y avait pas dans ce cas de grande rivière dans le voisinage à laquelle on pût attribuer le changement de couleur.— Les géographes orientaux donnent au golfe Persique le nom de *mer verte*.

[1] Purdy, *Atlantic Memoir*, p. 91.

[2] *Transactions philosophiques*.

marche de cette barre est extrêmement rapide, et on assure que le bruit qu'elle fait s'entend à la distance de 2 lieues. Elle occupe toute la largeur du fleuve, et dans sa marche elle entraîne tout ce qu'elle rencontre, jusqu'à ce qu'elle ait dépassé les bas-fonds et soit arrivée dans une eau plus profonde et plus large, où elle disparaît. M. de La Condamine a décrit ce phénomène, et a observé qu'il y a, pendant le flux, deux courants opposés, l'un à la surface, l'autre dans la profondeur. Il y a aussi deux sortes de courants superficiels, dont l'un monte le long du rivage de chaque côté, tandis que, vers le centre, il y a un courant descendant, mais dont la vitesse est retardée. On assure que les marées se font sentir dans le fleuve des Amazones jusqu'à une distance de 200 lieues au-dessus de son embouchure, en sorte qu'il y a plusieurs marées au même moment dans le fleuve ; d'où il résulte que, sur cette étendue, la surface de l'eau forme une ligne ondulée.

La barre la plus remarquable que j'aie jamais vu citer, a été observée par Monach, commandant du port de Cayenne. Il dit que la mer monte de 40 pieds en moins de 5 minutes dans le canal de Turury, sur la rivière d'Arouary ; il ajoute que cette élévation d'eau si subite constitue à elle seule toute la marée, et qu'on voit immédiatement commencer le reflux, qui donne aux eaux une grande rapidité [1].

Dans le *Zaïre* ou Congo, nous avons un exemple de la faiblesse comparative des effets de la marée sur une grande masse d'eau douce qui s'écoule avec une rapidité suffisante. Dans l'expédition du capitaine Tuckey, malgré le secours de la machine de Massey, on ne trouva pas fond à 113 brasses au milieu du canal, vers l'embouchure, et le courant avait une vitesse de 4 à 5 milles par heure [2] ; la marche du courant du fleuve était retardée, mais non arrêtée, dans le milieu du canal, par la force de la marée, qui produisait seulement des contre-courants près du rivage. Le mouvement du flux ne se faisait sentir dans le fleuve qu'à 30 ou 40 milles au-dessus de son embouchure. Il se dépose continuellement des alluvions, lesquelles forment des îles plates, qui se couvrent de mangliers et de papyrus, et qui sont souvent emportées en partie ou en totalité par le fleuve jusque dans l'Océan [3]. Le professeur Smith décrit une île flottante de cette espèce, qu'il a vue plus au nord

[1] Romme, *Vents, Marées et Courants du globe*, tom. 2, p. 302.
[2] On a supposé depuis que ce courant avait encore une plus grande vitesse.
[3] Expédition de Tuckey au Zaïre ou Congo.

près de la côte d'Afrique ; elle avait 120 pieds de long, et était couverte de roseaux ressemblant au *donax*, et d'une espèce d'*agrostis* (?), au milieu desquels on voyait végéter encore quelques tiges de *justicia* [1].

Courants.

On classe généralement les courants en courants *constants*, *périodiques* et *passagers*.

Parmi les premiers, le plus remarquable est le grand courant qui, partant de la mer des Indes, double le cap de Bonne-Espérance, remonte le long de la côte d'Afrique vers les régions équatoriales, puis, traversant l'Atlantique, va battre les rivages de l'Amérique. On l'attribue à l'action combinée des vents des tropiques ou vents alisés et du mouvement de la terre. L'eau accumulée par le courant sur le continent américain, rencontrant une barrière qu'elle ne peut franchir, s'échappe par le détroit de la Floride, et donne lieu à un courant considérable qui se dirige d'abord vers le nord, tourne ensuite à l'est, et plus loin au sud-est, en se dirigeant vers les côtes occidentales de l'Europe et du nord de l'Afrique ; enfin il vient se réunir avec la partie nord du courant équatorial, et traverse de nouveau l'Atlantique.

Entre les îles Laquedives, près de la côte de Malabar et le cap de Bassas, sur la côte orientale de l'Afrique, il y a un courant constant vers l'ouest, ou, plus exactement, au sud-ouest ou à l'ouest-sud-ouest, avec une vitesse de 8 à 12 milles par jour. Au sud de l'équateur, dans la mer des Indes, les courants portent vers l'ouest. Enfin, dans le canal de Mozambique, pendant la saison des moussons du nord-est, des courants se dirigent, au sud, tout le long de la côte d'Afrique, et de même, plus au large, avec une vitesse d'environ 7 à 8 lieues par jour, tandis que, sur la côte de Madagascar, les courants ont une direction en sens contraire. A l'extrémité méridionale de l'Afrique, les courants venus de la partie nord-est tournent le banc des Aiguilles (banc de *Agulhas* ou de *Lagullas*), qui présente une étendue considérable, et qui, d'après les sondages qui y ont été faits, a un fond de vase à l'ouest du cap des Aiguilles, et, à l'est, un fond de sable mêlé d'une grande quantité de petites coquilles. Rennell nous apprend que ce courant acquiert sa plus grande force dans l'hiver, et que sa partie la plus extérieure s'avance vers le sud jusqu'au 39ᵉ degré de latitude sud avant de

---

[1] Expédition de Tuckey au Zaïre ou Congo, p. 259.

tourner au nord ; après quoi il remonte lentement le long de la côte occidentale de l'Afrique, jusqu'à l'équateur et même au delà [1]. La vitesse générale du courant autour du banc n'est pas encore bien connue ; seulement on sait qu'il a transporté un vaisseau à une distance de 170 milles en 5 jours, ce qui fait 32 milles par jour [2].

Au delà de Sainte-Hélène, ce courant se mêle au courant équatorial de l'Atlantique, et se porte de la mer d'Éthiopie aux Indes occidentales. Sa vitesse, dans ce trajet, n'a pas encore été exactement déterminée, mais on l'évalue généralement à un mille et demi par heure, en s'accroissant à mesure qu'il avance vers l'ouest ; sur les côtes de la Guyane, elle s'élève à 2 ou 3 milles par heure. Le capitaine Sabine qui, partant de Maraham en 1822, naviguademment dans ce courant, porte sa vitesse à 99 milles par jour, ce qui est un peu plus de 4 milles par heure. La direction de la partie centrale du courant est vers l'ouest-nord-ouest.

De la Trinité au cap de la Vela, sur la côte de la Colombie, les courants balaient les îles voisines en tournant un peu au sud, suivant le détroit d'où ils viennent. Leur vitesse est d'environ un mille et demi par heure, avec de légères variations. Entre les îles et la côte, et principalement près de celle-ci, on remarque que le courant va tantôt vers l'ouest, tantôt vers l'est. Du cap de la Vela, la principale partie du courant se dirige à l'ouest-nord-ouest ; et comme il s'élargit, sa marche devient moins rapide. Il y a néanmoins une branche qui se porte avec une vitesse d'un mille par heure sur la côte de Carthagène. A partir de ce point, et dans l'espace compris entre la côte et les 14° de latitude, on a observé que les eaux se meuvent vers l'ouest dans la saison sèche, et vers l'est dans la saison des pluies [3].

On a assuré qu'un courant constant pénètre dans le golfe du Mexique par la partie ouest du canal de Yucatan ; tandis qu'il y a

___

[1] Le capitaine Tuckey, dans son expédition au Zaïre, rencontra un courant dirigé vers le nord-nord-ouest, dont la vitesse était de 33 milles par vingt-quatre heures, en appareillant de l'île Saint-Thomas sur la côte d'Afrique.

[2] La manière dont ce grand courant se conforme aux sinuosités du banc des Aiguilles doit nous faire présumer qu'il a en cet endroit une profondeur considérable, c'est-à-dire d'environ 60 à 70 brasses. Mais c'est une évaluation incertaine, car nous ignorons à quelle distance en mer un banc plus élevé rejeterait le courant.

Au sud de ce courant principal règne un contre-courant portant à l'est. Le capitaine Horsburgh rapporte que, quand il s'est trouvé dans ses eaux, il a dérivé une fois de 20 à 30 milles en un jour, et deux autres fois de 60 milles dans le même temps.

[3] Purdy, *Atlantic Memoir*, trad. du *Derrotero de las Antillas*.

généralement dans la partie est du même canal un contre-courant qui a tourné le cap Saint-Antoine de l'île de Cuba [1].

Sur les côtes septentrionales de Saint-Domingue, de Cuba, de la Jamaïque, et dans le canal de Bahama, les courants paraissent variables : leur plus grande vitesse est d'environ deux milles par heure.

L'accumulation des eaux dans la mer des Caraïbes et le golfe du Mexique n'en élève pas le niveau autant qu'on serait tenté de le supposer. La différence de niveau entre la mer Pacifique et la mer du Mexique, observée par M. Lloyd, dans ses recherches sur l'isthme de Panama, est de 3,52 pieds (1 mètre 73 millimètres), et est à l'avantage de la mer Pacifique ; résultat auquel on était loin de s'attendre : cependant les mesures ont été prises avec tant de soin, qu'il n'est guère permis de douter de l'exactitude. La haute mer est, à Panama, de 13,55 p. (4 mètres 13 cent.) plus élevée qu'à Chagres sur l'Atlantique; mais il résulte de la différence des marées sur les deux rives de l'isthme, qu'à la marée basse, l'Atlantique est de 6,51 p. (près de 2 mètres) supérieure à l'océan Pacifique [2] : or, si nous considérons quel immense volume d'eau est ainsi accumulé par l'action des courants, pour produire sur une surface aussi vaste que celle du golfe du Mexique une élévation de 8 pieds et même moins au-dessus de l'océan Atlantique sur une surface aussi vaste que le golfe du Mexique, nous serons moins surpris de la vitesse du courant dû à l'écoulement de cette masse d'eau par le détroit de la Floride.

La température des eaux, qui se sont échauffées dans le golfe du Mexique et la mer des Caraïbes, étant plus grande que celle des eaux situées au nord des tropiques à travers lesquelles coule le courant du golfe (gulf-stream), leur pesanteur spécifique doit aussi être moindre; et, par conséquent, elles doivent s'épandre sur des eaux plus froides et par suite plus pesantes, précisément comme cela a lieu pour les fleuves qui se jettent dans la mer et qui continuent de couler ainsi jusqu'à ce que leur marche graduellement ralentie cesse entièrement.

D'après l'ensemble des observations qui ont été recueillies, il paraît que le courant du golfe du Mexique, ou le gulf-stream [2], varie considérablement en largeur, en longueur et en vitesse. Les vents ont sur ce courant une très grande influence : tantôt ils

[1] Purdy, Atlantic Memoir, trad. du Derrotero de las Antillas.
[2] Transactions philosophiques, 1830.

augmentent sa vitesse en diminuant sa largeur ; tantôt, au contraire, ils accroissent sa largeur aux dépens de sa vitesse.

Sous le méridien de la Havane, au milieu du canal, la direction du *gulf-stream* est est-nord-est : il avance d'environ deux milles et demi par heure. A la hauteur de la pointe la plus méridionale de la Floride, et à environ un tiers de sa largeur à partir des récifs de la Floride, il parcourt quatre milles à l'heure, et sa vitesse croît encore un peu entre la Floride et les îles Bemini. Sur la côte de Cuba il n'y a qu'un très faible courant portant à l'est.

Un contre-courant descend le long des rivages de la Floride vers le sud-ouest et l'ouest. Les petites embarcations en profitent pour venir des côtes septentrionales [1]. Dans les parages au nord du cap Canaveral, le long de la côte sud des États-Unis, on n'observe des courants de marée que près du rivage, en deçà de la distance où la profondeur est de 10 à 12 brasses. Au delà, jusqu'aux plus grandes profondeurs qu'atteignent ordinairement les sondes, règne un courant qui porte au sud et fait un mille à l'heure ; quand la profondeur devient plus grande, on trouve le *gulf-stream* qui va vers le nord. On a de plus constaté à l'est de ce dernier l'existence d'un contre-courant.

Vers la fin de l'année 1822, le capitaine Sabine, après avoir dépassé le cap Hatteras, a mesuré la vitesse du *gulf-stream* et a trouvé qu'elle était de 77 milles par jour [2]. D'après les vitesses du *gulf-stream*, observées en plusieurs points, Rennell calcule que dans l'été, où sa vitesse est la plus grande, il lui faut onze semaines pour parvenir du golfe du Mexique aux Açores, distantes d'environ 3,000 milles. Toutefois, le capitaine Livingston fait observer qu'on ne peut guère compter sur les vitesses observées en différents points du *gulf-stream* : il rapporte avoir trouvé les 16 et 17 août 1817 une vitesse de cinq nœuds et plus. Les 19 et 20 février 1819, elle était presque imperceptible ; et en septembre 1819, il la trouva à peu près telle que la donnent les cartes marines [3].

Le lieutenant Hare, naviguant par les 57° de longitude, a remarqué que le *gulf-stream* coupait ce méridien à la latitude de 42° ½ nord en été, et même de 42° nord en hiver.

---

[1] Purdy, *Atlantic Memoir*.

[2] Le capitaine Livingston rapporte qu'à la hauteur du cap Hatteras, le *gulf-stream* le transporta à 1° 8' au nord du point indiqué par l'estime, ce dont il s'assura par des observations astronomiques.

[3] Purdy, *Atlantic Memoir*. Ces observations paraissent se rapporter au *gulf-stream* entre le cap de la Floride et les îles Bemini.

Il paraît qu'à la sortie du détroit de la Floride, les eaux formant la bordure orientale du courant s'échappent vers l'est, ainsi qu'on pouvait s'y attendre d'après leur tendance à se mettre de niveau, particulièrement vers cette partie du courant, où elles se meuvent assez lentement.

Un courant violent vient des mers polaires, à travers le détroit de Davis et la baie d'Hudson ; on l'appelle communément le courant du Groenland, ou le courant polaire. Il descend, au sud, le long de la côte d'Amérique, à Terre-Neuve, entraînant avec lui d'énormes glaçons jusqu'au delà du grand banc de Terre-Neuve. Les capitaines Ross et Parry ont trouvé que sa vitesse était de 3 à 4 milles par heure dans la baie de Baffin et le détroit de Davis.

Un courant, venant des régions polaires, existe dans la partie nord de l'Atlantique, entre l'Amérique et l'Europe. Lors de l'expédition entreprise par le capitaine Parry pour atteindre le pôle nord sur la glace, il produisit un mouvement des glaces, vers le sud, qui fut tel, qu'il obligea d'abandonner l'expédition.

Le courant polaire, venu du détroit de Davis, paraît se mêler au gulf-stream, et tournant alors à l'est, se diriger vers les côtes de l'Europe et de l'Afrique. En dehors des côtes de Terre-Neuve, sa vitesse est quelquefois de 2 milles par heure ; mais elle est grandement modifiée par les vents. A environ 5 degrés à l'ouest du cap Finistère, il parcourt 30 milles par jour.

Entre le cap Finistère et les Açores, on observe une tendance générale des eaux de la surface vers le sud-est, laquelle varie en hiver. En septembre 1823, le lieutenant Hare, naviguant entre les latitudes nord 45° 20′ et 43°40′, et les longitudes ouest 22° 30′ et 16°, rencontra un courant qui portait à l'est-sud-est avec une vitesse d'un mille et demi par heure. Rennell remarque, relativement aux courants observés entre le cap Finistère et les îles Canaries, que l'on peut regarder comme certain que toute la surface de cette partie de la mer Atlantique comprise entre les parallèles des 30° et 45° degrés de latitude nord, et au delà, et à une distance de 100 à 130 lieues du rivage, a un mouvement dirigé vers le détroit de Gibraltar.

Près de la partie des côtes d'Espagne et de Portugal qui porte le nom de Wall, le courant se dirige constamment vers le sud, après avoir été plutôt vers l'est, à la hauteur du cap Finistère, et il continue ainsi jusqu'au parallèle de 25° de latitude nord, et se fait sentir jusqu'au delà de Madère, qui est au moins à 130 lieues de la côte d'Afrique. Plus loin, commencent les courants sud-ouest, dus sans aucun doute à l'action des vents alisés. D'après Rennell, la vitesse des eaux du courant varie considérablement, étant de 12 à 20 milles et plus par jour. Il regarde 16 milles comme au-dessous du terme moyen.

Un courant règne le long de l'Afrique, depuis les Canaries jusque dans le golfe de Guinée, passant à l'ouest de la baie de Biafra; il est interrompu par la saison des pluies et par les vents harmattan. Sa vitesse du cap Bojador aux îles de Los n'excède jamais un mille et demi par heure près de la côte; et sur le bord extérieur du banc, le plus souvent elle est au-dessous d'un mille. A 4 lieues de la côte, elle n'est que d'un demi-mille et même moins. Sous le méridien, qui passe à 11° ouest de longitude, sa vitesse est de 25 milles vers l'est-sud-est en 24 heures. A la hauteur du cap de Palmas, il se dirige à l'est avec une vitesse de 40 milles par jour. Depuis le cap des Trois-Pointes jusqu'à la baie de Benin, sa vitesse varie de 15 à 30 milles. A partir de ce point, sa force décroît. Il tourne au sud, puis au sud-ouest entre le 6e et 8e degré de latitude sud, et de là revient au nord-ouest vers les îles du cap Vert. On pense toutefois que le courant qui se meut vers l'est, dans le golfe de Guinée, ne forme pas exactement continuité avec celui qui coule du cap Bojador au sud.

On a indiqué un courant qui va, pendant la plus grande partie de l'année, de la mer Pacifique dans l'Atlantique, en longeant les côtes de la Terre-de-Feu, et doublant le cap Horn [1]. Entre le détroit de Magellan et l'équateur, nous trouvons sur toute la côte occidentale de l'Amérique du sud un courant dirigé vers le nord. A 80 lieues de la côte, entre le 15e degré de latitude sud et l'équateur, et même jusqu'au 15e degré de latitude nord, les eaux courent généralement à l'ouest. Le capitaine Hall cite à la hauteur des îles Galapagos un courant dirigé au nord-nord-ouest.—A Guyaquil, un violent courant sort du golfe avec une vitesse de 40 milles par jour. Entre Panama et Acapulco, et à environ 180 milles de cette dernière ville, le capitaine Hall a rencontré un courant bien régulier se dirigeant vers l'est en tirant au sud, avec une vitesse qui varie entre 7 et 37 milles

---

[1] Le capitaine Hall dit n'avoir trouvé aucun courant vers le cap Horn; cependant un officier de marine m'a assuré que chaque année, pendant 9 mois, il y avait un courant de la mer Pacifique dans l'Atlantique. Ce fait est assez vraisemblable, d'après la prédominance des vents d'ouest pendant la plus grande partie de l'année; ces vents, qui sont très violents, doivent chasser devant eux les eaux de la mer et déterminer un courant autour du cap Horn.

Kotzebue trouva un courant qui, dirigé d'abord vers le sud-ouest, à la hauteur du cap Saint-Jean, prend brusquement, près la terre des États, la direction est-nord-est.

par jour. De grandes quantités de bois sont charriées du continent américain à l'île de Pâques par un courant qui suit cette direction. — On a observé à Juan-Fernandez, et jusqu'à 300 lieues à l'ouest de cette île, des courants de 16 milles par jour, portant à l'ouest-sud-ouest. — Vers les îles Marquises, les eaux ont une vitesse de 26 milles par 24 heures. Entre les îles Marquises et les îles Sandwich, des courants vers l'ouest, parcourant 30 milles, règnent pendant les mois d'avril et mai. Vers la Californie, on a observé un fort courant portant au sud, et un autre se dirigeant au nord, le long de la côte nord-ouest de l'Amérique, à partir du cap Orford. La vitesse de ce dernier est d'un mille et demi par heure.

Un courant dirigé vers le nord se fait sentir dans le détroit de Behring [1]; on suppose qu'après un long trajet au nord de l'Amérique, il se jette à travers la baie de Baffin et le détroit d'Hudson dans l'Atlantique.

King a rencontré dans les parages des îles du Japon un courant de 5 milles à l'heure, portant au nord-est, mais il a remarqué en même temps qu'il variait considérablement en force et en direction.

Un courant venu du nord-est circule avec violence entre les îles Philippines. On a trouvé que sa vitesse, dans le voisinage de ces îles, était de 20 milles par jour; mais elle varie.

Cook a reconnu dans le mois d'août, entre Botany-Bay et le 24e degré de latitude sud, un courant de 10 à 15 milles par jour, allant au sud. Sur cette même partie des côtes de l'Australie, on cite un vaisseau qui fut emporté, dans le mois de mars, à 40 milles au sud en 24 heures. Dans le mois de juillet, un autre vaisseau fut entraîné dans la même direction à une distance de 30 milles en deux jours.

Dans la Méditerranée, on observe constamment un courant portant à l'est, avec une vitesse d'environ 11 milles par jour. On avait pensé qu'il existait un contre-courant ou un courant sous-marin vers l'ouest, lequel versait dans l'Atlantique les eaux de la Méditerranée, rendues plus salées et par suite plus denses par l'évaporation; mais ce fait a été contesté dans ces derniers temps. Le docteur Wollaston a fait observer que le sel apporté dans la Méditerranée par le courant venu de l'Atlantique, devrait y rester après

---

[1] Kotzebue décrit ce courant comme ayant, dans le détroit, une vitesse de 3 milles à l'heure, dans la direction du sud-ouest au nord-est. Étant à l'ancre près du cap Oriental, il ne trouva plus qu'une vitesse d'un mille par heure; mais peu de temps après sa force était telle, que l'expédition eut beaucoup de peine à vaincre le courant, quoique faisant, par un vent frais, 7 milles à l'heure, d'après le lock.

l'évaporation de l'eau qui le tenait en dissolution, s'il n'y avait quelque moyen de renouvellement des eaux. Il en a conclu que ce sel devait être emporté par le courant sous-marin dont on admet communément l'existence. Cette opinion lui a paru confirmée par l'expérience du capitaine Smyth, qui, ayant puisé de l'eau à une profondeur de 670 brasses, et à 50 milles au dedans du détroit, trouva qu'elle contenait quatre fois autant de sel que l'eau de mer ordinaire. Au contraire, l'eau prise à des profondeurs de 450 et 400 brasses, à une distance du détroit de 450 et 680 milles, ne présenta que la proportion de sel ordinaire. Le docteur Wollaston a fait observer en outre que si le courant inférieur avait la même profondeur et la même largeur que le courant supérieur, et seulement un quart de sa vitesse, il suffirait pour reporter dans l'Océan tout le sel que ce dernier aurait introduit dans la Méditerranée [1].

M. Lyell soutient au contraire que, d'après la grande profondeur à laquelle on suppose que se trouve l'eau surchargée de sel, sa sortie du bassin de la Méditerranée serait impossible, le détroit ne présentant entre les caps Spartel et Trafalgar qu'une profondeur de 220 brasses d'eau. En conséquence, il nie l'existence d'un contre-courant, et pense qu'il doit se déposer de grandes quantités de sel au fond de la Méditerranée [2]. Nous devons vivement regretter de n'avoir rien de plus positif à ce sujet, et que des expériences directes n'aient pas été faites sur ce contre-courant supposé; ce dont on a lieu de s'étonner, lorsque l'on considère les nombreuses facilités que présentent le passage continuel des vaisseaux et la proximité d'un établissement tel que Gibraltar. L'hypothèse de dépôts considérables de sel au fond de la Méditerranée, mise en avant par M. Lyell, quoique ingénieuse, n'est guère admissible. Si cela était, on devrait trouver la mer de plus en plus chargée de matières salines, à mesure que la profondeur augmenterait, jusqu'à ce qu'enfin, à une profondeur encore plus grande, on rencontrerait le sel pur; dès lors, la sonde ne devrait ramener que du sel, et presque aucune autre matière. Or, il est de fait que les sondages profonds exécutés par le capitaine Smyth n'ont fait connaître que des fonds de vase, de sable et de coquilles. Le mélange de sable et de coquilles forme le fond de la mer sous 980 brasses (fathoms) d'eau, un peu à l'est du méridien de Gibraltar, et de même dans le détroit à une profondeur de 700 brasses; et cependant c'est près de ces parages qu'on a puisé de l'eau de mer si riche en sel, là où, sui-

[1] Wollaston, *Philosophical Transactions*, année 1829.
[2] Lyell, *Principles of geology*, vol. 1.

vant les idées de M. Lyell, devrait exister un fond de sel. Les mêmes observations s'appliquent à d'autres localités [1].

Le courant qui entre de l'Océan dans la Méditerranée côtoie les rivages sud de cette mer, et se fait sentir à Tripoli et sur les côtes de l'île de Galita. A Alexandrie, on observe un courant vers l'est, et de même dans tout l'espace qui sépare l'Égypte de l'île de Candie, jusque sur les côtes de Syrie : alors il tourne au nord et se dirige entre l'île de Chypre et la côte de Caramanie. Un courant violent a lieu de la mer Noire dans la Méditerranée par les Dardanelles.

Un courant constant coule de la Baltique dans la mer du Nord par le Sund et le Cattegat. Sa vitesse dans la partie la plus resserrée du Sund est d'environ 3 milles par heure, mais généralement elle n'est, par un beau temps, que de 1 ½ ou 2 milles. Les courants, à leur sortie du Sund et des deux Belts, se dirigent vers la pointe de Skagen (Jutland), et de là tournent au nord-est vers Marstrand (Suède) avec une vitesse de 2 milles par heure. Il n'est pas impossible qu'il existe un contre-courant ou courant sous-marin de l'Océan dans la Baltique, car le capitaine Patton étant à l'ancre, à quelques milles d'Elseneur, dans le courant supérieur qui avait une vitesse de 4 milles à l'heure, observa, en sondant, par une profondeur de 14 brasses, que la ligne de la sonde, en la soulevant un peu au-dessus du fond, se maintenait perpendiculairement : d'où il conclut l'existence d'un courant sous-marin qui s'opposait à ce que la sonde fût entraînée dans le sens du courant supérieur.

Les mers des Indes et de la Chine nous fournissent d'excellents exemples de *courants périodiques* qui sont dus évidemment aux vents périodiques ou moussons.

De la pointe Saint-Jean (à l'entrée du golfe Cambaye) au cap Comorin, règne dans la direction de la côte, du nord-nord-est au sud-sud-est, un courant presque constant, excepté depuis Cochin jusqu'au

---

[1] Dans toutes nos considérations sur les changements qu'on peut supposer avoir lieu au fond de la Méditerranée, nous devons toujours nous rappeler que cette mer est divisée en deux grands bassins par une chaîne de bas-fonds qui unit la côte d'Afrique à la Sicile. (*Voy.* les cartes marines de Smyth.) Ce bas-fond, connu sous le nom du Skerki, a présenté les résultats suivants sur les sondages, en partant de la côte d'Afrique, savoir : 34, 48, 50, 38, 74, 20, 70, 52, 91, 16, 15, 32, 7, 32, 48, 34, 54, 70, 72, 38, 55 et 13 brasses (fathoms), ce qui donne une idée exacte de ses inégalités. De part et d'autre de ces bas-fonds on trouve 140, 155 et 160 brasses de profondeur ; on a même, en plusieurs points, filé 190 et jusqu'à 230 brasses de sonde sans toucher le fond. On peut remarquer ici qu'il n'y a pas, à l'entrée du passage des Dardanelles dans la Méditerranée, plus de 37 brasses d'eau, de sorte qu'il ne faudrait pas un barrage très considérable pour fermer toute communication entre la mer Noire et la Méditerranée.

cap Comorin, points entre lesquels la direction du courant est du sud-est au nord-ouest, d'octobre à la fin de janvier.

Il y a un courant de l'Océan dans la mer Rouge depuis le mois d'octobre jusqu'en mai : c'est le contraire pendant le reste de l'année. Les eaux du golfe Persique présentent généralement aux mêmes époques le mouvement inverse, c'est-à-dire que les eaux de ce golfe se dirigent vers l'Océan pendant tout le temps que les eaux de l'Océan entrent dans la mer Rouge ; celles-ci n'entrant dans le golfe que du mois de mai au mois d'octobre.

Dans le golfe de Manar, entre Ceylan et le cap Comorin, il y a un courant dirigé vers le nord, de mai en octobre ; il passe au sud-ouest et sud-sud-ouest pendant les six autres mois. Le long de la côte de Ceylan, de la pointe de Pedro au nord de l'île, à la pointe de Galle au sud, règne un courant qui porte au sud-est, sud-sud-est, sud-sud-ouest et ouest, selon la configuration de la côte ; il s'arrête à la pointe de Galle au courant qui vient du golfe de Manar. Sa vitesse ordinaire à la côte sud de Ceylan est d'environ une lieue par heure. Ces courants n'ont que très peu de force dans les mois de juin et de novembre. Dans la baie du Bengale, les moussons du sud-ouest ou de l'ouest donnent lieu, pendant toute leur durée, à des courants nord-est et est qui cessent en septembre. Sur la côte d'Orissa, environ huit jours avant l'équinoxe, leur direction est nord et sud, et ils deviennent violents vers la fin du mois. Pendant les moussons nord-est et est, ces courants prennent également la direction des vents régnants dont la force règle leur vitesse.

Pendant les moussons sud-ouest entre la côte du Malabar et les îles Laquedives, le courant porte au sud-sud-est avec une vitesse de 20, 24 ou 26 milles par jour. Entre les îles Laquedives, il se dirige au sud-sud-ouest et sud-ouest, en parcourant 18 à 22 milles par jour. Après avoir dépassé ces îles, il court à l'ouest ou sud-sud-ouest, en faisant de 8 à 11 milles par 24 heures. Les îles Maldives sont traversées par un courant assez violent. Entre les plus méridionales, sa direction est généralement vers l'est-nord-est en mars et avril ; ils passent à l'est en mai ; et, dans les mois de juin et juillet, ils tournent souvent à l'ouest-nord-est, particulièrement au sud de l'équateur. Entre ces îles et celle de Ceylan, ils courent fréquemment avec violence à l'ouest pendant les mois d'octobre, novembre et décembre.

Dans les mers de Chine, à une certaine distance des côtes, les courants se dirigent le plus généralement vers le nord-est, depuis le 15 mai jusqu'au 15 août, et ont une direction contraire du 15 octobre au mois de mars ou d'avril. La vitesse des courants du nord-est au sud-ouest qui règnent le long des côtes pendant les mois d'octobre, novembre et décembre, est ordinairement plus grande que celle des courants contraires en mai, juin et juillet. C'est entre les îles et les bas-fonds qui bordent la côte qu'ils se meuvent avec le plus de force.

Les plus forts courants que présentent ces mers sont ceux qui règnent pendant la fin de novembre le long des côtes de Camboge; ils courent au sud avec une vitesse de 50 à 70 milles par jour, entre Avarella et Poolo Cecir da Terra. Une partie du courant s'engage dans le détroit de Malacca, d'où il résulte que la marée court d'un côté pendant neuf heures, et de l'autre pendant trois heures seulement. Les courants dirigés vers le nord ne commencent qu'en avril : après avoir franchi les détroits de Banca et de Malacca, ils longent la côte occidentale du golfe de Siam, tournant à l'est-sud-est pour suivre la côte nord-est du golfe, jusqu'à l'est de la pointe Ooby. Là, ils passent au nord-est pour suivre les côtes du royaume de Camboge, de la Cochinchine, de la Chine, jusqu'en septembre, époque à laquelle les moussons contraires, et par suite les courants du nord-est au sud-ouest règnent à leur tour jusqu'en mars ou avril.

Des courants périodiques se font sentir, suivant M. Lartigue, le long de la côte occidentale de l'Amérique du sud, depuis le cap Horn jusqu'au 19e degré de latitude sud. Les vents du sud et de l'est-sud-est produisent sur les côtes du Pérou un courant du sud-est au nord-ouest, dont la vitesse, qui s'élève quelquefois jusqu'à 15 milles par jour, est moyennement de 9 à 10 milles. Entre ce courant et le rivage est un contre-courant qui coule vers le sud-est.

Pendant que les vents compris entre le nord et l'ouest sont dominants, le courant se dirige vers le sud-est, mais il n'est sensible que près de la terre [1].

Les courants *temporaires* sont innombrables. Comme tout vent un peu fort et de quelque durée en fait naître un, il en résulte que rien n'est plus commun que ces courants, particulièrement le long des côtes et dans les détroits.

Les directions et les vitesses des courants mentionnés ci-dessus ne doivent être considérées que comme des résultats approximatifs, vu que leur évaluation est sujette à une foule d'erreurs, la méthode généralement employée consistant à comparer la vraie position qu'occupe le vaisseau, déterminée par des observations chronométriques et astronomiques, avec la station donnée par l'estime. Cette dernière opération est le simple calcul de l'espace parcouru par le

[1] Lartigue, *Description de la côte du Pérou.*

vaisseau dans une direction donnée. La vitesse du vaisseau se mesure à l'aide de l'instrument appelé la ligne de lock, qui n'est autre chose qu'une corde à l'extrémité de laquelle est un flotteur. De la longueur de corde filée dans un temps donné, on conclut la vitesse du vaisseau, en faisant une légère correction pour l'agitation de la mer : cette opération donne lieu à de nombreuses erreurs ; et même avec une ligne et un sablier de la meilleure construction, elle exige une adresse d'exécution que l'on rencontre rarement. La direction dans laquelle marche le vaisseau est donnée par la boussole, en tenant compte des variations de l'aiguille aimantée. Ici se présente une importante cause d'erreurs ; car jusqu'à ces derniers temps on n'avait tenté aucune correction relative à l'attraction locale qu'exerce le vaisseau sur l'aiguille : il est maintenant bien reconnu que la distribution du fer dans un navire est telle, qu'il n'existe pas deux vaisseaux qui exercent la même attraction : on ne peut donc adopter aucune règle générale pour corriger les aberrations par une position particulière des compas, quoiqu'il ait été reconnu que certaines situations sont plus favorables que d'autres pour des observations exactes. Ce n'est que depuis que M. Barlow a imaginé de contre-balancer entièrement avec un plateau en fer les actions magnétiques locales, qu'il est possible d'évaluer avec exactitude les déviations auxquelles elles donnent lieu. Toutes les observations faites jusqu'ici sur la direction et la vitesse des courants l'ont été sans que l'on connût encore cette grande source d'erreurs ; par conséquent beaucoup d'entre elles sont erronées, et les progrès de la science ont rendu nécessaires de nouvelles observations. Il est clair que si un vaisseau suivant une certaine route, l'officier du bord lui en suppose une différente, la station déduite de l'estime s'éloignera de la vérité en proportion de la grandeur de l'erreur due à l'aberration, même en supposant que l'évaluation de la vitesse du vaisseau et les autres observations ne laissent rien à désirer pour l'exactitude.

Si, négligeant de faire une correction relative à l'aberration de l'aiguille, on suppose que le vaisseau se dirige de *a* en *b* (fig. 18),

Fig. 18.

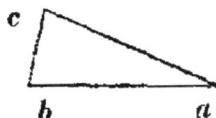

tandis qu'il va réellement de *a* en *c*, on regardera la distance *b*, *c*

comme due à l'action d'un courant, lorsque l'observation aura
prouvé que la vraie posititition du vaisseau est en *c*; il est clair cependant que, dans ce cas, ce courant n'existe pas, et que la différence
entre la station vraie et la station donnée par l'estime provient
seulement de ce qu'on n'a pas tenu compte de l'attraction locale.

Une autre grande source d'erreurs a été signalée par le capitaine
Basil Hall : il fait observer qu'en figurant, comme on le fait généralement, la marche du vaisseau par deux lignes dont l'une représente la courbe fournie par l'estime, et l'autre celle que l'on déduit
des observations chronométriques et astronomiques, ce tracé n'apprend pas où commence le courant et où il cesse, ni quelle est sa
direction et sa vitesse. Il propose, au lieu de cela, que chaque position du navire relevée exactement serve successivement de point de
départ, tant pour la ligne que donnera la prochaine station observée
rigoureusement, que pour celle que donnera l'estime. On a ainsi
un tracé bien supérieur qui doit faire renoncer entièrement à l'ancienne méthode [1].

Si ces causes d'erreurs jettent sur les observations faites jusqu'ici
assez de doute pour que nombre de courants peu importants
puissent être, par la suite, reconnus imaginaires; si d'ailleurs ces
fausses données peuvent exposer le navigateur à de graves dangers,
les conséquences de ces erreurs sont moins à craindre pour le
géologue; car il est très probable que la vitesse générale des courants ne sera pas grandement changée, et c'est cette vitesse générale des courants et par suite leur force de transport qui l'intéresse
le plus.

Force de transport des marées.

La force du courant produit par la marée varie considérablement; cependant sa vitesse ordinaire paraît être d'un mille
et demi par heure, lorsque sa manche n'est point contrariée par
des caps, des bas-fonds ou d'autres obstacles. En supposant que
ce déplacement soit commun à toute la masse d'eau, ce qui ne
peut arriver que dans des mers peu profondes, nous n'en devrons
pas moins regarder comme très faible la force de transport de ces
marées, à en juger par les effets que nous pouvons observer près
des rivages; c'est ce que semble prouver la constance des résultats
que présentent les sondages faits à de grands intervalles de temps,
quoique les fonds soient le plus souvent composés de vase et de
sable.

[1] *Edinburgh, Philosophical Journal*, vol. 2.

Lorsque des obstacles s'opposent au mouvement des marées, leur force de transport s'accroît et produit des changements plus rapides. C'est ainsi qu'à travers le Pentland-Frith, la marée acquérant une vitesse de 9 milles à l'heure, peut chasser hors du détroit des blocs de dimensions considérables ; mais cette action ne s'étend pas au delà du canal, aux deux extrémités duquel la vitesse de la marée ne dépasse pas 2 ou 3 milles par heure ; ainsi cette cause locale ne produit qu'un effet tout à fait local. La même remarque s'applique aux ras d'Aurigny et à d'autres localités semblables.

C'est surtout lorsque les bancs de sable sont rapprochés de la surface de la mer qu'il se produit des changements dans leur configuration ; mais comme alors ils sont sous l'influence d'une autre cause, savoir, l'action des vagues, dont la force de transport est considérable, il ne faut pas attribuer trop d'importance à la seule force des marées.

La force avec laquelle les fleuves où la marée se fait sentir charrient vers la mer est considérable, surtout pendant leur débordement. On a vu ci-dessus que le courant produit par le reflux dans les rivières est plus fort que celui qui est dû à la marée montante ; ainsi, bien qu'une grande partie des eaux troubles de l'embouchure soit simplement portée en avant et en arrière, il s'échappe cependant vers l'embouchure une quantité de détritus proportionnelle à la différence de vitesse entre les deux courants. On peut pourtant remarquer que les issues par lesquelles les rivières se jettent dans la mer tendent à se combler par le dépôt des matières que leurs eaux tiennent en suspension. Très fréquemment, ces embouchures nous présentent de vastes plaines formées par une alluvion qui ne diffère en rien des dépôts actuels de nos rivières, et tout porte à considérer ces dépôts comme formés par des marées plus étendues qui ont graduellement rétréci et comblé de vase la surface qu'elles couvraient autrefois [1]. Ces phénomènes sont si communs, qu'il est inutile de s'y arrêter ; observons seulement que l'étendue de ces plaines d'alluvion à l'entrée des fleuves est souvent telle, qu'il faut admettre que leur formation est due à une action continuée pendant une longue série de siècles, surtout quand on leur compare les dépôts qui s'y forment actuellement.

Outre le dépôt qui a lieu dans l'embouchure même du fleuve, outre les barres et les bancs qui obstruent si souvent l'entrée des rivières

---

[1] Les anciennes cartes, auxquelles il ne faut peut-être pas accorder une entière confiance, semblent indiquer que de grands dépôts de cette nature se sont formés depuis les temps historiques.

où la marée se fait sentir, il y a encore des matières entraînées au delà dans la mer, et que les marées transportent à des distances plus ou moins grandes; on peut souvent s'en apercevoir à basse mer, sur les côtes voisines de ces rivières.

La force de transport des marées et courants croissant avec leur vitesse, et cette dernière augmentant par la rencontre d'obstacles, c'est dans ces circonstances que nous trouverons la plus grande force de transport.

La différence entre la vitesse des marées à la surface et celle qu'elles ont à une certaine profondeur, doit être très considérable, sans quoi la faculté reconnue aux eaux de transporter différentes matières lorsqu'elles atteignent une certaine vitesse, se trouverait démentie par les faits, puisque si la vitesse superficielle des courants produits par la marée s'étendait aux parties inférieures, ces courants ne pourraient guère offrir que des masses d'eaux troubles.

Il est bien constaté que le changement de couleur de la mer, suivant la profondeur, à une distance plus ou moins grande du rivage, n'a lieu que par les gros temps, qu'il est dû à l'action des vagues et nullement à celle de la marée passant avec une certaine force sur un fond de sable ou de vase; il faut donc se garder de confondre ces deux causes.

Nous prendrons pour exemple de l'action de la marée sur le fond de la mer le banc bien connu sous le nom de Shambles, près de l'île de Portland. La marée coule avec une vitesse de 3 milles nautiques par heure sur un fond de gravier, sans l'altérer en rien. D'après les calculs déjà cités, en supposant que la vitesse au fond diffère peu de celle à la surface, l'eau aurait assez de force pour entraîner des cailloux de la grosseur d'un œuf, avec une vitesse de 3 pieds par seconde ou 3,600 yards par heure; par conséquent, tout le gravier devrait être entraîné, et laisser à découvert le roc, ou du moins des pierres d'assez fortes dimensions. Mais cela n'est pas; et les sondages exécutés sur ce banc, il y a nombre d'années, et indiqués sur les cartes, ne présentent aucune différence avec les plus récents.

Le fait de la non altération des fonds sur lesquels passent avec une vitesse considérable des marées ou des courants est bien connu des marins, et il semblerait que nous sommes loin d'avoir des idées exactes sur la vitesse que doit avoir l'eau à différentes profondeurs pour entraîner de la vase, du sable et des cailloux. Il y a quelques embouchures de fleuves où les marées courent avec une vitesse de 1 ½ ou deux milles par heure, sur des bancs de vase, sans y produire aucune dégradation, tandis qu'en y appliquant les calculs, on trouverait que ces courants sont assez puissants pour transporter des pierres d'une certaine grosseur : la même remarque s'applique à une innombrable quantité de bancs sable [1].

Force de transport des courants.

En appréciant la force de transport des courants, nous aurons égard aux causes qui les produisent et à la nature du fluide dans lequel ils ont lieu. Le mouvement de la terre, quoique paraissant imprimer aux eaux de notre globe un certain mouvement général, ne peut produire seul aucun courant de quelque importance géologique. Les *vents dominants* paraissent être la cause principale des courants de l'Océan ; aussi observons-nous que vers les régions équatoriales, où dominent les vents soufflant plus ou moins de l'est, et généralement connus sous le nom de *vents alisés*, les eaux ont une tendance générale à couler vers l'ouest, dans l'océan Pacifique, dans l'Atlantique et dans les parties des mers de l'Inde où ne se font pas sentir les moussons.

Ce qu'on observe dans les mers de l'Inde et de la Chine, où la vitesse et la direction des courants varient constamment avec la force et la direction des moussons, suffit pour prouver que c'est dans les vents qu'il faut chercher la cause des courants de l'Océan. On sait, dit à ce sujet le major Rennell, avec quelle facilité les vents font naître un courant, et à quelle hauteur prodigieuse les forts vents sud-ouest, nord-ouest et même nord-est, élèvent la marée dans la Man-

[1] On peut remarquer, au sujet des sondages, que les Iles-Britanniques sont réellement unies au continent par divers bancs situés à des profondeurs plus ou moins grandes, et sur lesquels le fond rencontré par la sonde est de vase ou de sable. Le tout est assez généralement désigné sous le nom de sondages (*soundings*), parce que l'on peut aisément trouver le fond avec des lignes de 80 à 90 brasses. — La limite de ces sondages qui est tracée sur toutes les bonnes cartes, partant du golfe de Biscaye, fait le tour des Iles-Britanniques, et se lie avec les bas-fonds de la mer d'Allemagne.

Le lit de la mer, dans ces sondages, doit être considéré comme faisant partie du continent qui paraît n'être qu'à une petite profondeur au-dessous du niveau de l'Océan.

Les parties les plus élevées de ce lit, occupées par divers animaux dont les restes s'y accumulent journellement, sont probablement formées presque entièrement de débris des Iles-Britanniques ou des contrées du continent baignées par cette mer ou qui y versent leurs eaux. A raison du peu de profondeur de la mer, les courants, les marées et les vagues peuvent avoir assez de force pour influer, suivant les circonstances, sur la distribution des détritus.

Le mouvement des marées sur le contour des côtes des Iles-Britanniques est figuré dans l'ouvrage du docteur Young, intitulé *Natural philosophy*, vol. 1, pl. 38, fig. 524 ; voyez aussi l'article de Lubbock sur les marées, *Philos. Trans.*, année 1831.

che, dans la Tamise et sur la côte orientale de l'Angleterre. Feu M. Smeaton a reconnu par expérience, aux deux extrémités d'un canal de 4 milles de longueur, une différence de niveau de 4 pouces, due uniquement à l'action du vent soufflant dans la direction du canal. Un grand vent de nord-ouest de quelque durée élève de deux pieds au moins le niveau de la Baltique, et lorsque les vents soufflent avec violence du nord ou du sud, la mer Caspienne présente, à l'une ou à l'autre de ses extrémités, une variation de niveau de plusieurs pieds. Enfin on a vu, dans une vaste pièce d'eau, large de 10 milles, et qui n'a généralement que trois pieds de profondeur, les eaux poussées par un vent violent, s'accumuler à la hauteur de 6 pieds sur l'un des côtés, tandis que le côté opposé, d'où provenait le vent, se trouvait entièrement à sec. Certes, si, dans ces divers cas, les eaux n'avaient pas trouvé d'obstacle à leur mouvement, au lieu de s'élever à une telle hauteur, elles auraient donné lieu à un courant d'une étendue plus ou moins considérable, suivant la force du vent.

On pense que la lune exerce aussi une action sensible sur les eaux dans les régions des tropiques, qu'elle augmente leur vitesse en les attirant de l'est à l'ouest. Le courant que l'on observe dans le détroit de Messine, marchant six heures dans un sens et six heures en sens contraire, sans qu'il y ait élévation ou abaissement des eaux, doit être considéré comme un phénomène de marée. On a avancé aussi que l'attraction du soleil doit accroître la vitesse du *gulf-stream*. Le capitaine Livingston remarque que lorsque le soleil est dans l'hémisphère nord, les vents alisés du nord-est soufflent avec plus de violence, et se font sentir vers le nord à une distance plus grande que lorsque le soleil est dans l'hémisphère sud. De là le plus grand volume d'eau qui s'engouffre dans la mer des Caraïbes pendant le printemps et l'été.

Le courant qui entre dans la Méditerranée par le détroit de Gibraltar est généralement attribué à l'évaporation de cette mer, qui reçoit aussi un large tribut de la mer Noire par le détroit des Dardanelles. Le mouvement vers l'est des eaux de l'Atlantique paraît commencer environ à 100 lieues à l'ouest du détroit de Gibraltar. On a supposé, dans ce détroit, l'existence d'un courant contraire et sous-marin ; mais, comme nous l'avons remarqué plus haut (p. 121), on a contesté le fait dans ces derniers temps [1]. Toutefois l'existence de courants sous-marins dans la Méditerranée ne peut être mise en doute d'après les observations du capitaine Beaufort.

[1] Lyell, *Principles of geology*.

Il remarque d'abord qu'un courant constant porte des côtes de la Syrie à l'ouest dans l'Archipel. Ce courant est assez faible en mer, mais il est très sensible près du rivage, et acquiert une vitesse de trois milles par heure entre le cap Adratchan et l'île qui lui fait face. Mais il fait observer que des courants sous-marins très remarquables existent dans l'Archipel, et qu'ils sont parfois assez violents pour arrêter la marche d'un vaisseau. Ayant fait jeter à la mer, au moment où elle était calme et limpide, une sonde dont la ligne portait de trois pieds en trois pieds des flammes de couleurs différentes, ces indicateurs prirent toutes sortes de directions [1].

Ces observations sont de la plus haute importance pour les considérations sur la force de transport des courants, puisqu'elles semblent prouver qu'on ne peut rien conclure, pour les courants inférieurs, de la direction de ceux qui coulent à la surface.

Les grands courants pouvant être, généralement parlant, attribués à l'unique action des vents, il est clair que la profondeur à laquelle cesse de se faire sentir cette cause de mouvement nous donne une limite inférieure que les courants ne peuvent dépasser. Or, comme la densité de la mer augmente avec la profondeur, la cause qui suffit pour mettre les eaux en mouvement à la surface se trouve avoir à combattre successivement une résistance de plus en plus croissante, jusqu'à ce qu'enfin cette dernière soit égale à la force motrice, et alors il n'y a plus de mouvement produit; ainsi au delà d'une certaine profondeur qui dépend de l'intensité de la cause motrice à la surface, toute la masse des eaux doit être constamment immobile, et par conséquent sans aucune force de transport.

Il paraît résulter de ceci que la force de transport des courants dépend, toutes choses égales d'ailleurs, de la profondeur de la mer, et que plus elle sera petite, plus sera grande la force de transport du courant. C'est donc sur les côtes que nous devons principalement en rechercher les effets.

Si le courant qui a lieu de l'Atlantique dans la Méditerranée est dû à l'évaporation de cette dernière, ce courant se trouve produit par une action superficielle comme celle des vents, et ses effets doivent décroître de manière à devenir insensibles à une certaine profondeur.

Nous avons vu que c'est sur les bas-fonds autour des caps et dans les passes étroites que les courants et les marées acquièrent la plus grande vitesse. Leur plus grande force de transport aura lieu dans

[1] Beaufort, *Karamania*.

les mêmes circonstances et sera tout à fait locale. Les marées charrient généralement avec une égale force dans deux directions, le plus souvent opposées l'une à l'autre, excepté dans le cas des rivières où cette force est plus grande pendant le reflux que pendant le flux. Lorsque les rivières sont peu considérables, les détritus transportés à leur embouchure par la force supérieure du reflux y prennent le mouvement de va-et-vient sous l'influence des marées des côtes, jusqu'à leur entier dépôt; mais pour les grands fleuves, tels que celui des Amazones, du Saint-Laurent et de l'Orénoque, les détritus sont entraînés au loin jusqu'à ce qu'ils soient arrêtés et ramenés par les courants de l'Océan. C'est ainsi que les eaux du fleuve des Amazones rejetées vers le rivage par les courants de l'Océan, forment journellement d'immenses dépôts sur la côte de l'Amérique méridionale [1].

En résumant ce qui a été dit sur les mouvements d'eau produits par les marées et par les courants, il paraît résulter que leur importance géologique dépend de la profondeur de la mer, de la proximité de la terre, circonstances qui ont une grande influence sur leur vitesse. Leur force de transport près des côtes varie par une foule de circonstances; toutes choses égales d'ailleurs, c'est près de terre qu'elle est la plus grande. Nous n'avons aucune raison de supposer que les eaux charrient à de grandes profondeurs, et si cela est, ce ne peut être que par des causes totalement différentes de celles dont nous observons les effets à la surface de la mer. Il ne paraît pas que nous connaissions les vitesses que doit avoir l'eau pour dégrader un fond de vase, de sable ou de gravier; car nous voyons des courants extrêmement rapides à leur surface passer sur des bas-fonds de cette nature sans les altérer. Les changements survenus au fond de la mer pendant des périodes de temps que nous regardons comme considérables, sont à peine sensibles; seulement on observe près de l'embouchure des grandes rivières une élévation graduelle du fond de la mer, que tendent à combler des dépôts continuels. Les sondages faits près des côtes n'indiquent pas en général de grandes inégalités; mais dans l'Océan, ces inégalités sont considérables, comme le prouvent des rochers, des bancs, et de petites îles qui sortent de l'eau comme des cimes de montagnes, et autour desquels la profondeur est généralement très grande.

---

[1] L'eau a sur cette côte si peu de profondeur, qu'il faut ne s'approcher de la côte qu'avec une défiance extrême, les embouchures des rivières étant les seuls lieux abordables.

Volcans en activité.

La surface de la terre est irrégulièrement percée d'orifices qui vomissent des gaz de différente nature, des cendres, des quartiers de roche et des courants de matières fondues. Les matières ainsi projetées par une ou plusieurs ouvertures, s'accumulent en une masse conique à laquelle on donne le nom de *volcan*. Les volcans diffèrent matériellement entre eux par la quantité des matières vomies; mais ils présentent dans leurs caractères généraux une telle ressemblance, qu'on doit les regarder tous comme produits par les mêmes causes.

On a avancé des théories diverses pour expliquer les phénomènes volcaniques; mais il faut avouer qu'elles sont toutes plus ou moins défectueuses, et que les vraies causes de ces phénomènes sont pour nous dans le domaine des conjectures. Plusieurs de leurs effets nous sont familiers, quoique nous n'ayons encore qu'une connaissance très imparfaite des contrées les plus bouleversées par leurs éruptions. Nous devons presque tout ce que nous savons sur les volcans à des observations faites sur l'Etna et le Vésuve, et principalement sur ce dernier. L'Etna occupe, il est vrai, une étendue considérable, mais le Vésuve est tout à fait insignifiant, sous le rapport de la grandeur, à côté de plusieurs grands volcans du globe.

La position générale des volcans, soit dans le voisinage de la mer, soit dans la mer même, a fait supposer que les phénomènes volcaniques étaient dus à ce que les eaux de la mer, en s'infiltrant à diverses profondeurs au-dessous de la surface, y rencontraient les bases métalliques de certaines substances terreuses ou alcalines dont elles déterminaient l'inflammation. Quant aux volcans de l'intérieur du Mexique et de la Tartarie centrale, les défenseurs de cette théorie ont expliqué leur position en admettant, pour le premier cas, qu'il y a communication entre les volcans de Colima, Jorullo, Popocatepell et Orizaba, tous placés sur la même ligne; et, pour le second cas, que les eaux de lacs salés pénètrent au foyer volcanique. Mais des recherches récentes paraissent renverser entièrement cette dernière hypothèse: d'après MM. Klaproth, Abel Rémusat et de Humboldt, l'Asie centrale présente, à environ 300 à 400 lieues de la mer, une vaste région volcanique dont l'étendue est d'environ 2,500 milles géographiques carrés. Le principal foyer de l'action volcanique est dans la chaîne du Thianchan, où sont les deux volcans de Pé-Chan et Ho-Tcheou, distants de 105 milles l'un de l'autre dans la direction de l'est à l'ouest, le premier se trouvant encore à environ

225 lieues du lac Aral [1]. MM. Roulin et Boussingault ont récemment observé, dans la chaîne centrale des Andes, des éruptions volcaniques à de grandes distances de la mer. M. Roulin fut témoin, en 1826, d'une éruption du volcan de Tolima, qui est placé, d'après M. Humboldt, par une latitude de 4° 46′ nord, et une longitude de 77° 56′ à l'ouest du méridien de Paris; M. Boussingault observa, en 1829, un volcan en activité dans la même contrée : enfin, M. Roulin reconnut, d'après d'anciens documents, qu'une éruption considérable du volcan de Tolima avait eu lieu en mars 1595 [2].

Dans l'hypothèse du contact des eaux de la mer avec des bases métalliques de substances terreuses ou alcalines, les premiers résultats de l'action chimique devraient être la combinaison de l'oxygène de l'eau avec le métal et le dégagement d'une immense quantité de gaz hydrogène; mais M. Gay-Lussac a objecté que les volcans ne dégagent pas d'hydrogène à l'état libre, puisque, si cela était, cet hydrogène devrait être enflammé par les matières incandescentes que rejette le volcan. Le docteur Daubeny cherche à lever cette objection, en supposant que l'hydrogène, au moment où il se produit, se combine avec du soufre, et se dégage sous la forme de gaz hydrogène sulfuré [3]. Il remarque en même temps que le mélange de grandes quantités d'acide muriatique peut empêcher l'hydrogène de s'enflammer [4].

Suivant le même auteur, les gaz qui se dégagent des volcans consistent en gaz acide muriatique, soufre combiné avec l'oxygène ou l'hydrogène, gaz acide carbonique, azote; produits auxquels il faut ajouter une immense quantité de vapeurs d'eau [5].

Les éruptions volcaniques s'annoncent généralement par des détonations dans l'intérieur du volcan, par des secousses et des tremblements de terre dans les environs. Le volcan vomit ensuite une grande quantité de matières pulvérulentes, de pierres, et des courants de laves coulent par de larges ouvertures qui se forment aux points où le cône volcanique présente le moins de résistance à la pression des matières fondues qui remplissent son intérieur. Très rarement la lave se déverse par-dessus les bords du cratère.

Voici le résumé des observations de divers auteurs sur les phénomènes que présentent les courants de laves. La lave, observée

---

[1] Humboldt, *Fragments asiatiques.*
[2] *Ibidem.*
[3] Mais l'hydrogène sulfuré serait également enflammé. (*Note du traducteur.*)
[4] Daubeny, *Descriptions of volcanos*, p. 377.
[5] *Ibidem*, p. 376.

aussi près que possible de l'ouverture de laquelle elle coule, présente le plus souvent une masse demi-fluide ayant la consistance du miel, mais elle est quelquefois assez liquide pour pénétrer le tissu fibreux du bois. Ses parties extérieures se refroidissent promptement, et elle offre alors une surface rude et inégale. A la faveur de cette croûte, qui est un très mauvais conducteur de la chaleur, la masse intérieure reste liquide longtemps après la solidification des parties exposées à l'air. La température à laquelle la lave se maintient fluide est assez élevée pour fondre le verre et l'argent, et elle détermine la fusion d'une masse de plomb en quatre minutes, tandis que la même masse, sur un fer rouge, ne se fond que dans un espace de temps double. Toutefois la température de la lave fluide ne paraît pas être toujours la même, car, lors de l'éruption du Vésuve, en 1794, du métal de cloche ayant été enveloppé dans la lave, le zinc fut bien fondu, mais le cuivre resta à l'état solide [1].

L'éruption volcanique qui a produit la plus grande quantité de lave connue pour être sortie en une seule éruption, est celle qui eut lieu en 1783 dans la partie basse de la contrée aux environs du Shaptar Jokul, en *Islande*. La lave se fit jour, suivant sir J. Mackensie, en trois points différents distants de 8 à 9 milles les uns des autres, et couvrit en quelques endroits le sol sur une largeur de plusieurs milles [2].

L'Islande entière n'est guère qu'une masse volcanique percée de plusieurs ouvertures qui ont vomi des laves, des cendres et autres produits. La masse intérieure fondue fait effort pour s'échapper de divers côtés; et en effet, depuis les temps historiques, plusieurs éruptions ont eu lieu sur des points différents. Néanmoins des éruptions volcaniques ont eu lieu à diverses époques par les mêmes ouvertures. Ainsi l'on compte vingt-deux éruptions de l'Hécla depuis l'année 1004, sept du Kattlagiau Jokul depuis 900, et quatre du Krabla depuis 1724.

Comme on pouvait s'y attendre dans une contrée telle que l'Islande, les éruptions ne sont pas bornées à la terre ferme, mais elles ont lieu à travers la mer dans le voisinage des côtes. Une éruption sous-marine arriva en janvier 1783, à environ 30 milles du cap Reikianes : on vit paraître plusieurs îles comme si elles avaient surgi du fond de la mer, et une ligne de récifs existe maintenant à la même place. Pendant plusieurs mois, des flammes s'élevèrent de la surface de la mer, et de grandes quantités de pierres ponces et

[1] Daubeny. *Descriptions of volcanos*, p. 381.

[2] Sir George Mackensie, *Travels in Iceland*, 2ᵉ édit.

de scories légères flottèrent vers le rivage. Au commencement de juin, de violents tremblements de terre ébranlèrent toute l'Islande ; les flammes disparurent, et aussitôt commença la terrible éruption du Shaptar Jokul, qui est environ à 200 milles de l'endroit où avait eu lieu l'éruption sous-marine [1].

Une autre éruption sous-marine eut lieu près de la même île le 13 juin 1830 ; une île fut soulevée, et l'on craignit des éruptions intérieures, comme dans le cas cité plus haut [2].

L'exemple d'un volcan se frayant à travers la mer une issue dans l'atmosphère se présenta en 1811, près de l'*île Saint-Michel*, l'une des Açores. On en eut connaissance le 13 juin pour la première fois, et le 17, le capitaine Tillard, et plusieurs autres personnes, l'observèrent de la falaise la plus voisine de l'île Saint-Michel. Le spectacle était magnifique : le volcan lançait par moment dans l'atmosphère de noires colonnes de cendres jusqu'à une hauteur de 700 à 800 pieds, et dans les intervalles, d'immenses quantités de vapeur et de fumée se répandaient en tourbillons presque horizontaux sur la surface de la mer ; chaque éruption partielle était accompagnée d'un grand dégagement de lumière et de détonations qui ressemblaient à des décharges d'artillerie et de mousqueterie [3]. Vers le 4 juillet, une île à peu près circulaire et d'un mille de circonférence s'était élevée à 300 pieds au-dessus de la mer ; au centre de l'île était un cratère rempli d'eau bouillonnante qui s'échappait par une ouverture placée vis-à-vis de l'île Saint-Michel. Le capitaine Tillard, à qui nous devons cette description, et qui débarqua sur cette île, lui donna le nom de *Sabrina*, qui était celui de la frégate qu'il commandait. Peu de temps après cette île disparut.

D'après les manuscrits de la Société royale de Londres, une île volcanique parut, vers le milieu du dix-septième siècle, parmi les *Hébrides ;* car on trouve, dans le compte rendu de la séance du 7 janvier 1690—91, que sir H. Sheres informa la société que son père, en naviguant dans ces parages, avait rencontré une île nouvellement soulevée par un volcan ; mais qu'elle disparut dans l'espace d'un mois au plus, et s'affaissa dans la mer sans laisser de traces de son existence [4].

[1] Sir George Mackensie, *Travels in Iceland*, 2e édit.
[2] *Journal de géologie*, t. 1.
[3] On trouve une vue de ce volcan, le plan et l'élévation de l'île, dans l'ouvrage intitulé : *Sections and Wiews illustrative of geological phenomena*, pl. 34 et 35.
[4] Les manuscrits et journaux inédits de la Société royale, contenant le procès-verbal de chaque séance, nous fournissent des données curieuses sur l'état de la science à cette époque, et jettent une grande lumière sur l'histoire des progrès de la géologie depuis la création de cette société.

Enfin plus récemment, en juillet 1831, à 37° 11′ lat. nord et 12° 44′ long. est, un volcan a, par le soulèvement de matières ignées et de diverses roches, formé une île nouvelle près des côtes de la Sicile.

Au commencement de juillet, des navires napolitains reconnurent les premiers que la mer bouillonnait en cet endroit, et laissait dégager d'abondantes fumées. Dès que ces faits furent connus à Malte, on dépêcha des vaisseaux pour déterminer la position exacte du nouveau volcan, et pour prévenir de ce danger les autres bâtiments [1]. Les 18 et 19 juillet, le cratère, qui était alors au-dessus de l'eau, avait, d'après le capitaine Swinburne, 70 à 80 yards de diamètre extérieur, et son point le plus élevé était à 20 pieds au-dessus de la mer. Les eaux, dont le bouillonnement et l'agitation étaient extrêmes dans le cratère, s'échappaient par une issue latérale. Les détails de l'éruption donnés par ce capitaine présentent le plus grand intérêt. « Le volcan, dit-il, duquel ne se dégageaient d'abord que des vapeurs blanches, vomit tout à coup une énorme quantité de cendres et de matières pulvérulentes, projetées avec un bruit épouvantable à une hauteur de plusieurs centaines de pieds; elles retombaient de tous côtés dans la mer avec un bruit encore plus fort, dû sans doute, en grande partie, à la production instantanée d'une immense quantité de vapeur d'eau. Cette vapeur, d'abord noirâtre, vu qu'elle se chargeait de matières pulvérulentes à mesure qu'elle s'élevait, reprenait sa couleur naturelle en laissant déposer ces matières sous forme de pluie boueuse. Cependant de nouvelles explosions, avec projection de cendres brûlantes, se succédèrent avec rapidité; et bientôt des éclairs, accompagnés de tonnerres, sillonnèrent en tous sens la colonne noirâtre de matières volcaniques, déjà considérablement accrue, et tordue en divers points par des explosions et des tourbillons. Cette dernière circonstance ne se présenta guère que du côté opposé au vent, où les tourbillons donnèrent lieu à plusieurs trombes imparfaites, de formes singulières. Il ne paraissait pas que le diamètre des pierres lancées dépassât un demi-pied, et il était généralement beaucoup plus petit. [2] »

---

[1] Le 16 septembre, un brick français, commandé par le capitaine Lapierre, fut aussi expédié dans le même but. M. C. Prevost, professeur de géologie, désigné par l'Académie des Sciences, était chargé de recueillir les observations géologiques relatives à ce phénomène. M. Prevost, ayant visité l'île nouvelle, adressa de Malte, le 3 octobre, à l'Académie, un premier rapport sommaire qui fut publié dans les *Annales des voyages*, t. 22, p. 88, et par extrait dans beaucoup d'autres journaux scientifiques et quotidiens.

Depuis M. C. Prevost a communiqué à l'Académie, les 24 septembre 1832 et 1er juillet 1833, les principaux résultats de son voyage qu'il s'occupe de publier.

Ainsi que M. Prevost l'avait prévu, l'île nouvelle, peu à peu dégradée par la mer, a fini par disparaître au commencement de 1833. (*Note du traducteur.*)

[2] *Journal of the geographical Society*, 1830-1831.

Cette description nous apprend que les flancs de ce volcan, au lieu d'être formés de pierres détachées, de rapilli et de cendres, comme c'est le cas ordinaire des volcans formés dans l'atmosphère, sont probablement composés de couches plus solides dues à l'agglomération des pierres et des matières pulvérulentes par l'eau boueuse, à une température élevée; de telle sorte qu'au premier aspect, les couches présentent l'apparence d'une roche homogène.

La chaleur du volcan ayant sans doute fait périr les différents animaux qui habitaient à la surface ou à l'intérieur du sable ou de la vase qui formait le fond de la mer, leurs restes doivent être maintenant ensevelis sous les cendres et boues, produits de l'éruption.

Le capitaine Senhouse descendit, le 3 août, sur ce volcan (communément appelé l'*île de Sciacca*, à cause de sa position entre Sciacca et Pantellaria [1]), et il estima que la hauteur du point le plus élevé était de 160 à 180 pieds au-dessus de la mer. Il évalua le diamètre intérieur du cratère, qui offrait un cercle presque parfait, à environ 400 yards, et la circonférence de l'île à un mille un quart ou un mille un tiers [2].

Ce volcan paraîtrait avoir été pendant quelque temps en activité sous les eaux avant de parvenir à leur surface; car sir Pulteney Malcolm, en passant sur ce point, le 28 juin précédent, ressentit des secousses qui furent alors attribuées à un tremblement de terre[3].

Ce n'est que depuis les temps historiques, et seulement par d'heureux hasards, que des preuves de volcans ainsi élevés du sein de la mer ont pu être conservées. Les moyens que l'homme possède à cet égard sont d'une date si récente, que l'on peut affirmer que ces phénomènes ont dû être fréquents. Nous devons aussi remarquer qu'aujourd'hui même ils peuvent se produire dans les régions éloi-

---

[1] Le lecteur peut choisir entre cinq noms que possède déjà cette île nouvelle, *Corrao, Hotham, Graham, Sciacca*, enfin *Julia* (par M. Prevost).

[2] *Journal of the geographical Society*, 1830-1831.

[3] Suivant une tradition répandue à Malte, un volcan aurait existé au même endroit au commencement du dernier siècle; et, sur une vieille carte de Foden, on trouve indiqué, sous le nom de *Brisants de Larmour*, un bas-fond recouvert de 4 brasses d'eau, à un mille du même point. (*Journal of the geographical Society.*) Il est impossible de ne pas être frappé, en examinant les dessins et plans des îles de Sabrina et Sciacca, de la ressemblance qu'elles offrent avec les îles volcaniques qui nous présentent un bassin intérieur communiquant par un étroit passage avec la mer. Telle est, par exemple, l'*île de la Déception* ou *Nouveau-Shetland austral*, dont on trouve la description et le plan dans le journal de la Société géographique. Le bassin intérieur a 5 milles de diamètre et 97 brasses de profondeur. Beaucoup d'autres exemples se présenteront d'eux-mêmes au géographe. La communication entre le bassin intérieur et la mer semblerait produite, dans le cas des îles Sabrina et Sciacca, par le courant d'eau impétueux qui s'élançait du cratère pendant les explosions.

gnées, où l'homme civilisé ne pénètre que rarement, ou même jamais, et qu'ainsi il nous restent inconnus.

L'Océan nous présente un grand nombre d'îles presque entièrement composées de matières volcaniques, et dans lesquelles se trouvent encore des volcans en activité; elles ont probablement la même origine que celles de Sabrina et de Sciacca; seulement le dôme ou cône volcanique, plus solide, a résisté à la pression des eaux : et des accumulations successives de laves, de cendres, ont formé des îles d'une étendue parfois considérable. L'île d'*Owhyhee* ou d'*Hawaii* nous présente peut-être un exemple frappant d'une pareille formation. La surface de l'île est d'environ 4,000 milles carrés, et toute sa masse est composée de laves et autres produits volcaniques qui s'élèvent sur les pics de Mouna Roa et Mouna Kaah à une hauteur de 15,000 à 16,000 pieds au-dessus du niveau de la mer. M. Ellis nous représente le cratère de Kirauea comme placé dans une plaine très élevée, et bornée par un précipice de 15 à 16 milles de circonférence, qui provient probablement d'un affaissement du sol de 200 à 400 pieds au-dessous de son niveau primitif. « La surface du plateau, dit le voyageur que je viens de citer, est inégale et couverte de pierres détachées et de roches volcaniques; au milieu s'élève le grand cratère, à un mille et demi duquel nous avions fait halte. Nous nous dirigeâmes sur l'extrémité nord du plateau, où le précipice étant moins profond, la descente vers la plaine inférieure semblait plus facile. Après avoir marché quelque temps sur la plaine affaissée, qui résonnait souvent sous nos pieds, nous arrivâmes enfin au bord du grand cratère, où s'offrit à nous le plus sublime et le plus effrayant spectacle. Devant nous s'ouvrait un gouffre immense ayant la forme d'un croissant, de 2 milles de longueur environ, dans la direction nord-est-sud-ouest, et d'à peu près un mille de largeur. Il nous parut avoir près de 800 pieds de profondeur. Le fond était couvert de lave, et dans les parties sud-ouest et nord bouillonnait une matière embrasée, un liquide de feu dont l'agitation était vraiment effrayante. Du milieu de ce lac embrasé et de ses bords s'élevaient 51 cônes volcaniques de forme et de position irrégulières, et présentant autant de cratères. Vingt-deux de ces bouches lançaient sans interruption des colonnes d'une fumée grise ou des pyramides de flammes brillantes; plusieurs vomissaient en même temps des courants de laves que l'on voyait sillonner de traits de feu les flancs noirs et hérissés des cônes pour se joindre à la masse en ignition. » M. Ellis pense que la masse de laves qui bouillonne au fond du grand cratère résulte de la réunion des coulées des petits cônes, et que son niveau est variable; il a conclu, d'indices observés sur les parois du grand cratère, que la lave s'y était récemment élevée à 300 ou 400 pieds plus haut, jusqu'à un rebord noirâtre à partir duquel il y avait un talus jusqu'à la masse en fusion [1].

On remarquera que ce cratère ne ressemble nullement à ceux qu'on observe ordinairement. Au lieu d'un orifice à peu près rond, nous trouvons ici une fente demi-circulaire dans un plateau d'une étendue considérable, et qui ne paraît pas, d'après la description, avoir été ravagé par aucun courant de laves sorti du cratère.

La profondeur de la mer autour de l'île Owhyhee, et même en général autour de toutes les îles Sandwich, est si grande, qu'il est dangereux d'approcher de leurs côtes par un temps orageux, vu l'impossibilité de mouiller, si ce n'est tout près de terre : ce qui semble indiquer que ces masses volcaniques viennent d'une profondeur considérable, et s'élèvent seulement en partie au-dessus des eaux.

Les volcans qui existent dans la *mer Pacifique* sur les bords de cet océan, et dans la portion de la *mer des Indes* où se trouvent Java et les îles voisines, sont bien plus nombreux que dans toute autre partie du globe. A partir de la Terre-de-Feu, la *chaîne des Andes* nous présente une ligne de volcans qui atteignent souvent une hauteur considérable. Cette ligne volcanique, dirigée du nord au sud, est coupée, au *Mexique*, par une autre ligne dirigée de l'est à l'ouest, et qui la met en connexion avec les volcans des Antilles. Dans la *Californie* nous trouvons trois volcans, dont l'un, le mont Saint-Élie, s'élève 13,000 pieds suivant quelques observateurs, et à 17,000 pieds suivant d'autres. Les bouches volcaniques des *îles Aleutiennes* établissent une certaine liaison entre l'Amérique et l'Asie ; et si nous allons du *Kamtschatka* au sud, nous observons de nombreux volcans dans les *îles Kuriles*, au *Japon*, dans les *îles Loo Choo*, l'*île Formose* et les *Philippines*. De ces dernières îles part une ligne de volcans qui, s'avançant vers le sud jusqu'à la latitude de 10° sud, court à l'ouest sous ce parallèle, qu'elle suit environ pendant l'espace de 25° en longitude, puis remonte diagonalement vers le nord-ouest jusque sous le parallèle 10° nord. Cette ligne volcanique, tracée sur une carte, présente la forme d'un immense hameçon [2]. Des îles Philippines elle passe par l'île *Gilolo*, au nord-est des *Célèbes*, par les îles volcaniques qui se

---

[1] Ellis, *Tour through the Sandwich Islands*. On trouve une description très intéressante de l'état du Kirauea, en 1829, dans l'ouvrage de M. Stewart intitulé *Visit to the South seas :* la description générale ne diffère pas essentiellement, mais celle du cratère présente divers changements.

[2] Voyez l'ouvrage de M. de Buch sur les *îles Canaries*, pl. 13, et la réduction qu'en a donnée M. Lyell dans ses *Principles of geology*, pl. 1.

trouvent entre *Timor* et la *Nouvelle-Guinée*, par les îles *Flores*, *Sumbawa*, *Java* et *Sumatra*, et vient se terminer à l'île *Barren*.

Les volcans en activité sont beaucoup plus rares dans l'Atlantique et sur ses rivages; et même, si nous exceptons le Mexique et l'isthme qui réunit les deux Amériques, dont les volcans peuvent être regardés comme appartenant également aux deux mers, nous pourrons dire que les *rivages* de l'Atlantique ne présentent aucun volcan en activité [1].

Le pic de *Ténériffe* est le point volcanique le plus élevé dans toute l'Atlantique. Sa hauteur au-dessus de cette mer est de 3,710 mètres. L'*Islande*, dont les volcans n'atteignent pas une élévation considérable, est cependant l'île qui présente la plus grande accumulation de matières volcaniques au-dessus de la surface de cet océan.

En Islande, les éruptions ne donnent pas toujours lieu à des cônes volcaniques : ainsi, en 1783, la lave paraît avoir coulé par des ouvertures très peu élevées. Les bouches volcaniques ne paraissent former des élévations que lorsqu'elles lancent des pierres et des matières pulvérulentes qui s'accumulent en un tas conique autour de la cheminée centrale dans laquelle peut varier le niveau de la lave. L'écoulement de cette lave dépend en grande partie de la proportion relative des matières en fusion et des matières pulvérulentes vomies par le volcan. Si ces dernières sont en petite quantité, la lave n'aura que peu d'efforts à faire pour rompre l'obstacle qui la retient et pour s'élancer au dehors. Si la proportion est inverse, un large cône pourra se former sans qu'il s'échappe aucun courant de lave. Entre ces extrêmes, il y aura toutes sortes de cas intermédiaires, pour lesquels les courants de laves couleront par des ouvertures de différentes formes, et placées à différentes hauteurs. Par un état d'activité prolongé, un volcan acquiert à sa base une solidité considérable, car les matières meubles par lui lancées sont, indépendamment des autres causes de consolidation, liées entre elles par les courants de laves qui sont dirigés comme des rayons partant du cratère. Des ruptures se produisent souvent à la base des volcans, surtout quand le cône atteint une grande hauteur; la lave jaillit par ces ouvertures, et son effet est encore de consolider les parties inférieures du volcan. Nous devons nous attendre à la production de pareilles ouvertures dans un volcan où la résistance des

---

[1] M. Scoresby indique sur la côte du Groënland, dans l'île de Jean Mayen, un volcan qui lui a présenté des traces d'une éruption récente. Son cratère avait 500 pieds de profondeur et 2,000 de diamètre. *Edimb. phil. Journ.*

matières accumulées ne dépasserait pas de beaucoup la force élastique des gaz qui tendent à projeter au dehors des matières fondues, car la pression de la colonne fluide devenant considérable en raison de sa hauteur, la lave fait constamment effort pour se frayer une issue aux endroits de moindre résistance : or, les flancs d'un volcan sont loin de présenter une égale résistance; elle est la plus grande aux points où ont passé des courants de laves, et la plus faible dans les parties qui ne sont formées que de cendres ou substances de même nature; et si à ces causes d'inégale résistance à la pression intérieure nous ajoutons les fractures déterminées par les secousses qu'éprouve intérieurement le volcan, nous concevrons que les coulées doivent sortir généralement par des ouvertures latérales et très rarement par le cratère du volcan.

On doit à M. de Buch une théorie sur le soulèvement des volcans. Beaucoup de géologues l'ont adoptée, plusieurs l'ont combattue. M. de Buch remarque qu'un grand nombre de cratères ne peuvent être considérés comme le résultat de ce que nous appelons une éruption, vu qu'ils ne présentent ni courants de laves, ni aucun arrangement dans le dépôt des autres matières volcaniques qui puissent justifier cette origine. Il a donné à ces cratères le nom de *cratères de soulèvement (erhebungs cratere)*. On a objecté à cette théorie qu'elle suppose la formation de lits horizontaux de lave ou d'autres matières volcaniques, antérieurement à l'action des gaz qui doivent soulever en dôme ou en cône la masse jusque là sans relief, pour se faire jour à la partie supérieure, laquelle présente alors toutes les apparences d'un cratère d'éruption. La valeur de cette objection parait dépendre de la difficulté de concevoir la formation de ces couches de matières volcaniques, que la chaleur doit amollir et que les gaz doivent soulever de manière à leur donner les formes observées.

À ce sujet, on doit se demander si, pour un volcan sous-marin, sous une grande pression d'eau, la tendance à produire des cendres est la même que lorsqu'il s'agit d'une éruption dans l'atmosphère, ou bien si le poids de l'eau supérieure ne pourrait point agir sur les matières solides vomies par le volcan de manière à en déterminer la fusion et à donner naissance à des lits de matières fondues, lorsque les gaz acquièrent assez de force pour vaincre la résistance qu'offre toute la colonne de lave jointe à celle de la masse d'eau supérieure. Si tel était l'état des choses sous de grandes profondeurs d'eau, la quantité de produits pulvérulents des volcans sous-marins devrait croître à mesure qu'ils se rapprochent davantage de la surface de la mer; et toutes les circonstances des éruptions sous de petites profondeurs d'eau devraient peu s'éloigner de celles des éruptions dans l'atmosphère.

Une autre objection faite à la théorie des cratères de soulèvement, c'est que la stratification de ces prétendus cratères de soulèvement est précisément celle des cratères d'éruption ; ainsi cette dernière circonstance porterait à admettre, pour tous les cas, les cratères d'éruption, qui nous présentent journellement de pareils modes de formation, tandis que nous n'avons aucun exemple de l'autre mode. Les données nous manquent pour juger la valeur de cette objection ; on ne peut douter néanmoins que des roches solides ne puissent être soulevées par la force élastique des gaz, c'est ce qui est arrivé pour la petite et la nouvelle Kameni (*île de Santorin*), formées, l'une en 1573, l'autre en 1707 et 1709, par le soulèvement d'un trachyte brun ayant l'aspect résineux, et rempli de cristaux de feldspath vitreux. Le soulèvement de la petite Kameni eut lieu avec production d'une immense quantité de pierres ponces et un dégagement considérable de vapeurs [1]. Appeler ce soulèvement un tremblement de terre, c'est appliquer deux noms différents au même fait. On ne peut nier ici la présence de gaz doués d'une grande force élastique, et on est forcé de les regarder comme la cause du soulèvement du sol ; le fait est donc le même, qu'on y y voie un tremblement de terre ou un soulèvement volcanique, phénomènes entre lesquels il est assez difficile d'établir une ligne de démarcation bien nette.

Le trachyte soulevé de la nouvelle Kameni était chargé de coquilles à sa surface, et une partie de ces îles, de nature d'ailleurs ignée, paraît être formée de calcaire et de coquilles marines [2]. Ces faits arrivés à Santorin prouvent que des roches volcaniques peuvent être élevées tout d'une pièce à la surface de l'eau avec les coquilles qui y adhéraient. Langsdorff cite un rocher trachytique haut de 3,000 pieds, qui parut en 1795 près de l'*île de Unalaschka*, et qui semblait avoir surgi en une seule masse du fond de la mer. M. d'Omalius d'Halloy rapporte, d'après M. Reinwardt, qu'une baie qui se trouvait sur la côte occidentale de l'*île de Banda*, fut remplacée en 1820 par un promontoire formé de gros blocs de basalte ; que ce soulèvement fut tellement graduel, que les habitants ne s'aperçurent du changement que lorsqu'il fut presque à sa fin : le bouillonnement et la chaleur de la mer furent les seuls faits qui accompagnèrent l'apparition de ces basaltes [3]. Ce récit, s'il est exact,

---

[1] Lyell, *Principles of geology*, vol. 1, p. 386.
[2] Daubeny, *Descriptions of volcanos*, p. 310.
[3] D'Omalius d'Halloy, *Éléments de géologie*, p. 405.

nous présente un exemple remarquable d'un sol soulevé paisiblement au-dessus du niveau de l'Océan.

On a donné d'ingénieuses explications des vastes orifices que M. de Buch appelle cratères de soulèvement. M. Lyell remarque que le cratère auquel donna lieu la destruction du sommet de l'Etna en 1444, avait des dimensions aussi considérables que celles de plusieurs cratères considérés comme de soulèvement, et il suppose que de pareilles éruptions, souvent répétées, pourraient amener ce volcan à ne plus présenter qu'une baie circulaire de 40 à 50 milles de tour, au milieu d'une île de 70 à 80 milles de circonférence, entièrement composée de roches volcaniques plongeant à l'extérieur. Mais, en admettant que cela arrivât, on distinguerait parfaitement dans les escarpements de cette île circulaire, soit du côté de la baie, soit de l'autre côté, les courants de laves vomis par le volcan, et l'on ne pourrait avoir aucun doute sur sa formation par éruption. Il reste donc à examiner jusqu'à quel point ce que l'on appelle cratère de soulèvement ressemble à cet état supposé de l'Etna; et si réellement ces cratères ne présentent aucune trace de courants de lave rayonnant d'un point ou de plusieurs points centraux, mais seulement de vastes lits de trachytes ou autres roches volcaniques fondues, on ne peut guère leur attribuer la même origine qu'aux cratères dits d'éruption. Il ne paraît pas d'ailleurs impossible que des gaz agissant à une haute température sur une couche de lave donnent lieu aux cratères de soulèvement; ainsi c'est une question qui doit être l'objet de recherches faites sans prévention, avec une attention particulière et avec tous les détails nécessaires.

On suppose qu'après la formation du cratère de soulèvement commence l'éruption des matières volcaniques ordinaires, et que l'accumulation de ces produits, lorsqu'elle est suffisamment prolongée, peut former un cône tel que le pic de Ténériffe. Mais lorsque la force de projection est faible ou n'est en jeu que depuis peu de temps, le volcan présente alors la disposition du volcan de l'île Barren dans la baie de Bengale. Un cône volcanique s'élève au milieu d'un bassin rempli d'eau qu'environne une ceinture de rochers volcaniques, dont l'inclinaison vers la mer, d'après le dessin donné par M. Lyell [1], est d'au moins 45 degrés; la hauteur du cône central au-dessus de l'eau est d'environ 1800 pieds; celle du grand cirque volcanique est à peu près la même : de sorte qu'on ne peut apercevoir l'intérieur que par une brèche de l'enceinte. Il paraîtrait

---

[1] *Principles of geology*, vol. 1, p. 390.

que tout le sol de cette île est extrêmement chaud, car le capitaine Webster, qui y a débarqué en mars 1822 ou 1823, a trouvé l'eau presque bouillante à cent yards du rivage; les roches et les pierres laissées à nu sur la plage par le reflux dégageaient avec bruit d'abondantes vapeurs, et l'eau bouillonnait autour d'elles [1].

M. de Buch présente la Caldéra, dans l'*île de Palma*, l'une des Canaries, comme un très bon exemple de cratère de soulèvement. C'est une large cavité ou cratère escarpé, bordé par une ceinture volcanique très élevée, qui n'est interrompue qu'en un seul point par une gorge profonde, seule communication de l'intérieur à l'extérieur; les parois de ce vaste cratère présentent intérieurement la coupe d'une série de lits de basaltes et de conglomérats basaltiques qui plongent vers l'extérieur avec une grande régularité. Cette régularité des lits et l'absence de cendres et de scories paraîtraient indiquer que leur formation n'a pas eu lieu au jour, ni même sous une faible pression d'eau, mais dans des circonstances bien différentes, qui ont pu permettre au basalte de s'étendre en grandes masses tabulaires, lesquelles ne présentent point les apparences des coulées ordinaires.

Le volcan de *Jorullo* nous offre un exemple frappant d'une action volcanique qui s'est développée dans une contrée éloignée de la mer où ne se trouvait aucun volcan en activité, quoique la nature des roches environnantes ait paru indiquer l'existence de volcans dans des temps antérieurs. D'après la direction des bouches volcaniques, il semblerait qu'une faille s'est formée de l'est à l'ouest, à travers le Mexique, et jusqu'aux îles de Revillagigedo dans la mer Pacifique. Avant le mois de juin 1759, l'espace où s'élève maintenant le volcan de Jorullo était couvert de plantations d'indigo et de cannes à sucre; deux ruisseaux l'arrosaient, le Cuitimba et le San Pedro. Dans ce mois, des tremblements de terre accompagnés de grands bruits souterrains commencèrent à se faire sentir, et durèrent pendant 50 à 60 jours. La tranquillité paraissait rétablie au commencement de septembre, mais dans la nuit du 28 au 29 de ce mois, un horrible fracas souterrain se fit entendre de nouveau, et d'après M. de Humboldt, le sol, sur une étendue de 3 ou 4 milles carrés, que l'on désigne sous le nom de *Malpays*, se souleva en forme de vessie. On peut se faire une idée de ce mouvement de terrain d'après l'élévation actuelle du canton volcanisé, élévation qui, des bords, où elle est déjà de 12 mètres, va croissant jusqu'au centre, où elle est de 160. L'éruption paraît avoir été très violente; des fragments

[1] *Edin. phil. Journ.*, vol. VIII.

de roches incandescents furent lancés à de grandes hauteurs ; des nuages de cendre transportés au loin ; et la lumière qui accompagnait les explosions fut aperçue à des distances considérables. Le Cuitamba et le San Pedro paraissent s'être précipités dans le gouffre volcanique, et avoir ajouté, par la décomposition de leurs eaux, à la violence de l'éruption. « Des éruptions boueuses, surtout des couches d'argile, enveloppant des boules de basalte décomposées, à couches concentriques, semblent indiquer que des eaux souterraines ont joué un rôle très important dans cette révolution extraordinaire ; des milliers de petits cônes, qui n'ont que de 2 à 3 mètres de hauteur, et que les indigènes appellent fours (*hornitos*), sortirent de la voûte soulevée du Malpays. Chaque petit cône est une *fumarole* de laquelle s'élève une fumée épaisse jusqu'à 10 ou 15 mètres de hauteur. Dans plusieurs on entend un bruit souterrain qui paraît annoncer un fluide en ébullition. » Au milieu de ces cônes, sur une crevasse qui se dirige du nord-nord-est au sud-sud-ouest, sont sorties de terre six grandes buttes élevées de 4 à 500 mètres au-dessus de l'ancienne plaine. La plus haute, dont le flanc septentrional a vomi une quantité considérable de laves avec des fragments de différentes roches, porte le nom de Jorullo. Les grandes éruptions durèrent jusqu'en février 1760, et à partir de cette époque devinrent de moins en moins fréquentes. Ceux qui combattent la théorie des cratères de soulèvement observent que le soulèvement du sol en forme de vessie n'est pas bien constaté, vu que le récit de M. de Humboldt ne repose que sur des apparences et sur les récits des Indiens, que l'on a pu faire plier aux idées d'une théorie particulière.

Le *Monte Nuovo*, près de Naples, s'est élevé en un jour et une nuit dans l'année 1538. Il paraît être, comme le Jorullo, sorti d'une crevasse. Sa hauteur actuelle au-dessus de la mer est de 440 pieds, et sa circonférence d'environ un mille et demi.

On trouvera dans des ouvrages spéciaux différentes descriptions d'éruptions volcaniques qui ne sauraient trouver place ici. Cependant nous croyons ne pas pouvoir passer sous silence la grande éruption du Tomboro dans l'*île Sumbava* (à l'est de Java), dont nous devons la description à sir Stamford Raffles. Les premières explosions furent entendues en différents points très éloignés, où on les prit généralement pour des décharges d'artillerie. Elles commencèrent le 5 avril 1815 et continuèrent plus ou moins jusqu'au 10 du même mois, époque à laquelle les éruptions devinrent plus violentes. Le volcan lança une telle quantité de cendres, que le ciel en fut obscurci et que de véritables ténèbres régnèrent sur une étendue considérable. Un navire malais fut surpris en mer, le 11 juin, par une obscurité complète, et après avoir dépassé le mont Tomboso, à la distance d'environ 5 milles, le commandant observa que sa base paraissait dans les flammes tandis que sa cime se cachait dans les nuages. Ayant abordé pour faire de l'eau, il trouva le sol couvert de cendres sur une hauteur de 3 pieds. Plusieurs bâtiments avaient été jetés à la côte par la violence de la mer. En quittant Sumbava, les cendres qui, sur une étendue de plusieurs milles, flottaient à la surface de la mer sur une épaisseur évaluée à environ 2 pieds, gênèrent singulièrement la marche du vaisseau. Le même observateur a constaté une agitation extraordinaire du volcan de Carang Assam, dans l'*île de Bali*, à la même époque. Mais le récit le plus intéressant est celui du commandant du vaisseau croiseur *le Bénarès*, au service de la compagnie des Indes orientales.

Il se trouvait à Macassar (île de Célèbes) lorsque les explosions commençèrent. Le bruit ressemblait tellement à celui du canon que, supposant une attaque des pirates dans le voisinage, on embarqua immédiatement des troupes sur *le Bénarès*, qui mit aussitôt à la voile pour aller à leur poursuite. Le navire revint le 8 avril, sans avoir trouvé aucune cause d'alarme. Le 11, les prétendues décharges de canon recommencèrent au point de faire trembler par moments le vaisseau et le fort Rotterdam. On fit alors voile vers le sud, pour reconnaître la cause de ces explosions. « Sur les huit heures du matin, 12 avril, l'horizon nous présenta, vers le sud et l'ouest, une teinte sombre qui avait considérablement augmenté depuis le lever du soleil, et qui, en s'approchant, prit une nuance rougeâtre. L'obscurité s'étendit bientôt à tout l'horizon. A dix heures, elle aurait à peine permis de distinguer un vaisseau à une distance d'un mille ; à onze, nous ne distinguions plus qu'une très petite partie du ciel à l'horizon dans la direction de l'est, d'où nous venait le vent ; alors commença à tomber une pluie de cendres, et le phénomène devint à la fois terrible et imposant. A midi, le peu de lumière que nous recevions de la partie est de l'horizon disparut, et nous nous trouvâmes dans une obscurité parfaite pendant tout le reste du jour. Elle fut si profonde, que la nuit la plus noire n'en approche point : il était impossible de distinguer sa main placée tout près de l'œil. Les cendres tombèrent sans interruption pendant toute la nuit ; elles étaient si ténues, qu'elles pénétrèrent de tous côtés dans le vaisseau, malgré la précaution que nous prîmes de couvrir de toiles le pont de l'avant à l'arrière, aussi soigneusement que possible.

« Le lendemain matin, à six heures, l'obscurité était encore aussi profonde ; mais, à sept heures et demie, le ciel commença à s'éclaircir ; à huit heures, on distinguait vaguement les objets sur le pont du vaisseau, et dès lors le jour revint très promptement.

« L'aspect du vaisseau était alors des plus singuliers : il était recouvert sur toutes ses parties d'une poussière qui avait l'apparence d'une pierre ponce calcinée, et dont la couleur était à peu près celle des cendres de bois. En plusieurs endroits du pont, le dépôt avait plus d'un pied d'épaisseur, et tout ce qu'on en jeta à la mer devait peser plusieurs tonnes ; car, quoique cette cendre volcanique fût tombée en poudre impalpable, elle avait pris, par le tassement, une pesanteur spécifique assez considérable. Ainsi une pinte de cette matière se trouva peser douze onces trois quarts. Elle était tout à fait insipide, et ne produisait sur les yeux aucune sensation douloureuse ; son odeur, très faible, ne ressemblait en rien à celle du soufre ; enfin, mêlée avec de l'eau, elle formait une pâte difficile à délayer. »

Le même vaisseau, reparti de Macassar le 13, se trouvait le 18 près de Sumbava. Aux approches de la côte, il rencontra une immense quantité de pierres ponces et d'arbres en partie fracassés et brûlés. En entrant dans la baie de Bima, on trouva le fond du mouillage changé, et le navire toucha sur un banc, qui peu de mois auparavant était encore recouvert de six brasses d'eau. Le rivage de la baie était entièrement couvert de cendres lancées par le Tomboro, qui est à une distance d'environ 40 milles. Les explosions entendues à Bima avaient été épouvantables, et les cendres étaient tombées en masses d'un tel poids, qu'elles avaient enfoncé dans plusieurs endroits la maison du résident anglais. Aucun vent ne se faisait sentir à Bima ; cependant la mer était violemment agitée, et les vagues, poussées vers le rivage, avaient rempli d'un pied d'eau le rez-de-chaussée des maisons. Le commandant du *Bénarès* étant, le 23, à la hauteur du mont Tomboro, à une distance d'environ 6 milles, observa encore que le sommet se perdait dans un nuage de fumée et de cendres, tandis que sur ses flancs on voyait des courants de laves dont plusieurs avaient atteint la mer.

Les explosions de ce volcan se firent entendre à des distances considérables : non-seulement on les remarqua à Macassar, qui en est distant de 217 milles nautiques, mais encore dans toutes les îles Moluques, dans un port de Sumatra, éloigné de 970 milles, et à Ternate, à 720 milles.

Le lieutenant Phillips, envoyé au secours des habitants, qui se trouvaient en proie à la plus horrible famine, apprit du rajah de Saugar que, dans la matinée du 10 avril, sur les sept heures, on vit sortir du cratère trois colonnes de flammes bien distinctes qui se réunirent à une grande hauteur dans l'atmosphère, et qu'ensuite toute la montagne sembla n'être qu'une masse fluide en feu. On ne sait trop quelle confiance on doit ajouter à cette apparence de flammes, car rien n'est plus fréquent que des illusions de ce genre dans les éruptions volcaniques ; toutefois les circonstances qui l'accompagnent ici sont remarquables.

D'après le récit du rajah, « les colonnes de flammes, l'embrasement général du mont Tomboro durèrent jusqu'à l'obscurité profonde que causa, vers les huit heures du matin, la chute des matières volcaniques. Parmi les pierres qui tombèrent alors en grande quantité sur Saugar, il s'en trouva qui étaient deux fois grosses comme le poing ; mais, en général, elles n'excédaient pas la grosseur d'une noix. Peu après dix heures, il s'éleva un violent tourbillon de vent, qui renversa presque toutes les maisons du village de Saugar, entraînant les toits et les parties les moins pesantes. Dans la partie du territoire de Saugar la plus voisine du volcan, les effets de ce tourbillon furent bien plus terribles : il déracina les plus grands arbres, et les emporta dans les airs avec les hommes, les maisons, les bestiaux, et tout ce qui se trouva sur son passage. » L'agitation de la mer était extrême, et sa hauteur dépassa de 12 pieds les niveaux les plus élevés qu'elle eût atteints jusque-là. Ses vagues, en roulant sur la terre, entraînèrent les maisons et tout ce qui se trouva exposé à leur action, et détruisirent ainsi le peu de champs de riz qui existaient auparavant à Saugar. On conçoit facilement que, dans une pareille catastrophe, plusieurs milliers d'habitants périrent, et un grand nombre d'animaux. Toute végétation disparut complétement des parties nord et ouest de la péninsule, à l'exception de la sommité sur laquelle s'élevait le village de Tomboro, qui présenta encore quelques arbres debout [1].

Les phénomènes géologiques, résultats d'une pareille éruption, ne se bornent pas aux changements de forme du volcan lui-même et aux coulées de laves qu'il vomit : il y a, sur une étendue considérable, enfouissement de végétaux et d'animaux sous une couche de cendres et de pierres dont l'épaisseur s'accroît vraisemblablement en approchant du volcan ; et si, comme cela arrive quelquefois, la vapeur d'eau sortie de la bouche volcanique se condense immédiatement, il se forme des torrents qui entraînent avec eux, non-seulement les matières meubles accumulées par le volcan, mais aussi les plantes et les animaux qu'ils rencontrent, et dont les débris se trouvent ainsi empâtés dans une épaisse alluvion.

[1] *Life of sir Stamford Raffles.*

Les végétaux et les animaux, enveloppés par les cendres et les pierres tombées dans la mer, doivent être à la fois marins et terrestres, et présenter ainsi un singulier mélange de débris organiques. Végétaux, hommes, bestiaux, poissons, coraux, ainsi qu'une grande variété d'animaux marins, doivent être enfouis ensemble dans le même dépôt, qui pourra par la suite se trouver recouvert, soit au fond de la mer, soit au-dessus de son niveau, par une coulée de laves.

Dans la grande éruption de laves qui eut lieu en *Islande* en 1783, de nombreux débris organiques terrestres ont pu être recouverts par la matière ignée, de telle sorte que quelques-uns n'aient pas perdu leur forme. Si une pareille éruption arrivait au fond de la mer, où, comme nous l'avons vu, les circonstances sont plus favorables à la formation de couches de laves, ses déjections ignées couvriraient des sables et des argiles, peut-être remplis de débris d'animaux marins, et de grandes altérations pourraient y être produites par une pareille masse de matières à une température élevée. Sur ce fond, après un certain laps de temps, un nouveau dépôt de sables et d'argiles, mêlés de nouveaux débris organiques, pourra se former ; et si ensuite il survient une nouvelle éruption qui le couvre de laves, on aura ainsi des alternatives de roches d'origine ignée et d'origine aqueuse.

M. Henderson a observé, en Islande, des alternatives de bois fossiles, d'argile et de grès, recouverts par des basaltes, des tufs et des laves ; l'époque géologique à laquelle ces végétaux ont été enfouis n'est pas bien déterminée. Mais si M. Henderson ne s'est pas trompé en rapportant au genre *peuplier* plusieurs des empreintes végétales recueillies, cette époque ne serait pas très récente, car les peupliers ne croissant plus aujourd'hui en Islande, leur ancienne présence supposerait un changement très sensible dans le climat [1].

Pendant les grandes éruptions, on ne peut s'approcher assez des volcans pour les observer avec détail, et nous ne pouvons guère juger de ce qui se passe alors que d'après ce que nous observons à des époques où ils sont plus calmes : les périodes d'activité modérée sont donc très favorables pour ce genre de recherches. Après avoir vainement tenté à plusieurs reprises, au commencement de 1829, d'observer la masse fluide dans le cratère du Vésuve, j'eus le bonheur de pouvoir y monter, le 15 février, par un jour assez calme, pour que les vapeurs, en s'élevant majestueusement à mesure qu'elles sortaient du petit cône en activité au milieu du grand

[1] Henderson, *Iceland*, vol. 2, p. 115. D'après cet auteur, cette couche de lignite occupe une grande étendue dans la péninsule nord-ouest de l'île.

cratère [1], laissassent voir par moments la matière incandescente dans la bouche volcanique. C'est une circonstance qui se présente rarement, vu que, s'il existe dans l'air le moindre mouvement, les vapeurs empêchent de rien distinguer. Aux détonations qui duraient le plus longtemps, succédait un moment de calme, suivi d'une violente explosion qui lançait à une hauteur considérable des pierres et de la lave incandescente, celle-ci retombant la dernière en petites masses d'une pâte molle sur les flancs du petit cône. Lorsque la vapeur s'était dissipée, on distinguait la masse incandescente, qui paraissait comme en ébullition par le dégagement des matières gazeuses qui s'en échappaient. La lumière produite variait considérablement en intensité : elle était la plus forte à l'instant de l'explosion principale, quand un grand volume de vapeurs se faisant jour tout à coup à travers la masse de feu, s'élançait avec une grande vitesse, en entraînant tout ce qui lui faisait obstacle. Voulant profiter de ma bonne fortune, je restai sur la montagne jusqu'à la nuit close, dans l'espoir de mieux distinguer dans l'intérieur du cratère de nouveaux phénomènes; mais mon attente fut trompée; car, bien que les objets fussent plus distincts, je n'observai rien de nouveau; seulement l'obscurité ajoutait beaucoup aux effets du spectacle : les matières solides lancées par le volcan semblaient une nombreuse décharge de boulets rouges, tandis que la lumière de le masse incandescente de l'intérieur du cratère, réfléchie parfois d'une manière très vive par la colonne de vapeurs supérieure, produisait, pour l'observateur placé à une certaine distance, ces apparences de flammes qu'on a de fortes raisons pour regarder comme étant des illusions. Il est au moins bien certain que presque tous les cas de cette nature qu'on a cités n'ont d'autre cause qu'une réflexion de lumière qui varie en intensité avec l'activité du volcan.

Les produits des volcans en activité, dont l'éruption est pour l'homme un sujet d'horreur et d'épouvante, ne produisent point sur les continents un accroissement aussi considérable qu'on serait tenté de le croire au premier abord. Pour s'en faire une idée juste, il faut comparer leur masse à la masse entière des continents, et non à celle de quelques localités circonscrites. De plus, d'immenses cavités, correspondantes au volume des matières projetées, doivent se former souvent à une faible profondeur au-dessous de la surface du sol; et alors, lorsque le poids des parties supérieures surpasse la résistance qu'offrent celles qui les soutiennent, ces masses supérieures s'écroulent dans l'abîme, soit d'un seul coup, par une violente convulsion,

[1] On trouve une esquisse du cratère, à cette époque, dans l'ouvrage intitulé *Sections and Wiews illustrative of geological phenomena*, pl. 22.

soit peu à peu par des changements graduels; en sorte que les matières vomies par le volcan se trouvent ainsi, du moins en partie, replacées dans leur ancienne position. C'est un fait assez fréquent parmi les phénomènes volcaniques que la disparition de montagnes qui se trouvent ensuite remplacées par des lacs. L'exemple le plus remarquable est peut-être celui que présenta, en 1772, le Papandayang, l'un des plus grands volcans de *Java*, situé dans la partie sud-ouest de cette île. On observa, dans la nuit du 11 au 12 août, qu'il était enveloppé d'un nuage lumineux. Les habitants, effrayés, prirent la fuite; mais avant qu'ils eussent pu tous se soustraire au danger, la montagne s'abîma avec un bruit semblable à celui d'une décharge de canons. De grandes quantités de matières volcaniques furent lancées et portées à plusieurs milles. On estime l'étendue du sol qui s'abîma ainsi à 15 milles de long sur 6 de large : quarante villages furent engloutis ou ensevelis sous les matières volcaniques, et on prétend que cette catastrophe coûta la vie à 2,957 personnes [1].

Volcans éteints.

Des apparences semblables et un certain ensemble de caractères ont fait attribuer une origine volcanique à des terrains qu'on observe dans des contrées qui ne présentent aujourd'hui aucun volcan en activité. Il est presque impossible d'établir une ligne de démarcation bien tranchée entre les volcans maintenant en activité et ceux qui paraissent éteints, car on n'est jamais certain qu'un volcan ne passe bientôt de l'un de ces états à l'autre. Il est probable que nous en avons un exemple dans le Vésuve, puisque, autant du moins que nous en pouvons juger par l'histoire, il a eu une très longue période de repos, après laquelle il entra en éruption dans l'année 79, détruisit le sommet de son ancien cône, dont la partie encore existante porte le nom de Monte Somma, couvrit de ses cendres Herculanum, Pompéii, Stabies, et ensevelit, avec les habitants, leurs théâtres, leurs temples, leurs palais, et d'innombrables ouvrages de l'art, dont la découverte nous a donné une plus exacte connaissance des mœurs et coutumes des anciens habitants de ces belles contrées de l'Italie que tous les écrits qui ont échappé à la destruction des temps.

On considère généralement les *solfatares* comme des volcans éteints, desquels s'échappent seulement de la vapeur d'eau et quelques exhalaisons gazeuses; mais nous n'avons nulle certitude qu'ils n'entreront pas de nouveau en activité. D'après le docteur Daubeny, les fumaroles de la solfatare près de Naples dégagent de la vapeur

[1] Horsfield, cité par Daubeny.

d'eau, contenant de l'hydrogène sulfuré et un peu d'acide muriatique. Les roches qui forment le cratère, ou qui se trouvent dans le voisinage, ont été grandement altérées par l'action de ces exhalaisons gazeuses. Parmi les diverses combinaisons salines formées de cette manière, le muriate d'ammoniaque est la plus abondante. Les solfatares se rencontrent assez fréquemment dans les contrées volcaniques, avec des caractères plus ou moins variés.

Nous trouvons des volcans éteints dans des contrées où il existe actuellement des volcans en activité, ce que nous pouvons considérer comme n'étant que le résultat d'un déplacement du soupirail volcanique; mais on en rencontre aussi dans des pays où, depuis les temps historiques les plus reculés, toute trace d'activité volcanique a disparu, si nous en exceptons la présence des eaux minérales et thermales. Le centre de la *France* et l'*Allemagne* nous en offrent les exemples les plus remarquables. On a essayé d'établir, entre ces deux sortes de volcans, une distinction, fondée sur ce que l'état d'activité des uns a existé depuis la période actuelle, tandis qu'il est antérieur pour les autres. C'est un sujet plein de difficultés, principalement pour ce qui regarde la France centrale, où les éruptions volcaniques ont eu lieu à différentes époques; de telle sorte qu'on n'a pas de moyen de classer géologiquement toutes ces coulées, qui ne semblent être que des éruptions différentes de la même masse volcanique par des orifices nouveaux. Nous pouvons bien observer les points extrêmes, mais il serait très difficile d'établir des divisions intermédiaires bien tranchées et faciles à reconnaître. Les éruptions volcaniques ont sans doute eu lieu à peu près par les mêmes orifices pendant une longue période de temps, pendant laquelle de grands changements géologiques se sont opérés autour de ces volcans, comme sur toute la surface du globe.

On a voulu déterminer l'âge relatif des volcans d'après l'existence ou l'absence des cratères, et aussi par la supposition que quelques-uns sont antérieurs à la formation des vallées, tandis que d'autres sont postérieurs à leur creusement, leurs courants de lave ayant coulé dans ces vallées. Mais ces distinctions sont difficiles à établir, car les cratères ont pu très facilement être détruits; et quant à l'époque à laquelle des vallées ont été creusées, on n'en peut pas faire un point de départ pour établir l'âge relatif des volcans, vu la multitude des circonstances qui ont pu donner lieu à des changements sous ce rapport. On a suivi une méthode plus directe en basant cet âge relatif sur la composition minérale des laves; et si le principe était reconnu bon, ce serait le meilleur guide que l'on pût suivre, Mais on ne sait trop jusqu'à quel point nos connaissances sur les produits volcaniques nous autorisent à une conclusion si générale. On ne met guère en doute qu'il existe une grande différence de caractères minéralogiques entre les roches ignées des époques antérieures et celles qui se produisent maintenant ; ainsi, nous n'avons point connaissance de masses de granite ou de serpentine vomies par les volcans modernes : mais lorsqu'il s'agit de roches aussi rapprochées dans l'échelle géologique que celles des volcans actifs et éteints, on ne doit pas trop se hâter d'admettre de pareilles distinctions.

Le docteur Daubeny fait remarquer que les produits volcaniques les plus récents de l'Auvergne sont plus cellulaires, généralement plus rudes au toucher, et d'un aspect plus vitreux que ceux qui sont plus anciens [1].

Dans l'*Auvergne* et le *Vivarais*, on observe de nombreux volcans éteints de l'époque la plus récente. Leurs cratères sont souvent parfaitement conservés, ou seulement échancrés par une large brèche qui a donné passage aux laves. On trouvera des détails sur ces volcans dans des ouvrages consacrés spécialement à ce sujet, et l'ouvrage de M. Scrope sur le centre de la France en présente des vues pittoresques [2].

Dans l'*Eifel*, sur la rive gauche du Rhin, on rencontre aussi des volcans éteints que l'on considère comme d'époque très récente, vu qu'ils paraissent postérieurs à la formation des vallées dans toute la contrée environnante. Dans la région volcanique du centre de la France, les coulées ont en plusieurs points traversé des vallées déjà existantes, et, barrant les eaux qui y circulaient, ont formé des lacs. Avec le temps, les eaux surabondantes se sont creusé une issue dans cette digue de roches; et, par la continuité de l'érosion, ce creusement s'est étendu à la roche inférieure, qui formait le fond de la vallée primitive.

Bien d'autres exemples de volcans éteints ont été observés dans des régions où ne se trouve aucun volcan en activité; mais leur âge relatif est trop peu connu pour que l'on ose entreprendre d'en donner une classification générale.

Produits volcaniques minéraux.

Parmi les différentes classifications des substances volcaniques

[1] *Descriptions of volcanos.*
[2] L'une des vues les plus frappantes a été reproduite dans l'ouvrage intitulé *Sections and Views illustrative of geological phenomena*, pl. 24.

qui ont été proposées, la division en roches *trachytiques* et *basaltiques* paraît être la plus généralement adoptée. On considère le *trachyte* comme essentiellement composé de feldspath compacte, et de cristaux de feldspath vitreux, tandis que le *basalte* est formé de feldspath, de pyroxène et de fer titané. Toutefois, les laves présentent des mélanges si variés de différents minéraux, qu'il paraît très difficile de les soumettre à une classification exacte; et si l'on considère que ces diverses roches composées peuvent être modifiées par une foule de circonstances, on concevra le peu d'importance d'une pareille classification. Ces roches, dans la composition desquelles entrent le feldspath, le pyroxène augite, la leucite, la hornblende, le mica, l'olivine et autres minéraux, sont d'une nature tellement complexe, qu'il est presque impossible de leur donner aucun nom précis. M. Poulett Scrope a établi, dans les groupes désignés sous les noms de trachyte, basalte et *graystone* (ou *roche grise*, nom par lui proposé), les divisions suivantes :

1. *Trachyte composé*, qui contient du mica, de l'amphibole ou du pyroxène, quelquefois tous les deux, et des grains de fer titané.

2. *Trachyte simple*, dans lequel on ne distingue que du feldspath.

3. *Trachyte quarzeux*, lorsqu'il présente de nombreux cristaux de quartz.

4. *Trachyte siliceux*, lorsque l'on y reconnaît la présence d'une grande quantité de matières siliceuses.

1. *Graystone commun*, composé de feldspath, d'augite, de hornblende et de fer titané.

2. *Graystone leucitique*, lorsque le feldspath est remplacé par la leucite.

3. *Graystone mélilitique*, lorsque le feldspath est remplacé par le mélilite.

1. *Basalte commun*, composé de feldspath, de pyroxène et de fer.

2. *Basalte leucitique*, quand la leucite remplace le feldspath.

3. *Basalte* avec *olivine*, quand l'olivine remplace le feldspath.

4. *Basalte* avec *haüyne*, lorsque c'est la haüyne.

5. *Basalte ferrugineux*, lorsque le fer domine.

6. *Basalte* avec *augite*, lorsque le pyroxène augite constitue presque toute la roche [1].

Comme toutes les substances en fusion tendent à prendre une disposition moléculaire d'autant plus serrée ou cristalline qu'elles restent plus longtemps à l'état liquide et que leur refroidissement est plus lent, nous trouvons que c'est dans leurs parties intérieures

[1] *Quarterly, Journal of Science*, vol. 21, 1826.

que les coulées présentent la texture la plus cristalline ou la plus
compacte. Par la même raison, cette disposition est encore bien plus
prononcée dans les *dykes* qui coupent souvent les cônes volcaniques
que dans la coulée ; et ces dykes eux-mêmes sont plus cristallins
vers leur centre qu'au voisinage de la roche qu'ils traversent.

On a cru pouvoir conclure de l'apparence et de la disposition de
beaucoup de masses volcaniques, qu'elles s'étaient formées sous
l'eau, et qu'elles avaient été postérieurement soulevées. Les cendres et les pierres ponces rejetées par les volcans paraissent n'être,
si je puis m'exprimer ainsi, que l'écume produite à la surface de
la masse en fusion par le dégagement des gaz, ou par le bouillonnement de la matière elle-même sous une moindre pression. La
force nécessaire pour projeter des matières aussi légères est évidemment de beaucoup inférieure à celle qu'exige une éruption de laves
très compactes ; aussi ce dernier cas se rencontre-t-il beaucoup
plus rarement que le premier. Les substances volcaniques présentent d'ailleurs, ainsi qu'on doit le concevoir, tous les passages de la
cendre la plus légère à la roche cristalline la plus pesante. Les produits vitreux de la nature de l'*obsidienne* tiennent le milieu entre
ces deux extrêmes.

Les espèces minérales observées dans les roches volcaniques sont
extrêmement nombreuses ; et l'on ne doit nullement en être surpris lorsque l'on considère la variété des éléments qui, sous l'influence d'une haute température, ont dû réagir les uns sur les autres
dans les entrailles du volcan, et tendre à se combiner de diverses
manières [1].

Outre les matières fondues, on observe toujours, parmi les produits d'une éruption, les fragments des roches que traverse la cheminée volcanique ; et comme la nature du terrain traversé est très
variable, il en résulte une grande diversité parmi les fragments de
roches ainsi projetés. C'est le cas que nous présente le Vésuve, qui
a été l'objet d'observations suivies depuis une époque déjà très reculée, et dont les produits ont été plus étudiés que ceux de la plupart des volcans. Les fragments de roches rejetés par ce volcan sont
assez nombreux et de nature variée. Mais à cet égard les volcans
diffèrent grandement entre eux. Le chevalier Monticelli possède,
dans son admirable collection des produits du Vésuve, à Naples, une
grande variété de ces roches, parmi lesquelles on voit des fragments
du calcaire compacte coquillier qui forme le sol de la contrée. On est

---

[1] Le soufre y est très abondant, et souvent il se sublime en assez grande quantité
pour devenir l'objet d'exploitations considérables.

donc forcé d'admettre que la cheminée volcanique traverse cette formation calcaire, et que la masse fluide en arrache des fragments lors de son éruption. C'est, au reste, ce que l'on pouvait prévoir d'après la constitution géologique de la contrée. Les fragments calcaires ainsi rejetés par le volcan sont souvent imprégnés de magnésie, dont ils semblent s'être chargés dans le foyer volcanique.

Dykes volcaniques, etc.

On observe assez fréquemment, sur les flancs des volcans, des *dykes* ou fentes postérieurement remplies par la lave. M. Necker de Saussure en cite un grand nombre à travers les couches de la *Somma*. Ces espèces de filons ont tous à peu près la même composition, mais ils diffèrent sensiblement des coulées de laves qu'ils traversent. L'augite y est en plus grande quantité, tandis que la leucite, si commune dans la lave, est très rare dans les dykes, en exceptant toutefois un dyke du mont *Ottajano*, et un autre qui se trouve près du pied du *Punte del Nasone*, qui contiennent de grands cristaux de leucite. La lave des dykes paraît aussi contenir de petits cristaux de feldspath (?) avec une grande quantité d'une substance jaune qui peut être de l'olivine. La roche est à grains fins près des parois du dyke, et d'une structure plus cristalline dans le milieu. La puissance de ces dykes varie de 1 à 12 pieds.

On trouve à Ottajano un dyke remarquable qui diffère de tous les autres ; sa largeur est d'environ dix pieds et demi. Il s'élève verticalement jusqu'à la crête de la montagne, paraissant avoir relevé les couches de lave poreuse et compacte qu'il traverse. Un autre dyke singulier coupe les roches du *Monte Primo*. Il est formé d'une roche homogène, d'un gris légèrement verdâtre, et s'élève aussi verticalement. A la base de la montagne, sa largeur n'est que de 11 pouces, et il présente, jusqu'à la hauteur de 12 pieds, une petite bande d'un pouce et demi de lave vitreuse, qui le sépare de la brèche volcanique poreuse qu'il traverse ; au-dessus, la lave vitreuse disparaît entièrement, et la roche compacte occupe toute la largeur du dyke [1].

D'après le docteur Daubeny, le *Stromboli* et le *Vulcanello*, dans l'île de Lipari, présentent des dykes d'une lave trachytique cellulaire à travers un terrain de tuf [2]. Sir George Mackensie indique,

---

[1] Necker, *Mémoire sur le mont Somma ; Mém. de la Soc. de phys. et d'hist. natur. de Genève*, 1828.

[2] Daubeny, *Descriptions of volcanos*, pages 185-187. On y trouve des vues de ces dykes.

en *Islande*, des dykes d'une roche assez semblable au grunstein, lesquels traversent des lits alternatifs du tuf et de lave scoriacée.

Des dykes de porphyre traversent les anciennes laves de l'*Etna*. La formation de ces dykes s'explique très facilement par l'hypothèse des fentes, arrivant ou non à la surface du sol, lesquelles ont été remplies de lave incandescente. Nous avons un exemple de fente s'étendant jusqu'à la surface dans la grande crevasse de 12 milles de long et 6 pieds de large qui s'ouvrit sur le flanc de l'Etna, depuis la plaine de S. Lio jusqu'à un mille du sommet du volcan, au commencement de la grande éruption de 1669 [1]. La vive lumière que jetait cette crevasse a fait conclure, avec une grande probabilité, à M. Lyell, qu'elle était alors remplie jusqu'à une certaine hauteur de lave incandescente. Peu après, le sol se fendit encore en cinq endroits, et ces ruptures furent accompagnées d'explosions que l'on entendit à une distance de 40 milles [2].

Avant de terminer ce sujet, il convient de faire connaître quels doivent être les effets probables d'une colonne de lave qui, traversant des roches stratifiées, fait effort pour s'insinuer entre les couches ou dans les fentes qui s'y sont formées. La figure 19 servira à nous faire comprendre.

Fig. 19.

Soit *a b*, une colonne de lave liquide qui traverse des couches horizontales; il est clair qu'elle presse en tous points contre les parois, et que leur résistance est moindre entre les strates que partout ailleurs. Si la lave se fraie une ouverture dans cette direction, elle fera ensuite effort pour séparer les deux couches contiguës, et il y aura latéralement une injection de lave, jusqu'à une limite qui dépend de la hauteur de la masse liquide, laquelle tend à s'insinuer comme un coin entre les deux couches; de telle sorte que, si

---

[1] Lyell, *Principles of geology*.   [2] *Ibidem*, vol. I, p. 364.

la séparation des strates a commencé en *d*, elle continuera dans la direction *d c*, aussi loin que le permettra la pression de la colonne liquide *a d*. Si nous supposons que les couches de terrains ont été fracturées, et c'est certainement ce qui a lieu dans le voisinage des bouches volcaniques, la lave remplira toutes les fissures dans lesquelles elle pourra pénétrer ; en sorte que, s'il existe une fracture telle que *e f*, elle se remplira de lave liquide jusqu'à un niveau dépendant de la pression de la colonne *a e*. Pour plus de clarté, nous avons supposé des couches horizontales ; elles peuvent se présenter dans toute autre position : les effets varieront alors en conséquence, mais le principe est toujours le même.

Tremblements de terre.

La connexion qui existe entre les tremblements de terre et les volcans est aujourd'hui si généralement admise, qu'il est inutile de reproduire ici tous les faits sur lesquels est basée cette opinion : les uns et les autres paraissent être les effets d'une même cause qui nous est encore inconnue.

Le mouvement du sol, dans un tremblement de terre, n'est pas toujours le même : tantôt c'est un mouvement ondulatoire, analogue à un grand roulis sur mer, quoique beaucoup plus rapide ; d'autres fois c'est une trépidation, comme si la terre était violemment choquée en quelque point. Le premier de ces mouvements est de beaucoup le plus dangereux, car il déplace les murs et les constructions de leur position d'équilibre, au grand danger de celui qui se trouve au-dessous d'eux.

On a avancé que les tremblements de terre s'annonçaient par certaines circonstances atmosphériques ; mais on peut mettre en question jusqu'à quel point ce fait est exact. Ceux qui ont décrit des tremblements de terre paraissent généralement avoir eu pour but de produire beaucoup d'effet dans leurs tableaux, et y avoir ajouté tout ce qui pouvait en accroître l'horreur ; de plus, ils ont bien rarement apporté dans leurs observations les soins ou les connaissances nécessaires pour distinguer les circonstances essentielles de celles qui n'étaient qu'accidentelles. Autant que j'en puis juger par ma propre expérience, qui ne porte que sur quatre tremblements de terre, l'atmosphère m'a paru rester à peu près étrangère à ce phénomène. Toutefois je ne prétends pas qu'il ne puisse en arriver autrement ; car on concevrait difficilement que de pareils mouvements eussent lieu dans le sein de la terre sans apporter quelque changement à son état électrique, changement qui peut lui-même exercer une action sur l'état de l'atmosphère. Si les animaux sont généralement sensibles aux approches d'un tremblement de terre, cela peut provenir tout aussi bien d'un changement dans l'état électrique de l'air, que de la production de bruits souterrains qu'on leur supposerait la facilité de distinguer.

Des tremblements de terre précèdent presque toujours les grandes éruptions des volcans, quoique souvent ils aient lieu à de très grandes distances des bouches volcaniques. C'est ainsi que le grand tremblement de terre qui bouleversa la province de *Caraccas*, le 26 mars 1812, fut suivi, le 30 avril de la même année, de la grande éruption de la soufrière, dans l'*île de Saint-Vincent*; éruption qui, d'après M. de Humboldt, s'annonça par de grands bruits souterrains qu'on entendit le même jour dans la province de Caraccas et sur les bord de l'Apure.

Les tremblements de terre se font quelquefois sentir sur une étendue très considérable. Il n'en est pas d'exemple plus frappant que le fameux tremblement de terre de *Lisbonne*, en 1755, dont on ressentit la secousse, non-seulement dans toute l'Europe, mais même jusqu'aux Indes occidentales. L'étendue de cette action suppose une force motrice énorme; et quelque facile que soit la transmission latérale du mouvement et du son à travers l'écorce solide du globe, on est conduit à admettre que cette force devait agir à une profondeur considérable.

Pendant les tremblements de terre, le mouvement paraît se transmettre aux eaux, car des vaisseaux en ont très fréquemment ressenti les secousses en pleine mer, et la mer roule alors sur le rivage des vagues plus ou moins hautes, suivant la force du choc. Pendant le grand tremblement de terre de Lisbonne, les vagues s'élevèrent, à Cadix, à la hauteur de 60 pieds; à Madère, elles avaient encore 18 pieds de haut; et, sur les côtes de la Grande-Bretagne et de l'Irlande, la mer présenta divers mouvements extraordinaires. Ces circonstances se reproduisent, mais à un moindre degré, pendant la plupart des éruptions volcaniques. La couche d'eau en contact avec la terre ne pouvant se fendre et se diviser comme elle, transmet à la suivante le mouvement qu'elle reçoit, et qui se propage ainsi successivement, se manifestant à la surface par des vagues dont la hauteur va en diminuant à mesure qu'elles s'éloignent de la cause perturbatrice.

Dans presque tous les ports, le mouvement de la mer présente, par moment, des irrégularités qui ne peuvent s'expliquer par les marées, ni par les courants passagers, ni par les vents qui règnent au large. Ces mouvements consistent généralement en flux et reflux rapides

des eaux souvent si faibles, qu'on n'en aurait aucune connaissance sans les mariniers ou pêcheurs, qui, se trouvant constamment dans le voisinage des côtes avec leurs embarcations, ne voient pas sans surprise celles-ci mises tout à coup à flot ou laissées à sec sur le rivage, ce qui, parfois, se reproduit à plusieurs reprises. Ces mouvements ne pourraient-ils pas être produits par des tremblements de terre qui auraient lieu au fond de la mer, et dont les effets sur le sol que nous foulons seraient assez faibles pour échapper à nos observations?

Si, comme il semble raisonnable de le penser, les tremblements de terre se propagent latéralement à de grandes distances, de la même manière que le son dans l'air, l'intensité du choc doit dépendre du milieu qui le transmet; et si cette idée est exacte, les tremblements de terre ne doivent point se faire sentir avec la même force à la surface de terrains de nature différente. J'ai moi-même observé un fait, qui sans doute, quoiqu'il m'ait alors beaucoup frappé, ne peut à lui seul former la base d'aucune hypothèse bien fondée, mais que néanmoins je crois devoir rapporter ici, pour engager les géologues à de nouvelles recherches sur ce sujet. A la Jamaïque, pendant que j'habitais une maison située sur le bord de la formation du calcaire blanc de cette île et près de sa ligne de jonction avec la vaste plaine de gravier, sable et argile de Verre et de Lower Clarendon, je ressentis une légère secousse de tremblement de terre. Environ une demi-heure après, étant descendu dans la plaine, je m'informai de plusieurs habitants s'ils avaient ressenti le tremblement de terre; mais tous rirent de ma question, me disant que, s'il y en avait eu, ils s'en seraient aperçus, vu qu'ils étaient alors tranquilles, et qu'ils étaient trop familiers avec ces secousses pour ne pas remarquer un tremblement de terre, si réellement il avait eu lieu. Je crus alors que je m'étais trompé, et n'y pensai plus jusqu'au soir, lorsque j'appris de quelques nègres, qui avaient travaillé à plusieurs milles dans des montagnes formées de calcaire blanc, qu'ils avaient ressenti un léger tremblement de terre; et l'on sut, dans la suite, qu'il s'était fait sentir avec plus de force dans les environs de Kingston, qui est à une distance d'environ 40 milles. L'importance de ce fait repose sur ce qu'on ne s'aperçut nullement de la secousse dans les habitations de la plaine que je visitai; mais il n'est pas impossible, à raison de sa faiblesse, qu'elle y ait eu lieu sans éveiller l'attention de ceux qui s'y trouvaient; et dès lors cette circonstance n'est pas en elle-même d'une grande valeur; aussi je ne la fais connaître que pour engager à de nouvelles recherches. Quoi qu'il en soit, on peut remarquer qu'une vibration doit se transmettre moins rapidement dans un sol de gravier que dans un terrain de calcaire compacte, quoique le premier puisse céder plus facilement que le second à une impulsion verticale.

M. de Humboldt a observé que le tremblement de terre de Caraccas, en 1812, agita bien plus violemment la chaîne des Cordillières que les plaines voisines : ce que l'on peut attribuer à ce que le gneiss et le micaschiste des Andes transmettent plus facilement les vibrations souterraines que les matériaux qui constituent le sol des plaines voisines; ou bien encore, et c'est peut-être ce qui a lieu aussi pour la Jamaïque, cela peut tenir à ce que le choc, se transmettant, dans la série des terrains, des inférieurs aux supérieurs, ces derniers, plus éloignés de la cause du mouvement, doivent être moins violemment ébranlés.

On peut aussi remarquer que le son doit se transmettre inégalement dans les masses minérales, suivant leur texture et leur continuité, et que des bruits souterrains peuvent se faire entendre là où le choc qui les a produits n'est plus sensible. Les bruits qui accompagnent les tremblements de terre sont de nature assez diverse. Presque toujours ce sont des bruits sourds assez semblables à celui que fait entendre un chariot qui roule avec rapidité. Ce fut pendant une belle nuit, dans la partie nord de la Jamaïque, que je ressentis pour la première fois les effets d'un tremblement de terre, et je ne puis en donner d'idée plus exacte qu'en les comparant à ceux d'un chariot qui, lancé avec vitesse, serait venu choquer fortement la maison où j'étais, et ensuite aurait passé outre.

On a supposé, et avec beaucoup de probabilité, que les grandes distances auxquelles les explosions des bouches volcaniques ont été entendues, résultent de la transmission du son à travers les roches. Nous avons déjà cité (page 146) la grande éruption de l'île de Sumbava, que l'on entendit à Sumatra, qui en est distant de 970 milles géographiques, et à Ternate, qui est à 720 milles dans une autre direction [1]. Nous pouvons ajouter à cet exemple celui de l'éruption de l'Aringuay, dans l'île de Luçon, l'une des Philippines, en 1641, dont le bruit se fit entendre dans la Cochinchine [2].

Les tremblements de terre donnent lieu à des élévations, dépressions, crevasses, glissements et autres changements à la surface du sol. Toute élévation du sol suppose, ou que la masse solide qui le constitue prête de manière à s'étendre et à occuper un plus grand volume, ou bien qu'elle se rompt en plusieurs points, et donne naissance à des vides qui se remplissent de matières gazeuses ou

[1] *Life of sir S. Raffles.*
[2] Chamisso, *Voyage de Kotzebue.*

liquides. Nous ne connaissons pas de cause autre que la chaleur capable de produire cette expansion ; de sorte que celle-ci devra être suivie d'une contraction lorsque la température sera redevenue moindre. S'il y a rupture, et qu'une portion du sol soit soulevée par des matières gazeuses ou liquides, on ne peut regarder comme durables les accidents du sol qu'a fait naître leur action qu'autant que les matières injectées se sont solidifiées, comme cela arrive pour les laves liquides, et aussi lorsque le vide résultant de cette injection est à une grande profondeur au-dessous de la surface.

Le meilleur exemple que nous possédions d'une élévation subite d'une étendue de pays considérable, est celui qui a eu lieu au *Chili*, lors du tremblement de terre de 1822, dont nous devons les détails à madame Maria Graham. La secousse se fit sentir le long des côtes sur une étendue de plus de 1,000 milles. Toute la contrée comprise entre la mer et les montagnes, et peut-être au delà, fut soulevée sur une longueur de 100 milles. Le rivage, ainsi que le fond de la mer près des côtes, s'éleva de trois ou quatre pieds, de manière à mettre à sec une grande quantité de coquillages avec leurs animaux encore adhérents aux roches sur lesquelles ils vivaient. Il paraîtrait que des tremblements de terre antérieurs avaient déjà, à plusieurs reprises, élevé le sol de cette contrée ; car la côte présente une disposition générale en terrasses, que leur parallélisme avec le rivage actuel et les coquilles qui y sont renfermées çà et là doivent faire considérer comme d'anciens rivages, bien qu'elles s'élèvent maintenant jusqu'à 50 pieds au-dessus de la mer. Pendant le tremblement de terre de 1822, la mer, à plusieurs reprises, s'éloigna et se rapprocha des côtes. Aucun changement visible dans l'atmosphère ne précéda le tremblement de terre ; mais il paraît seulement avoir produit un certain effet, peut-être électrique, car des torrents de pluie inondèrent presque aussitôt toute la contrée [1].

M. Lyell a réuni une grande masse de faits qui prouvent que, dans beaucoup d'autres localités, les tremblements de terre ont produit de semblables élévations et aussi des dépressions considérables [2]. C'est ainsi qu'en 1819, le tremblement de terre du pays de *Cutch*, dans l'ouest de l'Indostan, produisit de grands changements dans le bras oriental de l'Indus. Son lit s'approfondit de 17 pieds en certains endroits, de sorte qu'une portion qui était guéable cessa tout à coup de l'être [3].

Le grand tremblement de terre de la *Calabre*, en 1783, produisit

[1] *Journ. of Science ; Géol. Trans.*, vol. 1.
[2] *Principles of geology.*
[3] Voyez la fin de la note, page 166.

divers changements à la surface du sol de cette contrée. M. Lyell a donné, d'après différentes autorités, un précis de ces phénomènes dont la lecture présente un vif intérêt, quelque peu disposé que l'on soit à admettre les conclusions théoriques qu'il en tire. La surface de la contrée éprouva un mouvement ondulatoire qui détermina de nombreuses et profondes ruptures du sol, la chute ou l'ébranlement de beaucoup d'édifices et des glissements de terrain très étendus. On vit se former plusieurs lacs, dont l'un, produit par l'accumulation des eaux de deux ruisseaux qui se trouvèrent barrés, avait deux milles de long sur un de large. La mer, dans le voisinage, était, comme cela arrive ordinairement, dans un état d'agitation extrême, et d'énormes vagues, balayant tout devant elles, venaient se briser avec violence sur le rivage.

Le grand tremblement de terre de *la Jamaïque*, qu'on dit généralement avoir englouti la ville de *Port-Royal*, en 1692, a été présenté comme un exemple d'un grand bouleversement [1]. Mais c'est une opinion tout à fait accréditée dans cette île, que presque tous les récits qui en ont été faits sont très exagérés; et cela ne doit point nous surprendre, si nous réfléchissons combien il est difficile d'obtenir sur une catastrophe si peu ordinaire des renseignements exacts de témoins dont les esprits étaient frappés d'une profonde terreur. Pour se rendre compte de ce qui a pu se passer, il est indispensable de décrire la position de Port-Royal et l'ancienne configuration des côtes antérieurement au phénomène. La nouvelle ville de Port-Royal est, de même que l'ancienne, située à l'extrémité occidentale d'un banc de sable, long d'environ 8 milles, qui paraît avoir été formé par la mer. Le rivage est bordé de nombreux basfonds et de récifs de corail connus sous le nom de *keys* ; et il est assez probable que de semblables récifs forment la base de la partie du banc de sable que l'on appelle les Palissades. Une partie de Port-Royal est d'ailleurs bâtie sur le roc.

Or, il résulte du témoignage du capitaine Hals, qui visita la Jamaïque, en 1655, avec Penn et Venables, que le sol sur lequel s'élevait Port-Royal n'était réuni aux Palissades, éloignées d'environ un quart de mille, que par une étroite chaussée de sable qui ne faisait qu'effleurer la surface des eaux; il paraît même que 17 ans auparavant, lorsque Jackson s'empara de Santiago-de-la-Vega, le sol de la ville était entouré d'eau de tous côtés, et que ce n'est que

---

[1] Ayant lieu de présumer que M. Lyell combattra, dans le second volume de ses *Principles of geology*, l'opinion que j'ai émise dans la première édition de cet ouvrage sur l'importance de ce tremblement de terre, j'ai traité ici ce sujet plus longuement peut-être que ne l'exigerait le cadre d'un Manuel.

plus tard que s'éleva au-dessus des eaux l'étroite digue de sable due à l'action des brisants et à la prédominance des vents d'est et de sud-est. Le mer ne tarda pas à combler ainsi tout l'espace compris entre les Palissades et Port-Royal, travail dans lequel elle fut aidée par les habitants, qui consolidèrent le sable par des pilotis, de manière à former des quais, le long desquels la mer avait assez de profondeur pour que les navires ¹ de 700 tonneaux pussent venir s'y décharger. C'est sur ce sol nouvellement formé que furent bâties la plus grande partie des maisons de Port-Royal, lesquelles étaient généralement de lourdes constructions en briques ; et c'est précisément cette partie de la ville qui fut engloutie. « Tout le terrain chargé d'édifices s'abîma, et il ne resta plus qu'une partie du fort et le quartier des Palissades à l'autre extrémité de la ville ². »

Voici comment s'exprime sir Hans Sloane : « La langue de terre sableuse sur laquelle était bâti presque tout Port-Royal, à l'exception du fort (lequel repose sur le roc, et est resté debout), n'étant maintenue que par des pilotis et des quais, s'éboula dans la mer à l'instant du tremblement de terre, et enfouit sous ses débris les ancres de plusieurs vaisseaux qui se tenaient près des quais. C'est alors que les fondations manquant, la plus grande partie de la ville s'écroula, et s'affaissa de telle sorte, que la mer recouvrit de trois brasses d'eau presque tout l'espace qu'elle occupait. Un grand nombre d'habitants périrent victimes de cette catastrophe. » Quant à l'état de la mer pendant le tremblement de terre, « elle fut agitée comme dans une tempête, et la violence des vagues fut telle dans le port, que plusieurs vaisseaux rompirent leurs câbles, et furent emportés de dessus leurs ancres. » Nous retrouvons plus loin dans la même description, que toutes les maisons voisines de la mer s'écroulèrent à la fois, « et que d'énormes vagues les couvrirent aussitôt. »

La frégate *le Cigne*, qui était en radoub le long du quai, fut poussée par la mer au-dessus du faîte des maisons, et sauva la vie à plusieurs centaines de personnes qui s'y réfugièrent. Quelques maisons ne firent que s'enfoncer verticalement, de manière qu'elles

---

¹ La profondeur de l'eau près de ces quais ne pouvait varier qu'entre des limites très rapprochées, car les marées ne sont à Port-Royal que de onze à douze pouces.

² *Phil. Trans.*, année 1694. Long. que ses fonctions mettaient à même d'obtenir les renseignements les plus exacts, dit « qu'on avait bien raison de penser que le poids de tant de grosses constructions en briques avait puissamment contribué à leur chute, car le sol ne céda qu'aux endroits où s'élevaient des maisons, et nullement au delà. »

restèrent encore au-dessus des eaux à partir du balcon supérieur; mais la plus grande partie tomba tout à fait en ruines : en résultat, le fort se trouva environné d'eau de tous côtés, comme à l'époque de l'expédition de Jackson [1]. Mais cet état de choses n'a pas duré; car les mêmes causes qui avaient autrefois réuni les Palissades au fort, continuant d'agir, ont de nouveau comblé l'intervalle, et le tout ne forme maintenant qu'un sol continu.

De l'examen de toutes les circonstances de ce tremblement de terre, il ne me paraît pas résulter qu'il y ait eu nécessairement un affaissement du sol (en attachant à ce mot l'idée d'un abaissement en masse d'une portion du sol, et à une grande profondeur), quoique je ne prétende pas que rien de semblable ne puisse être arrivé. Je crois qu'on peut tout expliquer par l'éboulement d'un sable non cohérent, chargé du poids de lourdes constructions, éboulement produit par de violentes secousses de tremblement de terre, et par une invasion de la mer. On voit encore par un temps calme, près de la nouvelle ville, les ruines de l'ancienne sous les eaux : mais ce fait est également en faveur des deux hypothèses; car, dans l'un ou l'autre des cas, soit d'éboulement ou d'affaissement en masse, la position de ces ruines doit être la même [2].

---

[1] Phil. Trans., 1694; Sloane, Nat. hist. of Jamaïca; Long, Hist. of Jamaïca; et Bryan Edwards, Hist. of the West Indies.

[2] Nous croyons devoir transporter ici, sous la forme de note, l'addition suivante que l'auteur a faite à tous les détails qui précèdent sur le tremblement de terre de la Jamaïque, et qui est placée dans son ouvrage, page 542, sous la lettre E de son Appendice. (Note du traducteur.)

Je me félicite de pouvoir ajouter ici, sur ce tremblement de terre de 1692, quelques documents nouveaux que je dois principalement au docteur Miller, de la Jamaïque, qui a habité quelque temps Port-Royal, quand il servait dans l'artillerie : on va voir qu'ils confirment les opinions que j'ai émises ci-dessus.

Dans un almanach publié à la Jamaïque en 1806, on a inséré un plan de Port-Royal qui avait paru, pour la première fois, dix ou douze ans auparavant. Ce plan, formé d'après des documents authentiques qui existent, représente en même temps les limites qu'avait la ville avant le tremblement de terre de 1692, et celles qu'elle a eues depuis.

La figure 108 ci-jointe est une réduction de ce plan, dans laquelle on a seulement supprimé le tracé des rues de la ville. On y a ajouté, d'après le docteur Miller, l'indication de l'étendue actuelle de cette langue de terre.

a, a, a, a, a et L, sont les limites qu'avait la ville et le promontoire de Port-Royal avant le grand tremblement de terre. — Les deux espaces fortement ombrés P et C, sont les parties qui restèrent après cette catastrophe. C est le fort Charles. — Tout l'espace couvert de traits fort écartés N, N, N, indique l'étendue qu'avaient prise la ville et le promontoire à la fin du dix-huitième siècle, par l'accumulation ordinaire de sables produite par la mer. — Les espaces I, I, I et H, sont l'accroissement que le sol a reçu depuis cette époque. — Ainsi l'ensemble de ces parties I, I, I et H, avec les parties légèrement ombrées N, N, N, représente la surface actuelle de

Le même tremblement de terre renversa presque toutes les cons-

la ville et du promontoire de Port-Royal. — L'espace H, jadis connu sous le nom de Trou-du-Chocolat, et maintenant comblé, fait partie du terrain consacré aux parades de la garnison.

Fig. 108.

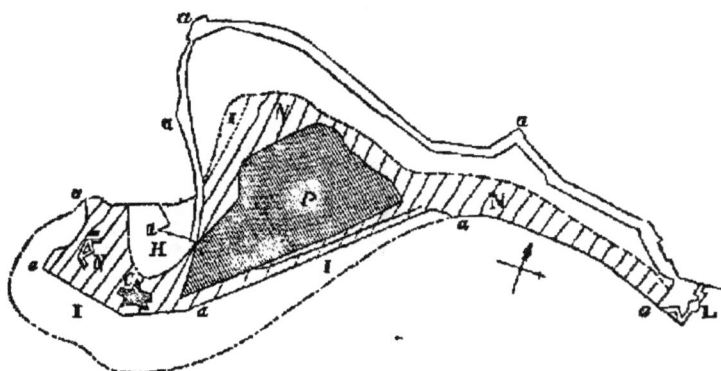

Il paraît aussi que toute la partie de Port-Royal qui est demeurée au-dessus de l'eau, après le tremblement de terre, repose sur le calcaire blanc; on l'a constaté pour le fort Charles. On sait maintenant que cette roche sert de base à une partie, peut-être assez considérable, de la langue de terre nommée les Palissades, qui commence en L tout près de Port-Royal, et très probablement aussi à plusieurs récifs de coraux, connus sous le nom des Clefs-de-Port-Royal (*Port-Royal Keys*).

Ces détails nous semblent expliquer la submersion de terrain qui a eu lieu à Port-Royal pendant le tremblement de terre. La secousse a fait ébouler ou tasser les sables, tandis que les parties plus solides, ou les roches, sont restées fermes; ce qui nous conduira à conclure qu'il n'y a pas eu un affaissement général; car s'il avait eu lieu, les roches auraient disparu avec le reste. Quand M. Miller résidait à Port-Royal, avant le grand incendie de 1815, il existait encore plusieurs vieillards descendants des anciens colons, et c'était une tradition établie parmi eux, que le grand désastre avait été causé par le glissement du sable, ce qui s'accorde avec l'opinion émise ci-dessus.

Lorsque je me trouvai à la Jamaïque, en 1824, j'essayai vainement de voir ce que l'on appelle les ruines du vieux Port-Royal. Il paraît qu'elles sont couvertes par le sable qui forme de grandes inégalités sur le fond de la mer, à l'ouest et au nord-ouest de l'hôpital actuel des marins. Quand un vaisseau vient à toucher sur une de ces inégalités, on dit « qu'il a été sonner les cloches du vieux Port-Royal. » Il ne s'ensuit pas pour cela que ces ruines ne fussent pas distinctement visibles en 1780, comme sir Charles Hamilton et autres l'ont assuré (Lyell, t. II, p. 269). On doit au contraire présumer qu'il a dû en être ainsi; car l'accumulation du sable, occasionnée principalement par les brisants, qui sont poussés par les vents dominants (les vents alisés), étant, comme nous l'avons vu, très considérable à Port-Royal, on doit croire qu'il a dû recouvrir peu à peu les ruines.

De tous ces raisonnements ayant pour but de faire voir que, durant ce tremblement de terre de 1692, il n'y a eu à Port-Royal que peu ou point d'affaissement du sol, dans l'acception géologique ordinaire de ce mot, je ne prétends nullement conclure qu'il soit *impossible* qu'un affaissement puisse être produit par une catastrophe de ce genre, mais seulement qu'il est évident qu'on ne peut admettre cette supposition dans ce cas particulier.

D'après les observations du lieutenant Burnes, rapportées par M. Lyell (*Princip. of*

tructions qui existaient à la Jamaïque, et détacha des montagnes d'énormes quartiers de roches, fait qui n'est nullement surprenant dans une contrée dont le sol est si profondément accidenté. Il existe une relation suivant laquelle, dans le lieu qui porte le nom de Sixteen Mile Walk, deux montagnes se seraient jointes l'une contre l'autre. Si cela a jamais eu lieu, il faut que ces montagnes se soient séparées depuis, car l'état actuel des lieux ne peut faire soupçonner rien de tel. Que de gros quartiers de roches, que d'énormes masses de terres aient, pour un temps, fermé tout passage, c'est une chose extrêmement probable; mais il y a loin de là à la jonction de deux montagnes.

On observe très fréquemment, après les tremblements de terre, des cavités, en forme d'entonnoir ou de cône renversé, à la surface des plaines. Elles ont partout présenté une telle ressemblance, qu'elles doivent provenir d'une même cause. Un grand nombre de trous circulaires se formèrent dans les plaines de la *Calabre* lors du tremblement de terre de 1783. Leur diamètre le plus ordinaire était celui d'une roue de voiture, mais souvent aussi il était ou plus grand ou plus petit : quelques-uns étaient remplis d'eau, et la plupart de sable. Il paraîtrait que des eaux avaient jailli par ces espèces de puits [1]. Pendant le tremblement de terre qui agita la province de *Murcie* en 1829, il se forma, dans une plaine voisine de la mer, une grande quantité de petites ouvertures circulaires, desquelles sortirent une vase noirâtre, de l'eau salée et des coquilles marines [2]. Enfin, après le tremblement de terre du *cap de Bonne-Espérance*, en décembre 1809, on trouva le sol sablonneux de la vallée de Blauweberg criblé de cavités circulaires de 6 pouces à 3 pieds de diamètre, sur une profondeur de 4 à 18 pouces; et les habitants de la vallée affirmèrent que des eaux colorées avaient jailli, par ces ouvertures, jusqu'à la hauteur de 6 pieds, pendant le tremblement de terre [3]. Il paraît assez difficile de se rendre compte de ces faits, qui ne peuvent s'expliquer comme les eaux que l'on voit fréquemment jaillir par des fentes ou crevasses. Le tremblement de terre

---

geology, tom. 2, pag. 266), il paraît que, dans le pays de *Cutch*, le tremblement de terre de 1819, dont nous avons déjà parlé ci-dessus, page 163, a produit, sur certains points, un affaissement considérable, et en même temps, sur d'autres, une élévation du sol, de 50 milles de long sur quelquefois 16 milles de large, dont la plus grande hauteur est de 10 pieds. La direction du terrain affaissé et celle du terrain soulevé sont parallèles, et courent toutes deux de l'est à l'ouest, en travers du delta de l'Indus.

[1] Lyell, *Princ. of geol.* On y trouvera une vue et une coupe de ces cavités remarquables, pages 428 et 429.

[2] *Ibidem*. Voyez aussi le *Bulletin de Férussac*, année 1829.

[3] *Phil. Mag. and Annals*, janvier 1830.

du *Chili*, dont nous avons déjà parlé, donna lieu à la formation de cônes de sable dont un grand nombre étaient creux à l'intérieur '.

Comme nous le verrons plus tard, les tremblements de terre changent souvent le cours des sources. Enfin, tant de descriptions nous les représentent comme accompagnés d'éclairs et autres météores lumineux, qu'il n'est guère possible de douter de ce phénomène, qu'on doit peut-être considérer comme un effet électrique.

Si maintenant, mettant de côté tout ce qu'ont d'effrayant les volcans et les tremblements de terre, nous cessons de mesurer leur importance aux effets qu'ils ont produits sur notre imagination, nous trouverons que les changements qu'ils peuvent faire naître à la surface du globe sont, comparativement parlant, bien peu de chose. Ces faibles changements ne s'accordent pas du tout avec ces théories dans lesquelles on a voulu expliquer les soulèvements de grandes chaînes de montagnes et les dislocations subites des couches terrestres, soit par l'action répétée de tremblements de terre, qui, agissant constamment dans une même direction, auraient élevé les montagnes par sauts successifs de 5 à 10 pieds à la fois, soit par toute autre catastrophe d'une aussi faible importance géologique que nos tremblements de terre actuels. En vain on en appellerait au temps; la durée d'action d'une force n'ajoute rien à son intensité. Qu'on attelle une souris à une grosse pièce d'artillerie, jamais elle ne la mettra en mouvement, quand même on lui donnerait siècles sur siècles; mais qu'on y applique la force nécessaire, et la résistance sera aussitôt vaincue.

Ouragans.

Les changements considérables que peuvent produire à la surface de la terre l'irruption soudaine de vents furieux et de déluges de pluie, donnent aux ouragans une véritable importance en géologie. On a avancé que la vitesse du vent, pendant les ouragans, était de 80 à 100 milles par heure; mais on doit convenir qu'on n'a point fait à ce sujet d'expériences bien satisfaisantes. Quelle que puisse être cette vitesse, il est constant que ces vents ont assez de force pour déraciner les forêts, renverser les édifices, et faire périr une grande partie des êtres vivants qui peuplaient une contrée, transformant ainsi, dans l'espace de quelques heures, de belles et fertiles campagnes en un théâtre de deuil et de désolation. On voit se former tout à coup d'impétueux torrents qui, non-seulement entraînent avec eux les arbres déracinés et les cadavres des nombreux animaux terrestres que le vent a détruits, mais qui, en outre, dans toute leur course à travers les parties basses du sol sur lesquelles ils se précipitent, produisent les plus grandes dévastations dont les eaux courantes sont capables. Dans les pays de montagnes, des éboulements souvent considérables ont lieu pendant les ouragans, et lorsque, par leur chute, ils viennent à barrer le cours d'un torrent, ils augmentent ses effets destructeurs; car les eaux accumulées pendant un certain temps n'en sont que plus terribles lorsqu'elles ont rompu la digue qui les retenait.

L'ouragan qui ravagea les Antilles au mois d'août 1831 nous fournit un exemple bien affligeant des effets destructeurs que produisent ces fléaux dans cette partie du monde; non-seulement il renversa les constructions de toute espèce, et ensevelit sous leurs ruines un grand nombre d'habitants, mais encore il fit périr une multitude d'animaux. A *la Barbade*, les arbres qui ne furent point déracinés par la furie du vent furent dépouillés de leurs feuilles, et beaucoup même de leurs branches, de manière à présenter l'étrange phénomène de forêts sans feuilles sous les tropiques. Le même ouragan ravagea les îles de Saint-Vincent et de Sainte-Lucie, et se fit même sentir à l'extrémité est de la Jamaïque.

La mer est, comme on doit le concevoir, violemment agitée pendant les ouragans, et elle cause de grands ravages, principalement sur les plages peu élevées. C'est ainsi que dans le grand ouragan de *la Jamaïque*, en 1780, elle fit tout à coup irruption sur la petite ville de Savannah-la-Mar, et balaya complétement ses bâtiments avec tout ce qui s'y trouvait. L'ouragan du mois d'août 1831 eut assez de force, à Saint-Domingue, pour élever les eaux de la mer, aux Cayes, à une hauteur considérable, et la violence de cette tempête jeta à la côte, près de Santiago-de-Cuba, tous les vaisseaux qui se trouvaient en rade.

Les ouragans n'embrassent souvent que des espaces plus resserrés; mais ils n'en exercent pas moins de ravages dans le pays qu'ils traversent. Tel fut l'ouragan qui, en 1815, traversa *la Jamaïque* du nord au sud. Il passa à travers la partie occidentale des montagnes Bleues en y faisant d'horribles dégâts. Le vent, des plus violents, fut accompagné d'une pluie qui fut considérée comme sans exemple, même sous les tropiques. Les torrents qui grossirent la rivière d'Yallahs entraînèrent à la mer tous les poissons qui y vivaient; et dix ans après, on pouvait encore y constater l'absence de tout poisson d'eau douce. Des éboulements considérables eurent lieu

Port-Royal, à Saint-André et dans les montagnes Bleues; et lorsque
e visitai ces montagnes, plusieurs années après, un grand nombre
d'escarpements, encore à nu, m'en offrirent des preuves irrécusables.
Dans les endroits où les masses éboulées descendirent jusqu'au fond
des ravines, elles arrêtèrent les eaux, qui, bientôt après rompant
leurs digues, en entraînèrent au loin une grande partie. Beaucoup
d'hommes et d'animaux périrent, et nombre d'habitations furent
entraînées ou ensevelies sous les débris. Toute communication par
terre entre Kingston et la côte orientale de la Jamaïque se trouva
interrompue; et M. Barclay, ainsi forcé de se rendre par mer à
Morant, rapporte que « le vaisseau fut obligé de gagner la haute
mer pour se préserver de l'énorme quantité d'arbres qui, à la lettre,
couvraient la mer jusqu'à une distance considérable du rivage. »
Cet ouragan, qui causa tant de ravages sur le milieu de sa course,
ne se fit nullement sentir à Santiago-de-la-Vega (Spanishtown),
ville distante de 40 milles à l'ouest, ni aux Morant Keys, qui sont
à 50 milles vers l'est.

On doit concevoir que, lors de ces ouragans qui ont lieu sous les
tropiques, et surtout dans des îles montagneuses, comme Cuba,
Haïti, la Jamaïque et autres, les eaux peuvent charrier à la mer,
avec les détritus du sol, une énorme proportion de végétaux et
d'animaux terrestres; et ce ne sont point seulement des hommes,
des quadrupèdes, des oiseaux et des reptiles terrestres qui peuvent
être ainsi transportés : des tortues d'eau douce, des crocodiles,
peuvent être aussi surpris et entraînés dans la mer, dont l'extrême
agitation, dans ces circonstances, laisse à ces animaux peu de chances
de salut. Ils sont probablement en grande partie dévorés par les
requins et autres poissons voraces; mais il est possible qu'au retour
du calme, ces débris terrestres et fluviatiles se trouvent enveloppés
avec ces débris marins par les détritus amenés par les rivières,
ainsi que par les sables et la vase qui avaient été mis en mouvement
par l'action des vagues, et qui se précipitent lorsque la tranquillité
renaît. Un pareil dépôt ressemblerait jusqu'à un certain point à
ceux qui se forment à l'embouchure des fleuves, et n'en différerait
probablement qu'en ce que les débris qu'il contient présenteraient
des traces d'un transport violent. Dans le voisinage immédiat de la
côte, les brisants rejetteraient sur le rivage une quantité considérable de ces débris.

Emanations gazeuses.

On voit sortir de terre, dans divers cantons éloignés de tou
foyer volcanique, autant du moins que nous en pouvons juger pa
la surface du sol, des jets naturels de gaz inflammable, preuve
irrécusables des décompositions chimiques qui s'opèrent à de cer
taines profondeurs. Dans plusieurs pays, les prêtres se sont servi
de ces jets extraordinaires pour abuser la multitude ignorante ; e
d'autres endroits, ils ont été employés d'une manière plus utile.

On sait que le *feu grisou* (*fire-damp*) des mines de houille n'es
autre chose que du *gaz hydrogène carboné* qui s'échappe des cou
ches de charbon, s'accumule dans les galeries mal aérées. Lors
qu'il se trouve mêlé en proportion suffisante avec l'air atmosphé
rique, et qu'on approche imprudemment une flamme libre, l
mélange prend feu et produit ces terribles explosions qui répanden
le deuil et la misère dans les familles des mineurs. Le génie de Dav
n'eût-il inventé que la *lampe de sûreté*, ce serait encore un titr
suffisant à la reconnaissance du genre humain.

Puisque le gaz hydrogène carboné se dégage ainsi dans l'intérieu
des mines de houille, on doit s'attendre à le voir parfois jaillir à
la surface du sol : c'est, en effet, ce qui a lieu ; mais on observe auss
des jets de gaz inflammable dans quelques localités où l'on n'a
nulle raison de supposer l'existence de couches de houille ; nous er
avons un exemple dans le jet de gaz bien connu des environs de
Pietra Mala, qui sort d'un terrain de calcaire et de serpentine
entre Bologne et Florence.

Le capitaine Beaufort a observé près de Deliktash, sur la côte
de la *Caramanie*, un jet de gaz enflammé nommé le *Yanar*, qu
peut-être a figuré jadis dans des cérémonies religieuses. « On voi
encore, dit ce voyageur, dans un coin intérieur d'un édifice en
ruines, une muraille creusée en dessous de manière à laisser
une ouverture d'environ trois pieds de diamètre, ayant la forme
d'une bouche de four ; de cette ouverture s'échappe la flamme, qui
produit une vive chaleur sans déposer aucune fumée sur le mur. »
Quoique le jet de gaz n'eût pas sensiblement noirci la muraille, on
trouva à l'entrée du conduit souterrain de petites masses de suie
agglomérée. En cet endroit le sol n'est autre chose qu'une accumu
lation de fragments de serpentine et de calcaire. A une petite
distance, au pied de la colline sur laquelle s'élève le vieil édifice,
se trouve une seconde ouverture qui paraît avoir jadis donné passage
à de semblables dégagements de gaz. On pense que le Yanar date

d'une époque très reculée : c'est peut-être le jet décrit par Pline [1].

D'après le capitaine Beaufort, le colonel Rooke a observé sur une montagne de la partie occidentale de l'*île de Samos*, un jet intermittent de gaz enflammé, de la même nature ; et le major Rennell nous apprend qu'à *Chittagong*, au Bengale, il existe dans un temple un jet naturel de gaz inflammable dont les prêtres tirent parti de différentes manières, et entre autres pour faire cuire leurs aliments.

Le village *Fredonia*, dans l'état de New-York, est éclairé par un jet naturel de gaz qu'un tuyau conduit dans un gazomètre. On recueille ainsi environ 80 pieds cubes de gaz en 12 heures. C'est de l'hydrogène carboné que l'on croit être fourni par des couches de houille bitumineuse. Le même gaz se dégage en beaucoup plus grande quantité dans le lit d'un ruisseau, à environ un mille du village.

D'après M. Imbert, missionnaire français, on se sert à Tsee-Lieou-Tsing, en *Chine*, d'émanations gazeuses, pour évaporer des eaux salées que fournissent des sources voisines. Des tuyaux de bambou conduisent le gaz de sa source à l'endroit où on le consomme. A l'extrémité de ces bambous est ajusté un tuyau en terre glaise pour en prévenir la combustion. Une seule source de gaz chauffe ainsi plus de 300 chaudières. La flamme est extrêmement vive, et met en quelques mois les chaudières hors de service. D'autres conduits de bambous distribuent convenablement le gaz destiné à l'éclairage des rues et des grands appartements, ou à l'usage des cuisines [2] » Ce sont, suivant M. Imbert, des recherches d'eau salée qui ont donné naissance à ces jets de gaz : les sources déjà existantes venant à tarir, on les fit sonder très profondément pour se procurer de nouvelles eaux salées ; mais au lieu de ce résultat, on obtint un jet de gaz qui se forma tout à coup avec un bruit considérable [3].

M. Klaproth indique encore en Chine d'autres jets de gaz inflammable ; l'un d'eux, qui est maintenant éteint, paraît avoir brûlé depuis le second siècle de notre ère jusqu'au treizième. Cette source de feu (*ho tsing*) était placée à 80 lieues au sud-ouest de Khiong-Tcheou, et servait, comme celle dont nous avons déjà parlé plus haut, à l'évaporation d'eaux salées [4].

[1] *Beaufort's Karamania.*
[2] *Bibl. univers.*, et *Edin. New Phil. journ.*, 1830.
[3] Humboldt, *Fragments asiatiques.*
[4] Humboldt, *Fragm. asiat.* On trouvera dans le même ouvrage, page 197, une description très intéressante de la manière dont les Chinois exécutent des sondages très profonds pour leurs recherches d'eaux salées. Leur sonde consiste en une pièce

La connexion qui existe entre ces émanations de gaz inflammables et les sources salées ou les masses de sel gemme, n'a point été observée seulement en Chine, mais aussi en Amérique et en Europe. Dans des recherches d'eaux salées faites à Rocky Hill, dans l'*état de l'Ohio*, près du lac Erié, la sonde, après avoir percé une profondeur de 197 pieds, tomba tout à coup; des eaux salées jaillirent au même instant, et après avoir coulé pendant plusieurs heures, firent place à une quantité considérable de gaz, qui, ayant été enflammé par un feu voisin, brûla tout ce qui se trouvait à sa portée [1].

Il paraît aussi que M. Rœders, inspecteur des mines de sel de Gottesgabe, à Reine, dans le comté de Tecklenberg, se sert, depuis deux ou trois ans, d'un gaz inflammable qui sort de ces mines non-seulement pour l'éclairage, mais aussi pour les usages de la cuisine. Il le tire des travaux souterrains qui ont été abandonnés, et le conduit par des tuyaux jusqu'à sa maison. Un jet continu de ce gaz s'échappe depuis soixante ans de l'une de ces mines [2]. On pense que ce gaz est formé d'hydrogène proto-carboné et de gaz oléfiant.

On voit en différents lieux des jets de gaz inflammable sortir de terrains imprégnés de pétrole et de naphte. Nous en avons plusieurs exemples dans le voisinage de la ville de *Bakou*, port sur la mer Caspienne, près de laquelle ces deux substances sont si abondantes, qu'elles forment le seul combustible des habitants. Au nord-est de cette ville, à environ 10 milles, s'élèvent d'anciens temples de Guèbres, dans chacun desquels on voit sortir du sol des jets de gaz inflammable. La flamme est pâle et claire, et répand une très forte odeur de soufre. Un autre jet, bien plus considérable, sort des flancs d'une montagne voisine. Le pays est généralement plat et en pente douce vers la mer. Si, dans un rayon de deux milles autour de la ville, on fait un trou en terre, le gaz en sort aussitôt, et s'enflamme à l'approche d'une torche: aussi les habitants n'ont qu'à enfoncer un roseau dans le sol pour donner issue

d'acier, du poids de 300 à 400 livres, qui bat constamment le roc, absolument comme nos fleurets d'acier dans un trou de mine; mais dans le travail des Chinois, l'outil d'acier est suspendu par une corde à l'une des extrémités d'une pièce de bois fixée sur un support de telle manière qu'un ouvrier, en sautant sur l'autre extrémité du levier, soulève et laisse tout à coup tomber la sonde d'environ 2 pieds à chaque fois. Par ce procédé, lent mais assez sûr, ils percent verticalement des trous parfaitement réguliers qui ont 5 à 6 pouces de diamètre, et qui, d'après M. Imbert, vont jusqu'à une profondeur de 1500 à 1800 pieds de France.

[1] *Trans. New. York Phil. soc.*

[2] *Edin. Phil. Journal,* vol. VI.

au gaz, lorsqu'ils veulent s'en servir, soit pour s'éclairer soit pour cuire leurs aliments [1].

M. Lenz, auquel nous devons la description d'une éruption boueuse accompagnée de flammes, qui eut lieu près du village de Jokmali, à 14 werstes à l'ouest de Bakou, paraît vouloir attribuer une origine volcanique aux émanations gazeuses de cette contrée; mais les faits qu'il cite se prêtent difficilement à cette interprétation. Cette éruption commença le 27 novembre 1827. Dans un lieu où jamais il n'y avait eu de flamme, on vit paraître une colonne embrasée, qui s'éleva pendant trois heures à une hauteur considérable; puis, s'abaissant à la hauteur de trois pieds, elle dura encore vingt-quatre heures, jusqu'à l'instant où eut lieu l'éruption boueuse, qui couvrit d'une couche épaisse de deux à trois pieds une largeur de cent cinquante à deux cents toises. L'observation des lieux montre que de pareilles déjections boueuses ont déjà eu lieu antérieurement, soit à la même place, soit dans le voisinage; mais on ne peut appliquer l'expression de *volcaniques*, dans l'acception ordinaire de ce mot, à cette salse et à d'autres qui sont indiquées dans le même territoire. Le même auteur nous apprend qu'à l'endroit appelé Atech-Gah, ou *les grands feux* de Bakou, le principal jet sort de couches calcaires qui plongent de 25° au sud-est, et donne une couleur bleue aux fentes et crevasses du rocher [2].

D'abondants dégagements de *gaz acide carbonique* ont lieu dans les mines de houille et dans les régions volcaniques. Tout le monde sait que c'est ce gaz qui produit les effets de la *grotte du Chien* dont on a fait tant de descriptions exagérées. MM. Bischoff et Noggerath indiquent, sur les bords du *lac de Laach* (Prusse rhénane), une fosse dans laquelle ils ont observé les restes d'un grand nombre d'animaux, oiseaux, écureuils, chauves-souris, grenouilles, crapauds et insectes tués par le dégagement du gaz acide carbonique.

Ce gaz se dégage encore en très grande abondance sur la Kyll, presque vis-à-vis *Birresborn*. Le gaz, arrivant par les fissures du rocher dans un étang qui le recouvre, jaillit avec une telle violence à travers ses eaux, que le bruit s'entend à une distance de 400 mètres. Les oiseaux qui s'approchent trop près de cet étang y tombent asphyxiés, et une couche de gaz irrespirable défend l'accès de ses bords, couverts de gazon, au voyageur qui voudrait venir y étancher sa soif [3].

[1] *Journal of Science.*
[2] Humboldt, *Fragments asiatiques*, page 172.
[3] Bischoff et Noggerath, *Edin. Phil. journal.*

On voit en un grand nombre de localités des gaz, accompagnés d'eau et de pétrole, sortir à la surface du sol, en assez grande quantité pour qu'on puisse leur appliquer le nom de salses, ou volcans boueux. Le docteur Daubeny considère ceux de *Macaluba*, en Sicile, comme indépendants de toute action volcanique, et il les attribue à la combustion du soufre, très abondant dans le sol de la contrée. Beaucoup d'autres endroits nous offrent des exemples d'éruptions boueuses produites par un dégagement d'eau et de substances gazeuses [1].

Dépôts formés par des sources.

Les sources sont rarement, ou peut-être ne sont jamais, complétement pures, à cause de la propriété dissolvante de l'eau, qui, en filtrant à travers l'écorce du globe, se charge toujours plus ou moins de matières étrangères. Le carbonate, le sulfate et le muriate de chaux, les muriates de soude et de fer, sont les sels qui se rencontrent le plus fréquemment dans les sources. Quelques-unes étant plus fortement chargées de ces diverses substances, et de quelques autres, telles que le carbonate de magnésie et même la silice, prennent, à cause de cela, le nom de *sources minérales*. Un grand nombre d'entre elles sont *thermales*, comme nous l'avons déjà fait remarquer, et ne paraissent pas provenir immédiatement des eaux de l'atmosphère; il est possible enfin que beaucoup de sources froides soient d'origine thermale, ayant perdu, dans leur trajet au travers de couches plus froides, leur excès de température.

Bien que la silice soit très peu soluble, plusieurs sources thermales en contiennent une certaine quantité, comme le prouvent les dépôts siliceux des *geysers* en Islande. Sir George Mackensie rapporte qu'on y trouve, à l'état fossile, des feuilles de bouleau et de saule dont on distingue toutes les fibres : on y rencontre des graminées, des joncs et de la tourbe présentant toutes sortes de variétés de pétrifications; on y voit aussi des dépôts d'argile contenant des pyrites, qui, en se décomposant, leur donnent de très belles couleurs. Les dépôts des geysers s'étendent jusqu'à environ un demi-mille dans diverses directions, et leur épaisseur doit surpasser douze pieds, à en juger d'après celle qu'ils présentent dans un escarpement près du grand geyser.

Le plus bel exemple de dépôts de ce genre que l'on connaisse jusqu'à présent se trouve dans le terrain volcanique de l'*île de Saint-*

---

[1] Les salses des environs de *Modène* sont célèbres depuis longtemps.

Michel, l'une des Açores. Le docteur Webster, dans la description qu'il donne des sources chaudes de Furnas, rapporte que leur température varie de 73° à 207° Fahr. (environ 23° à 97° centigrades), et qu'elles déposent des quantités considérables d'argile et de matière siliceuse, qui enveloppent et font plus ou moins passer à l'état fossile les herbes, les feuilles et les autres substances végétales qui se trouvent en contact avec elles : on peut observer ces végétaux à tous les états de pétrification. Le docteur Webster a trouvé « des branches provenant de fougères qui croissent maintenant dans l'île, complétement pétrifiées et ayant la même apparence que celles qui sont en pleine végétation, si ce n'est toutefois que la couleur a passé au gris de cendre. On rencontre des fragments de bois qui sont plus ou moins transformés ; et il existe un lit de trois à cinq pieds d'épaisseur, entièrement composé des mêmes roseaux qui sont si communs dans l'île. Ils sont complétement minéralisés, et remplis, vers le centre de chaque nœud, de petits cristaux de soufre [1]. »

Les dépôts siliceux sont à la fois abondants et variés. Le plus considérable se présente par petits lits d'un quart à un demi-pouce d'épaisseur, accumulés sur une hauteur d'un pied et même plus. Ces lits sont presque toujours parallèles et horizontaux, quelquefois cependant avec de légères ondulations. Ces dépôts présentent des cavités souvent tapissées de petits cristaux de quartz très brillants, et dans lesquelles on trouve des stalactites siliceuses qui ont fréquemment jusqu'à deux pouces de longueur. Des masses compactes de ces dépôts siliceux ayant été brisées par différentes causes, les fragments ont été cimentés de nouveau par la silice, et forment une brèche d'un aspect très agréable : cette brèche constitue des élévations dont quelques-unes, selon le docteur Webster, ont plus de trente pieds de haut. Le dépôt général paraît être considérable et former de petites collines. Les couleurs de l'argile et des substances siliceuses sont très variées et même très vives : le blanc, le rouge, le brun, le jaune et le pourpre sont les nuances dominantes. Les parties des roches qui ont été en contact avec des vapeurs acides sont décolorées. Le soufre existe en abondance dans ces sources, qui sont situées dans un terrain formé de lave et de trachyte [2].

D'après le récit de James [3], les eaux thermales du Washita, dans les *monts Rocheux*, aux États-Unis, forment un dépôt très

[1] *Edin. Phil. journal.* vol. VI.
[2] *Edin. Phil. journal.* vol. VI.
[3] *Expedition to the Rocky Mountains.*

abondant composé de silice, de chaux et de fer; ce qui montre
que des sources chaudes, même quand elles paraissent à la surface
dans des régions non volcaniques, peuvent encore contenir de
la silice.

La même circonstance se présente dans l'*Inde*. Le docteur Turner
a trouvé que les sources thermales de Pinnarkoon et Loorgootha,
dans cette contrée, donnent par gallon 24 grains d'un résidu
fixe contenant, sur 100 parties, 21,5 de silice, 19 de chlorure de
sodium, 19 de sulfate de soude, 19 de carbonate de soude, 5 de
soude pure, et 15,5 d'eau [1].

Le docteur Black a analysé les eaux du geyser et celles des
sources chaudes du Reikum, en Islande, et il a obtenu, par gallon,
les résultats suivants :

	Geyser.	Reikum.
Soude.	5,56	3,0
Alumine.	2,80	0,29
Silice.	31,50	21,83
Muriate de soude.	14,42	16,96
Sulfate de soude.	8,57	7,53

Ces analyses n'indiquent pas de trace de chaux; mais sir
G. Mackensie fait mention d'un dépôt calcaire que forment des
sources d'eaux bouillantes (100° centigr.), chargées de gaz acide
carbonique, dans la vallée de Reikholt, en Islande. Plusieurs eaux
thermales et autres sources contiennent une certaine quantité de ce
gaz, qui paraît être très abondant dans les régions volcaniques. C'est
à la propriété qu'il a de dissoudre le carbonate de chaux, lorsqu'il
traverse les roches calcaires, que sont dus ces dépôts si communs
dans quelques contrées, particulièrement quand leur sol est volcanique, et que l'on désigne sous la dénomination générale de *travertins* ou *tufs calcaires*. Probablement aussi beaucoup de sources
chaudes contiennent du gaz acide carbonique, qui, n'ayant pas été
en contact avec des couches calcaires ou magnésiennes, se dégage
dans l'atmosphère dès qu'il arrive au jour.

Les *travertins* sont d'une importance géologique bien plus grande
que les dépôts siliceux des sources modernes, au moins pour ce
qui concerne leur étendue et leur épaisseur; toutefois l'une et l'autre
ont été fort exagérées, ce qui résulte de l'habitude que l'on a de
comparer ces dépôts de travertins, non à l'étendue de la terre en
général, mais à celle des vallées ou des plaines dans lesquelles ils
se trouvent, et souvent même aux proportions de l'homme.

Le dépôt de la fontaine de *Saint-Allyre*, près Clermont, formait

[1] *Elements of Chemistry.*

un pont qui, en 1754, avait 100 pas de long, 8 ou 9 pieds d'épaisseur à sa base, et 20 ou 24 pouces à sa partie supérieure [1].

M. Lyell, en parlant des dépôts calcaires des *bains de San Vignone*, rapporte qu'il y existe un dépôt de 15 pieds d'épaisseur : il est formé de plusieurs assises, et est exploité pour les constructions [2]. Selon le docteur Gosse, les eaux thermales qui déposent ce travertin sont assez chaudes pour qu'on puisse y faire cuire des œufs.

Les eaux thermales des *bains de San Filippo*, qui ne sont pas éloignés de ceux de San Vignone, ont une température de 40° centigrades, et l'une des sources est de un ou deux degrés plus chaude. Elles contiennent de la silice, du sulfate de chaux, du carbonate de chaux, du sulfate de magnésie et du soufre ; et, malgré leur haute température, il y croît des *conferves*. Le sol environnant est formé de travertin déposé par les sources. On y observe plusieurs fentes, dont une a 30 pieds de profondeur et 150 à 200 pieds de longueur ; l'eau y est blanchâtre, et dans un état constant d'ébullition, ce qui lui a fait donner le nom de *Il bollore*. Il en sort des bouffées abondantes de vapeurs d'eau et de vapeurs sulfureuses. Il y a d'autres fentes dans lesquelles il se sublime du soufre, de la même manière qu'à la solfatare près de Naples, et la quantité en était autrefois assez grande pour constituer une branche d'industrie, qui est aujourd'hui abandonnée : les parois de ces fissures sont pénétrées d'acide sulfurique. Le docteur Gosse a observé les stalagmites siliceuses dont parle le professeur Santi, et il les décrit comme recouvrant la surface du travertin sur une épaisseur d'un huitième de pouce [3]. M. Lyell a observé dans le dépôt de travertin une structure sphéroïdale, et il la compare à celle du calcaire magnésien du Sunderland. On n'a pas déterminé quelle est la quantité de magnésie qui peut exister dans ce travertin ; mais, d'après le docteur Gosse, elle y est combinée avec l'acide sulfurique. Les sources de San Felippo contiennent une si grande abondance de sulfate de chaux, qu'avant de conduire les eaux dans l'endroit où on les emploie à former les empreintes en relief que tout le monde connaît, on les retient en stagnation dans des bassins, afin qu'elles y déposent le sulfate de chaux qu'elles contiennent, Au reste, il est tout naturel que l'on trouve une grande quantité de sulfate dans des eaux qui dégagent des vapeurs sufureuses si abondantes, et qui déposent un travertin dans lequel on a constaté

[1] Daubuisson, t. 1, p. 112.

[2] *Principles of geology*, p. 202.

[3] Gosse, *Edin. Phil. journal*, vol. II.

la présence du soufre, bien qu'il soit principalement composé de carbonate de chaux.

Dans les Apennins, particulièrement près de la région volcanique de l'Italie méridionale, il n'est pas rare de rencontrer des travertins déposés par des sources froides. Les célèbres *cascades de Terni* sont, comme on le sait, l'ouvrage de l'art; on les a formées en creusant, dans un ancien dépôt calcaire, un canal pour y introduire le *Velino*, qui maintenant tombe du haut d'un précipice dans la Néra, qui passe au-dessous. On observe sur le plateau supérieur un dépôt calcaire considérable qui s'est formé à une époque qu'on ne peut pas déterminer d'une manière certaine, mais qui probablement n'est pas antérieure à la période actuelle. L'eau, malgré sa vitesse, a un pouvoir érosif très faible, et le canal supérieur conserve toutes les traces du travail de l'art. Le Velino contient beaucoup de carbonate de chaux, et il le dépose, après sa grande chute, dans le lit même de la Néra, qui, au lieu de l'entraîner, lui laisse, jusqu'à un certain point, obstruer son cours, comme on peut le reconnaître à l'endroit qu'on appelle le Pont, où j'ai traversé la Néra, en n'étant obligé que de sauter une ou deux fois par-dessus les passages qu'elle se fraie. Il doit y avoir en cet endroit une lutte constante entre le pouvoir destructif des eaux de la Néra et la disposition de celles du Velino à former des incrustations. La contrée environnante présente un grand nombre de dépôts calcaires formés par des sources chargées de carbonate de chaux. L'explication que l'on donne ordinairement de ce phénomène paraît très probable. On suppose que l'acide carbonique provient des régions volcaniques qui se trouvent au-dessous (à la surface, il paraît qu'il en existe à peu de distance), et que l'eau, chargée de gaz, traversant des couches calcaires, dissout du carbonate de chaux autant qu'elle peut s'en saturer, et qu'elle le laisse ensuite déposer, lorsqu'au contact de l'air, où la pression est moindre, son excès d'acide carbonique vient à se dégager. MM. de Buch, Brongniart, Boué, de Hoff et d'autres géologues, s'accordent à attribuer l'abondance si grande de l'acide carbonique dans les eaux acidules, à l'action volcanique ou ignée dont on suppose l'existence à différentes profondeurs au-dessous de la surface du sol. M. Hoffman a fait en outre remarquer qu'on rencontre fréquemment des sources minérales dans certaines vallées de soulèvement, et il cite la *vallée de Pyrmont*, déjà mentionnée ci-dessus, page 35, comme présentant un bon exemple d'eaux chargées d'acide carbonique [1]. Dans les prai-

---

[1] D'après Bergmann, une pinte de ces eaux contient : acide carbonique, 26 pouces

ries marécageuses de la vallée d'Istrup, qui est une vallée de soulèvement, on trouve de petits tertres de limon de 15 à 20 pieds de haut et de 100 pieds de circonférence, qui ont été produits par des dégagements de gaz acide carbonique. Ils présentent à leur surface un grand nombre de petites flaques d'eau dans lesquelles celle-ci est constamment entretenue dans un état de bouillonnement par des bulles de gaz de la grosseur du poing [1]. Après avoir cité d'autres exemples de dégagement d'acide carbonique, soit dissous dans l'eau, soit libre ou presque libre, M. Hoffman observe que « le pays situé sur la rive gauche du Weser, dans la direction de Carlshafen à Vlotho, jusqu'à la pente du Teutoburg-Wald, peut être comparé à un crible dont les ouvertures, non encore fermées, donnent passage à des gaz qui se dégagent des régions volcaniques souterraines par des causes inconnues [2]. »

Le travertin de *Tivoli* et le fameux *Lago di Zolfo*, près de Rome, ont été souvent cités par ceux qui n'attribuent tous les phénomènes géologiques qu'à des causes semblables à celles qui agissent maintenant; mais le premier n'est qu'une simple incrustation dont l'étendue (qui peut à la vérité, sur certains points, paraître considérable à celui qui la parcourt) est tout à fait insignifiante, si on la compare à celle de la contrée dans laquelle il se rencontre; le second n'est qu'un étang que l'on a relevé d'une manière un peu étrange en lui donnant le nom de lac, et qui contient, d'après sir H. Davy, une dissolution saturée d'acide carbonique, avec une très petite quantité d'hydrogène sulfuré. La source est thermale, puisque sa température est d'environ 27° centigrades. Il y croît, tant dans l'intérieur que sur les bords, des plantes dont la partie inférieure est enveloppée par l'incrustation, tandis qu'elles végètent à leur partie supérieure; elles peuvent ainsi devenir fossiles, sans que leur structure délicate soit altérée et que leurs ramifications soient comprimées.

Tous les exemples cités jusqu'à présent de dépôts que l'on peut attribuer avec fondement à des sources actuellement existantes, sont de peu d'importance : ils peuvent nous aider à comprendre comment se sont formés chimiquement les grands dépôts géologiques, de même que les expériences faites dans un laboratoire de

---

cubes : carbonate de magnésie, 10 grains; carbonate de chaux, 4,5; sulfate de magnésie. 5,5; sulfate de chaux, 8,5; chloride de sodium, 1,5; et oxyde de fer, 0,6. — *Henry's Elements*, et *Turner's Elements*.

[1] Hoffman, *Journal de Géologie*, t. I, p. 164; et *Poggendorff's Annalen*, 1829.

[2] *Ibidem*.

chimie nous apprennent à connaître les lois que suit la nature lorsqu'elle opère sur une plus grande échelle ; mais ces sources ne peuvent pas plus avoir donné naissance à ces grands dépôts calcaires
ou siliceux que nous observons à la surface du globe, que les expériences que nous venons de citer ne pourraient produire, même en
les continuant longtemps, les grands phénomènes chimiques qu'elles
servent à expliquer.

M. Lyell a donné une description de certains dépôts calcaires qui
se trouvent en Écosse, et qui sont remarquables, non par leur étendue, mais par les circonstances qui les accompagnent. Il paraît que
le petit lac nommé *Bakie-Loch*, dans le Forfashire, a produit une
marne qui sert, dans le pays, pour l'agriculture.

Voici la série des différentes couches :

1. Tourbe, contenant des arbres : 1 ou 2 pieds.

2. Marne coquillière, contenant par places un calcaire tuffacé,
appelé dans le pays *rock-marl* : de 1 à 16 pieds.

3. Sable fin, sans cailloux, cimenté cependant dans quelques endroits par du carbonate de chaux : 2 pieds.

4. Marne coquillière de bonne qualité pour l'agriculture ; souvent
presque tous les caractères des coquilles sont oblitérés et mécon-
naissables : 1 à 2 pieds.

5. Sable fin, sans cailloux, reposant sur un détritus de transport :
au moins 9 pieds.

Le rock-marl ne se trouve que dans le voisinage des sources qui
existent çà et là dans le lac. La marne coquillière est blanche, avec
une teinte jaunâtre ; le rock-marl a la même teinte jaunâtre, et consiste presque entièrement en carbonate de chaux compacte et même
cristallin.

On trouve dans la marne les débris organiques suivants : cornes
de *bœufs* et bois de *cerfs* ; défenses de *sangliers* ; *Cypris ornata*,
Lam. ; *Limnœa peregra*, *Valvata fontinalis*, *Cyclas lacustris*,
Planorbis contortus, *Ancylus lacustris*, toutes de Lamarck.

M. Lyell pense que cette roche calcaire n'est pas le produit immédiat des sources, mais qu'elle a été formée par les testacés qui
existent dans ce lac ; car, quoique ces sources contiennent du carbonate de chaux, il y est en si petite quantité, qu'il est impossible
qu'elles aient produit immédiatement cette marne ; il pense que les
animaux testacés ont sécrété la chaux, soit de l'eau, soit des *chara*
dont ils se nourrissaient, et qu'après leur mort leurs dépouilles calcaires accumulées ont formé la marne coquillière, laquelle a été
transformée en roche calcaire par l'action de l'eau, l'acide carbonique que celle-ci contient la rendant capable de dissoudre du car-

bonate de chaux, et par suite de produire du calcaire cristallin. On trouve des graines de *chara,* ou des *gyrogonites,* converties en carbonate de chaux. Leur noyau existe quelquefois à leur centre; mais ordinairement cet espace est vide, et l'enveloppe seul est conservée. L'espèce de chara que l'on trouve pétrifiée dans ce dépôt est le *chara hispida,* qui croît aujourd'hui abondamment dans le lac Bakie et dans les autres lacs de Forfarshire. Cette plante contient une telle quantité de carbonate de chaux que, quand elle est desséchée, elle donne avec les acides une forte effervescence.

M. Lyell, en décrivant les dépôts de marne du *lac de Kinnordy,* remarque qu'ils sont plus épais à l'extrémité du lac où les sources sont le plus communes. Les coquilles qu'on y trouve sont les mêmes qu'au lac Bakie. Dans l'un et l'autre dépôt, ce sont presque toujours de jeunes individus, et sur dix on a peine à en trouver un qui soit entièrement développé. On a retiré de la marne un grand squelette de cerf (*cervus elaphus*); il est remarquable qu'il se trouvait dans une position verticale; les extrémités de son bois étaient presque à la surface de la marne, et ses pieds étaient à deux mètres audessous. La marne est recouverte par de la tourbe, dans laquelle on a découvert d'autres squelettes de cerfs, et, en 1820, les débris d'un ancien canot creusé dans un gros tronc de chêne [1].

Il y a quelque chose dans la formation de ces lacs qui tend fortement à rappeler l'époque des forêts sous-marines et des terrains lacustres de l'est du Yorkshire, dont nous parlerons dans la suite. De même que ces terrains et ces forêts, ces lacs paraissent avoir été produits après un transport considérable de détritus; ils ont ensuite été comblés graduellement, et le dépôt a été recouvert par de la tourbe, avant la formation de laquelle il est certain que les îles Britanniques étaient habitées, ainsi que le prouvent les objets de l'industrie de l'homme que l'on y a trouvés. Il est probable qu'à cette époque les lacs étaient des amas d'eau d'une étendue plus ou moins considérable; autrement le canot que l'on a découvert eût été peu utile.

Sources de naphte et d'asphalte.

Ces sources sont répandues sur diverses parties du globe, et on ne peut pas les considérer comme rares. D'après le docteur Holland, les sources de pétrole de l'île de *Zante* sont dans le même état que du temps d'Hérodote; les étangs d'où elles sortent sont situés dans une petite plaine marécageuse bordée d'un côté par la mer, et sur tous les autres points par des collines de schistes calcaires et bitumineux. Le principal a environ 50 pieds de circonférence, et quelques pieds seulement de profondeur; les parois et le fond de tous ces étangs sont recouverts d'un enduit épais de pétrole que l'on amène à la surface en agitant l'eau, et que l'on peut ainsi recueillir; on estime le produit annuel à environ 100 barils [1].

James rapporte que, dans la *Pensylvanie*, à environ 100 milles au-dessus de Pittsburg, et près de la rivière d'Alleghany, il existe une source à la surface de laquelle surnage du pétrole, en si grande quantité, qu'une seule personne peut en recueillir plusieurs gallons dans un jour. Il pense que ce bitume est en connexion avec des couches de charbon, comme on l'a observé, pour des sources semblables, dans l'Ohio et le Kentucky [2].

Le lac de poix de *la Trinité*, dont on évalue la circonférence à environ 3 milles, est depuis longtemps célèbre. D'après le docteur Nugent, l'asphalte est assez consistant, dans les temps humides, pour pouvoir supporter de fortes charges; mais pendant les chaleurs il devient presque fluide. Il est entrecoupé de nombreuses fentes pleines d'eau, qui se referment quelquefois en laissant leurs traces à la surface. Les couches terreuses minces dont ce lac de poix est recouvert sur certains points, donnent de bonnes récoltes de productions tropicales; et, en raison de ces recouvrements de la poix, il est difficile de déterminer les limites exactes du lac [3].

On obtient de grandes quantités de naphte sur les bords de la mer Caspienne. Les habitants de la ville de *Bakou*, port de cette mer, n'ont d'autre combustible que celui que leur procurent le naphte et le pétrole, dont toute la contrée environnante est fortement imprégnée. Dans l'île de Wetoy et dans la péninsule d'Apcheron, ces substances sont très abondantes, et donnent lieu à des exportations considérables. On trouve des sources thermales près de celles de naphte [4].

Les sources de naphte de *Rangoun*, dans le *Pégu*, paraissent être d'une abondance extrême. M. Coxe estime qu'elles produisent annuellement 92,781 tonneaux. Dans les îles de l'Inde il y a des sources semblables : Marsden en cite dans l'île de *Sumatra*, à Ipu et ailleurs.

[1] Holland, *Travels in the Ionia Isles, Albanian, etc.*
[2] *Expedition to the Rocky Mountains.*
[3] Nugent. *Geol. trans.*, vol. 1.
[4] *Edin. Phil. Journal,* vol. v.

Récifs et îles de corail.

Par suite du grand nombre de localités où on peut observer des récifs et des îles de corail, dans l'*océan Pacifique* et dans les *mers des Indes*, on a d'abord généralement adopté des idées fort exagérées sur leur importance. On pensait que des masses considérables, que l'on regardait comme l'ouvrage de myriades de polypiers, avaient été élevées de grandes profondeurs par le travail de ces animaux; et l'on supposait que le fond des mers était recouvert de bancs de coraux d'une étendue immense. Pendant le voyage de Kotzebue, M. de Chamisso eut l'occasion de visiter quelques groupes remarquables d'îles disposées en cercle ou en ovale, et laissant entre elles des passages par lesquels un vaisseau pouvait entrer de l'extérieur dans l'intérieur du bassin; ces îles paraissaient n'être autre chose que les parties les plus élevées d'une ligne circulaire ou ovale de récifs de corail d'inégales hauteurs. M. de Chamisso a décrit les différents états par lesquels il suppose que le récif a passé successivement avant de devenir une île habitable pour l'homme; cette description a été si souvent citée, qu'elle doit être connue de la plupart des lecteurs.

Postérieurement au voyage de Kotzebue, MM. Quoy et Gaimard, qui faisaient partie de l'expédition de M. de Freycinet, portèrent une attention particulière sur les îles et les récifs de corail qu'ils eurent l'occasion d'examiner; et il résulta de leurs observations que l'importance géologique de ces îles et récifs avait été grandement exagérée. Loin d'admettre que les polypiers élèvent des masses de profondeurs considérables, ils pensent que ces animaux ne produisent que des incrustations de quelques brasses d'épaisseur. Dans les régions où la chaleur est constamment intense, et où les rivages sont découpés par des baies dans lesquelles les eaux sont tranquilles et peu profondes, les polypes saxigènes prennent un accroissement considérable en incrustant les roches inférieures. Les mêmes auteurs observent que les espèces qui produisent constamment les bancs les plus étendus appartiennent aux genres *Meandrina*, *Caryophyllia* et *Astrea*, mais surtout au dernier; et que ces genres, ne vivant que près de la surface, ne se rencontrent plus au-dessous d'une profondeur de quelques brasses. Ils en tirent cette conséquence, qu'à moins qu'on n'attribue à ces animaux la faculté de vivre à toutes les profondeurs, sous toutes les pressions et à toutes les températures, il est impossible d'admettre qu'ils aient produit les masses qu'on leur a attribuées. Des considérations

précédentes et de plusieurs autres, ils concluent que la disposition
que présentent les îles et récifs de corail dépend des inégalités des
masses minérales inférieures, et que le caractère circulaire de quelques groupes est dû à des cratères sous-marins [1]. Cette conclusion
paraît n'être pas dépourvue de probabilité; car nous savons que les
volcans en activité sont communs dans ces mêmes parages, et que,
dans les Indes occidentales et les parties tropicales de l'Atlantique,
où les coraux sont assez nombreux, on n'observe pas cette disposition d'îles en cercle dans des endroits où les bouches volcaniques
qui s'y rencontrent sont loin d'être aussi considérables que celles de
l'océan Pacifique ou des mers des Indes.

MM. Quoy et Gaymard observent que l'ancre et la sonde n'ont
jamais ramené des fragments d'astrées, qui sont seules capables de
couvrir des espaces considérables, sinon dans les endroits où l'eau
était basse et n'avait environ que 25 ou 50 pieds de profondeur; mais
qu'ils ont trouvé que les coraux branchus, qui ne forment pas des
masses solides, peuvent vivre à de grandes profondeurs [2]. Ils pensent
avec Forster que les polypiers peuvent former de petites îles,
quand des masses de rochers leur présentent un point d'appui sur
lequel ils peuvent élever leurs habitations jusqu'au niveau de la mer,
et à la surface desquelles les sables et autres matières s'arrêtent et
se consolident. Ce mode de formation s'accorde avec celui que j'ai
observé sur les côtes de la Jamaïque.

Quant à la grande profondeur d'eau que l'on trouve fréquemment
sur le bord des récifs de corail, les mêmes auteurs pensent qu'on
peut l'expliquer en supposant que les polypiers ont bâti leurs
demeures sur le bord d'un rocher escarpé, comme on l'observe
communément sur le flanc des montagnes et sur les côtes. A l'appui de cette opinion, ils citent l'*île de Rota*, où l'on trouve, sur des
escarpements, des coraux semblables à ceux qui existent actuellement dans les mers environnantes. Il y a cependant certaines localités où les récifs de coraux sont rangés suivant une ligne parallèle
à celle de la côte, dont ils sont séparés par une grande profondeur
d'eau, circonstance qui semble demander une explication différente.

Dans des régions telles que celles qui présentent en si grande

---

[1] Quoy et Gaimard, *sur l'Accroissement des Polypes lithophytes, considérés
géologiquement; Ann. des Sc. nat.*, t. VI, page 273.

[2] En sondant à la hauteur du *cap Horn*, à environ 56° de latitude australe, et à
une profondeur de 50 à 80 brasses, ils ramenèrent de petits madrépores rameux
vivants; et, à une profondeur de 100 brasses, sur le *banc des Aiguilles* (à la pointe
méridionale de l'Afrique), ils ont obtenu des *reteporæ. Ibidem*, page 284.

abondance ces îles et récifs de coraux, et où l'on trouve des traces si évidentes d'une action volcanique comparativement récente, on doit s'attendre à rencontrer des preuves évidentes du soulèvement de pareils récifs au-dessus du niveau de la mer. C'est, en effet, ce que les navigateurs ont observé. MM. Quoy et Gaymard rapportent que les rivages de *Coupang* et de *Timor* sont formés de bancs de coraux, ce qui avait fait penser à Péron que l'île entière était l'ouvrage des polypiers. Mais il paraît qu'en s'avançant vers les hauteurs on rencontre, à environ cinq cents pas de la ville, des couches verticales de schiste traversées par du quartz, et que sur ces couches et sur d'autres roches reposent les bancs de coraux, dont l'épaisseur, suivant MM. Quoy et Gaymard, n'excède pas 25 ou 30 pieds. A l'*Ile-de-France*, on trouve entre deux coulées de laves un banc semblable de plus de dix pieds d'épaisseur; à Wahou, une des *îles Sandwich*, les lits de coraux s'étendent jusqu'à une petite distance dans l'intérieur de l'île. Nous pouvons ajouter à ces faits qu'à *la Jamaïque*, autour de la côte orientale et septentrionale, il y a un banc de corail très étendu d'environ 20 pieds d'épaisseur, qui ne fait que border l'île, et qui présente toutes les apparences d'un banc soulevé au-dessus de la mer, et exposé par là à l'action destructrice des vagues.

Dans tous les parages où, comme dans l'océan Pacifique, il y a à la fois un grand nombre de volcans et de récifs de coraux; on doit s'attendre à trouver des rapports de position remarquables, et même des alternances entre les matières volcaniques et les bancs de coraux. En admettant que les principaux polypiers saxigènes ne vivent pas au-dessous de 25 à 30 pieds d'eau, on conçoit encore que les mouvements du sol qui accompagnent l'action volcanique peuvent abaisser les bancs de coraux de manière qu'ils soient recouverts par des coulées de lave, et les soulever ensuite de nouveau au-dessus du niveau de la mer. D'ailleurs l'exemple que nous avons cité dans l'Ile-de-France suffit pour prouver qu'un banc de corail peut se trouver enfermé entre deux coulées de lave.

Nous ne terminerons pas ce sujet sans rapporter une circonstance singulière que nous savons avoir été observée par Lloyd pendant qu'il parcourait l'isthme de Panama. Voyant quelques beaux polypiers sur le rivage, il en détacha des échantillons; mais ne pouvant les emporter pour le moment, il les déposa sur quelques rochers, ou sur d'autres coraux, dans un endroit abrité, et où l'eau était peu profonde. Y étant retourné quelques jours après, il vit qu'ils avaient sécrété de la matière pierreuse, et qu'ils s'étaient fixés solidement sur la place où il les avait mis. Cette propriété peut aider beaucoup à la formation des bancs solides de coraux ; car si l'on suppose que des fragments de coraux vivants soient détachés par les vagues, et jetés dans des cavités ou dans des endroits où l'eau est tranquille, ils peuvent se fixer aux matières qui s'y trouvent, et ajouter à leur solidité.

Forêts sous-marines.

Sur plusieurs points des côtes de la Grande-Bretagne et du nord de la France, on trouve dans le sol des amas de bois et autres végétaux qui paraissent être identiques avec ceux qui existent aujourd'hui dans la contrée. Ces amas se rencontrent à des niveaux inférieurs à celui des hautes mers ; et il est impossible que ces végétaux aient pu croître tant que les hauteurs relatives de la mer et des côtes ont été telles que nous les voyons aujourd'hui. On a donné le nom de *forêts sous-marines* à ces débris de bois et autres végétaux. On ne peut ordinairement les observer qu'à marée basse, ou lorsque les vagues ont entraîné temporairement un banc qui bordait le rivage, ou dégradé la côte dans un endroit peu élevé.

On a fait différentes hypothèses pour expliquer ce phénomène ; mais celle qui l'attribue à un abaissement des côtes produit par des tremblements de terre ou des mouvements souterrains, est celle qui s'accorde le mieux avec les observations particulières et avec tous les faits généraux de la géologie. Cette explication a été proposée en 1799 par Correa de Serra, et elle a été plus tard développée par Playfair, qui ne regardait ces abaissements du sol que comme un cas particulier de ces dépressions et de ces soulèvements qui modifient constamment la surface du globe, et d'où il résulte qu'une même contrée peut être alternativement, tantôt le fond d'une mer, tantôt un continent ou des îles.

Correa de Serra décrit la forêt sous-marine qui se trouve sur la *côte du Lincolnshire*, et la représente comme composée de racines, de troncs, de branches et de feuilles d'arbres et d'arbrisseaux entremêlés de plantes aquatiques ; dans plusieurs les racines se trouvaient encore dans la position dans laquelle elles avaient poussé, tandis que les troncs étaient abattus. On distinguait des bouleaux, des sapins et des chênes ; mais les autres arbres étaient indéterminables. En général le bois était altéré et comprimé ; cependant on en a trouvé des pièces entières bien conservées, que les habitants de la contrée ont employées dans des constructions. Cet amas de végétaux repose sur une argile recouverte par plusieurs pouces de feuilles comprimées, dont quelques-unes ont été regardées comme appartenant à l'*Ilex aquifolium ;* on a aussi trouvé au milieu d'elles des racines de l'*Arundo phragmites.*

Ces dépôts de débris de végétaux n'existent pas seulement sur la côte, ils s'étendent à de grandes distances dans l'intérieur du pays ; de sorte que ce qu'on voit sur le rivage n'est qu'une coupe naturelle d'un dépôt qui occupe une surface considérable dans la contrée. Un puits que l'on a percé à Sutton a présenté la série de couches suivantes :

1. Argile ; 16 pieds.
2. Substances semblables à celles qui forment la forêt sous-marine ; 3 à 4 pieds.
3. Matières terreuses semblables à celles que l'on retire du fond des fossés, mêlées de coquilles et de vase ; 20 pieds.
4. Argile marneuse ; 1 pied.
5. Roche crayeuse (*chalk rock*) [1] ; 1 à 2 pieds.
6. Argile ; 31 pieds.
7. Gravier et eau ; épaisseur inconnue.

Une autre excavation faite dans l'intérieur du pays par sir Joseph Banks a donné la même section. Ce marais, ou tourbière (*moor*), comme l'appelle Correa de Serra, paraît s'étendre jusqu'à Peterborough, à plus de 60 milles au sud de Sutton [2].

M. Phillips donne des détails intéressants sur quelques dépôts lacustres du *Yorkshire* qui paraissent appartenir à l'époque des forêts sous-marines, et qui sont devenus submergés dans quelques endroits. Il pense que leur coupe générale peut être représentée ainsi qu'il suit :

1. Argile, généralement d'une couleur bleue et d'une texture fine.
2. Tourbe, avec diverses plantes et racines, et contenant, dans les grands dépôts, beaucoup d'arbres, de *noix*, de bois de *daim*, d'os de *bœufs*, etc.
3. Argile, de différentes couleurs, avec des *limnées* d'eau douce.
4. Tourbe, comme la précédente.
5. Argile avec *cyclades* d'eau douce, et *phosphate de fer* bleu.
6. Argile schisteuse bitumineuse, à feuillets contournés.
7. Argile sableuse, grossièrement schisteuse, comblant des cavités dans la formation diluviale.

M. Phillips pense que les amas de tourbe des *bords de l'Humber*

---

[1] Il paraît que ce n'est pas la craie proprement dite, mais seulement une substance crayeuse.

[2] Correa de Serra, *Phil. Trans.*, 1799.

et de ses affluents appartiennent à la même époque que ces dépôts. Les couches qui y sont les plus constantes sont les numéros 1, 2 et 5. Les espèces de daims que l'on a trouvées dans la tourbe sont : le grand élan d'Irlande (*cervus giganteus*), le daim rouge (*cervus elaphus*), et le daim fauve (*cervus dama*). Le dépôt de tourbe des plaines marécageuses est recouvert, sur une épaisseur qui s'élève quelquefois jusqu'à 30 pieds, d'une couche de vase et d'argile semblables à celles que l'Humber dépose maintenant [1] ; la tourbe se trouve à un niveau inférieur à celui des basses eaux, de sorte qu'ici la certitude d'un changement arrivé dans la hauteur relative du sol paraît être aussi complète que dans les autres localités que nous allons citer.

Le docteur Fleming décrit une forêt sous-marine qui se trouve sur les bords du *golfe de Tay* (Écosse), et qui s'étend en portions détachées des deux côtés de la plage de Flisk, jusqu'à 3 milles du côté de l'ouest, et jusqu'à 7 milles vers l'est. Elle repose sur une couche d'argile dont on ne connaît pas l'épaisseur. Cette argile est semblable au terrain grossier qu'on trouve de l'autre côté du golfe, et sur les bancs qui existent dans le canal. La partie supérieure de la couche a été pénétrée par un grand nombre de racines, qui sont maintenant changées en tourbe, et dont quelques-unes sont même converties en pyrite de fer; sa surface est horizontale et se trouve à peu près au niveau de la basse mer. Il y a cependant à cet égard de légères variations en différents points. La couche de tourbe vient immédiatement au-dessus de cette argile : elle est formée de débris de feuilles, de tiges et de racines de beaucoup de plantes communes appartenant aux ordres naturels des *Équisétacées*, des *Graminées* et des *Cypéracées*, mêlées de racines, de feuilles et de branches de *bouleau*, de *noisetier*, et probablement aussi d'*aune;* on y rencontre fréquemment des *noisettes* privées de leur noyau. Tous ces débris de végétaux sont très comprimés ou aplatis lorsqu'ils se trouvent couchés dans une position horizontale; mais lorsqu'ils sont verticaux, ils conservent la forme arrondie qu'ils avaient primitivement. On peut facilement diviser la tourbe en petites couches, dont chacune a sa surface recouverte de feuilles ; celle qui se trouve à la partie inférieure est d'une couleur plus brune que celle de la partie supérieure; sa texture est également plus compacte, et les végétaux qu'elle renferme sont plus altérés [2].

Le même auteur remarque plus loin que l'on rencontre à la sur-

[1] Phillips, *Illustrations of the geology of Yorkshire*, 1829.
[2] *Trans. Royal Soc. of Edinburgh*, vol. IX.

face de la tourbe des troncs d'arbres avec leurs racines, dans des positions qui sont, sans aucun doute, celles dans lesquelles ils ont végété. On n'observe aucun dépôt d'alluvion au-dessus de la tourbe, dont la surface est *inférieure de quatre à cinq pieds au niveau des hautes mers.*

Le docteur Fleming décrit aussi une autre forêt sous-marine sur les bords du golfe de Forth, dans la *baie de Largo*; elle repose sur une argile brune dans laquelle les racines des arbres ont pénétré. L'auteur la regarde comme une tourbe lacustre : elle est recouverte par un dépôt irrégulier de sable et de gravier menu. La tourbe est composée de plantes terrestres et d'eau douce, parmi lesquelles on trouve des débris de *bouleaux*, de *noisetiers* et d'*aunes*; on y rencontre aussi des *noisettes*. Le docteur Fleming a suivi la racine d'un arbre, qui probablement était un *aune*, jusqu'à plus de 6 pieds du tronc [1].

Si du continent de l'Écosse nous passons à ses îles, nous observerons des faits analogues. M. Watt décrit une forêt sous-marine dans la baie de Skaill, sur la côte occidentale de l'*île de Mainland* (Orcades). On trouve de petits *sapins* de 10 pieds de long et de 5 à 6 pouces de diamètre, en partie ensevelis dans un amas de matières végétales, principalement composé de feuilles, et en partie couchés sur sa surface; les tiges adhèrent encore à leurs racines, et toute la masse est fortement altérée, de manière qu'on peut facilement la couper avec une bêche. On a découvert, au milieu de ces débris de végétaux, un grand nombre de *graines* de la grosseur de celles de navet [2].

Le révérend C. Smith décrit une forêt sous-marine sur la côte de l'*île de Tirée*, l'une des Hébrides. Il paraît que dans une plaine de 1,500 acres de superficie, il existe une espèce de dépôt tourbeux (*moss-land*) semblable à celui dont nous avons parlé plus haut, et qui est recouvert par un dépôt diluvial de 12 à 16 pieds. Ce dépôt tourbeux borde la plaine du côté de l'est, et la baie dans laquelle il se trouve est entièrement ouverte aux vagues de l'Atlantique. L'épaisseur moyenne de le tourbe (ou terreau de mousse), s'élève à plusieurs pieds, mais à son affleurement sur le rivage elle n'excède pas 4 ou 5 pouces; sa consistance est ferme, et elle adhère fortement à une argile sur laquelle elle repose. Outre les débris d'arbres bien caractérisés qu'elle contient, on y trouve d'autres plantes plus petites et un grand nombre de *graines* qui

[1] *Journal of Science.*
[2] *Edin. Phil. Journal*, vol. iii, p. 100.

d'abord paraissent être tout à fait fraiches, mais qui deviennent noire.
lorsqu'elles ont été exposées à l'air. Ces graines paraissent appartenir à quelque plante de la famille naturelle des *Légumineuses*, e
M. Drummont pense que ce sont probablement celles du *Genista
anglica* [1].

D'après le même auteur, on rencontre fréquemment des forêts
sous-marines sur les côtes de l'*île de Coll*. Il cite aussi le révérend
II. Macléan comme ayant observé dans l'île de Tirée des gisements
analogues qu'il n'a pas visités lui-même.

En retournant sur le continent de l'Angleterre, nous trouvons des
accumulations semblables de végétaux qui ont été décrites par
M. Stephenson, sur les bords des plaines comprises entre la Mersey
et la Dée, sur la *côte du Cheshire*. On y observe des souches d'arbres
dont les racines s'étendent dans toutes les directions, et que l'on dirait avoir été coupées à environ 2 pieds du sol. La matière végétale
repose sur une marne bleuâtre, et est recouverte par un sable [2].

M. Horner décrit une forêt sous-marine sur la côte de la partie sud-
ouest du *Sommersetshire*, dans le canal de Bristol; on la voit très
bien entre Stolford et l'embouchure du Parret, point entre lesquels la
côte est basse ; une plage élevée de galets, composés principalement
de lias (qui est la roche des environs), protège contre les vagues de la
mer la plaine qui se trouve derrière elle. Le dépôt de débris végétaux est ici, comme dans les autres localités, semblable à une couche de tourbe ou de feuilles altérées, et renferme des troncs, des
tiges et des branches d'arbres ; on y trouve de menus rameaux
(*twigs*), des *noisettes* et une plante (souvent entière) que
M. Brown croit être la *Zostera oceanica* de Linnée. Quelques
tiges d'arbres ont jusqu'à 20 pieds de long ; les bois paraissent appartenir au *chêne* et à l'*if*; ordinairement ils sont peu altérés, et au
contraire assez durs et assez solides pour être employés pour la charpente et pour le chauffage ; ceux même qui sont mous quand on les
retire, deviennent durs en se desséchant. La matière de ce dépôt
végétal est brune ; elle a ordinairement de 1 pied à 18 pouces d'é-
paisseur, et repose sur une argile bleue [3].

De la côte dont nous venons de parler part une vaste plaine unie,
qui s'étend à une distance considérable dans l'intérieur du pays,

---

[1] Smith, *Edin. New. Phil. journal*, 1829.
[2] *Edin. Phil. journal*, vol. XVIII. M. Smith cite le *Courrier de Liverpool* de
décembre 1827, qui rapporte qu'après une violente tempête, on a découvert sous le
sable, au-dessous du niveau de la haute mer, des troncs et des racines d'arbres qui,
selon toutes les apparences, avaient poussé sur le lieu même.
[3] Horner. *Geol. Trans.*, vol. III, p. 380, etc.

entrecoupée de collines allongées en chaînes ou isolées, et présentant l'apparence d'une mer, du sein de laquelle s'élèveraient des promontoires et des îles. M. Horner rapporte, d'après Du Luc, qu'en creusant de nouveaux canaux entre le Brue et l'Axe, on a trouvé un lit de tourbe sous la surface du sol. Cette couche, si l'on peut lui donner ce nom, a été observée en d'autres points de la même plaine, et on a même assuré qu'on en avait retiré des arbres. Il semblerait, d'après cela, que la forêt qu'on rencontre sur la côte, n'est autre chose qu'une coupe d'un vaste dépôt situé au-dessous des plaines qui aboutissent à la baie de Bridgewater.

La description qu'a donnée le docteur Boase de la forêt sous-marine de la baie du Mont (*Mount's bay*) dans le Cornouailles, près de Penzance, a beaucoup ajouté à ce que nous savions sur ce sujet. Cette couche de matières végétales consiste en une masse brune composée d'écorces, de menus rameaux et de feuilles d'arbres qui paraissent appartenir presque entièrement au *noisetier*. Au milieu de ces débris, on trouve un grand nombre de branches et de troncs du même arbre mêlés avec de l'*aune*, de l'*orme* et du *chêne*. A environ un pied au-dessous de la surface de la couche, la masse se compose principalement de feuilles, au milieu desquelles on trouve une grande abondance de *noisettes*; on y rencontre aussi des filaments de mousses, et des portions de tiges et d'enveloppes de *graines* (*seed-vessels*) de petites plantes, dont plusieurs appartiennent évidemment à l'ordre des graminées. Avec ces tiges et ces graines on observe des débris d'*insectes*, particulièrement des fragments d'élytres et des mandibules d'espèces de la famille des scarabées, qui déploient encore les couleurs les plus belles et les plus brillantes, mais qui, dès qu'ils sont exposés à l'air, ne tardent pas à se réduire en poussière. Au-dessous de cette partie de la couche, la matière végétale prend un tissu plus serré, et finit par devenir terreuse et schisteuse; elle repose sur un sable granitique qui lui-même recouvre un schiste argileux. La couche végétale plonge vers la mer sous un angle d'environ 2 degrés; elle est recouverte par une couche de galets de hornblende, dont la surface est polie, et qui ont de deux à trois pouces de diamètre; cette couche de galets a 16 pieds d'épaisseur, et elle est couronnée par un sable granitique sur une hauteur d'environ 10 pieds. La couche végétale, par suite de sa pente qui se relève vers le continent, vient paraître sous un marais au milieu des terres, après avoir passé sous la masse de cailloux et de sables qui la recouvre [1].

---

[1] Boase, *Trans. geol. Soc. Cornwall.*

M. de la Fruglaye a observé, en 1811, qu'une partie du rivage des environs de *Morlaix*, qui auparavant paraissait entièrement composé de sable, présenta tout à coup, après une violente tempête pendant laquelle le sable avait été emporté, une masse considérable de matières végétales et d'arbres unis ensemble, qui s'étendait à une grande distance le long de la côte; les feuilles étaient bien conservées, mais les troncs et les branches d'arbres étaient pourris. On reconnut des *chênes* dans cette masse de bois, et on y découvrit des *insectes* avec leurs couleurs très bien conservées. Quelques jours après, cette accumulation de végétaux fut de nouveau couverte par le sable [1].

Les nombreux exemples qui viennent d'être cités suffisent pour faire reconnaître la ressemblance générale qui existe entre eux. Je me bornerai en conséquence à faire une simple mention des forêts sous-marines que j'ai observées sur les côtes de la Normandie, l'une à l'est des rochers des Vaches-Noires, et l'autre près de Sainte-Honorine, toutes les deux à l'embouchure de vallées. Dans le Dorsetshire on trouve aussi quelques traces d'un dépôt du même genre à l'embouchure du Char.

On ne peut douter qu'il n'y ait eu un changement dans les niveaux relatifs de la mer et des continents voisins, depuis l'époque à laquelle ces arbres et ces plantes ont végété; mais on peut avoir différentes opinions sur la manière dont ce changement s'est opéré. Comme nous voyons les tremblements de terre produire quelquefois des affaissements du sol, nous pouvons présumer que la Grande-Bretagne, les îles Shetland, les Hébrides et la côte septentrionale de la France en ont également éprouvé. Mais si cet abaissement du sol s'était effectué subitement par suite d'un violent tremblement de terre, il aurait dû occasionner un grand mouvement des vagues à la surface de la mer, et dans ce cas il est à croire que les substances végétales légères, telles que les feuilles, qui constituent une si grande partie des forêts sous-marines, auraient dû être entraînées; or, ce n'est pas ce que l'on observe. On peut donc présumer que le changement du niveau s'est fait d'une manière en quelque sorte graduelle, quoique cette hypothèse ne s'accorde pas tout à fait avec les arbres brisés, qui paraissent indiquer quelque chose de soudain, tel qu'un ouragan ou des vagues résultant d'un tremblement de terre. On peut aussi supposer, pour expliquer ces forêts sous-marines, que la mer s'est élevée graduellement, et qu'elle a accumulé sur son rivage, en avant des plaines, des bancs qui les ont protégées, et que

---

[1] *Journal des Mines*, t. xxx, p. 339.

les vagues ont poussées en arrière à mesure qu'elles atteignaient un niveau plus élevé.

Quelle que soit l'hypothèse qui approche le plus de la vérité, il est certain qu'il y a eu un changement dans les hauteurs relatives de la mer et des continents, autour de la Grande-Bretagne et le long des côtes septentrionales de la France, et que ce changement s'est opéré depuis l'époque où ces contrées ont commencé à jouir de climats peu différents de ceux qui y existent aujourd'hui, et peut-être tout à fait les mêmes. L'absence de fossiles marins au milieu de ces dépôts de végétaux semble indiquer que les forêts qui les ont formés n'ont pas été subitement englouties par la mer; car s'il en avait été ainsi, elle aurait laissé quelques traces de sa présence. Si un soulèvement soudain du sol venait rétablir les niveaux relatifs tels qu'ils étaient dans l'origine, ces forêts aujourd'hui sous-marines, quoique relevées alors au-dessus de la mer, conserveraient des traces évidentes de leur position actuelle au-dessous de son niveau, car on verrait des substances marines attachées aux arbres qui souvent sont percés par les *pholades*.

Les détails qui précèdent sont peut-être trop étendus pour un simple Manuel de géologie; mais il nous a paru important de faire voir que des changements dans les niveaux relatifs de la mer et des terres se sont opérés le long de nos côtes, à des époques géologiquement aussi récentes; et il nous était d'autant plus nécessaire de les faire connaître, que nous allons plus bas chercher à prouver que ces changements ont été précédés par une variation, au moins partielle, dans ces mêmes niveaux, mais tout à fait en sens contraire, laquelle a eu lieu sur nos côtes méridionales.

Anciennes plages et dépôts de coquilles soulevés.

A *Plymouth*, et sur la côte des environs, on observe les restes d'une ancienne plage qui s'abaisse graduellement vers la mer, et dont la plus grande élévation au-dessus des plus hautes eaux est d'environ 30 pieds [1]. La figure 20 en représente une coupe prise au Hoe.

Fig. 20.

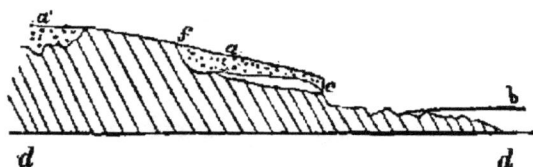

b, niveau actuel de la mer ; *d d*, couches du calcaire de la grauwacke, plongeant vers le sud sous un angle considérable ; *c*, amas de cailloux arrondis et de sables entremêlés çà et là de gros fragments anguleux de calcaire. Cet amas, qui recouvre les couches calcaires *d d*, présente toutes les apparences d'une ancienne plage qui a été soulevée au-dessus du niveau actuel de la mer ; la ressemblance est complète quand on observe la manière dont les galets et le sable y sont disposés, et surtout quand on y trouve des coquilles [2].

Les galets sont composés de calcaire, de schiste, de grès rouge, d'un porphyre rougeâtre, qui se trouve en place dans une autre partie de la rade de Plymouth, et de diverses roches qui proviennent des terrains de grauwacke des environs. La coupe représentée figure 20 a été produite par l'exploitation de la roche calcaire, dont on extrait une très grande quantité. On remarquera que l'ancienne plage *c* ne s'étend pas jusqu'en *f*, où il paraît qu'il y avait autrefois un escarpement, de même qu'aujourd'hui il s'en trouve un, peu élevé, qui borde le rivage actuel. L'ancienne plage et une partie

[1] Le professeur Sedgwick m'apprend que le révérend R. Hennah lui a fait remarquer depuis plusieurs années cette ancienne plage, et qu'il en a parlé dans sa description des calcaires de Plymouth.

[2] Je n'ai pas eu le bonheur d'en voir autre chose que des fragments, qui probablement appartenaient à des *patelles* et à de petites *nérites*. Ces derniers coquillages avaient conservé leurs couleurs, et ressemblaient aux nérites qui vivent maintenant sur la côte ; mais on a trouvé plusieurs centaines de coquilles dans une cavité remplie de sable qui existait dans le calcaire ; malheureusement elles ont été jetées par les carriers. Sous la citadelle, le sable est composé de fragments de coquilles.

de la montagne calcaire sont recouvertes par un gravier ou une brèche peu solide, *a a'*, composée de fragments anguleux de calcaire qui évidemment n'ont pas été roulés par les eaux. Cette circonstance semble devoir nous indiquer l'époque du soulèvement de cette ancienne plage. On doit, en effet, se rappeler qu'en parlant de la dégradation de la surface du sol, nous avons observé que toute cette partie du Devonshire présentait un détritus superficiel provenant de la destruction des roches inférieures. Or, les fragments anguleux de calcaire *a* dérivent de la partie supérieure de la montagne ; leur poids, aidé par les agents météoriques, les a fait glisser sur la plage *c* ; ils doivent aussi être tombés dans la cavité *a'* qui, se trouvant au-dessus de l'ancien rivage *c*, ne contient ni sable ni galets, mais ressemble complétement aux fentes des carrières d'Oreston, près Plymouth, dans lesquelles on trouve des débris d'éléphants, de rhinocéros et d'autres animaux ensevelis sous des fragments de même nature. Il paraît donc naturel de conclure que cette plage était déjà soulevée pendant l'existence de ces animaux, et avant cette longue période pendant laquelle les montagnes ont été lentement, mais considérablement dégradées par l'action de l'atmosphère. Il semble, en outre, résulter de ce qui précède, que la configuration du sol de cette partie de la contrée n'était pas alors très différente de celle qu'on voit aujourd'hui.

Un examen détaillé de la côte, depuis le Hoe jusqu'à Tor-Bay, ne fait que confirmer cette opinion ; on y observe, en une multitude de points, des circonstances semblables à celles que nous venons de développer : il est évident toutefois que ces circonstances doivent varier, suivant la quantité de rochers qui ont été emportés par la mer actuelle, ainsi qu'on peut le voir dans la figure 21.

Fig. 21.

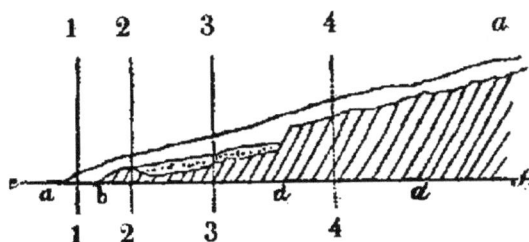

Si *a a* représente les fragments anguleux provenant de la roche schisteuse *d d*, qui constitue une haute colline sur le derrière, et *b* une ancienne plage maintenant élevée au-dessus du niveau *e f*

de la mer, et recouvert par le détritus *a a*, une coupe faite suivant
la ligne 1 1 ne mettra à découvert que le détritus ; une autre coupe,
faite suivant la ligne 2 2, pourra ne montrer que le détritus ou le
schiste, parce que le fond de la mer pourra s'élever, comme cela
arrive communément sur des plages telles que celle que nous considérons, où l'on voit le rocher saillir au milieu des galets. Si la mer
forme un escarpement suivant la ligne 3 3, on obtiendra une coupe
telle que celle du Hoe ; mais si elle met à découvert la section faite
suivant la ligne 4 4, alors toute l'ancienne plage sera emportée, et
il n'en restera plus de traces. On observe précisément toutes ces
circonstances particulières sur la côte dont il est question. Au pied
du mont Edgecombe, près Plymouth, les cailloux roulés sont recouverts par des fragments de schiste et de grès rouge. A Staddon
Point, le sable est recouvert par des fragments de grès rouge compacte. Plus loin, vers le sud, sur la côte orientale du golfe, et presqu'en face du Shag-Rock, on observe la coupe représentée par la
figure 22, qui peut être ou non une ancienne plage recouverte par
un détritus.

Fig. 22.

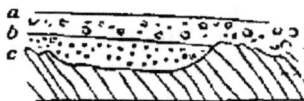

c, terrain fondamental formé de schiste argileux et arénacé ; *b*,
détritus qui n'est en partie qu'une terre sableuse mêlée de petits
fragments de schiste d'un diamètre excédant rarement celui d'un
schelling ou d'une pièce de six pences ; *a*, détritus composé de fragments anguleux, de schiste et de grès, de la grosseur d'un œuf et
au-dessus, mêlés avec d'autres d'une dimension plus petite.

D'après l'époque à laquelle la plage de Plymouth paraît avoir été
élevée, ce que nous venons de dire eût été peut-être mieux à sa
place dans la section suivante ; mais ce sujet est tellement lié à
celui des élévations et dépressions alternatives du sol, qu'il m'a
paru mieux de le placer immédiatement après les forêts sous-marines.

Ces deux classes de faits paraissent conduire aux conclusions suivantes, qu'on doit toutefois se borner, pour le moment, à regarder
comme applicables uniquement aux localités que nous avons citées,
et qu'il ne faut pas trop se hâter de généraliser.

1. A une époque où les éléphants et les rhinocéros existaient

peut-être dans ce climat, la configuration du sol différait peu de celle qui existe aujourd'hui.

2. La plage qui bordait la mer a été soulevée.

3. La surface des collines a subi une dégradation lente et graduelle, mais considérable, et le détritus qui en est résulté a recouvert l'ancienne plage; la forme générale des vallées et des collines étant alors peu différente de la forme actuelle.

4. Il est survenu un affaissement du sol qui a submergé les bois et les forêts, et qui, abaissant le détritus de l'époque 3, l'a exposé à l'action destructive de la mer, contre laquelle, jusque-là, il avait été en grande partie protégé par les plages élevées et les pentes que présentait la surface du sol.

5. Enfin sont arrivés les changements postérieurs à l'établissement des niveaux actuels de la mer et des côtes.

Dans l'*île de Jura*, l'une des Hébrides, le capitaine Vetch décrit 6 ou 7 terrasses, ou lignes d'anciennes plages, qui paraissent s'être élevées successivement au-dessus du niveau actuel de l'Océan. La plus basse se trouve à la hauteur des hautes mers, et la plus élevée est environ à quarante pieds au-dessus. Ces terrasses, ou anciennes plages, reposent en partie sur le roc nu, et en partie sur un dépôt épais composé d'argile, de sable et de fragments anguleux de quartz; leur continuité est çà et là interrompue par les torrents des montagnes, ou par l'action de la mer sur le dépôt qui les supporte; on les voit très bien au lac Tarbert. La largeur de cet ensemble de plages anciennes varie suivant la disposition du sol : lorsque celui-ci présente des pentes rapides, elle peut s'élever à cent yards; mais lorsque les pentes sont douces, comme sur le côté septentrional du lac, elle s'étend jusqu'à trois quarts de mille du bord de la mer. Ces plages en terrasses sont formées de cailloux arrondis et polis de quartz blanc de la grosseur d'un coco; ils sont tout à fait semblables à ceux qui forment la plage actuelle au bord de l'Atlantique, dans cette partie de l'île; et, d'après leurs formes, ils doivent avoir été produits par l'action réunie des vagues et des marées. A l'appui de cette opinion, le capitaine Vetch rapporte qu'en suivant le bord septentrional du lac Tarbert, on trouve une série de cavernes toutes situées au même niveau, et à une hauteur considérable au-dessus de la mer; et comme jamais, dans les roches de quartz des îles d'Isla, de Jura et de Fair, il n'a observé aucune autre caverne que celles qui se trouvent sur le bord de la mer, il les considère comme ayant été de même produites par l'action des vagues [1].

---

[1] Vetch, *Geol. Trans.*, 2ᵉ série, vol. i.

M. Brongniart décrit une singulière accumulation de coquilles qu'il a observée aux environs d'*Uddevalla*, en *Suède*; ces coquilles sont complétement semblables à celles qui existent maintenant dans la mer voisine; on les trouve en si grande abondance, que depuis long-temps on les emploie sur les routes; elles ne contiennent presque aucun mélange de terre, et quoiqu'il y en ait beaucoup de brisées, on en rencontre fréquemment qui sont encore entières. La masse la plus considérable se rencontre au milieu des roches de gneiss, jusqu'à une hauteur de soixante-dix mètres au-dessus du niveau de la mer. Ce même géologue, pensant qu'il pourrait trouver des traces du séjour de la mer sur le gneiss, qui est la roche fondamentale de la contrée, poursuivit ses recherches avec la plus grande attention, et finit par découvrir des *Balanes* encore adhérentes aux rochers sur lesquels elles avaient vécu, et qui forment maintenant le sommet d'une colline. MM. Berzelius, Wolber et Ad. Brongniart étaient présents à cette découverte [1].

Les coquillages que l'on trouve à *Saint-Hospice*, près de *Nice*, et qu'on a appelés *sub-fossiles*, ont depuis longtemps attiré l'attention. Ils sont semblables à ceux qui existent maintenant dans la Méditerranée; leurs couleurs même sont conservées, quoique le plus ordinairement elles aient blanchi. M. Risso a donné une longue liste de ces coquilles [2]. D'après mes propres observations, je ne puis guère douter qu'elles n'aient été élevées, à une époque récente, au-dessus du niveau actuel de la Méditerranée. Au-dessous de Baussi Raussi, escarpement voisin, et de là jusqu'au dépôt principal de ces coquilles sub-fossiles, on trouve des traces évidentes d'une an-cienne plage qui a été élevée; les cailloux sont arrondis et mêlés de sable, dans lequel on trouve des coquilles semblables à celles qui existent maintenant dans la mer voisine. Entre la presqu'île de Saint-Hospice et l'escarpement que je viens de citer, l'ancienne plage ressemble beaucoup à celles des environs de Plymouth, si ce n'est que cette dernière a été élevée à une plus grande hauteur [3]. Cette élévation s'est probablement effectuée lorsque la surface du sol avait déjà reçu, en grande partie, la configuration que nous lui voyons aujourd'hui.

M. de la Marmora donne des détails très intéressants sur une es-pèce de couche ou de dépôt que l'on observe en *Sardaigne*, et qui

---

[1] Brongniart, *Tableau des terrains qui composent l'écorce du globe*, 89.
[2] *Hist. nat. de l'Europe méridionale*.
[3] On trouvera une description plus détaillée de ces localités avec une vue et une coupe de l'escarpement de Baussi Raussi, dans mon Mémoire inséré dans les *Geol. Trans.*, vol. III, 2ᵉ série.

contient des coquilles *sub-fossiles* avec des fragments de poterie grossière; elle présente un exemple de l'élévation, non-seulement d'une plage, mais encore du fond d'une mer basse qui en formait le prolongement. La partie de cette couche qui est la plus éloignée de la côte actuelle, et qui par conséquent formait très probablement l'ancien rivage avant l'élévation du sol ou l'abaissement du niveau de la mer, est terreuse et ferrugineuse, et contient des débris de coquillages terrestres, fluviatiles et marins, mêlés avec des fragments de poterie grossière : circonstances que l'on doit s'attendre à trouver sur une côte habitée, et particulièrement aux bords d'une mer qui, comme la Méditerranée, n'a presque point de marée. La partie de la couche qui est la plus rapprochée de la mer, et qu'on peut par conséquent considérer comme ayant été autrefois sous les eaux, la couche s'élevant graduellement vers l'intérieur de l'île, est formée d'un grès calcaire; la poterie disparaît, et les *Cérites* et les *Lucines* deviennent plus rares. Au nord-ouest de Cagliari, dans un endroit où la couche s'élève à environ 50 mètres au-dessus de la Méditerranée, et qui est à une distance d'au moins 2,000 mètres de la mer, on trouve des huîtres (*Ostrea edulis*) encore adhérentes au rocher sur lequel elles ont évidemment vécu. Ces coquilles subfossiles appartiennent aux mêmes espèces que celles qui existent maintenant sur les mêmes côtes, et sont bien conservées. Entre autres objets de poterie, M. de la Marmora a découvert dans ce dépôt, au nord-ouest de Cagliari, une boule de terre cuite, à peu près de la grosseur d'une pomme, et percée d'un trou à son centre, comme pour y faire passer une corde. M. de la Marmora pense que cette boule peut avoir appartenu à des pêcheurs, qui ne connaissaient pas alors l'usage du plomb, et qui exerçaient leur industrie avant qu'un changement de niveau eût mis à sec le fond d'une partie de la mer où les eaux étaient basses [1]. Nous avons donc ici un exemple d'une élévation du sol, ou d'un abaissement du niveau de la mer dans cette partie de la Méditerranée, dont l'époque est postérieure à l'apparition de l'homme dans l'île de Sardaigne. Si c'est avec raison que M. de la Marmora considère cette couche comme identique avec des couches semblables que l'on observe sur les côtes de la Toscane, des États romains et de la Sicile, ce changement de niveau paraîtrait n'avoir pas été tout à fait local [2].

M. Boblaye a observé sur les calcaires de la *Grèce* diverses lignes de dégradation élevées à des hauteurs différentes au-dessus du ni-

---

[1] De la Marmora, *Journ. de géol.*, t. III, page 309.

[2] M. de la Marmora distingue avec soin le grès dont il a été parlé ci-dessus de la roche qui se forme journellement dans la mer à Messine.

veau actuel de la Méditerranée ; ces lignes sont semblables à celles
que produit aujourd'hui l'action des vagues sur les côtes de la même
contrée. Il signale aussi l'existence de petites terrasses horizontales
et de lignes de cavités percées par des coquillages lithophages.
M. Boblaye attribue ces diverses circonstances à des élévations successives du sol au-dessus du niveau de la mer. Une caverne littorale,
près Napoli de Romanie, contient une brèche qui se rapporte à l'é-
poque actuelle, car elle renferme des fragments d'une ancienne poterie. Cette caverne paraît avoir été élevée de 5 ou 6 mètres au-
dessus du niveau actuel de la Méditerranée [1].

Nous avons déjà dit, page 163, que sur la côte occidentale de
l'*Amérique méridionale*, un rivage avait été élevé pendant le tremblement de terre de 1822, et que l'on trouvait dans le même endroit
des traces d'anciens rivages qui avaient été ainsi élevés. M. Lesson a
aussi observé à *la Conception*, plus au sud sur la même côte, des
bancs de coquillages semblables à ceux de la mer voisine, et qui
sont actuellement élevés au-dessus de son niveau [2].

Il est presque impossible de ne pas reconnaître, dans l'élévation
de ces rivages et de ces fonds de mer, l'action des mêmes forces que
nous avons signalées en parlant des tremblements de terre. Ainsi
que nous le verrons dans la suite, la surface du globe a éprouvé à
différentes époques des soulèvements et des abaissements, mais avec
de grandes différences dans l'intensité des forces qui ont produit ces
changements. Il est excessivement difficile d'assigner les dates au
soulèvement du rivage de Plymouth, à celui des coquilles d'Uddevalla, et aux autres phénomènes semblables que nous avons décrits ; mais tous ces faits nous conduisent à reconnaître que, depuis
l'apparition sur la surface du globe d'animaux semblables à ceux que
nous y voyons aujourd'hui, les niveaux relatifs de la mer et des continents ont éprouvé des variations, comme ils en avaient éprouvé
avant cette période, et que, plus tard encore, il s'en est produit
de nouvelles, même après que l'homme a eu bâti des temples et
exécuté d'autres ouvrages d'art, comme le prouve le *temple de
Sérapis*, près de Naples [3].

---

[1] Boblaye, *Journal de géol.*, t. III, page 163.

[2] Brongniart, *Tableau des terrains qui composent l'écorce du globe*, p. 92.

[3] On trouve dans les *Principles of geology*, de M. Lyell, vol. I, p. 450-459, une
description détaillée de faits géologiques qui se rattachent au célèbre *temple de
Sérapis*, situé à Pouzolles, près Naples. L'élévation et l'abaissement du sol semblent
avoir eu lieu ainsi qu'il suit :

1o Après que le temple a été bâti, le sol s'est affaissé : la partie inférieure des
colonnes a été submergée, de sorte que le coquillage lithophage (*lithodomus*) ne les
a attaquées qu'à environ 12 pieds au-dessus de leurs piédestaux ; de plus, la hauteur

Débris organiques du groupe moderne.

Les débris des corps organisés que renferment les dépôts formant le groupe moderne appartiennent nécessairement aux animaux existants; cependant on peut y en trouver également quelques autres qui se rapportent à des espèces aujourd'hui éteintes. Non-seulement l'homme modifie considérablement la surface de la terre, en abattant les forêts, en empêchant l'inondation des plaines basses, en détournant les torrents et conduisant les eaux dans d'innombrables canaux, afin de satisfaire ses besoins ou ses convenances particulières; mais encore il éloigne de lui les animaux qui pourraient nuire à ses desseins, ou ne peuvent y servir, et circonscrit ainsi leur domaine, tandis qu'il couvre le pays de ceux qui lui sont utiles, et qui, sans ses soins et sa protection, n'auraient jamais pu se multiplier en aussi grande quantité. Il en résulte nécessairement que la nature des débris organiques terrestres qu'on rencontre dans les dépôts modernes dans chaque contrée, doit dépendre du degré d'accroissement qu'avait pris le pouvoir de l'homme à l'époque où ils ont été enfouis. Ainsi une accumulation de ces débris, ensevelie actuellement, différera beaucoup de celle qui a été enfouie à une époque où le pouvoir de l'homme était plus limité. Quant aux habitants des eaux, l'homme n'a presque aucune action sur eux, excepté sur ceux des rivières, des petits lacs et des environs de quelques côtes.

Il s'est opéré une diminution considérable dans la quantité d'arbres et d'arbrisseaux qui sont transportés à la mer, particulièrement dans les régions froides et tempérées où l'homme a besoin de bois, non-seulement pour diverses constructions, mais encore pour son chauffage. Nous voyons dans le delta du Mississipi quelle abondance de bois ce fleuve y charrie maintenant; mais cette quantité diminuera de jour en jour à mesure que l'homme aura converti en pâturages et en terres labourables les forêts d'où ces bois proviennent.

On croyait autrefois que l'aminal gigantesque (*Cervus giganteus*), connu vulgairement sous le nom d'*Élan d'Irlande*, n'avait existé

---

sur laquelle on trouve des cavités percées par des coquillages étant également d'environ 12 pieds, il s'ensuit que ces colonnes, sans avoir été renversées, ont été plongées dans les eaux, avec leurs piédestaux, d'une hauteur de 24 pieds.

2º Le temple, encore debout, a été élevé au-dessus du niveau de la mer, ou à peu près à son niveau, car le pavé n'est pas recouvert de plus d'un pied d'eau.

qu'à une époque antérieure à l'homme; mais aujourd'hui on reconnaît qu'il a vécu en même temps que lui. Toutefois il n'est nullement prouvé qu'il n'a pas vécu également avant lui, et il paraît, au contraire, qu'il l'a réellement précédé sur la surface de la terre. Nous ne savons pas d'une manière bien certaine à quelle époque les *Mastodontes* de l'Amérique septentrionale ont cessé d'exister; on suppose communément que c'est avant le commencement du groupe moderne; mais on n'en a aucune preuve bien positive. On peut dire la même chose de quelques autres animaux.

L'oiseau nommé le *Dodo* semble nous présenter un exemple de la disparition d'un animal à une époque très récente; car il est aujourd'hui à peu près certain que cet oiseau curieux existait dans l'île Maurice lors des premiers voyages des navigateurs aux Indes orientales. Il ne faut donc pas trop se hâter de fixer l'ancienneté relative d'un animal dont on ne trouve plus maintenant que les débris. Dans les îles Britanniques, on pourrait regarder les ossements du loup comme appartenant à une espèce d'animal entièrement éteinte. Il est possible que dans l'obscurité des siècles passés, plusieurs animaux, de l'existence desquels la tradition ne fait aucune mention, aient été ainsi complétement détruits, soit par les bêtes de proie, soit, plus probablement encore, par l'homme, armé des moyens que lui procure la civilisation.

GROUPE DES BLOCS ERRATIQUES.

Nous devons rappeler ici ce que nous avons déjà dit ci-dessus, pages 43 et 46, que nous ne nous sommes déterminé à établir ce groupe que par des motifs de commodité et de convenance, et qu'il est nécessaire de le considérer comme formé *provisoirement*, dans le but de réunir et de développer certains phénomènes, qu'il serait fort difficile, dans l'état présent de la science, de classer sous aucun autre titre.

L'origine des diverses matières de transport, graviers, sables, blocs de rochers et autres substances minérales que l'on trouve disséminées, tant sur les montagnes que dans les plaines et le fond des vallées, a été souvent rapportée à une seule et même époque ; mais elle peut appartenir à plusieurs. En un mot, toutes les matières transportées, que l'on désigne communément sous le nom de *diluvium*, demandent un examen sévère et détaillé.

Il y a actuellement trois opinions principales sur le sujet qui nous occupe : la première suppose que le transport a été effectué à une seule et même époque ; la seconde admet que ces graviers superficiels sont le résultat de plusieurs catastrophes ; enfin la troisième semble ne vouloir les attribuer qu'à l'action longtemps prolongée des mêmes forces naturelles qui existent aujourd'hui, agissant avec la même intensité que nous leur connaissons. Peut-être la diversité de ces opinions ne provient-elle que de la connaissance très imparfaite que nous avons jusqu'à présent des phénomènes sur lesquels nous essayons de raisonner, et probablement aussi de ce qu'on s'est trop empressé de généraliser des faits locaux. Quoique aucune de ces différentes hypothèses ne puisse expliquer d'une manière exacte tous les faits observés, chacune d'elles peut cependant en expliquer une partie ; et il serait à désirer, relativement à tous les phénomènes rassemblés ici sous le même titre, uniquement pour plus de commodité, comme on l'a dit plus haut, qu'ils fussent bien étudiés, sans chercher à les soumettre au contrôle d'une théorie conçue à l'avance.

A la fin de la dernière section, j'ai parlé d'une élévation locale de terrain, dans le Devonshire, dont il est un peu difficile d'assigner les causes dans nos systèmes. Afin de faire connaître les changements qui ont eu lieu dans le même district, sans prétendre néanmoins regarder ces faits comme généraux, je vais en continuer la description.

Aux carrières d'*Oreston*, près et à l'est de Plymouth, dans des failles ou fentes (*clefts*) et des cavernes qui traversent un terrain calcaire, on a trouvé de nombreux débris d'éléphants, de rhinocéros, d'ours, de bœufs, de chevaux, de daims, etc., ensevelis, surtout dans les failles, sous un amas composé de gros blocs anguleux et de petits fragments de calcaire. Dans un des points que j'ai observés, l'épaisseur de cet amas était de 90 pieds, et il recouvrait une argile noire dans laquelle seule étaient enfouis les os et les dents. Les débris d'ours, de rhinocéros, d'hyènes et d'autres animaux contenus dans la fameuse caverne de Kent (*Kent's Hole*), près de Torquay, appartiennent au même district. On n'a pas encore découvert, dans le gravier superficiel de cette partie de la contrée, des restes d'animaux du même genre que ceux que l'on a trouvés dans les cavernes; mais si nous continuons nos recherches du côté de l'est, nous les trouverons dans les vallées de Charmouth et de Lyme [1], où ils se présentent dans des dispositions qui tendent à les faire regarder comme antérieurs à la grande dégradation des montagnes environnantes; ce qui semble donner à ces restes d'éléphants et de rhinocéros la même antiquité relative qu'à ceux trouvés sous les blocs de calcaire dans les failles des environs de Plymouth, et probablement aussi qu'à ceux qui sont contenus dans les cavernes de cette même localité, et dans celle de Kent. Or, l'ancienne plage soulevée qui existe dans le golfe de Plymouth, et dont nous avons parlé ci-dessus, semble indiquer avec évidence qu'en cet endroit la configuration du sol n'était pas autrefois très différente de ce qu'elle est aujourd'hui. Nous pouvons donc peut-être conclure de là qu'il existait, généralement dans tout le district, des inégalités du sol, ou des collines et des vallées, dont la forme ne s'éloignait pas beaucoup de celles que nous observons maintenant. Il est d'ailleurs à remarquer que les débris d'animaux, qui semblent indiquer que le climat, à l'époque où ils vivaient, était plus chaud qu'il ne l'est à présent, se rencontrent, soit sur des terrains bas où il est possible qu'ils aient vécu, soit dans des fentes ou des cavernes dans

---

[1] On a préféré dans cette description suivre la ligne des côtes, parce que les coupes y sont plus claires et moins équivoques.

lesquelles ils peuvent être tombés ou avoir été entraînés par des bêtes carnassières. Comme il est probable que les éléphants se nourrissaient d'herbes et de feuillages, que les rhinocéros préféraient les terrains bas, que les ours et les hyènes habitaient les cavernes, et que les daims, les bœufs et les chevaux erraient à travers les forêts et les plaines, on doit supposer que la surface du sol était convenablement disposée pour ces animaux, et que, par conséquent, elle présentait des montagnes et des vallées, des plaines et des escarpements de rochers, avec des cavernes déjà ouvertes : d'où il suit qu'il y avait des vallées creusées avant l'existence des éléphants ; et si une masse d'eau a balayé la surface du sol et détruit ces animaux, elle doit avoir été influencée dans sa direction par les inégalités de la surface qui existaient auparavant.

On a ensuite à examiner si ce district présente des traces évidentes de l'action de forces naturelles plus puissantes que celles que nous observons aujourd'hui ; on peut répondre à cette question affirmativement. Le district est tellement fracturé, ou, pour me servir de termes géologiques, tellement traversé par des failles, qu'il est difficile, pour peu qu'on observe avec soin, de trouver une étendue un peu considérable qui en soit exempte. L'époque de ces dislocations peut être ou non la même que celle où a eu lieu le soulèvement de la plage ; elles sont peut-être antérieures : car il y a eu évidemment une dispersion considérable de fragments de rochers, opérée probablement par la masse d'eau qui aurait dégradé une plage telle que celle que nous avons indiquée à Plymouth.

La coupe suivante, prise à la *pointe de Warren*, près Dawlish, est un bon exemple d'une faille multiple recouverte par un terrain de transport.

Fig. 23.

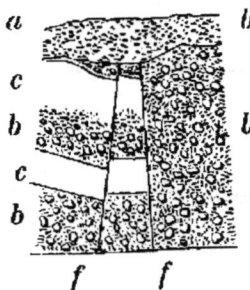

bbb, conglomérats, et cc, grès appartenant à la formation du grès rouge, disloqué par les failles ff, de telle sorte que la continuité

des couches est interrompue. Sur ces couches fracturées se trouve
un gravier ou un terrain de transport *a a*, composé de silex brun-
noirâtre (*flints*) de la craie, et de silex gris-clair (*chert*) du grès
vert, mêlés d'une petite quantité de cailloux semblables à ceux qui
sont empâtés dans les conglomérats *b b*. Il est évident que ce gravier *a a'* a été déposé postérieurement à la formation des failles,
car il n'est lui-même nullement fracturé. La craie et le grès vert de
ce district ont autrefois couvert des espaces considérables, quoiqu'on
ne rencontre aujourd'hui ce dernier terrain que dans les collines
nommées *Haldon Hills*, dans une localité qui est, à la vérité, voisine
à l'ouest de celle où a été prise cette coupe, mais qui en est séparée
par une vallée. On trouve sur la même côte beaucoup d'autres dislocations ainsi recouvertes, où l'on peut observer facilement les
mêmes caractères, surtout quand la mer est basse.

On pourrait supposer que ces silex (*flints* et *cherts*) sont simplement les restes de masses de craie et de grès vert anciennement superposées au terrain fracturé, lesquelles auraient été détruites par les
agents météoriques, et dont les parties les plus dures seraient restées sur la crête de la faille. Une pareille hypothèse est à peine probable, si même elle est possible ; car elle suppose la destruction de
plus de 600 pieds de grès et de conglomérat : ce n'est, en effet, qu'à
cette hauteur au-dessus de la section précédente que le grès vert et
la craie auraient pu exister ; et, en outre, cette destruction aurait eu
lieu sans qu'il soit à peine resté quelques-uns des cailloux ou des gros
blocs du conglomérat rouge, tandis que les silex appartenant aux
roches supérieures, et par conséquent les premières détruites, auraient résisté à la force de destruction et d'entraînement.

Considérons maintenant une autre classe de phénomènes. Sur toute
l'étendue du même district, partout où l'on rencontre le gravier, la
surface supérieure des roches, de quelque nature qu'elles soient,
présente des enfoncements et des dépressions semblables à celles
que l'on observe sur la craie de l'est de l'Angleterre. Les deux coupes
suivantes en présentent des exemples.

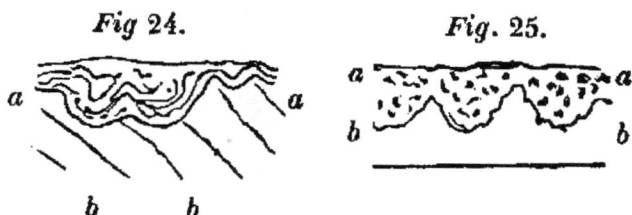

Fig 24.   *Fig*. 25.

Dans la figure 24, *a a*, gravier composé principalement de diverses variétés de silex (*flints* et *chert*), qui remplissent une cavité dans le grès rouge *bb*, entre Teign Mouth et Dawlish ; les lignes de séparation qu'on remarque entre les lits du gravier suivent le contour de la cavité.

Dans la figure 25, *aa*, gravier composé en grande partie de silex (*flints*), parmi lesquels on distingue quelques gros blocs arrondis d'une brèche siliceuse, semblable à celle que l'on trouve sur le sommet des montagnes de craie des environs de Sidmouth ; près de Teign-Bridge, ce gravier remplit des cavités, à la surface d'une couche d'argile ou terre à pipe, qui fait partie de la formation charbonneuse du *Bovey-Coal*, et qui n'est pas, comme on l'a supposé, contemporaine du gravier du terrain de transport superficiel.

On pourrait facilement ajouter d'autres exemples, mais ceux-ci suffisent ; et je les ai donnés ici, parce que ceux qui étudient la géologie peuvent aisément les observer [1]. Ils paraissent indiquer l'existence de quelque agent général, qui, dans son passage sur le continent, a produit les mêmes effets sur des roches diverses, en formant à leur surface des cavités, et les remplissant de fragments qu'il avait transportés de distances plus ou moins grandes [2]. Nous avons, en outre, dans le même district, des localités où il est évident que la roche inférieure a été dégradée par les eaux, et où ses fragments se sont mêlés avec les substances transportées ; il y a même quelques cas particuliers où, par une fausse apparence, ces fragments paraissent recouvrir le dépôt de transport, comme le représente très bien la coupe suivante de l'escarpement qui se trouve près de *Dawlish*.

Fig. 26.

a a, grès rouge régénéré ; *b b*, gravier composé de silex (*flints*)

---

[1] Le même motif m'a guidé dans le choix des coupes que j'ai placées dans le cours de cet ouvrage, parce qu'on ne peut pas s'attendre à ce que les commençants observent des faits difficiles aussi aisément que des géologues exercés

[2] Il faut ici remarquer que, d'après certaines circonstances que l'on observe dans le voisinage de Dawlish, il est possible que quelques-uns de ces dépôts de transport soient contemporains de la formation charbonneuse du *Bovey-Coal* : il en sera question dans la suite.

de la craie, de silex (*chert*) du grès vert, et de cailloux provenant
du conglomérat qui alterne avec le grès rouge *c c*, sur lequel repose
le gravier. D'après cette coupe seule, une personne peu exercée
aux recherches géologiques pourrait se figurer que les silex sont
renfermés dans le grès rouge; mais la véritable disposition des terrains est facile à reconnaître, quand même la discordance de stratification entre *a a* et *c c* ne la montrerait pas; car cette section est
tout à fait fortuite : on l'a choisie pour représenter un cas extrême,
et l'on peut, dans le voisinage, observer chacune des couches, et
reconnaître leur position relative.

Les limites que nous nous sommes imposées ne nous permettent
pas d'entrer dans de plus grands détails, qui exigeraient nécessairement des cartes; mais tout ce que nous pourrions ajouter ne ferait que
corroborer la supposition qu'une masse d'eau a passé sur cette contrée. On pourrait maintenant demander s'il y a quelque rapport
entre cette masse d'eau, qu'on suppose avoir passé sur ce district,
et les fractures ou failles qui y sont si communes. On peut répondre
qu'une pareille hypothèse n'est ni impossible ni improbable. Nous
savons que, pendant les ébranlements et les dislocations (comparativement d'une faible intensité) qu'éprouve aujourd'hui la surface
de la terre, la mer entre en mouvement et vient se briser avec plus ou
moins de furie sur le rivage. En concentrant encore notre attention
sur une seule contrée, nous verrions que les dislocations et les failles,
produites évidemment par une seule fracture, sont bien plus considérables que celles dont nous concevons aujourd'hui la possibilité
d'après les tremblements de terre modernes. Il est donc rationnel
de penser que si une cause plus puissante causait des vibrations et
disloquait l'écorce du globe, elle jetterait une plus grande masse
d'eau dans un mouvement bien plus violent, et que les vagues
qui se précipiteraient sur le rivage auraient une hauteur et un
pouvoir de destruction proportionnés à la force de perturbation.

On peut encore demander s'il existe quelques autres traces du
passage d'un pareil déluge sur la contrée. A cela nous répondrons
que les formes douces et arrondies des vallées sont telles, qu'il
est impossible d'imaginer une combinaison de causes météoriques
capables d'en produire de semblables, qu'un grand nombre de vallées suivent les directions des lignes des failles, et qu'enfin les
détritus se présentent dans des positions que l'on ne peut expliquer uniquement par l'action actuelle des eaux atmosphériques. Je
remarquerai particulièrement que, sur la montagne dite le *Great
Haldon Hill*, à environ 800 pieds au-dessus de la mer, on rencontre dans le gravier superficiel des blocs de rochers provenant

de terrains qui se trouvent à un niveau moins élevé. Ils sont, à la vérité, assez rares; mais avec un peu de soin on vient à bout de les découvrir. J'y ai trouvé des fragments de porphyre rouge quarzifère, de grès rouge compacte et d'une roche siliceuse compacte, qui ne sont pas rares dans la grauwacke des environs, où l'on rencontre toutes ces roches à un niveau moins élevé que le sommet du Great Haldon Hill. Il est certainement impossible que ces blocs aient été transportés dans leur position élevée actuelle par les pluies ou par les rivières, à moins qu'on ne suppose que celles-ci n'aient été capables de franchir les montagnes.

Avant d'abandonner cette description locale, nous ferons remarquer que toutes les failles n'ont pas à la vérité la même direction, mais que le plus grand nombre d'entre elles courent de l'est à l'ouest; on voit surtout cette direction prédominer à mesure qu'on approche de Weymouth.

Près de cette ville, on trouve une de ces failles que l'on peut suivre de l'est à l'ouest sur une longueur de 15 milles, et il est vraisemblable qu'elle s'étend encore plus loin; car, du côté de l'est, elle pénètre dans la craie, où il est difficile de l'observer, tandis que, du côté de l'ouest, elle plonge dans la mer. Il paraît aussi très vraisemblable, comme l'a déjà remarqué le professeur Buckland, et comme je l'ai observé moi-même dans un autre endroit, que ces failles des environs de Weymouth ont quelque connexion avec les dislocations qui traversent l'île de Wight de l'est à l'ouest, et probablement aussi avec les changements qui ont eu lieu dans le canton connu sous le nom de Weald, dans le comté de Sussex, dont le sol a été soulevé dans la direction est et ouest, et a éprouvé ensuite des dénudations. Il faut aussi remarquer que dans les vallées des environs de Sidmouth et de Lyme, les accumulations de gravier sont souvent plus considérables sur le flanc oriental que sur le flanc occidental.

Voyons maintenant jusqu'à quel point ces faits locaux peuvent être plus ou moins généralisés. Commençons par l'*Angleterre*. On rencontre généralement des vallées ayant les caractères des *vallées des contrées basses* [1], beaucoup plus larges que celles dont nous avons parlé plus haut, et par conséquent plus favorables à la supposition du passage d'une masse d'eau; les vallées des contrées basses occupent en effet une étendue superficielle bien plus grande que les vallées des pays de montagnes, quoique les unes et les autres aient été modifiées par les rivières et les autres causes de dégradation qui agissent actuellement. Le sol de ces vallées présente des

[1] Voyez ci-dessus, page 32.

matières de transport étrangères, qui y sont disséminées d'une manière irrégulière, et non des détritus provenant de la destruction des roches inférieures. Il est quelquefois possible, avec un peu d'effort d'esprit, d'attribuer certains dépôts de matières de transport à l'action longtemps prolongée des agents naturels que nous connaissons aujourd'hui; mais, dans d'autres cas, de pareilles explications ne sont ni admissibles ni rationnelles. Souvent aussi l'on rencontre des failles qui sont seulement couvertes par un dépôt de transport, et dont la direction coïncide avec celle d'une vallée : je ne veux nullement inférer de là que toutes les failles ainsi recouvertes par du gravier soient contemporaines; il me paraît, au contraire, naturel de se borner à admettre que chaque grande convulsion a été accompagnée de fentes ou de failles, et que, comme ces convulsions se sont opérées à des époques différentes, il doit en avoir été de même des fractures.

Les dépôts de transport ne sont pas seulement composés de graviers provenant de localités plus ou moins éloignées, mais on y trouve aussi de gros blocs, et dans des positions telles, qu'il paraît physiquement impossible qu'ils y aient été transportés par les causes actuelles. M. Conybeare a observé la grande accumulation de gravier de transport qui se trouve au centre de l'Angleterre, et plus particulièrement sur les limites des comtés de Gloucester, de Northampton et de Warwick, aux pieds des escarpements de l'oolite inférieure; il remarque qu'elle est composée de matériaux si variés, qu'on pourrait y former une collection presque complète des échantillons géologiques de l'Angleterre. « Des parties de ce même gravier ont été entraînées, à travers les vallées transversales qui découpent les chaînes de collines d'oolite et de craie, jusque dans les plaines qui environnent la capitale; mais la masse principale du dépôt diluvien dans ces derniers cantons provient de la destruction partielle des montagnes de craie des environs, et consiste en silex qui en ont été détachés, et qui ont ensuite été arrondis par le frottement [1]. » M. Conybeare signale en outre l'existence de gros blocs, parmi les roches de transport de Bagley Wood, dans l'Oxfordshire, comme aussi la présence de silex sur les sommités des collines appelées Bath Downs. Le professeur Buckland rapporte qu'il a trouvé, dans le terrain de transport du comté de Durham, vingt variétés de schiste et de grunstein qu'il est impossible de rencontrer en place à une distance plus rapprochée que le district des lacs dans le Cumberland. Il signale aussi, à Darlington, l'existence d'un gros

[1] Conybeare et Phillips, *Outline of the geology of England and Wales.*

bloc d'un granite qui est absolument le même que celui de Shap, près de Penrith. On trouve des blocs de ce même granite dans la vallée de Stokesley, et dans le lit de la Tees, près de Bernard Castle. On voit encore des blocs de même nature dans la plaine élevée de Sedgefield, près de Durham. Dans un grand nombre de ces cas, ces blocs sont mêlés de fragments roulés de diverses espèces de porphyre et de grunstein qui proviennent probablement du Cumberland [1].

Le professeur Sedgwick a observé que les parties de la chaîne du Derbyshire, qui dominent la grande plaine du Cheshire, sont couvertes de gros blocs de transport. Il remarque aussi, au sujet de ceux qui accompagnent les détritus que l'on voit à la base des montagnes du Cumberland, depuis Stainmoor jusqu'au golfe de Solway, que la plaine qui borde la région montagneuse du côté du nord offre des blocs et des galets qui proviennent du Dumfriesshire, et qui ont été charriés à travers le golfe. Dans les débris de transport qui couronnent une colline des environs de Hayton-Castle, à 4 milles au nord-est de Maryport, sur le bord de Solway, on voit de gros blocs granitiques semblables aux roches de la montagne de Criffel, qui est en face de l'autre côté du Solway. « Parmi eux se trouvait une masse sphéroïdale, dont le plus grand diamètre avait 10 pieds et demi, et dont la partie saillante au-dessus du sol avait plus de 4 pieds de haut. » Depuis le cap Saint-Bees jusqu'à l'extrémité méridionale du Cumberland, la région des côtes est couverte d'un détritus de transport, qui renferme des blocs de granite, de porphyre et de grunstein, dont quelques-uns ont des dimensions considérables. Tout à fait au sud du même comté, dans le Bas-Furness, on peut observer des faits analogues. Le professeur Sedgwick remarque plus loin que l'on rencontre sur les montagnes granitiques, entre Bootle et Eskdale, des blocs considérables qui proviennent du district où abonde le schiste vert (green-slate). Des millions de gros blocs sont répandus sur les collines qui forment la limite nord-ouest de la région montagneuse. On peut suivre les blocs de syénite de la montagne de Carrock-Fell, à travers les vallées et sur les collines de la moyenne région, jusqu'au pied des rochers dont ils ont été détachés. On trouve de nombreux fragments de cette syénite sur le flanc du High Pike; le plus grand, appelé le Rocher-d'Or (the Golden Rock), a 21 pieds de long, 10 de haut et 9 de large. Auprès de Penruddock, on rencontre en abondance des masses roulées du porphyre du vallon de

[1] Buckland, Reliquiæ diluvianæ.

Saint John, qui de là descendent dans les vallées jusque dans l'Ea-
mont. On voit, sur les collines calcaires, au sud d'Appleby, un
grand nombre de blocs arrondis du granite de la montagne de Shap,
dont quelques-uns ont jusqu'à 12 pieds de diamètre. Sur les plateaux calcaires, à l'ouest de Kendal, on trouve des blocs arrondis
qui proviennent évidemment du schiste vert de la partie haute des
vallées de Kentmere et de Long Sleddale. Le professeur Segdwick
remarque que les blocs du granite de la montagne de Shap, qu'il
est impossible de confondre avec les autres roches du nord de l'Angleterre, n'ont pas été transportés seulement sur les collines calcaires des environs d'Appleby, mais qu'on les trouve répandus plus au
nord dans la plaine formée de nouveau grès rouge ; qu'en outre, ils
ont été roulés par-dessus la grande chaîne centrale de l'Angleterre,
jusque dans les plaines du Yorkshire ; qu'on les trouve empâtés dans
le détritus de transport de la rivière de Tees, et qu'ils ont même été
charriés jusque sur la côte orientale [1].

En comparant ces faits avec ceux que nous avons rapportés sur
le petit district que nous avons décrit en premier lieu, nous devons
reconnaître que les traces d'un pouvoir de transport par les eaux sont
bien plus évidentes dans le centre et dans le nord de l'Angleterre
que dans le Devonshire et le Dorsetshire, car le gravier a été transporté à des distances beaucoup plus considérables, et il se trouve
mêlé de blocs d'une grande dimension. Ce ne sera que par de nouvelles observations, faites avec beaucoup d'exactitude, que l'on
pourra déterminer jusqu'à quel point ces divers dépôts de transport
sont contemporains. Nous nous bornerons donc à une simple description de faits, dont on devra tenir compte dans toutes les idées
générales qu'on tentera de mettre en avant sur ce sujet.

Entre la Tamise et la Tweed, on a découvert des cailloux et
même des blocs, dont les caractères minéralogiques sont tels, qu'on
les considère comme provenant de la Norwège, où l'on sait qu'il
existe des roches tout à fait semblables. M. Phillips établit que le
dépôt que l'on appelle actuellement *diluvium*, dans le Holderness,
sur la côte du *Yorkshire*, a pour base une argile qui renferme des
fragments de roches préexistantes, plus ou moins gros et plus ou
moins arrondis, et présentant à cet égard de grandes variations.
Les roches dont ces fragments paraissent provenir ont été trouvées,
quelques-unes en Norwège, d'autres dans les montagnes de l'Écosse
et dans celles du Cumberland, ou dans le nord-ouest et l'ouest du
Yorkshire, et une partie assez notable sur les côtes du comté de Dur-

[1] Sedgwick, *Ann. of Phil.*, 1825.

ham et dans les environs de Whitby. Les fragments sont d'autant plus arrondis, que la distance d'où ils proviennent est plus considérable [1].

On rencontre dans la grande masse d'argile des dépôts parfois très considérables de gravier et de sable ; dans un de ces dépôts, à Brandesburton, on a découvert des débris de l'éléphant fossile.

Si, quittant l'Angleterre, nous nous avançons vers le nord, du côté de l'*Écosse*, nous y trouvons les traces évidentes d'une force semblable à celle que nous avons déjà signalée, et qui aurait agi sur la surface de cette contrée. Sir James Hall fait même remarquer qu'un courant, qui a traversé tout le pays, a laissé des marques de son passage dans des espèces de sillons qui ont été creusés dans les couches solides par le choc des masses minérales qu'il transportait avec une grande rapidité. D'après la direction de ces sillons, sir James Hall conclut que dans le voisinage d'Édimbourg le courant se précipitait vers l'ouest [2].

En poursuivant notre recherche vers le nord, nous ne cessons de rencontrer des traces évidentes d'un transport : ainsi, le docteur Hibbert a trouvé à Papa Stour, l'une des *îles Sethland*, des fragments de roches qui proviennent de Hillswich Ness (qui est situé au nord, 47° est, de Papa Stour), et qui doivent par conséquent avoir franchi une distance de 12 milles. Il fait aussi quelques remarques sur les gros blocs, appelés les *pierres de Stefis*, que l'on trouve près de l'habitation de Lunna, à l'est de Sethland, et qui paraissent avoir été reculés au moins d'un mille par un choc venant du nord-est. Le même auteur nous fait connaître plusieurs autres circonstances intéressantes : ainsi il rapporte qu'à Soulam Voe, sur la côte de la mer du nord, on rencontre des blocs d'environ 3 ou 4 pieds de haut, qui ne ressemblent à aucune des roches existantes dans la contrées, et qui vraisemblement sont venus du côté du nord [3]. Il y a lieu aussi de présumer, d'après une notice de Landt, citée par le docteur Hibbert, que l'on observe des phénomènes semblables dans les îles Féroé.

Il est donc probable, ainsi que les faits qui précèdent paraissent tendre à le faire croire, qu'une masse d'eau s'est précipitée du nord vers le sud sur les îles Britanniques, avec une vitesse capable de transporter des fragments de rochers depuis la Norwège jusqu'aux îles Sethland, et jusqu'aux côtes orientales de l'Angleterre ; une pareille masse d'eau a dû être modifiée et entravée dans sa course

[1] Phillips, *Illust. of the geol. of Yorkshire.*
[2] Sir James Hall, *Trans. royal Soc. Edinb.*
[3] Hibbert, *Edin. Journ. of Science*, vol. VII.

par les vallées, les collines et les montagnes qui se sont trouvées sur son passage, de telle sorte qu'il s'est produit divers courants plus petits qui ont disséminé les débris dans diverses directions.

Si la supposition du passage d'une masse d'eau sur la Grande-Bretagne est fondée sur quelque probabilité, on doit observer, dans les parties voisines du continent européen, des traces d'un ou de plusieurs passages analogues, et la direction des matières transportées doit être la même ; or c'est précisément ce qui arrive. En *Suède* et en *Russie*, on trouve un grand nombre de gros blocs qui, sans nul doute, ont été transportés du nord vers le sud. M. Brongniart a remarqué qu'en Suède les matériaux de transport sont rangés suivant des lignes, qui quelquefois se coupent, mais qui sont généralement dirigées du nord au sud [1]. Les observations de M. Brongniart, sur les blocs de la Suède, ont d'autant plus de valeur qu'il n'avait point eu connaissance de celles du même genre qui avaient été faites antérieurement (1819) sur les blocs de la Russie et de l'Allemagne par le comte de Razoumowski. Ce dernier a observé que, partout où les blocs sont accumulés en grande quantité, ils sont rangés suivant des lignes parallèles dirigées du nord-est au sud-ouest. Il rapporte qu'entre Saint-Pétersbourg et Moscou, on trouve un très grand nombre de blocs qui sont des roches de la Scandinavie ; que dans quelques endroits, et spécialement dans l'Esthonie, les blocs paraissent et disparaissent à des intervalles plus ou moins grands, qui dépendent apparemment de la forme qu'avait la surface du sol à l'époque du transport : car on les rencontre dans les localités où les escarpements leur étaient opposés, tandis qu'ils disparaissent dans celles où le terrain est à peu près horizontal ou s'incline dans le sens de leur marche, ce qui semble montrer qu'ils ont été arrêtés dans leur cours par les escarpements. Le comte de Razoumowski remarque aussi que les blocs se rencontrent abondamment sur les hauteurs, et rarement, ou en très petit nombre, dans les plaines basses [2].

[1] *Ann. des Sciences nat.*, t. xiv, p. 13.

[2] *Ann. des Sciences nat.*, tome xviii, p. 133.

Le professeur Putsch a observé que les blocs erratiques que l'on trouve dans la *Pologne*, entre la Duna et le Niémen, sont composés des roches suivantes : — granite qui ressemble à celui de Wiborg, en Finlande ; — autre granite avec du feldspath labrador (labradorite), de l'Ingrie ; — grès rouge quarzeux des bords du lac Onéga ; — enfin calcaire de transition de l'Esthonie et de l'Ingrie. — Dans la Prusse orientale et dans la partie de la Pologne comprise entre la Vistule et le Niémen, les blocs granitiques sont abondants ; on y trouve trois variétés de granite qui sont les mêmes que celles d'Abo et de Helsingfors en Finlande ; — un autre granite à gros grains et une syénite proviennent aussi du nord. Les blocs de hornblende des mêmes contrées

En s'avançant vers le sud, les eaux semblent avoir poursuivi leur course, dans la même direction, sur les districts inférieurs de l'*Allemagne*, et jusque dans les *Pays-Bas*, en déposant sur leur passage de gros blocs qui, par leur composition minéralogique, sont identiques avec des roches dont on connaît l'existence dans les régions septentrionales, et d'où ils proviennent évidemment.

Si la supposition du passage d'une masse d'eau est exacte, on doit observer dans les autres régions septentrionales un mouvement semblable à celui qui s'est opéré dans le nord de l'Europe, car la cause perturbatrice qui a mis les eaux en mouvement a dû projeter des vagues tout autour du centre d'action. Par conséquent, nous devons nous attendre à trouver en *Amérique* les traces d'un déluge analogue, dont toutes les apparences tendront à nous faire rapporter l'origine du côté du nord [1]. En effet, on observe, dans les régions septentrionales de cette partie du monde, des traces d'un torrent qui charriait des blocs et d'autres détritus. Selon le docteur Bigsby, ces débris sont rangés suivant des lignes, qui toutes sont dirigées vers le nord, et qui nous rappellent ce que l'on observe en Suède et en Allemagne. Plusieurs vastes contrées du nord de l'Amérique sont couvertes de matériaux de transport, en tout aussi grande abondance que ceux qui sont répandus dans le nord de l'Europe; et comme ils sont tous rangés dans une seule direction, on ne peut pas se refuser d'admettre que la cause, ou peut-être les causes perturbatrices étaient vers le nord, et que les ondulations des eaux ont été produites par quelque violente agitation, qui peut-être s'est opérée dans ces contrées sous la mer; car il n'est nullement nécessaire qu'elle ait eu lieu au-dessus de son niveau.

En comparant une convulsion de cette nature aux faibles secousses que nous appelons tremblements de terre, on voit qu'elle a dû se faire sentir sur une portion considérable du globe, et mettre en mouvement les eaux de la mer sur une vaste étendue. Une partie de la terre a dû être fortement ébranlée, et l'on doit admettre qu'il a dû se produire des failles dans les couches où la convulsion

---

viennent du nord et du centre de la Finlande; les blocs quarzeux sont exactement les mêmes que les roches que l'on trouve entre la Suède et la Norwège, et que l'on nomme *Fjall sandstein*; enfin les blocs de porphyre ont les mêmes caractères minéralogiques que les porphyres d'Elfdalen, en Suède. « Depuis Varsovie, en allant à l'ouest, aux environs de Kalisch et de Posen, le nombre des blocs du granite rouge de Finlande diminue, mais ceux de hornblende et de gneiss deviennent plus abondants; il en est de même de ceux de porphyre. On y trouve, en général, peu de roches provenant de la Finlande, tandis que celles de la Suède y sont très communes. » Pulsch, *Journal de géologie*, tom. II, pag. 258.

[1] *Journ. of Science*, vol. XVIII.

s'est fait le plus puissamment sentir; de même que l'on voit aujourd'hui une force de moindre intensité produire des effets semblables, mais sur une plus petite échelle.

Il semblerait que l'on peut expliquer, au moyen de la glace, les transports d'un assez grand nombre de masses de rochers; car les glaciers qui descendent dans les vallées des hautes régions du nord sont, comme ceux des Alpes, chargés de blocs et autres débris pierreux qui se sont détachés des hauteurs. Des masses d'eau, soit des torrents, soit de la mer, en se précipitant dans de pareilles vallées, peuvent soulever et faire flotter ces glaciers, particulièrement quand ils s'avancent jusque dans la mer, comme les navigateurs en ont observé dans les régions boréales. On a reconnu que les énormes masses qu'on appelle *montagnes de glace* ne sont autre chose que les parties de ces glaciers du nord qui se trouvaient en saillie sur la mer, et qui, détachées de la masse principale et poussées par les flots dans des climats plus tempérés, peuvent y transporter dans certains cas des blocs et des fragments plus petits de rochers. Ces débris, comme l'a observé M. Lyell, se déposent au fond des mers, dans lesquelles circulent ces masses de glace; de sorte que si le fond de ces mers venait à se soulever au-dessus du niveau de leurs eaux, on pourrait découvrir, sur les nouveaux continents, à différentes hauteurs, des blocs qui paraîtraient y avoir été transportés par l'action des courants diluviens. Si les continents actuels présentaient des circonstances qui fissent présumer qu'immédiatement avant d'être tels qu'on les voit aujourd'hui, ils sont demeurés longtemps plongés sous l'Océan, et si, d'un autre côté, les blocs étaient disséminés çà et là, sans affecter aucune disposition particulière, l'explication précédente ne serait pas dénuée de vraisemblance; mais il y a trop de faits particuliers qui conduisent à d'autres conclusions pour qu'on puisse la regarder comme probable. La supposition de masses de glace couvertes de blocs et de fragments de roches, et poussées avec violence vers le sud, peut bien rendre raison de quelques-uns des faits observés; mais on est forcé de convenir qu'elle ne paraît pas applicable à tous, et notamment qu'elle n'explique pas le transport de ces blocs dont on peut suivre les traces jusqu'à leurs points de départ, qui se rencontrent à des distances comparativement peu considérables. En supposant qu'une ou plusieurs masses d'eau venant du nord se précipitent sur l'Europe et l'Amérique, une partie des phénomènes que produirait cette catastrophe devrait dépendre de la saison pendant laquelle elle aurait eu lieu; car si c'était pendant l'hiver, les eaux venant du nord devraient transporter

une quantité plus considérable de glaçons et un grand nombre
de blocs et de graviers enchâssés à la surface de la glace pourraient être soulevés et charriés à de grandes distances, par suite
de la faible pesanteur spécifique que ces masses pourraient avoir.
En effet, même dans les rivières, on a observé que de grosses masses
de rochers ayant été enchâssées dans la glace ont été transportées
par le courant hors de leur position. Il est plus que probable qu'en
Suède et en Russie, un grand nombre de blocs doivent se trouver
ainsi enchâssées pendant l'hiver, et que, dès lors, aussitôt qu'il survient un courant d'eau, ils doivent flotter et être poussés en avant,
jusqu'à ce qu'enfin la glace se fondant, ils s'enfoncent et restent sta-
tionnaires.

Dans l'hypothèse d'une convulsion qui se serait opérée dans le
nord, il est évident que ces effets doivent diminuer à mesure qu'on
s'éloigne du centre d'action, et qu'il devrait y avoir une limite au
delà de laquelle on n'en trouve plus aucune trace.

Nous arrivons maintenant à une autre question : jusqu'à quel point
le transport des *blocs des Alpes* peut-il avoir été contemporain du
transport supposé des blocs erratiques de la Scandinavie? Il serait
difficile de répondre à cette question sans avoir des renseignements
plus précis que ceux que nous possédons actuellement, et avant d'a-
voir les données nécessaires, nous devons nous montrer très cir-
conspects dans l'application de théories conçues d'avance. Tout ce
qu'on peut dire de certain sur ce sujet, c'est que, dans l'un et l'autre cas, les blocs se trouvent à peu près à la surface, et n'étant recouverts par aucun dépôt qui puisse fournir quelque renseignement
sur la différence de leur âge; et qu'il serait possible qu'un grand soulèvement des Alpes et le transport des blocs sur les deux flancs de la
chaîne soient contemporains ou à peu près avec une convulsion qui
se serait opérée dans le nord.

Une immense quantité de débris est sortie, à une époque comparativement récente, de la chaîne centrale des Alpes; cette production
de débris a été occasionnée, suivant M. Élie de Beaumont, par le
soulèvement de cette partie de la chaîne qui s'étend du Valais en
Autriche. MM. de Buch, de Luc, Escher et Élie de Beaumont nous
ont présenté une suite nombreuse de faits bien observés, qui conduisent tous à la même conclusion, savoir : que les grandes vallées
existaient avant la catastrophe qui a transporté les blocs et autres
fragments des Alpes, et qui les a répandus des deux côtés de la
chaîne. M. Élie de Beaumont remarque [1] que dans les vallées de

_____
[1] *Rech. sur les rév. de la surface du globe; Ann. des sciences nat.* 1829 et 1830

la Durance, du Drac, de la Romanche, de l'Arc et de l'Isère, on observe les mêmes phénomènes que dans celles de l'Arve, du Rhône, de l'Aar, de la Reuss, de la Limmat, du Rhin, et dans celles qui descendent dans les plaines de la Bavière et qui ont été visitées par divers géologues. Sur le flanc de la chaîne qui regarde l'Italie, on retrouve des faits tout à fait semblables, et on ne peut pas douter que les blocs et les débris n'aient été charriés à travers les vallées au fond desquelles ils ont laissé des traces non équivoques de leur passage. M. Élie de Beaumont a décrit avec détail les circonstances que l'on observe dans les vallées de la Durance, du Drac et autres : elles sont précisément celles que l'on doit attendre de la descente d'une marche d'eau chargée de débris; les fragments les plus gros et les plus anguleux sont les plus rapprochés du point de départ, tandis que les plus petits et les plus arrondis sont ceux qui ont été charriés à la plus grande distance. Ainsi dans la vallée de la Durance, on voit les matériaux de transport devenir de plus en plus gros et anguleux, à mesure que l'on remonte, depuis la grande plaine de cailloux qu'on appelle *la Crau* jusqu'aux montagnes au-dessus de Gap, d'où ces débris, à en juger par leurs caractères minéralogiques, proviennent évidemment. On a observé les mêmes phénomènes dans la vallée du Drac qui descend des mêmes montagnes, mais qui suit une route différente, de manière que le courant qui l'a parcourue n'a mêlé ses débris à ceux du courant de la vallée de la Durance que dans la plaine de la Crau [1].

D'après mes propres observations, je puis pleinement confirmer les remarques des divers auteurs relatives à la position des blocs des Alpes, et à la probabilité qu'ils dérivent des vallées en face desquelles ils se trouvent. Aucune des masses de blocs erratiques que j'ai observées ne m'a paru aussi frappante que celles que j'ai rencontrées dans le voisinage des *lacs de Côme* et *de Lecco*; elles sont surtout remarquables sur le flanc septentrional du *mont San Primo*. Cette montagne élevée présente sa face nord à la partie la plus septentrionale et la plus large du lac de Côme, qui là se rapproche des Hautes-Alpes. Elle oppose ainsi un rempart audacieux aux chocs qui arriveraient du côté du nord, tandis qu'elle laisse à droite et à gauche des passages ouverts, entre lesquels elle se trouve placée, savoir : à l'ouest, la partie méridionale du lac de Côme, et à l'est, le lac de Lecco. Ce n'est pas seulement sur la pente de la montagne qui regarde les Hautes-Alpes que l'on trouve des blocs

[1] Élie de Beaumont, *Ibidem.*

de transport; on en rencontre aussi sur ses flancs, et jusque sur son revers, où ils ont probablement été poussés par des remous du courant principal. Ces blocs ont des dimensions variables, et sont souvent accompagnés de fragments plus petits et de gravier. Ils se composent de granits, de gneiss, de micaschistes et d'autres roches provenant de la chaine centrale. On les voit répandus par centaines et même par milliers, sur la dolomie, le calcaire et les schistes de la montagne, et ils comblent presque entièrement une vallée qui existait avant la débâcle, et qui s'ouvre vers le nord, précisément dans la direction d'où est venu le courant chargé de débris. Si on descend sur les côtés, dans les vallées qui sont en partie occupées, l'une par le lac inférieur de Côme, et l'autre par celui de Lecco, on reconnaît des traces évidentes du même courant par la présence de blocs, lesquels se rencontrent, comme cela doit être, soit dans des endroits où des obstacles directs se sont opposés à leur marche, soit dans des localités où il a dû se produire des remous autour de la montagne. On voit un exemple remarquable d'un dépôt de blocs de ce genre sur le versant méridional du mont San Maurizio, au-dessus de la ville de Côme; on y trouve un grand nombre de blocs accumulés sur le flanc escarpé de cette montagne, précisément dans l'endroit où une masse d'eau qui descendrait la grande vallée du lac devrait produire un remous à sa décharge dans les plaines ouvertes de l'Italie [1]. Quoiqu'un grand nombre de ces blocs soient indubitablement descendus de leur position primitive par l'action longtemps continuée des agents atmosphériques, ils occupent cependant une ligne élevée, tant sur la montagne principale que sur les autres hauteurs des environs, qui, bien que moins élevées, ont opposé des obstacles plus directs à la débâcle; cette circonstance semble indiquer que les débris se trouvaient près de la surface de la masse fluide, et qu'ils ont été ballottés par le remous, à peu près au même niveau, contre les côtés escarpés de cette montagne calcaire, de même qu'ils ont été jetés contre les obstacles plus directs que leur présentait une ligne de collines de conglomérats.

La coupe du *mont San Primo*, représentée par la figure 27, montre de quelle manière les blocs erratiques sont disposés à sa surface.

[1] Voir. pour l'éclaircissement de ces faits, *Sections and Wiews illustrative of geological phenomena*, planches 31, 32.

Fig. 27.

P, mont San Primo; B, pointe escarpée de Bellagio, qui s'élève au-dessus du lac de Côme; a a a a, blocs de granite, de gneiss, etc., répandus sur la surface des couches calcaires l l l l et des couches dolomitiques d d d d; V, commune de Villa, où existait autrefois une dépression ou vallée, qui a été presque comblée par les matériaux de transport; E, l'alpe de Pravolta, sur le flanc septentrional de laquelle se trouve le gros bloc de granit représenté dans la figure 28, et qui est remarquable moins par ses dimensions que par sa forme anguleuse.

Fig. 28.

L'accumulation par groupes des blocs erratiques des Alpes a été remarquée principalement par M. de Luc (neveu), qui les a examinés avec soin tout autour du lac de Genève et dans la contrée environnante [1]. Les niveaux auxquels on rencontre ces blocs, sur le Jura, ont été souvent observés par divers auteurs; et l'on doit supposer qu'une circonstance qui se trouve être commune à tous les gisements doit tenir à quelque cause commune, et ne peut guère être l'effet du hasard [2].

[1] De Luc. *Mém. de la Soc. de Phys. et d'Hist. nat. de Genève*, vol. III.
[2] M. de Buch, dans un Mémoire lu en 1811 à l'Académie des Sciences de Berlin, a signalé une circonstance remarquable qu'il a observée dans le dépôt de blocs alpins qui existe sur le Jura aux environs d'*Yverdun*, en face de la direction du Valais ou de la vallée du Rhône. Ces blocs s'y rencontrent à des hauteurs qui vont en décroissant de part et d'autre de la direction centrale de cette vallée, de manière à former une zone dont le point culminant fait face au centre de l'embouchure du Valais.
A moins de révoquer en doute cette observation, faite par un géologue aussi distingué que M. de Buch, et qui a résidé plusieurs années dans le pays, on doit recon-

Il ne paraît pas possible de donner aujourd'hui une solution du problème des blocs erratiques; et les explications générales que nous essayons de présenter doivent être considérées uniquement comme des conjectures qui peuvent paraître plus ou moins probables. Ceux qui étudient la géologie doivent par conséquent avoir soin de ne pas regarder de pareilles explications comme des vérités certaines, mais simplement comme des hypothèses, dont par la suite des observations plus étendues nous feront découvrir l'exactitude ou la fausseté.

Nous avons remarqué plus haut que les blocs erratiques alpins se rencontrent fréquemment par groupes. Dans l'état actuel de nos connaissances, il serait assez difficile de présenter une explication générale de ce phénomène; mais, en se bornant à une simple conjecture, on peut demander s'il n'est pas possible que des masses de glaces flottantes, chargées de blocs et d'autres détritus, descendant par les grandes vallées dans la plaine de la Basse-Suisse, aient été ballottées par les contre-courants, et se soient heurtées entre elles de manière à se détruire et à donner lieu au dépôt d'un groupe de blocs au-dessous de l'endroit où ces chocs auraient eu lieu. Ces masses de glace chargées de débris, et se trouvant renfermées dans des bassins tels que ceux qui peuvent se former entre les Alpes et le Jura, ont pu être poussées ou échouées à de certaines hauteurs contre les flancs des montagnes qui barraient leur passage, telles

naître qu'elle forme un des traits importants du phénomène des blocs erratiques ; et qu'il est impossible de ne pas en tenir compte, surtout quand on cherche à remonter aux causes qui l'ont produit.

Cette observation a servi à M. de Buch pour réfuter toutes les hypothèses mises en avant pour expliquer le transport de ces blocs. Il lui a paru impossible, au moins pour les blocs alpins du Jura, d'admettre celle du transport par des glaçons flottants, que l'auteur a déjà citée et qu'il rappelle plus bas, attendu que ces glaçons auraient dû s'échouer tous au même niveau sur le Jura. Il a pensé que ces blocs avaient été charriés par un énorme courant d'eau, dont l'extrême rapidité et la densité, produite par les matières terreuses qu'il tenait en suspension, le rendaient capable de vaincre suffisamment l'action de la gravité sur les blocs, pour les empêcher de tomber ailleurs que sur les digues qu'il rencontrait dans son cours; d'où il a dû résulter qu'ils ont dû se déposer à des hauteurs plus ou moins grandes, suivant qu'ils se trouvaient plus ou moins dans le centre du courant.

Sans prendre la défense de cette hypothèse, elle satisfait au moins à une des conditions du problème. Mais elle est sujette à plusieurs objections, que nous avons signalées ailleurs et qu'il serait trop long de reproduire ici. Au reste, il est à croire qu'à présent M. de Buch modifierait son hypothèse, émise il y a vingt ans, en y introduisant des idées de soulèvement, aujourd'hui généralement reçues, et dont il a été un des principaux promoteurs. Voyez *Mémoires de l'académie de Berlin*; et par extrait, *Annales de chimie et de physique*, t. VII, p. 17, et t. X, p. 241. (*Note du traducteur*.)

que le Jura, et y déposer des groupes de blocs suivant des lignes de niveau [1].

Des passages de masse d'eau sur la surface de la terre, tels que ceux dont nous avons parlé plus haut, qu'ils aient été d'ailleurs contemporains ou non, n'ont pu manquer de détruire la plus grande partie des animaux qui existaient dans ces contrées avant ces débâcles. Lorsque les géologues considéraient les débris fossiles des éléphants éteints, des mastodontes et des rhinocéros, comme caractérisant un dépôt de gravier et de matériaux de transport, il était naturel de conclure que tous ces débris étaient contemporains; mais, comme il est reconnu aujourd'hui que ces animaux ont existé à une époque plus ancienne, et peut-être aussi à une autre époque plus récente qu'on ne l'avait imaginé, leurs restes ne peuvent plus nous servir de guide; et tout ce que nous pouvons dire de plus précis relativement à l'âge des matières de transport dans lesquelles on les rencontre, c'est qu'elles doivent être classées parmi les dépôts géologiques les plus récents.

La liste suivante fait connaître la série des animaux que l'on regarde généralement comme renfermés dans les dépôts qui se rapportent à un ou plusieurs passages de masse d'eau sur la terre, et qui, sans qu'on puisse prononcer s'ils sont ou non exactement contemporains, se rencontrent dans les graviers, les argiles et les sables superficiels [2].

Elephas primigenius (Blumenbach). Répandu dans diverses parties de l'Europe; très commun dans le nord de l'Asie, où l'ivoire de ses défenses est tellement bien conservé, qu'on l'emploie comme celui des éléphants vivants; trouvé aussi sur la côte septentrionale du continent américain; États-Unis de l'Amérique septentrionale, Mexico, Quito (Humboldt); terrain de transport très élevé près de Lyon (Beaume).

Mastodon maximus (Cuvier). Amérique septentrionale. Divers auteurs [3].

[1] Voyez la note précédente.

[2] Les géologues qui seront assez heureux pour découvrir quelques-uns de ces débris fossiles, doivent avoir soin de remarquer s'ils se trouvent dans un détritus provenant évidemment d'une distance plus ou moins grande, ou simplement dans une de ces grandes masses de fragments décomposés qui recouvrent souvent les collines et les vallées, et qui paraissent être principalement le résultat de leur dégradation par l'influence atmosphérique.

[3] L'âge relatif du dépôt dans lequel on trouve les débris du *mastodon maximus* ne peut pas être considéré comme suffisamment déterminé. Quelques géologues soupçonnent que ces animaux ont disparu à une époque bien plus récente qu'on ne le suppose communément. Au milieu de quelques-uns de ces débris qu'on a découverts dans le comté de Withe, en Virginie, on a trouvé une masse de petites branches de gramen et de feuilles parmi lesquelles on distinguait une espèce de roseau qui

Mastodon angustidens (Cuv.). Simorre; Italie; France (Cuv.); Darmstadt (Soemmering); Autriche (Stutz); Pérou; Colombie (Humb.).

— *andium* (Cuv.), Cordillières; Santa-Fé de Bogota (Humb.).

— *Humboldtii* (Cuv.). Amérique méridionale (Humb.).

— *minutus* (Cuv.), Europe (Alex. Brongniart .

— *tapiroïdes* (Cuv.). Europe (Al. Brong.).

Hippopotamus major (Cuv.). Valton, comté d'Essex; Oxford; Brenfort (Buck.); Bavière (Holl.); Italie; France (Cuv.).

— *minutus* (Cuv.). Landes de Bordeaux (Cuv.).

Rhinoceros trichorhinus (Cuv.). Très commun en Europe.

— *lepthorhins* (Cuv.). Commun en Europe.

— *incisives* (Cuv.). Allemagne; Appelsheim (Al. Brong.).

— *minutus* (Cuv.). Moissac (Al. Brong.); Magdebourg (Holl.).

Elasmotherium. Sibérie (Fischer).

Tapirus giganteus (Cuv.). Allan ; Vienne en Dauphiné ; Chevilly et autres parties de la France (Cuv.); Furth en Bavière; Feldsberg en Autriche (Holl.).

Cervus giganteus (Blum.). Irlande; Silésie; bords du Rhin; Sevran, près Paris.

Cervus. Plusieurs espèces communes dans diverses parties de l'Europe.

Bos bombifrons (Harlan). Big Bone Lick, dans le Kentucky.

— *urus*. Baie d'Escholtz, Amérique septentrionale (Buckl.).

Bos. Restes de diverses espèces communes.

Auroch fossile (Cuv.). Sibérie; Allemagne; Italie, etc.

Trongontherium Cuvieri (Fisch.). Côté de la mer d'Azof, près de Taganrok (Fisch.).

Megalonix laqueatus (Harlan). Big Bone Lick, dans le Kentucky (Harl.) [1].

Megatherium (Cuv.). Buenos-Ayres; Lima.

Hyène fossile (Cuv.). Lawford, près de Rugby; Warwickshire; Herzberg et Osterode, au Harz; Cantstadt, près de Stutgard; Eichstadt, en Bavière (Buckl.).

Ursus. Krems-Munster, haute Autriche (Buckl.).

Equus. Commun en Europe; Big Bone Lick, Kentucky ; baie d'Escholtz, Amérique septentrionale.

Avant de terminer ce qui regarde les grands mammifères dont on rencontre les restes ensevelis dans les graviers, les argiles et les sables superficiels, il est nécessaire de faire mention de l'*éléphant* que l'on a trouvé *enchâssé dans la glace* près de l'embouchure de la *Léna* en *Sibérie*. Il était entièrement conservé, et n'avait éprouvé aucune espèce de décomposition depuis sa mort; tellement qu'après avoir été retiré de la glace, il a servi de pâture à divers animaux,

---

est encore commun dans la Virginie. Le tout paraissait enveloppé dans une espèce de sac, que l'on a considéré comme l'estomac de l'animal. (Cuvier, *Oss. foss.*, t. 1, p. 219.) Il est bien à désirer que, dans cet état d'incertitude, quelque géologue américain examine à fond le district dans lequel on a principalement découvert ces débris.

[1] Le docteur Harlan décrit des ossements de la même espèce trouvés *à la surface* de la caverne de White Cave dans le Kentucky. Ils étaient mêlés avec des ossements de *bœuf*, de *cerf* et d'*ours*, et, en outre, avec un *métacarpe humain*. Les restes d'ours seuls paraissaient aussi anciens que ceux de *megalonix*. (Harlan, *Journ. am. nat. Soc.*, 1831.) Les restes de *megalonix Jeffersonii* furent trouvés 2 ou 3 pieds *au-dessous* de la surface d'une caverne, dans le comté de Green Briard, en Virginie.

et que l'on a recueilli des parties de sa peau et de ses poils que l'on
conserve actuellement avec son squelette au Musée de Saint-Pétersbourg. M. Adams, à qui la science est redevable de la conservation
de ce qui reste de cet animal, et de la relation de sa singulière découverte, rapporte que Schumachof, chef de Tongouses, et pro-
priétaire de la presqu'île de Tamset, dans laquelle l'éléphant a été
trouvé, remarqua d'abord, en 1799, une masse informe au milieu
de la glace; mais ce ne fut qu'en 1804 que cette masse s'écroula sur
le sable, et que l'éléphant préservé par la glace fut mis à nu. Schumachof en coupa les défenses et les vendit. Deux ans après,
M. Adams visita cette localité, et recueillit les restes de l'animal,
comme nous l'avons déjà dit. Selon cet observateur, l'escarpement
de glace dans lequel l'éléphant a été conservé s'étendait sur une
longueur de deux milles, et s'élevait perpendiculairement jusqu'à
une hauteur de 200 ou 250 pieds. Sur cette glace, qu'il décrit
comme pure et transparente, se trouvait une couche de terre friable
et de mousse d'environ 14 pouces d'épaisseur [1].

Cuvier rapporte qu'en 1805, M. Tilesius avait reçu et avait envoyé à M. Blumenbach quelques poils retirés de la carcasse d'un
mammouth ou d'un éléphant, près du rivage de la mer Glaciale, par
un nommé Patapof. Il remarque plus loin que quelques parties de
la peau de cet animal, avec quelques poils, ont été présentées au
Jardin-du-Roi à Paris, par M. Targe, qui les avait reçues de son
neveu à Moscou [2].

Pallas mentionne la découverte (en 1770) d'un *rhinocéros* entier, avec sa peau et ses poils, qui était enfoui dans le sable, sur les
bords du *Wilui*, rivière qui se jette dans la Léna au-dessous de
Jakoutsk; l'animal est décrit comme étant très velu, surtout aux
pieds : c'était un individu de l'espèce nommée par Cuvier *rhinoceros trichorhinus* [3].

Les observations qui ont été faites à la baie d'*Escholz*, dans
l'Amérique septentrionale, au delà du cercle arctique, pendant
l'expédition du capitaine Beechey dans ces contrées, ont jeté récemment une grande lumière sur les débris de l'éléphant et du
rhinocéros du nord de l'Asie. Ces observations ont été mises en
ordre et commentées par le professeur Buckland [4]; et il paraît

---

[1] D'après la Relation de la découverte de l'Éléphant dans les glaces de la Sibérie,
Londres, 1819; tirée des *Mém. de l'Acad. imp. des Sciences de Saint-Pétersbourg*,
tome v.

[2] Cuvier. *Ossem. foss.*, tome 1, édit. de 1822, page 117.

[3] *Ibidem*, tome ii.

[4] *Appendix to Beechey's Voyage to the Pacific and Behring's Strait.*

maintenant que les restes d'éléphant que l'on trouve dans cette
localité, au lieu d'être encaissés dans la glace, comme on l'avait
cru pendant l'expédition de Kotzebue, sont enveloppés dans une
vase et un sable glacés, d'où s'exhale une forte odeur d'os brûlés [1].
Les restes d'animaux ainsi ensevelis se rapportent à l'*éléphant,* au
bos urus, au *daim* et au *cheval;* on a aussi trouvé la vertèbre cer-
vicale d'un animal inconnu. Le professeur Buckland présume que
l'éléphant de la Sibérie, dont il a été question plus haut, était aussi
enchâssé dans une vase ou un sable glacés, une masse gelée de
cette nature ne devant présenter dans ses escarpements qu'une
surface de glace, comme on l'a observé dans la baie d'Escholtz; et
ce qui rend cette conjecture probable, c'est qu'on sait que le rhinocéros du Wilui était ainsi enveloppé.

Les causes, quelles qu'elles soient, qui ont détruit l'éléphant de
l'embouchure de la Léna, ont agi, comme l'observe le professeur
Buckland, sur toutes les côtes des deux continents, au delà du
cercle arctique; au reste, c'est ce qui est prouvé par les recherches
de M. Hedenstrom, qui a visité, par les ordres du gouvernement
russe, toutes les côtes de la mer Glaciale comprises entre la Léna
et la Kolyma, et qui y a trouvé des milliers d'éléphants, de rhinocéros, de buffles et autres animaux ensevelis dans la glace ou dans
le terrain glacé de ces contrées [2].

Il paraît probable, d'après ce qui précède, qu'il s'est opéré un
grand changement de climat sur les côtes septentrionales de l'Asie
et de l'Amérique, depuis l'époque où ces animaux y ont vécu; car,
même en accordant que les éléphants qu'on trouve si communément à l'état fossile appartenaient à une espèce particulière qui
était organisée pour supporter un climat beaucoup plus froid que
celui qu'habite l'espèce actuellement vivante (ce qui est extrêmement probable d'après la nature laineuse du poil dont était revêtu
l'éléphant trouvé dans la glace à l'embouchure de la Léna), il est
impossible de ne pas admettre que ces animaux devaient nécessairement trouver à vivre dans la contrée, et par conséquent y rencontrer une nourriture proportionnée à leur pouvoir de mastication
et de digestion; or, on ne peut guère concevoir que ce pays ait pu

[1] M. Brayley, en parlant de cette odeur, observe que, d'après plusieurs considérations, il est probable que dans les localités indiquées elle doit toujours provenir de
la décomposition de la matière animale, plutôt que de toute autre cause. Toutefois
le professeur Buckland est porté à lui attribuer une origine différente, *Phil. Mag.
and Ann.*, vol. IX, page 411.

[2] *Journ. de Géologie,* tome II, page 315.

la leur fournir, si le climat eût été tel qu'il est maintenant ; car il ne laisse croître qu'une végétation misérable, et encore seulement pendant une partie de l'année [1].

Cavernes ossifères et brèches osseuses.

C'est au professeur Buckland que nous devons une connaissance plus approfondie des diverses circonstances qui accompagnent le gisement des débris organiques dans les cavernes ; car, quoique les ossements d'ours et d'autres animaux trouvés dans les grottes eussent depuis longtemps attiré l'attention, ce n'est que depuis la découverte de la célèbre *caverne de Kirkdale*, dans le Yorkshire, que ce sujet a acquis un nouvel intérêt et est devenu généralement l'objet des recherches des géologues, autant que l'avaient été auparavant les fossiles contenus dans tous les terrains dont l'étage était bien déterminé. On remarque avec satisfaction que ceux mêmes qui n'admettent pas les conclusions théoriques que l'on a déduites des observations faites sur les ossements trouvés dans les grottes, se plaisent néanmoins à payer un juste tribut d'éloges au zèle et à l'activité avec lesquels le professeur Buckland a conduit ses recherches.

D'après ce savant géologue, voici quelles sont en général les différentes parties que l'on observe dans les cavernes : 1° les parois primitives de la caverne, qui peuvent être couvertes ou non de stalagmites ; 2° un dépôt de débris d'animaux, mêlé de limon, de vase, de cailloux roulés, ou de fragments brisés : quelquefois ce dépôt présente plusieurs circonstances qui paraissent indiquer que certains animaux ont habité ces cavernes pendant plusieurs générations successives, et que quelques-uns, les hyènes par exemple, y ont traîné leur proie, qui consistait souvent en parties d'éléphant et de rhinocéros ; 3° un dépôt de stalagmites recouvrant les débris d'animaux, le limon, la vase, etc., et formant une épaisseur plus ou moins grande de carbonate de chaux, de telle sorte que, dans les grottes nouvellement découvertes, le sol est une simple masse

---

[1] La découverte bien constatée que l'on a faite de *tigres* errant aujourd'hui dans les déserts de la Sibérie, à des latitudes aussi élevées que celles de Berlin et de Hambourg, et qui paraissent être les mêmes sous tous les rapports que ceux du Bengale. ne rend nullement plus probable qu'il ait autrefois existé des éléphants dans des climats semblables au climat actuel du cercle arctique ; car ces derniers animaux se nourrissent de végétaux, tandis que les premiers se nourrissent de chair, il est évident, qu'au moins en ce qui concerne la nourriture, les tigres peuvent vivre bien plus au nord que les éléphants.

de stalagmites, sous laquelle les débris organiques seraient demeurés toujours inconnus, si la croûte qui les cache n'eût été fracturée par quelque accident, ou enfoncée par le géologue, qui sait aujourd'hui que c'est au-dessous d'elle que l'on peut trouver des restes d'animaux.

Depuis la découverte et la description de la caverne de Kirkdale, on a successivement indiqué un si grand nombre d'autres cavernes à ossements, qu'il serait trop long d'en donner ici même une simple énumération ; et elles se multiplient tellement chaque jour, que nous devons nous attendre à posséder très prochainement une masse considérable de renseignements sur ce sujet. Déjà l'esprit de recherche a conduit à des résultats singuliers dans le midi de la France, où l'on a découvert des *ossements humains* dans les mêmes cavernes et les mêmes dépôts qui contenaient ceux d'une espèce perdue de rhinocéros et d'autres animaux qu'on trouve ordinairement dans les grottes.

Des débris d'animaux semblables à ceux qu'on rencontre dans les cavernes se trouvent fréquemment dans des fentes de rochers. Dans quelques endroits, les ossements forment, avec des fragments de roches et le ciment qui les unit, une masse tellement dure et compacte, que souvent elle égale et quelquefois même surpasse en solidité la roche dans laquelle elle est enclavée. Les *brèches osseuses* de Nice et d'autres points des bords de la Méditerranée en offrent des exemples.

Il devient de jour en jour plus nécessaire de déterminer, d'une manière précise autant que possible, les âges relatifs de ces diverses accumulations de débris d'animaux. Ce sujet demande une étude approfondie et un esprit dégagé de toute préoccupation d'une théorie établie à l'avance. Il est aussi fort important, lorsque les entrées des cavernes à ossements se trouvent comblées par des détritus, d'examiner avec attention si ces détritus sont composés de fragments anguleux des roches des environs, qui, pendant le long cours des siècles, ont pu être accumulés à l'ouverture extérieure par des causes et des effets semblables à ceux que nous voyons aujourd'hui, ou s'ils contiennent des fragments de transport, plus ou moins arrondis, et charriés d'une certaine distance. Dans ce dernier cas, il faut chercher à s'assurer si ces matières de transport ont pu être amenées à leur position actuelle par les causes aujourd'hui existantes, ou si, pour rendre compte de leur présence, il faut supposer une force d'une plus grande intensité, des obstacles physiques s'opposant à ce qu'elles aient pu être transportées par aucun autre moyen.

Si l'entrée de la caverne n'est comblée que par des fragments anguleux provenant des lieux les plus voisins, nous n'avons aucune donnée certaine sur l'époque à laquelle elle a dû être définitivement fermée; de sorte que, même en supposant qu'un dépôt de débris d'animaux y ait été apporté par un courant d'eau, rien n'empêche qu'une autre race d'animaux ne soit ensuite venue l'habiter, que leurs os ne se soient mêlés jusqu'à un certain point avec ceux du premier dépôt, et que les uns et les autres aient été ensuite ensevelis ensemble sous un mélange de fragments de roches et de stalagmites, comme il s'en forme constamment dans l'intérieur des cavernes. On conçoit de cette manière que des ossements d'homme, ainsi que les produits grossiers des premiers essais de son industrie, tels que de la poterie non cuite, puissent se trouver mêlés, jusqu'à un certain point, dans une masse de stalagmites et de fragments de rochers, avec des débris d'éléphants, de rhinocéros, d'ours des cavernes et d'hyènes, et que plus tard le tout, après que la grotte a été abandonnée et que son entrée a été fermée par une accumulation considérable de débris, ait pu être recouvert par une croûte de stalagmites; de telle sorte qu'à la découverte d'une pareille caverne, si l'on ne faisait pas attention à l'espèce de détritus qui bouche l'ouverture, on pourrait la décrire comme fermée extérieurement, et comme présentant à l'intérieur un vide, au-dessous duquel est une croûte de stalagmites recouvrant un amas de fragments de roches et d'ossements, parmi lesquels ceux de l'homme sont mêlés à ceux d'éléphants ou d'autres animaux. De là on se croirait en droit de conclure que tous ces débris ont une origine contemporaine, et que, par conséquent, l'homme existait en même temps que les éléphants erraient dans les forêts de l'Europe, et que les hyènes et les ours en habitaient les cavernes.

Si au contraire les entrées des grottes ossifères sont fermées par des fragments provenant d'une certaine distance, de telle sorte que leur transport ne puisse évidemment être attribué aux causes actuelles, mais seulement à une force de plus grande intensité, et si nous y trouvons des ossements humains ensevelis avec ceux qui se rencontrent ordinairement dans les cavernes, alors, à moins qu'on ne parvienne à découvrir d'autres communications avec l'extérieur, on ne pourra guère s'empêcher d'admettre que l'homme n'ait été contemporain des espèces perdues d'éléphants, de rhinocéros, d'hyènes et d'ours, que l'on rencontre non-seulement dans les cavernes, mais encore dans des terrains de transport, et qu'il n'ait existé avant l'époque où une ou plusieurs catastrophes l'ont enseveli en même temps que ces divers animaux. Si l'on parvenait jamais à prouver d'une manière satisfaisante cette existence simultanée de l'homme et de ces grands mammifères d'espèces éteintes, il serait intéressant de déterminer si les ossements humains que l'on rencontre appartiennent à une espèce perdue, ou bien à une espèce impossible à distinguer de celle qui existe maintenant, comme cela arrive pour les ossements de chevaux.

C'est une circonstance bien singulière, et qui, malgré les remarques ingénieuses qui ont été faites à ce sujet, mérite de fixer l'attention, que l'on ne soit encore parvenu à trouver aucun débris de la famille des *singes*, ni parmi les ossements non charriés et les autres substances des cavernes, ni dans le terrain de transport ancien, ni dans le *diluvium* du professeur Buckland. On a supposé que l'homme et le singe avaient peut-être été créés à peu près à la même époque, et que leur apparition sur la surface de la terre était comparativement moderne ; mais on a objecté que les contrées dans lesquelles la famille des singes existe maintenant n'ont pas encore été bien examinées géologiquement. Cela est sans doute parfaitement vrai : mais pourquoi les singes n'auraient-ils pas vécu dans des climats et dans des localités où les éléphants, les rhinocéros, les tigres et les hyènes étaient si communs, puisque les climats et les pays dans lesquels existent maintenant les éléphants, les rhinocéros, les tigres et les hyènes sont précisément ceux dans lesquels on trouve maintenant les singes?.... On a prétendu, à la vérité, que, quand bien même les singes auraient vécu à la même époque, on ne devrait pas trouver leurs débris, parce que leur agilité a dû les empêcher de devenir la proie des hyènes et des autres animaux carnivores; mais on peut répondre que les singes ont dû mourir comme les autres animaux, et qu'après leur mort, leurs cadavres ayant dû nécessairement tomber à terre, il est probable qu'ils ont pu devenir la proie d'animaux carnassiers moins agiles qu'eux, de même que cela est arrivé à des oiseaux dont on a trouvé des débris dans la *caverne de Kirkdale*.

Cette caverne a été découverte en exploitant une carrière pendant l'été de 1821, et elle a été visitée par le professeur Buckland au mois de décembre de la même année. Sa plus grande longueur est de 245 pieds, et elle a généralement si peu de hauteur, qu'il n'y a que deux ou trois endroits où un homme puisse se tenir debout.

La figure 29 en représente une coupe [1].

1 Buckland, *Reliquiæ diluvianæ*.

Fig. 29.

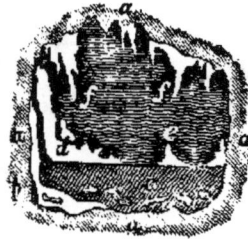

a a a a a, couches horizontales de calcaire, dans lesquelles la caverne est creusée; *b*, stalagmite incrustant quelques-uns des ossements, et formée avant l'introduction du limon ; *c*, couche de limon contenant les ossements; *dd*, stalagmite formée depuis l'introduction du limon, et répandue sur la surface ; *e*, stalagmite isolée sur le limon ; *ff*, stalactites suspendues au plafond.

« Lorsque la grotte a été ouverte pour la première fois, la surface du dépôt de sédiment était presque unie et horizontale, excepté dans les endroits où sa régularité avait été altérée par l'accumulation de stalagmites, ou par la chute des gouttes d'eau de la voûte. Ce sédiment se compose d'un limon argileux un peu micacé, formé de parties tellement ténues, qu'on pourrait facilement les mettre en suspension dans l'eau. Ce limon est mêlé de beaucoup de matière calcaire qui paraît provenir en partie de l'eau tombant de la voûte et en partie des os fracturés. A environ 100 pieds de l'entrée de la caverne, le dépôt de sédiment devient plus grossier et plus sableux [1]. »

D'après le docteur Buckland, les débris trouvés dans la grotte de Kirkdale se rapportent aux animaux suivants :

Carnivores. — *Hyène, tigre, ours, loup, renard, belette.*

Pachydermes. — *Éléphant, rhinocéros, hippopotame, cheval.*

Ruminants. — *Bœuf* et trois espèces de *daims.*

Rongeurs. — *Lièvre, lapin, rat d'eau* et *souris.*

Oiseaux. — *Corbeau, pigeon, alouette,* une petite espèce de *canard,* et un oiseau à peu près de la grandeur d'une *grive.*

Les observations que M. Buckland a faites sur le genre de dispersion de ces ossements sur le fond de la caverne, après que le limon eut été enlevé, sur la plus grande proportion de dents d'hyènes en

[1] Buckland, *Reliquiæ diluvianæ.*

comparaison de celles des autres animaux, et sur la manière dont beaucoup de ces os étaient rongés et fracturés, l'ont conduit à conclure que cette caverne avait été l'antre des hyènes pendant une longue suite d'années; qu'elles y apportaient leur proie, qui se composait d'animaux dont les restes se trouvent aujourd'hui mêlés avec leurs propres ossements; et qu'enfin cet état de choses a été brusquement terminé par l'irruption dans la caverne d'une masse d'eau bourbeuse qui a tout enveloppé dans le limon qu'elle a apporté. Ce qui confirme que les hyènes ont longtemps habité cette caverne, c'est qu'on y a trouvé leurs excréments, précisément comme cela arrive dans les repaires des hyènes actuelles. On a observé en outre qu'un grand nombre d'os sont frottés et polis d'un côté, tandis qu'ils ne le sont pas de l'autre; circonstance que le professeur Buckland attribue à ce que les hyènes marchaient ou se roulaient sur les ossements qui jonchaient le fond de la caverne.

En Allemagne, les cavernes de *Gailenreuth*, de *Küloch*, de *Baumann*, etc., contiennent une grande quantité d'ossements, qui, selon Cuvier, sont presque identiques sur une étendue de 200 lieues; la plus grande partie se rapporte à deux espèces d'ours perdues, *ursus spelœus* et *ursus arctoïdeus*. Le reste appartient aux animaux suivants : l'espèce perdue d'*hyène* (la même que celle de Kirkdale), un *chat*, un *glouton*, un *loup*, un *renard*, un *putois* [1]. Ces cavernes ressemblent à celle de Kirkdale, en ce que la croûte de stalagmite, au-dessous de laquelle les os sont déposés, est plus ou moins épaisse; et souvent cette matière pénètre à travers le dépôt de sédiment antérieur [2]. Il y a cependant une circonstance qui se présente dans ces grottes de l'Allemagne, et qui les fait différer très essentiellement de celle du Yorkshire : c'est qu'on y rencontre, dans certains endroits, des cailloux roulés, tandis qu'on n'en a jamais trouvé à Kirkdale. Ainsi, dans la caverne appelée *Baumanns'hohle*, au milieu d'ossements fracassés et brisés, on rencontre des galets de diverses grosseurs, auxquels il est d'autant plus présumable que ce broiement est dû, que les os qui, dans la même chambre, se trouvent enveloppés dans le sable et le limon, sont presque entièrement intacts. Il paraîtrait, d'après cela, qu'une masse d'eau se serait précipitée dans la caverne, apportant avec elle des cailloux roulés des

---

[1] On trouve des coupes de quelques-unes de ces cavernes dans le *Reliquiæ diluvianæ* du professeur Buckland.

[2] Buckland, *Reliquiæ diluvianæ*. — D'après M. Wagner, les cavernes de Muggendorf contiennent les débris des animaux suivants : *ursus spelœus, ursus arctoïdeus* (Cuv.), *ursus priscus* (Goldf.), *canis minor, gulo spelœus* (Goldf.), un *cervus* et un *bos*. Wagner, dans le *Jahrbuch für geol.*, etc., de Leonhard et Bronn, 1830.

rochers des environs, et qu'elle aurait brisé et dispersé les ossements qui y étaient antérieurement accumulés. En examinant la
coupe que le professeur Buckland a donnée de cette grotte [1], on voit
que l'entrée en est située dans la gorge de Bode, et qu'en y péné-
trant, on trouve de suite une descente qui conduit à la chambre où
l'on trouve les os brisés et les galets : il en résulte que le même phénomène peut s'expliquer par deux hypothèses différentes : on peut
supposer, ou qu'une grande convulsion a produit une fente à travers
laquelle une masse d'eau, venant de la surface, s'est violemment
précipitée dans l'intérieur de la caverne ; ou bien que la gorge a été
creusée graduellement par la rivière de Bode, qui, tant qu'elle a
coulé devant l'ouverture de la caverne, y a introduit de l'eau et des
galets, surtout lors des inondations. Nous n'obtenons ainsi que peu
d'éclaircissements sur ce sujet.

Les mêmes remarques s'appliquent aux cavernes de *Rabenstein*
et autres, dans la Franconie. Celle de *Zahnloch* n'admet peut-
être qu'une seule explication ; car on la décrit comme étant située
sur une montagne, à 600 pieds au-dessus de la vallée de Muggendorf ; la masse ossifère est composée d'une marne brune, « mêlée
d'une *grande quantité de galets* et de fragments anguleux de calcaire [2]. »

Quelle que puisse être l'origine des cailloux, du sable et du limon
qu'on trouve dans les cavernes, il paraît évident que les débris des
différents animaux y ont été d'abord ensevelis, et qu'ensuite il y a
eu une longue période de tranquillité, pendant laquelle il s'est
formé, dans beaucoup de cas, un dépôt de stalagmite sur la masse
ossifère.

Le docteur Buckland m'apprend que M. Mac Enery a trouvé,
dans la caverne de Kent (*Kent's Hole*), près de Torquay (Devonshire), des galets de granite, de la grosseur d'une pomme, qui y
étaient mêlés avec les ossements sous la croûte de stalagmite ; il
ajoute qu'il a découvert au même endroit des galets de grunstein,
complétement arrondis, et que, dans quelques parties de la même
caverne, principalement dans les plus basses, la brèche osseuse est
remplie de fragments de grauwacke et de schiste, les uns roulés, les
autres anguleux. La caverne elle-même est creusée dans un calcaire
reposant sur l'argile schisteuse (*shale*); le sol de la contrée se compose de schiste et de grauwacke, mais le granite ne se trouve qu'à
une certaine distance, et le point le plus rapproché où on le rencontre

[1] *Reliquiæ diluvianæ*, pl. 15.
[2] *Ibidem*, p. 131.

est dans le canton de Dartmoor[1] ; de sorte que, d'après la position de la caverne, si l'on peut absolument concevoir, ce qui néanmoins n'est peut-être pas très probable, que le grunstein, la grauwacke et le schiste ont été transportés jusque dans son intérieur par ce qu'on appelle les causes actuelles, il est presque entièrement impossible d'admettre cette hypothèse pour les galets de granite.

M. Thirria décrit la grotte d'*Echenoz*, située au sud de Vesoul, près du sommet d'un plateau élevé, entre les villages d'Echenoz, d'Andelarre et de Chariez (Haute-Saône), et il annonce qu'elle est creusée dans l'étage inférieur du calcaire jurassique ou groupe oolitique. Le plafond de cette grotte est très irrégulier, et dans un endroit (le grand clocher) il s'élève à une hauteur telle, qu'il ne reste plus qu'une petite épaisseur entre ce plafond et la surface extérieure du plateau. Le sol présente une surface à peu près horizontale, dont la continuité est interrompue çà et là par des stalagmites ; ces stalagmites ne sont pas nombreuses, mais il y en a quelques-unes qui s'élèvent à une assez grande hauteur et couvrent une surface considérable. Aucunes recherches n'avaient été faites dans cette grotte avant celles de M. Thirria, au mois d'août 1827.

« On fouilla le sol en différents points des quatre chambres de la caverne, et partout on trouva des ossements en plus ou moins grande abondance ; on continua les recherches principalement dans la quatrième chambre, où elles furent le plus productives, car chaque coup de pic faisait découvrir un ossement. La profondeur à laquelle ces os se présentaient variait de dix centimètres à un mètre ; on les rencontrait au milieu d'une argile rouge, entremêlés d'un grand nombre de cailloux arrondis, à surface lisse, et dont la grosseur atteignait souvent celle de la tête d'un homme. Ces fragments sont tous composés d'un calcaire lamellaire grisâtre, semblable à celui dont sont formées les parois de la grotte et beaucoup de roches des environs. Indépendamment de ces cailloux, qui ont été évidemment roulés par les eaux, et qui ne peuvent avoir pénétré dans la grotte que par quelques ouvertures qui se trouvaient à la voûte et qu'on ne voit plus maintenant, on rencontre dans l'argile ossifère des morceaux de stalactites et de stalagmites, dont les aspérités sont usées, ce qui montre qu'ils ont été déplacés. Le dépôt d'argile, dont l'épaisseur ne paraît pas excéder un mètre trente centimètres, est recouvert presque partout par une croûte de stalagmite épaisse de quelques centimètres, qui présente une surface mamelonnée; au-dessus se trouve une couche de dix à vingt-cinq centimètres d'épaisseur, composée d'une argile plus onctueuse, mais par suite moins rouge que celle qui est au-dessous, et qui est fréquemment noircie par suite de la décomposition de végétaux dont elle contient encore quelques débris. On ne trouve pas de cailloux arrondis au-dessus de la croûte de stalagmite, et on n'en voit à la surface que là où la stalagmite n'existe pas. D'après cela, il paraît évident que les cailloux arrondis que renferme l'argile ossifère ont été transportés par les eaux et déposés dans la grotte avant la formation de la croûte calcaire produite par les gouttes d'eaux chargées de carbonate de chaux qui ont suinté de la voûte, et conséquemment avant le dépôt de la couche d'argile dont cette croûte est recouverte [1]. »

M. Thirria, d'après la ressemblance qu'il a observée entre ces cailloux et ceux du terrain de transport (appelé *diluvium*) que l'on trouve dans les environs, conclut que l'introduction des cailloux et de l'argile, que l'on trouve mêlés avec les ossements dans la grotte d'Echnoz, a eu lieu en même temps que le transport du diluvium. Les os se rencontraient le plus communément au-dessous d'une certaine épaisseur d'argile; mais dans beaucoup d'endroits on les trouvait immédiatement au-dessous de la croûte de stalagmite, et quelquefois même ils y étaient entièrement enchâssés. « En général, les ossements formaient une épaisseur d'environ huit à seize centimètres au milieu de l'argile; ils se croisaient dans diverses directions et se recouvraient les uns les autres, séparés par de petits intervalles sans avoir jamais conservé leur position relative. Cependant, leur dislocation n'avait pas été complète, car les vertèbres dorsales se trouvaient presque toujours près des crânes et des mâchoires, les humérus et les cubitus près des bassins, et les calcanéum, les os du métatarse et du métacarpe ou des phalanges, dans le voisinage des fémurs, des tibias ou des cubitus. » Cuvier a examiné ces ossements et a trouvé qu'ils se rapportaient à l'ours (*ursus spelœus*), à l'*hyène*, au *chat*, au *cerf*, à l'*éléphant* et au *sanglier*; ceux de l'*ursus spelœus* étaient de beaucoup les plus abondants [2].

M. Thirria décrit aussi la grotte de *Fouvent*, située dans la commune de ce nom, près de Champlitte (Haute-Saône). Cette grotte a été découverte par hasard en exploitant une carrière, qui a conduit à la fente par laquelle on suppose que les matières se sont

---

[1] Thirria, *Mém. de la Soc. d'Hist. nat. de Strasbourg*, tome 1, où l'on trouve de bonnes coupes de la grotte.

[2] Thirria, *ibidem*.

introduites, car on n'a pas trouvé d'autre ouverture. On l'a considérée comme trop petite pour qu'elle ait pu servir d'habitation aux bêtes de proie; sa partie supérieure est seulement à environ deux mètres au-dessous de la surface du plateau; elle était entièrement remplie d'ossements mêlés avec une marne jaunâtre et avec des fragments anguleux, soit de la roche environnante, soit de celles du voisinage; le tout était mêlé confusément et ressemblait au détritus qu'on appelle *diluvium*, qui recouvre plusieurs plaines et vallées des environs. Le fond de la grotte est recouvert par un lit mince d'argile rouge, et à la partie supérieure il y a une petite épaisseur qui ne contient pas de débris d'animaux. Selon M. Cuvier, ces ossements appartiennent à l'*éléphant*, au *rhinocéros*, à l'*hyène*, à l'*ursus spelœus*, au *cheval*, au *bœuf* et au *lion*. M. Thirria remarque que cette masse contenant des ossements serait une *brèche osseuse* si son ciment était compacte.

C'est un caractère très habituel à tous les ossements que l'on rencontre dans les cavernes, d'être mêlés avec des fragments anguleux de la roche dans laquelle elles sont creusées. La grotte de *Banwell*, dans les montagnes de Mendip (*Mendip Hills*), comté de Sommerset, présente un bon exemple d'un amas considérable de débris d'*ursus*, de *felis*, de *cervus*, de *bos* et d'autres animaux, entremêlés de fragments du calcaire carbonifère, ou calcaire de montagne, dans lequel la grotte est creusée. On peut appliquer à ce dépôt d'ossements ce que M. Thirria a dit de celui de la grotte de Fouvent, qu'il ne lui manque qu'un ciment calcaire solide pour devenir une brèche osseuse semblable à celles que l'on trouve à Nice et en d'autres points des bords de la Méditerranée.

La *brèche osseuse* de la colline du château, à *Nice*, paraît avoir été, au moins en partie, une caverne qui a été détruite par les travaux de carrières qu'on y a exploitées de tout temps. La figure 30 représente une coupe de ce dépôt, tel qu'il se présentait à l'époque où je l'ai visité, pendant l'hiver de 1827.

Fig. 30.

q , carrière; a a, dolomie dure, ayant la structure d'une brèche ; l l l, trous percés dans la dolomie par quelques coquilles lithophages ; c, cailloux arrondis, composés principalement de fragments de roches transportés d'une certaine distance et cimentés par une pâte calcaire compacte; o (au-dessus de c), brèche osseuse, agglomérée par un ciment calcaire rougeâtre.

Cette coupe semble conduire aux conclusions suivantes : 1° il s'est fait sous la mer une fente dont les parois ont été percées par des coquilles lithophages : ces coquilles étant de tous les âges, cette première période paraît n'avoir pas été d'une courte durée; 2° la partie inférieure de la fente a été comblée par un gravier trans-porté d'une certaine distance; 3° le reste de la fente a été rempli par des ossements brisés d'animaux, par des coquilles marines et ter-restres, et par des fragments de rochers, composés principalement, mais non exclusivement, des roches des environs; 4° le terrain a été soulevé, ou la mer s'est abaissée à son niveau actuel.

On trouve dans les environs plusieurs autres brèches osseuses, dont quelques-unes sont au moins à 500 pieds au-dessus de la surface de la Méditerranée ; elles sont agrégées par un ciment rougeâtre et souvent cellulaire, à petites cavités enduites d'une couche de car-bonate de chaux. Une partie au moins de ces brèches osseuses paraît avoir été formée sous la mer, car elles contiennent des fossiles marins : à Villefranche, par exemple, on trouve les débris d'une caryophyllia.

Outre ces fentes dont nous venons de parler, qui contiennent des fossiles terrestres, il en existe d'autres, dans lesquelles on ne ren-contre que des animaux marins qui ne paraissent pas différer de ceux qui vivent actuellement dans la Méditerranée; et il y a lieu de croire que la brèche qui les renferme a été formée à la même époque que les brèches osseuses : toutefois les caractères des substances minérales qui entrent dans la composition de ces brèches dépendent de la nature de la roche environnante.

Les brèches osseuses de *Cagliari*, en Sardaigne, se trouvent à environ 150 pieds au-dessus de la mer, dans des fentes et des petites cavernes d'un terrain supracrétacé. On y a découvert un *mytilus* mêlé avec les autres débris organiques [1].

Le docteur Cristie a décrit la brèche osseuse de *San Ciro*, près de *Palerme*: il rapporte qu'elle n'est pas entièrement contenue dans la grotte, et qu'elle constitue une partie du talus extérieur, où elle présente une épaisseur d'environ 20 pieds, et repose sur les couches supérieures de terrains supracrétacés (tertiaires). Il pense qu'elle s'est formée sous les eaux, et qu'elle a ensuite été élevée au-dessus du niveau de la mer, car les parois de la caverne sont en certains points perforées par des coquilles lithophages, et nous rappellent ce que nous avons observé à Nice.

Le même géologue a visité également une brèche osseuse qui se trouve près de la baie de *Syracuse*, à 70 pieds au-dessus de la mer; il y a trouvé un mélange de coquilles marines.

Enfin, il a observé, auprès de Palerme, une autre brèche osseuse dans les cavernes de *Beliemi*. Il n'a reconnu aucune trace qui indique qu'elle ait été formée sous la mer; et, comme elle s'élève à 100 pieds au-dessus de celle de San Ciro, qui elle-même est à 200 pieds au-dessus de la Méditerranée, il est conduit à penser que la brèche de Beliemi était au-dessus du niveau de la mer pendant que celle de San Ciro était encore au-dessous, et que leurs hauteurs actuelles montrent jusqu'à quel point la formation tertiaire a pu être soulevée dans cette localité par la grande convulsion qui a élevé une partie considérable de la Sicile [2].

On trouve de semblables brèches osseuses à *Gibraltar*, à *Cette*, à *Antibes*, en *Corse*, et en différents autres endroits des bords de la Méditerranée. Les ossements que l'on y rencontre (outre ceux qui se rapportent au *cheval*, au *bœuf* et à de grands *daims*) appartiennent, selon Cuvier, aux animaux suivants : — *daim*, de la grandeur du *daim fauve* (Gibraltar, Cette, Antibes); — *daim* ressemblant, par ses dents, à quelques daims de l'archipel indien (Nice); — une

[1] De la Marmora, *Journal de Géologie*, tome III, p. 310.

[2] Cristie, *Phil. Mag.*, et *Annals*, déc. 1831. Les ossements de la caverne de San Ciro ont été assimilés par Cuvier à ceux de l'*éléphant*, de l'*hippopotame*, du *daim*, et d'animaux du genre *canis*.

espèce plus petite (Nice); — une espèce d'*antilope* ou de *mouton* (Nice); — deux espèces de *lapins* (Gibraltar, Cette, Pise, etc.), une ressemblant au lapin commun, l'autre plus petite; — *lagomys* (Corse, Sardaigne); — espèce de *mus*; — *felis* (Nice); — *canis* (Sardaigne); — *lézard* (Sardaigne); — *Tortue de terre* (Nice).

M. Brongniart pense qu'un grand nombre de dépôts de minerais de fer pisiforme, qui remplissent des fentes dans certains terrains, et particulièrement dans le système jurassique, sont d'une formation contemporaine avec celle des brèches osseuses. A l'appui de cette opinion, M. Necker de Saussure a fait connaître qu'à *Kropp*, en Carniole, on trouve des débris de l'*ursus spelœus* dans des fentes qui contiennent du minerai de fer exploité. Il paraît aussi que, dans le district de *Wochein*, on a découvert des ossements de mammifères dans des circonstances semblables [1].

Selon MM. Thirria et Walcknaer, il existe, dans le nord-ouest du Jura (*Haute-Saône*) et dans les environs de Bâle, deux dépôts différents de minerai de fer pisiforme, dont l'un provient probablement, en grande partie, de la destruction partielle de l'autre, qui se trouve entre le groupe oolitique et les terrains supracrétacés. Le dépôt le plus récent contient quelquefois des restes de rhinocéros et d'ours, et on le considère comme formé à la même époque géologique que les brèches osseuses [2].

Il paraît y avoir une grande analogie entre plusieurs cavernes ossifères, les brèches osseuses et quelques fentes remplies de minerai de fer, de sorte que l'on est conduit à présumer que les débris d'animaux que l'on y rencontre y ont été amenés sous de certaines circonstances générales. La grande fente que nous avons citée plus haut, à Oreston, près Plymouth, paraît s'être trouvée encore entièrement vide lorsque les restes d'éléphants et de rhinocéros y ont été introduits; ce n'est que postérieurement à cette introduction qu'il s'y est formé, sur une épaisseur de 90 pieds, une accumulation de fragments anguleux, dont plusieurs ont des dimensions considérables. On a tout lieu de croire que, pour arriver dans la fente, ces fragments n'ont point été transportés, mais qu'ils y sont tombés naturellement en se détachant des roches de chaque côté, qui sont comme eux un calcaire de la grauwacke.

Ce n'est pas seulement en Europe que l'on trouve des brèches osseuses présentant des circonstances semblables; il paraît maintenant

[1] *Ann. des Sciences nat.*, janvier 1829.
[2] *Mém. de la Soc. d'hist. nat. de Strasbourg*, tome 1.

qu'on en a découvert dans l'*Australie*. D'après le major Mitchel, la principale cavité ossifère est située près d'une vaste caverne, à environ 170 milles de Newcastle, dans la vallée de Wellington, qui est arrosée par la rivière de Bell, un des affluents les plus considérables du fleuve Macquarrie. Cette cavité, d'après la description qu'on en a donnée, est une espèce de crevasse ou de puits large et irrégulier, qui n'est accessible qu'au moyen de cordes ou d'échelles ; la brèche est un mélange de fragments calcaires de diverses grosseurs, et d'ossements enveloppés dans un calcaire rouge et terreux. Ces ossements, envoyés en Europe, ont été examinés par M. Clift, qui les a rapportés aux genres suivants : *Kanguroo*, *Wombat*, *Dasyurus*, *Koala* et *Phalangista*, animaux qui vivent tous maintenant dans l'Australie. On a encore trouvé deux autres ossements, dont l'un, que l'on considère comme appartenant à un *éléphant*, a été obtenu d'une manière bien singulière par M. Kankin, qui, le premier, a visité cette crevasse. Le prenant pour une partie saillante du rocher, il y fixa la corde dont il s'aidait pour descendre, et il ne reconnut sa méprise que lorsqu'il vit le support se briser, et montrer que ce n'était autre chose qu'un grand ossement.

Selon M. Pentland, les os de la brèche de l'Australie, apportés à Paris, et examinés par Cuvier et par lui-même, appartiennent à huit espèces d'animaux, qui se rapportent aux genres suivants: *Dasyurus* ou *Thylacinus*; *Hypsiprymnus* ou *Kanguroo-Rat*, une espèce; *Phascolomys*, une espèce; *Kanguroo*, deux ou trois espèces; *Halmaturus*, deux espèces; et *Éléphant*, une espèce. Sur ces huit espèces, quatre paraissent appartenir à des animaux inconnus des naturalistes actuels : ce sont deux espèces d'*Halmaturus*, une espèce d'*Hypsiprymnus*, et l'*Éléphant*. Il faut encore ajouter qu'une autre collection de la vallée de Wellington contient les débris d'une espèce de *Kanguroo*, dont la grandeur surpasse d'un tiers celle des plus grandes espèces de ce genre que l'on connaisse aujourd'hui.

Le major Mitchel fait mention d'autres brèches toutes semblables sur le Macquarrie, à 8 milles au nord-est de la cavité ossifère de Wellington, citée ci-dessus; comme aussi à Borée, à 50 milles vers le sud-est; et à Molony, à 36 milles du côté de l'est : cette dernière contient des ossements qui, d'après le même auteur, paraissent être plus grands que ceux des animaux qui existent actuellement dans la contrée [1].

---

[1] Jameson, *Edin. Phil. Journ.*, 1831; et *Phil. Mag and Ann.*, juin 1831.

Avant de terminer ce qui est relatif au sujet qui nous occupe, je dirai quelques mots de la caverne ossifère que l'on a trouvée à *Chockier*, sur les bords de la Meuse, à environ deux lieues de Liége, et qui présente quelques circonstances remarquables. Des fragments de calcaire, de la même nature que celui dans lequel la caverne est creusée, se trouvent mêlés avec quelques galets de quartz et des ossements presque tous brisés; le tout est aggloméré par un ciment calcaire. Les os et les dents se rencontrent également dans la brèche solide et dans le limon, lesquels, avec trois croûtes distinctes de stalagmite, remplissent presque entièrement la caverne. On a remarqué que l'on trouvait des ossements sous chacune de ces trois croûtes de stalagmite. Ces débris paraissent appartenir au moins à quinze espèces d'animaux : *éléphant, rhinocéros, ours des cavernes, hyène, loup, daim, bœuf, cheval,* etc. Les plus abondants sont ceux d'*ours,* d'*hyène* et de *cheval* [1].

1 *Journal de géologie,* t. 1, 1830.

SECTION IV.

GROUPE SUPRACRÉTACÉ.

SYN. Terrains tertiaires (*tertiary rocks*, angl.; *tertiar Gebilde*, allem.); Ordre supérieur (*superior order*), CONYBEARE; Terrains yzémiens thalassiques, AL. BRONGNIART.

· Avant les travaux de MM. Cuvier et Brongniart sur les environs de Paris, les différentes roches comprises dans ce groupe n'étaient pas connues géologiquement, ou étaient considérées comme de simples dépôts superficiels de graviers, d'argiles ou de sables. Depuis la publication de leur Mémoire (1811), on a reconnu que ces roches avaient une très grande importance géologique, qu'elles occupaient une grande partie de la surface des continents actuels, et qu'elles contenaient une grande variété de fossiles terrestres d'eau douce et marins. On a observé qu'autour de Paris, et jusqu'à une certaine distance aux environs, les débris organiques, ensevelis dans les différentes couches, n'étaient pas tous marins, mais qu'il n'était pas rare d'y rencontrer des coquilles d'eau douce, et des animaux terrestres de genres actuellement inconnus. En poursuivant la découverte, on trouva que ces débris étaient déposés dans des couches dont chacune occupait une place déterminée dans une certaine série [1].

---

[1] Pendant que ces découvertes se poursuivaient en France, M. William Smith, dont les géologues anglais ne prononceront jamais le nom qu'avec respect, faisait un travail sur les roches plus anciennes; et, malgré mille difficultés, il parvenait à identifier, au moyen des débris organiques, des couches qui se trouvaient en différentes parties de l'Angleterre. Il est vrai qu'il n'a pas publié de travail régulier avant 1815; mais il est également vrai et bien connu que, longtemps avant cette époque, c'était par l'observation des fossiles qu'il parvenait à reconnaître des couches d'un même étage géologique.

M. Keferstein nous a fait connaître qu'un géologue allemand nommé Fuchsel avait observé, dès 1775 et même dès 1762, que certaines couches, entre le Hartz et le Thuringerwald, et aux environs de Rudelstadt, étaient caractérisées, non-seulement par leur structure minéralogique, mais encore par les débris organiques qu'elles contenaient. C'est ce qui est prouvé par deux ouvrages de Fuchsel, l'un, qui a paru

Ainsi qu'on pouvait s'y attendre d'après ces travaux, et d'après
ceux de M. Smith, sur des roches plus anciennes de l'Angleterre,
on s'est empressé, dès ce moment, de généraliser la présence de
certains fossiles dans des couches particulières; et on a admis pendant longtemps, comme un point de théorie, que chaque formation, ou série particulière de couches, contenait partout les mêmes
débris organiques, et que ces débris ne se rencontraient plus, ni au-
dessus, ni au-dessous. Cette opinion s'est graduellement écroulée

en 1762, intitulé *Historia Terræ et Maris ex Historiâ Thuringiæ per montium des-
criptionem erecta*; l'autre, publié en 1775, et qui a pour titre : *Entwurf zu der
œltesten Erd-und-Menschengeschichte.* Fuchsel paraît avoir déterminé la position
relative de certaines roches maintenant connues, telles que le muschelkalk, le grès
bigarré, le zechstein, le schiste cuivreux et le rothe todte liegende. Sa Géologie
théorique est remarquable, et de beaucoup supérieure à celle de Werner, qui a tant
prévalu dans la suite.

Il établit que les continents ont été autrefois recouverts par la mer, jusqu'après
la formation du muschelkalk; « mais comme certaines couches ne contiennent que des
végétaux ou des animaux terrestres, la mer devait être entourée par un continent
qui était plus élevé qu'elle, et qui occupait la place de l'Océan actuel. Ce continent
a été *graduellement* envahi par les eaux; il est arrivé souvent des débâcles qui
ont charrié dans la mer des masses de végétaux, qu'un limon marin a ensuite
recouverts. De semblables révolutions peuvent arriver aujourd'hui, *car la terre
a toujours présenté des phénomènes semblables à ceux qu'on observe présentement.* »

Fuchsel peut donc être, en quelque sorte, considéré comme étant le premier
qui ait proposé la théorie des causes actuelles, ainsi que l'a très bien démontré
M. Keferstein dans son analyse des deux Mémoires que nous avons cités plus haut.

« Le même Fuchsel a trouvé que, dans la formation des dépôts, la nature doit
avoir suivi les lois actuellement existantes : chaque dépôt forme une couche; et une
suite de couches de même composition constitue une formation ou une époque dans
l'histoire du globe; les courants de l'ancienne mer peuvent être déterminés par
la direction des formations. Il y a plusieurs dépôts chimiques dont la formation
reste inexplicable. Tous les dépôts de sédiment ont été formés horizontalement,
et se sont modelés sur la surface inférieure. Les couches inclinées ont été mises
dans cette position par des tremblements de terre ou par des oscillations du sol,
catastrophes qui ont produit une quantité considérable de limon, au moyen duquel
on distingue les dépôts qui passent de l'un à l'autre. » (Keferstein, *Journ. de
Géologie*, tome II.)

Les observations précédentes, et plusieurs autres, sont entremêlées de remarques
qui caractérisent une science dans l'enfance, mais qui sont en très petit nombre.
D'après cela Fuchsel paraît avoir été un homme vraiment remarquable; et, comme
l'observe M. Keferstein, il est peu honorable pour Werner d'avoir adopté ses
idées sur les couches et les formations, et de s'être montré moins bon logicien dans
l'emploi qu'il en a fait.

On peut remarquer ici que le célèbre docteur Hooke considérait aussi les couches
fortement inclinées et verticales comme ayant été placées dans cette position par des
tremblements de terre; car, en consultant les curieux documents que renferment les
journaux manuscrits de la Société royale, j'y ai trouvé qu'il avait émis cette opinion
à une séance de cette Société, le 27 juin 1667, et qu'il avait conclu que les coquilles
qu'il avait observées dans un escarpement de l'île de Wight avaient été élevées
au-dessus du niveau de la mer par les mêmes forces.

devant les faits : la théorie que l'on adopte aujourd'hui paraît être que, quoique certaines coquilles ne soient pas précisément particulières à certaines couches, on les y trouve cependant en plus grande abondance que dans d'autres, et que l'uniformité des débris organiques devient de plus en plus grande, à mesure que l'on s'abaisse dans la série des terrains fossilifères; de telle sorte que, plus les couches sont anciennes, plus on trouve d'uniformité dans les fossiles sur des étendues considérables, tandis que cette uniformité est d'autant moindre que les séries de couches sont plus récentes. Ce ne sera qu'en observant avec soin des terrains très éloignés les uns des autres sur la surface du globe, que l'on pourra reconnaître jusqu'à quel point cette opinion est exacte; et très probablement ce sera aux géologues américains que nous serons redevables du premier grand pas que fera cette partie de la science. En attendant des éclaircissements sur ce sujet, nous pouvons remarquer qu'une pareille opinion n'est pas incompatible avec celle qui suppose que la terre était autrefois une masse incandescente dont la surface s'est graduellement refroidie. — Ces observations étaient nécessaires, parce que, dans le groupe de terrains qui nous occupe actuellement, des dépôts qui ne sont pas très éloignés les uns des autres contiennent une grande variété de débris organiques qui, dans beaucoup de cas, présentent des caractères différents.

Pendant la formation des différents terrains compris dans ce groupe, les diverses opérations de la nature paraissent s'être succédé, sans avoir été interrompues par une catastrophe assez violente, ou par quelque circonstance qui se soit fait sentir sur une étendue assez grande pour produire sur la surface de l'Europe un dépôt de substances semblables, caractérisé par une grande épaisseur et par la présence des mêmes débris organiques : je dis sur la surface de l'Europe, car il est encore prudent de borner nos généralisations à cette étendue comparativement limitée. Dans cet état de choses, des sources ont dû déposer les différentes substances qu'elles étaient capables de dissoudre; et si la théorie d'une chaleur centrale et d'un grand décroissement de la température de la surface est bien fondée, ces sources devaient généralement être plus chaudes qu'elles ne le sont aujourd'hui, ou, ce qui est la même chose, les sources thermales étaient plus nombreuses qu'à présent : considération très importante, car on peut en inférer que peut-être il se dissolvait, et que, par suite, il se déposait une grande quantité de matières siliceuses et de plusieurs autres substances minérales [1].

---

[1] La manière dont s'effectuent quelques dissolutions de silice ne paraît pas avoir encore été expliquée. On sait que les graminées, les roseaux, et d'autres plantes de la

On peut remarquer ici que cette observation s'applique à tous les dépôts d'une date antérieure ; de sorte que, plus une classe de roches est ancienne, plus il est probable qu'à l'époque où elle se formait le nombre des sources thermales était plus considérable qu'aujourd'hui, et que, par conséquent, il se déposait une plus grande quantité de silice et de quelques autres substances.

Que cette hypothèse soit exacte ou non, il n'en est pas moins géologiquement certain qu'il y a eu un abaissement de température à la surface du globe ; et, comme l'a observé M. Lyell, les terrains dont nous nous occupons actuellement en fournissent eux-mêmes une preuve, lors même que les débris organiques qu'ils renferment appartiennent aux mêmes espèces d'animaux que celles qui existent maintenant ; car ces débris se rapportent, ainsi qu'on le remarque en Italie, à des individus plus grands que ceux qui vivent aujourd'hui dans les mers voisines ; circonstance que l'on est naturellement porté à attribuer à ce que ces animaux ont vécu sous l'influence d'un climat plus chaud.

Une différence dans le climat a dû produire d'autres variations visibles, tant dans les roches supracrétacées que dans celles qui se sont formées antérieurement. Il est probable que, plus un climat était chaud et approchait des tropiques, plus l'évaporation et la quantité de pluie devaient être considérables, et plus aussi le pouvoir de certains agents météoriques devait avoir d'intensité ; conséquemment, dans cette hypothèse, les différents dépôts doivent présenter des traces d'autant plus marquées de l'influence de pareils climats, que l'époque à laquelle ils ont été formés est plus ancienne. Si des pluies semblables à celles des tropiques venaient se précipiter sur de hautes montagnes, telles que les Alpes, en supposant même à plusieurs d'entre elles une élévation moindre que celle qu'elles ont, ces pluies produiraient des effets bien différents de ceux que nous observons maintenant dans ces mêmes contrées : on verrait se former tout à coup des torrents, dont les habitants actuels de ces montagnes n'ont aucune idée ; ces masses d'eau entraîneraient des quantités de détritus bien plus grandes que celles que charrient les torrents actuels des Alpes, dont cependant le volume est assez considérable. Ainsi, en admettant toutefois l'exactitude de l'hypothèse ci-

---

même famille naturelle, sont munies d'un enduit extérieur de silice que la nature, dans sa sagesse, leur a donné pour leur conservation ; mais la sécrétion siliceuse la plus remarquable que nous connaissons est celle qui s'opère dans les cavités du bambou et qui est connue sous le nom de *tabasheer*. Le docteur Turnbull Cristie, m'a rapporté que le *tabasheer*, lorsqu'on le trouve dans le *bambou vert* de l'Inde, est parfaitement translucide, mou et humide, mais que par l'exposition à l'air son humidité s'évapore ; il devient opaque, dur, prend une couleur blanche ou grise, et présente la même apparence que nous lui voyons quand on nous l'apporte en Europe.

dessus, il faut toujours tenir compte des différences produites sur la surface de la terre par l'action des agents météoriques, laquelle est d'autant plus puissante, que le climat est plus chaud. On doit particulièrement avoir cette attention lorsque, d'après l'observation d'une série de couches du même district, il paraît évident que la température sous l'influence de laquelle elles se sont formées a graduellement diminué.

Examinons maintenant jusqu'à quel point la végétation peut, dans les climats chauds, contre-balancer le pouvoir de décomposition et de transport que posèdent les agents atmosphériques. Il paraît que, toutes circonstances égales d'ailleurs, plus un climat est chaud, plus la végétation qu'il produit est vigoureuse. La question se réduit donc à celle-ci : La végétation protége-t-elle le sol contre l'action destructive de l'atmosphère ? Il est presque impossible de répondre autrement que par l'affirmative. Si nous manquions de preuves de ce fait, nous en trouverions dans ces élévations artificielles de terre, ou *barrows*, qui sont si communes dans plusieurs parties de l'Angleterre : elles ont été exposées, dans ce climat, à l'action de l'atmosphère pendant environ deux mille ans; et cependant elles n'ont éprouvé dans leur forme aucune altération sensible, quoique, au moins pendant une partie considérable de ce laps de temps, elles n'aient été recouvertes que par une légère couche de gazon. Si maintenant on admet que la végétation protége jusqu'à un certain point la terre qu'elle recouvre, il s'ensuit que plus la végétation est forte, plus sa protection est efficace, et que, par conséquent, la terre est toujours garantie de l'action destructive de l'atmosphère proportionnellement au besoin qu'elle en a. Sans cette loi prévoyante de la nature, les roches les plus tendres des régions tropicales seraient promptement emportées par les eaux, et le sol ne pourrait plus nourrir ni végétaux, ni animaux; car, quoique dans beaucoup de régions tropicales on rencontre de vastes étendues qui présentent l'apparence de déserts stériles, et qu'on voit cependant renaître soudain à la vie après deux ou trois jours de pluie et se couvrir comme par enchantement d'une brillante verdure, on doit reconnaitre que les racines des plantes vivaces auxquelles l'humectation fait produire une végétation si vigoureuse, et même celle des plantes annuelles déjà passées dont les graines produisent des feuilles si verdoyantes, s'entremêlent dans le sol de telle manière qu'elles opposent une résistance considérable au pouvoir destructeur des pluies [1].

---

[1] Dans les savanes de l'Amérique, il arrive fréquemment qu'il y a peu de végétation, et alors elles éprouvent des dégradations considérables.

Je n'ai nullement l'intention de conclure de ce qui précède que la dégradation du sol n'est pas généralement plus grande sous les tropiques que dans les climats tempérés ; j'ai voulu simplement établir que, dans les deux cas, le sol reçoit des végétaux qui le recouvrent une protection proportionnée à l'influence destructive à laquelle il se trouve exposé. Supposons qu'il arrive en Angleterre une de ces saisons pluvieuses si communes sous les tropiques ; nul doute que de grandes étendues de terre seraient entraînées, et que les *barrows* dont nous avons parlé plus haut disparaîtraient promptement : si, au contraire, il ne tombait dans les régions tropicales que la même quantité de pluie que nous avons chaque année dans le climat de l'Angleterre, on y trouverait à peine quelques traces de végétation dans les bas-fonds ; car l'eau qui en résulterait serait insuffisante pour sustenter les plantes tropicales ; et, bien qu'elle tendît à dégrader le sol, elle serait si promptement évaporée, que son action destructive serait à peine sensible. La quantité de pluie et la végétation sont proportionnées l'une à l'autre ; néanmoins la dégradation du sol croît avec la quantité de pluie et la force de plusieurs agents météoriques : de sorte que, toutes choses égales d'ailleurs, plus il tombe de pluie, plus est grande la destruction du sol ; et conséquemment, plus un climat est chaud, et plus la dégradation des montagnes est considérable [1].

On doit aussi penser que, pendant que les roches supracrétacées se déposaient, les forces souterraines n'étaient pas moins actives qu'elles ne l'avaient été auparavant et qu'elles ne l'ont été depuis. Nous devons donc nous attendre à trouver des *roches ignées* de différentes espèces entremêlées avec les dépôts aqueux, et même, dans des circonstances favorables, formant des couches alternant avec celles de ces dépôts. A mesure qu'à travers la succession des âges ces roches ignées se rapprochent de la période actuelle, leurs caractères doivent ressembler davantage à ceux des volcans modernes, et d'autant plus, qu'elles ont été de moins en moins exposées aux causes ordinaires de destruction ; d'où il résulte qu'il doit être exces-

[1] Dans les régions tropicales, les plantes parasites et rampantes croissent dans toutes les directions possibles, de manière à rendre les forêts presque impraticables ; les formes et les feuilles des arbres sont admirablement calculées pour résister aux fortes pluies et en garantir les êtres innombrables qui, dans les saisons pluvieuses, viennent chercher un abri sous leur feuillage. Le bruit que font les pluies tropicales en tombant sur ces forêts frappe les étrangers d'étonnement, et il s'entend à des distances que les habitants des régions tempérées ont peine à concevoir. La pluie, ainsi amortie et brisée dans sa chute, est promptement absorbée par le sol, ou se précipite dans des dépressions dans lesquelles elle produit des torrents qui, il faut l'avouer, sont assez impétueux et causent de grands ravages.

sivement difficile de dire où commencent les volcans modernes et où finissent les anciens. D'ailleurs, ainsi que nous l'avons déjà dit, il n'y a pas de raison pour que le même cratère n'ait pas continué à vomir diverses substances durant une longue série de périodes, et pendant les différentes révolutions de la surface du globe ; de sorte que nos efforts pour classer les produits volcaniques ne peuvent guère nous conduire à aucun résultat satisfaisant. Il peut s'être fait à la surface de la terre de grands mouvements qui ont altéré les niveaux généraux de différents districts, il peut même s'être opéré des soulèvements de chaînes de montagnes, et ces catastrophes ont dû fortement influencer certains dépôts.

Nous avons déjà remarqué que les terrains supracrétacés présentent de nombreux exemples de dépôts d'eau douce recouvrant des étendues considérables, circonstance qui semble indiquer qu'il existait alors de vastes continents ou de très grandes îles : cette opinion semble confirmée par la présence de débris de grands mammifères que l'on trouve ensevelis dans ces mêmes dépôts. On les appelle *terrains d'eau douce*, parce qu'on n'y a pas découvert de coquilles marines, et que les fossiles qu'ils contiennent sont des débris d'animaux dont les espèces analogues vivent dans les lacs et rivières actuels, ou bien d'animaux et de végétaux que l'on ne trouve que sur les continents. On en a conclu que ces débris ne pouvaient avoir été ensevelis que dans des dépôts formés dans des lits de rivières ou des fonds de lacs : de là le nom de *terrains lacustres* que l'on donne souvent à ces terrains. Indépendamment de ces formations lacustres ou d'eau douce, il y en a d'autres qui présentent des caractères mixtes, et dans lesquelles on trouve à la fois des fossiles terrestres, d'eau douce et marins : on les considère comme ayant été formées à l'embouchure des fleuves dans la mer, parce qu'on suppose qu'il s'en dépose aujourd'hui de semblables dans de pareilles positions. L'origine des terrains qui ne contiennent que des fossiles marins s'explique d'elle-même ; quant à ceux où l'on rencontre des fossiles terrestres ou d'eau douce, la nature de ces fossiles ne semble nullement mettre en droit de conclure que ces terrains se soient nécessairement formés aux embouchures des fleuves, car, si nous prenons toujours nos analogies dans l'état présent des choses, nous savons que ces fossiles peuvent souvent être entraînés bien loin de ces embouchures.

On a communément l'habitude de décrire les terrains supracrétacés comme se présentant dans des *bassins*, tels que ceux de Londres, de Paris, de Vienne, de la Suisse et de l'Italie ; mais le mot *bassin* est très souvent mal appliqué, car on doit supposer que les

grands dépôts marins ne se formaient pas plus dans des bassins autrefois que maintenant: or, on ne peut pas dire que le dépôt qui se
fait au fond de la mer se forme dans un bassin, à moins toutefois
que l'on n'appelle de ce nom le vaste fond de l'Océan. Ainsi nous
caractériserions très mal le dépôt de delta du Gange en disant qu'il
a la forme d'un bassin. On parle communément du *bassin de Londres*, tandis que les terrains supracrétacés que l'on y rencontre ne
paraissent être que la continuation d'une grande ceinture de ces terrains qui, par le nord de l'Allemagne, s'étend à travers l'Europe
jusqu'à la mer Noire. On dit aussi le *bassin de l'île de Wigh*, comme
s'il avait existé dans cette localité une cavité ou dépression séparée;
tandis qu'il y a de bonnes raisons de présumer, comme l'a établi le
professeur Buckland, que les dépôts supracrétacés de Londres et de
l'île de Wight étaient autrefois réunis, mais que cette continuité a
été détruite, postérieurement au dépôt de ces terrains, par le soulèvement de la masse de craie qu'elles recouvraient et par la dénudation des parties soulevées qui séparent aujourd'hui les deux dépôts, dénudations dont on a des exemples pour des roches beaucoup
plus dures et plus épaisses. On peut dire la même chose relativement au *bassin de Paris*; car il est facile de concevoir qu'il a pu
être lié avec ceux dont on vient de parler, et qu'il n'en a été séparé
que par des mouvements de la croûte du globe ou par dénudation.
Il est donc possible que les dépôts ou terrains qu'on appelle aujourd'hui des bassins ne soient que des lambeaux autrefois continus
d'un même tout, qui ont été séparés par diverses circonstances,
peut-être même pendant le dépôt des terrains en question ; et
qu'ainsi ces terrains aient commencé à se former au fond d'une mer
qui baignait les terrains plus anciens et s'étendait entre la Scandinavie et le nord l'Allemagne, depuis l'ouest de l'Europe jusqu'à
la mer Noire. Des lambeaux de ces terrains, semblables à ceux
d'autres dépôts, se trouvent maintenant sur les collines de l'ouest
de l'Angleterre, attestant ainsi leur ancienne élévation, et la dénudation qui a détruit la continuité de leur masse et n'en a laissé
que des portions détachées semblables à des îles bordant un continent. Par suite des diverses dislocations du sol et de la dénudation qui été la conséquence de ces catastrophes ou de toute autre
cause, les digues qui retenaient les amas d'eau au fond desquels se
formaient des dépôts d'eau douce ont été emportées; et quoique,
par analogie, nous considérions ces terrains comme ayant été déposés dans des lacs, il nous est cependant complétement impossible de tracer les ravages de ces amas d'eau.

Ceux qui étudient la géologie ne doivent jamais perdre de vue cette idée d'une grande dénudation, comme étant applicable, non-seulement aux terrains dont il est présentement question, mais encore à ceux d'une date antérieure ; ils doivent considérer qu'il n'existe pas sur la surface du globe une contrée étendue qui, géologiquement parlant, soit demeurée longtemps dans un état de repos, mais qu'au contraire il y a eu fréquemment des élévations et des abaissements du sol, ainsi que des dégradations qui ont emporté de grandes masses de terrains. A l'égard même des formations que nous allons décrire dans cette section, pour se rendre compte de cette alternative de dépôts marins et de dépôts d'eau douce qu'on y observe, ils seront forcés d'admettre que le sol a été alternativement élevé et abaissé ; et cette hypothèse leur paraîtra peut-être d'autant plus naturelle, qu'ils ont déjà vu que le sol a éprouvé de pareils mouvements à une époque beaucoup plus récente.

Au milieu d'une si grande variété de dépôts qui indiquent des modes de formation si différents, il n'est pas facile de déterminer ceux qui sont exactement contemporains, et ceux par lesquels il faut commencer la série descendante. Dans cet embarras, la marche la plus sûre à suivre est de regarder comme les plus récents ceux d'entre ces dépôts dont les débris organiques présentent le plus de ressemblance avec les animaux et les végétaux qui existent aujourd'hui. Tous les animaux terrestres que l'on trouve maintenant dans les cavernes et dans les graviers, les marnes et les sables superficiels, quelle que soit d'ailleurs la théorie que l'on adopte pour rendre raison de leur disparition, doivent avoir vécu sur la surface de la terre telle qu'elle existait à la période que nous considérons ; et, en supposant même qu'ils aient été en grande partie détruits par une catastrophe, il n'y a rien qui empêche qu'ils n'aient été ensevelis en grand nombre pendant leur séjour à la surface du globe ; car, pendant que les générations d'ours et d'hyènes se succédaient dans les cavernes qu'elles habitaient, le grand ouvrage de la nature se poursuivait : les éléphants, les rhinocéros, les hippopotames et autres animaux, dont quelques-uns étaient entraînés dans les repaires des hyènes, succombaient sous le poids de l'âge, ou périssaient par accident, et leurs débris s'enfouissaient dans les dépôts qui se formaient à cette époque. On peut en dire autant des fossiles marins et d'eau douce, ainsi que des végétaux.

Plus on aura lieu de croire que les climats ont été autrefois tels qu'ils sont aujourd'hui, plus il sera probable, d'après l'observation de certains débris organiques fossiles semblables à ceux qui existent à présent dans la contrée, que les terrains qui contiennent ces fossiles doivent être placés à l'étage le plus élevé de la série supracrétacée.

Ainsi, sous les tropiques, nous devons nous attendre à trouver dans les couches les plus récentes des débris analogues à ceux des animaux et des végétaux qui existent aujourd'hui dans ces contrées : tandis qu'en remontant vers les pôles, nous devons découvrir des débris organiques correspondant aux diverses latitudes. C'est, en effet, ce que l'on observe, autant du moins qu'on peut en juger par les faits recueillis jusqu'à présent : ainsi, les végétaux fossiles découverts dans les dépôts les plus modernes des régions tropicales ne croissent que sous les tropiques, tandis que ceux qu'on a trouvés en Europe, dans des dépôts contemporains, n'appartiennent pas au climat des tropiques, mais à celui des régions tempérées. On peut citer pour exemple le dépôt de végétaux fossiles d'*OEningen*, près du lac de Constance [1].

C'est dans les terrains supracrétacés de l'*Italie* et du *midi de la France*, et probablement aussi d'autres contrées méditerranéennes, qu'on a observé, plus que partout ailleurs, les meilleurs exemples de dépôts de fossiles qui se rapprochent plus de la vie organique actuelle, quoiqu'on pût cependant en citer encore d'autres. A la vérité, il peut être excessivement difficile d'établir la limite entre l'état actuel de la vie animale et végétale et celui qui l'a précédé

---

[1] Les observations les plus récentes sur ce dépôt, qui, à diverses époques, a fixé l'attention des naturalistes, sont celles de M. Murchison. Il a fait voir que ce dépôt s'est formé dans une dépression qui existait antérieurement dans le terrain de mollasse si abondant dans la contrée, et qu'ensuite toute la masse a été coupée par le courant actuel du Rhin, qui s'y est ouvert un passage. Parmi les débris organiques indiqués dans ce dépôt par M. Murchison, d'après ses propres observations ou celles d'autres naturalistes, on remarque des ossements d'un *renard*, qui, suivant M. Mantelle, se rapproche davantage du *Vulpes communis* que de toute autre espèce, sans cependant qu'on puisse prononcer que ce n'est pas une espèce éteinte. Voyez *Geol. Trans.*, 2e série, t. 3. (*Addition envoyée par l'auteur.*)

Si quelque jour on vient à découvrir que les débris organiques trouvés dans les contrées tropicales sont toujours caractéristiques du climat des tropiques, ou même d'un climat que l'on pourrait appeler ultra-tropical, ce sera une forte raison de croire que l'axe de la terre n'a pas varié, et que les régions équatoriales actuelles ont toujours été sous l'influence d'une chaleur considérable, qui, bien qu'elle ait diminué avec celle de la surface du globe en général, produit encore une végétation beaucoup plus vigoureuse que celle que l'on rencontre en se rapprochant des pôles. Si un examen attentif vient à montrer que sous les tropiques, à un certain terme de la série des terrains, les débris d'animaux et de végétaux ensevelis n'indiquent pas une plus haute température que ceux trouvés en Europe, ou sous toute autre latitude plus ou moins élevée, dans le terme semblable de la série géologique générale, on devra en conclure que la cause de cette température uniforme a été intérieure et non extérieure; car, quelles que soient les positions relatives du soleil et de la terre, on ne comprend pas qu'il puisse en résulter une température égale, ou presque égale, sur toute la surface de notre sphéroïde; tandis que l'on conçoit très bien la possibilité d'un pareil état de choses avec une chaleur intérieure capable de produire à la surface une température uniforme et en grande partie indépendante de la chaleur du soleil.

dans les dépôts les plus récents de l'Italie, ou de préciser l'époque à laquelle des animaux marins, semblables à ceux qui existent maintenant dans la Méditerranée, ont été élevés à différentes hauteurs au-dessus de son niveau.

On sait que, dans les dépôts supracrétacés les plus récents des Apennins, que l'on appelle communément *terrains sub-apennins*, on trouve un mélange d'espèces analogues à celles qui vivent aujourd'hui dans la Méditerranée avec d'autres que l'on ne rencontre que dans les climats les plus chauds. Le dépôt observé par M. Vernon, dans le *Yorkshire*, se rapporte peut-être à cette époque; car on y trouve des coquilles terrestres et d'eau douce semblables à celles qui existent actuellement, quoiqu'elles soient mêlées avec des ossements d'éléphants, etc. [1].

D'après M. Élie de Beaumont, il existe, *à l'ouest des Alpes*, dans les vallées de l'Isère, du Rhône, de la Saône et de la Durance, un vaste dépôt de cailloux roulés et de sables, qui se distingue facilement de celui qui accompagne les blocs de transport, et qui est plus ancien que ce dernier. Il n'est pas, en général, distinctement stratifié; mais il forme plutôt de grandes masses, qui ont quelquefois plusieurs centaines de mètres d'épaisseur. Les cailloux roulés proviennent tous des Alpes, et ils ne sont mêlés avec aucun fragment de roches éloignées. On trouve dans ce terrain du *lignite* qui présente toutes les apparences d'un dépôt formé lentement.

Dans le vallon de Roize, près *Pommiers*, aux environs de Grenoble, le lignite est supporté et recouvert par des cailloux roulés; il est lui-même renfermé dans une couche terreuse et à grains fins : la masse charbonneuse est divisée en petites couches, entre lesquelles on trouve un grand nombre de *planorbes*. M. Élie de Beaumont remarque que, dans les endroits où la masse est faiblement agglutinée, les sables mêlés de mica rappellent fortement ceux que roulent maintenant le Rhône, l'Isère et la Durance. Ce sable devient quelquefois marneux et schisteux, et contient des fragments de lignite qui sou-

[1] *Phil. Mag. et Annals of philosophy*. 1829-1830. Quand nous avons à déterminer l'importance d'une découverte de débris de quelque espèce ou genre particulier d'animaux, non-seulement dans ces dépôts, mais en général dans tous les terrains fossilifères, nous devons avoir soin de nous rappeler que, dans la mer actuelle, on observe de grandes variations dans les espèces d'animaux qui l'habitent, lesquelles dépendent de la profondeur d'eau, de la force des marées ou des courants, de l'exposition de la mer à de fortes tempêtes, de la nature du climat et de celle du fond dans des positions particulières. Par conséquent, si nous raisonnons d'après l'état présent des choses, nous ne pouvons pas nous attendre à trouver les mêmes et seulement les mêmes débris organiques ensevelis dans des dépôts contemporains sur une étendue considérable, car ce serait supposer que les mêmes conditions ont existé sur toute cette surface, supposition que l'on ne peut pas regarder comme probable.

vent sont accumulés en quantité assez grande pour être exploité.
avec avantage : le lignite est renfermé entre des couches d'argile,
de marne, ou de sable fin, alternant avec des cailloux roulés. Les
lignites de *Saint-Didier* sont composés de troncs d'arbres aplatis,
dans lesquels on peut encore distinguer la texture ligneuse. M. Élie
de Beaumont regarde ces lignites comme contemporains de ceux
trouvés sur plusieurs points de la *Savoie*, à Novalèze, Barberaz,
Bisses, Motte-Servolex et Sonnaz, près Chambéry. On peut suivre
ce dépôt de cailloux et de sables dans la plaine de la *Bresse*; on
l'observe dans les escarpements des rives du Rhône, entre l'embouchure de l'Ain et Lyon, et on y retrouve les mêmes caractères que
dans le département de l'Isère. On peut très bien l'étudier près de
Lyon; on le voit aussi au pied du Jura, près d'Ambronay et d'Am-
brutrix. On trouve près d'*Ajou* (Isère) un dépôt de bois bitumineux, qui a été décrit par M. Héricart de Thury. Sous une masse
de cailloux roulés et de marnes argileuses, on observe : 1° argile
bleue; 2° lignite; 3° banc de cailloux ; 4° argile bleue; 5° lignite;
6° argile bleue, contenant des branches, des troncs et des racines
d'arbres, plus ou moins bien conservés ; 7° argiles bleuâtres et rougeâtres; 8° banc de bois bitumineux très épais et très compacte. Le
premier banc de lignite contient quelquefois un mélange de cailloux
et de nombreuses coquilles terrestres et fluviatiles.

M. Élie de Beaumont suit ce dépôt de cailloux dans d'autres directions, et il pense qu'il doit avoir été formé dans les eaux d'un
lac peu profond qui a existé postérieurement au soulèvement des
Alpes, de la Savoie et du Dauphiné, mais avant celui de la chaîne
principale qui s'étend du Valais en Autriche. Les divers cailloux paraissent évidemment provenir des Alpes, et les dépôts de lignite
semblent indiquer qu'ils n'ont pas été subitement transportés en une
seule masse. Il est, par conséquent, naturel de conclure qu'ils ont
été charriés par les torrents qui descendaient des Alpes jusque dans
la position où nous les voyons aujourd'hui. Le temps qu'a dû exiger un pareil transport de galets a dû être très considérable; du
moins, en ce qui concerne les lignites qui forment une partie de la
masse, nous ne pouvons pas nous empêcher d'admettre un mode de
formation graduel [1].

Le même auteur remarque que cette masse de cailloux est très
distincte de ces amas de cailloux alpins et de sables qui, sur les deux
flancs de la chaîne des Alpes, constituent un dépôt considérable,

[1] Élie de Beaumont, *Recherches sur les Révolutions du Globe; Ann. des Sciences
nat.*, 1829 et 1830, t. 18 et 19.

connu sous le nom de *nagelfluhe* et de *mollasse*, dépôt qui était non-seulement formé et consolidé, mais même soulevé avant le transport des cailloux et des sables dont il est maintenant question. Toutes ces observations, que M. Élie de Beaumont a faites dans une même contrée, sont d'une haute importance; car il doit arriver fort rarement que le nagelfluhe et la mollasse, les cailloux et sables dont nous décrivons actuellement le dépôt, et les matières de transport du groupe des blocs erratiques, se rencontrent ensemble, comme il les a observés dans ces localités, et avec des circonstances qui permettent de les distinguer.

Il est naturel de présumer qu'avant la convulsion que l'on suppose avoir eu lieu lors du transport des blocs erratiques, il devait y avoir partout des marques de dégradations analogues et de nombreux amas de cailloux, de sables et d'argiles, charriés par les cours d'eau, et que, dans les localités où ces amas n'ont pas été emportés par les débâcles subséquentes, on doit souvent les observer sous les dépôts formés par ces débâcles.

On ne peut pas, pour le moment, fixer d'une manière précise l'âge de la célèbre formation qui contient le combustible dit *bovey-coal*; mais il paraît convenable de placer ici sa description. Il est évident qu'une masse d'eau a passé sur sa surface, qu'elle a creusé des cavités dans l'argile, et a laissé dans quelques endroits un vaste dépôt de matières de transport; il est vraisemblable aussi que la masse de combustible s'est déposée tranquillement dans cet endroit. L'étendue qu'elle occupe est beaucoup plus considérable que celle qu'on lui assigne ordinairement, et il est certain qu'elle atteignait autrefois une plus grande hauteur qu'aujourd'hui, mais que sa partie supérieure a été enlevée par dénudation. Le principal dépôt de ce lignite se trouve à *Bovey Tracy*, dans le Devonshire, à l'extrémité nord-ouest de la formation. Sa partie supérieure se compose d'un sable quarzeux, provenant probablement du granite des environs, de fragments des roches les plus voisines, et de parties arrondies d'argile qui paraissent appartenir à l'argile qui accompagne la formation charbonneuse du bovey-coal.

A environ vingt pieds au-dessous de cette *tête* (*head*), ainsi que l'appellent les ouvriers, on trouve une alternative de lignites comprimés, d'argiles schisteuses (*shale*) ou d'argiles; la masse entière plonge vers le sud-est ou vers le sud-sud-est, sous un angle d'environ 20°. Le lignite est évidemment composé d'arbres dicotylédones, dont beaucoup sont noueux. On y a, par hasard, trouvé une graine intéressante.

On exploite d'autres parties semblables de ce même dépôt; mais

la substance la plus utile que l'on en retire est une argile qui est
employée dans la poterie, et qui, dans quelques cas, est assez
fine pour constituer celle que l'on appelle *terre de pipe* : on em-
barque tous les ans à Teignmouth des quantités considérables de
ces deux variétés d'argile. Le lignite, tantôt en lits, tantôt en fragments détachés, accompagne partout l'argile en plus ou moins
grande abondance. Les débris d'animaux doivent y être excessivement rares; car, malgré des recherches assidues, je n'ai pas pu en
trouver de traces, bien que j'eusse appris qu'on avait vu quelques
coquilles près de Teignbridge. On a considéré ce dépôt, tantôt comme
formant une partie des graviers de transport auxquels on donne le
nom du *diluvium*, tantôt comme étant la représentation de l'argile
plastique. Nous avons déjà vu qu'il existait avant le grand transport
de cailloux qui a eu lieu dans ce district, et, d'un autre côté, il paraît
plus récent que l'argile plastique; car il y a de fortes raisons de
supposer que des dépôts de l'époque de l'argile plastique ont autrefois recouvert la craie et le grès vert, qui sont aujourd'hui si considérablement dénudés dans le Devonshire, comme nous le verrons plus
loin. Il paraît assez probable que différentes ondulations de ce district
ont été formées postérieurement au dépôt de la série de l'argile
plastique, et qu'alors elles ne différaient pas beaucoup de celles que
nous voyons aujourd'hui, quoiqu'elles aient pu être depuis grandement modifiées. Le dépôt du bovey-coal paraît s'être formé dans
une espèce de bassin, après que les collines et les vallons des environs ont eu pris leur configuration générale, car il suit exactement
leurs sinuosités; et quelquefois même il comble des vallées, comme,
par exemple, à Aller Mills, près de Newton Bushel, où il est certain
qu'il existait autrefois une vallée creusée dans le conglomérat du
grès rouge, la grauwacke, le calcaire et la grauwacke schisteuse,
vallée qui est maintenant remplie par une succession de lits de
lignite et d'argile que l'on exploite. Dans cette même vallée
ancienne, le dépôt a évidemment été, à une certaine époque, plus
considérable qu'il ne l'est aujourd'hui, et il a dû être dénudé; car,
d'un côté de la vallée, sur le Milber Down, et de l'autre, sur quelques collines, on trouve de grands amas de sables et de silex roulés :
et, bien qu'une partie de ces matières puisse n'être autre chose que
des débris du grès vert, et peut-être aussi de la série de l'argile
plastique, le reste paraît avoir appartenu au dépôt charbonneux du
bovey-coal.

La figure 31 représente une coupe de ces silex roulés et de ces
sables grossiers, qui paraissent être le résultat de la trituration de
fragments de quartz, de silex de la craie, et peut-être aussi de silex de

grès vert (*chert*). Cette coupe est prise sur la partie du Milber Down qui est située en face de Ford.

Fig. 31.

a a, silex roulés; *b b*, sable grossier. La disposition de ces deux expèces de matières indique un courant d'eau variable, et dont la vitesse n'a pas toujours été la même dans le même endroit. On peut voir un semblable mélange de sable et d'argile près d'Aller Mills.

En considérant l'ensemble de la formation du bovey-coal, il est difficile de douter qu'elle n'ait été déposée, comme nous l'avons déjà dit, dans une dépression qui existait antérieurement au milieu de diverses roches. La seule question qui reste à résoudre est celle-ci : A quelle époque cette dépression s'est-elle formée? Quant à moi, je pense que c'est après que l'argile plastique qui recouvrait la craie du côté de l'ouest a été soulevée. Toutefois, vu l'absence des preuves plus directes que fourniraient les débris organiques, je ne présente cette opinion qu'avec beaucoup d'hésitation; et de nouvelles observations sont nécessaires pour en prouver l'exactitude ou la fausseté [1]. Les détails que je viens de donner excèdent un peu les limites que m'impose l'étendue de cet ouvrage : mais la considération de l'importance géologique que présente la détermination de l'âge relatif des vallées de cette partie de l'Angleterre, m'a engagé à entrer dans ces détails qui peuvent provoquer des recherches ultérieures.

Au moyen de nouvelles observations faites avec soin, on parviendra, sans doute, à découvrir, dans diverses contrées, un grand nom-

[1] D'après MM. Whiteway et Kingston, qui ont eu le grand avantage de faire des observations locales continues, le dépôt de Bovey se compose principalement de cinq couches d'argile et d'autant de lits de gravier, dont le dernier varie en épaisseur de 50 à 100 pieds. Les couches d'argile présentent des ondulations semblables aux vagues de la mer : le bovey-coal se trouve sous les quatre couches les plus occidentales; tandis que sous la plus orientale, ou sous la couche de terre de pipe (qui est souvent exploitée jusqu'à 80 pieds de profondeur), on trouve du sable et du quartz blanc. Près de l'extrémité sud-est de Bovey Heathfield (nom que l'on a donné à cette partie inférieure du district), le dépôt a été sondé jusqu'à une profondeur de 200 pieds sans qu'on l'ait traversé.—*Nat. Hist. of Teignmouth, Tor Quay, Dawlish*, etc., par Turton et Kingston.

17

bre de passages d'un état différent de la vie animale et végétale à celui qui existe maintenant ; c'est surtout au moyen des débris d'animaux marins, qui sont moins exposés à être détruits que ceux qui habitent les continents, que l'on pourra réussir à constater des transitions de ce genre. On a longtemps cru que les débris d'éléphants, de rhinocéros et de mastodontes, ne se rencontraient que dans les graviers superficiels ; mais nous savons maintenant qu'on les trouve ensevelis plus bas dans la série des terrains, et qu'ils habitaient la surface du globe avant que les *Palæotherium* et quelques autres genres de mammifères eussent cessé d'exister.

On croyait autrefois que les terrains supracrétacés de Paris et de l'Angleterre représentaient tous les dépôts qui se sont formés entre la craie et l'époque actuelle. Les géologues ayant l'esprit fortement préoccupé de cette idée théorique, il était naturel qu'ils considérassent tous les dépôts supracrétacés ou tertiaires comme étant les équivalents de l'une ou l'autre des couches du bassin de Paris. On trouve fréquemment, dans l'histoire de la géologie, de pareils exemples de généralisations de circonstances locales : et c'est, en effet, ce qui doit arriver dans la marche progressive de toutes les sciences ; car, jusqu'à ce que nous ayons observé un grand nombre de faits, il n'y a rien qui puisse combattre ces opinions. De ce que nous sommes aujourd'hui en droit de repousser de pareilles généralisations, nous devons bien nous garder de conclure que notre perspicacité est plus grande que celle de nos prédécesseurs ; car, en réalité, nous n'avons d'autre avantage que de posséder une plus grande masse d'observations, et d'être par conséquent en état d'en déduire une explication plus satisfaisante. Il est même avantageux qu'on ait mis en avant ces généralisations ; car elles ont provoqué des recherches et ont probablement contribué, plus qu'on n'est souvent porté à le croire, aux connaissances que nous possédons actuellement, et qui nous mettent en état de juger que ces généralisations ne sont pas admissibles.

Les dépôts de l'Italie, que l'on appelle communément *terrains sub-apennins*, parce qu'on les rencontre dans la partie inférieure des Apennins, ont été cités comme présentant de bons exemples d'un passage de l'état actuel des choses à un autre état dans lequel les animaux étaient un peu différents. Il y a lieu de penser que c'est avec raison ; car, parmi les coquilles que l'on y rencontre, il y en a quelques-unes qui ressemblent tout à fait à celles qui existent maintenant dans la Méditerranée, tandis qu'on en trouve aussi d'autres dont les analogues ne paraissent vivre que dans des climats plus chauds, ou qui sont entièrement inconnues.

En 1829, M. Desnoyers a publié un mémoire sur des dépôts marins tertiaires récents, dont il a tiré les conséquences principales suivantes :

1° Tous les bassins tertiaires ne paraissent pas avoir été contemporains, mais successivement formés et remplis.

2° Cette succession des bassins a pu résulter des fréquentes oscillations du sol produites, durant la longue série des terrains tertiaires, par l'influence des agents volcaniques, alors très puissants.

3° Cette différence dans l'époque de la formation des bassins pourrait faire distinguer, dans les terrains tertiaires, plusieurs grandes périodes, les unes stables, les autres transitoires.

4° Chacune de ces périodes comprendrait des dépôts formés dans la mer, soit par les eaux marines, soit par les eaux fluviatiles, et des dépôts formés en même temps hors de la mer par des lacs, par des sources thermales et par les fleuves; les uns et les autres offriraient, suivant les bassins, toutes les variétés possibles de sédiments.

5° Les bassins de Paris, de Londres et de l'île de Wight, ne contiendraient que les dépôts des périodes tertiaires anciennes et moyennes.

6° Le dernier terrain lacustre de la Seine n'aurait donc point terminé la série de ces terrains : plusieurs formations, soit marines, soit d'eau douce, lui auraient succédé dans d'autres bassins plus modernes.

7° Ces formations plus récentes semblent indiquer par leurs fossiles deux périodes au moins, auxquelles on pourrait ajouter, comme étant aussi complète qu'aucune des périodes antérieures, celle dont nous sommes contemporains.

8° Toutes ces périodes offriraient, par leurs gisements et leurs fossiles, un passage insensible et progressif de l'une à l'autre, de la nature ancienne à la nature actuelle, des plus anciens bassins tertiaires aux bassins actuels de nos mers.

Le même auteur essaie aussi d'établir d'autres opinions, qui cependant paraissent plus douteuses; mais il m'a paru nécessaire de faire connaître ce qui précède, parce que, dans ces idées, il paraît y en avoir beaucoup de vraies, et que l'auteur a été un des premiers à remarquer qu'il y avait probablement un passage zoologique des anciens dépôts supracrétacés à l'état actuel des choses. Il n'est pas le premier toutefois, comme il le reconnaît lui-même, qui ait attribué les variations observées dans les bassins tertiaires ou supracrétacés aux différences produites par l'action locale de causes telles que celles que nous voyons aujourd'hui : cette opinion avait été émise auparavant par MM. Prevost, Boué et d'autres géologues. M. Desnoyers remarque aussi que les eaux continentales ont dû charrier à la mer des coquilles terrestres et d'eau douce, avec des débris de grands mammifères, tels que les éléphants, les rhinocéros, les mastodontes, les hippopotames, et des reptiles fluviatiles et terrestres, qui ont dû ainsi se mêler avec des débris de cétacés et d'autres animaux marins [1].

M. Desnoyers donne une liste de fossiles qu'il regarde comme les débris des animaux qui vivaient à cette époque [2].

POLYPIERS. Beaucoup d'espèces des genres *Retepora*, *Eschara*, *Flustra*, *Cellepora*, *Favosites*, *Millepora*, *Theonea*, *Porita*, *Alcyonium*. Les espèces les plus communes sont les grosses *Favosites* globuleuses de Guettard (t. III, pl. 28, fig. 5), et un polypier qui se rapproche du genre *Alcyonium*. Il y a aussi beaucoup d'autres genres de polypiers, tels que des *Lunulites*, des *Astrea*, des *Caryophyllia*. On trouve dans plusieurs autres contrées des espèces des mêmes genres, plus ou moins semblables : à Albdorough, dans le Suffolck ; à Carentan, dans le tuf brun ; aux Cléons, près de Nantes ; sur les bords du Layon, près de Doué, etc. Ils ne sont pas moins abondants dans les bassins du Rhône que dans celui de la Loire. — Les polypiers se rencontrent à divers états : roulés et brisés, comme sur l'ancienne côte de Touraine ; — disposés comme un sable, comme dans une mer plus profonde, à Doué ; — en place et adhérents aux coquilles, aux galets et aux roches, sur les bords du Layon (Maine-et-Loire), et près des Cléons (Loire-Inférieure) ; — enfin formant une couche solide, comme au sein de l'Océan.

ECHINITES. Plusieurs grandes *Scutella*, telles que *Scutella subrotunda* (Scilla, pl. 8 ; Parkinson, t. III, pl. 3, fig. 2) ; *Scutella bifora* (Parkinson, t. III, pl. 2, fig. 6), qui se trouvent en abondance dans les bassins de la Loire, de la Gironde et du Rhône, comme aussi à Malte et en Sicile. Le *Clypeaster altus* (Scilla, pl. 9, fig. 1 et 2) ; le *C. marginatus* (Scilla, pl. 2) et le *C. rosaceus* les accompagnent quelquefois, comme à Reggio dans la Calabre, à Malte, aux environs de Dax et de Montpellier ; et même semblent les remplacer, comme en Corse, en Sardaigne et à Sienne.

CIRRIPÈDES. *Balanus tintinnabulum ; B. — sulcatus ; B. — tulipa ; B. — cylindricus ; B. — miser ; B. — pustularis ; B. — crispatus*. On en trouve fréquemment en Italie et surtout en Piémont, où la plupart sont des analogues ou des variétés des espèces

---

[1] Desnoyers, *Sur des dépôts marins plus récents que les terrains tertiaires du bassin de la Seine ; Ann. des Sc. nat.*, t. 16, p. 472.
[2] *Ibid.*, p. 436 et suiv.

vivantes. Quelques-unes de ces espèces se trouvent dans le bassin de la Loire, où on rencontre aussi, comme en Dauphiné, les *Balanus delphinus* et *B.—virgatus* (Defrance). Dans les tufs du Cotentin, on trouve des espèces plus petites, que M. Defrance a nommées *Balanus circinatus* et *B. — communis,* et qui sont les mêmes que les *B. — tesselatus* et *B. — crassus* de Sowerby. Les balanes sont abondantes dans les sables et les calcaires marins de Dax, de Béziers, de Narbonne et de Montpellier; dans tout le bassin du Rhône, surtout aux environs de Marseille, et à Bolène et Saint-Paul-Trois-Châteaux, près Montélimart; dans la mollasse coquillière de Berne et de Lucerne; dans le conglomérat du Leitha et les plaines de la Hongrie. D'après les habitudes des balanes actuelles, M. Desnoyers conclut que les mers où vivaient les balanes fossiles étaient peu profondes.

CONCHIFÈRES. Les espèces les plus communes sont : *Arca diluvii; Cyprina islandicoides; Pectunculus pulvinatus* (plusieurs variétés); la grande *Terebratula perforata* (Defrance) (Scilla, pl. 16, fig. 6), regardée comme très caractéristique; les grandes *Huîtres* étroites, à talon plus ou moins allongé, dont on a fait plusieurs espèces sous les noms d'*Ostrea longirostris, O. — crassissima* et *O. — virginica* (Touraine, bords de la Dordogne, de la Garonne et du Lot; Béziers, Aix, Saint-Paul-Trois-Châteaux, Berne, Bâle, Vienne, Messine); plusieurs espèces de *Pecten* à côtes : *Pecten solarium; P. — laticostatus; P. — rotundatus; P. — benedictus;* accompagnées de petites espèces, *P. — lepidolaris; P. — striatus; P. — gracilis* (Sowerby).

MOLLUSQUES. Les espèces les plus fréquentes sont : *Auricula rigens* (très abondante); *Turritella quadriplicata* (Bast.); et *C. — incrassata* (Sow.); *Scalaria communis* (Var.); *Voluta Lamberti* (Sow.); *Pyrula clathrata; P. — rusticula; Cyprœa pediculus; C. — coccinea; Cerithium margaritaceum; C. — papaveraceum; C. — granulosum; Rostellaria pes pelicani; Crepidula unguiformis; Calyptrœa muricata; C. — sinensis* (Var.); *Conus deperditus,* etc. Ces coquilles sont mêlées avec des coquilles terrestres et fluviatiles, tantôt par couches alternatives, tantôt dispersées irrégulièrement. Des dents de requin et des palais triturants de poissons sont communs.

MAMMIFÈRES MARINS. Deux *Phoques,* un *Dauphin,* un *Morse* et au moins une espèce de *Lamantin,* tous décrits par Cuvier. Les débris de lamantin sont communs à Doué, en Touraine, aux environs de Rennes et de Nantes, dans le Cotentin, près de Dax et dans plusieurs autres endroits du bassin de la Gironde. Il y a des cétacés dans la mollasse coquillière du Dauphiné (Genton), dans la mollasse de Berne (Studer), et dans le sable de Montpellier (Marcelle de Serres).

Nous ne suivrons pas M. Desnoyers dans l'examen de plusieurs des cas dont il parle, et dont la date relative peut être mise en question; nous passerons à un exemple frappant, où il paraît qu'on ne peut guère douter de l'existence des débris de grands mammifères dans des couches plus anciennes que celles dont nous avons parlé en décrivant le groupe des blocs erratiques. Il y a un mélange de débris de *mastodontes* et de *palæotherium* dans les *faluns de la Touraine*, dans le bassin de la Loire. Suivant M. Desnoyers, ces os sont fracturés et usés; leur substance est noire et dure, souvent siliceuse, et ils sont entièrement semblables, sous ces rapports, aux mammifères marins qui les accompagnent. Ces os se rencontrent dans beaucoup de points des grands faluns à l'est de Saint-Maure. Quelques-uns sont couverts de *serpules* et de *flustres*, ce qui prouve que les os sont restés à nu pendant quelque temps dans la mer. Il se rapportent aux espèces suivantes : *Mastodon angustidens*; *Hippopotamus major?* *H. — minutus*; *Rhinoceros minutus*, et une plus grande espèce; *Tapirus giganteus*; un petit *Anthracotherium*; *Palæotherium magnum*; un *Cheval*, un *Rongeur* de la grosseur d'un lièvre, et un ou deux *Daims*. M. Desnoyers a observé aussi, à *Montabuzard*, un mélange d'os de *Lophiodon* et de *Palæotherium*, avec d'autres de *Mastodon tapiroïdes* et d'un *Rhinocéros* de moyenne taille, accompagnés de coquilles terrestres et fluviatiles [1].

On sait depuis longtemps que, dans la mollasse du mont de la Molières, près d'*Estavayer*, dans le pays de Vaud, on trouve des débris d'*Eléphant*, de *Rhinocéros*, de *Cochon*, d'*Hyène* et d'*Antilope* [2]; et je me souviens que le professeur Meisner de Berne m'a montré, en 1820, des débris de *Mastodontes* et de *Castors* qui provenaient d'un dépôt de lignite, dans la mollasse de la Suisse [3] : d'où il résulte qu'il y a longtemps qu'on a signalé l'ancienneté probable de ces débris de grands mammifères.

M. Murchison rapporte qu'à *Georges Gemünd*, près de Roth en Bavière, on trouve des couches de marnes sableuses et de calcaire blanchâtre concrétionné, qui forment des masses isolées sur les hauteurs, à environ 150 pieds au-dessus des cours d'eau voisins. Elles sont entremêlées de couches subordonnées d'une brèche osseuse à pâte calcaire et ferrugineuse. M. Murchison ayant recueilli des fragments de cette brèche, MM. Pentland et Clift y reconnurent les débris des animaux suivants : *Palæotherium magnum*; *Anoplo-*

[1] Desnoyers, *Ann. des Sc. nat.*, 1829, p. 461, 466, etc.

[2] Bourdet de la Nièvre, *Soc. Lin. de Paris*, 1825.

[3] Le professeur Meisner a fait paraître sur ces os fossiles une Notice accompagnée d'une planche. Elle est insérée dans un ouvrage qu'on publiait alors à Berne et dont je ne puis me rappeler le titre.

therium (nouvelle espèce); un nouveau genre, voisin de l'*Anthra-cotherium* ou du *Lophiodon; Hippopotame; Bœuf; Ours*, etc. D'après M. Murchison, le comte de Munster avait déjà recueilli des débris des mêmes espèces, et aussi des suivantes : *Palæotherium Orleani; Mastodon minutus; Rhinoceros pygmæus,* Munst.; *Ursus spelæus,* et une petite espèce de *renards* [1].

Il paraîtrait que ce mélange remarquable de genres vivants avec des genres éteints se rencontre aussi à *Friedrichsgemünd*; car M. Meyer rapporte qu'on y trouve une roche calcaire qui contient les débris des animaux suivants : *Mastodon arvernensis; Mastodon angustidens; Palæotherium aurelianense; Rhinoceros incisivus; Chœroptamus Sœmmeringii; Lophiodon;* un petit carnivore; *Cerf; Tortue,* etc. On y trouve aussi des fragments d'une coquille du genre *Hélix* [2].

M. Meyer parle aussi d'autres ossements découverts à *Eppelsheim,* près d'Alzey, dans la Hesse. Ce sont: *Mastodon angustidens; Mast. arvernensis; Rhinoceros incisivus; Lophiodon; Tapirus giganteus;* trois espèces d'animaux semblables aux *Cochon; Cervus; Pangolin gigantesque;* animaux carnivores et autres [3].

Il est probable qu'il se passera encore beaucoup de temps avant qu'on puisse déterminer si tous ces dépôts si variés, auxquels on a ajouté le *crag* d'Angleterre, et qui ont été rapportés à une même époque, doivent être considérés réellement comme contemporains. Mais, quel que soit le résultat de cette recherche, les faits recueillis jusqu'ici sont importants, en ce qu'ils tendent à prouver que les Mastodontes, les Rhinocéros et les Hippopotames existaient, comme genre, à une même époque, avec les Lophiodon et les Palæotherium, et qu'ils habitaient certaines parties de l'Europe, pendant que la mer nourrissait des mollusques semblables ou ana-logues à quelques-uns de ceux qui vivent aujourd'hui.

On assure que l'on a observé de grands mammifères dans la marne bleue de l'Italie, à Pérouse, à Parme, dans le Val di Metauro, et aussi dans des dépôts sableux de quelques autres points de la même contrée.

Quoique l'on ait si souvent parlé du *crag* d'Angleterre, néanmoins ce dépôt est encore loin d'être aussi parfaitement connu qu'il devrait l'être. Dans les *comtés de Norfolk* et de *Suffolk,* il occupe une sur-face dont les limites sont irrégulières, comme on peut le voir par la carte de M. Taylor, et il paraît que ses caractères présentent des

---

[1] Murchison, *Proceedings of geol. Soc.,* mai 1831.
[2] Meyer, *Acta Acad. Cæs. Leop. Carol. Nat. Cur.* vol. xv.
[3] *Ibid.*

variations sur différents points. Ce même auteur, dans sa *Géologie de la partie orientale du Norfolk*, a donné des coupes du terrain de crag, d'après lesquelles on voit qu'il repose indifféremment sur la craie ou sur l'argile de Londres.

Nous allons donner une liste d'une partie [des débris organiques du terrain de crag, extraite de l'ouvrage de M. Woodward (*British organic Remains*), qui renferme des notes manuscrites du même auteur sur le crag du Norfolk.

POLYPIERS.

Turbinolia sepulta (Flem.)
— une grande espèce (Taylor).

RADIAIRES.

Fibularia suffolciensis (Leathes).

ANNELIDES.

Dentalium costatum (Sow.)

CIRRIPÈDES.

Balanus crassus (Sow.) pl. 84.
— *tessellatus*, pl. 84, fig. 2.
— *balanoïdes?*

CONCHIFÈRES.

Solen siliqua.
Panopœa Faujasi (Sow.) pl. 602.
Mya arenaria (Sow.) pl. 364.
— *pullus* (Sow.) pl. 531.
— *lata* (Sow.) pl. 81.
— *subovata.*
— *truncata.*
Mactra arcuata. (Sow.) pl. 160.
— *dubia*, ibid.
— *ovalis*, ibid.
— *cuneata*, ibid.
— *magna.*
— *Listeri ?*
Corbula complanata (Sow.) pl. 362.
— *rotundata* (Sow.) pl. 572.
Saxicava rugosa (Sow.) pl. 466.
Petricola laminosa (Sow.) pl. 573.
Tellina obliqua (Sow.) pl. 403.
— *ovata* (Sow.) pl. 161.
— *obtusa* (Sow.).
— *prœtenuis.*
Lucina antiquata (Sow.) pl. 557.
— *divaricata* (Sow.) pl. 419.
Astarté plana (Sow.) pl. 179.
— *antiquata.*
— *obliquata* (Sow.) pl. 179.
— *planata* (Sow.) pl 257.
— *oblonga* (Sow.) pl. 521.
— *imbricata* (Sow.) ibid.
— *nitida* (Sow.) ibid.
— *bipartita* (Sow.) ibid.

Venus æqualis (Sow.) pl. 21.
— *rustica* (Sow.) pl. 196.
— *lentiformis* (Sow.) pl. 203.
— *gibbosa* (Sow.) pl. 155.
— *turgida* (Sow.) pl. 256.
Venericardia senilis (Sow.) pl. 258.
— *chamœformis* (Sow.) pl. 490.
— *orbicularis* (Sow.) pl. 490.
— *scalaris* (Sow.) pl. 490.
Cardium Parkinsoni (Sow.) pl. 49.
— *augustatum* (Sow.) pl. 283.
— *edulinum* (Sow.) pl. 283.
Isocordia cor? (Sow.) pl. 516.
Pectunculus variabilis (Sow.) pl. 471.
Nucula lœvigata (Sow.) pl. 192.
— *Cobboldiœ* (Sow.) pl. 180.
— *oblonga* (Sow.) ibid.
Mytilus aliformis (Sow.) pl. 275.
— *antiquorum* (Sow.) ibid.
Pecten complanatus (Sow.) pl. 586.
— *sulcatus* (Sow.) pl. 393.
— *gracilis* (Sow.) ibid.
— *striatus* (Sow.) pl. 394.
— *obsoletus.* α (Sow.) pl. 541.
—   — β (Sow.) ibid.
—   — γ (Sow.) ibid.
— *princeps* (Sow.) pl. 542.
— *grandis* (Sow.) pl. 585.
— *reconditus* (Sow.) pl. 575.
Ostrea spectrum (Leathes).
Terebratula variabilis (Sow.) pl. 576.

MOLLUSQUES.

Chiton octovalvis.
Patella æqualis (Sow.) pl. 139.

Patella unguis (Sow.) pl. 139.
— *ferruginea jun.*

SUITE DES MOLLUSQUES.

Emarginula crassa (Sow.) pl. 33.
— *reticulata* (Sow.) ibid.
Infundibulum rectum (Sow.) pl. 97.
— *tenerum.*
Bulla convoluta (Sow.) pl. 464.
— *minuta.*
Auricula pyramidalis (Sow.) pl. 379.
— *ventricosa* (Sow.) pl. 465.
— *buccinea* (Sow.) ibid.
Paludina suboperta (Sow.) pl. 31.
Natica depressa (Sow.) pl. 5.
— *hemiclausa* (Sow.) pl. 479.
— *cirriformis* (Sow.) pl. 479.
— *patala* (Sow.) pl. 373.
— *glaucinoides.* β (Sow.) pl. 479.
Acteon Noæ (Sow.) pl. 379.
— *striatus* (Sow.) pl. 560.
Scalaria frondosa (Sow.) pl. 577.
— *subulata* (Sow.) pl. 390.
— *foliacea* (Sow.) ibid.
— *minuta* (Sow.) ibid.
— *similis* (Sow.) pl. 16.
— *multicostata.*
Trochus lœvigatus (Sow.) pl. 181.
— *similis* (Sow.) pl. 181.
— *concavus.* β (Sow.) pl. 272.
Turbo rudis (Sow.) pl. 71.
— *littoreus* (Sow.) ibid.
Turritella incrassata (Sow.) pl. 51.
— *punctata.*
— *striata.*
Fusus alveolatus (Sow.) pl. 525.
— *cancellatus* (Sow.) ibid.
Murex contractus (Sow.) pl. 23.
— *striatus.* α (Sow.) pl. 119.
— *rugosus.* α (Sew.) pl. 34.

Murex rugosus. β (Sow.) pl. 199.
— *costellifer* (Sow.) ibid.
— *echinatus* (Sow.) ibid.
— *peruvianus* (Sow.) pl. 434.
— *tortuosus* (Sow.) pl. 411.
— *alveolatus* (Sow.) pl. 411.
— *corneus* (Sow.) pl. 35.
— *striatus.* β (Sow.) pl. 22.
— *elongatus.*
— *pullus.*
— *bulbiformis.*
— *lapilliformis.*
— *gibbosus.*
— *angulatus.*
Cassis bicatenata (Sow.) pl. 151.
Buccinum granulatum (Sow.) pl. 110.
— *rugosum* (Sow.) ibid.
— *reticosum* (Sow.) ibid.
— *tetragonum* (Sow.) pl. 414.
— *propinquum* (Sow.) pl. 477.
— *labiosum* (Sow.) ibid.
— *sulcatum.* β (Sow.) ibid.
— *incrassatum* (Sow.) pl. 414.
— *elongatum* (Sow.) pl. 110.
— *elegans* (Sow.) pl. 477.
— *mitrula* (Sow.) pl. 375.
— *sulcatum.* α (Sow.) ibid.
— *Dalei* (Sow.) pl. 436.
— *crispatum* (Sow.) pl. 413.
— *tenerum* (Sow.) pl. 406.
Voluta Lamberti (Sow.) pl. 129.
Ovula Leathsi (Sow.) pl. 478.
Cypræa retusa (Sow.) pl. 378.
— *coccinelloides* (Sow.) ibid.
— *avellana* (Sow.) ibid. [1]

On a avancé que des débris de grands mammifères se trouvent mêlés avec ces fossiles dans le crag; mais ce fait ne paraît pas établi d'une manière bien certaine. D'après M. Smith, on y a découvert les débris d'un *Mastodonte,* et quoique les ossements d'éléphants et d'autres animaux qu'on rencontre dans les terrains de transport qui recouvrent le crag, puissent être, si l'on n'y prend garde, confondus facilement avec les fossiles de ce terrain, on ne voit pas pourquoi on ne trouverait pas de pareils ossements dans le

[1] M. Woodward comprend encore dans les fossiles du crag les quatre espèces suivantes :
Pholas cylindrica (Sow.), pl. 198; *Hinnites Dubuissoni* (Sow.), pl. 601; *Fissurella græca* (Sow.), pl. 483; et *Calyptrœa sinensis,* Park., t. 3., pl. 5., fig. 10. J'ignore si M. de la Bèche a eu des motifs pour les retrancher. (*Note du traducteur.*)

crag tout aussi bien que dans les terrains semblables des autres parties de l'Europe.

Voici, d'après M. Taylor, une coupe des couches de crag de Bramerton, près de *Norwich*; c'est de cette localité que provient une grande partie des débris organiques que l'on cite dans ce terrain :

1. Sable sans débris organiques. . . . . 5 pieds.
2. Gravier. 1
3. Terre limoneuse. 4
4. Sable rouge ferrugineux, contenant accidentellement des nodules ocreux avec un vide intérieur. . . . . 1 ½
5. Sable blanc grossier avec un grand nombre de coquilles du crag. 1 ½
6. Gravier avec fragments de coquilles. . . . . 1 ½
7. Sable brun, dans lequel se trouve un lit de six pouces d'épaisseur composé de petits fragments de coquilles. 15
8. Sable blanc grossier avec coquilles du crag, semblable au n° 5 ; les *Tellines* et les *Murex* sont les plus abondantes. . . . . 3 ½
9. Sable rouge sans débris organiques. 15
10. Terre limoneuse avec des coquilles du crag et de gros fragments de roches. 1
11. Amas serré de gros silex noirs et irréguliers. . . 1
12. Craie excavée jusqu'au niveau de la rivière [1]. . . 0

On voit, d'après cette coupe, que l'eau avait un pouvoir de transport assez grand pour charrier du sable grossier, et même du gravier, et qu'à une certaine époque (n° 7) elle a apporté des coquilles brisées. M. Taylor m'a montré d'autres coupes des couches de crag qui présentent ces *lignes diagonales à la stratification,* si fréquentes dans les roches ou dépôts mécaniques de tous les âges, partout où elles ont été formées par des courants d'eau irréguliers.

De cette circonstance et des variations que présentent les couches qui composent ces coupes, il paraît résulter que le terrain de crag a été déposé par des courants d'eau irréguliers, dont les vitesses, et par conséquent les pouvoirs de transport, ont éprouvé des variations. Quant aux silex non roulés, sur lesquels repose le crag, il est probable qu'ils proviennent de la destruction d'une partie de la craie de cette localité, destruction dont on a tant d'exemples dans

[1] Taylor, *Geol. Trans*, 2ᵉ série, vol. 1.

une grande partie de l'Angleterre et de la France, et qui a précédé le dépôt des roches supracrétacées.

Si nous portons nos regards du côté des *Alpes*, nous trouvons sur les deux versants de cette chaîne des couches plus ou moins puissantes de grès et de conglomérats, dont l'ensemble constitue une masse d'une épaisseur considérable. En examinant attentivement ces dépôts, on reconnaît que les éléments dont se composent les grès ne sont en général que le résultat de la trituration des conglomérats, et que les uns et les autres proviennent des Alpes : ce sont évidemment des détritus de roches alpines. Les débris organiques y sont extrêmement rares ; cependant on en rencontre dans quelques localités. Des caractères si généraux semblent indiquer que tous ces dépôts ont une origine commune, et que cette origine est dans les Alpes elles-mêmes. Ces détritus, roulés et triturés, peuvent avoir été transportés, soit par l'action prolongée de ce qu'on appelle les causes actuelles, soit par quelques forces plus violentes, qui, en occasionnant des mouvements rapides dans les eaux, et une plus grande dégradation à la surface du sol, ont dû produire, dans un temps donné, des effets beaucoup plus considérables.

Il est tout à fait évident que, dans certaines parties des Alpes, ces couches de détritus, quelle que soit leur position sur d'autres points, reposent à stratification discordante sur plusieurs calcaires et autres roches, dont quelques-unes se rapportent au groupe crétacé, et d'autres à la série oolitique. Il paraît également constant qu'elles ont été soulevées après leur formation par quelque force dont, d'après la disposition des strates, le centre d'action se trouvait dans l'intérieur des Alpes ; car, sur les deux flancs de la chaîne, on voit les couches se relever vers elle, et présenter la même disposition que s'il y avait eu une force tendant à élever la masse principale des Alpes à une plus grande hauteur, et par conséquent à soulever en même temps les dépôts latéraux de grès et de conglomérats.

Les figures 32 et 33 montrent de quelle manière sont disposés les conglomérats : la première représente, d'après les observations du docteur Lusser, une coupe du *Righi*, près Lucerne, sur le versant septentrional de la chaîne ; l'autre est une coupe que j'ai prise moi-même près de *Côme*, sur le flanc méridional de la même chaîne.

Fig. 32.

m   r

a   a   b   b

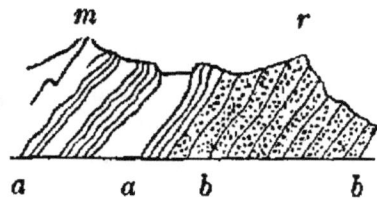

m, le Murteberg; *r*, le Righi; *a a*, calcaire et argile schisteuse (*shale*) contenant des nummulites et autres fossiles; *b b*, conglomérat de cailloux roulés, composé de fragments de roches alpines préexistantes.

Fig. 33.

b   b   a   a

a a, couches verticales ou presque verticales de calcaire gris, contenant beaucoup de silex, recouvertes par les conglomérats et grès *b b*, composés aussi de roches alpines préexistantes. On ne peut guère douter que ces conglomérats n'aient été soulevés depuis leur formation, et même qu'ils n'aient été renversés sur eux-mêmes au Righi, si toutefois les apparences que l'on observe entre cette montagne et le Murteberg ne sont pas le résultat d'une faille [1]. On peut aussi remarquer un autre fait dans la coupe prise près de Côme : c'est que les couches calcaires avaient été soulevées avant le dépôt du conglomérat.

: Si de Côme nous nous transportons dans les *Alpes maritimes*, nous voyons qu'elles ont été aussi soulevées avant le dépôt de fragments roulés, qui proviennent évidemment des hautes montagnes adjacentes. Les roches soulevées dans les environs de Nice sont des calcaires blancs compactes avec gypse, ou des calcaires arénacés, et des couches contenant une grande quantité de grains verts; ces dernières se rapportent peut-être au groupe crétacé; mais il y a,

---

[1] M. Ebel m'a assuré (pendant que j'étais à Zurich en 1829) que ce caractère de renversement était encore plus marqué dans d'autres localités de la chaîne du Righi : il serait bien à désirer que l'on parvînt à déterminer d'une manière positive que c'est un renversement de couches, et non une grande faille longitudinale, qui pourrait facilement s'être produite en même temps qu'un grand soulèvement longitudinal de couches.

plus à l'est, d'autres roches renfermant de nummulites et autres
fossiles qui peuvent appartenir à quelques dépôts dont nous parlerons dans la suite.

Pendant que nous parlons des environs de Nice, nous croyons
devoir décrire les roches supracrétacées qui se rencontrent généralement dans cette contrée. Après le soulèvement des couches
régulières que nous venons de citer, le niveau relatif de la mer et
des Alpes maritimes devait être très différent de ce qu'il est maintenant; car, sur le flanc occidental du mont Cao (ou Calvo), à une
hauteur de 1,017 pieds, on trouve des blocs de la même roche que
celle qui compose la montagne, c'est-à-dire de calcaire blanc compacte et de dolomie, lesquels présentent des cavités percées par des
coquilles lithophages. Cette accumulation de blocs a dû se former
pendant une période comparativement tranquille; car les fragments
de roches sont anguleux, et ne peuvent pas évidemment avoir été
transportés d'une distance considérable. La même espèce de brèche
recouvre le flanc de la montagne, et sépare une grande masse de
cailloux roulés et de grès d'avec le calcaire blanc disloqué qui compose la montagne. Les blocs sont encore percés de cavités, comme
on peut partout l'observer. A la base du mont Cao, et à l'endroit
nommé la Fontaine du Temple, on observe une excellente coupe
de cette brèche : les blocs qu'on y voit sont anguleux; ils ont quelquefois un volume considérable, et pèsent plusieurs centaines de
livres. Ils sont constamment percés de trous semblables à ceux que
font les coquilles lithophages, et sont enveloppés par un ciment
composé de grains siliceux agglutinés par une matière calcaire.
L'ensemble de la brèche indique un état de repos pendant sa formation; mais si l'on veut une autre preuve de ce fait, on la trouvera
dans certaines coquilles qui ressemblent beaucoup à des *spondyles*,
et que l'on rencontre non-seulement près de la Fontaine du Temple,
mais encore plus haut sur la montagne. Leurs valves inférieures sont
attachées aux blocs, et leurs parties saillantes les plus déliées sont
légèrement recouvertes de ciment; circonstance qui n'aurait jamais
pu arriver, s'il y avait eu dans cet endroit un mouvement d'eau plus
considérable qu'il n'y en a ordinairement dans un courant mo-
déré; car ces parties saillantes, qui sont très minces et très fragiles,
auraient été détruites.

Si nous nous transportons sur les bords de la mer actuelle, nous
y observerons des faits qui indiquent un séjour tranquille des eaux
sur les couches disloquées; car sous le château de Nice, on trouve
une fente ouverte dont les parois sont percées par des coquilles
lithophages; leurs tests sont encore dans les cavités : et il est

évident que ces trous étaient forés avant l'époque du transport d'une si grande quantité de cailloux roulés alpins sur la surface de ce district ; car ces cailloux comblent une partie de la fente, et enfouissent ainsi un grand nombre de ces cavités avec les animaux qui les habitaient. Ce qui prouve que le séjour de la mer sur ces couches n'a pas été momentané, c'est que, comme nous l'avons observé à l'article des brèches osseuses, on trouve des cavités et des coquilles lithophages de diverses grandeurs ; que les petites sont mêlées avec les grandes, et que, d'après cela, il est évident qu'elles sont d'âges très différents.

Les seuls débris organiques que j'aie rencontrés dans la brèche du mont Cao sont : un grand *Pecten*, que l'on trouve aussi en Piémont, les coquilles lithophages et autres citées plus haut, une dent appartenant (peut-être) à un *Saurien*, et une petite espèce de *Pecten* ; mais on ne peut douter que des recherches assidues ne procurent une récolte plus abondante.

Près de la Fontaine du Temple, la brèche est recouverte par des marnes grises, qui probablement forment la base de l'argile marneuse bleue ou grise qui lui succède dans l'ordre de la superposition. Cette argile contient une grande abondance de débris marins, dont M. Risso a donné l'énumération [1], et parmi lesquels plusieurs sont identiques avec ceux que Brocchi a cités dans les terrains subapennins. On y rencontre aussi quelques débris de végétaux, mais ils sont rares. Tout indique dans ce dépôt une continuité d'état de repos ; les coquilles les plus délicates n'ont reçu aucune atteinte, et leurs parties saillantes les plus déliées sont parfaitement conservées. A cette période de tranquillité a succédé un état de choses très différent, une période pendant laquelle les cailloux des Alpes ont été arrondis par le frottement et transportés par la force de l'eau sur les dépôts qui venaient de se former paisiblement. Les courants, soit marins, soit d'eau douce, qui ont effectué ce transport, ont dû nécessairement dégrader la surface des couches d'argile ; car il est impossible qu'une masse d'eau ayant une force et une vitesse capables de charrier des cailloux, puisse passer sur de pareilles couches sans qu'elles éprouvent aucun changement ; elle doit y opérer des coupures profondes, rendre leur surface irrégulière, et former, à la ligne de jonction des deux dépôts, un mélange d'argile, de gravier et de sable. Or, c'est précisément ce qui est arrivé, comme on peut le voir par la coupe suivante, destinée à faire comprendre la disposition que l'on observe

---

[1] *Hist. nat. de l'Europe méridionale.*

fréquemment aux environs de Nice, dans les vallées creusées dans
le dépôt supracrétacé.

Cette coupe, prise dans la *vallée de la Madeleine*, représente
seulement la discordance de stratification des deux roches; il était
tout à fait superflu d'y indiquer le mélange qui se trouve à leur ligne
de jonction.

Fig. 34.

c c, lit du torrent; *a*, argile marneuse bleue; *b b*, couche de
cailloux roulés alpins. Ce dépôt de sable et de gravier a une épaisseur considérable; il plonge faiblement vers la mer, et se relève
vers les montagnes. Il s'étend en forme d'éventail, dont le centre
ou le point de convergence des rayons se trouve du côté des montagnes. Cette forme ne peut nous servir à déterminer si ce dépôt
a été formé par une rivière, successivement et pendant une longue
suite d'années, ou d'une manière plus subite, par de violents
courants d'eau. Quoi qu'il en soit, il est de la dernière évidence
que les causes qui ont opéré dans cette localité n'ont pas toujours
été les mêmes. Une période relative de tranquillité a été suivie
d'une nouvelle période, pendant laquelle les eaux avaient un mouvement assez considérable; et si l'on veut regarder l'un et l'autre
dépôt comme des détritus transportés par une rivière, il faut
nécessairement admettre que cette rivière, d'abord peu rapide,
a pris ensuite une vitesse considérable; que, pendant sa première
période de tranquillité, qui s'est longtemps prolongée, elle ne pouvait transporter que des particules argileuses et calcaires, tandis
que, devenue un torrent impétueux, elle a été capable de charrier
des sables et des cailloux. La seule manière de concilier les observations avec l'hypothèse d'une rivière, paraît être de supposer que,
primitivement, avant et pendant l'époque du dépôt de l'argile et de
ses coquilles, la rivière n'avait qu'un faible courant, et que la vase
se déposait à une certaine distance du bord; mais que, depuis,
les niveaux relatifs de la mer et du continent ayant changé un peu
brusquement par l'élévation du sol de la contrée, le cours de la

rivière a été allongé, et que sa pente est devenue plus forte, ce qui, augmentant sa vitesse, l'a rendue capable de transporter des cailloux au-dessus de l'argile [1].

Que l'on adopte cette hypothèse ou celle qui attribue le dépôt de cailloux à des courants d'eau plus violents et plus subits, on est obligé d'admettre que le sol s'est élevé d'une quantité considérable, et que ce soulèvement a eu lieu entre les deux époques du dépôt de l'argile et de celui des cailloux. Si nous supposons que ce soulèvement a eu lieu tout à coup, de manière à produire une différence de niveau telle qu'on suppose qu'elle a dû être, c'est-à-dire de plus de mille pieds, la masse des eaux qui se trouvaient dans les environs a dû entrer en mouvement; des vagues, dont la hauteur était proportionnée à la force perturbatrice, ont dû se précipiter avec fureur sur le sol soulevé et disloqué qui était exposé à toute leur violence; et il a dû en résulter une grande abondance de cailloux roulés, et de grandes dégradations à la surface de l'argile.

En observant rapidement les Alpes maritimes, on pourrait croire que l'argile et les cailloux alternent ensemble, et que ces alternatives indiquent un dépôt unique qui était successivement, tantôt d'une nature, tantôt de l'autre. Il est certain qu'il y a des endroits où ils semblent alterner jusqu'à un certain point, surtout près de la ligne de jonction. C'est ce qu'on observe à Vintimille, où les lits alternants d'argile contiennent des débris organiques; néanmoins, dans cette localité, la base du dépôt est formée par une argile qui a plusieurs centaines de pieds d'épaisseur, comme on le voit sous le château d'Appio, et sa partie supérieure est une masse de cailloux. Ainsi, quelle que soit l'hypothèse que l'on adopte, on est forcé d'admettre qu'il y a eu un grand changement dans la vitesse des eaux qui ont passé sur le même canton, et que leur mouvement, qui d'abord était lent, est ensuite devenu très rapide. Il paraît difficile d'expliquer ces circonstances par aucune autre hypothèse que celle d'un changement plus ou moins subit dans les niveaux relatifs de la mer et du sol.

Ce n'est pas seulement aux environs de Nice et de Vintimille que l'on observe cette superposition d'un gravier contenant des cailloux roulés, quelquefois assez volumineux, et indiquant une variation considérable dans la vitesse des eaux qui ont passé sur la même contrée; on la retrouve dans d'autres endroits, entre ces deux villes

---

[1] Il est à remarquer que dans certains endroits la marne devient arénacée à sa partie supérieure, et se change en sable: ce qui me semble indiquer que le pouvoir de transport s'est accru plus graduellement en certains points que dans d'autres.

et Gênes, et on peut aussi l'observer de l'autre côté du golfe, dans d'autres parties de l'Italie. On ne rencontre pas toujours l'argile, parce que les causes qui l'ont produite n'ont pas agi partout ; mais j'ai remarqué dans plusieurs endroits, sous la masse de sables et de cailloux, des fragments de roches qui, par leur caractère anguleux, leur position et le mélange accidentel de fossiles non brisés, paraissent indiquer qu'ils n'ont nullement fait partie du transport des cailloux roulés.

Si nous pénétrons dans l'Italie, et que nous nous avancions du côté de *Florence* et de *Rome*, nous trouvons une série de sables, de marnes ou d'argiles, qui contiennent plusieurs des mêmes débris organiques existant dans les terrains de Nice, et qui, probablement, sont contemporains avec elle. Nous pouvons également remarquer ici un changement dans la vitesse de l'eau qui a déposé ces diverses substances. Ainsi, entre Sienne et Florence, on observe une succession d'argile ou de marne, de sables et de cailloux ; ces derniers abondent particulièrement à l'approche de Florence, et paraissent constituer les bancs supérieurs. Il paraît, par conséquent, que les circonstances qui se présentent à Nice ne sont pas tout à fait particulières à ce canton, mais qu'elles sont, jusqu'à un certain point, générales, bien que, dans chaque localité, elles aient pu être modifiées par des causes particulières. De l'autre côté des Apennins, sur le versant qui regarde l'Adriatique, on trouve plusieurs terrains, qui, d'après leur structure et leur mode général de dépôt, même indépendamment de la concordance des fossiles, montrent qu'ils ne forment qu'une partie de quelque grand tout. Je ne doute pas qu'on ne parvienne facilement à établir, d'une manière générale, certains faits que l'on peut observer dans le grand golfe de terrains supracrétacés qui s'étend dans l'Italie septentrionale, entre les Apennins et les Alpes, et à obtenir ainsi une connaissance intime de toute la masse. Cependant, plus j'ai observé les parties de cette masse, plus je me suis convaincu que les faits recueillis jusqu'à présent sont loin d'être aussi complets qu'il est nécessaire pour en tirer des considérations générales. Il est certain que les marnes et les sables subapennins conservent un même caractère général le long des collines qui bordent le pied des Apennins jusqu'à l'Adriatique, et que l'abondance et la nature de leurs fossiles ont été souvent l'objet de l'attention des géologues ; mais, à en juger du moins par les documents qui ont été publiés, les diverses liaisons de ces terrains subapennins avec d'autres dépôts, particulièrement avec ceux qu'ils recouvrent, et la connexion de ces derniers avec d'autres, ont en-

core besoin d'être examinés avec beaucoup de soin. Si quelque géologue faisait une bonne coupe de Rimini à Foligno, en suivant la
route de Rome qui traverse les Apennins, il retirerait un grand fruit
de ses travaux ; ou si, au lieu de prendre cette direction de la
grande route, il côtoyait les bords de la mer à partir d'Ancône, en
suivant les divers terrains jusqu'au point où ils viennent successivement plonger dans l'Adriatique, et en profitant ainsi des coupes
que présentent les escarpements des côtes, il rendrait un grand service à la science : il verrait que le calcaire blanc de la chaîne principale est disloqué et contourné dans toutes les directions, et que les
roches qui lui sont superposées ne le recouvrent pas d'une manière
aussi régulière qu'elles sembleraient devoir le faire théoriquement;
il observerait aussi dans les roches les plus récentes quelques exemples remarquables de dénudation, d'où il est résulté un grand
nombre de buttes isolées et escarpées, qui sont actuellement cou-
ronnées par des villes et des villages dont la position pittoresque,
s'il est amateur de belles vues, n'ajouterait pas peu au plaisir de son
voyage.

Dans le bassin qui sépare les Alpes du Jura, en *Suisse*, et de là
jusqu'en Autriche, on trouve d'immenses accumulations de cailloux
roulés et de sables, connues généralement sous les noms des *nagelfluhe* et de *mollasse*, qui sont entièrement composées de détritus
alpins, et qui renferment des débris d'animaux terrestres, lacustres
et marins. On a fait dans cette masse diverses divisions artificielles, et on en a considéré certaines parties comme étant des équivalents de certains dépôts du bassin de Paris, c'est-à-dire comme
étant de formation contemporaine avec eux. M. Studer, qui a étudié ces terrains en Suisse avec beaucoup d'attention [1], s'accorde
avec M. Brongniart pour rapporter la mollasse à une époque postérieure au dépôt gypseux du bassin de Paris. Quel que soit l'âge auquel on doive rapporter les différentes parties de ce grand dépôt,
ses caractères minéralogiques paraissent indiquer qu'il a été produit
en entier par des causes presque semblables, telles qu'une dégradation opérée dans les Alpes, et le transport hors de ces montagnes
des détritus qui en ont été le résultat.

Les cailloux y sont, en général, si volumineux, qu'ils supposent
que la masse d'eau qui les a charriés avait une vitesse considérable.
Nous devons donc chercher à déterminer de quelle nature devaient
être les courants qui ont opéré un pareil transport. Si nous parve-

---

[1] *Monographie der Molasse*, Berne, 1825.

nons à trouver une explication probable pour les plus grands effets, nous pourrons attribuer les effets moindres à une moindre intensité des mêmes forces. M. Studer regarde comme évident que les couches les plus récentes sont les plus éloignées des Alpes et les plus rapprochées du Jura. En effet, c'est précisément ce que l'on conçoit qui a dû arriver, soit dans l'hypothèse de l'action prolongée des causes météoriques, soit dans celle d'une série de débâcles venant des Alpes. Si ce sont des rivières qui ont charrié les cailloux, d'après la grosseur de ceux-ci, elles devaient avoir une vitesse très considérable ; elles ont dû pousser leurs détritus jusque dans le grand bassin compris entre les Alpes et le Jura ; mais, une fois sorties des hautes montagnes et des lits encaissés de roches dans lesquels elles étaient resserrées, ces rivières ont dû, comme toutes celles dont l'action n'est pas traversée par celle de marées ou de courants trop rapides, tendre à former des deltas qui pouvaient d'abord n'être qu'un mélange de gravier, de sable et d'argile. Mais plus ces deltas prenaient d'accroissement, plus les dépôts devaient tendre à s'opérer en lits horizontaux ; et par conséquent plus les courants devaient perdre de leur vitesse, et plus leur pouvoir pour transporter des détritus devait diminuer. Ainsi, la même rivière qui, à une certaine époque, charriait jusqu'à la mer des cailloux volumineux, a dû, après un certain laps de temps, ne plus être capable d'un pareil transport, à moins qu'un soulèvement des montagnes d'où elle provenait ne soit venu établir un nouveau système de niveau, et n'ait donné ainsi à cette rivière un accroissement de vitesse qui ait pu la rendre de nouveau capable de transporter des cailloux dans des endroits qu'elle ne recouvrait auparavant que de vase et de sable.

On peut maintenant demander si la hauteur des Alpes, comparée à la distance qui les sépare des montagnes où l'on trouve de gros cailloux roulés alpins, permet de regarder comme possible le transport de ces cailloux par des rivières. Pour répondre à cette question, il faut avoir soin d'exclure ces graviers superficiels que l'on trouve répandus dans les contrées basses et dans la grande vallée du Rhin, et dont il paraît excessivement difficile de concevoir le transport autrement que par des eaux dont la vitesse et la masse devaient être bien plus considérables que celles d'aucun cours d'eau provenant des Alpes. On doit se borner à considérer ces bancs de sable et de cailloux qui, avant d'avoir été dénudés comme nous le voyons aujourd'hui, formaient une ligne de collines en avant des Alpes. La solution de la question, même ainsi restreinte, demanderait quelques calculs extrêmement délicats ; il faudrait se rappeler que, plus le climat est chaud, et plus la limite des neiges perpétuelles est élevée, plus nécessairement doit être grande la hauteur de la chute des eaux qui descendent des montagnes.

Dans l'hypothèse où l'on regarde les rivières comme les agents du transport, on aura aussi à expliquer cette uniformité extraordinaire des couches de cailloux alpins et leur ressemblance générale sur une étendue si considérable ; or, c'est ce qui est assez difficile : car si cette grande masse a été accumulée par des rivières, chaque rivière a dû charrier des détritus particuliers ; et quoique leurs différents deltas aient pu finalement se réunir, il n'a pas dû en résulter une stratification uniforme pour toute la masse, chaque delta ayant dû présenter une stratification particulière. Il est à remarquer que les détritus alpins les plus anciens, et par conséquent les premiers transportés, qui indiquent le commencement de cette grande dégradation des Alpes, recouvrent les roches inférieures sur des étendues considérables ; et cette circonstance est difficilement compatible avec l'hypothèse des deltas ou du transport par les rivières. On ne peut pas toutefois faire une objection contre cette hypothèse, de ce que ces dépôts de cailloux s'élèvent à plusieurs milliers de pieds, et constituent, tout aussi bien que les roches inférieures, une partie des grandes vallées transversales ; car les causes qui ont soulevé les Alpes ont dû soulever ces couches de cailloux avec le reste, et les fentes transversales qui ont affecté les roches inférieures ont dû également affecter les dépôts de cailloux qui les recouvraient.

L'hypothèse qui attribue le transport des cailloux et des sables hors des Alpes à des débâcles causées par des mouvements qui se sont opérés dans l'intérieur même des Alpes, et qui ont violemment agité les mers qui baignaient leurs flancs, n'exige pas que ces montagnes fussent aussi élevées que cela semble nécessaire dans l'hypothèse qui attribue ce même transport à des rivières : les tourbillons d'eau et les courants qui se sont produits ont dû disposer en lits horizontaux, non-seulement les détritus résultant immédiatement d'une convulsion, mais encore ceux qui avaient été antérieurement formés par les rivières, et qui, se trouvant déposés sur les rivages ou dans des deltas, ont dû céder à l'impulsion d'une force supérieure.

Pendant que nous sommes sur ce sujet, considérons un instant les *lacs de la Suisse*, qui se trouvent dans des positions dont il est impossible de rendre compte, si l'on regarde les rivières comme les seules forces capables de produire de pareilles excavations. Le lac de Constance est entièrement creusé au milieu des terrains dont il est actuellement question ; le lac de Genève l'est, partie dans ces terrains, partie dans d'autres plus anciens ; il en est de même du lac de Lucerne; le lac de Neufchâtel est bordé, d'un côté, par le Jura, de l'autre, par la mollasse et le nagelfluhe. On ne peut pas expliquer la formation de ces lacs en supposant qu'ils ont été creusés par des rivières; car, du moment que la vitesse d'un courant vient à cesser, son pouvoir d'excavation cesse en même temps : or, il est impossible de concevoir qu'un fleuve ait pu creuser un bassin profond, dont tous les bords sont à la même hauteur, et tellement même, que le point d'écoulement de l'eau est à peu près au même niveau que son point d'entrée. Mais si l'on suppose une grande masse d'eau en mouvement, alors les difficultés s'aplanissent; car les divers tournoiements et les grands remous qui ont dû se produire ont dû déchirer la surface du sol et y former des dépressions qui, bien qu'elles puissent nous paraître considérables, sont cependant très peu de chose quand on les compare à la surface générale de la terre. Si une grande masse d'eau débouchait subitement des grandes vallées transversales des Alpes, il est évident qu'elle tendrait à dégrader fortement le sol des plaines basses dans lesquelles elle viendrait d'abord se décharger, jusqu'à ce que sa grande vitesse fût amortie. Je reconnais que cette supposition n'aplanit pas toutes les difficultés; aussi je ne présente ces observations que pour appeler l'attention sur ce sujet; car le lac de Constance, en effet, ne se trouve pas dans la vallée. La position du lac de Neufchâtel n'est cependant pas incompatible avec l'idée d'une masse d'eau qui serait venue battre les flancs du Jura : le lac est creusé d'une manière très inégale; et en y faisant des sondages, j'ai trouvé au milieu une proéminence qui n'est qu'à quelques toises au-dessous de la surface, et qui présente d'un côté un escarpement très abrupte [1].

Je n'ai intercalé ces remarques, en traitant du nagelfluhe et de la mollasse, que pour montrer qu'il était nécessaire d'admettre des forces d'excavation autres que celles des rivières pour expliquer quelques phénomènes que l'on observe maintenant dans ce pays, et que, si ces forces ont agi à une certaine époque, il ne paraît pas y avoir de raison, d'après la nature de la contrée en général, pour qu'elles n'aient pas pu agir à d'autres époques.

Plusieurs parties de la formation de nagelfluhe et de mollasse semblent indiquer un dépôt tranquille; par exemple, les dépôts de lignite, tels que ceux de *Kœpfnach*, aux environs de Zurich, qui

[1] Cette proéminence est peut-être une portion de la roche la plus solide du Jura qui, étant plus dure, a mieux résisté à la force d'excavation que les sables et les cailloux, lesquels ont dû être facilement entraînés.

contiennent les débris du *Mostodon angustidens*, d'un *Rhinocéros* et d'un *Castor*; une des plantes est indiquée sous le nom d'*Endogenites bacillaris*. On trouve d'autres lignites à Lausanne, Vevay, Ugg, etc. D'après M. Ad. Brongniart, on rencontre, dans la partie inférieure de la mollasse de Lausanne, le *Flabellaria Schlotheimii*. On a aussi découvert des débris de *Palæotherium* dans les carrières de pierres à bâtir exploitées dans la mollasse du lac de Zurich. Ces débris paraissent indiquer une période pendant laquelle une partie de la formation se déposait tranquillement, et probablement dans des eaux douces, si, comme on l'a avancé, on ne trouve que des coquilles lacustres mêlées avec ces débris.

Néanmoins, les parties supérieures de ces roches semblent indiquer décidément la présence de la mer, car elles contiennent des débris marins [1] ; en voici la liste :

Turritella imbricataria (Lam.)
— *terebra* (Brocchi.)
— *triplicata* (Broc.)
— *subangulata* (Broc.)
Natica glaucina (Lam.)
Mitra mitræformis (Broc.)
Cancellaria cassidea (Broc.)
Buccinum corrugatum (Broc.) pl. 15, fig. 16.
Cerithium lima (Brug.)
— *quadrisulcatum* (Lam.)
Murex rugosus (Sow.) pl. 34.
— *minax*.
Pyrula ficoides (*Bulla ficoides*, Broc.)
Ostrea virginica (Lam.)
— *edulina* (Sow.) pl. 388, fig. 3, 4.
Pecten latissimus (Broc.)
— *medius* (Studer.)
Meleagrina Margaritacea (Studer.)

Arca antiquata (Lam.)
Cardium edulinum (Sow.) pl. 283, fig. 3.
— *oblongum* (Broc.)
— *semigranulatum* (Sow.) pl. 144.
— *hians* (Broc.) pl. 13, fig. 6.
— *clodiense* (Broc.) pl. 13, fig. 2.
— *multicostatum* (Broc.) pl. 13, fig. 1.
Tellina tumida (Broc.) pl. 12, fig. 10.
Venus islandica (Lam.)
— *rustica* (Sow.) pl. 169.
Astarte excavata (Sow.) pl. 233.
Cytherea convexa (Brong.)
Corbula gallica (Lam.)
Panopæa Faujasii.
Solen vagina (Lam.)
— *strigilatus* (analogue à l'espèce vivante (Lam.)
— *legumen* (Linn.)
Balanus perforatus (Studer.)

Le professeur Sedgwick et M. Murchison ont décrit la continuation de ces roches sur les flancs du *Salzbourg* et des *Alpes de la Bavière*; ils ont observé des alternatives de grandes masses de conglomérats, de grès et de marne, au nord de Gmunden; plus au nord, dans la partie supérieure du groupe, ils indiquent des couches de lignites. En donnant la coupe de Nesselwang, ils remarquent que les couches supracrétacées ou tertiaires inférieures ont une grande épaisseur, et s'appuient verticalement contre les Alpes. Les conglomérats sont extrêmement abondants, et la mollasse et la marne leur sont entièrement subordonnées. D'après ces géologues, il y a trois ou quatre dépôts distincts de lignite, séparés les uns des autres par

[1] Brongniart, *Tableau des terrains qui composent l'écorce du globe.*

d'épaisses couches de sédiments, ce qui les conduit à penser que la présence seule de ces lignites est sans importance, parce qu'ils se trouvent dans des positions très différentes. Dans une coupe faite à travers les montagnes qui sont situées à l'extrémité orientale du lac de Constance, la partie inférieure du système supracrétacé ou tertiaire se compose d'un grès micacé vert, dans lequel les couches de conglomérat sont subordonnées, et qu'ils considèrent comme identique avec la mollasse de la Suisse. La partie supérieure du groupe supracrétacé est formée de conglomérats, qui alternent avec un grès verdâtre et des marnes diversement colorées, et qui constituent la masse de la chaîne de montagnes qui s'étend au nord de Bregenz.

Il existe dans la vallée de l'Inn des roches supracrétacées qui contiennent, près de *Haring*, un dépôt de combustible de 34 pieds d'épaisseur, qui est exploité; ce dépôt est accompagné de marnes fétides plus ou moins solides. Dans le combustible et dans les couches qui le recouvrent, on trouve beaucoup de coquilles terrestres et fluviatiles : ces dernières couches présentent en outre un grand nombre d'impressions de plantes dicotylédones et autres; on y découvre aussi plusieurs coquilles marines. MM. Sedgwick et Murchison pensent que les différentes coupes qu'ils ont observées prouvent que la partie de la chaîne des Alpes située dans cette contrée a été soulevée à une époque comparativement très récente, et que les dépôts supracrétacés les plus modernes qu'ils ont visités se trouvent dans le même rapport avec les Alpes que les terrains sub-alpins du nord de l'Italie avec les hautes montagnes des environs; d'où ils concluent que les parties septentrionales et occidentales du bassin du Danube, et le bassin supracrétacé des régions sub-alpines et sub-apennines ont été mis à sec à la même époque [1].

D'après le professeur Sedgwick et M. Murchison, les terrains supracrétacés de la *Styrie* inférieure, observés dans une coupe faite d'Eibeswal à Radkersburg, présentent les roches suivantes, en remontant de bas en haut.

1. Grès micacés, graviers (*gris*), et conglomérats, provenant des roches schisteuses sur lesquelles ils reposent actuellement avec une forte inclinaison.

2. Argile schisteuse (*shale*), et grès avec combustible. A Scheineck, où le combustible est exploité sur une très grande étendue, il contient des ossements d'*Anthracotherium*, et l'argile schisteuse renferme des *Gyrogonites* (*Chara tuberculata*) de l'île de Wight,

des tiges aplaties de plantes arundinacées, des *Cypris*, des *Palu-dines*, des écailles de poissons, etc.

3. Schiste marneux, bleu et gris.

4. Conglomérat, servant quelquefois de pierre à meule, avec sable micacé calcaire, formant toute la région montagneuse du Sausal.

5. Calcaire coralloïde et marne. Les débris organiques que l'on trouve dans cette roche sont : plusieurs coraux des genres *Astrea* et *Flustra*; Crustacés : *Balanus crassus*, *Conus Aldrovandii*, *Pecten infumatus*, *Pholas*, *Fistulana*, etc. Ces observateurs rapportent cette roche à l'époque des formations sub-apennines et du crag des Anglais.

6. Marne blanche et bleue, gravier (*gris*) calcaire, marne blanche endurcie, et calcaire blanc concrétionné. A Santa-Egida, le calcaire blanc concrétionné alterne avec des marnes, et contient des *Pecten pleuronectes*, *Ostrea bellovacina*, *Scalaria*, *Cyprœa*, etc.

7. Sables calcaires et lits de cailloux, graviers (*gris*) calcaires, et calcaire oolitique. A Radkersburg, où les montagnes viennent se perdre dans les plaines de la Hongrie, les couches renferment une grande quantité de coquilles, dont quelques-unes sont identiques avec des espèces vivantes (*Mactra carinata* et *Cerithium vulgatum*). Le professeur Sedgwick et M. Murchison regardent ce groupe comme semblable aux roches les plus récentes du bassin de Vienne.

En décrivant une autre coupe, ces géologues remarquent qu'à Poppendorf les marnes, sables et conglomérats sont recouverts par un sable micacé calcaire, contenant des masses concrétionnées dont la structure est parfaitement oolitique; circonstance qui, s'il en était besoin, fournit un bon exemple du peu de valeur qu'ont les caractères minéralogiques dans la détermination géologique de terrains très éloignés les uns des autres [1].

---

[1] Sedgwick et Murchison, *Proceedings of the Geol. Soc. of London*, March. 5, 1830.
Il existe dans plusieurs autres contrées, dans les terrains supracrétacés, des roches calcaires ayant la structure oolitique. J'en ai observé sur différents points du *département de l'Allier*, aux environs de Vichy, de Gannat et de Saint-Pourçain; cette structure est souvent tellement prononcée, qu'on n'hésiterait pas à rapporter ces roches au terrain oolitique, si elles ne renfermaient pas quelquefois des coquilles d'eau douce, et si d'ailleurs elles n'étaient pas liées avec tout le terrain d'eau douce du bassin de l'Allier, où il est à croire qu'on doit trouver un bien plus grand nombre de ces calcaires à structure oolitique.
Le terrain de craie contient aussi quelquefois de ces calcaires à structure oolitique : M. Dufrénoy en a observé aux environs du *Pont-Saint-Esprit* (*Ann. des Mines*, 2ᵉ série, t. vᴵᴵᴵ, p. 209), et ailleurs dans le sud de la France; enfin, on en rencontre

Transportons-nous maintenant dans les parties du *midi de la France* qui bordent la Méditerranée. M. Élie de Beaumont, en cherchant à déterminer l'époque à laquelle s'est soulevée la partie de la chaîne des Alpes qui court de Marseille à Zurich, a observé un grand nombre de localités où les couches supracrétacées les plus récentes sont caractérisées par des débris d'*Huîtres*, de *Polypiers*, de *Patelle*, du *Balanus crassus* (figure 35) (que M. Deshayes croit n'être qu'une variété du *Balanus tulipa*), de la *Patella conica*, et d'autres coquilles : il identifie ainsi les roches de la Provence, du Dauphiné et de la Suisse. Il a découvert dans la mollasse du pont de Beauvoisin des coquilles que M. Deshayes a reconnues être le *Balanus crassus*, la *Patella conica*, et un *Pecten* dont les caractères participent de ceux du *P. Beudanti*, du *P. Jacobœus* et du *P. flabelliformis* [1].

Fig. 35.

D'après M. Marcel de Serres, les roches supracrétacées marines du *midi de la France* sont disposées entre elles dans l'ordre suivant, en commençant par la partie supérieure.

1. Sables, généralement jaunâtres ou blanchâtres, plus ou moins argileux, calcaires ou siliceux, selon les localités. Ces sables contiennent une grande quantité de débris de mammifères terrestres et marins, de reptiles et de poissons, mêlés avec des débris d'oiseaux, et un peu de bois fossile. Les coquilles sont rares, excepté les *Ostrea* et les *Balanus*.

2. Marnes calcaires jaunâtres de peu d'épaisseur, alternant quelquefois avec des couches solides.

3. Couches d'un calcaire auquel ce géologue a donné le nom de

même au-dessous du terrain oolitique, dans le calcaire carbonifère. M. de la Bèche m'a fait voir sur place ceux des environs de *Bristol*, dont il parle plus loin en traitant du groupe carbonifère. La structure oolitique y est parfaitement déterminée.—Ainsi tout confirme la conclusion de l'auteur, sur la faible importance qu'on doit accorder aux caractères minéralogiques des roches pour déterminer leur position géologique, quand on a à comparer entre elles des roches de deux contrées très éloignées. (*Note du traducteur.*)

[1] Élie de Beaumont, *Rév. de la surf. du globe; Ann. des Sc. nat.*, 1829 et 1830.

calcaire moellon, et qui est la pierre ordinaire à bâtir dans le midi de la France. Ce sont les couches supérieures qui contiennent en général la plus grande quantité de coquilles. Ces couches, ainsi que celles du milieu, renferment aussi des débris de *mammifères*, de *poissons*, de *crustacés*, d'*annelides* et de *zoophytes* marins. Les mammifères terrestres sont rares : ce sont principalement des dents isolées et un petit nombre d'ossements qui se rapprochent ordinairement de ceux du *Palæotherium* et du *Lophiodon*. Les couches inférieures ne contiennent qu'un petit nombre de coquilles.

4. Marnes argileuses bleues, bien connues des géologues sous le nom de *marnes bleues sub-apennines*. Ces marnes varient beaucoup dans leurs caractères minéralogiques ; elles sont plus ou moins calcaires, argileuses ou sableuses, selon les localités. Elles ont presque la même couleur ; elles ne varient que du gris verdâtre ou bleuâtre au bleu plus ou moins foncé. Leur épaisseur paraît dépendre des inégalités de la surface ; quelquefois elle est très considérable, tandis que dans d'autres endroits elle est très faible. Elles contiennent une grande quantité de débris marins, principalement de coquilles. Les mammifères terrestres et les reptiles y sont extrêmement rares. M. Marcel de Serres cite seulement un bois de *Cerf*, des ossements d'une *Tortue de terre*, et des vertèbres d'un *Crocodile*. Les mammifères marins et les poissons y sont aussi très rares, ainsi que les débris de zoophytes [1].

Nous croyons devoir rapporter ici, d'après M. Marcel de Serres, la coupe des couches de *Banyuls* (Pyrénées orientales), à travers lesquelles le Tech a creusé son lit. Elle rappellera aux géologues les coupes des environs de Nice et d'autres localités de l'Italie. Nous commençons par les couches les plus élevées.

1. Matières de transport, auxquelles l'auteur a donné le nom de *diluvium des plaines* : ce sont des cailloux roulés de roches primitives, agglutinés par une argile d'un brun rougeâtre chargée de gravier ; de 1 à 3 mètres.

2. Autre dépôt de détritus de transport, que l'auteur appelle *diluvium des montagnes* : il est distinctement séparé du précédent, et se compose de cailloux roulés, de granit, de micaschiste, de gneiss et de quartz, cimentés par une argile légèrement rouge et plus chargée de graviers que l'argile de la couche supérieure. La grosseur des fragments roulés est aussi plus considérable ; les plus

[1] Marcel de Serres, *Géognosie des terrains tertiaires du midi de la France*, 1819, p. 69 et suiv.
Les débris organiques des marnes bleues seront indiqués dans l'Appendice B.

petits sont de la grosseur de la tête. Ce dépôt a deux à trois mètres d'épaisseur.

3. Sables siliceux jaunâtres, présentant des parties solides. Leur puissance varie de quatre à six mètres. La partie inférieure contient des coquilles et des lignites.

4. Marnes argilo-sableuses très micacées, d'un gris bleuâtre, alternant quelquefois avec les sables jaunâtres supérieurs. Les coquilles y sont très abondantes. Leur épaisseur est de six à huit mètres.

5. Marnes argileuses bleuâtres et tenaces. Les coquilles y sont peu nombreuses, et le deviennent encore moins à mesure que l'on descend plus bas dans leur épaisseur, qui est inconnue.

D'après la structure de la chaîne des Albères, au pied de laquelle on trouve des couches de Banyuls dels Aspre, on suppose que ces marnes reposent sur des schistes argileux micacés. Les roches numéros 3 et 4 contiennent des débris de mastodontes, de daims, de lamantins, de tortues de terre et de requins, disséminés au milieu des coquilles marines : mais ils sont rares [1].

Il y a dans cette partie de la France plusieurs dépôts de lignites, dont les époques de formation n'ont pas été déterminées avec autant de soin qu'on pourrait le désirer. Cependant M. Marcel de Serres montre que quelques-uns d'entre eux sont inférieurs à son *calcaire moellon*, et se trouvent probablement à la partie inférieure des marnes bleues. Voici une coupe prise à *Saint-Paulet*, à environ une lieue et demie du pont Saint-Esprit. Nous suivrons l'ordre de haut en bas :

1. Sables jaunâtres, calcaréo-siliceux, avec de nombreux débris de coquilles marines.

2. Bancs puissants de *calcaire moellon*, contenant un grand nombre de moules, de *Cytherea*, de *Venus* et de *Cerithium*.

3. Sables peu différents de ceux de la première couche avec beaucoup de débris de coquilles marines.

4. Alternatives de couches d'un calcaire compacte grisâtre d'eau douce contenant des *Gyrogonites*, de lignite terreux altéré et de marnes sableuses [2].

5. Calcaire compacte à tubulures sinueuses, avec *Cerites* ou *Potamides* et *Paludines*.

6. Marnes argileuses peu puissantes, avec de petites *Huîtres*.

[1] Marcel de Serres, *Géognosie des terrains tertiaires du midi de la France* ; Montpellier, 1829. p. 80.

[2] D'après M. Dufrénoy, ces couches reposent, à stratification discordante, sur des couches qui sont des équivalents du grès vert. *Annales des Mines*, 1830, pl. v.

7. Lignite terreux d'une faible puissance, plus ou moins mélangé de marnes argilo-bitumineuses.

8. Marnes argilo-sableuses avec des traces de lignite.

9. Calcaire compacte d'eau douce avec des *Lymnées* et des *Cyrènes*.

10. Marnes calcaires jaunâtres, peu puissantes.

11. Marnes argileuses bleues, avec quelques vestiges de lignite plus ou moins fibreux.

12. Marnes argilo-bitumineuses, avec de nombreuses coquilles marines et fluviatiles, des genres *Ampularia*, *Melania*, *Cyprina*, *Cytherea*, *Lucina* et *Cerithium*. Ces marnes, comme les lignites qui leur succèdent, renferment de petits morceaux de résine succinique.

13. Lignites en bancs puissants de deux à trois mètres, conservant quelquefois un tissu ligneux et ressemblant assez à du charbon de bois : la résine succinique y est abondante.

14. Marnes argilo-bitumineuses avec coquilles marines et fluviatiles; les mêmes qu'au n° 12.

15. Lignites avec les mêmes caractères qu'au n° 13. L'un et l'autre sont exploités.

Le parallélisme de ces couches entre elles, la régularité de leurs alternances et leur peu d'inclinaison, annoncent assez que leur dépôt s'est opéré tranquillement et successivement, malgré le mélange des coquilles marines et fluviatiles qu'on y observe [1].

M. Basterot est, je crois, le premier qui ait remarqué que les débris organiques des roches supracrétacées du midi de la France, de l'Italie, de la Hongrie et de l'Autriche, avaient entre eux une grande ressemblance, ce qui semblerait indiquer qu'il y a eu dans la formation de ces terrains des circonstances communes, lesquelles n'ont pas existé dans les bassins supracrétacés du nord de la France, de l'Angleterre et des Pays-Bas. Cette remarque s'applique peut-être plus particulièrement à certaines parties des divers dépôts de chacune de ces contrées. D'après la liste des débris organiques des marnes bleues du midi de la France, donnée par M. Marcel de Serres, on doit reconnaître que, bien que les espèces soient excessivement abondantes, les caractères zoologiques de l'ensemble de ces terrains correspondent exactement à ceux des dépôts semblables de l'Italie; au contraire, les terrains des environs de Bordeaux n'ont pas autant de rapports, par leurs fossiles, avec les terrains des parties de la France qui bordent la Méditerranée; et

[1] Marcel de Serres, *Géogn. des terr. tert.*, etc., p. 184.

parmi ces fossiles, il n'y a qu'un petit nombre d'espèces, dont quelques-unes même sont douteuses, qui puissent se rapporter à des espèces trouvées dans le nord de la France ou en Angleterre.

Plusieurs espèces sont analogues à celles qui existent maintenant dans la Méditerranée, ce qui indique une sorte de connexion entre l'ancien état de cette mer et son état actuel. Nous sommes donc conduit à regarder comme probable que les marnes bleues se sont déposées au fond d'une mer qui pouvait être jusqu'à un certain point analogue à la Méditerranée, mais qui présentait plus de surface qu'elle.

M. de la Marmora a fait voir que les dépôts supracrétacés de la *Sardaigne* correspondent à ceux du midi de la France et d'une grande partie de l'Italie. Voici, d'après ce géologue, quel est le mode de superposition en allant du haut vers le bas.

1. Calcaire blanc ou blanc jaunâtre, à grains assez fins.

2. *Calcaire moellon*, jaune-isabelle, très terreux et mélangé de sable.

3. Couches sablonneuses calcaires et siliceuses plus ou moins puissantes.

4. Marnes bleues, quelquefois blanchâtres.

5. Quelques couches rares de poudingues calcaires, avec indices de lignite, ou bien des *tuffa trachitiques*, cimentés par du carbonate de chaux. Ce n° 5 est rare.

« Tous les fossiles contenus dans les différentes couches sont marins. Les coquilles caractéristiques de ces marnes bleues semblent être le *Pecten pleuronectes* et la *Venus rugosa*. On y trouve aussi un grand nombre de débris de *Crabes*, mais les univalves y sont rares [1]. »

Les débris des grands mammifères qui ont rendu si célèbre le *val d'Arno* supérieur paraissent se trouver dans des couches d'une origine à peu près contemporaine ; seulement, dans les roches supérieures, une différence dans les circonstances du dépôt a produit une différence dans les débris organiques qu'on y rencontre, puisqu'on n'y découvre plus de fossiles marins.

M. Bertrand-Geslin distingue trois bassins entre la source de l'Arno et Florence ; savoir : les bassins de Casentino, d'Arezzo et de Figline. Toute la vallée de l'Arno est bordée, pendant cet intervalle, par un grès qu'on appelle *macigno* ou par un calcaire de couleur sombre. Voici, d'après ce géologue, une coupe des couches

[1] De la Marmora, *Journal de géologie*, t. III, p. 319.

que l'on observe entre *Arezzo* et l'*Incisa*, en commençant par les supérieures.

1. Sables jaunes argileux en couches épaisses.

2. Bancs très puissants de cailloux roulés, quarzeux, entremêlés de sable grossier qui y forme des amas et des lits.

3. Sables jaunes et gris, fins, micacés, acquérant plusieurs toises de puissance, contenant des couches minces d'argile sableuse bleuâtre. Ce sable, jaune à sa partie moyenne et inférieure, est très riche en ossements fossiles de mammifères.

4. Marne argileuse bleue, micacée, très puissante, formant le fond du bassin, et contenant à sa partie supérieure beaucoup d'ossements fossiles.

De ces diverses observations sur le val d'Arno, M. Bertrand Geslin tire les conclusions suivantes :

1° Les cailloux roulés dans ce bassin sont d'autant plus gros et plus abondants, qu'ils sont plus voisins de la chaîne secondaire du nord.

2° Les sables grossiers occupent la partie centrale de la vallée et les plus fins bordent le pied de la chaîne calcaire du sud.

3° Ces sables et les argiles bleues inférieures sont déposés par couches horizontales.

4° Les ossements fossiles de mammifères sont très abondants vers la partie centrale du val d'Arno, sur la rive droite du fleuve et rares sur la rive gauche.

5° Ces os, en bon état, quelquefois disséminés, sont généralement déposés sur plusieurs plans. Leur manière d'être est en rapport avec le mode de dépôt de la masse sableuse qui les entoure.

6" Le sable jaune contient des coquilles fluviatiles à *Monte-Carlo.*

7° Enfin, ce terrain meuble ne présente ni fragments de coquilles marines, ni couche pierreuse agrégée, ni bancs de lignite jayet [1]

Les animaux dont on trouve les débris dans le val d'Arno supérieur sont les suivants : *Elephas primigenius*, *Hippopotamus major*, *Rhinocéros*, *Tapir*, *Daim*, *Cheval*, *Bœuf*, *Hyène*, *Felis*, *Ours*, *Renard des cavernes* et *Porc-Épic*. La présence de ces débris semble indiquer que l'âge du dépôt qui les contient n'est pas très éloigné de l'époque de ces sables et graviers de transport que l'on trouve en Auvergne mêlés avec des substances volcaniques, et dont nous parlerons dans la suite.

[1] *Ann. des Sc. nat.*, t. xiv, p. 364.

Pendant la période de repos durant laquelle ces débris d'animaux ont été ensevelis, sur une étendue considérable, au milieu des substances minérales dans lesquelles on les trouve aujourd'hui, les matières végétales devaient s'accumuler plus abondamment dans certains endroits que dans d'autres, comme cela arrive aujourd'hui à l'embouchure des fleuves qui n'ont pas une grande rapidité. Après la formation des marnes bleues, les circonstances ont un peu changé, et sur une étendue considérable, car la nature du dépôt a varié. En effet, dans le midi de la France et en Italie, ces marnes bleues sont communément recouvertes par des sables, ce qui indique que l'eau avait alors une plus grande vitesse, et par conséquent un plus grand pouvoir de transport. Il y avait cependant des circonstances modifiantes; car on trouve mêlés dans ces sables de petits lits de matière calcaire, qui, fréquemment, constituent des roches calcaires, et qui enveloppent des débris terrestres d'eau douce ou marins.

M. Élie de Beaumont a observé, près du *Pertuis de Mirabeau* (département de Vaucluse), la coupe représentée figure 36; cette coupe prouve que les roches appartenant aux groupes crétacé et oolitique des environs étaient disloquées et contournées avant le dépôt des roches supracrétacées qui les recouvrent; et, en même temps, elle montre l'ordre de superposition de certaines couches supracrétacées de cette partie de la France dont nous avons déjà parlé, et dans lesquelles on trouve, aux environs d'Aix, des fossiles qui se rapprochent d'une manière si remarquable de quelques animaux terrestres actuellement existant dans la contrée.

Fig. 36.

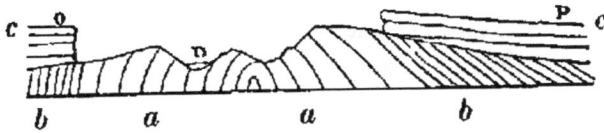

a a, roches du groupe oolitique; *b b*, roches du groupe crétacé, contenant des ammonites et le *Belemnites mucronatus*; D, lit de la Durance, au *Pertuis de Mirabeau*; sur les deux côtés de cette rivière, on voit des couches supracrétacées *c c*, reposant presque horizontalement sur les tranches des couches plus anciennes.

Sur le côté P, où est situé Peyrolles, les roches supracrétacées constituent un dépôt d'eau douce d'une grande épaisseur, « composé principalement de calcaire compacte grisâtre, pénétré d'un grand nombre de tubulures irrégulières, et d'un grès analogue à celui qui, près d'Aix, alterne avec les marnes bigarrées du système d'eau douce [1]. » Sur la rive droite de la Durance, et près de la chapelle de la Magdelaine *o*, on voit les roches supracrétacées reposer sur la tranche des coupes plus anciennes, et on observe les assises suivantes, à partir du bas.

1. Grès calcaire sans coquilles, dont quelques assises contiennent de petits galets calcaires et passent à un poudingue.

2. Les mêmes couches, avec de nombreux débris de coquilles marines ; M. Élie de Beaumont y a observé de la dolomie.

3. Couche contenant quelques galets calcaires, et un grand nombre d'huîtres très allongées, à charnières très longues, parmi lesquelles se trouvent probablement des *Ostrea virginica*, qu'on a rencontrées dans la mollasse coquillière de Piolène et de Narbonne ; on y observe aussi quelques coquilles des mollasses du canton de Berne, et plusieurs autres, parmi lesquelles M. Deshayes a reconnu l'*Anomia ephippium*, le *Balanus crassus* et un *Pecten*, peut-être inédit, qui ressemble au *P. Jacobæus*, au *P. Beudanti* et au *P. flabelliformis*.

4. Mollasse peu coquillière d'une grande épaisseur, dont une assise présente des empreintes végétales mal conservées.

5. Un second banc d'huîtres, analogue au n° 3, recouvert par une certaine épaisseur de mollasse plus ou moins coquillière.

6. Dépôt de sable jaune de 3 mètres d'épaisseur, sans coquilles, peu cohérent, que recouvrent des couches alternatives de grès calcaire et de calcaire compacte gris bleuâtre, percé de tubulures irrégulières, et contenant des coquilles terrestres ou d'eau douce. M. Élie de Beaumont ne pense pas que ce calcaire soit le même que celui qui se trouve sur l'autre rive de la Durance, auprès de Peyrolles ; il le considère comme formant dans cette localité la partie supérieure de la série supracrétacée, tandis que les couches que l'on observe près de Peyrolles constituent la partie inférieure de la même série.

Il ne paraît pas que l'on ait encore déterminé d'une manière exacte les relations de ces roches avec le dépôt d'eau douce qui se trouve aux environs d'*Aix*, et qui est remarquable par les insectes que l'on rencontre dans une partie des couches qui le composent. Voici, d'après MM. Lyell et Murchison, la coupe des couches qui s'élèvent au-dessus de la ville d'Aix, en commençant par les plus élevées.

---

[1] Élie de Beaumont, *Révolutions de la surface du globe; Ann. des Sc. nat.*, 1829, t. xviii, p. 293 et suiv.

1. Marnes calcaires blanches et marnes endurcies, passant graduellement à un grès calcaréo-siliceux et contenant *Cyclas gibbosa*, Sow., *Potamides*, *Lamarckii*, *Bulimus pygmæus*, et une espèce inédite de *Cypris*; environ 150 pieds d'épaisseur.

2. Marnes, avec plantes et coquilles.

3. Marnes, avec empreintes de poissons et de végétaux.

4. Couche dans laquelle on trouve des *insectes*, et rarement des *Potamides* et des empreintes végétales : cette couche est composée d'une marne calcaire d'un vert brunâtre ou d'un gris clair, qui se divise en feuillets très minces.

5. Gypse, avec empreintes végétales.

6. Marnes.

7. Gypse, avec empreintes de poissons et de plantes.

8. Marnes contenant des traces de gypse.

9. Calcaire moucheté, contenant des *Potamides*, *Cyclas gibbosa*, Sow., et *Cyclas aquæ sextiæ*, Sow. Ce calcaire est souvent fortement contourné et passe à un grès calcaire ou à un grès rouge, et plus bas à une brèche calcaire compacte ; le tout repose sur un conglomérat grossier. Les couches inférieures plongent vers le nord-nord-est, sous un angle de 25 à 30°. D'après la coupe qui accompagne le mémoire de MM. Lyell et Murchison, il paraîtrait que ces conglomérats reposent, au delà d'Aix, sur une marne rouge, sur du gypse fibreux, et sur un calcaire gris contenant des *Lymnées* et de *Planorbes*; et que ces roches recouvrent elles-mêmes le dépôt de calcaire compacte, de sables et d'argile schisteuse, renfermant du combustible, à Fuveau, avec des débris d'un *Unio*, du *Melania scalaris*, Sow., du *Cyclas concinna*, Sow., du *C. cuneata*, Sow., et des *Gyrogonites* [1].

Les *insectes* sont très bien conservés, de sorte que l'on a pu en déterminer les genres et les espèces. D'après M. Marcel de Serres, les *Arachnides* accompagnent les insectes proprement dits ; ces derniers cependant sont beaucoup plus abondants, car on n'a déterminé que deux ou trois genres d'*Arachnides*, tandis que l'on a observé soixante-deux genres d'insectes. La circonstance la plus remarquable que présentent ces débris d'insectes, c'est que quelques-uns sont identiques avec ceux qui existent actuellement dans la contrée, notamment, d'après M. Marcel de Serres, le *Brachycerus undatus*, l'*Acheta campestris*, le *Forficula parallela* et le *Pentatoma grisea*. Il est aussi à remarquer que la plus grande partie des insectes appartiennent à des espèces qui habitent généralement les pays secs et arides.

[1] Lyell et Murchison, *Edin. New. Phil. Journ.*, 1829.

La position dans laquelle on les rencontre est tout à fait variable ; mais quelquefois ils sont étalés de telle sorte, qu'on dirait qu'un entomologiste a déplié leurs ailes. Leur couleur est ordinairement une teinte uniforme de brun ou de noir. Quelques-uns des poissons que l'on a découverts dans les mêmes marnes sont si petits, que leur longueur n'excède pas 10 à 11 millimètres [1].

La vaste étendue qui, dans le midi de la France, se trouve comprise entre *Bordeaux* et *Bayonne*, et qui, bordée d'un côté par l'Océan ou par les dunes de sable qu'il a accumulées, s'étend de l'autre jusqu'à une grande distance dans l'intérieur du pays, et particulièrement jusqu'au pied des Pyrénées, est composée de terrains supracrétacés. Quoiqu'on se soit déjà beaucoup occupé de ces terrains, leurs rapports réciproques ne sont pas encore connus d'une manière exacte et détaillée. Cette étendue comprend la grande contrée que l'on appelle *les Landes*, où rien ne vient distraire le voyageur fatigué de la monotonie qui l'entoure, si ce n'est le paysan qui marche fièrement monté sur des échasses, afin de découvrir les objets de plus loin.

M. de Basterot a publié des détails précieux sur les coquilles fossiles qu'il a recueillies aux environs de Bordeaux et de Dax ; les listes qu'il donne étant extrêmement utiles à ceux qui étudient la géologie, je les ai insérées dans l'appendice C. Quant à la description détaillée de chaque coquille, on pourra consulter le mémoire de M. de Basterot. Ce géologue remarque que, sur les trois cent trente espèces de coquilles qu'il a trouvées dans les grands dépôts sableux des Landes, il n'y en a que quarante-cinq dont les analogues existent dans les mers voisines, y compris la Méditerranée. Il ajoute que si l'on prend pour centre le bassin de la Gironde, et que l'on compare les coquilles que l'on y rencontre à celles qui se trouvent dans d'autres bassins supracrétacés semblables, on remarquera d'autant plus de ressemblance que ces bassins seront plus rapprochés de celui de la Gironde. Ainsi, sur les trois cent trente espèces recueillies aux environs de Bordeaux, quatre-vingt-onze se retrouvent dans les terrains de l'Italie, soixante-six dans ceux des environs de Paris, dix-huit dans ceux de Vienne [2], et

---

[1] Marcel de Serres, *Géol. des terr. tert. du midi de la France*, où se trouvent figurés quelques insectes.—Voyez aussi le Mémoire précité de MM. Lyell et Murchison, ayant pour but d'expliquer les remarques de Curtis sur les échantillons apportés en Angleterre.

[2] M. de Basterot observe que ce nombre s'accroîtra probablement à mesure que le bassin de Vienne sera mieux connu. ce que nous attendons prochainement des travaux de M. Parsch.

vingt-quatre seulement dans les terrains supracrétacés de l'Angleterre [1].

Si l'on examine la liste de fossiles de M. de Basterot, on remarquera que, quoique plusieurs coquilles du bassin de la Gironde se retrouvent dans celui de Paris, il y a cependant une très grande analogie entre ces coquilles et celles que présentent les roches supracrétacées de l'Italie. Le calcaire d'eau douce qu'il indique à Saucats, dans la Gironde, semblerait indiquer qu'il y a eu dans cette localité un changement dans le niveau relatif de la mer et du continent qui a rendu possible l'enfouissement de coquilles d'eau douce dans un dépôt calcaire, et qu'après la formation de ce dépôt il y a eu un changement de niveau qui a permis que des coquillages marins lithophages vinssent percer profondément ces roches d'eau douce, et que ce dépôt fût recouvert par des matières minérales et des coquilles marines. Les espèces dont les analogues existent encore aujourd'hui sont au nombre de vingt-quatre : ces espèces vivantes sont remarquables à cause de la diversité des parages qu'on sait qu'elles habitent aujourd'hui. Quelques-unes se trouvent dans l'Atlantique et dans l'océan Pacifique, dans la mer des Indes et dans la Méditerranée, tandis qu'un assez grand nombre habite les côtes de la Manche et celles de la baie de Biscaye, dont, par suite de l'affaissement du sol, les dépôts de Bordeaux et de Dax semblent naturellement faire partie. Il paraît nécessaire de supposer qu'à l'époque où cette partie de la France était recouverte par l'Océan, la température moyenne y était supérieure à ce qu'elle est aujourd'hui ; car plusieurs des animaux qui l'habitaient n'ont aujourd'hui leurs analogues vivants que dans les climats chauds.

Nous allons maintenant donner une courte description des terrains supracrétacés du bassin de Paris, qui ont été pendant longtemps le type auquel on rapportait tous les dépôts de cette époque, en quelque endroit qu'on les rencontrât. Quoique les terrains de ce groupe s'éloignent quelquefois de ce type, les travaux de MM. Cuvier et Brongniart sur les terrains du bassin de Paris n'en conserveront pas moins dans les annales de la géologie la place que, d'un commun accord, les géologues leur ont assignée ; et les découvertes zoologiques de Cuvier, qui forment une époque si brillante dans l'histoire de la science géologique, n'en mériteront pas moins dans tous les temps la reconnaissance des géologues.

---

[1] De Basterot, *Description géologique du bassin tertiaire du sud-ouest de la France*, première partie ; *Mém. de la Soc. d'Hist. nat. de Paris*, t. II.

Voici, d'après MM. Cuvier et Brongniart, la classification des terrains du bassin de Paris, en commençant par le bas de la série.

1. Première formation d'eau douce.	Argile plastique. Lignite. Premier grès.
2. Première formation marine. . . .	Calcaire grossier.
3. Deuxième formation d'eau douce.	Calcaire siliceux. Gypse, avec ossements d'animaux. Marnes d'eau douce.
4. Deuxième formation marine. . .	Marnes marines du gypse. Sables et grès marins supérieurs. Marnes et calcaires marins supérieurs.
5. Troisième formation d'eau douce.	Meulières sans coquilles. Meulières avec coquilles. Marnes d'eau douce supérieures.

Argile plastique. Cette argile est ainsi appelée parce qu'elle reçoit facilement et qu'elle conserve les formes qu'on lui donne, ce qui fait qu'elle est d'un grand usage pour la poterie. Elle repose sur la surface inégale de la craie, qui a été dégradée et sillonnée dans diverses directions, de manière à présenter des collines et des vallées, des proéminences et des dépressions qui quelquefois n'ont pas été recouvertes par les terrains d'un âge plus récent ; ou du moins, si ces terrains les ont recouvertes, ils ont été postérieurement entraînés par dénudation [1]. Cette argile est diversement colorée ; elle est blanche, grise, jaune, gris d'ardoise et rouge. Son épaisseur est très variable, ainsi qu'on peut s'y attendre d'après la nature de la surface sur laquelle elle repose. Au-dessus des couches auxquelles seules le nom d'*argile plastique* est rigoureusement applicable, on trouve souvent une autre argile, séparée de la première par un lit de sable ; elle est noire, sableuse, et contient quelquefois des débris organiques : on y rencontre des lignites, du succin et des coquilles, soit marines, soit d'eau douce. On a remarqué que ce dépôt, considéré en masse, ne contient point de débris organiques dans sa partie inférieure ; que, dans sa partie moyenne, il renferme des débris qui appartiennent *communément* à des animaux d'eau douce, et que dans ses couches supérieures on trouve un mélange et même une alternative de coquilles marines et d'eau douce ; mais que ces dernières deviennent de plus en plus rares, et que les premières finissent par prédominer. Voici une liste des débris organiques que l'on rencontre le plus communément dans l'argile plastique [2].

---

[1] On trouve à Meudon une brèche composée de fragments de craie réunis par un ciment argileux, laquelle sépare la craie de l'argile plastique.

[2] Cette liste des principaux fossiles de l'argile plastique est extraite de la *Description géologique des environs de Paris*, par MM. Cuvier et Brongniart, édit. de 1822, p. 262.

Fossiles d'eau douce.

Planorbis rotundatus (Desh, t. 2. pl. 9. fig. 7 et 8.)
— *incertus* (Defrance.)
— *punctum* (Defr.)
— *Prevostinus* (Desh. t. 2. pl. 9. fig. 9. 10.)
Physa antiqua (Defr.)
Lymneus longiscatus (Desh. t. 2. pl. 10. fig. 14. 15.)
Paludina virgula (Defr.)
— *indistincta* (Defr.)
— *unicolor* (Olivier.)
— *Desmarestii* (Desh. t. 2. pl. 15. fig. 13. 14.)
— *conica* (Desh. t. 2. pl. 16. fig. 6. 7.)
— *ambigua* (Prevost.)
Melania triticea (Desh. t. 2. pl. 14. fig. 7. 8.)
Melanopsis buccinoïdea (Desh. t. 2. pl. 14. fig. 24 à 27, pl. 15. fig. 3. 4.)
— *costata* (Desh. t. 2. pl. 19. fig. 15. 16.)
Nerita globulus (Desh. t. 2. pl. 17. fig. 19. 20.)
— *pisiformis* (Desh. t. 2. pl. 17. fig. 21. 22.)
— *sobrina* (Desh. t. 2. pl. 19. fig. 5. 6.)
Cyrœna antiqua (Desh. t. 2. pl. 18. fig. 19. 20. 21.)
— *tellinoides* (Desh. t. 2. pl. 19. fig. 18. 19.)
— *cuneiformis* (Desh. t. 2. pl. 19. 20. 21.)

Coquilles marines dans la partie supérieure.

Cerithium funatun (Sow. pl. 128.)
— *melanoides* (Sow. pl. 147.) [1]
— indéterminé.
Ampullaria depressa, minor. (*Natica depressa.* Desh. t. 2. pl. 20. fig. 12. 13.)
Ostrea bellovacina (Desh. t. 1. pl. 48 et 49. fig. 1. 2.)
— *incerta.*

Végétaux fossiles.

Exogenites. Indéterminables.
Phyllites multinervis (Ad. Brong. Descript. géol. des env. de Paris, pl. 10. fig. 2.)
Endogenites echinatus (Ad. Brong. ibid. pl. 10. fig. 1.)

Calcaire grossier. Ce terrain, ainsi que son nom l'indique, est principalement composé d'un calcaire grossier, plus ou moins dur, qui est employé comme pierre de construction. Ce calcaire alterne avec des couches argileuses, et il est remarquable par la constance des caractères qu'il présente sur une étendue considérable. Il est souvent séparé de l'argile plastique, qu'il recouvre, par un lit de sable. Les débris organiques des couches correspondantes sont généralement identiques; ceux au contraire qui se trouvent dans des couches différentes, présentent plus ordinairement des différences

---

[1] C'est le *Melania inquinata.*, Def. (Desh. t. 2. pl. 12. fig. 8 et 13. 1. 16.)

marquées. Les assises inférieures sont très sableuses, souvent même plus sableuses que calcaires, et contiennent presque toujours une matière verte, disséminée en poussière ou en grains, qui, d'après l'analyse de M. Berthier, paraît être un silicate de fer. Ces couches sont remarquables à cause de l'abondance de leurs fossiles. Voici une liste des fossiles que l'on regarde comme caractéristiques pour les différentes parties de ce dépôt [1].

Dans les couches inférieures.

Madrepora; au moins trois espèces.
Astrea; trois espèces.
Turbinolla elliptica (Al. Br. Descr. géol. pl. 8. fig. 2.)
— *crispa* (Lam.) (Al. Br. ibid. pl. 8. fig. 4.)
— *sulcata* (Lam.) (Al. Br. ibid. pl. 8. fig. 3.)
Reteporites digitalia (Lam., polipiers. pl. 72. fig. 6-8.)
Lunulites radiata (Lam. ibid. pl. 73. fig. 5-8.)
— *urceolata* (Lam. pl. 8. fig. 9.)
Fungia Guettardi (Al. Brong. ibid. pl. 8. fig. 5.)
Nummulites lævigata (Lam.)
— *scabra* (Lam.)
— *numismalis.*
— *rotundata.*
Cerithium gigantœum (Lam. Ann. du Mus. t. 7. pl. 14. fig. 1.)
Lucina lamellosa (Lam.) (*Corbis lamellosa,* Desh. t. 1. pl. 15. fig. 1. 2. 3.)
Cardium porulosum (Lam.) (Desh. t. 1. pl. 30. fig. 1. 2.)
Voluta cythara (Lam.)
Crassatella lamellosa (Lam.) (Desh. t. 1. pl. 4. fig. 15. 16.)
Turritella multisulcata (Lam.)
Ostrea flabellula (Lam.) (Desh. t. 1. pl. 63. fig. 5. 6. 7.)
— *cymbula* (Lam.) (Desh. t. 1. pl. 57. fig. 8.)

Dans les couches moyennes [2].

Ovulites elongata (Lam. pl. 71. fig. 11 et 12.)
— *margaritula* (Lam. pl. 71. fig. 9 et 10.)
Alveolites milium (Bosc, Bullet. de Sc. n° 61. pl. 5. fig. 3.)
Orbitolites plana.
Turritella imbricataria (Lam. Ann. t. 8. pl. 37. fig. 7 à 6.)
Terebellum convolutum (Lam. Ann. t. 6. pl. 44. fig. 3 à 6.)
Calyptrœa trochiformis (Lam.) (Desh. t. 2. pl. 4. fig. 1 à 4.)
Cardita avicularia (Lam.) (*Cardium aviculare,* Desh. t. 1. pl. 29. fig. 5. 6.)
Pectunculus pulvinatus (Lam.) (Desh. t. 1. pl. 35. fig. 15. 16.)
Cytherœa nitidula (Lam.) (Desh. t. 1. pl. 21. fig. 3 à 6.)
— *elegans* (Lam.) (Desh. t. 1. pl. 20. fig. 8. 9.)
Miliolites.
Cerithium.

---

[1] Cette liste de fossiles caractéristiques du calcaire grossier est celle qui a été donnée par MM. Cuvier et Brongniart, *Desc. géol. des env. de Paris;* 1822, p. 262.

[2] Presque tous les fossiles recueillis dans la localité si souvent citée de *Grignon,* appartiennent à ces couches moyennes.

Dans les couches supérieures.

Miliolites.
Ampullaria spirata (Lam.) (Desh. t. 2. pl. 16. fig. 10. 11.)
Cerithium tuberculatum.
— *mutabile.*
— *lapidum* (Lam. Ann. t. 2. pl. 13. fig. 5 à 6.)
— *petricolum.*
Lucina saxorum (Lam.) (Desh. t. 1. pl. 15. fig. 5. 6.)
Cardium lima (Lam.) (Desh. t. 1. pl. 27. fig. 1. 2.)
Corbula analina (Lam.) (Desh. t. 1. pl. 7. fig 10.11.12.)
— *striata* (Lam.) (Desh. t. 1. pl. 8. fig. 1 à 4.)

Végétaux fossiles [1].

NAIADES. — *Caulinites pratensis.*
EQUISÉTACÉES. *Equisetum brachyodon* (Ad. Br. Descrip. géol. pl. X. fig. 3.)
CONIFÈRES. — *Pinus Francil* (Ad. Brong. ibid. pl. XI. fig. 1.)
PALMIERS. — *Flabellaria parisiensis* (Ad. Brong. ibid. pl. VIII. fig. 1. E.)
MONOCOTYLÉDONES (famille incertaine.)
Culmites nodosus (Ad. Brong. ibid. pl. VIII. fig. 1. F.)
— *Ambigus* (Ad. Brong. ibid. VIII fig. 6.)
DICOTYLÉDONES (famille incertaine.)
Exogenites.
Phyllites linearis (Ad. Brong. ibid. pl. X. fig. 7.)
— *nerioides.*
— *mucronata.*
— *remiformis* (Ad. Brong. ibid. pl. X. fig. 4.)
— *retusa* (Ad. Brong. ibid. pl. X. fig. 5.)
— *spathulata* (Ad. Brong. ibid. pl. X. fig. 6.)
— *lancea.*

Calcaire siliceux. C'est un calcaire tantôt blanc et tendre, tantôt gris et compacte, pénétré de matière siliceuse, qui s'est infiltrée à travers toute la masse et dans toutes les directions. Il est souvent cellulaire; les cavités sont quelquefois assez grandes, et communiquent entre elles dans tous les sens; leurs parois sont recouvertes par des concrétions siliceuses mamelonnées, ou par des petits cristaux transparents de quartz.

Gypse ossifère (d'eau douce) et marnes marines. — Les roches gypseuses se composent d'une alternative de gypse et de marnes calcaires et argileuses. Au-dessus de cette alternative se trouvent d'épaisses couches de marnes, tantôt calcaires, tantôt argileuses. Ces dernières couches contiennent en abondance des débris de *Lymnées* et de *Planorbes;* et l'on a découvert dans leur partie inférieure des feuilles de palmiers, d'une grandeur considérable. Les couches gypseuses sont très remarquables par les ossements qu'elles contiennent, appartenant à des mammifères et autres animaux qui ont disparu de la surface du globe, et que le génie de Cuvier a, pour ainsi

1 D'après M. Ad. Brongniart, *Prodrome, etc.*, 1828.

dire, rendus à la vie [1]. Au-dessus de ces couches, qui, d'après la nature des débris organiques qu'elles renferment, doivent être considérées comme ayant été déposées dans des eaux douces, on trouve une succession de marnes qui, à cause des débris marins qu'on y découvre, doivent avoir été déposées au fond de la mer. Les formations d'eau douce et marines sont séparées par des marnes calcaires ou argileuses, souvent fort épaisses. Les couches de marnes supérieures contiennent un grand nombre d'huîtres, qui, certainement, ont vécu dans les endroits où on les voit maintenant ensevelies; car M. Defrance en a découvert, à Roquencourt, qui étaient attachées à des fragments arrondis de calcaire marneux, à la surface desquels on observe quelquefois des cavités percées par des *Pholades*.

Fig. 37.

Débris organiques des couches gypseuses.

MAMMIFÈRES. *Palæotherium magnum* (fig. 37, *a*.)
— *medium.*
— *crassum.*
— *latum.*
— *curtum.*
— *minus* (fig. 37, *b*.)
— *minimum.*
Anoplotherium commune (fig. 37, *c*.)

[1] La figure 37 représente trois des animaux dont les ossements ont été trouvés dans ces couches, suivant les formes que M. Cuvier a jugé qu'ils devaient avoir, et tels qu'il les a figurés. *Ossem. fossiles*, t. III, pl. 66.

MAMMIFÈRES. *Anoplotherium secundarium.*
      — *gracile.*
      — *murinum.*
      — *obliquum.*
      Chœroptamus parisiensis.
      Canis parisiensis.
      Coati.
      Didelphis parisiensis.
      Sciurus, etc.
OISEAUX.
REPTILES.   *Crocodile.*
      Trionyx.
      Emys.
POISSONS.

Dans les marnes d'eau douce.

MAMMIFÈRES. *Palæotherium aurelianense.*
      Lophiodon major.
      — *minor.*
      — *pygmæus.*
OISEAUX.
POISSONS.
COQUILLES. *Cyclostoma mumia* (Lam.) (Desh. t. 2. pl. 7. fig. 1. 2.)
      Limnœa longiscata; L. pyramidalis (Desh. t. 2. pl. 10. fig. 14. 15.)
      — *strigosa* (Brong.) (Desh. t. 2. pl. 11. fig. 1. 2.)
      — *acuminata* (Brong.) (Desh. t. 2. pl. 10. fig. 20. 21.)
      — *ovum* (Brong.) (Desh. t. 2. pl. 11. fig. 15. 16.)
      Planorbis lens (Brong.) (Desh. t. 2. pl. 9. fig. 11. 12. 13.)
      Bulimus pusillus; Paludina pusilla (Desh. t. 2. pl. 10. fig. 3. 4.)

Dans les marnes marines jaunes.

POISSONS.   Plusieurs os.
COQUILLES. *Cytherea? convexa.*
      — *? plana.*
      Spirorbes.
      Cerithium plicatum.

Dans les marnes marines jaunes, séparées des précédentes par les marnes vertes.

POISSONS. *Aiguillons et palais de raies.*
COQUILLES. *Ampullaria patula? Natica patula* (Desh. t. 2. pl. 21. fig. 3. 4.)
      Cerithium plicatum.
      — *cinctum.*
      Cytherea elegans (Lam.) (Desh. t. 1. pl. 20. fig. 8. 9.)
      — *semisulcata?* (Lam.) (Desh. t. 1. pl. 20. fig. 4. 5.)
      Cardium obliquum (Lam.) (Desh. t. 1. pl. 30. fig. 7. 8. 11. 12.)
      Nucula margaritacea (Lam.) (Desh. t. 1. pl. 36. fig. 15. 16).

Dans les marnes calcaires avec larges huîtres.

COQUILLES. *Ostrea hippopus* (Lam.) (Desh. t. 1. pl. 51. fig. 1. 2. pl. 50. fig. 1).
      — *pseudochama.*
      — *longirostris.*   *Ostrea longirostris* (Desh. t. 1. pl. 51. fig. 7.
      — *canalis.*   8. etc.)

Dans les marnes calcaires avec petites huîtres.

COQUILLES.   *Ostrea cochlearia* (Lam.) (Desh. t. 1. pl. 62. fig. 3.)
— *cyathula* (Lam.) (Desh. t. 1. pl. 54. fig. 1. 2.)
— *spatulata* (Lam.) (Desh. t. 1. pl. 62. fig. 6. 7. 8 et 9.)
— *linguatula* (Lam.)
Balanus.
CRUSTACÉS.   Pattes de crabes.

Sables et grès marins supérieurs. Ils se composent de couches irrégulières de sables et de grès siliceux, dont la partie inférieure ne contient que des restes organiques brisés et en très petit nombre; de sorte qu'il est impossible de supposer qu'ils aient vécu dans l'endroit où on les trouve ensevelis. Dans quelques localités, où les coquilles brisées sont les plus communes, on trouve des millions de petits corps marins auxquels Lamarck a donné le nom de *Discorbites.*

Ces sables non fossilifères sont, dans plusieurs endroits, recouverts par un calcaire, ou un grès, ou une roche calcaréo-siliceuse remplie de coquilles marines, dont voici la liste :

Oliva mitreola.
Fusus ? peut-être *longœvus.*
Cerithium cristatum.
— *lamellosum.*
— *mutabile.*
Solarium.
Melania costellata (Lam.) (Desh. t. 2. pl. 12. fig. 2. 6. 9. 11.)
— indéterminée.
Pectunculus pulvinatus (Lam.) (Desh. t. 1. pl. 35. fig. 15. 16.)
Crassatella compressa (Lam.) (Desh. t. 1. pl. 5. fig. 3. 4.)
Donax retusa (Lam.) (Desh. t. 1. pl. 17. fig. 19. 20.)
Cytherea nitidula (Lam.) (Desh. t. 1. pl. 21. fig. 3 à 6.)
— *lœvigata* (Lam.) (Desh. t. 1. pl. 20. fig. 12. 13.)
— *elegans* (Lam.) (Desh. t. 1. pl. 20. fig. 8. 9.)
Corbula rugosa (Lam.) (Desh. t. 1. pl. 7. fig. 16. 17.)
Ostrea flabellula (Lam.) (Desh. t. 1. pl. 53. fig. 5. 6. 7.)

Formation d'eau douce supérieure. Les caractères minéralogiques de ce dépôt sont extrêmement variables : quelquefois il est composé de marnes blanches, friables et calcaires, et, dans d'autres cas, de différents composés siliceux, parmi lesquels on distingue les *pierres meulières*, si connues, qui quelquefois sont dépourvues de coquilles, et d'autres fois sont chargées de *Lymnées*, de *Planorbes*, de *Potamides*, d'*Hélices*, de *Gyrogonites* (graines de chara), et de *bois silicifié.*

Débris organiques de la formation d'eau douce supérieure.

COQUILLES. *Cyclostoma elegans antiqua* (Brong.) (Desh. t. 2. pl. 7. fig. 4. 5.)
Potamides Lamarckii.
Planorbis rotundatus (Brong.) (Desh. t. 2. pl. 9. fig. 7. 8.)
— *cornu* (Brong.) (Desh. t. 2. pl. 9. fig. 5. 6.)
— *Prevostinus* (Brong.) (Desh. t. 2. pl. 9. fig. 9. 10.)
Lymnœus corneus (Brong.) (Desh. t. 2. pl. 11. fig. 13. 14.)
— *fabulum* (Brong.) (Desh. t. 2. pl. 11. fig. 11. 12.)
— *ventricosus* (Brong.) (Desh. t. 2. pl. 10. fig. 16. 17.)
— *inflatus* (Brong.) (Desh. t. 2. pl. 11. fig. 17. 18.)
Bulinus pygmœus (Brong.) (Desh. t. 2. pl. 15. fig. 9. 10.)
— *terebra* (Brong.) (Desh. t. 2. pl. 16. fig. 5.)
Pupa Francii.
Helix Lemani (Brong.) (Desh. t. 2. pl. 6. fig. 5. 6.)
— *Desmarestina* (Brong.) (Desh. t. 2. pl. 2. 6. fig. 7. 8.)
VÉGÉTAUX. *Muscites squammatus.*
Chara medicaginula (Ad. Brong. Descript. géol. des env. de Paris, pl. 11. fig. 7.)
— *helicteres* (Ad. Brong. ibid. pl. 11. fig. 8.)
Nymphœa arethuscæ (Ad. Brong. ibid. pl. 11. fig. 10.)
Culmites anomalus (Ad. Brong. ibid. pl. 11. fig. 2.)
Carpolithes thalictroides (Ad. Brong. ibid. pl. 11. fig. 4 et 5.)

Les divers débris organiques que l'on trouve ensevelis dans les couches que nous venons de décrire montrent évidemment, ainsi qu'on l'a souvent remarqué, que l'espace compris dans ce qu'on appelle communément le bassin de Paris n'a pas été toujours soumis à l'influence des mêmes circonstances depuis le dépôt de la craie, mais qu'il y a eu, dans ce bassin, une alternative de trois dépôts lacustres ou d'eau douce, et de deux dépôts marins, desquels dépôts les premiers constituent la base et la partie supérieure de toute la masse. Il reste à chercher la cause probable de ces variations. En employant le mot *bassin* pour désigner cette réunion de dépôts supracrétacés, nous paraissons, ainsi que nous l'avons déjà observé, faire une supposition qui n'est rien moins qu'évidente. Les roches d'eau douce peuvent bien avoir été déposées dans des bassins, et probablement c'est ce qui a eu lieu; mais il n'en est pas de même des couches marines. Il paraît naturel de penser qu'il y a eu ici, ainsi que nous avons montré que cela était arrivé ailleurs, des mouvements du sol qui ont changé son niveau relativement à celui de la mer. Quand on examine la manière dont les divers dépôts sont arrangés entre eux, on voit qu'en les considérant en masse, ils ne reposent pas horizontalement l'un sur l'autre; mais que, d'après MM. Cuvier et Brongniart, leur surface a présenté, à différentes époques, diverses inégalités, à commencer par celle de la craie, où on observe des dépressions et des éminences. Sur ce sol inégal de la craie se sont déposés le lignite et l'argile plastique, qui ont ainsi, jusqu'à un certain point, comblé quelques-unes des dépressions qu'il présentait. L'argile plastique a été recouverte par le calcaire grossier, qui a suivi plus ou moins les inégalités de la surface sur laquelle il s'est déposé. Au calcaire grossier a succédé le dépôt gypseux, qui indique l'absence de la mer et la présence d'eaux douces d'une profondeur variable. Postérieurement, il s'est formé un grand dépôt de sable, qui a recouvert les inégalités préexistantes, de manière à présenter une vaste plaine, et qui contient à sa partie supérieure un grand nombre de débris marins. Ensuite est survenu un nouvel état de choses : la mer a disparu, et des débris d'eau douce ont été de nouveau ensevelis dans les roches qui se formaient [1].

Les circonstances mécaniques et chimiques qui ont accompagné ces dépôts ont présenté aussi des variations remarquables. Nous ne nous arrêterons pas à chercher si les inégalités de la craie ont été produites subitement ou graduellement, car nous n'avons pas encore à ce sujet de preuves bien décisives; mais le dépôt de l'argile plastique (proprement dite) paraît s'être effectué lentement, bien qu'il soit possible que les détritus tenus mécaniquement en suspension dans l'eau aient été le résultat de quelque dégradation violente des roches inférieures. Les sables qui recouvrent cette argile indiquent que les eaux avaient à cette époque un pouvoir de transport suffisant pour charrier du sable; ensuite est venu un dépôt qui s'est formé, jusqu'à un certain point, dans des eaux tranquilles, et qui est composé de végétaux et de succin résultant de leur décomposition : la nature des autres débris organiques que l'on trouve dans ce dépôt indique que, dans l'origine, les eaux ne contenaient que des animaux d'eau douce; mais, dans la suite, il est survenu dans les niveaux relatifs de la mer et du continent un changement qui paraît s'être opéré plutôt graduellement que d'une manière subite, car on n'observe aucune trace de courants d'eau violents; et il est résulté de là que des animaux marins qui existaient à cette époque sont venus se mêler avec plusieurs animaux d'eau douce, qui, peu à peu, se sont accoutumés à vivre dans le même milieu que les premiers. Cet état de choses a cessé, et les eaux ont pris de nouveau une vitesse assez grande pour charrier du sable. A ce transport de sable a succédé la formation d'un dépôt calcaire : le carbonate de chaux provenait probablement en grande partie de la dégradation des roches plus anciennes; il était entraîné par l'eau, qui

[1] Cuvier et Brongniart, *Descript. géol. des environs de Paris.*

le déposait sur une étendue considérable. Il est évident, d'après la structure des roches qui constituent ce dépôt, que les matériaux dont elles sont composées étaient dans un état de division mécanique tel, qu'ils n'ont pas exigé de courant d'eau rapide pour leur transport ; il est probable qu'ils se sont déposés pendant une période de tranquillité. Au calcaire grossier ont succédé des roches calcaires, qui sont remarquables par leur structure cellulaire. L'origine de ces cellules est inconnue ; mais il est probable qu'elles résultent de ce que, pendant la formation de la roche, la matière calcaire a enveloppé des substances plus solubles ou plus facilement destructibles qu'elle, qui, postérieurement, ont été entraînées par l'eau. Il est à remarquer que les cavités sont maintenant recouvertes d'un enduit de silex, avec des caractères tels, qu'il est presque impossible de ne pas admettre que la silice a été déposée sur les parois des cellules par un liquide dans lequel elle était auparavant dissoute.

Le gypse ossifère nous présente d'une manière bien prononcée un nouvel état de choses. Il existait quelque part dans la contrée des animaux singuliers, dont les genres sont actuellement pour la plupart perdus, et dont les débris s'empâtaient en quelque sorte dans le sulfate de chaux, dont il se formait alors des dépôts considérables. On est maintenant porté à se demander d'où pouvait provenir une si grande quantité de sulfate de chaux. C'est pour la première fois que cette substance se présente, du moins en assez grande abondance, dans les terrains de la contrée, et rien n'indique qu'elle se soit déposée au fond d'une mer, comme c'était le cas pour le carbonate de chaux du calcaire grossier ; au contraire, comme elle ne contient que des débris d'eau douce et terrestres, il paraîtrait qu'elle s'est déposée dans des eaux douces. S'il en a été ainsi, il avait dû s'opérer préalablement un changement dans le niveau relatif de la mer et du continent ; et si le gypse provenait des sources de la contrée, ces sources ont dû produire au lieu de carbonate une grande abondance de sulfate de chaux. Cet état de choses a changé ; le sulfate de chaux a cessé de se produire ou de se déposer en grande quantité ; il est survenu de nouveau une variation dans le niveau relatif de la mer et du continent, et de là est résulté la formation de marnes avec coquilles marines. Pendant qu'elles se déposaient, il se produisait, au moins dans quelques endroits, des cailloux roulés auxquels se sont attachées des huîtres, et dont quelques-uns ont été percés par des coquillages foreurs. Ces dépôts se conforment plus ou moins à la surface sur laquelle ils reposent, et on n'y observe rien qui indique quelque mouvement d'eau particulier; mais ils sont recouverts par une énorme quantité de sable, dans lequel les débris organiques sont brisés, et dont la masse a comblé les dépressions préexistantes de manière à former une surface plane. Ces sables paraissent indiquer l'existence, pendant une longue période, de courants d'eau, dont la vitesse était assez grande pour les transporter sur une étendue considérable. Vers la fin de cette période, les causes, de quelque nature qu'elles fussent, qui s'opposaient à l'enfouissement de restes organiques dans ces sables, ont cessé d'exercer leur influence, et des débris marins y ont été ensevelis en grande abondance. Enfin, pour couronner cette intéressante série de formation, nous trouvons un dépôt dont les caractères minéralogiques sont très variables, et qui contient des restes d'animaux et de végétaux dont les analogues n'existent aujourd'hui que sur les continents, dans des endroits marécageux, ou dans des eaux douces. Cette diversité de caractères minéralogiques est celle que l'on s'attend naturellement à observer dans un dépôt formé au fond d'un lac peu profond, et dans lequel pénètrent, sur différents points, des sources qui tiennent diverses substances en dissolution. Ce sont les restes de *Chara*, si communs dans ce dépôt, qui ont fait penser à MM. Cuvier et Brongniart que les eaux avaient probablement peu de profondeur, au moins dans une partie de ce lac; et cette opinion est fortement appuyée par les observations de M. Lyell sur les *Chara* du lac Bakie, en Écosse. Pour produire des marnes calcaires friables, il n'est pas nécessaire que les eaux soient chaudes; mais, à en juger par les phénomènes que présentent les sources actuelles, cette condition paraît indispensable pour les dépôts siliceux : car nous ne connaissons aujourd'hui aucun dépôt de cette nature qui se forme autre part que dans des sources thermales. Si les meulières et les autres substances siliceuses ont été ainsi produites (et il paraît difficile d'expliquer leur formation d'aucune autre manière qui soit compatible avec les causes existantes), les eaux thermales qui les ont formées ont disparu, et il ne s'est plus déposé de silice dans la contrée; circonstance qui semble montrer qu'il peut survenir dans le même pays, à différentes époques, de grands changements dans le pouvoir dissolvant de l'eau et la température des sources. Ainsi, en résumé, nous avons un grand dépôt de carbonate de chaux à l'époque du calcaire grossier, un autre de sulfate de chaux pendant la période des marnes ossifères, et enfin un de silice à l'époque de la formation des meulières.

Terrains supracrétacés de l'Angleterre.

Comparons maintenant les terrains supracrétacés de l'Angleterre avec ceux du bassin de Paris. On les désigne communément sous les noms suivants : *Argile plastique* ; *argile de Londres* (London clay); *sables de Bagshot* ; *formation d'eau douce* de l'île de Wight; enfin le *crag*, dont nous avons déjà parlé.

Argile plastique. Ce terrain ne ressemble pas au dépôt qui porte le même nom dans les environs de Paris : bien qu'il contienne çà et là des masses considérables d'argile qui sont exploitées pour différents usages, il présente des couches de cailloux qui alternent irrégulièrement avec des sables et de l'argile; ces couches, comme celles de même nom aux environs de Paris, reposent sur la surface inégale et dégradée du terrain de craie. Les débris organiques sont aussi, pour la plus grande partie, marins, bien qu'ils soient entremêlés de débris d'animaux terrestres et d'eau douce.

Voici quelques indications de ces fossiles, d'après M. Conybeare.

UNIVALVES.	BIVALVES.
Infundibulum echinatum (Sow. pl. 97.)	*Ostrea pulchra* (Sow. pl. 279.)
Murex latus (Sow. pl. 35.)	— *tener* (Sow. pl. 252.)
— *gradatus* (Sow. pl. 199.)	*Pectunculus plumstediensis* (Sow. pl. 27.)
— *rugosus* (Sow. pl. 199.)	*Cardium plumstedianum* (Sow. pl. 14.)
Cerithium funiculatum (Sow. pl. 147.)	*Mya plana* (Sow. pl. 76).
— *intermedium* (Sow. ibid.)	*Cytherea.*
— *melanoides* (Sow. ibid.)	*Cyclas cuneiformis* (Sow. pl. 162.)
Turritella.	— *deperdita* (Sow. ibid.)
Planorbis hemistoma.	— *obovata* (Sow. ibid.)

On a aussi observé dans plusieurs endroits des traces de lignite et de végétaux.

Les trois coupes suivantes, que nous allons décrire, donneront une idée de la composition de ce dépôt dans les environs de Londres et dans l'île de Wight. Les deux premières sont du professeur Buckland, et la dernière de M. Webster.

Coupe près de Wolwich (3 lieues est de Londres). Sur de la craie avec silex, on trouve de bas en haut :

1. Sable vert du banc d'huîtres de Reading (14 lieues ouest de Londres), contenant des silex de la craie recouverts d'une croûte verte, mais ne renfermant aucuns débris organiques; 1 pied.

2. Sable d'une couleur légèrement cendrée, sans coquilles ni cailloux; 35 pieds.

3. Sable verdâtre, avec des cailloux de silex; 1 pied.

4. Sable verdâtre, sans coquilles ni cailloux ; 8 pieds.

5. Sable grossier ferrugineux, sans coquilles ni cailloux, et contenant des concrétions ocreuses qui présentent une structure concentrique ; 9 pieds.

6. Argile bleue et brune, rubanée, pleine de coquilles, principalement de *Cérites* et de *Cythérées ;* 9 pieds.

7. Argile rubanée de brun et de rouge, et contenant peu de coquilles des mêmes espèces que ci-dessus ; 6 pieds.

8. Silex roulés, mêlés d'un peu de sable, contenant quelques coquilles semblables à celles de Bromley (comté de Kent, 3 lieues est de Londres), par exemple des *Huîtres*, des *Cérites*, des *Cythérées*, disséminées par nids irréguliers ; 12 pieds.

9. Alluvion [1].

Coupe de la colline de Loam-Pith (3 milles sud-ouest de Woolwich, en montant). — Craie avec silex, au-dessus de laquelle on trouve :

1. Sable vert, identique avec celui du banc de Reading, et ressemblant, sous tous les rapports, au n° 1 de la coupe précédente ; 1 pied.

2. Sable de couleur cendrée, légèrement micacé, sans cailloux ni coquilles ; 35 pieds.

3. Sable vert grossier avec cailloux ; 5 pieds.

4. Couche épaisse de sable ferrugineux avec cailloux de silex ; 12 pieds.

5. Glaise et sable, dont la partie supérieure est de couleur pâle et contient des nodules de marne friable, et dont la partie inférieure est sableuse et ferrugineuse ; 4 pieds.

6. Trois couches minces d'argile, dont la supérieure et l'inférieure contiennent des *Cythérées*, et celle du milieu des *Huîtres ;* 3 pieds.

7. Argile brunâtre, contenant des *Cythérées ;* 6 pieds.

8. Argile de couleur de plomb, contenant des impressions de feuilles ; 2 pieds.

9. Sable jaune ; 3 pieds.

10. Glaise et argile plastique rubanées, contenant quelques coquilles à l'état pyriteux, et quelques lits très minces de matière charbonneuse ; 10 pieds.

11. Sable bigarré, jaune, fin et ferrugineux ; 10 pieds. — Audessus de ce n° 11 commence l'argile de Londres [2].

---

[1] Buckland, *Geol. Trans.*, première série, vol. 4.
[2] *Ibidem.*

Coupe des couches verticales de la baie dite ALUM-BAY (île de Wight) *en montant.* — Au-dessus de la craie, ou plutôt contre les couches de craie, puisqu'elles sont verticales, on rencontre les dépôts suivants :

1. Sables verts, rouges et jaunes; 60 pieds.

2. Argile d'un bleu foncé, contenant des grains verts et des nodules d'un calcaire noirâtre qui renferme des *Cythérées*, des *Turritelles* et d'autres coquilles; 200 pieds.

3. Série de sables de diverses couleurs; 321 pieds.

4. Sables de couleurs très vives, alternant avec de la terre de pipe blanche, jaune, grise ou noirâtre ; 543 pieds. Vers le milieu de ces derniers dépôts on trouve trois lits de lignite, et, à quelque distance au-dessus, cinq autres lits, qui ont chacun un pied d'épaisseur.

5. Couches de silex roulés noirs, empâtés dans un sable jaune.

6. Argile noirâtre contenant beaucoup de grains verts et des *Septaria ;* analogue à l'argile de Londres [1].

On voit, d'après ces coupes, que le pouvoir de transport de l'eau n'a pas été précisément le même dans les environs de Londres et dans l'île de Wight. Il paraîtrait qu'il y a eu de plus grands mouvements dans la première de ces localités que dans la seconde; car dans le voisinage de Londres, la masse des couches contient, relativement à son épaisseur, plus de cailloux que dans l'île de Wight, où il semble que le dépôt s'est formé d'une manière plus calme et en plus grande abondance. On peut, jusqu'à un certain point, rendre raison de cette différence, en supposant que les couches de l'île de Wight, qui sont maintenant dans une position verticale, ont été graduellement déposées au fond d'une dépression ou cavité, où elles se trouvaient plus éloignées de l'action perturbatrice des courants ou des mouvements de la mer que dans des endroits recouverts par une moindre épaisseur d'eau. Dans tous les cas, le pouvoir de transport des eaux paraît avoir été irrégulier; leur vitesse a varié de telle sorte, qu'à une époque elles ont charrié des cailloux, tandis qu'à une autre époque elles n'ont pu transporter que des particules fines de détritus. On voit aussi que, dans les couches de l'île de Wight, les circonstances ont été favorables à l'accumulation des matières végétales, lesquelles s'y rencontrent, non disséminées irrégulièrement, mais formant des couches. Les circonstances qui ont accompagné ce dépôt se sont renouvelées à des intervalles irréguliers, ainsi que l'on conçoit que cela peut arriver aux embouchures de fleuves.

[1] Webster, *Geol. Trans.*, première série, vol. 2, p. 181, et pl. 2, fig. 2.

Argile de Londres. — On a donné ce nom au grand dépôt argileux qui forme le sol de la contrée où est bâtie la ville de Londres. L'argile est ordinairement bleuâtre ou noirâtre. Elle est composée de matières argileuses et calcaires en proportions variables. Cette dernière substance y entre rarement en quantité suffisante pour former une marne ou un calcaire imparfait. On y trouve fréquemment des lits de concrétions calcaires connues sous le nom de *Septaria*; on y observe aussi en quelques points des couches de grès.

On a souvent remarqué que, si la description des roches du bassin de Paris n'avait pas précédé celle des roches des environs de Londres et de l'île de Wight, on n'aurait jamais pensé à distinguer l'argile plastique de l'argile de Londres; on les aurait plutôt regardées comme des termes différents de la même série. On a dû voir que, dans la coupe ci-dessus décrite des couches de la baie d'Alum, dans l'île de Wight, il n'y a rien qui motive cette séparation; et de même, dans la contrée de Londres, il ne paraît pas y avoir de raison suffisante qui s'oppose à ce que l'on considère ces deux formations d'argile, l'une comme la partie supérieure, et l'autre comme la partie inférieure d'un même dépôt, formé sous l'influence de circonstances générales presque semblables. Le dépôt de l'argile de Londres semble indiquer un état de choses comparativement tranquille, et il en est de même de l'argile appelée plastique, bien qu'on y rencontre des sables et des cailloux. L'ensemble des deux dépôts montre seulement que la vitesse des eaux qui ont effectué le transport a varié, et qu'elle a été peu considérable pendant la longue période durant laquelle s'est déposée l'argile de Londres.

L'épaisseur de cette argile est extrêmement variable. Ainsi, à un mille vers l'est de Londres, elle n'est que de 77 pieds; dans un puits creusé dans Saint-James's street, elle est de 235 pieds; à Wimbledon, un percement de 530 pieds ne l'avait pas encore traversée; et à High Beech on lui a trouvé une épaisseur de 700 pieds [1].

Débris organiques de l'argile de Londres.

Un *Crocodile*, une *Tortue*; Poissons; Crustacés; un grand nombre, dont peu ont été déterminés. On distingue *Cancer tuberculatus* (Kœnig.); *C. Leachii* (Desmarest); *Inachus Lamarckii* (Desmarest).

[1] Conybeare et Phillips, *Outlines of the Geology of Engl. and Wales*, art. London Clay.

CONCHIFÈRES.

Clavagella coronata (Desh. t. 1. pl. 5. fig. 15 et 16.) Calc. gross. Paris.

Fistulana personata (Lam. calc. gross. Paris.)

Gastrochœna contorta (Sow. pl. 526.)

Pholadomia margaritacea (Sow. pl. 297.)

Solen affinis (Sow. pl. 3.)

Panopœa intermedia (Sow.)

Mya subangulata (Sow. pl. 76.)

Lutraria oblata (Sow. pl. 76 et 419.)

Crassatella sulcata (Sow. pl. 345)(Lam. calc. gross. Paris.)

— *plicata* (Sow. pl. 345.)

— *compressa*. Géol. trans. 2e série t. III. pl. 202.

Corbula globosa (Sow. pl. 209.)

— *pisum* (Sow. pl. 209.)

— *revoluta* (Sow. pl. 209.)

Sanguniolaria Hollowaysii (Sow. p.159.)

— *compressa* (Sow. pl. 462.)

Tellina Branderi (Sow. pl. 402.)

— *filosa* (Sow. pl. 402.)

— *ambigua* (Sow. pl. 403.)

Lucina mitis (Sow. pl. 557.)

Astarte rugata (Sow. pl. 316.)

Cytherea nitidula (Deshayes, t. 1. pl. 21. fig. 3. 4. 5. 6) (Lam. calc. gross. Paris, Bordeaux.)

Venus incrassata (Sow. pl. 155.)

— *transversa* (Sow. pl. 422.)

— *elegans* (Sow. pl. 422.)

— *pectinifera* (Sow. pl. 422.)

Venericardia Brongniarti.

— *planicostata* (Lam. calc. gross. Paris) (Sow. pl. 50.)

— *carinata* (Sow. pl. 259.)

— *deltoidea* (Sow. pl. 259.)

— *oblonga* (Sow. pl. 289.)

— *globosa* (Sow. pl. 489.)

Venericardia acuticostata (Lam. calc. gros. Paris.)

Cardium nitens (Sow. pl. 14.)

— *semigranulatum* (Sow. pl. 144). Mollasse suisse.

— *turgidum* (Sow. pl. 144.)

— *porulosum* (Sow. pl. 346) (Lam. calc. gross. Paris.)

— *edule* (Brander, fig. 98. Bordeaux, analogue à l'espèce existante.)

Cardita margaritacea (Sow. pl. 297.)

Isocardia sulcata (Sow. pl. 295.)

Arca duplicata (Sow. pl. 474.)

— *Branderi* (Sow. pl. 474.)

— *appendiculata* (Sow. pl. 476.)

Pectunculus decussatus (Sow. pl. 27.)

— *costatus* (Sow. pl. 27.)

— *scalaris* (Sow. pl. 472.)

— *brevirostris* (Sow. pl. 472.)

— *pulvinatus* (Lam. calc. gross. Paris, Bordeaux, Turin, Traunstein.)

Nucula similis (Sow. pl. 192.)

— *trigona* (Sow. pl. 192.)

— *minima* (Sow. pl. 192.)

— *inflata* (Sow. pl. 554.)

— *amygdaloides* (Sow. pl. 554.)

Axinus angulatus (Sow. pl. 315.)[1]

Chama squamosa (Sow. pl. 348.)

Pinna affinis (Sow. pl. 313.)

— *arcuata* (Sow. pl. 313.)

Avicula media (Sow. pl. 2.)

Pecten corneus (Sow. pl. 204.)

— *carinatus* (Sow. pl. 575.)

— *duplicatus* (Sow. 575.)

Ostrea gigantea (Sow. pl. 64). Traunstein.

— *flabellula* (Sow. pl. 253) (Lam. calc. gross. Paris, Bordeaux.)

— *oblonga* (Brander, fig. 83.)

Lingula tenuis (Sow. pl. 19.)

MOLLUSQUES.

Patella striata (Sow. pl. 389.)

Calyptrœa trochiformis (Lam. calc. gross. Paris.)

Infundibulum obliquum (Sow. pl. 97. fig. 4.)

— *tuberculatum* (Sow. pl. 97. fig. 4 et 5.)

— *spinulosum* (Sow. pl. 97. fig. 6.)

Bulla constricta (Sow. pl. 464. fig. 2.)

— *elliptica* (Sow. ibid. fig. 6.)

Bulla attenuata (Sow. ibid. fig. 3.)

— *filosa* (Sow. ibid. fig. 4.)

— *acuminata* (Sow. ibid. fig. 5.)

Auricula turgida (Sow. pl. 163. fig. 4.)

— *simulata* (Sow. pl. 163. fig. 5. 6. 7. 8.)

Melania sulcata (Sow. pl. 39.)

— *costata* (Sow. pl. 241. fig. 2.)

— *costellata* (Brander, fig. 27) (Lam. calc. gross. Paris.)

Cassis carinata (Sow. pl. 6.) (Lam. calc. gross. Paris.)
Harpa trimmeri (Parkinson.)
Buccinum junceum (Sow. pl. 375.)
— *lævatum* (Sow. pl. 412.)
— *desertum* (Sow. pl. 415.)
— *canaliculatum* (Sow. pl. 415.)
— *labiatum* (Sow. pl. 412.)
Mitra scabra (Sow. pl. 401.)
— *parva* (Sow. pl. 430.)
— *pumila* (Sow. pl. 430.)
Voluta luctator (Sow. pl. 115.)
— *spinosa* (Sow. pl. 115.) (Lam. calc. gross. Paris.)
— *suspensa* (Sow. pl. 115.)
— *monstrosa* (Sow. pl. 115.)
— *costata* (Sow. pl. 290.)
— *magorum* (Sow. pl. 290.)
— *athleta* (Sow. pl. 396.)
— *depauperata* (Sow. pl. 396.)
— *ambigua* (Sow. pl. 399.)
— *nodosa* (Sow. pl. 399.)
— *lima* (Sow. pl. 398.)
— *geminata* (Sow. pl. 398.)
— *bicorona* (Lam. calc. gross. Paris.)

Volvaria acutiuscula (Sow. pl. 487.)
Cypræa oviformis (Sow. pl. 4.)
Terebellum fusiforme (Sow. pl. 287.)
— *convolutum* (Sow. pl. 286.) (Al. Brong. calc. gross. Paris.)
Ancillaria canalifera (Lam. calc. gross. Paris, Bordeaux.)
— *aveniformis* (Sow. pl. 99.)
— *turritella* (Sow. pl. 99.)
— *subulata* (Sow. pl. 333.)
Oliva Branderi (Sow. pl. 288.)
— *salisburiana* (Sow. pl. 288.)
Conus dormitor (Sow. pl. 301.)
— *concinnus* (2 var.) (Sow. pl. 302.)
— *scabriusculus* (2 var.) (Sow. pl. 303.)
— *lineatus* (Brander, fig. 22.)
Nummulites lævigata (Lam. calc. gross. Paris, Bordeaux, Traunstein.)
— *variolaria* (Sow. pl. 536.)
— *elegans* (Sow. pl. 536.)
Nautilus imperialis (Sow. pl. 1. calc. gross. Paris.)
— *centralis* (Sow. pl. 1.)
— *ziczac* (Sow. pl. 1.)
— *regalis* (Sow. pl. 355.)

RESTES DE VÉGÉTAUX.

L'île de Sheppey, vers l'embouchure de la Tamise, a été longtemps célèbre par la grande variété de fruits et de graines qu'on y a trouvés ; on rencontre ailleurs, dans l'argile de Londres, de petits fragments et des masses de bois, dont les concrétions argilo-calcaires enveloppent fréquemment des fragments. Quelques morceaux sont percés par un coquillage foreur analogue au *Teredo navalis,* ce qui montre que le bois doit avoir flotté dans la mer [1].

Sables de Bagshot. Ils reposent sur l'argile de Londres, et se composent, d'après M. Warburton, de sable ocreux maigre, d'argile vert feuilleté, alternant avec un sable vert, et d'une alternative de marnes mouchetées, blanches et jaune de soufre, dont la structure est feuilletée. Ce dépôt contient un grand nombre de grains verts et de coquilles fossiles des genres *Trochus, Crassatella, Pecten* [2].

Formation d'eau douce de l'île Wight et du Hampshire. Nous sommes redevables à M. Webster d'avoir fait la découverte de ces couches, peu de temps après que les travaux de MM. Cuvier et Brongniart sur les terrains supracrétacés de Paris eurent si vive-

[1] *Outlines of geol. of England and Wales.*
[2] Warburton, *Geol. Trans.,* vol. 1, 2ᵉ série.

ment excité l'attention des géologues. Les couches d'eau douce de
l'île de Wight sont partagées en deux dépôts par un terrain que
caractérise la présence des débris marins, et auquel on a donné le
nom de formation marine supérieure, vu qu'on le considère comme
l'équivalent des sables qui séparent les deux dépôts d'eau douce du
bassin de Paris. Le terrain d'eau douce inférieur de Binstead, près
Ryde, au nord-est de l'île de Wight, comprend un calcaire formé de
débris de coquilles d'eau douce, des marnes blanches coquillières,
un calcaire siliceux et des couches de sables. A Headen, à l'ouest de
l'île, le même terrain ne présente que des marnes sableuses,
calcaires et argileuses. D'après M. Pratt, on a découvert, dans les
couches marneuses inférieures des carrières de Binstead, une dent
d'*Anoplotherium* et deux de *Palæotherium*; de plus, ces débris
étaient accompagnés, « non-seulement de plusieurs fragments
d'ossements de Pachyderme (la plupart dégradés, et paraissant
avoir été roulés), mais encore d'une mâchoire d'une nouvelle espèce de Ruminant qui présente les plus grands rapports avec le
genre *Moschus* [1]. »

Le professeur Sedgwick a observé qu'il y a à la partie supérieure
de ce dépôt un mélange de coquilles d'eau douce et de coquilles
marines, particulièrement dans la baie de Colwell, au nord-ouest
de l'île, où l'on trouve dans une même couche les genres suivants :
Ostrea, *Venus*, *Cerithium*, *Planorbis*, *Lymnœa*.

Les fossiles les plus fréquents dans le dépôt d'eau douce inférieur
paraissent être des *Paludina*, *Potamides*, *Melania* (plusieurs espèces), *Cyclas* (deux espèces), *Unio*, *Planorbis*, *Lymnœa* (plusieurs espèces de ces deux derniers genres), *Mya*, *Melanopsis* [2].

La *formation marine supérieure*, observée pour la première fois
par M. Webster, a été mise en question par M. G. B. Sowerby. Ce
dernier a fait voir que tous les fossiles ne sont point marins, et il en a
conclu qu'il n'existait point de séparation réelle entre les formations
d'eau douce de l'île de Wight [3]. Postérieurement à ces remarques
de M. Sowerby, le professeur Sedgwick a présenté sur ces terrains
un Mémoire, dans lequel il établit que les couches calcaires inférieures résultent d'un dépôt tranquille formé dans des eaux
douces, mais que les marnes argileuses qui reposent immédiatement dessus présentent un changement complet, non-seulement
dans les circonstances physiques du dépôt, mais encore dans
les fossiles, dont une partie est d'origine marine, tandis qu'un

[1] Pratt, *Proceedings of the Geol. Soc.*, 1831.
[2] Sedgwick, *Sur la géologie de l'île de Wight*, *Ann. of Philos.*, 1822.
[3] G. B. Sowerby, *Ann. of Philos.*, 1821.

grand nombre présente des caractères douteux, et qu'on trouve en outre quelques espèces identiques avec celles des couches inférieures [1].

Quant à la détermination des fossiles de ce terrain, M. Webster indique, dans la baie de Colwell, un banc épais d'huîtres, et le professeur Sedgwick nous fournit la liste des coquilles suivante :

Murex, au moins deux espèces ; *Buccinum*, *Ancilla subulata*, *Voluta* (très voisine de la *V. Spinosa*) ; *Rostellaria rimosa* (ces deux dernières coquilles sont rares) ; *Murex effossus* (Brander) ; *M. innexus* (Brander) ; *Fusus* (des fragments) ; *Natica*, *Venus*, *Nucula*, *Corbula*, *Corbis*, *Mytilus*, *Cyclas*, *Potamides*, *Melanopsis*, *Nerita* (deux espèces, dont l'une se rapproche de la *Nerita fluvialis*), et d'autres coquilles d'eau douce.

Ces couches paraîtraient avoir été déposées, comme l'observe le professeur Sedgwick, à l'embouchure de quelque rivière ; mais, pour admettre qu'il ait existé en cet endroit une embouchure, et pour y expliquer la présence de coquilles marines, il faut nécessairement supposer que la contrée a éprouvé quelque révolution physique, et un changement dans les niveaux relatifs des rivages et de la mer, ou dans la configuration des côtes ; car les dépôts inférieurs ne contiennent pas de coquilles marines.

Formation d'eau douce supérieure. Elle est, d'après M. Webster, principalement composée de marnes d'un blanc jaunâtre, mélangées de parties plus endurcies, probablement parce qu'elles sont plus calcaires. Les fossiles sont, ou d'eau douce, ou terrestres. Ainsi, les circonstances, quelles qu'elles soient, qui ont donné lieu à un mélange de coquilles marines dans le terrain au-dessous n'ont pas subsisté plus longtemps, et le nouveau dépôt d'eau douce, qui présente une épaisseur d'environ 100 pieds, paraît s'être formé tranquillement au fond de quelque lac.

M. Webster a décrit le premier, en 1821, le terrain d'eau douce de la falaise de Hordwell (*Hordwell cliff*), dans le Hampshire.

Cette falaise présente des couches alternantes d'argile et de marne, dont quelques-unes sont d'une belle couleur vert-bleuâtre, au milieu desquelles sont intercalées des lits d'une marne calcaire dure, qui paraît provenir de débris de coquilles des genres *Lymnæa* et *Planorbis*. Le tout est recouvert par un gravier de transport qui recouvre également les différents terrains de la contrée. M. Webster a présumé que cette formation était l'équivalent du dépôt d'eau douce inférieur de l'île de Wight. Depuis, M. Lyell a publié des observa-

1 Sedgwick, *Ann. of Philos.*, 1822.

tions plus complètes sur ces couches de Hordwell; il paraîtrait en résulter qu'il n'y a point, comme on l'avait supposé, un passage des couches supérieures à un dépôt d'origine marine ; que ce terrain ne contient que des fossiles d'eau douce, et est l'équivalent du terrain d'eau douce inférieur de l'île de Wight. Voici, d'après M. Lyell, les fossiles découverts à Hordwell.

Des *écailles de tortues* ; on a trouvé une tortue près de la baie de Chorness, au nord de l'île de Wight.

Gyrogonites, ou capsules du *Chara medicaginula* ; une enveloppe de graine nommée *Carpolithes thalictroïdes* (Ad. Brongniart); des *dents de crocodile* et des *écailles de poissons?*

Helix lenta (Brander), espèce abondante; *Melania conica, Melanopsis carinata, M. brevis, Planorbis lens, P. rotundatus, Lymnea fusiformis, L. longiscata, L. columellaris, Potamides, P. margaritaceus? Neritina, Ancylus elegans, Unio solandri, Mya gregarea, M. plana, M. subangulata* (c'est peut-être la *Mya plana* dans le jeune âge); *Cyclas* (deux espèces.)

M. Lyell fait remarquer que, quoiqu'il n'y ait qu'un petit nombre d'espèces, les individus sont extrêmement nombreux, caractère que présentent généralement les dépôts d'eau douce [1].

Dans l'île de Wight, et sur la côte voisine du Hampshire, ces dépôts d'eau douce reposent sur une épaisseur considérable de sable. Comme on rencontre un sable pareil dans les terrains d'eau douce de Hordwell, M. Lyell a pensé que l'on pouvait aussi bien admettre la formation de ces amas de sables supérieurs par des eaux douces que par les eaux de la mer. Quoi qu'il en soit, il doit y avoir eu une grande inégalité de force de transport dans les eaux qui ont charrié les sables, et dans celles qui ont donné lieu au dépôt des marnes, lequel paraît s'être effectué dans un milieu tranquille. Bien que le transport des sables n'exige point une vitesse considérable des eaux, il y a cependant eu nécessairement une différence dans les circonstances qui ont accompagné le dépôt des sables et celui des marnes, quoique néanmoins les circonstances qui ont donné lieu au premier de ces dépôts se soient reproduites en partie pendant la formation des marnes.

Il est essentiel de remarquer que, d'après la différence de composition minéralogique qui existe entre les terrains supracrétacés de l'Angleterre (Londres et l'île de Wight) et ceux de Paris, il doit y avoir eu une différence très notable dans les circonstances qui ont accompagné le dépôt de l'une et de l'autre de ces formations. Le

---

[1] Lyell, *Geol. Trans.*, 2e série, vol. II.

terrain de Paris nous présente des dépôts de carbonate de chaux (calcaire grossier), de sulfate de chaux (terrain de gypse), et de silice (pierres meulières), genres de formations qui ne sont qu'en partie d'origine mécanique; tandis qu'en Angleterre, on trouve peu de dépôts qui n'aient évidemment cette même origine. On ne pourrait en excepter peut-être que les marnes d'eau douce et les concrétions calcaires de l'argile de Londres, ces dernières pouvant être dues à une sécrétion chimique qui s'est opérée au sein des marnes argilo-calcaires postérieurement à leur dépôt. Cependant, il y a une telle analogie entre les débris organiques du calcaire grossier de Paris et ceux de l'argile de Londres, malgré le défaut d'identité parfaite, que ces deux terrains peuvent être considérés comme de formation presque contemporaine; aussi, malgré les différences minéralogiques que nous présentent ces dépôts, nous les rapporterons à la même époque, ou à peu près, attribuant à des circonstances locales et à des accidents les caractères particuliers que chacun d'eux nous présente.

Les limites de cet ouvrage ne nous permettent point de reproduire ici les travaux de MM. Prevost, Boué, Voltz, Parsch, Lill von Lillienbach, Pusch [1], et de plusieurs autres géologues, sur les terrains de cette époque dans diverses parties de l'Europe; nous nous bornerons à donner un précis de quelques observations qui sont trop importantes pour être passées sous silence.

Le professeur Pusch, dans sa description des terrains de la Podolie et de la Russie méridionale, nous fait connaître que, près de

---

[1] Ce géologue fait remarquer que quelques-uns des dépôts supracrétacés de la Russie et de la Pologne présentent la *texture oolitique*, principalement près de Tiraspol, Latyczew et Kaluez, sur le Dniester, et dans la chaîne des monts Cecin, près de Czernowitz. La structure pisolitique de quelques calcaires supracrétacés est surtout remarquable dans certaines parties de la Pologne; les grains sont ou réniformes ou arrondis, et ont généralement la grosseur d'un pois ou d'une fève, quoique parfois ils acquièrent jusqu'à deux ou trois pouces de diamètre. Ceux-ci sont abondants près de Rakow. M. Pusch dit s'être convaincu, par des observations réitérées, que ces concrétions sont dues à des coraux, particulièrement à des *Nullipora*. Il fait remarquer que les grosses concrétions réniformes de Rakow ne sont autre chose que le *Nullipora byssoïdes* (Lam.), ou le *Nullipora racemosa* (Goldf.). En certains points, et surtout à Skotniki, près Busko, ces roches paraissent être des amas de balles de fusil et de boulets de canon.

L'étude comparative que le professeur Pusch a faite des coquilles contenues dans les terrains supracrétacés de la Pologne et de celles qui ont été figurées par différents auteurs, l'a conduit à ce résultat, que les fossiles des terrains tertiaires de la Pologne se rapprochent beaucoup plus de ceux trouvés au pied des Alpes italiennes et dans les collines sub-apennines que des fossiles de l'Angleterre et du nord de la France; qu'en outre, un examen approfondi fait toujours reconnaître que les espèces considérées au premier abord comme identiques avec celles de la France et de l'Italie, sont des variétés de ces dernières.

Krzeminiec, en *Volhynie*, au-dessus d'une plaine dont le sol est re couvert de sable et de silex de la craie, on voit des montagnes for mées de grès supracrétacés supérieurs dont l'épaisseur s'élève à une hauteur de 390 pieds au-dessus de la rivière d'Ikwa, et se continue dans la profondeur jusqu'à 60 pieds au-dessous de ce même niveau. Voici la coupe qu'il en a donnée.

1. Vingt pieds d'un sable cimenté par un peu de carbonate de chaux, contenant un grand nombre de petites coquilles, et des ma drépores qui se rapprochent du *M. cervicornis.*

2. Quarante pieds d'un grès calcaire, où l'on trouve beaucoup de coquilles des genres *Cardium*, *Venericardia* et *Arca.*

3. Soixante pieds d'un grès quarzeux compacte et poreux : ses cavités sont remplies de sable blanc ; il contient un grand nombre de *Venericardia* ; la partie inférieure est très calcaire.

4. Quatre-vingts pieds d'un calcaire marneux, riche en *Modiola* striées, en *Pecten*, et autres coquilles.

5. A soixante pieds au-dessous de la surface, on trouve un grès blanc quarzeux et légèrement calcaire, où se rencontrent, en grand nombre, des *Venericardia,* des *Trochus,* et des *Paludina* ou *Pha sianella.*

« D'après M. Jarocki, en perçant un puits, en juin 1829, on trouva, dans cette dernière couche (n° 5), une défense et une dent molaire d'éléphant, que l'on conserve dans le musée de Krzeminiec. On y a aussi observé d'autres ossements qu'on n'a pu détacher de la roche [1]. » M. Pusch dit plus loin que ce terrain présente absolu ment les mêmes caractères minéralogiques et zoologiques que les grès tertiaires de Szydtow et Chmielnik, en Pologne ; et que le fait qu'on vient de citer est analogue à la présence déjà observée de dents et défenses d'éléphant dans le grès tertiaire de Rzaka et de Wieliczka, qui contient des *Pecten polonicus*, des *Saxicava* et autres coquilles marines. Le lecteur reconnaîtra aussi que ce fait coïncide avec la présence simultanée de débris de grands pachy dermes et de fossiles d'origine marine en d'autres points de l'Eu rope.

On aura sans doute remarqué que les détails qui précèdent sur les terrains supracrétacés, quoique peut-être déjà trop étendus pour un manuel de géologie, ne contiennent que des observations faites dans diverses parties de l'Europe. Néanmoins, il est constant que des terrains de même nature sont assez abondants dans d'autres parties du monde, et nous avons même la certitude qu'en certains

[1] Pusch. *Journal de Géologie*, t. 2.

points, par exemple dans l'*Inde*, ils couvrent des étendues de pays très considérables ; mais nous les connaissons encore trop imparfaitement pour entreprendre de les comparer avec les dépôts connus de l'Europe.

Le docteur Buckland, d'après des renseignements fournis par M. Crawfurd, qui a recueilli sur les bords de l'Irawadi, dans le *royaume d'Ava*, une grande quantité de fossiles, a conclu que probablement il existait dans cette contrée un terrain supracrétacé dont les fossiles lui ont présenté les genres *Ancillaria, Murex, Cerithium, Oliva, Astarte, Nucula, Erycina, Tellina, Teredo*, ainsi que des *dents de Requin* et des écailles de poissons. Ces débris organiques sont empâtés dans un calcaire grossier très coquillier et mélangé de sable.

On a encore découvert entre Prome et Ava, dans le voisinage de plusieurs sources de pétrole, un gisement abondant de débris de mammifères et d'autres animaux, mêlés d'une grande quantité de bois silicifié, dans un terrain de sable et de gravier. Les ossements ou dents d'animaux vertébrés qui y ont été trouvés appartiennent aux espèces suivantes : *Mastodon latidens* (Clift), *M. elephantoïdes* (Clift), *Hippopotame, Porc, Rhinocéros, Tapir, Bœuf, Cerf, Antilope, Tryonyx, Emys* et *Crocodile* (deux espèces) [1].

M. Scott a observé dans les *monts Caribary*, sur la rive gauche du Brahma-Putra, un terrain qui appartient probablement à l'époque supracrétacée. En voici la coupe, en commençant par les couches les plus inférieures.

1. Argile schisteuse.
2. Concrétions ferrugineuses et sable assez solidement agrégé.
3. Sable jaune ou vert.
4. Argile schisteuse.
5. Sable et gravier fin. On a trouvé du bois fossile au milieu de couches d'argile endurcie. Un monticule qui s'élève dans le voisinage a fourni les débris organiques suivants : des dents et des ossements de *Requin ;* des palais et des nageoires de *poissons ;* des dents et des ossements de *Crocodile ;* quelques ossements de *quadrupèdes ;* enfin des coquillages : *Ostrea, Cerithium, Turritella, Balanus, Patella,* etc. [2].

D'après M. Pentland, qui a depuis examiné tous ces fossiles, les ossements de mammifères se rapportent au genre *Anthracotherium*,

[1] Buckland et Clift, *Géol. Trans.*, 2ᵉ série, vol. II.
[2] Colebrooke, *Geol. Trans*, 2ᵉ série, vol. I.

(Cuvier), à deux espèces dépendantes du genre *Moschus*, à une petite espèce de l'ordre des *Pachydermes*, et à un animal carnivore du genre *Viverra*. M. Pentland propose de donner à l'*Anthracotherium* trouvé dans cette localité le nom d'*Anthracotherium silistrense* [1].

Ces observations suffisent pour faire regarder comme probable qu'il existe dans l'Inde des terrains supracrétacés très étendus.

D'après le professeur Vanuxem et le docteur Morton, les terrains supracrétacés ou tertiaires couvrent, aux *États-Unis*, des surfaces de pays considérables. Les îles connues sous les noms de Nantucket, Long-Island et Manatthan, les côtes adjacentes de l'état de New-Yorck et de ceux compris sous le nom de Nouvelle Angleterre, nous en offrent la preuve. Ces mêmes terrains sont rares dans le New-Jersey et le Delaware; mais ils redeviennent abondants dans le Maryland et les contrées plus méridionales. Le dépôt paraît être formé de couches de calcaire, de meulière (*buhr-stone*), de sable, de gravier et d'argile. Il contient de nombreux fossiles qui se rapportent aux genres *Ostrea*, *Pecten*, *Arca*, *Pectunculus*, *Turritella*, *Buccinum*, *Venus*, *Mactra*, *Natica*, *Tellina*, *Nucula*, *Venericardia*, *Chama*, *Calyptræa*, *Fusus*, *Panopœa*, *Serpula*, *Dentalium*, *Cerithium*, *Cardium*, *Crassatella*, *Oliva*, *Lucina*, *Corbula*, *Pyrula*, *Crepidula*, *Perna*, etc. Sur 150 espèces de coquilles recueillies dans une même localité du comté de St.-Mary, état de Maryland, M. Say en a décrit et figuré plus de 40 nouvelles [2].

Voici, d'après le docteur Morton, la liste de quelques coquilles fossiles trouvées dans les étages supérieurs des couches supracrétacées du Maryland et des états encore plus au sud, lesquelles sont encore aujourd'hui vivantes sur les côtes des États-Unis : — *Natica duplicata* (Say), *Fusus cinereus* (Say), *Pyrula carica* (Lam.), *P. canaliculata* (Lam.), *Ostrea virginica* (Linn.), *O. flabellula*, *Plicatula ramosa* (Lam.), *Arca arata* (Say), *Lucina divaricata* (Lam.), *Venus mercenaria* (Linn.) *V. paphia?* (Lam.), *Cytherea concentrica* (Lam.), *Mactra grandis* (Linn.), *Pholas costata* (Linn.), *Balanus tintinnabulum?* (Lam.), *Turbo littoreus?* (Linn.), et un *Buccinum* [3].

Il paraît certain qu'il existe aussi dans l'*Amérique méridionale* des dépôts de la même époque; mais ils n'ont pas été examinés avec

[1] Pentland, *Geol. Trans.*, 2ᵉ série, vol. II.

[2] Vanuxem et Morton, *Journal de l'Académie des sciences naturelles de Philadelphie*, vol. VI.

[3] Morton, *ibidem*.

assez de soin pour que nous puissions les comparer avec les terrains correspondants de l'Europe. C'est par la même raison que nous ne pouvons point juger de l'âge relatif des nombreuses formations ignées qui couvrent les différentes parties du globe. Les progrès que fait la géologie ne peuvent manquer de jeter bientôt un grand jour sur l'état de la surface du globe à cette époque, et cette connaissance nous conduira aux plus importants résultats. Mais ce serait apporter de grands obstacles à ces futures découvertes de la science que de se hâter, comme on l'a fait trop souvent, de généraliser des faits locaux, et de mettre en avant de conclusions forcées, principalement quant à l'identité ou à la contemporanéité des dépôts.

Nous ne pouvons terminer cette esquisse des terrains supracrétacés sans ajouter un court extrait des importantes observations du docteur Boué sur ceux de la Gallicie, dans lesquelles il a établi ce fait remarquable, que le célèbre dépôt de sel de *Wieliczka* appartient au groupe supracrétacé. Ce dépôt a 2,560 mètres de long, 1,066 de large et 281 de profondeur. A la partie supérieure de la mine, le sel se présente en nodules avec du gypse au milieu de marnes; on lui donne le nom de *sel vert*. La masse de sel contient parfois du lignite, du bois bitumineux, du sable et des fragments de petites coquilles brisées. A la partie inférieure, la marne devient plus chargée de sable, et l'on trouve même des lits de grès dans le sel. Au-dessous, on rencontre un grès de couleur grise, assez grossier, qui contient du lignite et des impressions végétales, avec des veines et des couches de sel. Dans la partie inférieure de ce grès, on observe une marne calcaire solide, contenant du soufre, du sel et du gypse; au-dessous de cette marne se trouve un schiste alumineux et argilo-marneux. D'après les fossiles et diverses autres circonstances, le docteur Boué regarde ce vaste dépôt de sel comme faisant partie d'une argile supracrétacée salifère ou muriatifère, subordonnée au grès (mollasse); le plus généralement, les argiles marneuses ne sont qu'imprégnées de sel, ou muriatifères; et de vastes dépôts de sel, tels que ceux de Wieliczka, de Bochnia, de Parayd en Transylvanie, et de quelques autres localités, sont beaucoup plus rares [1].

Action volcanique pendant la période supracrétacée. Nous avons vu qu'il était déjà très difficile de fixer l'époque à laquelle se rapportent certains produits de volcans éteints. Cette difficulté reste toujours aussi grande à mesure que l'on descend dans la série géologique,

[1] Boué, *Journal de Géologie*, tome I, 1830.

car l'action volcanique paraît avoir été en jeu pendant de longues périodes de temps, sur les mêmes points, ou au moins sur des points très rapprochés. Le fait même de l'intercalation de roches volcaniques entre des couches d'origine aqueuse dont on connaît jusqu'à un certain point l'époque de formation, ne suffit pas toujours pour autoriser à en conclure celle de ces roches ; car nous ne sommes nullement certains qu'elles n'aient pas été intercalées après coup au milieu des terrains de sédiment, par des injections dont, si elles ont eu lieu, il serait très difficile d'assigner la date. C'est ainsi que l'époque de la première action volcanique de l'Etna nous paraîtrait remonter, à travers la série des temps, jusqu'au commencement de la formation des terrains supracrétacés, sur lesquels on voit reposer beaucoup de masses d'origine ignée.

Dans le *centre de la France*, parmi les nombreux volcans éteints qui donnent à ces contrées des caractères de géographie physique si remarquables, il y en a plusieurs dont on peut assigner l'époque relative avec assez de certitude. Ainsi la masse volcanique du *plomb du Cantal* paraît avoir crevé, relevé et fracturé les calcaires d'eau douce du Cantal, que MM. Lyell et Murchison considèrent comme l'équivalent des dépôts d'eau douce du bassin de Paris, du Hampshire et de l'île de Wight.

Voici la liste des débris organiques trouvés dans ces terrains d'eau douce du Cantal.

Une côte d'un quadrupède analogue à l'*Anoplotherium* ou au *Palæotherium*.

Des écailles de *Tortue* ; des dents de *poissons*.

Potamide Lamarckii ; *Lymnæa acuminata* ; *L. columellaris* ; *L. fusiformis* ; *L. longiscata* ; *L. inflata* ; *L. cornea* ; *L. fabulum* ; *L. strigosa* ; *L. palustris antiqua* ; *Bulimus terebra* ; *B. pigmeus* ; *B. conicus* ; *Planorbis rotundatus* ; *P cornu* ; *P. rotundus* ; *Ancylus elegans*.

Chara medicaginula ; graines (*Gyrogonites*) et tiges ; bois carbonisé.

Il est à remarquer que cette courte liste nous présente huit ou neuf espèces identiques avec celles du terrain d'eau douce *supérieur* du bassin de Paris, et cinq ou six [1] avec celles du terrain d'eau douce *inférieur* du même bassin. Il paraît donc que nous pouvons fixer la date relative de l'apparition des roches ignées du plomb du Cantal à une époque postérieure aux dépôts des terrains d'eau douce de Paris et de l'île de Wight.

---

[1] Lyell et Murchison, sur les dépôts lacustres et tertiaires du Cantal, etc. *Ann. des Sc. nat.*, 1829.

Quant à la date relative des roches ignées de l'Auvergne, il résulte des travaux de MM. Croiset et Jobert, que la *montagne de Perrier*, au nord-ouest de la ville d'Issoire (Puy-de-Dôme), présente deux étages ou terrasses, dont la première a environ 25 mètres au-dessus de la vallée de l'Allier, tandis que la seconde s'élève jusqu'à la hauteur de 200 mètres. La base de la montagne est *une masse granitique* que recouvre une épaisseur considérable de calcaire d'eau douce. Sur ce calcaire reposent des couches nombreuses de cailloux roulés et de sable, dont une est remarquable par la grande quantité de débris de mammifères qu'elle renferme. Le tout est couronné par une masse de matières volcaniques.

MM. Croizet et Jobert ont reconnu environ trente couches au-dessus du calcaire d'eau douce, tant dans cette localité que dans la contrée environnante, et ils distinguent dans cet ensemble quatre alternatives de terrains d'alluvion et de dépôts basaltiques. Trois de ces couches contiennent des débris organiques. Les deux premières font partie du troisième dépôt d'alluvions anciennes qui succéda à la seconde période volcanique ; la dernière appartient à la quatrième et dernière époque de ces anciennes alluvions. La montagne de Perrier ne présente qu'une partie de ces couches dont la série géologique a été établie d'après des observations faites dans toute la contrée.

La principale couche ossifère a environ 3 mètres d'épaisseur. On peut la suivre sur une étendue considérable, au pied de la montagne de Perrier, et on la retrouve de l'autre côté de la vallée de la Couse. Elle contient, d'après MM. Croizet et Jobert, une très grande quantité d'espèces fossiles ; savoir : 1 *Éléphant*, 1 ou 2 *Mastodontes*, 1 *Hippopotame*, 1 *Rhinocéros*, 1 *Tapir*, 1 *Cheval*, 1 *Sanglier*, 5 ou 6 *Felis*, 2 *Hyènes*, 3 *Ours*, 1 *Canis*, 1 *Castor*, 1 *Loutre*, 1 *Lièvre*, 1 *Rat d'eau*, 15 *Cerfs* et 2 *Bœufs*. Ces divers débris appartiennent à des individus de tout âge, et ils étaient pêle-mêle les uns avec les autres. Ces os ne paraissent pas avoir jamais été roulés, quoique souvent ils soient brisés et parfois rongés. Au milieu d'eux se trouvent mêlés de nombreux excréments de carnivores, qui paraissent encore occuper leur place première. Les auteurs cités en ont conclu que ces débris n'ont point été transportés hors des lieux où vivaient ces animaux, et que les lignites que l'on trouve au milieu de ces lits sont les restes de la végétation qui formait la nourriture d'une grande partie de ces animaux.

Dans les sables d'eau douce, les argiles et le calcaire de la contrée qu'ils regardent comme ayant été recouverte par les premières coulées basaltiques, MM. Croizet et Jobert ont observé les espèces de fossiles suivantes : 2 *Anoplotherium*, 1 *Lophiodon*, 1 *Anthracotherium*, 1 *Hippopotame*, 1 *Ruminant*, 1 *Canis*, 1 *Martre*, 1 *Lagomys*, 1 *Rat*, 1 ou 2 *Tortues*, 1 *Crocodile*, 1 *Serpent* ou *Lézard*, 3 ou 4 *Oiseaux* (on trouve des *œufs* parfaitement conservés); *Cypris faba*, *Helix*, *Lymnœa*, *Planorbis*, *Cyrena*, des *Gyrogonites*, et autres débris végétaux. Il est à remarquer que M. Bertrand de Doué avait déjà observé, peu de temps auparavant, les restes d'un *Palœotherium* dans un terrain semblable, au Puy, en Velay, et que le terrain d'eau douce de Volvic contient des ossements d'oiseaux [1].

M. Bertrand de Doué décrit un gîte d'ossements au milieu et au-dessous des roches volcaniques, près de *Saint-Privat-d'Allier* (Velay). La découverte de ce gîte est due au docteur Hibbert. M. Bertrand de Doué l'a visité avec M. Deribier, et y a observé la série de couches suivantes, en commençant par la plus élevée : *a*, troisième et dernière coulée de laves basaltiques ; *b*, seconde coulée, épaisse de 4 mètres ; *c*, cendres volcaniques grisâtres formant une couche de 2 à 4 décimètres de puissance ; *d*, scories et tufs agglutinés, couche épaisse d'un mètre ou davantage, à la partie supérieure de laquelle les ossements ont été découverts ; *e*, le plus ancien plateau de laves basaltiques. Les ossements de la couche *d* se rapportent au *Rhinocéros lepthorinus*, à l'*Hyœna spelœa*, et un grand nombre à au moins quatre espèces de *Cervus* non déterminées.

L'état broyé de ces os, et leur distribution irrégulière sur un espace horizontal peu étendu, ont fait penser au même auteur que ce lieu était jadis habité par des hyènes, qui y trouvaient sans doute la meilleure retraite que pût leur fournir la nature de la contrée, et qui y entraînaient leur proie, ainsi que cela paraît avoir eu lieu pour la caverne de Kirkdale : on a observé que la coulée de lave, qui a recouvert la couche de cendres au milieu desquelles se trouvent ces ossements, ne les a que très peu altérés.

M. Bertrand de Doué ne considère point les terrains de détritus de cette contrée comme produits par des eaux qui en auraient apporté les matériaux d'une grande distance, mais comme dus à une succession de causes locales, les détritus dont ils sont formés provenant uniquement des roches du voisinage. Il pense que la disposition actuelle des vallées latérales du bassin de l'Allier (la vallée où l'on a découvert les ossements est de ce nombre) est absolument la même qu'elle était pendant l'état d'activité des volcans

[1] Croizet et Jobert, *Recherches sur les ossements fossiles du département du Puy-de-Dôme*, et *Ann. des Sciences naturelles*, tome xv, 1828.

voisins, et il fait remarquer combien il est difficile d'établir des rapports chronologiques entre l'époque à laquelle se sont éteints les volcans du Velay et celle où ces animaux dont nous trouvons aujourd'hui les restes ont disparu de nos climats [1].

M. Robert a décrit le gisement dans lequel on a trouvé de nombreux ossements à *Cussac* (Haute-Loire). Des couches marneuses sans aucun fossile reposent sur les masses granitiques qui forment la base du sol. A *Solhilac*, ces marnes sont recouvertes par des marnes argileuses de 2 à 3 pieds d'épaisseur, qui contiennent des paillettes de mica, des grains de quartz, des cendres volcaniques, un gravier de basalte et des empreintes de graminées. On y a aussi trouvé des squelettes entiers d'*Aurochs*, d'une espèce de *Daim* inconnue et autres ossements. Sur cette marne argileuse reposent des couches d'un sable volcanique de deux ou trois mètres d'épaisseur, mêlées de petits cailloux basaltiques et granitiques, et contenant des ossements plus ou moins brisés de *Ruminants* et de *Pachydermes*. Au-dessus viennent des alluvions d'une plus grande solidité, formées du même sable volcanique, renfermant de gros blocs basaltiques et granitiques non arrondis, des géodes de fer hydraté et des ossements qui paraissent avoir été exposés à l'air avant d'être enveloppé ; le tout est cimenté par de l'oxyde de fer : et on voit souvent des couches d'un sable ferrugineux alterner avec ces dépôts d'alluvion ou les recouvrir. A Cussac, M. Robert a découvert dans ce sable ferrugineux des ossements appartenants aux animaux suivants : *Elephas primogenitus* ; *Rhinoceros lepthorinus* ; *Tapir arvernensis* ; deux espèces de *chevaux* ; sept espèces de bêtes fauves, à deux desquelles il donne les noms de *Cervus solilhacus* et *C. dama polignacus* ; *Bos urus* ; *Bos velaunus*, et *Antilope*. Le même auteur rapporte ces ossements à une époque plus reculée que ceux de Saint-Privat et de la montagne de Perrier ; il en attribue l'enfouissement à un cataclysme local par lequel les animaux ont été surpris tout à coup. Il explique ainsi la présence de squelettes entiers d'individus jeunes et vieux trouvés à Solilhac, circonstance que ne présentent pas les gîtes ossifères de Saint-Privat et de Perrier, où les ossements paraissent avoir été transportés par des animaux carnivores, dont les restes se trouvent maintenant mêlés avec ceux de leurs proies [2].

Le docteur Hibbert pense que les couches inférieures du terrain supracrétacé du Velay se sont déposées au fond de lacs d'eau douce.

---

[1] Bertrand de Doué, *Edin. Journ. of Science*, vol. II, new series, 1830.
[2] Robert, *Bulletin des Sciences nat. et de Géol.*, octobre 1830.

Ce dépôt s'est continué pendant un long espace de temps, comme l'indique son épaisseur, qui s'élève jusqu'à 450 pieds. Il a enfoui les restes des *Palæotherium* et *Antracotherium*, les coquilles terrestres et d'eau douce et les végétaux qui existaient alors. Ce dépôt ayant cessé, le sol se couvrit postérieurement de forêts marécageuses qui se peuplèrent d'animaux, et les dégradations ordinaires du sol de la contrée donnèrent lieu à de nouveaux dépôts, où furent enfouis une partie des végétaux et des minéraux alors existants. Les ossements paraissent avoir appartenu à différentes espèces de *Cerfs*, dont plusieurs étaient d'une très haute taille, à des animaux du genre *Bos*, au *Rhinoceros lepthorinus* et à l'*Hyæna spelæa*. A cette époque commencèrent les éruptions volcaniques par différentes bouches, vomissant des trachytes et surtout des basaltes, tantôt traversant le dépôt d'eau douce, tantôt le recouvrant de laves. Pendant ces convulsions volcaniques, certains points étaient encore recouverts d'une riche végétation qui a été ensevelie au milieu de produits volcaniques, comme on l'observe à Collet, à Ronzal et en d'autres localités, où des matières végétales, encaissées dans une argile noire carbonifère, et accompagnées de sable ferrugineux, alternent avec des masses roulées de trachyte, de phonolite et de basalte, ou avec des cendres volcaniques. Pendant toute la durée des éruptions, le cours des eaux a éprouvé de grands changements; les coulées de laves en traversant les lits des torrents, et leur fermant tout passage, ont donné lieu à des lacs, au fond desquels se sont produits des composés minéraux et des mélanges de roches tout particuliers. Les grandes dimensions et les angles arrondis de beaucoup de fragments de basaltes paraissent attester l'action de puissants courants d'eau sur certains points. Ces causes de destruction violente semblent avoir cessé au bout d'un certain temps, et alors les gros blocs de transport ont été recouverts par des sables et des argiles en couches régulières, comme on peut le voir près de Cussac. C'est à cette époque qu'ont été enfouis dans ce même lieu des animaux du genre *Bos* et des *Cerfs* de taille gigantesque. Postérieurement, le pays paraît avoir été habité par des *Hyènes*, qui, comme celles de la caverne de Kirkdale, sortaient de leur retraite pour chercher leur nourriture, et y rentraient ensuite avec leur proie [1].

Dans ces divers points de la France centrale, tout tend à prouver l'apparition de nombreux volcans immédiatement après le dépôt

1 Hibbert, *On the Fossil Remains of the Velay; Edin. Journal of Science*, vol. III, 1830.

du terrain d'eau douce, si étendu dans cette contrée, l'action volcanique s'étant ensuite prolongée pendant un laps de temps plus ou moins long, jusqu'à une époque comparativement récente.

Si ; en quittant la France centrale, nous nous dirigeons, soit vers *Aix*, soit vers *Montpellier*, nous trouvons des restes de volcans, qui probablement sont à peu près de la même époque que ceux de l'Auvergne. *Beaulieu*, près d'Aix, est, depuis de Saussure, une localité connue de tous les géologues.

L'*Espagne*, l'*Italie* et l'*Allemagne* nous présentent différents terrains ignés, qui paraissent devoir être rapportés à la période pendant laquelle se formaient les terrains supracrétacés. Toutefois les terrains volcaniques de l'Espagne sont encore peu connus ; mais ceux de l'Allemagne et de l'Italie, et principalement de cette dernière contrée, ont depuis longtemps fixé l'attention des géologues.

Les *monts Euganéens*, au sud de Padoue, présentent des masses de trachytes et autres produits volcaniques qui doivent être rapportés à la période supracrétacée ; car on les voit en plusieurs points reposer sur le terrain dit *Scaglia*, qui est l'équivalent de la craie. Le docteur Daubeny rapporte que l'on trouve le trachyte associé à du basalte au *Monte Venda*. Suivant le même auteur, il existe à la colline de *Belmonte*, dans le Vicentin, un petit ruisseau bordé d'escarpements qui présentent cinq dikes basaltiques, disposés de manière à faire croire au premier abord à une alternance réelle entre le calcaire et le basalte. On observe encore beaucoup d'autres dykes basaltiques dans cette même formation, à Chiampo, à Valdagno et à Magre ; mais les roches en contact ne sont point sensiblement altérées [1]. Toute la contrée est recouverte par un dépôt étendu de porphyre pyroxénique, qui repose, soit sur la craie, soit sur des terrains plus anciens, dont il a rempli toutes les dépressions. La partie supérieure de ce porphyre a une structure amygdaloïde ; il est recouvert par une série de couches calcaires alternant avec d'autres couches de fragments de basalte, de sables volcaniques et de lave scoriacée. Cet agrégat de substances volcaniques, et de même les dépôts calcaires, renferment des débris organiques et en sont souvent entièrement remplis [2]. Ainsi les poissons fossiles du *Monte Bolca*, depuis si longtemps célèbre, proviennent des couches calcaires de cette formation. A *Ronca*, on compte six couches calcaires qui alternent avec autant de couches de produits volcaniques, dont la plus inférieure est un basalte cellulaire.

[1] Daubeny, *Descriptions of Volcanos.*
[2] *Ibidem.*

M. Al. Brongniart a publié le catalogue suivant des coquilles et des zoophytes qui se rencontrent dans les couches du Vicentin, principalement à *Ronca*, à *Castelgomberto*, au *Val Sangonini* et à *Montecchio maggiore*. Nous désignerons ces différentes localités par leurs lettres initiales [1].

Nummulites nummiformis (Defr.) R.

Bulla Fortisii (Al. Br. pl. 2, fig. 1.) R.

Helix damnata (Al. Br. pl. 2. fig. 2.) R.

Turbo scobina (Al. Br. pl. 2, fig. 7.) C. G.

— *Asmodii* (Al. Br. pl. 6, fig. 2.) R.

Monodonta Cerberi (Al. Br. pl. 2, fig. 5.) V. S.

Turritella incisa (Al. Br. pl. 2, fig. 4.) R.

— *asperula* (Al. Br. pl. 2, fig. 9.) R.

— *Archimedis* (Al. Br. pl. 2, fig. 8.) R.

— *imbricataria* (Lam.) R.

Trochus cumulans (Al. Br. pl. 4, fig. 1.) C. G.

— *lusacianus* (Al. Br. pl. 2, fig. 6.) C. G.

Solarium umbrosum (Al. Br. pl. 2, fig.) R.

Ampullaria Vulcani (Al. Br. pl. 2, fig. 16.) R.

— *perusta* (Defr.) (Al. Br. pl. 2, fig. 17.) R.

— *obesa* (Al. Br. pl. 2, fig. 19.) MM. et C.G.

— *depressa* (Lam.) R.

— *spirata* (Lam.) V. S

— *cochlearia* (Al. Br. pl. 2, fig. 20.) C. G.

Melania costellata (Lam.) Var. *Roncana* (Al. Br. pl. 2, fig. 18.) R. et V. S.

— *elongata* (Al. Br. pl. 3, fig. 13.) C. G.

— *Sygii* (Al. Br. pl. 2, fig. 10.) R.

Nerita conoidea (Lam. et Al. Br. pl. 2, fig. 22.) R.

— *Acherontis* (Al. Br. pl. 2, fig. 13.) R.

— *Caronis* (Al. Br. pl. 2, fig. 14.) C. G.

Natica cepacea (Lam.) Val de Chiampo.

— *epiglottina* (Lam.) R.

Conus deperditus (Broc.) Var. *Roncanus* (Al. Br. pl. 3, fig. 1.) R.

— *alsionus* (Al. Br. pl. 3, fig. 3.) R.

Cypræa amygdalum (Broc.) R.

— *inflata* (Lam.) R.

Terebellum obvolutum (Al. Br. pl. 2, fig. 15.) R.

Voluta subspinosa (Al. Br. pl. 3, fig.) R.

— *crenulata* (Lam.) V. S.

— *affinis* (Broc.) (Al. Br. pl. 3, fig. 6.) R.

Marginella phaseolus (Al. Br. pl. 2. fig. 21.) R.

— *eburnea* (Lam.) R. et V. S.

Nassa Caronis (Al. Br. pl. 3, fig. 10.) R.

Cassis striata (Sow.) (Al. Brong. pl. 3, fig. 9.) R.

— *Thesæi* (Al. Br. pl. 3, fig. 7.) R.

— *Æneæ* (Al. Br. pl. 3, fig. 8.) R.

Murex angulosus (Broc.) Diverses parties du Vicentin.

— *tricarinatus* (Lam.) Vicentin.

Terebra Vulcani (Al. Br. pl. 2, fig. 11.) R.

Cerithium sulcatum (Lam.) Var. *Roncanum.* (Al. Br. pl. 3, fig. 23.) R.

— *multisulcatum* (Al. Br. pl. 3, fig. 14.) R.

— *undosum* (Al. Br.) R.

— *combustum* (Defr.) (Al. Brong. pl. 3, fig. 17.) R.

— *calcaratum* (Al. Br. pl. 3, fig. 15.) R.

— *bicalcaratum* (Al. Brong. pl. 3, fig. 16.) R. etc.

— *Castellini* (Al. Br. pl. 3, fig. 20.) R.

— *Maraschini* (Al. Br. pl. 3, fig. 19.) R.

— *corrugatum* (Al. Br. pl. 3, fig. 25.) R.

— *saccatum* (Defr.) R.

— *ampullosum* (Al. Br. pl. 3, fig. 18.) C. G.

— *plicatum* (Lam.) (Al. Brong. pl. 6, fig. 12.) R.

— *lemniscatum* (Al. Br. pl. 3, fig. 24.) R.

— *stropus* (Al. Br. pl. 3, fig. 21.) C. G.

Fusus intortus (Lam.) Var. *Roncanus.* (Al. Br.) R.

— *Noæ* (Lam.) R.

— *subcarinatus* (Lam.) (Al. Brong. pl. 6, fig. 1.) R.

— *polygonus* (Lam.) (Al. Brong. pl. 4, fig. 3.) R.

— *polygonatus* (Al. Br. pl. 4. fig. 4.) R.

Pleurotoma clavicularis (Lam.) M. M.

Pterocerus radix (Al. Brong. pl. 4, fig. 9.) C. G.

Strombus Fortisii (Al. Br. pl. 4, fig. 7.) R.

Rostellaria corvina (Al. Br. pl. 4, fig. 8.) R.

— *Pes-Carbonis* (Al. Br. pl. 4, fig. 2.) R.

Hipponyx cornucopiæ (Defr.) R.

Chama calcarata (Lam.) C. G.

Spondylus cisalpinus (Al. Brong. pl. 5, fig. 1.) C. G.

---

[1] Al. Brongniart, *Sur les terrains de sédiment supérieur du Vicentin.*

Ostrea. R.
Pecten lepidolaris ? (Lam.) R.
— *plebeius ?* (Lam.) R.
Aca Pandoris (Al. Br. pl. 5, fig. 14.) C. G.
Mytilus corrugatus (Al. Brong. pl. 5, fig. 6.) R.
— *edulis ?* (Linn.) R.
— *antiquorum* (Sow.) R.
Lucina scopulorum (Al. Br.) R.
— *gibbosula* (Lam.) R.
Cardita Arduini (Al. Br. pl. 5, fig. 2.) C. G.
Cardium asperulum (Lam.) (Al. Br. pl. 5, fig. 13.) C. G.
Corbis Aglauræ (Al. Br. pl. 5, fig. 5.) C. G.
— *lamellosa* (Lam.) R.
Venus ? Proserpina (Al. Brong. pl. 5, fig. 7.) R.

Venus Maura (Al. Br. pl. 5, fig. 11.) R.
Venericardia imbricata (Lam.) C. G.
— *Lauræ* (Al. Br. pl. 5, fig. 3.) C. G.
Mactra ? erebea (Al. Br. pl. 5, fig. 8.) R.
— *sirena* (Al. Br. pl. 5, fig. 10.) R.
Cypricardia cyclopœa (Al. Brong. pl. 5, fig. 12.) R.
Psammobia pudica (Al. Br. pl. 5, fig. 9.) V. S.
Cassidulus testudinarius (Al. Brong. pl. 5, fig. 15.) R.
Nucleolites ovulum ? (Lam.) R.
Astrea funesta (Al. Br. pl. 5, fig. 16.) R.
Turbinolia appendiculata (Al. Br. pl. 5, fig. 17.) R.
— *sinuosa* (Al. Br. pl. 6, fig. 17.) Vicentin. R.

On a donné une explication très probable de la structure géologique de cette contrée, en admettant que des éruptions volcaniques ont alterné avec des dépôts calcaires formés dans une mer peu profonde. M. Brongniart rapporte qu'on trouve des coquilles parasites et certains coraux adhérents à des fragments de roches volcaniques; ce qui prouve que ces roches, après s'être refroidies, ont encore séjourné longtemps au fond des eaux, avant que d'être recouvertes par de nouveaux dépôts. Et comme dans quelques localités on voit les produits volcaniques et les dépôts calcaires alterner entre eux plusieurs fois, on peut en conclure que la formation de l'ensemble de ces dépôts a duré pendant un long espace de temps.

Au nord et au sud de *Rome*, on trouve des traces nombreuses d'anciens volcans éteints. A Viterbe, on voit des roches basaltiques reposer sur un terrain formé de ponces et de tuf volcanique, dans lequel on a découvert des ossements de mammifères; fait analogue à ce qui existe en Auvergne. La ville de Rome elle-même est bâtie sur des roches d'origine volcanique, mêlées avec d'autres d'origine aqueuse, et le plus souvent contemporaines.

Si nous passons en *Sicile*, nous trouvons une extrême difficulté à fixer l'époque de laquelle date le commencement de l'action volcanique dont l'Etna est aujourd'hui la bouche, lorsque nous observons des produits volcaniques mêlés à des roches supracrétacées. Le docteur Daubeny remarque que les marnes bleues supracrétacées qui couvrent une portion considérable de la Sicile contiennent du soufre, divers sulfates et du muriate de soude, toutes substances sublimées par les volcans modernes, et auxquelles des émanations souterraines ont pu donner naissance.

Parmi la grande variété de dépôts volcaniques qu'on observe sur les *bords du Rhin* et dans les contrées adjacentes de l'Allemagne, il y en a plusieurs qui paraissent se rapporter évidemment à la période supracrétacée. De ce nombre sont ceux du *Siebengebirge*, du *Westerwald*, du *Habichtswald* près de Cassel, et du *Meisner* près d'Eschwege. Le Siebengebirge est formé de trachytes, de basaltes, et de conglomérats volcaniques que traversent des dykes. Le Westerwald présente les mêmes roches. Des cimes basaltiques s'étendent çà et là dans toute la contrée comprise entre le Westerwald et Wogelsgebirge. Le *Kaiserstuhl* et les terrains ignés qui se trouvent au nord du lac de Constance paraissent aussi devoir être rangés parmi les roches volcaniques qui ont pu être rejetées à l'époque de la formation supracrétacée.

M. Beudant a distingué dans la *Hongrie* cinq groupes volcaniques principaux, qui tous se rapportent à la période dont nous nous occupons : 1° le groupe de la contrée de Schemnitz et Kremnitz ; 2° celui qui constitue les monts Dregeley, près de Gran, sur le Danube ; 3° celui de Matra, au centre de la Hongrie ; 4° la chaîne qui s'étend de Tokai jusqu'à vingt-cinq lieues au nord ; 5° enfin le groupe de Vihorlet, qui se lie aux montagnes volcaniques de Marmarosch (frontière de la Transylvanie). Tous ces terrains consistent en différentes variétés de roches trachytiques.

D'après le docteur Boué, on rencontre en *Transylvanie* des roches volcaniques dont l'origine se rapporte incontestablement à l'époque des terrains supracrétacés. Elles forment une chaîne de collines qui sépare la Transylvanie de la contrée de Szeckler, et s'étend du mont Kelemany, au nord de Remebyel, jusqu'au mont Budoshegy, au nord de Vascharhely. Cette chaîne est principalement formée de diverses variétés de trachytes et de conglomérats trachytiques [1].

Il résulte des observations de M. de Buch et du docteur Daubeny que le Gleichenburg, près de Gratz, en *Styrie*, est une masse trachytique qu'environne une ceinture de couches supracrétacées alternant avec des couches de produits volcaniques.

Si nous passons du continent aux *Isles Britanniques*, nous trouvons que de grandes éruptions ignées ont eu lieu dans la partie nord-est de l'Irlande, après le dépôt de la craie, et pendant la période supracrétacée. C'est alors qu'ont paru les basaltes de la célèbre *Chaussée des Géants*, ceux du promontoire de *Fair-Head*, etc., qui ont soulevé et fracturé les terrains qui leur faisaient obstacle, empâtant en certains points d'énormes masses de craie, ainsi qu'on le

---

[1] Daubeny, *Description of Volcanos.*

voit à Kenbaan. Cette éruption ignée n'a absolument produit que des basaltes, dans lesquels on observe quelquefois la division prismatique, mais non constamment ; et les deux variétés, prismatique et non prismatique, sont tellement disposées le long de la côte, entre Dunseverie Castle et la Chaussée des Géants, qu'elles paraissent être intercalées ou interstratifiées l'une avec l'autre. A Murloch-Bay, Fairhead et Cross Hill, le basalte repose sur un terrain houiller ; à Knocklead et en d'autres localités, il recouvre la craie[1]. Comme on n'a point encore observé de roches supracrétacées mêlées avec le basalte, on ne peut fixer avec précision l'époque de l'éruption.

Postérieurement à l'époque où le basalte a coulé, toute sa masse, et celle des terrains sur lesquels elle repose, ont été traversées par des dykes d'une matière ignée. Dans l'*île de Raghlin*, un de ces dykes, qui coupe le basalte et la craie qu'elle recouvre, a produit dans celle-ci une altération remarquable que la figure ci-jointe servira à faire comprendre.

Fig. 38.

a a a, trois dykes de trapp qui coupent la craie *b b*, transformée en un calcaire grenu *c c c c*.

Pour compléter tout ce qui concerne les terrains supracrétacés, il ne nous reste plus qu'à rapporter les observations récemment faites dans les *Alpes* et les *Pyrénées* et dans les environs de *Maëstricht*, lesquelles paraissent tendre à établir au moins un passage zoologique entre les fossiles du groupe qui nous occupe et ceux du groupe inférieur. Les progrès de la science autorisent, en effet, à penser que la démarcation tranchée que l'on avait toujours admise entre les terrains que l'on appelait secondaires et tertiaires n'existe point, mais qu'au contraire la partie supérieure des uns et la partie inférieure des autres se rapprochent beaucoup par leurs caractères zoologiques, c'est-à-dire par leurs fossiles. A la vérité, on devait

[1] Buckland et Conybeare, *Geol. Trans.*, vol. III, et *Sections and Views illustrative of Geological Phenomena*, pl. 19.

naturellement le présumer ; car on ne saurait concevoir, surtout pour les animaux marins, une destruction totale des êtres organisés existants à une certaine époque, ce qui obligerait de supposer qu'il y a eu ensuite une nouvelle création de tous les êtres. Une pareille supposition s'accorderait difficilement avec ce que l'on observe pour d'autres terrains, comme nous le verrons dans la suite. Nous ne contestons pas qu'en un grand nombre de points, en Europe, il n'y ait réellement une grande différence spécifique entre les fossiles du groupe supracrétacé et ceux du groupe immédiatement inférieur ; mais nous nous bornons à penser que, de ce fait seul que l'Europe nous offre deux classes de terrains que l'on a pu distinguer essentiellement l'une de l'autre, d'après l'ensemble de leurs débris organiques, en nommant l'une *tertiaire* et l'autre *secondaire*, il ne s'ensuit pas nécessairement que, dans d'autres parties de la surface du globe, le même ensemble de terrains ne puisse constituer une série dans laquelle il soit impossible de tracer des lignes de démarcation. Qu'une révolution subite bouleverse l'Europe, il est probable que tous les animaux terrestres et d'eau douce, ainsi que tous les végétaux, seront détruits. Supposons même, pour donner plus de force à cet argument, que les animaux qui peuplent nos mers périssent également ; en résultera-t-il nécessairement que les mers et les terres de l'Australie seront également dépeuplées de tous leurs habitants ? Ne devons-nous pas présumer, au contraire, que si, lors de cette catastrophe supposée, il se déposait des terrains dans l'Australie, les mêmes corps organisés y seront ensevelis aussi bien pendant et après la destruction de la vie organique en Europe qu'auparavant, et que les terrains qui se formeront alors ne présenteront aucune différence, sous le rapport géologique, avec ceux qui avaient été antérieurement formés ? Il est sans doute impossible de douter que, dans une même contrée, de grands changements n'aient eu lieu, et quelquefois subitement, dans la nature des débris organiques qui y sont enfouis ; mais nous sommes encore loin d'avoir des idées bien exactes sur ce sujet. On conçoit difficilement comment il aurait pu arriver des changements brusques dans les coquilles marines de certains dépôts, lorsque rien n'indique qu'ils aient pu être le résultat de quelque violente révolution. Car, quoique la destruction de tous les animaux terrestres ou d'eau douce puisse s'expliquer naturellement par une invasion de la mer, due au soulèvement subit d'une chaîne de montagnes voisines ou à quelque autre cause, il est difficile de comprendre que cette cause puisse entraîner un changement total dans le caractère des animaux marins.

Le professeur Sedgwick et M. Murchison, parcourant en 1829 diverses parties des *Alpes* de l'Autriche et de la Bavière, y ont découvert une série de couches qu'ils se croient fondés à regarder comme intermédiaires entre la craie et les terrains supracrétacés jusqu'ici connus, et qui formeraient ainsi une sorte de passage entre les terrains qu'on a appelés secondaires et tertiaires, quoique néanmoins elles appartiennent plutôt à ceux-ci, étant supérieures au véritable terrain de craie. Cette opinion a été mise en doute, surtout par le docteur Boué, qui prétend que les terrains en litige appartiennent au groupe crétacé. D'après les deux auteurs d'abord cités, la *vallée de Gosau*, dans les Alpes du Salzburg, présente un bon exemple de ce qu'ils ont avancé. Sur l'un des flancs de cette vallée, qui est élevée d'environ 2,600 pieds au-dessus du niveau de la mer, on voit ces couches nouvelles tout à coup en contact avec des terrrains plus anciens. Voici la coupe de ces couches à partir du sommet.

1. Un grès micacé schisteux rouge et vert, de plusieurs centaines de pieds d'épaisseur. (Sommet du *mont Horn*.)

2. Un grès vert micacé, mêlé de gravier, que l'on exporte au loin comme pierre à aiguiser, et qui est suivi par des marnes sablonneuses jaunâtres. (*Ressenberg.*)

3. Un dépôt considérable de marnes bleues coquillières qui alternent avec d'épaisses couches de calcaire compacte et de grès calcaire. Les couches supérieures présentent des empreintes végétales peu distinctes, et la partie moyenne ainsi que la partie inférieure contiennent une prodigieuse quantité de débris organiques parfaitement conservés [1]. Les fossiles trouvés dans les couches inférieures doivent être rapportés, d'après MM. Sedgwick et Murchison, au groupe crétacé, tandis que ceux des marnes bleues qui sont au-dessus se rapprochent tellement d'un grand nombre d'espèces des formations supracrétacées tertiaires ou inférieures, qu'on ne peut se refuser à regarder tout ce dépôt comme intermédiaire entre la craie et les terrains considérés jusqu'ici comme tertiaires [2].

Le docteur Boué ne considère pas le dépôt de Gosau comme

---

[1] *Proceedings of the Geol. soc.*, novembre 1829.

[2] Les différents travaux du professeur Sedgwich et de M. Murchison sur les Alpes, ainsi que les figures des fossiles par eux découverts à Gosau, seront insérés dans la seconde partie du vol. III des *Géol. Trans.*, 2e série.

Nous donnons ici, d'après ces deux savants géologues, la liste des fossiles qu'ils ont recueillis à *Gosau* et dans d'autres dépôts analogues observés dans les Alpes. Les diverses localités seront indiquées par des lettres ainsi qu'il suit : G, *Gosau*; Z, *Zlam*; M, *Marzoll*; R, *Hinter Reutter*; T, *Traunstein* (Bavière); W, *Bords*

un terrain supracrétacé ou tertiaire, mais comme faisant partie de
ces terrains crétacés qui s'étendent, le long des Alpes, depuis

du *Wand*. (Cette liste, qui n'est point dans l'original anglais, a été envoyée par
l'auteur au traducteur.)

POLYPIERS.

Trago (Goldf.) G.

Nullipora (Goldf.) G.

Madrepora (Goldf.) G.

Cellepora (Goldf.) G.

Lythodendron granulosum (Goldf. pl.
37. fig. 12.) G.

Fungia radiata (Goldf. pl. 14, fig. 1.) G.

— *polymorpha* (Goldf. pl. 14, fig. 6.) G. Z.

— *undulata* (Goldf. pl. 14, fig. 7.) G.

— *discoidea* (Goldf. pl. 14, fig. 9.) G.

Diploctenium cordatum (Goldf. pl. 15,
fig. 1.) G.

Turbinolia complanata (Goldf. pl. 15,
fig. 10.) G.

— *duodecimcostata* (Goldf. pl. 15, fig. 6.) G.

— *lineata* (Goldf. pl. 37, fig. 18.) G.

Turbinolia cuneata (Goldf. pl. 37, fig. 17.) G.

— *aspera*. (Sow.) G.

Cyathophyllum rude. (Sow.) G.

— *compositum.* (Sow.) G.

Meandrina agaricites (Goldf. pl. 38,
fig. 2.) G.

Astrea striata (Goldf. pl. 38, fig. 11.) G.

— *formosa* (Goldf. pl. 38, fig. 9.) G.

— *reticulata* (Goldf. pl. 38, fig. 10.) G.

— *agaricites* (Goldf. pl. 22, fig. 9.) G.

— *grandis.* (Sow.) G.

— *media.* (Sow.) G.

— *formosissima.* (Sow.) G.

— *ambigua.* (Sow.) G.

— *tenera.* (Sow.) G.

— *ramosa.* (Sow.) G.

ANNELIDES.

Annulata serpula.

CONCHIFÈRES.

Teredo. G.

Solen. G.

Panopœa plicata? G.

Anatina. G.

Crassatella impressa (Sow.) G.

Corbula angustata (Sow.) G.

Sanguinolaria Hollowayssii?? (Sow.
pl. 159.) G.

Lucina. G.

Astarte macrodonta (Sow.) G.

Cyclas cuneiformis? (Sow. pl. 162,
fig. 2, 3.) G. W.

Cytherea lævigata (Lam.) G.

Venus. G.

Venericardia. G.

Cardium productum (Sow.) G. M.

Isocordia. G.

Cucullæa carinata (Sow. pl. 207, fig. 1.)
G.

Arca G.

Pectunculus plumsteadiensis (Sow. pl.
27, fig. 3.) G.

— *brevirostris* (Sow. pl. 472, fig. 1.) G.

Pectunculus pulvinatus? (Lam.) G.

— *calvus* (Sow.) G. M. W.

Nucula amygdaloides (Sow. pl. 554,
fig. 4.) G.

— *concinna* (Sow.) G. R.

Trigonia aliformis. Var. (Sow. pl. 215,
fig. 3.) G.

Modiola. G.

Inoceramus cripsii (Mant.) G. W.

Avicula. G.

Pecten quinquecostatus (Sow. pl. 56,
fig. 4, 5, 6, 7, 8.) G.

Plicatula aspera (Sow.) G. W.

Gryphœa elongata (Sow.) G.

— *Expansa* (Sow.) G.

Exogyra. G.

Ostrea. G.

l'Autriche jusqu'en Savoie, et dont il sera parlé dans la section suivante [1].

Il y avait déjà longtemps (1823) que M. Bronguiart avait signalé certaines couches du sommet des *Diablerets* (environs de Bex, pays de Vaud) comme pouvant être rapportés aux terrains supracrétacés ou tertiaires. On voit dans une coupe de cette montagne, tracée par M. Élie de Beaumont, et publiée par M. Brongniart, que ses couches sont singulièrement contournées ; les plus nouvelles ont été tellement enveloppées dans les anciennes, que celles-ci se rencontrent également au-dessous et au-dessus des premières [2]. Le terrain regardé par M. Brongniart comme supracrétacé est formé d'un grès calcaire, d'anthracite, et d'un calcaire noir, compacte, carbonifère. On y a trouvé les fossiles suivants :

Terebratula dimidiata? (Sow. pl. 277, fig. 5.) G.

Aximus? G. W.

Trigonellites. G. W.

MOLLUSQUES.

Dentalium grande? (Desh.) G. M.
Caliptræa? G.
Auricula decurtata (Sow.) G.
— *simulata* (Sow. pl. 163, fig. 5, 8.) G. M.
Melania. G.
Melanopsis. G.
Natica ambulacrum? (Sow.) G.
— *lyrata* (Sow.) G.
— *angulata* (Sow.) G.
— *bulbiformis* (Sow.) G. Z.
Nerita. G.
Solarium quadratum (Sow.) G.
Trochus Spiniger (Sow.) G.
Turbo arenosus (Sow.) G.
Turritella angusta (Desh.) G.
— *biformis* (Desh.) G. T.
— *rigida* (Desh.) G.
— *læviuscla* (Desh.) G.
Tornatella gigantea (Desh.) G. Z., Moyersdorf, Grünbach, etc.
— *Lamarchii* (Desh.) Gams-Gebirge.
Nerinea flexuosa (Desh.) G.
Cerithium reticosum. G.
— *conoideum* (Desh.) G. T. Z.
— *Pustulosum* (Desh.) G.

Pleurotoma prisca (Sow. pl. 386.) G. M.
— *fusiforme* (Sow. pl. 387. fig. 1.) G.
Pleurotoma spinosum (Sow.)
Fasciolaria elongata (Sow.) G.
Fusus intortus (Lam.) G.
— *heptagonus* (Sow.) G.
— *carinella* (Sow.) G.
— *muricatus* (Sow.) G.
— *abbreviatus* (Sow.) G.
— *cingulatus* (Sow.) G.
Rostellaria plicata (Sow.) G.
— *costata* (Sow.) G.
— *granulata* (Sow.) G. M.
— *lævigata* (Sow.) G.
Nassa carinata (Sow.) G.
— *affinis* (Sow.) G.
Mitra pyramidella? (Broc.) G.
— *cancellata* (Sow.) G.
Voluta coronata? (Broc.) G.
— *citharella?* (Al. Brong.) G.
— *acuta* (Sow.) G.
Terebra coronata (Sow.) G.
Volvaria lævis (Sow.) G.
Baculites ou *Hamites.* G.

[1] Boué, différents mémoires ; *Edin. Phil. Journal,* 1831 ; *Journal de Géologie,* 1830, et *Proceedings of the Geol. Soc., of London,* 1830.

[2] Brongniart, *Sur les terrains calcaréo-trappéens du Vicentin.* p. 47 ; et *Sections and Views illustrative of Geological Phenomena,* pl. 38, fig. 5.

Nummulites; *Ampullaria* (deux espèces); *Melania costellata* (Lam.); *Cerithium diaboli* (Al. Brong.), très abondant; *Turbinella? Hemicardium*; *Cardium ciliare* (Brocchi); *Caryophyllia*; *Madrepora*.

Les nummulites, que l'on trouve si abondamment dans les Alpes, n'y caractérisent aucune époque géologique distincte, ainsi qu'elles paraissent le faire dans le nord de la France et en Angleterre; car, dans les Alpes, au lieu d'avoir pour gisement unique le terrain supracrétacé, elles se trouvent dans tout le terrain crétacé, et peut-être même dans quelques terrains plus anciens.

Les observations du docteur Fitton, sur le terrain de *Maëstricht*, paraissent jeter quelque lumière sur ces dépôts alpins, du moins quant à leurs caractères zoologiques. Elles établissent que le célèbre dépôt de la montagne de Saint-Pierre présente, jusqu'à un certain point, un mélange de débris organiques des terrains secondaires avec ceux des terrains tertiaires, et que la totalité de ce dépôt est supérieure à la craie blanche, à laquelle il passe graduellement à sa partie inférieure, tandis que, vers sa partie supérieure, il porte des traces de bouleversement, et n'est lié par aucun passage avec les sables qui le recouvrent. Les masses siliceuses que contient ce dépôt y sont beaucoup plus rares que celles qu'on rencontre dans la craie, et d'un plus gros volume. Les silex n'y sont pas noirs, mais de couleur claire, et se rapprochent du *chert*, et parfois de la calcédoine. Sur cinquante espèces de fossiles de cette montagne que le docteur Fitton possède dans sa collection, il y en a environ quarante qui ne font point partie du catalogue des fossiles de la craie du comté de Sussex, publié par M. Mantell [1].

D'après M. Dufrénoy, les terrains crétacés des *Pyrénées* présentent un mélange analogue des fossiles jusqu'ici considérés comme caractéristiques, les uns de la craie, les autres des terrains tertiaires. Ce géologue fait remarquer que, parmi les nombreux fossiles que contient ce dépôt, il y en a beaucoup qu'on rapporte ordinairement à la période supracrétacée. Il ajoute que ces fossiles, quoique beaucoup plus abondants dans la partie supérieure de la craie des Pyrénées, se retrouvent néanmoins épars dans toute cette formation [2].

Il paraît résulter de tous ces documents que, dans les Pyrénées, dans les Alpes et à Maëstricht, il existe des dépôts où se trouvent réunis des fossiles, considérés jusqu'ici comme exclusivement propres, les uns aux terrains secondaires, les autres aux terrains ter-

[1] Fitton, *Proceedings of the Geol. Soc.*, 1830.
[2] Dufrénoy, *Annales des mines*, 1831.

tiaires; ce qui semble conduire à conclure que, sous le rapport zoologique, on ne peut tirer de ligne de démarcation tranchée entre ces deux groupes.

Il reste à examiner jusqu'à quel point les autres caractères peuvent servir à les distinguer : il est à espérer que de nouvelles recherches plus approfondies, faites dans les Alpes, pourront servir à éclaircir cette question. Sans doute de semblables recherches, faites dans ces hautes montagnes, sont nécessairement très longues; elles exigent beaucoup de patience et de fatigue, il faut qu'on soit favorisé par les circonstances, et surtout par un beau temps; mais si elles présentent de grandes difficultés, elles procurent aussi de bien grandes jouissances ; car qui pourrait visiter avec indifférence ces contrées où on peut observer de si belles coupes de terrains ? Toutefois on y rencontre souvent des montagnes entières qui sont tellement tourmentées et contournées, que les jeunes géologues qui parcourent les Alpes ne sauraient apporter trop d'attention à leur étude, et doivent tenir leur esprit constamment en garde contre des généralisations hasardées : mais en même temps ils peuvent être assurés que chaque coupe géologique, faite avec les soins convenables, et accompagnée d'une liste des fossiles qui s'y rencontrent, recueillis sur les lieux par eux-mêmes et non achetés à des marchands, et examinés ensuite par des gens habiles, sera pour eux du plus grand intérêt, et les récompensera amplement de leurs travaux.

SECTION V.

GROUPE CRÉTACÉ.

SYN. Craie. (*Chalk*, angl.; *Kreide*, allem.; *Scaglia*, ital.)

Marne crayeuse, Craie tufau. (*Chalk marl*, angl.)

Grès vert supérieur (*Upper green sand*, angl.) ; Glauconic crayeuse. (*Chloritische Kreide*, allem.; *Planer Kalk*, allem.; *Gault*, angl.)

Grès vert inférieur (*Lower green sand*, angl.); Glauconie sableuse, Al. Brong. (*Grüner Sandstein*, allem.), Boué; partie du *Quadersandstein* des Allemands.

La partie supérieure du groupe crétacé occupe une étendue considérable de l'Europe occidentale; elle s'y présente presque toujours avec les caractères distinctifs bien connus de la craie. L'étage supérieur de cette craie est généralement caractérisé dans une grande partie de l'Angleterre par la présence d'une grande quantité de rognons de silex, disposés par bandes sensiblement parallèles ; on voit aussi des veines minces de la même substance, tantôt suivant la même direction que les rognons, quelquefois aussi traversant les couches obliquement. La craie blanche, lorsqu'elle est exempte de silex et des grains siliceux dont elle est mélangée, est du carbonate de chaux presque pur. D'après l'analyse de M. Berthier, la craie de Meudon, débarrassée par le lavage du sable qui y est disséminé, contient, sur 100 parties, 98 de carbonate de chaux, 1 de magnésie avec un peu de fer, et 1 d'alumine. En Angleterre, les silex deviennent de plus en plus rares dans le passage de l'étage supérieur de la craie à l'étage inférieur, et ils disparaissent entièrement dans celui-ci. C'est cette circonstance qui a souvent fait partager la formation de craie blanche en craie supérieure ou craie à silex, et craie inférieure ou craie sans silex. Mais cette distinction ne saurait être admise pour des localités éloignées de celle où elle a été établie; car, au *Havre*, par exemple, la craie inférieure, à l'endroit même où elle passe aux grès verts supérieurs, renferme une grande quantité de silex et de rognons siliceux (*chert*) : cependant, en suivant la côte vers l'est, à partir du cap de la Hêve, on observe une masse considérable de craie où les silex sont rares, laquelle est évidemment supérieure aux couches du Havre, qui les séparent de couches de craie très riches en silex. L'observation des escarpements de *Lyme Regis* (Dorsetshire), et de *Beer* (Devonshire), montre bien l'impossibilité qu'il y a d'établir des correspondances exactes entre les dernières subdivisions des terrains, même sur une étendue qui n'est que de quelques milles : car on remarque entre ces deux points une grande différence dans le développement qu'ont pris les différentes parties du groupe crétacé, ce que j'ai eu anciennement occasion de faire connaître [1]. Cependant, quelques couches qu'on observe dans tout le canton de Lyme, et qui s'étendent même assez loin à l'est de Veymouth, présentent une circonstance remarquable : elles contiennent beaucoup de petits grains de quartz irrégulièrement arrondis, probablement d'origine mécanique, qui ont été accidentellement disséminés dans la masse. Elles sont remarquables aussi par la grande variété de débris organiques qu'on y trouve. Malgré leur constance, ces couches sont quelquefois remplacées presque subitement par d'autres couches où l'on ne voit pas de grains de quartz; c'est ce qui a lieu à Beer. La pierre de Beer, qui a été exploitée pendant des siècles pour des constructions, paraît être l'équivalent géologique des couches à grains de quartz de Lyme; et cependant c'est une roche blanche qui est principalement composée de carbonate de chaux, mélangé seulement de quelques parties argileuses et siliceuses. Il est probable que la pierre de Beer est aussi l'équivalent de la roche dite *Malm-Rock* des comtés de Hants et de Surrey, décrite par M. Murchison, et de la pierre à fourneaux (*firestone*) de Merstham, comté de Surrey, indiquée par M. Webster, et rapportée au grès vert supérieur. Je dois faire observer ici qu'en Normandie, la craie inférieure, ou son passage aux grès verts qu'elle recouvre, est employée comme pierre à bâtir dans beaucoup de localités, et que quelques-unes des couches de la craie inférieure de cette contrée ont pris une forte consistance qui approche même de celle du calcaire compacte. On les observe très bien sur la grande route qui conduit du Havre à Rouen, le long de la rive droite de la Seine.

Les étages inférieurs du groupe crétacé ont reçu différents noms,

[1] *Géol. trans.*, 2e série, vol. II.

surtout en Angleterre, quoique, le plus ordinairement, on les comprenne tous en masse sous le nom de grès verts (*green sand*). Nous devons la détermination exacte des sous-divisions de ce terrain, et leur séparation du *terrain de Weald*, aux observations du docteur Fitton [1]. Les sous-divisions qu'il a établies doivent surtout être admises pour l'étude de la géologie de l'Angleterre, parce qu'en les suivant, nous acquerrons quelques notions sur les causes qui les ont produites. Le docteur Fitton partage ce terrain en *grès verts supérieurs, gault*, et *grès verts inférieurs*. C'est dans la partie sud-est de l'Angleterre [2] qu'on peut le mieux observer.

Les *grès verts supérieurs* sont généralement liés par des passages à la masse de craie qui les recouvre; comme elle, ils présentent une grande quantité de grains verts. M. Berthier a analysé des grains semblables venant du dépôt équivalent du Havre, ainsi que les nodules verts ou rougeâtres qui les y accompagnent. Voici les résultats de ces analyses.

Grains verts.

Silice.	0,50
Protoxyde de fer. .	0,21
Alumine.	0,07
Potasse.	0,10
Eau.	0,11
	0,99

Nodules.

Phosphate de chaux.	0,57
Carbonate de chaux.	0,07
Carbonate de magnésie. . . .	0,02
Silicate de fer et d'alumine. .	0,25
Eau et matières bitumineuses.	0,07
	0,98

Ces analyses montrent la différence de composition des grains et des nodules. A l'égard de ceux-ci, M. Al. Brongniart remarque

[1] Fitton, *Des couches qui existent entre la craie et le calcaire de Purbeck; Annals of philosophy*, 1824. C'est dans ce mémoire que les relations générales de ces couches ont été, pour la première fois, clairement indiquées.

[2] On peut consulter : le Mémoire déjà cité du docteur Fitton; celui de M. Murchison sur la partie nord-ouest du comté de Sussex, *Geol. trans.*, 2e série, vol. 11; la *Description géologique du comté de Sussex*, par M. Mantell, et l'ouvrage de M. Martin sur l'ouest du même comté.

que le phosphate de chaux y entre quelquefois en si forte proportion, qu'il constitue presque à lui seul toute la masse [1]. ·

L'étage désigné en Angleterre sous le nom de *gault* ou *galt* est un dépôt argileux de couleur bleue grisâtre. Le plus souvent la partie supérieure est formée d'argile et la partie inférieure d'une marne qui contient des paillettes de mica, et qui fait fortement effervescence avec les acides.

Le *grès vert inférieur* se compose de couches de sable et de grès de différents degrés de dureté. La couleur est le plus ordinairement ferrugineuse ou verte; généralement la première est celle de la partie supérieure, et la seconde domine dans la partie inférieure, qui se présente quelquefois à l'état de roche argilo-arénacée, surtout vers le bas.

Sans entrer dans de plus grands détails sur les sous-divisions du groupe crétacé, on doit reconnaître qu'en le considérant dans son ensemble, tel qu'il existe en Angleterre et dans une grande partie de la France et de l'Allemagne, on peut le regarder comme composé d'une partie supérieure crétacée, et d'une partie inférieure arénacée et argileuse. Les divisions établies pour le *sud-est de l'Angleterre* ont été observées par M. Lonsdale dans le Wiltshire ; et sur le continent, M. Dumont a reconnu que la partie inférieure du groupe crétacé, qui se rencontre entre la Meuse et la Roër, présentant sa plus grande puissance près d'*Aix-la-Chapelle*, se subdivise très bien en grès verts supérieurs, *gault*, et grès verts inférieurs [2]. Dans le *nord de l'Angleterre* on retrouve à peine quelques traces de la formation arénacée : la craie blanche recouvre une craie rouge; et celle-ci repose sur une roche argileuse que M. Phillips a appelée argile de Speeton (*Speeton clay*). Dans le *sud-ouest de l'Angleterre*, la craie repose sur un grand dépôt arénacé dont la composition minérale n'est pas partout la même. Dans quelques localités il contient des veines puissantes et régulières de *chert*; ailleurs il en est entièrement dépourvu. Le plus souvent la partie inférieure présente généralement une roche argilo-arénacée, caractérisée par la présence de beaucoup de parties vertes et par une grande variété de débris organiques. La partie moyenne est formée par un sable d'un brun jaunâtre, faiblement agrégé, et dans lequel on trouve peu de fossiles. Enfin la partie supérieure est un mélange de grès verts et d'autres grès d'un jaune brunâtre, avec ou sans veines de

[1] Cuvier et Brongniart, *Description géologique des environs de Paris*, 1822, p. 13.
[2] Omalius d'Halloy, *Éléments de géologie*.

rognons siliceux (*chert*); les fossiles qu'elle contient sont le plus souvent fracturés.

En *Normandie*, les sables qu'on trouve dans la craie présentent des caractères très variés. Lorsqu'on suit, dans l'intérieur de la France, les sables verts qui viennent apparaître dessous la craie, et qui s'étendent, par *Mortagne*, depuis les côtes de la Normandie jusqu'aux bords de la Loire, du côté de *Tours*, et de là, vers le nord, jusqu'aux environs d'*Auxerre* et de *Troyes*, on reconnaît bientôt qu'on doit renoncer à généraliser les sous-divisions si utiles pour l'étude de la même formation en Angleterre, et se contenter de partager le groupe crétacé en deux grandes divisions : la *craie proprement dite*, et les *grès* ou *sables verts*.

Le groupe crétacé s'étend sur une grande partie de l'Europe. La craie et le *mulatto*, ou grès vert du nord de l'*Irlande*, doivent être considérés comme la limite la plus occidentale connue jusqu'ici de cette formation. L'intérieur de l'*Espagne* et du *Portugal* a été encore si peu exploré sous le rapport de sa constitution géologique, que nous ne sommes même pas assurés que la craie s'y rencontre ; à moins que le calcaire à nummulites, observé par le colonel Silvertrop dans les provinces de Séville et de Murcie, ne doive être rapporté à cet étage.

D'après M. Nilsson, la craie de la *Suède* (qui est le prolongement de celle du *Danemarck*) s'appuie généralement sur le gneiss, et plus rarement sur les roches du groupe de la grauwacke. On ne la voit reposer sur le groupe oolitique que dans une seule localité, près de Limhamn, dans la Scanie. Près de Hammer et de Kæseberga il y a, à la surface, une formation puissante de sables contenant du bois bitumineux. M. Nilsson la rapporte au groupe crétacé, parce que les végétaux qui s'y trouvent sont accompagnés de fossiles crétacés. Le dépôt de craie de la Suède se rencontre, par places, sur une grande épaisseur, et il est très riche en débris organiques. La partie septentrionale de ce dépôt est blanche ou grisâtre, et plus ou moins mêlée de substances siliceuses. Vers le sud, M. Nilsson indique une série de roches qui présente les différents degrés d'un passage insensible des grès verts à la craie blanche [1].

M. le professeur Pusch a fait connaître que le groupe crétacé se montre sur une grande étendue dans la *Podolie* et dans la *Russie méridionale*, et forme le prolongement du terrain crétacé de la

[1] Nilsson, *Petrificata suecana formationis cretaceæ descripta, et iconibus illustrata*, 1827.

Gallicie et de la *Pologne*. Il constitue, à l'état de craie marneuse, tout le pays compris *entre le Bog et le Dniester*, autour de Janow, de Lubin, de Micolajew, d'Uniow et de Rohetyn. Recouvert par les terrains supracrétacés, il s'étend depuis Halicz jusqu'à Zalezczyky, sur le Dniester. A l'ouest de ce fleuve, il occupe les environs de Tlumacz, d'Otynia et de quelques autres lieux, jusqu'au pied des Carpathes. Au nord du Dnister, il existe sous les terrains supracrétacés, entre ce fleuve et Brzezan, et il s'étend au loin vers Brody et dans les plaines de la *Volhynie*. «Dans quelques endroits, et particulièrement aux environs de Krzeminiec, il est recouvert par des terrains plus récents; mais une grande quantité de silex et de fossiles de la craie, épars dans des sables, ne permettent pas de douter de sa présence. » La craie forme des hauteurs assez considérables autour de Grodno, en *Lithuanie*. D'après M. Eichwald, la craie de cette dernière contrée abonde en *bélemnites*, tandis que ces fossiles manquent en Volhynie, où ils sont remplacés par des *Echinites*, *Terebratula*, *Ostrea*, *Placuna*, *Inoceramus* (*Catillus*), etc. Dans les deux pays, les silex contiennent des *Retepora*, *Eschara*, *Ananchytes*, *Encrinites*, etc. [1].

M. Eichwald a observé à Ladowa, sur le Dniester, de la craie sans silex, qui contient des fossiles des genres *Plagiostoma*, *Pecten*, *Ostrea*, etc., et qui repose sur le schiste argileux. A environ sept werstes de Ladowa, près de Bronnitza, elle recouvre alternativement un grès grossier, la grauwacke et le schiste argileux [2]. Plus au sud, dans les plaines de la *Moldavie*, de la *Podolie* et de la *Bessarabie*, la craie ne se montre que par lambeaux isolés, comme entre Jaroszow et Mohilew sur le Dniester, de Raszkow à Jaorlik sur le Pruth, près de Kolomea, de Sniatyn, de Sadagora, de Seret, de Roswan, d'Illina et de Jassy. On trouve la craie sur la partie méridionale du steppe granitique, dans la *Crimée* et sur les bords de la mer d'Azof, entre le Berda et le Don. Elle se présente aussi à l'ouest du Don, à travers le centre et le sud-est de la Russie. Dans le pays des cosaques du Don, dans les gouvernements de Voronesch, de Koursk et de Toula, elle se forme çà et là en collines, et se montre sur le bord des rivières au-dessous de la terre végétale, et constitue probablement la base de cette grande et fertile plaine. Le terrain marneux de la Gallicie orientale et de la Podolie est lié, comme en Pologne, avec un dépôt gypseux, à Mikulnice, à Seret (Podolie), à l'est de Trembowla, et plus particulièrement à Zhryez, près de

[1] *Journ. de géologie*, t. II, p. 68.

[2] *Ibidem*, p. 71.

Czarnokozienice. La craie graphique y est plus abondante et plus riche en silex que dans le centre de la Pologne [1].

Il résulte encore des détails intéressants donnés par M. Pusch, qu'il y a là sur la partie supérieure de la craie un dépôt de lignites, qui nous rappelle le sable à lignites indiqué par M. Nilsson en Suède, lequel, quoiqu'à une grande distance, paraîtrait avoir la même position géologique. Il ne paraît pas que ces lignites se retrouvent dans le centre de la Pologne, mais ils ont été reconnus dans plusieurs localités de la Gallicie orientale, et très abondamment le long des Carpathes, dans la Pocutie et la Bukowine, depuis Otynia jusqu'à Maydan, Lanczyn, Kniazdwor, puis, en remontant le Pruth, de Miszyn jusqu'à Seret, près de Czorthow et d'Ulaszkowe, et sur le Dniester, près de Chochim et de Mohilew. Ce terrain de lignites est décrit comme formé d'un grès calcaire bleuâtre ou gris verdâtre, alternant avec des sables et de l'argile plus ou moins calcaires, et avec des marnes schisteuses. Il contient quelquefois du succin, et plus souvent des morceaux de bois bitumineux, des couches minces de lignites et des troncs d'arbres fossiles. On y trouve beaucoup de coquilles, telles que le *Pectunculus pulvinatus*, *P. insubricus*, *Pecten* (espèce lisse), et plus rarement le *Nummulites discorbinus*, le *Dentalium eburneum*, et de petits *Cerithium*. On regarde ce grès comme distinct par ses fossiles du terrain de lignites, qui est bien connu dans l'ouest et le nord de la Pologne ; mais on peut ici se demander si, à une telle distance, les circonstances locales n'ont pas pu donner lieu à une grande différence dans les caractères.

D'après la description de M. le professeur Pusch, les roches crétacées forment un dépôt étendu en Pologne, et peuvent se distinguer en craie marneuse et en craie blanche. La première est une marne calcaire tendre, blanche ou d'un gris clair, qui devient siliceuse dans quelques cantons (Miechow, Kazimirz), tandis qu'ailleurs elle est colorée en vert par du silicate de fer (Czarkow, Szczerbakow). Elle alterne avec un calcaire blanc plus compacte. Un puits qui a traversé entièrement ce dépôt à Szczerbakow a montré qu'en cet endroit il avait environ 212 mètres d'épaisseur. M. Pusch remarque que certains dépôts de gypse de la Pologne sont liés avec la craie marneuse. La craie blanche de ce pays est décrite comme étant identique avec celle de l'Angleterre ; elle con-

---

tient, comme elle, une quantité de silex beaucoup plus grande que la craie marneuse [1].

Les roches du groupe crétacé se présentent dans différentes parties de l'*Allemagne*, dans le Hartz, et près de Quedlimbourg, de Paderborn, de Dortmund, de Munster, etc.

Nous avons déjà parlé du terrain crétacé de la France : nous ajouterons que, dans le pays de Valenciennes et de Mons, il repose sur le terrain houiller, et que les terrains de l'île d'Aix et de l'embouchure de la Charente sont rapportés à cette formation. Elle a aussi été bien reconnue dans quelques vallées du Jura et sur une grande partie du versant septentrional des Pyrénées. Elle existe sur les deux flancs des Alpes, et descend sur une grande partie des Apennins.

Le terrain crétacé est très développé dans les Alpes maritimes, où, entre autres fossiles, il contient une grande quantité de *nummulites*, que l'on regardait autrefois comme appartenant exclusivement aux formations supracrétacées. Il est ordinairement composé d'un calcaire marno-arénacé, dans lequel les parties arénacées deviennent quelquefois prédominantes, en sorte qu'il passe à l'état de grès. A sa partie inférieure se trouvent des couches d'un calcaire de couleur claire, chargé de grains verts et tout rempli de *Bélemnites*, d'*Ammonites*, de *Nautiles* et de *Peignes*. Il se lie intimement avec la partie supérieure d'un calcaire de couleur claire, qui contient beaucoup de dolomie cristalline. Ce dernier calcaire est très difficile à classer : par sa position, il peut être rapporté, soit à la partie inférieure du groupe crétacé, soit à la partie supérieure du groupe oolitique. Quelle que soit son époque géologique, il est lié intimement, comme l'a fait remarquer M. Elie de Beaumont, avec une grande partie des roches à nummulites des Alpes, et avec les calcaires de couleur claire de la Provence, du mont Ventoux, des départements de la Drôme, de l'Isère, etc.; et ces roches à nummulites sont elles-mêmes en rapport avec les terrains crétacés de Briançonnet (Basses-Alpes), de Villars de Lans (Isère), des montagnes de la grande Chartreuse, du mont du Chat, des hautes vallées longitudinales du Jura, de la perte du Rhône, de Thonne et de la montagne des Fis.

Après tous ces détails préliminaires sur la distribution géographique du groupe crétacé sur la surface de l'Europe, je vais donner un aperçu des variations qu'il présente dans ses caractères minéralogiques. Dans les Iles Britanniques, en Suède, en Pologne, dans

[1] Pusch, *Journ. de géologie*, t. ii, p. 258.

une grande partie de la France, et dans différents cantons de l'Allemagne et de la Russie, le terrain crétacé semble s'être trouvé, à une époque déterminée, sous l'influence de certaines causes qui ont produit partout les mêmes effets, ou des effets à peu près semblables. Les différences que l'on observe dans la partie inférieure de ce dépôt paraissent ne consister que dans la présence ou l'absence d'une quantité plus ou moins grande de sables et d'argile, matières qui peuvent être considérées comme provenant de la destruction de terrains antérieurs, et comme déposées par les eaux qui tenaient ces détritus en suspension mécanique; et cette supposition s'accorde bien avec l'inégale répartition de ces deux substances dans les localités où elles se trouvent. Mais si on considère la partie supérieure du groupe à laquelle la partie inférieure est liée par des passages, l'hypothèse d'un simple transport paraît ne pas s'accorder avec les phénomènes que l'on y observe, lesquels semblent plutôt avoir été produits par une dissolution chimique de carbonate de chaux et de silice, qui a dû recouvrir une surface considérable [1]. Car, comme on l'a déjà vu, la craie blanche, contenant souvent des silex, s'étend depuis la Russie jusqu'en France, à travers la Pologne, la Suède, le Danemarck, l'Allemagne et la Grande-Bretagne. Le grand dépôt de craie et de grès vert qui s'est formé en Europe à l'époque de la série crétacée a été depuis tellement recouvert, ravagé, soulevé et disloqué, que nous n'avons plus à observer que les lambeaux de cette formation; mais c'en est assez pour reconnaître qu'elle a recouvert une grande variété de roches préexistantes, depuis le gneiss de la Suède jusqu'au terrain des *Wealds* du sud-est de l'Angleterre.

Aussi, dans les contrées que nous venons de citer, on n'observe pas de différence bien essentielle dans la disposition et dans les caractères minéralogiques des masses qui composent le terrain crétacé, abstraction faite de quelques modifications locales. Mais si nous examinons ce terrain dans les *Alpes*, nous y trouvons des roches qui n'auraient certainement jamais été rapportées au groupe crétacé,

---

[1] Dans les phénomènes de l'époque actuelle, nous trouvons la silice en dissolution dans les eaux thermales; et quelquefois ces eaux, comme à Saint-Michel dans les Açores, contiennent en même temps du carbonate de chaux. On ne peut, il est vrai, concevoir que de telles sources, même supposées en grand nombre, aient donné lieu au grand dépôt de craie qui se présente avec tant d'uniformité sur une grande étendue; mais quoique des sources, en prenant ce mot dans son acception propre, n'aient pu produire de tels effets, peut-être aurait-on une explication plausible des phénomènes observés en les attribuant à la même cause qui produit aujourd'hui les eaux thermales, et qui a pu, à cette époque, agir avec beaucoup plus d'intensité et de développement.

si l'on n'avait eu égard qu'à leurs caractères minéralogiques, et cependant on ne peut douter maintenant qu'elles n'aient été formées à la même époque, à moins de repousser les conséquences évidentes qui résultent de l'examen des fossiles qu'on y rencontre. Au lieu de la craie blanche et tendre et des depôts puissants de sables faiblement agrégés qui constituent une si grande partie de ce terrain dans le nord de la France et en Angleterre, nous rencontrons ici des calcaires compactes et des grès dont la dureté est comparable à celle des roches les plus anciennes; à tel point qu'ils avaient été rapportés à celles-ci par les premiers géologues qui les avaient observés. Telles sont les roches de calcaire noir et dur (riche en *Scaphites*, *Hamites*, *Turrilites* et autres fossiles) qui couronnent les sommets des Fis, de Sales, et autres montagnes de la Savoie qui sont liées avec le Buet.

Les terrains de cette formation qui s'appuient sur le côté méridional des Alpes, en face des grandes plaines lombardo-vénitiennes, n'ont pas des caractères minéralogiques si différents de ceux de la craie de l'Europe occidentale; ils sont souvent composés de couches blanches, verdâtres et rougeâtres, quelquefois très argileuses. Dans la chaîne des Apennins, où on observe de si grandes masses de terrains qui paraissent se rapporter au groupe crétacé, il y a quelques cantons où les roches sont tout à fait identiques avec le terrain crétacé ordinaire.

Jusqu'à quel point les roches des Alpes de cet âge ont-elles été altérées depuis leur dépôt, par suite des révolutions qu'elles ont éprouvées?.... Ou bien peut-on regarder l'état où on les observe comme résultant de leur formation originaire, influencée par des causes locales?..... Telles sont les questions qui restent à résoudre. Nous nous contenterons de faire observer à cet égard qu'il serait difficile de concevoir que ces roches aient pu être exposées à toutes les circonstances qui accompagnent de grandes révolutions sans en avoir éprouvé quelques modifications.

D'après M. Dufrénoy, les terrains crétacés de la *France méridionale*, outre qu'ils contiennent une association remarquable de fossiles, présentent aussi des caractères minéralogiques différents de ceux que l'on observe dans les dépôts de la même époque dans le nord de la France. La partie de ces terrains qui s'appuie sur le plateau central de la France est formée, vers le bas, de marnes et de grès plus ou moins chargés d'oxyde de fer, et contenant, dans quelques localités, des couches de *lignites*. M. Dufrénoy rapporte ces terrains de lignites (tels que ceux de Rochefort, d'Angoulème, de Sarlat, du Pont-Saint-Esprit, et quelques autres) aux roches arénacées inférieures du groupe crétacé. A Angoulême, et dans quelques autres localités, les lignites sont recouverts par des couches régulières de calcaire presque saccharoïde. Cette circonstance prouve qu'ici le carbonate de chaux est le résultat d'un dépôt chimique opéré lentement; d'où il suit que, si l'on considère la craie blanche du nord de l'Europe comme formée chimiquement, il faut admettre que le dépôt s'est fait plus lentement dans certaines localités que dans d'autres. Le même géologue a aussi reconnu, à l'égard du terrain crétacé qui constitue une partie des *Pyrénées* et de celui qui en est le prolongement, que les calcaires qui reposent sur les dépôts arénacés (à lignites et à empreintes végétales), quoique le plus ordinairement compactes, sont aussi quelquefois cristallins. Néanmoins il est à remarquer que la partie supérieure de la craie des Pyrénées présente des caractères évidents de formation mécanique; car on y observe des couches puissantes de conglomérats calcaires alternant avec des couches de calcaire [1].

M. Élie de Beaumont cherche à établir que, sous différents points, de violentes dislocations de couches ont précédé le dépôt du groupe crétacé; il se fonde sur ce qu'on observe que ce terrain repose en couches horizontales sur les couches relevées de terrains plus anciens. C'est ainsi que la craie et le *quadersandstein* (grès vert) des environs de Dresde, de Pirna et de Konigstein, en *Saxe*, s'étendent horizontalement sur les couches inclinées de l'Erzgebirge, que M. Élie de Beaumont considère comme ayant été soulevées en même temps que la Côte-d'Or, à cause du paralléllisme des deux chaînes. La date de ce soulèvement se trouve ainsi fixée entre le dépôt du terrain oolitique et celui du groupe crétacé. Le soulèvement du mont Pilas est aussi rapporté à la même époque. M. Élie de Beaumont pense que, par suite de ces dislocations de couches, des masses d'eau considérables ont du être mises en mouvement, charriant avec elles les détritus de ces couches. En regardant cette théorie comme probable, il reste encore à expliquer le caractère du dépôt chimique que présentent la craie blanche et le silex; et on peut demander si les circonstances qui ont dû accompagner la dislocation des couches ont permis à la mer de dissoudre du carbonate de chaux et de la silice, qui se seraient ensuite déposés lors du retour d'une période de calme, tandis que les sables et argiles se seraient précipités les premiers du liquide qui ne les tenait, au moins en partie, qu'en suspension. Les jeunes géologues ne doivent considérer ces idées que comme de pures hypothèses, qui même ne s'accordent peut-être

[1] Dufrénoy. *Annales des mines*, 1831.

pas parfaitement avec les débris organiques qu'on rencontre dans le groupe crétacé.

M. Partsch décrit une série de roches calcaires et arénacées qu'il a observées en *Dalmatie* et dans les provinces voisines. Elles contiennent des *Nummulites*, et paraissent appartenir au groupe crétacé. On les voit former des montagnes élevées, particulièrement dans la *Croatie*. La direction des chaînes de montagnes a fait présumer à M. Élie de Beaumont que ces roches s'étendaient dans la Livadie et dans la Morée. L'observation seule pourra apprendre jusqu'à quel point cette induction est exacte; mais dès à présent il est à remarquer que des roches semblables à celles de la Dalmatie prédominent sur une grande étendue dans quelques parties de la *Grèce*, et qu'elles s'étendent aussi le long des côtes de la *Caramanie*.

Les différents Mémoires de MM. Keferstein et Boué, du professeur Sedgwich, de M. Murchison et de M. Lill de Lillienbach, ne permettent pas de douter que le groupe crétacé ne se montre sur une grande étendue dans les Alpes de l'*Autriche* et de la *Bavière*, et dans les monts *Carpathes*. Les géologues ne sont pas d'accord sur le point où la série commence et sur celui où elle finit; mais le fait principal de la présence du groupe crétacé n'est pas contesté. Il paraîtrait aussi résulter des observations que la plus grande partie de ce terrain est formée de roches arénacées.

Après avoir fait remarquer que les roches crétacées des monts Carpathes n'ont éprouvé aucune modification depuis leur dépôt, tandis qu'au contraire celles de la chaîne principale des Alpes ont été fortement disloquées (ce qui est pleinement confirmé par les observations plus récentes que M. Murchison a faites à quelque distance de Vienne), M. Élie de Beaumont ajoute :

« Presque dans le prolongement des Carpathes, aux environs de Dresde, le côté droit et septentrional de la vallée de l'Elbe est bordé par une suite de montagnes de granit et de syénite, qui s'étendent de Hinterhermsdorf sur la frontière de la Bohême, à Weinbohla, à une lieue et demie à l'est de Meissen, en s'élevant brusquement au-dessus de la plaine de *quadersandstein* (grès vert) et de *plænerkalk* (craie). Lorsqu'on examine de près le contact de ces roches primitives avec les couches qui représentent le grès vert et la craie, on voit qu'en beaucoup de points elles les coupent et même les recouvrent presque horizontalement. Il est donc de toute évidence que ces granits et ces syénites se sont élevés à la surface du sol depuis le dépôt du grès vert et de la craie, et il n'est pas moins remarquable que la petite chaîne qui en est formée court, comme le fait aussi à peu près la chaîne des Géants, dans le sens de la vallée de l'Elbe, et dans une direction exactement parallèle à celle qui domine dans le système pyrénéo-apennin [1].»

Les carrières de *Weinbohla* sont le point le plus remarquable à observer. On y exploite une roche de craie qui contient, d'après M. Weiss, des *Plagiostoma spinosum, Podopsis, Spatangus,* etc. Cette roche se trouve en général en couches horizontales; mais près de sa ligne de jonction avec la syénite, elle s'enfonce graduellement en plongeant sous celle-ci, de manière qu'on voit la syénite recouvrir la craie à stratification concordante. Une couche de marne et d'argile, en partie bitumineuse, qui recouvre la craie, la sépare d'avec la roche de syénite. M. Kliptein rapporte, au sujet de ces superpositions, qu'en remontant la vallée de Polenz, depuis le pied du mont Hockstein, on remarque, à droite, que les couches de grès vert, qui sont généralement horizontales, commencent à s'incliner insensiblement sous un angle qui augmente à mesure qu'elles sont plus proches du granit, de manière qu'elles plongent sous cette roche sous un angle de 46 à 48°. Il regarde ce fait comme tout à fait incontestable. « En venant de Brandt, on observe que la hau-
« teur du grès vert diminue de plus en plus à mesure que l'on des-
« cend dans la vallée, jusqu'à ce qu'elle n'ait plus que quelques
« pieds. Dans un vallon qui s'étend dans ces montagnes, vers la
« hauteur du Gothenwald, la craie marneuse, avec ses marnes
« et ses argiles supérieures, se montre entre le granit et le grès
« vert. Il y a des endroits où l'on a poussé des galeries à travers le
« granit et la craie jusque dans le grès vert. » Ces travaux ont montré que « la craie, avec ses marnes et ses argiles, s'amincit
« graduellement, de telle sorte que le granit, qui s'appuyait
« d'abord sur l'argile, vient enfin en contact avec le grès vert. La
« superposition du granit sur le grès est tout à fait évidente à quel-
« que distance de ce point. Mais tout à coup le phénomène change :
« le granit coupe les roches arénacées sans les déranger ou les
« altérer en rien ; on dit même que plus bas le granit commence
« à être placé sous le grès vert [2]. »

M. le professeur Naumann a observé que, près d'*Oberau*, l'inclinaison des couches de craie augmente à mesure qu'elles approchent du granit, et que bientôt il les recouvre; tandis qu'aux environs de Zscheila et de Niederfehre, les roches crétacées reposent horizontalement sur le granit. Il ne peut cependant pas y avoir de doute sur la liaison des deux dépôts; car dans les deux localités le calcaire et le granit s'enchevêtrent l'un l'autre, et l'on

[1] *Ann. des Sc. nat.,* t. xviii, p. 308.
[2] *Journ. de géologie,* t. ii, p. 182.

voit des portions irrégulières et des veines de calcaire dur, à grains verts et à fossiles crayeux, qui se trouvent çà et là empâtées dans le granit. Un point très intéressant est la gorge de Niederwarta, sur la rive gauche de l'Elbe. « Dans le village, il y a de la craie « horizontale ; mais à environ un tiers de lieue au delà, les cou- « ches se relèvent sous un angle de 25 à 30° ; à cent pas plus loin, « l'inclinaison est de 70 à 80" ; et ces roches, fracturées très près « du granit, s'élèvent en hautes montagnes escarpées sur le ter- « rain crétacé. » A Lichtenhain et à Ottendorf, on voit à découvert la limite de jonction du granit et du grès ; à vingt pas plus loin, le grès est horizontal ; mais, à mesure qu'on s'approche du granit, les couches, ou plutôt les fragments de couches, se relèvent et atteignent une inclinaison qui va jusqu'à 60" [1].

Avant de quitter ce sujet, nous devons faire mention de certaines couches qui existent dans le *Cotentin* (Normandie), dans lesquelles on observe, sinon un passage évident de la craie aux terrains supra-crétacés, du moins une juxtaposition remarquable entre des cou-ches contenant les fossiles du calcaire grossier et un terrain qui renferme des fossiles de la craie, dont plusieurs ont aussi été trouvés à Maëstricht. Le calcaire du Cotentin, connu sous le nom de *calcaire à baculites*, a été souvent visité et plusieurs fois signalé par des géologues ; mais sa véritable position dans l'échelle des terrains n'est connue que depuis la description que M. Desnoyers en a donnée en 1825 [2]. Le calcaire à baculites est blanc ou jaune, et presque toujours compacte ; ses caractères minéralogiques sont toutefois variables, car on le trouve aussi à l'état crayeux, et même à l'état arénacé. Il contient des fossiles de la craie, parmi lesquels se rencontrent plusieurs de ceux qui ont été reconnus à Maëstricht : tels sont le *Baculites vertebralis*, le *Thecidea radians*, le *T. recurvi-rostra*, et quatre ou cinq espèces particulières de *Terebratules* non encore déterminées. D'autres couches reposent sur ce calcaire, et forment avec lui une masse totale de terrain d'une épaisseur peu considérable. Elles sont principalement composées de matière cal-caire, et quoiqu'elles ne soient pas parfaitement semblables au cal-caire qu'elles recouvrent, elles en diffèrent cependant très peu en apparence ; mais elles contiennent des fossiles analogues à ceux du calcaire grossier, et M. Desnoyers pense que, sous le rapport des caractères zoologiques, on peut tracer une ligne de séparation bien nette entre ces deux dépôts. Il remarque cependant qu'à la

---

[1] Naumann, *Poggendorf's Annalen*, et *Journ. de géologie*, t. III, 232, 1831.
[2] *Mém. de la Soc. d'Hist. nat. de Paris*, t. II.

jonction des parties supérieure de l'un et inférieure de l'autre,
lorsque les roches n'avaient pas beacoup de cohérence, il y a eu
quelquefois un mélange apparent des fossiles des deux terrains.

« Mais il m'a semblé en même temps, ajoute M. Desnoyers,
« outre que cette confusion était peut-être accidentelle, que les
« espèces de la craie compacte, *Trochus* et *Baculites*, conservant
« leur mode habituel de pétrification, auraient appartenu à une
« couche antérieurement formée, et différaient ainsi de celles pro-
« pres au calcaire grossier, *Cerithium cornucopiæ*, *Hypponix*, *Cly-*
« *peaster politus?* (Desm.), etc., remplies au contraire de miliolites
« et du calcaire pisolitique qui les entoure. Des petits galets de
« grès et de quartz, communs dans toutes les couches secondaires
« du Cotentin, les accompagnent à Orglandes, seul endroit où j'aie
« vu le mélange apparent. »

Le calcaire à baculites s'observe à Fréville, Cauquigny, Bon-
neville, Orglandes, Hauteville, et en quelques autres endroits du
Cotentin.

M. Desnoyers fait remarquer que, parmi les fossiles que l'on
trouve dans les grès verts et la craie de ce pays (et qui sont compris dans le catalogne général ci-après), les suivants, *Turrilites*,
Gryphœa columba, *G. striata*, *Ostrea carinata*, *O. pectinata*,
Pecten spinosus, *Halliorhoa*, *Ventriculites*, *Spongus*, et autres,
si nombreux ailleurs, ne se rencontrent pas dans ce terrain.

Débris organiques du groupe crétacé [1].

VÉGÉTAUX.

Confervites fasciculata (Ad. Brong. pl. 1, fig. 1, 2, 3.) Arnager, Bornholm (Ad. Br.)
  Craie, Sussex (Mant.)
— *œgagropiloides* (Ad. Br. pl. 1, fig. 4 et 5.) Arnager, Bornholm (Ad. Br.)
— Espèce non déterminée. Craie, Sussex (Mant.)
Fucoïdes Orbignianus (Ad. Br. pl. 2, fig. 6, 7.) Ile d'Aix, La Rochelle (Ad. Br.)
— *strictus* (Ad. Br. pl. 2, fig. 1 à 5.) Ile d'Aix, La Rochelle (Ad. Br.)
— *tuberculosus* (Ad. Br. pl. 7, fig. 5.) Ile d'Aix, La Rochelle (Ad. Br.)

---

[1] Il a été fait plusieurs additions à ce tableau des fossiles du groupe crétacé.
Quelques-unes nous ont été indiquées par M. de la Bèche; les autres ont été puisées
dans le *Petrefacta* de M. Goldfuss, ou dans la traduction allemande du Manuel de
M. de la Bèche, récemment publié par M. de Dechen. Ces fossiles ajoutés sont distingués des autres par une astérisque en tête (*). Nous avons aussi ajouté des notes qui
nous ont été obligeamment communiquées par M. Deshayes.

M. de Dechen a indiqué séparément les fossiles de la montagne de Saint-Pierre,
près de Maëstricht. Nous n'avons pas jugé devoir adopter cette séparation, qui nous a
paru n'être fondée que sur des différences peu importantes, lesquelles même ne sont
pas généralement reconnues. (*Note du traducteur.*)

Fucoides difformis (Ad. Br. pl. 5, fig. 5.) Bidache, Bayonne (Ad. Br.)
— *intricatus* (Ad. Br. pl. 5, fig. 6, 7, 8.) Bidache (Ad. Br.)
— *Lyngbianus* (Ad. Br. pl. 2, fig. 20, 21.) Arnager, Bornholm (Ad. Br.)
— *Brongniarti* (Mant. pl. 9, fig. 1.) Craie, Sussex (Mant.)
— *Targioni* (Ad. Br. pl. 4, fig. 2 à 6.) Craie, Sussex (Mant.)
— Espèce non déterminée. Craie, Gault, Sussex (Mant.)
Zosterites Orbigniana (Ad. Br., Mém. de la Soc. d'Hist. nat., t. 1, pl. 21, fig. 5.) Ile
    d'Aix (Ad. Br.)
— *elongata* (Ad. Br. ibid., fig. 6.) Ile d'Aix (Ad. Br.)
— *Bellovisana* (Ad. Br. ibid., fig. 7.) Ile d'Aix (Ad. Br.)
— *lineata* (Ad. Br. ibid., fig. 8.) Ile d'Aix (Ad. Br.)
Cycadites Nilssonii (Ad. Br.) Craie, Scanie. Nils. Act. Holm., t. 1, pl. 2, fig. 4 et 6.)
Cônes de conifères, grès vert, Lyme Regis. (De la B.) Grès vert? Köpinge, Scanie
    (Nils.)
Fougères, grès vert, Lyme Regis (De la B.)
Bois dicotylédone, percé par quelque coquillage foreur. Craie, Sussex (Mant.) Grès
    vert, Lyme Regis (De la B.)

ZOOPHYTES.

Achilleum glomeratum (Goldf. pl. 1, fig. 1.) Maestricht (Goldf.)
— *fungiforme* (Goldf. pl. 1, fig. 3.) Maestricht (Goldf.)
— *Morchella* (Goldf. pl. 29, fig. 6.) Roches crétacées, Essen, Westphalie (Sack.)
Manon capitatum (Goldf. pl. 1, fig. 4.) Maestricht (Goldf.)
— *tubuliferum* (Goldf. pl. 1, fig. 5.) Maestricht (Goldf.)
— *pulvinarium* (Goldf. pl. 1, fig. 6.) Maestricht, Essen, Westphalie (Goldf.)
— *Peziza* (Goldf. pl. 1, fig. 7, 8; pl. 5, fig. 1; pl. 29, fig. 8.) Maestricht, roches
    crétacées, Essen, Westphalie (Goldf.)
— *stellatum* (Goldf. pl. 4, fig. 9.) Roches crétacées, Essen (Goldf.)
— *pyriforme* (Goldf. pl. 65, fig. 10.) Craie, Coesfeld (Goldf.)
Scyphia verticillites (Goldf. pl. 65, fig. 9.) Maestricht, Nehou (Goldf.)
— *mammillaris* (Goldf. pl. 1, fig. 9.) Essen, Westphalie (Goldf.)
— *furcata* (Goldf. pl. 2, fig. 6.) Roches crétacées, Essen (Goldf.)
— *infundibuliformis* (Goldf. pl. 5, fig. 2.) Essen (Goldf.)
— *foraminosa* (Goldf. pl. 31, fig. 4.) Roches crétacées, Essen (Goldf.)
— *Sackii* (Goldf. pl. 31, fig. 7.) Essen, Westphalie (Sack.)
— *tetragona* (Goldf. pl. 11, fig. 2.) Essen (Goldf.)
— *fungiformis* (Goldf. pl. 65, fig. 4.) Coesfeld, Westphalie (Goldf.)
— *Mantellii* (Goldf. pl. 65, fig. 5.) Coesfeld, Westphalie (Goldf.)
— *Dechenii* (Goldf. pl. 65, fig. 6.) Coesfeld, Westphalie (Goldf.)
— *Oyenhausii* (Goldf. pl. 65, fig. 7.) Grès vert, Darup, Westphalie (Goldf.)
— *Murchisonii* (Goldf. pl. 65, fig. 8.) Maestricht, Craie, Nehau (Goldf.)
Spongia ramosa (Mant. pl. 15, fig. 11.) Craie, Sussex (Mant.) Craie? Yorkshire (Phil.)
    Noirmoutiers (Al. Br.)
— *lobata* (Flem.) Craie, Sussex (Mant.)
— *plana* (Phil. pl. 1, fig. 1.) Craie, Yorkshire (Phil.)
— *capitata* (Phil. pl. 1, fig. 2.) Craie, Yorkshire (Phil.)
— *osculifera* (Phil. pl. 1, fig. 3.) Craie, Yorkshire (Phil.)
— *convoluta* (Phil. pl. 1, fig. 6.) Craie, Yorkshire (Phil.)
— *marginata* (Phil. pl. 1, fig. 5.) Craie, Yorkshire (Phil.)
— *radiciformis* (Phil. pl. 1, fig, 9.) Craie Yorkshire (Phil.)
— *terebrata* (Phil. pl. 1, fig. 10.) Craie, Yorkshire (Phil.)
— *lœvis* (Phil. pl. 1, fig. 8. A.) Craie, Yorkshire (Phil.)
— *porosa* (Phil. pl. 1, fig. 8.) Craie, Yorkshire (Phil.)
— *cribrosa* (Phil. pl. 1, fig. 7.) Craie, Yorkshire (Phil.)
Spongus Townsendi (Mant. pl. 15, fig. 9.) Craie, Sussex (Mant.)

Spongus labyrinthicus (Mant. pl. 15, fig. 7.) Craie, Sussex (Mant.)

Tragos Hippocastanum (Goldf. pl. 5, fig. 7.) Maestricht (Goldf.)

— *deforme* (Goldf. pl. 5, fig. 3.) Roches crétacées, Essen (Goldf.)

— *rugosum* (Goldf. pl. 5, fig. 4.) Roches crétacées, Essen, Westphalie (Sack.)

— *pisiforme* (Goldf. pl. 5, fig. 5; pl. 30, fig. 1.) Roches crétacées, Essen, Westphalie (Goldf.)

— *stellatum* (Goldf. pl. 30, fig. 2.) Roches crétacées, Essen (Goldf.)

Alcyonium globulosum (Defr.) Craie, Beauvais, Meudon, Amiens, Tours, Glen; Calcaire à baculites, Normandie (Desn.)

— *pyriformis* (Mant. pl. 16, fig. 17 et 18.) Craie, Sussex (Mant.)

— Espèce non déterminée. Craie, Sussex (Mant.) Grès vert supérieur, Warminster (Lons.)

Choanites subrotundus (Mant. pl. 15, fig. 2.) Craie, Sussex (Mant.)

— *Königi* (Mant. pl. 16, fig. 19.) Craie, Sussex, Warminster (Mant.)

— *flexuosus* (Mant. pl. 15, fig. 1.) Craie, Sussex (Mant.)

Ventriculites radiatus (Mant. pl. 10, 11, 12, 13 et 14.) Craie, Sussex, Moen. (Al. Br.)

— *alcyonoides* (Mant.) Wilts (Park, t. 2, pl. 10, fig. 12.) Craie, Sussex (Mant.)

— *Benettiæ* (Mant. pl. 15, fig. 3.) Craie, Sussex (Mant.) Craie, Yorkshire (Phil.)

Siphonia Websteri (Mant. Geol. Trans., t. 11, pl. 27, 28, 29.) Craie, Sussex (Mant.)

— *cervicornis* (Goldf. pl. 6, fig. 11.) Craie, Haldern, Westphalie (Goldf.)

— *Ficus* (Goldf. pl. 65, fig. 14.) Grès vert, Quedlimbourg (Goldf.)

— *punctata* (Goldf. pl. 65, fig. 13.) A l'état siliceux; Quadersand (Goslar.)

Hallirhoa costata (Lamk.) Grès vert. Normandie (De la B.) Grès vert supérieur, Warminster (Lons.)

Jerea pyriformis (Lamk.) Grès vert, Normandie (Al. B.)

Gorgonia bacillaris (Goldf. pl. 7, fig. 3 à 16.) Maestricht (Goldf.)

Nullipora racemosa (Goldf. pl. 8, fig 2.) Maestricht (Goldf.)

Millepora Fittoni (Mant. pl. 15, fig. 10.) Craie, Sussex (Mant.)

— *Gilberti* (Mant.) Craie, Sussex (Mant.)

— *antiqua?* (Defr.) Calcaire à baculites, Normandie (Desn.)

— *madreporacea* (Goldf. pl. 8, fig. 4.) Maestricht (Goldf.)

— *compressa* (Goldf. pl. 8, fig. 3.) Maestricht (Goldf.)

— Espèce non déterminée. Craie, Meudon (Al. Br.)

Eschara cyclostoma (Goldf. pl. 8, fig. 9.) Maestricht (Goldf.)

— *pyriformis* (Goldf. pl. 8, fig. 10.) Maestricht (Goldf.)

— *stigmatophora* (Goldf. pl. 8, fig. 11.) Maestricht (Goldf.)

— *sexangularis* (Goldf. pl. 8, fig. 12.) Maestricht (Goldf.)

— *cancellata* (Goldf. pl. 8, fig. 13.) Maestricht (Goldf.)

— *arachnoidea* (Goldf. pl. 8, fig. 14.) Maestricht (Goldf.)

— *dichotoma* (Goldf. pl. 8, fig. 15.) Maestricht (Goldf.)

— *striata* (Goldf. pl. 8, fig. 16.) Maestricht (Goldf.)

— *filograna* (Goldf. pl. 8, fig. 17.) Maestricht (Goldf.)

— *disticha* (Goldf. pl. 30, fig. 8.) Meudon (Goldf.)

— *Cellepora ornata* (Goldf. pl. 9, fig. 1.) Maestricht (Goldf.)

— *Hippocrepis* (Goldf. pl. 9, fig. 3.) Maestricht (Goldf.)

— *Velamen* (Goldf. pl. 9, fig. 4.) Maestricht (Goldf.)

— *dentata* (Goldf. pl. 9, fig. 5.) Maestricht (Goldf.)

— *crustulenta* (Goldf. pl. 9, fig. 6.) Maestricht (Goldf.)

— *bipunctata* (Goldf. pl. 9, fig. 7.) Maestricht (Goldf.)

— *escharoides* (Goldf. pl. 12, fig. 3.) Roches crétacées, Essen, Westphalie (Goldf.)

Retepora clathrata (Goldf. pl. 9, fig. 12) Maestricht (Goldf.)

— *lichenoides* (Goldf. pl. 9, fig. 13.) Maestricht (Goldf.)

— *truncata* (Goldf. pl. 9, fig. 14.) Maestricht (Goldf.)

— *disticha* (Goldf. pl. 9, fig. 15.) Maestricht (Goldf.)

Retepora cancellata (Goldf. pl. 36, fig. 17.) Maestricht (Goldf.)

Flustra utricularis (Lam.) Craie, Sussex (Mant.)

— *reticulata* (Desm.) Calcaire à baculites, Normandie (Desn.)

— *flabelliformis* (Lam.) Calcaire à baculites, Normandie (Desn.)

— Espèce non déterminée, Craie, Sussex (Mant.)

Cœloptychium acaule (Goldf. pl. 65, fig. 12.) Maestricht et env. de Munster.

Ceriopora micropora (Goldf. pl. 10, fig. 4.) Maestricht (Goldf.)

— *cryptopora* (Goldf. pl. 10, fig. 3.) Maestricht (Goldf.)

— *anomalopora* (Goldf. pl. 10, fig. 5.) Maestricht (Goldf.)

— *dichotoma* (Goldf. pl. 10, fig. 9.) Maestricht (Goldf.)

— *milleporacea* (Goldf. pl. 10, fig. 10.) Maestricht (Goldf.)

— *madreporacea* (Goldf. pl. 10, fig. 12.) Maestricht (Goldf.)

— *tubiporacea* (Goldf. pl. 10, fig. 13.) Maestricht (Goldf.)

— *verticillata* (Goldf. pl. 11, fig. 1.) Maestricht (Goldf.)

— *spiralis* (Goldf. pl. 11, fig. 2.) Maestricht (Goldf.)

— *pustulosa* (Goldf. pl. 11, fig. 3.) Maestricht (Goldf.)

— *compressa* (Goldf. pl. 11, fig. 4.) Maestricht (Goldf.)

— *stellata* (Goldf. pl. 11, fig. 11; pl. 30, fig. 12.) Maestricht; roches crétacées, Essen (Goldf.)

— *diadema* (Goldf. pl. 11, fig. 12.) Maestricht (Goldf.)

— *polymorpha* (Goldf pl. 30, fig. 11.) Roches crétacées; Essen. Westphalie (Goldf.)

— *gracilis* (Goldf. pl. 10, fig. 11.) Roches crétacées, Essen (Goldf.)

— *spongites* (Goldf. pl. 10, fig. 14.) Roches crétacées, Essen (Goldf.)

— *clavata* (Goldf. pl. 10, fig. 15.) Essen, Westphalie (Goldf.)

— *trigona* (Goldf. pl. 11, fig. 6.) Roches crétacées, Essen (Goldf.)

— *mitra* (Goldf. pl. 30, fig. 13.) Roches crétacées, Essen (Goldf.)

— *venosa* (Goldf. pl. 31, fig. 2.) Roches crétacées, Essen (Goldf.)

— *cribrosa* (Goldf. pl. 10, fig. 16.) Roches crétacées, Essen (Goldf.)

Lunulites cretacea (Defr.) Maestricht; Tours; calcaire à baculites, Normandie (Desn.)

Orbitolites lenticulata (Lam.) Craie, Sussex (Mant.); Grès vert; Perte du Rhône (Al. Brong. pl. 7, fig. 4.)

Lithodendron gibbosum (Munst.) Grès vert, Bochum (Goldf. pl. 37, fig. 9.)

— *gracile* (Goldf. pl. 13, fig. 2.) Grès vert, Quedlimbourg (Goldf.)

Cariophyllia centralis (Mant. pl. 16, fig. 2) Craie, Sussex (Mant.); Craie, Yorkshire (Phil.); Calcaire à baculites, Normandie (Desn.)

— *conulus* (Phil. pl. 2, fig. 1.) Argile de Speeton, Yorkshire (Phil.)

Antophyllum proliferum (Goldf. p. 28, fig. 13.) Faxoe, Suède (Goldf.)

Turbinolia mitrata (Goldf. pl. 15, fig. 5.) Aix-la-Chapelle (Goldf.)

— *Kœnigi* (Mant. pl. 19, fig. 22.) Gault, Sussex (Mant.)

Fungia radiata (Goldf. pl. 14, fig. 1.) Grès crétacé, Aix-la-Chapelle (Goldf.)

— *cancellata* (Goldf. pl. 14, fig. 5.) Maestricht (Goldf.)

— *coronula* (Goldf. pl. 14, fig. 10.) Roches crétacées, Essen, Westphalie (Goldf.)

Chenendopora fungiformis (Lam.) Grès vert supérieur, Warminster (Lons.)

Hippalimus fungoides (Lam.) Grès vert supérieur, Warminster (Lons.)

Diploctenium cordatum (Goldf. pl. 15, fig. 1.) Maestricht (Goldf.)

— *pluma* (Goldf. pl. 15, fig. 2.) Maestricht (Goldf.)

Meandrina reticulata (Goldf. pl. 21, fig. 5.) Maestricht (Goldf.)

Astrea flexuosa (Goldf. pl. 22, fig. 10.) Maestricht (Goldf.)

— *geometrica* (Goldf. pl. 22, fig. 11.) Maestricht (Goldf.)

— *clathrata* (Goldf. pl. 23, fig. 1.) Maestricht (Goldf.)

— *escharoides* (Goldf. pl. 23, fig. 2.) Maestricht (Goldf.)

— *textilis* (Goldf. pl. 23, fig. 3.) Maestricht (Goldf.)

— *velamentosa* (Goldf. pl. 23, fig. 4.) Maestricht (Goldf.)

— *gyrosa* (Goldf. pl. 23, fig. 5.) Maestricht (Goldf.)

Astrea elegans (Goldf. pl. 23, fig. 6.) Maestricht (Goldf.)

— *angulosa* (Goldf. pl. 23, fig. 7.) Maestricht (Goldf.)

— *geminata* (Goldf. pl. 23, fig. 8.) Maestricht (Goldf.)

— *arachnoïdes* (Schroter.) Maestricht (Goldf.)

— *rotula* (Goldf. pl. 24, fig. 1.) Maestricht (Goldf.)

— *macrophthalma* (Goldf. pl. 24, fig. 2.) Maestricht (Goldf.)

— *muricata* (Goldf. pl. 24, fig. 3.) Craie, Meudon (Goldf.)

— *stylophora* (Goldf. pl. 24, fig 4.) Meudon (Goldf.)

Pagrus proteus (Defr.) Meudon, Tours, calcaire à baculites, Normandie (Desn.)

Polypiers. Genres non déterminés. Grès vert, Grande-Chartreuse (Beaum.) Grès vert, Alpes maritimes (De la B.) Grès vert inférieur, île de Wight (Sedg.) Gourdon, sud de la France (Defr.)

RADIAIRES.

✗ *Apiocrinites ellipticus* (Miller.) Craie, Sussex (Mant. pl. 16, fig. 3.) Craie, Yorkshire (Phil.) Craie, Touraine; Calcaire à baculites, Normandie (Desn.) Maestricht, Westphalie (Goldf. pl. 55, fig. 3.)

Pentacrinites. Espèce non déterminée. Craie, Sussex (Mant.) Argile de Speeton, Yorkshire (Phil.)

Marsupites ornatus (Miller.) Craie, Sussex (Mant. pl. 16, fig. 6 à 9.) Craie, Yorkshire (Phil. pl. 1, fig. 14.)

Glenotremites paradoxus (Goldf. pl. 49, fig. 9; pl. 51, fig. 1.) Craie marneuse, Speldorf, entre Duisberg et Mulheim (Goldf.)

Asterias quinqueloba (Goldf. pl. 63, fig. 5.) Craie, North fleet, Angleterre; craie, Maestricht, Rinkerode près Munster (Goldf.)

✗ — Espèce non déterminée. Craie, Paris, Rouen (Al. Brong.) Calcaire à baculites, Normandie (Desn.) Craie, Angleterre.

Cidaris cretosa (Mant.) (Park., tom. III, pl. 4, fig.) Craie, Sussex (Mant.)

✗ — *variolaris* (Al. Brong. pl. 5, fig. 9.) Craie, Sussex (Mant.) Grès vert, Havre; grès vert, Perte du Rhône (Al. Brong.) Roches crétacées, Coesfeld et Essen, Westphalie; roches crétacées, Saxe (Goldf. pl. 40, fig. 9.)

— *claviger* (König.) Craie, Sussex (Mant. pl. 17, fig. 11 et 14.)

— *vulgaris* (Lam.) Craie, Pologne (Al. Brong.)

— *regalis* (Goldf. pl. 39, fig. 2.) Maestricht (Goldf.)

— *vesiculosa* (Goldf. pl. 40, fig. 2.) Roches crétacées, Essen, Westphalie (Goldf.)

— *scutiger* (Munst.) Roches crétacées, Kehleim, Bavière (Goldf. pl. 49, fig. 4.)

— *crenularis* (Lam.) Craie, France (Goldf. pl. 40, fig. 6.)

— *granulosa* (Goldf. pl. 40, fig. 7.) Craie, Aix-la-Chapelle, Maestricht, Essen. Westphalie (Goldf.)

— *saxatilis* (Park.) Sussex (Mant. pl. 17, fig. 1.)

— Espèce non déterminée. Craie, Argile de Specton, Yorkshire (Phil.)

Echinus regalis (Hœninghaus.) Roches crétacées, Essen, Westphalie (Goldf.)

— *alutaceus* (Goldf. pl. 40, fig. 15.) Roches crétacées, Essen (Goldf.)

— *granulosus* (Munst.) Grès crétacés, Kehlheim, Bavière (Munst.)

— *areolatus* (Wahl.) Balsberg, Scanie (Nils.) Grès vert, Wilts, Lyme Regis (König.)

— *Benettiæ* (König.) Grès vert, Chute, Wilts (König.)

— Espèce non déterminée. Grès vert, montagne des Fis (Al. Brong.) Calcaire à baculites, Normandie (Desn.) Grès vert supérieur, Warminster (Lons.)

✗ — *Galerites albo-galerus* (Lam.) Craie, Sussex (Mant. pl. 17, fig. 15.) Craie, Yorkshire (Phil.) Dieppe (Al. Brong. pl. 4, fig. 12.) Craie, Quedlinbourg et Aix-la-Chapelle (Goldf. pl. 40, fig. 19.) Craie, Lublin, Pologne (Pusch.) Craie, Lyme Regis (De la B.)

✗ — *vulgaris* (Lam.) (Park. t. III, pl. 2, fig. 3.) Craie, Sussex (Mant.) Craie, Dreux, etc. (Al. Brong.) Quedlinbourg, Aix-la-Chapelle (Goldf.) Craie, Lyme Regis (De la B.)

— *subrotundus* (Mant. pl. 17, fig. 15.) Craie, Sussex (Mant.) Craie, Yorkshire (Phil.)

Galerites Hawkinsii (Mant.) Craie, Sussex (Mant.)

— *abbreviatus* (Lam.) Roches crétacées, Quedlinburg, Aix-la-Chapelle (Goldf. pl. 40, fig. 21.)

— *canaliculatus* (Goldf. pl. 41, fig. 1.) Roches crétacées, Büren et Brencken, Westphalie (Goldf.)

— *subuculus* (Linn.) Roches crét. Coesfeld, Essen, Westphalie (Goldf. pl. 40, fig. 21.)

— *sulcato-radiatus* (Goldf. pl. 41, fig. 4.) Maestricht (Goldf.)

— *? depressus* (Lam.) Grès vert, M. des Fis (Al. Brong. pl. 9, fig. 17.)

— Espèce non déterminée. Craie, Grès vert supérieur, Warminster (Lons.)

Clypeus, espèce non déterminée. Grès vert supérieur, Warminster (Lons.)

Clypeaster Leskii (Goldf. pl. 42, fig. 1.) Craie blanche, Maestricht (Goldf.)

— *fornicatus* (Goldf. pl. 42, fig. 7.) Roches crétacées, Münster, Westphalie (Goldf.)

— *oviformis* (Lam.) Grès vert, Le Mans (Desn.)

Echinoneus subglobosus (Goldf. pl. 42, fig. 9.) Maestricht (Goldf.)

— *placenta* (Goldf. pl. 42, fig. 12.) Maestricht (Goldf.)

— *lampas* (De la B.) Grès vert, Lyme Regis (De la B.)

— *peltiformis* (Wahl) Balsberg, Scanie (Wahl.)

Nucleolites ovulum (Lam.) Maestricht (Goldf.)

— *scrobicularis* (Goldf. pl. 43, fig. 3.) Maestricht (Goldf.)

— *rotula* (Al. Brong. pl. 9, fig. 13.) Craie, Rouen; Grès vert, M. des Fis (Al. Brong.)

— *castanea* (Al. Brong. pl. 9, fig. 14.) Grès vert, M. des Fis (Al. Brong.)

— *patellaris* (Goldf. pl. 43, fig. 5.) Maestricht (Goldf.)

— *pyriformis* (Goldf. pl. 43, fig. 6.) Craie blanche, Maestricht et Aix-la-Chapelle (Goldf.)

— *lacunosus* (Goldf. pl. 43, fig. 8.) Roches crétacées, Essen, Westphalie (Goldf.)

— *cordatus* (Goldf. pl. 43, fig. 9.) Roches crétacées, Essen (Goldf.)

— *carinatus* (Goldf. pl. 43, fig. 11.) Craie, Aix-la-Chapelle et Hildesheim ; Roches crétacées, Essen, Westphalie (Goldf.)

— *lapis cancri* (Goldf. pl. 43, fig. 12.) Aix-la-Chapelle, Maestricht (Goldf.) Grès vert supérieur, Warminster (Lons.)

— Espèce non déterminée. Calcaire à baculites, Normandie; Craie inférieure, Tours, Rouen (Desn.)

Ananchytes ovata (Lam.) Craie, Sussex (Mant.) Craie, Yorkshire (Phil.) Craie, Moen, Meudon (Al. Brong. pl. 5, fig. 7.) Calcaire à baculites, Normandie (Desn.) Limhamn, Suède (Nils.) Roches crétacées, Coesfeld, Westphalie (Goldf.) Craie, Dublin, Pologne (Pusch.)

— *hemisphærica* (Al. Brong. pl. 5, fig. 8.) Craie, Yorkshire (Phil.)

— *intumescens* (....) Craie, Yorkshire (Phil.)

— *pustulosa* (Lam.) Craie, Joigny, Paris, Rouen et Moen (Al. Brong.) Craie, Norwich (Woodward.)

— *conoidea* (Goldf. pl. 44, fig. 2.) Roches crétacées, Aubel, Belgique (Goldf.)

— *striata* (Lam.) Maestricht, Aix-la-Chapelle, Quedlinburg (Goldf.)

— *sulcata* (Goldf. pl. 45, fig. 1.) Craie, Aix-la-Chapelle, Maestricht (Goldf.)

— *corculum* (Goldf. pl. 45, fig. 2.) Roches crétacées, Coesfeld, Westphalie (Goldf.)

— Espèce non déterminée. Craie, Warminster (Lons.)

Spatangus cor-anguinum (Lam.) (Park. t. III, pl. 3, fig. 11.) Craie, Sussex (Mant.) Craie, Yorkshire (Phil.) Craie, Meudon, Joigny, Dieppe, Grès vert, M. des Fis. (Al. Brong. pl. 4, fig. 11.) Calcaire à baculites, Normandie (Desn.) Torp, Scanie (Nils.) Craie, Dorset et Devonshire (De la B.) Craie marneuse, Paderborn, Bielefeld, Münster, Coesfeld, Aix-la-Chapelle (Goldf.) Calcaire dit Plænerkalk, Save (Munst.) Craie, Dublin, Pologne (Pusch.) Mont-Ferrand, Pic de Bugarach, Pyrénées (Dufr.)

— *rostratus* (Mant. pl. 17, fig. 10.) Craie, Sussex (Mant.) Craie, Joigny (Al. Brong.)

— *planus* (Mant. pl. 17, fig. 9.) Craie, Sussex (Mant.) Craie, Yorkshire (Phil. pl. 1, fig. 15.)

Spatangus retusus (Park.) Grès vert supérieur, Wiltshire (Lons.)
— *cordiformis* (Mant.) Craie, Sussex (Mant.)
— *suborbicularis* (Defr.) Grès vert, Dives, Normandie (Al. Brong. pl. 5, fig. 5.) Craie marneuse, Maestricht (Goldf.)
— *punctatus* (Lam.) Grès vert supérieur, Warminster (Lons.)
— *granulosus* (Goldf. pl. 45, fig. 3.) Maestricht (Goldf.)
— *subglobosus* (Leske.) Craie blanche, Quedlinburg, Roches crétacées, Büren , Paderborn (Goldf.)
— *nodulosus* (Goldf. pl. 45, fig. 6.) Roches crétacées, Essen, Westphalie (Goldf.)
— *rudiatus* (Lam.) Maestricht (Goldf.)
— *truncatus* (Goldf. pl. 47, fig. 1.) Craie blanche, Maestricht (Goldf.)
— *ornatus* (Al. Brong. pl. 5, fig. 6.) Craie, Aix-la-Chapelle (Goldf.) Environs de Bayonne (Dufr.)
— *Bucklandii* (Goldf. pl. 47, fig. 6.) Roches crétacées, Essen. (Goldf.)
— *bufo* (Al. Brong. pl. 5, fig. 4.) Craie, Meudon, Havre (Al. Brong.) Calcaire à baculites (Desn.) Craie, Aix-la-Chapelle, Maestricht (Goldf. pl. 47, fig. 7.) Craie, Sussex (Mant.) — Espèce *Prunella* de Mantell, suivant M. Brongniart.
— *arcuarius* (Lam.) Craie blanche, Maestricht (Goldf.)
— *prunella* (Lam.) Craie marneuse, Maestricht (Goldf.)
— *amygdala* (Goldf. pl. 48, fig. 3.) Craie, Aix-la-Chapelle (Goldf.)
— *gibbus* (Lam.) Roches crétacées, Paderborn, Westphalie (Goldf.)
— *cor-testudinarium* (Goldf. pl. 48, fig. 5.) Craie blanche, Maestricht et Quedlinburg, Roches crétacées, Coesfeld, Westphalie (Goldf.)
— *bucardium* (Goldf. pl. 49, fig. 1.) Craie, Aix-la-Chapelle (Goldf.)
— *lacunosus* (Linnæus.) Craie, Quedlinburg et Aix-la-Chapelle (Goldf.)
— *murchisonianus* (Kœnig.) Grès vert supérieur, Sussex (Murch. Mant.)
— *hemisphæricus* (Phil.) Craie, Yorkshire (Phil.)
— *argillaceus* (Phil. pl. 2, fig. 4.) Argile de Specton, Yorkshire (Phil.)
— *lævis* (Defr.) Grès vert, Perte du Rhône (Al. Brong. pl. 9, fig. 12.)
— *acutus* (Desh.) Sud de la France, Rouen (Desh.)
— *ambulacrum* (Desh.) Pyrénées (Desh.)
— Espèce non déterminée, Gault et Grès vert inférieur, Sussex (Mant.) Grès vert, Grande Chartreuse (Beaum.) Craie, Warminster (Lons.)

ANNÉLIDES.

Serpula ampullacea (Sow. pl. 597, fig. 1, 5.) Craie, Sussex (Mant.) Craie, Norfolk (Barnes.)
— *plexus* (Sow. pl. 598, fig. 1.) Craie, Sussex (Mant.)
— *carinella* (Sow. pl. 598, fig. 2.) Grès vert, Blackdown (Sow.)
— *antiquata* (Sow. pl. 598, fig. 4.) Grès vert, Wilts (Sow.)
— *rustica* (Sow. pl. 599, fig. 3.) Grès vert supérieur, Folkstone (Goodhall.)
— *articulata* (Sow. pl. 599, fig. 4.) Grès vert supérieur, Folkstone (Sow.)
— *obtusa* (Sow. pl. 608, fig. 8.) Craie, Norfolk (Rose.)
- *fluctuata* (Sow. pl. 608, fig. 5.) Craie, Norfolk (Barnes.)
— ? *macropus* (Sow. pl. 597, fig. 6.) Craie, Norfolk (Leathes.)
— *trachinus* (Goldf. pl. 70, fig. 1.) Grès vert, Essen, Westphalie (Goldf.)
— *lophioda* (Goldf. pl. 70, fig. 2.) Grès vert, Essen (Goldf.)
— *lævis* (Goldf. pl. 70, fig. 3.) Grès vert, Essen (Goldf.)
— *triangularis* (Munster.) Gault? Rinkerode, Munster (Goldf. pl. 70, fig. 4.)
— *draconocephala* (Goldf. pl. 70, fig. 5.) Marne crayeuse, Maestricht (Goldf.)
— *depressa* (Goldf. pl. 70, fig. 6.) Grès vert, Essen (Goldf.)
— *rotula* (Goldf. pl. 70, fig. 6.) Grès vert, Essen (Goldf.)
— *quadricarinata* (Goldf. pl. 70, fig. 8.) Grès vert, Ratisbonne (Goldf.)
— *cincta* (Goldf. pl. 70, fig. 9.) Grès vert, Essen, Coesfeld, Aix-la-Chapelle (Goldf.)

Serpula arcuata (Munster.) Grès vert, Ratisbonne (Goldf pl. 70, fig. 10.)

— *subtorquata* (Munster.) Marne bleue crétacée, Rinkerode, près Munster (Goldf. pl. 10, fig. 11.)

— *sexangularis* (Munster.) Rinkerode (Goldf. pl. 70, fig. 12.)

— *Noggerathii* (Munster.) Rinkerode (Goldf. pl. 70, fig. 14.)

— *erecta* (Goldf. pl. 70, fig. 15.) Marne crétacée, Maestricht (Goldf.)

— *amphisbæna* (Goldf. pl. 70, fig. 16.) Grès vert, Bochum, Westphalie, Marne crétacée Maestricht (Goldf.)

— *spirographis* (Goldf. pl. 70, fig. 17.) Grès vert, Essen (Goldf.)

— *parvula* (Munst.) Grès vert. Essen (Goldf. pl. 70, fig. 18.)

— *subrugosa* (Munst.) Marne bleue crétacée, Baumberg, près Munster (Goldf. pl. 71, fig. 1.)

— *crenato-striata* (Munst.) Baumberg (Goldf. pl. 71, fig. 2.)

— *vibicata* (Munst.) Marne bleue crétacée, Rinkerode (Goldf. pl. 71, fig. 3.)

— *gardialis* (Schlot. Munster.) Paderborn, Essen, Osnabruck, Maestricht, Ratisbonne, Strehla et Pirna, près Dresde (Goldf. pl. 71, fig. 4.)

— Espèce non déterminée. Craie rouge argile de Specton, Yorkshire (Phil.) Craie, Paris (Al. Brong.) Charlottenlund, Köpinge, Scanie (Nils.)

CIRRIPÈDES.

Pollicipes sulcatus (Sow. pl. 606, fig. 1, 2, 7) Craie, Sussex (Mant)

— *maximus* (Sow. pl. 606, fig. 3, 6.) Craie, Norfolk (Barnes.)

CONCHIFÈRES.

Magnas pumilus (Sow. pl. 119.) (*Orthis da'mann.*) Craie, Norwich (Taylor.) Craie, Meudon (Al. Brong. pl. 4, fig. 9.) Maestricht (Hœn.) [1].

Thecidea radians (Defr.) Craie, Maestricht (Fauj. de St.-Fond.) Calcaire à baculites, Normandie (Desn.)

— *recurvirostra* (Defr.) Maestricht, calcaire à baculites, Normandie (Desn.)

— *hieroglyphica* (Defr.) Craie, Essen (Hœn.)

Terebratula subrotunda (Sow. pl. 15, fig. 1, 2) Craie. Sussex (Mant.) Grès vert, Bochum (Hœn.)

— *carnea* (Sow. pl. 15, fig. 5, 6.) Craie, Sussex (Mant.) Craie, Meudon (Al. Brong. pl. 4, fig. 7.) Grès vert, Bochum (Hœn.)

— *ovata* (Sow. pl. 15, fig. 3.) Craie. Grès vert inférieur, Sussex (Mant.) Köpinge, Scanie (Nils. pl. 4, fig. 3.) Grès vert, Bochum (Hœn.)

— *undata* (Sow. pl. 15.) Craie, Sussex (Mant.)

— *elongata* (Sow. pl. 435, fig. 1, 2.) Craie, Sussex (Mant.)

— *plicatilis* (Sow. pl. 118.) Craie, Sussex (Mant.) Craie, Meudon, Moen, M. des Fis (Al. Brong. pl. 4, fig. 5.) Grès vert, grande Chartreuse (Beaum.) Craie, Gravesend (Sow.) Jonzac, Cognac (Defr.)

— *subplicata* (Mant. pl. 26, fig. 5.) Craie, Sussex (Mant.) Craie, Yorkshire (Phil.) Craie, Maestricht, Tours, Beauvais, calcaire à baculites, Normandie (Desn.)

— *curvirostris* (Nils. pl. 4, fig. 2.) Köpinge, Scanie (Nils.)

— *Mantelliana* (Sow. pl. 537, fig. 5.) Craie, Sussex (Mant.)

— *Martini* (Mant.) *T. pisum* (Sow. pl. 536.) Craie, Sussex (Mant.)

— *rostrata* (Sow. pl. 537, fig. 12.) Craie, Sussex (Mant.)

— *squamosa* (Mant.) Craie, Sussex (Mant.)

[1] M Deshayes doute de l'existence de cette coquille à Maestricht.

Terebratula biplicata (Sow. pl. 437, fig. 1.) Grès vert supérieur, Sussex (Mant.) Grès vert supérieur, Cambridge (Sedg.)

— *lata* (Sow. pl. 100.) Grès vert inférieur, Sussex (Mant.) Grès vert, Devizes (Sow.) Grès vert supérieur, Warminster (Lons.) Gourdon (Dufr.)

χ — *subundata* (Sow. pl. 15, fig. 7.) Craie, argile de Speeton, Yorkshire (Phil.) Craie, Rouen (Al. Brong.)

— *pentagonalis* (Phil. pl. 1, fig. 17.) Craie, Yorkshire (Phil.)

— *inconstans* (Sow. pl. 277. fig. 3, 4.) Argile de Speeton, Yorkshire (Phil.)

— *tetraedra* (Sow. pl. 83, fig. 4.) Argile de Speeton, Yorkshire (Phil.)

— *lineolata* (Phil. pl. 2, fig. 27.) Argile de Speeton, Yorkshire (Phil.)

⋈ — *Defrancii* (Al. Brong. pl. 3, fig. 6.) Craie, Meudon (Al. Brong.) Craie, Sussex (Mant. *T. striatula*, pl. 25, fig. 5, 6 et 11.) Argile de Speeton, Yorkshire (Phil.) Balsberg, Morby, Suède (Nils, pl. 4, fig. 7.) Maestricht (Hœn.)

X — *alata* (Lam.) Craie, Meudon (Al. Brong. pl. 4, fig. 6.) Köpinge, Morby, Suède (Nils. pl. 4, fig.) Cognac (Dufr.)

χ — *octoplicata* (Sow. pl. 118, fig. 2.) Craie, Dieppe (Al. Brong. pl. 4, fig 8.) Balsberg, Ignaberga, Suède (Nils.) Grès vert, Quedlinburg (Hœn.) Jonzac, Cognac (Dufr.)

χ — *gallina* (Al. Brong. pl. 9, fig. 2.) Grès vert, perte du Rhône (Al. Brong.) Calcaire à baculites, Normandie (Desn.)

— *ornithocephala* (Sow. pl. 101, fig. 1, 2, 4.) Grès vert, perte du Rhône, M. des Fis (Al. Brong.)

χ — *pectita* (Sow. pl. 138, fig. 1.) Calcaire à baculites, Normandie (Desn.) Ignaberga, Scanie? (Nils. pl. 4, fig. 9.) Havre (Al. Brong. pl. 9, fig. 3.) Grès vert supérieur, Wilts (Meade.) Maestricht (Hœn.)

Υ — *recurva* (Defr.) Maestricht ; calcaire à baculites, Normandie (Desn.)

— *lævigata* (Nils.) Köpinge, Scanie (Nils.)

— *triangularis* (Wahl.) Köpinge, Scanine (Nils. pl. 4, fig. 10.)

— *longirostris* (Wahl.) Balsberg, Kjuge, Suède (Nils, pl. 4, fig. 1.)

— *lyra* (Sow. pl. 138, fig. 2. Grès vert supérieur, Warminster (Lons.)

— *rhomboidalis* (Nils. pl. 4, fig. 5.) Kjuge, Morby, Suède (Nils.)

— *semiglobosa* (Sow. pl. 15, fig. 9.) Charlottenlund, Suède (Nils.) Craie, Moen (Al. Brong. pl. 9, fig. 1.) Grès vert, Bochum (Hœn.) Craie, Yorkshire (Phil.)

— *obtusa* (Sow. pl. 437, fig. 4.) Grès vert supérieur, Cambridge (Sedg.) Grès vert, Quedlinburg (Hœn.)

— *obesa* (Sow. pl. 438, fig. 1.) Craie, Warminster (Lons.) Craie, Bünde, Kündert, (Hœn.)

— *dimidiata* (Sow. pl. 277, fig. 5.) Grès vert, Haldon (Sow.)

— *aperturata* (Schlot.) Craie, Essen (Hœn.)

— *chrysalis* (Schlot.) Maestricht (Hœn.)

— *curvata* (Schlot.) Grès vert, Quedlinburg (Hœn.)

— *dissimilis* (Schlot.) Grès vert, Bochum, craie, Speldorf (Hœn.)

— *lacunosa* (Schlot.) Grès vert, Quedlinburg (Hœn.)

— *microscopica* (Fauj. de St.-Fond.) Grès vert, Maestricht.

— *nucleus* (Defr.) Grès vert, Bochum, Quedlinburg (Hœn.)

— *ovoidea* (Sow. pl. 100.) Grès vert, Bochum (Hœn.)

— *peltata* . . . Maestricht (Hœn.)

— *semi-striata* (Lam.) Grès vert, Bochum (Hœn.)

— *striatula* (Sow. pl. 536, fig. 3, 5.) Grès vert, Bochum (Hœn.)

— *varians*. . . . Craie, Essen (Hœn.)

— *vermicularis* (Schlot.) Maestricht (Hœn.)

— *minor* (Nils. pl. 4, fig 4.) Kjuge (Nils.)

— *pulchella* (Nils. pl. 3, fig. 14.) Scanie (Nils.)

— *costata* (Nils. pl. 3, fig. 13.) Kjuge (Nils.)

— *lens* (Nils. pl. 4, fig. 6.) Charlottenland, Suède (Nils.)

— *depressa* (Lam.) Gourdon, sud de la France (Dufr.)

Terebratula spathulata (Nils. pl. 3, fig. 15.) Suède.

* — *rigida* (Sow. pl. 536, fig. 2.) Craie, Norwich (Sow.)

Crania parisiensis (Defr.) Craie, Meudon (Al. Brong. pl. 3, fig. 2.) Craie, Brighton (Sow, Hœninghaus, Monographie, fig. 8, *a*, *b*, *c*, *d*.) Maestricht. (Deshayes.)

✓ — *antiqua* (Defr.) Calcaire à baculites, Normandie (Desn.) Craie, Schlenacken (Hœn. Mon., fig. 6, *a*, *f.*) Maestricht (Deshayes.)

— *striata* (Defr.) Calcaire à baculites, Normandie (Desn.) Balsberg, etc., Suède (Nils. pl. 3, fig. 12. (Maestricht (Deshayes.) (Hœn. Mont., fig. 10, *a. f.*)

— *stellata* (Defr. Hœn. Mon. fig. 11, *a*, *b*, *c.*) Calcaire à baculites, Normandie (Desn.) ¹.

— *spinulosa* (Nils. pl. 3, fig. 9.) Kjuge, Morby. Suède (Nils.) Maestricht (Hœn. Mon. fig. 12, *a*. *b*, *c*.)

— *tuberculata* (Nils. pl. 3, fig. 10.) Scanie (Nils. Hœn. Mon. fig. 7, *a*, *d*.)

— *nummulus* (Lam. pl. 3, fig. 11.) Balsberg, Kjuge en Scanie (Nils.) Schlenacken, Schonen (Hœn. Mon. fig. 5, *a*, *b*, *c*.)

— *nodulosa* (Hœn.) Maestricht, Suède (Hœn. Mon. fig. 9, *a*, *b*.)

Orbicula. Espèce non déterminée. Grès vert inférieur, Sussex (Martin.) Argile de Specton, Yorkshire (Phil.)

Hippurites radiosa (Des M.) Condrieux, Périgord (Des M.)

— *Cornu pastoris* (Des M.) Pyles, Périgueux (Jouannet.)

— *striata* (Defr.) Alet, Aude, Manbach, Berne (Des M.)

— *sulcata* (Defr.) Alet, Aude (Des M.)

— *dilatata* (Defr.) Alet, Aude (Des M.)

— *bioculata* (Alet, Aude (Des M.)

— *fistulæ* (Defr.) Alet, Aude (Des M.)

* — *resecta* (Defr.) Marseille, Dauphiné, Ratisbonne, Reichenhall (Dechen.)

— Espèce non déterminée. Roches crétacées, sud de la France (Beaum.) Pyrénées, Jonzac (très grande.) (Dufr.) Alpes occidentales. (Lill von Lillienbach, Murch.)

Sphœrulites dilatata (Des M.) Craie, Royan et Talmont, embouchure de la Gironde (Des M.)

— *Bournonii* (Desm.) Rayan et Talmont, vallée de la Couze, Dordogne, (Des M.)

— *ingens* (Des M.) Royan et Talmont (Des M.)

— *Hœninghausii* (Desm.) Royan et Talmont, craie, Languais, Dordogne. (Des M.)

— *follacea* (Lam.) Isle d'Aix (Fleuriau de Bellevue.)

— *Jodamia* (Des M.) Mirambeau, Charente-Inférieure (Defr.)

— *Jouannetti* (Des M.) Vallée de la Couze, Périgord (Des M.)

— *crateriformis* (Des. M.) Royan, Languais, Dordogne (Des M.)

— *Moulinii* (Goldf.) Maestricht (Hœn.)

Ostrea vesicularis (Lam.) Craie, Sussex (Mant.) Craie, Périgueux, Meudon (Al. Brong. pl. 3, fig. 5.) Craie, Maestricht (Fauj. de St. F., var.) Calcaire à baculites, Normandie (Desn.) Köpinge, Kjuge, Suède (Nils. pl. 8, fig. 5, 6.)

— *semiplana* (Sow. pl. 489.) Craie, Sussex (Mant.)

— *canaliculata* (Sow. pl. 135, fig. 1.) Craie, Sussex (Mant.)

— *carinata* (Lam.) (Al. Brong. pl. 3, fig. 11.) Grès vert supérieur, Sussex (Mant.) Grès vert, Normandie (De la B.) Grès vert, Grasse (dép. du Var.) (Martin de Martigues.) Grès vert, Bochum, Craie, Essen (Hœn.)

— *serrata* (Defr.) Craie, Suède, Dreux (Al. Brong. pl. 3, fig. 10.) Grès vert, Grasse (Var), Maestricht (Hœn.) Jonzac, Cognac, Angoulême, Coustouge (Dufr.)

— *lateralis* (Nils. pl. 7, fig. 7 et 10.) Köpinge, Ifo, Scanie (Nils.) Craie, Essen (Hœn.)

— *clavata* (Nils. pl. 7, fig. 2.) Morby, Suède (Nils.) Variété de l'*O. vesicularis* (Desh.)

---

¹ Cette espèce avait été nommée *Crania costata* par Sowerby; elle se trouve aussi à Maestricht. (Deshayes.)

Ostrea hippopodium (Nils. pl. 7, fig. 1.) Ifo, Carlshamn, Suède (Nils.) Var. de l'*O. vesicularis* (Desh.)

— *curvirostri* (Nils. pl. 6, fig. 5.) Ifo, Kjuge, Scanie (Nils.)

— *acutirostris* (Nils. pl. 6, fig. 6.) Ifo, Scanie (Nils.)

— *flabelliformis* (Nils. pl. 6, fig. 4.) Kjuge, Morby, Suède (Nils.) Craie, Essen (Hœn.)

— *pusilla* (Nils. pl. 7, fig. 11.) Köpinge, Scanie (Nils.)

— *diluviana?* [1] (Lam.) Balsberg, Kjuge, Morby, Carlshamn, Suède (Nils. pl. 6, fig. 1, 2.)

— *lunata* (Nils. pl. 6, fig. 3.) Ahus, Yngsjö, Scanie (Nils.)

— *parasitica*. Grès vert, Bochum (Hœn.)

— *truncata*. Grès vert, Griesenbeck (Hœn.)

— *incurva* (Nils. pl. 7, fig. 6.) Kjuge, Oppmanna (Nils.) C'est peut-être une variété de l'*O. vesicularis*. (Deshayes.)

— *? plicata* (Nils. pl. 7, fig. 12.) Kjuge, Suède (Nils.)

— *biauricularis*. Jonzac, Cognac, Angoulême (Dufr.)

— *larva* (Lam.) Maestricht (Dechen.)

Hinnites? Dubuissoni (Sow. pl. 604.) Craie, Doué (Hœn.) [2].

Exogyra digitata (Sow.) Grès vert, Lyme Regis (De la B.) [3].

— *conica* (Sow. pl. 605, fig. 1, 3.) Grès vert, Sussex; Grès vert supérieur, Wilts; Grès vert, Blakdown (Sow.) Köpinge (Nils.) Grès vert, Haldon Hill (Baker.)

— *undata* (Sow. pl. 605, fig. 5.) Grès vert, Blackdown (Goodhall.)

— *haliotoidea* (Sow.) Grès vert supérieur, Warminster (Lons.) Craie, Essen (Hœn.) Kjuge, Balsberg, Morby (Nils.)

— *lævigata* (Sow. pl. 605, fig. 4.) Grès vert, nord de l'Irlande (Sow.)

* — *ostracina* (Fauj.) Maestricht.

Gryphæa vesiculosa (Sow. pl. 369.) Grès vert supérieur, Sussex (Mant.) Grès vert, Warminster (Bennet.) Grès vert, Bouches du Rhône (Hœn.) Bourg Saint-Andiol, environs du Pont-Saint-Esprit, Gourdon (Dufr.) Variété de l'*Ostrea vesicularis*, suivant M. Deshayes.

— *sinuata* (Sow. pl. 336.) Argile de Speeton, Yorks (Phil.) Grès vert, Grande Chartreuse (Beaum.) Grès vert inférieur, île de Wight (Sedg.) Pic de Bugarach, bourg Saint-Andiol (Dufr.)

— *auricularis* (Al. Brong. pl. 6, fig. 9.) Craie, Périgueux (Al. Brong.) Grès vert, Grande Chartreuse (Beaum.) Craie, Kazimirz, Pologne (Pusch.) Grès vert, Apt, Vaucluse (Hœn.) Jonzac, Cognac (Dufr.)

— *aquila* (Al. Brong. pl. 9, fig. 11.) Grès vert, Perte du Rhône (Al. Brong.) Pic de Bugarach, Pyrénées, bourg Saint-Andiol, Jonzac, Cognac (Dufr.)

— *columba* (Lam.) Grès vert, Normandie (Al. Brong. pl. 6, fig. 8.) Grès vert, Alpes maritimes (De la B.) Grès vert, Northamptonshire (Sow. pl. 383.) Craie, Kazimirz, Pologne (Pusch.) Regenburg, Pirna, Königstein (Holl.) Craie, Saumur, Mans (Hœn.) Environs du Pont-Saint-Esprit, Angoulême (Dufr.)

— *plicata* (Lam.) Grès vert, Boesingfeld, Craie, Saumur (Hœn.)

— *truncata* (Goldf.) Maestricht (Hœn.)

— *secunda*. Environs du Pont-Saint-Esprit, Jonzac, Cognac, Gourdon, Pic de Bugarach, Pyrénées (Dufr.)

— *canaliculata* (Sow.) Grès vert supérieur, Wilts (Sow.)

— Une petite espèce dans le calcaire à baculites de la Normandie, et dans la craie d'autres parties de la France.

[1] M. Brongniart pense que cette *Ostrea diluviana* de M. Nilson est l'*Ostrea serrata* de M. De'rance.

[2] Cette coquille se trouve en effet à Doué, mais dans le terrain supracrétacé, falhlun. (Deshayes.)

[3] Suivant M. Deshayes, ce genre *Exogyra* fait double emploi avec les *Gryphea*, qui elles-mêmes devraient, suivant lui, rentrer dans les *Ostrea*.

Sphæra corrugata (Sow. pl. 335.) Grès vert inférieur, île de Wight (Sedg.)

Prodopsis lata (Mant.) Craie, Sussex (Mant.)

— *obliqua* (Mant.) Craie, Sussex (Mant.)

— *striata* (Sow.) Craie, Yorks (Phil.) Craie, Havre (Al. Brong. pl. 5, fig. 3.) Craie, Essen, Bochum (Hœn.)

— *truncata* (Lam.) Craie, Normandie, Touraine (Al. Brong. pl. 5, fig. 2.) Balsberg et autres lieux en Suède (Nils. pl. 3, fig. 20.) Lyme Regis (De la B.)

— *lamellata* (Nils.) Kjuge, Morby, Suède (Nils.)

— *spinosa*, Costouge (Dufr.) [1].

— Espèce non déterminée, Gourdon (Dufr.)

Spondylus ? strigilis (Al. Brong. pl. 9, fig. 6.) Grès vert, Perte du Rhône. (Al. Brong.)

Plicatula inflata (Sow. pl. 409, fig. 2.) Craie, Sussex (Mant.) Craie, Cambridge (Sedg.)

— *pectinoides* (Sow. pl. 409, fig. 1.) Craie, Sussex (Mant.) Gault, Cambridge (Sedg.)

Pecten quinquecostatus. Sow. pl. 56, fig. 4, 5, 6, 7 et 8.) Craie, Sussex (Mant. pl. 25, fig. 10, et pl. 26, fig. 20.) Craie, Meudon (Al. Brong.) Grès vert, Perte du Rhône (Al. Brong. pl. 4, fig. 1.) Calcaire à baculites, Normandie (Desn.) Köpinge et autres lieux en Suède (Nils. pl. 9, fig. 8, et pl. 10, fig. 7.) Grès vert, Blackdown (Sow.) Grès vert, Lyme Regis (De la B.) Grès vert supérieur, Warmister (Lons.) Grès vert, Coesfeld, Osterfeld, Craie, Saumur (Hœn.) Env. du Pont-St.-Esprit, Cognac, Mont-Ferrand, Pic de Bugarach, Pyrénées. Env. de Bayonne (Dufr.)

— *Beaveri* (Sow. pl. 158.) Craie, Sussex (Mant. pl. 25, fig. 11.)

— *triplicatus* (Mant. pl. 25, fig. 9.) Craie, Sussex (Mant.)

— *orbicularis* (Sow. pl. 186.) Craie, Gault, Grès vert inférieur, Sussex (Mant.) Köpinge, Suède (Nils. pl. 10, fig. 12.) Grès vert, Aix-la-Chapelle (Hœn.)

— *quadricostatus* (Sow. pl. 56, fig. 1, 2.) Grès vert inférieur, Sussex (Mant. pl. 25, fig. 10, et fig. 20.) Craie, Maestricht, Calcaires à baculites, Normandie (Desn.) Grès vert, Grande Chartreuse (Beaum.) Grès vert, Haldon (Baker.) Grès vert supérieur, Warminster (Lons.) [2].

— *obliquus* (Sow. pl. 370, fig. 2.) Grès vert inférieur, Sussex (Mant.)

— *cretosus* (Defr.) Craie, Meudon (Al. Brong. pl. 3, fig. 7.) Craie, Lublin, Pologne (Pusch.) Craie, Angers, Maestricht (Hœn.)

— *arachnoides* (Defr.) Craie, Meudon et Normandie (Al. Brong. pl. 3, fig. 8.) Craie, Lublin, Pologne (Pusch.)

— *intextus* [3] (Al. Brong. pl. 5, fig. 10.) Craie, Havre, Calcaire à baculites, Normandie (Desn.) Craie, Angers. (Hœn.)

— *serratus* (Nils. pl. 9, fig. 9.) Balsberg, Köpinge, Suède (Nils.)

— *septemplicatus* (Nils. pl. 10, fig. 8.) Balsberg, Kjuge, Suède (Nils.)

— *multicostatus* (Nils.) Balsberg, Suède (Nils.)

— *undulatus* (Nils. pl. 10, fig. 10.) Köpinge, Käserberga, Scanie (Nils.)

— *subaratus* (Nils. pl. 9, fig. 11.) Balsberg, Kjuge, Suède (Nils.)

— *pulchellus* (Nils. pl. 9, fig. 12.) Köpinge, Balsberg, Suède (Nils.)

— *lineatus* (Nils. pl. 9, fig. 13.) Köpinge, Morby, Suède (Nils.)

— *arcuatus* (Sow. pl. 205, fig. 5, 7.) Köpinge, Suède (Nils. pl. 9, fig. 14.) Grès vert, Aix-la-Chapelle (Hœn.)

— *virgatus* (Nils. pl. 9, fig. 15.) Balberg, Morby (Nils.)

— *membranaceus* (Nils. pl. 9, fig. 16.) Köpinge, et autres lieux, Suède (Nils.)

[1] M. Deshayes pense que ce *Podopsis striata* est la même coquille que le *Plagiostoma spinosum* de Sowerby. Voyez ci après.

[2] M. Deshayes considère ce *Pecten quadricostatus* comme une simple variété du *Pecten quinquecostatus*.

[3] Suivant M. Hœninghaus, ce *Pecten intextus* est identique avec le *Pecten serratus* de M. Nilson cité plus bas.

Pecten lœvis (Nils. pl. 9, fig. 17.) Köpinge, Yngsjoe, Suède (Nils.) Aix-la-Chapelle
  (Hœn.)
— *inversus* (Nils. pl. 9, fig. 18.) Köpinge, Suède (Nils.)
— *asper* (Lam. Al. Brong. pl. 5, fig. 1.) Grès vert supérieur, Warminster (Lons.)
  Craie, Lublin, Pologne (Pusch.) Grès vert, Bochum, craie, Halteren (Hœn.)
— *asperrimus*. Grès vert, Hardt (Hœn.) [1].
— *gracilis* (Sow. pl. 393, fig. 2.) Grès vert, Aix-la-Chapelle? (Hœn.) [2].
— *gryphœatus*. Grès vert, Aix-la-Chapelle (Hœn.)
— *nitidus* (Sow. pl. 394, fig. 1.) Craie, Sussex (Mant.) Grès vert, Aix-la-Chapelle
  (Hœn.)
— *regularis* (Schlot.) Maestricht (Hœn.)
— *sulcatus* (Sow. pl. 393, fig. 1.) Grès vert, Hardt, Maestricht (Hœn.) Voyez la
  note 3.
— *versicostatus*. Grès vert, Aix-la-Chapelle, grès vert, Minden (Hœn.) [3].
— *corneus* (Sow. pl. 204.) Köpinge (Nils. pl. 10, fig. 11.)
— *dentatus* (Nils.) Balsberg (Nils. pl. 10, fig. 9.)
* — *Makovii* (Dubois.) Makow en Podolie.
— Espèce non déterminée. Craie, Sussex (Mant.) Argile de Speeton, Yorks (Phil.)
  Grès vert, Alpes maritimes (De la B.)
Lima pectinoides. Maestricht (Hœn.)
* — *striata* (Goldf.) Maestricht (Dechen.)
* — *muricata* (Goldf.) Maestricht (Dechen.)
Plagiostoma spinosum [4] (Sow. pl. 78.) Craie, Sussex (Mant. pl. 26, fig. 10.) Craie,
  Meudon, Dieppe, Rouen, Périgueux, Pologne (Al. Brong. pl. 4, fig. 2.) Köpinge,
  Suède (Nils.) Craie, Dorset et Devon (De la B.) Craie, Weinbohla, Saxe (Weiss.)
  Quedlinburg (Holl.) Osterfeld (Hœn.) Environs du pont Saint-Esprit, Coustouge
  (Dufr.)
— *Hoperi* (Sow. pl. 380.) Craie, Sussex (Mant. pl. 26, fig. 2, 3 et 15.)
— *Brightoniensis* (Mant. pl. 25, fig. 15.) Craie, Sussex (Mant.)
— *elongatum* (Sow. pl. 559, fig. 2.) Craie, Sussex (Mant.)
— *asperum* (Mant. pl. 26, fig. 18.) Craie, Sussex (Mant.) Coustouge (Dufr.)
— *pectinoides* (Sow. pl. 114, fig. 4.) Grès vert, perte du Rhône (Al. Br.) [5]
— *ovatum* (Nils. pl. 9, fig. 2.) Balsberg et Kjuge, Suède (Nils.)
— *semisulcatum* (Nils. pl. 9, fig. 3.) Balsberg et autres lieux, Suède (Nils.) Craie,
  Kunder, Saumur (Hœn.)
— *Mantelli* (Al. Brong. pl. 4, fig. 3.) Craie, Douvres, Moen, Danemarck (Al. Br.)
— *granulatum* (Nils. pl. 9, fig. 4.) Köpinge, Kjuge, Suède (Nils.)
— *elegans* (Nils. pl. 9, fig. 7.) Balsberg, Morby, Suède (Nils.)
— *pusillum* (Nils. pl. 9, fig. 6.) Balsberg, Köpinge, Suède (Nils.)
— *turgidum* (Lam.) Craie, Saintes, Grès vert, Osterfeld (Hœn.)
— *punctatum?* (Sow. pl. 103, fig. 1, 2.) Maestricht (Hœn.) Balsberg, Suède (Nils.
  pl. 9, fig. 1.)
— *denticulatum* (Nils. pl. 9, fig. 5.) Ignaberga, Kjuge (Nils.)
* — *squamatum* (Goldf.) Maestricht (Dechen.)

---

[1] Sans doute ce n'est qu'une variété du *Pecten asper*; le *Pecten asperrimus* est
une coquille vivante qui n'a aucun analogue fossile. (Deshayes.)

[2] Ce *Pecten gracilis*, et plus bas le *Pecten sulcatus*, sont sans doute cités ici par erreur, d'après M. Hœninghaus : car ils appartiennent au terrain de crag. Voyez p. 264.

[3] M. Deshayes regarde ce *P. versicostatus*, comme une variété de *quinquecostatus*.

[4] *Pachites spinosa* de M. Defrance. Suivant M. Deshayes, les espèces du *Plagiostoma* dont M. Defrance a fait son genre *Pachites* se rapportent au genre *Spondylus*,
et toutes les autres espèces de *Plagiostoma* appartiennent au genre *Lima*.

[5] Suivant M. Deshayes, ce *P. pectinoides* est identique avec le *Lima pectinoides*
ci-dessus.

— Espèce non déterminée. Grès vert supérieur, Sussex (Mant.)

Meleagrina approximata (Braun.) Maestricht.

Avicula cœrulescens (Nils. pl. 3, fig. 19.) Köpinge, Käseberga, Suède (Nils.)

— Espèce non déterminée. Craie, Sussex (Mant.) Maestricht? (Hœn.) Gourdon (Dufr.)

" — triptera (Bronn.) Maestricht (Dechen.)

Inoceramus Cuvieri (Sow. pl. 441, fig. 1) Craie, Sussex (Mant. pl. 27, fig. 4, et pl. 28, fig. 1.) Craie, Yorks (Phil.) Craie, Meudon (Al. Brong. pl. 4, fig. 10.) Balsberg; Ignaberga; Kjuge, Suède (Nils.) Jonzac, Cognac, Gourdon (Dufr.)

— *Brongniarti* (Sow. pl. 441, fig. 2.) Craie, Sussex (Mant. pl. 27, fig. 8.) Craie, Yorks (Phil.) Käseberga, Köpinge, Suède (Nils.) Craie, Czarkow, Pologne (Pusch.) Quedlinburg (Hœn.)

— *Lamarkii* 1 Craie, Sussex (Mant. pl. 27, fig. 1.)

— *mytiloïdes* (Sow. pl. 442.) Craie, Sussex (Mant. pl. 27, fig. 3, et pl. 28, fig. 2.) Craie, Warminster (Lons.) Quedlinburg, Pirna, Königstein (Holl.) Pont-Saint-Esprit (Dufr.)

— *cordiformis* (Sow. pl. 440.) Craie, Sussex (Mant.) Craie, Gravesend (Sow.)

— *latus* (Mant. pl. 27, fig. 10.) Craie, Sussex (Mant.)

— *Websteri* (Mant. pl. 27, fig. 2.) Craie, Sussex (Mant.)

— *striatus* (Sow. pl. 582.) Craie, Sussex (Mant. pl. 27, fig. 5.)

— *undulatus* (Mant. pl. 27, fig. 6.) Craie, Sussex (Mant.)

— *involutus* (Sow. pl. 583.) Craie, Sussex (Mant.) Craie, Norfolk (Rose.)

— *tenuis* (Mant.) Craie, Sussex (Mant.)

— *Cripsii* (Mant. pl. 27, fig. 11.) Craie, Sussex (Mant.)

— *concentricus* (Sow. pl. 305.) Gault, Sussex (Mant. pl. 19, fig. 19.) Grès vert, Perte du Rhône, M. des Fis (Al. Brong. pl. 6, fig. 11.) Craie, Warminster (Lons.) Grès vert, Quedlinburg, Bochum et Essen (Hœn.)

— *sulcatus* (Sow. pl. 306.) Gault, Sussex (Mant. pl. 19, fig. 16.) Grès vert, Perte du Rhône, M. des Fis (Al. Brong. pl. 6, fig. 12.) Köpinge, Scanie (Nils.) Grès vert? Nice (De la B.)

— *gryphœoides* (Sow. pl. 584, fig. 1.) Gault, Sussex (Mant.) Grès vert, Lyme Regis (De la B.)

— *pictus* (Sow. pl. 604, fig. 1.) Craie, Surrey (Murch.)

— *rugosus*. . . . . . Quedlinburg (Hœn.)

" — fornicatus (Goldf.) Westphalie (Dechen.)

" — Cardissoïdes (Goldf.) Quedlinburg (Dechen.)

— Espèce non déterminée. Grès vert inférieur, Sussex (Martin.) Calcaire à baculites, Normandie (Desn.)

" Mytiloïdes labiatus (Al. Brong. pl. 3, fig. 4.) Balne, Saumur.

Gervillia aviculoides (Sow. pl. 511.) Grès vert inférieur, Sussex (Mant.) Grès vert, Lyme Regis (De la B.) Quedlinburg (Holl.) Grès vert inférieur? île de Wight (Segd.)

— *solenoïdes* (Defr.) Grès vert inférieur, Sussex (Mant.) Calcaire à baculites, Normandie (Desn.) Grès vert, Lyme Regis (De la B.) Grès vert supérieur, Warminster (Lons.) Maestricht, Marsilly (Hœn.) Grès vert supérieur, Aix-la-Chapelle (Dum.)

— *acuta* (Sow. pl. 510, fig. 5.) Grès vert inférieur, Sussex (Mant.)

Crenatula ventricosa? (Sow. pl. 444.) Grès vert, Bochum (Hœn.)

Pinna gracilis (Phil. pl. 2, fig. 22.) Argile de Speeton, Yorks (Phil.)

— *tetragona* (Sow. pl. 311, fig. 1.) Grès vert supérieur, Devizes (Gent.)

— *affinis*. Craie, Doué, près de Saumur (Hœn.) 2.

1 Suivant M. Deshayes, l'*Inoceramus* (*Catillus*) *Lamarkii*, et l'*Inoceramus Brongniarti* sont la même espèce.

2 Ce n'est pas dans la craie, mais dans le terrain supracrétacé, que cette coquille se rencontre à Doué. (Deshayes.) Elle existe aussi dans l'argile de Londres.

Pinna flabellum. . . . Craie, Bochum (Hœn.) *.

— *nobilis.* . . . Craie, Bochum (Hœn.) *.

— *restituta.* . . . Craie, Walkenburg (Hœn.)

— *subquadrivalvis.* . . . Cotentin, Saumur (Hœn.)

* — *tetragona* (Sow. pl. 313.)

Mytilus lanceolatus (Sow. pl. 439, fig. 2.) Grès vert inférieur, Sussex (Mant.) Grès vert, Blackdown (Sow.)

— *lœvis* (Defr.) Craie, Bougival (Al. Brong. pl. 4, fig. 4.)

— *edentulus* (Sow. pl. 439, fig. 1.) Grès vert, Blackdown (Sow.)

— *problematicus.* . . . Grès vert, Bochum (Hœn.)

Modiola æqualis (Sow. pl. 210, fig. 2.) Grès vert inférieur, Sussex (Mant.)

— *bipartita* (Sow. pl. 210, fig. 3 et 4.) Grès vert inférieur, Sussex (Mant.) Env. du Pont-St.-Esprit (Dufr.)

Pachymya gigas (Sow. pl. 504, 505.) Craie inférieure, Lyme Regis (De la B.)

Chama cornu arietis (Nils. pl. 8, fig. 1.) Kjuge, Morby, Suède (Nils.) Variété gryphoïde de l'*Ostrea vesicularis* (Deshayes.)

— *laciniata* (Nils. pl. 8, fig. 2.) Kjuge, Balsberg, Morby, Suède (Nils.)

— *recurvata.* Craie, Doué (Hœn.)

— Espèce non déterminée. Craie, Sussex (Mant.)

Trigonia Dœdalea (Park.) (Sow. pl. 88.) Grès vert inférieur, Sussex (Mant.) Grès vert, Haldon? (Baker.) Grès vert inférieur, Isle de Wight (Sedg.) Env. du Pont-St.-Esprit (Dufr.)

— *aliformis* (Sow. pl. 215.) Grès vert inférieur, Sussex (Mant.) Blackdown (De la B.) Grès vert supérieur? Eddington (Lons.) Grès vert inférieur, île de Wight (Sedg.) Altenberg (Hœn.) Gourdon (Dufr.)

— *spinosa* (Sow. pl. 86.) Grès vert inférieur, Sussex (Martin.) Grès vert, Blackdown (Steinhauer.)

— *rugosa* (Lam.) Grès vert, perte du Rhône (Al. Brong.)

— *scabra* (Lam.) Grès vert, perte du Rhône (Al. Brong. pl. 9, fig. 5.) Calcaire à baculites? Normandie (Desn.)

— *pumila* (Nils. pl. 5, fig. 7.) Köpinge, Scanie (Nils.)

— *excentrica* (Sow. pl. 208, fig. 1, 2.) Grès vert, Blackdown (Steinhauer.)

— *nodosa* (Sow. pl. 507, fig. 1.) Grès vert inférieur, Hyte, Kent (Sow.)

— *spectabilis* (Sow. pl. 544.) Grès vert, Blackdown (Goodhall.)

— *arcuata* (Lam.) Aix-la-Chapelle (Hœn.)

— *alata.* . . . Env. du Pont-St.-Esprit, pic de Bugarach, Pyrénées (Dufr.)

— Espèce non déterminée. Grès vert inférieur, Wiltshire (Lons.)

Nucula pectinata (Mant. pl. 19, fig. 5.) (Sow. pl. 192.) Gault, Sussex (Mant.)

— *ovata* (Mant. pl. 19, fig. 26.) Gault, Sussex (Mant.) Argile de Speeton, Yorkshire (Phil. pl. 2, fig. 10.) (?) Köpinge (Nils. pl. 5, fig. 5.)

— *impressa* (Sow. pl. 475, fig. 3.) Grès vert inférieur, Sussex (Mant.) Grès vert, Blackdown (Sow.)

— *subrecurva* (Phil. pl. 2, fig. 11.) Argile de Speeton, Yorkshire (Phil.)

— *truncata* (Nils. pl. 5, fig. 6.) Käseberga, Scanie (Nils.)

— *panda* (Nils. pl. 10, fig. 4.) Käseberga, Scanie (Nils.)

— *producta* (Nils. pl. 10, fig. 5.) Käseberga, Scanie (Nils.)

— *antiquata* (Sow. pl. 475, fig. 4.) Grès vert, Blackdown (Sow.)

— *angulata* (Sow. pl. 476, fig. 5.) Grès vert, Blackdown (Sow.)

— *undulata* (Sow. pl. 554, fig. 3.) Gault, Folkestone (Sow.)

* — *siliqua* (Goldf.) Maestricht.

---

1 Le *Pinna flabellum* est une coquille vivante. Est-il bien certain que celle qui est citée ici d'après M. Hœninghaus soit son analogue? (Deshayes.)

2 La *Pinna nobilis* a été indiquée dans les terrains supracrétacés de l'Italie et de la Morée, et jamais dans le terrain crétacé? (Deshayes.)

Pectunculus lens (Nils. pl. 5, fig. 4.) Balsberg, Köpinge, Suède (Nils.)
— *sublævis* (Sow. pl. 472, fig. 4.) Grès vert, Blackdown (Sow.)
— *umbonatus* (Sow. pl. 472, fig. 3.) Grès vert, Blackdown (Sow.)
Arca carinata (Sow. pl. 44.) Grès vert supérieur, Sussex (Mant.)
— *exaltata* (Nils. pl. 5, fig. 1) Carlshamm, Suède (Nils.) Grès vert? Aix-la-Chapelle (Hœn.)
— *rhombea* (Nils. pl. 5, fig. 2.) Balsberg, Suède (Nils.)
— *clathrata*. . . . Craie, Angers, Saumur (Hœn.) ¹.
— *ovalis* (Nils. pl. 5, fig. 3.) Köpinge, Scanie (Nils.)
— *subacuta*. . . . Maestricht (Hœn.)
— Espèce non déterminée. Craie, Gault, Sussex (Mant.)
Cucullæa decussata (Sow. pl. 206, fig. 3, 4.) Grès vert inférieur, Sussex (Mant.) Craie, Rouen (Al. Brong.)
— *glabra* (Sow. pl. 67.) Grès vert, Blacdown (Sow.) Grès vert supérieur, Warminster (Lons.)
— *carinata* (Sow. pl. 207, fig. 1.) Grès vert, Blackdown (Sow.)
— *fibrosa* (Sow. pl. 207, fig. 2.) Grès vert, Blackdown (Hill.)
— *cotellata* (Sow. pl. 447, fig. 2.) Grès vert, Blackdown (Sow.)
— *auriculifera*. . . . Craie, Beauvais (Hœn.) ².
— *crassatina* (Deshayes t. 1, pl. 31, fig. 6, 7, 8, 9.) ³. Craie, Beauvais (Hœn.)
— Espèce non déterminée. Craie, Sussex (Mant.) Argile de Speeton, Yorkshire (Phil.) Gourdon (Dufr.)
Cardita Esmarkii (Nils. pl. 5, fig. 8.) Köpinge, Scanie (Nils.)
— *modiolus* (Nils. pl. 10, fig. 6.) Käseberga, Scanie (Nils.)
— *tuberculata* (Sow. pl. 143.) Grès vert supérieur, Devizes (Gent.)
— *crassa*. . . . Craie, Doué (Hœn.) ⁴.
— Espèce non déterminée. Grès vert supérieur, Sussex (Mant.)
Cardium decussatum (Sow. pl. 552, fig. 1.) Craie, Sussex (Mant. pl. 25, fig. 3.)
— *hillanum* (Sow. pl. 14.) Grès vert, Blackdown (Hill.) Env. du Pont-St.-Esprit, Gourdon (Dufr.)
— *proboscideum* (Sow. pl. 156, fig. 1.) Grès vert, Blackdown (Hill.)
— *bullatum* (Lam.) Aix-la-Chapelle (Hœn.) ⁵.
Venericardia. Espèce non déterminée. Craie, Sussex (Mant.)
Astarte striata Sow. pl. 520, fig. 1.) Grès vert, Blackdown (Sow.) Grès vert supérieur, Devizes (Lons.)
— Espèce non déterminée. Craie, Sussex (Mant.) Grès vert inférieur, Wilts (Lons.)
Thetis minor (Sow. pl. 513, fig. 5, 6.) Grès vert inférieur, Sussex (Mant.) Grès vert, Lyme Regis (De la B.)
— *major* (Sow. pl. 513, fig. 1, 2, 3 et 4.) Grès vert supérieur, Devizes (Gent.) Grès vert, Blackdown (Hill.)
Venus Ringmeriensis (Mant. pl. 25, fig. 5.) Craie, Sussex (Mant.)
— *parva* (Sow. pl. 518.) Grès vert inférieur, Sussex (Mant.) Grès vert, Lyme Regis (De la B.) Grès vert, île de Wight (Sow.)

¹ Citée à tort dans la craie ; elle se trouve dans le fahlun, ou terrain supracrétacé. (Deshayes.)

² M. Deshayes doute que le *Cucullæa auriculifera*, qui est une coquille vivante des mers de la Chine, ait son analogue fossile dans le terrain de craie.

³ Ce *Cucullæa crassatina* se trouve en effet près de Beauvais, mais dans les sables de Bracheux, etc., qui font partie du terrain supracrétacé. (Deshayes.)

⁴ Le *Cardita crassa* se rencontre à Doué dans le fahlun et non dans la craie. (Deshayes.)

⁵ Cette coquille, citée dans la craie d'Aix-la-Chapelle, est-elle l'analogue du *Cardium bullatum*, coquille vivante des mers de l'Inde et de l'Amérique ? (Deshayes.)

Venus angulata (Sow. pl. 65.) Grès vert inférieur, Sussex (Mant.) Grès vert, Black-down (Hill.)

— *faba* (Sow. pl. 567.) Grès vert inférieur, Sussex (Mant.) Grès vert, Blackdown; Grès vert, Isle de Wight (Sov.)

— *ovalis* (Sow. pl. 567.) Grès vert inférieur, Sussex (Mant.)

— *lineolata* (Sow. pl. 20.) Grès vert, Blackdown (Hill.) Grès vert, Bochum (Hœn.)

— *plana* (Sow. pl. 20.) Grès vert, Blackdown (Hill.)

— *caperata* (Sow. pl. 518.) Grès vert, Lyme Regis (De la B.) Grès vert, Blackdown (Hill.)

— *exuta* (Nils. pl. 3, 16.) Köpinge (Nils.)

Lucina sculpta (Phil. pl. 2, fig. 15.) Grès vert inférieur, Argile de Speeton, York-shire (Phil.)

Tellina æqualis (Mant.) Grès vert inférieur, Sussex (Mant.)

— *inæqualis* (Sow. pl. 456.) Grès vert, Sussex (Mant.) Grès vert, Blackdown (Sow.

— *striatula* (Sow. pl. 456.) Grès vert, Blackdown (Sow.)

— Espèce non déterminée, Argile de Speeton, Yorkshire (Phil.)

Corbula striatula (Sow. pl. 572.) Grès vert inférieur, Sussex (Mant.)

— *punctum* (Phil. pl. 2, fig. 6.) Argile de Speeton, Yorkshire (Phil.)

— *gigantea* (Sow. pl. 209.) Grès vert, Blackdown (Hill.)

— *lævigata* (Sow. pl. 209.) Grès vert, Blackdown (Hill.)

— *anatina* (Desh. t. 1, pl. 7, fig. 10, 11, 12.) Grès vert, Schonnn (Hœu.) [1].

— *ovalis* (Nils. pl. 3, fig. 17.) Köpinge (Nils.)

— *caudata* (Nils. pl. 3, fig. 18.) Köpinge (Nils.)

Crassatella latissima..... Maestricht (Hœn.)

— *tumida*..... Coustouge (Dufr.) M. Deshayes croit que c'est une autre espèce.

Lutraria gurgitis (Al. Brong. pl. 9, fig. 15.) Grès vert, perte du Rhône (Al. Brong.) Köpinge, Mörby, Suède (Nils. pl. 5, fig. 9.)

— ? *carinifera* (Sow. pl. 534.) Craie, Lyme Regis (De la B.)

— Espèce non déterminée, Argile de Speeton, Yorkshire (Phil.)

Panopœa plicata (Sow. pl. 419.) Grès vert, Osterfeld (Hœn.) Var? Grès vert infé-rieur, Sussex (Mant.) Coustouge (Dufr.)

Mya mandibula (Sow. pl. 43.) Grès vert inférieur, Sussex (Martin.) Gault, ile de Wight (Fitton.) Gourdon (Dufr.)

— *depressa* (Sow. pl. 418.) Argile de Speeton, Yorkshire (Phil. pl. 2, fig. 8.)

— *phaseolina* (Phil. pl. 2, fig. 13.) Argile de Speeton, Yorkshire (Phil.)

— *plana* (Sow. pl. 76.) Grès vert, Osterfeld (Hœn.) [2].

Teredo, espèce non déterminée. Maestricht (Hœn.)

Pholas? *constricta* (Phil. pl. 2, fig. 17.) Argile de Speeton, Yorkshire (Phil.)

Teredina personata (Lam.) Craie, Sussex (Mant.) [3].

Fistulana pyriformis (Mant.) Gault, Sussex (Mant.)

MOLLUSQUES.

Dentalium striatum (Sow. pl. 70, fig. 4.) Gault, Sussex (Mant. pl. 19, fig. 4.)

— *ellipticum* (Sow. pl. 70, fig. 6, 7.) Gault, Sussex (Mant. pl. 19, fig. 21.)

— *decussatum* (Sow. pl. 70, fig. 5.) Gault, Sussex (Mant.)

— *fissura* (Lam.) Grès vert, Schonen (Hœn.) [4].

[1] Cette coquille, du calcaire grossier de Paris, se trouve-t-elle aussi dans la craie? (Deshayes.)

[2] Le *Mya plana* existe dans les terrains supracrétacés; il a été cité page 303; est-il bien certain que ce soit ici la même coquille? (Deshayes.)

[3] M. Deshayes pense que la *Teredina* indiquée ici d'après M. Mantell est une autre espèce que la *Teredina personata* de Lamarck, laquelle se trouve dans le terrain parisien.

[4] Le *Dentalium fissura* est bien connu dans le terrain supracrétacé, à Grignon, etc. Il est donc difficile de croire que ce soit la même espèce qui se rencontre dans les grès verts en Westphalie. (Deshayes.)

entalium nitens..... Maestricht (Hœn.)

Espèce non déterminée. Grès vert inférieur, Sussex (Mant.)

atella ovalis (Nils. pl. 3, fig. 8.) Balsberg, Scanie (Nils.)

Espèce non déterminée. Grès vert inférieur, Sussex (Mant.) Grès vert inférieur, Wiltshire (Lons.)

leopsis, espèce non déterminée. Grès vert inférieur. Sussex (Mant.)

elix Gentii (Sow. pl. 145.) Grès vert supérieur, Devizes (Gent.)

uricula incrassata (Sow. pl. 163.) Craie, Sussex (Mant. pl. 19. fig. 2 et 3.) Grès vert, Blackdown (Hill.)

- *obsoleta* (Phil. pl. 2. fig. 40.) Argile de Speeton, Yorkshire (Phil.)

- *turgida* (Sow. pl. 163.) Grès vert. Schonen (Hœn.) [1].

elania, espèce non déterminée. Argile de Speeton? Yorkshire (Phil.)

aludina extensa (Sow. pl. 31.) Grès vert, Blackdown (Hill.)

mpullaria canaliculata, Gault, Sussex (Mant. pl. 19, fig. 13.)

- *spirata*... . Maestricht (Hœn.) [1].

- Espèce non déterminée. Grès vert. M. des Fis (Al. Brong.)

eritu rugosa..... Maestricht (Hœn.)

atica carena (Park.) Grès vert inférieur, Sussex (Mant.)

- *spirata*..... Grès vert. Aix-la-Chapelle (Hœn.) Voyez la note 2.

- Espèce non déterminée. Gault. Sussex (Mant.) Grès vert inférieur, Wiltshire (Lons.) Environs du Pont-Saint-Esprit (Dufr.)

ermetus polygonalis (Sow. pl. 596, fig. 6) Grès vert inférieur, Hythe, Kent (Lord Greenock.)

- *umbonatus* (Mant.) Craie, Sussex (Mant.)

- *Sowerbii* (Mant.) Craie, Sussex (Mant.) Argile de Speeton, Yorkshire (Phil.)

- *concavus* (Sow. pl. 57, fig. 4 et 5.) Grès vert inférieur, Sussex (Mant.) Grès vert supérieur, Wilts (Lons.)

- Espèce non déterminée. Grès vert inférieur, Isle de Wight (Sedg.)

igaretus concavus..... Bochum (Hœn.) [3].

elphinula, espèce non déterminée. Argile de Speeton, Yorkshire (Phil.)

olarium tabulatum (Phil. pl. 2, fig. 36.) Argile de Speeton, Yorkshire (Phil.)

irrus depressus (Mant. pl. 18, fig. 18, 22.) Craie. Sussex (Mant.)

- *perspectivus* (Mant. pl. 18, fig. 12.) Craie, Sussex (Mant.)

- *granulatus* (Mant.) Craie, Sussex (Mant.)

- *plicatus* (Sow. pl. 141, fig. 3.) Gault, Sussex (Mant.)

leurotomaria, espèce non déterminée. Maestricht (Hœn.) Gourdon, Bourg Saint-Andiol (Dufr.)

rochus Basterott (Al. Brong. pl. 3, fig. 3.) Craie, Sussex (Mant.) Köpinge, Scanie (Nils. pl. 3, fig. 4.)

- *linearis* (Mant. pl. 18, fig. 17.) Craie, Sussex (Mant.)

- *agglutinans* (Lam.) Craie? Sussex (Mant. pl. 18, fig. 7, 9.) Grès vert, Aix-la-Chapelle (Hœn.) [4].

- *Rhodani* (Al. Brong. pl. 9. fig. 8.) Grès vert supérieur, Sussex (Mant.) Grès vert, perte du Rhône (Al. Brong.) Craie inférieure, Lyme Regis (De la B.) Grès vert, Essen. Grès vert. Osterfeld (Hœn.)

- *bicarinatus* (Sow. pl. 221.) Grès vert supérieur? Sussex (Mant.)

- *reticulatus* (Sow. pl. 272. fig. 2.) Argile de Speeton? Yorkshire (Phil.)

[1] L'*Auricula turgida* existe dans les terrains supracrétacés. Voyez ci-desus p. 307. C'est sans doute ici une autre espèce. (Deshayes.)

[2] L'*Ampullaria spirata*, et le *Natica spirata*, sont propres aux terrains supracrétacés de Paris. Elles n'existent point à Maestricht. (Deshayes.)

[3] Le *Sigaretus concavus* est une espèce vivante dans les mers du Pérou; on peut douter que son analogue existe dans le terrain crétacé. (Deshayes.)

[4] Il est à croire que ce *Trochus* diffère du *Trochus agglutinans* de Lamarck, qui se trouve à Grignon. (Deshayes.)

Trochus gurgitis (Al. Brong. pl. 9, fig. 7.) Grès vert, Perte du Rhône (Al. Brong
Grès, vert, Bochum (Hœn.)

— ? *cirroïdes* (Al. Brong. pl. 9.) Grès vert, Perte du Rhône (Al. Brong.)

— *lœvis* (Nils. pl. 3, fig. 2.) Köpinge, Scanie (Nils.)

— *onustus* (Nils. pl. 3. fig. 4.) Köpinge, Scanie (Nils.)

— Espèce non déterminée. Grès vert, M. des Fis (Al. Brong.)

Turbo pulcherrimus (Bean.) Argile de Speeton. Yorkshire (Phil. pl. 2, fig. 35.)

— *sulcatus* (Nils. pl. 3.) Craie, Kopinge, Scanie (Nils.)

— *montiferus* (Sow. pl. 395, fig. 4.) Grès vert, Blackdown (Sow.)
carinatus (Sow. pl. 240, fig. 3.) Grès vert, Coesfeld (Hœn.)

Turritella terebra (Broc.) Grès vert, Weddersleben (Hœn.) **¹**.

— *duplicata* ..... Maestricht (Hœn.) **²**.

— Espèce non déterminée. Argile de Speeton ? Yorkshire (Phil.)

Cerithium excavatum (Al. Brong. pl. 9, fig. 10.) Grès vert, Perte du Rhône (Al
Brong.) Grès vert. Aix-la-Chapelle (Hœn.)

Espèce non déterminée. Grès vert, M. des Fis (Al. Brong.)

Pyrula planulata (Nils. pl. 3, fig. 5.) Craie. Kopinge, Scanie (Nils.)

— *minima* (Hœn.) Grès vert, Aix-la-Chapelle (Hœn.)

Fusus quadratus (Sow.) Grès vert, Blackdown (Sow.)

Murex calcar (Sow. pl. 410, fig. 2.) Grès vert, Blackdown (Sow.)

Pterocera maxima (Hœn.) Martigues (Hœn.)

Rostellaria Parkinsoni (Mant. pl. 18, fig. 1, 2, 4. 5. 6, 10.) Craie, Sussex (Mant.
Grès vert inférieur. Bochum, Coesfeld (Hœn)

— *carinata* (Mant. pl. 19, fig. 10, 11. 12 et 14.) Gault. Sussex (Mant.)

— *fissura* (Lam.) Grès vert. Aix-la-Chapelle (Hœn.) **³**.

— *calcarata* (Sow. pl. 319, fig. 6 et 7.) Grès vert inférieur, Sussex (Mant. Grès
vert Blackdown (Sow.)

— *composita* (Sow. p. 558, fig. 2.) Argile de Speeton, Yorkshire (Phil.)

— *anserina* (Nils. pl. 3, fig. 6.) Craie. Kopinge, Scanie (Nils)

— Espèce non déterminée. Grès vert inférieur. île de Wight (Sedg.)

Strombus papilionatus ..... Craie , Maestricht , Aix-la-Chapelle (Hœn.) **⁴**.

Cassis avellana (Al. Brong. pl. 6. fig. 10.) Craie. Sussex (Mant.) Craie , Rouen
M. des Fis (Al. Brong.) Suivant M. Deshayes c'est un *Auricula* et non un *Cassis*.

Dolium nodosum (Sow. pl. 426 et 427.) Craie Sussex (Mant.)

Eburna. Espèce non déterminée. Grès vert, perte du Rhône (Al. Brong.) Craie. Sussex (Mant.)

Voluta ambigua (Sow. pl. 115, fig. 5.) Craie, Sussex (Mant. pl. 18, fig. 8.) **⁵**.

— *Lamberti* (Sow. pl. 129) Maestricht (Hœn.) **⁶**.

Nummulites lenticulina (*Lycophris lenticularis*. Bast.) Maestricht. Grès vert, Aix-
la-Chapelle (Hœn.) **⁷**.

— *Faujasii* (*Lycophris Faujasii*.) Maestricht (Hœn.)

---

¹ Le *Turitella terebra* est une coquille des terrains subapennins ; est-ce la même
espèce ? (Deshayes.)

² Cette espèce appartient aussi aux terrains subapennins. On doute qu'elle existe
à Maestricht. (Deshayes.)

³ La *Rostellaria fissura* existe dans les terrains supracrétacés de Paris, à Grignon, etc.; c'est sans doute ici une autre espèce. (Deshayes.)

⁴ La coquille fossile indiquée ici doit différer du *Strombus papilionatus*, espèce
vivante. (Deshayes.)

⁵ Sowerby cite cette coquille dans l'argile de Londres, et non dans la craie.

⁶ La *Voluta Lamberti* se trouve dans le *crag*. Il est douteux qu'elle existe à
Maestricht. (Deshayes.)

⁷ Il est probable que cette *Nummulites* n'est pas identique avec le *Lycophris
lenticularis* de M. Basterot. (Deshayes.)

Nummulites. Espèce non déterminée. Grès vert, Alpes de la Savoie, Dauphiné et Provence (Beaum.) Alpes maritimes (De la B.) Craie, Weinbohla, Saxe (Klipstein.) Roches crétacées, sud de la France; Pyrénées (Dufr.)

Lenticulites Comptoni (Sow.) Grès vert, Scanie (Nils. pl. 2, fig. 3.)

— *cristella* (Nils. pl. 2, 4.) Craie, Charlottenlund, Suède (Nils.)

Lituolites nautiloidea (Lam.) Craie, Paris (Al. Brong.)

— *difformis* (Lam.) Craie, Paris (Al. Brong.)

Miliolites..... Sud de la France. Pyrénées (Dufr.)

Planularia elliptica (Nils. pl. 9, fig. 21.) Charlottenlund, Suède (Nils.)

— *angusta* (Nils. pl. 6, fig. 22.) Köpinge, Scanie (Nils.)

Nodosaria sulcata (Nils. pl. 9. fig. 19.) Craie et grès vert, Scanie (Nils.)

— *lævigata* (Nils. pl. 9, fig. 20.) Grès vert, Scanie (Nils.)

Belemnites mucronatus (Schlot.) Craie, Sussex (Mant.) Craie, Yorkshire (Phil.) Grès vert, Suède (Nils.) Craie, Meudon, etc. (Al. Brong. pl. 3, fig. 1.) Calcaire à baculites, Normandie (Desn.) Craie, Lublin, Pologne (Pusch.) Maestricht, Aix-la-Chapelle (Schlot.)

— *granulatus* (Defr.) Craie, Sussex (Mant.)

— *lanceolatus* (Schlot.) Craie, Sussex (Mant.) Quedlinburg (Holl.)

— *minimus* (Lister.) Gault, Sussex (Mant.) Craie rouge, Yorkshire (Phil.)

— *attenuatus* (Sow. pl. 589, fig. 2.) Gault, Sussex (Mant.)

— *mamillatus* (Nils. pl. 2, fig. 2.) Craie, Scanie (Nils.)

— Espèce non déterminée. Argile de Speeton, Yorkshire (Phil. Grès vert, perte du Rhône (Al. Brong.)

Actinocamax verus (Miller.) Craie, Kent (Miller.)

Nautilus elegans (Sow. pl. 116.) Craie, Sussex (Mant. pl. 20, fig. 1.) Craie, Rouen (Al. Brong.)

— *expansus* (Sow. pl. 458, fig. 1.) Craie, Sussex (Mant.)

— *inaequalis* (Sow. pl. 40.) Gault, Sussex (Mant. pl. 20, fig. 14 et 15.)

— *obscurus* (Nils.) Craie, Scanie (Nils.)

— *simplex* (Sow. pl. 122.) Lyme Regis (De la B.) Rouen (Al. Brong.) Grès vert? Aix-la-Chapelle (Hœn.)

— *aperturatus.....* Craie, Maestricht (Hœn.)

— *pseudo-pompilius?.....* Maestricht (Hœn.)

— *undulatus* (Sow. pl. 40.) Grès vert supérieur, Nutfield (Sow.) Grès vert, Griesenbruch, près de Bochum (Hœn.)

— Espèce non déterminée. Grès vert inférieur, Sussex (Martin.) Argile de Speeton, Yorkshire (Phil.) Grès vert, M. des Fis (Al. Brong.) Calcaire à baculites, Normandie (Desn.)

Scaphites striatus (Mant. pl. 22, fig. 3.) Craie, Sussex (Mant.) Craie, Rouen; M. des Fis (Al. Brong.)

— *costatus* (Mant. pl. 22, fig. 8 et 12.) Craie, Sussex (Mant.) Craie, Rouen (Al. Brong.)

* — *obliquus* (Sow. pl. 18, fig. 4 à 7.) Rouen, M. des Fis (Al. Brong. pl. 6, fig. 13.)

— Espèce non déterminée. Calcaire à baculites, Normandie (Desn.) Köpinge (Nils.)

Ammonites varians (Sow. pl. 176) Craie, Sussex (Mant. pl. 21, fig. 2.) Craie, Rouen, M. des Fis (Al. Brong. pl. 6, fig. 5.) Calcaire à baculites, Normandie (Desn.) Craie et grès vert supérieur, Wiltshire (Lons.) Grès vert, Bochum (Hœn.)

— *Wooggari* (Mant. pl. 21, fig. 16.) Craie, Sussex (Mant.)

— *navicularis* (Mant.) Craie, Sussex (Mant.)

— *catinus* (Mant. pl. 22, fig. 10.) Craie, Sussex (Mant.)

— *Leweslensis* (Mant. pl. 22, fig. 2.) Craie, Sussex (Mant.) Craie, Essen (Hœn.)

— *peramplus* (Mant.) Craie, Sussex (Mant.)

— *rusticus* (Sow. pl. 177.) Craie, Lyme Regis (Buckl.) Craie, Sussex (Mant.) Grès vert, Bochum (Hœn.)

— *undatus* (Sow. pl. 569, fig. 2.) Craie, Sussex (Mant.)

Ammonites *Mantelli* (Sow. pl. 55.) Craie, Sussex (Mant. pl. 21, fig. 9, pl. 22, fig. 1.) Hanovre (Holl.) Grès vert, Bochum, Craie, Saumur (Hœn.)

— *Rhotomagensis* (Al. Brong. pl. 6, fig. 2.) Craie, Sussex (Mant.) Calcaire à baculites, Normandie (Desn.) Rouen (Al. Brong.) Craie, Wilts (Sow.)

— *cinctus* (Mant.) Craie, Sussex (Mant.)

— *falcatus* (Mant. pl. 21, fig. 6.) Craie. Sussex (Mant.) Craie, Rouen (Al. Brong.)

— *curvatus* (Mant. pl. 21, fig. 18.) Craie, Sussex (Mant.)

— *complanatus* (Mant.) Craie, Sussex (Mant.)

— *rostratus* (Sow. pl. 173.) Craie, Sussex (Mant.) Craie, Oxfordshire (Buckl.)

— *tetrammatus* (Sow. pl. 587, fig. 2.) Craie, Sussex (Mant.)

— *planulatus* (Sow. pl. 570, fig. 5.) Grès vert supérieur, Sussex (Mant.)

— *catillus* (Sow. pl. 564, fig. 2.) Grès vert supérieur, Sussex (Mant.)

— *splendens* (Sow. pl. 103.) Gault, Sussex (Mant. pl. 21, fig. 13 et 17.)

— *auritus* (Sow. pl. 134.) Grès vert supérieur, Devizes (Gent.) Gault, Sussex (Mant.)

— *planus* (Mant. pl. 21, fig. 3.) Gault, Sussex (Mant.) Argile de Speeton? Yorkshire (Phil.)

— *lautus* (Park.) Gault, Sussex (Mant. pl. 21, fig. 11.)

— *tuberculatus* (Sow. pl. 310, fig. 1 et 3.) Gault, Sussex (Mant.)

— *Goodhalli* (Sow. pl. 255.) Grès vert inférieur, Sussex (Mant.) Grès vert, Blackdown (Goodhall.) Grès vert, Lyme Regis (De la B.)

— *Lamberti* (Sow. pl. 242, fig. 1, 2 et 3.) Argile de Speeton? Yorkshire (Phil.)

— *venustus* (Phil. pl. 2, fig. 48.) Argile de Speeton, Yorkshire (Phil.)

— *concinnus* (Phil. pl. 2. fig. 47.) Argile de Speeton, Yorkshire (Phil.)

— *rotula* (Sow. pl. 570, fig. 4.) Argile de Speeton, Yorkshire (Phil.)

— *trisulcosus* (Phil.) Argile de Speeton, Yorkshire (Phil.)

— *marginatus* (Phil. pl. 2, fig. 41.) Argile de Speeton, Yorkshire (Phil.)

— *parvus* (Sow. pl. 449, fig. 2.) Argile de Speeton? Yorkshire (Phil.)

— *hystrix* (Phil. pl. 2, fig. 44.) Argile de Speeton, Yorkshire (Phil.)

— *fissicostatus* (Phil. pl. 2, fig. 49.) Argile de Speeton, Yorkshire (Phil.)

— *curvinodus* (Phil. pl. 2, fig. 50.) Argile de Speeton, Yorkshire (Phil.)

— *inflatus* (Sow. pl. 178.) Grès vert, île de Wight (Buckl.) Grès vert, Perte du Rhône, Rouen, Havre; M. des Fils (Al. Brong. pl. 6, fig. 1.) Grès vert supérieur, Wilts (Lons.)

— *Deluci* (Al. Brong. pl. 6, fig. 4.) Grès vert, Perte du Rhône; M. des Fis (Al. Brong.)

— *subcristatus* (De Luc.) Grès vert. Perte du Rhône (Al. Brong. pl. 7, fig. 10.)

— *Beudanti* (Al. Brong. pl. 7, fig. 2.) Grès vert, Perte du Rhône; M. des Fis (Al. Brong.)

— *clavatus* (De Luc.) M. des Fis (Al. Brong. pl. 6, fig. 14.)

— *selliguinus* (Al. Brong. pl. 7, fig. 1.) Grès vert, M. des Fis (Al. Brong.) Craie, Lublin, Pologne (Pusch.) Craie, Essen (Hœn.) Gault, Sussex (Mant.)

— *Gentoni* (Defr.) Calcaire à baculites, Normandie (Desn.) Gault, Sussex (Mant.) Craie, Rouen (Al. Brong. pl. 6, fig. 6.)

— *constrictus* (Sow. pl. A, fig. 1.) Calcaire à baculites, Normandie (Desn.) Craie, Lublin, Pologne (Pusch.)

— *Stobœi* (Nils.) Craie, Scanie (Nils.)

— *varicosus* (Sow. pl. 451, fig. 4 et 5.) Grès vert, Blackdown (Sow.)

— *hippocastanum* (Sow. pl. 514, fig. 2.) Calcaire avec grains de quartz, Lyme Regis (De la B.)

— *Benettianus* (Sow. pl. 539.) Gault, Warminster (Lons.)

— *denarius* (Sow. pl. 540, fig. 1.) Grès vert, Blackdown (Goodhall.)

— *Nutfieldiensis* (Sow. pl. 108, fig. 3.) Craie, près de Calne (Lons.)

— *Buchii* (Hœn.) Grès vert, Aix-la-Chapelle (Hœn.)

— *ornatus* (.) Grès vert, Paderborn (Hœn.)

* — *nodosoides* (Sternberg.) Bohême.

* — *virgatus* (Goldf.) Grès vert, Moskou.

* — *canteriatus* (Al. Brong. pl. 6, fig. 7.) Perte du Rhône.
* — *Coupei* (Al. Brong. pl. 6, fig. 3.) Rouen [1].
Turrilites costatus (Sow. pl. 36.) Craie, Sussex (Mant. pl. 23, fig. 15 et pl. 24, fig. 1, 4 et 5.) Craie, Rouen, Havre (Al. Brong. pl. 7, fig. 4.) Craie, près de Calne (Lons.)
— *undulatus* (Sow. pl. 75, fig. 1, 2 et 3.) Craie, Sussex (Mant. pl. 23, fig. 14 et 16.)
— *tuberculatus* (Sow. pl. 74.) Craie, Sussex (Mant. pl. 24, fig. 2, 3, 6 et 7.)
— *Bergeri* (Al. Brong. pl. 7, fig. 3.) Grès vert, Perte du Rhône, M. des Fis (Al. Br.)
—? *Babeli* (Al. Brong. pl. 9, fig. 16.) Grès vert, M. des Fis (Al. Brong.)
— Espèce non déterminée. Grès vert, Alpes maritimes (Risso.)
Baculites Faujasii (Lam.) Craie, Sussex (Mant.) Craie, Norfolk (Rose.) Maestricht (Desm.) Craie, Suède (Nils.) Bochum, Aix-la-Chapelle (Hœn.)
— *obliquatus* (Sow. pl. 592, fig. 1 et 3.) Craie, Sussex (Mant.) Scanie (Nils.)
— *vertebralis* (Defr.) Craie, Maestricht (Fauj. de Saint-Fond.) Calcaire à baculites, Normandie (Desm.)
— *anceps* (Lam.) Craie, Scanie (Nils. pl. 2, fig. 5.)
— *triangularis* (Desm.) Maestricht (Desm.)
Hamites armatus (Sow. pl. 168.) Craie, Sussex (Mant. pl. 16, fig. 5.) Craie, Oxfordshire (Buckl.)
— *plicatilis* (Mant. pl. 23, fig. 1 et 2.) Craie, Sussex (Mant.) Argile de Speeton? Yorkshire (Phil. pl. 1, fig. 29.)
— *alternatus* (Mant. pl. 23, fig. 10 et 11.) Craie, Sussex (Mant.) Argile de Speeton, Yorkshire (Phil. pl. 1, fig. 26 et 27.)
— *ellipticus* (Mant. pl. 23, fig. 9.) Craie, Sussex (Mant.) Calcaire à baculites, Normandie (Desm.)
— *attenuatus* (Sow. pl. 61, fig. 4 et 5.) Craie, Gault, Sussex (Mant. pl. 19, fig. 29 et 30.) Argile de Speeton, Yorkshire (Phil. pl. 1, fig. 25.)

[1] Toutes les espèces d'ammonites du groupe crétacé ont été indiquées ici dans le même ordre que dans l'original anglais. Dans la traduction allemande, M. de Dechen, secondé par M. Léopold de Buch, les a ordonnées suivant la nouvelle classification que cet illustre géologue a publiée dans les Mémoires de l'Académie des sciences de Berlin, et dans deux notes insérées dans les Annales des sciences naturelles, tome XVII, page 267, et tome XVIII, page 417. Nous jugeons utile de reproduire ici cette classification des ammonites du groupe crétacé :

FALCIFERI. *Amm. cinctus; A. Deluci.*

AMALTHEI. *Amm. Beudanti; A. Selliguinus; A. Stobei.*

MACROCEPHALI. *Amm. Lewesiensis; A.!peramplus; A. Nutfieldensis; A. nodosoides.*

ARMATI. *Amm. Woollgari; A. navicularis; A. rusticus; A. Mantelli; A. Rhotomagensis; A. rostratus; A. retrummatus; A. clavatus; A. Gentoni; A. hippocastanum; A. Benettianus.*

DENTATI. *Amm. splendens; A. lautus; A. Goodhalli; A. inflatus; A. varicosus: A. denarius; A. virgatus; A. canteriatus.*

ORNATI. *Amm. varians; A. Coupei.*

FLEXUOSI. *Amm. falcatus; A. curvatus; A. constrictus.*

Pour toutes les autres espèces d'ammonites indiquées dans la liste générale cidessus, MM. de Buch et de Dechen n'ont pas jugé que leurs caractères fussent assez distincts pour pouvoir les classer, au moins quant à présent. Aussi ils les ont placées à la fin.

Nous ignorons pour quels motifs ils ont retranché de la liste de M. de la Bèche les quatre espèces suivantes : *A. auritus* (Sow.), *A. tuberculatus* (Sow.), *A. Buchii* (Hœn.), et *A. ornatus* (Hœn.). Quant à l'*Ammonites Lamberti* de l'argile de Speeton dans le Yorkshire, ils l'ont jugé identique avec l'*Ammonites Beudanti.*

(*Note du traducteur.*)

Hamites maximus (Sow. pl. 62, fig. 1.) Gault, Sussex (Mant.) Argile de Speeton, Yorkshire (Phil. pl. 1, fig. 20 et 21.)

— *intermedius* (Sow. pl. 62, fig. 2, 3, 4.) Gault, Sussex (Mant. pl. 23, fig. 12) Argile de Speeton, Yorkshire (Phil. pl. 1, fig. 22.) Grès vert, Aix-la-Chapelle (Hœn.)

— *tenuis* (Sow. pl. 61, fig. 1.) Gault, Sussex (Mant.)

— *rotundus* (Sow. pl. 61, fig. 2 et 3.) Gault, Sussex (Mant.) Argile de Speeton, Yorkshire (Phil. pl. 1, fig. 24.) Grès vert, Perte du Rhône (Al. Brong. pl. 7, fig. 5.) Grès vert, Aix-la-Chapelle (Hœn.)

— *compressus* (Sow. pl. 61, fig. 7 et 8.) Gault, Sussex (Mant.) Grès vert, Nice (Risso.)

— *raricostatus* (Phil. pl. 1, fig. 23.) Argile de Speeton, Yorkshire (Phil.)

— *Beanii* (Y et B.) Argile de Speeton, Yorkshire (Phil. pl. 1, fig. 28.)

— *Philipsii* (Bean.) Argile de Speeton, Yorkshire (Phil. pl. 1, fig. 30.)

— *funatus* (Al. Brong. pl. 7, fig. 7.) Grès vert, Perte du Rhône ; M. des Fis (Al. Brong.)

— *canteriatus* (Al. Brong. pl. 7, fig. 8.) Grès vert, Perte du Rhône (Al. Brong.)

— *virgulatus* (Al. Brong. pl. 7, fig. 6.) Grès vert, M. des Fis (Al. Brong.)

— *cylindricus* (Defr.) Calcaire à baculites, Normandie (Desn.)

— *spinulosus* (Sow. pl. 216, fig. 1.) Grès vert, Blackdown (Miller.)

— *grandis* (Sow. pl. 593, fig. 1.) Grès vert inférieur, Kent (Buckl.)

— *gigas* (Sow. pl. 593, fig. 2.) Grès vert inférieur, Hithe, Kent (G. E. Smith.)

— *spiniger* (Sow. pl. 216, fig. 2.) Gault, Folkestone (Gibbs.)

CRUSTACÉS.

Astacus Leachii (Mant. pl. 29, fig. 5.) Craie, Sussex (Mant.)

— *Sussexiensis* (Mant.) Craie, Sussex (Mant.)

— *ornatus* (Phil. pl. 3, fig. 2.) Argile de Speeton, Yorkshire (Phil.)

— *longimanus* (Sow.) Grès vert, Lyme Regis (De la B.)

— Espèce non déterminée, Gault, Sussex (Mant.)

Pagurus Faujasii (Desm.) Craie? Sussex (Mant.) Maestricht.

Scyllarus Mantelli (Desm.) Craie, Sussex (Mant.)

Eryon, espèce non déterminée, Craie, Sussex (Mant.)

Arcania, espèce non déterminée, Gault, Sussex (Mant.)

Etyœa, espèce non déterminée, Gault, Sussex (Mant.)

Coryster, espèce non déterminée, Gault, Sussex (Mant.)

POISSONS.

Squalus mustelus? Craie, Sussex (Mant. pl. 32, fig. 2, 3, 5, 6, 9 et 11.)

— *galeus?* Craie, Sussex (Mant. pl. 32. fig. 12, 14, 15 et 16.)

Murœna Lewesiensis (Mant.) Craie, Sussex (Mant.)

Zeus Lewesiensis (Mant.) Craie, Sussex (Mant.)

Salmo? Lewesiensis (Mant.) Craie, Sussex (Mant.)

Esox Lewesiensis (Mant.) Craie, Sussex (Mant.)

Amia? Lewesiensis (Mant.) Craie, Sussex (Mant.)

Poissons: genres non déterminés. Argile de Speeton, Yorkshire (Phil.) Craie, Paris (Al. Brong.) Craie, Lyme Regis (De la B.) Grès vert supérieur, Wilts (Lons.) Gault, île de Wight (Fitton.) Craie, Troyes (Clément Mullet.)

Dents et palais de poissons; se trouvent abondamment en Angleterre et en France ; divers auteurs ; Bochum; Aix-la-Chapelle, etc. (Hœn.) Scanie (Nils.)

* *Excréments de poissons.* (Buckl.) Sussex, Maestricht.

REPTILES.

Mosasaurus Hoffmanni, Maestricht (Fauj. de St. Fond.) Craie, Sussex (Mant.)

Crocodile de Meudon (Cuv.) Craie, Meudon (Al. Brong.)

Reptiles ; genres non déterminés, Argile de Speeton, Yorkshire (Phil.)

Le catalogue précédent des fossiles du groupe crétacé nous fournit les observations suivantes, que nous accompagnerons de quelques figures.

MAMMIFÈRES. On n'en a pas encore trouvé de débris dans le groupe crétacé.

REPTILES. Une grande espèce, le *Mosasaurus Hoffmanni*, a été observé dans le Yorkshire, le comté de Sussex, à Maestricht et à Meudon.

POISSONS. On en a trouvé des débris en France et dans différentes parties de l'Angleterre. Des *dents de requins* et des *plaques palatales* de quelques poissons ne sont pas rares.

POLYPIERS. Les plus abondants appartiennent aux différentes espèces des genres *Spongia* et *Alcyonium* de quelques auteurs; plusieurs espèces de ces genres ont été classées par Goldfuss dans les genres *Achilleum*, *Manon*, *Scyphia* et *Tragos*; en sorte qu'il devient très difficile de former un catalogue où les différentes espèces soient présentées avec ordre. Nous nous contenterons d'indiquer ici les suivantes :

Manon pulvinarium (Goldf.), Maestricht et à Essen, en Westphalie.

Manon peziza (Gold.), mêmes localités.

Spongia ramosa (Mant.), Craie du Yorkshire, du comté de Sussex et de Noirmoutiers.

Alcyonium globosum (Defr.), Amiens, Beauvais, Meudon, Tours, Gien, et dans le calcaire à baculites de Normandie.

Hallirhoa costata (Lam.), dans les grès verts de Normandie et dans la partie supérieure des mêmes grès, dans le Wiltshire.

Ceriopora stellata (Goldfuss), à Maestricht et en Westphalie.

Lunulites cretacea (Defr.), à Maestricht, à Tours, et dans le calcaire à baculites de Normandie.

Orbitulites lenticulata (Lam.), dans le comté de Sussex et à la perte du Rhône.

D'après M. Goldfuss, le terrain crétacé de Maestricht contient beaucoup de polypiers, savoir : 2 espèces du genre *Achilleum*, 4 *Manon*, 1 *Scyphia*, 1 *Tragos*, 1 *Gorgonia*, 1 *Nullipora*, 2 *Millepora*, 9 *Eschara*, 6 *Cellepora*, 5 *Retepora*, 1 *Coeloptychium*, 13 *Ceriopora*, 1 *Fungia*, 2 *Diploctenium*, 1 *Meandrina*, 13 *Astrea*. M. Desnoyers y a de plus indiqué 1 *Lunulites*.

RADIAIRES. Nous nous bornerons à citer les suivants :

L'*Apiocrinites ellipticus* (Miller), dans la craie du Yorkshire, du comté de Sussex, de la Normandie et de la Touraine.

Cidaris variolaris (Al. Brong.), dans le comté de Sussex, en Normandie, à la perte du Rhône, en Westphalie, en Saxe.

Cidaris granulosus (Goldfuss), à Maestricht, à Aix-la-Chapelle, en Westphalie.

Galerites albo-galerus (Lam., voyez fig. 40, ci-après), dans le Yorkshire, le comté de Sussex, le Dorsetshire, la Normandie, à Quedlinburg, à Aix-la-Chapelle, en Pologne.

Galerites vulgaris (Lam.), dans le comté de Sussex, en France, à Quedlinburg, à Aix-la-Chapelle.

Ananchytes ovata, dans le Yorkshire, le comté de Sussex et la Normandie, à Meudon, en Westphalie, en Pologne et en Suède.

Spatangus cor-anguinum (Lam., voyez fig. 39, ci-après), dans le Yorkshire, le comté de Sussex, le Dorsetshire, différentes parties de la France et de l'Allemagne, dans les Alpes de la Savoie, en Pologne et en Suède.

Spatangus bufo (Al. Brong.), dans le comté de Sussex, en Normandie, à Maestricht et à Aix-la-Chapelle.

Spatangus cor-testudinarium, à Maestricht, à Quedlinburg et en Westphalie.

Fig. 39. *Fig. 40.* *Fig. 41.* *Fig. 42.*

Fig. 43. *Fig. 44.* *Fig. 45.* *Fig. 46.*

COQUILLAGES. Les espèces les plus abondamment disséminées dans le terrain crétacé paraissent être les suivantes :

Lutraria gurgitis, trouvé à la perte du Rhône et en Suède.

Mya mandibula, dans le comté de Sussex, l'île de Wight et le sud de la France.

Trigonia alæformis, dans le comté de Sussex, l'île de Wight, l'ouest de l'Angleterre, le sud de la France, et à Altenberg.

Inoceramus (ou *Catillus*) *Cuvieri* (voyez fig. 41 et 42), découvert dans la craie du Yorkshire, comté de Sussex, Meudon, sud de la France et de la Suède.

Inoceramus sulcatus, dans le comté de Sussex, à la perte du Rhône, dans les Alpes de Savoie et en Suède.

Inoceramus (ou *Catillus*) *Brongniarti*, dans la craie de l'Angleterre, de la Pologne et de la Suède.

Inoceramus concentricus, dans les comtés de Sussex et de Wilts, à la perte du Rhône, et dans les Alpes de Savoie.

Plagiostoma spinosum (fig. 43), dans la craie des comtés de Sussex et de Dorset, de la Normandie, de Meudon, du sud de la France, de la Saxe, de la Pologne et de la Suède.

Gervillia solenoïdes, à Maestricht, en Normandie et dans les comtés de Sussex, de Wilts et de Dorset.

Pecten quinquecostatus (fig. 44), dans le comté de Sussex, dans l'ouest de l'Angleterre, en Normandie, à Meudon, à la perte du Rhône, en Suède, etc.

Pecten quadricostatus (fig. 45), dans le comté de Sussex, l'ouest de l'Angleterre, la Normandie, à Maestricht et dans les Alpes du Dauphiné.

Pecten asper, dans le Witshire, en Allemagne et en Pologne.

Podopsis truncata (fig. 46), en Normandie, dans le Dorsetshire, en Touraine et en Suède.

Ostrea vesicularis [1] (fig. 47), dans le comté de Sussex, en Normandie et dans d'autres localités de la France, à Maestricht, en Suède.

_____

[1] *Gryphæa globosa*, Sowerby.

Ostrea carinata, en Allemagne, dans le comté de Sussex, en Normandie et dans le sud de la France.

Ostrea serrata, en Suède, à Maestricht et dans le sud de la France.

Gryphœa auricularis, à Périgueux, dans le sud de la France, dans les Alpes du Dauphiné et en Pologne.

Fig. 47.   *Fig. 48.*   *Fig. 49.*   *Fig. 52.*

Fig. 50.   *Fig. 51.*   *Fig. 53.*

Gryphœa columba (fig. 48), dans le Northamptonshire, en Normandie, dans le sud de la France, dans les Alpes maritimes, en Allemagne en Pologne.

Gryphœa sinuata, dans le Yorkshire, l'île de Wight, le Dauphiné, la Suède, la France et les Pyrénées.

Terebratula plicatilis, dans le comté de Sussex, à Meudon, à Moen, dans le sud de la France et dans les Alpes de la Savoie et du Dauphiné.

Terebratula subplicata, dans les comtés d'York et de Sussex, à Maestricht, en Normandie, à Tours et à Beauvais.

Terebratula Defrancii, dans les comtés d'York et de Sussex, à Meudon, à Maestricht et en Suède.

Terebratula alata, dans le sud de la France, à Meudon, et en Suède.

Terebratula octoplicata, en Normandie, dans le sud de la France, à Quedlinburg et en Suède.

Terebratula pectita, dans le Wiltshire, en Normandie et en Suède.

Terebratula semiglobosa, en Suède, à Moen, dans le Yorkshire et à Bochum.

Belemnites mucronatus (fig. 49), dans les comtés d'York et de Sussex, en Normandie, dans d'autres parties de la France, en Suède et en Pologne.

Ammonites varians, dans les comtés de Sussex et de Wilts, en Allemagne et dans les Alpes de la Savoie.

Ammonites Rhotomagensis, dans les comtés de Sussex et de Wilts, et en Normandie.

Ammonites Mantelli, dans le comté de Sussex, à Bochum, à Saumur et dans le Hanovre.

Ammonites Selligutnus, en Savoie, en Westphalie et en Pologne.

Ammonites inflatus, dans le Wiltshire, en Normandie et à la perte du Rhône.

Baculites Faujasii (fig. 53), dans les comtés de Sussex et de Norfolk, à Maestricht, Bochum, à Aix-la-Chapelle et en Suède.

Hamites rotundus (fig. 54), dans les comtés d'York et de Sussex, à la perte du Rhône et à Aix-la-Chapelle.

L'énumération que nous venons de faire des fossiles principaux du groupe crétacé est loin d'être trop étendue. On peut s'en convaincre en la comparant à la liste générale donnée précédemment, et en considérant que quelques fossiles regardés comme identiques pourraient bien être des variétés ou même des espèces différentes. Il n'y a aucun doute que si nous avions voulu comparer entre eux des cantons moins éloignés les uns des autres, ou des étages plus circonscrits du groupe crétacé, nous aurions trouvé que d'autres espèces que celles que nous avons indiquées se rencontrent dans des positions semblables dans différentes localités ; mais alors aussi certaines espèces ne nous paraîtraient pas aussi constantes dans certaines couches particulières où nous les signalons, quoique quelques-unes aient été certainement observées dans des positions semblables du groupe à de très grandes distances.

Les *végétaux fossiles* trouvés jusqu'à présent dans le groupe crétacé sont presque tous *marins* ; beaucoup de bois fossiles sont traversés par des coquillages qui y ont pénétré comme s'ils avaient longtemps flotté avec eux. On avait conclu de là que les végétaux fossiles ne provenaient que d'un transport de matières végétales à la surface des eaux, au fond desquelles le terrain crétacé s'est déposé. Il est probable néanmoins qu'il serait prématuré de généraliser cette présomption ; cependant il est certain que dans la craie elle-même les végétaux sont très rares.

Il est à remarquer que, parmi les coquilles, les espèces des genres *Scaphites*, *Baculites* et *Hamites* [1] n'ont pas été observées dans beaucoup de localités éloignées les unes des autres ; mais il est certain aussi que ces genres n'ont jamais figuré sur aucun catalogue de fossiles des terrains supracrétacés, et on a vu que nous n'en avons fait aucune mention. On les a donc considérés généralement comme étant tout à fait particuliers aux terrains crétacés ; mais il y a maintenant lieu de croire que leurs espèces, bien qu'elles soient plus abondantes dans ces terrains, ne leur sont pas exclusivement propres, car on verra plus loin que des *Hamites* et des *Scaphites* ont été indiquées dans le groupe oolitique ; de plus, une *Turrilite* a été signalée, quoiqu'avec doute, dans le *coral rag* du nord de la France. La présence de ces genres dans les endroits éloignés l'un de l'autre ne peut donc suffire pour faire rapporter au groupe crétacé les terrains où on les trouve ; si cependant leurs espèces s'y présentent avec quelque abondance, nous sommes fondés à soup-

---

[1] Pour faire connaître les formes de ces genres, on a figuré à la page précédente les espèces suivantes : *Scaphites obliquus*, Sow. (*Striatus*, Mant.), fig. 50 ; *Hamites rotundus*, fig. 51 ; *Turrilites tuberculatus*, fig. 52 ; *Baculites Faujasii*, fig. 53.

çonner, d'après ce que nous connaissons de leur gisement habituel, que ces terrains sont de l'âge de la série crétacée.

Si nous raisonnons par analogie, d'après l'état de choses actuel, nous sommes en droit de présumer que les mêmes genres qui caractérisent en Europe certains dépôts doivent également caractériser des dépôts formés à la même époque dans l'Amérique septentrionale; car aujourd'hui, d'après M. le docteur Morton, plusieurs espèces vivantes sont communes aux côtes des États-Unis et à celles de l'Europe. Ce même savant nous apprend que, sur une grande étendue de l'*Amérique septentrionale*, il y a des terrains qui sont l'équivalent du groupe crétacé : il les désigne sous le nom de *formation de Sables ferrugineux* des États-Unis. D'après la description qu'il en donne, ils constituent une grande partie de la péninsule triangulaire du Nouveau-Jersey, formée par l'océan Atlantique et par les deux rivières de Raritan et de la Delaware, et s'étendent dans l'état de la Delaware depuis la ville de ce nom jusqu'à la baie de Chesapeak; ils se présentent aussi près d'Annapolis (Maryland), dans la baie de Lynch (Caroline méridionale), dans l'île de Cockspur (Géorgie), et dans plusieurs cantons de l'Alabama, de la Floride, etc. Dans le Nouveau-Jersey, il y a une formation de marne très développée. Considéré dans son ensemble, ce terrain présente de grandes variations dans ses caractères minéralogiques : très souvent il est formé par de petits grains friables, d'une couleur bleuâtre ou verdâtre terne, tirant fréquemment sur le gris. Les parties dominantes de cette marne, comme on l'appelle, sont de la silice et du fer. Il y a des couches subordonnées d'argile, de marne calcaire et d'un gravier siliceux, dont les grains varient depuis la grosseur ordinaire de ceux du sable grossier jusqu'à 1 à 2 pouces de diamètre. La marne calcaire est quelquefois d'un brun jaunâtre et toute parsemée de grains verts de silicate de fer; quelquefois aussi elle contient une grande quantité de mica.

Voici la liste des fossiles trouvés dans cette formation de *Sable ferrugineux* des États-Unis, décrits par MM. Say et Dekay, et par le docteur Morton, auquel nous l'empruntons [1]. Nous désignerons chacun de ces trois observateurs par la lettre initiale de son nom.

Ammonites placenta, D.; *Amm. Delawarensis*, M.; *Amm. Vanuxemi*, M.; *Amm. hyppocrepis*, D.; *Baculites ovalis*, D.; *Scaphites Cuvieri*, M.; *Belemnites Americanus*, M., abondant (voisin du *B. mucronatus*); *Bel. ambiguus*, M.; *Turritella*; *Scalaria annulata*, M.; *Rostellaria*; *Natica*; *Bulla? Trochus*; *Cyprœa*; *Terebratula Harlani*, M.; *Ter. Fragilis*, M.; *Ter. Savyi*, M.; *Gryphœa*

[1] Say, *American Journal of Science*, vol. I et II; Dekay, *Annales of the New-York Lyceum*; et Morton, *Journal of the Acad. of Nat. Science of Philadelphia*, vol. VI; et *American Journal of Science*, vol. XVII et XVIII.

convexa, M.; *Gryphæa mutabilis*, M. (quelques variétés de cette espèce se rapprochent beaucoup de l'*Ostrea vesicularis*, Lam.); *Gryph. Vomer*, M.; *Exogyra costata*, S.; *Ostrea falcata*, M.; *Ostrea crista-galli*; *Ostrea*, deux autres espèces; *Anomia ephippium*, Lam.; *Pecten quinquecostatus*, Sow.; *Pecten*, autre espèce; *Plagiostoma*; *Cardium*; *Cucullæa vulgaris*, M.; *Cucullæa*, autre espèce; *Mya*; *Trigonia*; *Tellina*; *Avicula*; *Pectunculus*; *Pinna*, semblable au *P. tetragona*, Sow.; *Venus*; *Vermetus rotula*, M.; *Dentalium serpula*.

ECHINIDES. *Spatangus cor-anguinum?* Park.; *Spat. stella*, M.; *Ananchytes cinctus*, M.; *Fimbriatus*, M.; *Ananch.? Crucifer*, M.; *Cidaris? Clypeaster*.

CRUSTACÉS. *Anthophyllum atlanticum*, M.

POLYPIERS. *Eschara*; *Flustra*; *Retepora*, semblable au *Ret. clathrata*, Goldf., *Caryophyllia*; *Alcyonium*; *Alveolites*.

POISSONS. Dents et vertèbres de *Requins*; *Saurodon Leanus*, S.

Crocodiles, fréquents; *Geosaurus*; *Mosasaurus* (Sandyhook et Woodbury, dans le New-Jersey); *Plesiosaurus*; *Tortue*; débris de quelque animal gigantesque.

Bois percés par des *Teredo*; abondants.

Il est impossible, en parcourant cette liste de fossiles, de ne pas être frappé de la grande ressemblance zoologique de ce grès ferrugineux avec les roches crétacées de l'Europe. Le *Pecten quinque-costatus* est un fossile bien connu pour être abondamment répandu dans le groupe crétacé. Mais c'est moins par des analogies de détails que par les caractères de l'ensemble du terrain que M. Morton a été conduit à le rapporter à ce groupe. Il resterait à établir quelle est la liaison ou la distinction qui existe aux États-Unis entre cette formation et les dépôts supérieurs ou inférieurs plus ou moins contemporains de ceux de l'Europe; nous espérons que M. Morton et les autres géologues américains chercheront à résoudre cet intéressant problème. Quelques indications des mémoires de M. Morton et d'autres auteurs semblent donner lieu de présumer avec assez de probabilité que ce terrain crétacé se lie par des passages au groupe supracrétacé.

En admettant, comme cela paraît très probable, que la formation de *Sable ferrugineux* de l'Amérique se rapporte au groupe crétacé, on serait fondé à penser que le grand dépôt de carbonate de chaux blanc, ou la craie, n'existe pas aux États-Unis, mais qu'une formation de sable, de marne, d'argile et de gravier, constitue seule tout l'ensemble du groupe. Il serait peut-être difficile d'affirmer que les marnes et les argiles soient entièrement de formation mécanique; mais les graviers semblent prouver qu'il y a eu des courants qui ont dû être assez rapides, puisqu'on trouve dans ces graviers des cailloux roulés de 1 à 2 pouces de diamètre.

TERRAIN DE WEALD (*Wealden rocks.*).

SYN. Argile de Weald(*Weald clay*); Argile wealdienne (Al. Brong.);
Sables de Hastings (*Hastings sands*); Sables ferrugineux (*Iron
sand*); *Kurzawaka* des Polonais; couches de Purbeck (*Purbeck
beds*); Calcaire lumachelle purbeckien (Al. Brong.).

Ce terrain, caractérisé en Angleterre par la présence d'une grande
quantité de fossiles d'animaux terrestres et d'eau douce, se présente sous les grès verts inférieurs de la série anglaise. L'argile
wealdienne, qui en forme l'étage supérieur, n'est pas séparée par
une limite bien tranchée du terrain marin qui repose sur elle; ces
deux dépôts sont liés par des alternances d'argile et de sables
observées, par MM. Murchison [1] et Martin [2], dans la partie occidentale du comté de Sussex. De ces observations il résulte ce fait important, que le changement de circonstances qui a permis à des
animaux marins d'habiter un lieu où il n'y avait d'abord que des
animaux fluviatiles n'a pas été produit subitement, mais par degrés
insensibles [3].

ARGILE WEALDIENNE (*Weald clay*). Nous devons à M. le docteur Fitton la détermination exacte de la nature des terrains de
Weald d'Angleterre. On les confondait avant lui avec les couches
marines, argileuses et arénacées, sur lesquelles repose la craie.
D'après ces observations, l'argile wealdienne de l'île de Wight (où
ce terrain présente de belles coupes) se compose d'argile schisteuse
et de calcaire, avec des lits d'une sorte de minerai de fer (*iron-
stone*). Les feuilles de schiste portent fréquemment des empreintes
de *Cypris faba*, Desm. [4]. M. Martin définit l'argile du canton
nommé le *Weald*, dans le canton de Sussex, d'où elle tire son nom,
« une argile dure (*Stiff clay*), brune à la surface, bleue et schis-
« teuse à l'intérieur, et contenant des concrétions ferrugineuses [5].»
Il paraît que ces concrétions ont été anciennement exploitées comme
minerais de fer, et que dans plusieurs localités on trouve des scories d'anciens fourneaux. L'épaisseur de l'argile est évaluée à 150
ou 200 pieds dans la partie occidentale du comté de Sussex. Au-

[1] Murchison, *Géol. trans.*, 2e série, vol. II.
[2] Martin, *Géol. mem. on Western Sussex*, 1823.
[3] Pour les descriptions particulières des terrains de Weald du comté de Sussex
et des fossiles qu'ils renferment, on peut consulter les différents ouvrages de
M. Mantell., *Illustrations of the Geology of Sussex; Illustrations of Tilgate
Forest, etc.*
[4] Fitton, *Ann. of Phil.*, 1824.
[5] Martin, *Geol. mem. on Western Sussex.*

dessous, il y a des alternances d'argile et de sables comprenant des calcaires qui contiennent beaucoup de *Paladina vivipara*, et que l'on connaît sous le nom de *marbre de Petworth* (*Petworth marble.*)

SABLES DE HASTINGS (*Hastings sand.*) M. Webster, en décrivant ce terrain dans son ensemble, établit que la partie supérieure a pour roche dominante un grès calcaire gris; que la partie moyenne consiste principalement en un grès friable jaune; et que la partie inférieure présente des couches d'argile, d'argile schisteuse (*shale*) et de grès ferrugineux avec quelques lits de minerais de fer (*iron-stone*), et une grande quantité de débris de végétaux charbonnés [1]. D'après le docteur Fitton, le terrain équivalent de l'île de Wight est formé de sables et de grès souvent ferrugineux, avec un grand nombre d'alternances d'argiles sablonneuses, rougeâtres et bigarrées, et de concrétions de grès calcaire [2].

La formation des sables ferrugineux présente quelques variations locales dont la description appartient aux ouvrages qui traitent en particulier de la constitution géologique des cantons où elles s'observent. Néanmoins, considérée en masse, cette formation paraît être principalement arénacée. D'après M. Mantell, la partie inférieure (les *couches d'Ashburnham*) est formée de calcaire argileux, alternant avec des marnes schisteuses, qui sont probablement liées avec le terrain immédiatement inférieur.

COUCHES DE PURBECK (*Purbeck beds*). Cet étage se compose de différentes couches de calcaires qui alternent avec des marnes; les premières sont l'objet d'une grande exploitation pour le pavé des rues de Londres. M. Webster a observé que, dans la baie de Warbarrow, dans celle de Lulworth, et dans quelques autres endroits de la côte du Dorsetshire, la couche supérieure du terrain de Purbeck, recouverte par les sables de Hastings, contient une forte proportion de terre verte, et que la matière calcaire ne paraît provenir que des fragments d'une coquille bivalve.

Débris organiques des terrains de Weald en Angleterre [3].

VÉGÉTAUX.

Calamites, espèce non déterminée. Sables de Hastings, Sussex (Mant.)
Sphenopteris Mantelli (Ad. Brong. pl. 45, fig. 1 à 7.) Sables de Hastings, Sussex (Mant.)

---

[1] Webster, *Géol. trans., second series*, vol. II.
[2] Fitton, *Ann. of Phil.*, 1824.
[3] Dans ce catalogue, les sables, les grès et les argiles qui composent le terrain que M. Mantell a appelé les *Couches de Tilgate* (*Tilgate beds*) ont été désignés sous le nom de sables de Hastings (*Hastings sands*), quoique cette dénomination ne s'accorde peut-être pas avec la composition du sol dans une ou deux localités.

Lonchopteris Mantelli (Ad. Brong.) Sables de Hastings, Sussex (Mant.)

Lycopodites? ..... Sables de Hastings, Sussex (Mant.)

Mantellia nidiformis (Ad. Brong.) *Cycadeoidea megalophylla* et *C. microphylla* (Buck., *Trans. géol.*, 2e série, t. II, pl. 47, 48 et 49.) Partie inférieure des couches de Purbeck, dans l'île de Portland ; à l'état siliceux.

Clathraria Lyellii (Mant.) Sables de Hastings, Sussex (Mant.)

Carpolithus Mantelli (Ad. Brong.) Sables de Hastings, Sussex (Mant.)

Lignite, et végétaux non décrits. Sables de Hastings, Sussex (Mant.)

CONCHIFÈRES ET MOLLUSQUES.

Cardium turgidum? (Sow. pl. 346, fig. 1.) Argile de Weald, Isle de Wight (Fitton.)

— Espèce non déterminée. Argile de Weald, Baie de Swanage (Fitton.)

Pinna? ..... Argile de Weald, Baie de Swanage (Fitton.)

Venus? ..... Argile de Weald, Baie de Swanage (Fitton.)

Ostrea, espèce non déterminée. Argile de Weald, île de Wight (Sedg.) Couches de Purbeck, près de Weymouth (Buckl. et de la B.)

Cyclas membranacea (Sow. pl. 527, fig. 3.) Argile de Weald, Sables de Hastings, Couches d'Ashburnham, Sussex (Mant.) Argile de Weald? Baie de Swanage (Fitton.)

— *media* (Sow. pl. 527, fig. 2.) Argile de Weald, Sables de Hastings et Couches d'Ashburnham, Sussex (Mant.) Argile de Weald, île de Wight, Baie de Swanage ; Sables de Hastings, île de Wight (Fitton.)

— *cornea* ..... Sables de Hastings, Couches d'Ashburnham, Sussex (Mant.)

— Espèce non déterminée. Argile de Weald, Isle de Wight ; Baie de Swanage (Fitton.)

Unio porrectus (Sow. pl. 594, fig. 1.) Sables de Hastings, Sussex (Mant.)

— *compressus* (Sow. pl. 594, fig. 2.) Sables de Hastings, Sussex (Mant.)

— *antiquus* (Sow. pl. 594, fig. 3 et 5.) Sables de Hastings, Couches d'Ashburnham, Sussex (Mant.)

— *aduncus* (Sow. pl. 596, fig. 2.) Sables de Hastings, Sussex (Mant.)

— *cordiformis* (Sow. pl. 595, fig. 1.) Sables de Hastings, Sussex (Mant.)

— *succinea?* Sables de Hastings, Sussex (Mant.)

Paludina vivipara (Lam.) Argile de Weald, Sables de Hastings, Couches d'Ashburnham, Sussex (Mant.) Couches de Purbeck (Conyb.)

— *elongata* (Sow. pl. 509, fig. 1 et 2.) Argile de Weald, Sables de Hastings et couches d'Ashburnham, Sussex (Mant.) Argile de Weald, île de Wight, baie de Swanage (Fitton.)

— *carinifera* (Sow. pl. 509, fig. 3.) Argile de Weald, Sussex (Mant.)

Potamides ou *Cerithium*, espèce non déterminée. Argile de Weald, Sussex (Mant.)

Melania attenuata ..... Argile de Weald, Baie de Swanage (Fitton.)

— *tricarinata* ..... Argile de Weald, île de Wight ; Baie de Swanage (Fitton.)

POISSONS.

Lepisosteus ..... Sables de Hastings, Sussex (Mant.)

Silurus ..... Sables de Hastings, Sussex (Mant.)

Débris de poissons, genres indéterminés. Argile de Weald, Couches d'Ashburnham, Sussex (Mant.) Couches de Purbeck, Purbeck (De la B.) Sables de Hastings, île de Wight (Fitton.)

CRUSTACÉS.

Cypris faba (Desm.) Argile de Weald, île de Wight, Baie de Swanage, etc. (Fitton.) Argile de Weald, Sables de Hastings, Sussex (Mant.)

REPTILES.

Crocodilus priscus. Sables de Hastings, Sussex (Mant.)

— Espèce non déterminée. Couches d'Ashburnham, Sussex (Mant.) Couches de Purbeck, Purbeck (Conyb.) Argile de Weald, Baie de Swanage (Fitton.)

Leptorynchus ..... Sables de Hastings, Sussex (Mant.)
Iguanodon ..... Sables de Hastings, Sussex (Mant.)
Mega'osaurus ..... Sables de Hastings, Couches d'Ashburnham, Sussex (Mant.)
Reptiles des genres *Trionyx* , *Emys* , *Chelonia*, *Plesiosaurus* et *Pterodactylus*.
   Sables de Hastings, Sussex (Mant.)
Tortue, Couches de Purbeck (Conyb.)

Le catalogue précédent montre que ce dépôt de calcaires, de
sables et d'argiles s'est formé sous des eaux dans lesquelles ont pu
séjourner des animaux testacés analogues à ceux qui vivent aujourd'hui dans l'eau douce. Les seules coquilles qui ne soient pas de
cette nature sont des *Ostrea* et des *Cardium*, que l'on sait habiter
les embouchures des fleuves.

La couche appelée *couche de boue* (*Dirt-bed*), que M. Webster a le premier indiquée dans l'île de Portland, et qui a été observée depuis dans les environs de Weymouth et ailleurs, paraît commencer la série des phénomènes qui attestent que le pays, d'abord
à sec, a été submergé par des eaux douces ou par des eaux d'embouchures de rivières, dans lesquelles se sont formés tous les terrains de Weald du sud-est de l'Angleterre ; que cette submersion n'a
pas eu lieu sous l'influence de causes subites, puisqu'il n'y a pas de
conglomérats qui puissent faire supposer une action violente ; mais
qu'elle a été produite durant une période tranquille, pendant
laquelle les coquilles ont été enfouies lentement au milieu des
matières calcaires, argileuses et arénacées qui les enveloppent
maintenant. On verra que le groupe oolitique, qui est immédiatement inférieur au terrain de Weald, a dû, d'après la nature des
fossiles qui s'y trouvent, se déposer au fond d'une mer. Il faut
donc supposer qu'après la formation de la série oolitique il y a eu,
soit un soulèvement du sol, soit un abaissement de la mer, d'où il
est résulté que la surface s'est trouvée à sec, et que des cycadées
et des plantes dicotylédones des tropiques ont pu y croître. Plus
tard, le terrain a éprouvé une dépression ; mais le mouvement a
été tellement lent, que le sol végétal, mêlé avec quelques fragments
des roches subjacentes, n'a pas été entraîné par les eaux, et que
ces arbres même n'ont pas subi un déplacement notable, mais ont
conservé leur position, comme ces autres arbres dans les forêts sous-marines qu'on observe dans quelques parties des côtes de la Grande-Bretagne et de la France, et dont nous avons parlé. Comme eux,
les arbres de la couche nommée *Dirt-bed* se trouvent, les uns couchés horizontalement, d'autres inclinés, d'autres encore dans une
position peu éloignée de celle où ils ont dû croître ; ces derniers pénètrent quelquefois, par le haut, dans le calcaire qui recouvre le *Dirt-bed*. La seule différence qui existe entre les arbres de cette couche et

ceux des forêts sous-marines paraît consister en ce que les premiers sont des arbres des tropiques, tandis que les autres sont peu différents, sinon identiques, avec les arbres qui croissent aujourd'hui en Angleterre et en France. Il n'y a donc rien d'extraordinaire dans cette supposition d'une dépression graduelle de terrain assez lente pour que les arbres et les autres végétaux n'aient pas été déplacés, puisqu'elle est tout à fait analogue à ce qui est arrivé depuis pour les forêts sous-marines.

L'affaissement du terrain a été produit par des causes telles, qu'au premier instant il ne s'est pas abaissé sous les eaux de la mer : il a d'abord été recouvert par des eaux douces, qui ont acquis peu à peu une hauteur assez grande pour qu'il ait pu se former dans leur sein un dépôt de quelques centaines de pieds de différentes substances minérales. Les circonstances qui ont présidé à la formation de ce dépôt n'ont pas été constantes : il s'est d'abord précipité une matière calcaire avec quelques interruptions périodiques, pendant lesquelles il s'est introduit une matière argileuse en quantité suffisante pour produire de la marne. Quoique des animaux d'eau douce et des animaux terrestres se soient alors trouvés enfouis, il parait qu'il y a eu une époque où les eaux qui couvraient le sol des contrées de Weymouth et de l'île de Wight étaient devenues propres à être habitées par des huîtres et des bucardes (*cockles*), ce qui suppose que ces eaux étaient devenues au moins saumâtres. A la suite de cette première période, il s'est fait une accumulation de sables qui ont enterré une grande variété d'animaux amphibies, tels que des *tortues*, des *crocodiles*, des *plesiosaurus*, des *megalosaurus*, et ces monstrueux reptiles terrestres qu'on a nommés *iguanodons* [1]. Ces animaux ont dû vivre dans les eaux ou habiter les bords des lacs et des embouchures des fleuves, sur les eaux desquels flottaient des arbres et différents végétaux. Un dépôt argileux couronne cette succession de roches, et rien n'annonce encore qu'il ne se soit pas formé dans l'eau douce. Nous ignorons jusqu'à quel point on peut attribuer au changement relatif du niveau de la mer une dépression constante du sol ; mais, quoi qu'il en soit, la mer a dû venir de nouveau submerger le terrain et reprendre sur lui son empire, puisque sur l'argile dont nous avons parlé en dernier lieu repose la masse des roches crétacées du sud de l'Angleterre, qui est d'origine marine. Ce changement, comme celui qui l'a précédé, n'a pas été subit ; car on n'observe aucune trace de cause violente entre le dépôt de l'argile wealdienne et celui des grès verts, et, au contraire, le passage

---

[1] Pour la description des *iguanodons*, voir Mantell. *Phil. trans.*, 1825, et *Illustrations of Tilgate Forest*, 1827.

du premier terrain au second est établi par les alternances qu'on observe à leur jonction. Il est assez probable que la mer ne s'est pas précipitée avec violence sur le continent, mais qu'il y a eu un changement lent et graduel de niveau, comme dans le cas du *Dirt-bed*. Je ne m'étendrai pas sur les changements de niveau qui ont eu lieu depuis à la surface du sol de cette contrée, je ferai seulement remarquer que la mer s'est de nouveau retirée (île de Wight), et qu'il s'est formé des dépôts d'eau douce et d'embouchures.

Les conséquences remarquables auxquelles nous venons d'arriver ne sont pas purement hypothétiques; elles doivent être, au contraire, considérées comme des déductions rigoureuses des phénomènes observés.

La formation du dépôt que nous avons décrit n'a pu être que le résultat de l'action du temps, et par conséquent nous devons penser, d'après le cours ordinaire des grandes opérations de la nature, que des terrains équivalents à celui-ci se sont formés ailleurs. Le caractère d'eau douce de ce dépôt ne peut être considéré que comme accidentel ou local, de même que de nos jours des formations, quoique contemporaines, sont, les unes marines, les autres lacustres. Il suit de là que, même en supposant que des mouvements de terrain dans le sens vertical se soient produits sur une grande partie de l'Europe, on n'est pas fondé à en conclure que ces mouvements aient partout donné lieu à la même élévation du terrain au-dessus de la surface de la mer. Au contraire, nous pouvons admettre que, très souvent, des mouvements de ce genre n'ont dû produire que des différences plus ou moins grandes dans la profondeur des eaux de la mer, et que dès lors tous les dépôts qui tendaient à se former à l'époque de ces mouvements ont dû participer du caractère marin du milieu aqueux environnant.

M. Thirria décrit un dépôt considérable d'argile et de minerai de fer pisiforme qui se trouve à la surface dans le département de la *Haute-Saône* : il en considère une partie comme se rapportant au grès vert, et comme étant peut-être l'équivalent des roches wealdiennes. Sur un terrain qui paraît du même âge que les couches de Portland d'Angleterre, il y a des couches de sables et d'argile qui semblent être les derniers restes d'un dépôt anciennement plus étendu, lequel aurait éprouvé une destruction par l'action des eaux ; les détritus des couches remaniées auraient été mêlés avec des ossements d'ours et de rhinocéros, et se seraient reconsolidés de manière à présenter une composition minéralogique semblable à celle des couches dont ils proviennent. La coupe suivante, prise à *la résie Saint-Martin*, présente, à partir de la surface, la succession des roches que M. Thirria regarde comme en place, les fossiles indiqués étant augmentés de ceux qu'il a trouvés ailleurs, également en place, dans le département de la Haute-Saône.

1° Argile verdâtre onctueuse;

2° Sable fin, jaunâtre, un peu argileux;

3° Rognons de calcaire jaune, contenus dans une argile verdâtre;

4° Sable fin, jaunâtre, un peu argileux;

5° Argile jaunâtre schisteuse, un peu sablonneuse;

6° Argile grasse au toucher, d'un jaune verdâtre;

7° Argile verdâtre avec nodules de calcaire marneux empâtant des grains de minerai de fer;

8° Minerai de fer pisiforme en amas dans une argile ocreuse avec *Ammonites binus*, *A. planicostata* (Sow.), *A. coronatus* (Schlot.), et quelques autres espèces; *Hamites* (espèce nouvelle); *Nerinæa*; *Cirus*; *Terebratula coarctata* (Sow.), et autres espèces; *Pentacrinites*;

9° Marne blanche avec noyaux d'argile verdâtre et rognons de calcaire marneux.

L'ensemble de ce terrain forme une épaisseur d'environ quarante pieds, et repose sur des couches que l'on regarde comme équivalentes de celles de Portland [1].

M. Thirria fait remarquer l'association extraordinaire de fossiles que présente le minerai de fer pisiforme; il ajoute, en outre, que les morceaux réniformes de minerai de fer contiennent quelquefois des empreintes vides de fossiles du calcaire jurassique.

Cette opinion, que quelques-unes des couches de minerai de fer pisiforme et réniforme sont contemporaines, soit du terrain de Weald, soit du grès vert et de la craie de l'Angleterre, paraît être confirmée par les observations de M. le docteur Walchner sur des couches analogues observées près de *Candern* en *Brisgau*.

« Les dépôts de minerai de fer pisiforme et réniforme des envi-
« rons de Candern prouvent *qu'il y a deux terrains de fer pisi-*
« *forme et réniforme très différents par leur âge.* L'un d'eux se
« trouve au-dessus d'un calcaire jurassique compacte, qui paraît
« correspondre au *coral rag* ou au *portland-stone* des Anglais; il
« se compose d'une masse d'argile sableuse qui contient le minerai
« réniforme dans la partie inférieure et le minerai pisiforme dans la
« partie supérieure, en même temps que des sphéroïdes de silex et
« de jaspe. Les minerais réniformes et les silex qui les accompa-
« gnent contiennent des pétrifications : les premiers, des *astrées*

---

[1] Thirria, *Notice sur le terrain jurassique du département de la Haute-Saône,* dans les *Mém. de la Soc. d'hist. nat. de Strasbourg,* tom. I, 1830.

« et des *ammonites*; les derniers, des *pectinites* et des pointes de
« *cidarites*. Le tout est recouvert de couches solides de conglomé-
« rats plus anciens que la mollasse, ou bien aussi de mollasse même.
« Cette formation de minerai de fer peut être considérée comme
« l'une des dernières de toutes les formations jurassiques, et elle
« est sans doute très voisine de la craie; peut-être est-elle inter-
« médiaire entre le calcaire jurassique et la craie, comme le grès
« vert [1]. »

Pour appuyer cette opinion, M. le professeur Walchner rapporte
les observations faites par MM. Merian et Escher, dans quelques
parties du Jura; chacun d'eux décrit une argile qui contient du
minerai de fer pisiforme et réniforme, et qui est intermédiaire entre
les couches supérieures du calcaire jurassique et la mollasse (un des
terrains supracrétacés de la Suisse); cette argile manque quelquefois, et alors la mollasse repose directement sur le calcaire jurassique. M. Merian a reconnu que, près d'Arau, les couches ferrugi-
gineuses contenaient quelquefois de gros fragments anguleux du
calcaire sur lequel elles reposent, ainsi que des rognons de silex et
de quartz jaspe. Les fragments anguleux de calcaire renferment les
mêmes fossiles que le minerai de fer. Le même auteur observe que
le minerai de fer pisiforme d'Arau est immédiatement recouvert par
du grès et par un schiste bitumineux, qui passe à un lignite, présentant quelquefois distinctement la texture fibreuse du bois. Le
schiste et l'argile qui l'accompagne contiennent une grande quantité
de fossiles, parmi lesquels on distingue des *Planorbes* et d'autres
coquilles fluviatiles.

Parmi les roches crétacées de l'*île d'Aix* et de l'embouchure de la
Charente, M. Brongniart indique une marne qu'il rapporte à l'argile
wealdienne; elle contient des nodules de succin, et des morceaux
de lignite et de bois silicifié, dans lesquels il y a des cavités qui ont
été pratiquées par des animaux foreurs, et qui ont été remplies postérieurement par du quartz agate [2]. Ce dernier fait s'accorde avec la
présence des morceaux de bois silicifié, quelquefois fort gros, qui
se trouvent dans les grès verts de Lyme Regis, et qui présentent aussi
des cavités pratiquées par des animaux foreurs et remplies par du
quartz agate ou du quartz calcédoine. Ces deux exemples tendent à
établir que le bois a flotté et a séjourné quelque temps sur la mer.

D'après M. le professeur Pusch, il y a en *Pologne* un dépôt ferrifère entre le calcaire jurassique et les roches crétacées. Ce dépôt

---

[1] Walchner, *Sur les minerais de fer pisiforme et réniforme de Candern en
Brisgau. Mém. de la Soc. d'Hist. nat. de Strasbourg*, tome I.

[2] *Tab. des terrains*, p. 128.

peut être considéré comme l'équivalent de l'argile wealdienne et de sables ferrugineux (*hastings sands*) de l'Angleterre. Nous rapporterons textuellement les détails que M. le professeur Pusch donne sur cette formation.

« Le dépôt ferrifère remplit, en Pologne, les vallées de Czarna Przemsa, jusqu'à Siewirz, celle de Mastonica, celle de la Wartha, depuis son origine à Kromolow jusque vers Czenstochau, et celle du Liziwarta. Il s'étend, à l'ouest, à travers la Silésie supérieure jusqu'à l'Oder, et remonte le long de ce fleuve jusqu'à la contrée de Rybnyk.

« Il est composé de plusieurs alternances de couches horizontales peu continues, d'argile schisteuse un peu calcaire, bigarrée ou bleuâtre, appelée *Kurzawka*; d'un conglomérat siliceux, quarzeux et compacte, de grès ferrifère brun; de couches de sables incohérents et de lits minces de calcaire marneux bigarré ou blanc. Dans la contrée de Kromolow, de Poremba et de Siewirz, ce terrain renferme des couches horizontales, dont la puissance varie depuis six pouces jusqu'à quatorze pieds, d'un combustible grossier (*Moorkohle*), souvent accompagné de bois bitumineux et de beaucoup de pyrites. On exploite peu ce combustible, parce que ce dépôt se trouve dans des vallées marécageuses; mais le manque de bois peut le rendre fort utile pour le pays situé entre Pelica et Czenstochau. De Siewirz, les couches charbonneuses vont se perdre au nord. On n'en trouve plus que de faibles traces autour de Czenstochau, de Krzepice et de Klohucho, tandis que, dans ces contrées, on voit dominer les argiles schisteuses, onctueuses et bleues, où l'on trouve, comme au toit des lits charbonneux, de nombreux bancs de minerai de fer. Ces bancs sont formés par des rangées de rognons sphéroïdaux de fer argileux compacte, contenant de nombreuses ammonites (surtout *Ammonites bifurcatus*) et des bivalves des genres *Cardium*, *Venus*, *Trigonia*, *Sanguinolaria*, etc., fossiles qui correspondent en partie à ceux du calcaire jurassique. Le dépôt ferrifère abonde principalement aux environs de Panki et de Krzepice, entre cette ville et Wielun, et dans le nord de la Silésie supérieure. Il alimente les hauts fourneaux de Poremba, de Miaczow, de Panki, de Zarki et de différentes usines de la Silésie; ce minerai rend 50 pour 100 de fer. Un grès ferrugineux brun, dont les grains quarzeux sont agglutinés par du fer hydraté, recouvre l'argile bleue; il existe surtout autour de Kozieglow, de Panki et de Prauska [1]. »

[1] Pusch, *Journal de Géologie*, t. II, p. 223.

On aura sans doute déjà remarqué la grande ressemblance de ce dépôt ferrifère avec celui de la Haute-Saône, que nous avons décrit précédemment; la ressemblance de ces dépôts est encore augmentée par celle des fossiles qu'ils renferment : ainsi, l'on trouve des ammonites dans les rognons de minerai de fer des deux localités. Il nous semble qu'il y a peu de difficulté à admettre, avec M. Pusch, que le terrain ferrifère de la Pologne est l'équivalent du terrain wealdien de l'Angleterre, si on considère que partout où des circonstances locales ne sont pas intervenues, et où le dépôt a continué à se former sous la mer, les caractères zoologiques qu'il présente établissent une certaine liaison avec le groupe oolitique; que les espèces qui vivaient pendant la période de la formation d'une partie au moins de ce dernier groupe, n'ont pas été détruites subitement, et qu'il doit ainsi exister un passage zoologique du terrain oolitique au groupe crétacé, toutes les fois que des circonstances locales n'ont pas apporté de modifications, comme cela a eu lieu dans le sud-est de l'Angleterre. Il est remarquable que le minerai de fer se présente à la fois dans le terrain wealdien de l'Angleterre et dans ceux du Jura et de la Pologne, quoique la différence des fossiles enfouis dans des couches évidemment contemporaines indique qu'elles se sont déposées dans des eaux différentes.

Lorsque les couches supérieures de la série oolitique furent mises à sec en Angleterre et se couvrirent de végétaux, il y a lieu de croire que quelques parties du sol qui constitue aujourd'hui l'Europe se trouvèrent dans des circonstances semblables, et que des dépôts de différents caractères se sont formés dans diverses localités. Quelques-uns de ces dépôts, par la nature de leurs fossiles, annoncent la présence de grands lacs ou de quelque embouchure de grands fleuves, et par conséquent un état de choses pendant lequel cette partie du globe se composait de continents, d'eaux douces et de mers. Plus tard, quelque cause, qui nous est encore inconnue, a produit un grand changement dans les niveaux relatifs de la mer et des continents, et les terrains crétacés (craie et grès verts) sont venus se déposer sur une surface fort grande, et même beaucoup plus étendue que celle qu'avaient recouverte les derniers dépôts de la série oolitique.

SECTION VI.

GROUPE OOLITIQUE.

SYN. *Formation oolitique*, *calcaire du Jura*, *calcaire juras-sique* (géologie française); *Oolite formation* (géologie anglaise); *Jurakalk* (géologie allemande).

Le groupe oolitique se compose, dans l'Angleterre méridionale, d'une suite d'alternances d'argiles, de sables, de marnes et de calcaires. Quelques-uns de ces calcaires sont oolitiques, et de là vient le nom de *Série oolitique* donné à tous ces dépôts. A une époque déjà reculée de l'histoire de la géologie de l'Angleterre, M. William Smith a assigné aux différentes parties de la série oolitique des noms particuliers, dont quelques-uns sont encore employés par tous les géologues de l'Europe. Plusieurs des divisions et des sous-divisions qu'il a faites sont certainement tout à fait arbitraires, et établissent peut-être des distinctions théoriques entre des formations que la nature a liées entre elles; mais, puisque ces divisions de M. Smith sont aujourd'hui généralement adoptées, cela seul paraît prouver qu'elles sont assez convenables.

L'existence, dans le *sud de l'Angleterre*, de trois grands dépôts d'argile et de marne qui semblent diviser la série oolitique en trois groupes naturels, a conduit M. Conybeare à partager cette série en trois systèmes que nous allons faire connaître, en omettant toutefois les couches de Purbeck, par des motifs que nous exposerons plus bas.

1° *Système supérieur*; il renferme, à partir du haut : *a*, l'oolite de Portland; *b*, des sables et des concrétions calcaires; *c*, l'argile de Kimmeridge, dépôt argilo-calcaire.

2° *Système moyen*; comprenant : *a*, le *coral rag* et les calcaires oolitiques qui l'accompagnent; *b*, des sables et des grès calcaires (*calcareous grit*); *c*, l'argile d'Oxford.

3° *Système inférieur*; il contient : *a*, couches calcaires, quelquefois séparées par des argiles ou des marnes; ces couches se nomment *cornbrash*, marbre de Forest (*Forest marble*), grande oolite ou oolite de Bath, et oolite inférieure; *b*, sables silicéo-calcaires, appelés sables de l'oolite inférieure; *c*, dépôt argilo-calcaire, nommé *lias*.

Ces trois systèmes principaux, et leur séparation par des dépôts argileux, ont été reconnus dans des localités très éloignées; mais il n'a pas toujours été aussi facile d'établir de même l'identité dans leurs sous-divisions. L'étendue dans laquelle un petit nombre de fossiles de chaque système peut s'observer devient ainsi très digne d'attention.

M. Phillips divise le groupe oolitique du *Yorkshire* en : *a*, argile de Kimmeridge; *b*, grès calcaire supérieur; *c*, oolite coralline (*coralline oolite*); *d*, grès calcaire inférieur (*Lower calcareous grit*); *e*, argile d'Oxford; *f*, roches de Kelloway (on nomme ainsi les parties solides et pierreuses qui se trouvent dans l'argile d'Oxford, près du pont de Kelloway, dans le Wiltshire); *g*, calcaire *cornbrash*; *h*, grès, argile schisteuse (*shale*) et houille supérieure; *i*, calcaire impur (oolite de Bath); *k*, grès, argile schisteuse et houille inférieure; *l*, couches ferrugineuses (oolite inférieure); *m*, schiste supérieur du lias; *n*, formation de marne endurcie (*marlstone*); et *o*, schiste inférieur du lias.

On remarquera que ces divisions ne diffèrent pas essentiellement de celles de l'Angleterre méridionale, si ce n'est par la présence de quelques couches de grès et de schistes carbonifères au-dessus et au-dessous d'un calcaire qui paraît l'équivalent de l'oolite de Bath. Les couches carbonifères forment ensemble une épaisseur de 700 pieds, abstraction faite du calcaire qui est supposé correspondre à l'oolite de Bath.

Si l'on compare la série oolitique de la *Normandie* avec celle de l'Angleterre méridionale, on trouve aussi une analogie frappante entre les divisions principales, et quelquefois même entre les dernières sous-divisions. En observant les terrains qui se présentent depuis les environs du Havre jusqu'au Cotentin, on trouve la série suivante : *a*, argile de Kimmeridge, avec des couches subordonnées d'un grès appelé *grès de Glos*; *b*, calcaire, avec des couches oolitiques qui doivent être rapportées au *coral rag*, d'après les caractères géologiques et zoologiques qu'elles présentent; *c*, grès calcaire et ferrugineux; *d*, argile d'Oxford; *e*, une suite de couches qui comprennent le calcaire connu sous le nom de *pierre de Caen*, et qui se rapportent au *Forest marble* et à la grande oolite; *f*, l'oolite inférieure; *g*, le lias [1].

M. Boblaye partage la série oolitique du *nord de la France* de la manière suivante [2] : *a*, couches correspondantes au *coral rag* (c'est l'étage le plus élevé de la série oolitique de la contrée); *b*, oolite sablonneuse et ferrugineuse; *c*, série de couches équivalentes

---

[1] De La Bèche, *Geol. Trans.*, t. 1, 1822; de Caumont, *Essai sur la Topographie géol. du Calvados*, 1828.

[2] Boblaye, *Sur la formation jurassique dans le nord de la France*; *Ann. des Sc. nat.*, 1829.

au *cornbrash*, au *Forest marble* et à la grande oolite; *d*, calcaire ferrugineux, marnes micacées, et calcaires sableux qui correspond à l'oolite inférieure et à ses sables; *e*, lias.

M. Élie de Beaumont, qui a signalé l'uniformité que présente la constitution de la ceinture jurassique entourant le grand bassin géologique qui comprend Londres et Paris, a trouvé des couches calcaires qu'il rapporte à la pierre de Portland; elles recouvrent un calcaire à *Gryphœa virgula*, coquille remarquable de l'argile de Kimmeridge, surtout en France. Au-dessous, on trouve des calcaires compactes, terreux et oolitiques, qui reposent eux-mêmes sur un calcaire marneux grisâtre que l'on regarde comme l'équivalent de l'argile d'Oxford. En continuant à descendre, on observe une série de couches dont quelques-unes sont oolitiques; puis un calcaire, qui est remarquable pour la grande quantité d'*entroques* qu'il renferme et que l'on rapporte à l'oolite inférieure; enfin, des roches qui correspondent au lias [1].

M. Thirria, dans la description de la série oolitique qui s'étend sur le département de la *Haute-Saône* et forme les limites nord-ouest de la chaîne du Jura, indique les couches suivantes, dont il a excepté le lias, conformément aux idées de quelques géologues du continent qui ne le comprennent pas dans la série oolitique.

a, oolite inférieure, composée de différents calcaires oolitiques, sub-lamellaires, lamellaires ou compactes, rougeâtres, gris ou jaunes. Quelques-unes de ces couches sont toutes remplies d'entroques et d'articulations du crinoïde. L'une d'elles est remarquable, en ce qu'elle renferme du fer hydraté en assez grande abondance pour être exploité avec avantage. On l'observe à Calmoutier, à Oppenans, à Jussey, et dans quelques autres localités.

b, marne jaune formant une couche de deux mètres d'épaisseur; on la considère comme l'équivalent de la terre à foulon (*Fuller's earth*) de l'Angleterre.

c, grande oolite composée de couches oolitiques qui contiennent, entre autres coquilles, les espèces *Ostrea acuminata* et *Avicula echinata*.

d, calcaire avec beaucoup d'oxyde rouge de fer; ils sont schisteux, sub-oolitiques ou compactes; on les rapporte au *Forest marble*.

e, calcaire marneux, gris ou jaunâtre, très oolitique, regardé comme l'équivalent du *cornbrash* d'Angleterre.

f, marnes schisteuses d'un gris noirâtre avec calcaire marneux;

[1] Élie de Beaumont, *Notes sur l'uniformité qui règne dans la constitution de la ceinture jurassique qui comprend Londres et Paris*; dans les *Annales des Sc. nat.*, 1829.

elles reposent sur des marnes schisteuses grises qui contiennent des grains ooliticques du fer hydraté. Ce minerai est exploité avec avantage dans les territoires d'Orrain et de Saquenay. L'ensemble de la sous-divison *f* repose sur un calcaire gris foncé, schisteux et argileux. Elle renferme quelques fossiles, particulièrement dans l'oolite ferrugineuse ; on y remarque la *Gryphhœa dilatata* qui caractérise très bien l'argile d'Oxford. L'étage entier est rapporté à l'argile d'Oxford et aux roches de Kelloway.

g, série de couches d'argile et de calcaire le plus souvent oolitique : la partie supérieure de cette série contient des coraux, et la partie inférieure une grande quantité de *Nérinées* ; l'ensemble paraît correspondre au *coral rag*.

h, marnes grises et calcaire marneux, recouvrant un calcaire gris compacte. Celui-ci contient beaucoup de débris d'*Astarte*, tandis que la partie supérieure renferme des *Gryphœa virgula*. Ces fossiles font rapporter ces marnes à l'argile de Kimmeridge.

i, différentes couches de calcaire presque toujours gris, quelquefois blanc ou jaunâtre, et ailleurs d'une nuance plus foncée ; on les regarde comme l'équivalent de la pierre de Portland [1].

M. Dufrénoy, dans ses remarques sur les terrains de cet âge qui existent dans le *sud-ouest de la France*, partage le groupe oolitique de cette contrée en trois systèmes distincts, en reconnaissant toutefois que ces divisions ne sont pas nettement prononcées, parce que les couches qui paraissent correspondre à l'argile d'Oxford et à celle de Kimmeridge ne sont pas des argiles, mais des calcaires marneux. De plus, il fait observer que les sous-divisions nombreuses indiquées par les géologues anglais ne se retrouvent que très imparfaitement dans le bassin secondaire dont il s'agit, quoique quelques-unes y soient suffisamment constatées. La partie inférieure repose sur le lias et se compose de marnes micacées, contenant des *Gryphœa cymbium*, des *Belemnites* et d'autres coquilles qui permettent de les rapporter aux sables de l'oolite inférieure. Elle renferme des calcaires avec minerai de fer oolitique, et des couches d'oolite qui paraissent correspondre à l'oolite de Bath. Cette oolite n'est bien développée qu'à Mauriac et dans l'Aveyron. Cette division inférieure forme une épaisseur considérable.

Au-dessus, il y a un système de couches de calcaire marneux, quelquefois accompagnées de beaucoup de couches puissantes et riches en polypiers, et d'une oolite terreuse et irrégulière. (Mar-

---

[1] Thirria, *Notice sur le terrain jurassique du département de la Haute-Saône ; dans les Mémoires de la Soc. d'Hist. nat. de Strasbourg*, 1830.

thon, forêt de la Braconne, etc.) D'après l'abondance des coraux, la présence de l'oolite et d'un grand nombre de fossiles, M. Dufrénoy rapporte ces couches au *coral rag* et à l'oolite d'Oxford.

Ce système est recouvert par un autre, composé de couches de marnes et de calcaire marneux, riches en *Gryphæa virgula*, et recouvertes elles-mêmes par une oolite renfermant aussi cette gryphée. Cette oolite s'étend des environs d'Angoulême jusqu'à l'Océan. Ces deux roches sont respectivement rapportées à l'argile de Kimmeridge et à l'oolite de Portland : elles sont recouvertes par les roches du terrain crétacé [1].

Les détails que nous venons de donner montrent déjà que, sur une grande partie de la France et de l'Angleterre, le groupe oolitique s'est déposé sous l'influence de causes qui ne différaient pas essentiellement. Mais avant de présenter quelques remarques sur l'uniformité de la constitution géologique de ce groupe sur une aussi grande étendue de pays, il est nécessaire que nous décrivions les terrains oolitiques de l'Écosse, de l'Allemagne et de la Suède.

C'est particulièrement à M. Murchison que nous devons la connaissance du groupe oolitique de l'*Écosse*. Il a montré que le dépôt houiller de *Brora*, dans le Sutherlandshire, devait être considéré comme étant l'équivalent de ce terrain carbonifère du Yorkshire, que M. Phillips a décrit comme existant entre l'oolite inférieure et le *cornbrash*, et comprenant dans la partie moyenne une roche correspondante à l'oolite de Bath ou grande oolite. Dans les environs de Brora, il y a différentes couches de grès et de schiste qui contiennent de la houille et des empreintes végétales. La roche exploitée comme pierre de taille sur les collines de Braambury et de Hare est recouverte par un calcaire assez grossier (*rubbly* [2]) qui est un agrégat de coquilles, de feuilles et de tiges de plantes, de lignite, etc. M. Murchison regarde les débris organiques de cette couche et ceux de la pierre de taille comme comparables à ceux qui se présentent dans la partie inférieure du *coral rag*. A Dunrobin-Castle, les grès calcaires sont remplacés par une brèche calcaire (*pebbly calcariferous grit*) recouverte par du schiste et du calcaire contenant des fossiles. D'autres variations de ce dépôt oolitique s'observent encore sur cette côte. Elles se composent, à partir du haut, de calcaire grossier (*rubbly*), de grès blanc et schiste (*shale*), de calcaire coquillier, de grès, schiste et calcaire avec des plantes et de

---

[1] Dufrénoy; *Annales des Mines*, t. v, 1829.

[2] *Rubbly* indique proprement une disposition du calcaire à se briser en petits morceaux.

la houille, ce qui établit l'analogie de ce dépôt avec le terrain carbonifère du Yorkshire.

Un terrain oolitique semblable se retrouve aussi dans les *Hébrides*. M. Murchison l'indique à Beal, près de Portrée, dans l'île de Sky. Dans ce lieu, la partie supérieure présente un agglomérat calcaire de fossiles qui ressemble à plusieurs parties du *cornbrash* et du *Forest marble* de l'Angleterre; il est tout à fait identique avec le calcaire coquillier du Sutherland dont nous venons de parler. A Holm, le grès s'élève de dessous le calcaire à une hauteur considérable. On y trouve des empreintes végétales au nord-est de Holm. Près de Tobermory, dans l'île de Mull, un grès, qu'on regarde comme l'équivalent de l'oolite inférieure, repose sur le lias qui contient la *Gryphæa incurva*. Il paraît aussi que des roches du groupe oolitique, le lias compris, se présentent encore dans d'autres parties de l'île de Mull, sur la côte opposée du Ross-Shire et dans les îles de Rasay et de Pabbla; elles sont souvent traversées et recouvertes par des roches trappéennes [1].

Le groupe oolitique de l'*Allemagne* n'est pas encore aussi bien connu que ceux de la France et de l'Angleterre. M. de Buch pense qu'une grande partie de l'oolite qu'on rencontre dans ce pays se rapporte au *coral rag*. D'après le même géologue, c'est le coral rag qui constitue le plateau qui s'élève entre le Mein et la Suisse; on l'observe aussi dans les montagnes de Streitberg, à Donzdorf en Souabe, à Rathshausen près de Bahlingen, et à Mont-Randen près de Schaffhouse. M. de Buch indique, dans la dernière localité, plusieurs couches mélangées de polypiers, dont les espèces les plus caractéristiques sont le *Cnemidium lamellosum*, *Cn. striatum* et *Cn. rimulosum*. Au-dessous, il y a des couches toutes remplies d'ammonites, telles que : *Am. placatilis*, *Am. triplicatus* (grand et très abondant), *Am. perarmatus*, *Am. biplex*, *Am. flexuosus*, *Am. bifurcatus* et *Am. canaliculatus*. Ces couches de *coral rag* reposent sur des argiles et des marnes qui contiennent le *Gryphæa dilatata* et l'*Ammonites sublævis* [2]. On verra plus bas, dans le catalogue de fossiles, que les polypiers sont abondants dans ce terrain à Streiberg, Muggendorf, etc.

M. Murchison, dans son esquisse des terrains oolitiques de l'*Allemagne*, rédigée d'après ses propres observations et celles qui ont été publiées par les géologues allemands, fait remarquer que les étages supérieurs du groupe oolitique de l'Angleterre, savoir : le

[1] Murchison, *Géol. Trans.*, 2e série, vol. II.

[2] Von Buch, *Recueil de planches de Pétrifications remarquables*, Berlin, 1831.

coral rag, la pierre de Portland, etc., n'ont encore été reconnus dans aucune partie de l'Allemagne centrale, quoique peut-être ils existent dans le Hanovre, et il lui paraît incertain si les roches riches en coraux de Nattheim, Heidenheim, etc., dans le Wurtemberg, doivent être rapportées au coral rag ou à la partie supérieure de la grande oolite. Les roches schisteuses bien connues de *Solenhofen* s'amincissent au milieu de masses de dolomie, près de l'embouchure de l'Altmühl dans le Danube. M. Murchison semble porté à les regarder comme l'équivalent du *schiste de Stonesfield*. L'oolite moyenne de l'Allemagne centrale et méridionale diffère par ses caractères minéralogiques des roches du même étage, dans la Westphalie et le Hanovre, en ce que les schistes, les grès (*grits*), etc., sont remplacés par un calcaire compacte de couleur claire, ou par de la dolomie.

La coupe du terrain de la gorge nommée Porta Westphalica présente une variété de couches qu'on peut regarder comme les équivalents de celles que comprend la série anglaise, depuis le haut du lias jusqu'aux schistes de l'argile d'Oxford inclusivement. Ces couches passent sous la chaîne du Bückeburg, dont les grès, les schistes calcaires et la houille sont rapportés par MM. Hoffmann et Murchison à l'oolite supérieure. L'oolite inférieure est semblable à celle des Hébrides et de la côte du Yorkshire : elle consiste en une grande formation arénacée, souvent ferrugineuse, contenant plusieurs fossiles caractéristiques. Elle recouvre le lias dans le Wurtemberg, la Bavière, le Hanovre et la Westphalie. Le lias se montre bien développé dans le Wurtemberg, le nord de la Bavière, le Hanovre, la Westphalie, etc. Une coupe de ce terrain, sur la rive droite du Mein, à Banz près de Cobourg, présente une série de couches analogues à celles de Whitby (Yorkshire); elles contiennent une grande quantité de fossiles [1].

M. Mérian a publié des détails très intéressants sur la constitution des montagnes du Jura, *aux environs de Bâle*, et sur leur prolongement en Allemagne, à quelque distance de cette ville. D'après sa description, deux termes de la série, l'oolite inférieure (*Eisen Rogenstein*, ou oolite ferrugineuse), et le lias (*Gryphiten Kalk*, calcaires à gryphites), y sont clairement caractérisés. Les couches qui reposent sur le *Eisen Rogenstein* se distinguent en calcaire jurassique ancien (*Alterer Rogenstein*), et nouveau calcaire jurassique (*Jüngerer Jurakalk*); le premier est regardé comme corres-

[1] Murchison, *Proceedings of the Geol. Society*, mai 1831.

pondant en grande partie à l'oolite de Bath; il est séparé du second par des couches d'argile [1].

Pour la position géographique du groupe oolitique de l'Allemagne, on doit consulter les cartes géologiques de cette contrée, particulièrement la carte du nord-ouest de l'Allemagne par M. Hoffmann, et la carte plus générale publiée par M. Schropp. Les caractères minéralogiques de l'ensemble de ce terrain ne paraissent pas différer essentiellement de ceux que nous avons indiqués; car les roches qui le composent sont des calcaires quelquefois oolitiques, des argiles, des marnes et des grès; et les fossiles qui y ont été trouvés jusqu'ici donnent à ces roches le même caractère zoologique que celui qu'on a reconnu dans le groupe oolitique de l'Angleterre et de la France.

Jusqu'ici, à l'exception de la *dolomie* de l'Allemagne, nous n'avons trouvé aucun indice d'un grand changement dans le groupe oolitique considéré dans son ensemble. Rien n'annonce que, dans les différentes parties de l'Europe, il y ait eu un développement de quelques forces violentes pendant qu'il se déposait. Il paraît, au contraire, avoir tous les caractères d'une formation opérée dans une période de repos plus ou moins parfait, ce qu'indique encore la présence d'une grande quantité de matière calcaire. La partie inférieure, ou le lias, conserve, sur une grande étendue, certains caractères généraux; et on a peine à comprendre pourquoi quelques géologues le séparent du groupe oolitique, car, s'ils se fondent sur ce que, dans certaines localités, le lias est lié par un passage apparent aux roches sur lesquelles il repose, la même raison devrait déterminer à ne pas le séparer de celles qui le recouvrent et auxquelles il est également lié par des passages; et si l'on a égard aux caractères zoologiques, il est incontestable que, d'après ce qui a été observé dans toute l'Europe occidentale, on ne peut hésiter de le ranger dans le groupe oolitique.

Le lias de l'Europe occidentale, pris en masse, peut être considéré comme un dépôt de matières argileuses et calcaires, dans lequel c'est tantôt l'une, tantôt l'autre de ces substances qui prédomine. Quelquefois il présente une grande quantité d'argiles et de marnes; dans d'autres cas, les calcaires sont les plus abondants. En général, le calcaire est plus commun dans les parties inférieures du terrain.

---

[1] Merian, *Geognosticher Durchschnitt*, ou *Coupe géologique du terrain jurassique, depuis Bâle jusqu'à Kestenholz, près d'Aarwanger, canton de Berne*; dans le recueil intitulé *Denkschriften der allgemeinen schweizerischen gesellschaft für die gesammten naturwissenschaften*. Zurich, 1829.

Dans les *Vosges*, la partie inférieure du lias est une roche arénacée que M. Élie de Beaumont décrit comme étant un grès jaune,
quarzeux, micacé, entremêlé de quelques rognons argileux, aplatis, et de petits cailloux de quartz blanc ou noir [1]. La présence de
ces petits cailloux semble prouver un transport par les eaux. Ce grès
s'étend dans les parties voisines de l'Allemagne, où il est un de
ceux auxquels on a donné le nom de *Quadersandstein*.

Dans le *centre de la France*, on trouve à la base du groupe oolitique, lorsqu'il est au contact des terrains granitiques, une roche
arénacée que M. de Bonnard a décrite, et qu'il a désignée sous le
nom d'*Arkose*; elle paraît représenter les couches arénacées qui forment la partie inférieure du lias dans les Vosges.

M. Dufrénoy indique, dans le *sud-ouest de la France*, un dépôt
arénacé qui correspond à l'*Arkose* de M. de Bonnard par sa position géologique et par ses caractères extérieurs. Depuis la Châtre,
où vient finir le terrain houiller, jusqu'au delà de Brives, on trouve,
à la limite commune du granit et de la série oolitique, un grès composé de grains quarzeux et de parties feldspathiques, réunis par un
ciment généralement marneux, mais quelquefois aussi siliceux.
Dans ce dernier cas, la silice devient quelquefois assez abondante
pour faire perdre au grès le caractère de roche arénacée; il passe
alors à une roche de quartz jaspe. Ce grès est lié au calcaire du lias
par un calcaire arénacé qui les sépare et qui semble former un passage de l'un à l'autre. M. Dufrénoy considère ce grès comme correspondant aux sables inférieurs du lias et à l'un des *Quadersandstein* des Allemands.

Le même auteur, en décrivant le lias du sud-ouest de la France,
y indique des *masses de gypse*. Quoique le sulfate de chaux sous la
forme de cristaux de sélénite ne soit pas rare dans les marnes du lias
d'autres pays, sa présence sous cette forme ne marque pas un dépôt
chimique aussi bien que le gypse dont nous avons parlé plus haut.

Pris en masse, le lias présente, sur une étendue considérable de
la France, de l'Angleterre et de l'Allemagne, une grande constance
dans ses caractères, qui tend à prouver une origine commune. Dans
le lias de *Lyme Regis* (Dorsetshire), on reconnaît clairement, dans
quelques parties, des caractères d'un dépôt lent, tandis que, dans
d'autres, les animaux qui y sont ensevelis paraissent avoir été pri-
vés de vie subitement et préservés ainsi, de manière que les substances animales n'ont pas eu le temps de se détruire. Les *poches*

[1] Élie de Beaumont, *Mém. pour servir à une description géologique de la
France*, t. 1.

à encre (*Ink-Bags*) des *Sèches* fossiles, signalées par M. le professeur Buckland, nous fournissent peut-être la meilleure preuve à l'appui de ce fait; car si la substance animale qui contenait l'*encre de la Sèche* eût été exposée, même pendant peu de temps, à la décomposition ou aux attaques d'autres animaux, l'encre serait sortie de son enveloppe; tandis que la forme actuelle de cette *encre fossile* est précisément celle des *poches à encre* que l'on trouve de nos jours chez les Sèches et chez les autres animaux pourvus d'organes semblables; par conséquent cette *encre de Sèche* a dû être protégée entièrement par un dépôt mou qui l'a subitement enveloppée.

Dans le lias de l'Angleterre méridionale et de quelques parties de la France, la matière calcaire a été plus abondante dans la partie inférieure; puis il s'est déposé des couches calcaires séparées par des marnes quelquefois schisteuses. Au-dessus du lias, nous voyons un dépôt arénacé lié aux marnes par des alternances : ces couches sableuses semblent s'être formées sur une grande surface qui comprend une portion considérable de la France et de l'Angleterre, et quelques parties de l'Écosse et de l'Allemagne. Il est recouvert par des calcaires; l'un d'eux, caractérisé par la présence de minerais de fer oolitique, qui ne sont pas, il est vrai, tout à fait continus, est remarquable en ce qu'il se présente constamment partout au même étage de la série, dans le sud de l'Angleterre, dans le nord de la France, dans le Jura et dans quelques parties de l'Allemagne. Au-dessus de ces couches, qu'on distingue sous le nom d'*oolite inférieure,* on observe une série de couches dont les caractères minéralogiques sont très variables; elle se compose de diverses variétés d'argiles, de marnes et de calcaires. Ceux-ci sont souvent oolitiques, et fournissent de beaux matériaux de construction, comme on le remarque dans les villes de Bath, de Caen, de Nancy, etc. Ils constituent l'étage généralement connu sous le nom d'*oolite de Bath* ou de *grande oolite* ; tandis que les autres couches ont été distinguées par les noms de *terre à foulon* (*fuller's earth*), *argile de Bradford, Forest marble* et *cornbrash.* Il y a tout lieu de croire qu'en cherchant à reconnaitre ces sous-divisions dans quelques parties de l'Europe, on a attaché trop d'importance à la manière dont elles se présentent dans le sud de l'Angleterre et en Normandie, et que l'identité complète qu'on a cru avoir rencontré ailleurs a été souvent forcée.

Il n'en est pas de même pour la division qui recouvre la précédente. L'un des étages de cette division, reconnu sous le nom d'*argile d'Oxford*, se compose, comme le lias, de matières argileuses et arénacées; il parait s'étendre, avec de légères modifications, sur toute l'Angleterre, dans une grande partie de la France, le Jura compris, et probablement aussi en Allemagne. Au-dessus de l'argile d'Oxford se trouve la roche nommée *coral rag*, à cause de la grande quantité de polypiers qu'elle renferme dans quelques localités; elle sépare l'argile d'Oxford d'un dépôt argileux appelé *argile de Kimmeridge*. Le *coral rag* existe aussi sur une grande étendue, et se compose de différentes roches, principalement de calcaires souvent oolitiques, et dont les grains sont quelquefois assez gros pour que la roche prenne le nom de *pisolite*.

L'*argile de Kimmeridge* est également formée par une succession d'argiles et de calcaires; elle a pris un grand développement, surtout en Angleterre et en France. Les *couches de Portland*, qui la recouvrent, paraissent avoir été produites par des causes beaucoup moins constantes; elles sont réparties très irrégulièrement. Il est cependant à remarquer que des roches qu'on regarde comme les équivalents de ces couches se présentent aussi dans le sud-ouest de la France et dans le Jura.

Si l'on considère les caractères généraux du groupe oolitique dans une grande partie de l'Europe occidentale, on ne peut s'empêcher d'être frappé de l'uniformité qu'il présente dans sa constitution. Les trois grands dépôts argilo-calcaires sont associés avec plusieurs formations calcaires ou arénacées, mais principalement calcaires. Si nous cherchons à expliquer cette uniformité, en l'attribuant aux causes qui agissent sous nos yeux, nous rencontrons d'innombrables difficultés, quoique la connaissance de ces causes soit utile pour comprendre quelques faits de détails. Pendant presque toute la période, nous voyons qu'il s'est déposé une grande quantité de matière calcaire; car les couches arénacées elles-mêmes renferment cette substance, surtout lorsqu'elles s'étendent sur une grande surface : c'est ainsi que les sables de l'oolite inférieure sont presque toujours agglutinés par un ciment plus ou moins calcaire. La supposition de substances en suspension dans la mer, comme il y en a de nos jours, semble être tout à fait insuffisante pour expliquer cette production de dépôts calcaires d'une grande étendue, en faisant même abstraction de l'uniformité générale qu'ils présentent, et qui paraît incompatible avec un pareil mode de formation; à moins qu'on ne suppose que la force des courants et des rivières, et la nature des substances qu'ils transportaient, aient précisément réuni toutes les conditions théoriques pour rester constamment les mêmes sur une grande surface. Pour se faire une idée générale de ce dépôt, il vaut mieux le considérer dans ses rapports avec le groupe sur lequel il repose. Il se présente alors comme la partie supérieure d'une grande formation qui s'est déposée sur les différentes inégalités de la surface. Cette partie supérieure a souvent dépassé celle qu'elle recouvre, en sorte qu'elle repose alors directement sur des roches plus anciennes. C'est ce qui a lieu en Normandie, où, non-seulement des roches de quartz, les calcaires de la grauwacke, et la grauwacke proprement dite, viennent pointer à travers les roches du groupe oolitique, mais où l'on voit les bassins de plusieurs rivières creusés dans les dépôts oolitiques et jusque dans les roches plus anciennes dont on vient de parler.

Jusqu'à présent, nous avons vu le groupe oolitique partout composé à peu près des mêmes substances minérales et abondant en débris organiques ; mais, en *Pologne*, M. le professeur Pusch indique une constitution minérale différente, qui nous préparera à des différences plus grandes encore dont nous aurons à parler. L'étage inférieur du groupe oolitique de la Pologne est un terrain marneux plus ou moins blanc, surmonté d'une dolomie qui est généralement d'une blancheur éclatante. Elle présente la structure si remarquable des roches de cette nature, et constitue le sol de la contrée pittoresque entre Olkusz et Cracovie, près de Kromolow, de Niegowonice et ailleurs, et s'élève à la hauteur de 1,200 à 1,400 pieds au-dessus de la mer. La partie supérieure du calcaire dolomitique, qu'on observe d'Olkusz à Zarki, et particulièrement près de Wladowice, contient du minerai de fer pisiforme. Ce minerai est disséminé dans un grès à gros grains, et donne lieu à un grès rouge et à un agglomérat assez problématique. Vers le haut, on observe des calcaires gris et oolitiques, et des conglomérats calcaires qu'on regarde comme formant le passage entre le groupe oolitique et des couches considérées comme l'équivalent du terrain de Weald. Les roches du groupe oolitique reposent à stratification discordante sur le terrain houiller et sur le muschelkalk de la Pologne ; et néanmoins il faut une grande attention pour ne pas les confondre avec celui-ci lorsqu'ils se trouvent en contact immédiat, comme à Olkusz et à Nowagora. Les couches du terrain oolitique de la Pologne, suivies sur une grande étendue, affectent une direction générale du nord-nord-ouest au sud-sud-est. De Wielun elles vont plonger sous la grande plaine de la Pologne, au-dessus de laquelle elles s'élèvent çà et là comme des îlots, et dont elles constituent la base, puisqu'on les retrouve en creusant le sol. Les fossiles renfermés dans ce terrain ont été reconnus identiques avec ceux du groupe oolitique des autres parties de l'Europe [1].

[1] Pusch. *Journal de Géologie*, t. II, p. 221.

Nous avons maintenant à décrire une série de dépôts qu'on observe dans les *Alpes*, les monts *Carpathes* et l'*Italie*, et qui sont les équivalents de ceux que nous venons de décrire, quoique minéralogiquement ils n'aient que peu ou point de ressemblance avec eux. Plusieurs géologues ont déjà publié de nombreux mémoires sur ces terrains, et quelques-uns ont pensé qu'on pouvait même y établir des sous-divisions ; mais, quoiqu'il paraisse incontestable qu'il y a eu dans ces contrées un grand développement de terrains oolitiques avec des caractères minéralogiques altérés, on est forcé de convenir que nous sommes encore loin de pouvoir déterminer les limites supérieure et inférieure de ces terrains avec le degré de clarté et de certitude qui serait à désirer. Les caractères minéralogiques sont tellement modifiés, qu'il a presque toujours fallu recourir à l'examen des fossiles ; et encore trouve-t-on des associations si singulières, surtout dans les Alpes, que la distinction des diverses parties de ces dépôts est loin d'être certaine. Au lieu d'argiles, de marnes tendres et onctueuses, de sables et de calcaires de couleurs claires, on voit des marbres de couleur foncée, des masses de dolomie cristalline, enfin du gypse et des roches schisteuses qui approchent des schistes micacés et talqueux. Le géologue éprouve aussi de grandes difficultés pour observer dans les Alpes, en ce que, par suite des soulèvements ou des convulsions qu'elles ont jadis éprouvées, des masses entières de montagnes ont été rejetées sur d'autres, de manière que des terrains déposés les derniers se présentent sous des terrains plus anciens ; et cela, non dans quelques espaces circonscrits, mais sur une grande étendue de pays. Les roches de couleur foncée devaient naturellement être rapportées aux terrains de transition aussi longtemps que les idées géologiques de Werner ont prévalu, et c'est à M. le docteur Buckland que nous devons d'avoir été le premier à reconnaître qu'elles étaient d'une origine plus récente. Depuis cette époque, d'autres géologues se sont occupés de déterminer l'ancienneté relative probable de différentes parties de ces montagnes. Parmi eux, M. Élie de Beaumont occupe un des premiers rangs, surtout pour ce qui concerne la Savoie, le Dauphiné, la Provence et les Alpes maritimes. Dans une note publiée en 1828 [1], sur la position géologique de certaines roches, contenant des végétaux fossiles et des bélemnites, trouvées à *Petit-Cœur*, près de Moutiers, dans la Tarentaise, M. Élie de Beaumont fait voir que le système de couches qui a été décrit par M. Brochant dans son mémoire sur la Tarentaise, et qui renferme dans quelques endroits des masses considérables de calcaire grenu, de roches quarzeuses et micacées, et de grands amas de gypse, doit être rapporté au groupe oolitique. A l'appui de cette opinion, il fait remarquer que, dans les terrains secondaires les plus anciens de ces contrées, on ne trouve aucun fossile qui n'ait été reconnu dans la partie inférieure de la série oolitique; que, de plus, on peut suivre ces terrains jusqu'aux environs de Digne et de Sisteron (Basses-Alpes), et que là ils renferment en grande quantité des fossiles qu'on regarde comme caractéristiques pour le lias.

Dans un Mémoire sur la position géologique des végétaux fossiles et du graphite trouvés au *Col du Chardonnet* (Hautes-Alpes), M. Élie de Beaumont rapporte que, dès que le voyageur quitte le bourg d'Oisans et s'approche des masses appelées primitives, qui forment une chaîne continue depuis le mont Rose jusqu'aux montagnes qui s'élèvent à l'ouest de Coni, il voit les roches secondaires perdre par degrés leurs caractères propres en conservant néanmoins encore certaines marques distinctives, de même que dans un morceau de bois à demi-brûlé on peut suivre les fibres ligneuses bien au delà de la partie qui est restée à l'état de bois [1].

Le même géologue a recherché les différences qui ont pu exister primitivement entre les roches secondaires de l'intérieur des Alpes et celles de même âge d'autres contrées. Il a été conduit à penser qu'on doit attacher très peu d'importance à la différence que l'on observe entre la structure minéralogique de couches indiquées et celle de la partie inférieure du groupe oolitique dans les parties de l'Europe où elle n'a éprouvé aucune altération, et dont les couches des Alpes paraissent n'être que le prolongement amplifié.

Les végétaux trouvés par M. Élie de Beaumont ont été examinés par M. Ad. Brongniart : beaucoup d'entre eux sont les mêmes que ceux qui existent dans le terrain houiller. Le catalogue suivant comprend ceux qui proviennent des Alpes; ils paraissent tous appartenir à la même position géologique.

Calamites Suckowii (Ad. Brong. pl. 14, fig. 6), à Pey-Ricard, près Briançon (Hautes-Alpes). Se trouve aussi dans le terrain houiller, à Newcastle et ailleurs.
— *Cistii* (Ad. Brong. pl. 15. fig. 1 à 6). Même localité. Se trouve aussi à Wilkesbarre en Pensylvanie.
Lepidodendron, deux espèces, à Pey-Ricard, et aussi à Pey-Chagnard, près La Mure (Isère).
Sigillaria. Mêmes localités, et aussi à La Motte près La Mure.
Stygmaria. Pey-Chagnard.
Nevropteris gigantea (Ad. Brong.) Servoz en Savoie. Se trouve également dans le terrain houiller de la Bohême. *Osmunde gigantea* (Sternberg, pl. 22).
— *tenuifolia* (Ad. Brong.) Petit-Cœur (Tarentaise); Col de Balme (Faucigny). Se trouve également dans le terrain houiller de Liège et de Newcastle.

[1] *Annales des Sc. naturelles*, t. xv. p. 353.

Nevropteris flexuosa (Stenberg. pl. 82.) La Roche et Macot (Tarentaise.) Se trouve également dans les houillères de Liége et de Bath.

— *Soretii* (Ad. Brong.) Même localité.

— *rotundifolia* (Ad. Brong.) La Roche, Macot, Col de Balme. Se trouve aussi aux mines de houille du Plessis (Calvados.)

Odontopteris Brardii (Ad. Brong. pl. 76.) Petit-Cœur. Se trouve aussi dans les mines de houille de Terrasson (Dordogne.)

— *obtusa* (Ad. Brong.) Col de l'Ecuelle, près Chamouni; Petit-Cœur. Aussi aux mines de Terrasson.

Pecopteris polymorpha. Petit-Cœur. Commune dans les houillères de Saint-Etienne d'Alais, de Littry, etc., de Wilkes-Barre.

— *pteroides* (Ad. Brong.) Pey-Chagnard. Se trouve également dans les houillères; Liége; Mannebach; Saint-Etienne; Wilkes-Barre.

— *arborescens* (Ad. Brong.) Valbonnais, près la Mure; Petit-Cœur. De même dans les houillères à Mannebach et à Aubin (Aveyron.) *Filicites arborescens* (Schlot. pl. 8, fig. 13 et 14.)

— *platyrachis* (Ad. Brong.) Valbonnais. Se trouve aussi dans les houillères de Saint-Etienne.

— *Beaumontii* (Ad. Brong.) Petit-Cœur. Ressemble aux *Pec. nervosa*, *Pec. bifurcata* (Stern.) et *Pec. muricata* (Schloth.), qui se rencontrent dans le terrain houiller; ressemble aussi au *Pec. tenuis*, qui existe dans la série oolitique à Whitby et à Bornholm.

— *Plukenetii* ? Petit-Cœur; Col de l'Ecuelle; aussi houillères d'Alais.

— *obtusa* (Ad. Brong.) Petit-Cœur. Se trouve aussi dans les houillères des environs de Bath.

Asterophillites equisetiformis ; Tarentaise. Se trouve également dans les houillères d'Alais et de Mannebach. *Casuarinites equisetiformis* (Schlot. pl. 2, fig. 3.)

Annularia brevifolia. Col de Balme. Se trouve également dans les houillères d'Alais et de Sarrebruck [1].

On peut dire que ces débris végétaux sont associés avec des bélemnites, en ce que celles-ci se présentent à la fois au-dessus et au-dessous d'eux, et qu'on ne peut douter qu'elles n'aient existé avant et après ce dépôt. Ainsi pour déterminer le groupe auquel on doit rapporter ce terrain, il y aurait à examiner si on doit attacher plus d'importance à la présence des bélemnites ou à celle des empreintes végétales. Mais cette question se trouve résolue par la certitude que M. Élie de Beaumont paraît avoir acquise que le même système de couches se prolonge jusqu'à Digne et à Sisteron, où elles contiennent les fossiles caractéristiques du lias.

M. Necker de Saussure a décrit la série des couches qui constituent la cime du mont *Buet* (Savoie); elles forment la partie inférieure d'un dépôt calcaire qui existe dans cette partie des Alpes, et reposent, comme celles de Petit-Cœur et du Col du Chardonnet, sur des roches plus anciennes, non fossilifères. Voici une coupe de l'ensemble du terrain, à partir du bas.

1° Micaschiste, faisant probablement partie des roches de protogyne de la contrée ;

_____
[1] Ad. Brongniart, *Ann. des Sc. nat.*, t. xiv, p. 129 et 130.

2° Grès formé de beaucoup de grains de quartz, mêlé avec quelques grains cristallins de feldspath, et quelquefois avec un peu de talc ou de chlorite ;

3° Schiste argilo-ferrugineux, rouge et vert. Cette couche manque quelquefois dans la série ; mais vers l'est de la vallée de Valorsine, elle alterne avec le conglomérat bien connu dans cette vallée, lequel n'est autre chose qu'un schiste semblable, tout rempli de cailloux roulés de gneiss, de micaschiste, de protogyne, etc., jamais de véritable granit, ni de calcaire. Ce fait est important, comme le remarque M. Necker, en ce qu'il tend à prouver que le granit de Valorsine qui coupe le gneiss n'existait pas avant la formation du conglomérat ;

4° Schiste noir avec empreintes de fougères, dans lequel les restes végétaux sont convertis en lamelles de talc [1] ;

5° Calcaire noir, ou d'un gris bleuâtre foncé, rempli de grains de quartz ;

6° Schiste argileux noir, contenant des nodules de quartz lydien. On a trouvé des *ammonites* dans cette roche, ainsi que dans le schiste argilo-talqueux avec lequel elle alterne ;

7° Schiste gris, arénacé et calcaire, renfermant des bélemnites [2]. Il forme le sommet du mont Buet, qui s'élève à 9,564 pieds au-dessus du niveau de la mer.

M. Élie de Beaumont a observé que les roches calcaires de cette partie des Alpes étaient séparées des roches plus anciennes non fossilifères par un grès plus ou moins grossier passant à un conglomérat, qui se voit non-seulement dans la vallée de Valorsine où nous l'avons déjà indiqué, mais aussi à Trient, à Ugine, à Allevard, à Ferrière et à Petit-Gœur. Le même fait s'observe encore à l'est du bourg d'Oisans et d'Huez, et ailleurs [3].

Il importe de remarquer que les eaux ont dû avoir une grande vitesse pour charrier les sables grossiers et les cailloux qui forment le conglomérat. Quelles que soient les altérations que ces sables et ces cailloux ont pu éprouver postérieurement, leur dépôt a dû être

---

[1] Lorsqu'en 1819 je parcourus les environs du col de Balme, et que je détachai des échantillons de grès à empreintes végétales, le caractère général de ces plantes me les fit regarder comme étant les mêmes que celles qui se trouvent communément dans le terrain houiller. (*Geol. trans.*, 2e série, p. 162.) Cette opinion a été confirmée depuis par M. Ad. Brongniart ; mais il paraît maintenant qu'elles peuvent aussi appartenir à un terrain plus récent.

[2] Necker, *Mém. sur la vallée de Valorsine*, dans les *Mém. de la Soc. de phys. et d'hist. nat. de Genève*, 1823. — Le même mémoire contient une coupe du mont Buet, que j'ai aussi insérée dans mes *Sections and Views illustrative of geological phenomena*, pl. 27, fig. 5.

[3] Elie de Beaumont, *Ann. des sc. nat.*, t. xv, p. 353.

produit sous l'influence de causes violentes ; tandis que postérieurement, par un changement de circonstances, cet état de choses a été suivi d'une période tranquille pendant laquelle les calcaires se sont déposés.

Cette remarque sur les conglomérats de la Savoie et des Alpes françaises s'applique également à ceux des bords du *lac de Côme* et du golfe de *la Spezzia*. Les couches calcaires qui présentent de si beaux escarpements vers les lacs de Côme et de Lecco, sont séparées du gneiss et du micaschiste des Hautes-Alpes par un conglomérat composé de fragments arrondis de quartz, de porphyre rouge et d'autres roches, et accompagné de couches de grès [1]. Dans quelques endroits, la série calcaire qui repose sur le grès est associée, d'une manière remarquable, avec de la dolomie plus ou moins cristalline, sur laquelle nous reviendrons plus loin. Ces calcaires, généralement grisâtres, forment ensemble une masse dont l'épaisseur est de plusieurs centaines de pieds. Ils sont siliceux, et contiennent dans la partie supérieure, près de Côme, des veinules de silex gris (*chert*) ; dans la partie moyenne, ils deviennent schisteux et paraissent renfermer peu de matière siliceuse ; enfin, dans le bas, ils sont compactes et en couches plus puissantes. On a trouvé dans ce terrain des ammonites qui ressemblent beaucoup aux espèces *Am. Bucklandi* et *Am. heterophyllus*, ainsi que des *turritelles* et d'autres coquilles. Je ne doute pas qu'au moins une partie de cette masse ne représente le groupe oolitique ; mais je n'oserais me permettre de préciser davantage ce rapprochement, ou d'indiquer d'autres équivalents d'après les documents que j'ai recueillis jusqu'ici sur cette contrée. Toutefois, les caractères généraux sont tellement semblables, qu'on peut admettre, avec quelque fondement, que les causes quelconques qui ont produit les conglomérats de Valorsine et les grès qui les accompagnent, sont contemporaines de celles qui ont formé les conglomérats et les grès des lacs de Côme et de Lugano.

Si nous voulions présenter ici avec détail les différentes observations qui ont été publiées sur les roches des Alpes que l'on rapporte au groupe oolitique, nous sortirions des limites de ce manuel. Le lecteur pourra consulter avec fruit les mémoires de MM. Studer, Boué, Sedgwick, Murchison, Lill de Lillienbach, Lusser, et de plusieurs autres géologues. Ces auteurs ne s'accordent pas tous, il est vrai, sur les limites inférieure et supérieure du groupe oolitique ;

---

[1] On trouve une description de ce pays, avec une carte et des coupes géologiques, dans l'ouvrage déjà cité: *Sections and Views illustrative of geological phenomena*, pl. 31, fig. 22.

mais le fait essentiel, l'existence du groupe lui-même, est entièrement mis hors de doute. Quand on considère que les Alpes présentent partout des traces de bouleversements, et qu'à moins d'une
réunion de circonstances tout à fait favorables il est souvent bien
difficile de parvenir à atteindre tel ou tel point qu'il est absolument
nécessaire de visiter pour bien comprendre les recherches dont on
s'occupe, on doit s'étonner bien plus de voir tout ce qui a été fait en
si peu de temps que de rencontrer encore des opinions différentes
sur des questions de détail.

M. Murchison rapporte qu'étant avec M. Lill de Lillienbach dans
la gorge de Mertelbach, sous le *mont Crispel* (Alpes d'Autriche), il
a trouvé, dans une roche composée de schiste et de calcaire de couleur foncée, deux espèces d'*ammonites*, dont une ressemble à l'*Am.
Conybeari,* trois espèces de *pecten,* une petite *gryphœa,* une *mya,*
deux espèces de *perna*, une *ostrea*, des *corallines*, etc. Ce terrain
est rapporté au lias; il est recouvert par un calcaire rouge à encrines,
contenant plusieurs espèces d'*ammonites* et quelques *bélemnites.*

D'après MM. les professeurs Sedgwick et Murchison, la plus
grande partie des mines de sel des Alpes de l'Autriche se trouve dans
le groupe oolitique (Halstadt, Aussee, etc.). L'étage supérieur de la
série oolitique de cette partie des Alpes contient des calcaires semi-
cristallins, bréchiformes, compactes et dolomitiques [1].

Je ne puis terminer cette description du groupe oolitique sans parler de certains calcaires des bords du golfe de *la Spezzia*, qui peuvent y être rapportés. Sur le côté ouest de ce golfe célèbre, il y a
une chaîne de montagnes qui s'étend le long de la côte, presque jusqu'à Levanto, et dont la largeur augmente à mesure qu'elle s'avance
vers le nord-ouest. Les coupes géologiques de ces montagnes présentent les roches suivantes, faciles à observer à l'origine de quelques-unes des vallées qui les coupent. La figure 54 donne une coupe
du terrain prise au-dessus de *Coregna.*

Coregna.   *Fig.* 54.

S, golfe de la Spezzia; M, Méditerranée; *a*, série de roches calcaires : les couches supérieures sont compactes et de couleur grise,
avec divers degrés d'intensité; elles sont plus ou moins traversées

1 *Proceedings of the geological society*, 1831. *Phil. Mag.*, et *Annales,* vol. IX, 1831.

par des veines de chaux carbonatée lamelleuse ; çà et là des couches schisteuses, et même des schistes argileux, y sont intercalés. Les couches sont le plus ordinairement très puissantes. Le calcaire à veines d'un brun clair, connu depuis longtemps sous le nom de *marbre de Porto Venere*, en fait partie. *b*, dolomie : ses caractères sont variables ; assez souvent elle est cristalline, et lorsqu'elle l'est le plus, elle est presque blanche. Dans quelques endroits, on distingue assez bien des couches ; ailleurs, la stratification est tout à fait indistincte. *c*, grand nombre de couches calcaires, minces, d'un gris clair ; *d*, même genre de couches alternant avec du schiste d'un brun clair, contenant une grande quantité de petits rognons de pyrites de fer, et mêlé de *bélemnites*, d'*orthocératites* et d'*ammonites*, que nous indiquerons plus bas. A mesure que les calcaires qui alternent avec le schiste approchent de la roche suivante, leur couleur devient accidentellement plus claire, quoiqu'ils en soient séparés par une nouvelle couche de calcaire foncé et de schiste brun. *e*, schiste brun qui ne fait pas effervescence avec les acides ; *f*, différentes couches formées de roches argilo-calcaires, d'un bleu verdâtre, plus ou moins schisteuses, et dans lesquelles la matière calcaire n'entre quelquefois qu'en très petite proportion ; *g*, grès brun : il est principalement siliceux ; cependant on en trouve aussi qui contient de la matière calcaire. Quelquefois il est micacé ; ses couches sont tantôt puissantes, tantôt minces, tantôt tout à fait schisteuses. On l'a quelquefois désigné sous le nom de grauwacke ; et c'est l'un des *macignos* des Italiens.

C'est M. Guidoni de Massa qui a trouvé le premier des fossiles à Coregna. Cependant, plusieurs années auparavant, M. Cordier avait indiqué leur existence dans ces calcaires. Les couches étant verticales, l'action atmosphérique, en agissant sur les tranches des couches de schistes, a fait paraître les fossiles qu'elles contenaient. J'ai prié M. Sowerby d'examiner ceux que j'en ai rapportés ; il a reconnu que, sur quinze espèces différentes d'*ammonites*, une paraît être semblable à l'*Am. erugatus* (Phil.), trouvée dans le lias du Yorkshire ; que deux autres ressemblent à l'*Am. Listeri* [1] et à l'*Am. biformis*, fossiles qui existent dans le dépôt houiller du même comté : toutes les autres lui ont paru inédites. A cause de la grande rareté des débris organiques de ces calcaires d'Italie, je vais donner, d'après M. Sowerby, la description de ces différentes espèces, en y joignant les figures de chacune d'elles, dans l'espoir qu'elles seront de quel-

---

[1] M. Hœninghaus nous apprend que la même coquille a été aussi trouvée dans le terrain houiller de Werden en Westphalie.

que utilité pour l'étude d'autres parties de l'Italie, ainsi que de la Grèce et de quelques autres pays de l'orient.

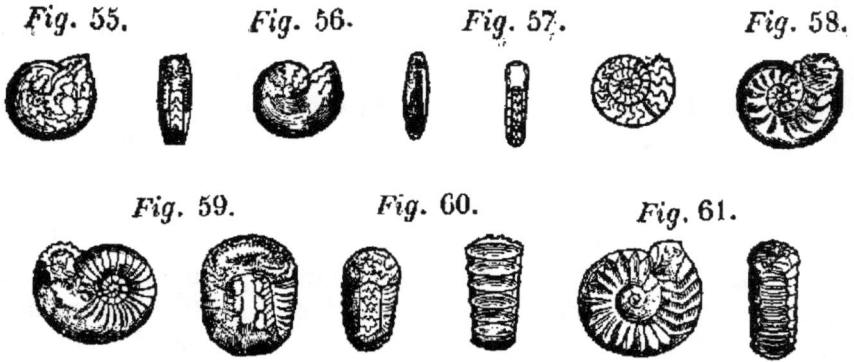

Fig. 55.   Fig. 56.   Fig. 57.   Fig. 58.

Fig. 59.   Fig. 60.   Fig. 61.

Fig. 55. *Ammonites cylindricus*. Tours de spire intérieurs complétement cachés; côtés légèrement concaves vers leur centre, aplatis vers la carène ; surface unie ; ouverture oblongue, profondément échancrée par le tour précédent ; carène plane, ce qui distingue cette espèce d'avec l'*Ammonites heterophyllus*, Sow.

Fig. 56. *A. stella*. Une petite partie de tours de spire intérieurs visible ; les côtés un peu convexes, profondément ombiliqués ; tours intérieurs unis ; les deux tiers du tour extérieur couverts de grands rayons convexes ; ouverture allongée elliptique du côté de la carène, et à angles intérieurs tronqués.

Fig. 57. *A. Phillipsii*. Tours de spire, dont ceux de l'intérieur sont presque totalement visibles, au nombre environ de quatre, s'accroissant lentement, à côtés plats, irrégulièrement et obscurément ondulés; ouverture à quatre côtés, plutôt longue que large, les côtés presque droits. Le moule est contracté de distance en distance par l'épaississement périodique du bord de l'ouverture. — Dédiée à M. Phillips, auteur des *Illustrations of the geology of Yorkshire*.

Fig. 58 et 60. *A. biformis*. Tours de spire, dont ceux de l'intérieur sont en partie visibles, au nombre de trois ou quatre, s'accroissant rapidement, et traversés par plusieurs côtes saillantes, proéminentes et tranchantes; chaque côte s'efface subitement, et se sépare en deux en passant sur la carène, qui est large et convexe. — Ouverture oblongue transversalement, deux fois plus large que longue, et légèrement arquée.

Les tours intérieurs ont la carène unie, et les côtes y sont contractées en tubercules arrondis. Les plus longues côtes sont presque épineuses à leur extrémité. — Cette espèce se trouve dans le terrain houiller, près de Leeds.

Fig. 59. *A. Listeri*. (Voyez *Min. Conch.*, planche 501.) A été trouvée aussi dans le terrain houiller du Yorkshire.

Fig. 61. *A. Coregnensis*. Tours de spire, dont ceux de l'intérieur sont très visibles, au nombre de trois ou quatre, traversés par plusieurs côtes droites, saillantes et tranchantes, qui se plient en avant, et se terminent brusquement sur une carène presque unie; ouverture ovale transversalement.

Cette coquille, intermédiaire entre l'*A. biformis* et l'*A. planicostata*, est cependant plus voisine de la première espèce, parce qu'elle a des tubercules sur les tours intérieurs, tandis que ces tours, dans l'*A. planicostata*, sont tout à fait unis.

Fig. 62. *A. Guidoni*. Tours de spire peu nombreux, et dont les intérieurs sont très visibles ; les côtés plats et traversés par des côtes écartées et aplaties; chaque côte se fend; leur branche postérieure la plus saillante forme un tubercule peu prononcé avant de passer sur la carène étroite et convexe. — Dédiée à M. Guidoni, qui a découvert ces fossiles à Coregna.

Fig. 62. Fig. 63. Fig. 64.

Fig. 65. Fig. 66. Fig. 67. Fig. 68.

Fig. 63. *A. articulatus.* Tours de spire peu nombreux, et dont les inférieurs sont presque entièrement visibles; chaque tour divisé par huit ou dix sillons en autant d'articulations imbriquées; le bord antérieur de chaque articulation est élevé et traversé par les bords de la cloison.

Fig. 64. *A. discretus.* Globuleuse, à large ombilic; tours de spire, dont ceux de l'intérieur sont en partie visibles, au nombre de trois ou quatre, traversés par plusieurs côtes saillantes qui se séparent lorsqu'elles passent sur la carène, qui est convexe. Quille tranchante, entière; ouverture ovale transversalement, légèrement arquée.

Fig. 65. *A. ventricosus.* Tours de spire, dont ceux de l'intérieur sont peu visibles, environ au nombre de trois; moitié du quatrième tour très renflée; côtés ornés de côtes arquées, souvent aplaties et réunies par paires lorsqu'elles passent sur la carène, qui présente un sillon sur le dernier tour. Ouverture grande, circulaire.

Fig. 66. *A. comptus.* Tours de spire intérieurs, presque entièrement visibles, et s'accroissant rapidement; côtés aplatis; tours traversés par des rayons droits, tranchants et très nombreux, qui se terminent par une épine obtuse près de la carène étroite et concave. Ouverture oblongue, plus étroite du côté de la carène.

Fig. 67. *A. catenatus.* Tours de spire, dont ceux de l'intérieur sont très visibles, s'accroissant rapidement, et traversés par de fortes côtes courbées qui s'élargissent en approchant de la carène; carène garnie d'une série de cavités carrées, en forme de chaîne; ouverture presque carrée, échancrée par le tour de spire précédent; les cavités carrées qui entourent la carène se joignent, par deux de leurs angles, aux extrémités des rayons correspondants.

Fig. 68. *A. trapezoidalis.* Trois ou quatre tours de spire, dont ceux de l'intérieur visibles, s'accroissant rapidement, et traversés par plusieurs côtes saillantes, presque égales, s'étendant jusqu'à la carène, qui est étroite; ouverture trapézoïdale, échancrée par le tour précédent, et dont l'angle aigu est tronqué par la carène.

Dans les figures ci-dessus, les ammonites sont représentées de grandeur naturelle. Les *orthocératites*, qui se rencontrent en abondance avec elles, ressemblent à l'*Ort. Steinhaueri*, trouvé dans le dépôt houiller du Yorkshire, et aussi à l'*Ort. elongatus* du lias du Dorsetshire. Les débris de *bélemnites* sont assez communs, mais on n'en trouve que les alvéoles.

La présence des ammonites et des orthocératites peut faire rapporter les calcaires de la Spezzia, soit au lias, soit au terrain houiller. On remarquera la correspondance remarquable qui existe entre les caractères organiques de ces calcaires et ceux des roches de la Savoie et des Alpes françaises, que nous avons décrites, et que M. Élie de Beaumont regarde comme appartenant à la formation de lias. Dans celles-ci on trouve des végétaux du terrain houiller, avec des bélemnites, et dans les premiers, des ammonites du terrain houiller, également associées avec des bélemnites. Les caractères oganiques du groupe oolitique des Alpes sont loin d'être bien déterminés, et les fossiles trouvés dans la même série, dans le sud-est de la France, et encore inédits, sont en si grande quantité, qu'il serait possible qu'on y reconnût quelques-unes des ammonites de la Spezzia. Les fossiles du sud-est de la France, des Alpes et de la Spezzia, comparés entre eux, pourraient alors conduire à une détermination exacte de l'âge relatif des terrains où ils se trouvent [1].

La dolomie qui se trouve parmi les calcaires de la Spezzia s'élève si verticalement, qu'on peut la considérer comme un dyke soulevant les couches du terrain, tandis qu'en même temps elle se présente comme une couche, ou plutôt comme une série de couches. Elle se montre avec une constance remarquable sur une ligne menée vers Pignone, à travers les montagnes de la Castellana, de Coregna, de Santa Croce, de Parodi et de Bergamo. M. Laugier, à la demande de M. Cordier, a eu l'obligeance de faire pour moi l'analyse d'une dolomie cristalline de la Castellana ; en voici la composition.

Carbonate de chaux.	55.	36
Carbonate de magnésie.	41.	30
Peroxyde de fer et alumine.	2.	00
Silice.	0.	50
Perte.	0.	84
	100.	00

Les mêmes calcaires se présentent aussi sur le côté oriental du golfe de la Spezzia, et on y trouve également des roches dolomitiques. La manière dont ils reposent sur des roches plus anciennes est surtout digne d'attention ; on l'observe bien à Capo - Corvo,

---

[1] Je dois citer ici les calcaires rouges à ammonites, que M. Passini a observés au milieu des grès de la Toscane, et qu'il rapporte au même âge que les calcaires de la Spezzia. *Journal de Géologie*, t. II, p. 58.

où la mer a mis le terrain à nu. La figure 69 en représente la coupe.

Fig. 69.

G   a   b   c   d   e f g h   i k l m   n   M

G, golfe de la Spezzia; M, embouchure de la Magra; *a*, calcaires gris, compactes, accompagnés de schiste; *b*, couches puissantes d'un calcaire gris compacte; *c*, schiste avec mica; *d*, couches puissantes d'un conglomérat dur, contenant des fragments de quartz, qui varient depuis la grosseur d'un pois jusqu'à celle d'une noix, et même au delà; ils sont agglutinés par un ciment siliceux. Deux ou trois couches de sables grossiers sont associées avec celles du conglomérat. *e*, même roche mêlée, souvent dans la même couche, de schiste chloritique. Les couches quarzeuses contiennent des filons de minerai de fer spéculaire. *f*, couches brunes, micacées et schisteuses, avec une petite proportion de calcaire; *g*, mélange de calcaire cristallin brun et blanc; *h*, roche chloritique compacte; *i*, calcaire blanc saccharoïde; *k*, couches brunes, micacées; *l*, calcaire blanc, saccharoïde, rendu schisteux par du mica; *m*, calcaire sublamellaire, brun et blanc; *n*, schiste micacé, dont les feuillets sont contournés circulairement vers l'est.

Les calcaires cristallins et le schiste micacé de cette coupe paraissent faire partie du système de roches qui, dans les montagnes voisines de Massa Carrara (connues aussi maintenant de nouveau sous le nom d'Alpes apuennes), fournissent les marbres de Carrare, depuis longtemps célèbres. Les calcaires gris semblent être les mêmes que ceux du côté ouest du golfe de la Spezzia; mais au lieu de reposer comme ceux-ci sur une masse de grès, ils s'appuient sur un conglomérat que l'on voit, entre l'embouchure de la Magra et Ameglia, prendre beaucoup plus de développement que sur l'escarpement de Capo-Corvo, où il est en quelque sorte resserré entre les calcaires cristallins et les calcaires gris compactes. A l'endroit où s'observe le plus grand développement qui semble indiquer une discordance de stratification, on trouve, particulièrement sur la rive de la Magra, un conglomérat exactement semblable à celui que l'on désigne communément sous le nom de conglomérat de Valorsine, et que nous avons décrit précédemment.

Aussi je ne puis m'empêcher de rapprocher ce conglomérat de Massa Carrara et celui du lac Côme des grès et des conglomérats de Valorsine et d'autres parties des Alpes occidentales, et de les rapporter tous à la même époque de formation, époque à laquelle les eaux se sont précipitées avec assez de vitesse pour détacher les fragments des roches préexistantes, et qui a été suivie d'un état de choses où il s'est déposé une grande quantité de carbonate de chaux. Ce dépôt calcaire s'est formé sur une surface considérable, non-seulement dans les Alpes, mais aussi en Italie. Et dans ces deux pays, où il se rencontre dans le voisinage des roches plus anciennes, telles que protogyne, gneiss, micaschiste, avec des marbres saccharoïdes et des roches talqueuses de même époque, il paraît en être séparé par des couches qui attestent une origine mécanique. Comme on peut supposer qu'il y avait de grandes inégalités de terrain pendant la formation de ce dépôt et de ceux qui l'ont précédé immédiatement, on pourrait expliquer par là comment, à Capo-Corvo, les calcaires gris compactes se trouvent au contact du calcaire saccharoïde et des autres roches associées avec celui-ci, tandis que sur le côté ouest du golfe ils reposent sur une formation puissante des roches arénacées, qui recouvrent elles-mêmes des grès et des schistes gris silicéo-calcaires qui s'étendent sur une partie considérable de la Ligurie. Il serait peut-être difficile, dans l'état actuel de nos connaissances, de déterminer si les couches arénacées, interposées dans les calcaires des Alpes, de la Ligurie et de la Toscane, sont les équivalents du grès que l'on trouve sous les lias de l'Allemagne méridionale et de quelques parties de la France; mais il existe entre les caractères de ces terrains une certaine ressemblance générale qui semble porter à admettre cette conclusion.

En supposant, comme cela paraît très probable, que ces calcaires de l'Italie et des Alpes représentent la série oolitique de l'Europe occidentale, il nous reste à expliquer pourquoi les fossiles sont si abondants dans ce dernier terrain, et si rares dans le premier. Les géologues ont souvent pensé que certains dépôts n'ont pu se former que sous une petite hauteur d'eau, et d'autres dans des mers profondes. C'est sans doute cette considération qui a conduit M. Élie de Beaumont à regarder la série oolitique des Alpes occidentales comme formée dans une mer profonde, en même temps que, dans d'autres régions, cette même série de terrains se déposait sous des mers de peu de profondeur. La même remarque peut s'étendre à l'Italie et à la Grèce, où les fossiles sont également très rares, et manquent quelquefois tout à fait. Comme de grandes inégalités de terrain ont existé aux différentes époques à la surface de la terre, il est naturel d'en admettre aussi bien au fond de la mer que sur les continents. Il ne faudrait pas en conclure que les animaux marins n'ont jamais été plus capables qu'ils ne le sont aujourd'hui de supporter de très grandes différences de pression. Nous savons maintenant que certains genres, surtout parmi les *Mollusques* et les *Conchifères*, n'habitent que les côtes où ils peuvent trouver des supports sur une petite hauteur d'eau ; tandis que d'autres, tels que les *Nautiles*, sont si bien pourvus d'appareils natatoires, qu'on les trouve dans des parties de l'océan où la profondeur est très grande. Il nous suffira donc de concevoir que dans les parties de l'Europe occidentale, où les fossiles sont abondants, la mer n'avait qu'une faible hauteur d'eau , tandis qu'au contraire il existait une mer très profonde, à quelques exceptions près, dans toute la partie de la surface du globe où nous voyons aujourd'hui l'Italie et la Grèce ; et cette hypothèse semblerait ainsi nous donner l'explication, non-seulement de l'abondance des fossiles dans une de ces contrées et de leur rareté dans l'autre, mais encore de la différence des genres que l'on y rencontre. Car jusqu'ici, dans les terrains du centre de l'Italie, on a trouvé principalement des *coquilles cloisonnées*, telles que des *bélemnites*, des *orthocératites* et des *ammonites*, c'est-à-dire des animaux capables de nager dans des mers profondes [1]. En Italie, les fossiles sont rares, non-seulement dans les calcaires, mais aussi dans les grès ou macignos qui se présentent en couches puissantes au-dessus et au-dessous des calcaires ; car on n'a encore trouvé dans ces grès que des fucoïdes, plantes marines qui ont pu aisément être apportées de grandes distances par la flottaison, comme le sont aujourd'hui les plantes du golfe (*Gulfweed*). Les différences de profondeur, et, par suite, de pression, peuvent aussi expliquer, jusqu'à un certain point, la différence de constitution minéralogique des roches qui, en divers pays, forment le groupe oolitique ; mais il reste toujours à expliquer d'où provient la grande masse de carbonate de chaux qu'on y observe. Il serait contraire à la raison de l'attribuer à des sources tout à fait semblables à celles que nous voyons aujourd'hui. Si, au contraire, on voulait la considérer comme entièrement due à des animaux qui auraient sécrété la chaux des eaux, et dont les coquilles, accumulées pendant des millions d'années, auraient

[1] M. Guidoni, dans un mémoire publié dans le *Nuovo Giornali de Litterati de Pisa*, 1830, et dans le *Journal de Géologie*, 1831, annonce qu'il a trouvé dans le calcaire de la Spezzia une variété d'*ammonites*, et de plus, plusieurs autres coquilles univalves et bivalves, qui se rapportent au groupe oolitique. Il cite particulièrement la *Gryphæa arcuata*, Lam. (*G. incurva*, Sow.), qui tendrait à prouver que le terrain de cette localité se rapproche davantage du terrain oolitique de l'Europe occidentale.

été graduellement converties en calcaire , ce serait admettre une cause peu en rapport avec l'effet produit; et cependant on ne peut nier que la masse de certains calcaires ne soit presque uniquement formée de débris organiques. Mais, en admettant même que des calcaires ont pu être formés à la fois par des sources et par des corps organisés, il n'en reste pas moins à expliquer la formation d'une masse calcaire qui s'étend avec des caractères constants sur une très grande surface, et qui ne peut être due qu'à un mode de production beaucoup plus général, ou plutôt à un dépôt de carbonate de chaux, simultané ou presque simultané, sur toute cette étendue.

Débris organiques du groupe oolitique [1].

VÉGÉTAUX.

Algues.

Fucoïdes furcatus (Ad. Brong. planche 3, figure 2.) Schiste de Stonesfield (Ad. Brong.)
— *Stockii* (Ad. Brong. pl. 6, fig. 3, 4.) Solenhofen (Ad. Brong.)
— *encelioides* (Ad. Brong. pl. 5, fig. 1, 2.) Solenhofen (Ad. Brong.)

Equisétacés.

Equisetum columnare (Ad. Brong. pl. 13, fig. 1 à 5.) Série carbonifère inférieure ; Yorkshire (Phil.); Brora (Murch.)

---

[1] Nous avons ajouté plusieurs espèces à ce tableau général des fossiles du groupe oolitique, en les distinguant par une astérisque en tête (*), comme nous l'avons fait ci-dessus pour le groupe crétacé. Nous avons puisé une partie de ces additions dans les ouvrages cités de MM. de Dechen et Goldfuss. Mais le plus grand nombre nous a été obligeamment communiqué par M. Voltz, qui a fait une étude particulière de ce genre de terrains, et des fossiles qu'il renferme.

Nous avons aussi ajouté une foule de citations de localités, qu'il a eu la complaisance de nous indiquer, principalement de la France et de l'Allemagne occidentale.

Dans ces citations, qui portent toujours le nom de M. Voltz, on trouvera assez souvent les noms de *calcaire à nérinées, calcaire à astartes,* et *terrain à chailles.* Ces noms de couches ou d'étages du terrain oolitique ont été introduits par M. Thirria, dans sa *Notice géologique sur le département de la Haute-Saône;* et c'est d'après lui que l'auteur anglais a donné ci-dessus, page 390, une idée du *calcaire à nérinées* et du *calcaire à astartes;* mais depuis la publication de sa Notice, M. Thirria a un peu modifié son tableau des terrains de la Haute-Saône. Ce n'est plus dans la partie inférieure de la division qui représente l'argile de Kimmeridge d'Angleterre, mais plus bas, dans celle qui comprend le coral rag, qu'il place son *calcaire à astartes;* il le distingue toujours de son *calcaire à nérinées* qui est au-dessous, et qui continue de faire partie de la même division.

Le *terrain à chailles,* ou plus exactement, l'*argile à chailles,* n'a pas été mentionnée ci-dessus par l'auteur anglais. C'est une argile ocreuse, rude au toucher et un peu siliceuse, renfermant des boules de calcaire silicieux, dites *chailles,* et un grand nombre de fossiles à l'état silicieux.

Dans sa Notice, M. Thirria avait placé l'*argile à chailles* dans la division du coral

Fougères.

Pachypteris lanceolata (Ad. Brong. pl. 45, fig. 1.) Houille, argile schisteuse, etc., entre l'oolite inférieure et la grande oolite, Yorkshire (Phil.)
— *ovata* (Ad. Brong. pl. 46, fig. 2.) Houille, argile schisteuse, etc., entre l'oolite inférieure et la grande oolite; Yorkshire (Phil.)
Pecopteris Reglei (Ad. Brong.) Forest marble; Mamers (Desn.)
·— *Desnoyersii* (Ad. Brong.) Forest marble; Mamers (Desn.)
— *polypodioides* (Ad. Brong.) Houille, argile schisteuse, etc., entre le cornbrash et la grande oolite; Yorkshire (Phil.)
— *denticulata* (Ad. Brong.) Houille, argile schisteuse, etc., entre le cornbrash et la grande oolite; Yorkshire (Phil.)
— *Phillipsii* (Ad. Brong.) Houille, etc., de la série oolitique; Yorkshire (Ad. Brong.)
— *Whitbiensis* (Ad. Brong.) Houille, argile schisteuse, etc., entre le cornbrash et la grande oolite; Yorkshire (Phil.)
Sphænopteris hymenophylloides (Ad. Brong. pl. 56, fig. 4.) Schiste de Stonesfield (Buckl.) Houille, argile schisteuse, etc., entre l'oolite inférieure et la grande oolite; Yorkshire (Phil.)
— *macrophylla* (Ad. Brong. pl. 58, fig. 3.) Schiste de Stonesfield (Buckl.)
— *Williamsonis* (Ad. Brong. pl. 49, fig. 6, 7, 8.) Houille, etc., de la série oolitique; Yorkshire (Ad. Brong.)
— *crenulata* (Ad. Brong. pl. 56, fig. 3.) Houille, etc., de la série oolitique; Yorkshire (Ad. Brong.)
— *denticulata* (Ad. Brong. pl. 56, fig. 1.) Houille, etc., de la série oolitique; Yorkshire (Ad. Brong.)
Tæniopteris laptifolia (Ad. Brong.) Houille, argile schisteuse, etc., entre la cornbrash et la grande oolite; Yorkshire (Phil.)
— *vittata* (Ad. Brong.) Houille, argile schisteuse, etc., entre le cornbrash et la grande oolite; Yorkshire (Phil.)

Cycadées.

Pterophyllum Williamsonis. Houille, argile schisteuse, etc., entre le cornbrash et la grande oolite; Yorkshire (Phil.)
Zamia pectinata (Ad. Brong.) Schiste de Stonesfield (Buckl.)
— *patens* (Ad. Brong.) Schiste de Stonesfield (Ad. Brong.)

rag, au-dessus du *calcaire à nérinées.* Nous savons que, depuis, il a reconnu qu'elle était inférieure à ce calcaire, et qu'il l'a placée à la partie supérieure de la division de l'argile d'Oxford.

M. Thurmann, dans son intéressant Mémoire sur les terrains jurassiques de Porentrui, inséré en 1822 dans le *Recueil de la Société d'histoire naturelle de Strasbourg*, a admis, comme M. Thirria, le *calcaire à astartes* et le *calcaire à nérinées* dans la division du coral rag, qu'il a désignée sous le nom de groupe corallien; mais il a distingué, au-dessous du *calcaire à nérinées*, dans la même division, une oolite *corallienne* et un *calcaire corallien* qui ne sont que deux sous-divisions du vrai coral rag de l'Angleterre. Ces deux derniers noms seront aussi quelquefois cités ci-après, dans les indications du gisement des fossiles.

L'*oolite coralline* (*coralline oolite*), indiquée ci-dessus, page 388, d'après M. Phillips, correspond de même au coral rag.

M. Thurmann admet également la sous-division du *terrain à chailles*, qu'il place, comme on vient de dire que M. Thirria le fait à présent, à la partie supérieure de la division de l'argile d'Oxford.

(*Note du traducteur.*)

Zamia longifolia (Ad. Brong.) Houille, argile schisteuse, etc., entre le cornbrash et la grande oolite; Yorkshire (Phil.)
— *pennæformis* (Ad. Brong.) Houille, argile schisteuse, entre l'oolite inférieure et la grande oolite; Yorkshire (Phil.)
— *elegans* (Ad. Brong.) Houille, argile schisteuse, entre l'oolite inférieure et la grande oolite; Yorkshire (Phil.)
— *Goldiæi* (Ad. Brong.) Houille, etc., de la série oolitique; Yorkshire (Ad. Brong.)
— *acuta* (Ad. Brong.) Houille, etc., de la série oolitique; Yorkshire (Ad. Brong.)
— *lœvis* (Ad. Brong.) Houille, etc., de la série oolitique; Yorkshire (Ad. Brong.)
— *Youngii* (Ad. Brong.) Houille, argile schisteuse, etc., entre l'oolite inférieure et la grande oolite; Yorkshire (Phil.)
— *Feneonis* (Ad. Brong.) Houille, etc., de la série oolitique; Yorkshire (Ad. Brong.)
— *Mantelli* (Ad. Brong.) Houille, argile schisteuse, etc., entre l'oolite inférieure et la grande oolite; Yorkshire (Phil.)
Zamites Bechii (Ad. Brong.) Forest marble; Mamers (Desn.) Lias; Lyme Regis (De la B.)
— *Bucklandii* (Ad. Brong.) Forest marble; Mamers (Desn.) Lias; Lyme Regis (De la B.)
— *Lagotis* (Ad. Brong.) Forest marble; Mamers (Desn.)
— *hastata* (Ad. Brong.) Forest marble; Mamers (Desn.)

Conifères.

Thuytes divaricata (Sternb.) Schiste de Stonesfield (Buckl.) Solenhofen (Decben.)
— *expansa* (Sternb.) Schiste de Stonesfield (Buckl.)
— *acutifolia* (Ad. Brong.) Schiste de Stonesfield (Buckl.)
— *cupressiformis* (Sternb.) Schiste de Stonesfield (Buckl.)
Taxites podocarpoides (Ad. Brong.) Schiste de Stonesfield (Buckl.)

Liliacées.

Bucklandia squamosa (Ad. Brong.) Stonesfield (Buckl.)

Classe incertaine.

Mamillaria Desnoyersii (Ad. Brong. *Ann. des Sc. nat.*, t. IV, pl. 19, fig. 9, 10.) Mamers (Desn.)
Beaucoup de végétaux non décrits. Lias; Lyme Regis (De la B.)

ZOOPHYTES.

Achilleum dubium (Goldf. pl. 1, fig. 2.) Solenhofen (Goldf.)
— *cheirotonum* (Goldf. pl. 29, fig. 5.) Roches oolitiques; Baireuth (Munst.)
— *muricatum* (Goldf. pl. 31, fig. 3.) Streitberg (Munst.)
— *tuberosum* (Munst.) Nattheim, Wurtemberg (Munst.)
— *cancellatum* (Munst.) Nattheim (Munst.)
— *costatum* (Munst.) Streitberg (Munst.)
* — *glomeratum* (Goldf. pl. 1, fig. 1.) Calcaire corallien (Thurmann.) Nattheim; Wurtemberg; Mont Bresille, près Besançon (Voltz.)
Manon peziza (Goldf. pl. 1, fig. 7, 8; pl. 5, fig. 1; pl. 29, fig. 3.) Streitberg; Nattheim; Giengen; Ratisbonne (Goldf.) Terrain à chailles (Thurmann.) Besançon (Voltz.)
— *marginatum* (Munst.) Streitberg; Muggendorf (Munst.)
— *impressum* (Munst.) Muggendorf (Munst.)
Scyphia cylindrica (Goldf. pl. 11, fig. 3; pl. 3, fig. 12.) Muggendorf (Munst.)

Scyphia legans (Goldf. pl. 2. fig. 5.) Thurnau ; Baireuth (Goldf.) Terrain à chailles ; Béfort (Voltz.)

— *calopora* (Goldf. pl. 2. fig. 7.) Thurnau ; Baireuth (Goldf.)

— *pertusa* (Goldf. pl. 2, fig. 8.) Streitberg ; Baireuth (Goldf.)

— *texturata* (Goldf. pl. 2, fig. 9.) Giengen ; Wurtemberg (Goldf.)

— *texata* (Goldf. pl. 2. fig. 12.) Legerberg ; Suisse; Streitberg (Goldf.)

— *polyommata* (Goldf. pl. 2, fig. 16.) Baireuth et Suisse (Goldf.)

— *clathrata* (Goldf. pl. 3, fig. 1) Streitberg. Baireuth (Goldf.)

— *milleporata* (Goldf. pl. 3, fig. 2.) Baireuth (Goldf.)

— *parallela* (Goldf. pl. 3, fig. 3.) Streitberg (Munst.)

— *psilopora* (Goldf. pl. 3, fig. 4.) Muggendorf (Goldf.)

— *obliqua* (Goldf. pl. 3, fig. 5) Muggendorf (Munst.) Terrain à chailles et fer oolitique de l'argile d'Osford ; Mont-Terrible (Thurmann.)

— *rugosa* (Goldf. pl. 3, fig. 6.) Streitberg (Munst.)

— *articulata* (Goldf. pl. 3, fig. 8.) Muggendorf (Goldf.)

— *pyriformis* (Goldf.) pl. 3, fig. 9.) Streitberg (Munst.)

— *radiciformis* (Goldf. pl. 3, fig. 11.) Streitberg (Goldf.)

— *punctata* (Goldf. p. 3, fig. 10.) Streitberg (Munst.)

— *reticulata* (Goldf. pl. 4, fig. 1.) Streitberg (Goldf.)

— *dictyota* (Goldf. pl. 4, fig. 2.) Streitberg (Munst.)

— *procumbens* (Goldf. pl. 4, fig. 3.) Baireuth (Goldf.)

— *paradoxa* (Munst.) Streitberg et Amberg (Munst.)

— *empleura* (Munst.) Streitberg (Munst.)

— *striata* (Munst.) Streitberg et Muggendorf (Munst.)

— *Buchii* (Munst.) Streitberg (Munst.)

— *Munsteri* (Goldf. pl. 32, fig. 7) Ratisbonne ; Streitberg (Goldf.)

— *propinqua* (Munst.) Streitberg ; Muggendorf (Munst.)

— *cancellata* (Munst.) Streitberg ; Muggendorf (Munst.)

— *decorata* (Munst.) Muggendorf (Munst.)

— *Humboldtii* (Munst.) Muggendorf (Munst.)

— *Sternbergit* (Munst.) Streitberg (Munst.)

— *Schlotheimii* (Munst.) Thurnau ; Streitberg (Munst.)

— *Schweiggeri* (Goldf. pl. 33, fig. 6.) Baireuth (Goldf.)

— *secunda* (Munst.) Heiligenstadt ; Streitberg (Munst.) Terrain à chailles ; Mont-Terrible (Thurmann.)

— *verrucosa* (Goldf. pl. 33, fig. 8.) Streitberg et Wurgau (Goldf.)

— *Bronnii* (Munst.) Wurtemberg et Baireuth (Munst.) Terrain à chailles ; Mont-Terrible (Thurmann.)

— *milleporacea* (Muns.) Thurnau ; Aufses ; Streitberg (Munst.)

— *pertusa* (Goldf. pl. 33, fig. 11) Streitberg et Amberg (Goldf.)

— *intermedia* (Munst.) Nattheim ; Streitberg (Munst.)

— *Neesii* (Goldf. pl. 34, fig. 2.) Streitberg (Goldf.)

* — *furcata* (Goldf. pl. 2, fig. 6.) Essen. Schiste marno-bitumineux du lias supérieur ; Allemagne septentrionale (Hoffmann.)

* — *costata* (Goldf. pl. 2, fig. 10.) Bareith.

* — *turbinata* (Goldf. pl. 2, fig. 13.) Streitberg , pays de Bareith. Cette espèce et la précédente se trouvent aussi dans le calcaire de transition de l'Eiffel (Goldf.)

Tragos pezizoides (Goldf. pl. 5, fig. 8.) Muggendorf (Goldf.)

— *patella* (Goldf. pl. 5, fig. 10. Wurtemberg et Suisse ; Rabenstein ; Heiligenstadt) (Goldf.)

— *sphæroides* (Goldf. pl. 5, fig. 11.) Wurtemberg (Goldf.)

— *tuberosum* [1] (Goldf. pl. 30, fig. 4.) Oolite inférieure ; Rabenstein ; Streitberg (Munst.)

[1] *Limnorea lamellosa*, de Lamouroux, suivant M. Goldfuss.

Tragos acetabulum (Goldf. pl. 35, fig. 1.) Streitberg; Randen (Goldf.)

— *radiatum* (Munst.) Streitberg (Munst.)

— *rugosum* (Munst.) Streitberg. (Munst.)

— *reticulatum* (Munst.) Streitberg (Munst.)

— *verrucosum* (Munst.) Streitberg (Munst.)

* — *pisiforme* (Goldf. pl. 30, fig. 1. Essen (Goldf.) Argile de Bradford ; Bouxwiller (Voltz.) Terrain à chailles; Mont-Terrible (Thurmann.)

Spongia floriceps (Phil. pl. 3, fig. 8.) Oolite coralline : Yorkshire (Phil.)

— *clavaroides* (Lam.) Grande oolite; Wiltshire (Lons.)

— Espèce non déterminée. Grès calcaire inférieur; Yorkshire (Phil.) Oolite inférieure; centre et sud de l'Angleterre (Conyb.) Forest marble; Wiltshire (Lons.)

Alcyonium, espèce non déterminée. Forest marble ; Normandie (De Cau.) Grande oolite ; Wilts (Lons.)

Cnemidium lamellosum (Goldf. pl. 6, fig. 1.) Randen, Suisse (Goldf.)

— *stellatum* (Goldf. pl. 6, fig. 2 ; pl. 30, fig. 3.) Randen, Suisse (Goldf.)

— *striato-punctatum* (Goldf. pl. 6, fig. 3.) Randen (Goldf.)

— *rimulosum* (Goldf. pl. 6, fig. 4.) Randen (Goldf.)

— *mamillare* (Goldf. pl. 6, fig. 5.) Streitberg (Goldf.)

— *rotula* (Goldf. pl. 6, fig. 6.) Thurnau (Goldf.)

— *granulosum* (Munst.) (Goldf. pl. 35, fig. 7.) Streitberg (Munst.)

— *astrophorum* (Munst.) (Goldf. pl. 35, fig. 8.) Nattheim; Ratisbonne (Munst.)

— *capitatum* (Munst.) (Goldf. pl. 35, fig. 9.) Amberg (Munst.)

— *tuberosum* (Goldf.) pl. 30, fig. 4.)

Limnorea lamellaris (Lam.) Forest marble ; Normandie (De Cau.)

Siphonia pyriformis (Goldf. pl. 6, fig. 7.) Streitberg (Goldf.)

Myrmecium hemisphæricum (Goldf. pl. 6, fig. 12.) Thurnau (Goldf.)

Gorgonia dubia (Goldf. pl. 7 fig. 1.) Glücksbrunn ; Thuringe (Goldf.)

Millepora dumetosa (Lamx.) Forest marble ; Normandie (De Cau.)

— *corymbosa* (Lamx.) Forest marble ; Normandie (De Cau.)

— *conifera* (Lamx.) Forest marble ; Normandie (De Cau.)

— *pyriformis* (Lamx.) Forest marble ; Normandie (De Cau.)

— *macrocaule* (Lamx.) Forest marble ; Normandie (De Cau.)

— *straminea* (Phil. pl. 9, fig. 1.) Grande oolite et cornbrash ; Yorkshire (Phil.)

— Espèce non déterminée. Cornbrash et Forest marble. Nord de la France (Bobl.) Forest marble ; Mamers ; Normandie (Desn.) Forest marble et grande oolite ; Wiltshire (Lons.)

* *Madrepora limbata* (Goldf. pl. 8, fig. 7.) Heidenheim (Goldf.) Coral rag ; Mortagne ; Orne ; Badenwiller ; Doubs (Voltz.)

— Espèce non déterminée. Argile Bradford ; Nord de la France (Bobl.) Coral rag ; Normandie (De Cau.) Calcaire de Portland ; Wiltshire (Conyb.) Oolite inférieure; centre et sud de l'Angleterre (Conyb.) Mauriac ; sud de la France (Desfr.)

Eschara, espèce non déterminée. Forest marble ; Normandie (De Cau.)

Cellepora orbiculata (Goldf. pl. 12, fig. 2.) Streitberg (Munst.) Argile d'Oxford ; Haute-Saône (Thir.); Calvados (Voltz.) Terrain à chailles ; Mont-Terrible (Thurmann); Besançon (Voltz.) Argile de Kimmeridge; Porentrui (Voltz.) Argile de Bradford; Bouxwiller (Voltz.) Oolite inférieure; Gundershoffen, Bas-Rhin; Gouhenans, Haute-Saône (Voltz.) Lias supérieur : Gundershoffen (Voltz.)

— *echinata* (Goldf. pl. 36, fig. 14.) Oolite inférieure ; Haute-Saône (Thir.)

— Espèce non déterminée. Oolite inférieure ; centre et sud de l'Angleterre (Conyb.)

Retepora ? — Grande oolite ; Yorkshire (Phil.)

Flustra, espèce non déterminée. Grande oolite ; Wiltshire (Lons.)

* *Intricaria Bajocensis* (Defr.) Oolite inférieure ; Mont-Terrible ; Charriez ; Gouhenans ; Haute-Saône (Voltz.)

Ceriopora radiciformis (Goldf. pl. 10, fig. 8) Thurnau ; Baireuth (Goldf.)

— *striata* (Goldf. pl. 11, fig. 5.) Streitberg ; Thurnau (Munst.)

Certopora angulosa (Goldf. pl. 11, fig. 7.) Thurnau (Munst.)
— *alata* (Goldf. pl. 11, fig. 8.) Thurnau (Munst.)
— *crispa* (Goldf. pl. 11, fig. 9.) Thurnau (Munst.)
— *favosa* (Goldf. pl. 11, fig. 10.) Streitberg, Thurnau (Munst.)
— *radiata* (Goldf. pl. 12. fig. 1.) Thurnau (Munst.)
— *compressa* (Munst.) Thurnau (Munst.)
— *orbiculata* (Voltz.) Oolite inférieure ; Haute-Saône (Thir.) Terrain à chailles ;
   Mont-Terrible (Thurmann.) Argile de Bradfort ; Bouxwiller (Woltz.)
× — *diadema* (Goldf. pl. 37, fig. 3.) Oolite inférieure ; Charriez , Haute-Saône
   (Thirria.)
× — *clavata* (Goldf. pl. 10, fig. 15.) Schiste marno-bitumineux du lias supérieur,
   Allemagne septentrionale (Hoffmann.)
× — *dichotoma* (Goldf. pl. 10, fig. 9.) Même gisement (Hoffmann.)
× *Nullipora palmata* (Goldf. pl. 8, fig. 1.) Même gisement (Hoffman.)
× *Columnaria alveolata* (Goldf. pl. 24, fig. 7.) Lias, Moyenvic, Meurthe (Voltz.)
Agaricia rotata (Goldf. pl. 12. fig. 10.) Randenberg. Suisse (Goldf.)
— *crassa* (Goldf. pl. 12. fig. 13.) Randen, Suisse (Goldf.)
— *granulata* (Munst.) Bâle; Nattheim (Munst.) Coral rag; Verdun (Voltz.)
Lithodendron elegans (Munst.) Wurtemberg (Munst.) Coral rag ; Béfort (Voltz.)
— *compressum* (Munst.) Heidenheim, Wurtemberg (Munst.)
× — *plicatum* (Goldf. pl. 13, fig. 5.) Calcaire corallien ; Nattheim , Wurtemberg
   (Voltz.)
× — *rouracum* (Thurmann.) Calcaire à astartes et calcaire corallien; Mont-Terrible
   (Thurmann.)
Caryophyllia cylindrica (Phil. pl. 3, fig. 5.) Oolite coralline ; Yorkshire (Phil.)
— *truncata* (Lamx.) Forest marble; Normandie (De Cau.)
— *Brebissonii* (Lamx.) Forest marble : Normandie (De Cau.)
— *convexa* (Phil. pl. 11, fig. 1.) Oolite inférieure; Yorkshire (Phil.)
— Semblable au *C. cespitosa* (Ellis.) Oolite coralline; Yorkshire (Phil.) Grande
   oolite; centre et sud de l'Angleterre (Conyb.)
— Semblable au *C. flexuosa* (Ellis.) Oolite coralline ; Yorkshire (Phil.) Grande
   oolite; centre et sud de l'Angleterre (Conyb.)
— Voisine du *C. carduus* (Park.) Coral rag (Conyb.)
— Espèce non déterminée. Oolite inférieure; nord de la France (Robl.) Terrain de
   La Rochelle (Dufr.) Forest marble; Mamers, Normandie (Desn.) Forest marble.
   argile de Bradford et grande oolite; Wiltshire (Lons.)
Antophyllum turbinatum (Munst.) Dattheim; Heidenheim (Munst.)
— *obconicum* (Munst.) Nattheim , Heidenheim (Munst.) Terrain à chailles; Mont-
   Terrible (Thurmann.) Calcaire corallien; Besançon, Béfort (Voltz.)
— *decipiens* (Goldf. pl. 65, fig. 3.) Alsace (Goldf.)
Fungia orbiculites (Lamx.) Forest marble; Normandie (De Cau.) Cornbrash , Wilt-
   shire (Lons.)
× — *laevis* (Goldf. pl. 14, fig. 2.) Terrain à chailles ; Mont-Terrible (Thurmann.)
— Espèce non déterminée. Oolite inférieure; sud et centre de l'Angleterre (Conyb.)
Cyclolites elliptica (Lamx.) Oolite inférieure; centre et sud de l'Angleterre (Conyb.)
Turbinolia dispar (Phil. pl. 3, fig. 4.) Oolite coralline ; Yorkshire (Phil.)
— Espèce non déterminée. Oolite inférieure et lias, nord de la France (Robl.)
Turbinolopsis ochracea (Lamx.) Forest marble ; Normandie (De Cau.)
Cyathophyllum tintinnabulum (Goldf. pl. 16, fig. 6.) Banz, Staffelstein, Bamberg
   (Goldf.)
— *mactra* (Goldf. pl. 16, fig. 7.) Banz, Bamberg (Goldf.) Lias supérieur; Fallon,
   Haute-Saône ; Mulhausen (Voltz.)
× — *decipiens* (Goldf.) Argile de Bradford ; centre et sud de l'Angleterre (Conyb.)
   Bouxwiller (Voltz.)
Meandrina Sœmmeringii (Munst.) Nattheim; Heidenheim (Munst.)

Meandrina astroides (Goldf. pl. 21, fig. 3.) Coral rag; Haute-Saône (Thir.) Giengen (Goldf.)

— *tenella* (Goldf. pl. 21, fig. 4.) Giengen (Goldf.) Calcaire corallien; Mont-Terrible (Thurmann.) Calcaire de l'Albe; Wurtemberg (Mandelslohe.) Calcaire de l'argile de Kimmeridge; Soing, Haute-Saône (Voltz.)

— Espèce non déterminée. Oolite inférieure et coralline; Yorkshire (Phil.) Oolite inférieure; centre et sud de l'Angleterre (Conyb.) Argile de Kimmeridge; Haute-Saône (Thir.) Grande oolite; Wilts (Lons.)

* *Explanaria lobata* (Goldf. pl. 38, fig. 5.) Calcaire corallien (Thurmann.) Rupt, Haute-Saône (Volt.)

* — *alveolaris* (Goldf. pl. 38, fig. 6.) Calcaire corallien (Thurmann.) Mont-Brégille, près Besançon (Voltz.)

— Espèce non déterminée. Oolite inférieure; centre et sud de l'Angleterre (Conyb.)

— Espèce non déterminée. Grande oolite; Wiltshire (Lons.)

Astrea microconos (Goldf. pl. 21, fig. 6.), Biberbach, près de Muggendorf (Goldf.)

— *limbata* (Goldf. pl. 38, fig. 7.) Giengen (Goldf.) Calcaire corallien; Mont-Terrible (Thurmann.) Coral rag; Ray, Haute-Saône; et Badevelle, Doubs (Voltz.)

— *concinna* (Goldf. pl. 22, fig. 1.) Giengen (Goldf.)

— *pentagonalis* (Munst.) Nattheim, Heidenheim (Munst.) Coral rag; Badevelle, Doubs (Voltz.)

— *gracilis* (Munst.) Boll, Wurtemberg (Munst.) Oolite inférieure; Saint-Pancré, Metz; Heilligenstein, Bas-Rhin. Calcaire corallien; Mont-Brégille, près Besançon (Voltz.)

— *explanata* (Munst.) Wurtemberg (Munst.)

— *tubulosa* (Goldf. pl. 38, fig. 15.) Wurtemberg (Goldf.) Coral rag; Haute-Saône (Thir.) Calcaire corallien; Mont-Terrible (Thurmann.) Rupt, Haute-Saône; Mont-Brégille, Doubs (Voltz.)

— *oculata* (Goldf. pl. 22, fig. 2.) Giengen (Goldf.)

— *alveolata* (Goldf. pl. 22, fig. 3.) Heidenheim, Wurtemberg (Goldf.)

— *helianthoides* (Goldf. pl. 22, fig. 4.) Heidenheim, Giengen (Goldf.) Coral rag; Haute-Saône (Thir.) Calcaire corallien; Mont-Terrible; Rupt, Doubs (Thurmann.) Cornbrash; Béfort. Oolite inférieure; Saint-Pancré, Metz, etc. (Voltz.)

— *confluens* (Goldf. pl. 22, fig. 5.) Heidenheim, Giengen (Goldf.) Calcaire corallien; Rupt, Haute-Saône (Thir.) Mont-Terrible (Thurmann.) Cornbrash; Béfort (Voltz.) Oolite inférieure; Heilligentein, Bas-Rhin; Essert, Haut-Rhin (Voltz.)

— *caryophylloides* (Goldf. pl. 22, fig. 7.) Giengen (Goldf.) Coral rag; Haute-Saône (Thir.) Mont-Terrible (Thurmann.)

— *cristata* (Goldf. pl. 22, fig. 8.) Giengen; Heidenheim (Goldf.)

— *sexradiata* (Goldf. pl. 24, fig. 5.) Giengen (Goldf.)

— *favosioides* (Smith.) Oolite coralline; Yorkshire (Phil.) Coral rag et grande oolite; centre et sud de l'Angleterre (Conyb.)

— *inaequalis* (Phil.) Oolite coralline; Yorkshire (Phil.)

— *micastron* (Phil.) Oolite coralline; Yorkshire (Phil.)

— *arachnoides* (Flem.) Oolite coralline; Yorkshire (Phil.)

— *tubulifera* (Phil.) Oolite coralline; Yorkshire (Phil.)

— Semblable à l'*A. siderea*. Oolite inférieure; centre et sud de l'Angleterre (Conyb.)

* — *macrophtalma* (Goldf. pl. 24, fig. 2.) Calcaire jurassique supérieur; Porentruy (Thurmann.)

— Espèce non déterminée. Coral rag, Normandie (nombreuse) (De Cau.) Grande oolite; centre et sud de l'Angleterre (Conyb.) Lias; Hébrides (March.) Grande oolite; Wiltshire (Lons.)

* *Sarcinula astroites* (Goldf. pl. 24, fig. 12.) Calcaire de l'Albe; Mont-Randen, près Schaffhouse (Goldf.) Calcaire corallien; Mont-Terrible; Rupt, Haute-Saône; Mont-Brégille, Doubs (Voltz.)

Aulopora compressa (Goldf. pl. 38, fig. 17.) Mines de fer oolitique; Rabenstein,

Grafenberg, pays de Bareith (Munst.) Argile de Bradford ; Bouxwille, argile d'Oxford; Dives, Calvados, Oolite inférieure ; Haute-Saône (Voltz.)

Autopora dichotoma (Goldf. pl. 65, fig. 2.) Streitberg (Goldf.) Argile de Bradford, Bouxwiller. Calcaire corallien : Nattheim, Wurtemberg (Voltz.)

Entalophora cellarioïdes (Lamx.) Forest marble: Normandie (De Cau.)

Favosites. Espèce non déterminée. Forest marble; Maïners, Normandie (Desn.)

Spiropora tetragona (Lamx.) Forest marble ; Normandie (De Cau.)

— *cœspitosa* (Lamx.) Forest marble; Normandie (De Cau.) Grande oolite; Witshire (Lons.)

— *elegans* (Lamx.) Forest marble ; Normandie (De Cau.)

— *intricata* (Lamx.) Forest marble ; Normandie (De Cau.)

Eunomia radiata (Lamx.) Forest marble; Normandie (De Cau.) Grande oolite ; Wiltshire (Lons.)

Crysaora damœcornis (Lamx.) Forest marble; Normandie (De Cau.) Grande oolite; Wiltshire (Lons.)

— *spinosa* (Lamx.) Forest marble; Normandie (De Cau.)

Theonoa clathrata (Lamx.) Forest marble ; Normandie (De Cau.) Grande oolite ; Wiltshire (Lons.)

Idomenea triquetera (Lamx.) Forest marble ; Normandie (De Cau.) Grande oolite ; Wiltshire (Lons.)

Alecto dichotoma (Lamx.) Grande oolite; Wiltshire (Lons.) Forest marble ; Normandie (De Cau.)

— Espèce non déterminée. Oolite inférieure; centre et sud de l'Angleterre (Conyb.)

Berenicea diluviana (Lamx.) Grande oolite; Wiltshire (Lons.) Forest marble; Normandie (De Cau.)

— Espèce non déterminée. Grande oolite; Haute-Saône (Thir.) Forest marble ; Wiltshire (Lons.)

Terebellaria ramosissima (Lamx.) Forest marble et grande oolite ; Somerset (Lons.) Forest marble; Normandie (De Cau.)

— *antilope* (Lamx.) Forest marble; Normandie (De Cau.)

Cellaria Smithii (Phil. pl. 7, fig. 8.) Cornbrash; Yorkshire (Phil.)

Thamnasteria Lamourouxii (Le Sauvage.) Coral rag; Normandie (De Cau.)

Polypifères. Genres non déterminés. Lias (rare); Lyme Regis (De la B.) Yorkshire (Phil.); Normandie (De Cau.) Coral rag (nombreux); nord de la France (Bobl.) Bourgogne (Beaum.) Sud de la France (Dufr.)

RADIAIRES.

Cidaris florigemma (Phil. pl. 3, fig. 12.) Oolite coralline ; Yorkshire (Phil.)

— *intermedia* (Park.) Oolite coralline; Yorkshire (Phil.)

— *monilipora* (Y. et R.) Oolite coralline ; Yorkshire (Phil.)

— *vagans* (Phil. pl. 7, fig. 1.) Grès calcaire, cornbrash et grande oolite ; Yorkshire (Phil.)

— *crenularis* (Lam.) Coral rag ; centre et sud de l'Angleterre (Conyb.) Terrain à chailles ; Mont-Terrible, Besançon (Thurmann.) Calcaire compacte de l'Albe ; Wurtemberg (Mandelslohe.) Calcaire de Portland ; Soleure (Voltz.)

— *ornata.* Argile de Bradford ; nord de la France (Bobl.)

— *globata* (Schlot.) Coral rag ; nord de la France (Bobl.)

— *maxima* (Munst.) Baireuth; Hohenstein, Saxe (Munst.)

— *Blumenbachii* (Munst.) Thurnau, Muggendorf, Pretzfeld et Theta (Goldf. pl. 39, fig. 3.) Stonesfield. Argile d'Oxford; Dives, Calvados. Calcaire compacte de l'Albe; Mont-Randen, pres Schaffhouse. Terrain à chailles ; Porentruy (Voltz.)

— *nobilis* (Munst.) Baireuth (Munst.)

— *elegans* (Munst.) Baireuth (Munst.) Roches de Kelloway; Haute-Saône (Thir.)

— *marginata* (Goldf. pl. 39, fig. 7.) Ratisbonne, Heidenheim (Goldf.)

Cidaris coronata (Goldf. pl. 39, fig. 8.) Coral rag; centre et sud de l'Angleterre (Conyb.) Thurnau, Staffelstein, Heidenheim, Randen (Goldf.) Terr. à chailles; Mont-Terrible, Béfort (Voltz).

— *propinqua* (Munst.) Streitberg (Munst.) Calc. de l'Albe; Montranden près Schaffhouse (Goldf. pl. 40, fig. 1.) Terr. à chailles; Mont-Terrible (Thurmann.) Calc. de l'argile de Kimmeridge; Porentruy (Thurmann.)

— *glandifera* (Golf. pl. 40, fig. 3.) Altdorf, Bavière; Wurtemberg; Randen (Goldf.) Terr. à chailles; Mont-Terrible (Thurmann.) Calc. de l'argile de Kimmeridge; Porentruy; Montbéliard (Voltz.)

— *Schmidelii* (Munst., Goldf., pl. 40, fig. 4.) Dischingen, Suisse (Munst.) Argile de Kimmerigde; cap de la Hève (Woltz.)

— *subangularis* (Gold. pl. 40, fig. 8.) Thurneau, Muggendorf (Goldf.) Calc. de l'argile de Kimmeridge; Porentruy (Thurmann.) Stockorn (Voltz.)

— *variolaris* (Al. Brong., descript. géolog., pl. 5, fig. 9.) Streitberg, Ratisbonne, Heidenheim (Goldf. pl. 40, fig. 9.)

— Espèces non déterminées. Oolite inférieure; Yorkshire (Phil.) Lias; Lyme Regis (De la B.) Cornbrash, argile de Bradford, grande oolite, oolite inférieure et lias; centre et sud de l'Angleterre (Conyb.) Coral rag, forest marble; Normandie (De Cau.) Forest marble, grande oolite; Wiltshire (Lons.) Argile de Bradford; Bouxwiller (Woltz.) lias supérieur; nord de l'Allemagne (Hoffmann.)

Cidaris (pointes de—). Grande oolite et lias; Yorkshire (Phil.) Lias, centre et sud de l'Angleterre (Conyb.) Oolite, système inférieur; sud de la France (Bobl.) Coral rag; Normandie (Desn.) Coral rag, Haute-Saône (Thir.)

Echinus germinans (Phil., pl. 3, fig. 15.) Oolite coralline, grès calcaire et grande oolite, Yorkshire (Phil.)

— *lineatus* (Goldf., pl. 40, fig. 11.) Ratisbonne, Bâle (Goldf.) Lias supérieur; nord de l'Allemagne (Hoffmann.)

— *excavatus* (Leske.) Ratisbonne (Goldf. pl. 40, fig. 12.) Lias supérieur; nord de l'Allemagne (Hoffmann.)

— *nodulosus* (Munst., Goldf., pl. 40, fig. 16.) Baireuth (Munst.)

— *hieroglyphicus* (Goldf. pl. 40, fig. 17.) Ratisbonne, Thurnau (Goldf.) Terrain à chailles; Mont-Terrible, Besançon, Béfort (Voltz.)

— *sulcatus* (Goldf. pl. 40, fig. 18.) Thurnau, Streitberg, Muggendorf, Heidenheim (Goldf.)

— Espèce non déterminée. Coral rag; nord de la France (Bobl.)

Galerites depressus (Lam.) Wurtemberg, Bavière (Goldf. pl. 41, fig. 3.) Oolite coralline, grès calcaire, cornbrash; Yorkshire (Phil. pl. 7, fig. 4.) Argile d'Oxford; Normandie (Desn.) Argile d'Oxford; Haute-Saône (Thir.) Hohenstein, Saxe (Muns.) Terrain à chailles et argile de Bradford; Besançon, Bouxwiller (Voltz).

— *speciosus* (Munst.) (Goldf. pl. 41, fig. 5.) Heidenhem, Wurtemberg (Munst.)

— *patella* (Encyclop. pl. 143, fig. 1 et 2.) Argile d'Oxford; Normandie (Desn.) Grande oolite; Barr, Bas-Rhin. Terre à foulon, Jenivaux, Moselle (Voltz.)

Clypeaster pentagonalis (Phil., pl. 4, fig. 24.) Grès calcaire; Yorkshire (Phil.)

* —..... (Voisin du *Cl.,. Kleinii* (Goldf., pl. 42, fig. 5.) Fer oolitique des argiles à chailles; Chamsol, près Saint-Hippolyte, Doubs (Voltz.)

— Espèce non déterminée. Coral rag; Normandie (De Cau.) Argile de Kimmeridge; ' Haute-Saône (Thir.)

Nucleolites scutatus (Goldf. pl. 43, fig. 6.) Argile d'Oxford; Normandie (Desn.) Argile d'Oxford; Oiselay, Haute-Saône (Thir.) Fer oolitique des argiles à chailles; Chamsol, Doubs (Voltz.)

— *columbarius*. Cornbrash, forest marble; nord de la France (Bobl.)

— *granulosus* (Munst., Goldf., pl. 43, fig. 4.) Amberg, Streitberg, Wurgau (Munst.)

— *semiglobus* (Munst., Goldf., pl. 49, fig. 6. Pappenhein, Manhelm, Bavière (Munst.) Calc. comp. de l'Albe; Wurtemberg (Mandelslohe.)

Nucleolites excentricus (Munst., Goldf., pl. 49, fig. 7.) Kelilheim, Bavière (Munst.)

— *canaliculatus* (Munst., Goldf., pl. 49, fig. 8.) Blaubeuren, Wurtemberg (Munst.)

— Espèce non déterminée. Argile d'Oxford; nord de la France (Bobl.)

Ananchytes bicordata. Argile d'Oxford; Normandie (Desn.)

Spatangus ovalis (Park.) Oolite coralline, grès calcaire, roches de Kelloway, Yorkshire (Phil. pl. 4, fig. 23.)

. — *intermedius* (Munst., Goldf. pl. 46, fig. 1.) Blaubeuren, Wurtemberg (Munst.)

— *carinatus* (Goldf., pl. 46, fig. 4.) Baireuth; Wurtemberg (Goldf.) Terrain à chailles; Amberg, Franconie (Voltz.)

— *capistratus* (Goldf. pl. 46, fig. 5.) Baireuth (Goldf.) Argile d'Oxford; Haute-Saône (Thir.) Fer oolitique du terrain à chailles; Chamsol, Doubs (Voltz.)

— Espèce non déterminée, Cornbrash, forest marble; nord de la France (Bobl.)

Clypeus sinuatus (Park.) Oolite coralline ; Yorkshire (Phil.) Coral rag, cornbrash, grande oolite, oolite inférieure ; centre et sud de l'Angleterre (Conyb.) Forest marble; Normandie (De Cau.)

— *emarginatus* (Phil. pl. 3, fig. 18.) Oolite coralline, Yorkshire (Phil.)

— *clunicularis* (Smith.) Oolite coralline, Cornbrash, Yorkshire (Phil. pl. 7, fig. 2.) Coral rag, cornbrash, grande oolite, oolite inférieure; centre et sud de l'Angleterre (Conyb.) Forest marble; Normandie (De Cau.) Coral rag; Veymouth (Sedg.) Ravenne, Haute-Saône. Argile de Bradford; Bouxwiller. Grande oolite; Scharrach Bergheim, Bas-Rhin (Voltz.)

— *dimidiatus* (Phil. pl. 3, fig. 16.) Oolite coralline; Yorkshire (Phil.)

— *semisulcatus* (Phil. pl. 3, fig. 17.) Oolite coralline; Yorkshire (Phil.)

— *orbicularis* (Phil. pl. 7, fig. 3.) Cornbrash; Yorkshire (Phil.)

— Espèce non déterminée. Cornbrash, grande oolite; Wiltshire (Lons.)

Echinites. Genres non déterminés. Oolite inférieure; Normandie (De Cau.)

— (Pointes de —) Coral rag; Bourgogne (Beaum.) Coral rag; nord de la France (Bobl.) Forest marble; Mamers (Desn.) Mauriac, sud de la France (Dufr.)

Eugeniacrinites caryophyllatus (Goldf. pl. 50, fig. 3.) Baireuth; Wurtemberg; Suisse (Goldf.)

— *nutans* (Goldf. pl. 50, fig. 4.) Streitberg, Muggendorf (Goldf.)

— *pyriformis* (Munst.) Thurnau, Streitberg (Goldf. pl. 50, fig. 6.)

— *moniliformis* (Munst.) Turnau; Streitberg; Suisse (Goldf. pl. 60, fig. 8.)

— *Hoferi* (Munst.) Suisse; Streitberg (Goldf.)

Apiocrinites rotundus (Miller.) Calcaire à polypiers; Roville, Calvados (Voltz.) Argile de Bradford, grande oolite; centre et sud de l'Angleterre (Conyb.) Forest marble (Buckl.) Grande oolite; Alsace (Al. Brong.) Forest marble; Wiltshire. Grande oolite: Somerset (Lons.) Allemagne; Alsace (Goldf. pl. 55, fig. *a, r,* et 56, fig. *r* à *z.*) Terrain à chailles; Mont-Terrible; Besançon (Voltz.)

— *Pratii* (Gray.) Grande oolite; Somerset (Lons.)

— *elongatus* (Miller.) Bâle, Soleure, Largue, Haut-Rhin (Goldf. pl. 56, fig. 2.) Terrain à chailles; Mont-Terrible, Besançon (Voltz.) Calcaire à polypiers; Roville, Calvados (Voltz.)

— *rosaceus* (Schlot.) Soleure, Alsace, Muggendorf (Goldf. pl. 56, fig. 3.) Terrain à chailles; Largue, Haut-Rhin; Mont-Terrible (Voltz.)

— *mespiliformis* (Schlot.) Heidenheim, Giengen (Gold. pl. 57, fig. 1.)

— *Milleri* (Schlot.) Wurtemberg (Goldf. pl. 57, fig. 2.) Terrain à chailles; Mont-Terrible, Besançon (Voltz.)

— *flexuosus* (Goldf. pl. 57, fig. 4.) Wurtemberg (Goldf.) Calcaire compacte de l'Albe; Wurtemberg (Mandelslohe.)

— *subconicus* (Goldf.) Bath (Goldf.)

Pentacrinites vulgaris (Schlot.) Cornbrash, oolite coralline et lias; Yorkshire (Phil.) Oolite inférieure et Lias ; centre et sud de l'Angleterre (Conyb.) Lias; Gundershoffen, Alsace; Figeac (Al. Brong.)

Pentacrinites subangularis (Miller.) Oolite inférieure et lias ; centre et sud de l'Angleterre (Conyb.) Lias ; Banz, Boll. Wurtemberg (Goldf. pl. 52, fig. 1.) Offweiler, Mulhausen, Bas-Rhin; Thionville (Voltz.)

— *Briareus* (Miller.) Lias ; centre et sud de l'Angleterre (Conyb.) Lias; Yorkshire (Phil.) Lias ; Banz, Boll. (Goldf. pl. 51, fig. 3.) Terr. à chailles; Mont-Terrible. Coral rag; Verdun. Mont Terrible, Besançon (Voltz.)

— *basaltiformis* (Miller.) Lias; centre et sud de l'Angleterre (Conyb.) Lias; Alsace (Voltz.); Baireuth, Banz. Boll (Goldf., pl. 52, fig. 2.)

— *tuberculatus* (Miller.) Lias; centre et sud de l'Angleterre (Conyb.) Lias; Alsace (Voltz.)

— *subteres* (Goldf.) pl. 53, fig. 5.) Argile d'Oxford; Haute-Saône (Thir.)

— *scalaris* (Goldf. pl. 52, fig. 3. et pl. 60, fig. 10.) Baireuth, Banz, Boll (Goldf.); argile d'Oxford et terrain à chailles; Jura. Lias supérieur; Gundershoffen, Bas-Rhin; Lodève (Voltz.)

— *cingulatus* (Munst.) Streitberg, Thurnau (Goldf. pl. 53, fig. 1.) Forest marble; Rupt, Haute-Saône. Oolite inférieure; Chariez. Haute-Saône (Voltz.)

— *pentagonalis* (Goldf. pl. 53, fig. 2.) Streitberg, Thurnau, Boll. (Goldf.) Argile d'Oxford, caractéristique; Mont-Terrible; Besançon; Béfort; Montbéliard; Oiselay; Percey-le Grand, Haute-Saône (Voltz.) Terrain à chailles; Mont-Terrible (Voltz.)

— *moniliferus* (Munst.) Lias; Baireuth (Goldf. pl. 53, fig. 3.)

— *subsulcatus* (Munst) Lias; Baireuth (Goldf. pl. 53, fig. 4.)

— *subteres* (Munst.) Streitberg (Goldf. pl. 53, fig. 5.) Argile d'Oxford; Béfort (Voltz.) Lias supérieur; Gundershoffen, Bas-Rhin; Mende; Lodève (Voltz.)

— *paradoxus* (Goldf. pl. 60, fig. 11.) Baireuth; Wurtemberg (Goldf.)

— Espèces non déterminées. Forest marble; Normandie (De Cau). Argile de Bradford; nord de la France (Bobl.) Cornbrash, forest marble, grande oolite; centre et sud de l'Angleterre (Conyb.) Oolite inférieure; Wotton-Under-Edge, Forest marble, grande oolite; Somerset (Lons.)

Solanocrinites costatus (Goldf.) Giengen, Heidenheim. Wurtemberg (Goldf.) Terr. à chailles; Mont-Terrible (Thurmann.)

— *scrobiculatus* (Munst.) Streitberg, Thurnau (Goldf. pl. 50, fig. 8.)

— *Jaegeri* (Goldf. pl. 50, fig. 9.) Baireuth (Goldf.)

Rhodocrinites echinatus (Schlot.) Amberg, Wurtemberg ; Suisse; Berrach (Goldf. pl. 60, fig. 7.) Terrain à chailles, caractéristique; Fretigney, Haute-Saône; Béfort; Besançon, Mont-Terrible (Voltz.) Argile d'Oxford; Dives. Rare (Voltz.)

Comatula pinnata (Gold. pl. 61, fig. 3.) Solenhofen (Goldf.)

— *tenella* (Goldf. pl. 62, fig. 1.) Solenhofen (Goldf.)

— *pectinata* (Goldf. pl. 62, fig. 2) Solenhofen (Goldf.)

— *filiformis* (Goldf. pl. 62, fig. 3.) Solenhofen (Goldf.)

Ophiura Milleri (Phil. pl. 13, fig. 20.) Lias; Yorkshire. Sables de l'oolite inférieure; Bridport (De la B.)

— *speciosa* (Munst.) Solenhofen (Goldf. pl. 62, fig. 4.)

— *carinata* (Munst.) Solenhofen (Goldf. pl. 62, fig. 5.)

Asterias lumbricalis (Schlot.) Walzendorf, Cobourg; Lichtenfels, Bamberg (Goldf. pl. 63, fig. 1.)

— *lanceolata* (Goldf. pl. 63, fig. 2.) Walzendorf, Lichtenfels (Goldf.)

— *arenicola* (Goldf. pl. 63, fig. 4.) Porta Westphalica (Golf.)

— *jurensis* (Munst. Gold. pl. 63, fig. 8.) Calc. comp. de l'Albe; Streitberg, Franconie; Nattheim, Wurtemberg; Baireuth (Munster.)

— *tabulata* (Goldf. pl. 63, fig. 7.) Calc. comp. de l'Albe; Streitberg; Buggendorf, Franconie (Munst.)

— *sculata* (Goldf. pl. 63, fig 8.) Calc. comp. de l'Albe; Streitberg, Heiligenstadt (Munst. et Goldf.)

— *stellifera* (Goldf. pl. 63, fig. 9.) Streitberg (Goldf.)

— *prisca* (Goldf. pl. 61, fig. 1.) Wasseralfingen (Schübler.)

ANNÉLIDES.

Lunbricaria intestinum (Munst.) Solenhofen (Golf. pl. 66, fig. 1.)
— *colon* (Munst.) Solenhofen (Goldf. pl. 66, fig. 2.)
— *recta* (Munst.) Solenhofen (Goldf. pl. 66, fig. 3.)
— *gordialis* (Munst.) Solenhofen (Goldf. pl. 66, fig. 4.)
— *conjugata* (Munst.) Solenhofen (Goldf. pl. 66, fig. 5.)
— *filaria* (Munst.) Solenhofen (Goldf. pl. 66, fig. 6.)
Serpula squamosa (Bean.) Oolite coralline; Yorkshire (Phil.)
— *lacerata* (Phil. pl. 4, fig. 35.) Grès calcaire et grande oolite; Yorkshire (Phil.)
— *intestinalis* (Phil. pl. 5, fig. 21.) Argile d'Oxford et cornbrash; Yorkshire (Phil.)
— *deplexa* (Bean.) Oolite inférieure; Yorkshire (Phil. pl. 11, fig. 26.)
— *capitata* (Phil. pl. 14, fig. 16.) Lias; Yorkshire (Phil.) Terre à chailles; Mont-Terrible (Thurmann.)
— *quadrangularis* (Lam.) Argile d'Oxford; Normandie (Desn.) Terrain à chailles; Béfort; Challeseule, Doubs (Voltz.)
— *sulcata* (Sow. pl. 608, fig. 1 et 2.) Grès calcaire; Oxford (Sow.) Terrain à chailles; Chamsol, Doubs. Argile de Bradford; Bouxwiller (Voltz.)
— *tricarinata* (Sow. pl. 608, fig. 3 et 4.) Grès calcaire; Oxford. Coral rag; Steeple Ashton, Wilts (Sow.) Argile d'Oxford; Haute-Saône (Thir.)
— *triangulata* (Sow. pl. 608, fig. 7.) Argile de Bradford, ou grande oolite; Bradford (Sow.)
— *runcinata* (Sow. pl. 608, fig. 6.) Coral rag; Oxford (Sow.) Terrain à chailles; Besançon (Voltz.)
— *tricristata* (Goldf. pl. 67, fig. 6.) Lias; Banz (Goldf.)
— *quinque cristata* (Munst.) Lias; Banz (Goldf. pl. 67, fig. 7.)
— *quinque sulcata* (Munst.) Lias; Theta; Baireuth (Goldf. pl. 67, fig. 8.)
— *circinnalis* (Munst.) Lias; Banz (Goldf. pl. 67, fig. 9.)
— *complanata* (Goldf. pl. 67, fig. 10.) Lias; Theta (Munst.)
— *grandis* (Goldf. pl. 67, fig. 11.) Oolite ferrugineuse; Baireuth; Wurtemberg. Oolite coralline; Haute-Saône. Calcaire jurassique supérieur; Heidenheim (Goldf.) Oolite inférieure; Gouhenans, Haute-Saône (Voltz.)
— *limax* (Goldf. pl. 67, fig. 12.) Oolite ferrugineuse; Baireuth; (Goldf.) Argile de Bradford; Port en Bessin, Calvados (Voltz.)
— *conformis* (Goldf. pl. 67, fig. 13.) Argile de Bradford; Bouxwiller, Bas-Rhin. (Voltz.) Argile de Kimmeridge; Mont-Terrible (Thurmann.)
— *convoluta* (Goldf. pl. 67, fig. 14.) Oolite ferrugineuse; Wasseralfingen, Wurtemberg; Baireuth (Goldf.) Oolite inférieure; Wasseralfingen. Terrain à chailles; Mont-Terrible (Thurmann.) Argile de Bradford; Bouxwiller; Argile d'Oxford; Dives, Calvados (Voltz.)
— *convoluta* (Munst.) Streitberg (Goldf. pl. 68, fig. 17.)
— *lituiformis* (Munst.) Oolite ferrugineuse: Gräfenberg, Baireuth (Goldf. pl. 67, fig. 15.)
— *delphinula* (Goldf. pl. 67, fig. 16.) Thurnau; Streitberg (Goldf.)
— *capitata* (Goldf. pl. 67, fig. 17.) Streitberg (Goldf.)
— *limata* (Munst.) Streitberg (Goldf. pl. 68, fig. 1.)
— *plicatilis* (Munst.) Gräfenberg, Streitberg (Goldf. pl. 68, fig. 2.)
— *gibbosa* (Goldf. pl. 68, fig. 3.) Muggendorf (Goldf.)
— *nodulosa* (Goldf. pl. 68, fig. 4.) Streitberg (Goldf.)
— *spirolinites* (Munst.) Streitberg (Goldf. pl. 68, fig. 5.)
— *tricarinata* (Goldf. pl. 68, fig. 6.) Oolite furrugineuse; Rabenstein, Baireuth; Alsace (Goldf.) Minerai de fer du terrain à chailles; Chamsol, Doubs. Argile de Bradford; Bouxwiller. Terrain à foulon; Jénivaux, près Metz (Voltz.)

Serpula pentagona (Goldf. pl. 68, fig. 7.) Streitberg. (Goldf.)

— *quinquangularis* (Goldf. pl. 68, fig. 8.) Calc. corallien ; Largue , Haut-Rhin (Voltz.) Argile de Bradfort ; Bouxwiller, Argile d'Oxford ; Dives, Calvados (Voltz.) Terr. à chailles et forest marble ; Mont-Terrible (Thurmann.)

— *quadrilatera* (Goldf.) pl. 68, fig. 9.) Rabeinstein (Goldf.) Forest marble ; Bouxwiller , Bas-Rhin , et Bavillers , Haut-Rhin (Voltz.)

— *vertebralis* (Goldf. pl. 68, fig. 10.) *Serpula articulata* (Bronn. et Sow. pl. 599, fig. 5.) Argile de Bradford , caractéristique ; Bouxwiller ; Bavillers ; Port en Bessin, Calvados ; Muntenez près Bâle, Forest marble ; Mont-Terrible (Voltz.)

— *prolifera* (Goldf. pl. 68, fig. 11.) Streitberg (Goldf.)

— *planorbiformis* (Munst.) Thurnau , Streitberg (Goldf. pl. 69, fig. 12.)

— *trochleata* (Munst.) Streitberg (Goldf. pl. 68, fig. 13.)

— *macrocephala* (Goldf. pl. 68, fig. 14.) Thurnau (Goldf.)

— *heliciformis* (Goldf. pl. 68, fig. 15.) Neuburg (Goldf.) Argile d'Oxford ; Challeseule, Doubs (Voltz.)

— *quadristriata* (Goldf. pl. 68, fig. 16.) Bourgogne, Amberg (Goldf.)

— *canaliculata* (Munst.) Streitberg (Goldf. pl. 69, fig. 1.)

— *Deshayesii* (Munst.) Streitberg (Goldf. pl. 68, fig. 18.)

— *volubilis* (Munst.) Oolite ferrugineuse ; Rabenstein (Goldf. pl. 69, fig. 2.) Terr. à chailles ; Béfort, Argile d'Oxford ; Présentvillers, Doubs. Oolite inférieure ; Wasseralfingen, Wurtemberg (Voltz.)

— *spiralis* (Munst.) Muggendorf, Nattheim ; Heidenheim (Goldf. pl. 69, fig. 3.)

— *cingulata* (Munst.) Streitberg (Goldf. pl. 69, fig. 4.)

— *flagellum* (Munst.) Streitberg (Goldf. pl. 69, fig. 5.)

— *substriata* (Munst.) Oolite ferrugineuse ; Rabenstein (Goldf. pl. 69, fig. 6.)

— *flaccida* (Munst.) Oolite ferrugineuse ; Rabenstein, Bâle, Alsace (Goldf. pl. 69, fig. 7.) Terr. à chailles , Mont-Terrible ; Besançon ; Béfort. Oolite inférieure , Heiligensten , Bas-Rhin ; Gouhenans , Haute-Saône. Lias supérieur ; Cundershoffen , Bas-Rhin (Voltz.)

— *gordialis* (Schlot.) Streitberg, Heidenheim, Bouxwiller (Goldf. pl. 69, fig. 8.) Oolite inférieure ; Essert, Haut-Rhin. Terr. à chailles ; Béfort ; Mont-Terrible ; Besançon ; Vieux-Saint-Remi, Ardennes. Calc. corallien ; Largue , Haut-Rhin ; Béfort, Montbéliard. Argile de Kimmeridge, Montbéliard (Voltz.)

— *intercepta* (Goldf. pl. 69, fig. 9.) Streitberg ; Culembach (Goldf.)

— *ilium* (Goldf. pl. 69, fig. 10.) Streitberg (Goldf.) Argile de Kimmeridge ; Porentruy. Terr. à chailles ; Mont-Terrible ; Béfort , Besançon (Voltz.)

— *filaria* (Goldf. pl. 69, fig. 11.) Oolite ferrugineuse ; Grafenberg , Streitberg (Goldf.) Calc. corallien ; Nattheim , Wurtemberg. Argile de Bradford ; Bouxwiller (Voltz.)

— *socialis* (Goldf. pl. 69, fig. 12.) Bavière, Souabe, Bourgogne (Goldf.) Grande oolite ; Barr et Mittel Bergheim , Bas-Rhin (Voltz.)

— *problematica* (Munst.) Solenhofen (Goldf. pl. 69, fig. 13.)

— Espèce non déterminée. Coral rag, argile d'Oxford, cornbrash, forest marble , argile de Bradford , grande oolite ; centre et sud de l'Angleterre (Conyb.) Argile d'Oxford . oolite inférieure ; Haute-Saône (Thir.) Cornbrash, forest marble, argile de Bradford, grande oolite, terre à foulon ; Wiltshire (Lons.)

CONCHIFÈRES.

* *Aptychus lœvis latus* (Meyer, Act. Acad. Leop. Carol. nat., t. 15, pl. 58, 59, fig. 10 et 13.) *Trigonnellites latus ?* Park. pl. 13, fig. 9 et 12.) Calcaire lithographique ; Bavière. Calc. compacte de l'Albe ; Wurtemberg. Argile d'Oxford ; Mont-Terrible (Voltz.)

* — *lœvis longus* (Meyer, ibid., pl. 59, fig. 6, 7.) Calcaire lithograp. ; Bavière. Argile d'Oxford ; Montbéliard. Calc. de l'argile de Kimmeridge ; Mont-Terrible (Voltz.)

* *Aptychus imbricatus depressus* (Meyer, *ib.*, pl. 59, fig. 11.) Calc. lithogr.; Bavière. Lias supérieur; Banz, Franconie (Munst.) Boll, Wurtemberg (Voltz.)

* — *imbricatus profundus* (Meyer, *ibid.*, pl. 59, fig. 10.) Mêmes gisements et localités.

* — *bullatus* (Meyer, *ibid.*, pl. 60, fig. 1.) Lias supérieur; Banz, Franconie (Munst.) Calc. comp. gris; Häring, Tirol (Voltz.)

* — *elasma* (Meyer, *ibid.*, pl. 60, fig. 2, 7.) Lias supérieur; Banz, Franconie (Munst.) Gundershoffen, Bas-Rhin (Voltz.) Oolite inférieure ; Hayange, Moselle • (Voltz.) [1].

Spirifer Walcotii (Sow., 377, fig. 2.) Lias ; Yorkshire (Phil.) Bath, Lyme Regis (De la B.) Normandie (De Cau.) Sud de la France (Dufr.) Iles Hébrides, Ecosse (Murch.)

Delthyris [2] *verrucosa* (De Buch.) Lias; Bahlingen, Wurtemberg (De Buch.)

— *rostrata* (Schlot.) Lias; Wurtemberg (De Buch.)

Terebratula intermedia (Sow. pl. 15 , fig. 8.) Oolite coralline et grande oolite ; Yorkshire (Phil.) Cornbrash; centre et sud de l'Angleterre. Oolite inférieure; Dundry (Conyb.)

— *globata* (Sow., pl. 436, fig. 1.) Oolite coralline, grande oolite ; Yorkshire (Phil.) Forest marble; Normandie (De Cau.) Oolite; environs de Bath (Sow.) Terre à foulon, environs de Bath. Grande oolite ; Haute-Saône (Thir.) Argile de Bradford ; Bouxwiller, Bavillers. Bas-Rhin, Béfort (Voltz.)

— *ornithocephala* (Sow. pl. 101, fig. 1, 2, 4.) Oolite coralline de Kelloway; Yorkshire (Phil.) Roches de Kelloway, cornbrash, lias: centre et sud de l'Angleterre. Oolite inférieure ; Dundry (Conyb.) Argile d'Oxford,|lias ; Normandie (De Cau.) Oolite inférieure ; Uzer ; sud de la France (Dufr.) Argile de Kimmeridge ; Charriez , Haute-Saône (Thir.) Oolite inférieure; Wiltshire (Lons.) Soleure (Hœn.) Argile de Bradford; Bouxwiller; Bavillers (Voltz.)

— *ovata* (Sow. pl. 15, fig. 3.) Oolite coralline; Yorkshire (Phil.) Oolite inférieure ; centre et sud de l'Angleterre (Conyb.) Coral rag; Haute-Saône (Thir.)

— *obsoleta* (Sow. pl. 83 , fig. 9.) Oolite coralline, et oolite inférieure; Yorkshire (Phil.) Cornbrash, argile d'Oxford , grande oolite et oolite inférieure; centre et sud de l'Angleterre (Conyb.) Grande oolite; Normandie (De Cau.) Lias et oolite inférieure ; sud de la France (Dufr.) Forest marble; Wiltshire (Lons.)

— *socialis* (Phil. pl. 6, fig. 8.) Grès calcaire et roches de Kelloway, Yorkshire (Phil.)

— *ovoides* (Sow., pl. 100.) Cornbrash, Yorkshire (Phil.) Oolite inférieure; Normandie (De Cau.) Calcaire fendillé, Braambury Hill, Brora (Murch.)

— *digona* (Sow. pl. 96.) Yorkshire (Phil.) Cornbrash et argile de Bradford; centre et sud de l'Angleterre. Oolite inférieure ; Dundry (Conyb.) Forest marble ; Normandie (De Cau.) Argile de Bradford , coral rag; nord de la France (Bohl.) Forest marble, argile de Bradford, grande oolite; Wilts (Lons.)

— *spinosa* (Townsend et Smith.) Grande oolite; Yorkshire (Phil. pl. 9, fig. 18.) Oolite inférieure; Bath (Lons.) Sud de l'Allemagne (Munst.) Gundershoffen, Bas-Rhin ; Charriez, Haute-Saône (Voltz.) Argile d'Oxford ; Mont-Terrible ; Béfort (Voltz.)

← *trilineata* (Y. et B.) Oolite inférieure et lias; Yorkshire (Phil.)

— *bidens* (Phil. pl. 13, fig. 24.) Oolite inférieure et lias; Yorkshire (Phil.) Lias supérieur ; Meurthe (Voltz.)

— *punctata* (Sow. pl. 15, fig. 4.) Lias; Yorkshire (Phil.) Oolite inférieure; centre et sud de l'Angleterre (Conyb.) Lias; îles Hébrides, Ecosse (Murch.) Oolite inférieure; sud de l'Allemagne (Munst.)

[1] M. de Dechen ajoute ici , comme se rapportant au même genre, les espèces *Trigonellites antiquatus* et *T. politus* (Phil.), qui sont indiquées plus loin.

[2] Le genre *Delthyris* de Dalmann est identique avec le genre *Spirifer* de Sowerby; on n'a conservé ici les deux noms que pour faciliter les citations.

Terebratula resupinata (Sow. pl. 150, fig. 3, 4.) Lias; Yorkshire (Phil. pl. 13, fig. 23.) Oolite inférieure; centre et sud de l'Angleterre (Conyb.) Oolite inférieure; Bärendorf Thurnau (Munst.)

— *acuta* (Sow. pl. 150, fig. 1, 2.) Lias; Yorkshire (Phil.) Oolite inférieure; centre et sud de l'Angleterre (Conyb.) Lias; Normandie (De Cau.) Terre à foulon; Frome (Lons.) Lias; Wurtemberg (De Buch.)

— *triplicata* (Phil. pl. 13, fig. 22.) Lias; Yorkshire (Phil.) Lias; Wurtemberg (De Buch.) Oolite inférieure; Villemainfroy, Haute-Saône; Saint-Pancré, Moselle (Voltz.)

— *tetraedra* (Sow. pl. 83, fig. 4.) Lias, Yorkshire (Phil.) Oolite inférieure, centre et sud de l'Angleterre (Conyb.) Lias; sud de la France (Dufr.) Forest marble; Mauriac, sud de la France (Dufr.) Lias et grès; iles Hébrides, Ecosse (Murch.) Echterdingen, Bouxwiller (Hœn.)

— *subrotunda* (Sow. pl. 15, fig. 1, 2.) Cornbrash, oolite inférieure; centre et sud de l'Angleterre (Conyb.) Cornbrash et forest marble; nord de la France (Bobl.) Forest marble; Mauriac, sud de la France (Dufr.) Oolite inférieure; environs de Bath (Lons.)

— *obovata* (Sow. pl. 101.) Centre et sud de l'Angleterre (Conyb.) Oolite inférieure; environs de Bath (Lons.)

— *reticulata* (Sow. pl. 312, fig. 5, 6.) Argile de Bradford; centre et sud de l'Angleterre (Conyb.) Forest marble; Normandie (De Cau.)

— *media* (Sow. pl. 83, fig. 5.) Oolite inférieure; Dundry (Conyb.) Oolite inférieure, grande oolite et argile de Bradford; nord de la France (Bobl.) *Dunrobin-Oolite,* Ecosse (Murch.) Terre à foulon; environs de Bath (Lons.)

— *crumena* (Sow. pl. 83, fig. 2, 3.) Oolite inférieure, lias; centre et sud de l'Angleterre (Conyb.) Echterdingen (Hœn.)

— *concinna* (Sow. pl. 83, fig. 6.) Terre à foulon; centre et sud de l'Angleterre (Conyb.) Oolite inférieure; Normandie (De Cau.) Forest marble; Mauriac, sud de la France (Dufr.) Terre à foulon; Frome. Oolite inférieure; environs de Bath (Lons.)

— *biplicata* (Sow. pl. 437, fig. 2, 3.) Argile d'Oxford, forest marble, grande oolite et oolite inférieure; Normandie (De Cau.) Soleure (Hœn.)

— *tetrandra.* Forest marble; Normandie (De Cau.)

— *coarctata* (Park.) Forest marble; Normandie (De Cau.) Argile de Bradford; nord de la France (Bobl.) Argile de Bradford; Bath (Lescombe.)

— *plicatella* (Sow.) Oolite inférieure; Bridport (De la B.) Forest marble; Normandie (De Cau.) Bavière; Hohenstein, Saxe (Munst.)

— *serrata* (Sow. pl. 503, fig. 2.) Forest marble; Normandie (De Cau.) Lias; Lyme Regis (De la B.)

— *truncata* (Sow. pl. 557, fig. 3.) Forest marble; Normandie (De Cau.)

— *lata* (Sow. pl. 100.) Oolite inférieure; Normandie (De Cau.)

— *dimidiata* (Sow. pl. 277, fig. 5.) Oolite inférieure; Normandie (De Cau.)

— *bullata* (Sow. pl. 435, fig. 4.) Oolite inférieure; Normandie (De Cau.) Oolite inférieure; Bridport, Dorset (Sow.) Cornbrash, Wiltshire. Terre à foulon; environs de Bath (Lons.)

— *sphæroidalis* (Sow. pl. 435, fig. 3.) Oolite inférieure; Normandie (De Cau.) Oolite inférieure; Dundry (Braikenridge.)

— *emarginata* (Sow. pl. 435, fig. 5.) Oolite inférieure; Normandie (De Cau.) Oolite inférieure; environs de Bath (Lons.)

-- *quadrifida.* Lias; Normandie (De Cau.)

— *numismalis* (Lam.) Lias; Normandie (De Cau.) Lias; Bahlingen, Gonningen (De Buch.)

— *perovalis* (Sow. pl. 436, fig. 2, 3.) Oolite inférieure; Dundry, Braikenridge. Forest marble; Mauriac, Argile de Kimmeridge; Cahors, sud de la France. Calcaire de La Rochelle (Dufr.) Argile d'Oxford, roches de Kelloway; Haute-Saône (Thir.)

Terebratula maxillata (Sow. pl. 436, fig. 4.) Oolite inférieure; environs de Bath (Sow.) Forest marble; Wiltshire (Lons.)

— *flabellula* (Sow. pl. 535, fig. 1.) Grande oolite; Ancliff, près Bradford, Wilts (Cookson.)

— *furcata* (Sow. pl. 535, fig. 2.) Grande oolite; Ancliff (Cookson.)

— *orbicularis* (Sow. pl. 535, fig. 3.) Lias; Bath (Sow.)

— *hemisphœrica* (Sow. pl. 536, fig. 1.) Grande oolite; Ancliff (Cookson.)

— *inconstans* (Sow. pl. 277, fig. 3, 4.) Lumachelle et grès calcaire; Portgower, etc. Nord de l'Écosse. Lumachelle; Beal, île de Sky (Murch.) Coral rag; Weymouth (Sedg.) Bavière, Wurtemberg, Porta Westphalica, Hohenstein, Saxe (Munst.)

— *bisuffarcinata* (Schlot.) Thurnau (Hœn.) Identique avec *T. perovalis* (Munst.)

— *loricata* (Schlot.) Baireuth (Hœn.)

— *pectunculus* (Schlot.) Thurnau (Hœn.)

— *rostrata* (Schlot.) Soleure (Hœn.)

— *spinosa* (Lam.) Baireuth (Hœn.)

— *substriata* (Schlot.) Thurnau (Hœn.)

— *vulgaris* (Schlot.) Porta Westphalica (Hœn.)

— *Defrancii* (Al. Brong., Description géologique, pl. 3, fig. 6.) Amberg (Hœn.)

— *Hœninghausii* (Blain.) Baireuth (Hœn.)

— *sexangula* (Defr.) Muggendorf (Hœn.)

— *rimosa* (De Buch.) Lias; Bahlingen, Wurtemberg (De Buch.)

— *bicanaliculata* (Sow.) Hohenstein, Saxe. Oolite ferrugineuse; Bavière, Wurtemberg (Munst.)

— *cornuta* (Sow. pl. 446, fig. 4.) Oolite inférieure; Ilminster (Sow.) Bavière, Hohenstein (Munst.)

— *trilobata* (Munst.) Bavière, Porta Westphalica, Hohenstein (Munst.)

— *avicularis* (Munst.) Oolite inférieure; sud de l'Allemagne (Munst.)

* — *impressa* (Ziethen, pl. 39, fig. 11.) Argile d'Oxford, très caractéristique; albe du Wurtemberg (Zieth.) Mont-Terrible, Montbéliard, Béfort, Oiselay, Haute-Saône (Voltz.)

Orbicula reflexa (Sow. pl. 506, fig. 1.) Lias; Yorkshire (Phil.)

— *radiata* (Phil. pl. 6, fig. 12.) Oolite corrhalline, Yorkshire (Phil.)

— *granulata* (Sow. pl. 506, fig. 3, 4.) Grande oolite; Ancliff, Wilts (Cookson.)

— Espèce non déterminée. Oolite inférieure; Yorkshire (Phil.)

— *Lingua Beanii* (Phil. pl. 11, fig. 24.) Oolite inférieure; Yorkshire (Phil.) Gundershoffen, Bas-Rhin (Voltz.)

Ostrea gregarea (Sow. pl. 111, fig. 1, 3.) Coral rag; Yorkshire Wilts, etc. Grès calcaire et grande oolite; Yorkshire (Phil.) Coral rag; centre et sud de l'Angleterre. Oolite inférieure; Dundry (Conyb.) Coral rag, argile d'Oxford; Normandie (De Cau.) Argile d'Oxford, coral rag; nord de la France (Bobl.) Argile de Kimmeridge; Havre (Phil.) Coral rag; Weymouth (Sedg.) Terrain à chailles; Mont-Terrible, Besançon, Béfort, etc. (Voltz.)

— *solitaria* (Sow. pl. 468, fig. 1.) Coral rag et oolite inférieure; Yorkshire, Oxfordshire, etc. (Phil.) Coral rag; Weymouth (Sedg.) Argile de Kimmeridge; Haute-Saône (Thir.) Environs de Verdun; cap de la Hève, près le Havre; Angoulin, Charente (Voltz.)

— *duriuscula* (Bean.) Oolite coralline; Yorkshire (Phil. pl. 4, fig. 1.)

— *inæqualis* (Phil. pl. 5, fig. 13.) Argile d'Oxford; Yorkshire (Phil.)

— *undosa* (Bean.) Roches de Kelloway; Yorkshire (Phil. pl. 6, fig. 4.)

— *archetypa* (Phil. pl. 6, fig. 9.) Roches de Kelloway; Yorkshire (Phil.)

— *Marshii* (Sow. pl. 48.) Roches de Kelloway, cornbrash et grande oolite; Yorkshire (Phil.) Cornbrash et terre à foulon, centre et sud de l'Angleterre (Conyb.) Argile d'Oxford, forest marble et oolite inférieure; Normandie (De Cau.) Cornbrash; Wilts (Lons.) Coral rag; Weymouth (Sedg.)

— *sulcifera* (Phil.) Grande oolite; Yorkshire (Phil.) Oolite inférieure; Haute-Saône (Thir.)

Ostrea deltoidea (Smith et Sow. pl. 148.) Argile de Kimmeridge ; Yorkshire (Phil.)
Argile d'Oxford; nord de la France (Bobl.) Argile de Kimmeridge; centre et sud de
l'Angleterre (Conyb.) Lumachelle et grès calcaire; Portgower, etc., Ecosse (Murch.)
Argile de Kimmeridge ; Havre (Phil.) Calcaire sableux et argile schisteuse; Inverbrora, Ecosse (Murch.) Partie supérieure du coral rag; Weymouth (Sedg.)

— *expansa* (Sow. pl. 238, fig. 1.) Calcaire de Portland (Conyb.) ·

— *palmetta* (Sov. pl. 111, fig. 2.) Argile d'Oxford ; centre et sud de l'Angleterre
(Conyb.) Argile d'Oxford et forest marble; Normandie (De Cau.)

— *acuminata* (Sow. pl. 135, fig. 2, 3.) Argile de Bradford, oolite inférieure; centre et
sud de l'Angleterre (Conyb.) Grande oolite et argile de Bradford; nord de la France
(Bobl.) Grande oolite, caractéristique; Haute-Saône (Thir.) Terre à foulon; oolite
inférieure; environs de Bath (Lons.) Terre à foulon; Metz; Mont-Terrible ;
Navenne, Haute-Saône (Thir.)

— *rugosa* (Sow.) Oolite inférieure, centre et sud de l'Angleterre (Conyb.)

— *minima* (Desh.) Coral rag, argile d'Oxford; Normandie (De Cau.)

— *plicatilis.* Argile d'Oxford; Normandie (De Cau.)

— *costata* (Sow. pl. 488, fig. 3.) Argile de Bradford, caractéristique ; nord de la
France (Bobl.) Bavillers, Haut-Rhin; Port-en-Bessin, Calvados; Bouxwiller, Béfort,
Mutenz, près Bâle (Voltz.) Grande oolite; Ancliff, près Bath (Cookson.) Forest
marble, Mont-Terrible (Thurmann.)

— *pectinata.* Argile d'Oxford; nord de la France (Bobl.)

— *pennaria.* Argile d'Oxford; nord de la France (Bobl.)

— *flabelloides* (Lam.) (Encycl. pl. 185, fig. 6 à 9.) Argile d'Oxford ; Dives, Calvados, etc. (Voltz.)

— *læviuscula* (Sow. pl. 488, fig. 1.) Lias, Angleterre (Sow.)

— *obscura* (Sow. pl. 488, fig. 2.) Grande oolite; Ancliff, Wilts (Cookson.)

— *Meadii* (Sow. pl. 252, fig. 1, 4.) Oolite inférieure; environs de Bath (Lons.)

— Espèce non déterminée. Forest marble et argile de Bradford; Wilts (Lons.)

Exogyra. Espèce non déterminée, argile de Kimmeridge ; Haute-Saône (Thir.)
Forest marble; Wilts (Lons.)

Gryphœa chamæformis (Phil.) Grès calcaire; Yorkshire; oolite; Sutherland (Phil.)

— *bullata* (Sow. pl. 368.) Oolite coralline, grès calcaire (Phil. pl. 4, fig. 36.) Argile
d'Oxford; Lincolshire (Sow.) Oolite de Braambury Hill; Brora (Murch.)

— *inhærens* (Phil.) Grès calcaire; Yorkshire (Pkil.)

— *dilatata* (Sow. pl. 149, fig. 1.) Roches de Kelloway; Yorkshire (Phil. pl. 6, fig. 1.)
Argile d'Oxford ; centre et sud de l'Angleterre (Conyb.) Argile d'Oxford et lias ;
Normandie (De Cau.) Argile d'Oxford; nord de la France (Bobl.) Argile d'Oxford,
Bourgogne (Beaum.) Grande formation arénacée; iles Hébrides, Ecosse (Murch.)
Argile d'Oxford ; Haute-Saône (Thir.) Partie inférieure du coral rag; Weymouth
(Sedg.) Argile d'Oxford; Beggingen, Schaffhouse (De Buch.)

— *incurva* (Sow. pl. 112, fig. 1, 2.) Lias ; très caractéristique ; Yorkshire (Phil.)
Centre et sud de l'Angleterre (Conyb.) Normandie (De Cau.) Sud de la France
(Dufr.) Metz, Salins, Amberg (Al. Brong.) Iles Hébrides, Ross et Cromarty, Ecosse
(Murch.) Göppingen, Balılingen (Hœn.) Vic, Nancy, Bouxwiller, Besançon (Voltz.)
Lias et oolite inférieure; nord de la France (Bobl.)

— *nana* (Sow. pl. 383, fig. 3.) Argile de Kimmeridge; Oxford (Sow.) Argile schisteuse
et grès; récifs de Dunrobin, Ecosse (Murch.) Lias et argile d'Oxford; nord de la
France (Bobl.)

— *Maccullochii* (Sow. pl. 547, fig. 1, 3.) Lias, iles Hébrides, Ecosse (Murch.) Yorkshire (Phil.) They, Meurthe (Voltz.) Sud de la France (Dufr.) Environs de Bath
(Lons.) Argile d'Oxford; Normandie (De Cau.)

— *depressa* (Phil. pl. 14, fig. 7.) Lias; Yorkshire (Phil.)

— *obliquata* (Sow. pl. 112, fig. 3.) Lias ; centre et sud de l'Angleterre (Conyb.) Iles
Hébrides , Ecosse (Murch.) Environs de Bath (Lons.) Bouxwiller, Bas-Rhin; Vic,
Meurthe (Voltz.) Sud de la France (Dufr.)

ryphœa cymbium (Lam.) (Encycl. 489, fig. 1, 2.) Oolite inférieure ; nord de la France (Bobl.) Villefranche; sud de la France (Dufr.) Haute-Saône (Thir.) Moutiers, Calvados (Voltz.) Lias; Bahlingen (De Buch.) Sud de la France (Dufr.); Seichamp, près Nancy (Voltz.)

— *lituola* (Lam.) Argile de Bradfort, cornsbrash et forest marble; nord de la France (Bobl.)

— *gigantea* (Sow. pl. 391.) Lias ; sud de la France (Dufr.) Lias ; Ross et Cromarty, Écosse; grande formation arénacée; iles Hébrides; Écosse (Murch.) Porta Westphalica ; Hohenstein, Saxe (Munst.) Fer oolitique du terrain à chailles ; Chamsol, Doubs (Voltz.)

— *minuta* (Sow. pl. 547, fig. 3.) Grande oolite; Ancliff, Wilts (Cookson.)

— *virgula* (Defrance.) Argile de Kimmeridge ; Havre (Al. Brong.); Bourgogne (Beaum.) ; sud de la France (Dufr.) Argile de Kimmeridge; Weymouth (Buckl. et de la B.) Argile de Kimmeridge; Haute-Saône (Thir.) Besançon, Porentruy, Verdun, Boulonais (Voltz.)

* — *bruntratana* (Thurm.) Argile de Kimmeridge ; Porentruy, Besançon, Montbéliard, etc. (Voltz.) Calcaire de Portland , Fresnes-Saint-Mamès , Haute-Saône (Moltz.)

Plicatula spinosa (Sow. pl. 245.) Lias ; Yorkshire (Phil.) Centre et sud de l'Angleterre (Conyb.) Lias ; Normandie (De Cau.) Oolite inférieure; nord de la France (Bobl.) Grande formation arénacée; iles Hébrides, Écosse (Murch.) Lias; Gundershoffen (Voltz.) Marnes du lias supérieur; Xaucourt , Meurthe; Châlons-Villars , Haute-Saône; Béfort (Voltz.) Argile d'Oxford ; Mont-Terrible, Béfort (Voltz.)

* — *tubifera* (Lam.) Terrain à chailles; Mont-Terrible; Vieux-Saint-Remy, Ardennes (Voltz.) Argile d'Oxford; Dives, Calvados (Voltz.)

Pecten abjectus (Phil. pl. 9, fig. 37.) Coral rag ; grès calcaire ; grande oolite et oolite inférieure ; Yorkshire (Phil.) Oolite inférieure; Nancy (Voltz.)

— *inæquicostatus* (Phil. pl. 4, fig. 10.) Oolite coralline, Yorkshire. Grès calcaire ; Oxfordshire (Phil.) ; coral rag ; environs de Verdun (Voltz.)

— *cancellatus* (Bean.) Oolite coralline ; Yorkshire. Oolite ; Sutherland (Phil.)

— *demissus* (Phil. pl. 6, fig. 5.) Oolite coralline, roches de Kelloway, cornbrash et grande oolite; Yorkshire (Phil.) Oolite inférieure ; Liverdun, Meurthe; Longwy, Moselle (Voltz.)

— *lens* (Sow. pl. 205, fig. 4.) Oolite coralline , roches de Kelloway, grande oolite , oolite inférieure et lias ; Yorkshire (Phil.) Coral rag ; centre et sud de l'Angleterre. Oolite inférieure; Dundry (Conyb.) Coral rag et argile d'Oxford ; Normandie (De Cau.) Cornsbrash et forest marble, nord de la France (Bobl.) Oolite inférieure; Alsace et Stranen, près Luxembourg (Al. Brong.) Grès calcaire et argile schisteuse; Inverbrora , Écosse (Murch.) Oolite inférieure; Haute-Saône (Thir.)

— *vagans* (Sow. pl. 543, fig. 3, 5.) Coral rag ; Yorkshire et Oxford. Grès calcaire ; Yorkshire (Phil.) Forest marble; Normandie (De Cau.) Grès et calcaire fendillé (Rubbly); Braambury Hill, Brora (Murch.) Forest marble; Wilts (Lons.) Argile de Bradford ; Bouxwiller, Argile d'Oxford ; Dives, Calvados (Voltz.)

— *fibrosus* (Sow. pl. 136, fig. 2.) Roches de Kelloway, cornbrash; Yorkshire (Phil. pl. 6, fig. 3.) Coral rag, roches de Kelloway, cornbrash, forest marble, argile de Bradford et oolite inférieure; centre et sud de l'Angleterre (Conyb.) Coral rag; Normandie (De Cau.) Argile d'Oxford ; Dives, Calvados (Voltz.) Cornbrash et forest marble; nord de la France (Bobl.) Forest marble; Mauriac, sud de la France (Dufr.) Calcaire fendillé (Rubbly.) Braambury Hill, Brora (Murch.) Forest marble; Wilts (Lons.) Soleure (Hœn.) Argile de Bradford ; Bouxwiller (Voltz.)

— *virguliferus* (Phil. pl. 11, fig. 20.) Oolite inférieure; Yorkshire (Phil.)

— *sublœvis* (Y. et B.) Lias ; Yorkshire (Phil. pl. 14, fig. 5.)

Pecten æquivalvis (Sow. pl. 136, fig. 1.) Lias ; Yorkshire (Phil.) Oolite inférieure ; centre et sud de l'Angleterre (Conyb.) Lias; Normandie (De Cau.) Lias ; sud de la France (Dufr.) Lias ; iles Hébrides, Ecosse (Murch.) Oolite inférieure ; environ de Bath (Lons.) les Moutiers, Calvados (Voltz.)

— *lamellosus* (Sow. pl. 239.) Pierre de Portland (Conyb.)

— *arcuatus* (Sow. pl. 205, fig. 5 et 7.) Coral rag ; centre et sud de l'Angleterre (Conyb.) Couches de Portland , argile de Kimmeridge ; Haute-Saône (Thir.) Grande oolite ; Scharrachberg, Bergheim, Bas-Rhin (Voltz.) Terre à foulon, Jenivaux, Moselle, Navenne, Haute-Saône (Voltz.) Oolite inférieure ; Desme, Hayange, Moselle (Voltz.)

— *similis* (Sow. pl. 205, fig. 6.) Coral rag ; centre et sud de l'Angleterre (Conyb.) Coral rag ; Normandie (De Cau.) Grande oolite ; Haute-Saône (Thir.)

— *laminatus* (Sow. pl. 205 , fig. 4.) Cornbrash ; centre et sud de l'Angleterre (Conyb.)

— *barbatus* (Sow. pl. 231.) Oolite inférieure; Dundry (Conyb.) Lias; Normandie (De Cau.) Oolite inférieure, lias ; environs de Bath (Lons.)

— *vimineus* (Sow. pl. 543, fig. 1 et 2.) Argile d'Oxford , forest marble et oolite inférieure ; Normandie (De Cau.) Forest marble; Malton (Sow.) Calcaire fendillé (Rubbly) ; Braambury Hill, Brora (Murch.) Coral rag ; Verdun. Forest marble ; Rupt, Haute-Saône (Voltz.) Coral rag ; Yorkshire et Oxfordshire (Phil.)

— *obscurus* (Sow. pl. 205, fig. 1.) Stonesfield (Sow.) Forest marble ; Mauriac, sud de la France (Dufr.) Grande oolite ; Nancy (Voltz.)

— *annulatus* (Sow. pl. 542, fig. 1.) Cornbrash ; Felmersham (Marsh.)

— *concinnus;* Namen, près Minden (Hœn.)

— *marginatus;* Wasseralfingen (Hœn.)

* — *rigidus* (Sow. pl. 205, fig. 8.) Forest marble ; Castle-Comb, Wiltshire (Sow.) oolite inférieure; Bouxwiller, Bas-Rhin (Voltz.)

* — *paradoxus* (Munster.) Lias; Gundershoffen ; Bas-Rhin ; Vesoul (Voltz.) Grès marneux; Uhrwiller, Gundershoffen, Bas-Rhin ; Wasseralfingen, Wurtemberg ; Amberg , Staffelstein, Franconie (Voltz.)

* — *personatus* (Goldf.) Oolite inférieure ; Vesoul ; Moyeuvre ; Moselle ; Mont-Terrible (Voltz.) Grès marneux ; Amberg, Staffelstein ; Franconie (Voltz.)

Plagiostoma læviusculum (Sow. pl. 382.) Oolite coralline ; Yorkshire. Coral rag et grès calcaire ; Oxfordshire (Philip.) Coral rag ; Marthon ; sud de la France (Dufr.)

— *rigidum* (Sow. pl 114.) Oolite coralline ; Yorkshire. Coral rag ; Oxfordshire (Phil.) Oolite inférieure. Dundry (Conyb.) Coral rag ; nord de la France (Bobl.) Coral rag ; Haute-Saône (Thir.)

— *rusticum* (Sow. pl. 381.) Oolite coralline ; Yorkshire. Grès calcaire ; Oxfordshire (Phil.)

— *duplicatum* (Sow. pl. 559, fig. 3.) Oolite coralline , argile d'Oxford , et roches de Kelloway ; Yorkshire (Phil. pl. 6, fig. 2.) Oolite inférieure ; Normandie (De Cau.) Oolite de Dunrobin ; Ecosse (Murch.) Lias ; environs de Bath (Lons.) Terre à foulon ; Weissenstein , C. de Soleure (Voltz.) Oolite inférieure ; les Moutiers, Calvados (Voltz.)

— *rigidulum* (Phil. pl. 7, fig. 13.) Cornbrash ; Yorkshire (Phil.) Oolite inférieure ; Crune , Moselle (Voltz.)

— *interstinctum* (Phil. pl. 7, fig. 14.) Cornbrash et grande oolite ; Yorkshire (Phil.)

— *cardiiforme* (Sow. pl. 113, fig. 3.) Petty-France, Gloucestershire (Stein.) Grande oolite ; Yorkshire (Phil.) Cornbrash et forest marble ; nord de la France (Bobl.)

— *giganteum* (Sow. pl. 77.) Oolite inférieure et lias ; Yorkshire (Phil.) Oolite inférieure ; Dundry. Lias ; centre et sud de l'Angleterre (Conyb.) Lias ; Normandie (De Cau.) Lias ; nord de la France (Bobl.) Lias ; iles Hébrides , Ecosse (Murch.) Oolite inférieure ; Haute-Saône (Thir.) Bahlingen (Hœn.)

— *obscurum* (Sow. pl. 114, fig. 2.) Roches de Kelloway ; centre et sud de l'Angleterre (Conyb.)

Plagiostoma pectinoides (Sow. pl. 114, fig. 4.) Lias; Yorkshire (Phil. pl. 12, fig. 13.) Argile schisteuse et grès; récifs de Dunrobin, Ecosse (Murch.)

— *punctatum* (Sow. pl. 113, fig. 1 et 2.) Oolite inférieure; Dundry, lias; centre et sud de l'Angleterre (Conyb.) Forest marble et oolite inférieure; Normandie (De Cau.) Lias; nord de la France (Bobl.) Sud de la France (Dufr.) Iles Hébrides, Ecosse (Murch.) Oolite inférieure; Bärendorf, Thurnau (Munst.) Les Moutiers, Calvados (Voltz.) Forest marble; Rupt, Haute-Saône (Voltz.) Calcaire de l'argile de Kimmeridge; Porentruy (Voltz.)

— *sulcatum*. Lias, sud de la France (Dufr.)

— *ovale* (Sow. pl. 114, fig. 3.) Forest marble; Mauriac, sud de la France (Dufr.)

— *Hermanni* (Voltz.) Lias; caractéristique, environs de Bath (Lons.) Lyme Regis (De la B.) Waldenheim, Bas-Rhin (Voltz.) Albe du Wurtemberg (Mandelslohe.)

— *obliquatum* (Sow.) Grès et calcaire, Braambury Hill, Brora. Grès calcaire et argile schisteuse; Inverbrora, Ecosse (Murch.)

— *acuticostatum* (Sow.) Grès, calcaire et argile schisteuse; Inverbrora, Ecosse (Murch.)

— *concentricum* (Sow. pl. 559, fig. 1.) Lias; Ross et Cromarty, Ecosse (Murch.)

— Espèce non déterminée. Argile de Bradford, grande oolite; centre et sud de l'Angleterre (Conyb.) Lias; Gundershoffen (Voltz.)

Posidonia Bronnii (Goldf.) Lias; Ubstadt, près Bruchsal (Hœn.) Lias supérieur; Boll, Wurtemberg; Falkenheim, Nancy, Alpes du Dauphiné (Voltz.)

* — *Itasina* (Hœn.) Lias supérieur; Boll, Wurtemberg; Falkenheim, Lippe, Nancy, Alpes du Dauphiné (Voltz.)

Lima rudis (Sow. pl. 214, fig. 1.) Oolite coralline, grès calcaire, roches de Kellowai, et grande oolite; Yorkshire (Phil.) Coral rag; centre et sud de l'Angleterre (Conyb.) Coral rag; nord de la France (Bobl.) Calcaire fendillé, etc.; Braambury Hill, Brora (Murch.)

— *proboscidea* (Sow. pl. 264.) Oolite inférieure; Yorkshire (Phil.) Dundry (Conyb.) Argile d'Oxford, forest marble et oolite inférieure; Normandie (De Cau.) Oolite inférieure; Haute-Saône (Thir.) Soleure, Bâle (Hœn.) Coral rag; Weymouth (Sedg.) Oolite inférieure; Bärendorf, Thurnau (Munst.) Bouxwiller, Bas-Rhin (Voltz.)

— *gibbosa* (Sow. pl. 152.) Cornbrash et oolite inférieure, centre et sud de l'Angleterre (Conyb.) Grande oolite et oolite inférieure; Normandie (De Cau.) Terre à foulon; Jeniveaux, près Metz; Navenne, Echenoz, Haute-Saône (Voltz.)

— *antiquata* (Sow. pl. 214, fig. 2.) Lias; centre et sud de l'Angleterre (Conyb.) Sud de la France (Dufr.) Oolite inférieure; Haute-Saône (Thir.)

* — *heteromorpha* (Deslongchamps.) Oolite inférieure; les Moutiers, Calvados (Hérault.)

— Espèce non déterminée. Grande oolite; Wilts (Lons.)

Avicula expansa (Phil. pl. 3, fig. 35.) Oolite coralline, argile d'Oxford, roches de Kelloway, et grande oolite; Yorkshire (Phil.) Oolite inférieure; Gundershoffen, Bas-Rhin (Voltz.)

— *ovalis* (Phil. pl. 3, fig. 36.) Oolite coralline et grès calcaire; Yorkshire (Phil.)

— *elegantissima* (Bean.) Oolite coralline; Yorkshire (Phil. pl. 4, fig. 2.)

— *tonsipluma* (Y. et B.) Oolite coralline; Yorkshire (Phil.)

— *Braamburiensis* (Sow.) Grès; Braambury Hill, Brora (Murch.) Roches de Kelloway, grande oolite et oolite inférieure; Yorkshire (Phil. pl. 6, fig. 6.) Terre à foulon; Jeniveaux, Moselle (Voltz.) Oolite inférieure; Mont-Terrible; Essert, Haut-Rhin; Crunc, Moselle (Voltz.)

— *inæquivalvis* (Sow. pl. 244, fig. 23.) Oolite inférieure et lias; Yorkshire (Phil. pl. 14, fig. 4.) Grande oolite, oolite inférieure; Normandie (De Cau.) Lias; sud de la France (Dufr.) Grande formation arénacée, îles Hébrides, lumachelle et grès calcaire; Portgower, Ecosse (Murch.) Lias, Lyme Regis (De la B.) Bahlingen (Hœn.) Gundershoffen (Voltz.) Terre à foulon, oolite inférieure et lias; environs de Bath (Lons.) Argile de Bradford; Bouxwiller (Voltz.)

Avicula echinata (Sow. pl. 243.) Lias; Yorkshire (Phil.) Cornbrash; centre et sud de l'Angleterre (Conyb.) Forest marble ; Normandie (De Cau.) Argile de Bradford, cornbrash et forest marble; nord de la France (Bobl). Grande oolite ; Haute-Saône (Thir.) Terre à foulon, environs de Bath (Lons.) Navenne, Echenoz, Haute-Saône ; Jeniveaux près Metz (Voltz.)

— *cygnipes* (Y. et B.) Lias; Yorkshire (Phil. pl. 14. fig. 3.) Lias; îles Hébrides, Ecosse (Murch.)

— *costata* (Sow. pl. 244, fig. 1.) Cornbrash et argile de Bradford, centre et sud de l'Angleterre. Oolite inférieure ; Dundry (Conyb.) Forest marble ; Normandie (De Cau.) Rupt, Haute-Saône (Voltz.)

— *lanceolata* (Sow. pl. 512, fig.) Lias ; Lime Regis (De la B.)

— *ovata* (Sow. pl. 512. fig. 2.) Schiste de Stonesfield (Sow.)

Inoceramus dubius (Sow. pl. 584, fig. 3.) Lias; Yorkshire (Phil.)

Gervillia aviculoides (Sow. pl. 511.) Coralline oolite ; Yorkshire. Grès calcaire : Oxfordshire (Phil.) Argile d'Oxford; centre et sud de l'Angleterre. Oolite inférieure: Dundry Hill (Conyb.) Argile d'Oxford; Normandie (De la B.) Grès, calcaire et argile schisteuse ; Inverbrora, Ecosse (Murch.) Lias; Gundershoffen (Voltz.) Coral rag; Weymouth (Sedg.) Oolite inférieure; Bärendorf, Turnau (Munst.)

— *acuta* (Sow. pl. 510, fig. 5.) Collyweston (Sow.) Grande oolite; Yorkshire (Phil. pl. 9, fig. 36.)

— *lata* (Phil. pl. 11, fig. 16.) Oolite inférieure ; Yorkshire (Phil.) Fer oolitique du grès marneux; Wasseralfingen, Wurtemberg (Voltz.)

— *pernoides* (Desl.) Argile d'Oxford, forest marble, oolite inférieure; Gundershoffen, Bas-Rhin (Hœn.) Oolite inférieure ferrugineuse ; Saint-Vigor, Calvados (Voltz.) Sable de l'argile de Kimmeridge; Glos près Lisieux (Voltz.)

— *siliqua* (Desl.) Argile d'Oxford et forest marble, Normandie (De Cau.) Calcaire de l'argile de Kimmeridge; Porentruy (Voltz.) Terrain à chailles ; Frétigney, Haute-Saône; Besançon (Voltz.)

— *monotis* (Desl.) Forest marble; Normandie (De Cau.)

— *costellata* (Desl.) Forest marble, Normandie (De Cau.)

— Espèce non déterminée. Coral rag; Normandie (De Cau.) Argile de Kimmeridge et oolite inférieure; Haute-Saône (Thir.)

Perna quadrata (Sow. pl. 492.) Oolite coralline; Roches de Kelloway et grande oolite; Yorkshire (Phil. pl. 9, fig. 21 et 22.) Cornbrash; Bulwick (Sow.)

— *mytiloides* (Lam.) Lias; Gundershoffen (Voltz.) Argile d'Oxford; Dives, Normandie (Desh.) Lias supérieur; Prinzenheim, Bas-Rhin (Voltz.)

— *isogonoides* (Goldf.) Wurtemberg (Hœn.)

* — *plana* (Thurmann.) Calcaire de l'argile de Kimmeridge, le Banné près Porentruy; Montbéliard (Voltz.)

— Espèce non déterminée. Argile d'Oxford; Yorkshire (Phil.)

Crenatula ventricosa (Sow. pl. 443.) Husband Bosworth, Leicestershire (Conyb.) Gloucestershire (Sow.) Lias; Yorkshire (Phil.)

— Espèce non déterminée. Pierre de Portland (Conyb.)

Trigonellites antiquatus (Phil. pl. 3, fig. 26.) Oolite coralline; Yorkshire (Phil.)

— *politus* (Phil. pl. 5, fig. 8.) Argile d'Oxford; Yorkshire (Phil.)

Pinna lanceolata (Sow. pl. 281.) Oolite coralline et grès calcaire; Yorkshire (Phil.) oolite inférieure; Dundry (Conyb.) Lias ; Normandie (De Cau.) Argile d'Oxford; nord de la France (Bobl.) Coral rag; Weymouth (Sedg.)

— *mitis* (Phil. pl. 5, fig. 7.) Argile d'Oxford ; roches de Kelloway; Yorkshire (Phil.)

— *cuneata* (Bean.) Cornbrash et grande oolite; Yorkshire (Phil. pl. 9, fig. 17.)

— *folium* (Y. et B.) Lias; Yorkshire (Phil. pl. 14, fig. 17.)

— *pinnigena*. Coral rag, forest marble et oolite inférieure; Normandie (De Cau.)

— *granulata* (Sow. pl. 347.) Argile de Kimmeridge; Weymouth (Sedg.) Argile de Kimmeridge; Cahors, sud de la France (Dufr.) Lias; Skye (Murch.)

— Espèce non déterminée. Oolite inférieure; environs de Bath (Lons.)

Mytilus cuneatus (Phil. pl. 11, fig. 21.) Oolite inférieure; Yorkshire (Phil.)

— *amplus*. Grande oolite ; Normandie (De Cau.)

— *pectinatus* (Sow. pl. 282.) Argile de Kimmeridge; Weymouth (Sedgwick.) Calcaire de La Rochelle (Dufr.)

— *sublœvis* (Sow. pl. 439, fig. 3.) Cornbrash: Angleterre (Sow.)

— *solenoides*. Argile de Kimmeridge; Cahors, sud de la France (Dufr.)

* — *jurensis* (Mérian.) Calc. de l'argile de Kimmeridge, caractéristique ; Montbéliard, Besançon ; Charriez, (Haute-Saône) (Voltz.)

— Espèce non déterminée. Coral rag et oolite inférieure; centre et sud de l'Angleterre (Conyb.) Coral rag; Normandie De Cau.) Couches de Portland; Haute-Saône (Thir.)

Modiola imbricata Sow. pl. 212, fig. 1 et 3.) Oolite coralline et grande oolite : Yorkshire (Phil.) Centre et sud de l'Angleterre (Conyb.) Cornbrash ; Wilts (Lons.)

— *ungulata* (Y. et B.) Oolite coralline; grande oolite et oolite inférieure; Yorkshire (Phil.)

— *bipartita* (Sow. pl. 210, fig. 3 et 4.) Grès calcaire; Yorkshire (Phil. pl. 4, fig. 30.) Grès et calcaire; Braambury Hill; Brora (Murch.)

— *cuneata* (Sow. pl. 211, fig. 1.) Argile d'Oxford, roches de Kelloway et cornbrash; Yorkshire (Phil.) Oolite inférieure; centre et sud de l'Angleterre (Conyb.) lias ; Normandie (De Cau.) Lias ; îles Hébrides, Ecosse. Grès et argile schisteuse, Inverbrora, Ecosse (Murch.) Oolite ferrugineuse; Bavière et Wurtemberg (Munst.) Argile de Bradford; Bouxwiller, Bas-Rhin (Voltz.)

— *pulchra* (Phil. pl. 5, fig. 26.) Roches de Kelloway ; Yorkshire (Phil.) Oolite ; Sutherland. Argile de Bradford ; Bouxwiller, Bas Rhin (Voltz.)

— *plicata* (Sow. pl. 248, fig. 1.) Oolite inférieure ; Yorkshire (Phil.) Les Moutiers . Calvados (Voltz.) Cornbrash, couches de Portland ; Haute-Saône, calcaire à astartes ; Mont-Terrible (Thir.) Terre à foulon ; Sommerset (Lons.) Argile de Bradford ; Bouxviller. Grès marneux ; Gundershoffen, Engweiler, Bas-Rhin ; calcaire de l'argile de Kimmeridge ; Besançon, Montbéliard, Porentruy ; Charriez, Haute-Saône (Voltz.)

— *aspera* (Sow. pl. 212, fig. 4.) Oolite inférieure ; Yorkshire (Phil.) Cornbrash ; centre et sud de l'Angleterre (Conyb.)

— *scalprum* (Sow. pl. 248, fig. 2.) Lias; Lyme Regis. Lias ; Yorkshire (Phil. pl. 14, fig. 2.) Lias; sud de la France (Dufr.) Couches de Portland ; Etravaux, Haute-Saône. Calcaire de l'argile de Kimmeridge ; Porentruy ; Charriez, Haute-Saône. Lias ; Vic, Meurthe ; Charriez, Haute-Saône (Voltz.)

— *hillana* (Sow. pl. 212.) Lias ; Yorkshire (Phil.) Lias ; centre et sud de l'Angleterre (Conyb.) Terre à foulon ; environs de Bath (Lons.) Calcaire de l'argile de Kimmeridge ; Montbéliard, Besançon ; Charriez, Haute-Saône (Voltz.)

— *lœvis* (Sow. pl. 8.) Lias ; centre et sud de l'Angleterre (Conyb.)

— *depressa* (Sow. pl. 8.) Lias; centre et sud de l'Angleterre (Conyb.)

— *minima* (Sow. pl. 210, fig. 5 et 7.) Lias ; centre et sud de l'Angleterre (Conyb.)

— *subcarinata* (Lam.) Argile d'Oxford ; Normandie (De Cau.)

— *tulipea* (Lam.) Argile d'Oxford; nord de la France (Bobl.)

— *pallida* (Sow. pl. 8) Argile schisteuse et grès ; récifs de Dunrobin, etc. ; Ecosse (Murch.)

— *gibbosa* (Sow.) Oolite inférieure ; environs de Bath (Lons.)

— *livida* (Goldf.) Chaufour (Hœninghaus.)

— *ventricosa* (Goldf.) Soleure (Hœn.)

* — *thirria* (Voltz.) Calcaire de l'argile de Kimmeridge; Lebanné, près Besançon ; Charriez, Haute-Saône; Montbéliard (Volts.)

— Espèce non déterminée. Lias; Gundershoffen (Voltz.) Lias; Bath (Lons.)

Lithodomus ; espèce non déterminée. Oolite inférieure ; nord de la France (Bobl.) Oolite inférieure ; environs de Bath (Lons.)

Chama mima ou *Gryphœa mima* (Phil. pl. 4, fig. 6.) Oolite coralline et grès calcaire; Yorkshire (Phil.)

— *crassa* (Smith.) Argile de Bradford; centre et sud de l'Angleterre (Conyb.)

— Espèce non déterminée. Forest marble; cornbrash et argile de Bradford; Wilts (Lons.)

Unio peregrinus (Phil. pl. 7, fig. 12.) Cornbrash; Yorkshire (Phil.)

— *abductus* (Phil. pl. 11, fig. 42.) Oolite inférieure et lias; Yorkshire (Phil.) Oolite inférieure ferrugineuse; Hayange, Knutange, Moselle. Terre à foulon; Jeniveaux, Moselle. Argile de Bradford; Bouxwiller, Bas-Rhin (Voltz.)

— *concinnus* (Sow. pl. 223.; Lias; Yorkshire (Phil.) Oolite inférieure; centre et sud de l'Angleterre (Conyb.) Oolite inférieure et lias; environs de Bath (Lons.)

— *crassiusculus* (Sow. pl. 235.) Yorkshire (Phil.)

— *Listeri* (Sow. pl. 154. fig. 2.) Lias; Yorkshire (Phil.) Oolite inférieure; centre et sud de l'Angleterre (Conyb.)

— *crassissimus* (Sow. pl. 153.) Lias; centre et sud de l'Angleterre (Conyb.) Lias; Normandie (De Cau.) Forest marble; Mauriac. Oolite inférieure; Uzer, sud de la France (Dufr.)

Diceras arietina (Lamarck, *Ann. du Mus.*, pl. 55, fig. 2.) Coral rag; Ray, Haute-Saône; Delemont; La Rochelle (Voltz.) Saint-Miel (Lam.); Salève. (Saussure, pl. 11?)

* — Espèce non déterminée. Coral rag; Mortagne; Ray, Haute-Saône (Voltz.) Terrain à chailles; Rupt; Haute-Saône (Voltz.)

Trigonia costata (Sow. pl. 85.) Oolite coralline, grande oolite et oolite inférieure; Yorkshire (Phil.) Cornbrash, forest marble, argile de Bradford; centre et sud de l'Angleterre. Oolite inférieure; Dundry (Conyb.) Argile d'Oxford, forest marble et oolite inférieure; Normandie (De Cau.) Argile d'Oxford; nord de la France (Bobl.) Argile de Kimmeridge et oolite inférieure; Haute-Saône (Thir.) Lias supérieur; Gundershoffen (Voltz.) Oolite inférieure; environs de Bath (Lons.) Coral rag; Weymouth (Sedg.); Porta Westphalica (Must.)

— *clavellata* (Sow. pl. 87.) Oolite coralline, rochers de Kelloway et cornsbrash; Yorkshire (Phil.) Pierre de Portland et cornbrash; centre et sud de l'Angleterre. Oolite inférieure; Dundry (Conyb.) Argile de Kimmeridge; Angoulême (Dufr.) Grès, argile schisteuse, etc. Inverbrora, Écosse (Murch.) Coral rag et oolite inférieure; Haute-Saône (Thir.) Coral rag; Weymouth (Sedg.)

— *conjungens* (Phil.) Grande oolite; Yorkshire (Phil.)

— *striata* (Sow. pl. 237, fig. 1, 2. 3.) Oolite inférieure; Yorkshire (Phil. pl. 11, fig. 38.) Oolite inférieure; Dundry (Conyb.) Oolite inférieure; Normandie (De Cau.) Lias; sud de la France (Dufr.)

— *angulata* (Sow. pl. 508. fig. 1.) Oolite inférieure, Yorkshire (Phil.) Oolite inférieure; Frome, Somerset (Sow.)

— *litterata* (Y et B.) Lias; Yorkshire (Phil. pl. 14, fig. 11.)

— *gibbosa* (Sow. pl. 235, 236.) Pierre de Portland (Conyb.) Forest marble; Normandie (De Cau.)

— *duplicata* (Sow. pl. 237, fig. 4, 5.) Oolite inférieure; centre et sud de l'Angleterre (Conyb.) Forest marble; Normandie (De Cau.)

— *elongata* (Sow. pl. 435.) Argile d'Oxford; Normandie (De Cau.); Angleterre (Sow.) Grande oolite; Alsace (Voltz) Cornbrash; Wilts (Lons.)

— *imbricata* (Sow. pl. 507, fig. 2. 3.) Grande oolite; Ancliff; Wilts (Cookson.)

— *cuspidata* (Sow. pl. 507, fig. 4, 5.) Grande oolite; Ancliff (Cookson); Var. Terrain à chailles; Ferrière, Haute-Saône (Thir.) Forest marble; Rupt, Haute-Saône (Voltz.)

— *pullus* (Sow. pl. 508, fig. 2. 3.) Grande oolite; Ancliff (Cookson.)

— *navis* (Lam.) Lias supérieur, Gundershoffen, Bas-Rhin; Boll, Wurtemberg (Voltz.)

— *incurva* (Benett.) Couches de Portland, Tisbury, Wiltshire (Benett.)

Trigonia. Espèce non déterminée. Coral rag ; centre et sud de l'Angleterre (Conyb.)
Coral rag ; Normandie (De Cau.)

Nucula elliptica (Phil. pl. 11, fig. 19, et pl. 9, fig. 11.) Argile d'Oxford ; Yorkshire
(Phil.)

— *nuda* (Y. et B.) Argile d'Oxford ; Yorkshire (Phil.)

— *variabilis* (Sow. pl. 475. fig. 2.) Grande oolite et oolite inférieure ; Yorkshire
(Phil. pl. 5, fig. 6.) Grande oolite ; Ancliff, près Bath (Cookson.)

— *lacryma* (Sow. 6. pl. 47, fig. 3.) Grande oolite et oolite inférieure ; Yorkshire
(Phil. pl. 9, fig. 25.) Grande oolite ; Ancliff (Sow.) Argile de Bradford ; Bouxwiller (Voltz.)

— *axiniformis* (Phil. pl. 11, fig. 13.) Oolite inférieure ; Yorkshire (Phil.)

— *ovum* (Sow. pl. 476, fig. 1.) Lias ; Yorkshire (Phil. pl. 12, fig. 4.)

— *pectinata* (Sow. pl. 192. fig. 6, 7.) Argile d'Oxford ; Normandie (De Cau.) Argile de Bradford ; Wiltshire (Lons.)

— *claviformis* (Sow. pl. 476, fig. 2.) Lias ; sud de la France (Dufr.; Lias supérieur ; Fallon, Haute-Saône (Voltz.) Argile d'Oxford ; Mont-Terrible ; Besançon ;
Présenvillers, Doubs (Voltz.)

— *mucronata* (Sow. pl. 476, fig. 4.) Grande oolite ; Ancliff, Wilts (Cookson.)

* — *Hammeri* (Defr.) Lias supérieur ; Gundershoffen, Bas-Rhin ; Mende (Voltz.)

— Espèce non déterminée. Oolite coralline ; Yorkshire (Phil.) Oolite inférieure ,
Dundry. Lias ; centre et sud de l'Angleterre (Conyb.)

Pectunculus minimus (Sow. pl. 472, fig. 5.) Grande oolite ; Ancliff, Wiltshire
(Cookson.)

— *oblongus* (Sow. pl. 472, fig. 5.) Grande oolite ; Ancliff, Wilts (Cookson.)

Arca quadrisulcata (Sow. pl. 473, fig. 1.) Coral rag ; Malton (Sow.) Oolite coralline ;
Yorkshire (Phil.)

— *cemula* (Phil. pl. 3, fig. 29.) Oolite coralline, Yorkshire (Phil.)

— *pulchra* (Sow. pl. 473, fig. 3.) Grande oolite ; Ancliff , Wiltz (Cookson.) Calcaire
de La Rochelle (Dufr.)

— *trigonella*. Wasseralfingen, Wurtemberg (Hœn.)

— *elongata*. Wasseralfingen (Hœn.)

— *rostrata*. Wasseralfingen (Hœn.)

— Espèce non déterminée. Lias ; centre et sud de l'Angleterre (Conyb.) Argile de
Bradford ; Wiltshire. Terre à foulon, oolite inférieure ; environs de Bath (Lons.)

Cucullæa oblonga (Sow. pl. 206, fig. 1, 2.) Oolite coralline ; Yorkshire (Phil. pl. 3.
fig. 34.) Oolite inférieure ; Dundry (Conyb.) Oolite inférieure ; Bärendorf, Thurnau (Munst.)

— *contracta* (Phil. pl. 3, fig. 30.) Oolite coralline ; Yorkshire (Phil.)

— *triangularis* (Phil. pl. 3, fig. 31.) Oolite coralline ; Yorkshire (Phil.)

— *pectinata* (Phil. pl. 3, fig. 32.) Oolite coralline ; Yorkshire (Phil.)

— *elongata* (Sow. pl. 447, fig. 1.) Oolite coralline et grande oolite ; Yorkshire
(Phil. pl. 3, fig. 33.) Calcaire de La Rochelle (Dufr.) Cross Hands, Gloucestershire
(Steinhauer.)

— *concinna* (Phil. pl. 5, fig. 9.) Argile d'Oxford et roches de Kelloway ; Yorkshire
(Phil.)

— *imperialis* (Bean.) Grande oolite ; Yorkshire (Phil. pl. 9, fig. 19.)

— *cylindrica* (Phil. pl. 9, fig. 20.) Grande oolite ; Yorkshire (Phil.)

— *cancellata* (Phil. pl. 11, fig. 44.) Grande oolite ; Yorkshire (Phil.)

— *reticulata* (Bean.) Oolite inférieure ; Yorkshire (Phil. pl. 11, fig. 18.)

— *minuta* (Sow. pl. 447, fig. 3.) Grande oolite ; Ancliff, Wiltshire (Cookson.)

— *rudis* (Sow. pl. 447, fig. 4.) Grande oolite ; Ancliff, Wiltshire (Cookson.)

— Espèce non déterminée. Argile d'Oxford ; Haute-Saône (Thir.) Lias ; Yorkshire
(Phil.) Lias ; centre et sud de l'Angleterre (Conyb.)

Hippopodium ponderosum (Sow. pl. 250.) Oolite coralline et lias, Yorkshire (Phil.)
Lias ; centre et sud de l'Angleterre (Conyb.)

Isocardia rhomboidalis (Phil. pl. 3, fig. 28.) Oolite coralline; Yorkshire (Phil.)

— *tumida* (Phil. pl. 4, fig. 25.) Grès calcaire; Yorkshire (Phil.)

— *minima* (Sow. pl. 295, fig. 1.) Cornbrash et grande oolite; Yorkshire (Phil. pl. 7, fig. 6.) Cornbrash; Witshire (Lons.)

— *concentrica* (Sow. pl. 491, fig. 4.) Grande oolite et oolite inférieure; Yorkshire (Phil. pl. 11, fig. 40.) Argile d'Oxford; Normandie (De Cau.) Cornbrash; Northamptonshire (Sow.) Terre à foulon; Somerset (Lons.) Oolite inférieure ferrugineuse ; Hayange, Moselle; les Moutiers, Calvados (Voltz.)

— *angulata* (Phil. pl. 2, fig. 20.) Grande oolite; Yorkshire (Phil.)

— *rostrata* (Sow. pl. 295, fig. 3.) Gloucestershire (Sow.) Oolite inférieure; Yorkshire (Phil.)

— *striata* (Dorb.) Calcaire de Portland; Fresnes, Saint-Mamès, Haute-Saône (Voltz.) Calcaire de l'argile de Kimmeridge; Porentruy; Montbéliard, Besançon (Voltz.)

* — *tener* (Sow. pl. 295, fig. 2.) Roches de Kelloway (Sow.) Oolite inférieure ; Wasseralfingen, Wurtemberg. Lias supérieur; Xocourt, Meurthe (Voltz.)

* — *dicerata* (Dorb.) Oolite du coral rag; Angoulin, Charente-inférieure (Voltz.)

— Espèce non déterminée. Forest marble; Normandie (De Cau.) Calcaire de l'argile de Kimmeridge et couches de Portland ; Charriez, Fresnes, Saint-Mamès, Haute-Saône; Montbéliard; Besançon; Porentruy; Angoulin, Charente; Baltingen, Suisse (Voltz.)

Cardita similis (Sow. pl. 232, fig. 3.) Oolite coralline, grande oolite et oolite inférieure ; Yorkshire (Phil.) Oolite inférieure; Dundry (Conyb.)

— *lunulata* (Sow. pl. 232, fig. 1, 2.) Oolite inférieure; Dundry (Conyb.) Oolite inférieure; Normandie (De Cau.)

— *striata* (Sov. pl. 89, fig. 1.) Lias ; Normandie (De Cau.) Oolite inférieure ; Bath (Sow.)

— Espèce non déterminée. Pierre de Portland (Conyb.)

— *Cardium lobatum* (Phil. pl. 4, fig. 3.) Oolite coralline; Yorkshire (Phil.)

— *dissimile* (Sow. pl. 553, fig. 3.) Roches de Kelloway; Yorkshire (Phil. pl. 5, fig. 27.) Pierre de Portland ; Portland (Sow.) Terrain oolitique ; Braambury Hill; Brora (Murch.)

— *citrinoideum* (Phil. pl. 7, fig. 7.) Cornbrash; Yorkshire (Phil.)

— *cognatum* (Phil. pl. 9, fig. 14.) Grande oolite; Yorkshire (Phil.)

— *acutangulum* (Phil. pl. 11, fig. 6.) Grande oolite et oolite inférieure ; Yorkshire (Phil.)

— *semiglabrum* (Phil. pl. 9, fig. 15.) Grande Oolite; Yorkshire (Phil.)

— *incertum* (Phil. pl. 11, fig. 5.) Oolite inférieure; Yorkshire (Phil.)

— *striatulum* (Sow. pl. 353, fig. 4.) Calcaire et argile schisteuse; Inverbrora, Écosse (Murch.) Oolite inférieure; Yorkshire (Phil. pl. 11, fig. 7.)

— *gibberulum* (Phil. pl. 11, fig. 8.) Oolite inférieure; Yorkshire (Phil.)

— *truncutum* (Sow. pl. 553, fig. 3.) Lias ; Yorkshire (Phil. pl. 13, fig. 14.) Grès, calcaire, etc.; Inverbrora (Murch.)

— *multicostatum* (Bean.) Lias; Yorkshire (Phil. pl. 13, fig. 21.)

Myoconcha crassa (Sow. pl. 467.) Oolite inférieure; Dundry, Brackenridge. Oolite inférieure; Normandie (De Cau.)

Astarte cuneata (Sow. pl. 137, fig. 2.) Pierre de Portland; sud de l'Angleterre. Oolite inférieure; Dundry (Conyb.)

— *excavata* (Sow. pl. 233.) Oolite inférieure ; Dundry (Conyb.) Oolite inférieure ; Normandie (De Cau.)

— *planata* (Sow. pl. 257.) Oolite inférieure ; Normandie (De Cau.) Argile de Bradford; nord de la France (Bobl.)

— *trigonalis* (Sow. pl. 444, fig. 4.) Oolite inférieure; Dundry (Johnstone.)

— *orbicularis* (Sow. pl. 444, fig. 2, 3.) Grande oolite; Ancliff, Wiltshire (Cookson.)

— *pumila* (Sow. pl. 444, fig. 4, 5, 6.) Grande oolite; Ancliff, Wiltshire (Cookson.) Calcaire de La Rochelle (Dufr.) Forest marble; Rupt, Haute-Saône (Voltz.)

Astarte Voltzii. Fallon, près Vesoul (Hœn.) Offweiler, Bas-Rhin ; Banz, Franconie (Voltz.)
* — *cordiformis.* Marnes du lias supérieur (Deshayes.) Oolite inférieure ferrugineuse ; les Moutiers, Saint-Vigor, Calvados (Voltz.)
— Espèce non déterminée. Lias, centre et sud de l'Angleterre (Conyb.) Coral rag et argile de Kimmeridge ; Haute-Saône (Thir.) Cornbrash, Wiltshire (Lons.)
Crassina ovata (Smith.) Oolite coralline ; Wiltshire ; Oxfordshire ; Yorkshire (Phil. pl. 3, fig. 25.)
— *elegans* (Sow.) Oolite coralline et oolite inférieure ; Yorkshire (Phil. pl. 11, fig. 44.) Calcaire de La Rochelle (Dufr.) Lumachelle et grès calcaire ; Portgower, etc. (Murch.) Calcaire, argile schisteuse et grès ; Inverbrora (Murch.)
— *altena* (Phil. pl. 3, fig. 22.) Oolite coralline ; Yorkshire (Phil.)
— *extensa* (Phil. pl. 3, fig. 21.) Oolite coralline ; Yorkshire (Phil.)
— *carinata* (Phil. pl. 5, fig. 3.) Grès calcaire, argile d'Oxford et roches de Kelloway ; Yorkshire (Phil.)
— *lurida* (Sow.) Oolite inférieure ; Dundry (Conyb.) Argile d'Oxford ; Yorkshire (Phil. pl. 5, fig. 2.)
— *minima* (Phil. pl. 3, fig. 2) (ou *Astarte minima*). Grande oolite, oolite inférieure et lias ; Yorkshire (Phil.) Calcaire inférieur de l'argile de Kimmeridge, ou *Calcaire à astartes* ; caractéristique : Haute-Saône (Thir.) Ferrette, Haut-Rhin ; Béfort ; Porentruy (Voltz.)
Venus varicosa (Sow. pl. 296.) Felmersham (Sow.)
— Espèce non déterminée. Oolite coralline, grès calcaire et lias ; Yorkshire (Phil.) Pierre de Portland (Smith.) Coral rag. Normandie (De Cau.) Grès, argile schisteuse, etc. Inverbrora, Écosse (Murch.)
Cytherea dolabra (Phil. pl. 9, fig. 12.) Grande oolite ; Yorkshire (Phil.)
— *trigonellaris* (Voltz.) Lias ; Gundershoffen (Voltz.)
— *lucinea* (Voltz.) Lias ; Gundershoffen (Voltz.)
— *cornea* (Voltz.) Lias ; Gundershoffen (Voltz.)
— Espèce non déterminée. Oolite coralline ; Yorkshire (Phil.) Lias ; nord de la France (Bobl.)
Pullastra recondita (Phil. pl. 9, fig. 13.) Grande oolite ; Yorkshire (Phil.)
— *oblita* (Phil. pl. 9, fig. 15.) Oolite inférieure ; Yorkshire (Phil.)
— Espèce non déterminée. Lias ; Yorkshire (Phil.)
Donax Alduini (Al. Brong. *Ann. des Mines*, t. vi, pl. 7, fig. 6.) Oolite inférieure ; nord de la France (Bobl.) Argile de Kimmeridge ; Havre (Al. Brong.) Soing, Haute-Saône (Voltz.) Oolite inférieure ferrugineuse ; Saint-Vigor, Calvados (Voltz.)
Corbis lævis (Sow. pl. 580.) Oolite coralline, roches de Kelloway ; Yorkshire (Phil. pl. 5, fig. 22.) Marshamfield, Oxford (Smith.)
— *ovalis* (Phil. pl. 5, fig. 29.) Roches de Kelloway ; Yorkshire (Phil.)
— *uniformis* (Phil. pl. 12, fig. 3.) Lias ; Yorkshire (Phil.)
Tellina ampliata (Phil. pl. 3, fig. 24.) Oolite coralline, Yorkshire (Phil.)
Psammobia lævigata (Phil. pl. 4, fig. 5.) Oolite coralline, grande oolite et oolite inférieure ; Yorkshire (Phil.)
Lucina crassa (Sow. pl. 557, fig. 3.) Grès et calcaire fendillé ; Braambury Hill, Brora. Grande formation arénacée ; îles Hébrides, Écosse (Murch.) Grès calcaire ; Yorkshire (Phil.) Lincolnshire (Sow.)
— *lyrata* (Phil. pl. 6, fig. 41.) Roches de Kelloway ; Yorkshire (Phil.)
— *despectra* (Phil. pl. 9, fig. 8.) Grande oolite ; Yorkshire (Phil.)
— Espèce non déterminée. Coral rag et forest marble ; Normandie (De Cau.) Oolite inférieure ; Yorkshire (Phil.) Argile schisteuse, etc. ; Inverbrora. Écosse (Murch.)
Sanguinolaria undulata (Sow. pl. 548, fig. 1 et 2.) Grès calcaire et argile schisteuse ; Inverbrora, Écosse (Murch.) Grès calcaire, argile d'Oxford et cornbrash ; Yorkshire (Phil. pl. 5, fig. 1.)
— *elegans* (Phil. pl. 12, fig. 9.) Lias ; Yorkshire (Phil.)

Sanguinolaria. Espèce non déterminée. Lias ; Ross et Cromarty, Ecosse (Murch.) Lias ; Yorkshire (Phil.)

Corbula curtansata (Phil. pl. 3, fig. 27.) Oolite coralline et roches de Kelloway; Yorkshire (Phil.)

— *depressa* (Phil. pl. 9, fig. 16.) Grande oolite; Yorkshire (Phil.)

— *? cardioides* (Phil. pl. 14, fig. 12.) Lias ; Yorkshire (Phil.)

— *obscura* (Sow. pl. 572, fig. 5.) Brora (Murch.)

— Espèce non déterminée. Forest marble ; Wiltshire (Lons.)

Mactra gibbosa. Forest marble, Normandie (De Cau.)

Amphidesma decurtatum (Phil. pl. 7, fig. 11.) Cornbrash et grande oolite ; Yorkshire (Phil.) Argile de Kimmeridge et grande oolite ; Haute-Saône (Thir.)

— *recurvum* (Phil. pl. 5, fig. 25.) Oolite coralline et roches de Kelloway, Yorkshire (Phil.) Argile de Kimmeridge ; Havre (Phil.)

— *securiforme* (Phil. pl. 7, fig. 10.) Cornbrash , oolite inférieure ; Yorkshire (Phil.) Argile de Kimmeridge ; Havre (Phil.)

— *donaciforme* (Phil. pl. 12, fig. 5.) Lias ; Yorkshire (Phil.) Waldenheim , Bas-Rhin (Voltz.) Oolite inférieure ferrugineuse ; Hayange et Knutange. Moselle (Voltz.)

— *rotundatum* (Phil. pl. 12, fig. 6,) Lias ; Yorkshire (Phil.) Grès marneux ; Gundershoffen , Bas-Rhin. Oolite inférieure; Hayange, Moselle; Béfort ; Bouxwiller. Argile de Bradford ; Bouxwiller, Bas-Rhin (Voltz.)

Lutraria Jurassi (Al. Brong. *Ann. des Mines*, t. vi, pl. 7, fig. 4.) Forest marble ; Ligny, Meuse (Al. Brong.) Calc. de l'argile de Kimmeridge ; Audincourt, Doubs (Voltz.)

Gastrochœna tortuosa (Sow. pl. 526 , fig. 1.) Oolite inférieure ; Yorkshire (Phil. pl. 11, fig. 36.)

Mya litterata (Sow. pl. 224, fig. 1.) Oolite coralline. grès calcaire , argile d'Oxford , roches de Kelloway, cornbrash et lias ; Yorkshire (Phil. pl. 7. fig. 5.) Argile schisteuse, grès et calcaire; Inverbrora, Ecosse (Murch.) Calcaire de l'argile de Kimmeridge ; Montbéliard ; Besançon ; Porentruy (Voltz.)

— *depressa* (Sow. pl. 418.) Argile d'Oxford ; Yorkshire (Phil. pl. 2, fig. 8.) Argile de Kimmeridge; Angoulême (Dufr.) Argile de Kimmeridge ; Havre (Phil.) Argile schisteuse, grès et calcaire ; Inverbrora, Ecosse (Murch.)

— *calceiformis* (Phil. pl. 11, fig. 3.) Roches de Kelloway, grande oolite et oolite inférieure ; Yorkshire (Phil.)

— *dilata* (Phil. pl. 11, fig. 4.) Oolite inférieure ; Yorkshire (Phil.)

— *æquata* (Phil. pl. 11, fig. 2.) Oolite inférieure ; Yorkshire (Phil.)

— *V. scripta* (Sow. pl. 224, fig. 2 à 5.) Oolite inférieure : Dundry (Conyb.) Grande oolite ; Alsace (Brong.) Grès micacé ; îles Hébrides, Ecosse (Murch.)

— *mandibula* (Sow. pl. 43.) Argile de Kimmeridge ; environs d'Angoulême (Dufr.)

— *angulifera* (Sow. pl. 224, fig. 6, 7.) Grande oolite; Haute-Saône (Thir.) Terre à foulon ; environs de Bath (Lons.) Argile de Bradford ; Bouxwiller (Voltz.)

Pholadomya Murchisoni (Sow. pl. 545.) Grès calcaire et argile schisteuse ; Inverbrora, Ecosse (Murch.) Oolite coralline et cornbrash ; Yorkshire (Phil. pl. 7, fig. 9.) Oolite inférieure ; Normandie (De Cau.) Béfort (Voltz.) Calcaire de l'argile de Kimmer'dge ; Porentruy ; Montbéliard (Voltz.) Argile de Bradford ; Bouxwiller, Bas-Rhin (Voltz.)

— *simplex* (Phil. pl. 4. fig. 31.) Grès calcaire; Yorkshire (Phil.) Calcaire de l'argile de Kimmeridge; Charriez, Haute-Saône ; Porentruy (Voltz.)

— *deltoidea* (Sow. pl. 197, fig. 4.) Grès calcaire ; Yorkshire (Phil.) Roches de Kelloway et cornbrash; centre et sud de l'Angleterre (Conyb.)

— *obsoleta* (Phil. pl. 5, fig. 2.) Argile d'Oxford et roches de Kelloway; Yorkshire (Phil.)

— *ovalis* (Sow. pl. 226.) Cornbrash ; Yorkshire (Phil.) Pierre de Portland (Conyb.) Argile d'Oxford ; Normandie (De Cau.) Argile de Kimmeridge ; Angoulême ; calcaire de La Rochelle (Dufr.)

— *acuticostata* (Sow. pl. 546, fig 1, 2.) Grande oolite ; Yorkshire (Phil.) Argile de

Kimmeridge; Cahors, Angoulême, sud de la France (Dufr.) Calc. de l'argile de Kimmeridge, caractéristique; Charriez, Haute-Saône (Thir.) Montbéliard; Besançon, Porentruy (Voltz.)

Pholadomya nana (Phil. pl. 9, fig. 7.) Grande oolite; Yorkshire (Phil.)

— *producta* (Sow. pl. 197, fig. 1.) Grande oolite; Yorkshire (Phil.) Cornbrash et oolite inférieure; centre et sud de l'Angleterre (Conyb.) Cornbrash; Wiltshire (Lons.)

— *obliquata* (Phil. pl. 13, fig. 15.) Grande oolite, oolite inférieure et lias; Yorkshire (Phil.)

— *fidicula* (Sow.) Oolite inférieure; Yorkshire (Phil.) Cornbrash; centre et sud de l'Angleterre. Oolite inférieure; Dundry (Conyb.) Lias; Normandie (De Cau.) Cornbrash; Wiltshire. Terre à foulon; environs de Bath (Lons.) Soleure (Hœn.) Oolite inférieure; Conflans, Haute-Saône (Thir.) Oolite inférieure ferrugineuse; Hayange et Knutange, Moselle (Voltz.)

— *obtusa* (Sow. pl. 197, fig. 2.) Oolite inférieure; Dundry (Conyb.)

— *ambigua* (Sow. pl. 227.) Oolite inférieure; Dundry (Conyb.) Argile d'Oxford; Dives, Calvados (Voltz.) Lias supérieur; Gundershoffen, Bas-Rhin (Voltz.) Lias, Bath (Lons.) Soleure; Porta Westphalica (Hœn.) Bahlingen (De Buch.)

œqualis (Sow. pl. 546, fig. 3.) Weymouth (Sow.) Oolite inférieure; Normandie (De Cau.)

— *gibbosa*. Lias; Normandie (De Cau.) Soleure (Hœn.)

— *Protei* (*Cardium Protei*, Al. Brong., *Ann. des Mines*, t. vi, pl. 7, fig. 7.) Calcaire jurassique de La Rochelle (Dufr.) Argile de Kimmeridge; Havre, perte du Rhône (Al. Brong.) Calc. de l'argile de Kimmeridge, caractéristique; Charriez, Haute-Saône (Thir.) Porentruy; Montbéliard (Voltz.)

— *clathrata* (Munst.) Bavière; Hohenstein, Saxe (Munst.)

— Espèce non déterminée. Argile d'Oxford; Haute-Saône (Thir.)

Panopœa gibbosa (Sow.) Grande oolite; Yorkshire (Phil.) Oolite inférieure; Dundry (Conyb.)

Pholas recondita (Phil. pl. 3, fig. 19.) Oolite coralline; Yorkshire (Phil.)

— *compressa* (Sow. pl. 605.) Argile de Kimmeridge; Oxford, G. E. (Smith.)

MOLLUSQUES.

Dentalium giganteum (Phil. pl. 14, fig. 8.) Lias; Yorkshire (Phil.)

— *cylindricum* (Sow. pl. 79, fig. 2.) Lias; centre et sud de l'Angleterre (Conyb.)

— Espèce non déterminée. Grès calcaire; Yorkshire (Phil.)

Patella latissima (Sow. pl. 139, fig. 4 et 5.) Argile d'Oxford; Yorkshire (Phil.) Argile d'Oxford; centre et sud de l'Angleterre (Conyb.)

— *rugosa* (Sow. pl. 139, fig. 6.) Forest marble; centre et sud de l'Angleterre (Conyb.) Forest marble; Normandie (De Cau.)

— *lævis* (Sow. pl. 86, fig. 3 et 4.) Lias; centre et sud de l'Angleterre (Conyb.)

— *lata* (Sow. pl. 484, fig. 1.) Schiste de Stonesfield (Sow.)

— *ancyloides* (Sow. pl. 484, fig. 2.) Grande oolite; Ancliff, Wiltshire (Cookson.)

— *nana* (Sow.) Grande oolite; Ancliff, Wiltshire (Cookson.)

— *discoides* (Schlot.) Lias; Gundershoffen (Voltz.)

Emarginula scalaris (Sow. pl. 519, fig. 3 et 4.) Grande oolite; Ancliff, Wiltshire (Cookson.)

Pileolus plicatus (Sow. pl. 432, fig. 1, 2, 3 et 4.) Grande oolite; Wiltshire (Lons.)

Ancilla. Espèce non déterminée. Grande oolite et forest marble; Normandie (De Cau.)

Bulla elongata (Phil. pl. 4, fig. 7.) Oolite coralline; Yorkshire (Phil.)

* — Espèce indéterminée. Calc. de l'argile de Kimmeridge; Lebanné, près Porentruy (Voltz.)

Helicina polita (Sow. pl. 285.) Oolite inférieure; Cropredy, Oxfordshire (Conyb.)

— *compressa* (Sow. pl. 10.) Lias; centre et sud de l'Angleterre (Conyb.)

— *expansa* (Sow. pl. 273, fig. 1, 2 et 3.) Lias; centre et sud de l'Angleterre (Conyb.)

Helicina solarioides (Sow. pl. 273, fig. 4.) Lias; centre et sud de l'Angleterre (Conyb.)

Auricula Sedgvici (Phil. pl. 11, fig. 33.) Oolite inférieure; Yorkshire (Phil.)

Melania Heddingtonensis (Sow. pl. 39.) Oolite coralline, cornbrash, grande oolite et oolite inférieure; Yorkshire (Phil.) Coral rag; centre et sud de l'Angleterre. Oolite inférieure; Dundry (Conyb.) Coral rag et oolite inférieure; Normandie (De Cau.) Calcaire fendillé, etc.; Braambury Hill, Brora (Murch.) Argile de Kimmeridge; Havre (Phil.) Coral rag; Weymouth (Sedg.)

— *striata* (Sow. pl. 47.) Oolite coralline et grande oolite; Yorkshire (Phil.) Coral rag et lias; centre et sud de l'Angleterre (Conyb.) Coral rag; Weymouth (Sedg.); nord de la France (Bobl.) Verdun (Voltz.) Argile de Kimmeridge; Havre (Phil.) Oolite inférieure; Gouhenans, Haute-Saône (Voltz.)

— *vittata* (Phil. pl. 7, fig. 15.) Cornbrash; Yorkshire (Phil.)

— *lineata* (Sow. pl. 218, fig. 1.) Oolite inférieure; Yorkshire (Phil.) Dundry (Conyb.) Normandie (De Cau.)

— Espèce non déterminée. Grande oolite; centre et sud de l'Angleterre (Conyb.)

Paludina, espèce non déterminée. Couches de Portland; Haute-Saône (Thir.)

Ampullaria, espèce non déterminée. Coral rag, cornbrash et oolite inférieure; centre et sud de l'Angleterre (Conyb.) Coral rag; Normandie (De Cau.) Argile de Bradford; nord de la France (Bobl.)

Nerita costata (Sow. pl. 463, fig. 5, 6.) Oolite inférieure; Yorkhire (Phil. pl. 11, fig. 32.) Grande oolite, Ancliff, Wiltshire (Cookson.)

— *sinuosa* (Sow. pl. 217, fig. 2.) Pierre de Portland (Conyb.)

— *lævigata* (Sow. pl. 217, fig. 1.) Oolite inférieure, Dundry (Conyb.) Lumachelle et grès calcaire; Portgower, etc., Écosse (Murch.)

— *minuta* (Sow. pl. 463, fig. 3, 4.) Grande oolite; Ancliff, Wiltshire (Cookson.)

* — *sulcosa* (Zieten, pl. 34-10.) Coral rag; Natheim, Wurtemberb (Zieten.)

Natica arguta (Smith.) Oolite coralline; Yorkshire (Phil.)

— *nodulata* (Y. et B.) Oolite coralline, Yorkshire (Phil.)

— *cincta* (Phil. pl. 4, fig. 9.) Oolite coralline, Yorkshire (Phil.)

— *adducta* (Phil. pl. 11, fig. 35.) Grande oolite et oolite inférieure; Yorkshire (Phil.)

— *tumidula* (Bean.) Oolite inférieure; Yorkshire (Phil. pl. 11, fig. 25.)

— Espèce non déterminé. Lias; Yorkshire (Phil.)

Tornatilla, espèce non déterminée. Lias; centre et sud de l'Angleterre (Conyb.)

Vermetus compressus (Y. et B.) Oolite coralline, oolite inférieure; Yorkshire (Phil.)

— *nodus* (Phil.) Cornbrash et grande oolite; Yorkshire (Phil.)

— Espèce non déterminée. Cornbrash; Wiltshire (Lons.)

Delphinula, espèce non déterminée. Oolite coralline et grande oolite; Yorkshire (Phil.)

Solarium calix (Bean.) Oolite inférieure; Yorkshire (Phil. pl. 11, fig. 30.)

— *conoideum* (Sow. pl. 11, fig. 3.) Pierre de Portland (Conyb.)

Cirrus cingulatus (Phil. pl. 4, fig. 28.) Grès calcaire; Yorkshire (Phil.)

— *depressus* (Sow. pl. 428, fig. 3.) Roches de Kelloway; Yorkshire (Phil. pl. 6, fig. 12.) Argile de Bradford; Bouxwiller (Voltz.) Oolite inférieure; Reichenbach, Aalen, Wurtemberg (Zieten, pl. 33, fig. 7.)

— *nodosus* (Sow. pl. 219, fig. 1, 2, 4.) Oolite inférieure; Dundry (Conyb.)

— *Leachii* (Sow. pl. 219, fig. 3.) Oolite inférieure; Dundry (Conyb.)

— *carinatus* (Sow. pl. 429, fig. 3.) Oolite inférieure; Wiltshire (Lons.)

— Espèce non déterminée. Lias; nord de la France (Bobl.) Argile d'Oxford, Haute-Saône (Thir.)

Pleurotomaria conoidea (Desh.) Normandie (Desh.)

— *ornata* (Defr.) Oolite inférieure; Bayeux (Desh.) Oolite inférieure; Dundry (Conyb.) Oolite inférieure; Normandie (De Cau.) Lias; nord de la France (Bobl.)

— *granulata* (Defr.) Oolite inférieure; Stuifenberg, Wurtemberg (Zieten, pl. 35, fig. 4.) Argile de Bradford; Bouxwiller, Bas-Rhin (Voltz.) Identique avec le *Trochus arenosus* ou *granulatus* de Sowerby, qui suit (Zieten.)

Trochus arenosus (Sow. pl. 220, fig. 2.) Oolite coralline, grès calcaire, cornbrash et oolite inférieure; Yorkshire (Phil.) Oolite inférieure; Dundry (Conyb.) Oolite inférieure; Normandie (De Cau.)

— *tornatilis* (Phil. pl. 4, fig. 16.) Oolite coralline ; Yorkshire (Phil.)

— *tiara* (Sow. pl. 221, fig. 2.) Grès calcaire; Yorkshire (Phil.) Coral rag; centre et sud de l'Angleterre. Oolite inférieure; Dundry (Conyb.) Oolite inférieure; Normandie (De Cau.)

— *guttatus* (Phil. pl. 6, fig. 14.) Roches de Kelloway; Yorkshire (Phil.)

— *monilitectus* (Phil. pl. 9, fig. 33.) Grande oolite; Yorkshire (Phil.)

— *bisertus* (Phil. pl. 11, fig. 27.) Oolite inférieure; Yorkshire (Phil.)

— *pyramidatus* (Bean.) Oolite inférieure; Yorkshire (Phil. pl. 11, fig. 22.)

— *anglicus* (Sow. pl. 142.) Lias; Yorkshire (Phil.) Centre et sud de l'Angleterre (Conyb.) Oolite inférieure; Haute-Saône (Thir.)

— *angulatus* (Sow. pl. 181, fig. 3.) Oolite inférieure; centre et sud de l'Angleterre (Conyb.) Oolite inférieure; Normandie.

— *dimidiatus* (Sow. pl. 181, fig. 4.) Oolite inférieure; centre et sud de l'Angleterre (Conyb.)

— *duplicatus* (Sow. pl. 181, fig. 5.) Oolite inférieure; centre et sud de l'Angleterre (Conyb.) Argile d'Oxford ; Morre, près Besançon; Mont-Terrible (Voltz.) Lias supérieur; Fallon, Haute-Saône; Banz, Franconie; Offweiler, Gundershoffen, Bas-Rhin (Voltz.)

— *elongatus* (Sow. pl. 193, fig. 2, 3, 4.) Oolite inférieure; Dundry (Conyb.) Forest marble et oolite inférieure ; Normandie (De Cau.)

— *punctatus* (Sow. pl. 193, fig. 1.) Oolite inférieure; Dundry (Conyb.) Oolite inférieure ; Normandie (De Cau.)

— *abbreviatus* (Sow. pl. 193, fig. 5.) Oolite inférieure; Dundry (Conyb.) Oolite inférieure ; Normandie (De Cau.)

— *fasciatus* (Sow. pl. 220, fig. 1.) Oolite inférieure ; Dundry (Conyb.) Oolite inférieure; Normandie (De Cau.)

— *prominens* (Sow. pl. 220, fig. 3, t. IV, p. 150.) Oolite inférieure; Dundry (Conyb.) Oolite inférieure; Normandie (De Cau.)

— *imbricatus* (Sow. pl. 272, fig. 3, 4.) Lias; centre et sud de l'Angleterre (Conyb.) Oolite inférieure, Normandie (De Cau.) Lias; sud de la France (Dufr.) Soleure (Hœn.)

— *reticulatus* (Sow. pl. 272, fig. 2.) Oolite inférieure ; Normandie (De Cau.) Coral rag ; Weymouth (Sedg.)

— *rugatus* (Benett.) Couches de Portland; Tisbury, Witshire (Benett.)

— *speciosus* (Munst.) Hohenstein, Saxe. Oolite inférieure; Bavière (Munst.)

* — *jurensis* (Zieten. pl. 34, fig. 2.) Coral rag; Nattheim, Wurtemberg (Ziet.)

* — *quinquecinctus* (Zieten. pl. 35, fig. 2.) Coral rag ; Nattheim, Wurtemberg (Ziethen.)

— Espèce non déterminée. Pierre de Portland et argile de Bradford; centre et sud de l'Angleterre (Conyb.) Coral rag ; Normandie (De Cau.) Argile d'Oxford; coral rag et grande oolite; Haute-Saône (Thir.)

Rissoa lœvis (Sow.) Grande oolite; Ancliff, Wiltshire (Cookson.)

— *acuta* (Sow. pl. 609, fig. 2.) Grande oolite; Ancliff (Cookson.)

— *obliquata* (Sow. pl. 609, fig. 3.) Grande oolite; Ancliff (Cookson.)

— *duplicata* (Sow. pl. 600, fig. 4.) Grande oolite ; Ancliff (Cookson.)

Turbo muricatus (Sow. pl. 240, fig. 4.) Oolite coralline, grande oolite et oolite inférieure; Yorkshire (Phil. pl. 4, fig. 14.) Coral rag, centre et sud de l'Angleterre (Conyb.) Coral rag; Weymouth (Sedg.)

— *funiculatus* (Phil. pl. 4, fig. 11.) Oolite coralline ; Yorkshire (Phil.)

— *sulcostomus* (Phil. pl. 6, fig. 10.) Roches de Kelloway ; Yorkshire (Phil.)

Turbo unicarinatus (Bean.) Oolite inférieure; Yorkshire (Phil.)

— *lævigatus* (Phil. pl. 11, fig. 31.) Oolite inférieure; Yorkshire (Phil.)

— *undulatus* (Phil. pl. 13, fig. 18.) Lias; Yorkshire (Phil.)

— *ornatus* (Sow. pl. 240, fig. 1, 2.) Oolite inférieure; centre et sud de l'Angleterr (Conyb.) Oolite inférieure; Normandie (De Cau.) Lias; Gundershoffen (Voltz)

— *obtusus* (Sow. pl. 551, fig. 2.) Grande oolite; Ancliff (Cookson.)

* — *quadricinctus* (Zieten, pl. 33, fig. 1.) Oolite inférieure; Stuifenberg, Wurtemberg. (Zieten.)

— Espèce non déterminée. Cornbrash et grande oolite; Normandie (De Cau.)

Phasianella cincta (Phil. pl. 9, fig. 29.) Grande oolite; Yorkshire (Phil.)

Turritella muricata (Sow. pl. 499, fig. 1 et 2.) Oolite coralline, grès calcaire, roches de Kelloway et oolite inférieure; Yorkshire (Phil.) Calcaire de La Rochelle (Dufr.) Lumachelle et grès; Portgower, etc., Écosse (Murch.)

— *cingenda* (Sow. pl. 499, fig. 3.) Oolite coralline, grande oolite et oolite inférieure; Yorkshire (Phil. pl. 11, fig. 28.)

— *quadrivittata* (Phil. pl. 11, fig. 23.) Oolite inférieure; Yorkshire (Phil.)

— *concava* (Sow. pl. 565, fig. 5.) Pierre de Portland; Tisbury (Benett.)

— *echinata* (De Buch.) Banz; Langheim (De Buch.) Terrain à chailles; Mont-Terrible (Thurmann.)

* — *tristriata* (Zieten, pl. 22, fig. 4.) Calcaire compacte de l'Albe; Wurtemberg (Thurmann.)

— Espèce non déterminée. Pierre de Portland, coral rag, cornbrash, forest marble et argile de Bradford; centre et sud de l'Angleterre (Conyb.) Argile de Bradford; nord de la France (Bobl.) Couches de Portland et coral rag; Haute-Saône (Thir.) Lias; Bath (Lons.)

Nerinea tuberculata (Blain.) Bailly, près Auxerre (Hœn.)

— *mosœ* (Desh.) Saint-Miel, Meuse (Desn.)

* — *sulcata* (Ziet. pl. 36, fig. 4.) Coral rag; Nattheim, Wurtemberg (Ziet.)

* — *terebra* (Ziet. pl. 36, fig. 3.) Coral rag; Nattheim, Wurtemberg (Ziet.) Calc de Portland; Fresne-Saint-Mamès, Haute-Saône (Voltz.)

— Espèces non déterminées. Coral rag et forest marble; Normandie (De Cau.) Argile de Bradford; nord de la France (Bobl.) Coral rag; Trécourt, Haute-Saône (Thir.) La Rochelle; Nancy (Desh.) Mont-Terrible; Verdun; Nattheim, Wurtemberg (Voltz.) Calcaire de l'argile de Kimmeridge; Chariez, Vy-le-Ferroux, Haute-Saône, Porentruy; Montbéliard (Voltz.) Calc. de Portland; Soleure; Fresne-Saint-Mamès, Haute-Saône (Voltz.) Calc. à astrates de Thirria; Porentruy (Thurmann.) Calc. à nérinées de Thirria; Trécourt, Haute-Saône; Verdun (Voltz.)

Cerithium intermedium (Var.) Böhlhorst, près Minden (Hœn.)

— *muricatum.* Mülhausen, Bas-Rhin (Hœn).

— Espèce non déterminée. Lias; Gundershoffen (Voltz.)

Murex haccanensis (Phil. pl. 4, fig. 18.) Oolite coralline; Yorkshire (Phil.)

— *rostellariformis* (De Buch.) Coral rag; Randen; Schafhouse (De Buch.)

Rostellaria bispinosa (Phil. pl. 4, fig. 32.) Grès calcaire et roches de Kelloway; Yorkshire (Phil.)

— *trifida* (Bean.) Argile d'Oxford; Yorkshire (Phil. pl. 5, fig. 14.)

— *composita* (Sow.) pl. 558, fig. 2.) Grès calcaire et argile schisteuse; Inverbrora, Écosse (Murch.) Grande oolite et oolite inférieure; Yorkshire (Phil.) Argile d'Oxford; Weymouth (Sow.) Argile de Kimmeridge; Havre (Phil. pl. 9, fig. 28.)

— Espèce non déterminée. Lias; Yorkshire (Phil.) Argile d'Oxford, roches de Kelloway, cornbrash, forest marble et oolite inférieure; centre et sud de l'Angleterre (Conyb.) Argile d'Oxford; Normandie (De Cau.)

Pteroceras Oceani (Strombus... Al. Brong., *Ann des Mines*, t. VI, pl. 7, fig. 2.) Argile de Kimmeridge; Havre; chaîne du Jura (Al. Brong.) Couches de Portland, argile de Kimmeridge; Haute-Saône (Thir.)

— *Pontii* (Strombus... Al. Brong., *ibid.*, pl. 7, fig. 3.) Argile de Kimmeridge; le

Havre et la chaine du Jura (Al. Brong.) Argile de Kimmeridge; Haute-Saône (Thir.)

Pteroceras Pelagi (*Strombus...* Al. Brong., *ibid.*, pl. 7, fig. 1.) Argile de Kimmeridge; le Havre et la chaîne du Jura (Al. Brong.)

Actæon retusus (Phil. pl. 4, fig. 27.) Grès calcaire; Yorkshire (Phil.)
— *glaber* (Bean.) Grande oolite et oolite inférieure; Yorkshire (Phil.)
— *humeralis* (Phil. pl. 11, fig. 34.) Oolite inférieure; Yorkshire (Phil.)
— *cuspidatus* (Sow. pl. 455. fig. 1.) Grande oolite; Ancliff; Wilts (Cookson.)
— *acutus* (Sow. pl. 455, fig. 2. Grande oolite; Ancliff; Wilts (Cookson.)
— Espèce non déterminée. Lias; Yorkshire (Phil.)

Buccinum unilineatum (Sow. pl. 486, fig. 5, 6.) Grande oolite; Ancliff., Wilts (Cookson.)
— Espèce non déterminée. Grès, calcaire et argile schisteuse; Inverbrora, Écosse (Murch.)

Terebra melanoïdes (Phil. pl. 4, fig. 13.) Oolite coralline; Yorkshire (Phil.)
— *granulata* (Phil. pl. 7, fig. 16.) Oolite coralline et cornbrash; Yorkshire (Phil.)
— *vetusta* (Phil. pl. 9, fig. 27.) Grande oolite et oolite inférieure; Yorkshire (Phil.)
— *sulcata.* Coral rag; nord de la France (Bobl.)

Bélemnites [1].

A. Canaliculées. a. Lancéolées.

Belemnites gracilis (Phil. pl. 5, fig. 15.) Argile d'Oxford; Yorkshire (Phil.)
— *fusiformis* (Miller., *Géol. trans.*, 2ᵉ série, t. II, pl. 8, fig. 22.) Stonesfield (Miller.) Oolite coralline; Yorkshire (Phil.) Forest marble; Stonesfield (Miller.) Oolite inférieure ferrugineuse; Saint-Vigor, Calvados (Voltz.)
* — *hastatus* (Blainv. pl. 2, fig. 4.) Lias bleu; Angleterre (Blainv.)
— *semi-hastatus* (Blainv. pl. 2, fig. 5.) Argile d'Oxford; Dives, Calvados (Blainv.) Grès de l'argile d'Oxford; Courgecourt, Orne (Desn.) Lias; Gamelshausen, Wurtemberg (Ziet.)
* — *semi-sulcatus* (Munst., *Mém. géol.* de Boué, pl. 4, fig. 1 à 3, et 5 à 8.) Calcaire compacte de l'Albe; Wurtemberg, Franconie (Voltz.) Calcaire compacte des Alpes; Châtel-Saint-Denis, Voirons (Voltz.) Calcaire lithographique; Solenhofen. Bavière (Voltz.) Argile d'Oxford; Mont-Terrible; Percey-le-Grand, Haute-Saône; Saint-Amour, Jura (Voltz.)
— *sub-hastatus* (Ziet. pl. 21, fig. 2.) Oolite inférieure ferrugineuse; Stuifenberg, Wurtemberg (Ziet.) Saint-Vigor, Calvados (Voltz.)
* — *pusillus* (Munst., *Mém. géol.* de Boué, pl. 4, fig. 4, 9, 10.) Calcaire compacte de l'Albe; Streitberg, Bavière (Munst.)
* — *deformis* (Munst., *Mém. géol.* de Boué, pl. 4, fig. 11, 12, 13.) Même gisement (Munst.)

b. Conoïdes.

* — *late-sulcatus* (Voltz.) Argile d'Oxford, caractéristique; Mont-Terrible; Besançon; Presentvillers, Doubs; Oiselay, Haute-Saône (Voltz.)
— *canaliculatus* (Schlot.) Argile de Bradford; Stuifenberg, Wurtemberg (Zitt. pl. 21, fig. 3.) Argile d'Oxford; oolite inférieure; Haute-Saône (Thir.) Argile de Bradford; Bouxwiller, Bas-Rhin; Port-en-Bessin, Calvados (Voltz.)
* — *Altdorfiensis* (Blainv. pl. 2, fig. 1.) Oolite inférieure ferrugineuse; Altdorf (Blainv.) Mont-Lupfen, près de Rottweil, Wurtemberg (Voltz.)
* — *apiciconus* (Blainv. pl. 2, fig. 2.) Dundry, près d'Oxford (Blainv.) Oolite in-

[1] Cette liste des Bélemnites du groupe oolitique n'est pas conforme à celle de l'original anglais. Elle nous a été obligeamment envoyée par M. Voltz, dont le mémoire sur ce genre de fossiles est bien connu des géologues et des conchylliologistes. M. Voltz y a classé les espèces suivant un ordre fondé sur les rapports qu'il a reconnus entre elles.   (*Note du traducteur.*)

férieure ferrugineuse ; Mont Lupfen près de Rotweil, Wasseralfingen, Wurtemberg
(Voltz.) St.-Vigor, les Moutiers, Calvados (Voltz.)

Bolemnites sulcatus (Miller, *Géol. trans.*, 2e série, t. 2, pl. 8, fig. 3 à 5.) Oolite co-
ralline , grès calcaire ; argile d'Oxfort et roches de Kelloway ; Yorkshire (Phil.)
Argile schisteuse , grès et calcaire ; Inverbrora, Ecosse (Murch.) Oolite inférieure ;
Dundry (Miller.) Saint-Vigor , Calvados (Voltz.)

* — *Blainvillii* (Voltz. pl. 1, fig. 9.) (*B. acutus*. Blainv. pl. 2, fig. 3.) Oolite inférieure
ferrugineuse ; Saint-Vigor , les Moutiers , Calvados (Voltz.) Variété. (*B. acutus*,
Ziet. pl. 21, fig. 1.) Grès du lias ; Struifenberg, Wurtemberg (Ziet.) Ce n'est pas le
B. acutus de Miller, ni celui de Sowerby.

B. Non canaliculées. *a.* Sommet simple ou à un sillon.

α. Lancéolées.

— *dilatatus* (Blainv. pl. 3, fig. 18.) Terre à foulon, nord de la France (Bobl.) Oolite
inférieure ferrugineuse ; Saint-Vigor, Calvados (Voltz.) Lias supérieur ; Gundershoffen , Béfort (Voltz.)

— *pistilliformis* (Blainv. pl. 5, fig. 14 à 17.) Oolite inférieure ferrugineuse : Saint-
Vigor, Calvados (Voltz.) Lias supérieur ; sud de la France (Dufr.) Thurnau ;
Pretzfeld ; Banz ; Amberg ; Gundershoffen : Béfort (Voltz.)

* — *clavatus* (Schlot.) Lias supérieur ; Mistelbach; Theta; Amberg, Bavière (Munst.)

— *subclavatus* (Voltz. pl. 1 , fig. 11.) Lias supérieur ; Boll. Wurtemberg ; Gundershoffen (Voltz.)

— *ventro-planus* (Voltz. pl. 1, fig. 10.) Oolite inférieure ferrugineuse ; Saint-Vigor ,
Calvados (Voltz.) Lias supérieur ; Béfort (Voltz.)

— *teres* (Ziet. pl. 21. fig. 8.) Lias supérieur ; Gosbach, Wurtemberg (Ziet.)

* — *umbilicatus* (Blainv. pl. 3, fig. 11.) Lias ; Vieux-Pont , près Bayeux (Blainv.)

— *carinatus*. (Ziet. pl. 21, fig. 6.) Lias ; Boll, Wurtemberg (Ziet.)

β. Conoïdes.

— *subdepressus* (Voltz. pl. 2, fig. 1.) Oolite inférieure ferrugineuse ; Saint-Vigor et
les Moutiers . Calvados (Voltz.) Lias supérieur ; Gundershoffen. Uhrweiler, Bas-
Rhin ; Béfort, Buc , Haut-Rhin ; Théta , Bavière ; Schremberg , Wurtemberg
(Voltz.)

— *pygmæus* (Ziet. pl. 21, fig. 9.) Lias supérieur, caractéristique ; Boll (Ziet.)

— *digitalis* (Voltz. pl. 2, fig. 5.) Lias supérieur; caractéristique ; Nancy ; Gundershoffen; Boll; Banz (Voltz.)

— *irregularis* (Schlot.) (Ziet. pl. 23, fig. 6.) Lias supérieur ; caractéristique ; mêmes
localités (Voltz.) Variété de l'espèce précédente (Voltz.)

* — *intermedius* (Munst.) Lias supérieur; caractéristique; Boll, Banz, Mistelgau ;
Wurtemberg (Munst.)

— *abbreviatus* (Miller, *Géol. trans.*, 2e série, t. 11, pl. 7, fig. 9 et 10.) Grande oolite
Yorkshire (Phil.) Lias ; Ross et Cromarty , Ecosse. Grès micacé; îles Hébrides ;
Écosse (Murch.) Fer oolitique du grès marneux; Wasseralfingen , Wurtemberg
(Voltz.)

* — *excentricus* (Blainv. pl. 3, fig. 8.) Argile d'Oxford; Vaches-Noires, Calvados
(Blainv.)

* — *gigas* (Blainv. pl. 3, fig. 9.) Oolite inférieure : Bourgogne (Blainv.)

* — *Voltzii* (Munst.) Oolite inférieure ; Gundershoffen ; Rabenstein , Bavière ;
Gouhenans, Haute-Saône ; Saint-Vigor et les Moutiers, Calvados (Voltz.)

— *elongatus* (Miller, *Géol. trans.*, 2e série, t. 11. pl. 7. fig. 6, 8.) (Blainv. pl. 4, fig.
7.) Lias ; Yorkshire (Phil.) Écosse (Murch.) Fer oolitique ; Wasseralfingen , Wurtemberg (Ziet.)

— *longissimus* (Miller , *Géol. trans.*, 2e série , pl. 8, fig. 12.) Lias supérieur ; Bath
(Lous.) Boll (Ziet. pl. 21, fig. 10, 11.)

— *Munsteri* (Voltz.) Oolite inférieure ferrugineuse, Saint-Vigor et les Moutiers ,

Calvados; Conflans, Haute-Saône (Voltz.) Lias supérieur; Eckersdorf et Ellingen, Bavière (Munst.) Gundershoffen (Voltz.)

Belemnites lævigatus (Ziet. pl. 21, fig. 12.) Lias supérieur; Boll, Wurtemberg (Ziet.) Oolite inférieure ferrugineuse; Saint-Vigor et les Montiers, Calvados (Voltz.)

— *breviformis* (Voltz. pl. 2, fig. 2, 3, 4.) Oolite inférieure ferrugineuse ; Conflans , Haute-Saône ; Hayange , Moselle; Besançon (Voltz.) Lias supérieur ; Béfort; Gundershoffen ; Boll (Voltz.)

* — *coniformis* (Munst.) Lias supérieur; Mistelgau, Bavière; Boll , Wurtemberg (Munst.)

* — *acicula* (Munst.) (Boué, pl. 4, fig. 14.) Calcaire lithographique ; Solenhoffen (Munst.)

* — *acutus* (Miller, *Géol. trans.*, 2e série, t. 11, pl. 8, fig. 9.) Marnes de l'oolite inférieure; Wurtemberg (Voltz.) Lias supérieur; Bavière (Munst.) Le *B. acutus* de Blainville est le *B. Blainvillii* ci-dessus.

* — *conulus* (Munst.) Marnes de l'oolite inférieure; Wurtemberg (Voltz.) Lias supérieur; Gundershoffen (Voltz.) Bavière; Wurtemberg (Munst.)

— *pyramidatus* (Ziet. pl. 22, fig. 9.) Oolite inférieure ferrugineuse; Wurtemberg (Voltz.) Lias supérieur; Gross-Eislingen, Wurtemberg (Ziet.)

— *unisulcus* (Ziet. pl. 24, fig. 1.) Calcaire compacte de l'Albe; Gross-Eislingen et Gruibingen, Wurtemberg (Ziet.) Lias supérieur ; Mende, Lozère ; Uhrweiler , Bas-Rhin (Voltz.)

* — *subtetragonus* (Munst.) Banz; Altdorf (Munst.)

* — *unisulcatus* (Blainv. pl. 5, fig. 21.) Caen, Calvados ; Pisotte, Vendée (Blainv.)

γ. *Cylindroïdes.*

* — *acuarius* (Blainv. pl. 4, fig. 8.) Lias supérieur; Lyme Regis, Angleterre; Altdorf (Blainv.)

* — *tenuis* (Munst., Mém. de Boué, pl. 4, fig. 18.) Lias supérieur; Altdorf, Bavière ; Lodève; Mende (Voltz.)

b. Sommet à deux sillons dorsaux , quelquefois avec un sillon qui est ventral.

α. *Conoïdes.*

— *subaduncatus* (Voltz. pl. 3, fig. 2.) Lias supérieur; Gundershoffen, Bas-Rhin ; They, Meurthe (Voltz.) Boll, Wurtemberg (Ziet. pl. 21, fig. 4.)

— *aduncatus* (Miller, *Géol. trans.*, 2e série, t. 2, pl. 8. fig. 6.) (Blainv. pl. 4, fig. 2.) Lias; Weymouth et Lyme Regis (Miller.)

— *apicicurvatus* (Blainv. pl. 2, fig. 6.) Lias supérieur; Lyme Regis; Pouilly en Auxois (Blainv.) Sud de la France (Dufr.) Boll, Wurtemberg (Zieten , pl. 23 , fig. 4.)

— *incurvatus* (Ziet. pl. 22, fig. 7.) Lias; Boll, Wurtemberg (Ziet.)

* — *rostriformis* (Theodori.) Lias supérieur; Banz, Franconie (Theod.) Gundershoffen, Bas-Rhin (Voltz.)

— *trisulcatus* (Ziet. pl. 24 , fig. 3.) Oolite inférieure ferrugineuse; nord de la France (Bobl.) Lias supérieur; Boll (Ziet.) Gundershoffen , Bas-Rhin ; Lodève (Voltz.)

— *trifidus* (Voltz. pl. 7, fig. 3.) Lias supérieur ; Gundershoffen et Uhrweiler, Bas-Rhin (Voltz.)

* — *tripartitus* (Blainv. pl. 4, fig. 4.) Lias supérieur; Altdorf, Ættingen (Blainv.)

— *acuminatus* (Ziet. pl. 20. fig. 5.) Oolite inférieure ferrugineuse; Stuifenberg (Ziet.)

— *compressus* (Blainv. pl. 2. fig. 9.) Oolite inférieure ferrugineuse ; Calvados (Blainv.) Hayange et Knutange, Moselle; Conflans, Haute-Saône (Voltz.) Stuifenberg (Ziet. pl. 20, fig. 2.) Yorkshire (Sow.) Lias supérieur; Gundershoffen , Bas-Rhin; Boll, Wurtemberg (Voltz.)

Belemnites bisulcatus (Ziet. pl. 24, fig. 2.) Lias supérieur; Boll (Ziet.) Gundershoffen (Voltz.)

— *paxillosus* (Volt. pl. 6, fig. 2.) Oolite inférieure ferrugineuse; Saint-Vigor et les
Moutiers. Calvados (Voltz.) Lias; pays de Bade; Boll, Wurtemberg; Gundershoffen;
Béfort (Voltz.)

— *crassus* (Voltz. pl. 7, fig. 8.) Lias supérieur; Besançon (Voltz.) Grosse-Eislingen
(Ziet. pl. 22, fig. 1.)

— *quadrisulcatus* (Ziet. pl. 24, fig. 4.) Lias supérieur; Gross-Eislingen, Wurtemberg
(Ziet.)

6. Cylindroïdes.

* — *gladius* (Blainv. pl. 2, fig. 10.) Oberville, Calvados (Blainv.)
* — *longisulcatus* (Voltz. pl. 6, fig. 1.) Lias supérieur; Wasseralfingen, Wurtemberg; Uhrweiler, Bas-Rhin (Voltz.)
— *gracilis* (Ziet. pl. 22, fig. 2.) Lias supérieur; Boll, Wurtemberg (Ziet.) Saint-
Loup, près Montpellier (Voltz.)
* — *substriatus* (Munst., *Mém. géol.* de Boué, pl. 4, fig. 19.) Lias supérieur; Banz,
Franconie (Munst.)
* — *acuarius* (Schlot., *ibid.*, pl. 4, fig. 20.) Lias supérieur; Banz; Altdorf
(Munst.)
* — *propinquus* (Munst.) Lias supérieur; Banz; Altdorf (Munst.)
* — *turgidus* (Ziet. pl. 22, fig. 3.) Lias supérieur; Goppingen, Wurtemberg (Ziet.)
— *oxyconus* (Ziet. pl. 21, fig. 5.) Lias supérieur; Boll, Wurtemberg (Ziet.)
— *tricanaliculatus* (Ziet. pl. 24, fig. 10.) Grès marneux du lias; Stuifenberg
(Ziet.)
— *quadricanaliculatus* (Ziet. pl. 24, fig 11.) Grès marneux du lias; Stuifenberg
(Ziet.)
— *pyramidalis* (Munst.) Oolite inférieure ferrugineuse; Staffelstein, Bavière
(Munst.) Lias supérieur; Pretzfeld, Altdorf et Banz, Franconie bavaroise (Munst.)
Grès du lias; Stuifenberg (Ziet. pl. 24, fig. 5.)

γ. Gigantesques.

— *longus* (Voltz. pl. 3, fig. 1.) Grande oolite; Bouxwiller, Bas-Rhin. Terre à foulon;
Navenne, Haute-Saône (Voltz.)
— *ellipticus* (Miler, *Géol. trans.*, 2e série, t. ii, pl. 8, fig. 14 à 16.)
— *aalensis* (Voltz. pl. 4 et pl. 7, fig. 4.) Oolite inférieure ferrugineuse; Aalen et
Stuifenberg, Wurtemberg (Ziet. pl. 19, fig. 1 à 4.) Baireuth (Voltz.)
— *grandis* (Schübler.) Oolite inférieure; Stuifenberg (Ziet. pl. 20, fig. 1.)
* — *giganteus* (Schlot.) Oolite inférieure ferrugineuse; Thurnau et Rabenstein,
Bavière; les Moutiers. Calvados (Voltz.) *B. grandis*; Stuifenberg, Wurtemberg
(Ziet. pl. 20, fig. 1.)

Appendice [1].

— *tumidus* (Ziet. pl. 20, fig. 4.) Oolite inférieure; Stuifenberg (Ziet.)
— *quinque sulcatus* (Blainv.) Près de Schlatt, Wurtemberg (Ziet. pl. 20, fig. 3.)
— *papillatus* (Pliminger.) Schistes du lias; Boll, Wurtemberg (Ziet. pl. 23, fig. 7.)
— *bipartitus* (Hartmann.) Gruibingen, Wurtemberg (Ziet. pl. 24, fig. 7.)
— *unicanaliculatus* (Hartmann.) Donzdorf, Wurtemberg (Ziet. pl. 24, fig. 8.)
— *quinque canaliculatus* (Hartmann.) Grès du lias; Göppingen, Wurtemberg (Ziet.
pl. 24, fig. 12.)
— *bicanaliculatus* (Hartmann.) Ganzlosen, Wurtemberg (Ziet. pl. 24, fig. 9.)

---

[1] Nous plaçons ici dans un appendice quelques espèces citées par l'auteur anglais
non classées par M. Voltz.

Orthoceratites elongatus ⸱ (De la B.) Lias ; Lyme Regis (De la B.)

Nautilus hexagonus (Sow. pl. 529, fig. 2.) Roches de Kelloway; Yorkshire (Phil.)
Grès calcaire d'Oxford (Sow.)

— *lineatus* (Sow. pl. 41.) Oolite inférieure et lias; Yorkshire (Phil.) Oolite inférieure,
Dundry (Conyb.) Oolite inférieure; Haute-Saône (Thir.) Lias; Bath (Lons.)

— *astacoïdes* (Y. et B.) Lias ; Yorkshire (Phil. pl. 12, fig. 16.)

— *annularis* (Phil. pl. 12, fig. 18.) Lias ; Yorkshire (Phil.)

— *obesus* (Sow. pl. 121.) Oolite inférieure ; centre et sud de l'Angleterre (Conyb.)
Oolite inférieure ; Normandie (De Cau.)

— *sinuatus* (Sow. pl. 194.) Oolite inférieure; centre et sud de l'Angleterre (Conyb.)
Argile d'Oxford ; Normandie (De la B.) Coral rag ; Allemagne (Dech.) Identique
avec le *N. aganiticus*, Schlot. (Dech.)

— *intermedius* (Sow. pl. 125.) Lias; centre et sud de l'Angleterre (Conyb.)

— *striatus* (Sow. pl. 182.) Lias ; centre et sud de l'Angleterre (Conyb.) Lias ; Alsace
(Brong.)

— *truncatus* (Sow. pl. 123.) Lias; centre et sud de l'Angleterre (Conyb.) Forest
marble et lias ; Normandie (De Cau.)

— *angulosus* (D'Orbigny.) Pierre de Portland ; îles d'Aix (Brong.)

— Espèces non déterminées. Grande oolite ; Yorkshire (Phil.) Argile de Kimmeridge,
coral rag , argile d'Oxford , roches de Kelloway et schiste de Stonesfield ; centre et
sud de l'Angleterre (Conyb.) Coral rag ; Normandie (De Cau.) Terre à foulon, nord
de la France (Bobl.)

* *Hamites annulatus* (Deshayes.) Oolite inférieure ; France (Dechen.)

— Espèce non déterminée. Lias ; Zell , près Boll (Zieten.) Oolite inférieure; Bayeux
(Desh. et Magendie.)

Scaphites bifurcatus (Hartmann.) Lias ; Göppingen , Wurtemberg (Zieten, pl. 16,
fig. 8.)

— *refractus* (*Ammonites refractus*, Rein.) Oolite inférieure; Gammelshausen (Ziet.
pl. 10, fig. 9.)

— Espèce non déterminée. Lias; sud de l'Angleterre (Conyb.)

Turrilites Babeli (Al. Brong., *Descript. géol.*, pl. 9, fig. 16.) Coral rag , nord de la
France (Bobl.)

Ammonites ⸱.

A. Famille des *Arietes.*

Ammonites Bucklandi (Sow. pl. 130.) Lias; Yorkshire (Phil. pl. 14, fig. 13.) Centre
et sud de l'Angleterre (Conyb.) Normandie (De Cau.) Sud de l'Allemagne (Dech.)
Wurtemberg (Ziet. pl. 27, fig. 4.)

⸱ M. de Dechen regarde cette orthocératite comme un alvéole de bélemnites. Il
est, en effet, bien remarquable que c'est l'unique exemple de l'existence d'une orthocératite dans le groupe oolitique ; car l'*Orthocera conica* de Sowerby a été aussi
rapportée aux bélemnites.　　　　　　　　　　　　　(*Note du traducteur.*)

⸱ Les ammonites du groupe oolitique sont présentées ici suivant l'ordre adopté par
M. de Dechen , dans sa traduction allemande du présent ouvrage. Elles sont classées
d'après la méthode de M. Léopold de Buch (*Mém. de l'Acad. de Berlin*), lequel a
guidé lui-même M. de Dechen. Les espèces sont ici en trop grand nombre pour que
nous ayons pu nous contenter, comme nous l'avons fait ci-dessus, page 369, pour le
groupe crétacé , d'indiquer leur classification dans une note.

Nous avons jugé , néanmoins , ne pas devoir former, avec de Dechen , trois listes
distinctes pour l'oolite proprement dite , le schiste lithographique et le lias ; cette division , qui n'est pas dans l'ouvrage anglais, ne nous ayant pas paru nécessaire et entraînant d'ailleurs des répétitions assez nombreuses.

Dans la traduction allemande , plusieurs espèces d'ammonites , citées par M. de la
Bèche , ont été réunies à d'autres ou supprimées. Nous sommes loin de contester ces
rapprochements, que sans doute l'autorité de M. de Buch fera adopter par les con-
chyliologistes ; toutefois , comme il ne s'agit ici que de citations d'auteurs et de gisements , nous avons pensé qu'il valait mieux conserver toutes les espèces de l'auteur

Ammonites Conybeari (Sow. pl. 131.) Lias; Yorkshire (Phil. pl. 13. fig. 5.) Centre et sud de l'Angleterre (Conyb.) Gundershoffen et Bouxwiller, Bas-Rhin (Al. Brong.) Iles Hébrides (Murch.) Sud de l'Allemagne (Dech.)

— *Turneri* (Sow. pl. 452.) Lias; Watchet et Wymondham, Abbey (Sow.) Yorkshire (Phil. pl. 14, fig. 14.) Sud de la France (Dufr.) Wurtemberg; (Ziet. pl. 11, fig. 5.)

— *Brookii* (Sow. pl. 190.) Lias; Lyme Regis (Buckl.) Tubingen (Ziet. pl. 27, fig. 2.)

* — *Smithii* (Sow. pl. 406.) Lias supérieur; Sommersetshire (Sow.)

— *rotiformis* (Sow. pl. 453.) Lias; Yeovil (Sow.) Bath (Lons.)

— *Kridion* (Rein.) Stutgard (Ziet. pl. 3, fig. 2.)

— *obtusus* (Sow. pl. 167.) Lias; Yorkshire (Phil.) Centre et sud de l'Angleterre (Conyb.)

— *stellaris* (Sow. pl. 93.) Lias; centre et sud de l'Angleterre (Conyb.) Lyme Regis (De la B.) Normandie (De Cau.)

— *multicostatus* (Sow. pl. 451, fig. 3.) Lias; Bath (Sow.)

A. Famille des *Falciferi*.

— *canaliculatus* (Munst.) Coral rag; Allemagne (De Buch.) Arau, Suisse; Bahlingen, Wurtemberg (Dechen.)

— *Murchisonæ* (Sow. pl. 500.) Grès micacé; îles Hébrides (Murch.) Oolite inférieure: Allington, près Bridport (Murch.) Gundershoffen, Bas-Rhin; Wascralfingen, Wurtemberg. près de Goslar (Dechen.)

— *meandrus* (Rein.) Oolite inférieure; Gamelshausen, Wurtemberg (Ziet. pl. 9, fig. 6.) *.

— *opalinus* (Rein.) Lias; Gundershoffen, Bas-Rhin (Voltz.)

— *lœviusculus* (Sow. pl. 451, fig. 1 et 2.) Oolite inférieure; Dundry; Normandie (De Cau.)

— *elegans* (Sow. pl. 9, fig. 4.) Lias; Yorkshire (Phil. pl. 13. fig. 12.) Lias; Normandie (De Cau.) Wurtemberg (Ziet. pl. 16, fig. 5 et 6.) Oolite inférieure; Dundry (Conyb.) Uzer (Dufr.)

— *depressus* (Bosc.; Brug.) Oolite inférieure; Dundry, Angleterre; Bayeux, Calvados (Dechen.) *.

— *serpentinus* (Schlot.) Oolite inférieure; Haute-Saône (Thirria.) Lias; Gundershoffen (Voltz.) Bergen, près Altdorf (Dechen.) Ohmden, Wurtemberg (Ziet. pl. 12, fig. 4.)

— *Strangwaysii* (Sow. pl. 254, fig. 1, 3.) Oolite inférieure; centre et sud de l'Angleterre (Conyb.) Lias; Normandie (De Cau.) Espèce identique avec la précédente (Zieten et Dechen.)

— *fonticola* (Menke.) Argile d'Oxford; Haute-Saône et Doubs (Thir.) Thurnau; Langheim, près Bamberg (De Buch.) Oolite inférieure; Gamelshausen, Wurtemberg (Ziet. *A. lunula*, pl. 10, fig. 12.)

— *hecticus* (Rein.) Oolite inférieure; Gamelshausen, Wurtemberg (Ziet. pl. 10, fig. 8.)

* — *Deluci* (Al. Brong., *Desc. géol.*, citée pl. 6, fig. 4, dans la craie inférieure.) Roches de Kelloway; Neuhausen (Dechen.) Identique avec l'*Amm. binus*, Sow. pl. 92. (Dechen.)

---

anglais; mais nous les avons toujours placées à la suite de l'espèce avec laquelle elles ont été jugées identiques dans la traduction allemande, et en ayant soin d'indiquer cette identité; ou bien elles se trouvent rangées à la fin parmi les espèces non classées.

(*Note du traducteur.*)

¹ Cette espèce et les trois suivantes sont rapportées par M. de Dechen à l'*Ammonites Murchisonæ*.

² M. de Dechen rapporte à cette espèce d'Ammonites les *Nautilus angulites* et *Nautilus pictus* de Schlotheim.

* *Ammonites comensis* (De Buch.) Argile d'Oxford; Neuhausen (Dechen.)

— *falcifer* (Sow. pl. 254, fig. 2.) Oolite inférieure; Dundry (Conyb.) Lias; Normandie (De Cau.) Sud de la France (Dufr.) Reichenbach, Boll, Ohmden et Heiningen, Wurtemberg (Ziet. pl. 7, fig. 4, et pl. 12, fig. 2.)

* — *radians* (Rein.) Lias; Heiningen, Wurtemberg; Schistes du lias; Boll, Wurtemberg (Ziet. pl. 4, fig. 3)

— *striatus* (Sow. pl. 421, fig 1.) Oolite inférieure et lias; Yorkshire (Phil.) Wasseralfingen (Ziet. pl. 14, fig. 6.) Présumée identique avec la précédente (Dechen.)

— *elegans* (Sow. pl. 94.) Oolite inférieure; Dundry (Conyb.) Uzer; sud de la France (Dufr.) Lias? Yorkshire (Phil. pl. 13, fig. 12.) Normandie (De Cau.) Schistes du lias; Wurtemberg (Ziet. pl. 16, fig. 5, 6) Présumée identique avec l'*A. radians* (Dechen.)

— *mulgravius* (Y. et B.) Lias; Yorkshire (Phil. pl. 10, fig. 11.)

— *Lythensis* (Y. et B.) Lias; Yorkshire (Phil. pl. 13, fig 6.) Identique avec la précédente (Dechen.)

— *balteatus* (Phil. pl. 12, fig. 17.) Lias; Yorkshire (Phil.) Identique avec l'*A. mulgravius* (Dechen.)

— *Walcotti* (Sow. pl. 106.) Oolite inférieure et lias; Centre et sud de l'Angleterre (Conyb.) Lias; Yorkshire (Phil.) Normandie (De Cau.) Sud de la France (Dufr.) Béfort, Haut-Rhin; Boll, Wurtemberg (Voltz.) Achelberg (Hœn.)

— *ovatus* (Y. et B.) Lias; Yorkshire (Phil. pl. 10, fig. 10.)

— *exaratus* (Y. et B.) Lias; Yorkshire (Phil. pl. 10, fig. 7.)

* — *planorbiformis* (Munst.) Lias inférieur; Bavière (Dechen.)

C. Famille des *Amalthei.*

— *alternans* (De Buch.) Coral rag; caractéristique en Allemagne; Muggendorf; Gailenreuth, etc. (De Buch.)

— *vertebralis* (Sow. pl. 165.) (*A. cordatus*, Sow. pl. 17.) Oolite coralline, grès calcaire et argile d'Oxford; Yorkshire (Phil. pl. 4, fig. 34.) Coral rag; centre et sud de l'Angleterre (Conyb.) Wilts (Lons.) Argile de Kimmeridge et argile d'Oxford; Haute-Saône (Thir.) Oolite de Braambury Hill; Brora (Murch.) Oolite inférieure; Stuifenberg (Ziet. pl. 15, fig. 7.)

— *quadratus* (Sow. pl. 17, fig. 3.) Oolite inférieure; Normandie (De Cau.)

— *excavatus* (Sow. pl. 105.) Coral rag; centre et sud de l'Angleterre (Conyb.) Argile d'Oxford; Normandie (De la B.) Lias; Normandie (De Cau.) Altdorf (Holl.)

— *Lamberti* (Sow. pl. 242, fig. 1, 2 et 3.) Calcaire de Portland (Conyb.) Calcaire de La Rochelle (Dufr.) Argile d'Oxford; Percey-le-Grand, Haute-Saône (Thir.) Roches de Kelloway; Aarau, Bamberg (Dechen.)

— *omphaloides* (Sow. pl. 242, fig. 5.) Calcaire de Portland (Sow.) Argile d'Oxford; Normandie (De la B.) Grande formation arénacée; îles Hébrides (Murch.)

— *cristatus* (Defr.) Argile d'Oxford; Haute-Saône (Thir.) Guttenberg, Streitberg (Dechen.)

— *dentatus* (Rein.) Donzdorf, Wurtemberg (Ziet. pl. 13, fig. 2.) Présumée identique avec l'espèce précédente (Dechen.)

— *calcar* (Benz.) Oolite inférieure; Guttenberg, Wurtemberg (Ziet. pl. 13, fig. 7.) Présumée identique avec l'*A. cristatus* (Dechen.)

— *pustulatus* (De Haan et Rein.) Argile d'Oxford; Thurnau, Cobourg (Holl.) — M. de Dechen a placé aussi cette même espèce avec les mêmes indications dans la famille des *Ornati* (? ?)

— *funiferus* (Phil.) Roches de Kelloway; Yorkshire (Phil.) Peut-être variété de l'*A. Lamberti?* (Dechen.)

— *Grenoughii* (Sow. pl. 132.) Grès brunâtre moyen, près Dünkelsbühl (Dechen.) Lias; Centre et sud de l'Angleterre (Conyb.) Lyme Regis (De la B.)

Ammonites Loscombi (Sow. pl. 183.) Lias; centre et sud de l'Angleterre (Conyb.) Lyme Regis (De la B.) Variété de la précédente (Dechen.)

— *discus* (Sow. pl. 12.) Cornbrash; Wiltshire (Lons.) Oolite inférieure; Dundry; centre et sud de l'Angleterre (Conyb.) Normandie (De Cau.) Wasseralfingen; Wurtemberg (Ziet. pl. 16, fig. 3.) Grès brun moyen; Spaichingen; Wurtemberg (Dechen.)

— *jugosus* (Sow. pl. 92, fig. 1.) Oolite inférieure; centre et sud de l'Angleterre (Conyb.)

— *acutus* (Sow. pl. 17, fig. 1.) Argile d'Oxford et oolite inférieure; Normandie (De Cau.) Haute-Saône (Thir.) Wasseralfingen (Dechen.) Lias; Iles Hébrides. Écosse (Murch.)

— *costulatus* (Rein.) Lias; Wasseralfingen, Wurtemberg (Ziet. pl. 7, fig. 7.) Variété de la précédente (Dechen.)

— *Stokesii* (Sow. pl. 191.) Oolite inférieure; centre et sud de l'Angleterre (Conyb.) Haute-Saône (Thir.) Lias; Normandie (De Cau.) Sud de la France (Dufr.) Wurtemberg (Ziet.) Identique avec l'*A. serrulatus*, Ziet. pl. 15, fig. 7. (Dechen.)

— *rotula* (Sow. pl. 570, fig. 4.) Schistes du lias; Pyritisée; Gamelshausen, Wurtemberg (Ziet. pl. 15, fig. 5.) Cette espèce a été citée ci-dessus, page 368, dans le terrain de craie....? Variété de la précédente (Dechen.)

— *vittatus* (Y. et B.) Lias; Yorkshire (Phil. pl. 13, fig. 1.) Variété de l'*A. Stokesii* (Dechen.)

— *signifer* (Phil. pl. 13, fig. 4.) Oolite inférieure; Haute-Saône (Thir.) Lias; Yorkshire (Phil.) Wurtemberg (Voltz.) Identique avec la précédente (Dechen.)

* — *colubratus* (Munst.) Lias inférieur; Vaichingen, Dünkelsbühl (Dechen.)

— *Johnstonii* (Sow. pl. 449, fig. 1.) Lias; Watchet, Sommerset (Sow.) Bath (Lons.)

— *clevelandicus* (Y. et B.) Lias; Yorkshire (Phil. pl. 14, fig. 6.)

— *crenularis* (Phil. pl. 13, fig. 22.) Lias; Yorkshire (Phil.)

— *heterophyllus* (Sow. pl. 266.) Lias; centre et sud de l'Angleterre (Conyb.) Yorkshire (Phil. pl. 13, fig. 2.) Grafenberg (Hœn.)

D. Famille des *Capricorni*.

— *flexicostatus* (Phil.) Roches de Kelloway; Yorkshire (Phil.)

— *planicostatus* (Sow. pl. 73.) Maston magna et Yeovil, Sommerset (Sow.) Lias; Yorkshire (Phil.) Centre et sud de l'Angleterre (Conyb.) Bath (Lons.) Kahlefeld; Hartz; Amberg, Altdorf (Holl.) Bahlingen (De Buch.) Identique avec l'*A. capricornus* de Schlottheim (Dechen.)

— *maculatus* (Y. et B.) Lias; Yorkshire (Phil. pl. 13, fig. 1.)

— *angulatus* (Sow. pl. 107, fig. 1.) Lias; Yorkshire (Phil.) Centre et sud de l'Angleterre (Conyb.) Thailfingen; Scheppenstedt (Dechen.)

— *anguliferus* (Phil. pl. 13, fig. 19.) Lias; Yorkshire (Phil.) Peut-être identique avec la précédente (Dechen.)

-- *scutatus* (De Buch.) Lias; Göppingen; Banz, près Bamberg (De Buch.)

* — *natrix* (Schlot.) Lias; Bahlingen; Brunswick; Altdorf (Dechen.)

— *fimbriatus* (Sow. pl. 164.) Lias; Lyme Regis (Buckl.) Yorkshire (Phil.) Centre et sud de l'Angleterre (Conyb.) Normandie (De Cau.) Wurtemberg (Ziet. pl. 12, fig. 1.) Meude; Banz; Randen (De Buch.)

— *Jamesoni* (Sow. pl. 555, fig. 1.) Lias; îles Hébrides, Écosse (Murch.) Yorkshire (Phil.)

E. Famille des *Planulati*.

— *triplicatus* (Sow. pl. 92, fig. 2.) Oolite coralline; Yorkshire (Phil.) Oolite inférieure; Normandie (De Cau.) Coral rag; Randen (De Buch. pl. 4, fig. 5.)

— *rotundus* (Sow. pl. 293, fig. 3.) Oolite inférieure; Normandie (De Cau.) Argile de Kimmeridge; Purbeck (Sow.)

Ammonites plicatilis (Sow. pl. 166.) Oolite coralline et roches de Kelloway; Yorkshire (Phil.) Coral rag; centre et sud de l'Angleterre (Conyb.) Argile d'Oxford et roches de Kelloway; Haute-Saône (Thir.) Coral rag: Randen (De Buch.)

* — *polyplocus* (Rein.) Très caractéristique pour le calcaire jurassique en Allemagne (Dechen.) Calcaire lithographique (Rein.)

— *abruptus* (Stahl.) Eybach, Wurtemberg (Ziet. pl. 10, fig. 2.) Identique avec la précédente (Dechen.)

— *planula* (Heyl.) Donzdorf (Holl.) Peut-être identique avec la suivante ou avec l'*A. polyplocus?* (Dechen.)

* — *polygyratus* (Rein.) Donzdorf, Randen (Dechen.)

— *comptus* (Rein.) Donzdorf et Amberg (Dechen.) Lias; Gundershoffen (Voltz.)

— *gracilis* (Munst.) Donzdorf, Wurtemberg (Ziet. pl. 7, fig. 3.) Identique avec la précédente (Dechen.)

— *giganteus* (Sow. pl. 126.) Pierre de Portland, coral rag et lias; centre et sud de l'Angleterre (Conyb.) Pierre de Portland, île d'Aix (Al. Brong.) (Var.) Oolite inférieure; Haute-Saône (Thir.)

— *biplex* (Sow. pl. 293, fig. 1, 2.) Solenhofen (Hœn.) Argile d'Oxford; Haute-Saône (Thir.) Coral rag; Randen, Rathshausen, Streitberg et Altdorf (Dechen.) Oolite inférieure; Normandie (De Cau.) Lias; Ross et Cromarty, Écosse (Murch.) Calcaire de l'Albe; Eybach, Wurtemberg (Ziet. pl. 8, fig. 2.)

— *bifurcatus* (Schlot.) Coral rag; Cobourg, Baireuth (De Buch.) Lias; Wasseralfingen, Wurtemberg (Ziet. pl. 3, fig. 3.)

— *trifurcatus* (Rein.) Cobourg (Holl.) Böhringen, Wurtemberg (Ziet. pl. 3, fig. 4.)

— *picomphalus* (Sow. pl. 359 et 404.) Bolingbroke, Lincolnshire (Sow.) Identique avec l'*A. mutabilis* de Sow. pl. 405. (Dechen.) Argile de Kimmeridge? Yorkshire (Phil.) Argile d'Oxford; Normandie (De Cau.)

* — *multiradiatus* (Rang.) Willibaldsburg, près Eichstedt (Dechen.)

— *Kœnigii* (Sow. pl. 263, fig. 1, 2, 3.) Roches de Kelloway; Kelloway, Wilts; Yorkshire (Phil. pl. 6, fig. 24.) Lias; Charmouth (Sow.) Grès micacé; îles Hébrides (Murch.) Solenhofen (Hœn.)

— *undulatus* (Stahl.) Calcaire jurassique; Eybach et Gustingen, Vurtemberg (Ziet. pl. 10, fig. 5.) Lias; Gamelshausen (Ziet.) Identique avec la précédente (Dechen.)

— *annulatus* (Sow. pl. 222.) Lias; Yorkshire (Phil.) Moritzberg, près Nuremberg (Dechen.) Lias supérieur; Boll; Wurtemberg (Ziet. pl. 9, fig. 2.) Oolite inférieure et lias; Centre et sud de l'Angleterre (Conyb.) Mont-d'Or, Lyon (Al. Brong.) Oolite inférieure; Uzer, sud de la France (Dufr.) Gamelshausen, Wurtemberg (Ziet. pl. 9, fig. 4.) Argile d'Oxford, forest marble et oolite inférieure; Normandie (De Cau.) Coral rag et oolite inférieure; Wilts (Lons.) Cobourg (Holl.) Diffère peu de l'*A. Kœnigii* (Dechen.)

— *Brownii* (Sow. pl. 263, fig. 4, 5.) Oolite inférieure; Dundry (Conyb.)

— *Parkinsoni* (Sow. pl. 307.) Oolite inférieure; Bayeux (Magendie.) Wasseralfingen, Wisgoldingen et Bopfingen (Dechen.) Grès du lias; (Schlot.) Schistes du lias; Hohenstoffen, Wurtemberg (Ziet. pl. 10, fig. 7.) Lias; Yeovil, Sommerset (Sow.) Hohenstein, Saxe (Munst.)

* — *longidorsalis* (De Buch.) Argile d'Oxford; Croizeville et les Moutiers, Calvados (Dechen.)

— *communis* (Sow. pl. 107, fig. 2, 3.) Lias; Centre et sud de l'Angleterre (Conyb.) Yorkshire (Phil.) Iles Hébrides, Écosse (Murch.) Soleure (Hœn.) Gamelshausen et Stuifenberg, Wurtemberg (Ziet. pl. 7, fig. 2.)

* — *tenui-costatus* (Y. et B.) Lias; Yorkshire (Dechen.) Très analogue la précédente.

— *crassus* (Y. et B.) Lias; Yorkshire (Phil. pl. 12, fig. 15.)

* — *funicularis* (De Buch.) Lias; Vic, Meurthe (Dechen.)

F. Famille des *Dorsati*.

* *Ammonites Brodiæi* (Sow. pl. 351.) Calcaire de Portland; île de Portland (Sow.)

— *armatus* (Sow. pl. 95.) Argile d'Oxford et lias; centre et sud de l'Angleterre (Conyb.) Argile d'Oxford; Normandie (De Cau.) Haute-Saône (Thir.) Lias; Bath (Lons.)

— *Davœi* (Sow. pl. 350.) Lias; Lyme Regis (La B.) Wasseralfingen, Wurtemberg (Ziet. pl. 14, fig. 2.) Autun (Dechen.)

— *fibulatus* (Sow. pl. 407, fig. 2.) Lias; Yorkshire (Phil.)

— *sub-armatus* (Sow. pl. 407, fig. 1.) Lias; Yorkshire (Phil.)

G. Famille des *Coronarii*.

— *crenatus* (Rein.) Coral rag; Allemagne (De Buch.)

— *Blagdeni* (Sow. pl. 201.) Grande oolite; Yorkshire (Phil.) Oolite inférieure; Dundry (Conyb.) Normandie (De Cau.) Oolite de Bath; Spaichingen et Metzingen (Dechen.)

— *Brackenridgii* (Sow. pl. 184.) Oolite inférieure; Dundry (Conyb.) Normandie (De Cau.) Porta Westphalica (Hœn.) Caractéristique pour les roches de Kelloway en Allemagne (Dechen.)

— *Vernoni* (Bean.) Argile d'Oxford; Yorkshire (Phil. pl. 5, fig. 19.) Identique avec la précédente (Dechen.)

— *annularis* (Rein.) Oolite inférieure; Gamelshausen, Wurtemberg (Ziet. pl. 10, fig. 10.) Identique avec l'*A. Brackenridgii* (Dechen.)

— *inœqualis* (Mérian.) Bâle (Mérian.) Identique avec l'*A. Brackenridii* (Dechen.)

— *contractus* (Sow. pl. 500, fig. 2.) Oolite inférieure; Dundry (Conyb.) Normandie (De Cau.)

— *coronatus* (Schlot.) Argile d'Oxford? Nord de la France (Bobl.) Identique avec la précédente (Dechen.)

— *dubius* (Schlot.) Schistes du lias; Gamelshausen, Wurtemberg (Ziet. pl. 1, fig. 2.)

— *punctatus* (Stahl.) Oolite inférieure; Gamelshausen (Ziet. pl. 10, fig. 4.) Lorraine; Aveyron (Dechen.) Identique avec l'espèce précédente (Dechen.)

— *gowerianus* (Sow. pl. 549, fig. 2.) Roches de Kelloway; Yorkshire (Phil. pl. 6, fig. 21.) Argile schisteuse, grès et calcaire; Inverbrora, Écosse (Murch.)

— *Bechii* (Sow. pl. 280.) Oolite inférieure et lias; centre et sud de l'Angleterre (Conyb.) Lias; Lyme Regis (De la B.) Cobourg (Holl.) Rottweil, Bahlingen (Dechen.)

— *humphresianus* (Sow. pl. 500, fig. 1.) Oolite inférieure; Sherborne (Sow.) Lias; sud de la France (Dufr.)

— *Rollensis* (Ziet. pl. 12, fig. 3.) Schistes du lias; Boll, Wurtemberg (Ziet.) Identique avec la précédente (Dechen.)

H. Famille des *Macrocephali*.

— *macrocephalus* (Schlot.) Coral rag; Aarau, Cobourg (Holl.) Identique avec l'espèce suivante (Dechen.)

* — *tumidus* (Rein.) Coral rag; Aarau, Cobourg (Dechen.) Argile d'Oxford; Vaches-Noires, Calvados (Dechen.)

* — *inflatus* (Rein.) Coral rag; Yorkshire et Écosse; Randen, Thurnau, Staffelberg (Dechen.)

— *Sutherlandiæ* (Sow. pl. 563.) Grès; Braambury Hill et Brora, Écosse (Murch.) Oolite coralline et grès calcaire; Yorkshire (Phil.) Spires intérieures de l'espèce précédente (Dechen.)

— *striolaris* (Rein.) Eybach, Wurtemberg (Ziet. pl. 9, fig. 5.) Spires intérieures de l'*A. inflatus* (Dechen.)

— *sublœvis* (Sow. pl. 54.) Roches de Kelloway; centre et sud de l'Angleterre

(Conyb.) Oolite coralline et roches de Kelloway; Yorkshire (Phil. pl. 6, fig. 22.)
Argile d'Oxford; Normandie (De la B.) Beggingen; Schaffhouse (De Buch.) Terre
à foulon; environs de Bath (Lons.)

Ammonites Herveyi (Sow. pl. 195.) Oolite inférieure; centre et sud de l'Angleterre
(Conyb.) Spaldon, Lincolnshire; Bradford, Sommerset (Sow.) Wasseralfingen,
Wurtemberg (Ziet. pl. 14, fig. 3.) Roches de Kelloway? et Cornbrash; Yorkshire
(Phil.) Grès brun moyen; Wurtemberg, Bavière; Suisse (Dechen.)

— *terebratus* (Phil.) Cornbrash; Yorkshire (Phil.) Très rapprochée de la précédente
(Dechen.)

— *Banksii* (Sow. pl. 200.) Oolite inférieure; Dundry (Conyb.) Oolite de Bath; Bâle
(Dechen.)

— *Brocchii* (Sow. pl. 202.) Oolite inférieure; Dundry (Conyb.) Haute-Saône (Thir.)

— *Gervillii* (Sow. pl. A (184 bis), fig. 3.) Oolite inférieure; Normandie (De Cau.)

— *Brongniartii* (Sow. pl. A (184 bis), fig. 3.) Oolite inférieure; Normandie
(De Cau.)

J. Famille des *Armati*.

— *perarmatus* (Sow. pl. 352.) Coral rag; Malton (Sow.) Écosse (Dechen.) Staffelberg,
près Banz, Franconie; Mordberg, près Nuremberg; Banden (Dechen.) Oolite
coralline, grès calcaire et roches de Kelloway; Yorkshire (Phil.) Argile d'Oxford;
Normandie (Dechen.)

— *biarmatus* (Sow.) Schiste marneux du lias; Göppingen, Wurtemberg (Ziet. pl. 1,
fig. 6.) Saxe; Bavière; Suisse (Munst.) Espèce identique avec la précédente
(Dechen.)

— *athleta* (Phil. pl. 6, fig. 19.) Argile d'Oxford et roches de Kelloway; Yorkshire
(Phil.) Identique avec l'*A. perarmatus* ci-dessus (Dechen.)

— *Williamsoni* (Phil. pl. 4, fig. 19.) Oolite coralline; Yorkshire (Phil.)

* — *Backeriæ* (Sow. pl. 570, fig. 1 et 2.) Argile d'Oxford; Yorkshire: Vaches-Noires
(Dechen.)

— *bifrons* (Phil. pl. 16, fig. 18.) Roches de Kelloway; Yorkshire (Phil.) Identique
avec la précédente (Dechen.)

— *lævigatus* (Sow. pl. 570, fig. 3.) Lias; Lyme Regis (De la B.) Identique avec
l'*A. Backeriæ* ci-dessus (Dechen.)

— *Birchii* (Sow. pl. 257.) Lias; centre et sud de l'Angleterre (Conyb.) Lyme Regis
(De la B.) Göppingen, Wurtemberg (Dechen.)

— *lenticularis* (Phil. pl. 6, fig. 25.) Oolite coralline, roches de Kelloway et lias;
Yorkshire (Phil.)

K. Famille des *Dentati*.

— *Jason* (Rein.) Schistes du lias; Gamelshausen, Wurtemberg (Ziet. pl. 4, fig. .)

— *calloviensis* (Sow. pl. 204.) Roches de Kelloway; caractéristique; Kelloway (Sow.)
Yorkshire Phil. pl. 6, fig. 15.) Belosetsk, près d'Orenbourg (Dechen.) Identique
avec la précédente (Dechen.)

— *Guilelmi* (Sow. pl. 311.) Argile d'Oxford; sud de l'Angleterre (Sow.) Oolite inférieure; Gamelshausen, Wurtemberg (Ziet. pl. 14, fig. 4.) Jeunes individus de
l'*A. Jason* (Dechen.)

— *Duncani* (Sow. pl. 157.) Saint-Neots, Huntingdonshire (Duncan.) Roches de
Kelloway; Yorkshire (Phil. pl. 6, fig. 16.) Argile d'Oxford; centre et sud de
l'Angleterre (Conyb.) Normandie (De Cau.) Haute-Saône (Thir.)

L. Famille des *Ornati*.

— *Pollux* (Rein.) Oolite inférieure; Gamelshausen, Wurtemberg (Ziet. pl. 11, fig. 3.)
Roches de Kelloway; Vaches-Noires, Calvados; Goslar, Thurnau (Dechen.) Identique avec l'*A. spinosus*; Sow. pl. 540. (Dechen.)

— *gemmatus* (Phil. pl. 6, fig. 17.) Roches de Kelloway; Yorkshire (Phil.) Identique
avec la précédente (Dechen.)

H. Famille des *Flexuosi*.

Ammonites flexuosus (Munst.) (Ziet. pl. 28, fig. 7.) Coral rag; Streitberg, près Erlangen; Donzdorf, Souabe; Rathausen, près Bahlingen; Mont-Randen, près Schaffhouse (De Buch.)

— *discus* (Rein.) Ganzlosen et Grulbingen . Wurtemberg (Ziet. pl. 11, fig. 2.) Probablement identique avec la précédente (Dechen.)

* — *asper* (Mérian.) Marne sur le coral rag, représentant l'argile de Kimmeridge; Haute-Rive, pays de Neufchatel (Dechen.)

— *oculatus* (Phil. pl. 15, fig. 16.) Argile d'Oxford; Yorkshire (Phil.)

Les espèces suivantes d'ammonites ne sont pas assez caractérisées, ou n'ont pas pu être assez observées, pour qu'on puisse déterminer la famille à laquelle elles appartiennent.

— *latina* (Sow.) Coral rag; Wiltshire (Lons.)

— *instabilis* (Phil.) Grès calcaire; Yorkshire (Phil.)

— *solaris* (Phil. pl. 4, fig. 29.) Grès calcaire; Yorkshire (Phil.) Boll, Wurtemberg (Ziet. pl. 14, fig. 7.)

— *granulatus* (Brug.) Cobourg (Holl.)

— *Reineckii* (Holl.) Cobourg (Holl.)

— *gigas* (Ziet. pl. 13, fig. 1.) Riedlingen sur le Danube (Ziet.)

— *Sowerbii* (Miller.) Oolite inférieure; Dundry (Conyb.)

— *modiolaris* (Smith.) Terre à foulon; centre et sud de l'Angleterre (Conyb.)

— *Deslongchampi.* Oolite inférieure; nord de la France (Bobl.)

— *vulgaris.* Argile de Bradford; nord de la France (Bobl.)

— *corrugatus* (Sow. pl. 451, fig. 3.) Oolite inférieure; Dundry (Brackenridge.)

— *interruptus* (Schlot.) Argile d'Oxford; Thurnau (Holl.) Haute-Saône (Thir.) Lias; Gross-Eislingen, Wurtemberg (Ziet. pl. 15, fig. 3.)

— *decoratus* (Ziet. pl. 13, fig. 5.) Oolite inférieure; Guttenberg, Wurtemberg (Ziet.)

— *bipartitus* (Ziet. pl. 13, fig. 6.) Oolite inférieure ; Guttenberg, Wurtemberg (Ziet.)

— *bispinosus* (Ziet. pl. 16, fig. 4.) Oolite inférieure, Wasseralfingen, Wurtemberg (Ziet.)

— *subcarinatus* (Y. et B.) Lias; Yorkshire (Phil. pl. 13, fig. 3.)

— *Henleii* (Sow. pl. 172) Lias; centre et sud de l'Angleterre (Conyb.) Yorkshire (Phil.)

* — *septangularis* (Y. et B.) Lias; Yorkshire.

— *heterogenius* (Y. et B.) Lias; Yorkshire (Phil. pl. 12, fig. 19.)

— *gagateus* (Y. et B.) Lias; Yorkshire (Phil.)

— *arcigerens* (Phil. pl. 13, fig. 9.) Lias; Yorkshire (Phil.)

— *brevispina* (Sow. pl. 556, fig. 2.) Lias; îles Hébrides (Murch.) Yorkshire (Phil.)

— *erugatus* (Bean.) Lias; Yorkshire (Phil. pl. 13, fig. 15.)

— *nitidus* (Y. et B.) Lias; Yorkshire (Phil.)

— *geometricus* (Phil. pl. 14, fig. 9.) Lias; Yorkshire (Phil.)

— *hawskerensis* (Y. et B.) Lias; Yorkshire (Phil. pl. 13, fig. 8.)

— *latecostatus* (Sow. pl. 556, fig. 1.) Lias; Lyme Regis (Murch.) Zell, près Boll; Wurtemberg (Ziet. pl. 27, fig. 3.)

— *ammonius* (Schlot.) Lias; Altdorf (Holl. Gundershoffen, Bas-Rhin (Voltz.)

—, *denticulatus* (Ziet. pl. 13, fig. 3) Lias, Boll (Ziet.)

— *varicostatus* (Ziet. pl. 13, fig. 4.) Lias, Boll (Ziet.)

— *torulosus* (Schübler.) Lias; Stuifenberg (Ziet. pl. 14, fig. 1.)

— *oblique-costatus* (Ziet. pl. 15, fig. 4.) Lias; Kaltenthal, près Stutgard (Ziet.)

— *insignis* (Schübler.) Lias; Reichenbach (Ziet. pl. 15, fig. 2.)

— *oblique-interruptus* (Schübler.) Lias; Wasseralfingen (Ziet. pl. 15, fig. 4.)

— *polygonius* (Ziet. pl. 15, fig. 6.) Lias; Zell, près Boll (Ziet.)

Ammonites discoides (Ziet. pl. 16, fig. 1.) Lias ; Reichenbach (Ziet.)
— *œquistriatus* (Munst.) Lias ; Boll, Zell et Ohrnden, Wurt. (Ziet. pl. 12, fig. 3.)
-- *concavus* (Sow. pl. 91.) Lias ; Yorkshire (Phil.) Normandie (De Cau.) Cobourg
(Holl.) Oolite inférieure ; centre et sud de l'Angleterre (Conyb.)
— *complanatus* (Rein.) Oolite inférieure ; Gamelshausen , Wurtemberg (Ziet.
pl. 10, fig. 6.)
— *decipiens.* Solenhofen (Munst.) Hohenstein, Saxe (Munst.) Lias ; Normandie
(De Cau.)
— *knorrianus* (De Haan.) Boll, Wurtemberg (Holl.)
— *Leachi* (Sow. pl. 242, fig. 4.) Lias ; Gamelshausen , Wurtemberg (Ziet. pl. 16,
fig. 2.)
— *planulatus* (De Haan.) Baireuth (Holl.)
– *planorbis* (Sow. pl. 448.) Lias ; Watchet , Sommerset (Sow.)
— *subfurcatus* (Schlot.) Lias ; Göppingen, Wurtemberg (Ziet. pl. 7. fig. 6.)
— *tenuistriatus* (Muns.) Solenhofen (Hœn.)
Onychoteutis angusta (Munst.) Solenhofen (Hœn.)
Loligo prisca (Rüppell.) Solenhofen (Rüppell.)
— *antiqua* (Munst.) Solenhofen (Hœn.)
Sepia hastœformis (Rüppell.) Solenhofen (Rüppel.)
— Restes de *Sepia* , avec poche à encre conservée ; Lias ; Lyme Regis (Buckl.) Boll ,
Banz, Culmbach (Dechen.)
Rhyncolites ou *becs de Sepia.* Lias , Lyme Regis (De la B.) Lias, près Bristol (Miller.)

CRUSTACÉS.

Pagarus mysticus (Holl.) Solenhofen (Holl.)
Eryon Cuvieri (Desm. pl. 11, fig. 4.) Solenhofen ; Eichstedt ; Pappenheim (Holl.)
— *Schlotheimii* (Holl.) Solenhofen (Holl.)
Scyllarus dubius (Holl.) Solenhofen (Holl.)
Palæmon spinipes (Desm. pl. 10, fig. 4.) Pappenheim ; Solenhofen (Holl.)
— *longimanatus.* Solenhofen (Holl.) *Mecochirus locusta* (Dechen.)
— *Walchii* (Holl.) Pappenheim (Holl.)
Astacus modestiformis (Holl.) Solenhofen (Holl.)
— *minutus* (Holl.) Solenhofen (Holl.)
— *rostratus* (Phil. pl. 4, fig. 20, 21.) Roches de Kelloway et oolite coralline ; York-
shire (Phil.)
* — *leptodactylus* (Germar ?) Calcaire lithographique ; Solenhofen ? (Dechen.)
* — *spinimanus* (Germar ?)   *Idem.*   *Ibid.*
* — *fuciformis* (Holl.)   *Idem.*   *Ibid.*
— Espèces non déterminées. Argile d'Oxford et lias : Yorkshire (Phil.)
Crustacea. Genres non déterminés ; lias ; centre et sud de l'Angleterre (Conyb.)
Lyme Regis (De la B.) Forest marble ; Normandie (De Cau.) Schiste de Stonesfield
(Conyb.) Argile de Bradford ; nord de la France (Bobl.)

Insectes.

Insectes de la famille des *Libellula* et autres. Solenhofen (Munst.) (Murch.)
Elytres de Coléoptères. Schiste de Stonesfield (Leach.) (Buckl.)

Poissons.

Dapedium politum (De la B.) Lias ; Lime Regis (De la B.) Lias et argile d'Oxford ;
Normandie (De Cau.)
Clupea sprattiformis (Blainv.) Solenhofen (Holl.)
* — *dubia* (Blainv.) Schiste calcaire de Pappenheim.
* — *Knorrii* (Blainv.)   *Idem.*
* — *salmonea* (Blainv.)   *Idem.*
* — *Davilei* (Blainv.)   *Idem.*

* *Pœcilia dubia* (Blainv.) Anspach ?

* *Esox acutirostris* (Blainv.) Schiste de Pappenheim ?

* *Urœus gracilis* (Agassitz.) Lias ; Wurtemberg (Decken.)

* *Sauropsis latus* (Agassitz.) Lias ; Boll, Wurtemberg (Dechen.)

* *Ptycholepis Bollensis* (Agassitz.) Lias ; Boll, Wurtemberg (Dechen.)

* *Semionotus leptocephalus* (Agassitz.) Lias ; Zell, près Boll, Wurtemberg (Dechen.)

* *Lepidotes gigas* (Agassitz.) Lias ; Ohmden, près Boll, Wurtemberg (Dechen.)

* — *frondosus* (Agassitz.) Lias ; Zell, près Boll, Wurtemberg (Dechen.)

* — *ornatus* (Agassitz.) Lias ; Wurtemberg (Dechen.)

* *Leptolepis Bronnii* (Agassitz.) Lias ; Neidingen, près Donaueschingen, Wurtemberg (Dechen.)

* — *Jägeri* (Agassitz.) Lias ; Zell, près Boll, Wurtemberg (Dechen.)

* — *longus* (Agassitz.) Lias ; Zell, Wurtemberg (Dechen.)

* *Tetragonolepis heteroderma* (Agassitz.) Lias ; Zell, Wurtemberg (Dechen.)

* — *semicinctus* (Bronn.) Lias ; Wurtemberg (Dechen.)

* — *polidotus* (Agassitz.) Lias ; Zell, Wurtemberg (Dechen.)

* — *Traillii* (Agassitz.) Lias ; Angleterre ; sud de l'Allemagne (Dechen.)

* — *altivelis* (Agassitz.) Lias ; sud de l'Allemagne ? (Dechen.)

Poissons. Espèces non déterminées. Plusieurs dans le lias ; Lyme Regis (De la B.) Barrow, Leicestershire (Conyb.) Couches de Portland ; Tisbury, Wilts (Benett.)

Ichthyodorulites (Buckl. et de la B.) Plusieurs genres ; lias ; Lyme Regis et ailleurs, dans le centre et le sud de l'Angleterre (Conyb. et de la B.) Argile de Kimmeridge, près d'Oxford (Buckl.) Schiste de Stonesfield (Buckl.) Grande oolite ; Normandie (De Cau.)

Poissons (Plaques, palais et dents de —). Lias ; Lyme Regis et Somersetshire, etc. (Conyb.) Schiste de Stonesfield (Buckl.) Grande oolite ; Normandie (De Cau.) Cornbrash et forest marble ; nord de la France (Bobl.) Oolite coralline, argile d'Oxford ; Yorkshire (Phil.) Couches de Portland ; Tisbury, Wiltshire (Benett.)

Ichthyocopros. Oolite inférieure ; Normandie. Lias ; centre et sud de l'Angleterre.

Reptiles.

Pterodactylus macronyx (Buckl.) Lias ; Lyme Regis (Buckl.) Lias ; Banz, Bavière (Meyer.)

— *longirostris* (Cuv.) Eichstedt (Collini)

— *brevirostris* (Cuv.) Eichstedt (Cuv.)

— *grandis* (Cuv.) Solenhofen (Holl.)

— *crassirostris* (Goldf.) Solenhofen (Goldf.)

— *medius* (Munst.) Monheim (Schnitzlein.)

— *Munsteri* (Goldf.) Monheim (Goldf.)

— Espèces non connues. Schiste de Stonesfield (Buckl.)

Crocodilus Bollensis (Jäg.) Lias ; Boll, Wurtemberg (Jäg.)

* — *brevirostris* (Cuv.) Lias ; Altdorf.

— *priscus* (Sœmm.) Monheim (Sœmm.)

Gavial. Museau court. Argile de Kimmeridge ; Le Havre (Al. Brong.)

— Museau allongé. Argile de Kimmeridge ; Le Havre (Al. Brong.)

Crocodile. . . . (Cuv.) Grande oolite ; Le Mans (Al. Brong.)

— Débris, Espèces non déterminées. Lias ; Yorkshire (Phil.) Lias ? Lyme Regis (De la B.) Cornbrash, Angleterre (Conyb.) Schiste de Stonesfield (Buckl.) Oolite coralline ; Yorkshire (Phil.)

* *Macrospondylus Bollensis* (Meyer.) Lias ; Boll, Wurtemberg (*Teleosaurus* ; Holl.)

Teleosaurus (Geoffroy Saint-Hilaire.) Grande oolite ; Caen (De Cau.)

Megalosaurus Bucklandi. Schiste de Stonesfield (Buckl.)

— Espèces non connues. Grande oolite ; Normandie (De Cau.) Besançon.

Geosaurus Bollensis (Jäg.) Lias ; Boll, Wurtemberg (Jäg.)

Geosaurus (Cuv.) Monheim (Sœm.)

Lacerta Neptunia (Goldf.) Monheim (Goldf.)

Rhacheosaurus gracilis (Meyer.) Daiting, Solenhofen (Meyer.)

Pleurosaurus Goldfussii (Meyer.) Daiting (Meyer.)

Plesiosaurus dolichodeirus (Conyb.) Lias, Lyme Regis, etc.

— *recentior* (Conyb.) Argile de Kimmeridge, Angleterre (Conyb.) Argile de Kimmeridge ; Honfleur (Al. Brong.)

— *carinatus* (Cuv.) Grande oolite ; Boulogne (Al. Brong.)

— *pentagonus* Cuv.) Grande oolite ; Ballon et Chaufour (Al. Brong.)

— *trigonus* (Cuv.) Grande oolite ; Calvados (Al. Brong.)

— *macrocephalus* (Conyb.) Lias ; Lyme Regis (De la B.)

— Espèce non déterminée. Argile d'Oxford ; Stenay (Bobl.) Calvados (De la B.) Lias ; nord de l'Irlande (Bryce.) Whitby (Dunn.)

Ichthyosaurus communis (De la B.) Lias ; Lyme Regis, etc., Angleterre (Conyb.) Lias ; Boll, Wurtemberg (Jäg.)

— *platyrodon* (De la B.) Lias ; Lyme Regis, etc., Angleterre (Conyb., etc.) Boll (Jäg.)

— *tenuirostris* (De la B.) Lias ; Lyme Regis, etc. (Conyb., etc.) Boll (Jäg.)

— *intermedius* (Conyb.) Lias ; Lyme Regis, etc. (Conyb.) Lias ; Boll (Jäg.)

* — *conformis* (Harlan.) Lias ; Bristol.

— Espèce non déterminée. Lias et oolite inférieure ; Normandie (De Cau.) Lias ; Yorkshire (Phil.) Argile d'Oxford, Angleterre (Conyb.) Normandie (De la B.) Grande oolite ; Reugny (Al. Brong.) Oolite coralline ; Yorkshire (Phil.) Grès calcaire ; centre et sud de l'Angleterre (Conyb.) Argile de Kimmeridge ; Oxford (Buckl.) Weymouth (De la B.) Honfleur (Al. Brong.)

Divers sauriens. Roches de Kelloway et oolite de Bath ; Yorkshire (Phil.) Pierre de Portland (Buckl. et de la B.)

* *Coprolites d'Ichthyosaurus* (*Ichthyosauro-Copros*, Buckland.) Lias inférieur ; Lyme Regis.

Tortue. Schiste de Stonesfield (Buckland.) Lias? Angleterre (Conyb.) Solenhofen (Munst.)

Mammifères.

Didelphis Bucklandi. Schiste de Stonesfield (Buckl.)

Voici les observations principales que l'on peut faire sur cette longue liste des débris organiques du groupe oolitique.

Nos connaissances sur les *végétaux fossiles* sont encore trop bornées pour que nous puissions tirer quelque conclusion générale de ceux qui ont été indiqués dans les roches de ce groupe.

On n'y a trouvé d'ossements de *mammifères* que dans une seule localité, à Stonesfield, dans l'Oxfordshire ; ils se rapportent à un *Didelphis*, et probablement il en existe des débris de plus d'une espèce.

On a trouvé des *Ptérodactyles* à Solenhofen, où il y en a plusieurs espèces ; à Lyme Regis, où c'est une espèce différente, découverte aussi à Banz en Bavière. Enfin probablement des débris de ce genre extraordinaire d'animal existent aussi à Stonesfield.

Il paraît que des *Crocodiles* ont vécu pendant toute la durée du dépôt du groupe oolitique ; on en a découvert en Angleterre, en France et en Allemagne.

Le *Megalosaurus* a été observé dans l'Oxfordshire, en Normandie et près de Besançon.

Le *Teleosaurus* n'a été trouvé qu'auprès de Caen.

Le *Geosaurus* seulement dans les lias du Wurtemberg et dans les environs de Monheim en Bavière. Mais nous avons dit plus haut (page 376) qu'on avait cité des ossements appartenant à ce genre dans les terrains crétacés de l'Amérique septentrionale.

Les genres *Racheosaurus* et *Pleurosaurus* n'ont été découverts qu'en Allemagne.

Les *Ichthyosaurus* et les *Plesiosaurus* paraissent avoir été assez abondants; cependant on n'en a pas encore trouvé dans le sud de la France, non plus que des *Ptérodactyles* et des *Crocodiles*.

Relativement aux diverses *Tortues* et aux *Poissons* fossiles de ce groupe, ce que nous en connaissons ne peut encore nous conduire à aucune conclusion.

On a découvert des *insectes* dans l'oolite de Stonesfield et à Solenhofen.

Les *Polypiers* ont été trouvés en grande abondance dans certaines localités, principalement dans les couches nommées en Angleterre *coral rag*, et aussi dans la partie supérieure de la grande oolite; ce qui a fait distinguer cette couche, en Normandie, sous le nom de *calcaire à polypiers*.

On a voulu regarder le *coral rag* comme une roche constante dans la série oolitique, mais cela supposerait que, pendant le dépôt de cette série, il y a eu une époque où tout le fond d'une mer très étendue était couvert d'un banc de corail général, et que par conséquent les mêmes polypiers pouvaient exister sous différentes pressions d'eau, supposition qui est tout à fait contraire aux habitudes connues des polypiers vivants actuels.

On conçoit sans doute que, dans des positions favorables, il se forme dans la mer des lits successifs de coraux, enveloppant différentes substances, mais rien ne prouve que cela puisse avoir lieu à de grandes profondeurs; et, au contraire, toutes les observations recueillies jusqu'à présent sur les polypiers et sur les positions où ils vivent dans la mer, tendent à prouver que ce n'est jamais que sous une faible hauteur d'eau qu'ils élèvent leurs bancs de coraux.

Dans le coral rag, qui paraît n'être autre chose qu'un reste d'anciens bancs de polypiers, on trouve un grand nombre d'espèces et d'individus des genres *Astrea*, *Meandrina*, *Caryophyllia*, ce qui est d'accord avec les observations de MM. Quoy et Gaymard, qui ont reconnu que ces genres sont les principaux architectes des bancs de coraux dans la mer du Sud. Mais, relativement aux espèces nombreuses des genres *Achilleum*, *Scyphia*, *Manon*, *Tragos*, et de beaucoup d'autres qu'on observe dans les différentes divisions du groupe oolitique en Angleterre et en France, on ne connait pas assez la position qu'elles affectent aujourd'hui dans les mers pour être en état d'établir quelques comparaisons. La présence de dépôts de coraux dans une partie de la série oolitique plutôt que dans d'autres semble indiquer que, sur les diverses parties de l'Angleterre, de la France et de l'Allemagne, la mer qui les couvrait présentait de grandes différences dans la hauteur relative de son niveau au-dessus du fond, ou des profondeurs d'eau très variées; d'où il résultait que des coraux pouvaient s'établir sur certains points, et non sur d'autres.

On doit remarquer que, partout où il y a beaucoup de polypiers, on rencontre toujours quelques fossiles de la famille des *Echinides*, surtout des genres *Clypeus* et *Cidaris*.

Les débris de *Crinoïdes* du groupe oolitique appartiennent principalement aux genres *Apiocrinites* et *Pentacrinites*.

Le premier se rencontre dans la grande oolite et les couches qui l'accompagnent; savoir: le cornbrash, le forest marble et l'argile de Bradford. Le second est très abondant dans le lias.

Pour les *coquilles*, nous allons indiquer ici les espèces qu'une même division du groupe oolitique a présentées dans plus d'une localité, à une distance modérée [1]. Nous ne répéterons pas l'indication des lieux, que l'on pourra rechercher dans la liste générale qui précède. Nous donnerons la figure de quelques-unes qu'il est plus important de connaître.

Fig. 71.   *Fig 70.*   *Fig. 72.*

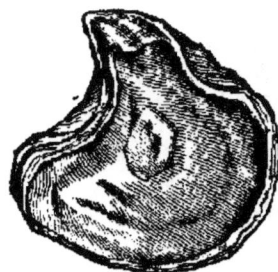

[1] Le lecteur a dû remarquer que, dans la liste générale, il y a des coquilles qui sont indiquées comme existant dans plusieurs contrées très éloignées les unes des autres, mais *dans des couches différentes* ; nous ne citerons pas ici ces espèces. Relativement à celles qui ont été observées de même dans des contrées fort éloignées et qu'on dit exister *dans des couches analogues*, on peut souvent contester cette identité de couches ; et, en général, on doit reconnaître que les rapports qu'on cherche à établir pour les sous-divisions du groupe oolitique sont souvent hasardées.

ARGILE DE KIMMERIDGE.

Ostrea deltoidea (fig. 71.) Caractéristique en Angleterre.
Gryphæa virgula (fig. 70.) Caractéristique en France.
Pinna granulata.

Trigonia clavellata.
— *costata.*
Mya depressa.
Pholadomia acuticostata
Pterocerus ponti.

CORAL RAG.

Ostrea gregarea.
Pecten lens.
— *inæquicostatus.*
— *vimineus.*
— *vagans.*
Lima rudis.
Plagiostoma rusticum.
— *læviusculum.*
— *rigidum.*
Modiola bipartita.

Gervillia aviculoides.
Trigonia costata.
— *clavellata.*
Turbo muricatus.
Trochus tiara.
Melania heddingtonensis.
— *striata.*
Ammonites plicatilis.
vertébralis.

ARGILE D'OXFORD.

Terebratula ornithocephala.
Ostrea palmetta.
— *Marshii.*
— *gregarea.*
Gryphæa dilatata (fig. 72), très caractéristique en Angleterrre et en France.
Pecten fibrosus.
— *lens.*
Gervillia aviculoides.

Trigonia clavellata.
— *costata.*
Ammonites armatus,
— *Kœnigi.*
— *calloviensis.*
— *Duncani.*
— *sublævis.*
— *plicatilis.*
Patella latissima.

Réunion de couches formant la GRANDE OOLITE, savoir : TERRE A FOULON, GRANDE OOLITE, ARGILE DE BRADFORD, FOREST MARBLE et CORNSBRASH.

Terebratula subrotunda.
— *intermedia.*
— *digona.*
— *obsoleta.*
— *reticulata.*
— *globata.*
— *coarctata.*
— *media.*
Ostrea Marshii.
— *costata.*
— *acuminata.*
— *Pecten fibrosus.*

Plagiostoma cardiiforme.
Avicula echinata.
— *costata.*
Lima gibbosa.
Modiola imbricata.
Perna quadrata.
Trigonia clavellata.
— *costata.*
Nucula variabilis.
Isocardia concentrica.
Patella rugosa.

OOLITE INFÉRIEURE AVEC SES SABLES.

Terebratula sphæroidalis.
— *ornithocephala.*
— *obsoleta.*
— *media.*
— *concinna.*
— *bullata.*

Terebratula emarginata.
Gryphæa cymbium.
Pecten lens.
Avicula inæquivalvis.
Lima proboscidea.
— *gibbosa.*

Suite de l'Oolite inférieure avec ses sables.

Plagiostoma giganteum.
— punctatum.
Modiola plicata.
Trigonia clavellata.
— striata.
— costata.
Cardita similis.
— lunulata.
Astarte excavata.
Mya scripta.
Myoconcha crassa.
Melania heddingtonensis.
— lineata.
Turbo ornatus.
Trochus arenosus.
— fasciatus.
— prominens.
— punctatus.
— elongatus.

Trochus abbreviatus.
— tiara.
— angulatus.
— duplicatus.
Pleurotomaria ornata.
Ammonites læviusculus.
— discus.
— contractus.
— Blagdeni.
— Brocchii.
— acutus.
— Stokesii.
— Murchisonœ.
— Braikenridgii.
— elegans.
— annulatus.
Nautilus lineatus.
— obesus.
Belemnites compressus.

Fig. 73.

Fig. 75.

Fig. 76.

Fig. 77.

Fig. 74.

Fig. 78.

Lias.

Spirifer Walcotii (fig. 78) Coquille très caractéristique.
Terebratula ornithocephala.
— acuta.
— tetraedra.
— punctata.
Gryphæa incurva (Fig. 74.) Coquille très caractéristique.
— obliquata.
— gigantea.
— Maccullochii.

Plicatula spinosa.
Pecten æquivalvis.
— barbatus.
Plagiostoma giganteum (Fig. 75.)
— punctatum.
— Hermanni.
Lima antiqua.
Avicula inæquivalvis (Fig. 77.)
— cygnipes.
Modiola scalprum.
— hillana.

Suite du LIAS.

Unio crassissimus.
Pholadomya ambigua.
Trochus anglicus.
— imbricatus.
Belemnites sulcatus.
— elongatus.
— apicicurvatus.
— pistilliformis.
Ammonites Walcotii (Fig. 73.) Caractéristique.
— fimbriatus.
— Henleii.
— communis.
— planicostatus.
— falcifer.

Ammonites heterophyllus.
— brevispina.
— Jamesoni.
— Turneri.
— stellaris. -
— Bucklandi (Fig. 76.) Caractéristique.
— obtusus.
— Stokesii.
— amaltheus.
— sigmifer.
— Conybeari.
— concavus.
Nautilus lineatus.

Quoique ce résumé contienne, pour chacun des étages du groupe oolitique, les coquilles qui y ont été observées en divers lieux, néanmoins on ne doit en faire usage qu'avec précaution, et ne pas se hâter de prononcer qu'une couche, dans laquelle on trouve un des fossiles indiqués ci-dessus comme étant propre à tel étage, lui appartient réellement. Il est plus sage d'observer l'ensemble des coquilles que l'on rencontre dans cette couche, et de juger par là de la ressemblance qu'elle peut avoir avec une des parties du groupe oolitique ; et même encore ne doit-on se décider qu'avec beaucoup de réserve, si la couche observée se trouve très éloignée d'un gîte bien constaté du type auquel on serait tenté de la rapporter.

On a fait observer ci-dessus que les divers points de la surface du sol sur lequel s'est déposée la série oolitique étaient probablement à des profondeurs très différentes sous le niveau de la mer, et que même il y avait lieu de croire que, pendant le dépôt, la profondeur de l'eau avait pu changer pour un même point, par suite des mouvements qui ont pu s'opérer dans le sol. Nous devons ajouter que l'observation des débris organiques tend évidemment à faire présumer que certaines parties de ce sol, ainsi couvert par la mer, étaient très rapprochées des continents d'alors, et que d'autres, au contraire, s'en trouvaient comparativement plus éloignées. Il est naturel de supposer qu'il y avait alors des baies, des criques, des rivières, des golfes leur servant d'embouchures, et des continents ; et que chacune de ces positions se trouvait habitée par des animaux qui lui étaient propres, et qui pouvaient y trouver leur nourriture, s'y propager et s'y défendre contre leurs ennemis. Ainsi, cet étrange saurien, l'*Ichthyosaurus*¹ (dont un, l'*Icht. platyodon*, devait atteindre de bien grandes dimensions, ses énormes mâchoires ayant quelquefois

Fig. 79.

jusqu'à 8 pieds de long), peut, d'après sa forme, avoir été capable d'affronter les vagues de la mer et de se jouer au milieu d'elles, comme aujourd'hui le marsouin; tandis que le *Plesiosaurus*, du moins l'espèce au long cou (*Ples. dolichodeirus*, fig. 80²), semble

Fig. 80.

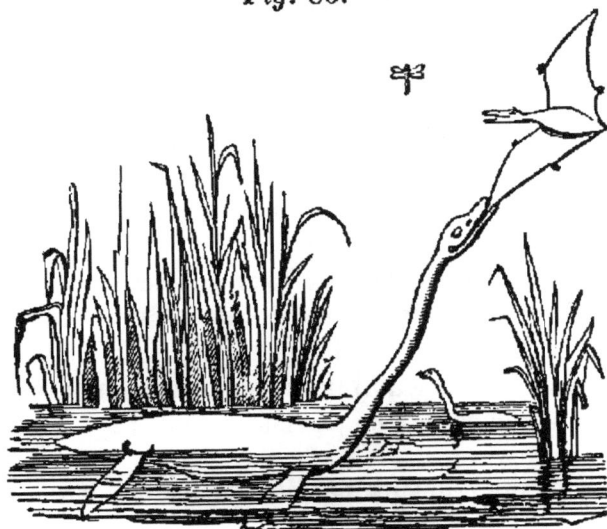

¹ Dans la figure 79, on a cherché à donner une esquisse *probable* des formes extérieures de l'*Ichthyosaurus communis*. Pour mieux les faire connaître, on a représenté l'animal en avant sur le sol, quoique probablement il n'y venait jamais. Vers le haut de la figure, sous la lettre *b*, on a tracé une tête d'*Ichthyosaurus tenuirostris* sortant de l'eau.

² Dans la figure 80, le *Plesiosaurus dolychodeirus* a été représenté au moment où il saisit au vol un *Ptérodactyle*. Étant ainsi à fleur d'eau, cela fait mieux ressortir ses .

avoir plutôt été organisé pour pêcher dans les criques et les baies où les eaux étaient peu profondes, et qui étaient protégées contre les forts brisants.

Les crocodiles de cette époque, comme ceux de l'époque actuelle, aimaient probablement à vivre dans les rivières et dans les bras de mer, et, comme eux, ils étaient carnassiers et voraces. Parmi les différents reptiles de cette époque, l'*Ichthyosaurus*, et particulièrement l'*Icht. platyodon*, semble être celui qui devait dominer dans les eaux ; car sa mâchoire est bien supérieure en force et en capacité à celle des crocodiles et des plésiosaurus. Grâce au professeur Buckland, nous connaissons maintenant en partie de quoi se nourrissaient ces animaux : leurs excréments fossiles, appelés *Coprolites*, ont prouvé, jusqu'à l'évidence, que, non-seulement ils dévoraient des poissons, mais encore qu'ils se dévoraient l'un l'autre ; les plus petits devenaient la proie de plus gros, comme l'attestent suffisamment les restes non digérés des vertèbres et autres os que renferment les coprolites [1]. Lorsque l'on considère une si grande voracité, on a lieu de s'étonner de rencontrer au sein des roches un si grand nombre de ces animaux qui apparaissent ainsi à nos yeux, après une aussi longue suite de siècles, pour attester eux-mêmes le fait de leur existence comme premiers habitants de notre planète. C'étaient sans doute de bien étranges habitants : car, ainsi que le dit M. Cuvier, l'*Ichthyosaurus* avait la mâchoire d'un dauphin, les dents d'un crocodile, la tête et le sternum d'un lézard, les extrémités d'un cétacé (mais au nombre de quatre), et les vertèbres d'un poisson ; tandis que le *Plesiosaurus* avait aussi les extrémités d'un cétacé, mais la tête d'un lézard, et un cou semblable au corps d'un serpent [2].

Il est presque inutile de remarquer que ces deux genres ont complétement disparu de la surface du globe ; et, comme nos lecteurs ont pu le remarquer par les diverses listes de fossiles que nous avons données, leur disparition avait même déjà eu lieu avant le dépôt des roches supracrétacées, à en juger au moins d'après les observations faites en Europe.

Les restes de végétaux ont été accumulés dans certains points

formes. Il est cependant plus probable que cet animal nageait ordinairement à la manière des crocodiles, au-dessous de la surface, où sans doute il avait moins de peine à soutenir son long col.

[1] On trouvera des détails intéressants sur les *Coprolites*, et ce qu'ils renferment, dans un Mémoire de M. Buckland, *Trans. géol.*, 2ᵉ série, vol. III.

[2] Cuvier, *Ossements fossiles*, tome V. Cette description du *Plesiosaurus* s'applique plus particulièrement au *Plesios. dolychodeirus*.

comme, par exemple, à Brora en Écosse et dans le Yorkshire. Il doit par conséquent y avoir eu dans ces localités, à une certaine époque particulière du dépôt, des circonstances qui étaient favorables à l'accumulation des végétaux, et qui étaient restreintes à des espaces peu étendus, tels peut-être que des baies bien abritées, où ces végétaux ont été transportés avec du sable et de la boue. L'absence de débris fossiles du genre de ceux que l'analogie permettrait de rapporter à des animaux vivant à l'embouchure des fleuves, semble s'opposer à ce qu'on puisse admettre que ce sont des rivières qui ont été la cause immédiate de ces accumulations charbonneuses. Ces dépôts ne paraissent pas être le résultat d'une action violente, car les végétaux y sont aussi bien conservés que si, comme dans un herbier de botaniste, on les avait préparés pour servir à l'observation. Leur étude nous apprend que la végétation qui, à cette époque, couvrait quelques cantons de cette partie du globe, ne ressemblait pas à celle que nous y voyons aujourd'hui, et même en était très différente. Peut-être pouvons-nous prévoir l'époque où les géologues seront en état de prononcer, d'après l'observation de grands dépôts de végétaux et de certains animaux, que dans leur voisinage il a existé des continents, même quoique, par suite des mouvements divers que le sol a pu subir, la surface ne présente plus aujourd'hui aucune trace de ces continents ou îles. Mais quant à présent, quelque désir que nous puissions avoir d'éclaircir ce sujet, nous pensons que nous possédons encore à cet égard trop peu de données pour tenter avec fruit aucune recherche. Il est une chose cependant que celui qui étudie la géologie doit avoir toujours présente à l'esprit, c'est qu'il ne faut pas croire que toutes les roches plus anciennes qui se trouvent dans le voisinage d'autres roches d'origine plus récente, quoique s'élevant aujourd'hui au-dessus d'elles en hautes montagnes, aient formé nécessairement des continents avant le dépôt des roches plus récentes ; car au milieu des changements sans nombre qui ont eu lieu à la surface du globe, il est arrivé souvent que ces roches plus anciennes ont été soulevées après la formation des plus récentes, comme le prouve le mode de stratification que l'on observe dans le voisinage de leur point de jonction, où les unes et les autres sont relevées à la fois. Peut-être peut-on approcher davantage de la vérité, lorsqu'on trouve, comme en Normandie, le groupe oolitique reposant horizontalement sur les anciennes couches bouleversées, et les entourant de toutes parts ; alors on peut concevoir que dans ce pays, comme aussi dans beaucoup d'autres localités, la mer dans laquelle se sont formées les roches oolitiques a baigné les contrées schisteuses et granitiques de la Normandie et de la Bretagne.

Ces étranges animaux volants, que l'on appelle *ptérodactyles*, doivent avoir vécu sur le continent, et se nourrissaient probablement d'*insectes*, tels, entre autres, que celui que représente la figure 81 ci-dessous, lequel a été recueilli par M. Murchison, dans les carrières de Solenhofen, où l'on a aussi découvert des restes de ptérodactyles.

Fig. 81.

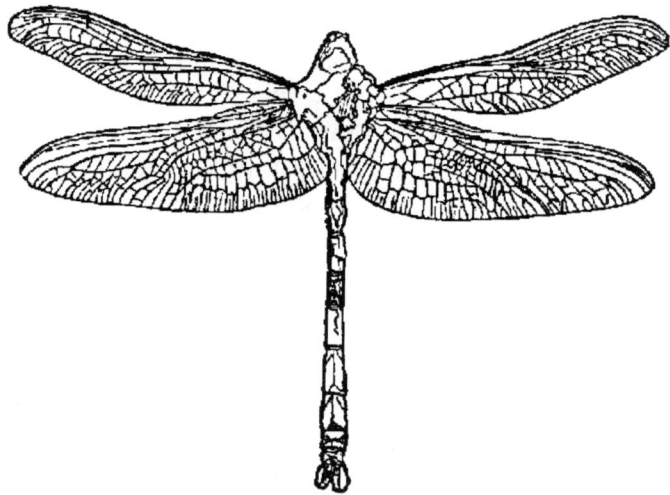

On ne doit pas s'étonner de ne trouver que très peu de *ptérodactyles* fossiles ; car les circonstances favorables à leur conservation ont dû être extrêmement rares. Même en supposant qu'ils aient été emportés jusqu'à la mer en poursuivant les insectes dont ils cherchaient à se nourrir, il a fallu un concours de circonstances heureuses pour empêcher ces ptérodactyles et la proie qu'ils poursuivaient d'être dévorés par les poissons et autres habitants des mers, au milieu des dépouilles desquels on a découvert leurs restes.

Un fait remarquable et qui semble établir une sorte de connexion entre les insectes et les ptérodactyles, c'est que *Solenhofen*, où on a trouvé le plus abondamment des restes de ces derniers animaux, est aussi le lieu où on a découvert le plus grand nombre d'insectes fossiles connus jusqu'ici dans le groupe oolitique : à *Stonesfield*, où l'on a trouvé des restes d'insectes, on a observé également, d'après le professeur Buckland, des dépouilles de *ptérodactyles*. Il n'en est pas de même cependant pour le ptérodactyle de *Lyme Regis*, dont les restes sont mêlés avec ceux d'ichthyosaurus et autres animaux marins, sans que parmi eux on ait encore découvert d'insectes. Mais quand nous considérons les nombreuses dépouilles de plésiosaurus que l'on rencontre, peut-être ne nous trompons-nous pas beaucoup, en présumant qu'il existait un continent dans le voisinage du lieu où nous trouvons maintenant leurs os enfouis. En admettant même cette conjecture, il n'en est pas moins vrai qu'un ptérodactile dans la mer, au milieu des ichthyosaurus et autres animaux voraces, ne doit avoir eu que très peu de chances de leur échapper ; et les géologues doivent beaucoup se féliciter de ce qu'un concours de circonstances heureuses ait pu amener la conservation même d'un seul individu, pour nous faire connaître les étranges animaux terrestres qui existaient alors.

Les ichthyosaurus, pleusiosaurus, et beaucoup d'autres animaux qu'on trouve dans le lias de *Lyme Regis*, semblent avoir été frappés d'une mort à peu près subite ; car, en général, leurs os ne sont pas disséminés çà et là et dans un état de désagrégation tel que celui où on devrait les trouver si l'animal mort était descendu au fond de la mer pour s'y décomposer ou y être dévoré pièce à pièce, ou de même encore si l'animal avait flotté pendant quelque temps à la surface, où différents animaux en auraient arraché les diverses parties l'une après l'autre. Au contraire, les os des différents squelettes, quoique fréquemment comprimés, ce qui devait être, par suite du poids énorme qu'ils ont eu si longtemps à supporter, sont assez bien réunis ensemble, souvent même dans un ordre parfait ou presque parfait, comme s'ils avaient été disposés par un anatomiste ; bien plus, il arrive quelquefois qu'on peut distinguer la peau, et même observer les substances comprimées renfermées dans les intestins : toutes choses tendant à prouver que les animaux ont été détruits tout à coup, et tout à coup enveloppés de manière à être conservés. C'est ce qui est arrivé vraisemblablement, non-seulement à ces reptiles, qui, bien qu'habitués à venir quelquefois à la surface pour respirer l'air, ont pu, dans des circonstances favorables, être entraînés au fond de la mer en grand nombre à la fois, mais encore aux mollusques, pour qui c'est une nécessité absolue d'être constamment ou presque constamment plongés dans l'eau. Parmi le grand nombre d'ammonites que l'on trouve dans le lias, j'ai souvent observé des individus dans lesquels la vaste cavité qui termine la dernière spire, ou le corps de l'animal semble avoir été placé, était vide sur la moitié de sa longueur, en allant du fond vers l'ouverture, comme si l'animal, au moment où il a été enseveli sous un dépôt terreux, s'était retiré autant que possible dans cette partie de sa coquille, de manière à empêcher la matière boueuse de la remplir complétement. Cette idée devient plus probable encore, lorsqu'on observe l'état de la matière calcaire qui remplit le surplus de la grande cavité, et qui est extrêmement bitumineuse, comme cela devait être, par suite de la décomposition de l'animal dans le reste de la chambre.

Le lecteur doit néanmoins se garder de penser que les observations que nous avons faites ci-dessus, relatives au lias de Lyme Regis, c'est-à-dire d'une seule localité, soient applicables à tout ce même terrain en général; ou même que le lias de Lyme Regis ait été produit tout à la fois dans toute son épaissseur : au contraire, le lias présente en différents points, comme on doit s'y attendre, des différences matérielles provenant de diverses causes locales; et on observe, à Lyme Regis, des marques évidentes d'une série successive de dépôts qui ont eu lieu, en partie durant un état de tranquillité comparative, en partie par suite de petites catastrophes qui faisaient périr tout à coup les animaux qui existaient alors en des points particuliers. Il convient cependant de faire une observation, qui doit sans doute être souvent applicable à d'autres parties de terrains oolitiques dans différentes localités, c'est que durant la formation du lias dans cette partie de l'Angleterre, il s'est opéré certains changements dans la nature des animaux qui vivaient à la même place : ainsi, les animaux et les coquilles que l'on trouve dans la partie supérieure de ce terrain diffèrent en masse de ceux que l'on trouve dans la partie inférieure. Très souvent aussi, des couches présentent en abondance certains débris organiques, tandis que tous les autres y sont extrêmement rares.

Nous devons résister à la tentation que nous pourrions avoir de développer ici les circonstances probables qui ont accompagné un dépôt particulier dans un canton, ne fût-ce que sur une étendue de quelques milles, car ces recherches nous entraîneraient dans des détails incompatibles avec les limites de cet ouvrage. Nous pouvons cependant remarquer que la destruction des animaux, dont les restes nous sont connus sous le nom de *bélemnites*, a été extrêmement considérable dans la localité dont nous parlons. Quand la partie supérieure du lias a été déposée, il en a péri simultanément d'immenses quantités, comme on l'observe dans une couche qui en est presque entièrement composée, située au-dessous du cap Golden, à un escarpement qui est entre Lyme Regis et le port de Bridport.

Il y en a des millions d'individus enfouis, non-seulement dans cette couche, mais dans la partie supérieure du lias en général.

La production d'une semblable couche ne semble nullement difficile à expliquer; car nous n'avons qu'à imaginer la rencontre de quelque circonstance capable de faire périr les animaux des bélemnites dans le fluide qui les renfermait, ou autrement qui les charriait; c'est, par exemple, ce qui pourrait arriver à ces amas de mollusques dont les navigateurs se voient quelquefois environnés sous la zone torride : dans cette hypothèse, cette masse flottante d'animaux descendrait, sinon immédiatement, du moins peu à peu au fond de la mer, tous ceux du moins qui échapperaient aux animaux voraces, lesquels, à la vérité, auraient pû être chassés au loin par la cause quelconque qui aurait fait périr les mollusques. Supposons une multitude de sèches communes tuées tout à coup par l'irruption d'une eau chargée d'acide carbonique, ou par leur entrée dans une eau semblable; leurs os internes, comme on les appelle ordinairement, se trouveraient distribués sur une même surface après la décomposition du corps de ces animaux, lesquels probablement n'auraient pas été exposés à être dévorés par d'autres; car ceux-ci, s'ils n'avaient pas été détruits avec les sèches, auraient certainement fui l'eau ainsi chargée d'acide carbonique.

Les végétaux que renferme le lias de Lyme Regis se rencontrent dans deux états différents. Les uns ont à peine souffert quelque altération avant d'avoir été enfouis, les autres semblent en porter beaucoup de traces; les bois sont brisés en morceaux, les petites branches sont tronquées, comme si elles avaient été brisées pendant ou avant leur transport dans les eaux. Ces derniers débris végétaux se rencontrent plus ordinairement dans des rognons argilo-calcaires, souvent d'un gros volume; mais ces rognons ne sont pas des concrétions concentriques; on y reconnaît, au contraire, une structure schisteuse, comme aussi dans ceux qui enveloppent fréquemment des ammonites et des nautiles dans les couches argileuses; et la direction des feuillets de ces rognons est parallèle à celle de la stratification générale : il en résulte que, bien que les rognons, surtout ceux qui renferment des ammonites et des nautiles, soient sphéroïdaux, leur cassure est schisteuse, et que, quand on donne adroitement un coup dans le sens des feuillets, de manière à diriger la cassure par le centre, on découvre un fossile et quelquefois un poisson.

La détermination de la nature chimique des débris organiques enfouis dans diverses roches étant un objet de recherche très important, j'ai prié le docteur Turner de se charger de faire l'analyse de quelques fossiles du lias de Lyme Regis. Il a trouvé qu'une vertèbre, une côte et une dent d'un ichthyosaurus, qu'il a examinées, avaient toutes une texture éminemment cristalline, qu'elles doivent au dépôt de carbonate de chaux, dont elles sont presque exclusivement composées. La couleur en est presque entièrement noire, et même tout à fait dans quelques points, par suite d'une matière bitumineuse qu'elles renferment, qui, en général, ne s'élève pas à plus de $\frac{1}{4}$ pour 100 et jamais au delà de $\frac{2}{3}$. Le phosphate de chaux trouvé dans la vertèbre était dans la proportion d'environ 29 pour 100, tandis que dans la côte et la dent il s'élevait à environ 50. Dans le fait, comme on pouvait s'y attendre, le phosphate de chaux reste en plus ou moins grande quantité dans divers échantillons, probablement suivant la localité où il a été conservé, et aussi suivant la dureté de l'os primitif.

Le docteur Turner a aussi constaté que les écailles du *Dapedium politum*, débarrassées, autant que possible, du calcaire qui y est adhérent, étaient composées des mêmes éléments que les os d'ichthyosaurus ; mais le phosphate de chaux ne s'y élevait qu'à 19 pour 100.

On avait eu le soin de choisir des échantillons qui ne fussent pas imprégnés de sulfure de fer, comme cela arrive souvent, et ceux qui ont été analysés n'ont offert aucune trace de fer, de manganèse, d'alumine et de silice.

SECTION VII.

GROUPE DU GRES ROUGE.

Syn. Marnes irisées (*Red. marls.* ou *Variegated marls.*, angl. ; *Keuper,* allem.)

Muschelkalk (*Muschelkalk*, allem. ; *Calcaire conchylien*, Al. Brong.)

Grès bigarré (*Bunter Sandstein*, allem. ; *New red Sandstone*, angl.)

Calcaire magnésien (*Calcaire alpin*, anciens auteurs ; *Magnesian Limestone*, angl. ; *Zechstein, Alpenkalskstein*, allem.)

Grès rouge (*Pséphite rougeâtre*, Al. Brong. ; *Rothes Todtliegende* ou *Todt liegendes*, allem. ; *Red Conglomerate* ou *Exeter red Conglomerate*, auteurs anglais).

Ce groupe, qui est souvent d'une épaisseur très considérable, se trouve, en descendant l'échelle géologique des terrains, immédiatement après celui que nous venons de décrire ; peut-être ne peut-on pas établir entre ces deux groupes de ligne de séparation bien tranchée, car, lorsque la partie inférieure de l'un et la partie supérieure de l'autre ont été considérablement développées, elles semblent en quelque sorte se fondre l'une dans l'autre. C'est ce qui a conduit M. Charbaut, qui le premier a observé cette circonstance dans le voisinage de Lons-le-Saulnier, à classer le lias avec les marnes irisées, qui constituent la portion supérieure du groupe dont nous parlons actuellement.

Les roches qui composent le groupe du grès rouge se rencontrent dans l'ordre suivant, en allant de haut en bas : 1° *Marnes irisées* ; 2° *Muschelkalk* ; 3° *Grès rouge* ou *Grès bigarré* ; 4° *Zechstein* ; et 5° *Conglomérat rouge* et *Todt liegendes*.

MARNES IRISÉES. Dans les Vosges et les contrées environnantes, elles commencent au-dessous du grès qu'on appelle *grès du lias*, auquel elles passent insensiblement : la partie supérieure des marnes irisées, qui sont vertes, renferme des couches minces d'argile schisteuse noire, et d'un grès quarzeux presque sans ciment, qui devient peu à peu le grès du lias, lequel passe au lias, et contient les mêmes restes organiques [1]. M. Élie de Beaumont observe que, dans beaucoup de pays, les marnes irisées ne peuvent qu'à peine être séparées du grès du lias, même artificiellement, comme on l'a fait dans les Vosges ; car elles paraissent n'y former qu'un seul dépôt, comme dans les environs de Saint-Léger-sur-Dheune et d'Autun, et dans l'*arkose* de la Bourgogne. Les marnes irisées des Vosges présentent généralement, comme leur nom l'indique, plusieurs couleurs différentes, dont les principales sont le rouge de vin et le gris verdâtre ou bleuâtre ; elles se brisent en fragments qui ne présentent aucun indice de structure schisteuse. Dans la partie centrale de ces marnes, il y a des couches d'argile noire schisteuse, de grès gris bleuâtre et de calcaire magnésien grisâtre ou jaunâtre. Le grès et l'argile renferment des empreintes végétales et même de la houille. On trouve des masses de sel gemme dans la partie inférieure des marnes, à Vic, Dieuze, et sur d'autres points de cette contrée ; on trouve aussi des masses de gypse dans les parties supérieure et inférieure, mais surtout dans la dernière [2]. D'après M. Charbaut, on trouve, dans la partie supérieure de ce dépôt, des couches de calcaire presque entièrement composées de coquilles.

Les marnes irisées se rencontrent avec des caractères minéralogiques peu différents, dans diverses parties des contrées voisines de la France et de l'Allemagne ; et, d'après M. Dufrénoy, elles couronnent les roches de grès rouge du sud de la France. En Angleterre, il est difficile d'établir quelles sont les limites des marnes irisées ; mais il paraît assez probable que la partie supérieure du dépôt de grès rouge, dans ce pays, correspond assez bien, pour sa structure minéralogique, aux roches citées ci-dessus dans les Vosges. Il n'y a, en Angleterre, aucun passage apparent du lias à la série de grès rouge ; au contraire, nous avons quelquefois, comme auprès de Bristol, au lieu dit *the old Passage*, une espèce de conglomérat formé de fragments de calcaire, d'os, de dents, et autres restes de sau-

---

[1] Élie de Beaumont, *Mémoires pour servir à une Descript. géolog. de la France*, tome 1.

[2] *Id., ibid.*

riens et de poissons, avec leurs excréments fossiles ou *coprolites*, qui sembleraient indiquer une période où les dépôts de menus détritus avaient cessé de se former, et où des courants d'eau, capables de transporter des galets, accumulaient des os et autres substances au fond de la mer. Sur la côte méridionale de l'Angleterre, entre Lyme Regis et Sidmouth, la partie supérieure du groupe du grès rouge est tellement semblable aux marnes irisées des Vosges et de certaines parties de l'Allemagne, que je n'hésite pas à regarder ces deux dépôts comme contemporains. Dans cette partie de l'Angleterre, ces marnes contiennent des restes de végétaux, et aussi, quoique rarement, des écailles de poissons et des os de *ptérodactyles?* D'après M. Rozet, la partie supérieure des marnes irisées contient des dents et des os de *sauriens*, avec des *peignes* et des *entroques*.

Les marnes irisées ne contiennent pas une grande variété de fossiles; cependant, à ceux que nous venons d'indiquer, on doit ajouter les suivants :

Débris organiques des marnes irisées (Keuper des Allemands) [1].

VÉGÉTAUX.

Equisetum Meriani (Ad. Brong. pl. 12, fig. 13.) Neuewelt, près Bâle.
— *columnare* (Ad. Brong. pl 13.) Lorraine, Alsace; Franconie, Wurtemberg. Dans les couches inférieures qui avoisinent le muschelkalk.
— *Platyodon* (Ad. Brong.) Franconie.
Calamites arenaceus (Ad. Brong. pl. 26, fig. 3, 4, 5.) Franconie, Wurtemberg.
Pecopteris Meriani (Ad. Brong. pl. 91, fig. 5.) Neuewelt, près Bâle.
Tæniopteris villata (Ad. Brong. pl. 82. fig. 3 et 4.) Neuewelt, et aussi Hör, en Scanie.
Filicites Stuttgardiensis (Ad. Brong.) Grès supérieur; Wurtemberg (Dechen.)
— *lanceolata* (Ad. Brong.) Grès supérieur; Wurtemberg (Dechen.)
* *Marantoidea arenacea* (Jäger.) Grès supérieur; Stuttgard (Dechen.)
Pterophyllum longifolium (Ad. Brong.) Neuewelt.
— *Meriani* (Ad. Brong.) Neuewelt.
— *Jägeri* (Ad. Brong.) Grès supérieur; Franconie et Wurtemberg.

RADIAIRES.

Ophiura. Espèce non déterminée. Vosges (Dechen.)

MOLLUSQUES.

* *Plagiostoma lineatum.* Couches inférieures; Wurtemberg (Dechen.)
* *Cardium pectinatum.* Couches inférieures et moyennes; Wurtemberg (Dechen.)
* *Trigonia vulgaris* (Schlot.) Gypse; Ludwigsburg (Dechen.)

---

[1] Dans cette liste de fossiles des *marnes irisées* et dans celles qui vont suivre, relatives aux autres subdivisions du groupe du grès rouge, nous avons ajouté beaucoup d'espèces que nous avons empruntées à M. de Dechen.   (*Note du traducteur.*)

* *Trigonia curvirostris* (Schlot.) Gypse; Ludwigsburg, Dolomie; Schwenningen (Dechen.)

* *sulcata* (Goldf.) Couches inférieures; Villingen (Dechen.)

* *Mya musculoïdes* (Schlot. pl. 33, fig. 1.) Dolomie; Sulz, près du Necker (Dechen.)

* *elongata* (Schlot. pl. 33, fig. 2.)   *Idem.*   *Idem.*

‘ *Avicula socialis* (*Mytilus.* . . . Schlot. pl. 37, fig. 1.) Couches inférieures et moyennes; Sulz, près du Necker (Dechen.)

* *subcostata* (Goldf.) Couches inférieures; Sulz, près du Necker (Dechen.)

* *lineata* (Goldf.)   *Idem.*   *Idem.*

* *Perna vetusta* (Goldf.) Dolomie; Dürrheim (Dechen.)

Posidonia Keuperiana (Voltz.) Couches inférieures; Hall; Souabe, Wurtemberg (Dechen.)

* — *minuta.* Rottweil, Wurtemberg (Dechen.)

* *Modiola minuta* (Goldf.) Rottweil, Wurtemberg (Dechen.)

* *Venericardia* (Goldf.) Gypse; Rottweil, Wurtemberg (Dechen.)

* *Lingula tenuissima* (Bronn.) Rottweil, Wurtemberg (Dechen.)

Saxicava Blainvillii. Ballbron (Hœninghaus.)

* *Buccinum turbilinum* (*Helix.* . . . Schlot.) Couches inférieures et moyennes, Sulz, près du Necker (Dechen.)

POISSONS et SAURIENS.

Poissons. Espèces non déterminées. Grès supérieur; Seidmannsdorf, Neuses, Seidingstadt, près Cobourg (Dechen.)

* Dents de *Squalus raja*, Couches inférieures; Wurtemberg (Dechen.)

Phytosaurus cylindricodon (Jäger.) Grès supérieur; Boll, Wurtemberg (Dechen.)

— *cubicodon* (Jäger.)   *Idem.*   *Idem.*

* *Mastodonsaurus Jägeri* (Holl.) Couches inférieures; Gaildorf, Wurtemberg (Dechen.)

Ichthyosaurus Lunevillensis. . . . . Wurtemberg (Dechen.)

Plesiosaurus. Espèce non déterminée. Dürrheim, pays de Bade (Dechen.)

Nous avons dit que le grès inférieur du lias passe par des nuances insensibles aux marnes irisées, et semble même, jusqu'à un certain point, être leur équivalent; or, comme il a pu arriver qu'un dépôt de sable ait eu lieu dans une localité, tandis que des marnes se produisaient dans une autre, nous devons nous garder, quand nous considérons ces terrains en général, de pousser trop loin nos conclusions, et d'appliquer ces divisions à d'autres contrées que celles auxquelles elles paraissent convenir.

Le professeur Pusch, dans son mémoire si intéressant sur les terrains de la *Pologne*, a reconnu que, dans cette contrée, entre la série oolitique et le muschelkalk, il y a un dépôt étendu et très important d'un grès qu'on appelle ordinairement *grès blanc*, à cause de sa couleur. Le dépôt peut se diviser en deux parties : la partie supérieure ne contient que du grès blanc, tandis que la partie inférieure est composée d'alternatives d'un grès blanc marneux à grains fins, d'un grès schisteux, d'argile schisteuse (*Slate*), et d'autres roches schisteuses et noirâtres, le tout renfermant des couches de houille de 3 à 25 pouces d'épaisseur. Le grès blanc de la partie su-

périeure alterne avec des couches puissantes de marnes d'un gris
bleuâtre, quelquefois rouges, plus rarement irisées. On y trouve
aussi des couches de calcaire; mais la substance la plus utile qu'on
y rencontre est du minerai de fer, qu'on y exploite en plus grande
abondance que dans aucun autre terrain de la Pologne : on trouve
peu de fossiles dans ce dépôt, sinon des débris de végétaux.
M. Pusch rapporte ce terrain au grès du lias, le même qui se rencontre aussi dans la Souabe, en Scanie et dans l'île de Bornholm.
Dans toutes ces localités, il est riche en même temps en minerai de
fer et en houille [1] : il semble réunir à la fois les caractères des marnes
irisées et ceux du grès du lias, du sud de l'Europe, qui sont intimement liés ensemble.

Dans les grès connus sous le nom de *grès du lias*, on a cité les
fossiles suivants :

Clathropteris meniscoides (Ad. Brong.) Hör, en Scanie; Saint-Étienne; Vosges
(Al. Brong.)
Glossopteris Nilssoniana (Ad. Brong.) Hör, Scanie.
Pecopteris agardhiana (Ad. Brong.) Hör.
Teniopteris villata. Hör, et aussi dans les marnes irisées, à Neuewell près Bâle.
Marantoidea arenaria (Jäger.) Stuttgard.
Lycopodites patens (Ad. Brong.) Hör.
Petrophyllum Jägeri (Ad. Brong.) Stuttgard.
— *dubium* (Ad. Brong.) Hör.
Nilssonia brevis (Ad. Brong. *Ann. des Sc. nat.*, t. IV, pl. 12, fig. 4.) Hör.
Belemnites Aalensis (Voltz.) Aalen, Wurtemberg.
Tellina striata, Vic (Hœninghaus.), et plusieurs autres coquilles indéterminées.

MUSCHELKALK. Calcaire variable dans sa texture, mais qui est
très fréquemment gris et compacte. Il contient quelquefois de la
dolomie, et passe aux marnes qui sont au-dessus et au-dessous de
lui. Quand il est très compacte, et qu'il renferme une grande quantité d'*Encrinites moniliformis* (Miller) (fossile très caractéristique
d'au moins une très grande partie de ce dépôt), il a tout à fait l'apparence de quelques variétés du calcaire carbonifère de l'Angleterre.
Quelquefois, comme à Épinal (Vosges), il est assez dur pour être
employé comme marbre : il paraît que, dans quelques localités, les
fossiles y sont très nombreux, tandis qu'ils sont assez rares dans
d'autres. Suivant M. Alberti, on trouve du sel dans le muschelkalk
de Wurtemberg [2]. Il paraît que ce terrain n'est pas connu en Angleterre ni dans le nord de la France; mais à l'est et au sud de ce dernier royaume, et dans quelques parties de l'Allemagne, on le trouve

[1] Pusch, *Esquisse geognostique du milieu de la Pologne*; dans le *Journal de
Géologie*, t. II, p. 230.
[2] Alberti, *Die Geburge des Königreichs, Wurtemberg*, 1826.

à la place que nous avons indiquée, intercalé entre les marnes irisées et le grès rouge ou grès bigarré. D'après le professeur Pusch, il se rencontre en Pologne ayant ordinairement une couleur grise ou jaune.

Débris organiques du muschelkalk.

VÉGÉTAUX.

Neuropteris Gailliardoti (Ad. Brong. pl. 74, fig. 3.)
* *Mantellia cylindrica* (Ad. Brong.) Familles des cycadées; Lunéville.

ZOOPHYTES.

Astrea pediculata (Desh.) Localités non indiquées.

RADIAIRES.

* *Cidaris grandœva* (Goldf.) Wurtemberg (Dechen.)
Encrinites moniliformis (Miller.) *Encrinus liliiformis* (Schlot.) Caractéristique; Gottingue, Wurtemberg, Alsace, etc.
— *epithonius*. . . . Soleure (Hœninghaus.)
Ophiura prisca (Munst.) *Asterias ophiura* (Schlot.) Baireuth (Goldf. pl. 62, fig. 6.)
— *loricata* (Goldf. pl. 62, fig. 7.) Partie supérieure, ou sur les couches de gypse; Schwenningen, Wurtemberg (Goldf.)
Asterias obtusa (Goldf. pl. 63, fig. 3.) Partie supérieure; Marbach près Villingen, Wurtemberg (Alberti.)

ANNÉLIDES.

Serpula valvata (Goldf. pl. 67, fig. 7.) Baireuth (Goldf.)
— *colubrina* (Goldf. pl. 67, fig. 5.) Baireuth (Goldf.)

CONCHIFÈRES et MOLLUSQUES.

Terebratula vulgaris (Schlot. pl. 37, fig. 5.) Gottingue (Hœn.) Wurtemberg; Lunéville; Toulon (Al. Brong.)
— *perovalis*. Iena (Hœninghaus.)
— *sufflata* (Schlot. Ac. de Munich, 1816, pl. 7, fig. 10.) Iéna (Hœninghaus.)
— *orbiculata* (Schlot.) Dornberg, près d'Iéna (Hœninghaus.)
* *Delthyris semicircularis* (Goldf.) Villingen (Dechen.)
* *Lingula tenuissima* (Bronn.) Rottweil, Wurtemberg (Dechen.)
* *Ostrea placunoides* (Munst.) Baireuth (Dechen.)
* — *subanomia* (Munst.)   Idem. (? *Ostracites anomius*. Schlot. pl. 36, fig. 3.)
* — *reniformis* (Munst.)   Idem.
* — *difformis* (Schlot. pl. 36, fig. 2.) Baireuth et Wurtemberg (Dechen.)
* — *multicostata* (Munst.) Würtzbourg (Dechen.)
* — *complicata* (Goldf.) Baireuth, Villingen (Dechen.)
* — *decemcostata* (Munst.) Baireuth (Dechen.)
— *spondyloïdes* (Schlot. pl. 36, fig. 1.) Quedlimbourg; Gottingue; Baireuth; Rotweil; Lunéville; Toulon.
* — *comta* (Goldf.) Rattweil, Wurtemberg (Dechen.)
* — *pleuronectites* (? Schlot. pl. 35, fig. 2 et 3.) Bourbonne-les-Bains; Lunéville (Dechen.)
* *Gryphœa* (Ostrea?) *prisca* (Goldf.) Villingen (Dechen.)
Pecten reticulatus (Schlot. pl. 35, fig. 4.) Gottingue (Hœninghaus.) Gotha (Dechen.)
* — *Alberti* (Goldf.) Villingen. Partie supérieure; Rüdersdorf (Dechen.)

* *Pecten lævigatus* (Goldf.) (*Pleuronectites....* Schlot. pl. 35, fig. 2.) Wurtemberg; Baireuth; Gotha (Dechen.)

* — *discites* (Schlot.) Couches supérieures; Wurtemberg; Bâle; Pologne; Rüdersdorf (Dechen.)

Plagiostoma lineatum (*Chamites lineata*, Schlot. pl. 35, fig. 4.) Mosbach; Michelstadt; Gottingue; Wurtemberg; Baireuth; Weimar (Dechen.)

* — *striatum* (Schlot. pl. 34, fig. 4.) Allemagne; France; Pologne. Très abondant.

— *rigidum* (Schlot.) Rauthal, près d'Iéna (Hœn.) Gottingue (Al. Brong.)

— *lævigatum* (Schlot. pl. 34, fig. 2.) Mosbach (Hœninghaus.)

— *punctatum* (Schlot. pl. 34, fig. 3.) Gottingue; Toulon; Gotha (Al. Brong.)

Avicula socialis (Desh., *Coq. car. des Ter.*, pl. 14, fig. 5.) Gotha; Sachsenbourg; (Schlot., *Mytulites socialis*, pl. 37, fig. 4.) Weimar (Hœn.) Gottingue; Mont-Meisner; Wurtemberg; Lunéville (Al. Brong.)

* — *costata* (Schlot., *Myt. costatus.* pl. 37, fig. 2.) . . . Wurtemberg; Baireuth (Dechen.)

* — *crispata* (Goldf.) Couches supérieures, Frédérichshall (Dechen.)

— *Bronnii* (Alberti.) Villingen (Dechen.)

Mytilus vetustus (Goldf.) (*Mytilus eduliformis*, Schlot. pl. 37, fig. 4.) Gottingue; Wurtemberg; Baireuth (Dechen.) Lunéville (Al. Brong.)

Trigonia vulgaris (Schlot. pl. 36, fig. 5.) Weimar; Gottingue; Wurtemberg; Baireuth (Dechen.)

— *pes anseris* (Schlot. pl. 36, fig. 4.) Lunéville; Mosbach (Hœn.) Gottinge (Al. Brong.)

* — *curvirostris* (Schlot. pl. 36, fig. 6, 7.) Wurtemberg (Dechen.)

* — *cardissoides* (Goldf.) Wurtemberg (Dechen.)

* — *lævigata* (Goldf.) Marbach (Dechen.)

* — *Goldfusii* (Alberti.) Marbach (Dechen.)

* *Arca inæquivalvis* (Goldf.) Couches inférieures; Freudenstadt, Wurtemberg (Dechen.)

Cardium striatum (Schlot.) Wurtemberg; Gottingue (Al. Brong.)

* — *pectinatum* (Alberti.) Couches supérieures; Wurtemberg (Dechen.)

Mya musculoides (Schlot. pl. 33, fig. 4.) Weimar (Hœn.) Wurtemberg; Haute Silésie; Pologne (Dechen.)

— *ventricosa* (Schlot. pl. 33, fig. 2.) Couches inférieures; Wurtemberg (Dechen.) Lunéville (Al. Brong.)

— *elongata* (Schlot. pl. 33, fig. 3.) Couches inférieures; Wurtemberg; Haute-Silésie; Pologne (Dechen.)

— *intermedia.* . . . . Mézière (Hœninghaus.)

* — *mactroides* (Schlot. pl. 33, fig. 4.) Marbach; Haute-Silésie; Pologne (Dechen.)

* *rugosa* (Alberti.) Rottweil; Wurtemberg (Dechen.)

* *Venus nuda* (Goldf.) Marbach (Dechen.)

* *Mactra? trigona* (Goldf.) Marbach (Dechen.)

* *Cucullæa minuta* (Goldf.) Couches inférieures immédiatement sur le grès bigarré; Villingen, Bade (Dechen.)

* *Balanus.* . . . Villingen (Dechen.)

* *Calyptræa discoides.* (*Patellites.* . . . Schlot. pl. 32, fig. 3.) Villingen (Dechen.)

* *Cupulus mitratus* (Goldf.) *Patellites.* . . . Schlot. pl. 32 fig. 4.) Villingen (Dech.)

Dentalium torquatum. (*Dentalites.* . . Schlot. pl. 32, fig. 4.) Gottingue (Al. Brong.)

— *læve.* (*Dentalites.* . . . Schlot. pl. 32, fig. 2.) Gottingue; Alpirsbach; Baireuth. M. Dechen pense qu'il n'est pas bien prouvé que ce ne soit pas un fragment d'encrine.

* *Trochus Albertinus* (Goldf.) Rottweil, Wurtemberg (Dechen.)

Turritella obsoleta. (*Buccinum.* . . Schlot. pl. 32, fig. 8.) Weimar, Gottingue (Dechen.)

* — *deperdita* (Goldf.) Wiemar (Dechen.)

* — *detrita* (Goldf.) Culmbach, près Baireuth (Dechen.)

* *Turritella scalata.* (*Strombus*. . . . Schlot. pl. 32, fig. 40) Wurtemberg; Rüdersdorf (Dechen.)

— *terebralis* (Schlot.) Weimar (Hœn.)

* *Buccinum gregarium* (Schlot. pl. 32, fig. 6.) Rüdersdorf (Dechen.)

* — (*turbilinum.*) *Helicites*. . . . Schlot. pl. 32, fig. 5.) Wurtemberg; Rüdersdorf (Dechen.)

* *Strombus denticulatus* (Schlot. pl. 32, fig. 8.) Rüdersdorf (Dechen.)

* *Natica Gailliardoti* (Lefroy.) Couches supérieures; Wurtemberg (Dechen.)

* *pulla* (Goldf.) Rotweil, Wurtemberg; peut-être n'est-ce qu'une jeune variété de la précédente? (Dechen.)

* *Turbo dubius?* (Munst.) Seewangen, Riedern près Waldshut (Dechen.)

— *giganteus* (Schlot.) Seewangen (Dechen.) Cette espèce et la précédente appartiennent peut-être à un autre genre (Dechen.)

* *Nummulites? Althausii* (Alberti.) Wurtemberg. Il est fort incertain que ce soit une une nummulite (Dechen.)

Nautilus bidorsatus (Schlot. pl. 31, fig. 2.) Weimar (Hœn.) Gottingue; Rüdersdorf. Wurtemberg; Lunéville (Dechen.)

— *nodosus* (Munst.) Franconie (Munst.)

Ammonites nodosus (Schlot. pl. 31, fig. 1.) Plus abondant dans les couches supérieures; Weimar; Gottingue; Wurtemberg; Silésie (Dechen.) Toulon (Al. Brong.) Lorraine (Beaumont.) Voyez ci-après la figure 87, page 495.

— *subnodosus* (Munst.) Allemagne (Munst.) Variété de la précédente (De Buch.)

— *latus* (Munst.) Allemagne (Munst.) Variété de l'*Ammonites nodosus* (De Buch.)

— *bipartitus* (Gaillardot.) Lunéville (Al. Brong.) [1].

— *Henslowi?* [2] (Sow. pl. 262.) Baireuth (Hœninghaus.)

CRUSTACÉS, POISSONS et REPTILES.

Palinurus Suerii (Desm. pl. 10, fig. 8 et 9.) Durrheim (Hœn.)

* *Rhyncholites hirundo* (Fauv. Big.) Couches supérieures; Wurtemberg; Lunéville (Dechen.)

— *acutus* (Blainv.) Digne.

Dents de *Squalus, Raia*, etc. Baireuth (Munst.) Wurtemberg; Rüdersdorf (Dechen.)

Plesiosaurus. Espèce non dét. Wurtemberg (Jäger.) Baireuth; Rüdersdorf (Dechen.)

* *Ichthyosaurus Lunevillensis*. Lunéville; Wurtemberg (Dechen.)

— Espèces non déterminée. Allemagne; France (Dechen.)

Grand *Saurien*. Genre non déterminé. Lunéville (Al. Brong.)

Chelonia. Espèce non déterminée. Lunéville; Leineckerberg (Dechen.)

---

1 D'après M. Dechen, ces quatre espèces d'ammonites, qui se réduisent à deux, comme on l'a vu ci-dessus, constituent presqu'a elles seules, dans la classification de M. de Buch, une famille très bien caractérisée sous le nom des *Cératites*. M. de Buch avait déjà indiqué cette famille dans une note à la page 9 de son Mémoire. Il parait, d'après M. Dechen, qu'il n'a encore rencontré qu'une troisième espèce qui s'y rapporte. l'*Ammonites Bogdoanus*, qui provient du Mont-Bogdo dans le pays des Calmoucks; mais on ignore si cette espèce se rencontre, comme les deux premières, dans un terrain de muschelkalk. (*Note du traducteur.*)

2 S'il est bien constant que l'*Ammonites Henslowi* a été trouvé en Allemagne, il est très remarquable que, dans l'île de Man, où on a observé cette coquille pour la première fois, on assure qu'on a découvert aussi l'*Ammonites nodosus*. Le caractère général des sinuosités du bord des cloisons est le même dans les deux coquilles. (*Voy.* fig. 87, pag. 495.) Toutefois on doit convenir qu'on n'a pas des preuves aussi positives qu'on doit le désirer de l'association de ces deux fossiles dans l'île de Man, ce qui tendrait à y faire présumer l'existence du terrain de muschelkalk. Il peut facilement y avoir eu quelque confusion entre des ammonites, ayant entre elles, en général, de l'analogie. D'après le professeur Henslow, les fossiles qu'on trouve avec l'*Ammonites Henslowi* dans l'île de Man, sont ceux qui sont ordinairement propres aux terrains de calcaire carbonifère et de calcaire de la grauwacke, *Trilobites, Producta scotica*, etc.

GRÈS ROUGE ou GRÈS BIGARRÉ. Les roches de ce terrain sont, comme son nom l'indique, de différentes couleurs, rouge, blanc, bleu et vert; la couleur rouge est cependant la plus commune. Ce terrain est principalement siliceux et argileux, il renferme parfois du mica et des masses de gypse et de sel gemme. Dans les Vosges, la partie supérieure du grès bigarré présente souvent, d'après M. Élie de Beaumont, des couches minces de calcaire marneux et de dolomie, qui deviennent peu à peu plus nombreuses; de sorte qu'à la fin elles constituent la partie inférieure du muschelkalk [1]. On trouve dans ce dépôt, en quelques points de l'Allemagne, une roche calcaréo-magnésienne et oolitique [2], et il renferme aussi des conglomérats.

On rencontre dans les Vosges un dépôt très étendu, qui ne varie que peu dans ses caractères, et auquel, d'après la contrée où il existe, on a donné le nom de *grès des Vosges*. Il semblerait exister une dissidence d'opinion entre M. Élie de Beaumont et M. Voltz, relativement à l'étage de la série du grès rouge auquel il faut rapporter ce dépôt. Le premier le regarde comme étant l'équivalent du *rothes todt liegendes*, dont la place est au-dessous du *zechstein*; le second le considère comme étant la partie inférieure du grès rouge ou grès bigarré qui repose sur le zechstein : mais, comme le zechstein manque dans les Vosges, on peut dire peut-être qu'il n'y a qu'une différence bien peu essentielle entre ces deux opinions.

Le *grès des Vosges* est essentiellement composé de grains de quartz amorphe, ordinairement recouvert d'un enduit mince de peroxyde rouge de fer, parmi lesquels on en découvre d'autres qui paraissent être des fragments de cristaux de feldspath : on observe souvent, sur les tranches de ces couches, des indices de feuillets en travers ou diagonaux, structure si commune d'ailleurs dans les roches arénacées, et qui résulte probablement de l'action de courants entre-croisés. La roche contient des galets de quartz, quelquefois si abondamment, qu'elle offre l'aspect d'un conglomérat avec un ciment arénacé. Le caractère minéralogique de ces galets fait penser à M. Élie de Beaumont qu'ils proviennent de la destruction de roches plus anciennes, et que ce sont simplement des fragments plus gros qui ont mieux résisté à la trituration que les grains plus petits qui composent la masse du grès.

Le grès rouge, ou grès bigarré de quelques pays, fournit une

[1] Élie de Beaumont, *Terrains secondaires du système des Vosges.*
[2] Les grains qui forment cette roche oolitique sont rayonnés du centre à la circonférence.

excellente pierre de construction, et qui fait même un très bel effet quand elle est presque incolore, comme à Épinal, dans les Vosges. Dans les localités où le grès bigarré devient schisteux, par suite du mica qu'il renferme, on l'emploie souvent, comme cela a lieu pour quelques variétés du vieux grès rouge des Anglais, comme pierre de dallage, et même pour couvrir les toits.

D'après le professeur Sedgwick, le grès rouge qui se rencontre dans le nord de l'Angleterre, au-dessous du calcaire magnésien, représente le grès bigarré ou *bunter sandstein* des Allemands ; et les marnes irisées qui le recouvrent sont l'équivalent du *keuper* de l'Allemagne. On décrit ordinairement ce grès comme ayant une composition très complexe, par suite des mélanges variables de sables, de grès et de marnes. Dans toute l'étendue de pays qu'il recouvre, depuis le Nottingamshire jusque dans le Yorkshire, il est généralement à grains grossiers, souvent presque entièrement incohérents, et il passe quelquefois à un conglomérat à grains fins. Les marnes qui le recouvrent sont rouges et mélangées de gypse [1].

Débris organiques du grès bigarré.

VÉGÉTAUX.

Fig. 82.

Equisetum columnare (Ad. Brong., *Hist. des Vég. foss.* pl. 13.) Sulz-les-Bains, Bas-Rhin.
Calamites arenaceus (Ad. Brong., *ibid.* pl. 25, fig. 1, et pl. 26, fig. 3,4,5.) Wasselonne; Sulz-les-Bains; Marmoutier, Bas-Rhin.
— *remotus* (Ad. Brong. *ibid.* pl. 25, fig. 2.) Vasselonne.
Anomopteris Mougeotii (Ad. Brong. pl. 79, 80, 81.) Wasselonne; Sulz-les-Bains.
Neuropteris Voltzii (Ad. Brong., *ibid.* pl. 67.) Sulz-les-Bains.
— *elegans* (Ad. Brong., *ibid.* pl. 74, fig. 1, 2.) Sulz-les-Bains.
Sphenopteris myriophyllum (Ad. Brong., *ibid.* pl. 55, fig. 3.) Sulz-les-Bains.
— *palmetta* (Ad. Brong., *ibid.* pl. 55, fig. 1.) Sulz-les-Bains.
Filicites scolopendroides (Ad. Brong., *Ann. des Sc. nat.*, t. xv, pl. 18, fig. 2.) Sulz-les-Bains.
Voltzia brevifolia (Ad. Brong., *ibid.* t. xv, pl. 15 et 16.) Sulz-les-Bains [2].
— *elegans* (Ad. Brong., *ibid.* t. xv, pl. 17, fig. 3.) Sulz-les-Bains.
— *rigida* (Ad. Brong., *ibid.* t. xv, pl. 17, fig. 2.) Sulz-les-Bains.
— *acutifolia* (Ad. Brong., *ibid.* t. xv, p. 450.) Sulz-les-Bains.
— *heterophylla* (Ad. Brong., *ibid.* t. xv, p. 451.) Sulz-les-Bains.

[1] Sedgwick, *Géol. trans.*, 2e série, t. 3.
[2] La figure 82, copiée ci-contre sur la planche 16 de M. Adolphe Brongniart, représente la fructification du *Voltzia brevifolia*.

Convallarites erecta (Ad. Brong., *ibid.* t. 15, pl. 19.) Sulz-les-Bains.
— *nutans* (Ad. Brong., *ibid.* p. 455.) Sulz-les-Bains.
Paleoxyris regularis (Ad. Brong., *ibid.* pl. 20, fig. 1.) Sulz-les-Bains.
Echinostachys oblongus (Ad. Brong. pl. 20, fig. 2.) Sulz-les-Bains.
Aethophyllum stipulare (Ad. Brong., *ibid.* pl. 18, fig. 1.) Sulz-les-Bains.

MOLLUSQUES.

Plagiostoma lineatum (Schlot. pl. 35, fig. 1.) Sulz-les-Bains.
— *striatum* (Schlot. pl 34, fig. 1.) Sulz-les-Bains.
* *Avicula socialis* (Desh. coq. caract. pl. 14, fig. 5.) Sulz-les-Bains, Domptail, Vosges.
* — *costata* (*Mytilus costatus*. Schlot. pl. 37, fig. 2.) Sulz-les-Bains.
Mytilus eduliformis (Schlot. pl. 37, fig. 4.) Sulz-les-Bains ; Domptail.
Trigonia vulgaris (Schlot. pl. 37, fig. 4.) Domptail.
Mya musculoides (Schlot. pl. 33, fig. 1.) Sulz-les-Bains.
— *elongata* (Schlot. pl. 33, fig. 3.) Sulz-les-Bains.
Natica Gailliardoti (Lefroy.   .) Domptail.
* *Turritella scalata* (*Strombus*.... Schlot. pl. 33, fig. 10.) Domptail ; Sulz-les-Bains.
— *Schloteri* (.) Sulz-les-Bains.
* *Buccinum antiquum* (Goldf.) Sulz-les-Bains.*

On peut remarquer qu'à l'exception des deux dernières espèces, toutes les autres ont été citées ci-dessus comme se rencontrant dans le muschelkalk. Il paraît qu'il en est de même du Domptail, où, d'après M. Élie de Beaumont, le grès bigarré contient un grand nombre de moules de coquilles.

ZECHSTEIN. Ce nom a été fort heureusement employé par M. de Humboldt pour désigner une série de calcaire de caractères très variables, auxquels on avait donné différents noms, celui de *Zechstein* n'ayant été jusqu'alors appliqué qu'à une seule des variétés. Les diverses couches de ce groupe étaient connues des mineurs allemands sous les noms suivants : *Asche* (*cendres*) (marne friable); *Stinkstein* (calcaire fétide); *Rauchwacke, Zechstein* et *Kupfers-chiefer* (schiste cuivreux). Ce dernier dépôt, inférieur à tous les autres, est exploité pour le cuivre qu'il renferme, particulièrement dans le pays de Mansfeld, dans la Thuringe, la Franconie et le Hartz. Suivant M. Daubuisson, l'épaisseur moyenne du schiste cuivreux, dans ces contrées, est d'environ 1 pied; et voici les résultats admis pour les autres couches : le zechstein a quelquefois de 20 à 30 mètres de puissance : la rauchwacke, quand elle est pure et compacte, n'a qu'un mètre d'épaisseur; quand elle est caverneuse, elle atteint quelquefois de 15 à 16 mètres. Le *Stinkstein* varie de 1 à 30 mètres, et la couche dite *Asche* a également une épaisseur très variable. Malgré ces diverses subdivisions, auxquelles on a attaché une importance extraordinaire, il ne paraît pas qu'on puisse toujours les observer, même dans les pays où on les a établies ; car M. Daubuisson remarque que les portions supérieures se fondent l'une dans l'autre, et même quelquefois dans le zechstein.

Dans le nord de l'Angleterre, c'est le *calcaire magnésien* qui est l'équivalent de ce dépôt de l'Allemagne. D'après M. le professeur Sedgwick, ce calcaire magnésien peut se diviser ainsi qu'il suit : 1° schiste marneux et calcaire compacte, ou calcaire compacte coquilier, et marnes irisées ; 2° calcaire magnésien jaune ; 3° marne rouge et gypse ; 4° calcaire en couches minces. M. Sedgwick regarde le n° 1 comme l'équivalent du *Kupferschiefer* et du *Zechstein*, et les n°s 2, 3, 4, comme les équivalents des couches nommées *Rauchwacke*, *Asche*, *Stinkstein*, et autres, de la Thuringe.

Débris organiques du zechstein et du schiste cuivreux.

VÉGÉTAUX.

Fucoides Brardii (Ad. Brong., *Hist. des vég. foss.*, pl. 2, fig. 8 à 19.) Schiste cuivreux, Frankenberg (Al. Brong.)

— *selaginoides* (Ad. Brong., *ibid.* pl. 9, fig. 2, et pl. 9 *bis*, fig. 5.) Schiste cuivreux ; Mansfeld (Al. Brong.)

— *lycopodioides* (Ad. Brong., *ibid.* pl. 9, fig. 3.) Schiste cuivreux, Mansfeld (Al. Brong.)

— *frumentarius* (Ad. Brong.) Schiste cuivreux ; Mansfeld (Al. Brong.)

— *pectinatus* (Ad. Brong.) Schiste cuivreux ; Mansfeld (Al. Brong.)

— *digitatus* (Ad. Brong., *ibid.* pl. 9, fig. 1.) Schiste cuivreux; Mansfeld (Al. Brong.)

Cupressus Ullmanni (Brong.) Lieu non indiqué (Hœn.)

* *Pecopteris arborescens* (Ad. Brong.   .) Muse, près d'Autun, avec poissons semblables à ceux du Mansfeld.

* — *abbreviata* (Ad. Brong.   .) Du même lieu [1].

* *Lycopodites Hœninghausii* (Ad. Brong.   .) Eisleben.

* *Bruckmannia bulbosa* (Sternberg.) *Asterophyllites?* Thuringe.

Végétaux non déterminés dans le schiste marneux et le calcaire coquillier bleu ; Durham (Sedg.)

ZOOPHYTES.

Retepora flustracea (Phil.) Calcaire magnésien coquillier ; Durham (Sedg., *Géol. trans.*, 2e série, t. 3, pl. 12, fig. 8.)

— *virgulacea* (Phil.) Calcaire magnésien coquillier ; Durham (Sedg., *ibid.* pl. 12, fig. 6.)

* *Gorgonia anceps* (Goldf., pl. 36, fig. 1.) Glücksbrunn en Thuringe, dans la dolomie (Dechen.)

* — *dubia* (Goldf., pl. 7, fig. 1.) Même localité (Dechen.)

* — *antiqua* (Goldf., pl. 36, fig. 3.) Même localité (Dechen.)

* — *infundibuliformis* (Goldf., pl. 10, fig. 1.) Même localité; paraît exister aussi, de

---

[1] Ces deux espèces sont très abondantes dans le terrain houiller, surtout la première, à Anzin et à Saint-Étienne. Elles n'ont été placées ici par M. de Dechen qu'à cause des rapports que le terrain où elles se trouvent paraît avoir avec le schiste cuivreux du Mansfeld, par les poissons qui s'y rencontrent. Mais il est plus probable que ce terrain d'Autun doit plutôt être rapporté au terrain houiller.

(*Note du traducteur.*)

même que le fossile suivant, dans le calcaire de transition de la grauwacke de l'Ural (Dechen.)

* *Calamopora spongites* (Gold., pl. 28, fig. 1, 2.) Même localité; forme quelquefois des couches entières dans le calcaire carbonifère (Dechen.)

Polypiers. Genres non déterminés. Comtés de Durham et de Northumberland (Sedg., *Géol. trans.*, 2e série, t. 3, pl. 12, fig. 5.)

RADIAIRES.

Cyathocrinites planus (Miller.) Calcaire magnésien; comtés de Durham et de Northumberland (Sedg., *Géol. trans.*, 2e série, t. 3, p. 120.)

Encrinites ramosus (Schlot.) Glückbrunn, Thuringe (Al. Brong.)

Crinoïdes. Genres non déterminés. Comtés de Durham et de Northumberland (Sedg., *ibid.*)

MOLLUSQUES.

Producta aculeata. C'est le *Gryphites aculeatus* de Schlotheim. M. Hœninghaus croit aussi cette espèce identique avec les *Producta horrida* (Sow., pl. 31), et *Producta scabriuscula* (Sow., pl. 69.) (Al. Brong.) Büdengen, Neustadt (Hœn.) Thuringe, etc. (Al. Brong.) Durham et Northumberland (Sedg.)

— *rugosa* (Schlot.) Röpsen, près Gera (Hœn.)

— *speluncaria* (Al. Brong.) Röpsen (Hœn.) Glückbrunn (Al. Brong.)

— *antiquata* (Sow., pl. 317, fig. 1, 5, 6.) Midderidge (Sedg., *Géol. trans.*, 2e série, t. 3, p. 119.)

— *calva* (Sow., pl. 560.) Humbleton; Midderidge, etc. (Sedg., *ibid.*)

— *spinosa* (Sow., pl. 69, fig. 2.) Humbleton, etc. (Sedg., *ibid.*)

— *longispina* (Sow., pl. 68, fig. 1.) Schiste cuivreux; Schmerbach, Thuringe (Hœn.)

Spirifer trigonalis (Sow., pl. 265.) Röpsen (Hœn.)

— *undulatus* (Sow., pl. 562, fig. 4.) Midderidge; Humbleton (Sedg., *Géol. trans.*, 2e série, t. 3, p. 119.)

— *multiplicatus*. Humbleton (Sedg., *ibid.*)

— *minutus*. Humbleton (Sedg., *ibid.*)

Terebratula intermedia (Schlot., pl. 16, fig. 2.) Röpsen (Hœn.)

— *inflata* (Schlot.) Röpsen (Hœn.) Schmerbach (Al. Brong.)

— *cristata*. Röpsen (Hœn.)

— *lacunosa* (Schlot., pl. 20, fig. 6.) Schiste cuivreux; Schmerbach, Zechstein, Röpsen (Hœn.)

— *paradoxa* (Schlot.) Schmerbach (Al. Brong.)

— *elongata* (Schlot., pl. 20, fig. 2.) Schmerbach (Al. Brong.)

— *pelargonata* (Schlot., pl. 21, fig. 33.) Schmerbach (Al. Brong.)

— *pygmœa* (Schlot.) Leimstein, près Schmalkalde (Al. Brong.)

— Espèce non déterminée. Durham (Sedg.)

Axinus obscurus (Sow., pl. 314.) Durham (Sedg., *Géol. trans.*, 2e série, t. 3. p. 119.)

Arca tumida (Sow., pl. 474, fig. 3.) Humbleton; Durham (Sedg., *ibid.*)

Cucullœa sulcata (Sow.) Humbleton; Durham (Sedg., *ibid.*)

Avicula gryphœoides (Sow.) Humbleton, très abondant (Sedg., *ibid.*)

Ostrea? Espèce non déterminée. Northumberland (Sedg., *ibid.*)

Astarte? Whitley; Northumberland (Sedg., *ibid.*)

Modiola acuminata (Sow.) Roches de Black; Durham (Sedg., *ibid.*)

— Espèce non déterminée. Durham (Sedg., *ibid.* p. 120.)

Mytilus squamosus (Sow.) Ferrybridge (Sedg., *ibid.*)

— *ceratophagus* (Schlot., *Ac. de Munich*, 1816, pl. 5, fig. 2.) Glückbrunn. *Avicula?* (Dechen.)

— *striatus* (Schlot., *ibid.*, 1826, pl. 16, fig. 3.) Glückbrunn. *Cucullœa?* (Dechen.)

Unio hybridus (Sow., pl. 154.) Nottinghamshire.

Pecten. Espèce non déterminée. Humbleton, etc. (Sedg., *ibid.*)

Plagiostoma? Humbleton (Sedg., *ibid.*)

Venus? Humbleton (Sedg., *ibid.*)

Dentalium ou *Serpula?* Espèce indéterminée. Durham (Sedg., *ibid.* p. 118.)

Turbo? Calcaire magnésien; Marret Hickleton (Sedg., *ibid* p. 118.)

Pleurotoma? Calcaire magnésien; Humbleton (Sedg., *ibid.* p. 118.)

Melania? Cinq espèces. Calcaire magnésien; Hawthorn Hive (Sedg., *ibid.* p. 118.)

Ammonites? Espèce non déterminée. Humbleton (Sedg., *ibid.* p. 118.)

POISSONS.

Palæothrissum macrocephalum (Blainv.) Schiste cuivreux ou bitumineux; Mansfeld (Al. Brong.) Schiste marneux; Midderidge et East Thickley (Sedg., *Géol. trans.*, 2⁰ série, t. 3, p. 117, pl. 9, fig. 2.)

— *magnum* (Blainv.) Schiste cuivreux ou bitumineux; Mansfeld (Al. Brong.) Schiste marneux; Midderidge et East Thickley (Sedg., *ibid.* pl. 8, fig. 1.)

— *inæquilobum* (Blainv.) Schiste bitumineux; Autun (Al. Brong.)

— *parvum* (Blainv.) Schiste bitumineux; Autun (Al. Brong.)

— *macropterum* (Brong.) Schiste cuivreux; Börchweiler, Thuringe (Hœn.)

— *elegans.* Schiste marneux; Midderidge et East Thickley (Sedg., *ibid.* pl. 9, fig. 1.)

* — *blennioides* (Holl.) Schiste cuivreux; Mansfeld (D'après M. Dechen.)

— Espèce non déterminée. Schiste marneux; Midderidge et East Thickley (Sedg.)

Palæoniscum Freieslebense (Blainv.) Schiste cuivreux; Mansfeld et Hesse.

Clupæa Lametherii (Blainv.) Schiste cuivreux; Mansfeld.

Stromateus gibbosus (Blainv.) Schiste cuivreux; Eisleben, Mansfeld.

Chœtodon? (Winch., *Géol. trans.* t. 3, pl. 2.) Calcaire magnésien; Pallion près de Sunderland, Durham.

Poissons. Genre non déterminé. Schiste marneux; East Thickley (Sedg., *loc. cit.* p. 118.)

REPTILES.

Monitor de la Thuringe (Cuv.) Schiste cuivreux ou bitumineux; Mansfeld; Rothenburg sur la Saale; Glückbrunn; Memmengen, etc. (Al. Brong.)

TODTLIEGENDES. Ce nom est donné à une série de conglomérats rouges et de grès qui se rencontrent entre le zechstein ou le calcaire magnésien et les roches du groupe qui est immédiatement au-dessous. Ce nom est aussi appliqué à ces couches de la Thuringe et autres contrées adjacentes sur lesquelles repose le schiste cuivreux, et qui ne diffèrent des grès rouges que par un mélange de quelques couches blanches. Ce conglomérat est en grande partie formé de débris provenant de la destruction partielle des roches sur lesquelles il repose, et dont les fragments sont tantôt anguleux, tantôt arrondis, et d'une grosseur considérable.

Il nous a paru nécessaire de donner d'abord les détails que l'on vient de lire sur les fossiles et sur la structure minéralogique la plus remarquable de chacun des divers terrains de ce groupe, connus sous le nom de *marnes rouges* ou *irisées*, de *Muschelkalk*, de *grès rouge* ou *grès bigarré*, de *Zechstein*, de *Toldtliegendes*, afin que le lecteur pût ensuite mieux connaître l'ensemble dans les lieux où ce groupe est complétement développé. Pris en masse, le groupe peut être considéré comme un dépôt de conglomérats, de grès et de marnes, au milieu desquels se rencontrent quelquefois des calcaires à certains termes de la série ; tantôt un de ces dépôts calcaires manque : en Angleterre, c'est le muschelkak ; et dans l'est et le sud de la France, c'est le zechstein ; quelquefois l'un et l'autre manquent à la fois, comme dans le *Devonshire*. Les conglomérats, ou *Todtliegendes*, occupent ordinairement la partie inférieure du groupe, quoiqu'on cite quelquefois des conglomérats à des étages plus élevés de la série ; les grès forment la partie centrale, et les marnes se rencontrent dans la partie supérieure.

Si nous recherchons les causes qui ont produit cette masse de terrains, nous pourrons peut-être, jusqu'à un certain point, les déterminer, en observant l'état des choses sur lesquelles elle repose. Dans le plus grand nombre des cas, ces roches inférieures et plus anciennes sont fortement inclinées, contournées ou fracturées ; preuves évidentes des bouleversements que ces rochers ont éprouvés, antérieurement au dépôt du groupe du grès rouge qui les recouvre. Ces caractères de structure ne sont pas restreints à des localités particulières, mais on les observe plus ou moins généralement dans toute l'Europe occidentale. Lorsque l'on examine les couches inférieures du terrain de grès rouge, on ne peut douter que les fragments de roches qu'elles renferment n'aient été, pour la plupart, arrachés violemment aux roches anciennes qui existent dans le voisinage le plus rapproché. On est donc entraîné à conclure que partout, du moins où nous trouvons ces couches inférieures de conglomérats, nous y voyons des traces de la cause qui a agi et de l'effet qu'elle a produit : la cause est le bouleversement des couches ; l'effet, la dispersion des fragments produite par cette action violente, résultat qui s'est étendu sur des espaces plus ou moins considérables, par le moyen de l'eau, probablement mise en mouvement par les forces qui ont bouleversé les couches. Ces forces ont été souvent très puissantes, au moins dans quelques localités ; on en a la preuve dans le volume énorme des fragments charriés, et dans la forme arrondie de quelques-uns d'entre eux, comme on peut le voir dans le voisinage de Bristol, où on trouve des masses arrondies, quelquefois très volumineuses, de calcaire carbonifère.

L'exemple le plus aisé à observer et le plus frappant que l'on puisse citer pour prouver combien la force qui a agi a été puissante, est celui que présente l'escarpement connu sous le nom de *Petit Tor*, dans la baie de *Babbacombe*, en *Devonshire*, d'où on extrait une grande partie du marbre connu sous le nom de marbre de Devonshire. La figure 83 est une coupe de cet escarpement.

Fig. 83.

P, escarpement nommé *Petit Tor* ; *a*, calcaire fracturé, dont les fentes larges sont remplies des particules les plus fines du conglomérat qui est au-dessus, et les fentes étroites de carbonate de chaux ; *b*, brèche composée de gros blocs, quelques-uns du poids de plusieurs tonneaux, du même calcaire-marbre que celui sur lequel elle repose, mêlés d'autres blocs plus petits. La matière qui sert de ciment est quelquefois du grès rouge, d'autres fois une argile rougeâtre. Le marbre connu sous le nom de marbre de Babbacombe provient en totalité de ces blocs, qui sont exploités, soit sur place, soit en les transportant ailleurs. Sur cette brèche reposent des couches de conglomérat très fin, de grès et de marne rouge en *c*, qui sont recouvertes par une masse d'une épaisseur considérable de conglomérat rouge *d*. Ce conglomérat s'étend à plusieurs milles vers l'est, et il est composé de fragments anguleux de calcaire, de débris nombreux de schiste, semblable à celui qui est si commun dans la contrée environnante, et aussi de galets de schiste quarzeux, de grauwacke, etc. Parmi ces débris on trouve des fragments arrondis de différents porphyres rouges quarzifères. *f*, faille ou dislocation des couches, laquelle a abaissé les conglomérats sur la gauche contre les calcaires fracturés qui sont à droite de ces failles : ces dislocations sont communes dans la contrée.

La figure 84 représente une des fentes du calcaire fracturé de l'escarpement de *Petit Tor* remplie de la matière du conglomérat qui le recouvre.

Fig. 84.　　　　*Fig.* 85.　　　　*Fig.* 86.

b b, calcaire; *a*, fente remplie des parties les plus fines du conglomérat rouge qui est au-dessus de lui.

On ne peut, ce me semble, douter un seul instant que les blocs
anguleux du conglomérat *b* (fig. 83) n'aient été détachés du calcaire *a* par un effort violent, et que, durant la commotion, ils n'aient
été soulevés de manière que d'autres détritus plus petits aient pu
s'insinuer entre eux, la masse d'eau étant considérablement chargée
de sable, de boue et d'autres substances tenues mécaniquement en
suspension.

Pendant que nous parlons de ces conglomérats du Devonshire, il
n'est pas inutile de faire voir combien l'action des courants d'eau,
dans ce même pays et à la même époque, a été peu uniforme. Il n'y
a peut-être aucune localité qui en offre de meilleures preuves que la
ligne de falaises qui se trouvent entre Babbacombe et Exmouth. Les
alternances de conglomérats et de grès, à la partie supérieure de la
série de conglomérat, sont très fréquentes, et plus particulièrement
dans le voisinage de Dawlish; elles prouvent que l'eau avait quelquefois la force d'entraîner des fragments arrondis de la grosseur
de la tête, et même davantage, tandis qu'à d'autres instants elle ne
pouvait transporter que du sable. Non-seulement ces alternatives
prouvent des différences dans la rapidité de l'eau, mais la structure
des couches elles-mêmes montre que la direction des courants a continuellement varié, comme on le verra par les deux coupes, figures 85
et 86, qui accompagnent la figure 84, et dont la première est prise
à l'escarpement qui est à l'ouest de Dawlish, et l'autre à l'est du
même lieu.

a, conglomérat; *b b b b*, grès déposés par des courants de directions variées; *c*, grès à couches ondulées. La rapidité des courants doit avoir considérablement varié dans le voisinage immédiat
de ces coupes; car, parmi les grès et les conglomérats à fragments
d'une grosseur moyenne qui sont sur le versant occidental de Little
Haldon Hill, il y a des blocs de *porphyre quarzifère*, généralement
arrondis, du poids d'un tonneau et plus. Comme ils sont semés çà
et là sur le versant de la colline, on pourrait les prendre pour des
blocs erratiques superficiels, si on ne les trouvait pas en place dans
les masses de rochers de la falaise qui borde la mer. Le transport de
ces blocs ne peut avoir été opéré que par des courants d'eau d'une
grande rapidité, de manière que les fragments de roches d'une
moindre dureté ne soient usés et arrondis par leur frottement l'un
contre l'autre, tandis que les fragments de porphyre quarzifère, étant
extrêmement durs et très difficiles à briser, ont mieux résisté au
frottement.

La présence de ces *porphyres* dans le conglomérat rouge de la
partie sud du Devonshire est remarquable en ce que, quoique les

masses de cette roche soient roulées, on ne les trouve jamais qu'en connexion avec le conglomérat rouge de la même contrée. Quoiqu'on ne rencontre pas des roches de cette nature isolées à la surface du sol, ce n'est assurément pas une preuve qu'il n'en puisse pas exister dans le voisinage; car, lorsque nous considérons que la série de grès rouge recouvre la surface de tout ce canton, il y a une grande probabilité que l'on rencontrera beaucoup de ces roches au-dessous du grès; et également il y a une foule de localités non explorées où on peut encore les découvrir dans des roches que ce même grès ne recouvre pas actuellement.

Le lecteur doit avoir soin de ne pas trop se hâter de généraliser ces faits que nous venons de citer, observés dans le Devonshire, car il est possible qu'ils soient plus ou moins particuliers à cette contrée. Néanmoins, si nous cherchons à étendre nos observations, nous trouvons que les conglomérats sont très caractéristiques des dépôts de la même époque dans d'autres parties de la Grande-Bretagne, comme aussi en France et en Allemagne; et qu'il arrive, non pas toujours, mais très souvent, qu'ils reposent sur des couches disloquées. Comme il est difficile de concevoir que partout, immédiatement avant le premier dépôt de la série du grès rouge, il y ait eu, dans les couches sur lesquelles il repose, un mouvement général et simultané qui les ait disloquées, et ait dispersé au moment même des fragments de leurs roches, il paraît plus naturel, pour se rendre compte des causes de ces résultats, d'imaginer qu'il y a eu certains foyers de bouleversement et de dispersion de fragments, ou de soulèvement subit d'une certaine étendue de couches, lesquels, peut-être, ont produit des chaînes de montagnes, suivant les idées de M. Élie de Beaumont. Dans cette hypothèse, l'accumulation des plus gros fragments et l'épaisseur relative du conglomérat devraient être plus considérables dans le voisinage de la cause perturbatrice; et, au milieu d'un pareil bouleversement, nous devons d'ailleurs tenir compte des roches ignées qui ont dû être vomies du sein de la terre à la même époque.

Si nous retournons pour le moment à cette partie du Devonshire qui nous a conduit à faire ces observations, nous y recueillerons des faits qui semblent venir à l'appui de cette idée; car, là où abondent les conglomérats, il y a dans le voisinage des *roches trappéennes*, telles que diverses variétés de grünsteins et de porphyres, qui ont coupé et traversé les schistes, les calcaires et autres roches plus anciennes, dans différentes directions; et j'ai eu récemment l'occasion d'observer que le porphyre rouge quarzifère, exactement semblable à plusieurs de ceux qui se rencontrent si abondamment en fragments roulés dans le conglomérat rouge de la contrée, se trouve en masse dans la partie inférieure de ce dernier dépôt, et que même (à Ideston près d'Exeter) il le recouvre en partie. Mais malgré l'abondance des grünsteins et des porphyres noirs, on n'en a pas encore découvert un seul fragment dans les conglomérats, quoique ceux-ci contiennent en si grand nombre des fragments roulés de porphyre rouge ; et il faut observer qu'il n'est pas rare de voir de bonnes coupes de ces terrains, particulièrement sur les côtes. Ce fait semble attester qu'au moment où se sont formés les fragments de schiste, de calcaire, etc., les roches trappéennes noires n'étaient pas, comme celles-ci, susceptibles d'être fracturées. Cela ne prouve pas cependant que les roches de trapp n'aient pas été vomies au jour à l'époque de la convulsion, aidant par là même au désordre, et en étant la cause en grande partie [1]. Nous avons, au contraire, toute raison de penser que l'éruption des roches de trapp a accompagné (si même elle ne l'a pas produite en partie) la dislocation des couches d'où proviennent les fragments que l'on rencontre dans les conglomérats : car nous avons vu qu'il y a une masse de porphyre rouge quarzifère qui recouvre une partie du conglomérat rouge ; et il n'est nullement rare de trouver dans le pays (à Wester Town, Ideston et ailleurs, dans le voisinage d'Exeter), des roches trappéennes, surtout rouges ou brunes, et renfermant beaucoup de matières siliceuses, qui sont tellement mêlées avec des conglomérats, que l'on ne peut établir de ligne de séparation entre ces roches. Maintenant, si on admet, comme l'observation semble le prouver, que des roches ignées ont été lancées au-dehors au moment de la production du conglomérat, il semble qu'il n'y a aucune raison pour ne pas admettre également que, dans des circonstances favorables, les uns et les autres ont dû se trouver jusqu'à un certain point mêlés ensemble. Il est une autre circonstance qui vient encore donner à cette idée un degré de plus de probabilité, et que l'on observe parfaitement, tant sur la côte que dans l'intérieur des terres, entre la baie de Babbacombe et Teignmouth, aux Corbons, à Torbay, dans le voisinage d'Exeter et ailleurs : on y rencontre, dans certaines couches inférieures, des galets cimentés par une sorte de pâte semi-trappéenne, qui renferme des métaux de la variété de feldspath que M. Levy a distinguée sous le nom de *Murchisonite*. On peut concevoir la production de ciment, en admettant qu'une érup-

---

[1] Il faut remarquer qu'il n'y a pas jusqu'à présent de preuve évidente que les roches trappéennes noirâtres du Devonshire aient été produites après la formation du grès rouge ; car on ne les a pas observées injectées au milieu de ce grès.

tion de roches ignées, accompagnée de différents gaz, ait eu lieu sous une masse d'eau, et qu'une partie des matières sorties du sein de la terre se soit combinée de manière à former un ciment, dans lequel des cristaux de *Murchisonite* se seraient développés. Sans cette hypothèse ou une autre analogue, il paraît très difficile d'expliquer la formation du ciment dont nous parlons.

De ce théâtre de bouleversement, qui est peut-être un des cas extrêmes, quoique l'on puisse citer plusieurs faits analogues, passons maintenant à cet état de choses où l'on ne peut supposer aucune cause violente de dislocation, mais où, au contraire, les mêmes causes qui avaient produit les roches arénacées qui constituent la portion supérieure du groupe immédiatement au-dessous de celui dont nous parlons, ont continué d'agir sans être interrompues tout à coup par une action violente, et où par suite il existe entre une série de roches à l'autre un passage tellement insensible, que la ligne exacte de démarcation est tout à fait imaginaire. Un tel état de choses est parfaitement compatible avec de violentes perturbations locales; car les effets d'une dislocation violente des roches inférieures n'ont pas dû s'étendre au-delà de certaines distances proportionnées à la puissance de la cause perturbatrice; en outre, ils ont dû diminuer graduellement, en sorte que, sur des points éloignés, les dépôts n'ont pas été interrompus. Néanmoins les causes perturbatrices ont pu produire en général, dans la masse fluide et dans la position relative de la terre et de l'eau, des changements tels, que les dépôts ultérieurs ont pu être modifiés dans leurs caractères, ce qui a dû arriver plus fréquemment sur une grande surface.

Cette hypothèse du passage de certaines parties inférieures du groupe du grès rouge à la partie supérieure du terrain houiller semble aussi appuyée sur des faits; car on en a trouvé des exemples incontestables dans certaines parties de l'Europe, comme en Thuringe et ailleurs. Aussi quelques géologues, et parmi eux MM. de Humbold, Daubuisson et autres, regardent-ils les deux terrains comme n'en formant qu'un seul.

Entre les extrêmes que nous avons signalés se trouvent plusieurs variétés de dépôts produites, soit par une différence dans l'intensité des forces perturbatrices, soit par des circonstances locales. Ainsi on pourra rencontrer des sables, avec un peu ou point de conglomérats, qui reposent, à stratification non concordante, sur des roches plus anciennes, même dans le voisinage des localités qui ont éprouvé de grands bouleversements, comme on peut l'observer sur plusieurs points de la contrée que nous avons citée d'abord.

Lorsque les causes quelconques qui avaient produit les conglo-

érats et les grès connus sous le nom de *Todtliegendes* se furent
en partie modifiées, il se forma, sur plusieurs contrées de l'Europe,
un dépôt considérable de carbonate de chaux, souvent chargé de
carbonate de magnésie : c'est le *Zechstein*, lequel, quoique considérablement développé dans certaines parties de l'Allemagne et de
l'Angleterre, paraît peu connu en France. Ainsi, les causes qui ont
donné lieu à la formation de ce calcaire n'ont pas été aussi générales que celles qui ont produit les calcaires décrits précédemment
dans le groupe oolitique, puisque ces derniers sont répandus sur une
bien plus grande surface. Un dépôt de schiste bitumineux ou marneux, qui paraît avoir été contemporain du zechstein, se rencontre
sur des points très éloignés l'un de l'autre, dans certaines parties de
l'Allemagne et dans le nord de l'Angleterre, et contient les restes
d'un genre déterminé de poissons, le *Palæothrissum*. Il n'y a rien
en soi de bien remarquable à ce que le même poisson fossile soit
observé dans différents terrains formés à la même époque géologique, à des distances comme celle qui sépare le pays de Mansfeld du
comté de Durham ; car si ces contrées étaient maintenant au-dessous
d'une même mer, aucun naturaliste ne trouverait surprenant que
des morues, des turbots et d'autres poissons, pussent être pêchés
dans les deux localités : on sait, en effet, que l'on rencontre des
morues sur les côtes de l'Amérique septentrionale et sur celles de
l'Europe, et que le saumon remonte les rivières des deux continents.
Ainsi, les géologues devaient donc s'attendre à trouver les restes de
poissons de même espèce dans des dépôts contemporains, mais
toutefois à des distances assez limitées en latitude et en longitude.

De plus, il paraît que l'on n'a encore observé ces poissons que
dans le schiste cuivreux, ou dans le schiste marneux qui est son
équivalent, et il y a lieu de présumer qu'ils ont péri par une cause
commune. Quelle a été cette cause ? C'est ce qui n'est nullement
évident; mais il est certain que des eaux semblables à celles qui
contenaient les éléments du schiste cuivreux de la Thuringe, soit
en dissolution chimique, soit en suspension mécanique, seraient loin
d'être favorables à l'existence des poissons. Il est peu probable que
ceux qui seraient enveloppés par un semblable milieu ou qui y en-
treraient pussent en sortir vivants. Quand nous considérons les
nombreux animaux marins toujours prêts à faire leur proie des
poissons morts ou vivants, et le peu de chances qu'il y a pour ces
derniers d'échapper à la voracité de ces animaux, la rencontre de
poissons à l'état fossile semblerait prouver que leur conservation n'a
pu avoir lieu que dans des circonstances où les animaux qui pouvaient en faire leur proie avaient été frappés de mort en même

temps qu'eux, ou avaient fui les localités qui avaient été mortelles aux poissons, ou enfin s'étaient trouvés, par quelque autre motif, hors d'état de les atteindre.

En parcourant les listes de fossiles contenus dans ce terrain, on voit que l'on rencontre des *végétaux marins* avec les poissons dans le schiste cuivreux. Il est certain que les plantes ne pourraient pas plus exister que les poissons dans un milieu imprégné de cuivre; on doit donc admettre qu'elles existaient avant la présence d'un semblable milieu. Mais nous ne pouvons être certains qu'elles végétaient près de l'endroit où elles sont maintenant enfouies, car les plantes marines peuvent, comme les herbes du golfe *Gulf Weed*, dans l'Atlantique, être emportées par des flots à des distances considérables; ces plantes ne fournissent donc pas une preuve évidente que le schiste cuivreux a été de formation subite. Les restes de *monitor* qu'on y trouve semblent indiquer le voisinage d'un continent, tandis que l'ensemble des autres fossiles de cette formation de schiste cuivreux de la Thuringe indique une origine toute particulière.

Le reste de la formation de zechstein a des caractères très variés; à l'exception de quelques couches qui peuvent être considérées comme étant un dépôt mécanique, toutes les autres semblent provenir d'une dissolution de carbonate et de sulfate de chaux, et de carbonate de magnésie. La rencontre très fréquente de ces deux dernières substances dans des terrains dont l'origine est due vraisemblablement à quelques causes communes, est très remarquable, et n'a pas jusqu'ici reçu d'explication satisfaisante.

Dans le comté de Sommerset et les contrées voisines, la partie inférieure du groupe du grès rouge est très souvent un conglomérat composé de fragments détachés des roches qui sont inférieures et plus anciennes, réunis par un ciment qui renferme beaucoup de magnésie, d'où lui vient le nom de *conglomérat magnésien* ou *dolomitique*. On trouvera de nombreux détails sur cette roche dans l'excellent mémoire de MM. Buckland et Conybeare. (*Géol. trans.*) Elle passe quelquefois graduellement à un calcaire, dont les caractères sont plus homogènes, et qui contient évidemment beaucoup de magnésie. Ce conglomérat paraît être le résultat d'une action violente qui a eu lieu sur les roches carbonifères de la contrée, qui en a détaché divers fragments, et qui, en général, y a produit des effets semblables à ceux que nous avons décrits en parlant des *todtliegendes*. Il est assez difficile de décider si ce conglomérat est exactement l'équivalent du *todtliegendes*, c'est-à-dire, si le bouleversement qui a produit ce dernier dépôt en Allemagne est tout à fait contemporain de celui auquel le conglomérat du comté de Sommerset doit son origine; car le premier peut être antérieur à l'autre, de manière que le conglomérat de Sommerset peut avoir été soumis davantage à l'influence d'une dissolution de carbonate de chaux et de magnésie. Dans tous les cas, cependant, la formation des conglomérats magnésiens du comté de Sommerset et celle des *todtliegendes* de la Thuringe ne paraîtraient pas appartenir à des époques bien éloignées l'une de l'autre; car chacun de ces deux dépôts, dans la contrée où il se trouve, constitue la partie inférieure du groupe du grès rouge, et ils contiennent tous les deux des fragments de roches qui proviennent ordinairement des terrains les plus voisins.

Les caractères organiques du zechstein, autant qu'on peut en juger par les observations faites jusqu'à ce jour, se rapprochent de ceux du groupe carbonifère, qui est le suivant. On trouve dans le zechstein, non-seulement des *Producta*, dont on remarquera que nous parlons ici pour la première fois, mais aussi des *Spirifer*, deux genres de coquilles dont les espèces sont aussi très nombreuses dans le calcaire carbonifère.

Cette ressemblance dans les caractères organiques des deux roches en rendra toujours la détermination très difficile, lorsque l'on ne pourra vérifier leur position géologique avec autant de certitude qu'en Allemagne et en Angleterre; cette difficulté peut même, dans quelques cas, être regardée comme insurmontable dans les contrées où les dépôts de l'un et de l'autre groupe ont été continus et sans interruption violente, et où, d'une part, les calcaires du groupe carbonifère se trouveraient dispersés à travers le terrain houiller (partie supérieure du groupe suivant) de manière à se rapprocher des terrains supérieurs de la série, tandis que, de l'autre, le zechstein descendrait jusqu'à la partie inférieure du groupe du grès rouge. Nous aurions dans ces circonstances une série de roches calcaires et arénacées qui représenteraient à la fois le groupe carbonifère et la partie inférieure du groupe du grès rouge, avec un caractère organique commun ou presque commun.

Le zechstein est recouvert par une masse de roches qui sont pour la plupart arénacées, bien qu'elles soient quelquefois argileuses, gypseuses et salifères. La couleur dominante est la rouge, quoiqu'elle soit souvent nuancée, comme l'indique le nom de *Bunter sandstein, grès bigarré*. Lorsque le zechstein n'existe pas, ce grès passe par degrés insensibles aux conglomérats inférieurs; et quand c'est le muschelkalk qui manque, comme c'est le cas ordinaire en Angleterre, le même grès passe aux marnes rouges ou irisées. Par conséquent, lorsque les deux dépôts calcaires manquent à la fois, comme dans le Devonshire, le groupe tout entier est composé de conglomérats dans la partie inférieure, de grès dans la partie moyenne, et de marnes dans la partie supérieure; disposition qui peut faire présumer que l'ensemble du groupe dans cette contrée est le résultat de quelque commotion violente, et qu'aussitôt que les causes perturbatrices ont cessé, les diverses matières tenues par l'eau en suspension mécanique se sont déposées à peu près suivant l'ordre de leurs pesanteurs spécifiques. Néanmoins, cette présomption n'est admissible qu'en considérant le dépôt en masse; car, non-seulement il y a des alternatives de conglomérats et de grès, de grès et de marnes, dans lesquelles on voit ces roches passer l'une à l'autre sur une grande échelle, mais souvent aussi on les trouve également mélangées sur une petite échelle; circonstance qui s'explique aisément par les changements nombreux de direction et de vitesse qui ont dû avoir lieu dans les courants.

Dans les parties de l'Europe qui ont été le mieux observées, si on considère l'ensemble des circonstances qui ont précédé la formation de ce terrain, on est porté à penser qu'elles ont été peu favorables, sinon à l'existence des animaux et des végétaux, du moins à leur conservation; car, à l'exception de l'Alsace et de la Lorraine, on n'y a découvert que peu ou point de fossiles. Les débris végétaux qui s'y rencontrent ont été indiqués, d'après M. Adolphe Brongniart, dans les listes précédentes, lesquelles comprennent également les coquilles citées par M. Voltz et d'autres géologues. On observera que ces coquilles ne sont pas analogues à celles que l'on trouve dans le zechstein, mais à celles que l'on a découvertes dans le muschelkalk, roche très développée dans la même contrée; il est, en outre, important de remarquer que les fossiles découverts par M. Élie de Beaumont dans le grès des Vosges n'étaient pas à une très grande profondeur au-dessous du muschelkalk. J'ai recueilli de nombreux fragments de végétaux du grès qui est auprès d'Épinal, dans les Vosges, et les carriers m'ont dit qu'ils en découvraient très fréquemment.

Nous arrivons, en remontant de proche en proche, au *muschelkalk*, calcaire, dont les caractères généraux et l'étendue connue ont été indiqués plus haut. Ici, il est incontestable qu'un dépôt de matière calcaire, mêlé quelquefois de carbonate de magnésie, a eu lieu, probablement à la même époque, et qu'il s'est étendu, sinon partout d'une manière continue, au moins dans un grand nombre de localités, depuis la Pologne jusqu'au sud de la France inclusivement; il est également certain que les animaux marins distribués sur cette surface étaient tous à peu près de la même espèce. Mais il y a une circonstance remarquable, c'est que ces animaux n'étaient pas les mêmes que ceux qui existaient à l'époque où le zechstein a été formé ; le caractère organique des deux roches est distinct ; et par conséquent, ceux qui ne fondent leurs distinctions entre les couches que sur ce caractère, ont raison de tirer une ligne de séparation entre le zechstein et le muschelkalk. Si cependant nous examinons ces roches en grand ; si nous considérons ces passages minéralogiques qui existent entre le muschelkalk et les roches qui sont au-dessus et au-dessous de lui ; si enfin nous observons que le muschelkalk lui-même est loin d'être une roche constante dans la série, et que, lorsqu'il manque, les couches entre lesquelles il est interposé se fondent l'une dans l'autre, nous sommes conduits à penser qu'une séparation entre elles est bien difficile à établir théoriquement, et qu'elle présente un grand inconvénient dans la pratique. De quelque manière qu'on envisage le fait, il paraît constant qu'il y a eu des circonstances qui ont changé le caractère des genres d'animaux marins qui vivaient à cette époque sur diverses parties de l'Europe, et que certains animaux, qui furent d'abord très nombreux et probablement pendant un très long espace de temps (car, ainsi qu'on le verra par la suite, on les rencontre dans plusieurs grands dépôts antérieurs), ont disparu pour ne plus jamais reparaître, autant du moins que nous pouvons en juger d'après nos connaissances actuelles des débris organiques fossiles.

Parmi les fossiles du muschelkalk, dont les deux plus caractéristiques sont l'*Ammonites nodosus* (fig. 87), et l'*Encrinites monili-*

Fig. 87.

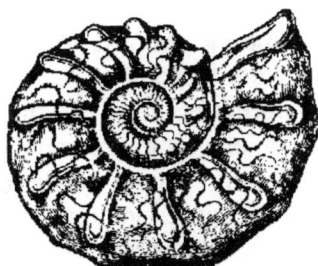

formis (*E. liliiformis*, Schlot.), on trouve des reptiles de différentes formes. L'espèce si extraordinaire des *Plesiosaurus*, et peut-être aussi son compagnon fossile habituel l'*Ichthyosaurus*, existaient alors près des lieux qui forment aujourd'hui l'est de la France et la partie adjacente de l'Allemagne. Peut-on affirmer que c'est à cette époque qu'on doit assigner la première apparition de ces singuliers sauriens dans cette partie du monde?... On ne peut encore rien prononcer à ce sujet; car il ne faut pas oublier que la conservation des débris de ces animaux semblerait, jusqu'à un certain point, dépendre de circonstances purement locales, peut-être dans quelques cas du voisinage d'un continent, comme aussi des chances qu'auraient eues ces animaux, s'ils ont flotté sur la mer après leur mort, d'échapper à la voracité de tant d'autres animaux marins, tous, grands et petits, prêts à les dévorer.

Dans les marnes rouges ou irisées qui recouvrent le muschelkak, on reconnaît, sur une étendue de terrain très considérable, un caractère minéralogique commun, qui nous conduit à admettre l'existence d'une ou de plusieurs causes qui ont exercé une influence semblable sur une grande surface. Il y a au moins une partie du dépôt qui paraîtrait due à une action chimique : ce sont plus particulièrement les masses de gypse et de sel gemme qui existent dans certaines localités. Doit-on regarder les masses de marnes comme le résultat d'une action, ou en partie chimique, ou purement mécanique?... C'est ce que, dans l'état actuel de la science, il est impossible de décider ; mais il est certain que les grès avec lesquels elles sont en connexion dans quelques pays, et qui, dans d'autres, semblent même les remplacer, comme nous l'avons remarqué ci-dessus, sont d'origine mécanique, puisqu'ils renferment des couches de houille, qui sont probablement le résultat d'une accumulation de matières végétales. Quelques-uns des fossiles végétaux qu'on y observe sont encore assez bien conservés pour être déterminés, comme on le voit dans les marnes rouges ou irisées des Vosges.

Maintenant si, laissant de côté les subdivisions, nous envisageons le groupe en masse, nous verrons qu'il paraît constituer la base d'un grand système de roches, lequel, lorsqu'il n'a pas été dérangé par des accidents locaux, a rempli beaucoup de dépressions et comblé de nombreuses inégalités du sol sur une partie considérable de l'Europe : on en voit un exemple frappant en Angleterre, où les comtés du centre sont occupés par la série du grès rouge, qui a évidemment rempli une dépression existant antérieurement dans cette localité; mais elle n'y est pas recouverte par cette grande masse du groupe oolitique qui repose ordinairement sur elle, et avec une stratification d'une concordance si parfaite, qu'elle tend à faire présumer que ces deux groupes, pris dans leur ensemble et abstraction faite de petits dérangements locaux, sont venus remplir les grandes dépressions existant alors en Europe. Quelquefois, comme c'est le cas en quelques points de la Normandie, les roches oolitiques recouvrent immédiatement des couches plus anciennes que le groupe du grès rouge, bien qu'elles reposent ailleurs sur ce dernier terrain d'une manière si régulière, que l'un des groupes semble être un dépôt formé tranquillement sur l'autre. Au reste, il est naturel de penser que mille perturbations locales ont dû produire une différence sensible dans le dépôt, quelquefois même une discordance complète de position ; mais on ne peut s'empêcher de reconnaître que les deux groupes, pris en masse, n'aient entre eux une concordance assez frappante. Durant leur dépôt, il s'est produit de grands et remarquables changements dans la nature des animaux et peut-être aussi des végétaux existants ; et il semble en quelque sorte nécessaire d'admettre qu'il est survenu, à diverses époques, des différences considérables dans le niveau relatif des mers et des continents. Ces différences auront déterminé des variations de pression et plusieurs autres circonstances nouvelles qui auront produit des changements notables dans la nature des animaux marins, tandis qu'il a pu en résulter d'aussi importants du remplissage et de l'exhaussement du fond.

Il paraîtrait, surtout d'après les descriptions de M. de Humboldt, qu'il existe au Mexique et dans l'Amérique du sud, sur une très grande étendue du pays, des masses considérables de grès rouge et de conglomérats. Ces roches sont-elles de formation contemporaine avec la série de grès rouge de l'Europe ?... c'est ce que l'état de la science ne nous permet pas de déterminer d'une manière satisfaisante. Les porphyres et les schistes de la Nouvelle-Espagne sont recouverts par des conglomérats et des grès rouges, qui forment les plaines de Celaya, de Salamanca et de Burras, et supportent un calcaire qui ressemble minéralogiquement à celui du Jura. Les conglomérats contiennent des fragments de roches préexistantes, cimentés par une pâte argilo-ferrugineuse d'un brun jaunâtre, ou d'un rouge de brique. Les vastes plaines de Venezuela sont couvertes en grande partie de grès et de conglomérats rouges, mêlés de calcaire et de gypse ; les grès forment un dépôt de forme concave, entre la chaîne de la côte de *Caracas* et les montagnes de *Parime*, et reposent au nord sur des schistes, dits schistes de transition, tandis qu'au sud ils reposent sur le granit. Ce dépôt arénacé est recouvert, auprès de *Tisnao*, par un calcaire compacte gris blanchâtre.

On a indiqué aussi une immense formation de grès rouge qu'on assure recouvrir presque sans interruption, non-seulement les plaines méridionales de la *Nouvelle-Grenade*, entre Mompox, Mahates et les montagnes de Tolu et Maria, mais encore le bassin du *fleuve de la Madeleine*, entre Ténériffe et Melgar, et celui du *fleuve Cauca*, entre Carthagène et Cali. Les conglomérats de cette contrée sont composés de fragments anguleux de pierre lydienne, de schiste argileux, de gneiss et de quartz, cimentés par une matière argilo-ferrugineuse. Ces conglomérats alternent avec des grès schisteux et quartzeux [1].

D'après M. de Humboldt, les Cordillières de *Quito* lui ont offert la formation la plus étendue de grès rouge qu'il eût encore observée ; elle recouvre tout le plateau de Tarqui et de Cuença sur une étendue de vingt-cinq lieues. Le grès est généralement très argileux et renferme des petits grains de quartz légèrement arrondis ; mais il est quelquefois schisteux, et alterne avec un conglomérat qui contient des fragments de porphyre de 3 à 9 pouces de diamètre. Le même auteur pense que le grès rouge de Cuença se rencontre aussi dans le Haut-Pérou, et il appelle l'attention sur la ressemblance qu'il a remarquée entre ces roches de la Nouvelle-Grenade, du Pérou et de Quito, et le grès rouge ou le *Todtliegendes* de l'Allemagne [2].

On trouve aussi dans la *Jamaïque*, particulièrement aux environs de Port-Royal, et dans les montagnes de Saint-André, une masse de grès rouges, mêlés de conglomérats, qui de là s'étend au nord-ouest vers le nord de l'île. Le grès est généralement siliceux et compacte, avec des intercallations de grès rouge marneux et de marnes, et aussi, quoique rarement, de gypse (vallée de *Lope*). Le conglomérat est formé de galets (de 1 à 4 pouces de diamètre), de granit, de grünstein à gros grains, de syénite, quartz, hornstein, etc. Il y a des couches de couleur grise, interposées entre ces roches, et on y voit aussi des couches subordonnées de calcaire gris compacte, d'argile schisteuse, et de grès schisteux mêlé de houille. La partie supérieure de la masse est formée d'un conglomérat, composé en grande partie de fragments de roches trappéennes, principalement de porphyre, et dont le ciment, qui varie en dureté, est le plus souvent brun rougeâtre et argileux, quelquefois d'une couleur si foncée, que les galets semblent unis par un ciment trappéen. C'est surtout dans cette partie supérieure qu'on trouve une grande variété de roches trappéennes, telles que syénite, grünstein, porphyres, etc., qui paraissent être le résultat d'un soulèvement de matières ignées qui auraient accompagné la production des conglomérats. Dans la parie inférieure, les conglomérats et les grès rouges passent à une roche, qui, au premier abord, n'en diffère que par la couleur, et qui finit par présenter les caractères minéralo-

[1] Humboldt. *Gisement des roches dans les deux hémisphères.*
[2] *Idem, idem.*

giques de la grauwacke. L'épaisseur de la masse totale est considérable, et s'élève à plusieurs milliers de pieds. Ces roches me paraissent être l'équivalent de celles que l'on a appelées grès rouges
sur le continent de l'Amérique [1].

Le fait seul de la ressemblance minéralogique de ce genre de
dépôt, en Amérique et à la Jamaïque, avec les grès et les conglomérats du groupe de grès rouge de l'Europe, n'a pas par lui-même
une grande importance. Aussi nous devons, quant à présent, nous
borner à conclure que, dans l'un et l'autre hémisphère, il s'est développé (soit en même temps soit à des époques différentes, ce qui
reste à déterminer) des forces considérables, qui ont dispersé des
fragments de roches préexistantes, et les ont transportés çà et là
dans diverses directions, au moyen de courants d'eau très violents
dont néanmoins la force était fort inégale, ce qui a produit des
alternances de couches de grès et de marnes avec des conglomérats.
Il paraîtrait, d'après les descriptions de quelques géologues et de
voyageurs éclairés, que ces grès et ces conglomérats s'étendent
depuis Mexico jusqu'au centre de l'Amérique du nord; d'où on
serait entraîné à conclure qu'ils sont le résultat, non d'une perturbation locale et limitée, mais d'un grand mouvement qui se serait
propagé sur une surface considérable. Toutefois cette conclusion
suppose que les observateurs n'ont pas rapporté à une seule et même
formation plusieurs dépôts très différents, par une erreur qui est
très possible : on sait qu'en Angleterre on a longtemps confondu le
vieux grès rouge avec le nouveau grès rouge; et certainement il
serait encore très facile d'être entraîné dans de semblables erreurs,
si c'était un pays peu visité ou examiné à la hâte.

---

[1] Pour avoir plus de détails et des coupes relatives à ces terrains et à d'autres de
la Jamaïque, consultez mes Remarques sur la géologie de la Jamaïque, *Geol. trans.*,
2ᵉ série, vol. II.   (*Note de l'auteur.*)

SECTION VIII.

GROUPE CARBONIFÈRE.

SYN. Terrain houiller, grès houiller (*Coal measures*, angl.; *Steinkohlengebirge, Kohlen Sandstein*; allem.)

Calcaire carbonifère ou anthraxifère (*Carboniferous Limestone*, angl. ; *Kohlenkalkstein*, allem.)

Calcaire de montagne (*Mountain Limestome*, angl.; *Bergkalk*, allem.)

Calcaire de transition, en partie (*Neuerer übergangskalkstein*, allem.)

Grès rouge de transition ou vieux grès rouge (*Old red Sandstone*, angl.; *Jungeres Grauwackegebirge*, allem.)

Terrain houiller.

Il est composé de diverses couches de grès, d'argilo schisteuse et de houille, irrégulièrement stratifiées, et mélangées, dans quelques pays, avec des conglomérats : l'ensemble de la formation indique une origine mécanique. Le terrain houiller abonde en fossiles végétaux ; et la houille elle-même, d'après l'opinion presque unanime des savants, a une origine végétale, puisqu'on la regarde comme n'étant que le résultat de l'accumulation d'une masse immense de végétaux.

On a souvent présenté les dépôts houillers comme étant des *bassins*; mais on peut mettre en doute si cette expression convient d'une manière générale à tous les dépôts houillers; car, en admettant qu'il y en ait beaucoup dont les couches se soient accumulées dans des dépressions existant à la surface, il est difficile d'en

conclure, en raisonnant au moins d'après la manière dont se forment de nos jours les accumulations de végétaux, que tous les
dépôts houillers ont été produits de cette manière. Supposons des
amas de végétaux qui auraient été entraînés par les rivières,
comme nous en observons aujourd'hui à l'embouchure ou au delta
du Mississipi; ce serait fort mal caractériser ces dépôts que de
dire qu'ils ont la forme de *bassins* et de leur en donner le nom,
car ce mot *bassin* semble indiquer l'existence d'un creux ou d'une
dépression bornée par une circonférence d'élévation à peu près
uniforme.

La portion de bitume contenue dans la houille est très variable;
plus elle est grande et plus la houille est estimée pour les différents usages économiques. La quantité de houille que l'on extrait
annuellement dans les Îles Britanniques et très considérable, et l'on
peut dire que c'est à cette substance, ainsi qu'au minerai de fer
qui se rencontre aussi dans le même dépôt, que l'Angleterre doit
une grande partie de sa prospérité commerciale : car c'est à l'abondance et au prix peu élevé de ces deux substances sur divers points
de son territoire, qu'elle est redevable d'une grande partie de ses
manufactures, la même série de couches fournissant non-seulement
le combustible pour l'alimentation des machines à vapeur, mais aussi
le fer pour leur construction.

D'après les nombreux travaux qui ont été ouverts dans le terrain
houiller, nous avons aujourd'hui beaucoup de facilité pour observer
la structure de ce terrain, même quand les roches qui le composent
sont tellement disposées que leurs caractères seraient difficiles à
déterminer à la première vue.

Cette accumulation de matières végétales formée dans le sein de
la terre, à une époque reculée dans l'histoire du monde, pour la
consommation des futurs habitants de sa surface, est un fait remarquable qui doit frapper les hommes les moins habitués à réfléchir :
mais quand nous observons dans les couches du terrain houiller
ces contournements, ces ruptures, ces dislocations qui y sont si
fréquentes, surtout quand nous voyons ces *failles*[1] qui interrompent
si souvent les travaux du mineur, nous ne découvrons plus aussi
clairement l'ordre qui a présidé à la formation de ces terrains, et
nous sommes disposés à regarder cette confusion apparente comme
une barrière opposée à l'industrie de l'homme dans l'extraction du

[1] On trouvera beaucoup de coupes de failles dans les terrains houillers dans les
ouvrages suivants : *Sections and Wiews illustrative of geological phenomena*,
pl. 5, 6, 7; *Geol. trans.*, 2ᵉ série, vol. I, pl. 32; *la Richesse minérale*, par M. Héron
de Villefosse, etc.

combustible qui est pour lui si précieux. Néanmoins, quand nous venons à étudier plus attentivement la structure intérieure de ce dépôt, nous ne tardons pas à reconnaître que ces contournements et dislocations des roches, malgré les embarras momentanés qui en résultent pour le mineur, sont en réalité extrêmement avantageux. Les fentes appelées *failles* se croisent si fréquemment entre elles, que la surface du terrain, si on pouvait l'examiner à nu et dépouillée de cette enveloppe de végétation et de détritus qui la recouvre, présenterait sur une grande échelle la même apparence que la surface d'un lac couverte de glaçons, d'abord isolés, et ensuite réunis en une seule masse par une gelée nouvelle. Ainsi, on voit souvent des masifs de couches fracturées, bornés de tous côtés par des failles qui empêchent les eaux souterraines de traverser d'un massif dans l'autre; d'où il résulte que les mineurs occupés dans des ateliers situés dans un massif particulier n'ont à lutter que contre les eaux qui s'y rencontrent, tandis que si les couches étaient toujours horizontales, non fracturées et continues, l'abondance des eaux qui arriveraient dans les travaux rendrait ceux-ci tellement difficiles et dispendieux, que l'on serait forcé de les abandonner et de renoncer à l'extraction de la houille [1].

On verra jusqu'à l'évidence que, dans une contrée où le terrain houiller est fortement tourmenté, la position relative des couches empêche seule les eaux de filtrer abondamment d'un massif dans un autre.

Débris organiques du terrain houiller.

VÉGÉTAUX.

La longue liste suivante des végétaux fossiles découverts dans le terrain houiller, est dressée principalement d'après les travaux de M. Adolphe Brongniart; en l'abrégeant, nous aurions privé le lecteur, non-seulement d'un catalogue précieux de

[1] Il faut remarquer que, bien que les deux parois d'une faille soient souvent rapprochées jusqu'au contact, il y a très fréquemment entre elles une substance argileuse, imperméable à l'eau; aussi il arrive rarement que les eaux d'un côté se réunissent à celles qui proviennent de l'autre, de manière à former un seul courant plus abondant. Au contraire, l'eau de chaque massif suit ordinairement la direction des fentes et s'échappe au dehors sous la forme de sources, particulièrement sur les flancs des montagnes : ces sources sont souvent d'excellents guides, qui aident le géologue à déterminer les failles, non-seulement dans les terrains houillers, mais encore dans d'autres terrains. On conçoit facilement cette position des sources le long des lignes de faille, car non-seulement celles-ci servent de conduits, de canaux de desséchement pour les couches qu'elles traversent, mais encore elles y produisent des effets absolument semblables à ceux de ces forages artificiels, connus sous le nom de *puits artésiens;* car, en supposant qu'il y ait des fentes très nombreuses dans les contrées où l'on a creusé avec tant de succès des puits artésiens, ces contrées se trouveraient naturellement pourvues de sources abondantes, dont l'origine serait due aux mêmes causes par lesquelles on explique les puits artésiens. Sachant donc que les failles ou fentes sont très nombreuses à la surface de notre planète, nous pouvons en conclure qu'elles amènent à cette surface des masses d'eau considérables.

localités, mais aussi d'une idée générale des contrées où des végétaux d'un caractère général semblable ont probablement existé. Les localités citées sont celles que donne le même auteur, d'après ses propres observations et les travaux de Sternberg, Schlottheim, Artis et autres.

Equisétacés.

Equisetum infundibuliforme (Bronn.) (Ad. Brong. pl. 14, fig. 15 et 16.)
— dubium (Ad. Brong. pl. 17 à 18.) Wigan; Lancashire.
Calamites Suckowii (Ad. Brong. pl. 15, fig. 4 à 6.) Newcastle; Saarbruck; Liége, Wilkesbarre, Pensylvanie; Richemond, Virginie.
— decoratus (Ad. Brong. pl. 14, fig. 1 à 5) Yorkshire; Saarbruck.
— undulatus (Ad. Brong. pl. 17, fig. 1 à 4.) Yorkshire; Radnitz, Bohême.
— ramosus (Artis.) (Ad. Brong. pl. 17, fig. 5 à 6.) Yorkshire; Mannebach; Wettin ; Allemagne.
— cruciatus (Sternb.) (Ad. Brong. pl. 19.) Litry; Saarbruck.
— Cistii (Ad. Brong. pl. 20.) Montrelais; Saarbruck; Wilkesbarre, Pensylvanie.
— dubius (Artis.) (Ad. Brong. pl. 18, fig. 1, 2, 3.) Yorkshire; Zanesville, Ohio.
— cannæformis (Ad. Brong. pl. 21.) Langeac, Haute-Loire; Alais; Yorkshire; Mannebach; Wettin; Radnitz, Allemagne. Voyez ci-après, page 680, la figure 88.
— pachyderma (Ad. Brong. pl. 22.) Saint-Étienne; Irlande.
— nodosus (Schlot.) (Ad. Brong. pl. 23, fig. 2, 3, 4.) Newcastle; le Lardin, Dordogne.
— approximatus (Sternb.) (Ad. Brong. pl. 15.) Alais ; Liége ; Saint-Étienne ; Kilkenny.
— Steinhaueri (Ad. Brong. pl. 18, fig. 4.) Yorkshire

Fougères.

Sphenopteris furcata (Ad. Brong. pl. 49, fig. 4 à 5.) Newcastle; Charleroi; Silésie ; Saarbruck.
— elegans (Ad. Brong. pl. 53, fig. 1 et 2.) Wandenburg en Silésie.
— stricta (Sternb.) (Ad. Brong. pl. 48, fig. 2.) Northumberland; Glasgow.
— artemisiæfolia (Sternb.) (Ad. Brong. pl. 46 et 47.) Newcastle.
— delicatula (Sternb.) (Ad. Brong. pl. 58, fig. 4.) Saarbruck; Radnitz.
— dissecta (Ad. Brong. pl. 49, fig. 2 et 3.) Montrelais; Saint-Hippolyte, Vosges.
— linearis (Sternb.) (Ad. Brong. pl. 54, fig. 1.) Swina, Bohême; Angleterre.
— furcata (Ad. Brong. pl. 49, fig. 415.) Newcastle.
— trifoliolata (Ad. Brong. pl. 53, fig. 3.) Anzin, près de Valenciennes; Mons ; Silésie ; Yorkshire.
— obtusiloba (Ad. Brong. pl. 53, fig. 2.)
— Schlotheimii (Sternb.) (Ad. Brong. pl. 51.) Doutweiler, près de Saarbruck : Waldenburg et Breitenbach, Silésie.
— fragilis (Ad. Brong. pl. 54, fig. 2.) Breitenbach.
— Hœninghausii (Ad. Brong. pl. 52.) Newcastle; Werden.
— Dubuissonis (Ad. Brong. pl. 54, fig. 4.) Montrelais.
— tridactylites (Ad. Brong. pl. 50.) Montrelais.
— distans (Sternb.) (Ad. Brong. pl. 54, fig. 3.) Ilmenau, Silésie.
— gracilis (Ad. Brong. pl. 54, fig. 2.) Newcastle.
— latifolia (Ad. Brong. pl. 57, fig. 1 à 4.) Newcastle; Saarbruck.
— Virletii (Ad. Brong. pl. 58, fig. 1 et 2.) Saint-Georges-Châtellaison.
— Gravenhorstii (Ad. Brong. pl. 55, fig. 3.) Silésie; Anglesea.
— tenuifolia (Ad. Brong. pl. 48, fig. 1.) Saint-Georges-Châtellaison.
— rigida (Ad. Brong. 53, fig. 4.) Waldenburg.
— acuta (Ad. Brong. pl. 57, fig. 6, 7.) Werden.
— trichomanoides (Ad. Brong. pl. 48, fig. 3.) Anzin.
— tenella (Ad. Brong. pl. 49, fig. 1.) Yorkshire.
— alata (Ad. Brong. pl. 48, fig. 4.) Geislautern.

Cyclopteris orbicularis (Ad. Brong. 61, fig. 1. 2.) Saint-Étienne; Liége.

— *reniformis* (Ad. Brong pl. 61 *bis*, fig. 1.) Environs de Fréjus.

— *trichomanoïdes* (Ad. Brong. pl. 61 *bis*, fig. 4.) Saint-Étienne.

— *obliqua* (Ad. Brong. pl. 61, fig. 3.) Yorkshire.

Nevopteris acuminata (Ad. Brong. pl. 63, fig. 4.) Klein-Schmalkalden (Schlot ;

— *Villiersii* (Ad. Brong. pl. 64, fig. 1.) Alais, Gard.

— *rotundifolia* (Ad. Brong. pl. 70, fig. 1.) Plessis, Calvados; Yorkshire.

— *Loshii* (Ad. Brong. pl. 73.) Newcastle; Anzin; Liége; Wilkesbarre.

— *Grangeri* (Ad. Brong. pl. 68, fig. 1.) Zanesville, Ohio.

— *tenuifolia* (Sternb.) (Ad. Brong. pl. 72, fig. 3.) Saarbruck; Miereschau, Bohême; Waldenburg, Silésie; Montrelais.

— *heterophylla* (Ad. Brong. pl. 71 et 72, fig. 2.) Saarbruck; Valenciennes; Newcastle.

— *Cistii* (Ad. Brong. pl. 70, fig. 3.) Wilkesbarre.

— *microphylla* (Ad. Brong. pl. 74, fig. 6.) Wilkesbarre.

— *flexuosa* (Sternb.) (Ad. Brong. pl. 65, fig. 2, 3, et 68, fig. 2.) Environs de Bath; Saarbruck (Sternb.)

— *gigantea* (Sternb.) (Ad. Brong. pl. 69.) Saarbruck.

— *oblongata* (Sternb.) Paulton, Somerset.

— *cordata* (Ad. Brong. pl. 64, fig. 5.) Alais; Saint-Étienne.

— *Scheuchzeri* (Hoffmann.) (Ad. Brong. pl. 63, fig. 5.) Angleterre; Osnabruck ; Wilkesbarre.

— *angustifolia* (Ad. Brong. pl. 64, fig. 3 et 4.) Environs de Bath; Wilkesbarre.

— *acutifolia* (Ad. Brong. pl. 64, fig. 6 et 7.) Environs de Bath; Wilkesbarre.

— *crenulata* (Ad. Brong. pl. 64, fig. 2.) Saarbruck.

— *macrophylla* (Ad. Brong. pl. 65, fig. 1.) Dunkerton, Somerset.

— *auriculata* (Ad. Brong. pl. 66.) Saint-Étienne.

Pecopteris Candolliana (Ad. Brong. pl. 100, fig. 1.) Alais, Gard.

— *cyathœa* (Ad. Brong. pl. 101.) Saint-Étienne.

— *affinis* (Ad. Brong. pl. 100, fig. 2.) Saint-Étienne; Aubin.

— *arborescens* (Ad. Brong. pl. 102.) Saint-Étienne; Aubin, Aveyron; Anzin; Mannebach.

— *platyrachis* (Ad. Brong. pl. 103.) Saint-Étienne.

— *polymorpha* (Ad. Brong. pl. 103.) Saint-Étienne; Alais; Litry; Wilkesbarre.

— *oreopterides* (Sternb.) (Ad. Brong. pl. 104, fig. 1, 2, pl. 105, fig. 1, 2, 7.) Le Lardin Mannebach; Wettin (Schlot.)

— *Bucklandi* (Ad. Brong. pl. 99, fig. 2.) Environs de Bath.

— *aquilina* (Sternb.) (Ad. Brong. pl. 90.) Mannebach et Wettin (Schlot.)

— *pteroides* (Ad. Brong. 99, fig. 1.) Mannebach; Saint-Étienne.

— *heterophylla* (Linil. foss. fl., pl. 38.) Felling.

— *Dournaisii* (Ad. Brong. pl. 89.) Anzin.

— *urophylla* (Ad. Brong. pl. 86.) Pays de Galle.

— *Davreuxii* (Ad. Brong. pl. 88.) Liége; Valenciennes.

— *Mantelli* (Ad. Brong. pl. 83, fig. 3 et 4.) Newcastle; Liége.

— *lonchitica* (Ad. Brong. pl. 84.) Newcastle; Saarbruck; Silésie; Namur; Werden.

— *Serlii* (Ad. Brong. pl. 85.) Environs de Bath; Saint-Étienne; Geislautern; Wilkesbarre.

— *Grandini* (Ad. Brong. pl. 91, fig. 1 à 4.) Geislautern.

— *crenulata* (Ad. Brong. pl. 87, fig. 1.) Geislautern.

— *marginata* (Ad. Brong. pl. 87, fig. 2.) Alais.

— *gigantea* (Ad. Brong. pl. 92.) Abascherhütte; Trèves; Saarbruck; Liége; Wilkesbarre.

— *punctulata* (Ad. Brong. pl. 93, fig. 1, 2.) Saarbruck?

— *sinuata* (Ad. Brong. pl. 93, fig. 3.)

— *Sauveurii* (Ad. Brong. pl. 95, fig. 5.) Liége.

— *Sillimanni* (Ad. Brong. pl. 96, fig. 5.) Zanesville, Ohio.

Pecopteris Loshil (Ad. Brong., pl. 96, fig. 6.) Newcastle.
— *nervosa* (Ad. Brong. pl. 94 et 95, fig. 1 et 2.) Wales; Waldenburg ; Rolduc; Liége.
— *muricata* (Ad. Brong. pl. 97.) Vettin, Anzin.
— *obliqua* (Ad. Brong. pl. 96, fig. 1 et 4.) Valenciennes.
— *Brardii*. Le Lardin.
— *Defrancii* (Ad. Brong., pl. 111.) Saarbruck.
— *ovata* (Ad. Brong. pl. 107, fig. 4.) Saint-Étienne,
— *Cistii* (Ad. Broug. pl. 106.) Wilkesbarre; Bath.
— *hemitelioides* (Ad. Brong. pl. 108, fig. 1, 2.) Saarbruck ; Saint-Étienne.
— *lepidorachis* (Ad. Brong. pl. 103, fig. 1.) Saint-Etienne.
— *villosa* (Ad. Brong. pl. 104, fig. 3.) Bath.
— *Plukenetii* (Ad. Brong. pl. 107, fig. 1, 3.) Alais; Saint-Étienne.
— *arguta* (Sternb.) (Ad. Brong. pl. 108, fig. 3, 4.) Saint-Étienne ; Saarbruck
(Schlot.) Rhodesland, États-Unis.
— *cristata*. Saarbruck.
— *aspera*. Montrelais.
— *Miltoni* (Artis.) (Ad. Brong. pl. 114.) Yorkshire; Saarbruck.
— *abbreviata* (Ad. Brong. pl. 115, fig. 1, 3.) Valenciennes.
— *microphylla*. Saarbruck.
— *æqualis*. Fresnes et Vieux-Condé, près de Valenciennes; Silésie.
— *acuta*. Saarbruck; Ronchamp, Haute-Saône.
— *unita*. Geislautern; Saint-Étienne.
— *debilis*. Ronchamp.
— *dentata*. Valenciennes; Doutweiler. ,
— *angustissima* (Sternb.) Swina, Bohême; Saarbruck.
— *gracilis*. Geislautern; Valenciennes.
— *pinnæformis*. Fresnes et Vieux Condé; Saarbruck.
— *triangularis*. Fresnes et Vieux-Condé.
— *pectinata*. Geislautern.
— *plumosa*. Saarbruck; Valenciennes; Yorkshire (Artis.) [1]
Lonchopteris Dournaisii. Valenciennes.
Odontopteris Brardii (Ad. Brong. pl. 75 et 76.) Le Lardin et Terrasson, Dordogne;
Saint-Étienne.
— *crenulata* (Ad. Brong. pl. 78. fig. 1 et 2.) Terrasson.
— *minor* (Ad. Brong. pl. 77.) Le Lardin; Saint-Étienne.
— *obtusa* (Ad. Brong. pl. 78, fig. 3 et 4.) Terrasson.
— *Schlotemii* (Ad. Brong. pl. 78, fig. 5.) Mannebach; Wettin.
Schizopteris anomata, Saarbruck.
Sigillaria punctata. Bohême.
— *appendiculata*, Bohême ; Yorkshire.
— *peltigera*. Alais.
— *lœvis*. Liége.
— *canaliculata*. Saarbruck.
— *Cortei*. Essen.
— *elongata* (Ad. Brong., *Ann. des Sc. nat.*, t. IV, pl. 2, fig. 3 et 4.) Charleroi; Liége.
— *reniformis* (Ad. Brong., *ib.*, pl. 2, fig. 2.) Mons; Essen.

[1] A ces nombreuses espèces de *Pecopteris*, on doit ajouter les suivantes, décrites,
par M. le comte de Sternberg, quoique, comme le remarque M. Adolphe Brongniart,
il soit possible qu'elles doivent rentrer dans les premières,

Pecopteris orbiculata. Swina, Bohême.
— *discreta*. Swina.
— *cordata*. Swina.
— *varians*. Swina.
— *obtusata*. Radnitz, Bohême.
— *undulata*. Radnitz.

Pecopteris repanda. Radnitz.
— *antiqua*. Radnitz.
— *crenata*. Minitz, Bohême.
— *elegans*. Schatzlar, Bohême.
— *incisa*. Waldenburg, Silésie, Schatzlar,
— *dubia*. Bohême.

Sigillaria hippocrepis (Ad. Brong., *ib.*, pl. 2, fig. 1.) Mons.
— *mamillaris* (Ad. Brong., *ib.*, pl. 2, fig. 5.) Charleroi.
— *Davreuxii*. Liége.
— *Candollii*. Alais.
— *oculata*. Bohême.
— *orbicularis*. Saint-Étienne ; Saarbruck.
— *tessellata*. Environs de Bath, Alais; Eschweiler; Wilkesbarre.
— *Boblayi*. Anzin.
— *Knorrii*. Saarbruck.
— *elliptica*. Saint-Étienne.
— *transversalis*. Eischweiler, près d'Aix-la-Chapelle.
— *subrotunda*. Doutweiler, près de Saarbruck.
— *cuspidata*. Saint-Etienne.
— *notata*. Saarbruck; Silésie; Liége.
— *Dournaisii*. Charleroi ; Valenciennes.
— *trigona*. Radnitz, Bohême (Sternb.)
— *alveolaris*. Saarbruck.
— *hexagona*. Eschweiler ; Bochum.
— *elegans*. Bochum.
— *Brardii*. Terrasson.
— *lœvigata*. Montrelais.
— *Serlii*. Paulton. Somerset.

Marsiliiacées.

Sphenophyllum Schlotheimii. Waldenburg, Silésie.
— *emarginatum*. Environs de Bath ; Wilkesbarre.
— *truncatum*. Somersetshire.
— *dentatum*. Newcastle ; Anzin ; Geislautern.
— *quadrifidum*. Terrasson.
— *dissectum*. Montrelais.

Lycopodiacées.

Lycopodites piniformis. Saxe-Gotha ; Saint-Étienne.
— *Gravenhortsii*. Silésie.
— *Hœninghausii*. Eisleben.
— *imbricatus*. Saint-Georges-Châtellaison.
— *filiciformis*. Wettin.
— *affinis*. Wettin.
Selaginites patens. Edinbourg.
— *erectus*. Mont Jean , près d'Angers.
Lepidodendron selaginoides. Bohême ; Silésie.
— *elegans*. Swina, Bohême.
— *Bucklandi*. Colebrookdale.
— *ophiurus*. Newcastle ; Charleroi.
— *rugosum*. Charleroi ; Valenciennes.
— *Underwoodii*. Anglesea.
— *taxifolium*. Ilmenau.
— *insigne*. Sainghert, Bavière.
— *Sternbergii*. Swina.
— *longifolium*. Swina.
— *ornatissimum* (Sternb.) Édinbourg ; Yorkshire ; Silésie.
— *tetragonum* (Sternb.) Newcastle.
— *venosum*. Waldenburg.
— *transversum*. Glasgow.
— *Volkmannianum* (Sternb.) Silésie.
— *Rhodianum* (Sternb.) Yorkshire ; Valenciennes ; Silésie.

Lepidodendron cordatum. Durham.
— *obovatum* (Sternb.) Radnitz, Bohême; Silésie; Fresnes et Vieux-Condé.
— *dubium.* Newcastle.
— *lœve.* Comté de la Marck.
— *pulchellum.* Alais; Liége.
— *cœlatum.* Yorkshire.
— *varians.* Saarbruck; Wilkesbarre.
— *carinatum.* Montrelais; Saint-Georges-Châtellaison.
— *crenatum* (Sternb.) Bohême; Eschweiler; Essen; Zanesville.
— *aculeatum* (Sternb.) Essen; Bohême; Silésie; Wilkesbarre.
— *distans.* Saint-Étienne.
— *laricinum* (Sternb.) Bohême; Silésie.
— *rimosum* (Sternb.) Bohême.
— *undulatum* (Sternb.) Bohême.
— *confluens* (Sternb.) Silésie; Eschweiler.
— *imbricatum* (Sternb.) Eschweiler; Wettin.
— *majus.* Geislautern.
— *lanceolatum.* Montrelais.
— *Boblayi.* Valenciennes.
— *trinerve.* Montrelais.
— *lineare.* Alais.
— *ornatum.* Shropshire.
— *undulatum.* Angleterre.
— *emarginatum.* Yorkshire.
Cardiocarpon majus. Saint-Étienne; Langeac.
— *Pomieri.* Langeac.
— *cordiforme.* Langeac.
— *ovatum.* Langeac.
— *acutum.* Langeac.
Stigmaria reticulata. Angleterre.
— *Welthelmiana.* Magdebourg.
— *intermedia.* Saint-Georges-Châtellaison; Montrelais; Wilkesbarre.
— *ficoides* (Ad. Brong., *Ann. du Mus.*, pl. 1, fig. 7.) Saint-Georges-Châtellaison
  Montrelais; Saint-Étienne; Liége; Charleroi; Valenciennes; Muhlheim, près de
  Dusseldorf; Dudley; Silésie; Bavière.
— *tuberculosa.* Montrelais; Wilkesbarre.
— *rigida.* Anzin, près de Valenciennes.
— *minima.* Anglesea; Charleroi.

Palmiers.

Flabellaria? borassifolia. Swina.
Noggerathia foliosa. Bohême.

Cannés.

Cannophyllites Virleti. Saint-Georges-Châtellaison.

Monocotylédones de familles incertaines.

Sternbergia angulosa. Yorkshire.
— *approximata.* Langeac; Saint-Étienne.
— *distans.* Edinbourg.
Poacites æqualis. Terrasson.
— *striata.* Terrasson.
Trigonocarpum Parkinsoni. Angleterre et Ecosse.
— *Nœggerathii.* Langeac; houillères des bords du Rhin.
— *ovatum.* Langeac.
— *cylindricum.* Langeac.

Musocarpum prismaticum. Langeac.
— *difforme.* Langeac.
— *contractum.* Oldham; Lancashire.

Végétaux dont la classe est incertaine.

Annularia minuta. Terrasson.
— *brevifolia.* Alais ; Geislautern.
— *fertilis.* Environs de Bath ; Saint-Étienne; Wilkesbarre.
— *floribunda.* Saarbruck (Sternb.)
— *longifolia.* Environs de Bath ; Geislautern ; Silésie ; Alais ; Wilkesbarre (Var.) Charleroi; Terrasson.
— *spinulosa.* Saxe (Sternb.)
— *radiata.* Saarbruck.
— *Asterophyllites equisetiformis.* Mannebach ; Saxe; Rhodeisland.
— *rigida.* Alais; Valenciennes; Charleroi; Bohême.
— *hippuroides.* Alais.
— *longifolia.* Eschweiler (Sternb.)
— *tenuifolia.* Newcastle; Silésie.
— *delicatula.* Charleroi; Anzin.
— *Brardii.* Terrasson.
— *diffusa.* Radnitz.
— *Volkmannia polystachya.* Waldenburg en Silésie.
— *distachya.* Swina.
— *erosa.* Terrasson [1].

CONCHIFÈRES [2].

Pentamerus Knightii (Sow. t. 1, pl. 28.) Entre le terrain houiller et les roches inférieures, Bochum (Hœn.)
Lingula striata. Werden (Hœn.)
Vulsella elongata. (Blainv.) Werden (Hœn.)
— *brevis* (Blainv.) Werden (Hœn.)
Pecten papyraceus (Sow. t. III, pl. 354.) Werden (Hœn.) Bradfort ; Hailstone.
— *dissimilis* (Flem.) Le lieu n'est pas indiqué.
Mytilus crassus (Flem.) Écosse (Flem.) Werden ? (Hœn.)
Unio acutus (Sow., t. I, pl. 33, fig. 5, 6, 7.) *Lutricola acuta* (Goldf.) Tanne, près de Bochum (Hœn.)
— *Urii* (Flem.) Rutherglen, Écosse (Flem.)

_____

[1] Les végétaux fossiles qui se rencontrent dans les terrains houillers de l'Amérique sont-ils identiques avec ceux des houillers de l'Europe, ou bien peuvent-ils, comme quelques-uns de l'Irlande que M. Weaver a décrits, se rapporter à la série de grauwacke ? Il est difficile de prononcer à ce sujet. Néanmoins, on voit, par la liste précédente, qu'il y a des végétaux qui se rencontrent également en Europe et en Amérique. Ce sont : 3 espèces de *Calamites*, 4 *Nevropteris*, 5 *Pecopteris*, 1 *Sigillaria*, 1 *Sphenophyllum*, 3 *Lepidodendron*, 2 *Stigmaria*, 2 *Annularia*, 1 *Asterophyllites.*
Les végétaux qui n'ont encore été découverts qu'en Amérique sont : *Nevropteris Cistii*, Wilkesbarre; *N. Grangeri*, Zanesville; *N. Macrophylla*, Wilkesbarre ; *Sigillaria Cistii*, Wilkesbarre ; *S. rugosa*, Wilkesbarre ; *S. Sillimanni*, Wilkesbarre ; *S. obliqua*, Wilkesbarre ; *S. dubia*, Wilkesbarre ; *Lycopodites Sillimanni*, Hadley, Connecticut ; *Lepidodendron mammillare* et *Lep. Cistii*, Wilkesbarre ; *Poacites lanceolata*, Zanesville.
Le *Pecopteris punctulata*, qui existe à Wilkesbarre, se rencontre, suivant M. Adolphe Brongniart, dans la montagne des Rousses en Oisans, département de l'Isère.

[2] Parmi ces débris organiques marins, il y en a quelques-uns qui ont été trouvés dans le sein même du terrain houiller ; quant aux autres, on peut mettre en question s'ils sont propres à ce terrain, ou s'ils n'appartiennent pas plutôt à des roches inférieures.

Nucula attenuata (Flem.) Rutherglen (Flem.)
— *gibbosa* (Flem.) Rutherglen (Flem.)
Saxicava Blainvillii (Hœn.) Nieder-Stauffenbach, près de Cassel (Hœn.)
Hyatella carbonaria. . . . Nieder-Stauffenbach (Hœn.)
— *Mya ? tellinaria*. . . . Liége (Hœn.)
— *? ventricosa*. . . . . Liége (Hœn.)
— *? minuta*. . . . Camerberg, près Ilmenau (Hœn.)

MOLLUSQUES.

Euomphalus pentangularis (Sow. pl. 45, fig. 1, 2.) Werden (Hœn.)
Turritella Urii (Flem.) Rutherglen, Écosse (Flem.)
— *elongata* (Flem.) Rutherglen (Flem.)
Bellerophon decussatus (Flem.) Linlithgowshire (Flem.)
— *striatus* (Flem.) Linlithgowshire (Flem.)
Orthoceratites Steinhaueri (Sow. t. 1, pl. 60, fig. 4.) Calcaire du terrain houiller ;
   Choquier, près Liége (Hœn.) Yorkshire (Sow.)
— *cylindraceus* (Flem.) Linlithgowshire (Flem.)
— *attenuatus* (Flem.) Linlithgowshire (Flem.)
— *sulcatus* (Flem.) Linlithgowshire (Flem.)
— *undatus* (Flem.) Linlithgowshire (Flem.)
Nautilus ? . . . . Schiste bitumineux ; Werden (Hœn.)
Ammonites Listeri [1] (Sow. t. v, pl. 501, fig. 1.) Schiste bitumineux ; Werden (Hœn.)
   Yorkshire (Steinhauer.) Mellin, près de Liége (Munst.)
— *primordialis* (Sow.) Schiste bitumineux ; Werden (Hœn.)
— *sacer*. . . . . Liége (Hœn.)
— *subcrenatus* (Schlot.) Werden (Munst.)
— *diadema* (Haan.) Choquier (Munst.)
— *sphæricus* (Sow. t. 1, pl. 53, fig. 2.) Choquier (Munst.)

POISSONS.

Ichthyodorulites (Buckl. et de La B.) Argile schisteuse : Durham (Taylor.) Rutherglen (Ure.) Sunderland (Sow.)
Palais de poissons. Dans la houille. Tong, près de Leeds [2].

Calcaire carbonifère.

Cette roche que l'on trouve dans le sud de l'Angleterre, en Écosse, dans le nord de la France, et en Belgique, paraît présenter des caractères généraux semblables dans ces diverses localités. C'est un calcaire compacte fréquemment traversé par des veines de spath calcaire ; dans certains points, il paraît en grande partie composé de débris organiques, tandis que dans d'autres on n'en observe aucune trace. Il est le plus souvent d'une couleur grise, avec des nuances plus ou moins foncées. On y observe cependant d'autres teintes ; et dans certaines localités, il fournit des marbres estimés.

---

[1] M. Hœningbaus pense que cette espèce est la même que l'*Ammonites subcrenatus*, Schlot.
[2] *Zoological Journ.*, t. 11, pl. 2.

Accidentellement, il présente une structure oolitique, comme on l'observe auprès de Bristol. Quelquefois il renferme une telle abondance de tiges d'encrines, que la roche en est en grande partie composée; d'où lui vient le nom de *calcaire à encrines* qu'on lui a quelquefois donné. On l'a aussi désigné sous le nom de *calcaire métallifère*, à cause de la quantité de plomb qu'on en retire, surtout dans le centre et dans le nord de l'Angleterre.

Débris organiques du calcaire carbonifère.

POLYPIERS.

Millepora madreporiformis (Wahl.) Gottland [1], A.
— *cervicornis* (Linn.) Gottland, A.
— *repens* (Wahl.) Gottland, A.
— *? foliacea* (Wahl.) Gottland, A.
— *? retepora* (Wahl.) Gottland, A.
Cellepora Urii (Flem.) Rutherglen (Flem.)
Retepora elongata (Flem.) Rutherglen (Flem.)
Caryophyllia stellaris (Linn.) Gottland, A.
— *articulata* (Wahl.) Gottland, A.
— *truncata* (Linn.) Gottland, A.
— *duplicata* (Mart.) Derbyshire (Mart.)
— *affinis* (Mart.) Derbyshire (Mart.)
— *juncea* (Flem.) Rutherglen (Flem.)
Fungites patellaris (Lam.) Gottland, A.
— *deformis* (Schlot.) Gottland, A.
— *Turbinolia turbinata* (Linn.) Gottland, A.
— *echinata* (Hisinger.) Gottland, A.
— *pyramidalis* (Hisinger.) Gottland, A.
— *mitrata* (Schlot.) Gotland, A.
— *furcata* (Hisinger.) Gottland, A.
Cyathophyllum excentricum (Goldf. pl. 16, fig. 4.) Ratingen, près de Dusseldorf (Goldf.)
Meandrina. Espèce non déterminée. Visby; Gottland, A.
Astrea interstincta (Wahl.) Gottland, A.
— *undulata* (Park.) Bristol (Park.)
Catenipora escharoïdes (Lam.) Gottland, A.
— *axillaris* (Lam.) Gottland, A.
— *strues* (Wahl.) Gottland, A.
— *serpula* (Wahl.) Gottland, A.
— *fascicularis* (Wahl.) Gottland, A.
Tubipora tubularia (Lam.) Theux, près de Liége (Al. Brong.)
Syringopora cæspitosa (Goldf. pl. 25, fig. 9.) Paffrath, près de Cologne (Goldf.)
Calamopora polymorpha (Goldf. pl. 27, fig. 2, 3, 4, 5.) Namur; Paffrath (Goldf.)

[1] On peut mettre en question si le calcaire du Gottland est bien l'équivalent du calcaire carbonifère dont nous nous occupons. M. Hisinger l'a jugé ainsi, c'est ce qui nous a déterminé à comprendre dans la présente liste les débris qu'il renferme.
La lettre A, à la suite des espèces fossiles de ce canton, indique un ouvrage intitulé : *Esquisse d'un tableau des pétrifications de la Suède*, Stockholm, 1829.

Favosites Gothlandica (Lam.) Gottland, A; Dublin (Al. Brong.)
— alcyonium (Defr.) Gottland, A.
— septosus (Flem.) Écosse (Flem.)
— depressus (Flem.) Écosse (Flem.)
Lithostrotion striatum (Park.) Wales (Park.)
— floriforme (Mart.) Bristol (Woodward.)
— marginatum (Flem.) Écosse (Flem.)
Implexus coralloïdes (Sow. pl. 72.) King's County, et Limerick, Irlande (Weaw.)
Polypiers. Genre indéterminé.

RADIAIRES.

Pentremites Derbiensis (Sow. pl. 317.) Derbyshire (Watson.)
— ellipticus (Sow. pl. 318.) Preston; Lancashire (Kenyon.)
— ovalis (Goldf. pl. 50, fig. 1.) Ratingen; Dusseldorf (Goldf.)
Poteriocrinites crassus (Miller.) Somerset; Yorkshire (Miller.)
— tenuis (Miller.) Mendip Hills; Bristol (Miller.)
Platycrinites lœvis (Miller.) Dublin; Bristol (Miller.) Ratingen; Namur (Goldf. pl. 50, fig. 2.)
— rugosus (Miller.) Mendip Hills (Miller.)
— tuberculatus (Miller.) Mendip Hills (Miller.)
— granulatus (Miller.) Mendip Hills (Miller.)
— striatus (Miller.) Bristol (Miller.)
— pentangularis (Miller.) Mendip Hills; Bristol (Miller.)
— depressus (Goldf. pl. 58, fig. 1.) Ratingen (Goldf.)
Actinocrinites triacontadactylus (Miller.) Yorkshire; Bristol; Mendip Hills (Miller.)
— polydactylus. Mendip Hills (Miller.)
— lœvis (Miller.) Ratingen (Goldf. pl. 59, fig. 3.)
— granulatus (Goldf. pl. 59, fig. 3.) Ratingen (Goldf.)
— tesseratus (Goldf. pl. 59, fig. 11.) Schwein (Goldf.)
Melocrinites hieroglyphicus (Gold. pl. 60, fig. 4.) Stolberg, près d'Aix-la-Chapelle (Goldf.)
Rhodocrinites verus (Miller.) Bristol; Mendip Hills (Miller.)
Cyathocrinites planus (Miller.) Clevedon; Bristol (Miller.)
— quinquangularis (Miller.) Bristol (Miller.)

ANNÉLIDES.

Serpula lithuus (Schlot.) Klinteberg; Gottlan, A.
— compressa (Sow. t. VI, pl. 598, fig. 3.) Lothian, Écosse.

MOLLUSQUES.

Pentamerus Aylesfordii (Sow. t. I, pl. 29.) Colebrooke Dale (Farey.)
— Knightii (Sow. t. I, pl. 28.) Downton; Crost Arbery (Park.)
— lœvis (Sow. t. I, pl. 28.) Shropshire (Aikin.)
Spirifer ambiguus (Sow. t. IV, pl. 376.) Ratingen (Hœn.) Derbyshire (Watson.)
— bisulcatus (Sow. t. V, pl. 494, fig. 1. 2.) Visé (Hœn.) Dublin (Sow.) Liége (Dum.)
— glaber (Sow. t. 3, pl. 269.) Ratingen (Hœn.) Derbyshire (Martin.) Irlande (Sow.) Liége (Dum.)
— oblatus (Sow. t. III, pl. 268.) Visé (Hœn.) Derbyshire; Flintshire (Farey.)
— obtusus (Sow. t. III, pl. 269.) Ratingen (Hœn.) Yorkshire (Ducket.)
— pinguis (Sow. t. III, pl. 271.) Dublin (Sow.) Liége (Dum.)
— plicatus (Hœn.) Ratingen (Hœn.)
— rotundatus (Sow. t. IV, pl. 461, fig. 1.) Limerich (Wright.) Visé (Hœn.)

Spirifer trigonalis [1] (Sow. t. III, pl. 265.) Ratingen; Visé (Hœn.) Derbyshire (Martin. Rutherglen (Flem.)

— *triangularis* (Sow. t. VI, pl. 562, fig. 5, 6.) Derbyshire (Martin.)

— *striatus* (Sow. t. III, pl. 270.) Derbyshire (Martin.) Namur (Al. Brong.) Liég (Dum.)

— *attenuatus* (Sow. t. v, pl. 493, fig. 3, 4, 5.) Dublin (Sow.) Liége (Dum.)

— *distans* (Sow. t. v, pl. 494, fig. 3.) Dublin (Sow.)

— *resupinatus* (Sow.) Derhyshire (Martin.) Rutherglen (Flem.)

— *Martini* (Sow.) Derbyshire (Sow.)

— *Urii* (Flem.) Rutherglen (Ure.)

— *exaratus* (Flem.) West Lothian (Flem.)

— *cuspidatus* (Sow. t. II, pl. 120.) Bristol (Becke.) Derbyshire (Martin.)

— *minimus* (Sow. t. IV, pl. 377, fig. 1.) Derbyshire (Waston.)

— *octoplicatus* (Sow. t. VI, pl. 562, fig. 2, 4.) Derbyshire (Martin.)

Terebratula acuminata (Sow. t. IV, pl. 324, fig. 1.) Ratingen (Hœn.) Yorkshire Derbyshire (Sow.) Rutherglen (Flem.) (Var.) Clitheroe; Lancashire (Stokes.) (Var. Irlande (Sow.)

— *crumena* (Sow. t. 1, pl. 83, fig. 2, 3.) Visé (Hœn.) Derbyshire (Martin.)

— *hastata* (Sow. t. v, pl. 446, fig. 2, 3.) Visé (Hœn.) Dublin; Limerick (Wright. Bristol (Sow.)

— *lævigata* (Schlot.) Visé; Norvège (Hœn.)

— *monticulata* (Schlot.) Visé (Hœn.)

— *resupinata* (Sow. t. II, pl. 150, fig. 3, 4.) Ratingen (Hœn.) Derbyshire (Martin.)

— *vestita* (Var.) (Schlot.) Visé (Hœn.)

— *cuneata* (Dalman.) Ile de Gottland, A.

— *diodonta* (Dalman.) Ile de Gottland, A.

— *bidentata* (Hisinger.) Djupviken; Gottland, A.

— *marginalis* (Dalman.) Klinteberg; Gottland, A.

— *didyma* (Dalman.) Ile de Gottland, A.

— *affinis* (Sow. t. IV, pl. 324, fig. 2.) Derbyshire (Martin.) Liége (Dum.)

— ? *lineata* (Sow. t. IV, pl. 334, fig. 1, 2.) Derbyshire (Martin.) Liége (Dum.)

— ? *imbricata* (Sow. t. IV, pl. 334, fig. 3, 4.) Derbyshire; Yorkshire (Sow.) Liége (Dum.)

— *sacculus* (Sow. t. v, pl. 446, fig. 1.) Derbyshire (Martin.) Rutherglen (Flem.)

— *lateralis* (Sow. t. 1, pl. 83, fig. 1.) Dublin (Moore.)

— *Wilsoni* (Sow. t. II, pl. 118, fig. 3.) Mordeford; E. S. E. de Hereford (Sow.) Liége (Dum.)

— *Mantiæ* (Sow. t. 3, pl. 277, fig. 1.) Irlande (Sow.)

— *cordiformis* (Sow. t. v, pl. 495, fig. 2, 4.) Irlande (Sow.)

— *platyloba* (Sow.) Clitherve (Stokes.)

— *pugnus* (Sow.) Derbyshire (Martin.) Irlande (Sow.)

— *fimbria* (Sow. t. IV, pl. 326, fig. 1.) Gloucestershire (Taylor.)

— *reniformis* (Sow.) Dublin (Sow.)

— *lateralis* (Sow. t. 1, pl. 83, fig. 1.) Dublin (Weav.)

Crania prisca (Hœn.) Ratingen (Hœn.)

Producta antiquata (Sow. t. IV, pl. 317, fig. 1, 5, 6.) Visé; Ratingen (Hœn.) Derbyshire (Sow.) Cloghran; Dublin (Humphreys.)

— *comoides* (Sow. t. IV, pl. 329.) Visé; Ratingen (Hœn.) Langeveni, Anglesea (Farey.)

— *concinna* (Sow. t. IV, pl. 318, fig. 1.) Visé; Ratingen (Hœn.) Derbyshire; Yorkshire (Sow.)

— *fimbriata* (Sow. t. v, pl. 459, fig. 1.) Visé; Ratingen (Hœn.) Derbyshire (Stokes.)

— *fornicata.* Ratingen (Hœn.)

---

[1] *Producta trigonalis* de M. Deshayes. Suivant lui, le genre *Spirifer* doit être supprimé pour en partager toutes les espèces entre les genres *Terebratula* et *Producta*.

Producta hemisphærica (Sow. t. ιv, pl. 328.) Ratingen (Hœn.) Cærmarthenshire (Taylor.) Liége (Dum.)
— *humerosa* (Sow. t. ιv, pl. 322.) Ratingen (Hœn.)
— *latissima* (Sow. t. ιv, pl. 330.) Ratingen; Visé (Hœn.) Tydmawr, Anglesea (Farey.) Liége (Dum.)
— *lobata* (Sow. t. ιv, pl. 318, fig. 2, 6.) Ratingen; Visé (Hœn) Northumberland; Derbyshire (Sow.) Arran (Leach.) Liége (Dum.)
— *Martini* (Sow. ιv, pl. 317, fig. 2, 4.) Ratingen; Visé (Hœn.) Derbyshire (Martin.) Yorkshire (Danby.) Liége (Dum.)
— *personnata* (Sow. t. ιv, pl. 324.) Ratingen (Hœn.) Derbyshire; Kendal (Sow.)
— *plicatilis* (Sow. t. v, pl. 459. fig. 2.) Ratingen; Visé (Hœn.) Derbyshire (Stokes.) Liége (Dum.)
— *punctata* (Sow. t. v, pl. 323.) Visé; Ratingen (Hœn.) Derbyshire (Martin.) Rutherlen (Flem.) Liége (Dum.)
— *rugosa*..... Visé (Lœn.)
— *sarcinulata*..... Visé (Hœn.)
— *spinulosa* (Sow. t. ι, pl. 68, fig. 3.) Ratingen; Visé (Hœn.) Linlithgowshire (Flem.)
— *sulcata* (Sow. t. ιv, pl. 319, fig. 2.) Visé (Hœn.) Derbyshire (Salt.) Liége (Dum.)
— *transversa*..... Visé (Hœn.)
— *Flemingii* (Sow. t. ι, pl. 68, fig. 2.) Rutherglen (Ure.) Linlithgow. (Flem.)
— *longispina* (Sow. t. ι, pl. 68, fig. 1.) Linlithgow. (Flem.) Peut-être identique avec la précédente (Flem.)
— *crassa* (Flem.) Derbyshire (Martin.)
— *aculeata* (Sow. t. ι, pl. 68, fig. 4.) Derbyshire (Martin.)
— *scabricula* (Sow. t. ι, pl. 69.) Derbyshire (Martin.) Visé (Al. Brong.) Liége (Dum.)
— *spinosa* (Sow. t. ι, pl. 69, fig. 2.) Écosse (Flem.)
— *scotica* (Sow. t. ι, pl. 69, fig. 3.) Écosse (Flem.) Liége (Al. Brong.)
— *gigantea* (Sow. t. ιv, pl. 320.) Derbyshire (Martin.) Yorkshire (Sow.)
— *costata* (Sow. t. vι, pl. 560.) Glasgow (Murch.) [1].
— *depressa*.... Liége (Dum.)
Vulsella lingulata (Hœn.) Visé (Hœn.)
Ostrea prisca (Hœn.) Visé (Hœn.)
Hinnites Blainvillii (Hœn.) Ratingen (Hœn.)

[1] Les naturalistes suédois ayant établi dans la famille des Térébratules (renfermant les *Producta* et les *Spirifer*) des divisions différentes de celles qui sont le plus en usage et qu'on a suivies dans cette liste, nous avons jugé convenable d'ajouter ici (d'après le *Tableau des pétrifications de la Suède*, Stockholm, 1829), un catalogue de ces coquilles découvertes dans le plus élevé des deux calcaires de la Suède, que M. Hisinger regarde comme étant l'équivalent du calcaire carbonifère des Iles Britanniques. Ces coquilles proviennent de l'île de Gottland.

Leptœna (Producta) rugosa (Hisinger.)
— *depressa* (Sow.)
— *ruglypha* (Dalman.)
— *transversalis* (Wahl.)
Orthis pecten.
— *striatella* (Dalman.)
— *basalis* (Dalman.)
— *elegantula* (Dalman.)
Cyrtia exporrecta (Wahl.)
— *trapezoidalis* (Hisinger.)
Delthyris (Spirifer.) *elevata* (Dalman.)
— *cyrtœna* (Dalman.)
— *crispa* (Dalman.)
— *sulcata* (Hisinger.)
— *ptycodes* (Dalman.)
— *cardiospermiformis* (Hisinger.)

Delthyris pusio? (Hisinger.)
Gypidia conchidium.
Atrypa reticularis (Wahl.)
— *alata* (Var.) (Hisinger.)
— *aspera* (Schlot.)
— *galeata* (Dalman.)
— *prunum* (Delman.)
— *tumida* (Dalman.)
— *tumidula* (Hisinger.)
Terebratula lacunosa.
— *plicatella.*
— *cuneata* (Dalman.)
— *diodonta* (Dalman.)
— *bidentata* (Hisinger.)
— *marginalis* (Dalman.)
— *didyma* (Dalman.)

Pecten priscus (Schlot.) Ratingen (Hœn.)
— *granosus* (Sow. t. vi, pl. 574, fig. 2.) Queen's County, Irlande (Sow.)
— *plicatus* (Sow. t. vi, pl. 574, fig. 3) Queen's County (Sow.)
Mytilus minimus (Hœn.) Paffrath (Hœn.)
Modiola Goldfussii (Hœn.) Ratingen (Hœn.)
Megalodon cucullatus (Sow. t. vi, pl. 568.) Liége (Dum.)
Nucula palmœ (Sow. t. v, pl. 475, fig. 1.) Derbyshire (Martin.)
Arca cancellata (Sow. t. v, pl. 473, fig. 2.) Derbyshire (Martin.)
Chama? antiqua (Hœn.) Ratingen (Hœn.)
Hippopodium abbreviatum (Goldf.) Paffrath (Hœn.)
Cypricardia? annulata (Hœn.) Visé (Hœn.)
Cardium elongatum (Sow. t. 1, pl. 82, fig. 2.) Ratingen (Hœn.) Derbyshire (Martin.)
— *hibernicum* (Sow. t. 1, pl. 82, fig. 1, 3.) Ratingen (Hœn.) Queen's County (Sow.)
    Limerick (Weav.) Namur (Om. d'Halloy.)
— *alœforme* (Sow. t. vi, pl. 552, fig. 2.) Queen's County (Sow.)
Tellina lineata (Hœn.) Ratingen (Hœn.)
Sanguinolaria gibbosa (Sow. t. vi, pl. 548, fig. 3.) Queen's County (Sow.)

CONCHIFÈRES.

Patella primigenus (Schlot.) Ratingen (Hœn.)
Planorbis æqualis (Sow. t. 11, pl. 140, fig. 1.) Kendal (Sow.)
Natica elongata (Hœn.) Ratingen (Hœn.)
— *Gaillardotii*..... Ratingen (Hœn.)
— *globosa*.... Visé (Hœn.)
Melania bilirea'a (Goldf.) Paffrath (Hœn.)
— *constricta* (Sow. t. 111, pl. 216, fig. 2.) Derbyshire (Martin.)
Ampullaria helicoïdes (Sow. t. vi, pl. 522, fig. 2.) Queen's County (Sow.)
— *nobilis* (Sow. t. vi, pl. 522, fig. 1.) Queen's County (Sow.)
Melanopsis coronata (Hœn.) Paffrath (Hœn.)
Nerita striata (Flem.) Corry, Arran (Flem.) Très rapprochée du *Nerita polita*,
    coquille vivante (Flam.)
— *spirata* (Sow. t. v, pl. 463, fig. 1, 2.) Bristol (Beeke.) Derbyshire (Sow.) Liége
    (Dum.)
Pyramidella antiqua (Hœn.) Ratingen (Hœn.)
Delphinula canalifera.... Paffrath (Hœn.)
— *alata* (Wahl.) Gottland, A.
— *catenulata* (Wahl.) Gottland, A.
— *cornu arietis* (Wahl.) Gottland. A.
— *æquilatera* (Wahl.) Gottland, A.
— *funata* (Sow.) Gottland, A.
— *subsulcata* (Hisinger.) Gottland, A.
— *tuberculata* (Flem.) West Lothian (Flem.)
Cirrus acutus (Sow. t. 11, pl 141, fig. 1.) Derbyshire (Martin.)
— *rotundatus* (Sow. t. v, pl 429, fig. 1, 2.) Yorkshire (Sow.) Liége (Dum.)
Euomphalus nodosus (Sow. t. 1, pl. 46.) Ratingen (Hœn.) Derbyshire (Martin.)
— *angulosus* (Sow. t. 1, pl. 52, fig. 3.) Ratingen (Hœn.) Benthnall Edge (Flam.)
— *catillus* (Sow. t. 1, pl. 45, fig. 3, 4.) Ratingen (Hœn.) Derbyshire (Martin.) Liége
    (Dum.)
— *Delphinularis* (Hœn.) *Cirrus Delphinularis* (Goldf.) *Helicites Delphinularis*
    (Schlot.) Ratingen (Hœn.)
— *pentangulatus* (Sow. t. 1, pl. 45, fig. 1, 2.) Ratingen (Hœn.) Dublin (Weav.)
    Namur (Al. Brong.) Liége (Dum.)
— *coronatus*.... Visé ; Ratingen (Hœn.)
— *rotundatus*. .. Ratingen ; Visé ; Paffrath (Hœn.)

Euomphalus rugosus (Sow. t. ɪ, pl. 52, fig. 2.) Colebrooke Dale (Sow.)

— *discus* (Sow. t. ɪ, pl. 52, fig. 1.) Colebrooke Dale (Sow.)

— *centrifugus* (Wahl.) Ile de Gottland, A.

— *angulatus* (Wahl) Ile de Gottland, A.

— *substriatus* (Hisinger.) Gottland, A.

— *costatus* (Hisinger.) (Ammonites?) Gottland, A.

— Espèce non déterminée. Argenteau ; Belgique; Visé (Al. Brong.)

Pleurotomaria delphinulata…. Ratingen (Hœn.)

Trochus catenulatus…… Ratingen (Hœn.)

Turbo carinatus (Hœn.) *Helix carinatus* (Sow. pl. 10.) Visé; Ratingen (Hœn.) Yorkshire (Sow.) Liège (Dum.)

— *helicinæformis*……. Ratingen (Hœn.)

— *tiara* (Sow. t. vi, pl. 551, fig. 1.) Preston; Lancashire (Gilbertson.)

— *striatus* (Hœn.) Visé (Hœn.) Derbyshire (Martin.) Probablement *Helix striatus* (Sow. pl. 171, fig. 1.)

Helix? cirriformis (Sow. pl. 171, fig. 2.) Derbyshire (Martin.)

Turritella cingulatus (Hisinger.) Ile de Gottland, A.

— *constricta* (Flem.) Derbyshire (Martin.) *Melania constricta* (Sow. pl. 218, fig. 2.)

Buccinum arculatum (Schlot.) Paffrath (Hœn.)

— *subcostatum* (Schlot.) Paffrath (Hœn.)

— *cribrarium* (Hœn.) Rattingen (Hœn.)

— *lævissimum*…… Ratingen (Hœn.)

— *acutum* (Sow. pl. 566, fig. 1.) Queen's County, Irlande (Sow.) Liège (Dum.)

Bellerophon hiulcus (Sow. pl. 470, fig. 1.) Visé; Ratingen ; Paffrath (Hœn.) Derbyshire (Martin.)

— *apertus* (Sow. pl. 469, fig. 1.) Ratingen (Hœn.) Kendal; Bristol; Yorkshire (Sow.) Liège (Dum.)

— *tenuifascia* (Sow. pl. 470, fig. 2, 3.) Visé; Ratingen (Hœn.) Kendal; Derbyshire et Yorkshire (Sow.) Liège (Dum.)

— *costatus* (Sow. pl. 470, fig. 4.) Visé (Hœn.) Derbyshire (Sow.)

— *depressus* (Montfort.) Ratingen (Hœn.)

— *cornu arietis* (Sow. pl. 469, fig. 2.) Kendal (Sow.) Linlithgowshire (Flem.)

— *Urii* (Flem.) Rutherglen (Ure.)

— *vasulites*. Montfort; Namur (Holl.)

Conularia quadrisulcata (Miller.) Bristol (Miller.) Rutherglen (Flem.)

— *teres* (Sow. pl. 260, fig. 1, 2.) Écosse (Sow.)

Orthoceratites undulatus (Sow. pl. 59.) Scalebar; Yorkshire (Durket.) (Schlot.) Visé, près Liège (Al. Brong.)

— *Breynii* (Sow. pl. 60, fig. 5) Ashford; Derbyshire (Sow.)

— *annulatus* (Sow. pl. 133.) Colebrooke Dale; Shropshire (Sow.) Gottland, A. King's County (Weav.)

— *paradoxicus* (Sow. pl. 457.) Irlande (Ogilby.)

— *fusiformis* (Sow. pl. 588, fig. 1, 2.) Queen's County, Irlande (Sow.) Lancashire (Gilbertson.)

— *cinctus* (Sow. pl. 588, fig. 3.) Preston; Lancashire (Moore.)

— *imbricatus* (Wahl.) Gottland, A.

— *angulatus* (Wahl.) Gottland, A.

— *undulatus* (Hisinger.) (Sow.) Gottland, A.

— *crassi ventris* (Wahl.) Gottland, A.

— *lineatus* (Hisinger.) Gottland, A.

— *Gesneri*….. Derbyshire (Martin.)

— *lævis* (Flem.) Linlithgowshire (Flem.)

— *pyramidalis* (Flem.) Linlithgowshire (Flem.)

— *convexus* (Flem.) Linlithgowshire (Flem.)

— *annularis* (Flem.) Linlithgowshire (Flem.)

Orthoceratites rugosus (Flem.) Linlithgowshire (Flem.)
— *angularis* (Flem.) Linlithgowshire (Flem.)
Nautilus globatus (Sow. pl. 481.) Ratingen (Hœn.)
— *discus* (Sow. pl. 13.) Kendal (Sow.)
— *ingens*..... Derbyshire (Martin.)
— *marginatus* (Flem.) Bathgate, Écosse (Flem.)
— *quadratus* (Flem.) West Lothian (Flem.)
— *biangulatus* (Sow. pl. 458, fig. 2.) Bristol (Beeke.)
— *sulcatus* (Sow. pl. 571, fig. 1, 2.) Derbyshire (Sow.)
— *Woodwardii* (Sow. pl. 571, fig. 3.) Derbyshire (Martin.)
— *excavatus* (Flem.) Limerick (Wright.)
Ammonites sphœricus (Sow. pl. 53, fig. 2.) Visé (Hœn.) Derbyshire (Sow.)
— *Dalmanni* (Hisinger.) Gottland, A.
— *striatus* (Sow. pl. 53, fig. 1.) Desbyshire (Sow.)

CRUSTACÉS.

Calymene Blumenbachii (Al. Brong. Crustacés fossiles, pl. 1, fig. 1.) Gottland, A.
— *variolaris* (Ad. Brong. ibid., pl. 1, fig. 3.) Ratingen (Hœn.)
— *punctata* (Wahl.) Ile de Gottland.
— *concinna* (Dalman.) Gottland, A.
Asaphus cardatus (Al. Brong. ibid., pl. 2, fig. 4.) Gottland, A.
Paradoxides spinulosus (Al. Brong. ibid., pl. 4, fig. 2, 3.) Ratingen (Hœn.)
Trilobites. Genre non déterminé. Bristol (De la B.) Langeveni, Anglesea (Farey.)
    Linlithgowshire (Flem.) Liége (Dum.)

POISSONS.

Ichthyodorulites (Buckl. et de la B.) Bristol (De la B.)
Palais de poissons. Bristol (De la B.) Northumberland (Phil.)

Vieux grès rouge.

Cette formation a une épaisseur très variable ; quelquefois elle ne consiste que dans un petit nombre de couches de conglomérats, tandis que, dans d'autres cas, elle atteint une épaisseur de plusieurs milliers de pieds. Cette variation dans la puissance des couches entraîne, comme on doit le concevoir, des différences notables dans la composition minéralogique. Les conglomérats sont abondants dans quelques localités, tandis que, dans d'autres, ils sont extrêmement rares. Le grès possède différents degrés de dureté, et il n'est pas rare qu'il soit micacé et schisteux, ce qui fait qu'on l'emploie quelquefois pour couvrir les maisons. La couleur la plus ordinaire est un rouge généralement sombre, qui, comme on le voit souvent dans les marnes et les grès rouges de toutes les époques, est entremêlé çà et là de différentes teintes de bleu verdâtre (Pembrokeshire, etc.). Les conglomérats sont assez variables dans les éléments dont ils sont composés ; mais les fragments de quartz y sont si communs, surtout dans le sud de l'Angleterre et dans l'Écosse, que la plus grande partie des couches en est exclusivement composée. Les grès sont aussi principalement siliceux, de sorte que, si on attribue à la masse tout entière une origine mécanique, il faut admettre qu'elle a été le résultat de la destruction d'une immense quantité de roches siliceuses préexistantes.

On n'a découvert dans ce dépôt que peu de fossiles; et ceux qu'on y a observés paraîtraient être les mêmes que ceux que l'on rencontre dans la grauwacke qui est au-dessous, et dans le calcaire carbonifère qui est au-dessus. D'après le docteur Fleming, on trouve l'*Orthoceratites cordiformis*, l'*Or. giganteus*, le *Nautilus bilobatus* et le *Naut. pentagonus*, dans un calcaire associé au vieux grès rouge du *Dumfriesshire*[1]; et M. Dumont cite le *Producta concinna* dans le vieux grès rouge du pays de Liége.

Le lecteur étant maintenant familiarisé avec les caractères généraux, tant zoologiques que botaniques, et avec la composition minéralogique la plus distinctive de chacune des trois roches comprises dans ce groupe, nous allons passer à une description plus générale des mêmes roches prises en masse.

Nous avons dit plus haut que, dans certaines parties de l'Europe, on admet qu'il y a un passage entre le todtliegendes et le terrain houiller, et que les deux roches constituent, l'une, la partie supérieure, l'autre, la partie inférieure de la même masse. Quelques géologues ont été plus loin, et ont considéré le terrain houiller comme subordonné au todtliegendes. Dans cette hypothèse, les dépôts de houille se trouveraient unis à la masse générale du terrain qui les renferme par des rapports analogues à ceux qui existent entre certains lignites (comme, par exemple, ceux que M. Élie de Beaumont a cités dans le Dauphiné et la Provence) et la masse de matières de transport dans laquelle ils sont renfermés.

Ces caractères apparents d'une disposition subordonnée du dépôt houiller aux todtliegendes de la Thuringe, ont conduit M. Hoffmann à diviser l'ensemble du terrain de rothe todte liegendes de cette contrée en trois parties, du bas en haut : *a*, grès rouge avec schistes, grès schisteux et conglomérats (500 pieds d'épaisseur) : il rapporte ces roches au vieux grès rouge (*old red sandstone*) de l'Angleterre; *b*, roches carbonifères avec calcaire (épaisseur 250 pieds), qu'il regarde comme l'équivalent du calcaire carbonifère du terrain houiller et du *millston grit* de l'Angleterre; enfin *c*, grès rouge, avec schiste, conglomérat et brèche porphyrique (2,590 pieds d'épaisseur), qu'il rapporte au conglomérat rouge d'Exeter[2]. Antérieu-

[1] Fleming, *Histoire des animaux de l'Angleterre.*
[2] Hoffmann, *Uebersicht der Orographischen und geognostischen Verhältniss vom nordwestlichen Deutschland*, 1830, p. 504.

rement à M. Hoffmann, M. Weaver avait publié des observations [1] qui l'avaient conduit aux mêmes conclusions relativement au vieux grès rouge (*old red sandstone*) des Anglais, qu'il regardait comme étant l'équivalent de la partie inférieure du rothe todte liegendes.

En suivant les idées de M. Weaver, et en considérant que la houille n'existe pas nécessairement toujours au même point de la série, et que les relations mutuelles entre les différentes portions de la masse totale varient matériellement, il est peut être possible d'approcher de la solution de cette difficulté apparente. En premier lieu, nous ne pouvons tirer aucun indice des fossiles; car on aura dû remarquer que les caractères zoologiques généraux des fossiles marins sont les mêmes, soit dans le zechstein (au-dessus des todtliegendes), soit dans le calcaire carbonifère, soit aussi, comme on le verra par la suite, dans le groupe de la grauwacke. Les caractères généraux des fossiles végétaux étaient aussi probablement semblables à ces trois étages, comme nous le reconnaissons en descendant l'échelle géologique. En admettant donc (ce qui paraît être fondé) que les fossiles ne puissent pas nous aider dans ce genre de recherches, nous ne pouvons appeler à notre secours que la structure minéralogique et la position géologique relative des roches. Nous devons dès lors commencer par examiner la question suivante : les formations dont nous parlons sont-elles constamment les mêmes, et les différences qu'on y observe ne sont-elles que peu importantes? Pour répondre à cette question, il est nécessaire de citer des faits.

Dans le sud de l'Angleterre, les trois divisions de vieux grès rouge (*old red sandstone*), de calcaire carbonifère et de terrain houiller, sont très tranchées, et il n'y a bien évidemment aucun passage du terrain houiller au nouveau grès rouge (*new red sandstone*) qui le recouvre. On reconnaît, au contraire, que le terrain houiller et les formations sur lesquelles il repose avaient été soulevés avant d'être recouverts par les dépôts de conglomérats et de calcaires magnésiens, et de grès et conglomérats rouges qui leur sont associés; et il paraît plus que probable que les portions inférieures de cette dernière série de roches sont le résultat du bouleversement produit par les fractures, les contournements et le soulèvement du terrain houiller et des roches plus anciennes. On observe aussi, dans le groupe carbonifère lui-même, que les masses qui le composent, le vieux grès rouge, le calcaire carbonifère et le terrain houiller, sont bien distinctes l'une de l'autre, malgré quelques alter-

[1] Weaver, *Annals of Philosophy*, 1821.

nances à leurs points de contact, comme on peut l'observer à la gorge de *Blifton*, près de Bristol, et sur d'autres points de la même contrée [1].

Si, en s'avançant vers le nord, on traverse le centre de l'Angleterre, on remarque que la partie inférieure du terrain houiller et la partie supérieure du calcaire carbonifère, qui, dans le sud, n'alternaient que faiblement à leur jonction, ont pris là un caractère nouveau en s'approchant l'une de l'autre; elles présentent une masse de schistes, de grès (très souvent à gros grains) et de calcaires, mêlés çà et là de veines de houille. Cette masse, qui a été désignée sous le nom de *millstone grit*, a une épaisseur considérable.

En allant encore plus au nord, en Angleterre, M. le professeur Sedgwick a reconnu que les grandes lignes de séparation entre le calcaire carbonifère et le terrain houiller se perdent entièrement, et que l'une des deux formations se fond dans l'autre. Comme le lecteur ne peut prendre d'idées plus justes ou plus précises sur le sujet qui nous occupe que dans l'ouvrage même du professeur *Sedgwick*, je ne crois pouvoir mieux faire ici que de le laisser parler lui-même.

« Lorsque nous voyons reparaître le calcaire carbonifère à la base de la chaîne du Yorkshire, nous observons encore la même analogie générale de structure : des masses énormes de calcaire forment la partie inférieure de tout le terrain, et de riches dépôts houillers sa partie supérieure; et nous trouvons aussi le *millstone grit* occupant une position intermédiaire. Le *millstone grit* cependant devient un dépôt très complexe, et présente quelques couches subordonnées de houille; il est séparé du grand groupe calcaire inférieur (connu dans le nord de l'Angleterre sous le nom de *scar limestone*), non-seulement par la grande masse d'argile schisteuse (*shale*) et de calcaire schisteux que l'on observe dans le Derbyshire, mais encore par un dépôt encore plus complexe qui, dans quelques localités, n'a pas moins de 1,000 pieds d'épaisseur. On trouve dans ce dépôt cinq groupes de couches calcaires, extraordinaires par leur continuité parfaite et leur épaisseur uniforme, qui alternent avec de grandes masses de grès et d'argile schisteuse, et renferment une innombrable quantité d'empreintes de végétaux houillers et trois ou quatre veines très minces de bonne houille, qui donnent lieu à des exploitations considérables.

---

[1] Pour les détails relatifs au terrain houiller et au groupe carbonifère, en général, consultez l'ouvrage de M. Conybeare, intitulé : *Outlines of the Geology of england and Wales*. Quant à ce qui concerne en particulier le sud de l'Angleterre, voyez les observations du docteur Buckland et de M. Conybeare sur les terrains houillers du sud-ouest de l'Angleterre, *Géol. trans.*, 2ᵉ série, vol. 1.

« Dans la chaîne carbonifère qui s'étend depuis *Stainmoor* à travers la chaîne du *Cross fell*, jusqu'aux confins du Northumberland, nous trouvons la répétition des mêmes phénomènes généraux. Sur son versant oriental et à la partie supérieure de tous les groupes qui le composent se trouvent les riches mines de houille du comté du Durham. Au-dessous de la houille, on observe en descendant, et dans un ordre régulier, le *millstone grit*, les alternances de calcaire et de terrain houiller presque identiques avec celles de la chaîne du Yorkshire, enfin la grande masse du *scar limestone*, qui est à la base du tout. Là, cependant, le *scar limestone* commence à être partagé par des masses épaisses de grès et de schiste houiller, dont on trouve à peine une trace dans le Yorkshire, et passe graduellement à un dépôt complexe difficile à distinguer de la division immédiatement supérieure de la série. Ce changement graduel est accompagné d'un développement plus prononcé des couches de houille inférieures alternant avec le calcaire. Sur la limite nord-est du Cumberland, quelques-unes de ces couches ont 3 ou 4 pieds de puissance, et sont actuellement exploitées en grand avec tout l'appareil des chemins de fer et des machines à vapeur.

« A mesure que l'on s'avance vers le nord, les couches alternantes de grès et d'argile schisteuse se développent de plus en plus au détriment de tous les groupes calcaires, qui diminuent graduellement et finissent par ne plus avoir d'influence sur le caractère extérieur général de la contrée. On voit ainsi que la portion la plus basse de tout le système houiller, depuis la forêt de Bewcastle, en longeant la chaîne des monts Cheviot, jusqu'à la vallée de la Tweed, offre à peine quelques traits de ressemblance avec la partie inférieure de la chaîne du Yorkshire, mais présente, au contraire, tous les caractères les plus habituels d'une contrée dont le sol est une formation houillère. Ce changement est aussi accompagné d'un accroissement graduel d'épaisseur de la matière charbonneuse dans quelques-uns des groupes inférieurs. Beaucoup d'exploitations de houille ont été ouvertes sur cette ligne, et, près de la rive droite de la Tweed (à peu près dans une direction parallèle à la grande masse du *scar limestone*), on voit un dépôt houiller qui contient cinq ou six bonnes couches, dont quelques-unes sont exploitées, non-seulement pour les usages des pays voisins, mais aussi pour la consommation de la capitale [1]. »

On voit donc que les roches carbonifères ont subi des change-

---

[1] Sedgwick, *Adress to the Geological society*, 1831 ; *Phil. mag. and Annals*, vol. IX, p. 286, 287.

ments notables, les couches calcaires se trouvant, dans leurs parties supérieures, mêlées aux grès et aux schistes houillers, et même finissant par disparaître tout à fait au milieu d'eux. Il y a ainsi deux roches de la série qui se sont comme amalgamées ensemble, et entre lesquelles il est impossible d'établir de ligne de séparation. Non-seulement les caractères particuliers du terrain houiller et ceux du calcaire carbonifère ont disparu, mais, en outre, la troisième roche du groupe, le vieux grès rouge, ne présente plus la texture arénacée qu'il possède dans le sud de l'Angleterre et dans le pays de Galles : ce n'est plus ici qu'un conglomérat qui, au lieu d'offrir l'apparence d'un passage aux couches de grauwacke qui sont au-dessous de lui, repose sur les feuillets contournés de ces couches, et manque d'ailleurs très fréquemment; en sorte que, comme l'ont fait remarquer le professeur Sedgwick et M. J. Philipps, le calcaire carbonifère repose directement sur les roches de grauwacke, antérieurement bouleversées et soulevées [1].

Si maintenant nous nous avançons vers l'*Écosse*, et si nous examinons cette masse de conglomérats et de dépôts arénacés mêlés de calcaire et de houille décrits par le docteur Fleming, le professeur Jameson, le docteur Macculloch, M. Bald, le docteur Boué, le professeur Sedgwick, M. Murchison et d'autres géologues, nous sommes assez embarrassés pour y établir des distinctions semblables à celles qu'il est si facile de faire dans le sud de l'Angleterre ; et cette difficulté s'accroît encore par la présence de roches qui doivent être rapportées, au moins en partie, au groupe du *nouveau grès rouge*. Dans les provinces du nord de l'Angleterre citées par le professeur Sedgwick, les roches de grès rouge se sont évidemment déposées sur le calcaire carbonifère et sur le terrain houiller, et à une époque où ces deux dernières roches avaient déjà éprouvé de grands dérangements et de violentes dislocations; mais il est difficile de décider, au moins dans certaines parties de l'Écosse, jusqu'à quel point il est possible d'établir des lignes de séparation bien tranchées entre la partie supérieure du terrain houiller et la partie inférieure du groupe du grès rouge. Les fossiles ne peuvent nous être que d'un très faible secours pour cette distinction, par des raisons déjà développées. Il en est de même du caractère minéralogique des roches; car on a vu qu'il éprouve aussi des change-

---

[1] *Voyez* les coupes de M. Philipps dans les *Geol. trans.*, 2e série, vol. III. *Voyez* aussi les observations de M. Sedwick dans le *Proceeding of the Geolog. society*, 1831. Quand M. Sedgwick aura publié toutes les coupes et descriptions qu'il a recueillies, les géologues posséderont sur cet objet une masse considérable de documents des plus instructifs.

ments; et d'après tout ce que nous connaissons, rien n'empêche que le *zechstein*, s'il était produit dans des circonstances générales semblables, ne prenne le caractère de calcaire carbonifère, celui surtout que ce calcaire affecte lorsqu'il se confond avec le terrain houiller. La couleur des roches est encore, s'il est possible, d'une moindre importance, car les roches du terrain houiller sont souvent rouges; et, en résumé, si les différentes parties des groupes en question étaient mêlées ensemble, et si elles reposaient l'une sur l'autre à stratification concordante, ce ne serait plus que théoriquement que l'on pourrait distinguer ces différentes parties sous des noms particuliers, chacune d'elles étant regardée comme l'équivalent positif des divisions que l'on a pu établir ailleurs. Nous ne prétendons nullement que, pendant qu'il se formait un dépôt considérable, tel que celui dont nous parlons, il n'y a pas eu d'équivalent d'une même époque; on ne peut, au contraire, douter qu'il n'y 'en ait eu : mais les effets contemporains produits par des causes différentes peuvent avoir présenté des différences notables. Il en résulte que des distinctions fondées sur des accidents particuliers dans une localité ne sont pas toujours utiles quand on veut les établir d'une manière générale. En effet, il nous arrive quelquefois, et peut-être sans y prendre garde, de considérer en théorie certaines circonstances comme ayant été partout les mêmes à une époque donnée, tandis que nous devrions ne les regarder d'abord que comme plus locales et résultant de causes ayant une influence plus limitée. Je sais bien que l'on peut pousser trop loin cette manière de voir, et qu'il est utile d'établir dans les roches le plus de subdivisions possible; mais nous devons aussi éviter les extrêmes, et ne pas dépasser le point où les divisions peuvent être sujettes à beaucoup de doutes : car ce serait nous créer à nous-mêmes des obstacles qui nous empêcheraient de tracer les causes qui ont produit de si grands changements dans les caractères minéralogiques et zoologiques des roches existantes à la surface de la terre.

Le docteur Boué regarde les conglomérats, les grès, les calcaires et la houille du grand dépôt arénacé de l'Écosse comme des formations subordonnées d'une grande masse qu'il croit l'équivalent du grès rouge, opinion qui est conforme aux idées de M. Hoffmann sur le dépôt houiller de la Thuringe. Il est encore assez difficile de prononcer jusqu'à quel point cette manière de voir est exacte; et il est sans doute étonnant pour les géologues anglais de voir comparer, sous quelques rapports, le vieux grès rouge avec un système de roches qui renferme les *todtliegendes*. Mais si l'on suppose qu'une série de conglomérats, de grès et d'autres roches ayant un caractère commun, ait été produite sans que, durant leur dépôt, il y ait eu le plus petit dérangement dans les couches inférieures, et qu'au contraire les différentes couches de cette série se soient étendues régulièrement l'une au-dessus de l'autre; si l'on suppose de plus que les fossiles ne présentent pas assez de différence pour servir à établir des distinctions, alors il semble difficile de ne pas attribuer la formation de la masse entière à des causes à peu près semblables et dont l'action n'a pas été interrompue. Je suis loin d'établir qu'il faille appliquer cette manière de voir à l'Écosse; je me borne simplement à montrer qu'il n'est pas impossible de rencontrer dans quelque contrée une liaison assez intime du *todtliegendes* et du zechstein avec le groupe carbonifère.

Dans certaines provinces, telles que le *Pembrokeshire*, le vieux grès rouge semble passer au groupe de la grauwacke, sur lequel il repose. Nous pouvons donc, dans ces localités, considérer cette roche comme étant le résultat de la continuation de causes semblables à celle qui ont produit la grauwacke; car le caractère zoologique des deux dépôts est le même, aussi bien que leur structure minéralogique : la différence entre eux n'est que dans la couleur; variation d'ailleurs sans aucune importance, car on trouve souvent des roches rouges dans la masse même du groupe de la grauwacke.

Dans le nord de l'Angleterre, le vieux grès rouge, comme nous l'avons remarqué ci-dessus, repose sur une masse de grauwacke qui porte des traces de bouleversement; il y a donc eu des causes qui ont exercé une action violente dans une localité à une époque donnée, tandis qu'ailleurs, dans des cantons peu éloignés, les mêmes causes ont produit à peine quelques effets sensibles qui peuvent même être contestés. Ce qui nous conduit à conclure qu'à des distances encore plus grandes, on peut observer dans les dépôts de la même époque des différences encore plus sensibles.

Le groupe carbonifère occupe la surface d'une grande partie de l'*Irlande*, et les calcaires y sont extrêmement abondants. M. Weaver décrit des grès et des conglomérats qui y sont fréquemment, mais non toujours, interposés entre le dépôt plus ancien et le calcaire carbonifère; il les rapporte au vieux grès rouge. Les *monts Gaultees* sont indiqués comme en étant entièrement composés. On les rencontre sur les revers des cantons formés de schiste argileux, et l'on voit souvent des masses de grès isolées qui reposent sur ces dépôts plus anciens. Le grès rouge surgit du milieu de la grande plaine calcaire à *Moat, Ballymahon* et *Slievegoldry hill.* Le même

auteur rapporte que les couches de ce dépôt de grès sont de plus
en plus inclinées, à mesure qu'elles se rapprochent des roches plus
anciennes, et surtout lorsqu'elles sont en contact avec elles ; mais
qu'à mesure qu'elles acquièrent plus de puissance et qu'elles s'écartent davantage de ces roches anciennes, elles deviennent de plus
en plus horizontales.

Le calcaire carbonifère peut être regardé comme la roche dominante en *Irlande*; car, ainsi que l'observe M. Veaver, tous les comtés
dans lesquels ce pays se divise, à l'exception de ceux de Derry,
d'Antrim et de Wicklow, en sont plus ou moins composés. D'après
les descriptions qu'on en donne, ce calcaire est en contact avec
diverses chaînes de montagnes, s'étend autour d'elles, et remplit
chacun des intervalles et des cavités qui les séparent. Il supporte
le terrain houiller proprement dit; et ainsi l'analogie entre le
groupe carbonifère du centre et du sud de l'Angleterre et celui des
parties correspondantes de l'Irlande est complète. Les dépôts arénacés et les conglomérats du vieux grès rouge qui existent dans ce
dernier pays sont recouverts par une couche calcaire, dont la puissance varie et atteint quelquefois une épaisseur de 7 à 800 pieds,
quoique généralement elle ne soit que de 2 à 300. Ce calcaire est à
son tour recouvert par le terrain houiller [1].

Les roches carbonifères du *nord de la France* et de la *Belgique*
ont une direction qui court de l'ouest-sud-ouest à l'est-nord-est,
depuis le voisinage de Valenciennes jusqu'au-delà d'Aix-la-Chapelle; elles surgissent du milieu des roches crétacées ou autres
encore plus récentes qui les recouvrent. Le calcaire carbonifère et
le terrain houiller du Boulonnais peuvent être considérés comme
n'étant que la continuation du même dépôt.

Les roches carbonifères de ces contrées se présentent assez souvent avec les mêmes caractères que celles du sud de l'Angleterre.
Des dépôts arénacés rouges, équivalents au vieux grès rouge, occupent la partie inférieure; le calcaire carbonifère se rencontre à la
partie centrale, et le terrain houiller à la partie supérieure de la
série. D'après M. de Villeneuve, le terrain houiller et le calcaire
alternent l'un avec l'autre à leur point de contact entre *Liége* et
Chaudfontaine. Les calcaires sont métallifères, bleuàtres et compactes, et contiennent des conglomérats subordonnés de calcaire
bleu. Les grès qui alternent avec eux sont quelquefois rougeâtres,

---

[1] Weaver; sur les rapports géologiques de l'est de l'Irlande, *Géol. trans.*, vol. v.
Consultez aussi le Mémoire de M. Griffith, sur les terrains houillers du Connaught et
du Leinster, et mes *Sections and Views illustrative of Geological phenomena*, pl. 29.

d'autres fois bruns verdâtres; ils sont tantôt compactes, tantôt schisteux et micacés, et les plans des feuillets sont, dans quelques couches, différents de ceux de la stratification. La partie supérieure du calcaire et du grès renferme du schiste albumineux, qui est exploité à Huy et ailleurs [1].

Suivant le même auteur, le terrain houiller, qui est composé du mélange habituel de grès, d'argile schisteuse et de couches de houille, présente, à la *montagne de Saint-Gilles*, jusqu'à 61 couches de houille dont l'épaisseur varie de 6 pieds à quelques pouces; on compte même, dans le pays de Liége, d'après M. Dumont, 83 couches de houille. Les couches de cette contrée sont violemment contournées, comme on le voit à *Mons*, et elles sont traversées par des failles, comme on peut l'observer à *Saint-Gilles*. La houille est exploitée à de grandes profondeurs, jusque dans les couches les plus basses, et même, auprès de Mons, jusqu'au sein des calcaires; circonstance, au reste, que M. de Villeneuve attribue aux contournements des couches.

Ces terrains carbonifères de la Belgique paraissent se prolonger dans l'intérieur de l'Allemagne jusqu'à ces dépôts que l'on observe entre *Essen, Werden, Bochum, Hattingen, Wetter* et *Dortmund*, et qui reposent sur l'angle nord-ouest de la grande masse de grauwacke qui existe dans cette partie de l'Europe. Au nord de ces dépôts, sur le côté septentrional du grand golfe de roches crétacées et supercrétacées qui entre à l'est dans l'intérieur de l'Allemagne, et sur lequel est bâtie la ville de Münster, il y a, d'après M. Hoffmann, un amas de couches carbonifères à *Ibbenbühren*, entre Osnabruck et le Rhin [2]. On trouve une formation houillère à *Seefeld*, en Saxe; une autre à *Wettin*, au nord de *Halle*. A Saarbruck et dans le pays voisin, le terrain houiller est très étendu, et repose, quand il n'y a pas de roches trappéennes interposées entre les couches qui le composent, sur une partie de la masse de grauwacke, dont nous avons déjà parlé plus haut [3].

[1] De Villeneuve, *Ann. des Sc. nat.*, t. xvi. Paris. 1829.

[2] Pour connaître les contrées houillères du nord-ouest de l'Allemagne, consultez la carte de ce pays, par M. Hoffmann, et pour les descriptions, *Uebersich der Orographischen und geognostischen Verhaltnisse vom nordwestlichen Deutschland*, par le même auteur.

[3] Le lecteur trouvera des plans explicatifs et des coupes des mines de houille de Werden, Essen, Eschweiler, Valenciennes, Mons, Fuchsgrube (en Silésie) et de Saarbrück, dans l'*Atlas de la richesse minérale*, par M. Héron de Villefosse, pl. 24, 25, 26, 27 et 28. Il devra consulter aussi pour le terrain houiller de Saarbrück et du pays adjacent, la carte géologique et les coupes des terrains qui bordent le Rhin, publiées par MM. Oeynhausen, La Roche, et Von Dechen. Un grand nombre de ces coupes

M. Pusch décrit le terrain houiller de la *Pologne*, comme s'étendant depuis Hultschin jusqu'à Krzeszowice; les couches les plus anciennes passent à la grauwacke sur laquelle elles reposent. Mais le même auteur remarque que, dans les vallées pleines de rochers de Czernaszklary, et près de Debnik, non loin de Krzeszowice, le terrain houiller repose sur un marbre noir, employé dans les arts. M. Pusch considère ce marbre comme l'équivalent du calcaire carbonifère des géologues anglais, et il pense que les conglomérats calcaires qui accompagnent les grès et schistes houillers dans les gorges de Miekina et de Philippowice, doivent être rapportés à ces mêmes couches de marbre. Le même auteur établit que ce terrain houiller contient les mêmes végétaux fossiles, si communément observés ailleurs dans des dépôts semblables, et qu'il a reconnu 36 espèces identiques avec celles qui sont citées dans les ouvrages de MM. Sternberg et Ad. Brongniart [1].

D'après M. Sternberg, une partie des couches de houille de la *Bohème* suit la ligne du terrain qu'on regarde comme de transition, qui s'étend depuis Merklin dans le cercle de Klatteau, jusqu'à Mülhausen, sur la Moldau, sur une longueur de 15 lieues, et avec une largeur de 4 à 5 lieues. Il remarque aussi que la formation houillère de la *Silésie*, qui s'étend sur une longueur de 17 lieues, existe d'un côté à Schatzlar, dans le Riesingebirge, et de l'autre jusqu'à Schwadowitz, dans la seignerie de Nachod, en Bohème. Un grès rouge et un porphyre rouge accompagnent ces dépôts. Dans l'ouest de la Bohème, on trouve une formation houillère dans les cercles de Klattau, Beraun, Pilsen, et Rakowitz [2].

Les dépôts houillers du *centre de la France* reposent sur le granit, le gneiss, le micaschiste, etc., sans en être séparés par aucun calcaire, aucun grès ou aucun schiste argileux, que l'on puisse rapporter au calcaire carbonifère, au vieux grès rouge, ou à la grauwacke : tels sont les dépôts houillers de Saint-Étienne, Rive-de-Gier, Brassac, Fins, etc. A Saint-George-Châtellaison [3], le terrain houiller repose aussi sur le gneiss et le micaschiste [4].

ont été insérées dans les *Sections and Views explicative of Geological phenomena*, pl. 18, fig. 1 et 2.

[1] Pusch, *Journal de Géologie*, t. II. Les calcaires de l'*île de Gottland*, dont beaucoup de fossiles ont été indiqués plus haut parmi ceux du calcaire carbonifère, sont rapportés à ce groupe, d'après l'opinion de M. Eisinger.

[2] Stenberg, *Versuch einer geognostichen botanischen Darstellung der Flora der Vorwelt*.

[3] Ce terrain houiller est regardé comme appartenant au groupe de la grauwacke.
　　　　　　　　　　　　　　　　　　　　　(*Note du traducteur.*)

[4] M. Grammer remarque que le dépôt houiller de la *Virginie* repose sur le granit. *Amer. Journal of science*, vol. 1.

Les dépôts carbonifères des *États-Unis* sont, d'après le professeur Eaton, de différentes époques. L'un est renfermé dans les schistes argileux (*argilite*) de Worcester, dans le Massachusset, et de Newport; un autre est regardé comme l'équivalent du terrain houiller de l'Europe; et un troisième serait d'époque plus récente, quoique plus ancien que certains lignites. Le dépôt qu'on rapporte à la même époque que le groupe carbonifère de l'Europe se rencontre à Carbondale, Lehigh, Lackawaxen, Wilkesbarre, et autres lieux [1].

D'après une description donnée par M. Cist, la houille de *Wilkesbarre* alterne avec divers grès et argiles schisteuses; ces schistes renferment une grande quantité de végétaux fossiles [2], dont plusieurs, comme on l'aura vu dans une des listes données précédemment, sont identiques avec quelques-uns de ceux que l'on a découverts dans le terrain houiller de l'Europe, et qui tous présentent le même caractère général que ceux que l'on a recueillis dans le groupe carbonifère et dans le groupe de la grauwacke. Les couches de grès ont une épaisseur qui varie entre 5 et 100 pieds, et la houille a quelquefois de 30 à 40 pieds de puissance, quoique généralement elle n'en ait que 12 à 15. Le professeur Sillimann dit que les couches de *Mauch-chunk* (en *Pensylvanie*) sont composées de conglomérats, de grès et de schiste argileux. Les galets de conglomérats sont, d'après cet auteur, des fragments de quartz arrondis par le frottement, et la matière qui sert de ciment aux conglomérats et aux grès est siliceuse [3]. Suivant le professeur Eaton, le calcaire qui supporte les couches de houille de la Pensylvanie s'étend le long du pied de la chaîne de *Catskill*, et se prolonge depuis la partie sud de la Pensylvanie jusqu'au port de Sackett, sur le lac Ontario [4].

M. Hitchock nous apprend que, dans le *Connecticut*, la houille est associée avec des roches de trapp, des calcaires fétides, siliceux et bitumineux, des grès rouges et gris, et des conglomérats. La houille de ce gisement est décrite comme très bitumineuse, tandis que celle de Wilkesbarre est souvent désignée sous le nom d'anthracite par les géologues américains [5]. On l'observe à Durham,

[1] Eaton, *Amer. Jour. of science*, vol. xix.
[2] Cist., *Amer. Jour. of science*, vol. iv, où on trouvera une carte du dépôt houiller.
[3] Sillimann, *American Journal of science*, vol. xix.
[4] Eaton, *ibid.*, vol. xix.
[5] Cette distinction ne semblerait pas être en elle-même d'une grande importance, car le dépôt houiller du sud du pays de Galles devient anthracitique dans le Pembrokeshire, tandis qu'il est bitumineux en se continuant à l'est dans le Monmouthshire.

Chatham, Berlin, Enfield, et autres localités dans le Connecticut ; et ce dépôt houiller passe à ce qu'on appelle dans le pays le vieux grès rouge, terrain composé d'une série de grès et de conglomérats généralement d'un rouge foncé. Nous avons une excellente coupe de ce dépôt houiller, décrite avec beaucoup de détails, par M. Hitchock[1], prise à l'endroit où la rivière du Connecticut le traverse entre Gill et Montagne.

Dans un schiste bitumineux qui est associé au terrain houiller à Westfield (*Connecticut*), et à Sunderland (*Massachusset*), on a trouvé des *poissons fossiles* dont une espèce paraît devoir être rapportée au genre *Palæothrissum* de Blainville, que nous avons déjà cité ci-dessus, page 484, en traitant du zechstein. Toutefois, la présence de ce genre de poissons fossiles ne conduit pas à conclure qu'on doive nécessairement rapporter le dépôt qui le renferme au todtliegendes ou au zechstein, même en admettant qu'on reconnaisse en Amérique ces deux dernières divisions, quoique moins importantes ; car, puisque les *Producta*, coquilles si abondantes dans le calcaire carbonifère, se rencontrent aussi dans le zechstein, on est fondé à présumer que les *Palæothrissum* qui se trouvent dans le zechstein ont pu également avoir fait partie des animaux qui existaient à l'époque du dépôt du terrain houiller et du calcaire carbonifère.

Si nous faisons pour le moment abstraction des couches calcaires, il n'y a, pour ainsi dire, aucun doute que le groupe carbonifère ne soit de formation mécanique, et qu'il n'ait été déposé par des eaux dont la puissance de transport était variable. Ainsi, à une époque, la rapidité du courant était capable de charrier des graviers, tandis que dans d'autres elle ne pouvait plus transporter que du sable ou de la boue. Si l'on faisait des coupes proportionnelles des dépôts houillers, on verrait que les couches de houille s'y rencontrent à des intervalles très inégaux, ce qui prouve que les causes qui les ont produites ont eu une action tout à fait irrégulière. Depuis les explorations multipliées que M. Mushet a faites dans le canton dit *Forest of dean*, nous avons une liste détaillée des différentes couches du terrain houiller, du calcaire carbonifère et du vieux grès rouge, dont l'ensemble constitue une épaisseur totale d'environ 8,700 pieds, dont 3,060 pour le terrain houiller, et 705 pour le calcaire carbonifère. La masse repose sur le calcaire de la grauwacke (calcaire de transition) de Longhope, et de Huntley[2].

[1] Hitchock. *American Journal of science*, vol. VI.
[2] Mushet, *Géol. trans.*, 2e série, vol. I, p. 288.

Les grès qui constituent la formation du vieux grès rouge dans le Gloucestershire, le Sommersetshire et les provinces voisines de l'Angleterre, ne nous offrent guère les caractères d'un dépôt formé par un courant rapide, car on n'y trouve que très peu de conglomérats; toutefois, ceux qu'on y rencontre suffisent pour montrer que la vitesse des eaux qui les transportaient n'a pas été constante, mais sujette à beaucoup de variations.

Après la formation du vieux grès rouge, un grand changement a eu lieu dans la nature du dépôt et dans la force de transport des courants; alors, au lieu d'un sédiment siliceux et arénacé, il s'est produit un dépôt de carbonate de chaux, dans lequel étaient souvent enveloppés les restes de divers animaux marins, et ce dépôt s'est continué, non pendant un court espace de temps, mais pendant une très longue période; car le calcaire carbonifère de ces contrées porte des marques évidentes d'une formation lente, plusieurs couches étant composées d'une masse de fossiles, restes de milliers d'animaux, lesquels ont évidemment vécu et sont morts à la place où nous les trouvons maintenant enfouis. On est forcé de convenir cependant qu'il y a plusieurs couches qui ne présentent aucune trace de dépouilles fossiles, dont, par conséquent, l'origine reste incertaine; car nous n'avons pas de preuve directe qu'elles n'aient pas pu avoir été produites en quelque sorte subitement par des dépôts qu'aurait laissés une eau tenant du carbonate de chaux, soit en dissolution chimique, soit en suspension mécanique. Après qu'il se fut formé un dépôt de roches calcaires de 7 à 800 pieds d'épaisseur, il se produisit un nouveau changement considérable dans la matière du dépôt. Ce changement, toutefois, ne fut pas si subit, que la matière calcaire et le sédiment arénacé, qui devint plus tard si abondant, n'aient pu être produits alternativement pendant une période de temps comparativement très limitée : alors une masse immense de grès, d'argile schisteuse, de houille, s'accumula en couches, l'une au-dessus de l'autre; et ces couches, bien qu'irrégulières par rapport aux différentes périodes relatives du dépôt, se continuent souvent sur des étendues très considérables.

D'après une opinion presque unanime, on regarde la houille comme le résultat de la distribution d'une masse de végétaux sur des surfaces plus ou moins grandes au-dessus des dépôts plus anciens de sable, de vase argileuse ou de boue, mais principalement de boue, transformée maintenant en argile schisteuse (*shale*) par suite de la compression qu'elle a éprouvée. Sur ce dépôt de végétaux, de nouvelles masses de sable, de vase ou de boue, sont venues s'accumuler, et cette série d'opérations alternatives s'est continuée irrégulièrement pendant un temps très long, durant lequel des végétaux semblables aux premiers avaient poussé en grand nombre sur des points peu éloignés, pour être eux-mêmes plus tard détruits tout à coup, au moins en partie, et former un nouveau dépôt très étendu au-dessus des détritus les plus communs.

Cette accumulation aura dû exiger un grand espace de temps, parce que les phénomènes observés nous portent à penser que la force de transport des courants, quoique variable, a été généralement modérée; de plus, il est nécessaire d'admettre des intervalles de temps successifs et assez longs pour la croissance d'une masse de végétaux très considérable; car les couches de houille qui n'ont aujourd'hui que de 6 à 10 pieds de puissance ont dû, avant de supporter une énorme pression, avoir une épaisseur bien plus grande.

Le terrain houiller du sud de l'Angleterre donne lieu à une observation importante : c'est qu'on n'y a pas découvert de fossiles marins. Sans doute ce fait ne prouve pas que le dépôt de la houille se soit fait dans une eau douce; mais il semble cependant en résulter qu'il y a eu là quelque chose qui a empêché la présence des animaux marins, circonstance d'autant plus remarquable, que nous avons vu les animaux de ce genre abonder durant la formation du calcaire carbonifère.

Ces remarques sont applicables, non-seulement au petit district que nous avons cité, mais encore à une grande étendue de pays qui se prolonge depuis la Belgique, à travers le nord de la France, le sud de l'Angleterre et du pays de Galles, jusqu'en Irlande; et presque partout le terrain houiller est caché sous des roches plus récentes. Cependant, à mesure que nous avançons vers le nord, on voit disparaître les distinctions prononcées que nous avons citées d'abord, et nous pouvons en conclure que les causes, quelles qu'elles soient, qui ont produit vers le sud une séparation aussi tranchée entre les roches arénacées et les roches calcaires, se sont modifiées peu à peu, et que les calcaires se sont mêlés plus intimement, en couches alternantes, avec les grès et les argiles schisteuses, en présentant un plus grand mélange de débris organiques marins et terrestres.

Il y a longtemps que l'on sait que le terrain houiller du *Yorkshire* présente une couche qui renferme des restes d'ammonites et de peignes, et que l'on a découvert dans le *Millstone grit* une réunion des fossiles du calcaire carbonifère avec ceux du terrain houiller, ou, en d'autres termes, que les fossiles terrestres et les fossiles marins y alternent ensemble; ce qui prouve que les causes qui produisaient le dépôt de la matière calcaire et y accumulaient des fossiles marins étaient prédominantes à certaines époques, tandis que dans d'autres il n'y avait plus qu'un transport de boue et de sable dans lequel venait s'enfouir une immense quantité de végétaux. Ce n'est pas seulement dans le terrain houiller de la Grande-Bretagne que l'on a rencontré des restes d'animaux marins : les listes de fossiles que nous avons données plus haut font voir qu'on a aussi observé ce fait dans différentes parties de l'Allemagne. Ainsi, la même modification de circonstances qui a produit un mélange ou plutôt une alternance de fossiles marins et terrestres dans la Grande-Bretagne, s'est étendue jusque sur l'Europe continentale.

Il y a une autre classe de phénomènes qui sont en connexion avec le groupe carbonifère, et qui réclament toute notre attention. On a observé dans certaines localités une grande quantité de *porphyres* mêlés avec le terrain houiller, et on en a quelquefois inféré que cette roche était une partie intégrante du groupe dont nous nous occupons. Toutes les analogies portent à conclure que les porphyres sont d'origine ignée, tandis qu'au contraire on a des motifs aussi puissants pour admettre que le terrain houiller et les couches qui en dépendent sont de formation aqueuse. Nous devons donc penser, *à priori*, que deux substances d'origines si différentes ne font pas nécessairement partie d'un même ensemble, mais que leur association n'est qu'accidentelle ; et cette opinion est encore en même temps justifiée par l'existence d'un grand nombre de terrains houillers sans porphyre, comme c'est le cas le plus habituel en Angleterre.

Lorsqu'on examine les coupes que M. Hoffmann a données du terrain houiller de *Wettin* et de quelques autres cantons du nord-ouest de l'Allemagne, il est facile de concevoir que, bien que l'on y trouve des *porphyres* également au-dessus et au-dessous des couches de houille, celles-ci ne sont pas ordinairement de formation contemporaine avec les premiers ; au contraire, l'état fracturé et contourné des couches prouve qu'elles ont eu à supporter un effort très violent, tel précisément qu'elles auraient dû l'éprouver si des roches ignées s'étaient brusquement fait jour au milieu d'elles ; et cette conjecture est encore confirmée lorsque nous observons, entre autres accidents qui doivent résulter d'une semblable éruption, de gros fragments de terrain houiller détachés de la masse et englobés dans le porphyre, de même qu'on trouve dans le nord de l'Irlande des masses de craie enveloppées par le basalte. Comme nous devons parler encore ailleurs des roches ignées que l'on trouve au milieu du groupe carbonifère, ce que nous venons de dire n'avait d'autre but que de montrer qu'on n'avait pas examiné avec assez de soin la connexion supposée du porphyre et des couches de houille.

Quoique le groupe calcaire puisse contenir plus de calcaire dans telle localité que dans telle autre, cependant les caractères généraux que l'on observe partout dans les couches de houille sont tellement semblables entre eux, que nous sommes en droit de conclure que, dans la Pologne, dans l'ouest de l'Allemagne, dans le nord de la France, en Belgique, et dans les Iles Britanniques, il y a eu quelques causes communes, en action à la même époque, qui ont accumulé dans les couches houillères une immense quantité de végétaux terrestres, végétaux dont la nature est telle qu'ils ne pourraient actuellement exister aux mêmes latitudes, faute de la chaleur qui leur est nécessaire.

Si nous nous transportons au centre de la France, nous y trouvons quelques dépôts houillers d'une moindre étendue, que l'on rapporte à l'époque carbonifère dont nous traitons, en se fondant principalement sur leurs caractères organiques. Nous ignorons jusqu'à quel point ils ont pu être autrefois plus étendus et plus continus, et quelles altérations ils ont pu éprouver par les mouvements du sol, les dislocations et les dénudations ; mais nous sommes certains qu'ils se sont déposés immédiatement sur le granit, le micaschiste, le gneiss et autres roches de cette nature. Ainsi, les causes qui ont produit les couches calcaires, et quelquefois si abondamment, dans les contrées que nous avons citées plus haut, ne se sont pas étendues à cette partie de la France. Toutefois, il est constant que nous y reconnaissons des végétaux semblables à ceux que renferment les roches carbonifères du Nord. A la vérité, nous ne sommes pas pour cela complétement assurés de l'époque précise de leur formation ; car, ainsi qu'on le verra dans la suite, on a découvert des végétaux semblables dans le groupe de la grauwacke, et il est possible qu'on en découvre aussi dans les todt liegendes qui sont au-dessous du zechstein. Ainsi, la formation de chaque dépôt de ces végétaux peut avoir eu lieu aux différentes époques relatives d'un espace de temps très considérable, et c'est se hasarder beaucoup que de vouloir en assigner une sans avoir des preuves tout à fait positives.

Les conglomérats, rapportés habituellement au vieux grès rouge dans le nord de l'Angleterre, qu'on rencontre quelquefois interposés entre les roches contournées de grauwacke et les couches de calcaire carbonifère qui les recouvrent, lesquels ont été décrits par le professeur Sedgwick et d'autres géologues, peuvent avoir été suivis d'un dépôt houiller quand les circonstances se sont rencontrées favorables ; et le résultat serait une formation en tout semblable aux dépôts du centre de la France, avec cette seule différence que ceux-ci reposent sur des roches qui sont peut-être d'une époque encore plus ancienne. Il peut cependant aussi être arrivé que, durant le dépôt du terrain de grauwacke, qui est l'objet de la section suivante, certaines circonstances aient favorisé la production d'un dépôt semblable à ceux de Saint-Étienne et autres localités. La même chose peut également avoir eu lieu durant une époque postérieure, celle qui correspond à la partie inférieure du groupe du grès rouge ; car, comme les roches ont pu être violemment bouleversées dans une localité et non dans une autre, de même il est possible qu'elles se soient formées tranquillement sur un point, tandis qu'à quelques centaines de milles de distance il y ait eu des dislocations de couches et en même temps une destruction complète de fossiles qui aient fait disparaître toute trace de la vie organique.

Examinons maintenant l'état sous lequel se rencontrent les végétaux terrestres, si abondants dans les couches de houille. Ils sont pour la plupart placés sur leur plat, et leurs tiges et leurs feuilles sont parallèles aux plans de stratification ; mais il y a aussi d'autres cas où ils sont disposés dans les couches sous différents angles, et enfin on les trouve quelquefois dans une position verticale, avec leurs racines dirigées vers le bas. Le lecteur se rappellera que c'est précisément là la manière dont se trouvent placés les végétaux des forêts sous-marines ; et si plusieurs dépôts de ce genre, semblables à ceux que l'on a découverts le long des côtes de la Grande-Bretagne, se rencontrent l'un au-dessus de l'autre, séparés par des couches de sable et d'argile interposés, cette série de dépôts ne serait pas très différente des couches de houille, au moins quant à la position des débris des végétaux. Si nous voulons maintenant considérer certaines parties du terrain houiller comme étant le résultat d'une suite de dépôts semblables, nous sommes nécessairement forcés d'en conclure qu'il y a eu successivement plusieurs changements très remarquables dans les niveaux relatifs de la surface des continents et des mers. Mais il y a aussi de très grandes difficultés à supposer que les végétaux ont été entraînés par des courants rapides dans les lieux où nous les trouvons actuellement ; car, non-seulement ces effets ont été produits sur des surfaces d'une immense étendue, mais encore les végétaux ont éprouvé très peu d'altération : leurs feuilles les plus délicates sont conservées d'une manière étonnante. Dans l'état de choses actuel, il y a une grande quantité de végétaux qui sont entraînés jusqu'à la mer par les crues des rivières ; mais ces végétaux sont loin de rester sans altération ; et s'ils sont d'une nature tendre, comme l'ont été la plupart des végétaux du terrain houiller, ils souffrent prodigieusement dans le transport, comme j'ai eu occasion de l'observer sur la côte de la Jamaïque, où l'on voit quelquefois, quoique très rarement, des fougères arborescentes et autres plantes des tropiques emportées jusqu'à la mer par les torrents des montagnes voisines. Dans le petit nombre d'exemples que j'ai eus sous les yeux, les fougères avaient été tellement endommagées dans les courants des rivières, qu'on pouvait à peine les reconnaître [1].

Les exemples des végétaux houillers qui se trouvent dans une position verticale avec leurs racines dirigées de haut en bas sont maintenant si nombreux en France, en Allemagne et en Angleterre, qu'il n'est plus guère possible de les regarder comme étant des cas accidentels. Il est impossible de ne pas reconnaître leur analogie avec les amas de tiges verticales qu'on observe dans les forêts sous-marines ; d'où il suit que ces végétaux verticaux des terrains houillers peuvent, jusqu'à un certain point, caractériser le mode suivant lequel s'est fait le dépôt de la houille dans des localités particulières.

M. Witham a découvert quelques bons exemples de tiges verticales dans les roches carbonifères de *Newcastle* et du *comté de Durham*. Il décrit deux troncs ou tiges, *sigillaria*, de la famille des fougères, qu'il a trouvés dans une position verticale, avec leurs racines encaissées dans un schiste bitumineux, dans les mines de Derwent, près de Blanchford, comté de Durham ; l'espace qui les environnait avait été mis complétement à découvert pour l'extraction du minerai de plomb : l'auteur a vu un de ces végétaux qui avait cinq pieds de hauteur et deux pieds de diamètre. Il a encore observé un cas plus curieux dans les environs de Newcastle : dans le grès qui est au-dessous de la principale couche de houille, dite le *High main coal*, il a découvert grand nombre de végétaux fossiles verticaux, surtout des *sigillaria*, dont les racines étaient enfoncées dans une veine mince de houille située au-dessus du grès, tandis que ces végétaux étaient tous tronqués à la hauteur de la couche

---

[1] La hauteur à laquelle on trouve des fougères arborescentes paraît dépendre beaucoup des causes locales. Ainsi, dans la partie méridionale de la Jamaïque, elles ne fleurissent pas au-dessous d'une hauteur de deux mille pieds au-dessus de la mer, tandis que sur la côte septentrionale j'en ai vu qui n'étaient pas élevées à plus de quatre à cinq cents pieds. Cette différence paraîtrait dépendre de la plus grande humidité de la partie nord. Cependant il semblerait qu'un climat très humide serait nécessaire pour une production abondante de cette classe de plantes dans les lieux bas, tels qu'on a imaginé qu'étaient les terrains qui ont produit la masse des végétaux houillers.

principale, à la formation de laquelle il est très probable que leurs extrémités supérieures ont en grande partie contribué [1].

A la houillère de *Killingworth*, dans le même canton, au-dessus de la couche dite le *High main coal*, M. Wood [2] a aussi observé des tiges verticales de végétaux, qui sont fort remarquables. Ces tiges traversent plusieurs couches de grès et d'argile schisteuse, et souvent les racines d'une tige sont entrelacées avec celles des tiges voisines; preuve frappante que ces tiges se trouvent encore aujourd'hui à peu près dans la même position que celle où elles ont végété [3].

D'autres faits semblables, et celui que M. Alex. Brongniart a cité depuis longtemps à *Saint-Étienne* [4], où l'on trouve aussi de nombreuses tiges végétales disposées verticalement dans un grès houiller, sans être cependant tronquées par une couche de houille, suffisent pour montrer que les couches de houille présentent une grande analogie avec certaines forêts sous-marines, et aussi avec cette couche connue à Portland sous le nom de *Dirt bed* (*couche de boue*), en ce sens que les uns et les autres indiquent une submersion tranquille [5].

Nous pouvons avoir quelque peine à comprendre comment un courant d'eau a pu amasser du sable au milieu des troncs d'arbres, par un dépôt assez tranquille pour ne pas avoir entraîné les substances dans lesquelles ces arbres étaient enfouis; mais nous n'avons qu'à réfléchir à ce qui arriverait si quelqu'une des forêts sous-marines qui avoisinent les côtes d'Angleterre était à une assez grande profondeur au-dessous de la surface de la mer pour n'être plus soumise à l'influence des vagues; elle pourrrait alors se couvrir tranquillement de sable, car la rapidité du courant pourrait suffire pour

---

[1] Witham. *Observations on Fossil vegetables*, 1831, p. 7; il y a joint une coupe explicative.

[2] Wood, *Trans. nat. Hist. Sc. of Northumberland and Durham;* vol. i.

[3] Cet alinéa, qui n'est point dans l'original, est une addition envoyée par M. de la Bèche au traducteur.

[4] *Annales des mines,* 1821.

[5] On ne peut nier que, dans des circonstances particulières, on ne puisse trouver des tiges d'arbres qui aient conservé une position verticale après avoir été entraînés par des débordements de rivières. Ainsi, on trouve souvent dans le Mississipi des *snags* ou arbres avec leurs racines dirigées de haut en bas, et dérangés seulement par les courants de leur position verticale, ce qui les rend extrêmement dangereux. Dans la débâcle de la vallée de Bagnes, il y a eu des arbres entraînés par le torrent, et qu'il a abandonnés à Martigny dans une position verticale, leurs racines étant dirigées de haut en bas. Ces faits sont faciles à expliquer; car, si nous supposons des arbres détachés tout à coup du sol et leurs racines entrelacées dans des pierres et autres matières pesantes, ils flotteront naturellement dans une position verticale, et ayant leurs branches dirigées de bas en haut.

transporter ce sable, mais serait insuffisante pour déplacer les arbres. La principale difficulté à élever contre cette explication vient des oscillations souvent répétées que le sol semblerait, dans ce cas, avoir dû éprouver, et du fait très possible de la dégradation des arbres avant d'avoir pu être recouverts. On ne peut guère admettre, même comme une simple hypothèse, que ce soit ainsi qu'aient été formées toutes les couches de houille; car il y en a un grand nombre qui semblent avoir été formées autrement. Mais il est bien difficile d'expliquer l'existence d'un grand nombre de tiges verticales sur une surface considérable autrement que par une submersion tranquille; et une explication qui admet simplement un transport de végétaux accompagnés de sable et de boue, tel qu'il peut avoir lieu à l'embouchure d'une grande rivière, paraît insufsante pour les phénomènes observés, surtout quand il y a des alternances répétées de restes marins et de végétaux fossiles; car les premiers, à en juger du moins par analogie (les encrinites et les coraux, par exemple), ne sont pas de ces genres d'animaux que l'on doit trouver près des embouchures de fleuves.

Les restes végétaux atteignent souvent une dimension considérable. M. Brongniart rapporte que, dans les gisements de houille de Dortmund, d'Essen et de Bochum, on trouve dans les plans des couches des tiges de plus de cinquante ou soixante pieds de long, et qu'on peut les suivre dans quelques galeries sur une longueur de plus de quarante pieds sans observer leurs extrémités naturelles [1]. On a aussi découvert des végétaux d'un volume énorme dans la Grande-Bretagne. M. Witham en cite un, dans la carrière de Craigleith, qui a quarante-sept pieds de long depuis l'extrémité supérieure de la partie découverte jusqu'à la racine. L'écorce est changée en houille [2].

Relativement au caractère général des végétaux de cette époque que nous trouvons enfouis dans les roches carbonifères de l'hémisphère septentrionale, M. Ad. Brongniart a fait remarquer : 1° la grande quantité de plantes *cryptogames vasculaires*, telles que des *Équisétacées*, des *Fougères*, des *Marsiléacées* et des *Lycopodiacées*; 2° le grand développement des végétaux de cette classe, lesquels ont atteint, à cette époque, une hauteur bien plus considérable que ceux de la même classe actuellement existants; ce qui prouve que, lors de l'époque de leur dépôt, il y avait des circonstances particulièrement favorables à leur production.

[1] Brongniart, *Tableau des terrains qui composent l'écorce du globe.*
[2] Witham, *Edinburgh Journal of Natural and Geographical Science,* avril 1831.

Dans l'opinion des botanistes, il y a des îles situées sous la zône torride qui sont plus particulièrement favorables au développement des fougères et autres végétaux de la même classe, parce qu'elles y trouvent non-seulement la chaleur nécessaire, mais encore l'humidité qui leur est si convenable ; par une raison semblable, MM. Sternberg, Boué et Ad. Brongniart, ont admis que les végétaux dont nous observons les restes dans les dépôts carbonifères de l'Europe et de l'Amérique du nord, couvraient alors la surface d'îles éparses formant les archipels. Si, en suivant cette idée, nous supposons que le sol de ces îles était peu élevé, comme l'est celui des nombreuses îles de coraux qui existent dans l'océan Pacifique, nous pouvons imaginer que de grands mouvements au sein du globe ont produit, à plusieurs reprises, des oscillations du sol, par suite desquelles la surface des îles couvertes d'une épaisse végétation a été tour à tour submergée et élevée au-dessus du niveau de la mer.

Quand on étudie avec soin la structure du terrain houiller, on ne tarde pas à remarquer que les accumulations énormes de schiste et de grès qu'il renferme, et qui ont quelquefois jusqu'à 460 pieds d'épaisseur (Forest of Dean), ne peuvent guère être le résultat de simples oscillations d'îles au-dessus et au-dessous du niveau de la mer ; car ces amas de détritus indiquent un atterrissement considérable, et donnent lieu de présumer que les détritus proviennent de la destruction des roches préexistantes principalement siliceuses, destruction qui, si les roches étaient solides, aurait nécessairement exigé un long espace de temps, lors même que l'on admettrait le secours de forces autres que la simple action des vagues qui venaient battre les rivages de ces îles basses que nous supposons, surtout si ces îles étaient, comme celles de l'océan Pacifique, défendues par des bancs de coraux.

Pour expliquer les accumulations que nous observons, il semble nécessaire d'admettre le concours de grandes masses de continents présentant des montagnes, des rivières et toutes les autres circonstances physiques indispensables à la formation d'une quantité considérable de détritus, et cela indépendamment de toutes éruptions volcaniques et autres développements de force intérieure. L'oscillation d'îles basses n'est, par conséquent, mise en avant que comme une explication possible de quelques-uns des phénomènes observés, et le lecteur doit avoir soin de ne l'envisager que sous ce point de vue.

Néanmoins, tandis que nous en sommes sur ce sujet, il peut être utile de mettre en avant quelques idées sur la manière dont on peut expliquer quelques-unes de ces alternances de calcaire contenant des fossiles marins avec des argiles schisteuses et de la houille renfermant des fossiles terrestres, telles qu'on en trouve dans le *millstone grit*; car très souvent des conjectures de ce genre, que l'on donne sans y attacher aucune importance réelle, nous conduisent à de nouvelles découvertes.

Supposons une grande étendue de terre basse couverte d'une épaisse végétation, telle qu'on en observe sous les tropiques; supposons en outre que, par suite d'un violent mouvement au sein du globe, un tremblement de terre, par exemple, cette terre basse soit submergée de quelques pieds au-dessous de la mer, un grand nombre d'animaux marins viendraient d'eux-mêmes se placer sur la surface submergée, qui serait alors dans la condition des forêts sous-marines dont nous avons parlé; et la conséquence probable serait que, non-seulement des millions d'animaux testacés y laisseraient leurs dépouilles, mais aussi qu'il s'y formerait une immense quantité de polypiers, qui pourraient produire des îles sur lesquelles une nouvelle végétation se développerait, pour être plus tard submergée à son tour. On voit quelquefois des îles de coraux être soulevées au-dessus du niveau de la mer, et nous devons présumer qu'il a dû en être ainsi. La preuve en a été fournie par le capitaine Beechey, qui décrit l'*île de Henderson* (dans l'océan Pacifique) comme ayant été évidemment soulevée par une force naturelle jusqu'à la hauteur de 80 pieds : cette île est composée de coraux morts et bordée de rochers à pic, qui sont environnés de toutes parts par un banc de coraux vivants, de telle manière que les rochers sont hors de la portée des vagues [1]. Maintenant, si, comme on peut également l'admettre, c'est une dépression de la même hauteur qui avait eu lieu, toute la végétation de l'île aurait été submergée de 80 pieds, et elle aurait dans ce cas éprouvé une destruction plus ou moins considérable, suivant la plus ou moins grande promptitude du mouvement. De pareils mouvements doivent être regardés comme peu de chose lorsqu'on les considère, ainsi qu'on le devrait toujours faire, dans leur rapport à la masse du globe, car nous avons la preuve qu'il y en a eu de bien plus considérables; et les différences qui ont été produites par les niveaux relatifs des continents et des mers sont, quand on les rapporte à une grande échelle, de bien peu d'importance.

---

[1] Beechey, *Voyage to the Pacific Ocean and the Behring's Straits*, p. 194. On trouvera, p. 160 et 186 du même ouvrage, des descriptions d'autres bancs de coraux, avec des coupes de leur structure générale.

D'après M. Ad. Brongniart, si nous considérons les fougères arborescentes et la masse des autres végétaux qui se trouvent à l'état fossile dans le groupe carbonifère, nous devons admettre que toute cette végétation a été produite dans des climats au moins aussi chauds que ceux des tropiques ; de plus, comme nous reconnaissons aujourd'hui que les végétaux de la même classe prennent un développement de plus en plus considérable à mesure que nous nous avançons vers les latitudes plus chaudes, et comme, d'un autre côté, les végétaux du terrain houiller surpassent en grandeur les espèces analogues qui existent aujourd'hui, l'auteur conclut, avec beaucoup de probabilité, que les climats où les végétaux houillers ont existé étaient même encore plus chauds que ceux de nos régions équinoxiales.

Cette idée nous conduit à une autre considération. Il y a eu certainement, à la même époque, une végétation analogue sur diverses parties de l'Europe et de l'Amérique du nord ; et, à cet égard, la présomption qu'on a élevée, suivant laquelle les terrains houillers de l'Amérique et ceux de quelques cantons de l'Irlande seraient un peu plus anciens que ceux de l'Europe, est tout à fait indifférente. Nous pouvons par conséquent conclure de cette ressemblance de végétation, qu'il y a eu un climat semblable sur une très grande partie de l'hémisphère septentrional, climat bien différent de celui que nous avons actuellement ; car il était au moins aussi chaud que celui des tropiques, et très probablement beaucoup plus chaud.

Cette remarque donne encore naissance à une autre question qui se présente naturellement à l'esprit. On peut demander s'il existe quelque preuve que la même température ait existé, à la même époque, dans l'hémisphère du sud ; car, si cela est, il doit y avoir eu une cause commune qui a produit une pareille égalité de climat, cause qui nous est actuellement inconnue. Malheureusement l'état actuel de nos connaissances ne nous permet pas de répondre à cette question ; mais elle nous fait sentir l'importance de déterminer avec exactitude le caractère botanique des diverses roches de l'hémisphère sud, plus particulièrement de celles qui constituent les formations les plus anciennes, et que l'on peut regarder comme l'équivalent du groupe carbonifère et du groupe de la grauwacke de l'hémisphère nord.

Relativement aux fossiles testacés, le calcaire contient non-seulement beaucoup d'espèces, mais encore un grand nombre d'individus des genres *Spirifer* et *Producta*. Les figures suivantes représentent plusieurs de ces coquilles.

Fig. 89.   Fig. 90.   Fig. 91.

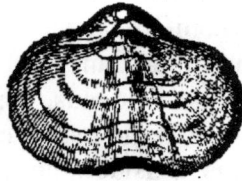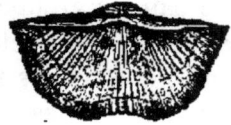

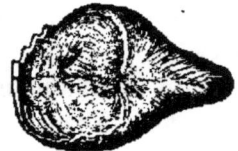

Fig. 92.   Fig 93.   Fig. 95.   Fig. 94.

Fig. 89, *Producta Martini;* fig. 90, *Spirifer glaber;* fig. 91, *Spirifer attenuatus;* fig. 92, *Spirifer cuspidatus;* fig. 93, un des deux appendices en spirale qui sont renfermés dans le *Spirifer trigonalis* [1]; fig. 94, *Cardium hibernicum;* fig. 95, *Cardium alœforme.* Cette dernière coquille n'est pas rare dans le calcaire du groupe suivant.

Nous n'avons que des connaissances très bornées sur les animaux vertébrés qui peuvent avoir existé à cette époque : on peut cependant faire remarquer que les palais de poissons conservent encore du phosphate de chaux ; car le docteur Turner s'est assuré qu'un fossile de ce genre, provenant du calcaire carbonifère de Bristol, contenait 24,4 pour 100 de phosphate de chaux ; le reste était du carbonate de chaux et une matière bitumineuse assez abondante. Pour établir une comparaison, le même chimiste a examiné un palais de poisson fossile provenant de la craie, et il a trouvé qu'il contenait 18,8 pour 100 de phosphate de chaux ; le reste était du carbonate de chaux avec des traces de matière bitumineuse.

[1] Pour connaître la position dans laquelle ces spirales se rencontrent dans la coquille, voyez le *Mineral Conchology* de Sowerby, pl. 265, fig. 1.

SECTION IX.

GROUPE DE LA GRAUWACKE.

SYN. *Grauwcke* ; *Traumate*, Daubuisson.
Grauwacke schistoïde; Schiste traumatique, Daubuisson (*Grau-
wacken schiefer*, allem. ; *Grauwacke slate*, angl.).

*Calcaire de transition ; Calcaire intermédiaire (Uebergangs
Kalkstein*, allem. ; *Transition limestone*, angl.); *Calcaire de
la grauwake (Grauwacke limestone*, Angl.).

On a observé que, dans quelques contrées, le vieux grès rouge
passe à la grauwacke, et on en a conclu que les causes quelconques
qui ont produit ce dernier dépôt n'ont pas été brusquement interrompues dans ces localités, mais qu'elles se sont modifiées peu à
peu. Par suite on a mis en question si l'on ne doit pas considérer
le vieux grès rouge, pris dans son ensemble, comme n'étant autre
chose que la partie supérieure du groupe de la grauwacke : telle
est, en effet, l'opinion de la plupart des géologues du continent ; et
on doit reconnaître que, partout où les deux groupes passent l'un
à l'autre, cette opinion semble bien fondée. Si l'on a varié dans la
classification du vieux grès rouge, cela ne paraît provenir que des
caractères que présente ce dépôt dans les localités particulières où
les géologues ont eu l'habitude de l'observer. Dans les contrées où
il est survenu des accidents qui ont bouleversé les couches de la
grauwacke, et où, entre ces couches bouleversées et le calcaire carbonifère on rencontre un dépôt de grès rouge ou de conglomérats,
les observateurs ont dû naturellement, dans leurs classifications,
tendre à séparer le vieux grès rouge de la grauwacke ; mais, lorsque
rien n'indique qu'il y ait eu de semblables accidents, et lorsqu'au
contraire on voit que le calcaire carbonifère, le grès rouge et la

grauwacke sont tellement disposés, que les deux premiers de ces dépôts reposent sur le troisième, qui leur est inférieur, à stratification concordante, et qu'ils passent l'un à l'autre, il paraît tout aussi naturel de considérer le vieux grès rouge comme n'étant que la partie supérieure du groupe de la grauwacke. Il n'y aurait non plus rien de surprenant que l'on dût comprendre le calcaire carbonifère dans le même groupe, car les caractères organiques généraux de cet ensemble de roches sont semblables; et, sous ce rapport, la différence entre eux n'est pas plus grande (peut-être même est-elle moindre) qu'entre la partie supérieure du groupe oolitique et la portion inférieure du même dépôt, ou qu'entre la craie et le grès vert.

Vu sur une grande échelle, le groupe de la grauwacke consiste en une grande masse de roches schisteuses et arénacées, entremêlées d'amas calcaires, qui souvent se continuent sur des espaces considérables. Les couches schisteuses et arénacées, prises dans leur ensemble, portent des marques évidentes d'une origine mécanique; mais l'origine des calcaires que ces couches renferment peut donner lieu à plus de difficultés. Les roches arénacées se rencontrent à la fois en couches compactes et en couches schisteuses; ce dernier état est dû souvent à la présence du mica qui est disposé suivant le sens des feuillets. Leur caractère minéralogique varie matériellement, et tandis que dans certains cas, quoique rarement, elles passent au conglomérat, très souvent la structure schisteuse augmente graduellement et devient d'une texture si fine, que ces roches perdent tout à fait le caractère arénacé. Les *ardoises*, ou les schistes minces propres à couvrir les toits, ne sont pas rares parmi les rochers de grauwacke; et si nous considérons ces ardoises comme étant d'origine mécanique, ainsi que l'ensemble des couches au milieu desquelles elles se rencontrent, nous devons présumer que dans le dépôt qui les a formées les détritus étaient réduits à des particules très ténues.

Si l'on peut regarder le volume des matériaux transportés comme la mesure certaine de la rapidité du courant qui les a entraînés, assurément les roches de grauwacke, prises en masses, ont été formées dans un dépôt bien tranquille; car, quoique l'on ait des preuves nombreuses et évidentes de courants croisés, dans les directions variées des feuillets, et dans le mode suivant lequel les couches schisteuses et arénacées sont associées l'une avec l'autre, les substances qui composent les roches de grauwacke sont généralement à grains fins, et prennent rarement les caractères du conglomérat. Il ne paraît pas cependant que, pour admettre l'existence d'un courant rapide à une époque donnée, il faille nécessairement

trouver dans les roches qu'il a déposées des galets d'un volume
considérable. Sans doute, lorsque nous trouvons de gros galets dans
un conglomérat, nous pouvons bien assurer qu'ils n'ont pas pu être
transportés par un courant d'eau tranquille ; mais il n'est pas également certain que les particules d'un petit volume aient été déposées
par des courants peu rapides. La grosseur des matériaux transportés
par un courant qui se meut avec une rapidité considérable dépend
beaucoup de la surface sur laquelle il coule et de la nature des
matières qu'il entraine. Par exemple, si des grès qui n'ont pas une
grande dureté sont transportés sur une surface dure que la masse
en mouvement ne puisse entamer, mais simplement user, les grès
seront réduits par le frottement à l'état de sables qui se déposeront
dans le premier endroit favorable avec les particules ténues des
détritus provenant de la roche dure. La même chose peut arriver,
jusqu'à un certain point, lorsque des fragments plus compactes sont
entrainés sur la surface d'une roche dure pendant un laps de temps
assez considérable pour être à la fin réduits en sable et en boue.
Peut-être l'absence des restes organiques dans une grande partie des
roches arénacées de ce dépôt, et l'énorme quantité qu'on en trouve
dans les calcaires qu'il renferme, pourraient-elles nous porter à croire
qu'il y a eu, dans le transport et le dépôt des sables, quelque circonstance peu favorable à la conservation de ces débris organiques,
telle, par exemple, que la trituration dans une eau qui se meut avec
rapidité ; néanmoins, on doit reconnaître que, dans la masse de la
grauwacke, il y a une apparence générale qui nous détermine de
préférence à en regarder une très grande partie comme le résultat
d'un dépôt tranquille.

Il y a une circonstance qui s'observe assez fréquemment dans les
feuillets des schistes de ce groupe : c'est que ces feuillets sont disposés de manière à former différents angles avec d'autres plans que
l'on peut regarder comme étant ceux des couches ou de la stratification. La coupe ci-jointe de la grauwacke schistoïde de *Bovey sand
Bay* sur la côte orientale du détroit de Plymouth, nous présente un
excellent exemple de ce genre de structure.

Fig. 96.

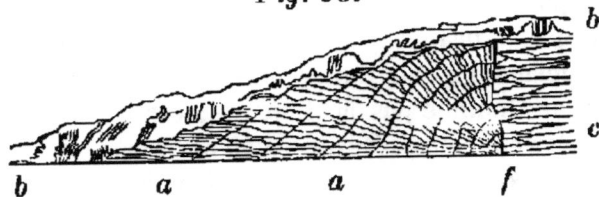

a a, couches contournées de schiste, dont les feuillets coupent les lignes apparentes de la stratification sous différents angles, et leur sont même perpendiculaires. Les couches sont séparées par la faille d'avec les schistes *c*, dont les feuillets sont disposés plus confusément, mais présentent cependant dans leur ensemble une disposition horizontale. Le tout est recouvert d'un détritus, *b b*, composé de fragments d'un schiste de même espèce que celui sur lequel il repose, et de différentes roches de grauwäcke provenant des montagnes qui dominent cet escarpement.

L'origine des calcaires est bien plus difficile à expliquer que celle des grès et des schistes qui les renferment. Nous ne pouvons la trouver dans la destruction des roches calcaires préexistantes; car, aussi loin que s'étendent nos connaissances, les roches de cette espèce sont comparativement très rares parmi les couches les plus anciennes. Dans le fait, la quantité de matière calcaire qui existe dans le groupe de la grauwacke est de beaucoup plus considérable que celle que l'on a découverte dans les roches plus anciennes, et la même remarque s'applique à un grand nombre de dépôts plus récents, quand on les compare à la série de la grauwacke. Si nous considérons la masse des dépôts supérieurs à la grauwacke jusqu'à la craie inclusivement, nous trouvons qu'au lieu d'un décroissement dans la quantité du carbonate de chaux, en allant de bas en haut comme nous devrions l'observer si celui que contient chaque dépôt provenait seulement de la destruction des calcaires préexistants, la matière calcaire, au contraire, est bien plus abondante dans la partie supérieure que dans la partie inférieure de la masse; nous pouvons donc en conclure que cette explication est insuffisante.

Si, comme on l'a fait pour d'autres calcaires, nous attribuons l'origine des calcaires de la grauwacke en grande partie aux dépouilles des animaux testacés et des polypes, nous devons chercher où ces animaux trouvaient le carbonate de chaux avec lequel ils ont construit leurs coquilles et leurs habitations solides. Ils ont pu le tirer, soit de leurs aliments, soit du milieu dans lequel ils existaient. Les végétaux marins de cette époque n'étaient pas susceptibles de leur fournir une plus grande quantité de carbonate de chaux que ceux de l'époque actuelle. Les animaux qui étaient carnivores ont bien pu acquérir beaucoup de carbonate de chaux en dévorant d'autres animaux qui en renfermaient plus ou moins, mais cette explication ne diminue pas la difficulté; car il faudra toujours admettre que les animaux dévorés s'étaient procuré la chaux quelque part. Il paraîtrait que c'est au milieu dans lequel les animaux testacés et les polypes existaient qu'il faut rapporter la plus grande partie, si ce n'est la totalité, du carbonate de chaux avec lequel ils ont construit leurs coquilles et leurs habitations.

Maintenant, si nous admettons que la masse des roches calcaires provient des dépouilles d'animaux marins, nous sommes forcés de conclure que le carbonate de chaux était autrefois beaucoup p'us abondant dans la mer qu'il ne l'est aujourd'hui, et qu'elle en a été dépouillée graduellement. Mais, d'après cette supposition, nous devrions nous attendre à trouver que les dépôts calcaires ont été de moins en moins abondants, et par conséquent que les roches calcaires ont dû être les plus communes à l'époque où les circonstances étaient le plus favorables, c'est-à-dire durant la formation des roches les plus anciennes. Or, d'après ce que nous observons, c'est précisément l'inverse qui est arrivé. Nous pouvons en conclure que l'on doit chercher l'origine de la masse des dépôts calcaires ailleurs que dans la destruction ou la dissolution des roches stratifiées plus anciennes, ou dans les dépouilles d'animaux marins qui, pour former leurs parties solides, ont enlevé peu à peu à la mer presque tout son carbonate de chaux. Sans doute ces deux causes peuvent avoir produit quelquefois d'importantes modifications à la surface de la terre ; mais la grande quantité de chaux nécessaire à la formation des masses calcaires qui couvrent une partie considérable du globe paraîtrait avoir eu une autre origine.

On considère ordinairement la chaux des dépôts calcaires comme provenant de roches calcaires à travers lesquelles ont filtré des eaux chargées d'acide carbonique. L'acide carbonique dissout une certaine quantité de chaux qui est tenue ainsi en dissolution dans l'eau à l'état de carbonate de chaux, jusqu'à ce que l'eau arrive à la surface, où elle le dépose sous forme de calcaire. Cette explication peut suffire pour les dépôts peu considérables que nous observons dans certaines contrées calcaires, mais elle est insuffisante pour rendre compte de la production des calcaires en général ; car elle suppose que la dissolution du carbonate de chaux des roches anciennes, laquelle a toujours lieu en si petite quantité, a été assez considérable pour produire, comme on l'a remarqué plus haut, un immense dépôt de la même substance. Nous savons que de l'acide carbonique venu des entrailles de la terre se répand aujourd'hui dans l'atmosphère, par les volcans, les fentes et les sources ; et nous n'avons aucune raison de douter que ce phénomène n'ait pas lieu durant une longue suite de siècles. Nous avons même tout sujet de présumer que de semblables éruptions d'acide carbonique ont joué un rôle dans la grande économie de la nature ; car, sans elles, nous ne pourrions guère rendre raison de l'énorme quantité de carbone et d'acide carbonique que nous trouvons actuellement dans les dépôts houillers et dans les calcaires, qui tous ont été évidemment produits à la surface de la terre à des époques successives. La chaux provient de quelque part, et nous avons lieu de croire que c'est de l'intérieur de la terre ; autrement il y aurait bien de la difficulté à expliquer tous les phénomènes que l'on observe. Mais on ne voit pas tout à fait aussi clairement pourquoi il s'est produit des dépôts considérables de carbonate de chaux à une époque plutôt qu'à une autre. Toutefois, comme cette substance n'est pas très rare dans les contrées volcaniques, il est permis de conjecturer que son dépôt a pu être favorisé par de grandes dislocations dans les couches ; et même, sans admettre aucun bouleversement, nous pouvons concevoir que le carbonate de chaux a été amené à la surface à travers des fentes, par des eaux qui étaient plus abondantes ou plus saturées à une époque qu'à une autre, par suite de causes qui nous sont inconnues. Quoi qu'il en soit, les calcaires du groupe de grauwacke sont le plus souvent disposés dans un sens parallèle à la direction générale des couches, et quoique la matière calcaire ne soit pas tout à fait continue, on reconnaît dans certaines localités les traces évidentes d'une cause qui a été en action à l'époque dont nous parlons, et qui a été plus favorable à la production du calcaire qu'à celle de toute autre roche. Il est aussi bien digne de remarque, que là où on trouve du calcaire, là aussi les fossiles sont généralement plus abondants ; comme si les roches calcaires et les fossiles avaient une connexion nécessaire les uns avec les autres.

Nous sommes certains que les animaux, en sécrétant du carbonate de chaux du milieu dans lequel ils vivaient, ont quelquefois beaucoup contribué à la formation de la masse, puisque leurs restes en constituent actuellement une grande partie ; mais il est fort douteux qu'ils aient seuls servi à extraire tout le carbonate de chaux des eaux qui le renfermaient ; et ce doute est fondé principalement sur ce que, dans certains pays, on ne trouve pas dans les calcaires les moindres traces de débris d'animaux.

Supposons qu'il y ait eu du carbonate de chaux dans quelques localités et non dans d'autres, on conçoit que certains animaux, tels que les *Crinoïdes*, les *Testacés* et les *Polypiers*, aient dû se plaire davantage dans les premières que dans les autres, attendu qu'ils y trouvaient plus facilement la chaux nécessaire à leur existence ; et par conséquent nous devrions nous attendre à y trouver leurs restes en plus grande quantité que partout ailleurs. Les calcaires entièrement dépourvus de fossiles nous fournissent une preuve évidente qu'il a pu se produire du carbonate de chaux en grande abondance dans des localités où il n'a probablement existé aucun animal ; et nous pouvons penser que, dans ces cas-là, ce carbonate de chaux est venu de l'intérieur de la terre, et s'est étendu, par le moyen des eaux où il était dissous, sur un espace déterminé, où il s'est peu à peu déposé. Lorsque cependant on trouve des restes de coquilles et de coraux qui constituent presque entièrement la masse de la roche, alors on peut concevoir que d'autres causes ont pu produire les effets observés, précisément comme cela arrive de nos jours dans les bancs de coraux ou les amas de coquilles, lesquels tendent à s'amonceler dans une localité et non dans une autre, soit par suite de quelque abri, soit à cause de la proximité de la surface de la mer, soit par d'autres circonstances favorables.

Quelle que soit l'origine générale des calcaires de la grauwacke, les causes qui les ont produits devaient cesser d'agir durant le dépôt de la grauwacke elle-même, et il s'est accumulé au-dessus des calcaires une série de grès et de schistes presque entièrement semblables à ceux qui étaient au-dessous. Dans quelques pays, tel que le nord du Devonshire, il y a eu un retour des causes favorables au dépôt du calcaire, et il s'est produit deux bandes de cette roche, parallèles l'une à l'autre.

Il y a des pays où il s'est formé une plus grande quantité de calcaires, tandis qu'ils manquent presque entièrement dans quelques autres : cet état de choses, d'ailleurs, ne doit pas nous surprendre, si nous réfléchissons à toutes les modifications qu'une foule de circonstances locales ont dû apporter aux causes générales dont l'influence semblable se faisait sentir en même temps sur une étendue de surface considérable.

La grauwacke prend quelquefois une teinte rouge, au milieu de couches dont la couleur la plus habituelle est le gris et le brun (le sud du Devonshire, le Pembrokeshire, la Normandie, etc.), et alors elle ne peut plus se distinguer du vieux grès rouge des géologues anglais [1].

La grauwacke commune et la grauwacke schisteuse sont mêlées quelquefois de couches, et même d'accumulations de couches, qui

[1] Cette circonstance rend extrêmement difficile la détermination de ces calcaires du sud du Devonshire, qui sont traversés de tous sens par beaucoup de failles violemment contournées et disloquées, ou cachées en grande partie par le nouveau grès rouge qui les recouvre. Cette difficulté se fait sentir particulièrement dans le voisinage de *Tor Quay*, quoique les calcaires de la côte méridionale de *Tor Bay* paraissent évidemment compris dans le groupe de la grauwacke, comme le prouvent les coupes qu'on observe sur la côte, et leur prolongement jusqu'au *Dart*.

indiquent au moins une modification dans la manière dont le dépôt a été formé ; ainsi, dans le Devonshire, on trouve quelquefois associé à ce groupe un schiste quarzeux, *flinty slate*, extrêmement compacte, et qui, comme son nom l'indique, est principalement composé de silex : cette roche a tout à fait l'apparence d'un dépôt laissé par une eau qui tenait de la silice chimiquement en dissolution [1].

Nous trouvons aussi quelquefois dans ce groupe des couches qui, sous le rapport de leur composition minéralogique, ressemblent à certaines roches ignées, connues sous le nom de *grünstein*, de *cornéennes*, etc. ; quoique nous éprouvions quelque hésitation à admettre que ces roches aient fait partie du groupe de la grauwacke dès l'époque de sa formation, et que nous soyons bien plutôt portés à présumer qu'elles y ont été injectées violemment au milieu des couches, postérieurement à l'époque du dépôt, il n'est pas moins vrai que ces roches sont quelquefois en couches si parfaitement continues, sans la moindre liaison apparente avec une masse de roches trappéennes ou ignées, que nous sommes forcés de convenir que leur origine est au moins très problématique.

D'après la facilité avec laquelle on suit des couches de cette nature jusqu'à des masses de roches semblables, comme on le voit, par exemple, dans le Devonshire et le Pembrokeshire, nous sommes portés à regarder généralement les couches ainsi enclavées dans la grauwacke, comme le résultat d'un simple remplissage de fentes par une matière ignée, qui, du côté où la surface se présente à nous, peut nous paraître stratifiée avec la roche principale. Mais comme dans le groupe suivant nous observerons des roches semblables bien stratifiées, et qui paraîtraient l'avoir été dès l'origine, nous ne sommes pas toujours certains que les couches en question n'aient pas été elles-mêmes produites à la même époque que celles au milieu desquelles elles sont renfermées.

Depuis que la géologie a fait des progrès, beaucoup de contrées qu'on regardait autrefois comme composées de grauwacke ont été rapportées à des dépôts moins anciens ; il en résulte que la surface occupée par la grauwacke est beaucoup moins étendue qu'on ne l'avait cru d'abord. Ainsi il y a des portions considérables des Alpes et de l'Italie qu'on a dépossédées de leur ancienneté supposée, ancienneté qui avait été fondée sur la structure minéralogique des roches.

---

[1] Le lecteur se rappellera qu'en parlant des dépôts formés par les sources, nous avons cité des couches siliceuses produites par les dépôts des eaux thermales, en Islande et aux Açores. (Voyez p. 176.)

Le groupe de la grauwacke se rencontre en Norwège, en Suède et en Russie. Il forme une partie du sud de l'Écosse, d'où, sauf quelques interruptions formées par des dépôts plus récents, ou par la mer, il s'étend dans l'ouest de l'Angleterre, et jusque dans la Normandie et la Bretagne. Il se rencontre abondamment en Irlande. On en trouve une grande masse dans le pays qui comprend les Ardennes, l'Eifel, le Westerwald et le Taunus. Il y a une autre masse du même groupe qui constitue une grande partie des montagnes du Hartz, tandis qu'on en retrouve encore de plus petits lambeaux dans d'autres parties de l'Allemagne, au nord de Magdebourg, et dans d'autres localités. Dans toutes ces contrées, malgré de légères variations, on remarque un caractère minéralogique, général et dominant, qui indique un mode commun de formation, laquelle s'est opérée sur une surface considérable.

D'après tous les détails fournis par le docteur Rigsby et les géologues américains, nous avons tout lieu de penser qu'il existe dans l'Amérique du nord un dépôt très étendu, qui se rapproche beaucoup de celui dont nous parlons, quant à son ancienneté relative et à ses caractères généraux, minéralogiques et zoologiques. Il résulte évidemment de toutes ces observations, que certaines causes générales ont agi en même temps sur une grande partie de l'hémisphère septentrional, et que le résultat de leur action a été la production d'un dépôt d'une grande étendue et d'une grande puissance, qui, sur une surface considérable, a enveloppé des restes d'animaux d'une structure organique semblable [1].

Débris organiques du groupe de la grauwacke.

VÉGÉTAUX.

Algues.

Fucoïdes antiquus (Ad. Brong. pl. 4, fig. 1.) Christiania, Suède (Ad. Brong.)
— circinatus (Ad. Brong. pl. 4, fig. 3.) Kinnekulle, Suède (Ad. Brong.)
— Espèce non déterminée. Sud de l'Irlande (Weav.)

Equisétacés.

Calamites radiatus (Ad. Brong. pl. 26, fig. 1, 2.) Bischweiler, Haut-Rhin (Ad. Brong.)

[1] Nous avons jugé inutile de donner ici un plus long détail des cantons occupés par le terrain de grauwacke. Si le lecteur jette un coup d'œil sur de bonnes cartes géologiques des pays où ce terrain se rencontre, telles que la carte d'Angleterre de M. Greenough, celle du nord-ouest de l'Allemagne de M. Offmann, celle des pays qui avoisinent le Rhin, de MM. Oeynhausen, La Roche et Decken, et enfin la carte de France que préparent MM. Dufrénoy et Élie de Beaumont, il acquerra à ce sujet des idées bien plus nettes que toutes celles que nous pourrions lui donner par des descriptions longues et ennuyeuses.

Calamites Voltzii (Ad. Brong. pl. 25, fig. 3.) Zundsweilher; Baden (Ad. Brong.)
— Espèce non déterminée. Sud de l'Irlande (Weav.) Val Saint-Amarin, Haut-Rhin (Hœn.)

Fougères.

Sphenopteris dissecta (Ad. Brong. pl. 49, fig. 2, 3.) Berghaupten ; Baden (Ad. Brong.)
Cyclopteris flabellata (Ad. Brong.) Berghaupten; Baden (Ad. Brong.)
Pecopteris aspera (Ad. Brong.) Berghaupten (Ad. Brong.)
Sigillaria tessellata (Ad. Brong.) Berghaupten (Ad. Brong.)
— *Voltzii* (Ad. Brong.) Zundsweilher (Ad. Brong.)

Lycopodiacées.

Lepidodendron. Plusieurs espèces non déterminées. Berghaupten et Bitschweiler (Ad. Brong.)
Stigmaria ficoides (Ad. Brong. *Ann. du Museum*, 1, 7.) Bitschweiler (Ad. Brong.)

Classe incertaine.

Asterophyllites pygmæa (Ad. Brong.) Berghaupten (Ad. Brong.)

ZOOPHYTES.

Manon cribrosum (Goldf. pl. 1, fig. 10.) Rebinghausen; Eifel (Goldf.)
— *favosum* (Goldf. pl. 1, fig. 11.) Eifel (Goldf.)
Scyphia conoidea (Goldf. pl. 2, fig. 4.) Nieder-Eifel (Goldf.)
— *costata* (Goldf. pl. 2, fig. 10.) Eifel (Goldf.)
— *turbinata* (Goldf. pl. 2, fig. 13.) Eifel (Goldf.)
— *clathrata* (Goldf. pl. 3, fig. 1.) Eifel (Goldf.)
Tragos acetabulum (Goldf. pl. 5, fig. 9.) Keldenich; Eifel (Gold.)
— *capitatum* (Goldf. pl. 5, fig. 6.) Bensberg, Prusse rhénane (Goldf.)
Gorgonia antiqua (Goldf. pl. 36, fig. 3.) Eifel; Ural (Goldf.)
Stromatopora concentrica (Goldf. pl. 8, fig. 5.) Eifel (Goldf.)
— *polymorpha* (Goldf. pl. 64, fig. 8.) Eifel; Bensberg (Goldf.)
Madrepora. Espèce non déterminée. Gloucestershire; Herefordshire; sud de l'Irlande (Weav.)
— *favosa* (Goldf. pl. 64, fig. 16.) Eifel; Dudley (Goldf.)
— Espèce non déterminée. Gloucestershire; Herefordshire (Weav.)
Retepora antiqua (Goldf. pl. 9, fig. 10.) Heisterstein; Eifel (Goldf.)
— *prisca* (Goldf. pl. 36, fig. 19.) Eifel (Goldf.)
— Espèce non déterminée. Gloucestershire; Herefordshire, sud de l'Irlande (Weav.)
Flustra. Espèce non déterminée. Gloucestershire; Herefordshire, sud de l'Irlande (Weav.)
Ceriopora verrucosa (Goldf. pl. 10, fig. 6.) Bensberg, Prusse rhénane (Goldf.)
— *affinis* (Goldf. pl. 64, fig. 11.) Eifel; Dudley (Goldf.)
— *punctata* (Goldf. pl. 64, fig. 12.) Eifel; Dudley (Goldf.)
— *granulosa* (Goldf. pl. 64, fig. 13.) Eifel; Dudley (Goldf.)
— *oculata* (Goldf. pl. 64, fig. 14.) Eifel; Dudley (Goldf.)
Agaricia lobata (Goldf. pl. 12, fig. 11.) Eifel (Goldf.)
Lithodendron cæspitosum (Goldf. pl. 13, fig. 4.) Bensberg (Gold.)
Caryophyllia. Espèce non déterminée. Gloucestershire; Herefordshire (Weav.)
Antophyllum bicostatum (Goldf. pl. 13, fig. 12.) Heisterstein; Eifel (Goldf.)
Turbinolia. Espèce non déterminée. Gloucestershire; Herefordshire; sud de l'Irlande (Weav.)
Cyathophyllum Dianthus (Goldf. pl. 15, fig. 13.) Eifel (Goldf.)
— *radicans* (Goldf. pl. 16, fig. 2.) Eifel (Goldf.)
— *marginatum* (Goldf. pl. 16, fig. 3.) Bensberg (Goldf.)

Cyatophyllum explanatum (Goldf. pl. 16, fig. 5.) Bensberg (Goldf.)
— *turbinatum* (Goldf. pl. 16, fig. 8.) Eifel (Goldf.)
— *hypocrateriforme* (Goldf. pl. 17, fig. 1.) Eifel (Goldf.)
— *ceratites* (Goldf. pl. 17, fig. 2.) Bensberg; Eifel (Goldf.)
— *flexuosum* (Goldf. pl. 17, fig. 3.) Eifel (Goldf.)
— *vermiculare* (Goldf. pl. 17, fig. 4.) Eifel (Goldf.)
— *vesiculosum* (Goldf. pl. 17, fig. 5, et pl. 18, fig. 1.) Eifel (Goldf.)
— *secundum* (Goldf. pl. 18, fig. 2.) Eifel (Goldf.)
— *lamellosum* (Goldf. pl. 18, fig. 3.) Eifel (Goldf.)
— *placentiforme* (Goldf. pl. 18, fig. 4.) Eifel (Goldf.)
— *quadrigeminum* (Goldf. pl. 18, fig. 6, et pl. 19, fig. 2.) Eifel; Bensberg (Goldf.)
— *cæspitosum* (Goldf. pl. 19, fig. 2.) Bensberg; Eifel (Goldf.)
— *hexagonum* (Goldf. pl. 19, fig. 5, et pl. 20, fig. 1.) Bensberg; Eifel (Goldf.)
— *helianthoides* (Goldf.) Eifel; environs du lac Huron (Goldf.)
Strombodes pentagonus (Goldf. pl. 21, fig. 2.) Ile de Drummond, Canada ; lac Huron (Goldf.)
Astrea porosa (Goldf. pl. 21, fig. 7.) Eifel; Bensberg (Goldf.)
— Espèce non déterminée. Gloucestershire; Herefordshire; sud de l'Irlande (Weav.)
Columnaria alveolata (Goldf. pl. 24, fig. 7.) Senekasee, New-York (Goldf.)
Coscinopora placenta (Gold. pl. 9, fig. 18.) Eifel (Goldf.)
Catenipora escharoides (Lam.) Eifel; Norwège; ile de Drummond (Goldf.) Batoska, gouvernement de Moscow (Fischer.)
— *labyrinthica* (Goldf. pl. 25, fig. 5.) Groningen; ile de Drummond (Goldf.)
— *tubulosa* (Lam.) Christiania (Al. Brong.)
— Espèce non déterminée. Gloucestershire; Herefordshire (Weav.)
Syringopora verticillata (Goldf. pl. 25, fig. 6.) Ile de Drummond (Goldf.)
Tubipora. Espèce non déterminée. Gloucestershire; Herefordshire (Weav.)
Calamopora alveolaris (Goldf pl. 26, fig. 1.) Eifel (Goldf.)
— *favosa* (Goldf. pl. 26, fig. 2.) Ile de Drummond (Goldf.)
— *Gothlandica* (Goldf. pl. 26, fig. 3.) Eifel (Goldf.)
— *basaltica* (Goldf. pl. 26, fig. 3.) Eifel; Gothland, environs du lac Erié (Goldf.)
— *infundibulifera* (Goldf. pl. 27, fig. 1.) Eifel; Besenberg (Goldf.)
— *polymorpha* (Goldf. pl. 27, fig. 2, 3, 4, 5.) Eifel; Bensberg (Goldf.)
— *spongites* (Goldf. pl 28, fig. 1 et 2.) Eifel; Bensberg; Suède; Dudley (Goldf.)
— *fibrosa* (Goldf. pl. 28, fig. 3, 4.) Eifel; Bensberg (Gold.)
Aulopora serpens (Goldf. pl. 29, fig. 1.) Eifel (Goldf.) Christiania (Al. Brong.)
— *tubiformis* (Goldf. pl. 29, fig 2.) Eifel (Goldf.)
— *spicata* (Goldf. pl. 29, fig. 3.) Eifel; Bensberg (Goldf.)
— *conglomerata* (Goldf. pl. 29, fig. 4.) Bensberg (Goldf.)
Favosites Gothlandica (Lam.) Sloeben-Aker; Christiania; Eifel; Catskill; Batavia ; New-York (Al. Brong.)
— *Bromelli* (Ménard de la Groye.) Nehou (Al. Brong.)
— *truncata* (Rafinesque.) Kentucky (Al. Brong.)
— *Kentuckensis* (Raf.) Kentucky (Al. Brong.)
— *boletus* (Ménard de la Groye.) Christiania (Al. Brong.)
Mastrema pentagona (Raf.) Garrard; Kentucky (Al. Brong.)
Amplexus coralloides (Miller.) Sud de l'Irlande (Weav.) Montchalon, près Coutances; Castkill; New-York (Al. Brong.)
— Espèce non déterminée. Plymouth (Hennah.)

RADIAIRES.

Pentacrinites priscus (Goldf. pl. 53, fig. 7.) Eifel (Goldf.)
Actinocrinites moniliformis (Miller.) Sud de l'Irlande (Weav.)
— *triacontadactylus* (Miller. p. 96, 98, 99.) Sud de l'Irlande (Weav.) Eifel (Goldf.)
— *lævis* (Miller.) Eifel (Goldf.)

Pentacrinites cingulatus (Goldf. pl. 59, fig. 7.) Eifel (Goldf.)

— *muricatus* (Goldf. pl. 59, fig. 8.) Eifel (Goldf.)

— *nodulosus* (Goldf. pl. 59, fig. 9.) Eifel (Goldf.)

— *moniliferus* (Goldf. pl 59, fig. 10.) Eifel (Goldf.)

— *tesseratus* (Goldf. pl. 59, fig. 11.) Eifel (Goldf.)

— Espèce non déterminée. Gloucestershire; Herefordshire (Weav.)

Cyathocrinites tuberculatus (Miller. p. 88.) Sud de l'Irlande (Weav.) Dudley (Miller.) Provinces rhénanes (Goldf. pl. 58, fig. 6.)

— *rugosus* (Miller. p. 90.) Shropshire; Herfordshire; île d'Oeland; Dalécarlie (Miller.) Eifel (Goldf. pl. 59, fig. 1.)

— *geometricus* (Goldf. pl. 58, fig. 5.) Eifel (Goldf.)

— *pinnatus* (Goldf. pl. 58, fig. 7.) Eifel (Goldf.)

— Espèce non déterminée. Gloucestershire; Herefordshire (Weav.)

Platycrinites lœvis (Miller. p. 74, 75.) Cork (Weav.)

— *pentangularis* (Miller. p. 81.) Dudley; Dinevar Park, pays de Galles (Miller.)

— *rugosus* (Miller. p. 79.) Regnitzlosau; Baireuth (Goldf. pl. 58, fig. 3.)

— *ventricosus* (Goldf. pl. 58, fig. 4.) Eifel (Goldf.)

Rhodocrinites verus (Miller. p. 107, 108.) Dudley (Miller.) Eifel (Goldf. pl. 60, fig. 3.)

— *gyratus* (Goldf. pl. 60, fig. 4.) Eifel (Goldf.)

— *quinquepartitus* (Goldf. pl. 60, fig. 5.) Eifel (Goldf.)

— *canaliculatus* (Goldf. pl. 60, fig. 6.) Eifel (Goldf.)

— *crenatus* (Goldf. pl. 65, fig. 3.) Eifel (Goldf.)

Melocrinites lœvis (Goldf. pl. 60, fig. 2.) Regnitzlosau; Baireuth (Goldf.)

— *gibbosus* (Goldf. pl. 64, fig. 2.) Eifel (Goldf.)

Cupressocrinites crassus (Goldf. pl. 64, fig. 4.) Eifel (Goldf.)

— *gracilis* (Goldf. pl. 64, fig. 5.) Eifel (Goldf.)

Eugeniacrinites mespiliformis (Goldf. pl. 64, fig. 6.) Eifel (Goldf.)

Encalyptocrinites rosaceus (Goldf. pl. 65, fig. 7.) Eifel (Goldf.)

Sphœronites pomum (Hisinger.) *Echinospherites* (Wahl.) Ile d'Oeland; Kinnekulle en Vestrogothie; Dalécarlie (A.) Tzarkosselo, près Saint-Pétersbourg (Al. Brong.)

— *aurantium* (Wahl.) Mösseburg; Vestrogothie, A.

— *granatum* (Wahl.) Furudal, Dalécarlie; Boedahamn, île d'Oeland, A.

— *Wahlenbergii* (Esmark.) Golfe de Christiania (Al. Brong.)

ANNÉLIDES.

Serpula epithonia (Goldf. pl. 67, fig. 1.) Bensberg (Goldf.)

— *ammonia* (Goldf. pl. 67, fig. 2.) Eifel (Goldf.)

— *omphalodes* (Goldf. pl. 67, fig. 3.) Bensberg (Goldf.)

— *socialis* (Goldf. pl. 69, fig. 12.) Eifel (Goldf.)

CONCHIFÈRES.

Thecidea ? antiqua (Hœn.) Gerolstein (Hœn.)

Spirifer speciosus (Bronn.) Eifel (Holl.)

— *cuspidatus* (Sow. pl. 120.) Eifel (Holl.) Sud de l'Irlande (Weav.) Bensberg; Blankenheim (Hœn.) Plymouth (Hennah.)

— *glaber* (Sow. pl. 269.) Sud de l'Irlande (Weav.) Plymouth? (Hennah.)

— *obtusus* (Sow. pl. 269.) Sud de l'Irlande (Weav.)

— *striatus* (Sow. pl. 270.) Sud de l'Irlande (Weav.)

— *pinguis* (Sow. pl. 271.) Sud de l'Irlande (Weav.)

— *intermedius* (*terebratula*, Schlot.) Gloucestershire; Herefordshire (Weav.) Eifel; monts Alleghany (Al. Brong.)

— *alatus* (Sow.) Environs de Coblentz (Al. Brong.)

— *surcinulatus* (*terebratula*, Schlot.) Coblentz; Malmö; Mosseberg; Sweden; Catskill, New-York (Al. Brong.)

Spirifer rotundatus (Sow. pl. 461, fig. 4.) Cork (Wright.) Newton Bushel ? Devonshire (De la B.)
— *lineatus* (Sow. pl. 493, fig. 1, 2.) Dudley (Stokes.)
— *ambiguus* (Sow pl. 376.) Blankenheim (Hœn.)
— *minimus* (Sow. pl. 377. fig. 1.) Blankenheim (Hœn.)
— *Sowerbii.* . . . Eifel (Hœn.)
— *decurrens* (Sow.) Newton Bushel ; Devonshire (De la B.)
— *distans* (Sow. pl. 494, fig. 3.) Plymouth (Hennah.)
— *octoplicatus* (Sow. pl. 83, fig. 2, 4.) Plymouth (Hennah.)
Terebratula crumena (Sow. pl. 495, fig. 2, 3.) Sud de l'Irlande (Weav.)
— *cordiformis* (Sow. pl. 83, fig. 2, 4.) Sud de l'Irlande (Weav.)
— *pugnus* (Sow. pl. 497.) Sud de l'Irlande (Weav.) Plymouth (Hennah,) Newton Bushel (De la B.)
— *rostrata* (Schlot.) Sud de l'Irlande (Weav.)
— *prisca* (Schlot.) Sud de l'Irlande (Weaw.) Bensberg (Schlot.) Eifel ; Urft (Hœn.) Plymouth (Hennah.) Regardée par M. Sowerby comme identique avec son *T. affinis*, pl. 324.
— *affinis* (Sow. pl. 324, fig. 2.) Dudley (Ryan.) Eifel (Hœn.)
— *lœvigata* (Schlot.) Sud de l'Irlande (Weaw.)
— *elongata* (Schlot.) Sud de l'Irlande (Weav.)
— *plicatella* (Linn.) Borenbull et Husbyfjoel ; Ostrogothie, A.
— *lacunosa* (Schlot.) Sud de l'Irlande (Weav.) Plymouth ? (Hennah.) Considérée par M. Sowerby comme identique avec son *T. pugnus*, pl. 497.
— *osteolata* (Schlot.) Eifel (Schlot.)
— *aperturata* (Schlot.) Bensberg (Schlot.)
— *lenticularis* (Wahl.) Westrogothie. Scanie (Al. Brong.)
— *acuminata* (Sow. pl. 324, fig. 1.) Cork (Wright.)
— *lateralis* (Sow. pl. 83, fig. 1.) Cork (Wright.) Blankenheim (Hœn.)
— *reniformis* (Sow. pl. 496, fig. 1, 2, 3, 4.) Cork (Sow.)
— *alata* (Lam.) Eifel (Hœn.)
— *aspera* (Schlot.) Eifel ; Bensberg ; Christiania (Hœn.)
— *comprimata* (Schlot.) Eifel (Hœn.)
— *curvata* (Schlot.) Gerolstein (Hœn.)
— *excisa* (Schlot.) Eifel (Hœn.)
— *explanata* (Schlot.) Blankenheim (Hœn.)
— *imbricata* (Sow. pl. 334, fig. 3, 4.) Eifel (Hœn.) Plymouth (Hennah.)
— *intermedia* (Lam.) Eifel et Amérique (Hœn.)
— *Mantiœ* (Sow. pl. 277, fig. 1.) Blankenheim (Hœn.)
— *monticulata* (Schlor.) Blankenheim (Hœn.)
— *speciosa* (Schlot.) Eifel (Hœn.)
— *sacculus* (Sow. pl. 446, fig. 1.) Blankenheim (Hœn.)
— *Wilsoni* (Sow. pl. 118, fig. 3.) Porsgrund, Norwège (Hœn.)
— *hysterolita* (Hœn.) *Hysterolites vulvarius* (Schlot.) Hickeswagen (Hœn.) Coblentz ; Oberlahnstein, près Mayence (Schlot.)
— *paradoxa* (Hœn.) *Hysterolites hystericus* (Schlot.) Lahnstein ; Crefeld ; montagnes de Catskill, Amérique (Hœn.) Kaisersternald, etc. (Schlot.)
— *porrecta* (Sow. pl. 576, fig. 1.) Newton Bushel ; Devonshire (De la B.)
— *platyloba* (Jun.) Sow. pl. 496, fig. 5, 6.) Plymouth (Hennah.)
Strygocephalus Burtini (Defr.) Bensberg (Hœn.)
— *elongatus* (Goldf.) Bensberg (Hœn.)
Calceola sandalina (Lam.) Eifel (Bonn.) Gerolstein ; Blankenheim (Hœn.)
— *heteroclita* (Defr.) Blankenheim (Hœn.)
Strophomena Goldfussii (Hœn.) Blankenheim (Hœn.)
— *rugosa* (Raff.) Mont. de Catskill ; Trenton, Amériq. ; Dudley ; Eifel ; Crefeld (Hœn.)

Strophomena euglypha (Hœn.) Eifel (Hœn.)

— *pileopsis* (Raf.) Kentucky (Al. Brong.)

— *umbraculum* (Schlot.) Eifel ; Christiana (Hœn.) M. Brongniart regarde cette espèce comme identique avec la précédente.

— *marsupita* (Defr.) *Leptæna depressa* (Dalman.) Montagnes de Catskill ; Lorkport ; Eifel (Hœn.)

Producta scotica (Sow. pl. 69, fig. 3.) Sud de l'Irlande (Weav.) Eifel (Hœn.) Ile de Man (Henslow.)

— *Martini* (Sow. pl. 317, fig. 2 à 4.) Sud de l'Irlande (Weav.)

— *lobata* (Sow. pl. 318, fig. 2 à 6.) Sud de l'Irlande (Weav.)

— *longispina* (Sow. pl. 68, fig. 1.) Blankenheim (Hœn.)

— *punctata* (Sow. pl. 323, fig. 2 à 4.) Blackrock; Cork (Wright.)

— *fimbriata* (Sow. pl. 459, fig. 1.) Sud de l'Irlande (Weav.)

— *depressa* (Sow. pl. 459, fig. 3.) Sud de l'Irlande (Weav.) Dudley (Sow.) Plymouth (Hennah.)

— *hemisphærica* (Sow. pl. 328.) Eifel ; Montagnes de Catskill ; Albany; Lexington (Hœn.)

— *rostrata* (Sow.) Bensberg (Hœn.)

— *sarcinulata* (Goldf.) Eifel; Montagnes de Catskill (Hœn.)

— *sulcata* (Sow. pl. 319, fig. 2.) Montagnes de Catskill (Hœn.) t.

Gryphœa. Espèce non déterminée. Keswick, près Kirby Lonsdale (Phil.)

Pecten primigenius (Meyer.) Wisenbach, Herborn (Meyer.)

— *Munsteri* (Meyer.) Wisenbach; Herborn (Meyer.)

Espèce non déterminée. Keswick (Phil.) Plymouth (Hennah.) Sud de l'Irlande (Weav.) Pokroi, Lithuanie (De Buch.)

Plagiostoma. Espèce non déterminée. Keswick (Phil.)

Megalodon cucullatus (Sow. pl. 568.) Newton Bushel. Devonshire (De la B.)

Trigonia. Espèce non déterminée. Keswick (Phil.)

Cardium costellatum (Munst.) Elbersreuth ; Prague (Hœn.)

— *hybridum* (Munst.) Elbersreuth (Hœn.)

— *lineare* (Munst.) Elbersreuth (Hœn.)

Voici quels sont les fossiles de la famille des *Térébratulites* qui ont été découvertes dans les terrains de grauwacke de la Suède, suivant les divisions adoptées par les naturalistes suédois :

Leptæna rugosa (Hisinger.) Borenshult, Ostrogothie ; Westrogothie.

— *deflexa* (Dalman.) Ostrogothie.

— *transversalis* (Wahl.) Osmundsberg, Dalécarlie.

Orthis pecten. . . . Borenshult; Ostrogothie; Westrogothie.

— *zonata* (Dalman.) Borenshult.

— *callactes* (Dalman.) Husbyfjöel (Var.) Ulanda ; Westrogothie.

— *calligramma* (Dalman.) Skarpäsen, Ostrogothie.

— *testudinaria* (Dalman.) Borenshult. Se trouve aussi à Blankenheim (Hœn.)

— *demissa* (Dalman.) Boeda, île d'Oeland, Dalécarlie.

— *novemradiata* (Wahl.) Ile d'Oeland, Dalécarlie.

— *elegantula* (Dalman.) Blankenheim (Hœn.)

Delthyris subsulcata (Dalman.) Boeda, île d'Oeland.

— *psittacina* (Wahl.) Osmundsberg, Dalécarlie.

— *jugata* (Wahl.) Osmundsberg, Dalécarlie.

Atrypa reticularis (Wahl.) Westrogothie.

— *canaliculata* (Dalman.) Borenshult, Ostrogothie.

— *nucella* (Dalman.) Husbyfjoel, Ostrogothie.

— *cassidea* (Dalman.) Borenshult. Ostrogothie.

— *crassicostis* (Dalman.) Westrogothie.

Dans la Lithuanie, le terrain de grauwacke et de calcaire des environs de Pokroi contient, suivant M. de Buch, les espèces suivantes : *Gypidium conchydium* (Dalman.) *Atrypa canaliculata* (Dalm.), *Leptæna depressa* (Dalm.), *L. hemisphærica* (Dalm.), *Orthis striatella* (Dalm.), *Cyrtia striata* (De Buch.)

ardium priscum (Munst.) Elbersreuth; Prague (Hœn.)
- *striatum* (Munst.) Elbersreuth (Hœn.)
- *alæforme* (Sow. pl. 552, fig. 2.) Scarlet, île de Man (Henslow.) Plymouth (Hennah.) Newton Bushel, Devonshire (De la B.)

Cardita costellata (Munst.) Elbersreuth (Hœn.)
- *gracilis* (Munst.) Elbersreuth (Hœn.)
- *plicata* (Munst.) Elbersreuth (Hœn.)
- *tripartita* (Munst.) Elbersreuth (Hœn.)

Isocardia Humboldtii (Hœn.) Wisenbach, près Dillenburg (Hœn.)
- *oblonga* (Sow. pl. 491, fig. 2.) Cork (Flem.)

Cypricardia? Bensburg; Eifel (Hœn.)

Posidonia Becheri (Bronn.) Herborn (Hœn.) Frankenberg, Hesse (Meyer.)

MOLLUSQUES.

Patella. Espèce non déterminée. Keswick, près Kirby Lonsdale (Phil.)
- ? *conica* (Wahl.) Kinnekulle, Westrogothie, A.
- ? *pennicostis* (Wahl.) Ulanda, Westrogothie, A.
- ? *concentrica* (Wahl.) Mösseberg, etc., Westrogothie, A.

Pileopsis vestita (Sow. pl. 607, fig. 1, 3.) Sud de l'Irlande (Weav.) Plymouth (Hennah.)

Melanopsis coronata (Hœn.) Bensberg (Hœn.)

Melania constricta (Sow. pl. 216, fig. 2.) Sud de l'Irlande (Weav.)
- *bilineata* (Goldf.) Bensberg (Hœn.)

Natica. Espèce non déterminée. Plymouth (Hennah.) Newton Bushel? (De la B.)

Nerita spirata? (Sow. pl. 463, fig. 1, 2.) Plymouth (Hennah.)
- Espèce non déterminée. Herefordshire; Gloucestershire; sud de l'Irlande (Weav.)

Solarium fasciatum. . . . . Bensberg (Hœn.)

Delphinula æquilatera (Wahl.) Westrogothie, A.

Cirrus acutus (Sow. pl. 141, fig. 1.) Sud de l'Irlande (Weav.) Plymouth (Hennah.)

Pleurotomaria cirriformis (Sow.) Plymouth (Hennah.)

Euomphalus catillus (Sow. pl. 45, fig. 3, 4.) Sud de l'Irlande (Weav.) Blankenheim, environs du lac Erié (Hœn.)
- *centrifugus* (Wahl.) Wikarby, Dalécarlie, A.
- *dubius* Goldf.) Dillenburg (Hœn.)
- *funatus* (Sow. pl. 450, fig. 1, 2.) Dudley (Johnstone.)
- Espèce non déterminée. Newton Bushel, Devonshire (De la B.)

Trochus ellipticus (Hisinger.) Furudal, Dalécarlie, A.
- Espèce non déterminée. Pokroi (De Buch.)

Turbo bicarinatus (Wahl.) Wikarby, Dalécarlie; Borenshult, Ostrogothie, A.
- *tiara* (Sow. pl. 551, fig. 2.) Plymouth (Hennah.
- *antiquus* (Goldf.) Bensberg (Hœn.)
- Espèce non déterminée. Pokroi (De Buch.)

Turritella abbreviata (Sow. pl. 565, fig. 2.) Newton Bushel, Devonshire (De la B.)
- *prisca* (Munst.) Elbersreuth (Munst.)
- Espèce non déterminée. Beckfoot, près de Kirby Lonsdale (Phil.)

Pleurotoma. Espèce non déterminée. Newton Bushel (De la B.)

Murex? harpula (Sow. pl. 578, fig. 5.) Newton Bushel (De la B.) Plymouth (Hennah.)

Buccinum spinosum (Sow. pl. 66, fig. 4.) Plymouth (Hennah.) Newton Bushel (De la B.)
- *acutum* (Sow. pl. 566, fig. 1.) Plymouth (Hennah.)
- *breve* (Sow. pl. 566, fig. 3.) Newton Bushel, Devonshire (De la B.)
- *imbricatum* (Sow. pl. 566, fig. 2.) Newton Bushel (De la B.) Plymouth (Hennah.)

Bellerophon tenuifascia (Sow. pl. 470, fig. 2, 3.) Sud de l'Irlande (Weav.) Newton Bushel, Devonshire (De la B.)

Bellerophon ovatus (Sow. pl. 37, sous le nom d'*Ellipsolites ovatus*.) Sud de l'Ir
lande (Weaw.)
— *hiulcus* (Sow. pl. 470, fig. 1.) Blankenburg (Hœn.) *B. striatus* (Goldf.)
— *Hüpschil* (Defr.) Chimay; Blankenburg (Hœn.)
— *nodulosus* (Goldf.) Bensberg (Ilœn.)
— *cornu arietis* (Sow. pl. 469, fig. 2.) Montagnes de Catskill (Hœn.)
— *apertus* (Sow. pl. 469, fig. 1.) Plattsburg, New-York (Ilœn.)
— *costatus* (Sow. pl. 470, fig. 4.) Plymouth (Hennah.) Pokroi (De Buch.)
— Espèce non déterminée. Plymouth (Hennah.)
Conularia quadrisulcata (Miller.) Gloucestershire (Weav.) Borenshult, Ostrogo
thie, A.; cascade de Montmorency, Bas Canada (Ilœn.)
— *pyramidata.* . . . May, près de Caen (Deslonchamps)
— *teres* (Sow. pl. 260, fig. 1 et 2.) Lockport, Amérique septentrionale (Hœn.)
— Espèce non déterminée. May, Calvados (Deslong.)
Orthoceratites striatus (Sow. pl. 58.) Sud de l'Irlande (Weav.) Malmöe, Christiani
(Al. Brong.) Cascade de Trenton, New York (Ilœn.)
— *undulatus* (Sow. pl. 59.) Sud de l'Irlande (Weav.) Tzarko-Sselo, près de Saint
Pétersbourg (Al. Brong.)
— *paradoxicus* (Sow. pl. 457.) Sud de l'Irlande (Weav.)
— *circularis* (Sow. pl. 60.) Gloucestershire; Herefordshire (Weav.) Plymouth (Hennah.)
— *annulatus* (Sow. pl. 133.) Gloucestershire (Weav.) Gerolstein, Eifel (Schlot.)
— *flexuosus* (Schlot.) Oeland ; Gerolstein ; Eifel (Holl.) Black-River, New-York
(Hœn.)
— *communis* (Wahl.) Commun en Suède. A.
— *duplex* (Wahl.) Kinnekulle, Suède, A. Black-River, New-York (Hœn.)
— *trochlearis* (Dalman.) Solleroe, Dalécarlie, A.
— *turbinatus* (Dalman.) Dalecarlie; île d'Oeland, A.
— *centralis* (Dalman.) Solleroe, Dalécarlie, A.
— *gracilis* (Schlot.) Hellenburg, Nassau (Al. Brong.) Wissenbach (Hœn.)
— *crassiventer* (Wahl.) Bords nord-ouest du lac Huron (Ilœn.)
— *duplex* (Wahl.) Black-River, New-York (Ilœn.)
— *falcata.* . . . Cascade du Trenton (Hœn.)
— *tenuis* (Wahl.) Geistlichenberg, près de Herborn (Hœn.)
— *rectus* (Bosc.) Kuchel, près de Prague (Hœn.)
— *regularis* (Schlot.) Oeland (Ilœn.) Elbersreuth, Bavière (Munst.)
— *giganteus* (Sow. pl. 246.) Gerolstein (Hœn.) Elbersreuth; Regnitzlosau, Bavière
(Munst.)
— *excepticus* (Goldf.) Bensberg; Gledbach, près de Mülheim (Ilœn.)
— *striolatus* (Meyer.) Herborn; Dillenberg (Meyer.)
— *acuarius* (Munst.) Elbersreuth (Munst.)
— *siriopunctatus* (Munst.) Elbersreuth (Munst.)
— *cingulatus* (Muns.) Elbersreuth (Munst.)
— *troquatus* (Munst.) Elbersreuth (Munst.)
— *Steinhauri* (Sow. pl. 60, fig. 4.) Elbersreuth (Munst.)
— *carinatus* (Munst.) Elbersreuth (Munst.)
— *linearis* (Munst.) Elbersreuth (Munst.)
— *irregularis* (Munst.) Elbersreuth (Munst.)
— Espèce non déterminée. Gloucestershire; Herefordshire (Weav.) Plymouth (Hennah.) Environs de Saint-Pétersbourg (Strangways)
Cyrtoceratites ammonicus (Goldf.) Cascade de Montmorency, Bas Canada (Ilœn.)
— *compressus* (Goldt.) Eifel (Hœn.)
— *depressus* (Goldf.) Gerolstein (Ilœn.)
— *ornatus* (Goldf.) Bensberg (Ilœn.)
Lituites perfectus (Wahl.) Mösseberg, Suède (Al. Brong.) Revel (Ilœn.)
— *imperfectus* (Wahl.) Jungby, Suède (Al. Brong.)

nautilus globatus (Sow. pl. 481.) Sud de l'Irlande (Weav.) Identique avec le *N. Wrightii* ci-après (Fleming.)
— *nauticarinatus* (Sow. pl. 482.) Sud de l'Irlande (Weav.)
— *complanatus* (Sow. pl. 261.) Scarlet; île de Man (Henslow.)
— *cariniferus* (Sow. pl. 482, fig. 3 et 4.) Black Rock, près de Cork, Irlande (Sow.)
— *divisus* (Munst.) Geistlichenberg, près de Herborn (Hœn.)
— *Wrightii* (Flem.) Cork (Wright.)
— *funatus* (Flem.) Cork (Sow.) *Ellipsolites* (Sow. pl. 32.) Ainsi que les deux suivantes.
— *compressus* (Flem.) Cork (Sow. pl. 38.)
— *ovatus* (Flem.) Sud de l'Irlande (Weav.) Hof; Schleitz (Munst.) (Sow. pl. 37.)
Ammonites Henslowi (Sow. pl. 262.) Ile de Man (Henslow.)
— *subnautilinus* (Schlot.) Wissenbach, près de Dillenburg (Hœn.)
— Espèce non déterminée. Gloucestershire; Herefordshire; sud de l'Irlande (Weav.) Newton Bushel (De la B.) Eifel; Hof; Frankenberg; Herborn (Munst.)

CRUSTACÉS.

Calymene Blumenbachii (Al. Brong. pl. 1, fig. 1.) Dudley; Lebanon; Ohio; Newport; Utica, États-Unis (Al. Brong.) Gloucestershire; Herefordshire (Weav.) Skartofta, Scanie; Ostrogothie, A; Blankenheim (Hœn.)
— *macrophthalma* (Al. Brong. pl. 1, fig. 4.) États-Unis; Cromford, près de Dusseldorf (Al. Brong.) Dudley (Weav.) Shropshire (Stokes.) Dillenburg (Hœn.)
— *variolaris* (Al. Brong. pl. 1, fig 3.) Dudley (Stokes.) Gloucestershire; Herefordshire (Weav.)
— *Tristani* (Al. Brong. pl. 1, fig. 2.) Creuville; Botentin; Falaise; Lahunandière; Bain, près de Rennes (Al. Brong.) Angers; Genesee (Hœn.)
— *bullatula* (Dalman.) Husbyfjoel, Ostrogothie, A.
— *ornata* (Dalman.) Husbyfjoel, Ostrogothie, A.
— *verrucosa* (Dalman.) Varving, près de la Montagne de Billingen, Westrogothie, A.
— *polytoma* (Dalman.) Ljung, Ostrogothie, A.
— *actinura* (Dalman.) Berg, Ostrogothie, A.
— *schrops* (Dalman.) Furudal, Dalécarlie; Ostrogothie, A.
— *Schlotheimi* (Bronn.) Blankenheim (Hœn.)
— *latiferus* (Bronn.) Blankenheim (Hœn.)
— ? *æqualis* (Meyer.) Herborn; Dillenberg (Meyer.)
Asaphus cornigerus (Al. Brong. pl. 2, fig. 1.) Environs de Saint-Pétersbourg (Al. Brong.) Revel (Schlot.) Blankenheim (Hœn.)
— *cordigerus* (Al. Brong. pl. 2, fig. 4.) Dudley (Stokes.)
— *Hausmanni* (Al. Brong. pl. 2, fig. 3.) Nehou (Manche.) Prague (Al. Brong.) Canada; Montagnes de Catskill; Karlstein; Kugel (Hœn.)
— *De Buchii* (Al. Brong. pl. 2, fig. 2.) Dinevawr Park; Pays de Galles; Cyer, Norvège (Al. Brong.) Eifel (Hœn.)
— *Brongniartii* (Deslonchamps.) May Nehou, Normandie; Eifel (Al. Brong.)
— *extenuatus* (Wahl.) Husbyfjoel Heda, Ostrogothie, A.
— *granulatus* (Wahl.) Varving, Olleberg, Westrogothie; Furudal, Dalécarlie, A.
— *angustifrons* (Dalman.) Husbyfjoel, Ostrogothie, A.
— *heros* (Dalman.) Kinnekulle, Westrogothie; Vikarby, Dalécarlie, A.
— *expansus* (Wahl.) Commun en Suède, A.
— *platynotus* (Dalman.) Westrogothie, A.
— *frontalis* (Dalman.) Westrogothie, A.
— *læviceps* (Dalman.) Hushyfjöl, Ostrogothie, A.
— *palpebrosus* (Dalman.) Husbyfjöl, Ostrogothie, A
— *crassa cauda* (Wahl.) Husbyfjöl; Christiania; Bain; Tzarko-Sselo (Al. Brong.)
— *Sulzeri* . . . . . Ginez, Bohême (Hœn.)
Ogygia Guettardii (Al. Brong. pl. 3, fig. 1.) Angers (Al. Brong.)
— *Desmaresti* (Al. Brong. pl. 3, fig. 2.) Angers (Al. Brong.)

Ogygia Wahlenbergii (Al. Brong.) Angers (Al. Brong.)
— *Sillimanni* (Al. Brong.) Rives du Mohawk, près de Schenectady (Al. Brong.)
Paradoxides Tessini (Al. Brong. pl. 4, fig. 1.) Olstorp, Westrogothie (Al. Brong.
    Ginez, Bohême (Hœn.)
— *spinulosus* (Al. Brong. pl. 4, fig. 2.) *Olenus spinulosus* (Wahl.) Andrarum
    Scanie (Al. Brong.) Westrogothie, A.
— *gibbosus* (Al. Brong. pl. 3, fig. 6.) *Olenus gibbosus* (Wahl.) Kinnekulle (A
    Brong.)
— *scaraboides* (Al. Brong. pl. 3, fig. 5.) *Olenus scaraboides* (Wahl.) Falköpin
    (Al. Brong.) Ostrogothie, A.
— *Hoffii* (Goldf.) Braatz, près de Ginez, Bohême (Al. Brong.)
Nileus armadillo (Dalman.) Husbyfjöl et Skarpäsen, Ostrogothie; Tomarp, Scani
    Furudal, Dalécarlie, A.
— *glomerinus* (Dalman.) Husbyfjöl, Ostrogothie, A.
Illœnus centaurus (Dalman.) Ile d'Oeland, A.
— *centrosus* (Dalman.) Husbyfjöl, Ostrogothie, A
— *latecauda* (Wahl.) Ostrogothie, A.
Ampyx nasutus (Dalman.) Skarpäsen et Husbyfjöl, Ostrogothie; Varving, Westro
    gothie, A.
Olenus bucephalus (Wahl.) Olstorp, Westrogothie, A.
Agnostus pisiformis (Al. Brong.) Kinnekull, Mösseberg; Westrogothie (Al. Brong
Isotelus gigas (Dekay.) Cascade du Trenton. *Asaphus platycephalus* (Stokes.)
— *planus* (Dekay.) Cascade du Trenton.
Trilobites. Espèce non déterminée. Environs de Saint-Pétersbourg (Strangways.) Il
    de Man (Henslow.) Brixham, Devonshire (De la B.) Newton Bushel (Radley et D
    la B.) Elbersreuth (Munst.)

POISSONS.

Ichthyodorulites (Buckl. et De la B.) Dudley (Clayfield.) Herefordshire (Phil.)
Os de poissons et une dent. Tortworth, Gloucestershire (Weaver.)
Empreintes de vertèbres de poissons. Sud de l'Irlande; Weaver [1].

L'inspection seule de la liste précédente fait voir que, dans le

   [1] On doit faire observer que la collection de M. R. Hennah renferme plusieurs
fossiles non encore décrits du calcaire de la grauwacke de Plymouth, parmi lesquels
M. Sowerby a indiqué les suivants :

Conchifères.

Spirifer reticulatus (Sow.) MS. Se trouve aussi en Irlande (Sow.)
— *pentagonus* (Sow.) MS.
Terebratulata Hennahiana (Sow.) Oblongue, presque carrée, convexe et unie; un
    large sillon au milieu de la plus grande valve dont la natée est très saillante.
— *gigantea* (Sow.) Ovale, bord inférieur presque en ligne droite; valves également
    convexes, un peu aplaties vers le bord inférieur ; natéce de la grande valve peu
    saillante et non courbée : cinq pouces et demi de long sur quatre de large.
— *rotundata* (Sow.) Globuleuse, unie; natéces grandes, se touchant.
— Semblable à *T. affinis;* mais elle est plus longue, ses stries sont plus fines, et la
    natéce de sa grande valve est saillante; elle est aussi un peu plus plate.
— *lachryma* (Sow.) MS.
Producta anomala (Sow.) MS. Se trouve aussi en Irlande et à Preston (Sow.)

Mollusques.

Turbo cirriformis (Sow.) Spire courte, à trois tours très convexes et unis; longueur
    égale à la largeur.
Natica? . . . . Presque globuleuse; spire pointue; les tours, dont le dernier est
    grand, sont peu nombreux et unis.
Terebra Hennahiana (Sow.) Turriculée, côtés presque en ligne droite, tours de
    spire plats, traversés par des stries profondes et légèrement courbées. Se trouve
    aussi à Preston (Sow.)

roupe de la grauwacke, les débris organiques présentent des for-
es très variées ; nous donnerons ici le résumé suivant des classes
genres d'animaux qui s'y rencontrent.

ZOOPHYTES. *Manon*, *Scyphia*, *Tragos*, *Gorgonia*, *Stromatopora*, *Madrepora*,
llepora, *Retepora*, *Flustra*, *Coscinopora*, *Ceriopora*, *Lithodendron* (renfer-
ant les *Caryophyllia*), *Antophyllum*, *Turbinolia*, *Cyatophyllum*, *Strombodes*,
strea, *Columnaria*, *Catenipora*, *Syringopora*, *Catamopora*, *Aulapora*, *Favo-
tes*, *Mastrema* et *Amplexus*.

RADIAIRES. *Pentacrinites*, *Actinocrinites*, *Cyathocrinites*, *Platycrinites*, *Rho-
ocrinites*, *Melocrinites*, *Cupressocrinites*, *Eugeniacrinites*, *Eucalyptocrinites* et
phœrocrinites.

ANNÉLIDES. *Serpula*.

CONCHIFÈRES. *Thecidea?* *Spirifer* (*Delthyris*, Dalman,) *Terebratula*, *Strygoce-
halus*, *Calceola*, *Strophomena*, *Producta*, *Gryphœa*, *Pecten*, *Plagiostoma*,
egalodon, *Trigonia*, *Cardium*, *Cardita*, *Isocardia*, *Cypricardia?* et *Posi-
onia*.

MOLLUSQUES. *Patella*, *Pileopsis*, *Melanopsis*, *Melania*, *Natica*, *Nerita*, *Sola-
um*, *Delphinula*, *Cirrus*, *Pleurotomaria*, *Euomphalus*, *Trochus*, *Turbo*, *Turri-
ella*, *Pleurotoma*, *Murex?* *Buccinum*, *Bellerophon*, *Conularia*, *Orthoceratites*,
Cyrtoceratites, *Lituolites*, *Nautilus* et *Ammonites*.

CRUSTACÉS. Les différents genres de *Trilobites*, savoir : *Calymene*, *Asaphus*,
Ogygia, *Paradoxides*, *Nileus*, *Illænus*, *Amphyx*, *Olenus*, *Agnostus* et *Isotelus*.

POISSONS. Os, dents et défenses (*Ichthyodorulites*).

Nous trouvons dans ce catalogue un mélange de genres vivants
et de genres éteints qui est vraiment remarquable, lorsque l'on considère la grande ancienneté des roches qui les contiennent. Il est
permis de douter que tous ces genres aient été déterminés d'une
manière exacte, et de penser qu'on s'est peut-être trop hâté d'en
rapporter quelques-uns à ceux qui existent aujourd'hui; mais, même
en admettant cette hypothèse, on voit évidemment que la structure
organique était bien plus développée à cette époque qu'on ne l'avait
supposé.

D'après les différentes formes des fossiles que l'on trouve dans
la grauwacke, on peut conjecturer que les divers animaux dont
ils formaient les parties solides vivaient, comme ceux de l'époque
actuelle, dans des positions différentes. Les uns préféraient les
eaux profondes, d'autres étaient organisés pour vivre dans des mers
basses, et un assez grand nombre nageait librement au milieu de
l'océan ; ceux-ci se tenaient dans des fonds d'une certaine espèce,
tandis que d'autres recherchaient ceux d'une nature différente.
Les coquilles les plus abondantes appartiennent aux genres *Orthoceratites*, *Producta*, *Spirifer* et *Terebratula*. Les orthocératites ont
souvent des dimensions considérables. Leur longueur s'élève quelquefois jusqu'à plus d'un mètre, de sorte que, s'ils ont réellement
appartenu autrefois à un mollusque nageant analogue au nautile
vivant actuellement, quelques-uns de ces animaux doivent avoir

surpassé de beaucoup en grandeur les animaux de la même famille que nous connaissons aujourd'hui. Les trois derniers genres cités qui sont les plus abondants, forment un groupe naturel que les naturalistes suédois ont partagé en genres sous les dénominations de *Leptœna* (Producta), *Orthis*, *Cyrtia*, *Delthyris* (Spirifer), *Gypidia*, *Atrypa*, *Rhynchora* et *Terebratula*, les différences que présentent leurs caractères ayant été jugées suffisantes pour justifier la formation de ces genres. En supposant que cette classification soit fondée, il paraitrait, d'après les listes d'espèces produites par ceux qui l'ont proposée, que leurs *Terebratula* sont rares dans les roches anciennes, telles que celles dont nous nous occupons, tandis qu'elles sont abondantes dans les couches plus récentes.

Les *Producta* sont, comme nous l'avons vu, communes dans ce groupe et dans le groupe carbonifère, et existaient encore pendant le dépôt du zechstein. Les *Spirifer*, qui abondaient aussi pendant le dépôt de la grauwacke et de la série carbonifère, ont été observés au-dessus, même jusqu'à l'étage du lias, dans lequel on a découvert trois espèces de ce genre, dont l'une, le *Spirifer Walcotii* est une coquille très commune et très caractéristique. Les *Terebratula*, qui, même en admettant les divisions suédoises, existent dans les séries précédentes, peut-être même dans les plus élevées, se sont conservées jusqu'à l'époque actuelle, puisque nous en connaissons plusieurs espèces vivantes. D'après cela, si l'on prend ce groupe naturel d'animaux tel qu'il existait lors de cette ancienne période, dans laquelle on peut probablement comprendre le calcaire carbonifère, et si on le suit à travers les divers terrains qui se succèdent jusqu'aux étages supérieurs, on voit que les *Producta* ont disparu les premiers, et ensuite les *Spirifer*, tandis que les *Terebratula* ont traversé toutes les révolutions qui sont survenues à la surface de notre planète.

Les individus de la famille des Trilobites fourmillaient dans certaines positions particulières, pendant le dépôt de la grauwacke. Dans quelques endroits du pays de Galles, l'*Asaphus Debuchii* (fig. 97) est si abondant, que les feuillets des schistes en sont couverts, de sorte que probablement des millions de ces animaux ont vécu et ont péri non loin des endroits où nous retrouvons aujourd'hui leurs débris. Cette espèce ne se rencontre pas seulement dans le pays de Galles, quoiqu'elle y soit excessivement abondante ; mais on l'a aussi découverte en Norwège et en Allemagne. L'espèce de Trilobite que l'on connaît depuis longtemps dans les collections sous le nom de *Trilobite de Dudley*, parce qu'on l'a trouvée abondamment dans cette localité, est le *Calymene Blumenbachii* de

Fig. 97.   *Fig.* 98.

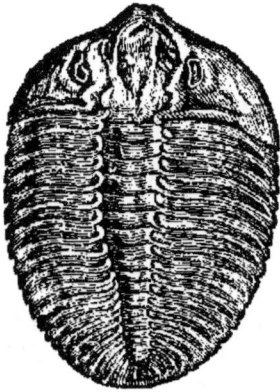
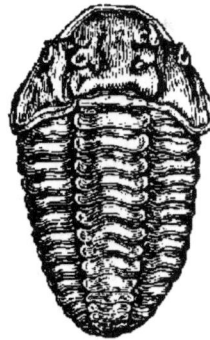

M. Al. Brongniart (fig. 98). Cette espèce existait sur une étendue de pays considérable ; car ce n'est pas seulement en Angleterre, en Allemagne et en Suède qu'on l'a découverte, on l'a aussi retrouvée dans l'Amérique septentrionale. Quoique plusieurs parties de ces animaux se trouvent dispersées de manière à faire conjecturer qu'elles ont été séparées par la décomposition qui est survenue après la mort de l'animal, cependant, comme on rencontre aussi beaucoup d'individus entiers parfaitement conservés, et souvent dans un état de contraction que l'on conçoit qu'un grand trouble a dû produire sur des animaux de ce genre, on est conduit à présumer que souvent ces animaux ont été victimes d'une catastrophe soudaine, et qu'ils ont été subitement enveloppés dans des matières qui sont devenues par la suite une roche dure, circonstance qui a empêché que la décomposition ne séparât les parties solides de ces animaux. Les formes de la famille des Trilobites sont bien plus variées qu'on pourrait le supposer, d'après l'*Asaphus* et le *Calymène*, représentés plus haut : c'est ce que l'on peut voir par les figures ci-jointes (99 et 100), qui toutes deux représentent l'*Agnostus pisiformis*; la première

Fig. 99.   *Fig.* 100.

grossie, et la seconde de grandeur naturelle. Cette famille des Trilobites parait actuellement avoir entièrement disparu de la classe des animaux vivants ; et peut-être, d'après l'état actuel de nos connaissances sur les débris organiques, y a-t-il lieu de présumer que cette disparition a précédé celle des *Producta*; nous sommes du moins presque certains qu'elle a été de beaucoup antérieure à celle des *Spirifer*, puisque, jusqu'à présent, on n'a pas trouvé la plus petite trace de trilobite, ni dans le muschelkalk, ni dans le lia.

Il n'en est pas de même des *crinoïdes* : quoiqu'elles soient, de même que les trilobites, communes dans cette ancienne période, elles se continuent jusqu'à l'époque actuelle, bien que plusieurs genres que l'on observe dans la série de la grauwacke et dans le groupe carbonifère paraissent avoir disparu avant le dépôt de la série oolitique, tandis qu'il en est apparu de nouveaux. Le genre *Pentacrinites* se trouvant, d'après M. Goldfuss, dans les terrains dont nous nous occupons, et son existence dans les mers actuelles étant bien constatée, on voit que ce genre a survécu aux diverses révolutions qui se sont succédé à la surface de la terre. On a même admis, à une certaine époque, qu'une espèce particulière, le *Pentacrinites caput Medusæ*, était commune à l'Océan actuel et au lias; mais ce fait est maintenant révoqué en doute.

La découverte de ces défenses de *poissons*, qu'on désigne sous le nom d'*Ichthyodorulites*, dans la série de grauwacke, est un fait digne d'attention, en ce qu'il montre que la classe d'animaux à laquelle elles appartiennent se trouvait déjà parmi les plus anciens habitants du globe, et qu'ils ont continué d'exister, au moins en Europe, à toutes les époques postérieures, jusqu'à celle des roches crétacées inclusivement, bien que les espèces y soient différentes, autant du moins que nous pouvons en juger d'après les diverses formes de ces défenses. Dans les autres terrains, les ichthyodorulites sont ordinairement accompagnés de *palais de poissons* : cependant on n'a pas encore découvert de palais dans la grauwacke; mais cela ne doit pas nous surprendre, car jusqu'ici on n'a encore indiqué dans ce terrain que deux échantillons d'ichthyodorulites.

Parmi les *coraux*, nous trouvons plusieurs genres qui existent aujourd'hui; et un fait qui mérite d'être remarqué, c'est que, dans toute la série des roches fossilifères, partout où l'on rencontre une accumulation de polypiers assez considérable pour justifier la supposition de récifs ou de bancs de coraux, on y reconnaît les genres *Astrea* et *Caryophyllia*, et que, d'après les observations les plus récentes des naturalistes, ce sont ces mêmes genres, avec celui des *Meandrina* et un ou deux autres, qui sont encore les principaux architectes des récifs de coraux qui se forment aujourd'hui.

Ce que nous savons sur l'espèce de végétation qui existait et qui

a été ensevelie pendant l'époque du groupe de la grauwacke est
trop peu de chose pour que nous puissions avancer aucune conclusion générale à ce sujet. Tout ce que l'on peut dire, c'est que
probablement elle était à peu près semblable à celle dont nous
retrouvons en abondance les restes dans la série carbonifère. On
savait depuis longtemps qu'il existait de l'anthracite dans la grauwacke du nord du Devonshire; mais, jusqu'aux recherches de
M. Weaver dans le sud de l'*Irlande*, ce fait n'a pas été apprécié
à sa juste valeur : avant cette époque, on ne croyait pas que des
dépôts charbonneux d'une étendue considérable pussent former
une partie du groupe de la grauwacke. Ce géologue a fait reconnaître que tout le combustible de la province de Munster, excepté
celui du comté de Clare, doit être rapporté à cette époque. « A
Knock Asartnet, près Killarney, et au nord de Tralee, des lits peu
épais d'anthracite, dont l'inclinaison varie depuis 70° jusqu'à la verticale, se trouvent encaissés dans la grauwacke et le schiste argileux.
Cet ancien dépôt de combustible est beaucoup plus développé dans
le comté de Cork, particulièrement près de Kanturk, où il s'étend
depuis le nord du Blackwater jusqu'à l'Allow. » L'anthracite est
employée pour cuire la pierre à chaux dans les environs ; et l'on
estime que les mines de Dronagh fournissent par an 25,000 tonnes
de ce combustible. « L'anthracite et les couches pyritifères qui
l'accompagnent présentent en abondance des impressions végétales, qui appartiennent principalement aux *Equisetum* et aux
Calamites, avec quelques traces de *Fucoïdes*. » M. Weaver a observé ce combustible dans diverses localités ; et, parmi les dépôts
qu'il énumère, il cite les couches qui se trouvent dans le comté de
Limerick, sur la rive gauche du Shannon, au nord d'Abbeyfeale, et
à Longhill [1].

M. Élie de Beaumont a observé que les roches de grauwacke qui
existent dans le pays nommé le Bocage, dans le *Calvados*, et celles
qui sont à l'angle sud-est des *Vosges*, contiennent des impressions
végétales qui ne diffèrent que bien peu de celles qu'on rencontre dans
les houillères, et qu'on y trouve aussi de l'anthracite qui est quelquefois exploitée. D'après la direction des couches, il considère tous
ces dépôts comme étant de formation contemporaine, et il les rapporte à la partie supérieure du groupe de la grauwacke [2].

On voit ici, d'une manière évidente, que des accumulations de

---

[1] Weaver, *Proceedings of the Geological Society*, 4 juin 1830.

[2] Élie de Beaumont, *Recherches sur quelques-unes des révolutions qui ont eu lieu
à la surface du globe*.

végétaux, en assez grande quantité pour former des couches de combustible, ont commencé, en Europe, à une époque très reculée; il paraît qu'il en a été de même en *Amérique* ; car, d'après le professeur Eaton, on trouve de l'anthracite dans des dépôts équivalents, à Worcester, dans le Massachusset, et à Newport [1]. Ce fait est important, en ce qu'il prouve l'existence de continents avec des végétaux à leur surface à une époque qui était contemporaine, ou à peu près, avec la première apparition de la vie animale.

Bien qu'en considérant la masse des terrains de grauwacke on soit frappé de la petite quantité de débris organiques qu'ils contiennent, on doit cependant admettre que l'atmosphère était alors capable d'alimenter la végétation, et la mer d'entretenir des Zoophytes, des Crinoïdes, des Annelides, des Conchifères, des Mollusques, des Crustacés et des Poissons. Qu'il ait existé encore d'autres animaux, c'est un fait sur lequel il nous est impossible de prononcer, vu l'absence totale de leurs débris ; cependant, il est assez naturel de supposer que la végétation n'existait pas seule sur les continents, et que, d'après l'harmonie générale qu'on observe dans la nature, elle servait de nourriture à des animaux terrestres, dont l'organisation était en rapport avec les circonstances sous lesquelles ils étaient placés.

Fig. 101.

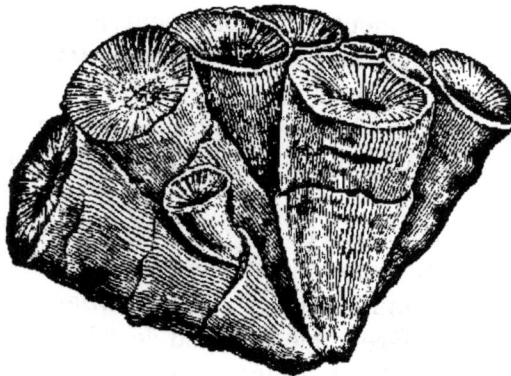

Cyathophyllum turbinatum, Goldf.

[1] Eaton, *American Journal of Science*, vol. XIX.

GROUPE FOSSILIFÈRE INFÉRIEUR.

Ce groupe n'est guère établi que par des motifs de pure convenance, pour comprendre ces terrains dans lesquels des roches contenant quelques débris organiques se trouvent quelquefois mêlées avec des couches ayant les mêmes caractères que celles qui seront comprises sous le titre de roches non fossilifères. En descendant l'échelle des terrains, nous semblons être arrivés à un état du globe qui offrait une combinaison des causes qui ont produit les couches fossilifères et de celles auxquelles on attribue les roches non fossilifères. Nous devons naturellement concevoir que, peut-être par l'action alternative des causes particulières, il y a eu un passage de cet état de la surface du globe pendant lequel l'action chimique dominait à cet autre état pendant lequel les produits de l'action mécanique sont devenus plus abondants, puisque cette manière de voir s'accorde avec ce que nous savons sur les dépôts des roches en général : nous observons en effet, bien que certaines révolutions subites aient pu survenir dans des localités particulières, qu'en voyant les choses sur une grande échelle, un changement général dans les circonstances de la formation des roches ne s'est effectué que d'une manière plus ou moins graduelle.

On a déjà remarqué dans la série de la grauwacke ces alternatives ou mélanges de substances qui proviennent, les unes de l'action mécanique, les autres de l'action chimique; la seule différence qui paraisse exister, c'est que ces alternatives deviennent plus fréquentes, comme cela doit être, à mesure qu'on approche de la grande masse des roches cristallines. En fait, il n'y a guère de raison pour ne pas considérer ce groupe comme formant la partie inférieure de la série de la grauwacke : les débris organiques, autant que nous pouvons en juger, sont semblables, et les caractères minéralogiques de la partie qui peut avoir eu une origine mécanique sont aussi les mêmes, excepté peut-être que les schistes argileux sont plus abondants et les roches arénacées plus rares : au reste, cette distinction tend uniquement à faire supposer un transport par les eaux opéré d'une manière plus tranquille, si toutefois ces schistes, souvent en masse considérable, ont été réellement déposés par des eaux qui charriaient une masse de détritus qu'elles tenaient mécaniquement en suspension. Cependant, comme quelques géologues paraissent penser que ces roches peuvent être séparées du groupe de la grauwacke, rien ne s'oppose à ce que nous conservions ce groupe pour le moment, d'autant plus qu'il nous servira à observer le passage d'une grande classe de roches stratifiées à une autre.

Les schistes de Tintagel (*Cornouailles*) et ceux du mont Snowdon (*pays de Galles*), qui contiennent les uns et les autres des débris organiques, ont été quelquefois considérés comme étant d'une date plus ancienne que la grauwacke commune. Les premiers sont des schistes argileux qui passent à la variété connue sous le nom d'ardoise. Les derniers sont aussi des schistes argileux, mais ils sont associés avec quelques roches équivoques, dont la composition n'est pas tout à fait évidente. Pour les désigner, MM. Phillips et Voods ont employé provisoirement le nom de *Stéaschiste* : il est presque impossible, cependant, que ces roches soient de la stéatite ; car, d'après l'analyse qu'en a faite M. Phillips, elles sont principalement composées d'alumine et de silice, avec une petite proportion de chaux et seulement une légère trace de magnésie, substance qui entre ordinairement pour une portion considérable dans les composés stéatiteux [1].

Les débris organiques que l'on a recueillis, soit à Tintagel, soit sur le sommet du Snowdon, sont loin d'être bien conservés. Ceux de cette dernière localité sont plus déterminables, et on trouve qu'ils consistent principalement en coquilles, parmi lesquelles quelques-unes paraissent se rapporter au genre *Producta* [2].

MM. Brongniart et Omalius d'Halloy ont observé les premiers les alternatives de roches granitiques et de roches schiteuses du Cotentin et de la Bretagne, et ils ont fait remarquer que ces dépôts schisteux, ainsi associés avec des composés granitiques, étaient pro-

---

[1] Phillips and Woods, *Annals of Philosophy*, 1822.

[2] On trouvera dans les *Annals of Philosophy*, vol. iv (1822), pl. 17, nouvelle série, des figures représentant les restes organiques recueillis par MM. Phillips et Woods au mont Snowdon. Des coquilles de Tintagel et du Snowdon se trouvent aussi figurées dans les *Geol. trans.*, vol. iv, pl. 25.

bablement fossilifères [1]. La grauwacke de ces contrées paraît certainement être associée, particulièrement dans sa partie inférieure, avec des roches dont l'origine mécanique et loin d'être évidente ; mais, en les étudiant, il faut bien prendre garde aux filons de granit et autres épanchements de la même roche que l'on observe aussi dans cette contrée. Il arrive même que des masses décidément cristallines, telles que certaines variétés de siénite, sont tellement mêlées avec les grauwackes, qu'il est presque impossible de fixer la limite où commence la série dans laquelle dominent les composés confusément cristallisés, et où se terminent les roches d'origine mécanique et fossilifères. On voit aussi des grès extrêmement solides, faisant évidemment partie des roches fossilifères de la Normandie, passer si complétement à une roche quarzeuse, que souvent, comme l'a observé M. Brongniart, on serait tenté de les croire produits par une cristallisation confuse.

L'étude de cette partie de notre sujet doit toujours être accompagnée de beaucoup de difficultés ; car, indépendamment du mélange de schistes chloriteux, talqueux et autres, avec des dépôts fossilifères inférieurs, mélange occasionné par des circonstances que nous avons signalées plus haut, nous sommes encore embarrassés par la présence des roches ignées qui ont été injectées au milieu de ces dépôts, suivant leurs plans de stratification, et qui produisent ainsi les apparences les plus trompeuses. Une autre circonstance occasionne aussi beaucoup de difficultés : c'est l'altération que les roches ont éprouvée par l'introduction violente au milieu d'elles des granits et autres masses d'origine ignée, qui, lorsqu'elles sont en masses considérables, causent des changements très remarquables, comme on l'observe, entre autres exemples, sur les schistes argileux de la grauwacke, qui prennent l'apparence d'une variété de roches plus anciennes.

Il est évidemment impossible de préciser les limites des dépôts fossilifères et de tracer des lignes de séparation entre ces dépôts et les roches non fossilifères. Tout ce que nous pouvons conclure, c'est que des débris de la vie organique s'ensevelissaient dans des dépôts d'origine mécanique tout aussi bien pendant cette période que pendant celles qui l'ont suivie. Quant à l'abondance et aux diverses structures des animaux qui ont joui les premiers de l'existence, c'est un sujet sur lequel nous n'aurons peut-être jamais d'idées bien arrêtées ; car la conservation d'une portion quelconque de leurs parties les plus solides doit avoir dépendu d'une grande variété de circonstances, qui probablement n'ont pas dû être très favorables, pendant un état de choses durant lequel avait lieu le passage entre la production des gneiss, des micaschistes et d'autres roches analogues, et celle de dépôts d'origine évidemment mécanique.

Quelle qu'ait été l'espèce d'organisation animale qui a paru la première à la surface de notre planète, nous pouvons être certains qu'elle était digne du dessein et de la sagesse qui ont toujours présidé à toutes les opérations de la nature, et que chaque créature était spécialement organisée pour la position qu'elle était destinée à occuper. Aussi, quand nous voulons faire des conjectures sur ce premier état de la vie, nous devons avoir toujours présente à l'esprit cette règle générale d'adaptation des animaux aux circonstances dans lesquelles ils sont placés. Si donc nous voulons rechercher quelles espèces d'animaux, d'après les caractères généraux de ceux que nous connaissons aujourd'hui, ont pu exister à une époque où ils devaient avoir comparativement une grande difficulté à se procurer le carbonate de chaux nécessaire à leurs parties solides, nous sommes conduits à reconnaître que, vu la rareté de cette dernière substance, ce sont des animaux charnus et gélatineux, tels que des *Méduses* et autres analogues, qui ont pu être alors les plus abondants. Par conséquent, il est possible que les mers aient nourri à cette époque un grand nombre de ces animaux et d'autres semblables, tandis que les crustacés et autres animaux à parties solides étaient d'une extrême rareté.

Ces remarques ont simplement pour but de montrer que la rareté des débris organiques que présentent les dépôts fossilifères inférieurs ne prouve nullement une rareté d'animaux pendant la même période, bien qu'on puisse en conclure que les testacés et autres animaux à parties solides n'étaient pas abondants. Des animaux entièrement charnus peuvent avoir existé par millions, sans qu'il nous en soit parvenu la moindre trace. Pour prouver cette assertion, s'il en était besoin, il suffit d'examiner s'il y a la moindre possibilité que quelque partie des nombreux animaux charnus qui fourmillent aujourd'hui dans quelques mers puissent se conserver et se transmettre aux âges futurs à l'état fossile [1].

---

[1] Le docteur Turner m'a suggéré l'idée suivante : c'est qu'avec la supposition d'une grande abondance de méduses et autres animaux analogues parmi les premiers habitants de notre globe, il est peut-être possible de rendre raison de la nature bitumineuse de quelques-uns des anciens calcaires, particulièrement de ceux de la série carbonifère, dans lesquels on n'observe aucune trace de débris organiques; car la décomposition d'une masse d'animaux semblables aurait produit une grande quantité de matière bitumineuse, qui serait entrée dans une forte proportion dans la composition des calcaires qui se formaient alors.

Avant de quitter ce sujet, on peut remarquer que, bien qu'une abondante distribution de carbonate de chaux soit essentielle pour l'existence d'une grande variété d'animaux, cette substance ne fournit que très peu aux besoins de quelques-uns, même de ceux à vertèbres, tels que les requins et les poissons cartilagineux en général. Cette supposition, qu'il y a eu quelque relation entre les animaux à parties solides et la facilité de se procurer du carbonate de chaux à la surface du globe, est tout à fait d'accord avec le dessein manifesté dans la création, parce qu'à toutes les périodes on reconnaît des traces évidentes de ce dessein, et une harmonie constante entre les formes des êtres organiques et leur mode d'existence. Si nous supposons qu'une masse d'animaux soit subitement créée, et que chacun d'entre eux soit particulièrement pourvu de ses parties solides, le carbonate de chaux contenu dans ces êtres serait, sans nul doute, suffisant pour entretenir, pendant une succession de siècles, une quantité constante des mêmes animaux; car, en se dévorant entre eux, cette substance qui leur est nécessaire se transmettrait de l'un à l'autre. Nous sommes cependant certains que les choses ne se sont pas passées ainsi; car les parties solides des animaux qui ont été successivement ensevelis dans diverses roches constituent une grande proportion de quelques-unes de ces roches, et si on les retirait des dépôts fossilifères en général, l'épaisseur de ces dépôts se trouverait considérablement diminuée. D'après cela, si les débris d'animaux n'avaient pas été ensevelis, et si ces mêmes animaux n'avaient pas trouvé d'autre carbonate de chaux que celui qu'ils pouvaient se procurer en se détruisant les uns les autres afin de se nourrir, la surface de notre planète n'aurait pas été telle qu'elle est maintenant; et par conséquent, comme dans la création les choses sont constamment disposées pour le but que la nature s'est proposé, l'état général de la vie animale et végétale n'aurait pas été tel que nous le voyons aujourd'hui.

SECTION XI.

ROCHES STRATIFIÉES INFÉRIEURES
OU
ROCHES NON FOSSILIFÈRES.

Schiste argileux; *Phyllade* (Daubuisson). (*Clayslate*, angl.; *Thonschiefer*, allem.)

Schiste alumineux; *Ampélite alumineux* (Brong.). (*Aluminous slate*, angl.; *Alaunschiefer*, allem.)

Schiste novaculaire; *Schiste coticulaire* (Brong.). (*Whetstone slate*, angl.; *Wetzschiefer*, allem.)

Schiste siliceux, *Jaspe schistoïde* (Brong.). (*Flinty slate*, angl.; *Kieselschiefer*, allem.)

Schiste chloriteux. (*Chlorite slate*, angl.; *Chloritschiefer*, all.)

Schiste talqueux; *Stéaschiste*. (*Talcose slate*, angl.; *Talkschiefer*, allem.)

Amphibolite schistoïde. (*Hornblende slate*, angl.; *Hornblende schiefer*, allem.)

Amphibolite (Daubuisson). (*Hornblende roch*, angl.)

Roche de quartz; *Quarzite* (Brong.). (*Quartz rock*, angl.; *Quarzfels*, allem.)

Serpentine; *Ophiolite* (Brong.). (*Serpentine*, angl.; *Serpentin*, allem.)

Roche de diallage; *Euphotide* (Haüy, Brong.). (*Diallage rock*, angl., *Schiller fels*, allem.)

Eurite (Daubuisson); *Feldspath compacte, Petrosilex*. (*Whitestone*, angl.; *Weisstein*, allem.)

chiste micacé, Micaschite. (*Mica slate*, angl.; *Glimmer schiefer*, allem.)

Gneiss. (*Gneiss*, angl. et allem.)

Protogine.

Nous voici arrivés à cet ancien état de notre planète, pendant lequel, autant que nous pouvons en juger d'après l'étendue de nos connaissances, il n'y avait à sa surface ni animaux ni végétaux. Maintenant le géologue, en étudiant cette partie de la croûte du globe, au lieu d'errer en imagination à travers des forêts, sur des continents et des mers, environné de végétaux de formes étranges et d'animaux encore plus étranges, doit porter son attention sur les lois qui régissent la matière inorganique. Ce sujet peut, au premier abord, ne pas paraître aussi attrayant que l'examen des formes variées de la vie organique et des conditions possibles sous lesquelles elle peut avoir existé; néanmoins il présente autant, sinon davantage, d'agréments, en ce que les recherches auxquelles on se livre, ayant lieu avec le secours des sciences exactes, conduisent à des résultats plus certains.

Avant d'entrer en matière, nous devons commencer par avouer que, jusqu'à présent, on a fait peu de recherches sur les causes qui peuvent avoir produit le gneiss, le micaschiste et autres roches analogues. On a fait beaucoup de noms pour distinguer les différentes roches composées et confusément cristallines; et si, pour se livrer à des recherches, on n'avait besoin d'aucun autre secours, on pourrait être satisfait; mais, malheureusement, l'abondance de ces noms a jeté de la confusion dans le sujet; et le plus souvent on s'est contenté de ranger et de déplacer, dans une collection, des échantillons de roches plus ou moins variées, au lieu de chercher les relations générales qu'ils pouvaient avoir l'un avec l'autre, et la manière dont tous se rencontraient dans la masse.

On doit reconnaître, à la vérité, que le sujet présente de grandes difficultés, en ce qu'il demande des connaissances très étendues dans les sciences exactes; mais il semble que ces difficultés, loin d'être un obstacle, devraient être au contraire un motif pour stimuler ceux qui cultivent ces sciences avec le plus de succès à s'occuper de ce sujet, puisqu'il leur présente un vaste champ pour exercer leurs talents et leur sagacité.

Les roches inférieures stratifiées sont très variées dans leurs compositions, et quelquefois elles passent si bien de l'une à l'autre, qu'il est presque impossible de donner des noms distinctifs aux dif-

férentes associations. Il est rare que des couches ne contiennen
qu'un seule espèce minérale, sans mélange d'aucune autre, et qu
ces couches simples constituent une grande étendue de pays,
moins qu'on ne considère le schiste argileux comme étant dans c
cas. Toutefois, avant d'aller plus loin, il est nécessaire de fair
connaître les roches suivantes, qui paraissent plus particulièremen
mériter des noms distinctifs.

Schiste argileux.

Cette roche, ainsi que l'indique son nom, est schisteuse, et contient une quantité considérable de matière argileuse. Elle varie
matériellement en solidité, en fissilité et en composition, et il est
ordinairement impossible de la distinguer, excepté dans ses rapports
géologiques, des schistes argileux de la série de la grauwacke ;
aussi son origine est-elle très douteuse, et ce qui ajoute encore à
l'incertitude, c'est que cette roche contient souvent des cubes ou
d'autres cristaux réguliers de pyrites de fer; d'où il résulte évidemment que la roche a été autrefois dans un état qui a permis aux
molécules de sulfure de fer de se disposer librement en cristaux.
Au reste, ce fait s'observe dans les dépôts argileux de tous les âges,
dont quelques-uns sont décidément d'origine mécanique : c'est
pourquoi nous n'avons pas de preuve directe qui montre évidemment que les schistes argileux de cette époque n'ont pas aussi été
produits mécaniquement; la finesse du grain ne peut en effet nous
être d'aucun secours, puisque la texture des schistes ardoises que
l'on retire du groupe de la grauwacke est tout aussi fine que celle
des schistes argileux associés avec le micaschiste ou le gneiss. Il
arrive fréquemment, comme on l'observe aussi dans les schistes
argileux de ce même groupe, que les plans des feuillets ne sont pas
parallèles avec ceux qui paraissent être les plans de stratification,
mais qu'ils forment avec eux différents angles. Le schiste argileux
passe graduellement au schiste chloriteux, au schiste talqueux et à
d'autres roches, en se mélangeant peu à peu avec des minéraux
particuliers qui finissent par remplacer la matière du schiste argileux.

Schiste chloriteux.

Cette roche est fréquemment associée avec la précédente, à
laquelle elle est liée par de fréquents passages, tandis que, d'un
autre côté, on la voit passer au micaschiste. Elle est essentiellement

omposée de chlorite, qui est, ou seule, ou mélangée de quartz, de eldspath, d'amphibole et de mica, dans diverses proportions.

Schiste talqueux.

C'est aussi une roche à laquelle passe le schiste argileux, en préentant d'abord quelques plaques de talc, et en se changeant ensuite n ce minéral, qui est généralement associé avec du quartz, ou bien vec du quartz et du feldspath. On observe souvent des passages de cette roche au micaschiste.

Roche de quartz.

D'après le docteur Macculloch, qui a tant contribué à nous don-ner des idées plus exactes sur cette substance, la roche de quartz varie tellement dans sa texture, qu'elle paraît être, tantôt d'origine chimique, tantôt d'origine mécanique ; circonstance d'un grand in-térêt, puisque cette roche est associée avec un grand nombre de celles dont nous nous occupons. Ce géologue fait observer que le quartz y est rarement entièrement compacte et à l'état cristallin, comme il l'est habituellement dans les filons. Lorsqu'il est pur dans cette roche, sa texture est le plus souvent obscurément granulaire : « elle devient graduellement un peu lâche et arénacée, et les grains varient dans leur grosseur et l'intimité de leur union. Tantôt le quartz ressemble à une masse cristalline granulaire, tantôt il pré-sente un mélange de texture chimique et de texture mécanique ; tan-dis que, dans d'autres cas, l'aspect arrondi des grains et le petit nombre de leurs points de contact semblent indiquer une origine principalement mécanique et le résultat d'une agglutination de sable [1]. »

Il faut remarquer toutefois, relativement à cette définition de la *roche de quartz*, que le docteur Macculloch comprend la grauwacke dans sa classe des roches primaires (*primary class*) ; d'où il suit que si la roche de quartz se trouve associée avec la grauwacke, comme cela a lieu en Normandie et dans d'autres contrées, une texture aré-nacée s'accorde parfaitement avec l'origine mécanique de la masse de grauwacke en général, tandis que si, lorsqu'elle est mêlée avec du gneiss ou du micaschiste, elle est communément plus cristalline, cela s'accorde également avec la texture des roches auxquelles elle est associée. Ceci n'est cependant qu'une idée purement théorique ; mais, comme ce sujet comprend la question de la présence de ro-ches mécaniques au milieu de roches composées confusément cris-tallisées, il ne faut pas passer dessus avec trop de légèreté ; en con-

---

[1] Macculloch, *Geological classification of Rocks*.

séquence, nous ne nous hâterons ni d'admettre ni de rejeter la po
sibilité d'une pareille association.

Cette roche est très connue en Écosse et dans ses îles ; et, d'apr
MM. Humboldt et Eschwège, elle présente dans la cordillière d
Andes et dans le Brésil une étendue et une épaisseur qui surpasse
de beaucoup celles que nous lui connaissons en Europe. Quelque
unes de ces roches, dans le Brésil, sont aurifères, et M. Eschwèg
attribue les dépôts aurifères et platinifères de cette contrée à le
décomposition ou à leur destruction.

Roche amphibolique et Schiste amphibolique.

On comprend sous ce titre, d'après les idées du docteur Maccul
loch, toutes les roches dont l'amphibole constitue le principe esse
tiel et prédominant, et qui sont évidemment contemporaines d
celles au milieu desquelles elles se trouvent. Un grand nombre d
ces roches, composées d'amphibole et de feldspath, ont été dési
gnées par les noms de *grünstein primitif* et de *grünstein schisteux*
L'amphibole prédomine quelquefois jusqu'au point d'exclure les au
tres minéraux. Ainsi que l'indiquent leurs noms, ces roches se ren
contrent à l'état compacte ou à l'état schisteux ; dans le dernier cas
le feldspath est fréquemment de couleur verte.

Calcaire saccharoïde.

Cette roche se trouve diversement associée parmi les roches stra
tifiées inférieures ; mais ce n'est pas seulement dans ce groupe qu'o
la rencontre, car, ainsi que nous l'avons déjà remarqué, on trouv
des calcaires saccharoïdes au milieu des dépôts fossilifères, tels, pa
exemple, que les calcaires bélemnitiques des Alpes occidentales
Cette roche est diversement colorée, mais principalement blanche
c'est elle qui fournit les célèbres marbres statuaires de la Grèce e
de l'Italie. Sa texture est quelquefois à gros grains, comme par exem
ple dans ces calcaires qu'on rencontre près du lac de Côme renfer
més dans le micaschiste, et d'où l'on a tiré beaucoup de matériaux
pour la construction du fameux dôme de Milan. Elle devient quel
quefois schisteuse par un mélange de talc ou de mica. Il est plus que
probable que certaines dolomies cristallines sont associées avec ces
marbres et avec quelques autres des roches dont il est question. Les
calcaires ne varient pas seulement dans leur caractère de cristalli
nité ; ils passent aussi à des substances compactes, et se mêlent

vec divers minéraux, tels que l'amphibole, l'augite, le quartz, etc.
On trouve au col de Bonhomme, près du Mont-Blanc, un composé
remarquable formé de calcaire presque compacte, dans lequel sont
empâtés de petits cristaux de feldspath, ce qui constitue une espèce
de porphyre à base calcaire : c'est le *calciphyre feldspathique* de
M. Brongniart [1].

Eurite.

C'est une roche qui est principalement et souvent entièrement
composée de la substance que l'on appelle feldspath compacte. Elle
ne paraît pas occuper dans la nature une étendue considérable;
le plus ordinairement elle est subordonnée au gneiss ou au micaschiste.

Micaschiste.

Cette roche est essentiellement composée de mica et de quartz;
souvent elle constitue de grandes masses qui couvrent des étendues
de pays considérables, et elle forme aussi des couches peu épaisses
intercalées au milieu d'autres roches. Le micaschiste contient quelquefois des grenats en si grande abondance, qu'on peut presque les
regarder comme une partie composante régulière de la roche. Il passe,
d'un côté, au gneiss, et, de l'autre, au schiste talqueux, au schiste
chloriteux et à d'autres roches.

Gneiss.

Cette roche est, ou schisteuse, ou divisée en couches d'une épaisseur variable. Elle est composée de quartz, de feldspath, de mica et
d'amphibole, accidentellement mêlés d'autres minéraux. Quelquefois
un de ces minéraux manque, d'autres fois c'est un autre; de l'absence du quartz, du feldspath, du mica ou de l'amphibole, et même
quelquefois de deux d'entre eux, comme aussi du mélange d'autres

---

[1] C'est en 1797, dans une excursion où j'accompagnais Dolomieu, que ce calcaire
feldspathique a été trouvé pour la première fois. Je l'ai revu depuis à plusieurs
époques, et des élèves des mines en ont reconnu de tout à fait semblables auprès du
petit Saint-Bernard et ailleurs. Dans cette partie de la Savoie, les petits cristaux me
paraissent se rapporter à *l'albite*, et jamais au véritable feldspath. Quelquefois ce
sont des cristaux de quartz. J'ai toujours vu ce calcaire *parfaitement* compacte,
comme le calcaire lithographique de Pappenheim, jamais presque compacte, comme
le dit l'auteur. Quant à son gisement, il y a lieu de présumer qu'il fait partie du
calcaire jurassique; et il me paraît au moins certain qu'il n'appartient pas aux
roches stratifiées inférieures dont il est ici question, car il se trouve associé à une
roche d'une structure arénacée incontestable.   (*Note du traducteur.*)

substances, résultent de grandes variations dans sa composition. Quand il se trouve confusément cristallisé et en couches régulières et lorsque les lames du mica ne sont pas disposées parallélement aux strates, comme dans les variétés fissiles et schisteuses, le gneiss n'est réellement autre chose, en ce qui concerne ses caractères minéralogiques, que du *granit stratifié*, substance sur laquelle on a tant disputé. C'est ce qui devient encore plus évident lorsque, ainsi que cela arrive dans les Alpes, en Écosse et dans d'autres contrées, on y trouve disséminés de gros cristaux de feldspath, comme dans le granit de Dartmoor, etc. Lorsqu'on rencontre des blocs qui ont été détachés de ce gneiss, et c'est le cas de beaucoup de blocs erratiques venus des Alpes, il est impossible de les distinguer du vrai granit. Le gneiss, avec ses variétés, couvre des étendues de pays considérables.

Le *Protogine* peut très bien se classer avec le gneiss; car la seule différence qui existe entre cette dernière roche et les variétés de protogine décidément stratifiées, c'est que, dans celles-ci, le mica est remplacé par le talc et la stéatite. Le protogine est la célèbre roche granitoïde du Mont-Blanc; il est certain qu'il semble passer à une roche plus massive, mais en cela il ne diffère pas du gneiss qui paraît aussi passer au granit de la même manière.

Bien que les roches qui précèdent soient les plus remarquables des roches stratifiées inférieures, elles sont loin d'en constituer l'ensemble. Les variétés et les passages de l'une à l'autre sont innombrables; et, comme on les rencontre sans ordre déterminé, il devient impossible de les classer. On croyait autrefois que le gneiss était la roche la plus inférieure, et qu'elle était recouverte par le micaschiste; mais on a reconnu depuis qu'il n'en était pas ainsi, puisqu'on trouve ces deux roches intimement mêlées entre elles et avec d'autres composés. Il faut cependant avouer que la masse du gneiss paraît fréquemment occuper la position inférieure.

Toute cette confusion apparente et ce passage d'une roche à l'autre embarrassent les classifications; mais ce sont peut-être précisément ces circonstances qui peuvent nous conduire à connaître quelque chose sur les causes qui ont produit les roches stratifiées inférieures. Ces passages irréguliers et la possibilité de rencontrer une roche quelconque tout aussi bien au haut qu'au bas de la série, montrent que les causes, quelles qu'elles puissent être, qui ont produit cette variété dans les roches n'étaient que secondaires, et qu'il y avait une cause générale de laquelle a dépendu la formation de la masse.

Si nous examinons quelles sont les espèces minérales qui sont entrées en plus grande proportion dans la composition de la masse entière, nous trouvons que ce sont le quartz, le feldspath, le mica et l'amphibole qui sont les plus abondantes, et qui impriment leurs caractères aux diverses parties de cette masse. La chlorite, le talc et le carbonate de chaux ne sont certainement pas rares; mais si nous nous élevons de manière à planer, pour ainsi dire, au-dessus de la terre, et à pouvoir considérer dans leur ensemble les parties de sa surface qui nous sont connues géologiquement, nous trouverons que ces dernières espèces minérales ne forment qu'une très petite portion de la masse. Les roches stratifiées inférieures qui constituent la plus grande partie de la surface découverte de notre planète, sont le gneiss et le micaschiste; et, vues sur une grande échelle, les autres roches sont plus ou moins subordonnées à celles-ci.

En supposant que cette manière de voir approche de la vérité, nous arrivons à une autre conclusion qui est importante, savoir : que les minéraux qui composent la masse des roches stratifiées inférieures sont précisément ceux qui constituent la masse des roches non stratifiées, roches qui, d'après les phénomènes qu'elles présentent, ou avec lesquels elles sont en rapport, sont attribuées à une origine ignée. Nous pouvons ici nous demander quelles sont les circonstances qui ont déterminé l'arrangement de ces minéraux, en masse *stratifiées* dans un cas, et en masses *non stratifiées* dans l'autre. Cette question n'est nullement facile à résoudre dans l'état actuel de nos connaissances; mais, en attendant des renseignements sur ce sujet, on peut établir que les conditions sous lesquelles les deux classes de roches ont été produites, doivent, jusqu'à un certain point, avoir été très distinctes. Nous trouvons encore, en examinant ce sujet dans son ensemble, que les mêmes substances élémentaires ont produit les mêmes minéraux dans les deux cas; la seule différence qui existe, c'est que ces minéraux se sont généralement arrangés d'une manière différente l'un par rapport à l'autre, de telle sorte que, dans l'un des deux cas, ils ont formé des masses stratifiées, et non dans l'autre. En examinant la structure du gneiss, du micaschiste, du schiste chloriteux, du schiste talqueux, etc., nous voyons (si nous exceptons le gneiss en couches épaisses ou le granit stratifié) que c'est la disposition du mica, de la chlorite ou du talc, suivant certains plans généraux, qui a produit la structure fissile ou schisteuse. Cette disposition n'a cependant pas été la seule cause de cette sorte de stratification (si toutefois on peut s'exprimer ainsi, les plans des feuillets schisteux ne coïncidant pas nécessairement avec ceux des couches ou de la stratification proprement dite), car le gneiss en couches épaisses, l'amphibolite, le quarzite, l'eurite et le calcaire saccharoïde, nous forcent de reconnaître que d'autres causes peuvent avoir produit des couches épaisses de substances confusément cristallines.

Il y a néanmoins une ressemblance minéralogique si évidente entre ces deux classes de roches, que l'on ne peut s'empêcher de soupçonner que l'origine reculée de l'une et de l'autre sont liées de quelque manière entre elles, et que des circonstances modifiantes ont imprimé certains caractères à chacune d'elles. Il faut avouer néanmoins que cette idée ne peut être qu'une simple hypothèse, et on doit avoir soin de ne la considérer que sous ce point de vue. Mais on peut demander quelle différence essentielle il y a entre le gneiss en couches épaisses, surtout celui qui empâte des cristaux de feldspath, et le granit, entre quelques amphibolites et le grünstein, si ce n'est que l'un se trouve disposé en couches, tandis que l'autre n'est pas stratifié, et traverse même quelquefois des masses stratifiées semblables. On peut également mentionner ici la serpentine et l'euphotide, qui (comme on le verra dans la section suivante) doivent évidemment être considérées comme des roches ignées et injectées, puisqu'on les voit couper les couches des terrains stratifiés de la même manière que le granit ou le grünstein. Je n'ai jamais observé moi-même ces roches à l'état stratifié; mais le docteur Macculloch paraît être certain qu'elles se rencontrent à cet état dans les îles de l'Écosse. En raisonnant *à priori* on conçoit qu'il y a autant de probabilité de trouver, à l'état stratifié, des roches composées minéralogiquement, comme la serpentine, ou comme l'euphotide qui lui est ordinairement associée, que des roches minéralogiquement identiques avec le granit et le grünstein : c'est pourquoi on doit comprendre ces premières substances dans la liste des roches inférieures stratifiées, quand bien même on n'aurait pas sur ce sujet les assertions positives du docteur Macculoch et de quelques autres savants.

Comme cette question présente quelque intérêt, nous croyons utile de citer les localités indiquées par ce géologue, dans lesquelles on peut observer la stratification. Ce sont, pour l'euphotide, les îles d'Unst, de Balta et de Fetlar, au nord-est des *îles Shetland*; et, pour la serpentine, aussi les îles Shetland. La stratification est souvent assez indistincte; mais l'euphotide est associée avec du gneiss, du micaschiste, du chiste chloriteux et du schiste argileux, et alterne avec eux; quand elle se trouve isolée, elle présente la même inclinaison et la même direction que les roches environnantes. D'après le docteur Macculoch, il n'y a aucun doute que la serpentine ne soit stratifiée dans l'île d'Unst; il parait qu'il en est de même dans celle de Fetlar, mais les couches ne sont pas si régulières.

En nous voyant ne consacrer ici qu'un petit nombre de pages à traiter des roches inférieures stratifiées, on aurait tort de supposer qu'elles sont de peu d'importance; car elles occupent une grande portion de la surface du globe, partout où les dénudations et dislocations de couches, ou bien l'absence de roches superincumbantes nous permettent de les observer. Comme elles présentent des caractères généraux constants en Europe, en Asie, dans l'Amérique septentrionale, et partout où on les a observées, on peut présumer qu'elles ont été produites par des causes communes sur toute la surface du globe, et que ces causes communes sont principalement chimiques, d'autant que le caractère minéralogique prédominant de la masse est d'être confusément cristalline.

Ainsi, cette constance des caractères généraux que nous présentent ces roches, toutes les fois que les circonstances nous permettent de les observer sortant de dessous la masse des couches fossilifères, nous entraîne à conclure que des lois chimiques générales ont opéré sur la surface de notre planète, pendant et avant que les animaux et les végétaux existassent sur cette surface, et qu'elles ont produit des roches dont l'ensemble forme une épaisseur considérable. Il en résulte que, quelle que soit la nature des dépôts sur lesquels nous nous trouvons, nous sommes fondés à présumer qu'il existe toujours au-dessous d'eux des couches de cette espèce, excepté dans les cas où des masses de roches ignées projetées du sein de la terre ont rejeté ces couches de côté et n'ont laissé aucune masse stratifiée intermédiaire entre la surface et l'intérieur du globe.

Il serait fastidieux d'énumérer les différentes localités où l'on peut observer ces roches; il suffira de remarquer qu'il n'existe pas d'étendue tant soit peu considérable de pays dans laquelle quelque accident ne les ait mises au jour. Elles abondent en Norwège, en Suède et dans la Russie septentrionale; elles sont communes dans le nord de l'Écosse, d'où elles s'étendent jusqu'en Irlande; dans les Alpes et dans quelques autres chaînes, elles occupent les lignes de faîte centrales, comme si elles avaient été produites au jour par les mouvements qui ont soulevé ces différentes chaînes; elles abondent dans le Brésil et occupent de vastes étendues dans les États-Unis : nos navigateurs ont montré qu'elles sont assez communes dans les diverses régions reculées de l'Amérique septentrionale qu'ils ont visitées; elles sont très développées dans la grande chaîne de l'Himalaya; elles constituent, en grande partie, l'île de Ceylan, et il ne paraît pas qu'elles soient rares dans les autres parties de l'Asie. On sait qu'elles existent aussi en Afrique, bien qu'on n'ait encore fait des explorations scientifiques que dans une bien petite partie de ce continent.

SECTION XII.

ROCHES NON STRATIFIÉES.

Les roches qui constituent ce groupe naturel sont abondamment répandues sur la surface du globe, se trouvent mêlées avec presque toutes les roches stratifiées, et ont tous les caractères de roches projetées de bas en haut du sein de la terre. Elles se présentent ordinairement, soit en masses intercalées par injection, soit en masses superincumbentes, résultant de l'épanchement de la matière après son éjection, soit remplissant des fentes, produites vraisemblablement par les violentes secousses que les couches ont éprouvées.

L'aspect des roches non stratifiées est excessivement variable, quant à ce qui regarde leur texture, et l'absence ou la présence du petit nombre de minéraux qui entrent essentiellement dans leur composition. Ces différences paraissent cependant, en général, résulter des circonstances auxquelles ces roches ont été soumises; et souvent la même masse, pour peu qu'elle ait quelque étendue, présente de nombreuses variétés de composition, auxquelles on est entraîné à assigner des noms différents (comme on l'a fait) si, au lieu de porter son attention sur la masse, on s'occupe uniquement des petits changements que l'on observe dans la structure minéralogique.

Dans les premiers temps de la géologie, on regardait le *granit* comme la roche fondamentale sur laquelle toutes les autres étaient amoncelées; mais l'observation des faits a fait abandonner cette opinion, comme beaucoup d'autres; car, comme on le verra dans la suite, on a des exemples où le granit repose sur des roches stratifiées et fossilifères, dont l'âge même n'est souvent pas très ancien. Il faut cependant convenir que le granit paraît quelquefois alterner

en masses d'une épaisseur considérable avec les roches stratifiées
inférieures, et que sa séparation d'avec le gneiss, surtout d'avec le
gneiss en couches épaisses, est très douteuse. Toutefois, avant de
continuer l'examen des roches non stratifiées, il est nécessaire de
donner un précis de leurs caractères minéralogiques, en faisant
abstraction de celles de ces roches qu'on appelle ordinairement volcaniques, et dont il a déjà été question.

Granit.

C'est un composé confusément cristallisé de quartz, de feldspath,
de mica et d'amphibole. Il n'est pas nécessaire que ces quatre minéraux s'y trouvent à la fois; au contraire, on a donné le nom de
granit à des roches dont le feldspath et le mica, le feldspath et le
quartz, le feldspath et l'amphibole, ou le quartz et l'amphibole,
étaient les seuls minéraux constituants. On ne doit employer
qu'avec beaucoup de circonspection le terme *granit* dans ces
divers cas, par exemple, lorsqu'il s'agit d'une roche composée de
feldspath et d'amphibole, car c'est ce que les minéralogistes ont distingué sous le nom de *grünstein*; et cette roche ne doit jamais être
appelée *granit* que quand elle se trouve subordonnée à une masse
à laquelle ce dernier nom peut s'appliquer plus spécialement, et
lorsqu'elle ne résulte que de l'absence accidentelle, dans un espace
limité, d'un ou deux des minéraux mentionnés plus haut, comme
formant les éléments du granit. Dans son état le plus ordinaire, le
granit est composé de feldspath, de quartz et de mica; quand
l'amphibole remplace le mica, on l'appelle quelquefois siénite.
D'autres minéraux, tels que la chlorite, le talc, la stéatite, etc., se
mêlent quelquefois, en diverses proportions et de diverses manières, avec ceux que nous avons cités plus haut; mais on ne doit
considérer les roches composées auxquelles ces mélanges donnent
lieu que comme des variétés accidentelles. Lorsque le quartz et le
feldspath sont seuls, et que la première de ces substances paraît
disséminée dans la seconde, on donne au composé le nom de *granit graphique*, à cause de la prétendue ressemblance qu'il a
avec des caractères antiques. Le granit devient quelquefois porphyroïde, comme cela arrive dans le Cornouailles et le Devonshire,
par le mélange de gros cristaux de feldspath qui se trouvent disséminés dans la masse, ce qui montre que, bien que dans le granit
la cristallisation ait été en général confuse, les circonstances ont
été telles, qu'il a pu se former des cristaux distincts de feldspath.

Euphotide [1] *et serpentine* [2].

Ces roches sont si intimement liées, qu'il paraît impossible de les séparer ; elles passent quelquefois de l'une à l'autre par toutes sortes de modifications. L'euphotide, lorsqu'elle est pure, est composée de feldspath et de diallage. La serpentine pure est généralement considérée comme une substance minérale simple, et dans cet état elle forme de grandes masses ; mais elle acquiert rarement une étendue tant soit peu considérable sans se mêler avec le diallage. Ces roches sont quelquefois mélangées avec d'autres roches composées de la classe du grünstein, et on observe entre les unes et les autres des passages si insensibles, qu'on ne peut les considérer que comme des parties d'une masse commune, quoique dans ce cas la serpentine et l'euphotide soient généralement prédominantes.

Grünstein [3], *et les autres roches appelées ordinairement roches trappéennes.*

Ces roches passent aussi tellement de l'une à l'autre, qu'il arrive souvent qu'on peut en trouver une grande variété dans une seule masse, même de peu d'étendue. Leur texture varie depuis celle d'une roche simple jusqu'à celle d'un composé confusément cristallin, dans lequel sont disséminés des cristaux de feldspath. Le docteur Macculloch a observé depuis longtemps que « la substance « prédominante dans les membres de cette famille est une roche « simple dont les deux limites extrêmes paraissent être, d'un côté, « l'argile endurcie (*indurated clay*) ou la wacke, et de l'autre, le « feldspath compacte, l'état intermédiaire étant une argilolite « (*claystone*) et le phonolite (*klingstein*). Dans quelques cas, elle « forme toute la masse ; dans d'autres, elle est mêlée avec d'autres « minéraux dans diverses proportions et de diverses manières ; de là « résultent de grandes diversités d'aspects, sans qu'il y ait aucune « variation matérielle dans le caractère fondamental [4]. » On conçoit facilement qu'il est impossible de donner de définition exacte d'un composé dont la nature varie constamment. L'argilolite (*claystone*), ainsi que l'indique son nom, ressemble à une argile à différents degrés de solidité ; et souvent, quand elle est en masse, elle

[1] *Diallage rock*, angl.; *Schillerfels*, allem.
[2] *Ophiolite* (Al. Broug.); *Serpentine*, angl.; *Serpentin*, allem.
[3] *Diabase* (Al. Brong.); *Grünstein*, allem.; *Greenstone*, angl.
[4] Macculloch, *Geological classification of Rocks*, 1821, p. 580.

prend la structure colonnaire. Le phonolite (*klingstein*) paraît
être un passage intermédiaire au feldspath compacte, substance qui,
d'après le docteur Macculloch, contient à la fois de la potasse et
de la soude, tandis que le feldspath commun ne contient que de la
potasse. Il est évident que, quand des substances composantes présentent des variations aussi continuelles, il n'est guère possible de
définir exactement ce que peut être géologiquement le feldspath
compacte. J'ai employé ailleurs [1] le nom de *cornéenne* pour désigner quelques-unes des variétés les plus simples de cette espèce de
roche connue sous le nom de *hornstein*, roche qui, dans quelques
cas, paraît n'être autre chose que du feldspath compacte, mais qui,
dans d'autres néanmoins, participe aussi aux caractères d'autres
minéraux. Ainsi, dans le Pembrokeshire, où il y a une diversité
remarquable de roches trappéennes, les cornéennes peuvent se diviser en feldspatiques, quarzeuses et amphiboliques, suivant que
le feldspath, le quartz ou l'amphibole prédominent dans la masse ;
la variété quarzeuse, qui est la plus rare, paraît ressembler à quelques espèces de roches de quartz, si ce n'est qu'elle n'est pas stratifiée. Ces formes plus simples des roches de trapp deviennent fréquemment porphyroïdes par le mélange de cristaux de quartz ou de
feldspath, et quelquefois de ces deux substances à la fois dans la
même masse, comme dans les porphyres rouges quarzifères, roches
qui passent souvent au granit. On désigne généralement les porphyres par le nom de la base ou de la pâte dans laquelle les cristaux
sont disséminés ; ainsi nous avons :

Porphyre argileux, argillophire (Brongniart) (*Claystone porphyry*, angl. ; *Thonstein porphyr*, allem.).

Porphyre feldspathique ou *euritique, vrai porphyre* (Brongniart) ; (*Feldspathic porphyry*, angl. ; *Hornstein porphyr, Feldspath porphyr*, allem.).

Enfin, *porphyre phonolitique* (*Clinkstone porphyry*, angl. ;
Klingstein porphpr, allem.).

On peut dire que très souvent les éléments du quartz, du feldspath
et de l'amphibole existent à la fois dans la masse, et que leur union
est tellement modifiée par une foule de circonstances, qu'il en résulte de nombreuses variétés de ces roches, toutes connues sous le
nom commun de roches trappéennes (*trap-rocks*), dont la masse est
tantôt l'amphibole, tantôt le feldspath, tandis que le quartz y est
rarement prédominant. Dans d'autres circonstances, il s'est produit
des composés confusément cristallins ; le quartz, le feldspath et l'am-

---

[1] *Geology of Southern Pembrokeshire, Geol. trans.*, 2ᵉ série, vol. II.

hibole réunis forment de la *siénite;* ou bien du feldspath et de l'amphibole sans quartz constituent le *grünstein.* La structure granulaire de ces roches varie essentiellement et finit par devenir un peu douteuse; du moins on soupçonne, plutôt qu'on ne voit, ce mode de structure. Certaines variétés contiennent accidentellement des cristaux disséminés de feldspath, et deviennent ainsi ce qu'on appelle communément *grünstein porphyroïde* ou *diabase porphyroïde* (*Greenstone porphyry,* angl.; *Grünstein porphyr,* allem.). Une pâte de cornéenne amphibolique verte, contenant des cristaux de feldspath, constitue l'*ophite* de Brongniart, qui n'est autre chose que l'ancien *porphyre vert.*

Quelques-unes des roches de cette famille sont souvent poreuses comme les laves modernes; mais les cavités ont été postérieurement remplies par quelques substances minérales qui y ont pénétré par infiltration. Ces substances sont souvent des agates, et celles qui sont employées dans les arts proviennent principalement de gisements de ce genre. De ce que ces cavités ont souvent la forme d'une amande, ou plutôt de ce que les parties solides qui les remplissent paraissent ressembler, pour la forme, à des amandes, on a donné le nom d'*amygdaloïdes* aux roches de cette classe. On conçoit facilement que la base ou la pâte des amygdaloïdes ne doit pas être constamment la même, mais qu'elle doit présenter beaucoup de variétés. Une roche trappéenne est quelquefois en même temps amygdaloïde et porphyroïde (Devonshire, Écosse, etc.). Les cavités amygdaloïdales fournissent aux minéralogistes une grande abondance de minéraux siliceux, calcaires et autres.

On trouve dans les roches trappéennes d'autres minéraux que ceux que nous avons cités plus haut; mais on ne peut pas les considérer comme étant des parties composantes essentielles de ces roches, excepté toutefois l'augite et l'hypersthène, qui, mêlés avec du feldspath commun, compacte ou vitreux, constituent les *roches d'augite* et *roche d'hypersthène* du docteur Macculloch.

Il serait presque impossible de décrire les aspects variés sous lesquels ces roches se présentent; il faut toutefois remarquer que l'on a donné le nom de *basalte* à des substances qui ne sont pas exactement de même nature; car on l'a quelquefois appliqué à une roche composée de très petites parties de pyroxène et de feldspath compacte, d'autres fois à un mélange à grains fins d'amphibole et de feldspath compacte, quelquefois à des argilolites (*claystone*) noirs, très durs, et enfin à un composé de feldspath, de pyroxène et de fer titané. Ce dernier mélange paraît être celui auquel on applique le plus communément aujourd'hui le nom de *basalte.*

Telles sont les roches que l'on regarde communément comme
non stratifiées. On aura sans doute remarqué que les passages qui
les lient l'une à l'autre sont si nombreux, qu'il n'est pas facile d'établir entre elles des distinctions. Le granit minéralogique éprouve
diverses modifications et passe à des grünstein et à d'autres roches
de la classe des roches trappéennes [1].

‡ Ce n'est pas seulement avec des roches de la période la plus
ancienne que le granit se trouve mêlé; on le rencontre dans les
montagnes de l'Oisans (*Dauphiné*), traversant et recouvrant des
terrains qui, d'après M. Élie de Baumont, se rapportent à la série
oolitique [2]. Ce phénomène n'est pas particulier aux Alpes occidentales; M. Hugi l'a aussi observé dans les *Alpes de la Suisse*, dont
il donne un grand nombre de coupes qui offrent beaucoup d'intérêt [3]. Parmi les localités qui présentent le granit superposé aux
roches stratifiées, on peut citer le Tosenhorn, le Tristenhorn, le
Botzberg dans l'Ursenthal, et la Jungfrau, montagne dans laquelle
des calcaires et des chistes rapportés au lias paraissent, pour ainsi
dire, encaissés au milieu de la roche granitique. Il y a une analogie
frappante entre les faits observés par M. Élie de Baumont dans

---

[1] Le docteur Hibbert a observé dans les *îles Shetland* le passage d'un *granit* à
une des roches qu'on a appelées *basalte* (et qui, dans ce cas, est formée d'un mélange
intime d'amphibole avec une petite quantité de feldspath). Comme la description
qu'en donne ce géologue jette du jour sur ces espèces de passages en général, il peut
être utile de la rapporter ici.

Le basalte s'étend depuis l'île de Mickle Voe, du côté du nord, jusqu'à celle de
Rocness Voe, à une distance de douze milles. A l'ouest de ce basalte se trouve une
masse considérable de granit. Voici comment la transition de l'une de ces roches à
l'autre se trouve décrite : « Non loin de la jonction, on trouve disséminées dans le
basalte des particules de quartz très ténues : c'est une première indication d'un
changement prochain dans la nature de la roche. En se rapprochant du granit, on
voit que les particules de quartz disséminées dans le basalte deviennent encore plus
distinctes, plus nombreuses et plus grosses, et que cet accroissement de grosseur
s'étend à toutes les autres parties composantes. On peut alors reconnaître que la
roche est formée d'éléments séparés de quartz, d'amphibole, de feldspath et de grünstein; cette dernière substance (le grünstein) étant un mélange homogène d'amphibole
et de feldsphath. En se rapprochant encore davantage du granit, les parties disséminées de grünstein disparaissent et sont remplacées par une plus grande proportion
de feldspath et de quartz. La roche est alors formée de trois éléments : feldspath, quartz
et amphibole. La dernière modification que subit la roche provient d'une proportion
encore plus grande du quartz et du feldspath, et d'une diminution équivalente de
l'amphibole. Enfin l'amphibole disparaît accidentellement, et l'on a un granit très
bien caractérisé, formé de deux éléments : quartz et feldspath. » (Hibbert, dans le
Edimb. Journal of Science de M. Brewster, vol. 1, p. 107.) Le même géologue mentionne aussi un passage du porphyre feldspathique au granit près de Hillswick Ness.

[2] Élie de Beaumont, *sur les Montagnes de l'Oisans ; Mém. de la Soc. d'Hist.
nat. de Paris*, t. v; voyez aussi *Sections and Views illustrative of Geological
Phenomena*, pl. 15.

[3] Hugi, *Naturhistorische Alpenreise*; Soleure, 1830.

ne partie des Alpes, et par M. Hugi dans une autre partie; car, dans les deux cas, le granit se trouve non seulement au-dessus, mais aussi au-dessous des roches stratifiées, ainsi que le montrent es coupes données par ces deux géologues.

La figure ci-jointe (fig. 102), représentant le *Botzberg* et tirée de 'ouvrage de M. Hugi, donnera aux élèves une idée de cette super-position.

Fig. 102.

a, calcaires et schistes rapportés au lias; *b*, micaschiste; *c*, gneiss; *d*, granit. La superposition est évidente dans cette coupe [1], et l'on pourrait demander si les roches indiquées comme micaschiste et gneiss ne peuvent pas être des schistes du lias altérés par la présence du granit qui les recouvre.

Non-seulement des roches granitiques ont été ainsi rapportées à une époque postérieure au groupe oolitique, mais on a déjà vu (pages 345 et 346) qu'on en trouve même au-dessus de la craie, à Weinbohla en Saxe; d'où l'on peut conclure qu'il s'est produit du granit pendant la période supracrétacée. Par conséquent, en admettant l'exactitude de ces observations, nous devons nous attendre à trouver des roches granitiques traversant et recouvrant des terrains de tous les âges, depuis les roches inférieures stratifiées jusqu'à celles du groupe crétacé inclusivement.

La superposition de roches granitiques sur du calcaire fossilifère a été observée depuis longtemps par M. de Buch en *Norwège*, et par le docteur Macculloch dans l'*île de Sky*. On a aussi remarqué à *Predazzo*, des roches semblables reposant sur des dépôts qui appartiennent, soit à la série oolitique, soit au groupe crétacé. Relativement à cette dernière localité, M. Herschell observe qu'à Canzocoli, où la dolomie plonge sous le granit, sous un angle de 50° à 60°, les deux roches paraissent altérées vers le contact, et qu'elles sont séparées par des veines de serpentine [2].

[1] La seule question que l'on puisse faire dans ce cas est de savoir s'il n'est pas possible que toute la masse ait été retournée.
[2] Herschell, *Edinburgh Journal of Science*, vol. III.

Le professeur Sedgwick et M. Murchison attribuent le contact du granit avec les roches oolitiques de *Brora* (Écosse) à l'élévation du granit en masse, qui aurait relevé les tranches du dépôt oolitique [1]

Les mêmes géologues ont aussi observé un gisement remarquable de granit et de calcaire sur la côte septentrionale du Caithness, près de Sandside (*Écosse*); le granit paraît s'être fait jour à travers les calcaires, et il s'est produit une brèche qui contient des fragments de calcaire et de granit. Le ciment de cette brèche est généralement granitique, bien qu'il soit calcaire dans quelques endroits, et que dans d'autres il se rapproche d'un grès. Un gros bloc de calcaire paraît entièrement encaissé dans le granit. Du côté de l'est, les couches calcaires sont peu disloquées, tandis que du côté de l'ouest elles sont dans la plus grande confusion, et, ce qui est important à remarquer, leur texture est devenue cristalline et cellulaire [2].

Ainsi, non-seulement nous voyons que le granit s'est élevé en masses considérables à travers d'autres roches et les a recouvertes, mais nous voyons encore, dans les *filons de granit*, la preuve évidente que la matière de cette roche était dans un état de fusion ignée qui lui a permis de pénétrer dans des fentes étroites produites dans les roches stratifiées et plus anciennes par quelque secousse violente, telle que celle qui est probablement résultée de la projection de la matière ignée accompagnée de vapeurs élastiques. Si nous imaginons qu'il se produise tout à coup des fractures au contact d'une masse de roche en fusion, telle que nous présumons qu'a dû être le granit, il en résultera naturellement que la substance en fusion sera injectée dans toutes les crevasses par la grande pression qu'elle éprouve sur un côté; la substance, en s'y introduisant, brisera et empâtera tous les fragments détachés, ainsi que les portions de roches saillantes qui s'opposent à la violence de son injection : c'est précisément ce qu'on observe dans les filons de granit que l'on sait maintenant être très abondants dans la nature, bien que leur existence ait été fortement contestée pendant le règne de la théorie wernérienne.

La vallée dite *Glen Tilt*, qui, à ce qu'on rapporte, fit tant de plaisir à Hutton lorsqu'il la visita pour la première fois, présente d'excellents exemples de l'intrusion de filons de granit au milieu de roches stratifiées. On y remarque principalement une masse de granit sur le flanc septentrional du vallon, et une masse de schiste et de calcaire sur le flanc méridional : de la première masse partent,

---

[1] Sedgwick et Murchison, *Geol. trans.*, vol. ii, pl. 34.
[2] *Ibid.*, vol. iii, p. 132.

ans toutes les directions, des filons qui disloquent la seconde et l'entremêlent avec elle d'une manière si compliquée, qu'il est impossible d'en donner une description sans le secours de cartes et de coupes, pour lesquelles, ainsi que pour le détail des divers phénomènes que présente cette vallée, nous renvoyons nos lecteurs aux Mémoires de lord Webb Seymour, du professeur Playfair [1] et du docteur Macculloch [2].

On connaît maintenant dans les diverses parties du globe des filons de granit qui traversent les roches stratifiées. On en trouve quelques beaux exemples dans le district du Land's End; il y en a un entre autres au *cap Cornouailles*, qui montre qu'il s'est produit un glissement ou faille dans les roches de schiste; car un filon de quartz a été coupé et a été élevé plus d'un côté que de l'autre, ce qui prouve qu'il y a eu un déploiement de forces [3]. A Mousehole, on peut voir les filons partir de la masse principale de granit [4].

Dans les *Alpes*, les filons partent aussi de masses de granit qui, comme l'a montré M. Necker de Saussure, paraissent avoir eu une grande influence sur la position actuelle des couches en divers points de ces montagnes [5]. Ils traversent du gneiss dans la vallée de *Valorsine*, et aussi à l'extrémité supérieure du *lac de Côme*.

Ce n'est pas seulement en Europe qu'on les observe; on les trouve aussi coupant des couches et empâtant des fragments de roches schisteuses au *Cap de Bonne-Espérance*, ainsi que l'ont reconnu le capitaine Basil Hall et le docteur Clarke Abel [6]. M. Hitchcock les a aussi observés en *Amérique*, traversant du micaschiste, du schiste amphibolique, du calcaire (indiqué comme présentant un caractère particulier), du gneiss et du granit, dans le Connecticut, et poussant fréquemment des embranchements dans diverses directions [7].

On ne peut donc pas regarder les filons de granit comme rares; au contraire, ils paraissent assez communs dans les localités où les circonstances permettent d'observer de bonnes coupes de la jonc-

[1] *Trans. of Royal Soc. of Edinburgh*, vol. VII.

[2] *Geol. transactions*, 1re série, vol. III.

[3] Oeynhausen et Decken, *Phil. mag.*, et *Annals of Philosophy*, 1829; *Sections and Views illustrative of Geological Phenomena*, pl. 47, fig. 4.

[4] *Ibid.*, fig. 5.

[5] Necker de Saussure, *sur la Vallée de Valorsine; Mém. de la Soc. de Physique et d'Hist. nat. de Genève.*

[6] Basil Hall, *Transactions of the Royal Soc. of Edinburgh*, vol. VII; et Clarke Abel's, *Voyage to China.*

[7] Hitchcock, *On the Geology of Connecticut; American Journal of Science*, vol. VI.

tion de la masse granitique et des roches au milieu desquelles elle paraît s'être introduite. On doit s'attendre à ce que ces filons soient de dates différentes, et l'on remarque en effet que des masses de granit sont traversées elles-mêmes par des filons qui sont aussi de granit.

La composition du granit dans ces filons doit naturellement varier, car elle dépend beaucoup des circonstances locales. Si nous supposons en effet qu'une substance en état de fusion ignée soit injectée dans des fissures de roches, cette substance pourra se trouver soumise à diverses conditions. Dans les endroits où elle se sera refroidie plus vite, comme cela a dû arriver dans les fissures étroites et éloignées du foyer, il a dû se former un composé moins cristallin ; tandis que dans les fentes plus larges et dans le voisinage de la grande masse échauffée, la critallisation a dû être plus parfaite, et le composé doit présenter la plus grande ressemblance avec la masse principale. Conséquemment, dans un système de filons granitiques, nous devons nous attendre à trouver une grande diversité dans l'aspect de la matière granitique ; et c'est ce qui arrive généralement.

Quoiqu'il soit très difficile de séparer les *roches trappéennes* des roches granitiques, il est cependant utile de s'en occuper séparément. Elles constituent aussi de très grandes masses et forment aussi des dikes et des filons. Quand on les considère d'une manière générale, on peut établir qu'elles contiennent généralement beaucoup moins de mica que les roches granitiques, mais beaucoup plus d'amphibole ; elles paraissent aussi plus abondamment répandues au milieu des dépôts modernes que les granits, bien qu'on ne puisse pas nier qu'elles passent à ces derniers d'une manière remarquable. Si cette idée d'une grande prédominance des roches granitiques sur les roches trappéennes pendant les périodes les plus anciennes était reconnue exacte, elle paraîtrait indiquer, pendant ces anciennes périodes, un certain état de choses qui par la suite se serait modifié de manière à produire des changements dans les caractères des déjections ignées. Nous ne pouvons encore établir aucune idée sur la nature de cet ancien état de choses, et les volcans modernes ne peuvent nous être à ce sujet que d'un très faible secours, puisqu'on n'a jamais observé qu'ils aient vomi de granit. Cette circonstance nous apprend cependant que les éruptions ignées dans l'atmosphère ne sont pas favorables à la production du granit, et nous pouvons en conclure que les conditions sous lesquelles le granit s'est produit n'étaient pas semblables à celles que nous observons aujourd'hui à la surface du globe, du moins pour ce qui a rapport aux phénomènes qui ont lieu dans l'atmosphère. Il nous est impossible

e déterminer ce que peut produire une matière ignée sortant du
ein de la terre sous une grande hauteur d'eau ; mais il n'y a aucun
oute qu'elle doit être grandement modifiée par une pareille pres-
on. Néanmoins, nous ne voyons pas exactement pourquoi une dif-
rence de pression rendrait le mica généralement mois abondant et
quantité d'amphibole si considérable ; nous pouvons par consé-
uent conclure que, dans l'état général où se trouvait alors la sur-
ce de notre planète, il y avait quelque condition qui permettait la
roduction de la grande abondance des granits, si communément
ssociés avec les roches stratifiées les plus anciennes que nous con-
aissions, roches qui ne diffèrent du granit qu'en ce qu'elles sont
ratifiées, c'est-à-dire en ce que les minéraux qui les composent sont
isposés par feuillets.

En admettant cette prédominance des roches granitiques pen-
ant les périodes les plus anciennes, leur production à des époques
lus récentes montre que les conditions nécessaires pour leur for-
ation n'avaient pas encore cessé alors d'exister, bien qu'elles aient
té infiniment plus rares, et qu'elles aient été en grande partie rem-
lacées par celles sous lesquelles se sont produites les roches trap-
éennes, qui sont devenues plus communes.

Les roches trappéennes, avec leurs diverses modifications, se
encontrent si fréquemment dans la nature, qu'il serait entièrement
nutile d'entreprendre une énumération des lieux où on en a ob-
ervé. On les trouve mêlées avec les roches stratifiées sous tous les
odes de gisement possibles ; tantôt elles sont injectées et interca-
ées entre les couches sur des étendues considérables, de telle sorte
u'on voit des coupes dans lesquelles les roches ignées paraissent
'être stratifiées avec les dépôts aqueux ; ailleurs elles constituent
es cimes de collines, et semblent être les restes d'un dépôt stratifié,
ormé tranquillement au-dessus d'autres couches, duquel les parties
ui liaient autrefois ces cimes entre elles en une nappe continue de
atières sorties du sein de la terre ont été enlevées par dénudation ;
ouvent, à l'état de dykes ou de filons, elles remplissent des fentes
roduites antérieurement : dans quelques cas de ce genre, la matière
gnée paraît avoir pénétré dans la fissure avec tant de violence,
u'elle a arraché des fragments des parois, tandis que dans d'autres
lle paraît s'être élevée plus doucement, et avoir graduellement
empli la crevasse.

Il n'est peut-être pas de contrée plus convenable pour *étudier*
ous ces modes de gisement, ou les divers aspects minéralogiques
les roches elles-mêmes, que les *côtes* et les *îles de l'Écosse*, qui

ont été décrites par le docteur Macculloch [1] ainsi que par d'autre[s]
géologues, d'autant plus qu'on y trouve le grand avantage de po[u]
voir observer à l'infini des coupes sur les falaises des côtes, qui so[n]
d'un secours inappréciable dans toutes les recherches géologique[s]

Des apparences de stratification de roches ignées avec des cou[r]
ches d'une origine différente se rencontrent dans beaucoup d[e]
pays; mais on peut surtout très bien les étudier dans le *comté d[e]
Durham*, dans la partie haute de la Vallée de la *Tees (high Tees
dale)*, où la matière ignée a été injectée au milieu de couches d[e]
calcaire, de grès et d'argile schisteuse, qui forment une parti[e]
de la série du calcaire carbonifère, de telle sorte qu'une grand[e]
masse aplatie de roches trappéennes formant en apparence une cou[r]
che généralement connue sous le nom de *Great Whin Sill*, étai[t]
regardée comme constituant une portion régulièrement stratifié[e]
d'une masse commune, avant que les recherches du professeur Seg[?]
dwick eussent montré qu'elle a évidemment été injectée au milie[u]
des dépôts aqueux, et qu'elle se rattache à une masse de matièr[e]
ignée qui a disloqué les couches et altéré le prolongement de ce[s]
mêmes dépôts [2].

Dans le *Derbyshire*, des roches trappéennes, généralemen[t]
connues sous la dénomination provinciale de *Toadstone*, d'aprè[s]
l'aspect des roches amygdaloïdes qui y dominent, se trouvent e[n]
apparence stratifiées avec le calcaire carbonifère. D'après toute[s]
les analogies, nous sommes conduits à considérer ces roches trappéennes comme ayant été injectées au milieu des calcaires, don[t]
les couches ont été facilement séparées par la force d'injection, d[e]
la manière que nous avons déjà indiquée à l'article des Roches volcaniques (p. 158). On trouvera de grands détails sur cette association des roches de trapp et des calcaires dans la description qu[e]
donne M. Conybeare des roches du Derbyshire [3].

D'après M. Aikin, on observe à la houillère de *Birch Hill*, dans
le *Staffordshire*, un bon exemple de l'apparence de stratification
du grünstein avec les couches du terrain houiller. La couche ou l[a]
masse aplatie de grünstein paraît se rattacher d'un côté à une masse
de trapp, d'où elle a été injectée au milieu des couches de terrain ;

---

[1] Macculloch's, *Vestern Islands.*

[2] Sedgwick, *Trans. of the Cambridge Phil. Soc.*, vol. 11, p. 139; et *Sections an[d]
Views illustrative of Geological Phenomena*, pl. 13. Dans quelques endroits le
calcaire et le schiste ont été bouleversés par le trapp; le calcaire est devenu granulaire, et le schiste s'est endurci.

[3] *Outlines of the Geology of England and Wales*, Book 111, chap. v.

la houille est altérée et privée de son bitume dans les endroits où elle est recouverte par la roche trappéenne[1].

On a souvent insisté sur la connexion des roches de trapp avec les couches houillères, et il y a certainement quelques pays où on observe beaucoup d'apparences d'une intime association entre elles; mais dans les lieux où les faits ont pu être examinés avec soin, on reconnaît généralement que les roches ignées paraissent avoir été introduites au milieu des grès, des argiles schisteuses et de la houille, après le dépôt de celle-ci, et même après sa consolidation. Il ne s'ensuit pas néanmoins qu'il soit impossible que des éruptions ignées et des dépôts de houille aient été contemporains; on conçoit au contraire que les grands mouvements de sol qui ont problablement accompagné de pareilles éruptions ignées ont dû aider à la destruction de la végétation, en la plongeant sous les eaux; et on doit également penser que des agitations violentes de l'atmosphère qui auraient eu lieu en même temps, semblables à celle qui est arrivée pendant la grande éruption de Sumbawa (pages 146 et suivantes), ont pu contribuer aussi en quelque chose au transport de divers débris végétaux et à leur accumulation sur certains points[2].

Le difficultés à ce sujet proviennent souvent du défaut de bonnes coupes naturelles; car il est clair que, dans un pays qui n'offre pas de pareilles coupes, et qui n'a été exploré que par le moyen de galeries de mines, une masse de trapp injecté peut être épanchée sur les couches de houille, ou introduite au milieu d'elles, de manière à produire un grand nombre d'apparences ambiguës, particulièrement lorsque la masse entière est traversée par des failles, ainsi que cela arrive fréquemment.

Parmi les divers dikes de trapp que M. Winch à cités comme traversant des couches houillères dans le voisinage de *Newcastle*, il y en a un, décrit par M. Hill, à la mine de Walker, qui a converti en coke la houille avec laquelle il s'est trouvé en contact. Ce dyke, bien qu'il coupe les couches de houille, n'altère pas leur niveau de part et d'autre; mais dans le plan qui accompagne le Mémoire, on a marqué, au sud du dyke, une faille qui est parallèle à ce dyke, et qui, du côté de l'est, produit une dislocation d'environ neuf

[1] Aikin, *Geol. trans.*, vol. III. Dans la coupe qui accompagne ce mémoire, on voit une faille qui a traversé les couches après l'injection du trapp, car cette roche est disloquée comme les autres; ce fait s'observe aussi dans les coupes du High Teesdale du professeur Sedgwick, où les dislocations affectent également toutes les roches.

[2] Pendant les ouragans tropicaux qui ont lieu au milieu d'îles, telles que celles des Indes occidentales, des végétaux, et plus particulièrement leurs parties les plus légères, sont portés à la mer en grande abondance.

pieds, de sorte que la fracture ne parait pas avoir été tout à fait simple [1].

On trouve des dykes de trapp dans toutes les parties du globe : la composition de la roche varie essentiellement, et souvent dans le même dyke, ainsi que cela a dû arriver d'après les différences de refroidissement et de pression ; de telle sorte que les parties centrales sont souvent plus cristallines que les parties latérales [2].

Ainsi, il est bien constaté que les roches stratifiées ont été soumises à l'action d'une force mécanique considérable; nous en avons déjà cité des exemples dans le nord de l'Irlande, où de grosses masses détachées ont été enveloppées dans la matière ignée; le docteur Macculloch et M. Murchison ont aussi observé des phénomènes semblables dans les *Hébrides*, où les roches détachées et empâtées sont d'une date plus ancienne que celles qui ont été observées dans le nord de l'Irlande [3].

La figure ci-jointe (fig. 103) représente une fracture considérable et une altération dans les calcaires, au Black Head, dans la *baie de Babbacombe* (Devonshire), effectuées par l'éruption d'un grünstein qui, bien qu'il recouvre les calcaires dans cette coupe, se trouve recouvert par eux à une distance peu considérable.

Fig. 103.

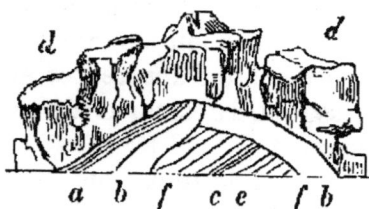

a, schiste argilo-calcaire, traversé par des filons de spath calcaire, et accidentellement endurci ; *b b*, calcaires qui sont devenus

[1] *Geol. trans.*, 1re série, vol. IV.

[2] Un des dykes les plus longs que nous connaissions, est celui qu'a décrit le professeur Sedgwick, dans son Mémoire sur les dykes du Yorkshire et du comté de Durham. Ce dyke s'étend très probablement depuis le *High Teesdale* jusqu'aux limites de la côte orientale, sur une longueur de plus de soixante milles. Dans son cours, il traverse le terrain houiller, le grès rouge et le lias. *Cambridge Phil. trans.*, vol. II, p. 31; et *Sections and Wiews illustrative of Geological Phenomena*, pl. 14.

[3] Macculloch, *On the Western Islands of Scotland*. Plusieurs des coupes contenues dans cet ouvrage ont été reproduites dans les *Sections and Wiews illustrative of Geological Phenomena*, afin de montrer les divers modes suivant lesquels les roches trappéennes sont associées avec les roches stratifiées dans les Hébrides. M. Murchison a indiqué des fragments de roches de la série oolitique des mêmes îles qui sont empâtés dans le trapp de la côte méridionale de l'île Mull, *Géol. trans.*, 2e série, vol. II, pl. 35.

semi-cristallins : ils ont aussi été autrefois, à en juger par des bandes
de couleur qu'on y observe, plus fissiles qu'ils ne le sont aujour-
d'hui; *c*, schiste avec une couche mince de calcaire rougeâtre *e* : ce
schiste paraît très altéré; *d d*, grünstein et ses variétés, formant la
masse de la montagne, et traversé par des filons calcaires dans le
voisinage des couches calcaires ; *f f*, lignes de fracture qui divisent
les calcaires et les schistes en trois masses.

Les schistes et les calcaires ont évidemment souffert, non-seulement de l'action mécanique du grünstein soulevé, mais encore de
l'action chimique qu'a exercée sur eux la proximité de la masse en
état de fusion ignée. Malgré la pression générale qui empêchait le
dégagement de l'acide carbonique contenu dans les calcaires, quelques-uns de leurs éléments se sont échappés et ont rempli de carbonate de chaux les fentes et les crevasses de la masse de trapp
supérieure. Les altérations des calcaires au contact de roches trappéennes sont assez communes; elles 'produisent une cristallisation
plus ou moins prononcée, ce qui s'accorde avec les expériences
bien connues de Sir James Hall [1], qui a prouvé que le carbonate
de chaux soumis à une grande chaleur, sous une pression suffisante, conserve son acide carbonique, entre en fusion, et devient
cristallin par refroidissement; fait qui, auparavant, était révoqué
en doute.

L'altération des calcaires et du trapp à leur contact ne se borne
pas toujours à un arrangement cristallin dans les molécules des
premiers; car le docteur Macculloch a observé, à *Clunie*, dans le
Perthshire, un trapp qui se changeait en serpentine au contact du
calcaire. Un filon de trapp traverse le calcaire; la roche est une
espèce de grünstein dont la structure, presque partout assez grossière dans l'intérieur, devient feuilletée (*Lamellar*) sur les côtés.
Cette structure feuilletée « devient graduellement plus distincte
vers les tranches du filon, où, par suite de la décomposition, la
masse se sépare en plaques qui, au premier aspect, ressemblent à
un schiste noir graphique (*Black slate*). Ces plaques sont souvent
traversées par d'autres fissures qui divisent le tout en masses cu-
boïdes, auxquelles quelquefois la décomposition fait prendre ensuite
la forme sphéroïdale à mesure qu'on approche de la limite du calcaire; mais, que ces plaques existent ou non, la texture devient
peu à peu plus fine, la roche conservant encore sa couleur noire,
ou quelquefois prenant une teinte verdâtre. Enfin on trouve tout

---

à coup le filon changé en serpentine, sans que rien ait pu à l'avance faire prévoir ce changement [1]. » Ainsi on peut suivre peu à peu le passage du grünstein à la serpentine, mais seulement dans les endroits où le filon traverse le calcaire ; car on n'observe pas ce changement lorsque le prolongement du même filon coupe du schiste et du conglomérat. Le trapp s'entremêle beaucoup en petit avec le calcaire, et les plus petites ramifications des filons qu'il projette dans cette roche sont entièrement composées de serpentine. Le calcaire ne passe pas à la serpentine ; au contraire, la ligne de séparation est très bien marquée. La serpentine présente des petits filons d'asbeste vert et de stéatite. Le docteur Macculloch remarque aussi que les filons de trapp, qui traversent le grès calcaire à Strathaird, abondent en stéatite, qui se rencontre dans les parties extérieures du filon à l'approche de la roche calcaire. Le même géologue fait observer que le filon de trapp qui traverse le marbre blanc de Strath passe à la serpentine sur ses parties extérieures, de même qu'à Clunie. « A la ligne de jonction, une zone de serpentine transparente, d'une belle couleur vert d'huile, se trouve mêlée avec le calcaire [2]. »

Ce qui précède suffit pour montrer que le trapp, sous certaines conditions, peut passer à la serpentine. Nous devons maintenant faire mention des dykes et des masses de *serpentine* et d'*euphotide* qui se rencontrent avec des circonstances analogues à celles des roches de trapp. M. Lyell a décrit un dyke de serpentine qui traverse un grès (équivalent de la grauwacke ou du vieux grès rouge), près West Balloch, dans le *Forfarshire*. On peut très bien observer les phénomènes au point où le dyke traverse le Carity. Le dyke de serpentine a 90 pieds d'épaisseur ; il est presque vertical et dirigé de l'est à l'ouest. Il est flanqué d'un côté par une roche très compacte, d'environ 3 mètres d'épaisseur, qui se trouve dans une position verticale, et qui forme un mur de séparation entre le grès et la serpentine. « Cette roche est formée de parties égales de serpentine verte, et d'une roche endurcie, couleur de brique, plus dure que la serpentine, et passant quelquefois au jaspe. » La serpentine est aussi bordée, sur la rive gauche du Carity, par « une masse verticale, d'environ 5 mètres d'épaisseur, de grès et de conglomérat évidemment fort altéré. Quelques parties de cette roche approchent du jaspe pour la dureté et l'aspect. » Mais le fait le plus intéressant qui

[1] Macculloch, *Brewster's Edinb. Journal of Science*, vol. 1, p. 1.
[2] *Ibid.*, vol. 1.

se lie à l'altération de ce conglomérat, est que les galets de quartz qu'il contient ont été fracturés, puis réunis, circonstance observée aussi par M. Lyell dans un conglomérat qui flanque un dyke de grünstein sur les bords de l'Isla, dans le Forfarshire. Cette fracture est précisément celle que l'on s'attendrait à voir résulter de l'application subite d'une grande chaleur; et, s'il en était besoin, ce serait un fort argument en faveur de cet ancien état de fusion ignée de la serpentine dans le dyke. On retrouve encore ici cette association si commune de la serpentine avec un grünstein; car le dyke est bordé, sur la rive droite du Carity, par une roche de cette espèce, à grains très fins. On peut suivre le dyke par intervalles pendant au moins 14 milles; il s'étend en ligne droite de Cortachie jusqu'à Banff [1].

Les roches de serpentine et d'euphotide de la *Ligurie* offrent un intérêt particulier, en ce qu'elles se rencontrent sous une grande variété de formes, et qu'elles paraissent se rattacher à l'état de dislocation des couches de cette contrée. On voit partout ces roches passer de l'une à l'autre, et elles passent aussi à des roches qui ont un caractère trappéen (Levanto). On peut aisément observer toutes ces roches entre Braco et Matanara, sur la grande route de Gênes à Florence; on les voit traverser le calcaire et le schiste sous forme de dykes, s'insinuant entre les couches de manière à paraître stratifiées avec elles, et constituant une masse énorme qui, d'après toutes les apparences, a été projetée d'en bas. Tout le pays est plein de faits intéressants de cette nature.

Si c'est avec raison que les calcaires de la Spezia ont été rapportés à la même époque que les groupes oolitiques de l'Angleterre, de la France et de l'Allemagne, les serpentines et les euphotides du sud de la Ligurie ne sont sorties du sein de la terre qu'après cette période; car elles ont soulevé, contourné et traversé les calcaires de la Spezia, et les dépôts qui leur sont associés. Il est possible aussi que la date de leur éruption soit encore plus récente, et appartienne à la période supracrétacée; car les dépôts de lignite de Caniparola, après Sarzana, ont leurs couches relevées dans une position verticale, et je n'ai jamais trouvé aucun galet de serpentine ou d'euphotide dans les conglomérats qui leur sont associés; cette dernière date doit cependant être regardée comme incertaine, car on n'a pas encore observé de serpentine projetée au milieu des dépôts supracrétacés.

A Capo Mesco, entre Levanto et Monte Rosso, un schiste gris et

[1] Lyell, *Brewster's Edinb. Journal of Science*, vol. III.

un grès compacte calcaréo-siliceux (un des *macignos* des Italiens) sont disloqués et traversés par des failles produites par une masse de serpentine et d'euphotide, qui n'est qu'une ramification d'une autre masse plus considérable qu'on voit à Levanto. La vallée de Rochetta, près Borghetto, a fortement attiré l'attention depuis qu'elle a été signalée par M. Brongniart[1]. On y voit très bien l'injection des serpentines et des euphotides (présentant toutes sortes de passages de l'une à l'autre) au milieu de roches stratifiées semblables à celles que l'on observe à Capo Mesco. A l'entrée de la vallée, on voit le grès plongeant sous un angle considérable, et reposant sur le calcaire gris et le schiste, qui sont supportés par la serpentine. La serpentine passe alors sur le calcaire gris et le schiste qui sont contournés, et occupe une portion considérable de la vallée, en se mêlant avec de l'euphotide, jusqu'à ce que cette dernière devenant prédominante à l'exclusion de la serpentine, la masse repose sur des couches de jaspe rouge et vert, qui ont la même inclinaison que les grès à l'entrée de la vallée. Sur la rive gauche de la rivière, et vis-à-vis Rochetta, ces couches de jaspe reposent sur du calcaire gris et du schiste contournés. On a quelquefois considéré les couches de jaspe comme une portion subordonnée de la serpentine; il est possible que les jaspes proviennent de l'altération d'une roche; mais je ne pense pas qu'on puisse les regarder comme une partie des masses non stratifiées de serpentine et d'euphotide, d'autant plus que, dans le golfe de la Spezia, non loin de Lerici, on rencontre de ces mêmes jaspes intercalés au milieu des calcaires et stratifiés avec eux, et qu'ils sont très éloignés de toute masse de serpentine ou d'euphotide.

La masse de serpentine et d'euphotide qui constitue le Monte-Ferrato, au nord de Prato, en *Toscane*, recouvre aussi, du côté de l'ouest, un jaspe stratifié, qui lui-même repose sur une roche schisteuse supportée par du calcaire : cette circonstance paraît être accidentelle; car on trouve du jaspe stratifié avec une argile schisteuse brune à Paciana, sur le flanc opposé de la montagne, où il n'est pas en contact avec la serpentine. La serpentine et l'euphotide présentent encore ici une foule de passages de l'une à l'autre, et une variété de cette dernière est exploitée pour en tirer des meules de moulin. L'ensemble paraît être une masse sortie du sein de la terre, qui s'est épanchée au-dessus des roches stratifiées, qu'elle paraît traverser du côté du nord, au delà de la colline du nord-ouest, où l'on

---

[1] *Annales des mines*, 1822.

voit une bonne coupe de la masse de serpentine reposant sur les jaspes, les schistes et les calcaires.

Il existe au cap Lizard (*Cornouailles*) une masse bien connue de serpentine qui paraît intimement liée avec des grünsteins : malheureusement sa position ne nous permet d'obtenir aucun renseignement précis sur l'époque relative de son éruption [1].

Nous avons déjà parlé des *roches volcaniques* (pages 133 à 159), au moins de celles qui sont considérées comme étant le produit de ce qu'on appelle communément volcans modernes et volcans éteints; ainsi nous ne répéterons pas la description de leurs caractères généraux.

Si l'on considère tous ces divers produits ignés comme des masses de matières qui ont été projetées de l'intérieur de la terre, à des époques successives, pendant tout le laps de temps qui s'est écoulé depuis la première formation des roches stratifiées jusqu'à présent, on sera frappé de certaines différences que présentent ces roches vues sur une grande échelle, différences qui ont conduit à leur classement pratique sous les dénominations de produits granitiques, trappéens, serpentineux et volcaniques. Les deux premières espèces et la dernière sont celles que l'on rencontre le plus abondamment, tandis que la troisième est comparativement plus rare, bien qu'elle soit assez commune dans la nature. Nous ne connaissons encore nullement les conditions nécessaires pour la production de ces divers composés, et il serait extrêmement intéressant et bien digne de l'attention des chimistes de chercher à établir, autant que possible, les différences essentielles qui peuvent exister entre eux, quant aux dernières substances élémentaires dont ils sont constitués; on obtiendrait peut-être quelques renseignements sur les circonstances possibles qui peuvent avoir déterminé ces substances à s'arranger d'une manière plutôt que d'une autre. Il est possible que la quantité et la proportion des substances élémentaires ne varient pas autant qu'on pourrait s'y attendre, d'après les seuls caractères minéralogiques généraux ; mais, à la première vue, on peut penser que la silice a prédominé dans les roches granitiques plus que dans les autres, tandis que la magnésie abondait dans ces parties du globe d'où sont sortis les dépôts serpentineux. Il est néanmoins évidemment prématuré de raisonner sur un sujet qui ne peut être éclairci que par des recherches exactes et soignées ; je ne l'ai soulevé que pour provoquer des recherches et chercher à attirer l'attention des chimistes qui pour-

[1] Consultez, pour les descriptions de ce pays, les Mémoires du professeur Sedgwick, *Cambridge Phil. trans.*, vol. I; de M. Magendie, *Geol. trans. Soc. of Cornwall*, vol. I; et de M. Rogers, même ouvrage, vol. II.

raient être tentés d'entrer dans le champ si vaste, et jusqu'à présent si peu exploré, de la géologie chimique.

On a vu en général que le caractère minéralogique des roches ignées a changé pendant les dépôts successifs des roches stratifiées, à travers lesquelles elles se sont plus ou moins frayé un passage; ainsi on ne voit pas de granit ni de serpentine couler des volcans modernes; et de même on ne rencontre pas des trachytes ou des laves leucitiques intimement associées avec les couches les plus anciennes, de manière qu'il n'y ait pas de différence considérable entre leurs âges relatifs. En admettant que l'on trouve du vrai granit minéralogique parmi les produits de la période supracrétacée, il n'en est pas moins vrai que la masse du granit est associée avec les roches les plus anciennes, même en faisant complétement abstraction du gneiss qui est composé des mêmes minéraux, et probablement de substances élémentaires identiques et en même nombre. De même, ces composés ignés, dans lesquels l'augite entre en grande proportion, abondent parmi les produits les plus récents, tandis qu'ils sont certainement rares parmi les roches plus anciennes d'une origine ignée, si même ils n'y manquent pas tout à fait; et l'on ne trouve pas de roches stratifiées, d'une composition minéralogique semblable, constituant des étendues considérables de pays, comme cela arrive pour le gneiss. On est donc forcé de conclure que les conditions sous lesquelles ces deux espèces de roches ignées se sont produites n'ont pas été les mêmes. Quelles peuvent avoir été ces conditions? c'est là une question séparée, et qui, comme nous l'avons déjà dit, demande de grandes recherches; mais il est évident, au premier abord, qu'une masse en état de fusion ignée surgissant du sein de la terre au milieu de l'atmosphère aurait vraisemblablement ses parties constituantes arrangées d'une manière différente que celles d'une masse semblable qui surgirait sous une grande pression, telle que celle qui existe au fond des mers profondes. Néanmoins, indépendamment de cette considération, il paraît qu'il y avait dans l'état du globe pendant les premières périodes quelque circonstance qui a occasionné la formation en grande abondance de certains composés, et qui ne s'est pas continuée jusqu'à présent, du moins avec une force capable de permettre la production de composés semblables.

Nous ne pouvons pas terminer cette esquisse sur les roches non stratifiées sans parler de la *structure concrétionnée et colonnaire* qu'elles prennent fréquemment. Les exemples les plus connus de la structure colonnaire sont ceux que présentent le basalte de la *Chaussée des Géants*, et celui qui, dans l'île *de Staffa*, forme

es parois de la célèbre *grotte de Fingal*[1]. La structure concrétionnée ou globulaire s'observe souvent dans la décomposition des
roches trappéennes et volcaniques, et elle est remarquable dans
une roche solide appelée *granit orbiculaire* de Corse (*diorite orbiculaire*, Al. Brong.), dans laquelle des boules ou des sphéroïdes,
formés de couches concentriques d'amphibole et de feldspath compacte, sont disséminés dans la masse de la roche.

C'est à M. *Grégory Watt* qu'on est redevable du premier grand
pas que l'on a fait vers la connaissance des circonstances qui ont produit cette structure. Il a fondu 700 livres d'un basalte amorphe appelé Rowley Rag, qui est à grains fins et d'une texture confusément cristalline; on a entretenu le feu pendant plus de six heures,
et la masse n'a été retirée du fourneau qu'après huit jours, de sorte
qu'elle s'est refroidie très lentement. La masse fondue avait alors
3 pieds et demi de long, 2 pieds et demi de large, environ 4 pouces
d'épaisseur à une extrémité, et plus de 18 pouces à l'autre. Cette
irrégularité de forme, résultant de celle du fourneau, était très
avantageuse, en ce qu'elle permettait d'observer l'arrangement des
parties dans leur passage de l'état vitreux à l'état pierreux. Une
portion de la masse, qu'on avait retirée pendant que le basalte était
en fusion, devint parfaitement vitreuse. Le résultat le plus important que l'on observa fut la formation de sphéroïdes dont le diamètre atteignait quelquefois 2 pouces. Ils présentaient une texture ra-
diée avec des fibres distinctes, qui formaient aussi des couches concentriques quand les circonstances n'étaient favorables qu'à cette
structure; mais cette structure disparaissait graduellement par une
chaleur suffisamment continuée; les centres de la plupart des sphéroïdes devenaient compactes avant que leur diamètre eût atteint un
demi-pouce; et cette structure s'étendait peu à peu dans toute la
masse du sphéroïde. « En continuant la chaleur favorable à cet arrangement des molécules, on obtint promptement une autre modification. La texture de la masse devint plus granulaire, sa couleur
plus grise, et les points brillants plus grands et plus nombreux; bientôt ces molécules s'arrangèrent en formes régulières, et finalement
toute la masse devint parsemée de petites lames cristallines qui la
traversaient dans toutes les directions, et qui formèrent des cristaux
saillants dans les cavités. »

M. Gregory Watt a appliqué ces faits à l'explication de la structure globulaire que présentent beaucoup de roches basaltiques en

---

[1] Voyez Marculloch, *Western Islands of Scotland*; et les *Sections and Views
illustrative of Geological Phenomena*, pl. 11 et 19.

décomposition, dans lesquelles on observe qu'après un certain état
de désagrégation les sphéroïdes résistent très fortement à la décomposition. Il a en outre étendu ses observations à la structure colonnaire, et il a observé que « lorsque, dans ses expériences, deux
sphéroïdes venaient en contact, ils ne se pénétraient pas, mais qu'ils
se comprimaient mutuellement et restaient séparés par un plan très
net revêtu d'une couleur de rouille; et lorsque plusieurs se rencontraient, ils formaient un prisme. » De cette disposition, il tire les
conséquences suivantes :

« Dans une couche composée de sphéroïdes impénétrables en nom-
« bre indéfini, mais d'un seul en hauteur, et ayant leurs centres à
« peu près équidistants, il paraît évident que, si les points de con-
« tact de leurs surfaces entre elles sont dans un même plan, l'ac-
« tion mutuelle de ces sphéroïdes leur fera prendre la forme hexa-
« gonale, et que si la couche éprouve de la résistance par-dessous
« et non par-dessus, pour prendre de l'accroissement, elle se com-
« posera de prismes hexagonaux dont la hauteur sera plus grande
« que le diamètre. Ces prismes seront à peu près parallèles entre
« eux, et d'autant plus que leur diamètre sera plus grand ; et la
« structure se propagera par des fibres presque parallèles, en con-
« servant toujours cette même forme de prismes hexagonaux, les-
« quels, dans une masse centrale de fluide à l'état de tranquillité,
« pourraient acquérir une longueur indéfinie, jusqu'à ce qu'une
« cause étrangère vienne à contrarier la continuation de la même
« structure [1]. »

Les colonnes basaltiques sont souvent recourbées, et quelquefois
leur disposition est un peu confuse; ce qui prouve qu'il y a eu des
causes perturbatrices considérables. Elles sont aussi fréquemment
articulées, circonstances que M. Watt attribue à la même cause qui
a déterminé les fractures concentriques des fibres des sphéroïdes.
En supposant exacte la théorie générale de la formation des colonnes, il est évident que les irrégularités des prismes ont dû dépendre de l'inégalité de distance des centres des sphéroïdes, et de l'inégalité de pression qui a dû en résulter. M. Watt rend compte de la
disposition horizontale des colonnes basaltiques dans quelques dykes
verticaux, telles, par exemple, que celles de la Chaussée des Géants,
en considérant que chaque paroi du filon a agi comme cause de refroidissement et d'absorption, et a donné lieu à la formation de deux

[1] Gregory Watt, *Observations on Basalt, and on the Transitions from the
vitreous to the Stony texture which occurs in the gradual Refrigeration of melted
Basalt; Phil. trans,* 1804.

stèmes de colonnes dont les prolongements n'ont pas coïncidé de
manière à former des prismes continus au travers du filon, mais
qui, à leur rencontre, ont dû produire de la confusion, si toutefois
les circonstances ont été assez favorables pour que cette rencontre
t eu lieu.

Ce n'est pas seulement dans les basaltes que l'on trouve la dispo-
tion prismatique; on l'observe plus ou moins dans toutes les roches
appéennes, et la grandeur des prismes est quelquefois très consi-
érable. Le granit prend aussi une forme prismatique, comme l'a
éjà remarqué M. Carne, pour le granit de l'ouest de Cornouailles [1],
t on l'observe très bien près du cap *Land's End*; mais, au lieu de
rendre une forme hexagonale, comme on pourrait s'y attendre si
a théorie relative au basalte lui était tout à fait applicable, il prend
a forme quadrangulaire, et se divise en parallélipipèdes et même en
ubes. Si l'on fait dans une barque le tour du cap Land's End, on
era singulièrement frappé de cette disposition du granit en prismes
t de l'effet pittoresque qui en résulte, effet qui est encore augmenté par la variété de formes qu'a produite la désagrégation des
blocs, opérée par l'action réunie de la mer et de l'atmosphère [2].

---

[1] Carne, *On the Granite of the Western part of Cornwall; Geol. trans. of
Cornwall*, vol. III, p. 208.

[2] On trouve quelquefois des roches stratifiées avec des formes prismatiques; mais
cette forme leur a été donnée par des circonstances toutes différentes de celles dont
nous venons de parler. Le docteur Macculloch a observé la disposition prismatique
dans une pierre tirée du foyer d'un fourneau, à l'usine à fer de Old Park, près Schiff-
nall; ce fourneau avait été constamment en feu pendant seize ou dix-huit ans. Les
prismes traversaient quelquefois toute l'épaisseur de la pierre, qui était d'environ dix
pouces, tandis que d'autres fois ils ne pénétraient que jusqu'à une certaine profondeur.
Ce géologue regarde cette structure prismatique comme produite par l'action longtemps continuée d'une grande chaleur sur la masse du grès. Il se sert de cette découverte pour expliquer la forme prismatique du grès que l'on trouve sous le basalte à la
montagne de Scuirmore, dans l'île de Rum, et la structure colonnaire que présentent
certaines roches à Dunbar, où il a observé que le grès prend la forme prismatique de
manière tout à fait graduelle. *Quarterly Journ. of Science*, 1829.

SECTION XIII.

Des différences minéralogiques dans les roches contemporaines, soi[t]
que ces différences aient eu lieu dès l'origine, lors du dépôt, soi[t]
qu'elles résultent d'altérations postérieures.

On aura sans doute remarqué que les roches stratifiées, qui on[t]
été décrites en grand nombre dans le cours de cet ouvrage, présen[-]
taient une différence très grande, autant dans leur composition mi[-]
néralogique que dans le caractère zoologique des dépôts. Certaine[s]
roches ont été évidemment formées par la destruction d'autres ro[-]
ches; quelques-unes sont un produit chimique, et d'autres enfin pré[-]
sentent des caractères qui donnent lieu de présumer qu'elles ont
éprouvé une altération postérieurement à leur dépôt. Les roches qui
sont des dépôts formés par des eaux dans lesquelles des limons,
des sables, des graviers et de gros blocs ont été plus ou moins
longtemps à l'état de suspension mécanique, ont déjà suffisamment
fixé notre attention. On conçoit facilement qu'elles n'aient pas entre
elles une parfaite ressemblance sur des espaces étendus; car nous
ne pouvons pas présumer qu'aucun dépôt de détritus puisse être
assez uniforme pour rester le même sur des étendues considérables.
Cela supposerait une égalité constante dans la force de transport
comme aussi dans l'abondance des détritus entraînés, et une résistance toujours égale dans toutes les surfaces sur lesquelles ces matières charriées aurait eu à passer.

Quand une roche stratifiée est cristalline, elle a évidemment
été produite chimiquement et non mécaniquement. Mais il reste

---

¹ Cette section ne porte aucun titre général. En effet, elle est plutôt une sorte
d'appendice, dans lequel l'auteur traite successivement de trois sujets, qui n'ont entre
eux aucun rapport, et qu'il a placés à la fin, parce qu'en les développant il est obligé
de rappeler une foule de faits exposés dans toutes les sections précédentes.

(*Note du traducteur.*)

rechercher si cette structure a existé dès l'origine, ou si elle n'est que le résultat d'altérations opérées postérieurement sur la roche par certaines circonstances. Cette recherche est une des plus difficiles, en ce que nous ne pouvons pas toujours obtenir les données nécessaires pour la solution de la question, puisqu'il est constant que la même substance peut souvent être produite de différentes manières. C'est ainsi que la chaux carbonatée à l'état cristallin peut être produite directement étant précipitée d'une solution aqueuse de cette substance, ou bien elle peut résulter de la fusion d'une pierre calcaire ordinaire par l'action combinée de la chaleur et d'une forte pression. Dans l'un et l'autre cas les résultats peuvent être semblables. Le même phénomène peut également avoir lieu avec beaucoup d'autres substances. C'est donc une question très difficile, quoique du plus grand intérêt, de déterminer si des substances de ce genre, stratifiées et cristallines à la fois, ont été produites de telle ou telle manière.

Nous pouvons nous guider dans nos recherches d'après certaines idées générales. Si des substances cristallines et stratifiées forment des masses aplaties, renfermées dans des couches d'origine évidemment mécanique, sans présenter aucune liaison intime avec des roches ignées; si enfin il n'y a point de violent dérangement de couches qui permette de présumer que des agents gazeux aient exercé leur influence sur ces couches, nous sommes fondés à conclure que la roche cristalline a été formée chimiquement par une dissolution aqueuse, et que sa présence au milieu d'une masse composée, incontestablement mécanique, ne prouve autre chose, sinon une différence dans l'état du milieu duquel l'une et l'autre résultent. Dans le premier cas c'était une solution aqueuse, et dans l'autre une simple suspension mécanique.

Quand nous voyons des couches non cristallines prendre une structure cristalline dans le voisinage immédiat de roches ignées, de telle façon que les masses cristallines et non cristallines constituent différentes parties d'un même ensemble, la question prend un autre caractère. Nous avons alors à chercher si la différence provient d'une altération d'une partie de la masse entière, postérieurement à son dépôt, ou si c'est le résultat de certaines causes qui ont agi pendant le dépôt, mais seulement sur quelques parties de la masse.

Nous avons vu que la dolomie, composé cristallin de carbonate de chaux et de carbonate de magnésie, se rencontre dans la série oolitique de la Pologne et de l'Allemagne; ne soyons donc pas surpris qu'elle se soit présentée dans la même série au milieu des Alpes, et

aussi incontestablement dans les mêmes terrains en Dalmatie et
Grèce. Cette présence d'une roche cristalline particulière, observ
sur un espace considérable au milieu d'un même terrain, nous e
traîne à reconnaître que les conditions auxquelles est due la produ
tion de cette roche sur une aussi grande étendue existaient dura
la formation du terrain qui la renferme, et, par conséquent, q
cette roche a été formée dès l'origine, et n'est point le résultat d'u
action postérieure de la chaleur ou de tout autre agent chimique.

En admettant que les composés de cette nature sont le résult
d'une solution aqueuse de carbonate de chaux et de magnésie, no
ne serons plus surpris de n'y point trouver des restes organique
car les êtres organisés animaux ne pourraient guère vivre dans u
solution de ce genre. Toutefois, les restes organiques ne manque
pas tout à fait dans la dolomie; ils y sont rares à la vérité, mais j'
ai vu dans la dolomie de Nice, et on en a indiqué dans d'autr
localités. Cette présence de restes organiques dans la dolomie
s'accorde guère, il faut en convenir, avec la supposition que cet
roche a été une pierre calcaire sur laquelle des agents chimique
ont agi postérieurement, de manière à lui faire prendre une stru
ture cristalline et à la charger de magnésie; car nous ne pouvoi
bien comprendre comment, dans ce nouvel arrangement des mol
cules, la forme des restes organiques aurait pu être conservée, su
tout en se rappelant qu'ils sont de la même substance que la roch
c'est-à-dire uniquement de carbonate de chaux. Les dolomies re
fermant des fossiles sembleraient donc devoir être exclues du nom
bre des roches altérées et réunies à celles dont l'origine premiè
est due à un dépôt chimique. Il y a cependant des masses de dolo
mie qu'il n'est pas si facile d'accorder avec la supposition d'un dépô
aqueux : ce sont celles qui se rencontrent par lambeaux au milie
des roches calcaires et dans le voisinage de roches ignées, et qu
M. de Buch considère comme étant le résultat de l'action d'agen
chimiques sur les roches calcaires, postérieurement à leur dépô
et à leur consolidation, et pendant l'époque où les roches ignée
vinrent s'intercaler au milieu des masses stratifiées. Pour qu'un
série de couches placées à une certaine distance d'une roche dan
un état de fusion ignée ait pu se convertir en une masse cristallin
il est nécessaire d'admettre qu'il y avait une pression suffisante pou
prévenir l'échappement de l'acide carbonique, supposition qui es
très possible; mais il est difficile d'exprimer la présence de la ma
gnésie nécessaire pour produire la dolomie, à moins de suppose
qu'elle ait été insinuée dans la masse altérée à l'époque où les dif
férentes molécules s'arrangeaient elles-mêmes conformément au

is de la cristallisation, en un mot, quand toutes les substances
émentaires se trouvaient dans un état tel, qu'elles pouvaient s'unir
brement, conformément à leurs propres affinités. M. de Buch pense
ue cela s'est opéré par le dégagement de la magnésie des por-
hyres pyroxéniques ou des *mélaphyres* (le pyroxène contenant,
'après Klaproth, 8,75 pour cent de cette substance), à l'époque
ù ces roches porphyritiques étaient vomies du sein de la terre et
bjectées à travers les roches calcaires, comme dans le Tyrol et
utres lieux. Son opinion est que le gaz dégagé à l'époque du sou-
èvement de ces roches ignées pénétrait à travers les fissures de la
oche calcaire, et en convertissait une portion considérable en dolo-
nie. Comme preuve de la vérité de sa théorie, ce célèbre géo-
ogue cite la montagne de San Salvador, près du lac de Lugano.
Un conglomérat rouge, semblable à celui qu'on rencontre aux
nvirons du lac de Côme, sépare le micaschiste, sur lequel Lugano est situé, de la roche calcaire et de la dolomie. «Les cou-
« ches s'abaissent rapidement de soixante-dix degrés vers le sud,
« et forment dans le lac un promontoire escarpé, sur lequel est situé
« la chapelle de san Martino. Cette roche fragmentaire reste en
« place pendant près de dix minutes de marche : la pente des cou-
« ches diminue insensiblement jusqu'à soixante degrés. Alors paraît
« au-dessus une roche calcaire compacte, d'un gris de fumée, en
« couches minces, ayant à peine un pied d'épaisseur. Elles s'abais-
« sent comme les couches sur lesquelles elles s'appuient, et elles
« s'élèvent avec cette inclinaison le long de la montagne ; mais
« dans leur prolongement vers le lac, l'inclinaison va toujours en
« diminuant à un tel point, qu'au niveau le plus bas elle est à peine
« de vingt degrés. Les couches, en remontant, décrivent une
« courbe qui ressemble assez à une parabole. Plus on avance sur la
« chaussée, plus ces couches sont traversées de veinules minces,
« dont les parois sont recouvertes de rhomboèdres de dolomie.
« Des cristaux semblables se montrent aussi dans de petites cavités
« de la roche. Plus loin la roche paraît toute fissurée, et la strati-
« fication cesse d'être distincte. Enfin, là où la montagne, dans sa
« hauteur, devient presque à pic, les couches ne sont plus calcaires,
« mais entièrement dolomitiques. On ne remarque nulle part une
« séparation tranchée entre ces deux roches. Par l'augmentation
« des veinules et des géodes, la roche calcaire finit par dispa-
« raître tout à fait, et il ne reste plus que de la dolomie pure... La
« dolomie devient toujours plus pure dans le prolongement de
« la chaussée, toujours plus blanche et plus grenue... Du mont
« San Salvador jusqu'au delà de Melide, sans interruption, ces

« montagnes sont formées par le porphyre augitique foncé, mê
« d'épidote, tel qu'il s'est montré en face de Campione, de Bisson
« et de Rovio [1]. »

Il est, sans contredit, bien remarquable de rencontrer la mass
de la roche pyroxénique à côté de la dolomie, et de trouver de
cristaux de dolomie dans les fentes de la roche calcaire. Ce dernie
fait montre que les cristaux de dolomie ne sont pas de la mêm
époque que le dépôt de la roche calcaire, mais qu'ils ont été formé
postérieurement après que des fentes eurent été produites dan
cette roche, tandis que le premier fait est exactement d'accor
avec la théorie. D'après les coupes de M. de Buch, une petit
quantité de porphyre rouge et de micaschiste est interposée entr
la masse du porphyre pyroxénique et la dolomie. Mais il ne s'en
suit pas que cette interposition soit constante; cela peut être ains
dans un endroit et non dans l'autre. Cette interposition n'est don
pas une grande objection; car, d'après la carte de ce géologue, l
dolomie et les roches ignées ne sont pas toujours séparées par le
deux roches citées. D'autres masses de dolomie se rencontrent à
l'entour d'une grande masse de granit, qui s'étend vers le couchant
depuis la branche sud-ouest du lac de Lugano, sur laquelle son
situés Casco-al-Monte et Porto. A Monte-Schieri, une de ces masse
est liée avec la roche pyroxénique tufacée, tandis que d'autre
ne sont en contact qu'avec le granit, à en juger du moins d'aprè
ce qu'on peut observer à la surface. Mais on ne peut guère
tirer de conséquence de ce contact direct du granit avec ce
masses de dolomie, car le porphyre pyroxénique peut se trouve
au-dessous d'elles, de même qu'on le voit passer à travers le grani
à Brincio.

Les dolomies des bords des lacs de Côme et de Lecco, attendu
leur proximité avec celles des localités précédentes, acquièrent un
grand intérêt, quoiqu'on n'ait pas encore constaté l'existence de la
roche pyroxénique au milieu d'elles. Elles se présentent évidemment entremêlées avec des roches d'un calcaire gris compacte, tandis
que, sur d'autres points, elles paraissent être la prolongation des
couches calcaires qui ont graduellement perdu leur texture compacte, et en même temps ont acquis la magnésie et ont pris la
structure cristalline. Dans des contrées telles que celles-ci, où il y a
tant de confusion, et où nous devons nous attendre à trouver des

---

[1] De Buch, *Sur quelques phénomènes géognostiques que présente la position
relative du porphyre et des calcaires dans les environs du lac de Lugano; Ann. des
Sc. nat.*, 1827, t. x, p. 201. Voyez aussi les *Sections and Wiews illustrative of
Geological Phenomena*, pl. 8, fig. 2, et pl. 30.

failles très étendues, il est extrêmement difficile de déterminer avec une parfaite continuité une série quelconque de couches; néanmoins, tout en admettant que ces difficultés donnent lieu à de grandes incertitudes, il est extrêmement probable qu'il y a des couches calcaires qui, dans leur prolongement, se convertissent en dolomie[1].

La partie nord des rives du lac de Côme est composée de gneiss et de micaschistes, qui se correspondent sur l'une et l'autre rive et plongent au midi. Le lac de Lecco et la partie méridionale de celui de Côme sont formés de calcaires et de dolomies. Entre ces deux masses de roches, on voit des conglomérats et des grès qui ont la même inclinaison et la même direction que les gneiss et les micaschistes. Au sud de ces dernières roches, les deux côtés du lac cessent de se correspondre. Ainsi, sur la rive orientale, après avoir passé une petite partie de dolomie, nous trouvons les calcaires au milieu desquels s'exploitent les marbres noirs de Varenna. Ces calcaires se prolongent jusqu'en face de Bellaggio, tandis que, sur le côté occidental, la dolomie règne sur une égale longueur, sauf un petit nombre de couches de roches calcaires qui se montrent au midi de Menaggio. Arrivé à ce point, il n'y a plus aucune correspondance. D'un côté, nous avons des calcaires, et de l'autre au contraire, de la dolomie; cette dernière contenant, à Nobiallo, une masse de gypse. Si nous descendons le lac de Côme, de Bellaggio à Côme, après avoir franchi le promontoire de Dosso-d'Albido et les rives opposées de Croci-Galle, nous n'observons uniquement que des roches calcaires auxquelles est dû ce caractère pittoresque qui donne à ce lac tant de célébrité; mais si, toujours en partant de Bellaggio, nous descendons le lac de Lecco jusqu'à la ville de ce nom, nous ne rencontrons presque que de la dolomie, à l'exception toutefois d'une masse de gypse qui s'y trouve renfermée à Limonta, et d'une longue bande de calcaire entre Licrna et Mandello. Ici, de même, nous n'avons plus aucune correspondance, quoique la direction générale des couches, sur les bords de l'un et de l'autre lac, donne lieu de soupçonner que celles de l'un sont la continuation de celles de l'autre. Cette conjecture est fortifiée, si nous gravissons le mont San-Primo, montagne déjà indiquée ailleurs (page 220) comme couverte de milliers de blocs erratiques; car sa crête la plus élevée est composée de roches calcaires se dirigeant de l'ouest-nord-ouest à l'est-sud-est, avec une inclinaison au sud-sud-ouest. Si nous suivons la

[1] Voyez la Carte géologique et les coupes des rives du lac de Côme dans les *Sections and Wiews illustrative of Geological Phenomena*, pl. 31 et 32.

direction de ces couches jusqu'au lac de Lecco, à l'est, nous trouvons la dolomie; de manière que, dans ce lieu, le changement paraît à peu près subit.

Nonobstant cette conversion apparente du calcaire en dolomie dans la direction des couches, ce qui peut nous conduire à supposer que quelque cause a produit un changement dans la roche après sa consolidation, on doit reconnaître qu'il y a aussi une interstratification de la dolomie avec le calcaire (fig. 27, pag. 222). Il y a plus, la dolomie repose sur le calcaire près du lac de Lecco : or, ces faits sont tous deux contraires à la supposition que toutes les dolomies de cette partie de l'Italie soient des roches altérées. Il y a au moins quelques-unes d'entre elles qui paraissent devoir être rapportées à des dépôts originaires, et cette supposition relative à des roches qui sont évidemment des calcaires dans un lieu et des dolomies dans un autre, donne lieu à une question intéressante : car, si nous admettons que l'une et l'autre roche ont été formées à la même époque, il s'ensuit que, sur un point, le dépôt a été du carbonate de chaux, tandis que, sur un autre point très voisin du premier, il a été un mélange de carbonate de chaux et de magnésie, et que les deux dépôts ont été influencés par les circonstances d'une manière si opposée, que l'un a été compacte, tandis que l'autre a pris une structure, ou entièrement cristalline, ou demi-cristalline. Ces observations ne sont pas applicables aux alternatives de ces roches; car, dans ce cas, nous devons supposer, sur la même place, un changement de circonstances, changement en quelque sorte graduel, puisqu'en effet les couches calcaires semblent acquérir graduellement la magnésie, ainsi qu'on peut le voir sur la rive occidentale du lac de Lecco.

On observe près de *Nice* quelques exemples remarquables d'un mélange de dolomie et de calcaire; on y voit aussi des couches calcaires devenir évidemment dolomitiques dans leur prolongement. Là, de même que, dans d'autres contrées, les dolomies les plus pures perdent en général leur stratification, tandis qu'elles sont au contraire distinctement stratifiées quand elles sont moins pures et semi-cristallines, ce n'est cependant pas une règle tout à fait générale; car j'ai vu quelques couches presque pures qui étaient stratifiées : et si on suppose que des couches de cette nature soient à leur état originaire, leur disposition stratifiée n'est pas plus remarquable que ne le serait le marbre saccharoïde de Carrare, s'il était stratifié.

Aux environs de *Nice*, le *gypse* accompagne aussi la dolomie; et la connexion est si intime entre eux, que le gypse de Sospello contient des rhomboèdres de dolomie. Ce fait a été aussi observé dans le gypse qui accompagne les dolomies dans le Tyrol. Cette fréquente association du gypse avec la dolomie n'a pas encore été expliquée d'une manière satisfaisante.

Il n'est pas rare que le *gypse* accompagne des roches d'une origine mécanique, même de celles qui le sont incontestablement; mais il faut le considérer, soit comme un dépôt chimique, soit comme une roche altérée. Aussi sa présence au milieu des roches de ce genre prouve que, lors de la formation de ces dépôts, d'autres causes qu'un simple courant de détritus étaient en action. Quand le gypse est jusqu'à un certain point caractéristique d'un terrain sur une surface considérable, il prouve que l'opération de ces causes n'a pas été locale; mais que, sur toute cette étendue, et durant toute la période de la formation de ce terrain, les circonstances favorables à la production du gypse ont été très prédominantes. Le gypse a été considéré comme caractéristique de la partie supérieure de la série du grès rouge connue généralement sous la dénomination de marnes rouges et marnes irisées. Il est difficile de prononcer qu'il soit une partie nécessaire de ce terrain ou qu'il y existe constamment : toutefois, sa présence fréquente dans ce dépôt en Angleterre, en France, en Allemagne, est bien remarquable. Cela prouve au moins que les circonstances étaient alors favorables à la production du gypse; mais peut-être cela ne prouve-t-il rien autre chose.

Quand on se rappelle que l'intercalation des roches ignées a été suffisante pour convertir la craie en calcaire saccharoïde dans le nord de l'Irlande, on ne doit plus être surpris que d'autres roches aient été altérées par la pénétration de semblables substances au milieu d'elles. Ainsi, par exemple, les schistes de plusieurs parties de la contrée qui environne le granit de Dartmoor, dans le Devonshire, ont souffert de cette pénétration, les uns étant simplement micacés, les autres plus endurcis et ayant pris, jusqu'à un certain point, les caractères du micachiste et du gneiss, tandis que d'autres paraissent convertis en une roche dure, zonée, fortement imprégnée de feldspath. Ces changements sont précisément ceux que doit produire la pénétration d'une masse dans un état de fusion ignée; car, quand une pénétration de ce genre s'est opérée dans un terrain tel que celui de Dartmoor, il a dû arriver que, dans les substances en contact avec la masse ignée, les affinités ont dû être extrêmement relâchées, ce qui a dû faciliter la production des divers changements observés. Les exemples d'endurcissement et d'altération de roches en contact avec des produits ignés sont si multipliés, qu'il est inutile de les énumérer. Mais on doit soigneusement distinguer les roches ignées qui ont évidemment été introduites au milieu des autres de celles qui sont des roches plus anciennes, sur lesquelles les autres ont été déposées; car il a pu arriver que les roches plus anciennes se soient trouvées déjà décomposées avant le dépôt des substances qui se sont déposées postérieurement sur elles. Dans ce cas, si les dernières sont arénacées, elles paraissent former une sorte de passage des matières arénacées aux roches ignées, ce qui donne la trompeuse apparence d'une substance altérée.

Nous avons déjà parlé du changement qui a lieu dans le caractère minéralogique de certaines roches calcaires en différents lieux de l'espace qu'elles recouvrent, et il a été démontré que dans le groupe oolitique il était probable qu'une partie avait été produite au fond d'une mer profonde, tandis que d'autres parties avaient été formées dans une mer basse. Les circonstances physiques sous lesquelles les différentes parties du dépôt ont pu se trouver placées, doivent nécessairement avoir eu une certaine influence sur le produit; mais nous ignorons encore quelle peut avoir été précisément la nature de cette influence. On peut cependant se hasarder à dire que les seules circonstances qui aient pu opérer une variation notable dans la texture minéralogique des dépôts, sont les différences de pression et l'action des courants, laquelle est tantôt très forte, tantôt au contraire très faible, ou même tout à fait nulle, suivant les diverses positions.

Il a pu aussi arriver que, dans une partie profonde d'une mer, il se soit opéré des dépôts successifs durant des périodes de temps pendant lesquelles de fréquents changements se produisaient dans d'autres localités éloignées; de façon que, quoique contemporains, ces dépôts n'auraient entre eux aucune conformité minéralogique. Et si, dans la suite des événements, des dépôts continus et opérés tranquillement se sont trouvés soulevés (comme cela a pu arriver par une très légère expansion de chaleur d'une portion de notre globe) de manière qu'un continent en ait été le résultat, il y aurait une difficulté insurmontable à identifier des divisions bien tranchées reconnues dans une contrée avec les masses qu'on observerait dans une autre. Il est plus que probable que cette supposition s'est réalisée sur la surface de notre planète; et il est à croire qu'à l'avenir les géologues ne seront plus si empressés à identifier divers dépôts observés à de grandes distances l'un de l'autre, surtout ceux d'une antiquité comparativement peu reculée. Il est, par exemple, beaucoup plus désirable que l'Inde soit décrite d'abord isolément, et abstraction faite de tout rapprochement avec l'Europe (sinon lorsque sa géologie sera suffisamment avancée pour être en état de faire cette comparaison), que de vouloir absolument, en observant cette vaste contrée, n'y rencontrer que des terrains qui soient des équivalents de ceux de l'Europe.

Sur les soulèvements des montagnes.

Quoique les géologues et les géographes se soient occupés depuis longtemps de la *direction* des différentes chaînes de montagnes, et quoique les premiers se soient aussi appliqués à observer la direction des couches relevées, et qu'ils aient fait reconnaître qu'en général cette direction coïncidait avec celle des chaînes de montagnes que ces couches constituent, ce n'est que dans ces dernières années et depuis les travaux de M. Élie de Beaumont que ce sujet a acquis un nouvel intérêt. Il doit former désormais une branche importante des recherches géologiques, soit que la théorie de ce géologue distingué soit reconnue admissible dans toute son étendue, soit qu'elle demande à être considérablement modifiée.

M. de Buch avait découvert que les divers systèmes de montagnes de l'Allemagne n'étaient pas contemporains, et qu'on devait rapporter leur origine à des époques distinctes ; les géologues avaient eu soin, depuis longtemps, de remarquer les divers cas de non-concordance de stratification, et ils avaient pensé que les couches inférieures plus anciennes ayant été relevées, c'était sur leurs tranches que les couches plus nouvelles avaient dû se déposer. Mais on s'était arrêté là, lorsque M. Élie de Beaumont, ayant recueilli dans les Alpes et dans plusieurs parties de la France une masse considérable d'observations exactes, fit remarquer que, non-seulement les diverses dislocations des couches appartenaient à des époques distinctes, mais qu'il y avait un parallélisme entre les dislocations et les soulèvements de montagnes de même date ; et il fut conduit à penser que ces dernières catastrophes avaient occasionné des ruptures dans les terrains qui se formaient alors, de manière que les terrains postérieurs ont dû se déposer en stratification non-concordante sur les couches disloquées des terrains plus anciens.

Au premier abord, il paraît très facile de reconnaître si un terrain repose sur les tranches des coupes disloquées d'un autre terrain ; et, en effet, il en est ainsi dans beaucoup de cas. Néanmoins cette détermination de la non-concordance de stratification entre les couches de deux terrains demande à être faite avec beaucoup de soin. Ainsi, par exemple, lorsque les plans des couches se coupent sous de très petits angles [1], ou lorsque les couches supérieures

---

[1] Une non-concordance générale n'est pas toujours une preuve que les roches

reposent sur des contournements des couches inférieures, la recherche devient plus difficile, et ce n'est que par des observations multipliées qu'on peut s'assurer s'il y a entre l'un et l'autre terrain une concordance réelle. La figure suivante servira à faire mieux sentir la difficulté qui existe dans ce dernier cas.

Fig. 104.

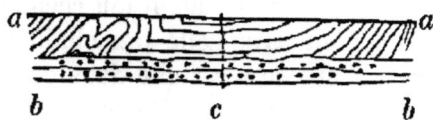

Si, dans la coupe que représente la figure, on observe seulement l'extrémité droite ou l'extrémité gauche, on sera en droit de prononcer sur-le-champ que les couches *a a* reposent sur les tranches des couches contournées *b b*; mais si on ne pouvait observer que la partie centrale *c* de cette même coupe, la non-concordance entre les deux sortes de couches peut être très douteuse.

On sera peut-être porté à penser qu'il suffit de quelques recherches dans le même canton pour acquérir la preuve du contournement des couches inférieures; sans doute cela est vrai quand on trouve à observer dans le canton beaucoup d'escarpements naturels des couches, et lorsque leurs contournements sont assez rapprochés l'un de l'autre; mais la détermination est loin d'être aussi facile dans les cantons où les escarpements sont rares, et où les contournements des couches ont eu lieu très en grand, de manière qu'on ne les mesure plus par toises, mais par milles. Ainsi, par exemple, on admet en général que la masse des Alpes calcaires repose, à stratification non concordante, sur les masses composées de protogine, de gneiss, etc.; cependant il y a un très grand nombre de points dont l'observation tendrait à appuyer l'opinion contraire,

inférieures ont éprouvé un mouvement avant le dépôt des supérieures : car, si l'on suppose que dans une série de couches elles se soient déposées l'une sur l'autre de telle manière qu'il y ait eu, à partir des inférieures, une diminution graduelle dans l'étendue que chacune d'elles occupe, et qu'ensuite tout cet ensemble de couches ait été recouvert par un autre dépôt, il est évident que ce dépôt supérieur sera non-concordant avec l'inférieur, puisque toutes les couches de celui-ci se trouveront successivement en contact avec lui. C'est ce qui a lieu en Angleterre entre l'oolite et la craie, celle-ci venant toucher successivement toutes les couches de l'oolite à l'endroit où chacune de ces couches se termine. *Voyez*, dans les *Sections and Wiews illustrative of Geological Phenomena*, des détails sur une disposition de ce genre, entre la craie et l'oolite qu'elle recouvre, dans le Dorsetshire et le Devonshire. Les couches de craie se rencontrent avec les couches de l'oolite sous des angles tellement petits, qu'il y a à peine un escarpement dont l'observation puisse seule servir à prouver leur non-concordance, laquelle cependant, d'après l'ensemble, est incontestable.

la concordance y étant parfaite entre les couches des deux terrains. Il faut aussi mettre un grand soin à suivre les couches d'une chaîne de montagnes quand on veut déterminer leur ancienneté relative, afin de distinguer parmi ces couches celles qui ont décidément subi un renversement depuis leur dépôt, et celles qui ont pris dès leur formation une légère inclinaison sur les flancs d'une chaîne précédemment soulevée d'une certaine quantité.

La coupe représentée par la figure ci-jointe aidera à faire comprendre comment la position des couches peut servir à déterminer l'âge relatif des montagnes.

Fig. 105.

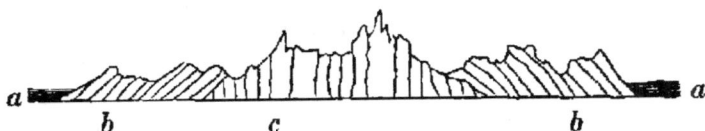

Si les couches *a a* reposent tranquillement (horizontalement) sur les couches relevées *b b*, on est fondé à en conclure que *b b* a été relevé avant le dépôt de *a a*; d'où il suit que, si les couches *a a* appartiennent à un terrain dont la place est bien déterminée dans la série géologique, nous avons une date relative pour l'époque du soulèvement de *b b*, au moins par rapport à *a a*. Si, en outre, il arrive que *b b* étant aussi un terrain bien connu de la série, il ne manque, entre ce terrain et *a a*, aucun des terrains qui s'y rencontrent ordinairement, nous pourrons dès lors déterminer exactement la date relative du soulèvement de toute cette partie de montagnes, si d'ailleurs on n'y découvre aucun autre genre de non-concordance de stratification, et par suite celle de la chaîne tout entière, si elle n'en présente pas non plus. Quand néanmoins cela a lieu, comme dans la coupe ci-dessus, cela prouve évidemment que la même chaîne a éprouvé plus d'un soulèvement de couches; car les couches *b b* reposent en stratification discordante sur *c*, qui, d'après cela, a dû être relevé avant le dépôt de *b b*. La date relative de cet autre soulèvement pourrait être déterminée comme dans le premier cas, et d'après les mêmes principes. On conçoit aisément que si deux lignes de soulèvements de couches se coupent, on doit trouver beaucoup de confusion vers leur point d'intersection; la catastrophe peut aussi avoir été tellement violente, que des couches aient été renversées sens dessus dessous : dans ces divers cas, la détermination de l'époque relative de ces soulèvements exige une grande circonspection.

.   .   .   .

Après ces idées générales sur les soulèvements des montagnes, l'auteur anglais donne un précis très abrégé des résultats des recherches de M. Élie de Beaumont sur quelques-unes des révolutions de la surface du globe. Il annonce que ce précis est extrait d'un résumé qu'il a reçu de M. Élie de Beaumont, en 1830, et qu'il a fait insérer à cette époque dans un journal scientifique anglais. J'ai pensé que cet extrait était beaucoup trop court, et qu'il était à désirer que la traduction française contint un peu plus de développement relativement à un sujet sur lequel M. Élie de Beaumont a su fixer l'attention générale des géologues.

Ayant avec lui, depuis plus de douze ans, une liaison habituelle d'amitié et de travaux, je l'ai prié de me communiquer son résumé, envoyé il y a deux ans à M. de la Bèche, afin de l'insérer dans cet ouvrage. Non-seulement il a bien voulu y consentir, mais il s'est chargé de revoir lui-même son travail et de le compléter, autant du moins que cela lui est possible à l'époque actuelle, d'après les nouveaux faits qu'il a pu recueillir. Ainsi, tout ce qui va suivre a été rédigé par M. Élie de Beaumont. J'ai lieu d'espérer que les lecteurs seront satisfaits de cette substitution, pour laquelle j'ai demandé et obtenu le consentement formel de M. de la Bèche.

(*Observation du traducteur.*)

RECHERCHES SUR QUELQUES-UNES DES RÉVOLUTIONS DE LA SURFACE DU GLOBE, *présentant différents exemples de coïncidence entre le redressement des couches de certains systèmes de montagnes, et les changements soudains qui ont produit les lignes de démarcation qu'on observe entre certains étages consécutifs des terrains de sédiment* [1].

Les deux grandes conceptions d'une suite de révolutions violentes et de la formation des chaînes de montagnes par voie de soulèvement ayant été successivement introduites dans la géologie, il était naturel de se demander si elles sont indépendantes l'une de l'autre; si des chaînes de montagnes ont pu se soulever sans produire sur la surface du globe de véritables révolutions; si les convulsions qui n'ont pu manquer d'accompagner le surgissement de masses aussi puissantes et d'une structure aussi tourmentée que les hautes montagnes, n'auraient pas été la même chose que les révolutions de la surface du globe constatées d'une autre manière par l'observation des dépôts de sédiment et des races aujourd'hui perdues dont ils recèlent les débris; si les lignes de démarcation qu'on observe dans la succession des terrains, et à partir de chacune desquelles le dépôt des sédiments semble avoir, pour ainsi dire, recommencé sous des influences nouvelles, ne seraient pas tout simplement les résul-

[1] Les recherches dont je présente ici les principaux résultats m'ont occupé depuis plusieurs années, et sont loin d'être terminées. Leur exposition ne pourrait être faite que dans un ouvrage assez étendu, dont le présent extrait n'est, en quelque sorte, que le programme.

Paris, le 13 août 1833.   L. ÉLIE DE BEAUMONT.

ts des changements opérés dans les limites et le régime des mers
ar les soulèvements successifs des montagnes.

L'expression *terrains de sédiment*, dans laquelle on résume en
uelque sorte l'analyse des connaissances que l'observation nous a
ait acquérir sur les masses les plus répandues à la surface de notre
lanète, entraîne si naturellement avec elle l'idée d'*horizontalité*,
ue ce n'est jamais sans surprise qu'on entend parler pour la pre-
ière fois de couches de sédiment observées dans une position ver-
icale ou voisine de la verticale. Stenon, en 1667, soutenait déjà que
outes les couches de sédiment inclinées sont des couches redressées;
t, depuis les observations de Saussure sur les poudingues de Va-
orsine, en Savoie, les géologues s'accordent généralement à pen-
er que les couches de sédiment qu'on voit fréquemment dans les
ays de montagnes inclinées sous de très grands angles ou placées
verticalement, et dont certaines parties se trouvent même dans une
situation renversée, n'ont pu être formées dans cette position, mais
qu'elles y ont au contraire été placées par suite de phénomènes qui
se sont passés plus ou moins longtemps après l'époque de leur dépôt
originaire.

Il n'y a que peu de contrées où ces phénomènes se soient produits assez tard pour agir sur toutes les couches de sédiment qui y
existent aujourd'hui : le long de presque toutes les chaînes, on voit,
lorsqu'on les observe avec attention, les couches les plus récentes
s'étendre horizontalement jusque vers le pied des montagnes, comme
on conçoit qu'elles doivent le faire si elles ont été déposées dans
des mers ou dans des lacs dont ces mêmes montagnes ont en partie formé les rivages; d'autres couches, au contraire, se redressant
et se contournant plus ou moins sur les flancs des montagnes, s'élèvent en quelques points jusqu'à leurs crêtes. Dans chaque chaîne en
particulier, la série des couches de sédiment se divise ainsi en deux
classes distinctes. La place, variable d'une chaîne à une autre, qu'occupe dans la série générale des couches le point de partage de ces
deux classes, est même une des choses qui particularise le mieux
chacune de ces chaînes; et tandis que la position des couches anciennes redressées fournit la meilleure preuve du soulèvement des
montagnes qui en sont en partie composées, l'âge géologique des
deux classes de couches fournit le moyen le plus sûr de déterminer
l'âge des montagnes elles-mêmes; il est, en effet, évident que la date
de l'apparition de la chaîne est intermédiaire entre la période du dépôt des couches qui y sont redressées et celle du dépôt des couches
qui s'étendent horizontalement au pied de ses pentes.

Rien n'est plus essentiel à remarquer que la constante netteté de la séparation de ces deux séries de couches dans chaque chaîne. Ce résultat d'observation a déjà en sa faveur la sanction d'une longue expérience. Il y a longtemps, en effet, qu'on est dans l'usage de se servir d'un défaut de parallélisme observé entre la stratification d'un système de terrains et celle du système qui le supporte, comme fournissant la ligne de démarcation la plus nette qu'on puisse trouver entre deux systèmes de terrains de sédiment consécutifs. Cette notion, développée dans les leçons des professeurs les plus célèbres, est devenue pour ainsi dire vulgaire, et c'était même déjà sur un fait de ce genre, généralisé à la vérité outre mesure, que Werner avait établi sa principale division dans la série des terrains.

Il résulte de cette distinction, toujours tranchée et sans intermédiaire entre les couches redressées et les couches horizontales, que le phénomène du redressement s'est opéré dans un espace de temps compris entre les périodes de dépôt de deux formations superposées, et qui lui-même n'a vu se déposer dans le lieu de l'observation aucune série régulière de couches. Si on n'observait les dernières couches redressées et les premières couches horizontales que dans les points où leur stratification est discordante, on pourrait croire qu'il s'est écoulé un laps de temps quelconque entre le dépôt des unes et des autres. Mais il arrive au contraire très souvent qu'en suivant les unes et les autres jusqu'à des distances plus ou moins considérables des lieux où la discordance de stratification se manifeste, on trouve les secondes posées sur les premières en stratification parfaitement concordante, et même liées à elles par un passage plus ou moins graduel, qui prouve que le changement survenu dans la nature du dépôt s'est opéré sans que le phénomène de la sédimentation ait été suspendu. L'intervalle pendant lequel la discordance de stratification observée a été produite a donc été extrêmement court.

En examinant avec attention les groupes de montagnes, même les plus compliqués, on parvient ordinairement à les décomposer en un certain nombre d'éléments diversement entre-croisés les uns avec les autres, dans toute l'étendue de chacun desquels la position de la ligne de démarcation entre les couches inclinées et les couches horizontales est la même. Le plus souvent la ligne de démarcation, relative à ceux de ces différents chaînons qui sont parallèles entre eux, est semblablement placée, et elle change lorsqu'on passe à ceux qui ne sont pas dirigés dans le même sens. On peut donc dire, d'une manière générale, que chacun des systèmes de chaînons parallèles a été produit d'un seul jet, et pour ainsi dire d'un seul coup.

Il est évident qu'une pareille convulsion a dû modifier, au moins dans les contrées voisines des points qui en ont été le théâtre, la formation lente et progressive des terrains de sédiment, et que quelque chose d'anomal doit s'observer sur une assez grande étendue dans le point de la série de ces terrains qui correspond au moment auquel un redressement de couches a eu lieu. Les géologues qui depuis Werner ont étudié avec le plus de soin les terrains de sédiment, et les naturalistes qui ont examiné les débris d'animaux et de végétaux qu'ils renferment, ont en effet généralement remarqué qu'entre différents termes de la série de ces terrains des variations brusques se manifestent à la fois dans le gisement, l'allure et même la nature locale des couches, et dans les fossiles végétaux et animaux qui y sont enfouis. D'après des observations qui n'embrassaient pas un assez grand espace, on avait d'abord supposé plus générales qu'elles ne le sont quelques-unes de ces variations, dont on a trop cherché depuis à atténuer la valeur. Lorsque deux formations semblent passer insensiblement l'une à l'autre, il n'y a jamais qu'une très petite épaisseur de couches dont la classification puisse rester incertaine; et lorsque certaines espèces de fossiles sont communes à deux formations successives, elles ne forment, en général, qu'une fraction, souvent même peu considérable, du nombre total des espèces de chacune des deux formations. C'est ce qu'on voit par la comparaison que M. Deshayes a établie entre les catalogues des espèces de coquilles trouvées dans les trois groupes qu'il distingue dans les terrains tertiaires et le catalogue des espèces actuellement vivantes, comparaison dont les résultats sont d'autant plus frappants, que les analogues vivants de certaines espèces de chacun des trois groupes tertiaires se trouvent aujourd'hui dans les mers séparées. M. de Humbold a su peindre avec un rare bonheur ce résultat général des observations des géologues lorsqu'il a enrichi notre langue des expressions *formation indépendante*, *horizon géognostique*.

Ainsi, tout annonce qu'entre les périodes des diverses formations il y a eu pour le moins des déplacements considérables dans les lieux d'habitation de certains groupes d'êtres organisés, en même temps que dans les lieux de dépôt de certains sédiments; et il suffit que, par suite de pareils déplacements, il se trouve dans la série des assises superposées de l'échelle géologique des points beaucoup plus remarquables que les autres par les changements qu'ils indiquent dans les dépôts et dans les habitants d'une même contrée, pour qu'il y ait lieu d'être frappé de l'accord de cet ordre de faits avec la considération des effets nécessaires des soulèvements successifs des chaînes de montagnes.

Les fractures opérées dans la croûte extérieure du globe ont

déterminé l'élévation et le redressement des couches dont cette croû
se compose, et les arêtes de ces couches brisées et redressées so
devenues les crêtes de ces aspérités de la surface du globe qu'o
nomme chainons de montagnes ; d'où il résulte que les expressions
direction moyenne d'un système de fractures, direction moyenne d'u
système de couches redressées, direction d'un système de montagne
sont à peu près synonymes. Il n'y a d'exception que dans les cas o
des fractures se sont produites dans un terrain dont les couche
même les plus superficielles étaient déjà fortement dérangées. Ce
sortes de croisements ont généralement donné lieu à des complica
tions dont on doit chercher à faire abstraction dans la recherche de
lois générales du phénomène du redressement des couches.

Parmi les résultats d'observation qui rendent impossible de con
sidérer les dislocations de couches qui caractérisent les pays de mon
tagnes comme les résultats de phénomènes locaux qui se scraien
répétés d'une manière successive et irrégulière, on doit placer au
premier rang la constance des directions moyennes suivant lesquelle
les couches de sédiment se trouvent redressées sur des étendue
souvent immenses.

L'examen pratique des montagnes a fait connaître aux mineurs
depuis un temps immémorial, le principe de la constance des direc
tions, et c'est même un de ceux dont ils se servent le plus utilemen
pour la conduite de leurs travaux de recherches. C'est par suite d
l'observation de la constance de direction des couches houillères d
certaines parties de la Belgique que des recherches ont été tentées
en 1717, au milieu des terrains plats de la Flandre française, sur l
direction prolongée des couches exploitées à Mons, d'où est résulté
l'ouverture des importantes mines de Valenciennes et d'Aniche.

Le phénomène si remarquable de la constance des directions
s'est, pour ainsi dire, graduellement agrandi par les recherches des
géologues qui, depuis Saussure et Pallas, ont observé d'un œil
attentif la structure des montagnes. De jour en jour on a plus po
sitivement reconnu qu'une des choses qui distinguent le plus fon
damentalement les chaînes de montagnes quand on les compare
les unes aux autres, c'est la direction que le phénomène auquel est
dû le redressement des couches leur a imprimée en déterminant
la direction de la plupart de leurs crêtes. Depuis 1792, M. de Hum
boldt a fait remarquer des concordances et des oppositions égale
ment remarquables entre les directions de chaines éloignées ou voi
sines. Depuis longtemps aussi, M. Léopold de Buch a montré que
les chaînes de montagnes de l'Allemagne se divisent au moins en
quatre systèmes nettement distingués les uns des autres par les
directions qui y dominent.

L'existence d'une distinction si tranchée conduisait d'elle-même à concevoir que les divers systèmes de montagnes ont pu être produits par des phénomènes indépendants les uns des autres, tandis que l'étroite liaison que présentent le plus souvent entre elles, aussi loin qu'on puisse les suivre, les dislocations dirigées dans le même sens, devait naturellement faire supposer qu'elles ont toutes été produites par une même action mécanique. Déjà, en combinant les observations faites dans un grand nombre de mines métalliques, Werner était arrivé à cette belle conclusion que, dans un même district, tous les filons d'une même nature doivent leur origine à des fentes parallèles entre elles, ouvertes en même temps et remplies ensuite durant une même période. Cette notion de la contemporanéité des fractures parallèles entre elles et de la différence d'âge des fractures de directions différentes, ayant ainsi été établie par l'illustre professeur de Freyberg pour le cas particulier des fentes où se sont amassés les filons métalliques, rien n'était plus naturel que de songer à la généraliser et à l'étendre à toutes les dislocations que présente l'écorce minérale de notre globe.

Dans le cas où cette induction serait exacte, le nombre des phénomènes de dislocation que le sol de chaque contrée aurait éprouvés serait à peu près égal à celui des directions de chaînes de montagnes réellement distinctes et indépendantes les unes des autres qu'on pourrait y distinguer. Ce nombre n'est jamais très grand ; il est à peu près de même ordre que celui des changements de nature et de gisement que présentent les dépôts de sédiment de chaque contrée, changements qui les ont fait distinguer, depuis Werner, en un certain nombre de formations, et qui ont été considérés comme étant chacun le résultat d'un grand phénomène physique. Il devenait donc naturel de chercher à rapprocher l'une de l'autre ces deux manières d'énumérer les changements que la surface de notre planète a éprouvés, et il suffisait presque de songer à ce rapprochement pour être conduit à l'idée que les deux séries parallèles de faits intermittents, dont on retrouve ainsi les termes successifs par deux voies différentes, doivent rentrer l'une dans l'autre : mais, pour sortir à cet égard des aperçus généraux et vagues, il était nécessaire de mettre en rapport un certain nombre de lignes de démarcation que présente la série des dépôts de sédiment européens avec un pareil nombre de systèmes de chaînes de montagnes européennes. C'est ce que j'ai essayé de faire dans les recherches dont cet article présente le résumé.

La circonstance que, dans chaque contrée, les couches de sédiment inclinées et les crêtes que ces couches constituent ne présentent

pas indifféremment toutes sortes d'orientations, mais se coordonnent à un nombre limité de directions générales, circonstance don
toutes les cartes un peu exactes présentent des exemples frappants
m'a paru constituer, dans l'étude des montagnes, un fait d'un
importance analogue à celle que présente, dans l'étude des dépôt
de sédiment successifs, le fait de l'indépendance des formations
J'ai cherché à mettre ces deux grands faits en rapport l'un avec
l'autre, et je crois avoir constaté leur coïncidence dans un asse
grand nombre d'exemples pour pouvoir conclure que l'indépen
dance des formations de sédiment successives est une conséquenc
et même une preuve de l'indépendance des systèmes de montagne
diversement dirigées.

L'indication d'une tendance générale au parallélisme que pré
senteraient les rides et les fractures de l'écorce terrestre produite
à une même époque semble, au premier abord, n'avoir pas besoi
de commentaire, surtout lorsqu'on se borne à l'appliquer, comm
nous aurons à le faire d'abord, aux accidents observés dans le so
d'une contrée assez peu étendue pour que la courbure de la terr
y soit peu sensible. Cependant, comme on ne voit rien qui limite l
distance à laquelle il serait possible de suivre des accidents constamment soumis à une même loi, on sent bientôt la nécessité d'ana-
lyser cette première notion d'un certain parallélisme avec assez
d'exactitude pour que l'étendue de l'espace sur lequel ce parallélisme pourrait exister ne soit jamais dans le cas d'en mettre la
définition en défaut.

Pour cela il faut, avant tout, se rappeler que lorsqu'on trace un
alignement quelconque sur la surface de la terre, avec un cordeau,
avec des jalons ou de toute autre manière, la ligne qu'on détermine
est la plus courte qu'on puisse tracer entre les deux points extrêmes
auxquels elle s'arrête, et que, abstraction faite de l'effet du léger
aplatissement que présente le sphéroïde terrestre, une pareille ligne
est toujours un arc de grand cercle.

Deux grands cercles se coupant nécessairement en deux points
diamétralement opposés, ne peuvent jamais être parallèles dans
le sens ordinaire de ce mot; mais deux arcs de grand cercle
d'une étendue assez limitée pour que chacun d'eux puisse être
représenté par une de ses tangentes, pourront être considérés
comme parallèles si deux de leurs tangentes respectives sont parallèles entre elles. C'est ainsi que tous les arcs de méridien qui
coupent l'équateur sont réellement parallèles entre eux aux points
d'intersection. En général, deux arcs de grands cercles peu étendus,
sans être même infiniment petits, pourront être dits parallèles

ntre eux s'ils sont placés de manière à ce qu'un troisième grand
ercle les coupe l'un et l'autre à angle droit dans leur point milieu.
ar la même raison, un nombre quelconque d'arcs de grands cercles
ayant chacun que peu de longueur, pourront être dits parallèles
un même grand cercle de comparaison, si chacun d'eux en par-
culier satisfait à la condition ci-dessus énoncée par rapport à un
lément de ce grand cercle auxiliaire. Pour cela, il est nécessaire et
suffit que les différents grands cercles qui couperaient à angle
roit chacun de ces petits arcs dans son milieu aillent se rencon-
er eux-mêmes aux deux extrémités opposées d'un même diamètre
e la sphère. Si cette condition est remplie, et si en même temps
ous les petits arcs de grands cercles dont il s'agit sont éloignés des
eux points d'intersection de leurs perpendiculaires, ils pourront
tre considérés comme formant sur la surface de la sphère un sys-
ème de traits parallèles entre eux. Les différents sillons d'un même
champ ou de deux champs voisins ne peuvent jamais à la rigueur,
'ils sont rectilignes, présenter d'autre parallélisme que celui qui
ient d'être défini, et cette définition a l'avantage d'être absolument
ndépendante de la distance à laquelle ces deux champs pourraient
e trouver placés.

L'examen de la surface de l'Europe a déjà conduit à distinguer les
uns des autres douze systèmes de montagnes d'âges différents et
le directions généralement différentes, et à les rapprocher de douze
des lignes de partage observées dans la série des dépôts de sédiment. Il est bien probable que ce nombre douze, qui dans tous les
cas ne serait relatif qu'à l'Europe, n'est pas définitif, car il reste
encore dans la série des terrains de sédiment de l'Europe plusieurs
lignes de démarcation assez tranchées qui, dans cet arrangement,
ne se trouvent rapprochées d'aucun système de dislocations. Peut-
être quelques-unes de ces lignes de partage se lient-elles à des systèmes de fractures et de rides qui, bien qu'observables en France,
en Allemagne, en Angleterre, n'y ont pas encore été suffisamment
distingués, et restent encore confondus avec les dislocations appartenant aux autres systèmes dans lesquels ils sont censés former des
anomalies; peut-être aussi ces mêmes lignes de partage se ratta-
chent-elles à des commotions qui n'ont eu que peu d'énergie dans
les contrées que je viens de citer, mais qui auront laissé des traces
plus visibles dans le sol de contrées adjacentes, et dont les con-
quêtes que la géologie a faites récemment en Grèce, en Sicile, en
Afrique, en Espagne, pourront nous aider à retrouver la trace.

Je vais maintenant passer successivement en revue les douze
systèmes de dislocations dont je viens de parler, en indiquant *som-*

mairement les observations qui conduisent à les mettre en rappor
avec un pareil nombre des lignes de partage que présente la séri
des terrains de sédiment.

I. *Système du Westmoreland et du Hundsruck.*

Celui de ces rapprochements qui remonte à l'époque géologiqu
la plus ancienne est dû aux recherches dont M. le professeur Sedg
wick a communiqué les résultats, en 1831, à la Société géologiqu
de Londres. Ce savant géologue, qui s'était occupé depuis près d
dix ans de l'exploration des montagnes du district des Lacs du Westmoreland, a fait voir que la moyenne direction des différents systèmes de roches schisteuses y court du nord-est un peu est au sud
ouest un peu ouest. Cette manière de se diriger fait que l'un aprè
l'autre ils viennent se perdre sous la zone carbonifère qui couvr
les tranches de leurs couches, d'où il résulte qu'ils sont nécessairement en stratification discordante avec cette zone. L'auteur confirme cette induction en donnant des coupes détaillées ; et de tou
l'ensemble des faits observés il conclut que les couches des montagnes centrales du district des Lacs ont été placées dans leur situation actuelle, avant ou pendant la période du dépôt du vieux grès
rouge, par un mouvement qui n'a pas été lent et prolongé, mai
soudain.

D'autres circonstances me font regarder à moi-même comme
bien probable que ce soulèvement a même eu lieu avant le dépôt
de la partie la plus récente des couches que les Anglais nomment
terrains de transition, c'est-à-dire avant le dépôt des calcaires à trilobites de Dudley et de Tortworth.

M. le professeur Sedgwick a aussi montré que, si on tire des lignes
suivant les directions principales des chaînes suivantes, savoir : la
chaîne méridionale de l'Écosse, depuis Saint-Abbs-Head jusqu'au
Mull de Galloway, la chaîne de grauwacke de l'île de Man, les
crêtes schisteuses de l'île d'Anglesea, les principales chaînes de
grauwacke du pays de Galles et la chaîne de Cornouailles, ces
lignes seront presque parallèles l'une à l'autre et à la direction mentionnée ci-dessus comme dominant dans le district des Lacs du
Westmoreland.

L'élévation de toutes ces chaînes, qui influent si fortement sur le
caractère physique du sol de la Grande-Bretagne, a été rapportée
par M. le professeur Sedgwick à une même époque, et leur parallélisme n'a pas été regardé par lui comme accidentel, mais comme
offrant une confirmation de ce principe général déjà déduit de

l'examen d'un certain nombre de montagnes, que les chaines élevées à la même époque présentent un parallélisme général dans la direction des couches qui les composent, et par suite dans la direction des crêtes que ces couches constituent.

La surface de l'Europe continentale présente plusieurs contrées montueuses, où la direction dominante des couches les plus anciennes et les plus tourmentées court aussi, comme M. de Humboldt l'a remarqué depuis longtemps, dans une direction peu éloignée du nord-est ou de l'est-nord-est (*hora* 3—4 *de la boussole des mineurs*). Telle est, par exemple, la direction des couches de schiste et de grauwacke des montagnes de l'Eiffel, du Hundsruck et du pays de Nassau, au pied desquelles se sont probablement déposés les terrains carbonifères de la Belgique et de Sarrebruck; telle est aussi celle des couches schisteuses du Harz; telle est encore celle des couches de schiste, de grauwacke et de calcaire de transition des parties septentrionales et centrales des Vosges, sur la tranche desquelles s'étendent plusieurs petits bassins houillers; telle est même à peu près celle des couches de transition, calcaires et schisteuses, d'une date probablement fort ancienne, qui contituent en grande partie le groupe de la montagne Noire, entre Castres et Carcassonne, et qui se retrouvent dans les Pyrénées, où, malgré des bouleversements plus récents, elles présentent encore, et souvent d'une manière très marquée, l'empreinte de cette direction primitive.

Enfin, cette direction *hora* 3—4 est aussi la direction dominante et pour ainsi dire fondamentale des feuillets plus ou moins prononcés des gneiss, micaschistes, schistes argileux et des roches quarzeuzes et calcaires de beaucoup de montagnes appelées souvent primitives, telles que celles de la Corse, des Maures (entre Toulon et Antibes), du centre de la France, d'une partie de la Bretagne, de l'Erzgebirge, des Grampians, de la Scandinavie et de la Finlande.

Le parallélisme de cette direction et de celle observée par M. le professeur Sedgwick en Angleterre, joint à la circonstance que cette loi d'une forte inclinaison dans une direction à peu près constante, à laquelle obéissent presque universellement les couches et les feuillets des terrains les plus anciens de l'Europe, ne comprend pas les formations d'une origine postérieure, conduit naturellement à supposer que l'inclinaison de toutes les couches de sédiment qui sont comprises dans le domaine de cette loi est due à une même catastrophe qui, jusqu'ici, est la plus ancienne de celles dont les traces ont pu être clairement reconnues. Il ne faut cependant pas désespérer de voir des recherches ultérieures mettre les lignes de démarcation que l'observation indique déjà entre les différentes

assises des anciens terrains de transition en rapport avec des soulèvements plus anciens et encore plus effacés que celui dont nous
venons de parler.

Les noms qui rappellent un type naturel bien déterminé, tels que
ceux de calcaire du Jura, d'argile de Londres, de calcaire grossier
parisien, ont, en géologie, des avantages tellement marqués, qu'il
était à désirer qu'on pût en employer du même genre pour les divers
systèmes d'inégalités d'âges différents qui sillonnent la surface de
la terre. Il n'était pas sans embarras de choisir, pour indiquer une
réunion de rides qui traversent une grande partie de l'Europe,
lesquelles probablement s'y sont produites au milieu d'accidents
préexistants, et qui depuis ont été soumises à un grand nombre
de dislocations, un nom simple et facile à retenir, qui se rattachât
à des accidents naturels du sol, et qui ne fût pas exposé, à cause de
sa brièveté même, à donner lieu à des équivoques et à des disputes
de mots. Il m'a semblé qu'on pourrait adopter pour le système dont
nous parlons le nom de *système Westmoreland* et du *Hundsruck*,
en convenant de prendre la partie pour le tout, et en rattachant tout
l'ensemble à deux districts montagneux, où les accidents très anciens
qui nous occupent sont encore au nombre des traits les plus proéminents. On pourrait tout aussi bien l'appeler système du Bigorre,
du Canigou, du Pilas, de l'Erzgebirge, du Harz, puisque les couches schisteuses anciennes dont ces montagnes sont en grande
partie composées paraissent avoir contracté elles-mêmes à l'époque
ancienne qui nous occupe leurs inflexions primordiales. Mais,
comme ces mêmes montagnes paraissent devoir une grande partie
de leur relief actuel à des mouvements beaucoup plus récents, j'ai
craint qu'en les faisant figurer dans la désignation d'un système
d'accidents bien antérieur à la configuration définitive qu'elles nous
présentent on n'introduisît trop de chances de confusion.

II. *Système des Ballons* (Vosges) *et des collines du Bocage* (Calvados).

Les observations mentionnées dans l'article précédent prouvent
déjà que le système du Westmoreland et du Hundsruck a été
soulevé avant le dépôt de la série carbonifère; mais il paraît qu'il
avait même été soulevé avant le dépôt de la partie la plus récente
des couches que les Anglais appellent de transition. En effet, parmi
ces couches, il en est une classe, très répandue en Europe, qui a
échappé au ridement des schistes anciens dans la direction *hora* 3—4,

et qui paraîtrait au contraire avoir été déposée sur les tranches de ces couches plus anciennes déjà redressées.

Telles sont les couches calcaires marneuses et arénacées avec orthocératites, trilobites, polypiers, etc., qui se trouvent en Podolie, aux environs de Saint-Pétersbourg, en Suède et en Norwège, où elles ne sont généralement que peu dérangées de leur horizontalité primitive, et celles des montagnes de Sandomirz et des collines au nord-ouest de Magdebourg.

Telles sont encore les couches de transition, si riches en fossiles, de Dudley (Staffordshire) et de Tortworth (Gloucestershire), qui paraissent avoir été déposées au pied des montagnes déjà soulevées du pays de Galles, et qui ne sont elles-mêmes affectées que par des dislocations d'un ordre plus récent. Telles paraissent être aussi une partie des couches calcaires schisteuses et arénacées du midi de l'Irlande, objet des recherches de M. Weaver, et particulièrement celles qui renferment les couches d'anthracites sur lesquelles sont ouvertes toutes le mines de combustible fossile de la province de Munster, excepté celles du comté de Clare, situées dans le véritable terrain houiller.

Le terrain de transition des collines du Bocage (Calvados) et de l'intérieur de la Bretagne a lui-même une grande ressemblance avec celui décrit par M. Weaver dans le sud de l'Irlande. Il se compose de même de couches multipliées de schiste, de grauwacke, de grès quarzeux passant à des roches de quartz, d'ampélite graphique et alumineux et de calcaire; il contient des fossiles de la même classe, et présente sur les bords de la Loire, près d'Angers, ainsi qu'aux environs de Sablé et de Laval, des exploitations de combustible.

Enfin, je suis encore porté à rapporter à la même époque de dépôt le terrain de schiste argileux et de grauwacke, contenant des couches d'anthracite avec des empreintes végétales peu différentes de celles du terrain houiller, dont se compose en partie l'angle sud-est des Vosges, et qui paraît s'être adossé aux masses granitiques des environs de Gerardmer, de Remiremont et du Tillot, qui elles-mêmes s'étaient probablement soulevées lors de la formation des anciennes rides nord-est-sud-ouest.

Indépendamment des rapports géognostiques et paléontologiques qui se manifestent entre les diverses parties du vaste dépôt de transition dont je viens de parler, elles ont encore cela de commun, qu'elles échappent à la dislocation qui a produit l'ancien système dirigé entre le nord-est et l'est-nord-est. Lorsque ces couches ne sont pas horizontales, leurs dislocations suivent généralement d'autres directions, dont la plus marquée, qui probablement a été produite immédiatement après leur dépôt, court suivant des lignes dont l'angle avec le méridien varie de 90° à 67° 30′ (vers l'ouest), mais qui sont toujours très près d'être exactement parallèles à un grand cercle qui passerait par le ballon d'Alsace (dans le midi des Vosges), en faisant avec le méridien du lieu un angle de 74°, ou en se dirigeant de l'ouest 16° nord à l'est 16° sud.

La direction indiquée par le prolongement de ce grand cercle se retrouve à très peu près dans les couches de transition du midi de l'Irlande, contrée montueuse et inégale, composée de crêtes courant généralement de l'est à l'ouest, et atteignant leur plus grande élévation dans les montagnes de *Kerry*, où le *Gurrane-tual*, l'un des *reeks* de Magillycuddy, près de Killarney, s'élève à 1,067 mètres au-dessus de la mer. Les couches de transition y affectent, d'après M. Weaver, une direction générale de l'est à l'ouest, et plongent au nord et au sud en présentant une stratification verticale dans l'axe des crêtes; elles diminuent d'inclinaison de chaque côté de ces crêtes, se plient dans l'intervalle de manière à devenir horizontales, et forment ainsi une succession de bassins allongés. Elles atteignent des hauteurs de moins en moins grandes, à mesure qu'on s'avance vers le nord, et finissent par s'enfoncer sous les dépôts contrastants du vieux grès rouge et du calcaire carbonifère des comtés de l'intérieur, discordance qui est rendue très frappante par la position presque horizontale du vrai calcaire carbonifère des mêmes districts.

Dans le Devonshire et le Sommersetshire, la formation de grauwacke et de schiste contenant quelquefois de petits lits de matière charbonneuse, présentent encore une direction peu éloignée du parallélisme avec le même grand cercle de comparaison (est 10° sud—ouest 10° nord), et leur redressement, probablement antérieur au dépôt du vieux grès rouge qui ne les a pas recouvertes, est certainement plus ancien que celui du conglomérat rouge d'Exeter (*rothe todte liegende*), attendu que ce dernier s'étend horizontalement sur leurs tranches, ainsi qu'on peut s'en assurer dans beaucoup de localités.

Les couches de transition les plus récentes de la Bretagne et du Bocage de la Normandie, celles dans lesquelles se trouvent les anthracites des bords de la Loire et de Sablé, les calcaires à graphtolites de Feuguerolles et les grès quarzeux de Mai, près Caen, courent aussi à peu près parallélement au grand cercle de comparaison que nous avons indiqué ci-dessus; et c'est après leur premier redressement que paraissent s'être déposés les petits terrains houillers de Littry (Calvados) et du Plessis (Manche), celui de Saint-Pierre-la-Cour (Mayenne), ceux de la Vendée, et probablement aussi celui de Quimper.

Les masses de syénite et de porphyre qui, dans le sud-est des Vosges, forment les cimes jumelles du ballon d'Alsace et du ballon de Comté, s'allongent de l'est 16' sud à l'ouest 16° nord, et ont redressé, dans cette direction, les couches du terrain à anthracite. Le terrain houiller de Ronchamps s'est déposé au pied de ces montagnes, sur les tranches des couches redressées.

La structure de toute la partie méridionale du massif central des Vosges, depuis Plombières jusqu'à la vallée de Massevaux, est en rapport avec celle du ballon d'Alsace, et se rattache à la direction ouest 16° nord—est 16° sud. Il en est de même de la partie méridionale du groupe central de la forêt Noire.

Le ballon d'Alsace s'élève à 789 mètres au-dessus de la ville de Giromagny, bâtie elle-même au niveau du terrain houiller, et le ballon de Gebweiler, situé plus au nord-est, s'élève à 935 mètres au-dessus du même point. Parmi les inégalités de la surface du globe, dont on peut assurer que l'origine remonte à une date aussi reculée, on ne pourrait encore en citer de plus considérables.

La Lozère nous présente, beaucoup plus au sud, une autre masse gratinoïde allongée à peu près dans le même sens, et comme la direction de cette masse semble avoir déterminé celle du bassin intérieur des départements de la Lozère et de l'Aveyron, dans lequel se sont déposés horizontalement le terrain houiller, le grès bigarré et le calcaire du Jura, on peut supposer que l'élévation de cette masse est contemporaine de celle de la syénite du ballon d'Alsace.

Le Harz se termine au nord-nord-est par un escarpement comparable à celui qui termine les Vosges et la forêt Noire au sud-sud-ouest. Cet escarpement, qui coupe obliquement la direction des couches schisteuses, est parallèle à la plus grande longueur de ce groupe de montagnes isolé et à la ligne sur laquelle les granits du Brocken et de la Rosstrap se sont élevés, en perçant les schistes et les grauwackes déjà redressés antérieurement dans une autre direction; il est en même temps parallèle, à peu de chose près, au grand cercle de comparaison dont nous avons déjà parlé. Ce soulèvement, évidemment postérieur au premier redressement des schistes et des grauwackes, dans la direction *hora* 3 — 4, n'a pas été le dernier que le Harz ait éprouvé, mais il a influé plus qu'aucun autre sur la forme générale de son relief, et il a évidemment précédé le dépôt des terrains houillers qui sont situés à son pied.

Les grauwackes qui forment des collines au nord-ouest de Magdebourg, et dans lesquelles on trouve, comme en Irlande, en Bretagne et dans le sud des Vosges, un grand nombre d'impressions d'équisétacés et d'autres plantes peu différentes de celles du terrain houiller, ne partagent pas la direction *hora* 3—4 des autres grauwackes de l'Allemagne. Elles appartiennent probablement à la partie la plus récente des dépôts dits de transition, et la direction de leurs couches est presque parallèle à celle de l'escarpement nord-nord-est du Harz, dont le soulèvement a sans doute eu quelque influence sur le ridement qu'elles ont éprouvé.

Enfin les montagnes de Sandomirz, dans le sud-ouest de la Pologne, nous présentent encore des couches de transition d'une date probablement récente, redressées dans une direction presque exactement parallèle à celle du grand cercle de comparaison que nous avons mené par le ballon d'Alsace.

Ce système de rides avait concouru avec le précédent, et peut-être avec d'autres encore qui n'ont pas été étudiés jusqu'ici, à donner un relief ondulé et une structure disloquée au sol ancien (*ur* et *uebergangs gebirge*), dans les inégalités duquel se sont plus tard déposées les premières couches de cet ensemble de dépôts que Werner avait nommé *flœtz gebirge*, et que les géologues français et anglais ont nommé *dépôts secondaires*, dépôts dont la série carbonifère (*old red sanstone, mountain limeston, coal measures*) forme l'assise inférieure.

III. *Système du nord de l'Angleterre.*

Depuis la latitude de Derby jusqu'aux frontières de l'Écosse, le sol de l'Angleterre se trouve partagé par un axe montagneux qui, pris dans son ensemble, court presque exactement du sud au nord, en s'écartant seulement un peu vers le nord-nord-ouest. Dans cette chaîne, qui, étant formée entièrement par des couches de la série carbonifère, est aujourd'hui nommée la grande chaîne carbonifère du nord de l'Angleterre, les forces soulevantes semblent, en prenant la chose dans son ensemble, avoir agi (non toutefois sans des déviations considérables) suivant des lignes dirigées à peu près du sud 5" est au nord 5° ouest. Ces forces soulevantes ont produit de grandes failles, dont l'une forme le bord occidental de la chaîne dans le peak du Derbyshire. Elle est prolongée par une ligne anticlinale dans les montagnes appelées *Western moors* du Yorkshire, et à partir de là l'escarpement occidental de la chaîne est accompagné par d'énormes fractures depuis le centre du Craven jusqu'au pied du Stainmoor. Une autre fracture très considérable, passant au pied de l'escarpement occidental du chaînon du Cross-fell, rencontre sous un angle obtus, près du pied du Stainmoor, la grande faille du Craven. Cette dernière faille explique immédiatement la position isolée des montagnes du district des Lacs.

M. le professeur Sedwick prouve directement, dans le Mémoire qu'il a consacré à la structure de cette chaîne, que toutes les fractures ci-dessus mentionnées ont été produites immédiatement avant la formation des conglomérats du nouveau grès rouge (*rothe todte liegende*), et il présente les plus fortes raisons pour penser qu'elles ont été occasionnées par une action à la fois violente et de courte durée; car on passe sans intermédiaire des masses inclinées et rompues aux conglomérats qui s'étendent sur elles horizontalement, et il n'y a aucune trace qui puisse indiquer un passage lent d'un ordre de choses à un autre. Enfin, M. le professeur Sedgwick, recherchant quelle pourrait être l'origine des phénomènes décrits, indique les différentes roches cristallines qui se montrent en contact avec les roches de la série carbonifère (le *toadstone* du Derbyshire et le *whinstone* du Cumberland).

L'élévation de la chaîne du nord de l'Angleterre n'a probablement pas été un phénomène isolé; mais si l'on jette un coup d'œil sur la carte géologique de l'Angleterre par M. Greenough, et sur celle jointe au Mémoire de MM. Buckland et Conybeare sur les environs de Bristol, on est naturellement conduit à remarquer que les roches problématiques qui percent et qui disloquent les dépôts houillers de Shrewsbury et de Coal-brook-dale, et celles qui forment le Malvern-Hills, paraissent liées à une série de dislocations qui, courant presque du nord au sud, se prolonge à travers les couches de transition récentes et les couches de la série carbonifère jusqu'aux environs de Bristol.

La côte dirigée presque du nord au sud qui forme la limite occidentale du département de la Manche, et différentes lignes de fractures dirigées de même dans le sens du méridien que présente le bocage de la Normandie, doivent aussi probablement leur origine première à des dislocations de la même catégorie que celles de la grande chaîne carbonifère du nord de l'Angleterre.

Peut-être aussi des traces du même phénomène pourraient-elles être reconnues dans le massif central de la France (chaîne de pierre sur autre, chaîne de tarare), dans les montagnes des Maures (département du Var) et dans les montagnes primitives de la Corse.

IV. *Système des Pays-Bas et du sud du pays de Galles.*

Les formations du grès rouge et zechstein, déposées primitivement en couches à peu près horizontales au pied des montagnes du Harz, du pays de Nassau, de la Saxe, sont bien loin d'avoir conservé partout leur horizontalité primitive; elles présentent au con-

traire un grand nombre de fractures et de dérangements, dont une
grande partie affectent en même temps les formations du grès
bigarré et du muschelkalk, mais dont une certaine classe ne dépasse
pas le zechstein, et paraît s'être produite immédiatement après
son dépôt. De ce nombre sont les failles et les inflexions variées
dirigées moyennement de l'est à l'ouest, que présentent les couches
du grès rouge, du weiss-liegende, du kupferchiefer et du zechstein,
dans le pays de Mansfeld, accidents dont M. Freisleben avait déjà
indiqué que la production devait être antérieure au dépôt du grès
bigarré.

Ces accidents remarquables de la stratification des premières
couches secondaires du Mansfeld me paraissent n'être qu'un cas
particulier d'un ensemble d'accidents de stratification qui, depuis
les bords de l'Elbe jusqu'aux petites îles de la baie de Saint-
Bride, dans le pays de Galles, affectent toutes les couches de sédiment dont la formation n'est pas postérieure à celle du zechstein. Dans cette étendue de 280 lieues, toutes les couches dont il
s'agit, partout où elles ne sont pas dérobées à l'observation par des
formations plus récentes auxquelles ces mouvements sont étrangers, se présentent dans un état plus ou moins complet de dislocation. Il y a même des points, comme à Liége, à Mons, à Valenciennes, sur les flancs de Mendip-Hills, où elles présentent les
contorsions les plus extraordinaires, où leur profil présente, par
exemple, la forme d'un Z, ou des formes plus bizarres encore. Ces
accidents de stratification ont pour caractère commun, que les couches se sont pour ainsi dire repliées sur elles-mêmes sans s'élever
en montagnes considérales, qu'ils n'occasionnent à la surface du
terrain que de faibles protubérances, malgré la complication des
contorsions que les couches présentent à l'intérieur, et que les plis
(ou les lignes de fracture) se sont produits pour moitié dans une
direction parallèle à un grand cercle qui traverserait le Mansfeld
perpendiculairement au méridien de ce pays, et pour l'autre moitié,
suivant les directions des dislocations que présentaient déjà en
chaque point les couches plus anciennes affectées par des bouleversements antérieurs. Ainsi, dans la bande de terrain carbonifère qui
s'étend d'une manière presque continue depuis le pays de La Marck
jusqu'aux environs d'Arras, les couches de calcaire, de grès, d'argile schisteuse et de houille, se dirigent, tantôt presque de l'est à
l'ouest, parallèlement au grand cercle ci-dessus désigné, tantôt presque du nord-est au sud-ouest, parallèlement à la stratification des
terrains schisteux anciens de l'Eiffel et du Hundsruck. Sur les bords
du canal de Bristol et dans tout le midi du pays de Galles, on

voit de même la stratification, souvent très contournée, du système carbonifère osciller entre deux directions, l'une, courant de l'est un peu nord à l'ouest un peu sud, parallélement à ce même grand cercle désigné ci-dessus; l'autre, courant de l'est 10° sud à l'ouest 10° nord, parallélement à la direction des couches de schistes et de grauwackes du nord du Devonshire, qui probablement s'élevaient déjà en montagnes avant le dépôt de la série carbonifère. Malgré la grande étendue de terrains récents qui sépare les terrains carbonifères de la Belgique de ceux des bords du canal de Bristol, et qui rend leur continuité problématique, on peut remarquer que, de part et d'autre, les contorsions qui affectent les couches présentent des caractères communs, dont l'un, par exemple, consiste en ce que les contournements sont beaucoup plus forts dans la partie méridionale de la bande disloquée que dans la partie septentrionale.

Les traits de ressemblance que présentent toutes les dislocations que je viens d'indiquer, depuis le pays de Mansfeld jusqu'à l'extrémité occidentale du Pembrockshire, me portent à la considérer comme résultant d'un même phénomène, à moins que quelque observation positive ne prouve qu'elles ont été produites à des époques distinctes. Ce phénomène serait nécessairement postérieur au dépôt de zechstein, antérieur au dépôt du poudingue de Malmédy, et des conglomérats magnésiens de Mendip-Hills et des environs de Bristol, qui s'étendent horizontalement sur les tranches des couches carbonifères disloquées. M. le professeur Sedgwick regarde le conglomérat magnésien de Bristol comme plus récent que le calcaire magnésien du nord de l'Angleterre, qui est parallèle au zechstein; et rien ne s'oppose jusqu'ici à ce qu'on assigne une date semblable au poudingue de Malmédy; mais comme cependant le conglomérat magnésien de Bristol doit nécessairement rester parmi les assises les plus anciennes du nouveau grès rouge des Anglais, on voit que si toutes les dislocations que je viens d'énumérer sont le résultat d'une seule catastrophe, cette catastrophe doit avoir eu lieu immédiatement après le dépôt du zechstein.

Je suis encore porté à rapporter à cette même catastrophe les dérangements multipliés qu'ont éprouvés les couches houillères de Sarrebruck avant le dépôt du grès des Vosges, qui s'est étendu horizontalement sur leurs tranches, et les mouvements moins considérables que paraît avoir éprouvé le sol des Vosges, entre le dépôt du grès rouge qui n'y a rempli que le fond de quelques dépressions, et celui du grès des Vosges qui s'y est élevé beaucoup plus haut, et y a recouvert des espaces beaucoup plus considérables.

V. *Système du Rhin.*

Les montagnes des Vosges, de la Hardt, de la forêt Noire et de l'Odenwald, forment deux groupes en quelque sorte symétriques, qui se terminent l'un vis-à-vis de l'autre par deux longues falaises légèrement sinueuses, dont les directions générales sont parallèles l'une à l'autre, et au cours du Rhin qui coule entre elles depuis Bâle jusqu'à Mayence. Ces deux falaises sont principalement composées d'éléments rectilignes tous orientés presque exactement du nord 21° est au sud 21° ouest ; et les montagnes qui viennent d'être mentionnées présentent, dans beaucoup de points de leur pourtour ou de leur intérieur, d'autres lignes d'escarpements parallèles aux précédents. Ces lignes, qui sont les traits caractéristiques de celui des quatre systèmes de montagnes de l'Allemagne que M. Léopold de Buch a nommé système du Rhin, se dessinent très nettement sur une carte géologique de ces contrées, aussitôt qu'on y distingue par des couleurs différentes les deux formations, si souvent confondues ensemble, du grès des Vosges et du grès bigarré. Les escarpements dont il s'agit sont tous composés, en tout ou en partie, de grès des Vosges. Ils forment, en général, la tranche des plateaux plus ou moins étendus dont les couches de cette formation constituent la surface. Ils paraissent dus à de grandes fractures, à une série de failles parallèles qui ont rompu et diversement élevé ou abaissé les différents compartiments dans lesquels elles ont divisé la formation du grès des Vosges, à une époque où cette formation n'était encore recouverte par aucune autre. L'époque de bouleversement dans laquelle elles se sont produites est par conséquent antérieure au dépôt du système du grès bigarré, du muschelkalk et des marnes irisées, qui tout autour des montagnes des deux bords du Rhin s'étend jusqu'au pied des falaises dirigées du nord 21° est au sud 21° ouest. Ces formations semblent s'être déposées dans une mer dans laquelle les montagnes qui constituent le système du Rhin formaient des îles et des presqu'îles. Elles dessinent encore aujourd'hui les contours de ces anciennes terres. Le dépôt du plus ancien de ces trois groupes de couches, le grès bigarré, paraît avoir suivi sans interruption celui du grès des Vosges ; car, dans les points où les deux formations sont superposées, il y a passage de l'une à l'autre. Le mouvement qui a élevé le grès des Vosges en plateaux, dont le grès bigarré est venu ceindre la base, doit, par conséquent, avoir été brusque et de peu de durée.

La production des fractures qui caractérisent le système du Rhin

ue paraît pas avoir été circonscrite dans les contrées rhénanes. On
observe des traces de fractures analogues et semblablement dirigées
dans les montagnes comprises entre la Saône et la Loire, dans celles
du centre et du midi de la France et jusque dans les parties littorales
du département du Var. Partout ces fractures sont antérieures au
dépôt du système du grès bigarré, du muschelkalk et des marnes
irisées; partout aussi on peut reconnaître qu'elles sont postérieures
au dépôt du terrain houiller. Il est vrai que l'absence, dans ces
mêmes contrées, des formations comprises entre le terrain houiller
et le grès bigarré empêche qu'on ne puisse déterminer, d'une
manière complète, l'époque relative de leur formation; mais on peut
dire du moins que rien ne contredit jusqu'ici l'induction que fournit
leur direction pour les rapprocher de celles qui caractérisent le
système du Rhin.

VI. *Système du Thuringerwald, du Bohmerwald-gebirge, du Morvan.*

Le terrain jurassique, déposé par couches presque horizontales
dans un ensemble de mers et de golfes, a dessiné les contours des
divers systèmes de montagnes dont nous avons déjà parlé, et en
même temps ceux d'un système particulier qui se distingue par la
direction ouest 40° nord — est 40° sud, que présentent la plupart
des lignes de faîte et des vallées qu'il détermine, et par la circonstance que les couches du grès bigarré, du muschelkalk et des marnes
irisées s'y trouvent dérangées de leur position originaire, aussi bien
que toutes les couches plus anciennes. Les couches jurassiques, au
contraire, s'étendent horizontalement jusqu'au pied des pentes et
sur les tranches des couches redressées de ce système; d'où il résulte
que le mouvement qui lui a donné naissance a dû avoir lieu entre la
période du dépôt des marnes irisées et celle du grès inférieur du lias.
Ce mouvement doit avoir été brusque et de peu de durée, puisque,
dans beaucoup de parties de l'Europe, il y a liaison entre les dernières
couches des marnes irisées et les premières couches du grès du lias;
ce qui montre que la nature et la distribution des sédiments a changé
à cette époque géologique sans que la continuité de leur dépôt ait
été interrompue.

Lorsqu'on promène un œil attentif sur la carte géologique de l'Allemagne par M. Léopold de Buch, ou sur celle plus détaillée encore
du nord de l'Allemagne par M. Hoffmann, on y reconnaît aisément
l'existence d'un système de dérangements de stratification qui court
à peu près de l'ouest 40° nord à l'est 40° sud, en affectant indistinc-

tement toutes les couches d'une date plus ancienne que le keuper (marnes irisées, red-marl) et le keuper lui-même, et qui ont concouru à déterminer les concours sinueux des golfes dans lesquels se sont ensuite déposées les couches jurassiques du nord et du midi de l'Allemagne. Ces accidents comprennent la plus grande partie de ceux que M. Léopold de Buch a groupés sous le nom de système du nord-est de l'Allemagne. Le Thuringerwald, et la partie du Bohmerwald-gebire comprise entre la Bavière et la Bohême, qui en forme presque exactement le prolongement, sont le chaînon le plus proéminent de cet ensemble d'accidents, plus étendu que prononcé, et peuvent servir à donner un nom à tout le système.

En France comme en Allemagne, on peut reconnaître les traces d'un ridement général du sol dans la direction du nord 40° ouest au sud 40° est; mais ce ridement n'a produit, en France comme en Allemagne, que des accidents d'une faible saillie et qu'il est impossible de désigner tous dans un extrait aussi abrégé que celui-ci, dont il serait même difficile de bien exprimer la disposition sans le secours d'une carte sur laquelle seraient figurés les contours de la *mer jurassique*. Au centre de la France, près d'Avallon et d'Autun, on voit les premières couches jurassiques, le lias de l'arkose qui en dépend, venir embrasser des protubérances allongées dans la direction nord 40° ouest — sud 40° est, et composées à la fois de roches granitiques et de couches dérangées du terrain houiller et d'un arkose particulier contemporain des marnes irisées. La même direction et des circonstances géologiques analogues se retrouvent dans une série de montagnes et de collines serpentineuses, porphyritiques, granitiques et schisteuses, qui, depuis les environs de Firmy, dans le département de l'Aveyron, se dirige vers l'île d'Ouessant, en déterminant la direction générale des côtes de la Vendée et des côtes sud-ouest de la Bretagne. Vers l'extrémité sud-est de ce système, notamment aux environs de Brives et de Terrasson, le grès bigarré se présente en couches inclinées formant des lignes anticlinales et des crêtes dirigées assez exactement dans la direction dont nous parlons; tandis que, partout où les couches jurassiques s'approchent de cette suite de proéminences, elles conservent leur horizontalité, sauf des cas peu nombreux, où des accidents dirigés dans des sens différents la leur ont fait perdre accidentellement.

M. de Buch avait déjà remarqué que la direction du système du nord-est de l'Allemagne se retrouve dans celle d'une partie des accidents du sol de la Grèce. En effet, si on imagine un arc de grand cercle qui passe par le Thuringerwald, en faisant avec le méridien un angle de 50° du côté de l'ouest, ou en se dirigeant de l'ouest 40°

ord à l'est 40° sud, cet arc de grand cercle prolongé traverserait
a Grèce parallélement aux crêtes des chaines en partie sous-
marines qui constituent l'île de Négrepont, l'Attique et une partie
les îles de l'Archipel. Ce système de crêtes, que MM. Boblaye
t Virlet ont nommé système olympique, est composé de roches
le la classe des primitives, dont les couches affectent en général
a même direction que les crêtes elles-mêmes. Il résulte des obser-
ations de MM. Boblaye et Virlet que la formation de ces crêtes est
antérieure au dépôt des assises inférieures du terrain crétacé; ainsi
e peu qu'on sait sur l'époque de leur apparition se trouve conforme
à l'idée de M. de Buch, qui les rapprochait du Thuringerwald, d'après
la considération de leur direction.

VII. *Système du mont Pilas, de la Côte-d'Or et de l'Erzgebirge.*

Une foule d'indices se réunissent pour attester que, dans l'intervalle des deux périodes auxquelles correspondent le dépôt jurassique et le système des terrains crétacés (*Wealden formation*,
green sand and chalk), il y a eu une variation brusque et importante dans la manière dont les sédiments se disposaient sur la surface de l'Europe. Cette variation a été considérable ; car si on essaie
de rétablir sur une carte les contours de la nappe d'eau dans laquelle
s'est déposée la partie inférieure du terrain crétacé, on les trouve
extrêmement différents de ceux de la nappe d'eau dans laquelle s'est
formé le terrain jurassique. Elle a été brusque ; car en beaucoup de
points il y a passage de l'un des systèmes de couches à l'autre, ce
qui annonce que, dans ces points, la nature du dépôt et celle des
habitants de la surface ont varié sans que le dépôt des sédiments
ait été suspendu.

Cette variation subite paraît avoir coïncidé avec la formation d'un
ensemble de chaînons de montagnes parmi lesquelles on peut citer
la Côte-d'Or (en Bourgogne), le mont Pilas (en Forez), les Cévennes et les plateaux du Larzac (dans le midi de la France), et même
l'Erzgebirge (en Saxe).

L'Erzgebirge, la Côte-d'Or, le Pilas, les Cévennes, font partie d'une
série presque continue d'accidents du sol qui se dirigent à peu près
du nord-est au sud-ouest, ou de l'est 40° nord à l'ouest 40° sud depuis
les bords de l'Elbe jusqu'à ceux du canal de Languedoc et de la Dordogne, et dont la communauté de direction, et la liaison de proche
en proche conduisent à penser que l'origine a été contemporaine,
que la formation s'est opérée dans une seule et même convulsion. Dans
les départements de la Dordogne et de la Charente, en Nivernais, en

Bourgogne, en Lorraine, en Alsace et dans plusieurs autres parti[es] de la France, les dérangements de stratification dirigés dans le sen[s] des chaînons de montagnes dont nous parlons, embrassent les cou[ches] jurassiques, tandis qu'ils n'affectent pas les couches inférieure[s] du terrain crétacé à la rencontre desquelles ils se terminent près de[s] rives de la Dordogne et en Saxe, où les couches de grès vert qu[i] forment les escarpements pittoresques de ce qu'on appelle l[a] Suisse Saxonne s'étendent horizontalement sur la base de l'Erzge[-] birge. La Côte-d'Or, située au milieu de l'espace dont il s'agit fait partie d'une série d'ondulations des couches jurassiques qui après avoir donné naissance aux accidents les mieux désignés d[u] sol du département de la Haute-Saône, se reproduit encore dan[s] les hautes vallées longitudinales des montagnes du Jura, par-dessou[s] lesquelles toutes les couches du terrain jurassique viennent passe[r] pour se relever dans leurs intervalles et former les groupes arron- dis qui les séparent. Dans le fond de plusieurs de ces vallées, o[n] trouve des couches évidemment contemporaines du grès vert d'aprè[s] les fossiles qu'elles contiennent ; et comme ces couches ne s'élèvent pas sur les crêtes intermédiaires qui semblent avoir formé autan[t] d'îles et de presqu'îles, elles sont évidemment d'une date plus ré- cente que le reploiement des couches jurassiques qui a donné nais- sance à ces crêtes, aux vallées longitudinales et à tout le systèm[e] dont elles font partie, et qui comprend la Côte-d'Or.

Il suit naturellement de là, qu'indépendamment des accidents plus anciens qui ont déterminé l'inclinaison de diverses couches, et notamment des couches schisteuses anciennes qui composent en par- tie le sol des parties de l'Allemagne et de la France comprises entre les plaines de la Prusse et celles de la Gascogne, ce sol a éprouv[é] un nouveau mouvement de dislocation entre la période du dépôt du terrain jurassique et celle du dépôt du système crétacé, mouve- ment qui a, pour ainsi dire, marqué le moment du passage de l'une des périodes à l'autre. La direction suivant laquelle cette dislocation s'est opérée est indiquée par la direction générale des crêtes dont le ter- rain jurassique fait partie, et dont le terrain crétacé entoure la base. Cette direction, ainsi que je l'ai dit plus haut, court en général à peu près du nord-est au sud-ouest. Cependant il y a quelquefois des dévia- tions, suivant la direction de fractures plus anciennes : ainsi, dans la Haute-Saône, dans le midi de la Côte-d'Or et dans le département de Saône-et-Loire, on voit un grand nombre de fractures de l'époque qui nous occupe suivre la direction propre au système du Rhin.

Comme on devait naturellement s'y attendre, la direction des chaînes du mont Pilas, de la Côte-d'Or, de l'Erzgebirge et des

utres chaînes qui ont pris leur relief actuel immédiatement avant
e dépôt du grès vert et de la craie, a eu une grande influence sur
a distribution de ce terrain dans la partie occidentale de l'Europe.
On conçoit, en effet, qu'elle a dû avoir une influence très marquée
ur la disposition des parties adjacentes de la surface du globe qui,
pendant la période du dépôt de ce terrain, se trouvaient à sec ou
ubmergées. Parallèlement aux directions des chaînes que je viens
le citer s'étend, des bords de l'Elbe et de la Saale à ceux de la
Vienne, de la Charente et de la Dordogne, une masse de terrain
qui formait évidemment dans la mer qui déposait le terrain crétacé
inférieur une presqu'île liée, vers Poitiers, aux contrées montueuses déjà façonnées à cette époque de la Vendée, de la Bretagne, et par elles à celles du Cornouailles, du pays de Galles, de
l'Irlande et de l'Écosse. La mer ne venait plus battre jusqu'au pied
des Vosges : un rivage s'étendait des environs de Ratisbonne vers
Alais; et le long de cette ligne on reconnaît beaucoup de dépôts
littoraux de l'âge du grès vert, tels que ceux de la perte du Rhône
et des hautes vallées longitudinales du Jura. Plus au sud-est, on
voit le même dépôt prendre une épaisseur et souvent des caractères
qui prouvent qu'il s'est déposé sous une grande profondeur d'eau.
Il est à remarquer que le dépôt du grès vert et de la craie a pris
des caractères différents sur les diverses côtes de la presqu'île que
je viens de nommer, et ce n'est peut-être que dans le large golfe
qui continua longtemps à s'étendre entre la même presqu'île et
les montagnes du pays de Galles, du Derbyshire, de l'Écosse et de
la Scandinavie, qu'il s'est déposé avec cette consistance crayeuse de
laquelle est dérivé son nom général, quoiqu'elle tienne, selon toute
apparence, à une circonstance exceptionnelle.

VIII. *Système du Mont Viso.*

On est dans l'habitude de réunir en un seul groupe toutes les
couches de sédiment comprises entre la partie supérieure du calcaire du Jura et la partie inférieure des dépôts tertiaires. Parmi ces
couches sont comprises la craie, avec les sables et argiles qui lui
servent de support, couches que les géologues anglais désignent par
les noms de *wealden formation, greensand* et *chalk*. M. d'Omalius d'Halloy a proposé de nommer terrain crétacé ce groupe de
couches, de même qu'on nomme terrain jurassique le groupe de
couches dont le calcaire du Jura fait partie. Ces mêmes couches, que
le besoin d'un nombre limité de coupures a fait réunir, forment un
assemblage beaucoup plus hétérogène et beaucoup moins continu
que celles dont on compose le groupe jurassique. Il me paraît bien

probable que, pendant la durée de leur dépôt, il s'est opéré plus d'un bouleversement, soit dans nos contrées mêmes, soit dans les parties de la surface du globe qui en sont peu éloignées. Il me semble même qu'on peut dès à présent signaler un groupe assez étendu et assez fortement dessiné d'accidents de stratification et de crêtes de montagnes, comme correspondant à la plus tranchée des lignes de partage que nous offrent les couches comprises dans le groupe crétacé.

L'ensemble des couches du terrain crétacé peut, en effet, se diviser en deux assises très distinctes par leurs caractères zoologiques et par leur distribution sur la surface de l'Europe : l'une, que je propose de désigner sous le nom de terrain crétacé inférieur, comprendrait les diverses couches de l'époque de la formation wealdienne et celle du grès vert jusque et compris le *reigate firestone* des Anglais, ou jusque et compris notre craie chloritée et notre craie tuffeau ; l'autre, que je propose de désigner sous le nom de terrain crétacé supérieur, comprendrait seulement la craie marneuse et la craie blanche : le terrain crétacé supérieur se distinguerait zoologiquement de l'inférieur par l'absence des céphalopodes à cloisons persillées, tels que les ammonites, les hamites, les turrilites, les scaphites, qui abondent dans certaines couches du terrain crétacé inférieur.

La ligne de partage de ces deux systèmes de couches me paraît correspondre à l'apparition d'un système d'accidents du sol que je propose de nommer *système du Mont Viso*, d'après une seule cime des Alpes françaises qui, comme presque toutes les cimes alpines, doit sa hauteur absolue actuelle à plusieurs soulèvements successifs, mais dans laquelle les accidents de stratification propre à l'époque qui nous occupe se montrent d'une manière très prononcée.

Les Alpes françaises et l'extrémité sud-ouest du Jura, depuis les environs d'Antibes et de Nice jusqu'aux environs de Pont-d'Ain et de Lons-le-Saulnier, présentent une série de crêtes et de dislocations dirigées à peu près vers le nord-nord-ouest, et dans lesquelles les couches du terrain crétacé inférieur se trouvent redressées aussi bien que les couches jurassiques. La pyramide de roches primitives du Mont Viso est traversée par d'énormes failles qui, d'après leur direction, appartiennent à ce système de fractures. Au pied des crêtes orientales du Devoluy, formées par les couches du terrain crétacé inférieur redressées dans la direction dont il s'agit, sont déposées horizontalement, près du col de Bayard, celles des couches du terrain crétacé supérieur qui se distinguent par la présence d'un grand nombre de nummulites, de cérites, d'ampullaires et d'autres coquilles dont on avait cru pendant longtemps que les genres étaient exclusivement propres aux terrains tertiaires. C'est donc entre les périodes de dépôt de ces deux parties du système du grès vert et de la craie que les couches du système du Mont Viso ont été redressées.

Plus à l'ouest, de nombreuses lignes de fractures, d'assez nombreuses crêtes, formées en partie par les couches redressées du terrain crétacé inférieur, se montrent depuis l'île de Noirmoutiers, où M. Bertrand Geslin vient d'en indiquer un exemple, jusque dans la partie méridionale du royaume de Valence. A Orthès (Basses-Pyrénées), et dans les gorges de Pancorbo (entre Miranda et Burgos), on trouve les couches du terrain crétacé inférieur redressées dans la direction dont il s'agit.

MM. Boblaye et Virlet ont signalé, dans la Grèce, un système de crêtes très élevées qu'ils ont nommé système Pindique, dont la direction est sensiblement parallèle à celle d'un arc de grand cercle qui passerait par le Mont Viso en se divisant du nord-nord-ouest au sud-sud-ouest, et dont les couches les plus récentes leur paraissent se rapporter au terrain crétacé inférieur.

Lorsqu'on cherche à restaurer sur une carte les contours de la mer dans laquelle s'est déposé le terrain crétacé supérieur, on reconnaît aisément que la direction des crêtes dont se compose le système du Mont Viso a exercé sur ces contours une influence très marquée.

IX. *Système des Pyrénées.*

Le défaut de continuité qui existe dans la série des dépôts de sédiment entre la craie et les formations tertiaires, et la conséquence qu'à cette époque de la chronologie géologique il y a eu renouvellement dans la manière d'agir des causes qui produisent des dépôts de sédiment, sont au nombre des points les mieux avérés de la géologie.

Ce défaut de continuité n'est nulle part plus funeste qu'au pied des Pyrénées. D'après les observations de plusieurs géologues, les formations tertiaires, parmi lesquelles se trouve compris le calcaire grossier de Bordeaux et de Dax, s'étendent horizontalement jusqu'au pied de ces montagnes, sans entrer, comme la craie, dans la composition d'une partie de leur masse; d'où il suit que les Pyrénées ont pris, relativement aux parties adjacentes de la surface du globe, le relief qu'elles nous présentent aujourd'hui, après la période du dépôt des terrains crétacés, dont les couches redressées s'élèvent indistinctement sur leurs flancs, quelques-unes même jusqu'à leur crête, comme l'a prouvé M. Dufrénoy, avant la période du dépôt des couches tertiaires de divers âges, qui s'étendent indistinctement jusqu'à leur pied, et qui souvent, dans le bassin de la Gascogne, semblent se confondre les unes avec les autres; ce qui tend à prouver que, pendant une grande partie des périodes tertiaires, cette partie de l'écorce du globe est restée à peu près immobile.

Si l'on jette les yeux sur des cartes suffisamment détaillées de la France et de l'Espagne, on voit que les Pyrénées y forment un système isolé presque de toutes parts; la direction qui y domine le détache également des systèmes de montagnes de l'intérieur de la France et de ceux qui traversent l'Espagne et le Portugal. Cette chaîne, considérée en grand, s'étend depuis le cap Ortégal en Galice, jusqu'au cap de Creuss en Catalogne; mais elle paraît composée de la réunion de plusieurs chaînons parallèles entre eux, qui courent de l'ouest 18° nord à l'est 18° sud, dans une direction oblique par rapport à la ligne qui joint les deux points les plus éloignés de la masse totale.

Cette direction des chaînons particls, dont la réunion constitue les Pyrénées, se retrouve dans une partie des accidents du sol de la Provence, qui ont en même temps cela de commun avec eux, que toutes celles des couches du système crétacé qui y existent y sont redressées, tandis que toutes les couches tertiaires qu'on y rencontre s'étendent transgressivement sur les tranches des premières.

La réunion des mêmes circonstances caractérise les chaînons les plus considérables des Apennins. Les principaux accidents du sol de l'Italie centrale et méridionale et de la Sicile se coordonnent à quatre directions principales, dont l'une, qui est celle des accidents les plus étendus, est parallèle à la direction des chaînons des Pyrénées. On la reconnaît dans les montagnes situées entre Modène et Florence, dans les Morges entre Bari et Tarente, dans un grand nombre d'autres crêtes intermédiaires et même dans deux rangées de masses volcaniques qui courent, l'une à travers la terre de Labour, des environs de Rome à ceux de Bénévent, et l'autre, dans les îles Ponces, de Palmarola à Ischia. Ces dernières masses, bien que d'une date probablement plus moderne, semblent marquer comme des jalons les lignes de fractures du sol qu'elles ont traversé.

Les montagnes qui appartiennent à cette série d'accidents du sol sont en partie composées de couches redressées du système du grès vert et de la craie, tandis qu'elles sont enveloppées de couches tertiaires, dont l'horizontalité générale ne se dément qu'à l'approche des accidents d'un âge différent, auxquels sont dues les autres lignes de direction.

Les mêmes caractères de composition et de direction se retrouvent dans la falaise, qui, malgré des dislocations plus récentes, termine encore la masse des Alpes au nord de Bergame et de Vérone, et au pied de laquelle se sont déposés les terrains calcaréotrappéens du Vicentin, contemporains du calcaire grossier de Paris (Castel Gomberto, Montecchio maggiore, Val Ronca). Ils se retrouvent aussi dans les Alpes Juliennes, entre le pays de Venise et la Hongrie, dans une partie des montagnes de la Croatie, de la Dalmatie, de la Bosnie, et même dans celles de la Grèce, où MM. Boblaye et Virlet les ont observés dans les chaînons qu'ils ont désignés sous le nom de système Achaïque.

On les retrouve de même dans une partie des monts Carpathes, entre la Hongrie et la Gallicie, ainsi que dans quelques accidents du sol du nord de l'Allemagne, parmi lesquels on remarque principalement les lignes de dislocation, le long desquelles les couches du terrain crétacé se redressent au pied de l'escarpement nord-nord-est du Harz.

Enfin, dans le nord de la France et le sud de l'Angleterre, la dénudation du pays de Bray et celle de Wealds, du Surrey, du Sussex et du Kent, et du Bas-Boulonais, ils paraissent avoir pris la place des protubérances du terrain crétacé dues à des soulèvements opérés immédiatement avant le dépôts des premières couches tertiaires, suivant des directions générales parallèles à celles des Pyrénées, mais avec des accidents partiels parallèles aux directions d'autres soulèvement plus anciens.

La convulsion qui accompagna la naissance des Pyrénées fut évidemment une des plus fortes que le sol de l'Europe ait jusqu'alors éprouvées : ce ne fut qu'à l'apparition des Alpes qu'il en éprouva de plus fortes encore; mais pendant l'intervalle qui s'écoula entre l'élévation des Pyrénées et la formation du système des Alpes occidentales, intervalle pendant lequel se déposèrent la plus grande partie des couches qu'on nomme tertiaires, l'Europe ne fut le théâtre d'aucun autre événement aussi important; les soulèvements qui, pendant cet intervalle, changèrent peut-être à plusieurs reprises la forme des bassins tertiaires, ne s'y firent pas sentir avec la même intensité; et le système des Pyrénées forma, pendant tout cet intervalle, le trait dominant de la partie de la surface de notre planète qui est devenue l'Europe; aussi le cachet pyrénéen se découvre-t-il presque aussi bien sur la carte où M. Lyell a figuré indistinctement toutes les mers des diverses périodes tertiaires, que sur celle où j'ai cherché à restaurer séparément la forme d'une partie des mers où se déposèrent les terrains tertiaires inférieurs. (Voyez *Mémoires de la Société géologique de France*, t. Ier, pl. VII.)

On peut, en effet, remarquer qu'une ligne un peu sinueuse, tirée des environs de Londres à l'embouchure du Danube, forme la lisière méridionale d'une vaste étendue de terrain plat, couverte presque partout par des formations récentes. Cette ligne, qui est sensiblement parallèle à la direction pyrénéo-apennine, semble donc avoir été le rivage méridional d'une vaste mer qui, à l'époque des dépôts tertiaires, couvrait une grande partie du sol de l'Europe, et qui se trouvait limitée vers le sud par un espace continental traversé par plusieurs bras de mer, et dont les montagnes du système des Pyrénées formaient les traits les plus saillants.

Les lambeaux de terrain tertiaire qui se sont formés dans les dépressions de ce même espace y sont souvent disposés suivant des lignes parallèles à la direction générale du système des Pyrénées : on conçoit toutefois que, comme ce grand espace présentait aussi des irrégularités résultant de dislocations plus anciennes et dirigées autrement, il a dû s'y former aussi des lambeaux tertiaires coordonnés à ces anciennes directions. C'est par cette raison que la direction dont il s'agit ne se manifeste que dans une partie des traits généraux primitifs du bassin tertiaire de Paris, de l'île de Wight et de Londres. L'enceinte extérieure qui environne l'ensemble de ces dépôts se trouve, en effet, en rapport avec des accidents de la surface du sol tout à fait étrangers au système des Pyrénées, auquel semblent au contraire se rattacher les protubérances crayeuses qui, s'interposant entre eux, les ont empêchés de se former un tout continu.

De nouvelles montagnes s'étant ensuite élevées pendant la durée de la période tertiaire, les plus récentes des couches comprises sous cette dénomination sont venues s'étendre le long des nouveaux rivages que ces montagnes ont déterminés, mais sans que la forme générale des nappes d'eau cessât de présenter de nombreuses traces de l'influence prédominante du système pyrénéen.

X. *Système des îles de Corse et de Sardaigne.*

Les couches qu'on nomme tertiaires sont loin de former un tout continu. On y remarque plusieurs interruptions dont chacune pourrait avoir correspondu à un soulèvement de montagnes opéré dans des contrées plus ou moins voisines des nôtres. Un examen attentif de la nature et de la disposition géométrique des terrains tertiaires du nord et du midi de la France, m'a conduit à les diviser en trois séries, dont l'inférieure, composée de l'argile plastique, du calcaire grossier et de toute la formation gypseuse, y compris les marnes marines supérieures, ne s'avance guère au sud et au sud-ouest des environs de Paris. La suivante, qui est la plus complexe, est représentée dans le nord par le grès de Fontainebleau, le terrain d'eau douce supérieur et les faluns de la Touraine; elle comprend, à peu d'exceptions près, tous les dépôts tertiaires du midi de la France et de la Suisse, et notamment les dépôts de lignite de Fuveau, Kœpfnach et autres semblables. Le grès de Fontainebleau, superposé aux marnes de la formation gypseuse, est la première assise de ce système, de même que le grès du lias, superposé aux marnes irisées, est la première assise du terrain jurassique. Le premier peut être considéré comme étant par rapport aux arkoses tertiaires de l'Auvergne ce qu'est le second par rapport aux arkoses jurassiques d'Avallon. Ces deux séries tertiaires ne sont pas moins distinctes par les débris de grands animaux qu'elles renferment que par leur gisement. Certaines espèces d'Anoplotherium et de Paleotherium, trouvées à Montmartre, caractérisent la première; tandis que d'autres espèces de Paleotherium, presque toutes les espèces du genre Lophiodon, tout le genre Authracotherium, et les espèces les plus anciennes des genres Mastodonte, Rhinocéros, Hippopotame, Castor, etc., particularisent la seconde. Les dépôts marins des collines subapennines et les dépôts lacustres d'Œningen et de La Bresse représenteraient la troisième période tertiaire, caractérisée par la présence des éléphants, de l'ours et de l'hyène des cavernes, etc.

C'est à la ligne de démarcation qui existe entre la première et la seconde de ces deux séries tertiaires que paraît avoir correspondu le soulèvement du système des montagnes dont il s'agit ici, et dont la direction dominante est du nord au sud : les couches de cette seconde série sont, en effet, les seules qui soient venues en dessiner les contours.

Au nombre de ces accidents, dirigés du nord au sud, se trouvent les chaînes qui, comme M. Dufrénoy l'a remarqué, bordent les hautes vallées de la Loire et de l'Allier, et dans le sens desquelles se sont alignées plus tard, près de Clermont, les masses volcaniques des monts Dômes : c'est dans les larges sillons dirigés du nord au sud qui séparent ces chaînes que se sont déposés les terrains d'eau douce de la Limagne d'Auvergne et de la haute vallée de la Loire.

La vallée du Rhône, qui, à partir de Lyon, se dirige aussi du nord au sud, a de même été comblée jusqu'à un certain niveau par un dépôt tertiaire dont les couches inférieures, très analogues à celles de l'Auvergne, sont également d'eau douce, mais dont les couches supérieures sont marines. Ici la régularité des couches tertiaires a été fortement altérée dans les révolutions liées aux soulèvements très récents des Alpes occidentales et de la chaîne principale des Alpes.

La même direction se retrouve dans le groupe des îles de Corse et de Sardaigne, dont les côtes présentent des dépôts tertiaires récents en couches horizontales. La ligne de direction des îles de Corse et de Sardaigne, prolongée vers le nord, traverse la partie nord-ouest de l'Allemagne, en passant à peu de distance de la masse basaltique de Meisner, qui, ainsi que plusieurs autres masses de même nature situées dans les contrées voisines, se coordonne à des accidents qui courent du nord au sud, en affectant toutes les couches secondaires, ainsi qu'on peut le vérifier sur les belles cartes de M. le professeur Hoffmann.

Il est assez curieux de remarquer que les directions du système du Pilas et de la Côte-d'Or, de celui des Pyrénées, et de celui des îles de Corse et de Sardaigne, sont respectivement presque parallèles à celles du systèmes de Westmoreland et du Hundsruck, du système des ballons et des collines du Bocage, et du système du nord de l'Angleterre. Les directions correspondantes ne diffèrent que d'un petit nombre de degrés, et les systèmes correspondants des deux séries se sont succédé dans le même ordre, ce qui conduit à l'idée d'une sorte de récurrence périodique des mêmes directions de soulèvement ou de directions très voisines.

M. Conybeare, dans un article inséré dans le *Philosophical magazine and Journal of Science*, troisième série, deuxième cahier, août 1832, p. 118, place immédiatement après la période du dépôt de l'argile de Londres l'époque du redressement des couches de l'île de Wight et du district de Weimouth, dont il rapproche plusieurs autres lignes de dislocation de même peu éloignées de la direction est-ouest qui s'observe en Angleterre. Rien ne prouve cependant que le redressement des couches de l'argile de Londres, dans l'île de Wight, soit aussi ancien que M. Conybeare l'a supposé; car on ne voit nulle part les couches tertiaires subséquentes reposer sur les tranches de celles de l'argile de Londres: les faits parlent même contre la supposition de M. Conybeare, les couches alternativement marines et fluviatiles d'Headen-Hill présentant des traces de dérangement, soit dans leur disposition, soit dans leur hauteur absolue comparée à celle des couches correspondantes de la côte opposée du Hampshire. Toutefois il ne serait pas impossible qu'une partie des dislocations que M. Conybeare a rapprochées eussent été produites pendant la période tertiaire; qu'elles correspondissent, par exemple, à la ligne de démarcation qui existe entre le grès de Fontainebleau et le calcaire d'eau douce supérieure des environs de Paris, ou à celle qui s'observe entre ce dernier calcaire et les fahluns de la Touraine. Or, s'il en était ainsi, la direction des dislocations de l'île de Wight étant sensiblement parallèle à celle du système des Pays-Bas et du sud du pays de Galles, on aurait un quatrième exemple du retour à de longs intervalles des mêmes directions de dislocations dans le même ordre. (Voyez plus loin les remarques de M. de la Bèche à ce sujet.)

Le système des Alpes occidentales comparé au système du Rhin, dont il partage la direction à quelque degrés près, pourrait fournir un cinquième terme à la série de rapprochement qui indique cette singulière périodicité des directions des dislocations.

XI. *Système des Alpes occidentales.*

On est généralement habitué à considérer comme un tout seul la réunion des montagnes qu'on désigne sous le nom unique d'*Alpes*; mais on peut aisément reconnaître que cette vaste agglomération résulte du croisement de plusieurs systèmes indépendants les uns des autres, distincts à la fois par leur direction et par leur âge, et dont l'apparition successive a chaque fois considérablement modifié le relief antérieur. Il résulte de là qu'au premier abord leur structure paraît très embrouillée lorsqu'on la compare à celle de telle chaîne où, comme dans les Pyrénées par exemple, un seul soulèvement a produit les grands traits du tableau, et dont le relief actuel est, pour ainsi dire, d'un seul jet.

Dans une grande partie de leur étendue, et surtout dans leurs parties orientale et méridionale, on reconnaît encore des traces de nombreuses chaînes de montagnes dirigées dans le même sens que les crêtes neigeuses des Pyrénées, et soulevées de même avant le dépôt des terrains tertiaires inférieurs (*Castel Gomberto, Montecchio maggiore, Val Ronca*). Dans les Alpes de la Provence et du Dauphiné, on voit se dessiner fortement les chaînons du système du Mont Viso, soulevés avant le dépôt du terrain crétacé supérieur. Dans les montagnes qui lient les Alpes au Jura, on reconnaît des traces du système des îles de Corse et de Sardaigne, soulevé avant le dépôt des mollasses; mais presque partout ces traces de dislocation, comparativement anciennes, sont sujettes à être masquées par des dislocations d'une date plus récente. Le relief des parties les plus hautes et les plus compliquées des Alpes, de celles qui avoisinent le Mont-Blanc, le Mont-Rose, le Finster aar-horn, résulte principalement du croisement de deux de ces systèmes récents, qui se rencontrent sous un angle de 45 à 50°, et qui se distinguent du système pyrénéo-apennin par leur direction comme par leur âge. Par suite de la disposition croisée de ces deux systèmes, les Alpes forment un coude à la hauteur du Mont-Blanc, et après s'être dirigées depuis l'Autriche jusqu'en Valais, suivant une direction peu éloignée de l'est ½ nord-est à l'ouest ½ sud-ouest, elles tournent brusquement pour se rapprocher de la ligne nord-nord-est sud-sud-ouest. S'il n'y avait là qu'une inflexion pure et simple dans une chaîne de montagnes d'un seul jet qui vient simplement à s'arquer, on verrait peu à peu la direction des couches et des crêtes s'infléchir pour passer de la direction de l'un des systèmes à celle de l'autre ; tandis qu'on voit au contraire, le plus souvent, les directions des couches et des crêtes se rattacher assez distinctement, tantôt à l'un, tantôt à l'autre, et les deux systèmes se pénétrer comme on conçoit qu'ils doivent le faire s'ils sont le résultat de deux phénomènes entièrement distincts.

Le croisement de ces grands accidents de la croûte terrestre présente souvent une circonstance qui mérite que nous nous y arrêtions un instant.

On a vu dans les premières parties du Manuel de M. de la Bèche que, d'après les observations de M. le professeur Hoffmann, les vallées de soulèvement plus ou moins exactement circulaires, dans lesquelles sourdent les sources acidules du nord de l'Allemagne, sont placées aux points de rencontre de dislocations de directions diverses. Quelque chose d'analogue à ces vallées circulaires s'observe aussi dans les Alpes, aux points où se croisent les grandes lignes de dislocation. Je citerai, comme exemple de ce fait, le cirque de Louëche, dont font partie les escarpements célèbres de la Gemmi; celui de Derbarens, couronné par les cimes neigeuses des Diablerets; et surtout la grande vallée circulaire dans laquelle s'élève le Mont-Blanc, à la rencontre de deux des crêtes les plus saillantes des Alpes, celle qui sépare le Valais de la vallée d'Aoste, et celle qui s'étend de la montagne de Taillefer, dans l'Oisans, à la pointe d'Ornex, au-dessus de Martigny.

Les escarpements du Buet, des roches des Fis, du Cramont, forment des parties détachées d'un vaste cirque, au milieu duquel s'élève la masse pyramidale du Mont-Blanc, qui rappelle ainsi, par la disposition du cortége qui l'accompagne, la cime trachytique de

'Elbrouz (le Mont-Blanc du Caucase), et même, jusqu'à un certain point, le cône du pic de Ténériffe [1].

Le peu d'ancienneté relative de la forme actuelle des Alpes est certainement au nombre des vérités les plus incontestables que les géologues aient constatées. Le point de vue d'après lequel M. Jurine avait donné le nom de *protogine* à la roche granitoïde qui domine dans le massif du Mont-Blanc, a été *tacitement* abandonné aussitôt qu'on a reconnu que les couches les plus tourmentées des Alpes, celles même qui couronnent les escarpements qui regardent le Mont-Blanc, appartiennent à des formations de sédiment très récentes. Lorsqu'on observe d'un œil attentif l'ensemble des montagnes dont le Mont-Blanc forme l'axe; lorsqu'on suit, par exemple, la couche mince remplie de fossiles du terrain crétacé inférieur et d'une constance de caractères si remarquable qui, de Thonne et de la vallée du Reposoir, s'élève à la crête des Fis (2,700 mètres), on ne peut s'empêcher d'y reconnaître, sur une échelle gigantesque, des traces de soulèvement encore plus certaines peut-être que celles que de Saussure a signalées plus près de la base du Mont-Blanc, dans les couches presque verticales du poudingue de Valorsine. MM. Brongniart et Buckland ont regardé comme l'effet d'un soulèvement la position à la hauteur des neiges perpétuelles des fossiles récents des Diablerets. MM. Bakewell, Boué, Keferstein, Lil de Lilienbach et plusieurs autres géologues, ont signalé ces phénomènes du même genre dans beaucoup d'autres points des Alpes. Le nagelfluhe, qui fait partie du deuxième étage tertiaire, s'élève au Rigi à la hauteur de 1,875 mètres au-dessus du niveau de la mer.

Ce genre de phénomènes distingue les Alpes d'une grande partie des montagnes qui les entourent. Près de Lyon, les couches de la mollasse coquillière s'étendent horizontalement sur les roches primitives du Forez, tandis que ces mêmes couches s'élèvent et se redressent de toutes parts en approchant des Alpes. MM. Sedwick et Murchison ont de même observé que les couches crayeuses et tertiaires qui s'étendent horizontalement au pied du Böhmerwald

---

[1] Les hauteurs des trois pyramides sont : -
Mont-Blanc. . . . . 4,810 mètres.
Elbrouz. 5,009
Pic de Teyde. 3,776
Les hauteurs des bords des cirques qui les entourent en partie sont :
Le Buet. . . . . 3,109 mètres.
Inal, Kinjal, Beurmaneuc (environ 10,000 pieds). 3,248
Los Adulejos. 2,865
La comparaison de ces diverses hauteurs donne lieu aux rapports suivants, dont la ressemblance est remarquable :
Mont-Blanc : Buet   :: 1 : 0.646
Elbrouz   : Inal   :: 1 : 0,648
Pic de Teyde : Los Adulejos :: 1 : 0,758

Gebirge, se relèvent sur la rive opposée du Danube en entrant dans les Alpes. MM. Murchison et Lyell ont indiqué une disposition analogue dans les terrains tertiaires de l'Italie.

On ne s'est pas occupé aussi fréquemment, ni depuis aussi longtemps, de passer de ces aperçus généraux aux recherches nécessaires pour fixer l'âge relatif des différents systèmes de dislocation dont la superposition a donné naissance à la masse en apparence si informe des Alpes.

Dans les Alpes occidentales, c'est-à-dire à l'ouest du Tyrol, et particulièrement dans les montagnes de la Savoie et du Dauphiné, la plupart des grands accidents du sol se rattachent à celui de ces deux grands systèmes d'accidents mentionnés ci-dessus, dont la direction moyenne est du nord-nord-est au sud-sud-ouest, ou plus exactement du nord 26° est au sud 26° ouest. La prédominence d'une direction constante, dans ces montagnes, a été remarquée depuis long-temps par de Saussure, et plus récemment par M. Brochant, et ils en ont conclu avec raison que, dans toutes les parties où cette direction domine, le redressement des couches (ou du moins la partie aujourd'hui la plus influente de ce redressement) doit être attribué à une seule opération de la nature.

La date géologique de cet événement est facile à déterminer : il suffit pour y parvenir d'examiner quelles sont les formations dont les couches en sont affectées, et quels sont au contraire les dépôts qui se sont étendus horizontalement sur les tranches des dépôts qui avaient subi la dislocation.

Dans l'intérieur du système des rides dont se composent principalement les Alpes occidentales, on n'aperçoit pas de couches plus récentes que la craie, parce que ces rides se sont formées sur un sol qui, déjà devenu montueux au moment du soulèvement du système du Mont Viso, avait été tout à fait élevé au-dessus des mers au moment du soulèvement du système des Pyrénées. Mais sur les bords, ainsi qu'aux deux extrémités de l'espace occupé par les rides auxquelles les Alpes occidentales doivent leur principal caractère, on voit les dislocations qui déterminent la forme et la saillie de ces rides se transmettre en couches tertiaires de l'étage moyen (à la mollasse coquillière) aussi bien qu'aux couches secondaires qui les supportent ; d'où il suit que le redressement de couches propre au système des Alpes occidentales a eu lieu après le dépôt des couches de l'étage tertiaire moyen.

Ainsi les couches de la mollasse coquillière se trouvent également redressées à la colline de Supergue, près de Turin, et au pied occidental des montagnes de la Grande-Chartreuse, près de Grenoble. Ce dernier exemple est surtout très frappant, parce que les couches de mollasse qu'on voit se redresser jusqu'à la verticale à l'approche des escarpements alpins, s'étendent horizontalement jusqu'au pied des montagnes granitiques du Forez, qui viennent border le Rhône, de Lyon à Saint-Vallier. Il résulte de cette circonstance une opposition non moins frappante entre les âges qu'entre les formes des montagnes arrondies du Forez et des crêtes alpines qui terminent si majestueusement vers l'est-sud-est l'horizon des rives du Rhône.

Aux deux extrémités du groupe des grosses rides alpines, la mollasse coquillière se trouve aussi redressée dans leur direction, notamment, d'une part, au milieu de la Suisse, dans l'Entlibuch, et de l'autre, au milieu de la Provence, dans la vallée de la Durance, près de Manosque, entre Volonne et le Pertuis de Mirabeau. Il est même digne de remarque, quoique sans doute le hasard y entre pour quelque chose, que les directions moyennes de ces deux groupes de couches redressées sont presque dans le prolongement mathématique l'une de l'autre, et que la même ligne de direction va rencontrer, d'une part, la butte volcanique de Hohentwiel, au nord-ouest de Constance, et de l'autre, la petite île de Riou, qui s'avance dans la Méditerranée, en avant de l'angle saillant que forme la côte du département des Bouches-du-Rhône, entre Marseille et Cassis. Cette même ligne traverse les Alpes, en passant entre le Mont-Blanc et le Mont-Rose, parallèlement aux énormes escarpements que ces deux masses colossales présentent l'une et l'autre du côté de l'est-sud-est, et elle sert en même temps, pour ainsi dire, de limite occidentale à la région des roches de serpentine. Les deux accidents du sol auxquels elle se termine, l'île de Riou et la butte volcanique de Hohentwiel, présentent l'une et l'autre des traces de dislocations antérieures auxquelles la nouvelle ligne de fracture semble s'être arrêtée. L'île de Riou, mal figurée par Cassini, est allongée dans le sens des Pyrénées ; la butte de Hohentwiel s'aligne avec les autres buttes volcaniques du Hegau suivant la direction du Mont Viso.

Les Alpes ne sont pas la seule partie de l'Europe méridionale dans laquelle les terrains tertiaires de l'étage moyen aient été affectés par des dislocations dirigées à peu près du nord-nord-est au sud-sud-ouest, ou plus exactement parallèlement à un arc de grand cercle passant par Marseille et Zurich. Aux environs de Narbonne commence une série de dislocations qui affectent les mêmes terrains, et qui, courant sensiblement dans le même sens, déterminent la direction générale de la côte d'Espagne jusqu'au cap de Gates. Le chaînon de montagnes qui, dans l'empire de Maroc, commence au cap Trés-Forcas, paraît en être le prolongement. La Calabre, la Sicile et la régence de Tunis, présentent un grand nombre de dislocations et de crêtes dirigées de la même manière ; et M. Christie, que le climat meurtrier de l'Inde a enlevé depuis aux sciences d'une manière si prématurée, a jugé qu'en Sicile ces dislocations sont contemporaines de celles des Alpes occidentales.

A partir de la convulsion qui a donné au système des Alpes occidentales son relief actuel, l'Europe semble avoir présenté un grand espace continental ; pendant la période de tranquillité qui a suivi le redressement des couches de ce système, il ne s'est plus formé de dépôts marins que sur des côtes et dans des golfes éloignés de la partie centrale, comme dans les collines sub-apennines, dans quelques parties de la Sicile, et en Angleterre, dans les comtés de Suffolk et d'Essex. Il ne s'est plus formé de dépôts de sédiment dans l'intérieur du continent que dans les vallées des rivières alors existantes et dans quelques lacs d'eau douce qu'une révolution plus récente a fait disparaître, et qui étaient distribués au pied des montagnes, comme le sont les lacs actuels de la Suisse et de la Lombardie, mais dont quelques-uns étaient beaucoup plus étendus. Un lac de cette espèce couvrait la partie nord-ouest et la moins montueuse du département de l'Isère, ainsi que la plaine de la Bresse, depuis Tullins et Voiron jusqu'à Dijon ; une autre couvrait la partie du département des Basses-Alpes comprise entre Digne, Manosque et Barjols ; d'autres couvraient en partie la plaine de l'Alsace et les contrées basses qui avoisinent le lac de Constance. Les dépôts très épais qui se sont formés dans ces lacs, et dont les couches horizontales s'étendent sur les tranches des couches de mollasse coquillière marine antérieurement redressées, se composent en grande partie d'assises alternatives de sable mêlé de cailloux roulés et de marne ; ils présentent tant de ressemblance avec ceux qui se forment sous nos yeux dans l'intérieur des continents, qu'on en a généralement compris une grande partie dans la classe des terrains qu'on appelle d'atterrissement, de transport ou d'alluvion, quoiqu'ils appartiennent évidemment à la troisième période tertiaire.

Dans les dépôts du premier de ces lacs (dans l'Isère, la Bresse, etc.), on trouve de nombreux amas de bois fossile qui paraissent provenir d'espèces d'arbres déjà assez peu différentes de celles de nos contrées ; ils sont accompagnés de nombreuses coquilles d'eau douce. Les débris fossiles de plantes, de poissons, d'animaux terrestres, découverts en si grand nombre à OEningen, dans le bassin du lac de Constance, appartiennent probablement à cette période.

Sur la surface des terres alors découvertes vivaient l'hyène et l'ours des cavernes, l'éléphant velu, des mastodontes, des rhinocéros, des hippopotames, animaux dont les espèces, aujourd'hui perdues, paraissent avoir été détruites dans la révolution qui, en changeant en partie la face du système des Alpes occidentales, a donné à la masse des Alpes la forme qu'elle nous présente aujourd'hui, et a achevé de façonner le continent européen.

XII. *Système de la chaîne principale des Alpes (depuis le Valais jusqu'en Autriche.).*

Les vallées de l'Isère, du Rhône, de la Saône et de la Durance, présentent deux terrains d'atterrissement ou de transport très distincts l'un de l'autre, entre lesquels on observe un défaut de continuité et une variation brusque de caractères qui constituent une nouvelle interruption dans la série des dépôts de sédiment.

Les eaux qui ont transporté les matériaux du premier de ces deux terrains, lequel appartient, ainsi que je viens de le dire, à la troisième période tertiaire, paraissent avoir été reçues dans les lacs d'eau douce dont j'ai parlé précédemment, tandis que les matériaux du second terrain semblent avoir été entraînés violemment par des courants d'eau passagers qui se sont écoulés vers la Méditerranée. Ces derniers courants sont généralement désignés sous le nom de courants diluviens, quoiqu'ils n'aient rien de commun avec le séjour du genre humain sur notre continent, où ils n'ont détruit que ces animaux aujourd'hui inconnus que j'ai mentionnés ci-dessus. On discutera peut-être longtemps encore sur leur origine, qui pourrait bien avoir résulté tout simplement de la fusion des neiges des Alpes occidentales, opérée instantanément au moment du soulèvement de la chaîne principale des Alpes, et du déversement des eaux des lacs dont il vient d'être question; mais on s'accorde généralement à admettre que le passage de ces courants a suivi immédiatement la dernière dislocation des couches alpines.

En portant un coup d'œil général sur les Alpes et sur les contrées qui les avoisinent, on peut reconnaître que les crêtes de la Sainte-Baume, de Sainte-Victoire, du Leberon, du Ventoux et de la Montagne du Poet, dans le midi de la France; la crête principale des Alpes, qui court du Valais vers l'Autriche; la crête moins haute et moins étendue qui comprend, en Suisse, le mont Pilate et les deux Myten, etc., sont différents chaînons de montagnes qui, malgré leur inégalité, sont comparables entre eux, à cause de leur parallé-

lisme et des rapports analogues qu'ils présentent avec les accident
des Alpes occidentales. Le parallélisme, l'analogie de rapport
dont je viens de parler, présentent à eux seuls de fortes raison
de croire que tous ces chaînons de montagnes ont pris naissance e
même temps, et ne sont que différentes parties d'un même tout, d'u
système de fracture unique, opéré en un moment. On pourrait tou
au plus concevoir l'idée de les diviser en deux groupes, celui de la
Provence et celui des Alpes; mais on en est immédiatement détourné
par les rapports analogues qu'on reconnaît entre ces diverses fractures des couches et un mouvement général que le sol d'une partie
de la France a éprouvé en contractant une double pente ascendante,
d'une part de Dijon et de Bourges, vers le Forez et l'Auvergne, et
de l'autre, des bords de la Méditerranée vers les mêmes contrées.
Ces deux pentes opposées donnent lieu par leur rencontre à une
espèce de ligne de faîte qui est située précisément dans le prolongement de la ligne de soulèvement de la chaîne principale des
Alpes. Cette ligne, qu'on voit se suivre ainsi d'une manière plus ou
moins marquée depuis les confins de la Hongrie jusqu'en Auvergne,
semble être en rapport avec les principales anomalies que les mesures géodésiques et les observations du pendule nous ont dévoi-
lées dans la structure intérieure de notre continent. Il est probable
que sa formation a donné, pour ainsi dire, le signal de l'élévation
des cratères de soulèvement du Cantal et du mont Dore, autour
desquels se sont groupés depuis les cônes volcaniques de l'Auvergne.

Les deux pentes opposées dont nous venons de parler ne se sont
produites qu'après l'existence des lacs dans lesquels s'est accumulé
le terrain de transport ancien; car on peut vérifier que le fond de
celui de ces deux lacs qui couvrait la Bresse et le nord-ouest du
département de l'Isère a subi un relèvement considérable du nord
vers le midi, et que le fond du lac qui s'étendait entre Digne, Manosque et Barjols, a subi un relèvement plus considérable encore du
midi vers le nord.

Les dépôts de transports anciens, formés en couches horizontales, au fond du second de ces deux lacs, sur la tranche des dépôts
tertiaires déjà disloqués lors de la production du système de fractures des Alpes occidentales, ont même été disloqués à leur tour
près de Mézel (Basses-Alpes), dans une direction conforme à celle
des petites chaînes qui sillonnent la Provence, comme le Ventoux,
le Leboron, la Sainte-Baume, et parallèlement à la chaîne principale
des Alpes.

Le dépôt de transport diluvien n'est nulle part affecté par les dislocations du sol ; partout il s'étend sur les tranches des couches disloquées sans présenter d'autre pente que celle que le courant qui le déposait a dû lui faire prendre à son origine : ainsi le redressement de couches dont il s'agit a eu lieu nécessairement entre le dépôt du terrain de transport ancien et le passage des courants diluviens qui ont rayonné autour des Alpes.

Les environs de Paris et une partie du nord de la France présentent des traces du passage de puissants courants d'eau venant du sud-est, dont le déversement des eaux du lac de la Bresse, par suite de l'élévation inégale de son fond, fournit l'explication la plus simple, et dont il est de même évident que les dépôts n'ont subi aucun dérangement depuis leur origine, circonstance qui, à elle seule, les distinguerait des dépôts tertiaires dans lesquels sont creusées les vallées qui les renferment. La ville de Paris est bâtie en grande partie sur ce dépôt de transport, dont l'origine violente est attestée par la grosseur des blocs qu'il renferme, et dont l'ancienneté est prouvée par la découverte qu'on y a faite, près de la Gare, d'un squelette d'éléphant.

En examinant avec soin la disposition des terrains de sédiment les plus récents, depuis la Baltique jusqu'à Gibraltar et en Sicile, celle même des blocs diluviens répandus autour de la Scandinavie, et dont le transport est probablement antérieur à celui du diluvium alpin, on y reconnaît de nombreuses traces du mouvement du sol dont j'ai indiqué plus haut les effets dans les Alpes et autour de leur base ; mais, dans un résumé aussi bref que doit l'être celui-ci, je puis à peine les indiquer.

La surface des terrains tertiaires de l'intérieur de la France qui, dans l'origine, devait être sensiblement horizontale, va en se relevant, ainsi que l'a remarqué depuis longtemps M. Omalius d'Halloy, depuis les bords de la Loire jusqu'à une ligne qui, passant par Compiègne et Laon, et dirigée à peu près parallélement à la chaîne principale des Alpes, irait traverser la contrée volcanique des bords du Rhin. Dans le voisinage de cette ligne, on voit en plusieurs points, comme à Compiègne, à Chambly, à Vigny, à Beyne, à Meudon même, la craie relever autour d'elle les dépôts tertiaires et former au pied de leurs escarpements le fond de vallées d'élévation, dans lesquelles le seul dépôt diluvien venu du sud-est présente une position en rapport avec les lignes de niveau actuelles.

Depuis l'extrémité du Cornouailles jusqu'à Memel, en Prusse, la direction dominante des rivages dont les falaises sont formées indifféremment pour toutes les couches de sédiment, est sensiblement parallèle à la direction de la chaîne principale des Alpes, et la grande hauteur à laquelle le dépôt du crag a été récemment observé sur les falaises au sud de l'embouchure de la Tamise prouve qu'à l'époque dont je m'occupe en ce moment le sol du midi de l'Angleterre a subi, comme celui du nord de la France, des mouvements considérables.

Le sud-ouest de la France et l'Espagne ont éprouvé, à la même époque, des mouvements beaucoup plus considérables encore. Des masses d'ophite sans nombre, perçant le sol de toutes parts, y ont relevé autour d'elles tous les dépôts de sédiment, y compris même le sable des landes, qui appartient, comme le crag et le limon caillouteux de la Bresse, à la troisième période tertiaire. Ces ophites, dont M. Dufrénoy a montré depuis longtemps que le soulèvement est indépendant de celui de la masse des Pyrénées, se sont souvent alignées par files qui suivent les directions de toutes les *anciennes fractures*, *de tous les clivages* plus ou moins oblitérés que présentait le sol qu'elles avaient à percer; mais, considérées dans leur ensemble, ces masses d'ophites, les masses de dolomie, de gypse et de sel gemme, les sources salées ou thermales qui forment en quelque sorte leur cortége, sont disposées par bandes qui, prenant naissance au milieu des corbières et des plaines ondulées de la Gascogne, s'enfoncent en Espagne parallélement à la direction prolongée des lignes de fractures récentes qui traversent la Provence. Les dépôts tertiaires qui forment en partie la surface de la Vieille Castille et peut-être celles de la Nouvelle (d'après les observations encore inédites de M. le Play), attestent l'élévation récente du sol de l'Espagne; et la direction générale des lignes de faîte et des grands cours d'eau, tels que le Douro, le Tage, la Guadiana, le Guadalquivir, étend à la péninsule entière l'empreinte de l'époque des ophites.

Le sud de l'Italie, la Sicile et les îles qui l'entourent présentent de même un grand nombre d'accidents topographiques parallèles à la direction de la chaîne principale des Alpes; et M. Christie a constaté que la grande chaîne qui borde la côte septentrionale de la Sicile et qui est le plus important de ces accidents, doit son relief actuel à un soulèvement opéré, comme celui de la chaîne principale des Alpes, à la fin de la période pendant laquelle les éléphants, les hippopotames et les autres animaux caractéristiques de la troisième période tertiaire, habitaient le sol de l'Europe. (Voyez *Annales des sciences naturelles*, t. xxv, p. 164.)

Remarques générales. Si l'on considère avec soin, sur un globe terrestre d'une dimension suffisante et d'une exécution soignée, chacun des systèmes de montagnes les plus proéminents et les plus récents qui sillonnent la surface de l'Europe, on peut remarquer que chacun d'eux fait partie d'un vaste système de chaînes parallèles, qui s'étend bien au delà des contrées dont la structure géologique nous est connue. Mais, comme dans toutes les portions de chacun de ces systèmes qui sont situées dans les parties bien observées de l'Europe on a reconnu, de proche en proche, que les chaînons parallèles sont en général contemporains, on n'a aucune raison pour supposer que cette loi, vérifiée sur de si nombreux exemples, dût s'interrompre brusquement si on en poussait la vérification plus loin encore. Il est donc naturel de croire, jusqu'à ce que des observations directes aient montré le contraire, que chacun de ces vastes systèmes, dont les systèmes européens sont respectivement des portions, doit son origine à une seule époque de dislocation.

D'après cette considération, on serait conduit à supposer, par exemple, que les crêtes du système des Pyrénées que j'ai signalées plus haut sur la surface de l'Europe, font partie d'un système plus étendu, dont les Alleghanys et peut-être les Gates du Malabar formeraient les deux anneaux les plus éloignés. Ces deux termes extrêmes de la série se trouvent, à la vérité, considérablement détachés du reste; mais, depuis le cap Ortégal en Espagne jusqu'à l'entrée du golfe Persique, sur une longueur de 1,600 lieues, on peut suivre une série d'aspérités allongées, toutes parallèles à un même grand cercle de la sphère terrestre, et dont le parallélisme et la proximité s'accordent avec l'idée qu'elles auraient été produites en même temps, et pour ainsi dire du même coup.

Ainsi, les directions des petites chaînes de montagnes que les cartes les plus récentes indiquent dans la partie septentrionale du grand désert de Sahara, au sud de Tripoli et de l'Atlas, et dont quelques-unes se poursuivent même à travers l'Atlas jusqu'à la mer, ainsi que la direction de la côte septentrionale de l'Afrique entre la grande et la petite Syrte, sont exactement parallèles à la direction des Pyrénées et à celle des accidents du sol que j'ai indiqués en Provence, en Italie, en Morée. Les observations de M. Rozet prouvent en même temps qu'il existait déjà des montagnes près d'Alger lors du dépôt de couches tertiaires. La direction du système pyrénéo-apennin que nous avons déjà suivi jusqu'en Grèce, et dont certains chaînons paraissent se poursuivre jusqu'à la mer de Marmara, pour reparaître au delà dans l'Anatolie, se retrouve exactement dans la direction de la grande vallée de la Mésopotamie et du golfe Persique, et dans celle des chaînes qui s'élèvent immédiatement au nord-est de cette grande vallée, et qui vont se rattacher au Caucase. La direction de beaucoup des cours d'eau qui descendent du Caucase, et celle de plusieurs des principaux chaînons de ce système, notamment celle du chaînon qui borde la mer Noire au nord-est de l'Abasie et de la Mingrélie, est encore exactement celle du système pyrénéo-apennin. Cette direction du chaînon le plus occidental du Caucase est en quelque sorte continuée à travers les plaines de la Russie, de la Pologne, de la Prusse, jusqu'à l'île de Rugen, par les dislocations que M. Dubois de Montperreux y a signalées dans le terrain crétacé. Elle se rattache ainsi de proche en proche aux dislocations pyrénéennes des Carpathes et du pied nord-nord-est du Harz.

La direction du système des ballons et des collines du Bocage étant sensiblement la même que celle du système des Pyrénées, la considération des directions permettrait de rapporter une partie des chaînons de montagnes dont je viens de parler au système des ballons aussi bien qu'à celui des Pyrénées; mais dans l'état actuel de la surface du globe terrestre, tous les systèmes de montagnes d'une date ancienne sont trop morcelés, trop usés, trop peu saillants, pour qu'on puisse leur rapporter des systèmes de crêtes aussi proéminents que ceux que je viens de mentionner. Il est toutefois bien probable que, si réellement le système dont les Pyrénées font partie se prolonge depuis les États-Unis jusque dans l'Inde, en traversant l'Europe, il doit en être de même du système des ballons; et la circonstance que les bouleversements qui, en Europe, ont marqué le commencement et la fin de la période secondaire se seraient étendus jusqu'aux États-Unis et dans l'Inde, expliquerait pourquoi ces grandes coupures des terrains de sédiment semblent se retrouver dans trois contrées aussi distantes.

Si maintenant nous passons au système des Alpes occidentales, nous pouvons remarquer que le prolongement mathématique de la ligne tirée de Marseille à Zurich se trouve être parallèle à des accidents très remarquables de la surface du globe, que l'induction de contemporanéité tirée de la direction des chaînons de montagnes conduirait à considérer comme de la même date, quoique l'état des connaissances géologiques ne donne pas encore le moyen de vérifier complétement cette conjecture.

Ainsi, en tendant sur la surface du globe terrestre un fil qui passe par Marseille et par Zurich, on peut remarquer que ce fil, qui passe aussi vers le nord par l'embouchure de l'Obi, et vers le midi par l'archipel des nouvelles Shetland du sud, se trouve à peu près parallèle à la chaîne du Kiöl, rameau le plus étendu des Alpes scandinaves, aux chaînons principaux et aux vallées les plus remarquables de l'empire de Maroc, et même à la Cordillière littorale du Brésil qui borde le rivage de l'océan Atlantique, depuis le cap Roque jusqu'à Monte-Video.

Cette même direction est parallèle, non-seulement à la ligne générale des côtes orientales de l'Espagne, depuis le cap de Gates jusqu'aux environs de Narbonne, mais encore à la ligne générale du littoral de l'ancien continent, depuis le cap Nord de la Laponie jusqu'au cap Blanc d'Afrique. Le Mont-Blanc, situé à peu près à égale distance de ces deux points extrêmes, forme comme le pivot de la charpente de la partie de l'ancien continent qui est comprise entre eux, et dont il est en même temps le point le plus élevé.

Au sud du cap Blanc, la côte de l'océan Atlantique est basse et sablonneuse sur une grande étendue, et à l'est du Nord Kyn, voisin du cap Nord de la Laponie, la côte est de même assez peu élevée. Dans l'intervalle de ces deux points, au contraire, les côtes qui regardent la haute mer sont généralement formées par des terres élevées, qui, lorsqu'elles ne sont pas composées de roches primitives, opposent du moins à l'océan une barrière de couches redressées ; disposition qui semble indiquer que le long de cette ligne tous les terrains plats et peu élevés ont été submergés.

Passant ensuite au système de la chaîne principale des Alpes, on peut remarquer que les crêtes du Mont-Pilate (en Suisse), de la chaîne principale des Alpes, du Ventoux, du Leberon, de la Sainte-Beaume, etc., font partie d'un vaste ensemble de chaînons de montagnes qui, répandus autour de la Méditerranée et se prolongeant à travers le continent asiatique, semblent se lier à la fois les uns aux autres, par leur parallélisme et par la similitude de leurs rapports, avec les grandes dépressions du sol remplies par les eaux des mers ou peu élevées au-dessus de leur surface. Outre les chaînes déjà mentionnées, ce système comprend l'Atlas, la chaîne centrale du Caucase, couronnée par le pic de l'Elbrouz, ainsi que la longue série de montagnes qui, sous les noms de Paropanissus, d'Indoukosh, d'Himâlaya, borde, au nord, les plaines de la Perse et du Bengale, et renferme les cimes les plus élevées de la terre. Toutes ces chaînes courent parallèlement à un grand cercle, qu'on représenterait sur un globe terrestre par un fil tendu du milieu de l'empire de Maroc au nord de l'empire des Birmans.

Il existe un rapport de disposition difficile à méconnaître entre la situation de l'Himâlaya, au nord des plaines du Gange, et celle de la chaîne principale des Alpes, au nord des plaines du Pô ; les cours d'eau qui s'échappent de l'une ou de l'autre chaîne de montagnes s'infléchissent de la même manière dans la contrée basse qui la borde, pour tomber les unes dans le Gange, comme les autres dans le Pô; ce qui semble indiquer que la première plaine doit être, comme la seconde, formée par une vaste alluvion descendue des montagnes voisines. Le système géologique de la presqu'île occidentale de l'Inde s'élève, au midi des plaines du Bengale, à peu près comme celui des Apennins, au midi des plaines de la Lombardie; et on pourrait, par suite de cet ensemble de rapports, remarquer des analogies de situation géographique et commerciale entre Milan et Dehly, entre Venise et Calcutta, entre Ancône et Madras, entre Gênes et Bombay. Les rapports que je signale deviendraient plus frappants encore, si le cours de l'Indus, étant barré par des montagnes comparables en position à celles qui vont de Gênes au col de Tende, les eaux de ce fleuve et celles de la rivière Setledje et de ses autres affluents étaient obligées de franchir le seuil peu élevé qui les sépare de la grande vallée du Gange.

Les systèmes de montagnes qui viennent d'être mentionnés sont bien loin de comprendre toutes les chaînes qui sillonnent la surface du globe; mais les chaînes qui n'y sont pas comprises jouissent aussi de la propriété de pouvoir être groupées par systèmes, dans chacun desquels tous les chaînons partiels sont parallèles à un certain grand cercle de la sphère terrestre, et embrassent de part et d'autre de ce grand cercle une zone plus ou moins large et presque toujours d'une grande longueur. Ainsi, par exemple, la chaîne qui forme l'axe de l'île de Madagascar et celle beaucoup plus étendue, mais semblablement orientée, qui borde au sud-est le continent africain, forment deux anneaux d'un système qu'on peut suivre à travers l'Asie jusqu'aux bords du lac Baïkal et de la Léna. Je pourrais citer beaucoup d'autres exemples du même genre que j'ai eu plusieurs fois l'occasion d'indiquer dans mes leçons, si cet extrait ne dépassait pas déjà de beaucoup les bornes dans lesquelles il aurait dû être renfermé.

L'apparition d'une chaîne de montagnes qui, à en juger par quelques-uns des résultats des observations géologiques, a produit dans les contrées voisines des effets si violents, a pu, au contraire, n'influer sur des contrées très lointaines que par l'agitation qu'elle a causée dans les eaux de la mer, et par un dérangement plus ou moins grand dans leur niveau; événements comparables à l'inondation subite et passagère dont on retrouve l'indication à une date presque uniforme dans les archives de tous les peuples. Si cet événement historique n'était autre chose que la dernière des révolutions de la surface du globe, on serait naturellement conduit à demander quelle est la chaîne de montagnes dont l'apparition remonte à la même date ; et peut-être serait-ce le cas de remarquer que le système des Andes, dont les soupiraux volcaniques sont encore généralement en activité, forme le trait le plus étendu, le plus tranché et pour ainsi dire le moins effacé de la configuration extérieure actuelle du globe terrestre. En donnant le nom de système des Andes à ce système, que je suppose être le plus récent de tous, je prends la partie pour le tout, comme je l'ai fait dans le cas des Pyrénées et des Alpes. Je veux, en effet, parler ici de cet énorme bourrelet montagneux qui court entre l'Océan pacifique d'une part, et les continents des deux Amériques et de l'Asie de l'autre, en suivant, depuis le Chili jusqu'à l'empire de Birmans, la direction d'un demi-grand cercle de la terre, et en servant comme d'axe central à cette ligne volcanique en zigzag qui, suivant çà et là des fractures plus anciennes sans s'écarter de la zone littorale, forme, ainsi que l'a remarqué M. de Buch, la limite la plus naturelle du continent de l'Asie, et peut même être considérée comme séparant la partie aujourd'hui la plus continentale du globe terrestre de sa partie la plus maritime.

Des crises violentes, accompagnées de l'élévation de chaînes de montagnes et suivies de mouvements impétueux des mers capables de désoler de vastes étendues de la surface du globe, paraissant avoir, pendant un laps de temps probablement immense, fait partie du mécanisme de la nature, il n'y a rien d'absurde à admettre que ce qui est arrivé à un grand nombre de reprises, depuis les périodes les plus anciennes jusqu'aux périodes les plus modernes de l'histoire de la terre, soit arrivé une fois depuis que l'homme vit sur sa surface. Ainsi, comme le remarque avec justesse M. le professeur Sedgwick, nous nous trouvons avoir écarté tout ce que présentait d'incroyable la tradition d'un déluge récent.

On peut en outre remarquer, relativement à l'avenir de notre planète, que si le nombre des révolutions de la surface du globe et du système des montagnes réellement distincts est encore indéterminé, si la série formée par ces termes successifs n'est encore que très imparfaitement connue, les observations déjà faites circonscrivent pourtant déjà entre certaines limites la loi qui, lorsqu'ils seront tous complétement connus, pourra se manifester dans leur succession. Par cela seul que la hauteur actuelle du Mont-Blanc et du Mont-Rose ne date que des dernières révolutions de la surface du globe, il est visible que, quelle que soit la place définitive que pourront occuper dans la même série d'autres montagnes plus hautes encore, cette série ne prendra jamais cette forme longuement et régulièrement décroissante qui conduirait directement à conclure que la limite est atteinte. Rien n'indiquera que des phénomènes, dont les derniers paroxysmes ont été si violents, ne se renouvelleront plus. Quelque provisoire que soit la succession de termes qui résulte de l'état actuel des observations, il est difficile d'y prévoir une modification qui change son aspect au point de porter à supposer que l'écorce minérale du globe terrestre ait perdu la propriété de se rider successivement en différents sens; il est difficile d'y prévoir un changement qui permette d'assurer que la période de tranquillité dans laquelle nous vivons ne sera pas troublée à son tour par l'apparition d'un nouveau système de montagnes, effet d'une nouvelle dislocation du sol que nous habitons, dont les tremblements de terre nous avertissent assez que les fondements ne sont pas inébranlables.

Tout nous conduit donc à supposer que les causes qui ont produit les phénomènes géologiques subsistent encore, et que la tranquillité dont nous jouissons aujourd'hui est due à leur sommeil bien plutôt qu'à leur anéantissement.

On a essayé d'expliquer par la répétition prolongée des effets lents et continus que nous voyons se produire sur la surface du globe, l'ensemble des phénomènes qui s'observent dans les pays de montagnes ; mais on n'est parvenu de cette manière à aucun résultat général complétement satisfaisant. Tout annonce, en effet, que le redressement des couches d'une chaîne de montagnes est un événement d'un ordre différent de ceux dont nous sommes journellement les témoins.

Le nombre, la périodicité et la similitude des grands événements que nous présente l'histoire du globe fourniraient, s'il en était besoin aujourd'hui, de puissants arguments contre la plupart des causes cosmologiques, telles qu'un déplacement de l'axe de la terre ou le choc d'une comète, auxquelles on a souvent eu l'idée d'avoir recours pour les expliquer. Le choc d'un corps en mouvement serait beaucoup plus propre à produire dans la croûte solide extérieure du globe des inégalités disposées plus ou moins symétriquement autour d'un point, que des rides courant parallélement les unes aux autres sur une grande étendue.

L'absence de tout rapport direct entre la direction des chaînes de montagnes et la position des pôles et de l'équateur, indique assez à elle seule qu'elles ne doivent pas leur origine à des phénomènes astronomiques. Les chaînes de montagnes ne présentent de relations évidentes que les unes avec les autres, par leur répartition en groupes rectilignes, et avec les dimensions du globe terrestre, par la propriété que paraît avoir chaque système d'embrasser plus ou moins exactement une demi-circonférence de la terre; et on peut remarquer, à l'appui de l'hypothèse dans laquelle chacun de ces systèmes de montagnes, quelle que soit son étendue, serait considéré comme le résultat d'un seul mouvement de dislocation de la croûte terrestre, qu'il est plus aisé de se représenter géométriquement le déplacement relatif de parties nécessaire pour que l'écorce solide de la terre se ride suivant une portion considérable de l'un de ses grands cercles, que celui qui devrait avoir lieu si elle venait à se rider seulement dans un espace plus circonscrit.

L'idée d'assimiler à l'époque de tranquillité actuelle chacune des périodes de tranquillité ralative dont l'étude des dépôts de sédiment nous atteste l'ancienne existence, est complétement en harmonie avec l'idée très philosophique en elle-même de chercher dans les causes qui agissent encore actuellement sous nos yeux à la surface du globe l'explication des phénomènes dont les géologues observent les effets; mais il y a loin de l'idée que tous les phénomènes géologiques ont dû être produits par des causes encore en action, à la *supposition gratuite* que ces causes n'ont jamais déployé une énergie supérieure à celle avec laquelle elles ont agi depuis l'établissement définitif des sociétés actuelles. Cette supposition ne peut s'accorder avec le fait de l'indépendance des formations de sédiment successives, qui est le résultat le plus important et en quelque sorte le résumé de l'étude des couches superficielles de notre globe; il y a au contraire une harmonie remarquable entre la forme générale que tous les géologues ont attribuée, depuis Werner, et même depuis Buffon, à la série des sédiments qu'ils ont constamment divisée en un nombre limité de formations, et l'idée d'une série de catastrophes susceptibles chacune de changer sur de grands espaces la forme des mers et le cours des rivières, et séparées les unes des autres, dans chaque contrée, par des périodes d'une tranquillité relative.

Mais plus il sera solidement établi par les faits dont l'ensemble constitue la géologie positive, que l'histoire de la terre se compose d'une série de périodes de tranquillité dont chacune a été séparée de la suivante par une convulsion subite et violente dans laquelle une portion de la croûte du globe a été disloquée, plus en même temps il paraîtra raisonnable de ne chercher que dans l'action des causes dont l'observation de la nature nous a démontré l'existence, l'explication de ses ouvrages même les plus anciens; plus sera grande la curiosité, on pourrait même dire l'anxiété avec laquelle on se trouvera porté à rechercher, parmi les causes actuellement en action, quel est l'élément qui peut être propre à produire de temps à autres des crises si différentes de la marche ordinaire des événements qui se passent à nos yeux.

Les volcans se présentent naturellement à l'esprit, lorsqu'on cherche dans l'état présent des choses quelques termes de comparaison avec ces phénomènes gigantesques qui apparaissent clairsemés dans l'histoire de la terre. Mais la volcanicité ne serait une cause comparable aux effets qu'il s'agit d'expliquer, qu'autant qu'on élargirait l'acception habituelle de cette expression, en la définissant avec M. de Humbold, *l'influence qu'exerce l'intérieur d'une planète sur son enveloppe extérieure dans les différents stades de son refroidissement.*

Déjà on était obligé de modifier le sens primitif de l'expression *action volcanique,* lorsqu'on voulait continuer à y comprendre, ainsi que le faisait Dolomieu, les éruptions de trachytes et de basaltes, puisqu'il est prouvé aujourd'hui que ces roches, au lieu d'avoir coulé d'un cratère situé à la cime d'un cône, se sont élevées sous forme de cloches, ou se sont épanchées en grandes nappes par des crevasses souvent longues et étroites (dykes). Les différences si bien établies par M. de Buch entre les laves des volcans et les mélaphyres qui, dans le soulèvement des chaines de montagnes, sont arrivés au jour dans un état pâteux, et n'ont jamais coulé sur la surface, montrent la nécessité d'élargir encore plus le sens attribué le plus souvent à cette même expression d'action volcanique, si on veut que le phénomène du soulèvement d'une chaîne de montagnes puisse être compris.

Les volcans se sont souvent alignés suivant les fractures parallèles à des chaines de montagnes, et qui devaient probablement à l'élévation de ces chaînes leur première origine; mais cela ne conduit nullement à considérer les chaines elles-mêmes comme étant dues à ce jeu prolongé des évents volcaniques, auquel s'applique proprement le sens de l'expression d'action volcanique. Si on conçoit comment un centre d'éruptions volcaniques, agissant avec une énergie extraordinaire, aurait pu produire des accidents disposés circulairement, ou en forme de rayons, autour d'un point central, on ne peut imaginer comment même plusieurs volcans réunis auraient produit de ces rides, en partie composées de couches repliées, qui se poursuivent avec une direction constante dans l'espace d'un grand nombre de degrés.

L'action volcanique, dans le sens propre de ce mot, ne saurait donc être la cause première des grands phénomènes qui nous occupent; mais les éruptions volcaniques paraissent avoir elles-mêmes es rapports avec la haute température que présentent encore aujourd'hui les parties intérieures du globe; et les analogies qui, au premier aperçu, nous feraient chercher dans l'action volcanique proprement dite la cause des révolutions de la surface du globe, doivent nous conduire finalement à chercher cette même cause dans le phénomène beaucoup plus large de la haute température intérieure de la terre.

Le refroidissement séculaire, c'est-à-dire la diffusion lente de cette chaleur primitive à laquelle les planètes doivent leur forme sphéroïdale et la disposition généralement régulière de leurs couches du centre à la circonférence, par ordre de pesanteur spécifique, présente en effet un élément auquel il me semble depuis long-temps, ainsi qu'à M. Fénéon (qui m'a dit avoir eu aussi de son côté, la même idée), que ces effets extraordinaires pourraient être rattachés. Cet élément est le rapport qu'un refroidissement aussi avancé que celui des corps planétaires établit sans cesse entre la capacité de leur enveloppe solide et le volume de leur masse interne. Dans un temps donné, la température de l'intérieur des planètes s'abaisse d'une quantité beaucoup plus grande que celle de leur surface, dont le refroidissement est aujourd'hui presque insensible. Nous ignorons sans doute quelles sont les propriétés physiques des matières dont l'intérieur de ces corps est composé; mais les analogies les plus naturelles portent à penser que l'inégalité de refroidissement dont on vient de parler doit mettre leurs enveloppes dans la nécessité de diminuer sans cesse de capacité, malgré la constance presque rigoureuse de leur température, pour ne pas cesser d'embrasser exactement leurs masses internes dont la température décroît sensiblement. Elles doivent, par suite, s'écarter légèrement et d'une manière progressive de la figure sphéroïdale qui leur convient, et qui correspond à un maximum de capacité; et la tendance graduellement croissante à revenir à une figure à peu près de cette nature, soit qu'elle agisse seule, ou qu'elle se combine avec les autres causes intérieures de changement que les planètes peuvent renfermer, pourrait peut-être rendre complétement raison de la formation subite des rides et des diverses tubérosités qui se sont produites par intervalles dans la croûte extérieure de la terre, et probablement aussi de tous les autres corps planétaires [1].

---

[1] Ainsi que nous l'avons annoncé ci-dessus, page 616, ce long article de M. Élie de Beaumont, sur sa théorie des soulèvements des montagnes, remplace l'extrait que M. de la Bèche a donné de cette théorie dans son ouvrage. Toutefois nous avons conservé les observations suivantes que l'auteur anglais a ajoutées à son extrait.

(*Note du traducteur.*)

Cet exposé de la théorie de M. Élie de Beaumont doit faire reconnaître qu'il nous faudra encore un temps très considérable, et une masse d'observations très exactes recueillies dans différentes parties du monde, avant que nous soyons en état de prononcer quelles sont les règles générales et quelles sont les exceptions.

On a pu remarquer que M. Élie de Beaumont a signalé le presque parallélisme de trois systèmes particuliers par rapport à trois autres systèmes particuliers des montagnes de l'Europe, ce qui conduit à cette présomption, que le parallélisme seul est insuffisant pour déterminer l'âge relatif du soulèvement d'une masse de couches; conclusion qui est fortement confirmée par l'observation qui a été faite dans les Iles Britanniques, de certaines lignes de couches disloquées, lesquelles, par rapport à la surface générale du globe, peuvent être regardées comme très peu distantes l'une de l'autre.

Dans l'*île de Wight*, la direction des couches disloquées est de l'est à l'ouest; il en est de même dans les environs de *Weymouth*, dans les monts *Mendip*, dans une grande partie du *Devonshire* et dans le sud du *Pays de Galles*. L'époque du soulèvement des couches de l'*île de Wight* est certainement postérieure au dépôt de l'argile de Londres; et on ne peut guère douter que les dislocations n'aient eu lieu à la même époque dans le district de *Weymouth*. Mais, si nous suivons ce même genre de recherches dans le *Devonshire*, nous reconnaissons que la disposition actuelle, de l'est à l'ouest, d'une grande partie de la grauwacke de cette contrée a été produite antérieurement au dépôt de la série du nouveau grès rouge, puisque cette série repose sur les tranches des couches disloquées de la grauwacke [1]. Si maintenant nous remontons vers le nord, jusqu'aux terrains carbonifères des monts *Mendip* et de la partie méridionale du *pays de Galles*, nous observons que ces terrains ont de même éprouvé un soulèvement dans une direction est et ouest avant la formation du nouveau grès rouge. D'où il résulte que, dans cette partie de l'Angleterre, les couches ont été deux fois soulevées dans une même direction à des époques différentes.

En poursuivant ces recherches dans le sud de l'*Irlande*, nous remarquons encore que, d'après les observations de M. Weaver, la grauwacke de cette contrée a été soulevée dans la même direction est et ouest, mais antérieurement au dépôt du vieux grès rouge. Ainsi, nous avons trois soulèvements distincts, peu éloignés l'un de

---

[1] Postérieurement, l'un et l'autre terrain a éprouvé des fractures; et beaucoup de failles qui les traversent ont une direction à peu près est à ouest.

l'autre, ayant la même direction, mais ayant eu lieu à des époques différentes [1].

Ces observations n'ont nullement pour but de combattre le principe général de la contemporanéité des soulèvements de couches sur différents points éloignés par suite du refroidissement du globe, les couches ainsi disloquées ayant été recouvertes depuis sur de grandes étendues par divers dépôts opérés tranquillement ; nous avons voulu uniquement faire remarquer que le parallélisme, malgré son existence fréquente, n'est pas une condition nécessaire des couches dont les soulèvements ont été contemporains. Car, si on s'attachait trop, dans l'état actuel de nos connaissances, à insister sur cette condition, on pourrait peut-être craindre de se laisser entraîner à subordonner les faits à la théorie ; et, par suite, notre attention serait détournée d'observer les autres directions que peuvent avoir prises d'autres soulèvements de couches contemporaines. Quand même on découvrirait que les dislocations contemporaines de couches ne sont pas parallèles, quoique toujours en ligne droite, cela n'attaquerait pas le principe fondamental de la théorie de M. Élie de Bourmont. Comme on l'a déjà fait remarquer, il faudra beaucoup de temps et une grande patience pour parvenir à déterminer quelles sont les directions prédominantes. Mais, quel que soit le résultat qu'on obtienne, les géologues ne seront pas moins infiniment redevables à M. Élie de Beaumont pour avoir commencé à sortir ce sujet de l'état où il était avant lui ; et, dans tous les cas, il est impossible que les recherches auxquelles la vérification de cette théorie ne peut manquer de donner lieu n'augmentent beaucoup nos connaissances géologiques [2].

Le professeur Sedgwick a déjà fait remarquer que les changements dans le caractère zoologique des dépôts n'ont pas toujours coïncidé avec les dislocations des couches; et nous avons fait remarquer ci-dessus, encore d'après le professeur Sedgwick, qu'il n'y avait eu, en Europe, aucun changement important dans le caractère zoologique général des dépôts inférieurs, jusqu'au zechstein inclusivement. D'après ce que nous connaissons, la première

---

[1] On a prétendu que les calcaires carbonifères du nord de l'Angleterre, qui se dirigent suivant une ligne nord et sud, avaient été soulevés à une époque différente de celle des mêmes terrains dans le pays de Galles et le comté de Sommerset, lesquels suivent la direction est et ouest ; mais ce fait est encore loin d'être prouvé.

[2] Diverses objections ont été faites contre cette théorie par plusieurs géologues, particulièrement en ce qui concerne certaines lignes de soulèvement et leurs époques relatives. M. Boué, qui a été un des premiers à indiquer des masses de montagnes soulevées à différentes époques, a inséré une série d'objections dans le *Journal de Géologie*, t. 3, p. 338.

grande altération de ce genre est observée dans les débris organiques du grès bigarré et du muschelkalk. Il n'est point inutile de répéter ici ce que nous avons déjà fait remarquer, que des soulèvements de terrain suffisants pour former une chaîne de montagnes ont dû produire de grands effets sur toute la vie animale et végétale; qu'ils ont pu anéantir tous les animaux terrestres, et même détruire en très grande partie, sinon en totalité, les masses de végétaux qui se trouvaient sous l'influence de la cause perturbatrice, non-seulement en produisant sur les continents d'immenses déluges qui ont abîmé et entraîné tous les êtres organiques, mais encore en élevant des végétaux dans des régions plus hautes de l'atmosphère et par conséquent plus froides, où ils ne peuvent plus exister. Dans ce raisonnement, nous supposons des continents produisant des plantes et nourrissant des animaux terrestres : mais il est évident que si nous admettons des dislocations contemporaines de couches sur différents points, elles auront pu avoir lieu dans des circonstances très différentes entre elles. Ainsi, dans une contrée, la dislocation aura eu lieu dans l'atmosphère ; dans une autre, sous une mer peu profonde ; enfin, dans une troisième, elle se sera produite au fond des abîmes de l'Océan et sous une grande pression. Les phénomènes qui en sont résultés ont dû être aussi variés que les circonstances qui, dans chaque localité particulière, ont pu accompagner la dislocation et le soulèvement des couches. Mais il est évident que la destruction des animaux marins aura été très difficile ; et même, d'après les faits connus, et en faisant une grande part à l'action destructive des grands courants, il ne nous est guère possible de concevoir que jamais il y ait eu sur la surface du globe une catastrophe de dislocation de terrains assez générale pour anéantir à la fois, à une même époque, l'ensemble des animaux marins ; seulement on peut admettre que, vers le centre d'action de chaque grande catastrophe, la destruction de ces animaux a dû être extrêmement grande, et même complète dans une certaine étendue.

Du gisement des substances métalliques dans les terrains.

Pour traiter complétement ce sujet, il faudrait un volume. Dans le peu que nous en dirons, notre but est d'appeler l'attention de nos lecteurs sur un petit nombre de faits d'une importance plus générale.

Les minéraux métallifères se présentent de différentes manières au milieu des terrains : *disséminés* dans les roches ; en *rognons* ; en réseaux de petites veines ou de *petits filons entrelacés* ; en *couches* ;

ou enfin en *filons* remplissant les fentes qui traversent les couches ou les masses de roches.

Quand ils sont *disséminés* dans une roche, comme le sont, par exemple, l'étain dans le granit, et les pyrites ferrugineux dans beaucoup de roches de trapp et de schistes argileux, il n'est guère possible de douter que ces substances n'aient fait partie de la roche dès l'origine, et qu'elles ne se soient séparées chimiquement de la masse durant sa consolidation. Quand les minéraux métallifères se présentent en *rognons*, comme le cuivre à Ecton, dans le Staffordshire, ou comme le plomb dans la Sierra-Nevada, en Espagne, il s'élève une difficulté, si on les considère autrement que comme contemporains avec les roches dans lesquelles ils sont enfermés. La présence aussi des métaux sous forme de *veines*, de *filets* ou de *petits filons*, se croisant les uns les autres dans toutes directions sous forme de réseau, nous rappelle fortement les veines minces, ou les petits filons de carbonate de chaux dans beaucoup de pierres calcaires, comme cela a déjà été observé par M. Weaver, par rapport au gîte de minerais de cuivre, dans l'île de Ross, sur le lac de Killarney : d'où on doit conclure que si ces minerais de cuivre ne sont pas précisément contemporains de la formation première de la roche qui les renferme, ils ont été, comme les filons calcaires dans la pierre calcaire, sécrétés de la roche dans de petites crevasses produites probablement durant sa consolidation.

On a beaucoup écrit et discuté sur l'existence des minerais métalliques en *couches*; mais il est constant que le minerai de fer se présente souvent de cette manière. De même, les schistes cuivreux de la Thuringe et d'autres pays voisins doivent aussi être regardés, jusqu'à un certain point, comme des couches métallifères, quoique rigoureusement ces schistes ne forment pas des couches de minerais solides. L'apparence des substances métalliques en couches est souvent trompeuse, ces couches n'étant autre chose que la prolongation latérale d'un filon entre les couches. C'est ainsi que, dans la riche mine de cuivre d'Allihies, dans le sud de l'Irlande, « le minerai se rencontre dans un large filon de quartz, qui coupe les roches schisteuses du pays en général du nord au sud, mais qui, dans quelques cas, s'étend parallélement avec la stratification[1]. » M. Taylor m'a assuré qu'à Nent-Head, dans le canton d'Alston-Moor (Cumberland), le minerai de plomb prend une direction latérale au milieu des couches, et que le même fait s'observe dans plusieurs mines du Yorkshire et du Flintshire.

---

[1] Weaver, *Proceedings of the Geol. Society*, 4 juin 1830.

Mais le gîte le plus ordinaire des minéraux métallifères est e
filons, ou, comme on dit dans le Cornouailles, en *lodes*. Ces filons
qui ne sont qu'en partie remplis de minerais, mais dans des propor
tions variées, ont en général l'apparence de fentes. Ils plongent sou
différents angles, et il n'est pas rare que leur inclinaison approche
de la verticale. Il y a eu anciennement beaucoup de discussions pou
savoir si ces fentes ont été remplies par en haut ou par en bas. Mais
d'après les faits qui ont été publiés depuis un petit nombre d'années
et plus particulièrement par MM. Taylor et Carne, il est fort difficile
d'admettre que l'une ou l'autre hypothèse satisfasse généralement
tous les cas. Il paraît aujourd'hui constant que la composition miné
rale d'un filon métallifère dépend beaucoup de la nature de la roche
qu'il traverse; c'est-à-dire que, lorsqu'un filon traverse successivement deux roches, comme par exemple le granit et le schiste, les
substances qui composent le filon ne sont pas les mêmes dans les
deux roches, mais sont au contraire différentes dans l'une et dans
l'autre.

M. Carne a observé, dans les filons métallifères du Cornouailles,
qu'il est fort rare qu'un filon qui a été très productif dans une roche
continue d'être riche longtemps après qu'il est entré dans une autre
roche. Le même auteur a aussi observé que les filons présentent des
changements analogues dans une même roche, lorsque celle-ci devient plus dure ou plus tendre, plus feuilletée ou plus compacte.
Tout en reconnaissant que ces changements sont quelquefois bien
faibles, il établit néanmoins que le fait général est suffisamment constaté et souvent très frappant [1].

Ces faits ne sont pas particuliers au Cornouailles : on en a aussi
observé de semblables dans d'autres contrées. Ainsi, dans le Derbyshire, où le calcaire carbonifère se trouve fréquemment associé
avec des roches de trapp qui présentent même des apparences d'interstratification, les filons plombifères qui traversent le calcaire sont
tellement altérés à leur passage à travers le trapp, qu'autrefois on
avait pensé que le trapp coupait les filons plombifères. Il est cependant bien reconnu aujourd'hui que c'était une erreur.

Ce fait de l'altération des filons métallifères à leur passage d'une
espèce de roche dans une autre, ou même en traversant plusieurs
parties diversement modifiées d'une même roche, nous conduirait à
penser, avec M. Fox, que leur formation doit être, en grande partie, attribuée à l'action lente, mais puissante, de l'*électricité*. Sans
doute les recherches à l'appui de cette conjecture ne peuvent être

[1] Carne, *Trans. geol. Soc. of Cornwall*, vol. III, p. 81.

envisagées que comme étant encore dans l'enfance ; mais les expériences de M. Fox sur les propriétés électro-magnétiques des filons métallifères du Cornouailles doivent être lues avec un grand intérêt [1].

Il est extrêmement probable que beaucoup de ces filons résultent de fentes produites par des dislocations semblables à celles qu'on observe si souvent dans différents pays, et qu'on ne suppose plus fréquentes dans les terrains houillers que par suite des travaux d'exploitation qui fournissent un plus grand nombre d'occasions de les y découvrir. Il y a, dans chaque contrée, *des filons de différents âges* : le fait seul des changements et dérangements qu'ils éprouvent quand ils se coupent, et que nous avons dit être si fréquents dans le Cornouailles, ne permet pas d'en douter. M. Carne classe de la manière suivante les âges relatifs des filons dans le Cornouailles.

1° Filons d'étain les plus anciens ;

2° Filons d'étain plus modernes ;

3° Filons de cuivre les plus anciens, se dirigeant est et ouest (*East and West Copper lodes*) ;

4° Second système de filons de cuivre (*Contra Copper lodes*) ;

5° Filons croiseurs (*Cross-courses*) ;

6° Filons de cuivre les plus modernes ;

7° Filons d'argile (*Cross-flukans*) ;

8° Enfin, les glissements *slides* (failles avec argile dans les fentes) [2].

Si cette ancienneté relative des filons est généralement exacte, du moins en ce qui concerne le Cornouailles, il s'élève une question intéressante : les filons ayant été produits par des causes semblables, on peut demander si des résultats semblables ne devraient pas toujours en être la conséquence. Si on admet qu'il soit possible que les masses minérales qui remplissent les filons soient sécrétées des roches par des *actions électriques*, il n'est pas aussi facile de

[1] Fox, *Phil. trans.*, 1830, pag. 399. Cet auteur présente dans l'ordre suivant le pouvoir relatif de certains minéraux métallifères de transmettre l'électricité galvanique.

Conducteurs. Kupfer nickel, cuivre rouge, cuivre sulfuré jaune, cuivre vitreux, fer sulfuré, pyrites arsénicales, plomb sulfuré, cobalt arsénical, oxyde noir cristallisé de manganèse, tennantite, fahlerz.

Mauvais conducteurs. Sulfure de molybdène, sulfure d'étain, ou plutôt le minerai à métal de cloche.

Non conducteurs. Argent sulfuré, mercure sulfuré, antimoine sulfuré, bismuth sulfuré, bismuth cuprifère, réalgar, sulfure de manganèse, sulfure de zinc, et les combinaisons des métaux avec l'oxygène et avec les acides.

[2] *On the relative age of the Veins in Cornwall;* Carne, *Geol. trans. of Cornwall*, vol. 2. On peut aussi consulter : *Notice sur les minerais d'étain et de cuivre du Cornouailles*, par MM. Dufrénoy et Élie de Beaumont. *Annales des mines*, 1re série, t. 9, p. 863 et suiv. (*Note du traducteur.*)

comprendre pourquoi des filons traversant une même roche s
trouvent remplis de substances métalliques différentes, bien que la
direction des filons ait pu avoir une influence considérable sur le.
conditions et les combinaisons minéralogiques du *même métal*. Si
au contraire, nous considérons les matières des filons comme y ayan
été introduites par des déjections venant d'en bas, nous somme.
embarrassés d'expliquer pourquoi les filons métalliques présenten
autant d'altérations dans leur passage à travers les diverses roches.
Nous ne sommes certainement pas en état de déterminer quels son
les changements qui peuvent avoir été opérés sur un filon, et sur
les roches dans lesquelles il est encaissé, par le passage continu de
l'électricité à travers le filon, durant un immense laps de temps, ou
par des masses de roches, pouvant produire, quand elles sont convenablement disposées entre elles et sur une grande échelle, les effets
d'une puissante *batterie galvanique*. Dès lors, dans l'état actuel
d'imperfection de nos connaissances à ce sujet, nous devons reconnaître que l'histoire des filons métallifères n'est encore rien moins
que claire. D'après le fait de la dissémination des substances métalliques au milieu des roches, il est incontestable que les métaux ont
pu être une de leurs parties constituantes originaires. De même, les
petits filons qui se croisent les uns les autres, sans avoir aucune liaison avec de grands filons, donnent lieu de présumer, par leurs apparences, que la matière qui les remplit a été séparée chimiquement
des roches qui la contiennent. On est donc fondé à penser qu'une
roche quelconque peut contenir les éléments nécessaires pour déterminer des sécrétions de substances dans une fente, de la même
manière que le carbonate de chaux remplit fréquemment les fentes
des roches calcaires, et que les veines quarzeuses sont communes
dans les roches où la silice est abondante.

Si la théorie de la chaleur intérieure du globe est bien fondée, il
s'ensuit que les deux extrémités d'un filon métallique doivent être
à des températures différentes; et, par suite, on peut concevoir que
ce filon doit constituer un appareil thermo-électrique, sur une grande
échelle, capable de produire des effets qui, quoique lents, peuvent
être très considérables. Nous ignorons s'il existe réellement dans la
nature des faits qui réalisent cette supposition; néanmoins, on doit
reconnaître que les expériences de M. Fox en démontrent la possibilité. Quand même des recherches ultérieures sur ce sujet important ne serviraient qu'à le mieux faire connaître dans tous ses détails, et à éclaircir les difficultés apparentes qu'il nous présente aujourd'hui, on ferait un grand pas dans cette branche encore si peu
connue des études géologiques.

APPENDICE.

A. *Sur quelques termes employés en géologie* [1].

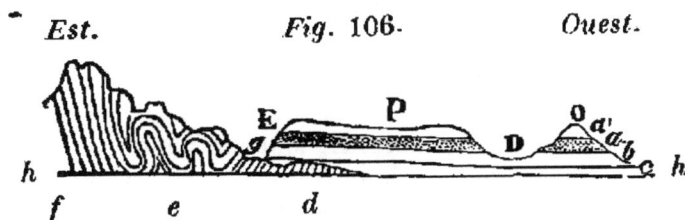

Est.   *Fig.* 106.   *Ouest.*

Stratum (strate, couche). Peut-être ce terme ne devrait-il être employé que pour désigner une couche dont les surfaces supérieure et inférieure sont des plans parallèles ; néanmoins on s'en sert aussi pour indiquer les couches dont les deux surfaces sont irrégulières. Par suite, des roches sont dites stratifiées, même quand les plans de leurs couches ne sont pas exactement parallèles entre eux [2].

Seam (veine). On emploie ce mot pour désigner une couche mince [3].

---

[1] Cet article ne contient qu'un petit nombre de termes de géologie, qui ont paru à l'auteur anglais avoir besoin d'être définis. J'ai conservé son texte, sans y ajouter. Ainsi, cet article est plutôt une suite d'explications de quelques expressions *anglaises* usitées en géologie (ce qui ne sera pas sans utilité pour ceux qui lisent l'anglais), qu'un tableau général des termes français employés par nos géologues. Voilà pourquoi j'ai mis en tête le mot anglais.   (*Note du traducteur.*)

[2] J'ai presque toujours traduit ce mot *stratum* par *couche*. J'ai également employé le mot *couche* pour le mot anglais *bed* ; cependant, je dois prévenir que, dans les phrases où les deux mots se sont trouvés ensemble, j'ai jugé devoir traduire *bed* par *couche*, et *stratum* par *lit*. Il m'a paru qu'on pouvait dire, par exemple, qu'une *couche* de houille était partagée par plusieurs *lits* de schiste. Au reste, il ne me semble pas qu'il y ait à cet égard des règles *généralement* établies, pour les acceptions relatives de ces deux mots, parmi les géologues anglais ou français.   (*Note du traducteur.*)

[3] J'entends par *veine* un lit de roches peu étendu, parallèle aux plans de la couche principale qui le renferme, dans laquelle il va se perdre en s'amincissant, et quelquefois en se ramifiant. Mais les Anglais emploient aussi le mot *seam* pour désigner un dépôt mince, continu ; dans ce cas, je l'ai traduit par le mot *lit*.

(*Note du traducteur.*)

Dip (inclinaison). On dit que des couches sont inclinées (*dip*), quand elles forment un angle avec l'horizon. Le point vers lequel elles *plongent* est ce qu'on appelle leur *dip*, ou la direction de leur inclinaison. La valeur de l'inclinaison, ou du *dip*, est déterminée par la mesure de l'angle. Dans la figure 106, les couches *f* plongent (*dip*) vers l'ouest sous un angle considérable, parce que, de ce côté, elles forment cet angle avec l'horizon, représenté par la ligne *h h*. Les couches *d*, au contraire, plongent vers l'est; les couches *a b c* sont presque horizontales, sauf une légère pente (*dip*) vers l'est [1].

Comme il est évident que des coupes verticales d'un seul côté peuvent donner une fausse idée de la véritable inclinaison (*dip*), et comme les plans des couches peuvent être irréguliers, on doit, dans ce cas, prendre beaucoup de soins pour déterminer la véritable inclinaison.

Anticlinal line (ligne anticlinale, ligne de faîte de la stratification) [2]. C'est la ligne à partir de laquelle les couches plongent (*dip*) dans deux directions opposées. Le faîte du toit d'une maison donne une idée de cette ligne, les deux côtés du toit représentant les plans des couches. Cette ligne est souvent très utile pour indiquer les dislocations des couches qui ont eu lieu dans une contrée.

Contorted strata (couches contournées). On dit que des couches sont contournées quand elles présentent plusieurs courbures dans divers sens, comme en *e*, figure 106. Ces contournements de couches ont lieu quelquefois sur une très grande échelle, comme, par exemple, dans les Alpes, où on observe des montagnes entières formées de couches contournées.

Conformable strata (couches conformes ou concordantes). Des couches sont dites concordantes, ou à stratification concordante, lorsque leurs plans généraux sont parallèles entre eux; mais *a* repose sur *b* à stratification concordante.

Unconformable strata (couches non concordantes, ou à stratification non concordante). Cette non concordance a lieu lorsque des couches, comme *b c*, figure 106, reposent sur les tranches d'autres couches, *d*.

Outcrop (affleurement). On dit que des couches viennent affleu-

---

[1] On voit que *dip* est employé par les géologues anglais également comme verbe et comme substantif. Le verbe *dip*, dans l'acception vulgaire, signifie tremper, *plonger* dans l'eau. J'ai toujours employé ce mot *plonger* pour rendre le verbe *dip*. Le substantif *dip* devrait donc être traduit par *plongement*. Ce mot devrait être admis en géologie à la place de celui d'*inclinaison*, qui peut présenter de l'incertitude lorsque les couches font un grand angle avec l'horizon.   (*Note du traducteur.*)

[2] Ce mot de *ligne anticlinale* devrait être admis par les géologues français.
                                                        (*Note du traducteur.*)

rer (*crop-out*), ou présentent leur affleurement, lorsqu'elles se montrent à la surface, en sortant de dessous d'autres couches. Ainsi,
dans la figure 106, les couches *d* ont leur affleurement en *g*; et plus
à droite, au même point, on voit l'affleurement des couches *a* et *b*.

Outlier (littéralement, dépôt en dehors; lambeau détaché ou isolé).
On dit que des couches forment des *outliers*, lorsque, dans un canton, on en trouve une ou plusieurs masses, qui ne sont que des lambeaux détachés d'une masse principale des mêmes couches, avec
laquelle elles ont été évidemment autrefois continues. Ainsi, dans la
figure 106, les couches *a a* constituent en O l'*outlier* des couches
formant le plateau P; car on reconnaît leur ancienne continuité,
laquelle n'a été interrompue que par la vallée D.

Escarpment (escarpement). On dit que des couches forment un
escarpement, lorsqu'elles se terminent d'une manière abrupte, comme
les couches *a' a* et *b* en E.

Fault (faille). On appelle ainsi une dislocation de couches qui a
eu lieu d'une telle manière que, non-seulement leur continuité a été
détruite, mais que, de plus, la masse de roches d'un côté ou de l'autre de la fracture, et quelquefois l'une et l'autre, ont été soulevées
au-dessus de leur position originaire. Ainsi, dans la figure 107, les
couches, par la dislocation, ont éprouvé une faille en *f*; et on remarque que les parties de la couche *a* ne sont plus dans la même position respective qu'elles occupaient originairement.

Fig. 107.

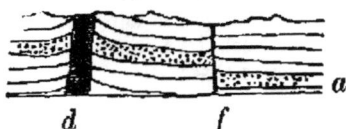

d   *f*   *a*

Dyke (dyke). C'est une masse de roches, aplatie en forme de muraille, qui remplit l'intervalle entre les deux parois d'une fracture
ou dislocation, et qui interrompt ainsi la continuité des couches de
part et d'autre. Quelquefois les parois présentent des traces du violent effort qu'elles ont éprouvé, par l'introduction de la masse du
dyke dans la fente, comme on le voit dans la figure 107, où on remarque que le dyke *d* a recourbé les tranches des couches qu'il traverse. Dans d'autres cas, il n'y a eu qu'une simple fente qui a donné
passage à la matière qui compose le dyke.

Rock (roches et terrains). Les géologues emploient ce mot pour
désigner, non-seulement les substances dures habituellement nommées ainsi, mais aussi des sables, des argiles, etc. On s'en sert égale-
lement pour indiquer des réunions plus générales de ces mêmes sub-

stances : ainsi, on dit, les *roches carbonifères*, les *roches créta-cées*, etc. [1].

Formation (formation). C'est une certaine série de roches qu'on suppose avoir été produites sous des circonstances générales sem-blables et à peu près à la même époque.

B et C.

Sous ces deux articles, M. de la Bèche a inséré dans son appendice deux listes de fossiles appartenant aux terrains supracrétacés, provenant de deux cantons particu-liers ; savoir : ceux de la *marne bleue du midi de la France*, indiqués par M. Marcel de Serres dans sa *Géognosie des terrains tertiaires du midi de la France*, et ceux des *environs de Bordeaux et de Dax*, publiés par M. Basterot, dans sa *Descript. Géol. du bassin tertiaire du sud-ouest de la France*, insérés dans les *Mém. de la Soc. d'Hist. nat. de Paris*, t. II. Nous avons nous-même annoncé ci-dessus, pages 282 et 290, ces deux articles B et C de l'appendice.

Mais nous nous sommes décidé depuis à les supprimer, attendu que ce volume s'est déjà considérablement accru par les additions que nous avons faites aux listes de fossiles de la craie, de l'oolite, etc., et surtout par l'insertion du long article de M. Élie de Beaumont sur sa théorie des âges relatifs des systèmes de montagnes, et qu'il doit l'être encore, tant par une table des matières plus étendue que celle de l'ouvrage anglais, que par une table alphabétique des fossiles.

Nous avons pensé que cette suppression aurait peu d'inconvénients. On doit se rappeler que M. de la Bèche n'a eu intention de citer, pour les terrains supracrétacés de diverses contrées, que les espèces les plus caractéristiques. Ainsi, dans son ouvrage, l'indication des fossiles de ces terrains est fort incomplète, et le serait encore même avec les deux listes que nous supprimons ; car il faudrait y joindre les listes données par M. Deshayes pour les environs de Paris, celles de Brocchi pour les terrains sub-appennins, et celles encore plus étendues publiées par M. Bronn pour tous les terrains du même genre, dans la partie orientale de l'Europe, et autres. Nous espérons que les lecteurs ne nous reprocheront pas la suppression de ces deux listes de fossiles, et d'autant moins que M. de la Bèche les a copiées textuellement dans les deux auteurs indiqués, sans y ajouter aucune observation *(Note du traducteur.)*

D. *Terrains crétacés à Stevensklint, Seelande.*

La description que le docteur Forchhammer a donnée de ces ter-rains [2] est surtout intéressante, en ce qu'elle nous fournit un nouvel exemple bien remarquable de ces passages zoologiques des terrains crétacés aux terrains supracrétacés dont il a été parlé ci-dessus, page 332.

Il paraît que la base de la falaise de Stevensklint est formée de craie contenant des lits de silex tuberculeux.

Sur la craie, dont la surface est ondulée, on observe un mince lit,

---

[1] Cette double acception géologique du mot anglais *rock* a été expliquée ci-dessus plus au long, dans la note page 39. *(Note du traducteur.)*

[2] Brewster, *Edinburgh Journal of Science*, t. IX, 1828.

d'environ 6 pouces, d'une argile bitumineuse dans laquelle on a trouvé un zoophyte, des *dents de requin*, un *pecten*, des impressions de bivalves, et des traces de débris végétaux.

Sur cette argile repose un calcaire blanc jaunâtre, dur, contenant les espèces de fossiles suivantes : 1 *Patella*, 2 *Cyprœa*; 1 *Fusus*, 2 *Cerithium*, 1 *Ampullaria*, 1 *Trochus*, 1 *Dentalium*, 1 *Arca*, 1 *Mytilus*, 1 *Serpula*, 1 *Spatangus*, 1 *Favosites*, et 1 *Turbinolia*, avec des *dents de poissons* et des débris indéterminables d'autres coquilles bivalves et univalves, et de coraux. Ce calcaire est mêlé de grains verts. Son épaisseur, qui atteint rarement trois pieds, n'est souvent que de quelques pouces; et quelquefois même ce calcaire manque tout à fait. Il est recouvert par un autre calcaire de trente à quarante pieds d'épaisseur, presque entièrement composé de fragments de coraux, qui s'élève jusqu'à la partie supérieure de la falaise. Il est partagé en plusieurs couches par des lits contournés de silex cornés. Il est très remarquable que les débris organiques qu'on rencontre dans ce dépôt se rapportent à des espèces qu'on regarde comme caractéristiques de la craie, tels que l'*Ananchytes ovata*, l'*Ostrea vesicularis*, le *Belemnites mucronatus*, etc. D'après le docteur Forchhammer, l'*Ananchytes ovata* est quelquefois si abondant, que la roche en est presque entièrement composée.

Il paraît résulter de ces observations qu'il existe dans cet endroit une alternative évidente entre les fossiles considérés comme particuliers aux terrains crétacés, et ceux qu'on rapporte ordinairement aux terrains supracrétacés; alternative très remarquable, en ce qu'elle suppose un état de choses un peu différent de celui qui a produit les mélanges et changements plus graduels qu'on dit exister dans les Alpes, dans les Pyrénées et à Maëstricht. Ici les circonstances auraient été alternativement favorables à la présence des animaux qu'on suppose être caractéristiques des deux classes de terrains.

E. *Additions sur le tremblement de terre de la Jamaïque*, en 1692.

Ces additions, et la planche 108 qui s'y rapporte, ont été insérées ci-dessus, pages 166 et 167, dans une note à la suite des détails que l'auteur donne dans le texte sur le même phénomène.   (*Note du traducteur.*)

F. *Sur les cartes et les coupes géologiques.*

Il est de la plus grande importance pour un géologue, avant d'explorer une contrée, de s'en procurer la meilleure carte géographique, afin d'y tracer ses observations. Sans contredit, les bonnes

cartes sont assez rares; mais elles se multiplient chaque jour davantage, et parmi les cartes récemment publiées en Angleterre et sur
le continent, il y en a beaucoup dans lesquelles on a cherché à bien
représenter la structure physique de chaque contrée, et particulièrement à figurer exactement les masses de montagnes. Autrefois, les
géographes se contentaient d'indiquer des élévations du sol entre
deux cours d'eau sans s'inquiéter de leurs hauteurs relatives; en sorte
que souvent il est arrivé qu'une dépression réelle entre deux chaînes
de montagnes a été représentée par eux comme un terrain élevé,
seulement parce qu'il existe en ce lieu un partage des eaux qui n'est
dû qu'à une très légère protubérance du sol.

Relativement aux cartes de l'Angleterre, on ne peut faire trop
d'éloges des dernières feuilles publiées de la Carte nouvelle, exécutée
par l'*ordnance* (le corps de l'artillerie); elles sont remarquables non-
seulement par l'exactitude générale du tracé, mais encore par la
bonne disposition des ombres, qui donnent une représentation fidèle
des mouvements du sol. Sous ce dernier rapport, ces dernières
feuilles sont bien supérieures aux premières. En voyageant avec ces
cartes, le géologue est encouragé dans ses recherches, sentant qu'elles
ne seront pas sans fruit. Lorsqu'il y a marqué ses observations de
détail, il est en état de planer, pour ainsi dire, sur toute la contrée
qu'il a parcourue; il peut les combiner entre elles, et parvenir ainsi
à des conclusions générales satisfaisantes, qu'il n'aurait jamais obte-
nues sans le secours de ces cartes exactes [1].

On reconnaît chaque jour davantage l'extrême utilité de cartes
géologiques exactes, et on a tout lieu d'espérer qu'à mesure qu'elles
se multiplieront, beaucoup de questions géologiques, aujourd'hui
problématiques, pourront être résolues. Déjà on a fait dans ce genre
beaucoup de progrès; mais il en reste encore davantage à faire;
toutefois, il est à désirer qu'on ne se presse pas trop de mettre au
jour de simples esquisses générales. Parmi les grandes cartes générales publiées ou près de l'être, les meilleures sont : la seconde
édition de la carte de l'Angleterre et du pays de Galles, par M. Greenough; la carte de France, par MM. Élie de Beaumont et Dufresnoy [2];
la carte du nord-ouest de l'Allemagne, par M. Hoffmann; enfin, celle

---

[1] On doit prendre bien garde de se laisser entraîner à considérer comme exactes
des cartes bien gravées. Très souvent une carte grossièrement exécutée, et d'un
coup d'œil peu avantageux, est bien supérieure à une autre carte dont la gravure est
très soignée, où les ondulations et le divers caractères du sol sont figurés avec une
précision apparente, et dans laquelle on finit par reconnaître que les indications
qu'elle donne n'existent que dans l'imagination du graveur.

[2] Comme étant, depuis l'origine, directeur de l'entreprise de la carte géologique de
la France, j'ai la satisfaction d'annoncer que cette carte peut-être regardée comme

des contrées qui avoisinent le Rhin, par MM. Ocynhausen, Dechen et La Roche. Nous possédons un assez grand nombre de petites cartes, d'un intérêt plus ou moins grand, publiées dans divers recueils scientifiques; il y en a beaucoup dans les *Transactions* de la Société géologique de Londres.

On doit toujours avoir soin, dans les voyages géologiques, de tracer, autant que possible, sur la carte les directions des failles et des filons, comme aussi l'inclinaison des couches. Les failles et les filons sont souvent très difficiles à observer; mais avec des soins et des recherches réitérées, on peut parvenir à en déterminer beaucoup; et les rapports ou les conformités de directions qu'on obtient assez souvent, récompensent amplement l'observateur de ses peines.

Relativement aux coupes géologiques, on ne saurait trop insister sur l'extrême utilité de les rendre exactement conformes à la nature, autant du moins que les circonstances le permettent, en adoptant une même échelle pour les hauteurs et pour les distances horizontales. Les coupes où l'on s'est écarté de cette règle ne sont guère que des caricatures de la nature; souvent même elles sont plus nuisibles qu'utiles, et entraînent ceux mêmes qui les font à tirer des conclusions fausses, par les contournements forcés et les fausses proportions qui y sont données aux différentes parties. On y voit des vallées à pentes douces transformées en profondes ravines, des proéminences peu élevées en montagnes énormes. En un mot, avec des coupes de ce genre, on n'a aucun moyen de conjecturer pour chaque terrain, ni l'état de la surface sur laquelle il s'est déposé, ni son importance relative. A la vérité, il y a des cas où l'épaisseur d'un dépôt est si insignifiante comparativement à sa longueur, qu'on ne peut guère la représenter sur le papier dans des proportions exactes. Mais comme l'importance relative de ce dépôt est précisément une des circonstances les plus utiles à constater dans la coupe, il s'ensuit évidemment que si l'on est absolument forcé, dans ces cas, de ne plus conserver dans la coupe les proportions rigoureuses, on doit au moins ne s'en écarter que le moins possible. Il y a un assez grand nombre de cas où il est possible d'observer cette règle; et à moins qu'on s'inquiète peu de faire naître des idées fausses, il est évident que, dans l'intérêt de la science, les coupes géologiques doivent, pour remplir le but auquel elles sont destinées, être des représentations exactes de la nature.

terminée, et elle pourrait être dès à présent livrée au public, si la gravure du relief du sol n'exigeait encore un temps considérable : elle ne pourra être terminée qu'en 1835. Ce délai, qui a été inévitable, sera utilement employé pour faire à cette carte de nouveaux perfectionnements.   (*Note du traducteur.*)

G. *Tables pour le calcul des hauteurs par le baromètre.*

Ce sont les tables de M. Oltmanns que l'auteur a jugé devoir insérer dans son manuel, en les faisant précéder d'une table de comparaison des millimètres en pouces anglais. Nous avons jugé qu'il était superflu de reproduire, dans notre traduction, ces tables si connues, qui se trouvent dans beaucoup d'ouvrages français, et qui notamment sont insérées chaque année dans l'*Annuaire du Bureau des Longitudes.*

(*Note du traducteur.*)

M. de la Bèche a terminé son appendice par un tableau plus général des mesures françaises et anglaises. Nous avons préféré le placer au commencement de l'ouvrage.

Fig. 88.

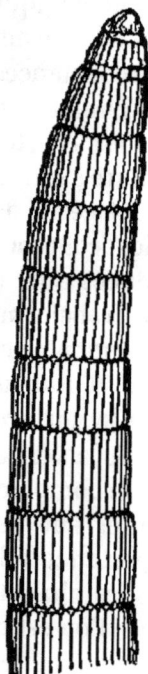

Calamites cannæformis [1].

[1] Nous plaçons ici cette figure 88, qui a été oubliée à sa place ci-dessus, p. 503.

TABLE ALPHABÉTIQUE

DES CORPS ORGANISÉS FOSSILES

CITÉS DANS CET OUVRAGE.

ABRÉVIATIONS.

M. . . . . . Groupe moderne.
B. . . . . . Groupe des blocs erratiques.
T. . . . . . Groupe supracrétacé.
C. . . . . . Groupe crétacé.
O. . . . . . Groupe oolitique.
G. R. . . . Groupe du grès rouge.
G. R. *m. i.* Groupe du grès rouge ; marnes irisées.
G. R. *m.* . Groupe du grès rouge ; muschelkalk.
G. R. *g. b.* Groupe du grès rouge ; grès bigarré.
G. R. *z.* . Groupe du grès rouge ; zechstein.
H. . . . . . Groupe carbonifère ; terrein houiller.
C. C. . . . . Groupe carbonifère ; calcaire carbonifère.
G. . . . . . Groupe de la grauwacke.

A

Acheta campestris. T. p. 289.
Achileum. C. p. 371.
— cancellatum. O. p. 414.
— cheirotonum. O. p. 414.
— costatum. O. p. 414.
— dubium. O. p. 414.
— fungiforme. C. p. 349.
— glomeratum. C. p. 349. O. p. 414.
— morchella. C. p. 349.
— muricatum. O. p. 414.
— tuberosum. O. p. 414.
Actinocrinites. G. p. 559.
— triacontadactylus. C. C. p. 511. G. p. 551.
— granulatus. C. C. p. 511.
— lævis. C. C. p. 511. G. p. 551.
— moniliformis. G. p. 551.
— polydactylus. C. C. p. 511.
— tesseratus. C. C. p. 511.
Actæon acutus. O. p. 443.
— crenatus. T. p. 308.
— cuspidatus. O. p. 443.
Actæon elongatus. T. p. 308.
— glaber. O. p. 443.
— humeralis. O. p. 443.
— noœ. T. p. 265.
— retusus. O. p. 443.
— striatus. T. p. 265.
Actinocamax verus. C. p. 367.
Æthophyllum stipulare. G. R. *g. b.* p. 481.
Agaricia crassa. O. p. 417.
— granulata. O. p. 417.
— lobata. G. p. 350.
— rotata. O. p. 417.
Agnostus. G. p. 559.
— pisiformis. G. p. 558, 561.
Aiguillons et palais de poissons. T. p. 297. C. C. p. 509, 516. G. p. 562.
Alcionium. T. p. 260 ; C. p. 371 ; O. p. 416.
— globulosum. C. p. 350 et 371.
— pyriformis. C. p. 350.
Alecto dichotoma. O. p. 419.
Alouettes. B. p. 232.

44

B

C

Cellepora. T. p. 260, 330, 371. G. p. 539.
— antiqua. G. p. 550.
— bipunctata. C. p. 550.
— crustulenta. C. p. 550.
— echinata. O. p. 416.
— escharoides. C. p. 350.
— dentata. C. p. 330.
— favosa. G. p. 550.
— hippocrepis. C. p. 330.
— orbiculata. O. p. 416.
— ornata. C. p. 550.
— Urii. H. p. 540.
— velamen. C. p. 350.
Cerfs. M. p. 182. B. p. 236. T. p. 315, 319.
Ceriopora. C. p. 371. G. p. 559.
— affinis. G. p. 550.
— alata. O. p. 417.
— angulosa. O. p. 417.
— anomalopora. C. p. 351.
— clavata. C. p. 351. O. p. 417.
— compressa. C. p. 351. O. p. 417.
— cribrosa. C. p. 351.
— crispa. O. p. 417.
— cryptopora. C. p. 351.
— diadema. C. p. 351. O. p. 417.
— dichotoma. C. p. 351. O. p. 417.
— favosa. O. p. 417.
— gracilis. C. p. 351.
— granulosa. G. p. 550.
— micropora. C. p. 351.
— milleporacea. C. p. 351.
— mitra. C. p. 351.
— oculata. G. p. 550.
— orbiculata. O. p. 417.
— polymorpha. C. p. 351.
— punctata. G. p. 550.
— pustulosa. C. p. 351.
— radiata. O. p. 417.
— radiciformis. O. p. 416.
— spiralis. C. p. 351.
— spongites. C. p. 351.
— stellata. C. p. 371.
— trigona. C. p. 351.
— tubiporacea. C. p. 351.
— venosa. C. p. 351.
— verticillata. C. p. 351.
— verrucosa. G. p. 550.
Cerites. M. p. 201.
Cerithium. T. p. 283, 284, 294, 304, 310, 315, 316. C. p. 340, 677.
— ampullosum. T. p. 324.
— bicalcaratum. T. p. 324.
— calcaratum. T. p. 324.

Cerithium Castellini. T. p. 324.
— cinctum. T. p. 297.
— combustum. T. p. 324.
— conoideum. T. p. 331.
—. cornucopiæ. T. p. 308. C. p. 348.
— corrugatum. T. p. 324.
— cristatum. T. p. 298.
— diaboli. T. p. 332.
— dubium. T. p. 308.
— excavatum. C. p. 366.
— funatum. T. p. 293, 308.
— funiculatum. T. p. 403.
— geminatum. T. p. 308.
— giganteum. T. p. 294, 308.
— granulosum. T. p. 261.
— intermedium. T. p. 303. O. p. 442.
— lamellosum. T. p. 298.
— lapidum. T. p. 295.
— lemniscatum. T. p. 324.
— lima. T. p. 278.
— Maraschini. T. p. 324.
— margaritaceum. T. p. 261.
— melanoides. T. p. 293, 303.
— multisulcatum. T. p. 324.
— muricatum. O. p. 442.
— mutabile. T. p. 295, 278.
— papaveraceum. T. p. 261.
— petricolum. T. p. 295.
— plicatum. T. p. 297, 324.
— pustulosum. T. p. 331.
— pyramidale. T. p. 308.
— quadrisulcatum. T. p. 278.
— reticosum. T. p. 321.
— roncanum. T. p. 324.
— saccatum. T. p. 324.
— stropus. T. p. 324.
— sulcatum. T. p. 324.
— tuberculatum. T. p. 295.
— turritella. T. p. 303.
— undosum. T. p. 324.
— vulgatum. T. p. 280.
Cervus. B. p. 233, 235, 237. T. p. 263, 320.
— dama. M. p. 190.
— dama Polignacus. T. p. 321.
— elaphus. M. p. 183, 190.
— giganteus. M. p. 190, 203, 225.
— Solilhacus. T. p. 324.
Cétacés. T. p. 261.
Chætodon. G. R. z. p. 484.
Chama. T. p. 316.
— antiqua. C. C. p. 514.
— calcarata. T. p. 324.
— cornu arietis. C. p. 362.
— crassa. O. p. 434.

F

G

H

I

J

K

L

M

N

O

Odontopteris Brardii. O. p. 401. H. p. 505.
— crenulata. H. p. 505.
— minor. H. p. 505.
— obtusa. O. p. 401. H. p. 505.
— Schlotheimii. H. p. 505.
OEufs. T. p. 320.
Ogygia. G. p. 559.
— Desmarestii. G. p. 557.
— Guettardii. G. p. 557.
— Sillimanni. G. p. 558.
— Wahlenbergii. G. p. 558.
Oiseaux. B. p. 232. T. p. 320.
Olenus. G. p. 559.
— bucephalus. G. p. 558.
— spinulosus. G. p. 558.
— Oliva. T. p. 315, 316.
— Branderi. T. p. 309.
— mitreola. T. p. 298.
— Salisburiana. T. p. 309.
Onychoteutis angustu. O. p. 45
Ophiura. G. R. *m. i.* p. 475.
— carinata. O. p. 422.
— loricata. G. R. *m.* 476.
— Milleri. O. p. 422.
— prisca. G. R. *m.* p. 476.
— speciosa. O. p. 422.
Orbicula. C. p. 557.
— granulata. O. p. 427.
— radiata. O. p. 427.
— reflexa. O. p. 427.
Orbitolites lenticulata. C. p. 351, 371.
— plana. T. p. 294.
Orme. M. p. 195.
Orthis. G. p. 560.
— basalis. C. C. p. 513.
— callactes. G. p. 554.
— calligramma. G. p. 554.
— demissa. G. p. 554.
— elegantula. C. C. p. 513. G. p. 554.
— novemradiata. G. p. 554.
— pecten. C. C. p. 513. G. p. 554.
— striatella. C. C. p. 513. G. p. 554.
— testudinaria. G. p. 554.
— zonata. G. p. 554.
Orthocera conica. O. p. 447.
Orthocératites. O. p. 405, 407, 411. G. p. 559.
Orthoceratites acuarius. G. p. 556.

Orthoceratites angularis. C. C. p. 516.
— angulatus. C. C. p. 515.
— annularis. C. C. p. 515.
— annulatus. C. C. p. 515. G. p. 556.
— attenuatus. H. p. 509.
— Breynii. C. C. p. 515.
— carinatus. G. p. 556.
— centralis. G. p. 556.
— cinctus. C. C. p. 515.
— cingulatus. G. p. 556.
— circularis. G. p. 556.
— communis. G. p. 556.
— convexus. C. C. p. 515.
— cordiformis. C. C. p. 517.
— crassiventer. G. p. 556.
— crassiventris. C. C. p. 515.
— cylindraceus. H. p. 509.
— duplex. G. p. 556.
— elongatus. O. p. 407, 447.
— excepticus. G. p. 556.
— falcata. G. p. 556.
— flexuosus. G. p. 556.
— fusiformis. G. C. p. 515.
— Gesneri. C. C. p. 515.
— giganteus. C. C. p. 517. G. p. 556.
— gracilis. G. p. 556.
— imbricatus. C. C. p. 515.
— irregularis. G. p. 556.
— lævis. C. C. p. 515.
— linearis. G. p. 556.
— lineatus. C. C. p. 515.
— paradoxicus. C. C. p. 515. G. p. 556.
— pyramidalis. C. C. p. 515.
— rectus. G. p. 556.
— regularis. G. p. 556.
— rugosus. C. C. p. 516.
— Steinhaueri. O. p. 407. H. p. 509. G. p. 556.
— striatus. G. p. 556.
— striolatus. G. p. 556.
— striopunctatus. G. p. 556.
— sulcatus. H. p. 509.
— tenuis. G. p. 556.
— torquatus. G. p. 556.
— trochlearis. G. p. 556.
— turbinatus. G. p. 556.
— undatus. H. p. 509. C. C. p. 515. G. p. 556.
— undulatus. C. C. p. 515.

P

R

47

T

U

V et W

Z

FIN DE LA TABLE DES FOSSILES.

IMPRIM. D'HIPPOLYTE TILLIARD, RUE S.-HYACINTHE-S.-MICHEL, 30.